U0314860

中华人民共和国新闻出版总署"三个一百"原创图书

国家科学技术学术著作出版基金资助出版

国家"十一五"重点图书

现代铝电解

刘业翔　李　劼　等编著

北　京

冶金工业出版社

2020

内 容 提 要

本书分为铝电解理论基础、铝电解生产工程技术、铝电解计算机控制及铝厂信息化、铝冶炼辅助工程与新技术四篇，共33章，对现代铝电解基础理论与工艺技术进行了系统化的归纳与总结。在介绍经典的理论和工艺的同时，还强调了现代铝电解的成就和我国的技术创新及特色，并从实际出发就节能降耗、计算机控制、管理现代化、新工艺进展、循环再生等问题进行了专门阐述，其中炭阳极的高温电催化，铝电解槽设计计算、模拟与仿真，计算机控制及铝厂信息化等都是目前国内外有关著作中没有或是没有专门阐述过的全新内容。

本书可作为冶金专业大学生、研究生的教学用书，也适合从事铝工业业务的相关人士和工程技术人员阅读。

图书在版编目（CIP）数据

现代铝电解/刘业翔，李劼等编著. —北京：冶金工业
出版社，2008.8（2020.8 重印）
ISBN 978-7-5024-4719-9

Ⅰ. 现… Ⅱ. ①刘… ②李… Ⅲ. 氧化铝电解
Ⅳ. TF821.032.7

中国版本图书馆 CIP 数据核字（2008）第 138028 号

出 版 人　陈玉千
地　　址　北京市东城区嵩祝院北巷 39 号　邮编　100009　电话　(010)64027926
网　　址　www. cnmip. com. cn　电子信箱　yjcbs@ cnmip. com. cn
策　　划　曹胜利　责任编辑　李 梅　张熙莹　谭学余　美术编辑　彭子赫
版式设计　张 青　责任校对　王永欣 刘 倩　责任印制　禹 蕊
ISBN 978-7-5024-4719-9
冶金工业出版社出版发行；各地新华书店经销；北京虎彩文化传播有限公司印刷
2008 年 8 月第 1 版，2020 年 8 月第 3 次印刷
787mm×1092mm　1/16；40 印张；4 彩页；1074 千字；616 页
178.00 元
冶金工业出版社　投稿电话　(010)64027932　投稿信箱　tougao@cnmip. com. cn
冶金工业出版社营销中心　电话　(010)64044283　传真　(010)64027893
冶金工业出版社天猫旗舰店　yjgycbs. tmall. com
（本书如有印装质量问题，本社营销中心负责退换）

前　言

进入 21 世纪以来，我国铝工业在科学发展观的指引下，获得了突飞猛进的发展。2007 年全国电解铝产量超过 1250 万 t，连续 7 年雄踞世界首位，并且大型预焙槽炼铝技术整体上达到了国际先进水平。我国铝工业欣欣向荣的发展，对具有现代知识的铝电解专著产生了迫切的需求。

本书力图在吸收国内外已有铝电解方面专著的精华的基础上，优选、扩大和深化铝电解的基础理论和现代工程技术知识。与本领域已有的专著相比，本书的特点之一是覆盖面较广，既较全面地涵盖了铝电解的基础理论知识，又较广泛地涉及现代铝冶炼的工程技术知识；特点之二是实用性强，所介绍的工程技术知识以现代大型预焙槽炼铝为背景，并充分考虑了其先进性与成熟性。

在第一篇"铝电解理论基础"中，作者力图深入浅出地阐述重要的铝电解基础理论知识，包括铝电解质及其物理化学性质、氧化铝在电解质中的溶解及其行为、冰晶石-氧化铝（Na_3AlF_6-Al_2O_3）系熔盐结构、铝电解的电极过程、阳极效应、铝电解中炭阳极上的电催化作用、铝在电解质中的溶解及二次反应损失、铝电解的电流效率以及铝电解的理论最低能耗与节能等。

在第二篇"铝电解生产工程技术"中，作者针对现代大型预焙槽炼铝的特点，叙述了大型预焙槽的结构、焙烧启动、操作、测量、管理、槽破损与维护、供电整流、物料输送、动态平衡以及物理场等内容。

在第三篇"铝电解计算机控制及铝厂信息化"中，作者基于自己多年的研发成果，系统阐述了铝电解计算机控制系统的结构与功能、主要控制原理（包括槽电阻解析与控制、氧化铝浓度控制、电解质摩尔比控制、生产报表、槽况综合解析等）以及铝厂信息化等现代铝工业日新月异的新知识。

在第四篇"铝冶炼辅助工程与新技术"中，首先从现代环保要求出发，介绍了铝厂烟气净化与环境保护的知识；然后介绍了铝用炭素材料及技术、原铝精炼以及铝的循环与再生；最后在"铝冶炼新工艺进展"即炼铝新方法中，对惰性阳极、惰性可润湿阴极、新型铝电解槽、$AlCl_3$ 熔盐电解和碳热还原工艺作了较详细的介绍。

此外，本书还在相关篇章之后附有"参考专题"的附录，为有兴趣的读者提供更广泛的专题资料。

本书适于电解铝领域的大学生、研究生、教师及工程技术人员阅读，也适于与铝工业业务相关的人士参考。

编著本书的主要人员为刘业翔（第 1~10 章），李劼（第 11~15 章、第 19 章、第 21~25 章、第 27 章），姚世焕（第 29 章），赖延清（第 16 章和第 33 章），冯德金和李培康（第 17 章），林文帅（第 18 章），刘伟（第 20 章），邹忠（第 26 章），陈湘涛（第 28 章），肖劲（第 30 章），赵恒勤（第 31 章和第 32 章）；周向阳、田忠良、吕晓军、伍上元、张红亮、李贵奇、李相鹏、秦庆伟等博士参加了资料收集和书稿整理。

2008 年 3 月

目　　录

第一篇　铝电解理论基础

第二篇　铝电解生产工程技术

第三篇　铝电解计算机控制及铝厂信息化

第四篇　铝冶炼辅助工程与新技术

1 绪 论

1.1 铝的发现和提取

1.1.1 铝的发现

铝是地壳中储量居第三位的元素（约为 8%），在各种金属元素中铝居首位，但自然界未发现游离状态的金属铝。铝是许多矿物的重要组元，包括泥土、铝土矿、云母、氟石、明矾石、冰晶石等，以及若干氧化物形态矿物，如刚玉、玉石、红宝石等都含铝元素。

1746 年德国人波特（J. H. Pott）用明矾制得一种氧化物，即氧化铝。18 世纪法国的拉瓦锡（A. L. Lavoisier）认为这是一种未知金属的氧化物，它与氧的亲和力极大，以致不可能用碳和当时已知的其他还原剂将它还原出来。1807 年英国人戴维（H. Davy）试图电解熔融的氧化铝以取得金属，没有成功。1809 年他将这种想像中的金属命名为 alumium，后来改为 aluminium。1825 年丹麦人奥斯特（H. C. Oersted）用钾汞齐还原无水氯化铝，第一次得到几毫克金属铝，指出它具有与锡相同的颜色和光泽。1827 年德国沃勒（F. Wöhler）用钾还原无水氯化铝得到少量金属粉末。1845 年他用氯化铝气体通过熔融金属钾的表面，得到一些铝珠，每颗重约 10 ~ 15mg，从而对铝的密度和延展性作了初步测定，指出铝的熔点不高。1854 年法国戴维尔（S. C. Deville）用钠代替钾还原 $NaAlCl_4$ 络合盐，制得金属铝；同年建厂，生产出一些铝制头盔、餐具和玩具。当时铝的价格接近黄金。1886 年美国霍尔（C. M. Hall）和法国埃鲁特（P. L. T. Héroult）几乎同时分别获得用冰晶石-氧化铝熔盐电解法制取金属铝的专利。1888 年在美国匹兹堡建立世界上第一家电解铝厂，铝的生产从此进入新的阶段。1956 年世界铝产量开始超过铜而居有色金属的首位，成为产量仅次于钢铁的金属。

1.1.2 铝电解简史

虽然自然界中铝的资源储量很高，但是铝的工业生产却很晚，直到 19 世纪 20 年代才真正把铝制备出来，比金属铜和铁晚了两千多年。主要原因是铝和氧结合得十分牢固，难以把铝分离出来。

炼铝方法的发展可分为两个时期：最初是化学法，然后是电解法。

铝的工业化生产开始于 1855 年，当时法国人戴维尔用钠代替钾还原氯化铝，制得金属铝。拿破仑三世预见到它在轻型铠甲中的潜在应用而使铝的军事应用获得政府支持。然而，直到冰晶石-氧化铝熔盐电解法实现工业应用之前，仅生产出少量的铝。

1854 年德国人本森（R. Bunsen）用电解 $NaAlCl_4$ 熔盐制得了金属铝。当时，由于电价格太高而且不能获得大电流，因而不能进行工业电解试验。1867 年发明了发电机并在 1880 年加以改进，这种电源才可用于工业生产。1883 年美国布拉雷（Bradley）提出冰晶石-氧化铝熔盐电解方案。3 年之后即 1886 年，美国的霍尔（C. M. Hall）和法国的埃鲁特（P. L. T. Héroult）都在当年通过实验申请了冰晶石-氧化铝熔盐电解法的专利，这就是霍尔-埃鲁特法。这一方法的要点仍是近代铝电解工业的基础。

自从 1886 年发明了冰晶石-氧化铝熔盐电解法之后，1888 年 11 月霍尔在美国 Pittsburgh 建厂实现工业化生产，1889 年埃鲁特在瑞士 Neuhausen 建厂生产铝，这就是电解法工业生产铝的开始。

1888 年 8 月奥地利科学家拜耳（K. J. Bayer）申请了从铝土矿提取氧化铝的专利。与此同时，瑞士冶金公司利用莱茵河上的水力发电，获得了廉价的电力。由此，霍尔-埃鲁特法、拜耳法以及廉价的电力推进了美国和欧洲铝工业的发展，于是，电解法很快取代了化学法。化学法总共生产了约 200t 铝，前后约 30 年，该工艺在 19 世纪末逐渐被淘汰。

以后，其他各国相继采用冰晶石-氧化铝熔盐电解法炼铝，英国开始于 1890 年，德国为 1898 年，奥地利为 1899 年，挪威为 1906 年，意大利为 1907 年，西班牙为 1927 年，苏联为 1931 年，中国为 1938 年。

冰晶石-氧化铝熔盐电解法发明 120 多年来，全世界的铝产量已有极大的增长。1890 年是化学法和电解法的交替时代，原铝的产量只有 180t 左右。1970 年达到 1000 万 t，1980 年为 1625 万 t，2000 年突破了 2400 万 t，2007 年已超过 1250 万 t。

目前冰晶石-氧化铝熔盐电解法仍然是工业炼铝的唯一方法。多年以来，为了探索新的炼铝方法，曾经试验了多种炼铝新方法，如碳热法、氯化铝法等，虽然取得了一定的进展，但在可预见的将来都还不能在经济上和规模上与熔盐电解法相匹敌。

1.2 铝的性质和用途

1.2.1 铝的性质

铝是银白色的金属，纯铝质地柔软，有良好的可塑性和延展性，是电和热的优良导体，其化学符号为 Al，原子序数为 13，相对原子质量为 26.98154；具有面心立方晶格；熔点为 660.37℃，沸点为 2467℃，密度为 2.6989g/cm³（20℃）；价态为 +3。由于金属铝的外表面为一层极为致密的氧化膜（氧化铝）所保护，因此它不易被酸腐蚀，但能被碱所溶解[1]。有关铝的各种性质的资料详见附表 I-1。

1.2.2 铝的应用

由于铝的卓越性质，它的应用极为广泛。下面按其不同应用领域予以简要介绍，这些领域包括运输、包装、建筑、电器、医药等。

（1）运输。包括以下几方面：

1）在航空航天方面，如果没有铝就不可能有民用航空工业的发展。商用飞机重量的 80% 为铝，波音 747 用铝 7.5t，航天飞机结构中有 90% 是铝合金。

2）道路运输。铝合金的强度很高，还有吸收动能的功能，并且不生锈，用 1t 铝替代 1t 钢铁，在汽车的生命周期当中，每辆车可减少排放 CO_2 20t；国际上大约 90% 的轻型卡车和长途巴士都有着铝合金的车身。在运输上，每车可以减重 1800kg，因此可以装载更多的客货。

3）轨道和海运。国际知名的加拿大 LRC 快车、法国 TGV 高速列车以及日本 700 系列新干线列车，旅客车厢都由铝合金做成。最现代的地铁车厢和大多数冷藏车厢都由铝合金制成，航速为 35～50 节的高速渡船也由铝合金制成，采用铝合金已成为短途海运革命性的举措。

（2）建筑。新房屋建筑愈来愈多地采用了铝合金产品，铝的抗腐蚀性意味着它的维修频率低，它具有质量轻和强度高的特点，使它成为地震区和超高层楼房的首选材料。铝和太阳能装置的配合成为居家的新型节能材料，还能保护环境，因而日益得到重视。此外，铝的建筑部件都能够回收循环再生使用。

（3）饮食。全球约有一半的饮食用具用铝做成，烹调的热效高达93%，而不锈钢和铸铁仅及铝的1/3。

（4）包装。食品和饮料的保护和储存大量地用到铝。超薄铝箔用于保存食品、药品，能防止紫外线、气味和细菌的污染，十分安全。总的来说，铝的包装可以保温、防冻、容易开启、容易消毒、防水、防蒸气、防光，既能传导热又能辐射热，还可循环再用。

1.3 现代铝电解的发展

20世纪80年代以前，工业铝电解的发展经历了几个重要阶段，其标志性的变化有：电解槽电流由24kA、60kA增加至100~150kA；槽型主要由侧插棒式（及上插棒式）自焙阳极电解槽改变为预焙阳极电解槽；电能消耗由吨铝22000kW·h降低至15000kW·h；电流效率由70%~80%逐步提高到85%~90%。

1980年开始，电解槽技术突破了175kA的壁垒，采用了磁场补偿技术，配合点式下料及电阻跟踪的过程控制技术，使电解槽能在氧化铝浓度变化范围很窄的条件下工作，为此逐渐改进了电解质，降低了温度，为最终获得高电流效率和低电耗创造了条件。在以后的年份中，吨铝最低电耗曾降低到12900~13200kW·h，阳极效应频率比以前降低了一个数量级。

80年代中叶，电解槽更加大型化，点式下料量降低到每次2kg氧化铝，采用了单个或多个废气的捕集系统，采用了微机过程控制系统，对电解槽能量参数每5s进行采样，还采用了自动供料系统，减少了灰尘对环境的影响。进入90年代，进一步增大电解槽容量，吨铝投资较以前更节省，然而大型槽（特别是超过300kA的电解槽）能耗并不低于80年代初期较小的电解槽，这是由于大型槽采取较高的阳极电流密度，槽内由于混合效率不高而存在氧化铝的浓度梯度；槽寿命也有所降低，因为炉帮状况不理想，并且随着电流密度增大，增加了阴极的腐蚀，以及槽底沉淀增多，后者是下料的频率比较高，而电解质的混合程度不足造成的[2]。尽管如此，总的经济状况还是良好的。

90年代以来，电解槽的技术发展有如下特点：

（1）电流效率达到96%；

（2）电解过程的能量效率接近50%，其余的能量成为电解槽的热损失而耗散；

（3）阳极的消耗方面，炭阳极净耗降低到0.397kg/kg(Al)；

（4）尽管设计和材料方面都有很大的进步，然而电解槽侧部仍需要保护性的炉帮存在，否则金属质量和槽寿命都会受负面影响；

（5）维护电解槽的热平衡（和能量平衡）更显出重要性，既需要确保极距以产生足够的热能保持生产的稳定，又需要适当增大热损失以形成完好的炉帮，提高槽寿命。

我国的电解铝工业可自1954年第一家铝电解厂（抚顺铝厂）投产算起，至2007年已有53年历史，50多年来铝电解生产技术已取得巨大成就。2001年开始我国原铝产量一直居世界第一位。2007年原铝产量已达到1255万t。截至2007年底，我国有铝电解厂120余家，现已能设计、制造、装备180kA、200kA、280kA、320kA、350kA及400kA等容量的预焙阳极铝电解槽以及相应的配套工程设施，包括炭素厂、原料运送系统、干法净化系统与环保工程等。2004年起开始向国外作铝电解全套工程技术出口。

在电解槽设计中，已掌握"三场"仿真技术，在模拟与优化设计方面采用了ANSYS和MHD等软件；能较好地处理电解槽的磁场、流场、热-电平衡等问题，为大型和特大型预焙槽的设计和制造奠定了基础。

我国近几年开发应用的200kA及其以上容量的大型预焙铝电解槽均取得了较好的技术经济

指标，以目前已开发应用的最大容量铝电解槽——350kA 预熔槽为例，主要技术经济指标为：电流效率 94.43%；直流电耗 13310kW·h/t(Al)；阳极净耗 397kg/t(Al)。

采用干法净化后，厂区周边环境大气中氟化物的含量没有增加，烟囱与工作地带氟化物排放浓度分别为 2.44mg/m³（国家标准为 15mg/m³）、0.34mg/m³（国家标准为 151mg/m³）；劳动生产率为 376t/(人·a)；

据报道，目前国际上电解铝厂电流效率最高的电解槽为 Alcan-Pechiney 公司在加拿大魁北克的 325kA 电解槽系列，年平均电流效率为 96.0%，电耗 13000kW·h/t(Al)，炭阳极净耗 397kg/t(Al)。世界上最大的 500kA 电解槽 AP50，长 18m，宽 5m，电流效率为 95.0%。

以上数据表明，我国铝电解技术已达到国际先进水平，但是要看到我国多数中等规模铝厂离此水平还有相当大的差距，有待改进提高。

1.4 铝电解过程描述

铝电解是在铝电解槽（见图 1-1 和图 1-2）中进行的，电解所用的原料为氧化铝，电解质为熔融的冰晶石，采用炭素阳极。电解作业一般是在 940～960℃下进行的，电解的结果是阴极上得到熔融铝和阳极上析出 CO_2。由于熔融铝的密度大于电解质（冰晶石熔体），因而沉在电解质下面的炭素阴极上。熔融铝定期用真空抬包从槽中抽吸出来，装有金属铝的抬包运往铸造车间，在那里倒入混合炉，进行成分的调配，或者配制合金，或者经过除气和排杂质等净化作业后进行铸锭。槽内排出的气体，通过槽上捕集系统送往干式净化器中进行处理，达到环境要求后再排放到大气中去。

图 1-1 现代电解槽外观示例图

从整流所供给的直流电是通过槽上的炭阳极，流经熔融电解质进入铝液层熔池和炭素阴极的。铝液层熔池同块炭阴极联合组成了阴极，铝液的表面为阴极表面。阴极炭块内的钢棒汇集了电流，再由地沟母线导向下一台电解槽的阳极母线。操作良好的电解槽是处于热平衡之中的，此时在槽侧壁上形成了凝固的电解质，即所谓的"炉帮"。

氧化铝由浓相输送系统供应到槽上料箱，在计算机控制下通过点式下料器经打壳下料加入到电解质中。炭阳极的净耗约为 410kg/t(Al)，炭阳极消耗到一定程度时用新组装好的阳极更换，约每 4 周更换一次，换阳极的频率由阳极的设计和电解槽的操作规程决定。残极送往阳极准备车间处理。

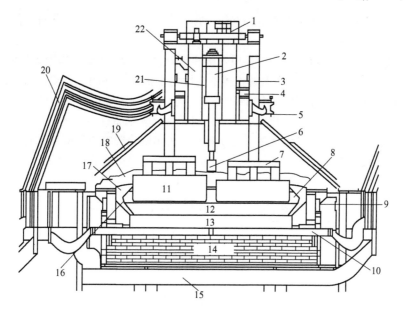

图 1-2 现代电解槽剖面图

1—浓相输送；2—汽缸；3—铝导杆；4—阳极横母线；5—阳极卡具；6—打壳锤头；7—钢爪；
8—冰晶石电解质；9—钢壳；10—阴极钢棒；11—阳极炭块；12—铝液；13—底部炭块；
14—热绝缘层；15—母线；16—侧部炉帮；17—顶部结壳；18—上部保温料；
19—槽盖板；20—立柱母线；21—氧化铝仓；22—槽气体出口

1.5 铝电解用原料与辅助原料

铝电解所用的原料为氧化铝,辅助原料为冰晶石、氟化铝、氟化钙及阳极炭块(或阳极糊)[3~6]。

1.5.1 氧化铝

铝电解的主要原料是氧化铝。它是一种白色粉状物质，熔点为2050℃，沸点为3000℃，真密度为3.6g/cm³，表观密度约为1g/cm³。它的流动性很好，不溶于水，能溶于冰晶石熔体中。

当前氧化铝生产绝大部分以铝土矿为原料。在工业上得到应用的氧化铝生产方法只有碱法。碱法生产氧化铝又有拜耳法、碱石灰烧结法和拜耳-烧结联合法等多种流程。碱法是用碱（工业烧碱 NaOH 或纯碱 Na_2CO_3）处理铝土矿，使矿石中的氧化铝转变为铝酸钠溶液。矿石中的铁、钛等杂质和绝大部分的硅成为不溶性的化合物进入残渣（赤泥）。铝酸钠溶液经过净化与分解后得到氢氧化铝，经分离、洗涤与煅烧后成为氧化铝。

用拜耳法生产的氧化铝，通常含有少量杂质，典型的杂质含量汇总表如表 1-1 所示。杂质含量因矿石种类不同而异。采用高硅铝土矿，如我国的一水硬铝石，其铝硅比为 4~7，则产品中硅和钠的含量更高。

表 1-1 工业氢氧化铝和煅烧后氧化铝中的常见杂质

杂 质	化学成分（质量分数）/%		杂 质	化学成分（质量分数）/%	
	干燥的氢氧化铝	煅烧后的氧化铝		干燥的氢氧化铝	煅烧后的氧化铝
SiO_2	0.020	0.03	CaO	0.030	0.05
Fe_2O_3	0.015	0.02	灼 减	34.7	0.80
Na_2O	0.250	0.50	游离水	0.4	

现代铝电解工业对氧化铝的要求，首先是它的化学纯度，其次是其物理性能。

1.5.1.1 化学纯度

在化学纯度方面，要求氧化铝中杂质含量和水分要低。因为氧化铝中那些电位正于铝的元素的氧化物，如 SiO_2 和 Fe_2O_3，在电解过程中会优先于铝离子在阴极析出，析出的硅、铁进入铝内，降低原铝品位；而那些电位负于铝的氧化物，如 Na_2O、CaO 会分解冰晶石，使电解质组成改变，并增加氟盐消耗。氧化铝中的水分同样会分解冰晶石，一是引起氟盐消耗，二是增加铝中氢含量，三是产生氟化氢气体，污染环境。P_2O_5 则会影响电流效率和铝的电导率。我国生产的氧化铝，按化学纯度分级如表 1-2 所示。目前，中国铝业股份有限公司各分公司都按氧化铝国家有色金属行业标准 YS/T 274—1998 组织生产。

表 1-2 氧化铝国家有色金属行业标准（YS/T 274—1998）

牌 号	化学成分（质量分数）/%				
	Al_2O_3（不小于）	杂质含量（不大于）			
		SiO_2	Fe_2O_3	Na_2O	灼 减
AO-1	98.6	0.02	0.02	0.50	1.0
AO-2	98.4	0.04	0.03	0.60	1.0
AO-3	98.3	0.06	0.04	0.65	1.0
AO-4	98.2	0.08	0.05	0.70	1.0

注：1. Al_2O_3 含量为 100% 减去表中所列杂质总和的余量；

   2. 表中化学成分按在 300℃ ±5℃ 温度下烘干 2h 的干基计算；

   3. 表中杂质成分按 GB 8170—1987 处理。

世界各国对氧化铝的质量标准要求各不相同，很多国家除了对硅、铁、钠和灼减（水分）有要求外，还对钒、磷、锌、钛、钙等微量杂质含量作了规定，表 1-3 是原法国普基（Pechiney）公司的氧化铝质量标准。

表 1-3 原法国普基（Pechiney）公司的氧化铝质量标准（元素含量单位为%）

以下任何杂质不符合标准都会对技术指标产生不利影响			以下任何杂质不符合标准都会降低原铝质量		
杂质(I)	P_2O_5		$< 12 \times 10^{-4}$	杂质(II)	Fe_2O_3	推荐值	$< 165 \times 10^{-4}$
	CaO	推荐值	$(200 \sim 400) \times 10^{-4}$			
		可接受的	$(0 \sim 600) \times 10^{-4}$	SiO_2	推荐值	$< 130 \times 10^{-4}$
	K_2O	可接受的	$< 200 \times 10^{-4}$	TiO_2	推荐值	$< 50 \times 10^{-4}$
	Na_2O	推荐值	$(3000 \sim 4000) \times 10^{-4}$			
		可接受的	$(2000 \sim 6000) \times 10^{-4}$	V_2O_5	推荐值	$< 35 \times 10^{-4}$
	Li_2O	推荐值	$< 90 \times 10^{-4}$			
		可接受的	$< 170 \times 10^{-4}$	ZnO	推荐值	$< 125 \times 10^{-4}$

1.5.1.2 物理性能

氧化铝的物理性能，对于保证电解过程的正常进行和提高气体净化效率（用于废气净化时），关系很大。通常要求氧化铝具有较小的吸水性，较好的活性和适宜的粒度，能够较快地溶解在冰晶石熔体中，加料时的飞扬损失少，并且能够严密地覆盖在阳极炭块上，防止它在空气中氧化。当氧化铝覆盖在电解质结壳上时，可起到良好的保温作用。在气体净化中，要求它具有足够的比表面积，从而能够有效地吸收 HF 气体。工业用氧化铝通常是 α-Al_2O_3 和 γ-Al_2O_3 的混合物，它们之间的比例对氧化铝的物理性能有直接影响。α-Al_2O_3 的晶型稳定；γ-Al_2O_3 的晶型不稳定，与 α-Al_2O_3 相比 γ-Al_2O_3 具有较强的活性、吸水性和较快的溶解速度[7]。

根据氧化铝的形貌与物性不同，可分为三类：砂状、粉状和中间状。三种类型氧化铝的物理性能如表 1-4 所示。

表 1-4 不同类型氧化铝的特性

氧化铝类型	安息角/ (°)	灼减/%	累计百分比/%	
			小于 44μm	小于 74μm
砂 状	30	1.0	5 ~ 15	40 ~ 50
中间状	40	0.5	30 ~ 40	60 ~ 70
粉 状	45	0.5	50 ~ 60	80 ~ 90

在 20 世纪 70 年代以前，我国铝电解工业以自焙槽为主，所用氧化铝多为粉状和中间状。70 年代以后，国际上广泛采用大型中间下料预焙槽和干法烟气净化系统，对砂状氧化铝的需求日趋增加。因为砂状氧化铝具有流动性好、溶解快、对氟化氢气体吸附能力强等优点，正好满足大型中间下料预焙槽和干法烟气净化系统的要求。我国在 80 年代初引进的 160kA 预焙槽（日本轻金属株式会社）所使用的氧化铝物理性能标准（引进合同规定标准）见表 1-5。

表 1-5 引进的 160kA 预焙槽所用氧化铝物理性能要求

类 型	$w(\alpha\text{-}Al_2O_3)$/%	粒度 (<44μm) 百分比/%	比表面积/$m^2 \cdot g^{-1}$	灼减/%
砂 状	20 ~ 30	<12	>35	<1.0

表 1-6 原法国 Pechiney 公司 AP18 和 AP30 电解槽的氧化铝物理性能要求

性 能		推荐值（批料均值）	可接受（批料均值）	离 差
体积密度/$g \cdot cm^{-3}$		0.90min.	0.90min.	
比表面积/$m^2 \cdot g^{-1}$	回转窑	65 ~ 75	60 ~ 80	<10
	闪速炉或流化床	65 ~ 75	55 ~ 80	<10
$w(\alpha\text{-}Al_2O_3)$/%		5min.	5min.	
灼减(300 ~ 1000℃)/%		0.6 ~ 0.9	0.5 ~ 1.0	<0.2
氢氧化铝含量/%		0	0 ~ 0.5	
粒度分布 /%	>0.147mm (100 目)	0 ~ 5	0 ~ 10	
	<44μm (325 目) 磨损测试前	0 ~ 10	0 ~ 15	<10
	磨损测试后	0 ~ 20	0 ~ 30	<10

近 20 年来，我国也自主发展了大型中间下料预焙槽和干法烟气净化系统，因此对氧化铝的物理性能提出了更高的要求。早前，我国仅有中国铝业股份有限公司广西分公司可生产砂状氧化铝，2003 年，继中国铝业股份有限公司贵州分公司成功地生产出合格的砂状氧化铝之后，山东分公司又实现了碳酸化分解生产砂状氧化铝的新工艺，中州分公司生产的砂状氧化铝已达到国际标准，山西分公司、广西分公司也可生产砂状氧化铝，这对推动我国大型预焙槽生产水平起到积极作用。

1.5.2　辅助原料

铝电解生产中所用氟化盐主要是冰晶石和氟化铝，此外还有一些用来调整和改善电解质性质的添加剂，如氟化钙、氟化镁、氟化钠、碳酸钠和氟化锂[8,9]。

（1）冰晶石。冰晶石分为天然和人造两种。天然冰晶石（Na_3AlF_6）产于格陵兰岛，属于单斜晶系，无色或雪白色，密度为 $2.95g/cm^3$，莫氏硬度为 2.5，熔点为 1008.5℃。由于天然冰晶石在自然界中储量很少，不能满足工业需要，故铝工业均采用人造冰晶石。

人造冰晶石实际上是正冰晶石（$3NaF \cdot AlF_3$）和亚冰晶石（$5NaF \cdot 3AlF_3$）的混合物，其摩尔比（工业上又称分子比）为 2.1 左右，属酸性，呈白色粉末，略黏手，微溶于水。人造冰晶石的质量标准如表 1-7 所示，本标准适用于由氢氟酸制得的冰晶石，其主要用于炼铝工业，也用于其他冶炼、焊接等工业。

表 1-7　人造冰晶石的质量标准（GB/T 4291—1999）

等　级	化学成分(质量分数)/%									
	不小于		不大于							
	F	Al	Na	SiO_2	Fe_2O_3	SO_4^{2-}	CaO	P_2O_5	H_2O	灼减（550℃，30min）
特级	53	13	32	0.25	0.05	0.7	0.10	0.02	0.4	2.5
一级	53	13	32	0.36	0.08	1.2	0.15	0.03	0.5	3.0
二级	53	13	32	0.40	0.10	1.3	0.20	0.03	0.8	3.0

注：1. 表中化学成分含量按去除附着水后的干基计算（灼减除外）；
　　2. 数值修约规则按 GB/T 1250—1989 的第 5.2 条规定进行。修约位数与表中所列极限位数一致；
　　3. 产品中氟化钠与氟化铝的摩尔比一般在 1.8～2.9 之间，需方另有特殊要求时，应在合同中注明；
　　4. 需方要求灼减小于 2.5% 的冰晶石时，应在合同中注明。

（2）氟化铝。氟化铝为白色粉末，系针状结晶，密度为 2.883～3.13g/cm³，升华温度 1272℃，在高温下可被水蒸气分解为 Al_2O_3，并释放出 HF 气体。其难溶于水，在 25℃ 时 100mL 水中溶解度为 0.559g。在氢氟酸溶液中有较大的溶解度；无水氟化铝的化学性质非常稳定。在铝电解中，它是冰晶石-氧化铝熔体的一种添加剂，主要用于降低电解质的摩尔比和电解温度。氟化铝在电解槽中的消耗速度较大，这是因为电解槽里挥发性的物质大多数是 $NaAlF_4$，另外氟化铝也因下列水解反应而消耗：

$$2AlF_3 + 3H_2O \Longrightarrow Al_2O_3 + 6HF$$

现在烟气净化系统的效率较高，对易挥发组分的回收卓有成效。

氟化铝也是一种人工合成产品。铝电解所用的氟化铝质量标准如表 1-8 所示，本标准适用于由氟化氢或氢氟酸与氢氧化铝作用制得的氟化铝。

表 1-8　铝电解用氟化铝质量标准（GB/T 4292—1999）

等　级	化学成分(质量分数)/%							
	不小于		不大于					
	F	Al	Na	SiO_2	Fe_2O_3	SO_4^{2-}	P_2O_5	H_2O（550℃，1h）
特一级	61	30.0	0.5	0.28	0.10	0.5	0.04	0.5
特二级	60	30.0	0.5	0.30	0.13	0.8	0.04	1.0
一　级	58	28.2	3.0	0.30	0.13	1.1	0.04	6.0
二　级	57	28.0	3.5	0.35	0.15	1.2	0.04	7.0

注：1. 表中化学成分含量以自然基计算；
　　2. 数值修约规则按 GB/T 1250—1989 第 5.2 条规定进行，修约位数与表中所列极限位数一致。

（3）氟化钙。氟化钙是白色粉末或立方体结晶。相对密度为3.18，熔点为1403℃，沸点为2500℃，加热时发光。能溶于浓无机酸，并分解放出氟化氢。微溶于稀无机酸，不溶于水。铝电解常用的氟化钙是一种天然矿石，俗称萤石，用它作为添加剂能降低冰晶石-氧化铝熔体的初晶点，增大电解质在铝液界面上的界面张力，减少熔液的蒸气压。它的缺点是稍微减小氧化铝溶解度和电解质的电导率。由于CaF_2来源广泛，价格低廉，故为许多铝厂使用，其添加量为4%~6%。工业所用氟化钙的质量标准见表1-9。

表 1-9　氟化钙的质量标准 （部标）

等　级	化学成分（质量分数）/%					
	CaF_2	SiO_2	Fe_2O_3	MnO_2	$CaCO_3$	H_2O
一　级	≥98	<0.8	<0.3	<0.02	<1.0	<0.5
二　级	≥97	<1.0	<0.3	<0.02	<1.2	<0.5
三　级	≥95	<1.4	<0.3	<0.02	<1.5	<0.5

（4）氟化镁。中国的铝工业在20世纪50年代开始采用氟化镁作电解质的添加剂。氟化镁也是一种工业合成品，其作用与氟化钙相似，但在降低电解温度、改善电解质性质方面比氟化钙更为明显。实践表明这是一种良好的添加剂。铝电解工业对氟化镁的质量要求见表1-10。

表 1-10　氟化镁的质量标准 （湖南湘铝有限责任公司标准：Q/OHNN001—1991）

化学成分（质量分数）/%					
F	Mg	SiO_2	Fe_2O_3	SO_4^{2-}	H_2O
≥45	≥28	≤0.9	≤0.8	≤1.3	≤1.0

（5）氟化钠。氟化钠是一种白色粉末，微溶于水，同样是电解质的一种添加剂，但它主要用于新槽启动初期调整摩尔比。其质量标准见表1-11，本标准适用于由氢氟酸或硅氟酸与碳酸钠作用而制得的氟化钠。

表 1-11　氟化钠质量标准 （GB 4293—1984）

等　级	化学成分（质量分数）/%						
	NaF	SiO_2	Na_2CO_3	SO_4^{2-}	HF	水不溶物	H_2O
	不小于	不大于					
一　级	98	0.5	0.5	0.3	0.1	0.7	0.5
二　级	95	1.0	1.0	0.5	0.1	3	1.0
三　级	84	—	2.0	2.0	0.1	10	1.5

注：1. 表中"—"表示不作规定；
　　2. 表中化学成分按干基计算。

（6）碳酸钠。碳酸钠（Na_2CO_3）又称纯碱、苏打，是一种白色粉末，易溶于水，吸水性较强。它也是电解质添加剂之一，其作用与氟化钠相同，用以提高电解质的摩尔比。因为碳酸钠在高温下易分解成氧化钠，氧化钠再与冰晶石反应生成氟化钠，起到提高摩尔比的作用。

$$Na_2CO_3 === Na_2O + CO_2 \uparrow$$

$$3Na_2O + 2Na_3AlF_6 === 12NaF + Al_2O_3$$

由于碳酸钠比氟化钠更易溶解，价格低廉，所以在工厂多用碳酸钠。

（7）氟化锂。锂盐作为铝电解质的组分所起的作用主要是降低电解质的初晶点，提高其电导率，此外还减小其蒸气压和密度。其缺点是减少氧化铝在电解质中的溶解度。氟化锂的质量标准见表 1-12。

表 1-12　氟化锂的质量标准（湖南湘铝有限责任公司标准 Q/OHNN 008—1996）

等　级	化学成分(质量分数)/%							
	LiF	SO_4^{2-}	Cl	Ca	Mg	Si	Fe	Al
	不小于				不大于			
高等级	99.5	0.005	0.005	0.1	0.01	0.03	0.005	0.01
一　级	99	0.05	0.008	0.1	0.03	0.06	0.01	0.03

工业上常用碳酸锂代替氟化锂。碳酸锂在高温下发生分解，生成 Li_2O，然后 Li_2O 同冰晶石发生反应而生成 LiF：

$$Li_2CO_3 = Li_2O + CO_2 \uparrow$$

$$2Na_3AlF_6 + 3Li_2O = 6LiF + 6NaF + Al_2O_3$$

往酸性电解质中添加锂盐，且当 $n(LiF + NaF)/n(AlF_3) < 3$ 时，则生成化合物 $2NaF \cdot LiF \cdot AlF_3 (Na_2LiAlF_6)$。往碱性电解质中添加锂盐，且 $n(LiF + NaF)/n(AlF_3) > 3$ 时，则化合物 Na_2LiAlF_6 分解成 Na_3AlF_6 和 Li_3AlF_6。

生产实践表明，必须限制锂盐添加量。不仅因为 LiF 对 Al_2O_3 溶解不利，也因为在较高浓度下会有少量金属锂析出，锂对铝的加工性能，例如对铝箔的压延性能有不利影响。

1.5.3　炭阳极

现代铝电解对炭阳极的要求是耐高温和不受熔盐侵蚀，有较高的电导率和纯度，有足够的机械强度和热稳定性，透气率低和抗 CO_2 及空气氧化性能好。

铝电解槽使用的炭阳极有自焙阳极和预焙阳极两种[6]。

（1）自焙阳极。自焙阳极用于上插自焙阳极电解槽和侧插自焙阳极电解槽，这两者是按导电金属棒从上部或侧部插入阳极而区分的，在电解槽结构上也是不同的，但阳极是连续工作的。自焙阳极采用阳极糊为炭阳极的原料。阳极糊加入到这类电解槽的阳极铝箱中，依靠电解的高温，自下而上地将其焙烧成为炭阳极，随着它的消耗，上部焙烧好的糊料随阳极下行继续工作，因此得以连续。由于阳极糊在自焙过程中产生大量沥青烟，对环境污染严重，我国已于 2000 年明令禁止，全面淘汰小型自焙阳极铝电解槽。

（2）预焙阳极。预焙阳极由预先焙烧好的多个阳极炭块组成，每个阳极炭块组由 2～4 个阳极炭块及导杆、钢爪等组成[7]。

预焙阳极多为间断式工作，每组阳极可使用 18～28d。当阳极炭块被消耗到原有高度的 25% 左右时，为了避免钢爪熔化，必须将旧的阳极炭块吊出，用 1 组新的阳极炭块组取代，取出的炭块称为"残极"。由于预焙阳极操作简单，没有沥青烟害，易于机械化操作和电解槽的大型化，因此，国内外新建大型铝厂以及自焙阳极电解槽的改造都采用此种阳极。我国及国外所用炭阳极的质量标准分别见表 1-13 和表 1-14。

表 1-13 我国现行炭阳极质量标准（YS/T 285—1998）

牌 号	灰分/%	电阻率 /μΩ·m	线膨胀系数 /%	CO_2反应性 /mg·h^{-1}·cm^{-2}	耐压强度 /MPa	体积密度 /g·cm^{-3}	真密度 /g·cm^{-3}
	不大于				不小于		
TY-1	0.50	55	0.45	45	32	1.50	2.00
TY-2	0.80	60	0.50	50	30	1.50	2.00
TY-3	1.00	65	0.55	55	29	1.48	2.00

注：1. CO_2反应性作为参考指标；
2. 抗弯强度由供需双方协商；
3. 对于有残极返回生产的产品灰分要求，由供需双方协商；
4. 表中数据按 GB 8170—1987 处理。

表 1-14 国外炭阳极的性能

性 能		方 法	典型范围
焙烧后表观密度/kg·dm^{-3}		ISO 12985—1：2000	1.50~1.60
电阻率/μΩ·m		ISO 11713：2000	50~60
抗弯强度/MPa		ISO 12986—1：2000	8~14
抗压强度/MPa		DIN 51910	40~55
弹性模量/GPa	静 态		3.5~5.5
	动 态		6~10
线膨胀系数/K^{-1}	20~300℃	DIN 51909	$(3.5~4.5)\times10^{-6}$
断裂能/J·m^{-2}			250~350
热导率/W·m^{-1}·K^{-1}		DIN 51908	3.0~4.5
二甲苯中密度/kg·dm^{-3}		ISO 9088：1997	2.05~2.10
空气渗透率/nPm		ISO 15906	0.5~2.0
CO_2反应性/%	残极率	ISO 12988—1：2000	84~95
	脱落度	ISO 12988—1：2000	1~10
	失 重	ISO 12988—1：2000	4~10
空气反应性/%	残极率	ISO 12989—1：2000	65~90
	脱落度	ISO 12989—1：2000	2~10
	失 重	ISO 12989—1：2000	8~30
微量元素含量/%	S	ISO 12980：2000	$(0.5~3.2)\times10^{-4}$
	V	ISO 12980：2000	$(30~320)\times10^{-4}$
	Ni	ISO 12980：2000	$(40~200)\times10^{-4}$
	Si	ISO 12980：2000	$(50~300)\times10^{-4}$
	Fe	ISO 12980：2000	$(100~500)\times10^{-4}$
	Al	ISO 12980：2000	$(150~600)\times10^{-4}$
	Na	ISO 12980：2000	$(150~600)\times10^{-4}$
	Ca	ISO 12980：2000	$(50~200)\times10^{-4}$
	K	ISO 12980：2000	$(5~30)\times10^{-4}$
	Mg	ISO 12980：2000	$(10~50)\times10^{-4}$
	F	ISO 12980：2000	$(150~600)\times10^{-4}$
	Cl	ISO 12980：2000	$(10~50)\times10^{-4}$
	Zn	ISO 12980：2000	$(10~50)\times10^{-4}$
	Pb	ISO 12980：2000	$(10~50)\times10^{-4}$

参 考 文 献

1　Properties of Aluminum and Resulting End Uses. Aluminum Association, Inc. , 2003
2　陈万坤. 有色金属进展轻金属卷. 长沙：中南工业大学出版社,1995
3　Berkin A R. Production of Aluminium and Alumina. UK：John Wiley & Sons Inc. , 1987
4　Downs A J. Chemistry of Aluminium,Gallium,Indium and Thallium. UK：Chapman & Hall Inc. , 1993：81～86
5　Harald A Oye. Materials Used in Aluminum Smelting. Light Metals 2000, edited by R. D. Peterson(TMS,Warrendale,Pa)：3～15
6　王平甫,宫振. 铝电解炭阳极技术(一). 北京：冶金工业出版社,2002
7　邱竹贤. 铝电解(第2版). 北京：冶金工业出版社,1995
8　殷恩生. 160kA 中心下料预焙铝电解槽生产工艺及管理. 长沙：中南大学出版社,2003
9　杨重愚. 轻金属冶金学. 北京：冶金工业出版社,1991

附录 I　铝的各种性质

附表 I-1　铝的性质

原子性质	原子序数	13		
	原子半径/nm	0.143		
	相对原子质量	26.98154		
	晶体结构	面心立方体		
	电子排布	Ne $3s^2 3p^1$		
	电离电位	序　号		eV
		1		5.99
		2		18.8
		3		28.4
		4		120
		5		154
		6		190
	天然各向同性分布	质量数		百分比/%
		27		100
	光电子功函数/eV	4.2		
	热中子捕获截面/barns	0.232		
	价态	3		
电性质	电阻率(20℃)/μΩ·cm	2.67		
	温度系数(0~100℃)/K^{-1}	0.0045		
	超导临界温度/K	1.175		
	相对铂的热电动势 (0~100℃)/mV	+0.42		
力学性质	材料情况	软	硬	单晶体
	体积弹性模量/GPa			75.2
	硬度	21	35~48	
	泊松比			0.345
	拉伸弹性模量/GPa			70.6
	拉伸应力/MPa	50~90	130~195	
	屈服应力/MPa	10~35	110~170	

物理性质	沸点/℃	2467
	密度(20℃)/g·cm^{-3}	2.70
	熔点/℃	660.4
热性质	线膨胀系数(0~100℃)/K^{-1}	23.5×10^{-6}
	蒸发潜热/J·g^{-1}	10800
	熔解潜热/J·g^{-1}	388
	比热容(25℃)/J·K^{-1}·kg^{-1}	900
	导热系数(0~100℃)/W·m^{-1}·K^{-1}	237

注：数据来自 "Aluminium(Al)-Material Information，http：//www.goodfellow.com/csp/active/STATIC/E/Aluminium-HTML（2007-12-28）"。

第一篇　铝电解理论基础

2 铝电解质及其物理化学性质

2.1 概述

2.1.1 引言

电解质是铝电解时溶解氧化铝并把它经电解还原为金属铝的反应介质。它接触炭阳极和铝阴极，并在槽膛空间内发生着电化学、物理化学、热、电、磁等耦合反应，它是成功进行铝电解必不可少的组成部分之一。

铝电解质决定着电解过程温度的高低及电解过程是否顺利，并在很大程度上影响着铝电解的能耗、产品质量和电解槽寿命，因此其重要性是不言而喻的。

铝电解技术发明120多年以来，人们对电解质的研究和了解也日益深入，前人在这方面已积累了大量的理论和实际知识[1~4]，有利于以后更好地掌握铝电解生产。

100多年来，铝电解质一直是以冰晶石为主体，虽然经过许多试验，试图用其他盐类来取代，但都未获得成功。至今，人们尚未找到一种性能更优于冰晶石的电解质主体成分。

众所周知，铝是负电性很强的元素，不能在含 H^+ 离子的介质中，例如水溶液中电解沉积出 Al 来，因为按电化序，电解时 H_2 比 Al 优先析出而不能得到 Al。因此只能在不含 H^+ 的介质中进行电解。在各种介质中，以熔盐较为合适。若以 Al_2O_3 为炼铝的原料，只有以熔融冰晶石为电解质才能得到 Al。因为只有熔融冰晶石对 Al_2O_3 才有较大的溶解度，其他熔盐不能溶解 Al_2O_3 或溶解度很小，这是选定冰晶石的最主要原因。实践证明，冰晶石作为铝电解质的优点是：对 Al_2O_3 的溶解度大（达10%）；作为化合物不吸水，不易潮解，易于存放，以及不易于分解、升华等。但其缺点是熔点高（1008.5℃），其组成中含氟高，因而决定了铝电解必然是在相当高的温度下进行，且是含氟的公害来源，另外，其价格也较昂贵。

2.1.2 铝电解质的性质要求

根据长时期的使用，并为今后寻找新型铝电解质作指导，如果以 Al_2O_3 为原料，那么对铝电解质提出的要求如下：

（1）该电解质化合物中不含有比 Al 更正电性的元素（包括金属），或析出电位比 Al 更低的元素；

（2）在熔融状态下能良好地溶解 Al_2O_3，并有较大（大于10%）的溶解度；

（3）溶解 Al_2O_3 后，其熔点在 700~800℃，即其熔点略高于 Al 的熔点，使 Al 能保持液态；

（4）熔融状态下具有良好导电性，使极距间的电阻率较低，以利于节能；

（5）具有比 Al 小的密度，这样电解质可以浮在熔融 Al 的上部，保护 Al 不遭氧化，且使电解槽的结构简化；

（6）其他，如黏度要小，即易于流动，与阳极有良好的润湿性，以利于气泡排出；熔融时挥发性要小，使其升华损失小，以及要求电解质在固态和液态时均不吸湿，这样才有利于电解和储存。

由此可见,全面符合这些要求的 Al 电解质至今尚未找到。因此,冰晶石暂时还不能被其他的盐类代替。

2.1.3　铝电解质的种类

多年的实践和研究表明,现代铝电解质的基本组成,可以有如下几种类型:(1)传统型;(2)改进型;(3)低摩尔比型;(4)高摩尔比型。

(1)传统型。传统型或经典的电解质,含过剩 AlF_3 3% ~7%,主要是老式的自焙阳极铝电解槽用的电解质,不同铝厂在个别成分上有所增减。

(2)改进型。含过剩 AlF_3 2% ~4%,有的还加入 LiF 2% ~4% 或 MgF_2 2% ~4% 或两者都加,此为老式自焙阳极和预焙阳极铝电解槽电解质,也因各厂情况不同,在个别组成成分上有所增减。

(3)低摩尔比型。含过剩 AlF_3 8% ~14%,为点式下料预焙阳极铝电解槽电解质,也因各厂情况不同,在个别组成成分上有所增减。

(4)高摩尔比型[5]。它很特殊,只是在俄罗斯和个别东欧国家一些铝厂使用过。采用 3.3 的高摩尔比,其优点是氧化铝的溶解度大,沉淀少,电导率较高,电解质挥发损失小,电解槽工作平稳;缺点是电流效率普遍不高(84% ~86%),电解槽寿命受一定的影响。

各种类型铝电解质的化学成分如表 2-1 所示。

表 2-1　各类型铝电解质的化学成分

类　型	$n(NaF)/n(AlF_3)$	$w(AlF_3)/\%$	$w(Al_2O_3)/\%$	$w(LiF)$ 或 $w(MgF_2)/\%$
传统型	2.5 ~2.8	3 ~7	2 ~5	
改进型	2.5 ~2.7	2 ~4	2 ~4	LiF 2 ~4 或 MgF_2 2 ~4
低摩尔比型	1.09 ~2.4	8 ~14	2 ~3	
高摩尔比型	3.0 ~3.3	3 ~6		MgF_2 4.8 或 CaF_2 4.4

我国预焙槽用的电解质接近低摩尔比型。一些改建铝厂处于由传统型向低摩尔比型过渡之中。采用低摩尔比型电解质,要求其与电解槽的点式下料及比较完善的自动控制系统相配套,即保持半连续下料,以保持电解质中较低的 Al_2O_3 浓度。此时,这种电解质才好"操作"。否则,如此低的摩尔比,加入的 Al_2O_3 难溶解而产生沉淀,易造成电解过程紊乱或导致病槽。

2.2　铝电解质的相平衡图

2.2.1　NaF-AlF₃ 二元系相图

冰晶石的温度-组成图,即 NaF-AlF₃ 系相图如图 2-1 所示。该系有以下特点:

(1)冰晶石是此二元系中的一个化合物(高峰),其位置在 $x(NaF)75\% + x(AlF_3)25\%$ 处或 $w(NaF)60\% + w(AlF_3)40\%$ 处,其熔点是 1008.5℃。冰晶石在熔化时部分地发

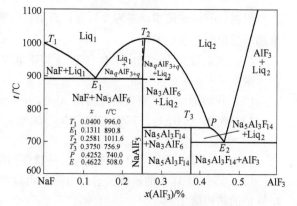

图 2-1　NaF-AlF₃ 二元系相图

(Solheim and Sterten)[3]

生了热分解，所以它的显峰并不尖锐。

(2) 亚冰晶石在 NaF-AlF$_3$ 二元系相图上处于隐峰位置，它的成分是 $x(\mathrm{NaF})62.5\%$ + $x(\mathrm{AlF_3})37.5\%$，即 $w(\mathrm{NaF})45.6\%$ + $w(\mathrm{AlF_3})54.4\%$。它在 NaF-AlF$_3$ 二元系中是由冰晶石晶体和液相（L）在735℃时起包晶反应而生成：

$$\mathrm{Na_3AlF_3（晶体）+ L（液）\longrightarrow Na_5Al_3F_{14}（晶体）}$$

735℃即是生成亚冰晶石的包晶点。在包晶点735℃以下，亚冰晶石是稳定的，但在735℃以上，它熔化并分解。

(3) 单冰晶石 NaAlF$_4$ 位置是在 $x(\mathrm{NaF})50\%$ + $x(\mathrm{AlF_3})50\%$ 处。现已确证 NaAlF$_4$ 是存在的。计算表明，单冰晶石在热力学上是不稳定的。它在 400~700K 低温时是介稳定的固相，在 700~900K 时就已分解为 Na$_5$Al$_3$F$_{14}$ 和 AlF$_3$。

熔融冰晶石中是否存在着单冰晶石（NaAlF$_4$）曾有过较长期的争议。争议促进了对冰晶石的深入研究和对 NaAlF$_4$ 的认识。

1）1954 年，霍华德（E. H. Howard）在低摩尔比冰晶石熔体的蒸气中发现了化合物 NaAlF$_4$，当将此熔体的蒸气急冷时可以得到约 75% 的 NaAlF$_4$ 化合物。将 NaAlF$_4$ 缓慢冷却（在 475~480℃ 之间）时，和欲将它重新加热时一样，单冰晶石都分解为亚冰晶石和 AlF$_3$：

$$\mathrm{5NaAlF_4 == 5NaF \cdot 3AlF_3 + 2AlF_3}$$

福斯特（L. M. Foster）详细研究了 Na$_3$AlF$_6$-AlF$_3$ 这个体系，采用 DTA 和 X 射线衍射，观察到 688℃（略低于共晶温度）下平衡的固体试样中并没有看到 NaAlF$_4$ 的线条，而稳定的化合物是 NaF·3AlF$_3$ 和 AlF$_3$，他的结论是，NaAlF$_4$ 在该体系中所有的温度下热力学上都是不稳定的。此后许多研究者也提出 NaAlF$_4$ 是介稳定的化合物。

马绍维茨（V. P. Mashovets）发现冰晶石摩尔比为 1 的熔体，其蒸气组成为 100% 的单冰晶石，他对此种化合物作了 X 射线衍射分析并得到了许多关于此种化合物的数据。

总之，单冰晶石存在于冰晶石熔体中已是确定无疑的。

2）AlF$_6^{3-}$ 解离形式的佐证。

熔融 Na$_3$AlF$_6$ 解离的第一步：$\mathrm{Na_3AlF_6 == 3Na^+ + AlF_6^{3-}}$

第二步：$\mathrm{AlF_6^{3-} == AlF_4^- + 2F^+}$

这种解离形式是格罗泰姆（K. Grjotheim）用冰点降低法查明的，他对 Na$_3$AlF$_6$-NaF 系，即 Na$_3$AlF$_6$ 溶解在 NaF 的熔液中作了冰点降低的测定和计算，获得了以上的结论。对 NaF-AlF$_3$ 系的密度和电导率的研究也证实 Na$_3$AlF$_6$ 将解离为 NaAlF$_4$ 与 NaF。这样便有充分的论据解释熔融冰晶石中存在 NaAlF$_4$。在高温 AlF$_6^{3-}$ 离子中，Al 的配位数由 6 变为 4 而形成 AlF$_4^-$ 离子也完全合理。

(4) 在冰晶石中加入 NaF 或 AlF$_3$，都会降低其熔点，添加 AlF$_3$，相图上液相线下降更陡（降低熔点作用大）。但加入 AlF$_3$ 的摩尔分数超过 35%，电解质温度降低很多，电解质不稳定，生成了单冰晶石 NaAlF$_4$ 等，挥发损失急剧增大。

2.2.2 摩尔比 *CR*（或质量比 *BR*）与过剩 AlF$_3$ 的换算公式

为便于对电解质中 NaF 或 AlF$_3$ 含量量化表示，工业中常以摩尔比或质量比表示。由图 2-1 可见，Na$_3$AlF$_6$ 的摩尔比 = 3mol(NaF)/1mol(AlF$_3$)，为中性电解质。当其中 AlF$_3$ 物质的量增加时，摩尔比就小于 3，为酸性电解质；当其中 NaF 含量增加，摩尔比超过 3 时，则为碱性电解质。目前工业上普遍采用酸性电解质。

在称呼上：

NaF/AlF_3 摩尔比 CR——我国、前苏联与东欧及部分北欧国家采用；

NaF/AlF_3 质量比 BR——北美洲及南美部分、非洲及东南亚国家采用；

过剩 AlF_3（质量分数）f——西欧国家多采用。

（1）摩尔比 CR、质量比 BR 和过剩 AlF_3f（质量分数）之间的关系：

1）质量比是描述电解质中氟化钠与氟化铝质量分数的一种方式。

$$质量比(BR) = \frac{NaF \text{ 质量分数}}{AlF_3 \text{ 质量分数}}$$

纯冰晶石的质量比为：

$$BR = (3 \times 42)/84 = 1.50$$

2）摩尔比即分子比，是中国和欧洲常用的描述在电解质中氟化钠与氟化铝物质的量比的一种方式。

$$摩尔比(分子比, CR) = \frac{NaF \text{ 物质的量}}{AlF_3 \text{ 物质的量}} = (2BR)$$

纯冰晶石的 $CR = 3NaF/1AlF_3 = 3.0$

3）CR 和过剩氟化铝 f 的换算。

CR 和过剩氟化铝之间的关系也和其他电解质组分的浓度有关系：

假设：
$$\Sigma a = \Sigma[w(Al_2O_3) + w(CaF_2) + w(MgF_2) + w(LiF) + \cdots]$$

$$f = \frac{(100 - \Sigma a) \times (1 - CR/3)}{1 + 0.5CR}$$

$$CR = \frac{100 - \Sigma a - f}{0.5f + (100 - \Sigma a)/3}$$

在氧化铝和氟化钙存在的情况下，电解质中摩尔比 CR 和过剩氟化铝之间的关系如表 2-2 所示。

表 2-2 电解质中摩尔比 CR 和过剩氟化铝之间的关系

CR	$\Sigma a[w(Al_2O_3) + w(CaF_2)]$			
	6	8	10	12
	过剩氟化铝/%	过剩氟化铝/%	过剩氟化铝/%	过剩氟化铝/%
3.00	0	0	0	0
2.48	7.27	7.12	6.96	6.81
2.32	9.86	9.65	9.44	9.23
2.20	11.94	11.68	11.43	11.17
2.12	13.39	13.10	12.82	12.53
2.00	15.67	15.33	15.00	14.67
1.80	19.79	19.37	18.95	18.53
1.60	24.37	23.85	23.33	22.81
1.40	29.49	28.86	28.24	27.61
1.20	35.25	34.50	33.75	33.00
1.00	41.78	40.89	40.00	39.11

（2）NaF/AlF$_3$摩尔比 CR 与质量比 BR 关系如下：

$$CR = 2 \times BR, \quad CR = BR/2$$

（3）NaF/AlF$_3$摩尔比 CR 与 AlF$_3$（质量）过剩百分数 f 关系：

$$CR = 3 - 7.5f/(100 + 1.5f)$$

例如，电解质的过剩 AlF$_3$ 质量分数为 10（%），则其摩尔比为 2.35。

如果电解质还含有 Al$_2$O$_3$ 和 CaF$_2$ 等，它们的质量分数总和以 Σa 表示，则摩尔比 $CR = 3 - [7.5f/(100 - \Sigma a + 1.5f)]$；例如，电解质中 Al$_2O_3$ 和 CaF$_2$总量 $\Sigma a = 5$（%，质量分数）时，过剩 AlF$_3$（质量分数）为 10（%）时，上式计算摩尔比应为 2.31。

电解质 NaF/AlF$_3$摩尔比、质量比和过剩 AlF$_3$（质量分数）之间的换算见表 2-3 和表 2-4。

表 2-3　电解质 NaF/AlF$_3$摩尔比、质量比和过剩 AlF$_3$（质量分数）的换算关系[6]

NaF/AlF$_3$摩尔比	NaF/AlF$_3$质量比	过剩 AlF$_3$（质量分数）（当 $\Sigma a = 0$ 时）/%	NaF/AlF$_3$摩尔比	NaF/AlF$_3$质量比	过剩 AlF$_3$（质量分数）（当 $\Sigma a = 0$ 时）/%
1.00	0.05	44.45	2.50	1.25	7.40
1.50	0.75	28.57	2.60	1.30	5.80
2.00	1.00	16.67	2.70	1.35	4.25
2.10	1.05	14.66	2.80	1.40	2.78
2.20	1.10	12.70	2.90	1.45	1.36
2.30	1.15	10.87	3.00	1.50	0
2.40	1.20	9.09			

表 2-4　NaF/AlF$_3$摩尔比换算表[6]

过剩 AlF$_3$（质量分数）/%	NaF/AlF$_3$摩尔比			过剩 AlF$_3$（质量分数）/%	NaF/AlF$_3$摩尔比		
	当 $\Sigma a = 0$ 时	当 $\Sigma a = 5$（%）时	当 $\Sigma a = 10$（%）时		当 $\Sigma a = 0$ 时	当 $\Sigma a = 5$（%）时	当 $\Sigma a = 10$（%）时
0	3.00	3.00	3.00	9	2.41	2.38	2.35
1	2.92	2.92	2.92	10	2.35	2.31	2.28
2	2.86	2.85	2.84	11	2.26	2.26	2.22
3	2.78	2.77	2.76	12	2.24	2.20	2.16
4	2.72	2.70	2.69	14	2.13	1.09	2.05
5	2.66	2.63	2.61	16	2.04	1.99	1.95
6	2.58	2.57	2.55	20	1.85	1.80	1.75
7	2.52	2.50	2.48	30	1.45	1.39	1.33
8	2.46	2.44	2.41	44.45	1.00	0.94	0.87

2.2.3　Na$_3$AlF$_6$-Al$_2$O$_3$ 系熔度图

冰晶石-氧化铝熔体体系是铝电解质的主体，研究人员对它们进行过大量研究，对该系电解质的了解也更加深入。在铝电解过程中，由于氧化铝浓度经常发生变化，该体系的性质也随之变化。因此把握该体系的组成与性质关系十分重要。

Na$_3$AlF$_6$-Al$_2$O$_3$ 二元系熔度如图 2-2 所示，这是一个共晶系相图。共晶点在 10% Al$_2$O$_3$ 处，有亚共晶和过共晶区。由图 2-2 可见，随着温度升高，该系熔体可以溶解更多的 Al$_2$O$_3$。

工业生产时，电解实际温度比熔度图的熔化温度（或初晶温度）要高出 10~15℃，这高出的部分就是所谓的过热温度，此温度下 Al$_2$O$_3$ 的最大饱和溶解度要比相图值高一些。

不同 Al$_2$O$_3$ 浓度时 Na$_3$AlF$_6$-Al$_2$O$_3$ 系的初晶温度，可由经验公式计算[7]：

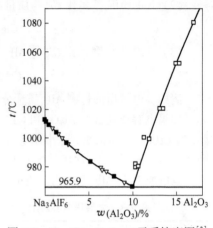

图 2-2 Na$_3$AlF$_6$-Al$_2$O$_3$ 二元系熔度图[3]

$$t = 1011 - 7.93w(\mathrm{Al_2O_3})/(1 + 0.0936w(\mathrm{Al_2O_3}) - 0.0017w(\mathrm{Al_2O_3})^2) \quad ℃$$

式中 $w(\mathrm{Al_2O_3})$ ——Al$_2$O$_3$ 浓度，%；适用范围为 0%~11.5%。

此式的相对标准偏差为 0.34℃。

采用点式下料的现代预焙铝电解槽，由于具有良好的计算机控制，其 Al$_2$O$_3$ 含量一般为 1.5%~3.5%，处于相图的亚共晶区部分。随着下料—电解—下料过程的进行，熔度图上的该部分液相线（也即温度）也随之下降—上升—下降。这将引起电解质性质和电解槽槽况的变化。显然这种变化的幅度不宜太大，愈小愈好。由于是周期性地加入 Al$_2$O$_3$，采用点式下料时，因每次下料量小，时间间隔短，引起电解质的变化较小，而旧时的大加工（如打壳机、侧部或中间铡刀式下料）则相反，每次下料量大，时间间隔长，电解质性质的变化呈大起大落之势，从根本上说，不能保证电解生产的平稳。

2.2.4 Na$_3$AlF$_6$ 的其他二元系和三元系相平衡图

前人研究了冰晶石与多种化合物的二元系、三元系及复杂交互系的相平衡图。例如，Na$_3$AlF$_6$ 分别与 LiF、CaF$_2$、KF、MgF$_2$、FeF$_2$、NaCl、KCl、MgCl$_2$、ZnO、CeO$_2$、Fe$_2$O$_3$、SnO$_2$、TiO$_2$、ZrO$_2$ 等的二元系，Na$_3$AlF$_6$-AlF$_3$-CaF$_2$、Na$_3$AlF$_6$-AlF$_3$-MgF$_2$、Na$_3$AlF$_6$-AlF$_3$-LiF、Na$_3$AlF$_6$-AlF$_3$-Li$_3$AlF$_6$ 及 Na$_3$AlF$_6$-Al$_2$O$_3$-CaF$_2$ 等三元系。以上二元系、三元系和复杂交互系的相平衡图及其他有关相平衡图可参见有关专著[1~3]。

与铝电解质关系密切的 Na$_3$AlF$_6$-AlF$_3$-Al$_2$O$_3$ 三元系图如图 2-3 所示。

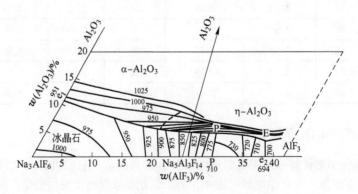

图 2-3 Na$_3$AlF$_6$-AlF$_3$-Al$_2$O$_3$ 三元系图

2.3 工业铝电解质的物理化学性质

铝电解质以 Na_3AlF_6-Al_2O_3 二元系为基础,工业上为了改善其性质,一般都加有添加剂,形成了比较复杂的电解质体系。前人对铝电解质的添加剂做过大量研究[1~3,6,8]。

添加剂作为铝电解质的组成部分,对它们的要求也如对铝电解质的要求一样。例如,不含有比 Al 更正电性的元素(包括金属),或析出电位比 Al 更低的元素;熔融状态下具有良好导电性;不恶化电解质的密度、黏度及对 Al_2O_3 的溶解度等。如果不符合,则会带来其他弊端,达不到改善电解质性质的目的。

经过理论研究和工业试验,被证明确有成效的添加剂有 AlF_3、MgF_2、CaF_2、LiF 等几种。其中,CaF_2 是电解槽启动时加入的,此后以杂质形式由冰晶石和 Al_2O_3 带入。添加剂的加入各有其优缺点,但都会使原电解质对 Al_2O_3 的溶解度降低。

2.3.1 熔度(初晶温度)

2.3.1.1 初晶温度

初晶温度是指熔盐以一定的速度降温冷却时,熔体中出现第一粒固相晶粒时的温度。该温度也被叫做熔度,是指固态盐以一定的速度升温时,首次出现液相时的温度。这两者是同一温度,因为该温度下盐的固-液相处于平衡。单一纯盐的该温度叫熔点,而二元及多组分混合盐的该温度称为熔度。电解质熔度决定电解过程温度的高低(电解温度 = 电解质熔度 + 过热度)。温度的变化将影响电解槽的主要技术经济指标,如电流效率 CE,由金属损失决定。许多研究表明,电解质温度降低 10℃,CE 增加 1.8% ~2%;电解质温度对电能消耗(电解质的电阻率大小与温度有关)以及物料消耗(AlF_3 升华损失等)都有重大影响。

2.3.1.2 过热度

过热度是高于电解质初晶点(或熔度)的温度。通常电解过程实际温度要高于电解质熔度 10 ~15℃。这种过热温度有利于电解质较快地溶解氧化铝;过热度也控制着侧部炉帮和底部结壳的生成与熔化,电解槽炭素内衬上凝固的电解质形成的侧部炉帮对内衬有保护作用,电解质通过毛细管作用能爬移到金属铝液的底部去溶解底部沉淀。如果过热度不高,底部的电解质将凝固,生成底部结壳。阳极下方的阴极区内不应生成底部结壳,因为这会增大阴极电压降,并使铝液中产生水平电流,后者与垂直磁场作用导致电解槽中铝液的运动和不稳定,最终增大了铝的损失。

2.3.1.3 添加剂

各种添加剂对降低冰晶石熔体熔度的影响如图 2-4 所示。但其中以 LiF 最显著,MgF_2 次之。早先我国许多侧插棒式自焙阳极电解槽曾经采用加锂盐或 Li-Mg 复合盐的电解质,由于降低电解温度显著,都获得了较高电流效率和较低电能消耗,取得了较好的技术经济指标。

2.3.1.4 低摩尔比电解质

采用低摩尔比的电解质,由于加入较多 AlF_3 后其熔度降低较多,Al_2O_3 溶解度减小,电解质的电阻率增高,此时对下料要求严格,否则易生成沉淀,故不适合于人工操作的自焙槽生产。

2.3.1.5 多元电解质的初晶温度

含有 AlF_3、LiF、CaF_2 和 MgF_2 以及氧化铝的冰晶石熔体的初晶温度(K)可以用下式表示[9]:

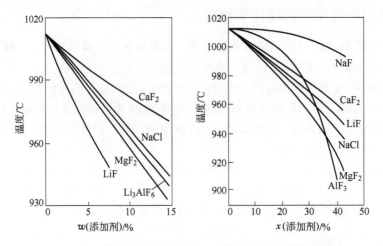

图 2-4　各种添加剂对冰晶石熔体初晶温度的影响

$$T = 1.011 - 0.072w(\mathrm{AlF_3})^{2.5} + 0.0051w(\mathrm{AlF_3})^3 + 0.14w(\mathrm{AlF_3}) - 10w(\mathrm{LiF}) + 0.736w(\mathrm{LiF})^{1.3} +$$

$$0.063[w(\mathrm{LiF}) \times w(\mathrm{AlF_3})]^{1.1} - 3.19w(\mathrm{CaF_2}) + 0.03w(\mathrm{CaF_2})^2 + 0.27[w(\mathrm{CaF_2}) \cdot$$

$$w(\mathrm{AlF_3})]^{0.7} - 12.2w(\mathrm{AlF_3}) + 4.75w(\mathrm{AlF_3})^{1.2} - 5.2w(\mathrm{MgF_2})$$

2.3.2　电导率

电导率是电解质最重要的物理化学性质之一，它关系到极距间电压降的大小，通常极距间电解质的电压降约占槽电压的 35% ~ 39% ，因此它与电能消耗的大小直接相关。

$\mathrm{Na_3AlF_6}$-$\mathrm{Al_2O_3}$ 系电解质的电导率测定非常困难，主要原因是高温熔融铝电解质的腐蚀性极强，导电池材料要用耐高温、耐腐蚀的绝缘材料制成，现在尚未找到较理想这种材料，目前的研究测试多采用氮化硼（BN）制成毛细管，基本上能保证测量精度。

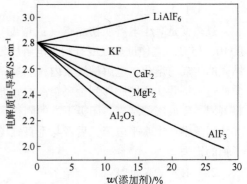

图 2-5　若干添加剂对冰晶石熔体电导率的影响[3]

（1）添加剂对铝电解质电导率的影响。若干添加剂对铝电解质电导率的影响研究结果汇集在图 2-5 上[3]。前人的研究结果指出，LiF、$\mathrm{Li_3AlF_6}$、NaF、NaCl 都能增大电解质的电导率，其中以 LiF 为最优。其余的添加剂则降低电解质电导率。

（2）工业铝电解质的电导率，在含有 LiF 和 $\mathrm{MgF_2}$ 时可按下式计算[9]：

$$\kappa = \exp[2.0156 - 0.0207w(\mathrm{Al_2O_3}) - 0.005w(\mathrm{CaF_2}) - 0.0166w(\mathrm{MgF_2}) +$$

$$0.0178w(\mathrm{LiF}) + 0.434R - 2068.4/T]$$

式中　κ——电解质电导率，S/cm；

R——NaF 对 LiF 的质量比;

T——绝对温度,K。

(3) 加入 Al_2O_3 后电解质电导率下降。冰晶石熔体中加入 Al_2O_3 后,其电导率下降(电阻率升高),例如在 1010℃下,纯冰晶石的电导率为 2.8S/cm,当加入 10% Al_2O_3 后,电导率下降至 2.25S/cm,即下降 20%,也即电阻率增大 20%。加入的 Al_2O_3 量越少,电导率减小也越少,因此单次下料量少的点式下料方式,所引起的电导率变化很小。但大加工时,加入大量 Al_2O_3 则使电解质电导率变差。可见,点式下料可以在较高的电解质电导率情况下运行,因而有利于节能。

(4) 若干二元系和三元系电解质的电导率,冰晶石含有 Al_2O_3、AlF_3、CaF_2、KF、MgF_2 的二元系和 Na_3AlF_6-Al_2O_3-CaF_2、Na_3AlF_6-AlF_3-KF 三元系电导率的计算可用如下的经验公式[3]:

$$\ln\kappa = 1.977 - 0.0200w(Al_2O_3) - 0.0131w(AlF_3) - 0.0060w(CaF_2) - 0.0106w(MgF_2) -$$

$$0.0019w(KF) + 0.0121w(LiF) - 1204.3/T$$

式中 κ——电导率,S/cm;

$w(AB)$——添加剂(AB)的质量分数,%;

T——绝对温度,K。

(5) 当电解质中存在有炭渣颗粒时,电解质的电导率下降。

2.3.3 密度

2.3.3.1 电解质和熔融铝的密度

密度是物质质量与其体积之比,单位为 g/cm^3。铝电解时,电解质和熔融铝之间的密度差比较小,例如 1000℃时,纯熔融冰晶石的密度为 2.095g/cm^3,纯铝的密度为 2.289g/cm^3,两者的密度差小容易引起金属的损失,此外还会因小的干扰而引起电解质和铝液界面的明显波动,因此增加两者的密度差是很重要的。

纯熔融冰晶石和纯铝(99.75%)在不同温度下的密度(g/cm^3)按下式表示:

$$\rho_{Na_3AlF_6} = 3.032 - 0.937 \times 10^{-3}t$$

$$\rho_{Al} = 2.382 - 272 \times 10^{-6}(t - 658)$$

2.3.3.2 NaF-AlF₃ 系的密度

在 NaF-AlF₃ 系中,熔体密度在冰晶石成分附近出现一个高峰,该点是 AlF_3 20% ~ 25%(摩尔分数)处,由图 2-6 看出,此高峰并不尖锐,说明冰晶石已经在一定程度上发生了热分解,而且温度越高,此高峰的陡度越小,冰晶石的热分解程度越大。

2.3.3.3 Na₃AlF₆-Al₂O₃ 系的密度

此二元系的密度图如图 2-7 所示。尽管 Al_2O_3 的密度很大,但随着 Al_2O_3 的加入,熔体的密度降低,这可能与熔体中出现了体积庞大

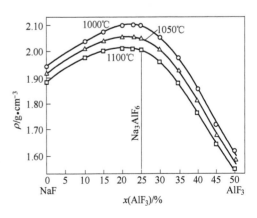

图 2-6　NaF-AlF₃ 系密度变化图

的络合离子有关。

2.3.3.4　工业电解质的密度与温度的关系

根据研究和实测，含有氧化铝和添加剂的电解质，在 1000℃ 时的等温密度图如图 2-8 所示。

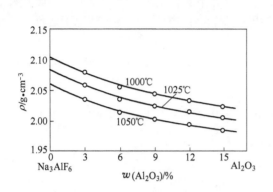

图 2-7　Na_3AlF_6-Al_2O_3 系密度变化图　　　图 2-8　1000℃时 Na_3AlF_6-添加剂系的等温密度图

该系密度与温度的关系可以按下式计算[9]：

$$\rho_{bath} = 100/[\,w(Na_3AlF_6)/(3.305 - 0.000937T) + w(AlF_3)/(1.987 - 0.000319T +$$
$$0.0094w(AlF_3)) + w(CaF_2)/(3.177 - 0.000391T + 0.0005w(CaF_2)^2) +$$
$$w(MgF_2)/(3.392 - 0.000525T - 0.01407w(MgF_2)) +$$
$$w(LiF)/(2.358 - 0.00049T) + w(Al_2O_3)/(1.449 + 0.0128w(Al_2O_3))\,]$$

2.3.4　黏度

黏度是电解槽中支配流体动力学的重要参数之一。例如，电解质的循环性质，Al_2O_3 颗粒的沉落，铝珠、炭粒的输运以及阳极气体的排除等都同电解质的黏度有关。它影响到阳极气体的排出和细微铝珠与电解质的分离，从而关系到金属铝损失和电流效率。

冰晶石熔体中加入 Al_2O_3，黏度一直增加，$w(Al_2O_3)$ 超过 10% 后，黏度陡然上升，电解质此时特别黏稠，如不及时解决会引起许多问题。在 1000℃ 下，不同摩尔比的冰晶石熔体中氧化铝含量对黏度的影响如图 2-9 所示[3]。

高温下冰晶石熔体的黏度测定比较困难，至今积累的资料与数据不全。若干添加剂对冰晶石熔体黏度的影响如图 2-10 所示。

2.3.5　接触角 θ

2.3.5.1　界面张力与接触角

电解质的表面性质对电解过程以及槽内发生的二次反应有重要影响。在电解质/炭素的界面上，界面张力影响着炭素内衬对电解质组分的选择吸收，以及电解质与炭渣的分离；在阴极界面上，铝和电解质之间的界面张力，影响着铝的溶解速率，因而影响着电流效率；炭素材料被电解质所湿润是三相界面上界面张力的作用，也是一个关系到发生阳极效应的重要因素。

在电解质/炭素界面上的界面张力 $\gamma_{e/c}$，这个界面上的界面张力关系通常用接触角 θ 来表

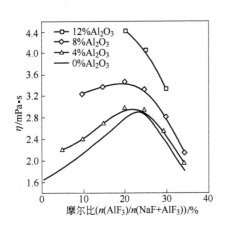

图 2-9 不同摩尔比的冰晶石熔体中
氧化铝含量对黏度的影响

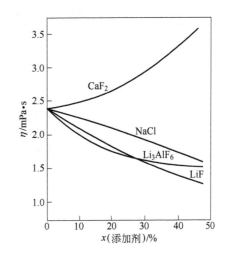

图 2-10 1000℃时若干添加剂对
冰晶石熔体黏度的影响[3]

示，界面张力与接触角的关系见图 2-11。

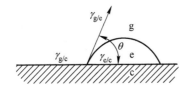 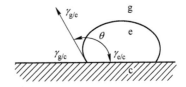

图 2-11 熔盐与炭板之间的接触角示意图

接触角的数值受 3 个界面张力的影响：即电解质和气体间的界面张力 $\gamma_{g/e}$，固体和气体间的界面张力 $\gamma_{g/c}$，以及电解质和固体间的界面张力 $\gamma_{e/c}$。它们之间的关系可以用下式表示：

$$\cos\theta = (\gamma_{g/c} - \gamma_{e/c})/\gamma_{g/e}$$

接触角 θ 指熔融电解质与炭板及空气之间的三相界面之间的夹角（如图 2-11 所示）。

在 1010℃下，纯冰晶石熔体在无定形炭板（类似于炭阳极、炭阴极）上的 θ 约为 125°左右，当加入 10% Al$_2$O$_3$ 后，接触角变小至 110°。

接触角 θ 的大小影响阳极气体自阳极底掌的排出，阳极效应的发生以及炭渣与电解质的分离。

2.3.5.2 Al$_2$O$_3$ 含量与接触角的关系

当电解质中 Al$_2$O$_3$ 含量降至甚低时，一般在 1.5% 左右（注意，视电解温度、电解质组成、电流密度及炭素材料极化情况等而定），即会发生阳极效应。此时，电解质因 Al$_2$O$_3$ 含量低，它与炭素阳极间的 θ 角大，气泡容易存在于阳极底掌，因而导致效应的发生，加入 Al$_2$O$_3$ 后，θ 角变小，两者湿润性变好，有利于气泡的排除及效应的熄灭。

在过去的生产中常利用发生阳极效应时的高温且缺少 Al$_2$O$_3$ 的情况下来分离炭渣，或者可以观察到槽温高时，阳极效应推迟发生，这都与 θ 角的变化有关。

2.3.5.3 添加剂对接触角的影响

电解质的若干添加剂也在不同程度上影响 θ 的大小。有关实测数据列于表 2-5。

表 2-5 添加剂对电解质和石墨之间接触角的影响[3]

添加剂含量（质量分数）/%					$\theta/(°)$	标准偏差/(°)
LiF	NaF	CaF$_2$	MgF$_2$	AlF$_3$		
—	—	—	—	—	112.0	3.2
2	—	—	—	—	114.3	1.9
3	—	—	—	—	123.0	1.7
5	—	—	—	—	127.7	1.1
—	3.66	—	—	—	99.4	1.9
—	—	3	—	—	119.3	2.1
—	—	8	—	—	120.8	2.5
—	—	—	3	—	120.0	2.0
—	—	—	8	—	129.6	1.1
—	—	—	—	7.04	103.9	3.2
—	—	—	—	15.84	104.4	6.1
5	3.66	—	—	—	112.7	0.8
—	3.66	8	—	—	113.0	1.2
—	3.66	—	8	—	120.7	1.5
5	—	—	—	15.84	103.8	2.7
—	—	8	—	15.84	125.0	1.2
—	—	—	8	15.84	115.4	0.8

2.3.6 Na$_3$AlF$_6$-Al$_2$O$_3$ 熔体物理化学性质的综合分析

这个体系的物理化学性质同该体系熔体的结构有着密切关系。20 世纪 50 年代，别里亚耶夫（Belyaev）曾试图用熔体结构的变化来解释性质的变化[8]，虽然当时对熔体结构的认识尚不深入，但他的这种探讨是很有意义的。图 2-12 绘出了 Na$_3$AlF$_6$-Al$_2$O$_3$ 系熔体的综合性质图。结合若干现代熔体结构知识，对图上各性质的变化与熔体结构的关系解释如下：

（1）熔体中存在的络合离子根据溶入 Na$_3$AlF$_6$ 中氧化铝的多少而有所不同（详见本书第 4 章，冰晶石-氧化铝系熔盐结构），在低 Al$_2$O$_3$ 浓度时，熔体中主要存在有 Al$_2$OF$_6^{2-}$ 络合离子；在高 Al$_2$O$_3$ 浓度时则以 Al$_2$O$_2$F$_4^{2-}$ 为主。为了便于讨论，统称 Al-O-F 络合离子。

（2）密度和摩尔体积。在往冰晶石中加入氧化铝后，出现了上述这两种离子，随着氧化铝的增加，这两种离子也增加，特别是体积更大的 Al-O-F 络合离子。如前所述，密度是单位体积内的质量，因此加入更多氧化铝后，体积更大的 Al-O-F 络合离子含量增多，单位体积内的质量减小，同原来相比，密度和摩尔体积不断降低。随着氧化铝的增多，络合离子含量

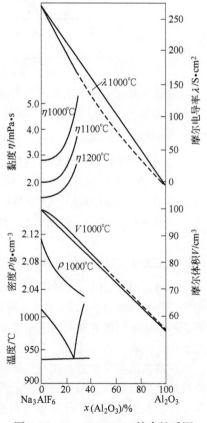

图 2-12 Na$_3$AlF$_6$-Al$_2$O$_3$ 综合性质图

更多，密度更加变小，摩尔体积也是直线下降，如图 2-12 上曲线 ρ 和 V 的走向。

（3）黏度。随着冰晶石熔体中氧化铝的加入，黏度陡峭地上升，这与熔体中出现体积庞大的 Al-O-F 络合离子以及它们的增多有关。当大量体积庞大的络合离子存在于熔体中时，熔体的内摩擦力急剧增加，因而表现为黏度陡峭地升高。

（4）电导率。同样，当氧化铝加入后出现体积庞大的 Al-O-F 络合离子时，离子移动的淌度就会降低，随着氧化铝的增多，体积庞大的络合离子增多，离子的定向迁移更为困难，因而电导率直线下降。

早期，熔盐的物理化学性质，特别是密度、黏度和电导率等作为熔体结构的敏感性质曾用于间接地推测熔盐的结构。随着科技的进步，后来有了更新的理论和研究工具，对熔盐的结构实体能作进一步的确定，其成果又反过来促进人们对熔盐性质变化规律的了解，我们期盼今后能对熔体性质与结构的关系有更加深入的认识。

2.4 低温电解质

低温电解质是指熔化温度低于 800 ~ 900℃ 的炼铝电解质，它是铝电解行业长期梦想的目标。由于低温电解能够提高电流效率、减少炭耗、减少槽的热损失、增加槽寿命、降低含氟气体排放以及更适宜于采用惰性电极，因而长期以来进行了很多的研究，如 J. Thonstad、K. Grjotheim、W. C. Sleppy 及邱竹贤等人[2,3,6]的工作。早期多采用添加剂来降低冰晶石氧化铝系的熔度，前已述及添加剂中以加入 LiF 改善电解质组成的效果最为明显，然而电解质的熔度仍然在 930℃ 以上。其后采用的低摩尔比电解质，一直沿用至今，但大部分电解质的熔化温度仍然不低于 920℃。有关低摩尔比电解质的若干研究结果汇总于表 2-6[10]。所有这些研究过的低熔点电解质，它们的最大缺点就是氧化铝的溶解度降低了；其次，低摩尔比引起的 AlF₃ 挥发损失很大，增大了回收处理的难度。

表 2-6 不同组成电解质物性参数表

电解质	电解质组成/%				熔点/℃	电解温度/℃	氧化铝溶解度/%	铝的溶解度/%	电导率/S·cm⁻¹	蒸气压/Pa	电流效率改变/%	能量效率改变/%
	AlF₃	CaF₂	LiF	MgF₂								
传统电解质	6	6			952	972	6.5	0.026	2.118	519.87	0	0
低摩尔比	13	4			934	954	6.1	0.019	1.922	746.48	2.9	−0.2
成分 1	2	4	3	3	929	949	4.0	0.017	2.301	253.27	3.8	6.7
成分 2	10	5	3	3	925	945	4.6	0.011	1.997	493.21	6.5	4.6
成分 3	23	4			860	900	4 ~ 5		(1.65)		(7 ~ 8)	
成分 4	20	4	3	3	960	900	4 ~ 5		(1.70)		(7 ~ 8)	

A. Sterten 等对在 800℃ 的一批电解质进行了实验室的电解研究，所采用的电解质组成见表 2-7[11]。根据电流效率、氧化铝溶解度以及所得金属铝中含 Li 量等综合考虑，研究者推荐表中 B7 号电解质，此电解质组成为：$w(\mathrm{Na_3AlF_6})$ 53.7% + $w(\mathrm{Li_3AlF_6})$ 33.8% + $w(\mathrm{CaF_2})$ 5% + $w(\mathrm{Al_2O_3})$ 7.5%，电解温度为 800℃。

最新进展是探索室温铝电解。铝以固态形式析出，电解在 200℃ 下进行，电解质采用离子液体 $\mathrm{C_6mimPF_6}$ 和 $\mathrm{C_8mimPF_6}$，以氧化铝为原料。可惜目前氧化铝在这类离子液体中的溶解度仅为 0.5% ~ 1.0%，无法工业应用。如果改为易溶解于该类离子液体的含铝原料，也可能会有应用前景。

表 2-7　电解质组成与对应电解温度表

成　分	B5	B6	B7	B8	B9	B10	B11	B12	B13	B15
Na_3AlF_6/%	84	71	53.7	38.5	64	62	57	54	52.4	68
Li_3AlF_6/%			33.8	29.7		4.2	16.6	29.1	41.6	
K_3AlF_6/%				23.8						
AlF_3/%	6				30	27.8	20.4	10.9		
LiF/%		21								26
CaF_2/%	5	5	5	5	4	4	4	4	4	4
Al_2O_3/%	5	3	7.5	3	2	2	2	2	2	2
温度/℃	980	800 860	800	850	800	800	800	800	800	800

2.5　铝电解质成分的改进

2.5.1　国外概况

最早，美国凯撒铝业公司在中等容量（80kA）电解槽上应用碳酸锂作为添加剂。电解质中含有约 4% CaF_2，5% LiF，摩尔比为 2.6，电解质温度比标准电解质温度下降 10 ~ 20℃。电流效率提高了 3.5%。电流可增加 7.3%，产量增加了 10.8%。

后来德国 VAM 铝业联合公司，在 129kA 预焙槽上，使用正常成分的电解质，过剩 AlF_3 8%，摩尔比 2.45，CaF_2 约 5%，电流效率 90.5%，电耗为 13800kW·h/t(Al)，炭耗 421kg/t(Al)，后来添加了 LiF 1.6% ~ 1.7%，电流提高到 130kA，电流效率提高到 92%，电耗为 13500kW·h/t(Al)，炭耗降至 414kg/t(Al)，获得了很好的效果。

最近美国雷诺金属公司发表了摩尔比为 2.2 ~ 2.3 加锂盐（1% ~ 3%）电解质的工业报告。与摩尔比为 2.2 ~ 2.3 的电解质相比，其电流效率与电耗变化不大。因此认为低摩尔比再加锂盐的意义不大。若干国外大型预焙槽使用低摩尔比和加锂盐的运行数据见表 2-8。

表 2-8　国外大型预焙槽采用低摩尔比和锂盐添加剂的运行数据[12,13]

电解槽指标	180kA 电解槽				280kA 电解槽			
过剩 AlF_3 含量/%	10.9	9.4	5.5	4.0	12.5	11.2	9.5	7.7
LiF 含量/%	0.3	1.0	2.2	3.2	0.4	2.1	3.0	2.6
MgF_2 含量/%	0.3	1.0	2.6	2.6				
CaF_2 含量/%	4.5	4.2	3.9	3.8				
温度/℃	956	958	953	947	952	937	942	953
过热度/℃	2	10	15	10				
电流/kA	181.1	181.6	180.3	179.3	281.7	285.6	284.3	281.0
电流效率/%	94.47	94.15	93.24	91.96	95.8	95.1	94.1	91.9
电能消耗/kW·h·t^{-1}(Al)	13280	13150	12750	12990	12840	13030	13060	13320
槽电压/V	4.21	4.15	3.99	4.01	4.13	4.16	4.12	4.11

2.5.2 国内概况

我国自 20 世纪 60 年代起，中南大学、东北大学和郑州轻金属研究院与有关铝电解厂合作，都开展过铝电解质添加剂的研究，抚顺铝厂对添加剂作了大量的工业试验及应用[14]。

（1）加 MgF_2。抚顺铝厂于 1975～1976 年继苏联之后首次在我国作了工业试验，电解质中含 MgF_2 3%～7%，可提高电流效率 0.7%～0.9%，后又增加 CaF_2 4%～5%，电流效率提高约 1%，采用 $MgF_2 + CaF_2$ 含量约 10% 左右，有较好效果。

（2）加 Li_2CO_3（锂盐）及 Li-Mg 复合盐。1982～1983 年，在抚顺铝厂添加锂盐获得较好的效果后，在国内一些铝厂进一步推广应用，使用的电解质含 LiF 2.5%～3.5%，MgF_2 2.5%～3.5%，CaF_2 2.5%～3.5%，电解温度降低 12～16℃，电流效率提高 2%，吨铝节电 600kW·h，吨铝消耗 Li_2CO_3 1.12kg，吨铝炭耗降低 24.8kg，减少排氟量 30%，节能增产效果十分明显。

（3）自 1987 年以来，我国以 160kA 中间点式下料预焙铝电解槽计算机控制技术的改进研究为契机，开始进行低摩尔比电解质的应用研究。随着先进控制技术的推广应用，我国铝厂所采用的摩尔比从 2.8 逐步降低到了 2.5～2.0。目前，我国铝厂的电解质类型大体分为两类：一类是采用 2.0～2.2 摩尔比，不使用添加剂；另一类是采用 2.3～2.5 摩尔比，使用镁盐添加剂（MgF_2 含量 2.0%～3.5%）和（或）镁盐添加剂（2.0%～3.5%）。

参 考 文 献

1 Grjotheim K, et al. Aluminum Electrolysis, 1st edition. Dusseldoff：Aluminium-Verlag, 1977

2 Grjotheim K, et al. Aluminum Electrolysis, 2nd edition. Dusseldoff：Aluminium-Verlag, 1982

3 Thonstad J, et al. Aluminium Electrolysis, 3rd edition. Dusseldoff：Aluminium-Verlag, 2001

4 Беляев А И. Электропит апюминиевых ванн. Металлургц ЗА АТ, 1961

5 Belshimenko O P, et al. Результаты лромышленных ислытанийэлектролита с ловьшшенным крнолитовым отношением и сояержанием яобэвок лри лроизвоястве алюминия. Non-ferrous Metals（Russia）. 1988, (4)：54～55

6 邱竹贤. 预焙槽炼铝（第 3 版）. 北京：冶金工业出版社, 2005

7 Oye Harald A. Materials used in aluminum smelting. R. D. Peterson. Light Metals. Warrendale, Pennsylvania：TMS light metals committee, 2000：3～15

8 Grjotheim K, Welch B J. Aluminum smelter technology. Aluminum. Dusseldoff：Aluminium-Verlag, 1980

9 Haupin W. The influence of additives on hall-héroult bath properties. JOM. 1991, 11：28～34

10 Kai Grjotheim, Halvor Kvande, Welch Barry J. Low-melting baths in Aluminium electrolysis. R. E. Miller. Light Metals. Warrendale, Pennsylvania：TMS light metals committee, 1986,(2)：417～423

11 Sterten A, Rolseth S, Skybakmoen E, et al. Some aspects of low melting baths in Aluminium electrolysis. Larry G. Boxall. Light Metals. Warrendale, Pennsylvania：TMS light metals committee, 1988：663～670

12 Paulsen K A, et al. Current afficiency at a fanction of the contents of alumina and CaF_2 in industrial aluminium Electrolysis cells. Subodh K. Das. Light Metals. Warrendale, Pennsylvania：TMS light metals committee, 1993：233～238

13 Langon B, Varin P. Aluminium pechiney 280kA pots. R. E. Miller. Light Metals. Warrendale, Pennsylvania：TMS light metals committee, 1986：343～347

14 陈万坤等. 有色金属进展轻金属卷. 长沙：中南工业大学出版社, 1995

3 氧化铝在电解质中的溶解及其行为

3.1 概述

铝电解的主要原料是氧化铝，它能否顺畅地溶解进入电解质关系到铝电解槽的生产能否顺利进行，生产过程是否平稳，是否产生沉淀，以及是否产生病槽等问题，相应地影响到电流效率、电能消耗和物料消耗。

氧化铝的溶解同氧化铝的品种和性质、电解质的性质及状况以及加料方式密切相关。

加入电解质的氧化铝主要有三个去向，即：（1）溶解；（2）结成面壳和炉帮；（3）沉落到槽底，生成沉淀。

向电解质加入冷的氧化铝时，氧化铝进入熔体后，细散颗粒的外层会生成一薄层凝固电解质，如果氧化铝经过预热达到足够的温度则不出现凝固的外壳，这些氧化铝在缓慢降落的过程中，一面吸热，使本身的温度达到电解质的温度，一面逐渐溶解。氧化铝的溶解过程是一个强烈的吸热过程，根据计算，为了溶解1%氧化铝，电解质的温度将会下降14℃（如果所需的热全部由电解质提供），大约有一半这样的热量提供给加热用，另一半则提供给溶解所需的热量。

3.2 氧化铝的物理性质

工业上采用的氧化铝其粒度一般在40~50μm，还有一部分更细的颗粒，这部分应该低于10%，以减少加料时的飞扬损失。除粒度外，纯度、α-Al_2O_3的含量、体积质量、流动性、吸附HF的能力、面壳生成的能力等性质也十分重要。工业用氧化铝一般有面粉状和砂状。有关氧化铝的性质详见1.5.1节。

现代预焙电解槽要求采用砂状氧化铝，因为它的溶解性质和其他的性质更符合现代铝电解生产的要求。工业砂状氧化铝的典型物理性质举例见表3-1。

众所周知，氢氧化铝在900℃左右煅烧时，主要生成γ-Al_2O_3，在1300℃煅烧时，主要生成α-Al_2O_3。现已发现在氧化铝形成的壳面上如果有氟化物存在，它将成为催化剂，可在较低的温度下使γ-Al_2O_3转变为α-Al_2O_3。

表 3-1 工业用砂状氧化铝的典型物理性质[1]

真实密度/g·cm^{-3}	3.7~3.8		BET 表面积/m^2·g^{-1}	40~80
堆积密度/g·cm^{-3}	0.9~1.1	烧损	25~300℃（MOI）/%	0.5~1
粒度/μm	40~150		300~1000℃（LOI）/%	0.7~2

3.3 氧化铝溶解的实验室研究

多年来，已有众多的学者[2~5]进行了这方面的工作。为了表述方便，以下分为两个方面来叙述，即细分散氧化铝的溶解和部分聚集状氧化铝的溶解。

3.3.1 细分散氧化铝的溶解

细分散氧化铝的溶解是指成颗粒状的氧化铝，当加入熔体中并强烈搅拌时，这些分散的颗粒很快就溶解了，例如每批加入1%的氧化铝，用目测观察到氧化铝的溶解少于10s。一些研究者指出，氧化铝在溶解时，溶解过程由传质所控制。当颗粒外生成电解质薄壳，而后再融化时，这个加热过程是溶解过程为传热控制的依据，并且提出了传热和传质的系数，借此估计了氧化铝颗粒外层结壳完全融化所需的时间为2.3s；对于更大些的颗粒（3mm左右的聚集体）所需的时间为13.4s，Thonstad等根据文献上传热和传质系数估算了溶解时的传热效果，在氧化铝达到电解质温度后，溶解过程受传质控制，而不是受传热控制，而且还算出了界面的温度T，仅为0.5~2℃，个别氧化铝颗粒的溶解时间估算为4.1s（粒径50μm）和16.4s（粒径100μm）。这个结果同试验数据很一致，表明氧化铝一旦分散在熔体中，它就能很快溶解。一般认为，氧化铝是很难溶解在冰晶石熔体中的，这是由于多数是形成了较大的块体，而不是形成细分散的颗粒。

别里亚耶夫（A. I. Belyaev）[6]研究了若干因素对氧化铝在冰晶石熔体中溶解的影响：

（1）氧化铝在电解质中的沉降速度。在给定时间内，氧化铝溶解在电解质中的数量不仅与温度有关，而且与其在电解质中存留的时间有关，也就是说同氧化铝在电解质中的沉降速度有关。

由于$\alpha\text{-}Al_2O_3$的密度大于$\gamma\text{-}Al_2O_3$，因而$\alpha\text{-}Al_2O_3$在电解质中的沉降速度要比$\gamma\text{-}Al_2O_3$快。氧化铝在电解质中的沉降速度不仅取决于氧化铝（及其结块）的密度、电解质黏度和温度，而且也取决于氧化铝被湿润的情况（在铝电解的实践中，有一些氧化铝被熔融电解质湿润不好，这种氧化铝就会被电解质所"排斥"，难于较快地溶解到电解质中去）。

他采用了模拟沉降试验，用密度与熔融冰晶石相同的氯化锌水溶液代替熔融电解质，模拟了氧化铝的沉降情况，结果列于表3-2。

表 3-2 氧化铝（颗粒直径60μm）**在水和不同密度氯化锌溶液中的沉降速度**

项 目	密度/g·cm^{-3}	沉降速度/cm·s^{-1}	
		$\gamma\text{-}Al_2O_3$	$\alpha\text{-}Al_2O_3$
水	1.0	1.70	2.50
氯化锌溶液	1.8	0.25	0.34
	2.2	0.17	0.22

由所列结果可以看出，在模拟的冰晶石熔体中（氯化锌溶液密度为2.2g/cm³），$\alpha\text{-}Al_2O_3$的沉降速度要比$\gamma\text{-}Al_2O_3$快。此外，$\gamma\text{-}Al_2O_3$比$\alpha\text{-}Al_2O_3$的形状更不规整，具有很多难于被熔融电解质进入的细小缝隙，缝隙中储存有空气。

（2）搅拌。试验采用了两种氧化铝，一种是实验室制备的100%的$\alpha\text{-}Al_2O_3$，另一种是工业氧化铝（面粉状）。试验温度1035℃，采用了空气搅拌和机械搅拌。

采用空气搅拌熔体时，氧化铝的颗粒由0.85mm减少到0.063mm，这时溶解速度加快了14.5倍。

用机械搅拌，氧化铝的颗粒为0.075mm时，其溶解速度也加快了。

（3）电解质温度。提高熔体的温度能加快氧化铝的溶解，例如，熔体温度提高70℃，即从1010℃提高到1080℃，氧化铝的溶解速度提高了7倍。因此，在工业条件下，氧化铝经过预热更有利于溶解。

（4）氧化铝的物相组成。研究指出，$\alpha\text{-}Al_2O_3$要比$\gamma\text{-}Al_2O_3$溶解情况要差，约比后者慢

1/3，工业氧化铝含有 20% ~ 75% 的 α-Al$_2$O$_3$，这种氧化铝的溶解速度居中。

在不同的烧结温度下得到的氧化铝，它的溶解速度也不同，主要受 Al$_2$O$_3$ 的相态所支配。

别里亚耶夫的研究[6]指出，许多添加剂都会延长氧化铝的溶解时间。图 3-1 为不同添加剂对 α-Al$_2$O$_3$ 溶解速度的影响，试验进行的温度是 1025℃。

以上试验表明，冰晶石熔体分别含有不同的添加剂（AlF$_3$、CaF$_2$、MgF$_2$、NaCl）时，随着这些添加剂的增多，氧化铝的溶解时间增加，特别是摩尔比降低时，氧化铝溶解时间延长。例如摩尔比由 3 降至 2.5，溶解时间增加 1.5 倍，冰晶石含 7%

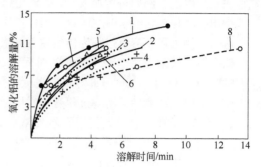

图 3-1 不同添加剂对 α-Al$_2$O$_3$ 在
冰晶石熔体中溶解速度的影响

1—摩尔比 3；2—摩尔比 2.5；3—冰晶石 + 7% CaF$_2$；
4—冰晶石 + 10% CaF$_2$；5—冰晶石 + 5% MgF$_2$；
6—冰晶石 + 10% MgF$_2$；7—冰晶石 + 10% NaCl；
8—30% NaCl

CaF$_2$ 时，氧化铝的溶解时间增加 2 倍。总之，添加剂的存在都会降低氧化铝的溶解速度。

3.3.2 部分聚集状氧化铝的溶解

由于加入电解槽的氧化铝，在接触电解质后本身在加热过程中经常会形成块体，所以很多研究者就以部分聚集状态的氧化铝作为对象，研究其溶解行为及影响氧化铝溶解速率的若干因素。分散的与聚集状的 Al$_2$O$_3$ 溶解行为与规律基本一样。

(1) 氧化铝的沉降情况。新近报道[1]，用目测法观察了点式下料器加入氧化铝的情况。点式下料器加入氧化铝时，氧化铝首先在电解液表面铺展开，它们在加热过程中呈现出浮动的状态；还观察到砂状氧化铝多半能短时停留在电解质熔体的表面上，而含有大量 α-Al$_2$O$_3$ 的面粉状氧化铝就直接沉落到槽底。砂状氧化铝接触到熔融电解质时，它的底部能出现凝固的薄壳，上部则处于干燥状态，逐渐被由下往上伸展的电解质所湿润，而后逐渐沉降。

(2) 氧化铝相态对溶解速率的影响。Gerlach 等制备了不同相态的氧化铝试样（α、θ、δ、γ、β），把这些试样分别放在含有冰晶石熔体的坩埚中，并加以搅拌，他得到的溶解速率按如下次序降低：β > γ > θ > δ > α。

(3) 添加剂的影响。电解质熔体中存在有添加剂时，都能降低 Al$_2$O$_3$ 的溶解速率，例如，含有过剩 AlF$_3$ 或 MgF$_2$ 以及含有 Al$_2$O$_3$，都能降低溶解速率。

(4) 温度的影响。如前介绍，当电解质熔体的温度升高时，Al$_2$O$_3$ 在熔体中的溶解速率增大。

(5) 过热度的影响。Welch B. J. 等[7]研究了过热度对氧化铝溶解速率的影响。后来其他人的研究也表明，高的过热度和高的搅拌速率都能加速氧化铝的溶解。

(6) 氧化铝灼减（LOI）的影响。研究还发现，氧化铝的灼减（LOI）由 2% 提高到 10% 时，溶解速率增加。高灼减有利于溶解过程。干式清洗器返回的氧化铝溶解得更快，可归因于它有更高的灼减。

在实验室中进行的各种研究，虽然结果有所差异，但是可以用一个典型的溶解曲线（见图 3-2）予以总结。这个曲线表明，在加入氧化铝后，最初溶解氧化铝速度快速升高，这是因为氧化铝颗粒有效地分布在熔体当中，它们溶解比较快；曲线的后段表明块状的氧化铝溶解比较慢。

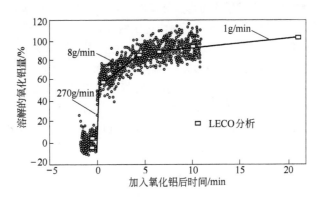

图 3-2 典型的 Al_2O_3 溶解曲线[1]

3.4 工业电解槽上氧化铝溶解研究

工业槽上对氧化铝溶解的研究，多半是在点式下料器的场合下进行的。研究发现，在过热度较高的电解槽，电解质中氧化铝的含量更高；当点式下料器加料时，其下方电解质温度下降约10℃，大约经115s后才恢复到原来的温度。在中间下料的电解槽上温度下降约17℃，经过225s恢复到原来的温度。下料器下方温度的降低是因为氧化铝溶解时加热和吸热所引起。

Ove Kobbeltvedt 等[8]为使加入的氧化铝能快速地溶解在电解质中，即在较短的时间间隔内相对大量的氧化铝能溶解到电解质中，而不产生沉淀，结合点式下料的环境，研究了氧化铝加速溶解的办法。根据观察，由于氧化铝同电解质之间有较大的温差，当氧化铝颗粒同电解质接触时，将在颗粒上形成电解质结壳，当氧化铝铺展开来时，就会形成片状的聚合体，使得氧化铝颗粒同电解质之间的接触面积大为减小，为了增大氧化铝的接触面积，必须防止聚集体的生成，或者初始聚集体碎散，为此对点式下料时氧化铝的溶解进行了模拟研究。获得的结论是，要加快氧化铝的溶解需要做到以下几点：

（1）每批量加入的氧化铝要很好地分散在电解质中，避免二次结壳的产生。

（2）下料孔下方出现的氧化铝结块应尽快地予以碎散，主要通过阳极排出的气体鼓泡击碎氧化铝结块，促进分散的氧化铝颗粒溶解。

（3）氧化铝经过预热，会加快溶解，提高电解质的过热度，也可加快聚集体的溶解。保持下料孔的畅通，而不被二次结壳阻挡，使氧化铝直接同电解质接触，则可加快其溶解。

Welch 的研究发现，在低流速、低摩尔比和低过热度以及高氧化铝浓度的条件下，氧化铝溶解的速率较低。他提出，在下料点下方的下料孔应当保持通畅，并且下料时速度要慢，这样有利于氧化铝的溶解。如果下料口被薄壳所堵塞，在后来下料时，氧化铝就将在该处发生烧结作用，形成比较大的结块，使得以后的溶解减慢。

还有学者研究开发了有关的物理和数学模型[1]，用来描述电解质的循环和氧化铝在电解槽内的分布。研究认为，欲使氧化铝得到良好的分布，阳极气体气流对电解质流动的驱动作用要比磁场的驱动作用重要得多。氧化铝在电解质中的分布明显依赖于湍流作用，模型研究指出，如果不存在湍流，就会发生氧化铝的分布出现很大的浓度梯度。当湍流流动的动能增加时，这种梯度才逐渐减小。前苏联的研究人员在自焙槽上测定过氧化铝的浓度梯度，氧化铝的浓度梯度从电解槽侧部到阳极是逐渐减小的。在阳极的下部，氧化铝的分布则是比较均匀的，在多数情况下，相差不大于 $0.5\% Al_2O_3$。

Lillebuen 等[9]观察到在电解质中有温度波动时，点式下料加入的氧化铝溶解相当快。Kvande 等[10]观察到了一个滞后的效应，当点式下料由过供料（135%）向欠供料（70%）转变时，电解槽的虚拟电阻突然降低，相当于有 300mV 的电压差，平均的电压差为 80mV，这种滞后效应是由于在过供料时，没有溶解的氧化铝聚集在一起，可能停留在金属表面上而引起。

后来还有研究者[11]利用了插在不同沟道中的若干热电偶，来估算点式下料的电解槽中氧化铝的分布。以温度降低作为标识，发现槽内某些区的氧化铝比较少，氧化铝分布不均匀，这种情况表明，在大型点式下料的预焙槽中，下料器的位置和以气体驱动的流场分布对于氧化铝分布十分重要。

3.5　结壳、炉帮及沉淀

3.5.1　概述

铝电解槽上的氧化铝结壳（面壳）、炉帮及底部结壳都是铝电解质演变产生出来的，是冰晶石-氧化铝熔体不同的存在形式。它们除了和铝电解质性质关系密切外，还同铝电解的生产操作（如工艺条件、加 Al_2O_3 方式等）、槽子结构特点、生产环境等有关，并且相互关系甚为复杂。图 3-3 为电解槽内结壳、炉帮、伸腿及沉淀示意图。

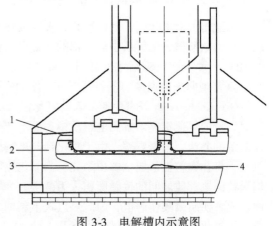

图 3-3　电解槽内示意图
1—结壳；2—炉帮；3—伸腿；4—沉淀

（1）结壳。根据长期生产实践可知，电解槽上保有完好的 Al_2O_3 结壳，可以覆盖阳极周边和侧部，减少阳极遭受氧化烧损，同时，它又是热的不良导体，可以起隔热保温作用，以减小槽子的热损失。结壳同其上覆盖的 Al_2O_3 还能吸附槽内散发出的含氟气体，具有吸氟、载氟功能，这对减少含氟气体向车间排放起了很好的阻缓作用，因此生成完好结壳是十分重要的。

（2）炉帮。炉帮是熔融电解质沿槽膛内壁凝结的一圈固态电解质块体，它连续地以不同厚薄程度构成了槽膛空间，在此空间内进行着铝电解的电化学及物理化学反应，实现电解过程。这一层炉帮是良好的绝热和电绝缘材料，它既能对炉膛保温，又能防止漏电，同时，良好形状的炉膛可使电流密度高而集中，电解质和铝液流动顺畅，气体排除容易等，从而可获得较高的电流效率。它的形成和变化，受电解槽热平衡情况支配。

（3）伸腿。伸腿是铝厂工人对槽内与铝液接触的那部分凝固炉帮的专用称谓。它比上部炉帮厚而略向阳极下部伸出。也可理解为，凝固在槽膛内壁的固态电解质，上部称为炉帮，在铝液接触处及其以下的称为伸腿。

（4）底壳。这是沉落于液体铝层之下的电解质壳块形成的，它增加了槽底电阻，使槽底电流分布不均匀，造成局部磁场波动，也是病槽病源之一。因此它是有害的，生产中要大力防止底壳的生成。

3.5.2　结壳的生成

3.5.2.1　对结壳的要求
往电解质中加料（不论是点式下料或侧部下料，或换阳极后的盖料）之后，在电解质表面将形成面壳（结壳）。实践表明，要生成良好的结壳，首先要求结壳形成要快，壳的质地硬软恰当，既不宜太硬，也不宜太软。现代铝电解槽中经过点式下料及中心下料所生成的结壳一般很软。旧工艺采取大加工或边部加工形成的结壳都比较硬。

壳面上的 Al_2O_3 层起着干燥、保温和吸收氟化物气体的作用。点式下料器每一次下料时，连同下料口处上部的 Al_2O_3 层及下面的结壳一起打落，进入熔融电解质。

3.5.2.2 结壳的生成

当下料加入的 Al_2O_3 与电解质接触时，它们有三个去向：形成结壳；聚结成较大 Al_2O_3 块体而沉落；崩解分散为细小晶状 Al_2O_3，迅速溶入电解质（5~10s）。

当加入的 Al_2O_3 被熔融电解质所浸润渗透并且立即凝固时，则生成结壳，如果此时电解质不凝固则不能结壳。

如果 Al_2O_3 的晶粒互相交联，形成一种结构上类似网络的结构，则能很快形成结壳。研究证明，当 Al_2O_3 中的 γ-Al_2O_3 转变为 α-Al_2O_3，则易于使 Al_2O_3 的晶粒形成网络结构，有利于快速结壳。由于结壳中存在着这种网络结构，结构的强度增大，即使温度升高超过电解质的融化温度也不致碎裂。

形成 Al_2O_3 网络结构的条件为：

（1）Al_2O_3 含有一定量的 α-Al_2O_3 或由 γ-Al_2O_3 转变为 α-Al_2O_3，但不宜超过50%；

（2）温度大于800℃；

（3）接触的电解质应凝固下来，以利于形成颗粒间的交联。

3.5.3 结壳的性质

结壳的性质如下：

（1）结壳温度。研究者曾对点式下料口之外的结壳做过连续60h的测量。结果表明，壳面上 Al_2O_3 层的温度一直在增加，结壳厚约5~10cm，下部的结壳温度需20h才达到暂时平衡，接近硬壳处的温度在700℃左右。

（2）结壳的化学组成。大部分结壳 $w(Al_2O_3)$ < 40%，其余为电解质。结壳的摩尔比上下并不一样，上部结壳的摩尔比要比液体电解质的摩尔比为低，下部结壳则接近于液态电解质的摩尔比。取样举例说明：结壳组成为 CaF_2 3.37%，MgF_2 0.18%，AlF_3 25.36%，Al_2O_3 41.27%，NaF 26.825%（摩尔比为2.12），其中的亚冰晶石含量为20.4%，此例结壳的熔化温度为942℃。

（3）结壳的相组成。结壳由三种化合物组成，即 α-Al_2O_3、冰晶石和亚冰晶石。亚冰晶石含量比冰晶石多。

（4）结壳的密度。结壳内 Al_2O_3 含量较高者（40%~45%），密度较小。

（5）温度高于740℃时，结壳内出现液相。例如，取样的结壳其摩尔比为2.4，在740℃时，结壳内的液相量为16%，800℃时为18%，900℃时为24%。这表明温度高，结壳内的液相多，结壳易于解体。

实践证明，生产上常用碎电解质块来生成结壳和补炉帮，因其中含的低熔点电解质多，易于生成结壳体。

3.5.4 Al_2O_3 及壳块的沉降与溶解

带有一层保温料 Al_2O_3 的壳块被打落进入电解质后，它们的去向如下：

（1）细散的 Al_2O_3 料。

1）溶解在电解质中；

2）沉降在金属铝液面上；

3）沉降在金属铝液下面（槽底）。

（2）团块状的壳块。

1）少量地溶解在电解质中；

2）沉降在电解质凝成的伸腿上；

3）沉降在金属铝液的下面（槽底）。

3.5.4.1　细散的 Al_2O_3 沉降在金属铝液面上[3]

A　可能性

细散的 Al_2O_3 颗粒沉降下去停留在液体铝液面上是可能的。现场生产中曾观察到（用铁钎）在电解质和铝液面接界处有凝结的 Al_2O_3 薄层存在。也曾对工业槽内铝液面附近的电解质做取样分析，其 Al_2O_3 含量可达到15%，而电解质中 Al_2O_3 含量为4%。理论计算也表明，由于液体铝的表面张力很大，可使直径达7mm的 Al_2O_3 颗粒停留于其上。

B　存在的条件

存在的条件如下：

（1）铝液镜面相对平静，即旋转波动很小；

（2）Al_2O_3 小批量下料、粒料，冲动不猛烈。

C　作用

作用如下：

（1）由于铝液面上被薄层 Al_2O_3 覆盖，减小了铝往电解质中的溶解，减少了金属铝与 CO_2 的反应，因而减小了二次反应，使电流效率得以提高（试验研究表明，电流效率可提高2%以上）；

（2）点式下料的行为及作用与此相仿，也可能是其获得高效率的原因之一。

3.5.4.2　壳块的沉降

A　壳块在电解质中的解体

研究表明，面粉状 Al_2O_3 结成的壳块，在电解质中解体较快（数十至数百分钟），砂状 Al_2O_3 形成的壳块，在电解质中解体较慢（约需数天）。

B　壳块沉降在伸腿上

打落的壳块，其中的散料溶解较快，在 5~10s 内可使电解质中 Al_2O_3 浓度增加约1%，而块状体沉降在伸腿上，缓慢溶解，为槽子提供"自供料"。

C　壳块沉降到铝液下部（槽底）

沉降到铝液下部的壳块，它仅靠一层电解质液膜来溶解，因而是十分缓慢的过程。这层液膜是由于铝液与炭素槽底之间的接触角很大，熔融电解质易于浸润进入其空间，尽管此液膜厚度约为2mm，但其面积甚大，其溶解 Al_2O_3 的作用也不可小看。

沉降在铝液下部的壳块，在电解温度下，壳块中的电解质成分熔化，形成稀松的结构，其中 Al_2O_3 含量为40%~60%，一般称为"沉淀"。

当槽底温度降低时，这种沉降的壳块形成的沉淀，将逐渐凝结成硬块，即生成了底部结壳，它起着阻断电流的作用，由此带来一系列引发病槽的原因。

3.5.5　炉帮与伸腿的形成

尽管试验室研究提出了一些结果，但与生产实际有较大出入。然而现场对炉帮与伸腿的深入研究还少见，因此对其缺少深入了解，以下几方面对了解炉帮与伸腿是十分重要的。

（1）炉帮是由电解质所凝固而成的，从接触液体电解质处起，沿槽壁形成一圈炉帮，内空处为炉膛。在靠近液体电解质处的炉帮含 Al_2O_3 量较低，靠近炭素内衬处的炉帮含 Al_2O_3 量较高。

同铝液接触以下的炉帮称为伸腿，它向铝液中凸出。生产实践表明，槽内铝液高度（工业上又称铝水平）有多高，伸腿也就相应增高。因为铝液的导热性比电解质好，散热快，故与铝液接触处的炉帮长得大而厚，形成了伸腿。

（2）炉帮形成的厚薄主要取决于槽壳结构和槽子工作面的大小。最终由电解生产的热平衡来确定。显而易见，当槽子的热收入减小时（例如极距降低），槽子变冷，炉帮将变厚；当槽子热收入增多时，则炉帮变薄。反之，槽子散热大，热损失大，炉帮自动变厚，当槽子周边保温好，不易散热时，炉帮自动熔化变薄。炉帮的"长"和"化"是一定条件下电解槽具备的自调节功能。如今科技发展，已能用计算机模拟出由于热平衡的变化，引起炉膛内型变化的曲线图。

（3）在新槽启动或大修槽启动时，在槽底周边加入固体物料 CaF_2 和 NaF（或苏打），作为日后形成炉膛的骨料，当浇入液体电解质时，角部能形成炉帮主体。

启动期间，采取"高温建炉膛"的操作方法，可为日后形成规整的耐熔化的炉膛打下基础，使后期的生产顺利并获得高产。

参 考 文 献

1 Thonstad J, et al. Aluminum Electrolysis, 3rd edition. Dusseldorf：Aluminum-Verlag, 2001

2 Kuschel G I, Welch B J. Further studies of alumina dissolution under conditions similar to cell operation. Euel R. Cutshall. Light Metals. Warrendale, Pennsylvania：TMS light metals committee, 1991：229～305

3 Thonstad J, Liu Yexiang. The effect of an alumina layer at the electrolyte/aluminium interface. Bell Gordon M. Light Metals. Warrendale, Pennsylvania：TMS light metals committee, 1981：303～312

4 Solheim A, et al. Liquids temperature and alumina solubility in the system Na_3AlF_6-AlF_3-LiF-CaF_2-MgF_2. Evans James W. Light Metals. Warrendale, Pennsylvania：TMS light metals committee, 1995：451～460

5 Paulsen K A, et al. Current afficiency at a fanction of the contents of Alumina and CaF_2 in industrial Aluminium Electrolysis cells. Subodh K. Das. Light Metals. Warrendale, Pennsylvania：TMS light metals committee, 1993：233～238

6 Belyaev A I. Electrolyte of aluminium electrolysis cell. Moscow：Metallurzdat, 1961：129

7 Welch B J, et al. The interface of aluminium properties on its dissolution in smelting electrolyte. Miller R E. Light Metals. Warrendale, Pennsylvania：TMS light metals committee, 1986：35～39

8 Ove Kobbeltvedt, Sverre Rolseth, Jomar Thonstad. On the mechanisms of alumina dissolution with relevance to point feeding aluminium cell. Wayne Hale. Light Metals. Warrendale, Pennsylvania：TMS light metals committee, 1996：421～427

9 Lillebuen B, et al. Alumina dissolution in point-fed cells. Cutshall Euel R. Light Metals. Warrendale, Pennsylvania：TMS light metals committee, 1992：449～452

10 Kvande H. Pseudo ressistance curves for aluminium cell control alumina dissolution and cell dynamics. H. Kvande. Light Metals. Warrendale, Pennsylvania：TMS light metals committee, 1997：403～409

11 Kobbeltvedt O, Moxnes B P. On the bath flow Alumina distribution and anode gas release in aluminium cells. Vande H K. Light Metals. Warrendale, Pennsylvania：TMS light metals committee, 1997：369～452

4   冰晶石-氧化铝(Na_3AlF_6-Al_2O_3)系熔盐结构

4.1   概述

电解时，氧化铝在熔融冰晶石中以怎样的形态存在，在直流电场作用下它的相关组分又是怎样移动的，在阴极和阳极上析出相关物质之前电解质中究竟存在哪些离子？也就是说，冰晶石-氧化铝熔体的离子结构是什么状况？本章就是要回答以上问题。

了解冰晶石-氧化铝熔盐结构，特别是微观结构，是深入理解铝电解质的物理化学性质和正确认识铝电解电极过程的基础。

Na_3AlF_6-Al_2O_3 体系的熔盐结构，自 20 世纪 30 年代起就开展了对它的研究，历经 50 余年，提出了数十种主体离子的结构模式[1,2]。初期的研究，多以对熔盐结构较为敏感的性质，如密度、电导率、黏度、凝固点降低、CO_2 溶解等的测定数据为依据。此后，在熔盐结构研究方面日渐取得进展，通过对熔盐进行离子聚合、分子行为、网络生成、长程有序及微观相互作用等的模型研究，获得了大量熔盐结构方面的间接信息；又通过衍射实验（中子衍射、电子衍射、X 射线衍射）和吸收光谱，CW 激光和喇曼光谱获得了有关结构的直接证明。研究者根据间接的和直接的方法，针对具体对象或其长程有序结构的生成期（lifetime），确定该熔盐的结构[2~4]。80 年代以后，随着数理统计和计算机技术的发展，采用了计算机模拟与实验结合来研究熔体的结构。冰晶石-氧化铝系熔盐结构的研究从上述进展中受益匪浅，先后也进行了分子动力学模拟、蒙特卡罗法及核磁共振等研究，使人们对这个熔体的结构有了进一步的了解。但是，由于这项研究的介质具有高温、强腐蚀性，在物理、化学性质的精细测量上碰到许多困难，获得的多半为间接信息。因此对该熔体结构全面清晰的认识还有待时日。

根据现代熔盐结构理论，单个盐的液态结构与其固态结构相近似，而不是与其气态结构相近似。因此，研究熔盐结构首先应了解固体盐的结构，也就是说需要借助结晶化学的若干基本知识。这些知识的要点列在本篇的附录Ⅱ中，供读者参考。

4.2   NaF-AlF₃系熔体结构

对 NaF-AlF₃系熔盐结构已进行了多年研究，虽然仍有争议，但以下两种熔盐结构模型被认为是较为合理的。

4.2.1   基于 Na_3AlF_6热解离提出的熔体结构模型

当冰晶石熔化时，其晶体结构中由于 Na^+—F^- 离子间的键较长，结合力较弱，将首先断开，原有远程有序消失，冰晶石将按下式解离：

$$Na_3AlF_6 =\!=\!= 3Na^+ + AlF_6^{3-}$$

熔体仅保持近程有序。在高温下 AlF_6^{3-} 离子团将进一步解离：

$$AlF_6^{3-} =\!=\!= AlF_4^- + 2F^-$$

熔融冰晶石中存在着 $NaAlF_4$，已是不争的事实，并为早年的研究工作所证实[1,2,5]。

Dewing 基于 NaF、AlF_3 活度数据提出的热力学模型，认为 AlF_6^{3-} 离子团也可能按下式解离：

$$AlF_6^{3-} \rightleftharpoons AlF_5^{2-} + F^-$$

这样，冰晶石熔体中存在的离子实体（即熔体结构）为 Na^+、AlF_6^{3-}、AlF_5^{2-}、AlF_4^- 及 F^- 离子。

4.2.2 核磁共振谱（NMR）研究提出的结构模型

1998 年，E. Robert 等[6,7]用[27]Al 高温核磁共振谱（NMR）对 NaF-AlF_3 系熔体进行了研究，并同该熔体的喇曼光谱研究结果和热力学数据作了对比，提出了该熔体新的结构模型，认为该熔体由三种含 Al 络合离子 AlF_6^{3-}、AlF_5^{2-} 和 AlF_4^- 构成，即由以下反应的平衡产物所形成的离子构成：

$$Na_3AlF_6 \rightleftharpoons 3Na^+ + AlF_6^{3-} \tag{4-1}$$

$$AlF_6^{3-} \rightleftharpoons AlF_5^{2-} + F^- \tag{4-2}$$

$$AlF_5^{2-} \rightleftharpoons AlF_4^- + F^- \tag{4-3}$$

熔体中是否存在离子 AlF_5^{2-}，过去是有争议的，但是几经测试和对比，与 Gilbert 等用喇曼光谱的研究结果相符，因此熔体中存在 AlF_5^{2-} 仍是可信的。

2002 年，V. Lacassagne 和 C. Bessada 等[8]对 NaF-AlF_3 系熔盐结构的高温核磁共振谱（NMR）研究也表明，NaF-AlF_3 系中，[27]Al、[19]F 质点的化学改变与存在着 AlF_4^-、AlF_5^{2-} 和 AlF_6^{3-} 络合离子的情况两者吻合甚好。络合离子在冰晶石至亚冰晶石成分间的平均配位数为 5。

这样，可以认为，NaF-AlF_3 熔体的结构主要由 Na^+、F^-、AlF_6^{3-}、AlF_5^{2-} 和 AlF_4^- 构成。

4.3 Na_3AlF_6-Al_2O_3 系熔体结构

数十年来，对 Na_3AlF_6-Al_2O_3 系熔体结构的研究已提出 34 种结构模型[1]。

近年来又有若干新的研究进展，新提出的 Na_3AlF_6-Al_2O_3 系熔体结构模型见表 4-1。

表 4-1 Na_3AlF_6-Al_2O_3 系熔体结构模型[9]

作 者	认为具有的熔体结构成分
Sterten	$Na_2Al_2OF_6$，$Na_2Al_2O_2F_4$，$Na_4Al_2O_2F_6$，$Na_6Al_2OF_{10}$
Julsrud	$Na_2Al_2OF_6$，$Na_4Al_2O_2F_8$，$Na_2Al_2O_2F_4$，$Na_6Al_2OF_{10}$
Kvande	$Na_2Al_2OF_6$，$Na_2Al_2O_2F_4$，$Na_6Al_2OF_8$
Gilbert	$Na_2Al_2OF_6$（或者 $Na_4Al_2OF_8$），$Na_2Al_2O_2F_4$

4.3.1 热力学模型的结果

Sterten[10]研究了饱和 Al_2O_3 的 NaF-AlF_3 系熔体的热力学模型，指出主要的含氧络合离子为 $Al_2OF_6^{2-}$ 和 $Al_2O_2F_4^{2-}$。

4.3.2 直接定氧法的结果

Denek[11]等用直接定氧法研究了该熔体的结构，指出在低 Al_2O_3 浓度时，熔体中存在有 $Al_2OF_6^{2-}$ 和 $Al_3O_3F_6^{3-}$ 络合离子；在高 Al_2O_3 浓度时则以 $Al_2O_2F_4^{2-}$ 为主。在酸性熔体中，

$Al_2O_2F_4^{2-}$ 增多而 $Al_2OF_6^{2-}$ 减少。

4.3.3　分子动力学模拟的结果

D. Balashchenko[12]最近用分子动力学方法对 Na_3AlF_6-Al_2O_3 熔体结构进行了计算机模拟。所得熔体结构的特点如下：

（1）低 Al_2O_3 浓度时，对 Al—O 对来说，配位数和组成无关。

（2）对冰晶石来讲，Al—F 键在 Na_3AlF_6-Al_2O_3 熔体中很强，配位数约为 6，即形成 AlF_6^{3-}，也可能是 7 个或 8 个 F^- 围绕 Al^{3+} 的排列。

（3）但是没有观察到冰晶石熔体中有 AlF_4^- 的存在。AlF_4^- 在此前很多研究中都认为是存在的。根据熔体离子聚合化的可能性，熔体中能形成 Al_mO_n 型络合离子团。该离子团也会包含与其相邻的 F^-，因而有可能形成相当大的 $Al_mO_nF_p^{2-}$ 离子团。如果 O^{2-} 能起桥梁作用，那么增加 Al_2O_3 含量应引起络合离子团的尺寸更大，因此这个熔体是一个松散的结构。

（4）计算表明，增加 Al_2O_3 含量将降低熔体的电导率。该文还列出了各类离子的偏摩尔电导率。最大部分的电流为 Na^+ 的迁移所致。所研究的各种模型的突出特点是 Al^{3+} 的迁移数为负值。这说明 Al^{3+} 被一群负离子稳定地屏蔽着，而使形成的络合离子带有负电荷。于是在电场中这个络合离子（携带有 Al^{3+} 在内）将移往阳极。对连接在一起的离子团作分析表明，如果在离子团中 F^- 与 Al^{3+} 牢固地结合在一起，那么所有连接在一起的离子团都带负电荷。

（5）Na_3AlF_6-Al_2O_3 熔体模型中，Al—F 离子对的生存期要比 Na—F 和 Na—O 离子对的生存期高一个数量级。Al—F 的相互作用非常强，使它成为 $Al_mO_nF_p^{2-}$ 中的重要组分。

总的来说，纯冰晶石的结构特征是 F^- 围绕 Al^{3+} 呈四面体排列，结构相当稳定。AlF_6^{3-} 四面体是冰晶石的晶格结构单元。当冰晶石熔化时，该单元的近程有序大部分还保留着，但不是很紧密地结合在一起。因为熔融冰晶石的结构相当松散，当 Al_2O_3 溶解在冰晶石中时，F^- 围绕 Al^{3+} 的排列或被 O^{2-} 替代。O^{2-} 更为牢固地吸引着 Al^{3+}，于是 Al—O 和 Al—F 总配位数降低了。此时四面体的配位状态仍然存在着，只是 Al—F 键力表现得更弱些。

这样，Na_3AlF_6-Al_2O_3 熔体中存在的主要离子和络合离子为：Na^+、AlF_6^{3-}、$Al_2O_2F_4^{2-}$、F^-（无 AlF_4^-，笔者指出，这点与多个学者的结果相反）。

4.3.4　核磁共振谱（NMR）测定结果

2002 年，V. Lacassagne 和 C. Bessada 等发表了用核磁共振谱（NMR）测定 1025℃ 下 NaF-AlF_3-Al_2O_3 系熔体结构的结果[13]。

核磁共振谱是一种功能强大的工具，适于用来研究熔盐中某质点（阳离子或阴离子）的局部结构。由于液体的结构是无序性的，可以多次对不同质点进行测量，所采用的以激光加热的核磁共振测量系统其高温可达 1500℃（见图 4-1）。

为更好地了解 Al_2O_3 在熔融冰晶石中的溶解机理，研究者们用 NMR 谱研究了含有 ^{27}Al、^{23}Na、^{19}F 和 ^{17}O 质点在该熔体中的化学改变，以

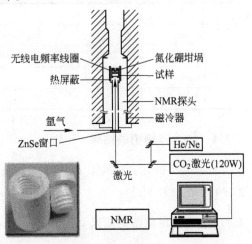

图 4-1　用激光加热的高温核磁共振测量系统
（温度可达 1500℃）

确定熔盐的结构。实验是在 1010℃ 下进行的，Al_2O_3 的浓度由很低到接近饱和，结果见图 4-2。根据各质点的摩尔分数数据，推导出了熔体中存在的各质点的阴离子摩尔分数见图 4-3。由图 4-3 表明，游离的 F^- 离子摩尔分数在整个组成范围内略有降低，而在氟-氧-铝质点中总的氟离子摩尔分数随 Al_2O_3 浓度的增加仍保持高的主体地位。根据这些测定，作者得出的结论是，该熔盐体系由不同的含铝络合离子构成。在纯熔融冰晶石中主要有 Na^+、F^-、AlF_4^-、AlF_5^{2-} 和 AlF_6^{3-} 存在。当熔融冰晶石中加入 Al_2O_3 后，熔体中至少存在着两种含 Al 络合离子（即 $Al_2OF_6^{2-}$ 和 $Al_2O_2F_4^{2-}$）。此结论是由直接实验证明的。

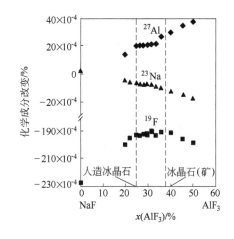

图 4-2　含有 ^{27}Al、^{23}Na、^{19}F 和 ^{17}O 质点的熔体
高温（1010℃）下的 NMR 谱研究结果

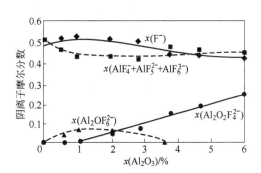

图 4-3　冰晶石氧化铝熔体中
不同阴离子含量

表 4-2　1980 年以后不同研究者提出的冰晶石-氧化铝熔体结构中的主要离子实体

研 究 者	低 Al_2O_3 浓度	高 Al_2O_3 浓度	酸性电解质
A. Sterten[10]		$Al_2OF_6^{2-}$, $Al_2O_2F_4^{2-}$	
V. Danek, et al[11]	$Al_2OF_6^{2-}$	$Al_2O_2F_4^{2-}$	$Al_2O_2F_4^{2-}$, $Al_2OF_6^{2-}$
D. Balashchenko, et al[12]		$Al_2O_2F_4^{2-}$	
V. Lacassagne, C. Bessada, et al[13]		$Al_2O_2F_4^{2-}$, $Al_2OF_6^{2-}$	

综上所述，在 1000~1025℃ 温度下，在 NaF-AlF_3 熔体中，存在着的离子实体为 Na^+、F^-、AlF_4^-、AlF_5^{2-} 和 AlF_6^{3-}。加入 Al_2O_3 后，在 Na_3AlF_6-Al_2O_3 熔体中，除上述离子实体外，还出现了含 Al-O-F 络合离子，即 $Al_2OF_6^{2-}$、$Al_2O_2F_4^{2-}$ 等。这样，在 Na_3AlF_6-Al_2O_3 熔体中，存在着的离子实体为 Na^+、F^-、AlF_4^-、AlF_5^{2-}、AlF_6^{3-}、$Al_2OF_6^{2-}$ 和 $Al_2O_2F_4^{2-}$。这就是现今的冰晶石-氧化铝熔体的结构模型观。

以上各学者采用不同的研究方法和手段，提出的离子结构逐渐趋向一致，这是一大幸事。然而应当指出，高温熔融盐中的离子实体都只能看成是瞬时出现、或出现几率较大、有一定生命周期的，不应看成是一种固定的现象。还需要多种研究方法和手段同时并用，查明在不同情况下形成的主体离子实体，这样才有利于把握对铝电解质的物理化学性质和铝电解电极过程本质的认识。

为了便于学习和讨论，本书在以后的讨论中用简化的符号表示，如 $Al^{3+}_{(络)}$，表示含 Al 络合

离子 $Al_2OF_6^{2-}$ 和 $Al_2O_2F_4^{2-}$。

4.4　离子实体的迁移

在直流电场的作用下，向阳极移动的离子有：F^-、AlF_4^-、AlF_5^{2-}、AlF_6^{3-}、$Al_2OF_6^{2-}$ 和 $Al_2O_2F_4^{2-}$。其中 AlF_6^{3-} 和 AlF_4^- 有较高的离子淌度，它们向阳极移动时更优先（跑得更快）；向阴极移动的离子有 Na^+。阴极区离子及络合离子迁移的示意图如图 4-4 所示。

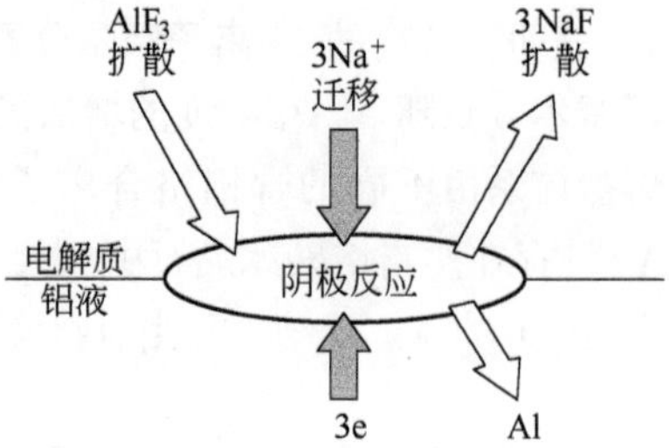

图 4-4　阴极区离子及络合
离子迁移示意图[14]

4.5　电荷迁移主体——Na^+

迁移数是指在组成均一的电解质中，某种离子迁移电流所占的分数，而所有离子的迁移数总和为 1。另一种说法是，迁移数表示电荷是如何被迁移穿过电解质的，而不考虑电极反应。

根据早年对冰晶石-氧化铝熔融电解质中迁移数的研究[2]，各种实验，包括 W. B. Frank 与 L. M. Foster[15] 用放射性同位素进行的著名实验都证明，Na^+ 离子是电荷的主要迁移者。例如，在中性和碱性电解质（$CR \geqslant 3$）中，Na^+ 离子的迁移数 t_{Na^+} 接近于 1；在酸性电解质（$CR = 2 \sim 3$）中，t_{Na^+} 为 $0.96 \sim 0.99$。

这表明，Na^+ 离子相对于其他所有离子，包括 Al-F、Al-O-F 络合离子总和而言，它是电荷的主要迁移者，它的迁移优先。

这样，参与两极反应的情况是：

阴极反应　　　　　　　$AlF_6^{3-} + 3e === Al + 6F^-$

$$AlF_4^- + 3e === Al + 4F^-$$

阴极区电解质中的 F^- 离子增多而络合离子 $(AlF_x)^{n-}$ 减少；

阳极反应　　　　$2Al_2OF_6^{2-} + 4F^- + C === CO_2 + 4AlF_4^{2-} + 4e$

$$Al_2O_2F_4^{2-} + 8F^- + C === CO_2 + 2AlF_6^{3-} + 4e$$

阳极区电解质中的 AlF_4^-、AlF_6^{3-} 增多，它们靠扩散移往阴极区。

根据上述离子迁移及两极反应结果，将会出现以下情况：

(1) 在阴极附近电解质中，Na^+ 增多，F^- 增多，含 Al 离子减少（因 Al 的析出）；

(2) 在阳极附近电解质中，AlF_4^-、AlF_6^{3-} 增多。

以上情况被巴依马可夫的实验所证实。他用人造刚玉隔板把小电解槽的阳极与阴极隔开，电解时可看到阳极空间的电解质高度（工业上又称电解质水平）降低，而阴极电解质液面升高。实验结果表明，有隔板时，阳极区电解质中的过剩 AlF_3 含量增加近 25%，无隔板时 AlF_3 只增加 5%；在阴极区电解质中，过剩 NaF 含量增加约 50%，无隔板时只增加 8.5%。

在工业电解槽上也观察到了相类似的事实。当铝电解槽的电流突然降低，或临时停电时，电解质逐渐冷却，流动性变差（扩散变慢），这时在阴极槽底上析出的沉淀含 NaF 很高，而阳极附近的电解质中含 AlF_3 高。

参 考 文 献

1　Grjotheim K, Krohn C, Malinovsky M, et al. Aluminum Electrolysis, 2nd edition. Dusseldorf: Aluminium-Verlag, 1982

2　Thonstad J, et al. Aluminum Electrolysis, 3rd edition. Dusseldorf: Aluminum-Verlag, 2001

3　Papatheodorou G N. Structure and thermodynamic of molten salts. Conway B E, J. O'M Bockris, Yeager E. Comprehensive Treatise of Electrochemistry, Vol. 5. New York: Plenum Press, 1983

4　Madden E A, Wilson M. The interpretation of vibrational spectra of ionic melts. J. Chem. Phys. , 1997, 107 (24): 10446 ~ 10457

5　Howard E H. Some physical and chemical properties of a new sodium aluminum fluoride. J. Am. Chem. Soc. , 1954, 76(8): 2041 ~ 2042

6　Robert, Lacassagne V, Bessada C, et al. Study of NaF-AlF$_3$ melts by high temperature ^{27}Al NMR spectroscopy: comparison with results from Raman spectroscopy. Inorganic Chemistry. 1999, 38(2): 214 ~ 217

7　Gilbert B, et al. Structure and thermodynamics of NaF-AlF$_3$ melts with addition of CaF$_2$ and MgF$_2$. Inorganic Chemistry, 1996, 35(14): 4198 ~ 4210

8　Lacassagne V, Bessada C, Florian P, et al. Structure of high temperature NaF-AlF$_3$-Al$_2$O$_3$ melts: a multinuclear NMR study. J. Phys. Chem. B, 2002, 106(8): 1862 ~ 1868

9　Sanjeev Gupta, Yunshu Zhang, Yogesh Sahai, et al. Modeling the solubility of alumina in the NaF-AlF$_3$ system at 1300K. Anjier Joseph L. Light Metals. Warrendale, Pennsylvania: TMS light metals committee, 2001: 449 ~ 453

10　Sterten A. Structural entities in NaF-AlF$_3$ melts containing alumina. Electrochim. Acta. 1980(25): 1673 ~ 1677

11　Denek V, Gustavsen O T, Ostvold T. Structure of the MF-AlF$_3$-Al$_2$O$_3$ (M = Li, Na, K) Melts. Canadian Metallurgical Quarterly. 2000, 39(2): 153 ~ 162

12　Belashchenko D K, Sapozhnikova S Yu. Computer simulation of the structure and thermodynamic properties of cryolite-alumina melts and the mechanism of ion transfer. Russian J. Phys. chem. , 1997, 71(6): 920

13　Lacassagne V, Bessada C, Florian P, et al. Structure of high temperature NaF-AlF$_3$-Al$_2$O$_3$ melts: a multinuclear NMR study. J. Phys. Chem. B, 2002, 106(8): 1862 ~ 1868

14　Asbjorn Solheim. Crystallization of cryolite and alumina at the metal-bath interface in aluminium reduction cells. SINTEF Materials Technology, NO-7465 Trondheim, Norway

15　Frank W B, Foster L M. The constitution of cryolite and NaF-AlF$_3$ melts. J. Phys. Chem. 1960, 64(1): 95 ~ 98

5　铝电解的电极过程

　　研究和了解铝电解时阳极和阴极上的电极过程，其意义在于了解两极产物的生成和去向，它是保证工艺过程持续稳定、高效率、低能耗和电解槽长寿命的基础。本章将从铝的析出，即阴极主过程开始，讨论氧化铝的分解电压、阴极过程、阴极过电压、阴极副过程——钠的析出等。继之讨论阳极主过程、阳极过电压等。在后几章将较详细地讨论阳极的副过程——阳极效应以及阳极上的电催化作用和铝的溶解与二次反应。

5.1　阴极过程

　　研究阴极过程是提高电流效率、延长电解槽寿命和电极过程平稳进行的基础。对阴极过程的研究，总的来说不如阳极过程研究得深入和广泛。人们曾经认为，阴极过程比较简单，然而阴极发生的许多情况十分复杂，其真实的机理尚未完全弄清，因此还需要进行系统深入的研究。

　　阴极上发生的主要过程是铝的析出，它的副过程是钠的析出和铝的溶解。

5.1.1　铝在阴极优先析出

　　从第 2 章电解质的结构可知，铝电解质中存在的主要离子是 Na^+、AlF_6^{3-}、AlF_4^-、F^- 以及 Al-O-F 络合离子，Na^+ 离子是以自由离子的形态存在，铝则是以含铝的络合离子存在。前已述及，用放射性同位素所作的实验证明，电解时 Na^+ 离子传导了 99% 的电流，Na^+ 离子似应优先析出。铝电解时究竟是 Al 还是 Na 先在阴极上析出，过去曾有长时期的争论，并且双方都有实验根据。对此，许多专著都有评述[1,2]。现在可以确认，在正常铝电解环境下，Al 比 Na 先电解析出。其主要依据有：

　　（1）铝电解质的各组分中 Al_2O_3 的分解电压最小，Al 最优先析出。冰晶石-氧化铝熔体的主要组成为 Al_2O_3、NaF、AlF_3 和 CaF_2 等，根据捷里马尔斯基（U. K. Delimarsky）的研究[3]，这些组分在氟化物熔盐中的分解电压分别为：

Al_2O_3（1000℃）	2.12V
NaF（1000℃）	2.54V
CaF_2（1400℃）	2.40 V
MgF_2（1400℃）	2.25V

　　可见，这些组分中以 Al_2O_3 的分解电压最小，铝的电负性最正，因此，Al_2O_3 首先电解析出铝。

　　Al_2O_3 分解电压已准确地确定。早先通过热力学计算和实验测定获得了其分解电压的数据，若干结果列于表 5-1，实测数据与热力学理论计算结果都准确地相符。

　　（2）在铝电解环境下，Na 的析出电位比 Al 更负 250mV。在 970℃下，当冰晶石和铝处于平衡时，根据 Al 中的 Na 含量，测出 Na 活度，再由 Na 的活度算出 Na 析出与 Al 析出的电位差。Feinleib 和 Porter[4,5]首先采用 Pb-Na 合金测定了 Na 的活度，并用式 5-1 计算出 Na 析出的电位差：

表 5-1 Al_2O_3 在冰晶石中分解电压的理论计算值与实验室测定值比较[2]

作　者	温度 $t/℃$	氧化铝含量/%	实验室测定值/V	理论计算值/V
Treadwell and Terebesi（1933）	980 1015 1090	饱和	2.169 2.143 2.113	2.208 2.187 2.144
Drossbach（1934）	1060	10	2.06	2.161
Baimakov, et al.（1937）	1000	饱和	2.12	2.194
Mashovets and Revazyan（1957）	1015	饱和	2.12	2.187
Vetyukov and Chuvilyaev（1965）	1020	10	2.11	2.184
Rey（1965）	957	饱和	2.2	2.219
Sterten, et al.（1974）	1000	饱和	2.183	2.194

$$\Delta E = \frac{RT}{F}\ln\frac{a_{Na}}{\underline{a}_{Na}} \tag{5-1}$$

式中　$\underline{a}_{Na}$——101325Pa 下的 Na 活度，液态 Na 为标准态。

在 970℃时，在冰晶石熔体中，Al 中的 Na 活度约为 0.10，相应的电位差值为 160mV。在 1000℃下，Na 的活度为 0.05，此时的电位差值为 -250mV，此种 Na 的活度相当于 Al 中的 Na 含量为 70×10^{-4}%（摩尔比 $CR=2.0$）或 200×10^{-4}%（$CR=3.0$）。结论是，在 1000℃的冰晶石熔体中，Na 的析出电位比 Al 的负 250mV。

（3）Belyaev 等和 Abramov 等在他们的铝电解专著中，也论证了铝的优先析出，并用实验支持了这一观点。

（4）熔盐电化学的研究表明，在 14 种卤化物熔体中[3]，从 Na^+ 离子和 Al^{3+} 离子的电化序比较来看，Na^+ 离子的位置在 Al^{3+} 离子之前，即 Al^{3+} 离子比 Na^+ 离子更正电性。因此，电解时 Al^{3+} 离子应当先于 Na^+ 离子析出。由于熔盐中缺乏标准参比电极，不能像水溶液中以标准氢电极为基准判断金属离子析出的先后次序。在初期，对铝电解中何种离子优先析出，作上述定性的判断曾经是其论据之一。因此，在铝电解环境下，可认定铝应优先放电析出。

5.1.2　非正常条件下钠的析出

尽管在铝电解环境下铝优先放电析出，但钠与铝的析出电位差仅为 250mV，相差不大。当电解条件变更时，钠也会优先析出，或与铝同时析出。这些条件是：电解温度、电解质的摩尔比（NaF/AlF₃摩尔比）、氧化铝浓度和阴极电流密度。

维邱柯夫（M. M. Vetyukov）研究了工业电解槽内，铝中钠含量与电解温度、电解质摩尔比及电解质中氧化铝浓度的关系，其结果如图 5-1 所示。由图 5-1a 可见，温度升高，钠析出的电位差值急剧下降。在工业槽上，当电解槽过热时出现黄火苗，即表明有钠的大量析出，钠蒸气与空气作用而燃烧，火焰为亮黄色，这是电解槽过热的标志，从图 5-1b 可以看出，当摩尔比增加时，钠析出的电位差随即减小；图 5-1c 表明，在不同温度下氧化铝浓度的减小也容易造成钠的析出。电解质摩尔比的影响从图 5-2 看得更清楚，该图为工业电解槽内铝中钠含量与摩尔比的关系，当摩尔比增加时，铝中钠含量显著增加，例如摩尔比为 2.9 时，铝中钠含量为

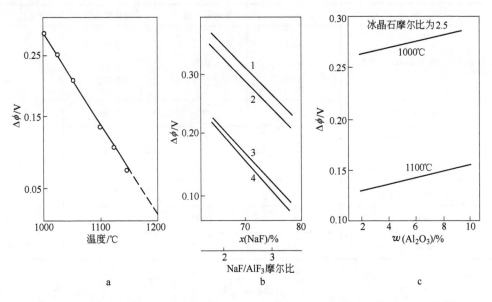

图 5-1　钠和铝的平衡电位差值随温度（a）、摩尔比（b）和氧化铝浓度（c）的变化

1—工业电解质，1.5% Al_2O_3，1000℃；2—无添加物，1.5% Al_2O_3，1000℃；

3—无添加物，3.5% Al_2O_3，1100℃；4—无添加物，1.5% Al_2O_3，1100℃

0.014%，当摩尔比为 2.4 时，减少到 0.004%，可见降低摩尔比可以减少钠的析出量。因此在工业槽上，为防止钠的析出，通常使用低摩尔比和较低的电解温度，以及保持相对高的氧化铝浓度为好。

归纳起来，钠可能优先析出的非正常电解条件是：

（1）电解槽温度升高；

（2）电解质的摩尔比增大；

（3）阴极电流密度增大；

（4）电解槽局部过冷，使该处阴极附

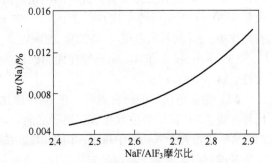

图 5-2　工业电解槽内 Al 中 Na 含量与 NaF/AlF_3 摩尔比的关系（$t = 960℃$，$d_{阴} = 0.65A/cm^2$）

近电解质中钠离子向外扩散受阻，此时该阴极区内电解质中 NaF 含量高，Na 有可能优先析出。

5.1.3　阴极过电压

5.1.3.1　阴极过电压是一种浓差过电压

总结前人的研究[2]工作可知，在 970~1010℃温度下，阴极电流密度为 0.4~0.7A/cm² 的情况下，阴极过电压为 50~100mV。同时也指出，阴极过电压是一种浓差过电压，由传质所控制，即过电压的大小取决于电解槽结构和槽内熔体流动状况。因此，通过搅拌熔体可以大大地减少这种过电压，更为特别的是，反应物的传质系数是决定性的因素，它由扩散系数与边界层厚度之比来确定。

5.1.3.2 电解质/阴极界面上离子实体的迁移

在阴极的扩散层，离子实体是怎样扩散出去，又是怎样迁移进来的？Asbjorn Solheim[6]提出了一个边界层中传质的示意图，如图4-4所示。

简言之，Na⁺离子携带正电荷迁移到界面，含Al络合离子在界面上放电，形成的NaF扩散离开。在界面层只有含铝的络合离子和F⁻离子运动到边界层。虽然，F⁻离子移向边界层，由于在铝放电以后，要保证电中性，F⁻离子还是要从阴极离开。

Polyakov等根据以上的概念进行了电动势和过电压的测量。电动势的数据与早先发表的数据相符合。研究结果表明，阴极的浓差过电压是受自然对流所支配的。在酸性熔体中，边界层内电解质的密度比电解质本体的更高些，因而促进了自然对流；而在碱性熔体中，情况正好相反。测定发现，在酸性熔体（$CR = 1.6$）中，阴极过电压比碱性熔体（$CR = 4.6$）中要高。

邱竹贤等测定了不同摩尔比和温度对阴极过电压的影响。阴极过电压随摩尔比的降低和温度的降低而增加，但是不清楚哪一个参数更为优先，摩尔比与阴极过电压的关系同Polyakov等的结果相符合。

5.1.3.3 工业电解槽的阴极过电压

在工业电解槽上进行阴极过电压的测定很难获得满意的精确度。由于电解质或金属的界面总是在波动，因此，安放参比电极有较大困难。早先曾用钨探针放进和拿出铝液层进行测定，得到阴极过电压为100mV左右。后来，继续测定得过50~100mV的数据。此后，还有一些研究者测得的数据是40~120mV。因此，认为阴极过电压根据阴极表面位置的不同，数据有所变化，这取决于该处的电流密度和传质速率[2]。

5.1.4 钠析出后的行为

下面介绍钠的析出及其行为。

（1）阴极上钠的析出可以视为阴极的副过程。

（2）Na析出的条件。前已述及，在冰晶石-氧化铝熔体中钠与铝的析出电位相近，在铝电解的正常条件下，铝的析出电位比钠要高出250mV，只有在温度升高、摩尔比增大以及阴极电流密度增大的情况下，钠的析出电位可高出铝的析出电位，这时钠便从阴极上析出。

（3）析出的钠的去向。研究表明，在高温下，阴极上析出的钠有三个去向：1）成为蒸气在离开电解质时与氧或空气接触燃烧；2）直接进入阴极铝中；3）进入电解质。通常人们比较容易测定进入铝中的钠含量。

（4）铝中钠含量。Tingle[7]等研究了摩尔比同铝中钠含量的关系，获得的结果如图5-3所示。

铝中钠的平衡含量在2.2~2.7摩尔比范围内为0.006%~0.113%。其他人的研究结果和他的相近，但是添加LiF后，铝中钠含量会降低。Tingle又指出，在工业槽上，铝中钠含量总是高于平衡数据，其原因是，所测定电解槽的磁场补偿比较差，铝在槽中流速较高，铝中钠含量一般为0.006%~0.008%。后来，有人在现代大型槽上又进行了测定，这种槽中的金属流速较低，铝中钠含量高达0.01%~0.02%，显然高于平衡数据，认为这是在铝和电解质的

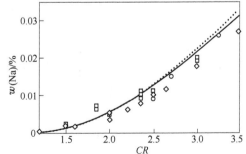

图 5-3　1000℃下 Al 中 Na 的平衡含量与摩尔比的关系

界面处有高的钠的浓度梯度存在所致。

（5）Na 向炭素阴极渗透。铝中钠的主要去向是向炭素内衬渗透。钠进入炭素阴极内衬以后，就会引起阴极的体积膨胀和开裂。

关于钠进入炭素材料的研究，已有大量的工作。早先 Asher[8] 发现，在 400℃ 时，钠的原子嵌入石墨的层间将会引起石墨的晶格参数发生改变，由原来的 0.335nm 增大到 0.46nm，石墨晶格的膨胀导致炭素内衬的隆起和剥落。Oye 等的研究指出，铝中的钠发生如下反应：

$$Al(L) + 3NaF(在冰晶石中) \Longrightarrow 3Na(在炭素中) + AlF_3(在冰晶石中)$$

是引起钠往炭素材料中渗透的主要原因。在该反应中（1000℃ 下），钠的活度等于 0.034，相对应于此时钠的蒸气压 $p_{Na} = 0.006MPa$。随着摩尔比的增加，钠的活度也增加，钠进入炭层后可生成嵌入化合物 $C_{64}Na$ 和 $C_{12}Na$。Oye 等[9] 的另一项研究指出，Na 是渗透的主要物质，随着电解质摩尔比的增加，Na 的渗入速度和饱和浓度也增加，但是随着炭素材料的石墨化程度的提高而减少，另外还发现钠是一种有利于熔体渗透的湿润剂。电解质向炭素材料的渗透由于炭素材料的通电（极化）和生成了氮化物而得到加强。NaCN 直接由有关元素生成，但是不稳定，在含氮丰富的气氛中，在电解质中能生成 AlN。

廖贤安等[10] 发现，槽内有 Al_2O_3 沉淀会加剧钠引起的炭块膨胀。与没有生成沉淀的电解质相比，在酸性电解质中形成氧化铝沉淀的情况下，钠引起的膨胀增大 25%。其原因是，电解质与炭阴极的湿润性变差和沉淀中传质情况变差，铝析出的过电压增高，因而引起钠的析出增强。与没有生成沉淀的电解质相比，在碱性电解质中形成氧化铝沉淀的情况下，钠膨胀增大 154%，这是由于生成了 β-Al_2O_3，后者是一种快离子导体，因而使钠膨胀有很大的增加，这将引起炭块的总体膨胀达到 3.4%。显然，碱性电解质是引起钠膨胀的重要原因。因此，这项研究对电解槽启动时采用大量碱性物料是否恰当引起了质疑。

关于钠嵌入炭阴极，提出了两个主要机理：其一是蒸气迁移的机理，其二是扩散机理。

Dell[11] 采用了放射性同位素钠进行了研究，他提出的蒸气迁移机理认为，钠的扩散最先发生在炭素材料多孔的部位，由于钠所处的温度远高于其沸点，所以钠是以蒸气的形式进入炭素阴极的。

由 Dewing[12] 等支持的扩散机理则认为，钠是通过炭素的晶格进行扩散的。后来许多研究者通过多种实验也予以证实，认为这是最为可能的一种机理。许多研究还得出以下的结果，钠渗透最为严重的是发生在无定形的低煅烧的无烟煤上，而钠的最慢的迁移则发生在经预焙的石墨阴极炭块上，钠的渗透率是同摩尔比以及阴极电流密度密切相关的。有关 Na 对炭素内衬渗透及其导致的结果可参考本书 16.2.2 节。

5.1.5 阴极的其他副过程

阴极的副过程除了钠的析出外，还生成碳化铝、碳钠化合物和氰化物。

（1）生成碳化铝。碳化铝是一种黄色化合物，遇水立即分解并生成氢氧化铝和甲烷，通常在炭阴极上容易生成，它影响铝的质量和阴极的寿命。相关情况可参考本书 16.2.3 节。

阴极上生成碳化铝的反应是与析出铝的主反应同时进行的，生成的碳化铝存在于阴极炭块表面和炭块的缝隙中。关于阴极上生成碳化铝提出了两种反应机理：1）铝和碳之间的化学反应。在有冰晶石存在时，反应可以得到催化加速，因而能在较低的温度下生成，冰晶石的催化作用可解释为冰晶石能溶解铝表面上的氧化膜，使新鲜的金属铝同碳之间更容易进行化学反应而生成碳化铝，这其实不是实质意义上的催化；2）铝和碳之间的电化学反应。这是由于在电解槽内炭阴极内出现微型原电池，其中铝液成为阳极，炭块成为阴极，阳极上发生生成氧化铝的反应，阴极上则发生生成碳化铝的反应。

在阴极炭块和槽侧壁炭砖中生成的碳化铝，可以不断地被溶解在电解质中，这样就会在原先的炭素材料上形成腐蚀坑，腐蚀之后暴露出来的新鲜炭表面还会生成碳化铝。因此久而久之，就会造成阴极炭块的损耗。研究表明，在电解温度下，碳化铝在电解质中的溶解度大约是 2.5%，在铝液中溶解度约为 0.01%，因此碳化铝是造成电解槽炭素内衬破损的原因之一。

（2）生成碳钠化合物。由于电解槽启动初期的条件适合钠的析出，钠将优先析出，这时一部分金属钠形成蒸气经电解质表面燃烧逸去，另一部分则渗入新鲜的炭素阳极以及微细的缝隙中，生成嵌入式碳钠化合物 $C_{64}Na$ 和 $C_{12}Na$。这种化合物在温度发生变化时，将产生体积膨胀和收缩，从而导致炭块中产生裂纹。

（3）生成氰化物[13]。阴极内衬中氰化物是由碳、钠、氮三者反应而生成的。碳即炭块、捣固糊和侧壁炭块，钠是阴极反应的产物，氮的来源主要是空气，由钢槽壳上阴极钢棒窗孔处渗透进来，以上三者在阴极棒区发生反应，生成氰化钠（NaCN）。

氰化钠是一种剧毒物质，它遇水分解，产生 HCN 剧毒气体，在电解槽停槽大修时，禁止浇水到废旧内衬上，以防止其中的 NaCN 水解造成中毒事件。

为了防止氰化物的生成，通常的办法是，在阴极炭素底糊中添加 20% 的 B_2O_3。试验证明，底糊中添加 20% 的 B_2O_3 后，氰化物生成量只有 9×10^{-6}，在无添加剂情况下，氰化物达到 1%～1.5%。B_2O_3 除了能抑制氰化物的生成外，还能抑制碳钠化合物的生成，有利于延长电解槽的寿命。

5.2 阳极过程

5.2.1 概述

铝电解阳极过程是十分复杂的，它涉及到能耗和环境污染问题。同时，阳极过程对于铝电解生产中的顺畅与否关系密切，在生产中常把阳极比作电解槽的"心脏"。本章针对阳极过程将主要讨论阳极的主要反应、阳极过电压、阳极反应机理等。阳极效应以及阳极上的电催化作用等副过程将在本书第 6 章和第 7 章中重点介绍。

理论界曾经长期争论：首先，阳极的原生产物是 CO 还是 CO_2？其次，阳极过电位是怎样产生的，数值有多大，以及阳极反应速率控制步骤为何？这些问题现在已逐渐明朗并获得结论。

5.2.2 阳极的原生产物

阳极的原生产物为何，要依阳极材料而定。当采用炭阳极时，原生产物主要为 CO_2，采用惰性阳极时，原生产物为 O_2。

（1）当用惰性阳极时，原生产物为 O_2，主要反应为：

$$Al_2O_3 = 2Al + \frac{3}{2}O_2 \qquad (5-2)$$

在 1000℃时，此反应的反电动势为 -2.200V。如前所述，理论计算值和实验测定值已能准确相符。

（2）当用炭阳极时，原生产物为 CO_2，主要反应为：

$$\frac{1}{2}Al_2O_3 + \frac{3}{4}C = Al + \frac{3}{4}CO_2 \qquad (5-3)$$

在 960℃ 时，此反应的反电动势为 -1.186V。

电解时，炭阳极同时与空气中的 O_2 和电解产出的 CO_2 发生布多尔反应生成 CO：

$$C(s) + CO(g) = 2CO(g) \tag{5-4}$$

此外，熔融金属 Al 与阳极气体作用，即发生二次反应，也能产生 CO。因此，阳极气体中的 CO 不是阳极原生产物。

5.2.3　阳极过电压

5.2.3.1　基本概念

如前所述，铝电解反应式为：

$$\frac{1}{2}Al_2O_3 + \frac{3}{4}C = Al + \frac{3}{4}CO_2 \tag{5-5}$$

该式的标准可逆电势 $E_{标准}$ = -1.186V（960℃）。为了使这个反应能顺利进行，需要比可逆电势略高的电压 $E_{极化}$，那么，略高的差值电压就是过电压 η，可写为：

$$\eta = E_{极化} - |E_{可逆}| \tag{5-6}$$

式中　$E_{可逆}$——氧化铝饱和时的 $E_{标准}$。

按照能斯特方程：

$$E_{可逆} = E^0 + \frac{RT}{nF}\ln a_{Al_2O_3} \tag{5-7}$$

式中　$a_{Al_2O_3}$——Al_2O_3 活度。

前已述及，在工业电解槽上，正常电流密度（$0.6 \sim 1.0A/cm^2$）时的阳极极化电位为 1.5 ~1.8V，970℃ 下的可逆电势约为 -1.2V，那么阳极过电压为 0.3 ~0.5V，最新的现场测试表明[14]：阳极过电压为 0.72V（5% Al_2O_3）~0.86V（2% Al_2O_3）。

5.2.3.2　过电压的测量

对阳极过电压的测量做过大量的实验研究，实验室的测定可用塔菲尔曲线来表示，即：

$$\eta = a + b\lg i$$

在测定时，极化电势通常采用铝参比电极作为参考，并修正被测电极与参比电极之间的欧姆压降，通过塔菲尔曲线外推至零时的过电压就可得到所谓交换电流密度（i_0）。

然而，实验测定有很大的困难。在实验测定的过电压数据中，存在着很大差异。例如，塔菲尔系数 b 可以在 0.09 ~0.4 的范围内变动，塔菲尔曲线也倾向于高电流密度。发生这些差异的原因如下：

（1）所用阳极质量。石墨或工业级的无定形炭，孔隙率都是不一样的，可能对结果有若干程度的影响（例如，石墨的过电位就比无定形炭的高）。

（2）测定槽的设计、气泡的覆盖率等也会对过电压数据产生影响。

阳极和参比电极之间的欧姆压降的精确测定很困难，关键是被测阳极浸入电解质的面积难以确定。经过多年的努力以及测量仪器的进步，对阳极过电位的测量更趋准确。

杨建红、赖延清等[15]对冰晶石-氧化铝熔体中炭阳极过电压的测量作了重要改进。采用了快速电流中断法和高频数字示波器进行点间间隔为 5ns 的采样，在电流中断几微秒内记录电位衰变。还采用了快速的开关时间，在电流中断非常短的时间（10 ~40μs）内，阳极的极化基本保持不变。在电解槽的设计上也有若干改进，采用了阳极面积比较确定的结构，其实验电解槽及阳极设计见图 5-4，所测定的结果见图 5-5。

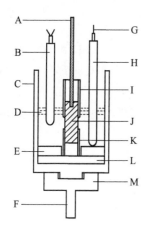

图 5-4 阳极过电压测量电解槽
和阳极结构示意图

A—阳极钢棒；B—Pt-Pt10% 热电偶；C—石墨坩埚；
D—电解质；E—带孔高纯氧化铝圆板；F—阴极钢棒；
G—钨丝；H—铝参比电极；I，K—削成锥形的氧化铝管；
J—炭阳极；L—氧化铝板；M—石墨托

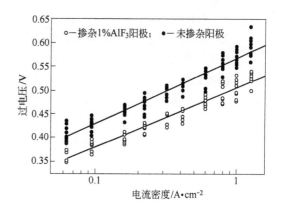

图 5-5 炭阳极过电压与电流密度的关系
（实验条件：970℃，10.9 % AlF_3 和 5% CaF_2）

5.2.3.3 阳极过电压的组成

一般认为阳极电解槽的过电压是由阳极极化过电压和阳极浓差过电压两部分组成，可以由式 5-8 来表示：

$$\eta_{阳} = \eta_{极化} + \eta_{浓差} \tag{5-8}$$

其中，阳极浓差过电压为 0.01V，阳极极化过电压为 0.7 ~ 0.8V。可见阳极过电压远大于阴极过电压，因此，电解槽的过电压问题主要是阳极过电压的问题。

5.2.3.4 阳极过电压的影响因素

A 电流密度的影响

阳极电流密度的提高直接使得阳极过电压的升高。多种实验室研究和现场工业槽的测定都表明了二者的线性关系，图 5-5 就是典型的实例。如果随着电流密度的升高，发生阳极反应的路径改变，就会出现拐点，随电流密度的上升阳极过电压急剧增大。

B 电解质组成的影响

关于 Al_2O_3 浓度对阳极过电压的影响作过大量的研究工作，所得结果存在分歧，但总的趋势是一致的：随电解质中 Al_2O_3 含量的增高，阳极过电压逐渐降低。Mazhaev 等采用电流中断技术测定了冰晶石熔体中 Al_2O_3 浓度与阳极过电压的关系，结果如图 5-6 所示。由于受当时测量技术的限制，他的过电压数据偏低。例如，

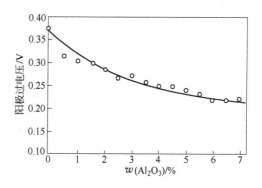

图 5-6 冰晶石熔体中氧化铝浓度与
阳极过电压的关系
（电流密度 0.45A/cm²）

在 5% Al_2O_3 时，阳极过电压等于 0.25V，这显得偏低。但是 Al_2O_3 浓度与阳极过电压的关系变化趋势是合理的。

邱竹贤等[16]用测定反电动势的方法研究了添加 MgF_2、AlF_3、CaF_2 和 LiF 对反电动势的影响。测定结果表明：LiF 能够略微降低反电动势，而 MgF_2、AlF_3 和 CaF_2 都会增大反电动势。

杨建红等[15]用电流中断法所测结果与邱竹贤等测定结果相似，即 AlF_3 和 CaF_2 增大阳极过电压。在电流密度为 0.75A/cm^2，AlF_3 含量为 0 ~ 14% 时，阳极过电压为 0.46 ~ 0.52V。

5.2.3.5　阳极反应机理

如前所述，电解质中存在 Na^+、F^-、AlF_4^-、AlF_5^{2-}、AlF_6^{3-}、$Al_2OF_6^{2-}$、$Al_2O_2F_4^{2-}$ 等离子，目前一般认为含氧络合离子在阳极放电的步骤如下：

$$AlOF_x^{1-x}(电解质) \Longrightarrow AlOF_x^{1-x}(电极) \tag{5-9}$$

$$AlOF_x^{1-x} + C \Longrightarrow C_xO + AlF_x^{3-x} + 2e \tag{5-10}$$

$$AlOF_x^{1-x} + C_xO \Longrightarrow CO_2 + AlF_x^{3-x} + 2e \tag{5-11}$$

由此可认为阳极区内应富含 AlF_3（由阴极反应可知阴极区内富含 NaF）。这已得到工业槽上实测结果的证实。

5.3　阳极气体

铝电解时阳极上的反应有两种情况，即：

$$\frac{1}{2}Al_2O_3 + \frac{3}{4}C \Longrightarrow Al + \frac{3}{4}CO_2 \tag{5-12}$$

$$\frac{1}{2}Al_2O_3 + \frac{3}{2}C \Longrightarrow Al + \frac{3}{2}CO \tag{5-13}$$

1000℃ 下，式 5-12 和式 5-13 反应的可逆电势分别为 -1.187V 和 -1.065V，在温度升高时，反应式 5-13 强烈地向右进行生成一氧化碳，同时受布多尔反应的影响：

$$C + CO_2 \Longrightarrow 2CO \tag{5-14}$$

因此阳极的主要气体组成应为 CO_2 和一定量的 CO，根据阳极炭素消耗的仔细研究指出，反应式 5-12 为最主要的过程。在非常低的电流密度下，即 0.05 ~ 0.1A/cm^2，布多尔反应就开始发生，无论是试验数据或是热力学计算都支持这一结论。即在正常电流密度下，阳极的主要气体产物是 CO_2。在阳极极化部位，可以不受析出的 CO_2 的作用，但如果 CO_2 渗透到阳极的孔洞中，或者同浮在电解质表面的炭颗粒相反应，就会发生布多尔反应，使 CO 增多。

除了电化学反应生成 CO_2 和布多尔反应生成 CO 外，阳极中的杂质 S、P 和 V 也会同含氧络合离子作用产生相关的气体杂质，在高电流密度下，还会有含 F 的放电析出，同阳极炭生成有害的碳氟化物。

还需指出，CO_2 同溶解的 Al 作用，即二次反应，也会产生一定量的 CO（详见第 9 章）。

参 考 文 献

1　Grjotheim K，et al. Aluminum Electrolysis, 2nd edition. Dusseldorf：Aluminum-Verlag, 1982

2　Thonstad J，et al. Aluminum Electrolysis, 3rd edition. Dusseldorf：Aluminum-Verlag, 2001

3　捷里马尔斯基. 熔盐电化学理论基础. 沈时英，胡方华编译. 北京：冶金工业出版社, 1965

4　Feinleib M，Porter B. Sodium-aluminum equilibria in cryolite-alumina melts. J. Electrochem. Soc. 1956，103

(4): 231~236

5　Porter B, Feinleib M. Determination of the activity of sodium in sodium-lead alloys at high temperatures. J. Electrochem. Soc. 1956, 103(5): 300~303

6　Asbjorn Solheim. Crystallization of cryolite and alumina at the metal-bath interface. Light Metals. Aluminium Reduction Cells. Warrendale, Pennsylvania: TMS light metals committee, 2001: 469~474

7　Tingle W H, Petit J, Frank W B. Sodium content of aluminum in equilibrium with NaF-AlF$_3$ melts. Aluminium, 1981, (57): 286~288

8　Asher R C. A lamellar compound of sodium and graphite. J. Inorg. Nucl. Chem.. 1959, 10: 238~249

9　Brilloit P, Lossius L P, Oye H A. Penetration and chemical reactions in carbon cathodes during aluminum electrolysis: Part I. Laboratory Experiments. Metallurgical Transactions B. 1993, 24B(1): 75~89

10　Liao Xian'an, Naas T, Oye H A. Enhanced sodium expansion in carbon cathode materials due to the presence of alumina slurries. Aluminium (Germany). 1997, 73(7,8): 528~531

11　Dell M. Percolation of hall bath through carbon potlining and insulation. J. metals. 1997, 23(6): 18

12　Dewing E W. The reaction of sodium with nongraphitic carbon: reactions occurring in the linings of aluminum reduction cells. Trans. met. soc. AIME. 1963, 227: 1328

13　邱竹贤. 铝电解原理与应用. 徐州: 中国矿业大学出版社. 1998: 294

14　Henrik Gudbrandsen, et al. Field study of anode overvoltage in PB cells. Light Metals. Warrendale, Pennsylvania: TMS light metals committee, 2003: 323

15　Lai Yanqing, Yang Jianhong, et al. Determination of ohmic voltage drop and factors influencing anodic overvoltage of carbon anodes in cyrolite-alumina melts. Nianyi Chen. Proc of the Sixth International Conference on Molten Salt Chemistry & Technology. Shanghai: Shanghai University Press, 2001: 204~209

16　邱竹贤. 预焙槽炼铝 (第3版). 北京: 冶金工业出版社, 2005

6　阳 极 效 应

6.1　概述

阳极效应是熔盐电解中采用炭阳极时发生的一种特殊现象。采用金属阳极时，通常不发生阳极效应，在析出气体的同时，会发生金属成分的阳极溶解，在非常高的电流密度下，金属阳极上也会因气泡聚集等流体动力学原因发生阳极效应。在金和铂阳极上有时会观察到生成了氧化物膜。阳极效应在所有的卤素熔盐中都能发生，其特征同铝电解系统相似，由于电极的性质、电解质的性质和阳极气体的产物都有很大的差异，因而阳极效应发生机理并非都一样。本章仅讨论冰晶石-氧化铝体系采用炭阳极时发生的阳极效应。

铝电解阳极效应的外观特征是：

（1）在阳极周围发生明亮的小火花，并带有特别的响声和吱吱声；

（2）阳极周围的电解质有如被气体拨开似的，阳极与电解质界面上的气泡不再大量析出，电解质沸腾停止；

（3）排出的气体除 CO 和 CO_2 外，还有碳氟化合物气体如 CF_4 和 C_2F_6；

（4）在工业电解槽上，阳极效应发生时电压上升（一般为 30 ~ 50V，个别可达 120V），与电解槽并联的低压灯泡发亮。在高电压和高电流密度下，电解质和阳极都处于过热状态。在恒电压供电情况下，阳极效应发生时电解槽系列电流急剧降低。

图 6-1 ~ 图 6-4[1] 显示了这些状况。

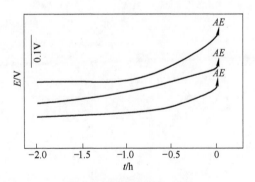

图 6-1　阳极效应发生时
电解槽电压缓慢上升

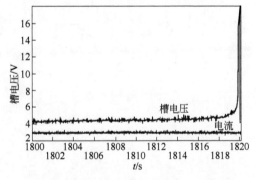

图 6-2　在阳极效应发生前 20s，槽电压
由逐渐升高转为突然升高至 15 ~ 45V

阳极效应时电解槽内的现场特征是：

（1）电解质中氧化铝浓度降低；

（2）炭阳极附近 F^- 离子浓度升高，而含氧离子浓度降低；

（3）炭阳极电位升高达到 F^- 离子放电电位，析出炭氟化合物气体 CF_4 和 C_2F_6，阳极表面为一层气体膜所覆盖。

对试验电解槽中的阳极效应的现象做目测观察，采用可透视电解槽，这些电解槽装有透明红

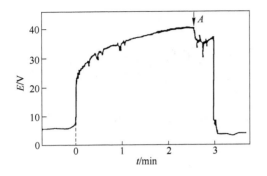

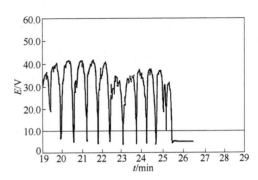

图 6-3 阳极效应电压对时间的关系

（A 点为加入氧化铝，用压缩空气熄灭效应）

图 6-4 不正常阳极效应

宝石窗口或石英窗口，或者采用 X 射线透视。另外，还采用座滴法观察熔体和电极之间的变化行为等。Polyakov 采用了电影技术，研究了炭和石墨阳极上气泡的生长和形成，电解质摩尔比为 2.7，氧化铝含量为 6%，阳极底面或者向上或者朝下。他观察了气泡的类型和膜的类型，在接触角 θ 为 148°~152°时，发生了阳极效应。此时临界电流密度 D_c 为 16A/cm^2。气体膜并没有覆盖全部阳极，只覆盖了约 80%，在没有气体覆盖的地方，环绕气体膜的周边，可以看到小火花。

6.2 临界电流密度

6.2.1 临界电流密度的概念

阳极效应的发生可用临界电流密度 D_c 来表征。当阳极电流密度超过了临界电流密度时就会发生阳极效应。所谓临界电流密度，是指在一定条件下发生阳极效应时的阳极电流密度。

在实验室研究中，通常采用电位扫描法来测定临界电流密度。在电流-电压关系图上（图6-5）可看到，随着电流的增加，电压达到一个最大值，而后电压降低，这高峰表示出现了阳极效应，该处的电流密度就是临界电流密度。前人对临界电流密度的研究已经有过大量的工作。

在冰晶石-氧化铝熔体中，在低氧化铝含量（小于 1.3%）和慢扫描速率下，电流-电压图上可看到两个峰，第一个峰是 CO_2 的析出，第二个峰是生成了 CF_4 和 CO_2。在高扫描速率下，出现了一个新的峰，这个峰是在 CO_2 和 CF_4 间，Calandra 认为生成了 COF_2。其所作高扫描速率时的电位扫描曲线如图 6-6 所示。

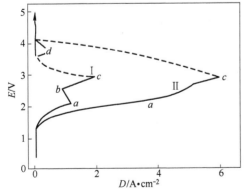

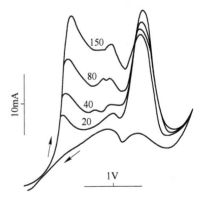

图 6-5 发生阳极效应时的电流-电压曲线

Ⅰ—0.4% Al$_2$O$_3$；Ⅱ—2% Al$_2$O$_3$；c—临界电流密度

图 6-6 高扫描速率时的电位扫描曲线

（图上数字为扫描速率（V/s））

6.2.2 临界电流密度和氧化铝含量的关系

由于铝电解发生阳极效应主要是电解质中缺少氧化铝，因此对 D_c 与氧化铝含量的关系为众多研究者重视，并进行过大量的研究。在各种铝电解的专著[1,2]中均有详细的论述。在此仅列出若干要点。

早期，Belyaev 等研究了 D_c 与电解质中氧化铝含量的关系，其结果如图 6-7 所示。后来学者们的研究结果汇集在图 6-8[3] 上。

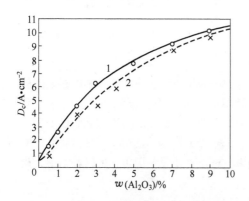

图 6-7 1000℃时冰晶石-氧化铝熔体中
Al$_2$O$_3$ 含量对临界电流密度的影响

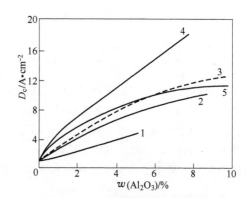

图 6-8 Al$_2$O$_3$ 含量对临界电流密度的影响
1—Schischkin；2—Беляев；3—Piontelli；
4—Thonstad；5—邱竹贤等

前人还研究了临界电流密度与氧化铝关系的表达式，电解质含 Al$_2$O$_3$ 0~2% 时，临界电流密度与氧化铝的关系可表示为[4]：

$$D_c = 0.25 + 2.75A$$

式中 A——氧化铝为质量分数，%。

6.2.3 影响临界电流密度的其他因素

除电解质中氧化铝含量影响 D_c 之外，还有其他因素：

（1）炭素材料的影响。大多数研究者都同意炭的质量并不是重要的影响因素，有人测定过工业用炭和裂解石墨的临界电流密度，发现两者的差异较大，前者的 D_c 为 17.6A/cm^2，后者为 7.3A/cm^2。不同炭素材料，主要的差别在于气孔率。气孔率对 D_c 的影响主要是因为内部被气泡所填充，达到最高的气孔率时炭阳极几乎全被气体所覆盖，因而阳极导电面积大为减小，使 D_c 大为降低。

（2）电解质摩尔比（AlF$_3$含量）的影响。冰晶石-氧化铝熔体中 AlF$_3$ 含量增加时，D_c 降低。Belyaev 等的研究结果（见图 6-9）具有代表性。

（3）添加剂的影响。刘业翔等[5]发现，阳极掺有

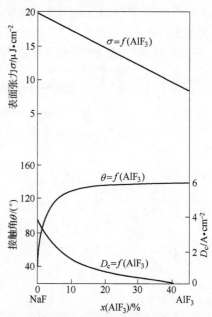

图 6-9 临界电流密度 D_c、表面张力 σ、
接触角 θ 在 NaF-AlF$_3$（1000℃）
熔盐体系中的关系

Li、Pb、Cr 和 Ru 之后，能增加 D_c，研究结果如图 6-10 所示。掺有 Pb 的阳极在氧化铝含量为 5% 时，其 D_c 要比未掺杂阳极几乎高一倍。

（4）电解质温度的影响。在一般情况下，温度升高则 D_c 增大，反之则减小。这与电解质对炭阳极的湿润性因温度升高而改善有关。

6.2.4 临界电流密度与接触角的关系

接触角 θ 是指熔融电解质与炭板及空气之间的三相界面之间的夹角（见图 2-11）。临界电流密度 D_c 与接触角 θ 有密切的镜像反比关系，即接触角 θ 增大时，D_c 相对应降低，反之亦然。Belyaev 等提供了两者间典型的关系图（图 6-11）[6]。

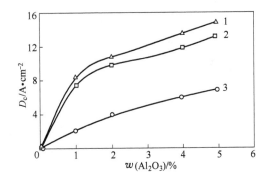

图 6-10　阳极添加剂对临界电流密度的影响
1—掺有 Pb(NO$_3$)$_2$；2—掺有 LiF；3—未掺杂

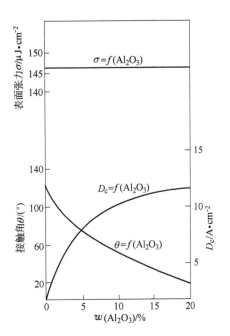

图 6-11　表面张力 σ、接触角 θ 和临界电流密度 D_c 在 Na$_3$AlF$_6$-Al$_2$O$_3$（1000℃）熔盐体系中的关系

6.3　阳极效应时的气体分析

阳极效应发生时，除有 CO$_2$ 和 CO 析出外，还有两种新的气体排放出来，即过氟化碳（PFC）气体 CF$_4$ 和 C$_2$F$_6$，这些气体的形成是由以下反应生成（均在 1000℃）：

$$\frac{4}{3}Na_3AlF_6 + C =\!\!=\!\!= \frac{4}{3}Al + 4NaF + CF_4 \qquad E^\ominus = -2.50V$$

$$2Na_3AlF_6 + 2C =\!\!=\!\!= 2Al + 6NaF + C_2F_6 \qquad E^\ominus = -1.83V$$

对阳极效应发生时析出气体的实验室定量研究还很少。Thonstad[1] 所得的结果是，在用纯冰晶石时，阳极效应析出的 CF$_4$ 达到 90%；若加入 1% 氧化铝时，CF$_4$ 急剧降低到 10% 左右。在工业电解槽上所做测定表明，阳极效应发生时排放的气体中，含有 14% CF$_4$ 及 0.1% C$_2$F$_6$。

Nissen 和 Sadoway[7] 对实验室电解槽上阳极效应电压期间，即 15~20V 范围内排出的气体进行了分析，PFC 的浓度为 3%~15% CF$_4$ 及 0~3% C$_2$F$_6$ 之间，CF$_4$ 与 C$_2$F$_6$ 的浓度比在 5~40 间。

他们还观察到在非常酸性的熔体中（摩尔比为 1.12），只检测到很低的 PFC 气体；另外，在碱性熔体中，阳极电位大于 6V（相对于铝参比电极）下，也观察到了 PFC 气体的生成。

目前，比较公认的工业槽上发生阳极效应时典型的气体组成是 15% CF$_4$、少量的 C$_2$F$_6$、

20% CO_2、其余为 CO。发生阳极效应时，电解过程仍然服从法拉第定律。

早年 Pruvot 曾提出发生阳极效应时主要气体为 CF_4，它随后部分分解：

$$3CF_4 + 2Al_2O_3 = 3CO_2 + 4AlF_3$$

由热力学计算可知，这个反应可以强烈地向右进行，在 $700℃$ 以上不论是 CF_4 通过何种氧化铝材料，例如冰晶石-氧化铝熔体、烧结氧化铝管和粉状氧化铝，都能按上述反应转换，只是转换的数量不同而已。但是，在干式清洗器中，由于环境温度在 $100 \sim 300℃$ 之间，氧化铝对 CF_4 和 C_2F_6 的吸附很差，只有提高环境温度和采用活性氧化铝催化剂才能使 CF_4 和 C_2F_6 发生转换。

最后应指出，过氟化碳（PFC）的排放直接关系到全球变暖。PFC 气体中 CF_4 和 C_2F_6 是非常强烈的温室气体，它们在大气中有着很长的寿命（$10^4 \sim 10^6$ 年），对于所谓使地球变暖的潜力（以 CO_2 为参考点）而言，CF_4 为 6500，C_2F_6 为 9200，CF_4 造成的温室效应是 CO_2 的 6500 倍以上，且在大气中存在时间长。通常大气中 CF_4 的浓度约为 7×10^{-11}（体积），C_2F_6 是它的十分之一，这类气体虽然多来自半导体工业，然而如今则认为主要来源于铝工业。因此，铝工业排放的 PFC 便成了环境和政治方面的事件，需尽最大努力减少阳极效应发生的次数和持续时间。

美国铝业公司曾提出，CF_4 的排放量（$w(CF_4)$, $kg/t(Al)$）和阳极效应时间（AE, $min/(槽 \cdot d)$）的关系式如下，以便控制总的 CF_4 排放：

$$w(CF_4) = 0.13AE$$

全球铝工业都注意到应减少 CO_2 的排放，根据国际铝业研究所的统计[8]，1990 $\sim$ 2001 年间，该所调查的世界 75% 的原铝生产厂家已经把 CO_2 当量排放数值由吨铝 4.0t 降低到 1.2t。

6.4　阳极效应机理

根据前人研究的结果，曾提出阳极效应发生机理有五六种之多[1,2]。由于研究者研究的条件不同，所以得出的结论也有差异，现在已经明确，使用不同材质的阳极、不同的电解质组成和不同的电解条件，所发生的阳极效应不应由一种机理来解释。综合各有关研究结果，我们提出阳极效应的机理如下。

在电解冰晶石-氧化铝熔体的条件下，采用炭阳极时，只有当电解质中氧化铝的浓度降低到某个限度（例如 Al_2O_3 0.5%）时，才会产生阳极效应，此时阳极的电流密度超过该条件下的临界电流密度。为什么阳极电流密度会增大？主要是阳极的导电面积减小了。导电面积减小的原因归结于电极和电解质的界面性质发生了变化。当氧化铝浓度降低时，电解质同炭阳极之间的湿润性变差，析出的气体容易进入阳极和电解质的界面上，随着阳极气泡的逐渐增多，小气泡聚合成较大气泡，形成连续的气体膜，由于气体的绝缘性，阻碍了电流的通过。当阳极的导电面积有相当部分被气膜覆盖时，其有效面积减少，其电流密度增大，超过该条件下的临界电流密度，于是阳极效应发生。在阳极电流密度升高的同时，阳极电位也相应增高，达到氟离子放电的电位，可先后生成绝缘的表面化合物 C_xF_y（先后以气体 CF_4、C_2F_6 排放），它们的存在也使阳极的界面性质变差，使气体能够停留在界面上。关于这个机理最有力的证明是氧化铝浓度与炭素电极之间湿润性的关系（参见图 6-11）。

6.5　工业电解槽上的阳极效应

6.5.1　特点

工业电解槽上发生阳极效应，同实验室小试验槽上的阳极效应本质上是一样的。但工业生产条件下要比实验室的情况复杂得多，诸如炭素电极的性质、电解质的性质、氧化铝的添加、电解槽的工作温度、自动控制和人工对电解槽的处理等都会带来一定的影响。正常电解槽阳极效应发生前，槽电压有所升高，一旦发生时，槽电压由 4.5V 突然上升到 30~50V。由于电解槽是串联在直流电流的供电系统中，单台电解槽的电压突然升高，在等功率运转的情况下，整个系列的电流有所降低，如果在系列中同时发生几个阳极效应，则系列的电流降低更多，将会使系列中其他生产电解槽处于不稳定状态，需要通过专门的手段予以调控。

6.5.2 起因

工业槽上发生阳极效应的起因也可能有多种，首先是氧化铝浓度降低到 1.0%~1.5% 时就会发生阳极效应，这是多数情况。除此之外，还有几种阳极效应起因：（1）电解槽走向冷行程，此时电解质对阳极的湿润性变差，容易引起效应的发生；（2）当电解质中悬浮有氧化铝时，电解质同阳极的湿润性会严重恶化，这时产生的阳极效应将持续很长时间，又称为难灭效应，这种电解槽往往是加入了过多的遭受污染的氧化铝（如扫地灰、地沟脏料）。此时，必须加入新鲜洁净的熔融电解质，当原来电解质被稀释后可以较快地熄灭效应；（3）抬升阳极不当，也会产生阳极效应，虽然电解时的一些条件未变，而抬升阳极过快使部分阳极脱离电解质，导致与电解质接触的那部分阳极的电流密度增大，当超过该条件下的临界电流密度时，阳极效应就会发生。

6.5.3 熄灭

关于熄灭阳极效应，从阳极效应的发生机理可知，熄灭效应时，要尽快恢复阳极导电面积，消除阳极表面存在的气体膜，改善电解质同阳极的湿润性能，因此熄灭的方法有：

（1）加入新鲜氧化铝后，通过插入木棒，后者急速干馏放出大量气体，强烈搅拌电解质，排除阳极上的气膜，可很快熄灭阳极效应。

（2）用大扒刮除阳极底部的气膜也能很快熄灭阳极效应。

（3）下降阳极，接触铝液，瞬间短路，借助大电流通过电极，排除气膜（应尽量少用）。

（4）摆动阳极。有专利报道，此举的目的也是消除气膜，扩大阳极导电面积，达到消除效应的目的。

6.5.4 预报

由于阳极效应发生时会引起碳氟化物排放以及能量的额外损失，电解槽的生产处于不稳定状况，电极和电解质处于短时过热，电流效率降低，所以应当尽量避免。然而发生阳极效应表明电解质中的氧化铝浓度已经趋于很低值，根据阳极效应可判断电解槽中氧化铝的浓度，因而在传统上是检测电解过程加料状况的一个重要根据。为了有效地控制阳极效应发生次数，需要掌握阳极效应预报技术。

现代铝电解槽的自动控制中已经有阳极效应预报程序，它是根据氧化铝浓度和电解槽电阻的关系曲线进行控制的。与此同时，同点式下料技术配合，可以做到阳极效应的预报，并控制每天的效应次数为最低。由于氧化铝浓度同槽电阻的关系曲线中，槽电阻除氧化铝浓度因素外，还受其他因素的影响，该曲线不能精确反映出电解槽中氧化铝浓度的真实变化。因此还需作进一步改进。

采用氧化铝浓度传感器可以实时反映电解质中氧化铝浓度变化。尽管发表过数个专利，但是，至今尚未得到成功的应用。

采用合适的参比电极监测阳极电位升高，以此预报阳极效应。刘业翔等[9]于早年采用碳化硅参比电极，安放在电解质中，测定该电极同阳极之间的电位变化，在实验室中可以较好地测出效应前的电位升高，然而在工业电解槽上没有取得成功。主要原因是当时工业电解槽的供电不稳定，其次是碳化硅参比电极电阻较大，而且不能长期耐受电解质腐蚀。

参 考 文 献

1　Thonstad J, et al. Aluminum Electrolysis, 3rd edition. Dusseldorf：Aluminum-Verlag, 2001

2　Grjotheim K, et al. Aluminum Electrolysis, 2nd edition. Dusseldorf：Aluminum-Verlag, 1982

3　邱竹贤. 铝电解原理与应用. 徐州：中国矿业大学出版社, 1998

4　Qiu Zhuxian, et al. Studies on anode effect in aluminium electrolysis. Andersen J E. Light Metals. Warrendale, Pennsylvania：TMS light metals committee, 1982：279

5　Liu Yexiang, Xiao Haiming. The inhibition of anode effect in aluminum electrolysis process by anode dopants：a laboratory study. Elwin L Rooy. Light Metals. Warrendale, Pennsylvania：TMS light metals committee, 1991：489～494

6　Belyaev A E. 冶金过程中的表面现象（俄文）. 北京：冶金工业出版社, 1963

7　Nissen S S, Sadoway D R. Perfluorocarbon（PFC）generation in laboratory scale aluminum reduction cells. Kvande H. Light Metals. Warrendale, Pennsylvania：TMS light metals committee, 1997：159～164

8　Willy Bjerke, Robert Chase, Reginald Gibson, et al. International aluminum institute anode effect survey results. Tabereaux Alton T. Light Metals, Warrendale, Pennsylvania：TMS light metals committee, 2004：367～372

9　刘业翔. 预焙阳极铝电解槽阳极效应预报的初步研究. 轻金属, 1977, (1)：35

7 铝电解中炭阳极上的电催化作用

7.1 概述

7.1.1 电催化基本概念及电催化活性的表征

电催化是指电化学反应中，可借助改变电极材料和电极电位来控制该反应的方向和速率，而电极本身不发生改变的作用。

电催化反应是发生在电极/电解质界面上的多相催化反应。而电极反应是在电子导体（电极）/离子导体（电解质）界面上进行的。这样，在电催化反应中，电极不仅是接受或供给电子的场所，而且其电极电位的变化还制约着电子转移反应的自由能。通过调控电极电位，可以改变电化学反应的方向、速率和选择性。例如，对于接受一个电子的反应步骤来说，电极电位移动1V，相应于降低反应活化能41.8~54.4kJ，在常温下大致可以提高反应速率10^7~10^9倍，这是一般催化反应望尘莫及的。

电化学研究指出，电极反应的产物是随电极材料而改变的。并且对同一材质进行适当的表面处理能提高反应速率；电极上嵌入异种离子、金属或化合物还可以改变反应途径。这样，对电极作如上相应的处理就可能使其具有电催化功能，成为有电催化作用的电极。有时，真正起电催化作用的，并不是电极基体本身，而是嵌布或涂敷在基体表面的覆盖物。在电解条件下，电催化电极的结构必须保持物理稳定性、抗腐蚀性和长寿命的催化活性。

在电化学测试中，电极的电催化活性可用以下指标作为判据[1,2]：

（1）交换电流密度i_0；

（2）活化能E_a；

（3）Tafel 曲线的斜率b；

（4）在给定极化电势下的电流密度值；

（5）在给定电流密度下的过电压值。

当代电催化科学与技术，在燃料电池、化学电源、化学工业、电化学合成、电解工业以及生物电化学等方面进行了广泛研究和应用。其中最突出的例子是氯碱工业中电催化电极的节能事例。氯碱工业历史上一直采用石墨阳极，在生产条件下氯在石墨阳极上的析出反应过电压高达500mV。20世纪60年代起，在 H. Beer 专利基础上，开始应用形稳阳极（dimentionally stable anode 即 DSA），它是一种在 Ti 基体上涂有 RuO_2-TiO_2 电催化活性涂层的阳极，使用后阳极析氯反应的过电压降低到了 40~50mV（减小了90%），电解槽的电能消耗降低了 8%~15%，而且还大幅度地提高了氯碱槽的生产能力[2]。

7.1.2 铝电解惰性阳极电催化研究

为了探索铝电解阳极上发生电催化作用的可能性，选定 SnO_2 基惰性阳极作为研究对象。SnO_2 基材料具有较低的电阻（1000℃时的电阻率为 $0.0043\Omega \cdot cm$）和较好的抗蚀性。由水溶液系统的研究得知掺杂物质对析氧反应的过电压有明显的影响，因此研究了1000℃下铝电解质

中 SnO_2 基惰性阳极上氧析出的过电压，并研究通过掺杂增大电极的电催化性能，从而降低过电压的可能性。所用的电极是经 1200～1300℃ 下烧结制备的，通过溶液浸渍掺杂的方法，往烧结电极中分别渗入 $FeCl_3$、$CrCl_2$、$MnCl_2$、$CoCl_2$、$NiCl_2$ 和 $RuCl_3$。经过干燥和热处理后，使电极中吸附的氯化物转变为氧化物。将制成的电极在实验室电解槽中用稳态恒电位法测绘了极化曲线，所用电解质组成为 $2.7NaF \cdot AlF_3$-10% Al_2O_3（质量分数），试验温度为（1000 ± 2）℃，所得结果如图 7-1 和表 7-1 所示。实验结果清楚表明，除掺镍外，所有掺杂电极上的析氧过电压都比未掺杂者明显降低了，这表明大多数掺杂剂对 SnO_2 基惰性阳极有明显的电催化作用，其中以掺 Ru 最显著，在电流密度为 $1A/cm^2$ 下，该电极上的过电压仅为未掺杂者的 1/3 左右，在电流密度

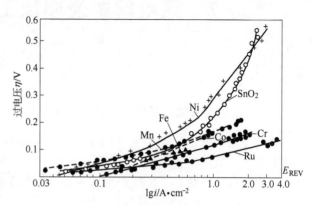

图 7-1　掺杂及未掺杂的 SnO_2 基阳极
过电压 η-$\lg i$ 图

高达 $4A/cm^2$ 下，过电压也小于 0.15V。在通常熔盐电解电流密度范围（0.5～1.0A/cm^2）内，掺杂电极按电催化作用的效果可排列为如下次序：

$$Ru > Fe \approx Cr > Co \approx Mn > Ni$$

此外掺有 Ru、Fe 和 Cr 的电极，该电极上的过电压都比同样条件下 Pt 阳极上的低。

表 7-1　SnO_2 基阳极及掺杂后析氧过程动力学参数[1]

掺杂物质	a/V	b/V	i_0/A·cm^{-2}	电流密度范围/A·cm^{-2}
未掺杂	0.11	0.065	0.023	0.05～0.30
Mn	0.13	0.070	0.013	0.02～0.18
	0.17	0.13	0.04	0.25～1.80
Fe	0.11	0.070	0.022	0.06～0.45
	0.12	0.12	0.01	0.55～2.00
Ru	0.070	0.035	0.001	0.085～0.50
	0.080	0.093	0.14	0.60～4.0
Co	0.16	0.16	0.01	0.18～0.43
	0.17	0.19	0.13	0.55～1.65
Ni	0.19	0.14	0.035	0.06～0.30
	0.26	0.26	0.10	0.40～0.80
	0.29	0.59	0.32	0.90～3.00

注：Tafel 曲线有一个以上的直线段者，则相继列出各段数据。

7.1.3　铝电解掺杂炭阳极的电催化研究和应用

在以冰晶石-氧化铝熔体为电解质的电解中，炭阳极上的过电压很高，造成了很大的电能浪费。长期以来，人们认为铝电解中炭阳极上的过电压是难以降低的，因而在这方面的研究报

道十分少见。

铝电解时炭阳极上的最初产物为 CO_2。整个电解反应如下：

$$Al_2O_3 + \frac{3}{2}C = 2Al + \frac{3}{2}CO_2$$

在1000℃下此反应的标准可逆电势 $E_{可逆}$ = 1.169V，实验室中准确测得的该值为 1.13 ~ 1.18V，在生产电解槽上测得的极化电势为 1.65 ~ 1.80V。众所周知，极化电势与可逆电势之间的差值为过电压 η，在铝电解槽中，通常阴极过电压不大，仅为 40 ~ 100mV，因此上述电压主要为阳极过电压，其值在 0.4 ~ 0.6V。

铝电解过程中，炭阳极上产生过电压的原因有多种机理解释，最简单而又为众多学者接受的解释是，电解时，电解质熔体中含氧离子在炭阳极表面上的活性中心上放电，当电流密度较大时，放电的含氧离子增多，而炭阳极表面上的活性中心不足，被迫在非活性点放电，为此需要额外的能量，因而产生了阳极过电压。根据现代电化学中电催化原理，电解质溶液中组元的吸附和电极材料的特性在电极过程中起着重大作用。在某一电势下，通过溶液中组元的吸附或改变电极材料的物理-化学性质，就有可能改变电极反应机理或改变（加速）电极反应速率。刘业翔首先提出设想：将某种催化剂加入到炭阳极中以改变阳极材料的性质，增加其表面的反应活性中心，以加速电极反应，从而降低炭阳极的过电压。刘业翔及其合作者随即在该领域开展了大量的实际研究工作，主要研究了掺杂炭阳极的电催化作用，旨在降低阳极上的过电压，以降低铝电解过程的能耗。此后陆续发现了一批能明显降低炭阳极反应过电压的电催化剂。其中掺有 Li_2CO_3 的阳极糊，即"锂盐糊"用于铝电解工业自焙阳极电解槽上，取得了巨大的节能和经济效益。

7.2 掺杂炭阳极的电催化功能

7.2.1 阳极电催化活性的判据

由于铝电解时炭阳极上放电的氧和氟离子都与碳作用生成各种中间化合物，其阳极反应的历程甚为复杂，因此不宜用简单的反应动力学参数来判断电极电催化活性的优劣。根据 Trastti 和 Kolovin 关于判断电极电催化活性的判据[2]，我们从实用的观点出发，以一定表观电流密度下不同电极上过电压的大小，作为区别电极电催化活性的判据，过电压小者其电催化活性高。

7.2.2 掺杂炭阳极的制备

根据研究和应用的需要，一般分三种情况制备电极。

（1）用浸渍法掺杂。常用于快速筛选电催化剂。以光谱纯石墨棒为炭阳极材料，以不同的氯化物、硝酸盐或单一的、二元的或多元的组分溶液为浸渍剂，将石墨棒浸渍其中一定时间后，取出再作热处理，或多次重复浸渍再热处理，制成含有不同催化剂的石墨阳极。在制备中掺杂剂的组成、含量、掺入方式以及热处理温度与制备工艺等都对电极的电催化活性有重要影响。

（2）铝电解用自焙阳极的掺杂制备。自焙阳极是通过阳极糊在铝电解过程的高温下自行焙烧而形成阳极躯体的。实验室中模拟自焙阳极，主要是用选定的某种电催化剂粉料，以机械混合的方式掺入到石油焦粒子（阳极糊的骨料）或掺入到液态沥青（阳极糊的黏结剂）中，而后经过混捏成形，制成自焙阳极糊，使用前需在约900℃的温度下焙烧。

（3）铝电解用预焙阳极的掺杂制备。实验室中预焙阳极的制备同上述过程（2），但是最后的焙烧温度须达到 1150～1200℃。

7.2.3 试验测定

采用稳态恒电位法测定极化曲线，有时也采用断电流法测定反电动势取得阳极极化电势数据。实验电解槽为三电极系统，采用铝参比电极，有时也用石墨参比电极而换算为铝参比电极数据。

实验室试验是在 1000℃下冰晶石-饱和氧化铝熔体（电解质）中进行的。

为了检验工业电解槽上正在工作的阳极过电压，采用了 Haupin[3] 提出的用特制 "Γ" 形参比电极测量法。

7.2.4 若干重要结果

7.2.4.1 掺有单组分掺杂剂的炭阳极

掺入 $CrCl_3$、Li_2CO_3 和 $RuCl_3$ 对炭阳极反应有明显电催化作用，在电流密度为 $0.85A/cm^2$ 下，与未掺杂的同阳极相比，它们分别降低过电压 275mV、181mV 和 148mV。其典型的极化曲线如图 7-2 和图 7-3 所示。

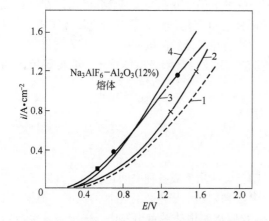

图 7-2　若干掺杂石墨阳极的典型极化曲线
（相对于石墨参比电极）
1—未掺杂；2—$RuCl_3$；3—Li_2CO_3；4—$CrCl_3$

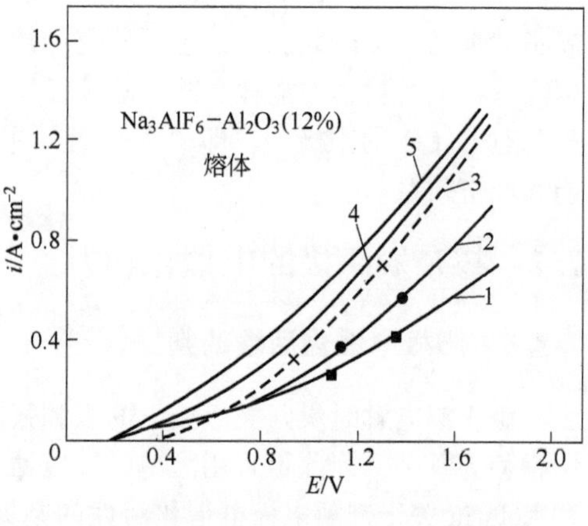

图 7-3　若干掺杂石墨阳极的典型极化曲线
1—$CoCl_2$；2—$NiCl_2$；3—未掺杂；
4—NaCl；5—$MnCl_2$

7.2.4.2 若干重要掺杂剂的电催化活性排序

在相同实验条件下，即 1000℃下，在冰晶石-氧化铝（饱和）熔体中，电流密度为 $0.85A/cm^2$ 时，掺杂石墨阳极的电催化活性排序如下：

$$Y > Cr > Ce + Y > Li > Ce + Nd > Ru > Mn > Na$$

Y 盐掺杂剂可使石墨阳极的过电压降低 315mV。

7.2.4.3 掺杂炭阳极具有电催化作用的可能机理

炭素阳极含有掺杂物质具有电催化作用，可能与以下情况有关，即掺杂金属盐经过热处理或高温焙烧，生成了相应的化合物。由于它们的化学计量、价态、电子结构及表面状态的不同，具有特别的电物理和电催化性能。它们分布在电极表面或渗透在电极内部，可能创造出更多的反应活性中心，有利于熔体中含氧离子的吸附与放电，加速了电子的交换与转移，从而获得了较高的阳极反应速率。

根据现代电化学研究，铝电解炭阳极上的反应过程可分为如下五步：

$$O^{2-} = O_{(吸附)} + 2e \tag{7-1}$$

$$O_{(吸附)} + xC = C_xO \tag{7-2}$$

$$O^{2-} + C_xO = C_xO \cdot O_{(吸附)} + 2e \tag{7-3}$$

$$C_xO \cdot O_{(吸附)} = CO_{2(吸附)} + (x-1)C \tag{7-4}$$

$$CO_{2(吸附)} = CO_2 \tag{7-5}$$

由于电流密度较大时要求放电的离子增多，而原有的活性中心不足，熔融电解液中含氧离子被迫在阳极上活性较差的地方放电，生成了 C_xO 中间化合物。由于 C_xO 的生成（式7-2）和缓慢分解（式7-4）均需要额外能量，这就引起了过电压。从电极外部引入具有特性的催化剂后，可使电极表面上的活性中心增多，从而使 C_xO 的生成减少。掺杂剂还能加快 C_xO 的分解速度，加速阳极反应的进行，因而导致过电压降低。

下面，以掺入 Li_2CO_3 为例，说明掺杂剂加快 C_xO 分解速率的可能机理。

$$Li_2CO_3 \xrightarrow{高温分解} Li_2O + CO_2 \tag{7-6}$$

$$C_xO \cdot O_{(吸附)} + Li_2O = 2Li + CO_2 + CO + (x-2)C \tag{7-7}$$

$$2Li + CO = Li_2O + C \tag{7-8}$$

由反应式 7-7 + 式 7-8 得：

$$C_xO \cdot O_{(吸附)} = CO_2 + (x-1)C \tag{7-9}$$

图 7-4 是催化剂的微观模型推测。

图 7-4a、b、c 是未掺杂炭阳极的阳极反应模型，图 7-4A、B、C 是炭阳极掺入 Li_2CO_3 后的阳极反应模型。由左列图 a、b、c 可知，当电流密度增大时，大量的含氧离子在碳的晶格深部

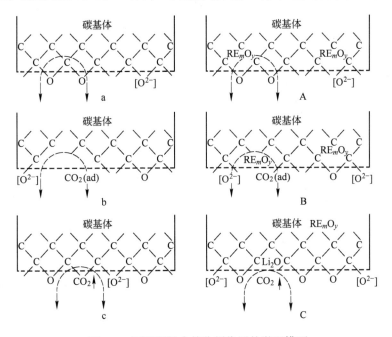

图 7-4 石墨阳极中催化剂作用的微观模型

放电，生成不稳定的"CO_2"基团。

　　在高的过电压和新的氧离子不断放电的推动下，不稳定的"CO_2"基团中的 C—C 键或 C—O 键破裂，生成 CO_2 气体。此过程的反应速率是由碳氧中间化合物 $C_xO·O$ 中的 C—C 键断裂的缓慢来控制的。

　　由图 7-4 中 A、B、C 可知，加入催化剂 Li_2CO_3 后，由 Li_2CO_3 分解出的 Li_2O 不稳定，Li_2O 中的 O 向晶格中的 C 进攻，使其中的 C—C 键迅速断裂，生成 CO_2。而 Li_2O 被还原为 Li 蒸气。弥散的 Li 蒸气在电极界面上又被析出的 CO_2 或 CO 氧化成 Li_2O，实现电催化作用。

7.2.4.4　可用于铝电解自焙炭阳极的电催化剂

　　若干主要的电催化剂及其降低炭阳极上过电压的效果列于表 7-2 中。

表 7-2　若干可用于铝电解自焙阳极电催化剂及其效果

电催化剂	过电压降低值[①]/mV	电催化剂	过电压降低值[①]/mV
K-Ca 盐	148	Li-Mg-Ca 盐	74
Li_2CO_3	147	Mg-Al 盐	68
Li-Mg 盐	80	Mg-Fe 盐	54

①在阳极电流密度为 $0.8A/cm^2$ 时与未掺杂的同样阳极的比较。

7.2.4.5　可用于铝电解预焙阳极的电催化剂

　　经过对 50 余种掺杂剂的试验，发现许多掺有催化剂的炭阳极在 1200℃下焙烧后其电催化活性大为降低，但仍有少数具有明显的电催化活性。经筛选，若干可用于预焙阳极的电催化剂列于表 7-3。

表 7-3　若干可用于铝电解预焙阳极的电催化剂

电催化剂	Ba-Fe 盐	K-Ca 盐	Mg-Al 盐	Li_2CO_3
过电压降低值/mV	208	150	170	8

　　若干掺杂石墨电极在 1200℃下焙烧后的电化学测定结果[4]分别示于图 7-5 与图 7-6 和表 7-4 与表 7-5 中。

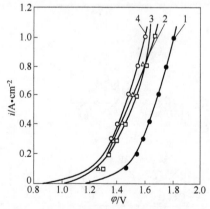

图 7-5　经 1200℃焙烧后掺杂石墨电极
的典型稳态极化曲线
1—未掺杂；2—掺 Ca-K 盐；
3—掺 Mg-Al 盐；4—掺 Ba-Fe 盐

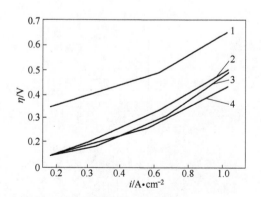

图 7-6　掺杂石墨电极的典型 Tafel 曲线
1—未掺杂；2—掺 Ca-K 盐；
3—掺 Mg-Al 盐；4—掺 Ba-Fe 盐

表 7-4 不同电流密度下，掺杂石墨阳极（经1200℃焙烧）的阳极过电压

电　极	电流密度/ A·cm^{-2}							
	0. 20	0. 26	0. 30	0. 40	0. 50	0. 60	0. 80	1. 00
未掺杂	0. 391	0. 411	0. 427	0. 461	0. 493	0. 526	0. 587	0. 643
Li-Mg	0. 251	0. 293	0. 315	0. 373	0. 415	0. 449	0. 489	0. 509
Li-Ba	0. 291	0. 331	0. 351	0. 399	0. 431	0. 461	0. 501	0. 521
Li-Fe	0. 343	0. 369	0. 379	0. 403	0. 429	0. 449	0. 473	0. 491
Li-Ca-Mg	0. 329	0. 361	0. 373	0. 415	0. 453	0. 483	0. 539	0. 583
Ca-Mg	0. 371	0. 401	0. 415	0. 459	0. 503	0. 551	0. 633	0. 715
Mg-Fe	0. 311	0. 341	0. 359	0. 401	0. 433	0. 463	0. 509	0. 549
Ca-K	0. 161	0. 203	0. 225	0. 275	0. 327	0. 369	0. 437	0. 491
Ca-Fe	0. 263	0. 297	0. 317	0. 363	0. 401	0. 441	0. 503	0. 559
Ba-Fe	0. 159	0. 191	0. 201	0. 239	0. 275	0. 313	0. 379	0. 427
Mg-Al	0. 161	0. 191	0. 205	0. 251	0. 297	0. 339	0. 416	0. 491

表 7-5 掺杂石墨阳极（经1200℃焙烧）的 Tafel 数据

（在 0.3 ~ 0.8A/cm^2 范围）及阳极过电压差值[①]

电　极	Tafel		$\Delta\eta/V$	$\Delta\eta/V$	$i_0/A·cm^{-2}$
	a	b	(0. 5A/cm^2)	(0. 8A/cm^2)	
未掺杂	0. 578	0. 315	—	—	0. 014
Li-Mg	0. 552	0. 451	0. 078	0. 098	0. 060
Li-Ba	0. 541	0. 362	0. 062	0. 086	0. 032
Li-Fe	0. 495	0. 224	0. 061	0. 114	0. 0062
Li-Ca-Mg	0. 560	0. 359	0. 040	0. 048	0. 028
Ca-Mg	0. 620	0. 395	− 0. 010	− 0. 046	0. 027
Mg-Fe	0. 534	0. 334	0. 060	0. 078	0. 025
Ca-K	0. 462	0. 457	0. 166	0. 150	0. 098
Ca-Fe	0. 514	0. 378	0. 092	0. 084	0. 043
Ba-Fe	0. 374	0. 332	0. 218	0. 208	0. 075
Mg-Al	0. 419	0. 196	0. 196	0. 171	0. 096

①差值指未掺杂电极与掺杂电极的阳极过电压差值。

7.2.4.6 掺杂预焙阳极具有电催化作用的机理初探

在现有试验研究的基础上讨论预焙阳极（经1200℃焙烧）在电解过程中阳极反应机理是不成熟的，对此类电极在阳极反应中具有电催化活性的一个最简单的解释是电极上生成了更多的活性中心。含有不同掺杂剂，如 Ba-Fe 盐和 Mg-Al 盐，在焙烧的高温下生成了钙钛矿型（如 $BaFeO_{3-x}$）和尖晶石型（如 $MgAl_2O_4$）化合物，在高温下还可能生成其他非化学计量的化合物。X 射线衍射图（图7-7和图7-8）支持了这一解释。

钙钛矿型氧化物和尖晶石型氧化物析氧反应的电催化作用，在水溶液系统已有广泛的研究。Bockris 等[5] 提出，ABO_3 或 $A_{1-x}A_xBO_3$ 型氧化物中 B 位置上的过渡金属离子形成活性中心，

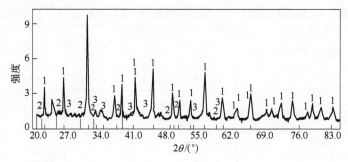

图 7-7 由含 Ba-Fe 盐掺杂溶液蒸干后经 1200℃ 焙烧粉料的 X 射线衍射图

1—$BaFeO_{3-x}$；2—Fe_2O_3；3—$BaFe_2O_4$

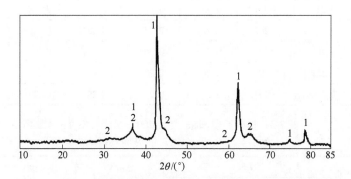

图 7-8 由含 Mg-Al 盐掺杂溶液蒸干后经 1200℃ 焙烧粉料的 X 射线衍射图

1—MgO；2—$MgAl_2O_4$

溶液中的含氧离子（例如 OH^-）优先吸附于其上并放电。在熔盐体系中，位于 A 或 B 位置上的金属离子也可能形成活性中心。在这些活性中心上电子的迁移可能加快，使阳极反应速率增加，从而降低了过电压。

7.3 掺杂炭阳极在铝电解中的其他行为

除了掺杂炭阳极的电催化功能外，对含有添加物的炭阳极在铝电解中的行为也有一些研究。

刘业翔和肖海明[6]研究了掺杂炭阳极对铝电解阳极效应的抑制作用。他们发现，掺有 Li、Pb、Cr 和 Ru 盐的炭阳极，其临界电流密度比未掺杂的炭阳极高出 2~4 倍，有关数据列于表 7-6 和图 7-9 中。

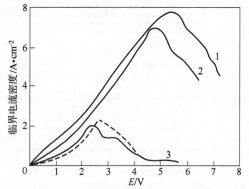

图 7-9 若干掺杂炭阳极的极化曲线图

（在 $2.7NaF \cdot AlF_3$-1% Al_2O_3 熔体中，

（1000 ±5）℃下测定）

1—掺有 $Pb(NO_3)_2$；2—掺有 $CrCl_3$；3—未掺杂

表 7-6 不同掺杂炭阳极的临界电流密度（在 $2.7MaF \cdot AlF_3$-1% Al_2O_3 熔体中，（1000 ±5）℃下）

性　能	掺　杂　剂							
	未掺杂	$CrCl_3$	$Pb(NO_3)_2$	$RuCl_3$	LiCl	NaCl	$PbCl_2$	LiF
临界电流密度/$A \cdot cm^{-2}$	2.08	7.41	8.85	9.17	6.64	4.52	8.15	5.80

所谓临界电流密度，即在该电解条件下发生阳极效应时的阳极电流密度。由表7-6和图7-9可知，含有这些掺杂剂的炭阳极具有较高的临界电流密度值，将不同程度地推迟阳极效应的发生。试验也证明（见图7-10），掺有 Pb（NO$_3$）$_2$ 和 CrCl$_3$ 的炭阳极可以在容易发生阳极效应的条件下（高电流密度和低氧化铝浓度）持续电解相当长的时间而不发生阳极效应，起到了掺杂剂抑制阳极效应的作用。他们还对掺杂剂的作用作了如下解释：当熔融电解质中的含氟离子在炭阳极上放电时，放电的氟离子将同掺杂剂离子相互作用而生成 MF$_x$ 氟化物（M 为金属，此处为 Li、Pb、Cr 等），它们比放电氟离子同碳作用生成 CF$_x$ 要容易些。热力学计算表明，PbF$_2$、LiF、NaF 和 CrF$_3$ 的生成自由能（$-\Delta G_T$）都要大于 CF$_x$ 的。此外，有研究证明[7]，MF$_x$ 比 CF$_x$ 有较好的导电性及较好的与熔融电解质的湿润性。炭阳极表面有较多的 MF$_x$ 存在有利于增强界面电子转移和改善熔盐对炭电极的湿润性，减少气泡滞留时间，因此可使临界电流密度增大而抑制阳极效应的发生。

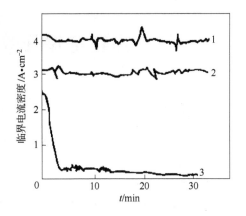

图 7-10　掺杂炭阳极在高电流密度下
抑制阳极效应的持续时间
1—掺有 Pb（NO$_3$）$_2$，槽电压 6.0V；
2—掺有 CrCl$_3$，槽电压 4.5V；
3—未掺杂，槽电压 5.0V

邱竹贤等[8,9] 的研究也指出，含有 Li$_2$CO$_3$ 炭阳极糊具有较好的阳极-电解质的湿润性，较高的临界电流密度（能抑制阳极效应的发生）以及较低的阳极过电压，可以节约电能。

邝占宁研究了炭阳极杂质，诸如 V、S、Al、Fe、Ni、Li 和 Na 对铝电解时炭阳极消耗的影响。

参 考 文 献

1　刘业翔. 功能电极材料及其应用. 长沙：中南工业大学出版社，1996

2　Korovin H V, Kasatking E. V. ЭЛЕКТРОКАТАЛИЗАТОРЫ ЭЛЕКТРОХИМИЧЕСКИК УСТРОЙСТВ. Electrochemistry（Russian）. 1993，29（4）：448～460

3　Haupin W. E. A scanning reference electrode for voltage contours in aluminum smelting cells. J. of Metals. 1971，（10）：46～49

4　严大洲，刘业翔，肖海明. 铝电解中新型炭阳极的反应过程及作用机理. 长沙：中南矿冶学院学报. 1989，20（5）：505～511

5　Bockris J O'M, Otagawa T J. The electrocatalysis of oxygen evolution on perovskites. J. Electrochem. Soc. 1984，131（2）：290～302

6　Liu Yexiang, Xiao Haiming. The inhibition of anode effect in aluminum electrolysis process by anode dopants：a laboratory study. Elwin L. Rooy. Light Metals. Warrendale，Pennsylvania：TMS light metals committee，1991：489～494

7　Devilliers D, et al. Polished carbon electrodes for improving the fluorine production process. J. of Applied Electrochem. 1990，（20）：91～96

8　邱竹贤等. 锂盐阳极上临界电流密度的测定. 轻金属，1994（5）：31～33

9　Qiu Zhuxian, et al. Carbon anode with lithium salt addition. James W. Evans. Light Metals. Warrendale，Pennsylvania：TMS light metals committee，1995：749～751

8　铝在电解质中的溶解及二次反应损失

8.1　概述

了解电解过程析出的铝在电解质中的溶解与再氧化损失，及其原因与机理，由此采取对策提高铝的收率，是支配电流效率的基础问题之一，因而是十分重要的。

金属在熔盐中溶解的现象，是熔盐电解过程显著的特征之一，对这个问题，前人已经有很多的研究、评述和专著。金属与熔盐的相互作用可分两种情况：（1）金属与含有本身金属离子的熔盐相互作用；（2）金属同不含有本身金属的熔盐相互作用。铝在熔融电解质中的溶解属于前一种情况。

纯的熔融冰晶石和冰晶石-氧化铝熔体通常都是无色透明的，在有金属溶解时才开始有颜色变化，铝溶解在冰晶石熔体中时可以看到有灰色的雾状体从金属处展开，这种现象即所谓的金属雾，金属雾在静态铝溶解和电解的情况下都能看到。阳极电流密度高于 0.5A/cm² 时，从电解一开始就能看到雾的形成，起初在靠近阴极的地方出现，而后迅速展开，以后扩散到全部电解质；在电流密度低于 0.1A/cm² 时，看不到金属雾。在电解初期，电解质由于金属雾的存在，变得不透明，然而在较长时间电解后，它又重新透明，这是因为金属雾同溶解的阳极气体作用，重新氧化所致。

铝在熔融冰晶石中的溶解度测定通常有两个主要方法：（1）将取出的熔体试样经过急冷，而后分析试样中的金属；（2）重量法，测定金属的重量损失。在第一种情况下，试样经过急冷，溶解的铝成非常细散的固态金属相存在，将试样粉碎后用盐酸处理，测定放出氢气的体积，可以折算出其中铝的含量。在第二种情况即在重量法中，是称取加入熔体前铝的质量，并称取试验后铝的质量，根据前后的质量差以确定溶解损失，然而金属会同坩埚材料反应，容易出现误差，这个方法的可信度不是很高。

8.2　铝在冰晶石-氧化铝熔盐中的溶解

8.2.1　溶解铝后电解质的特性

根据熔盐物理化学的有关理论，金属在熔盐中的溶解形成金属溶液，其溶解机理主要有两种理论：（1）化学理论，即生成低价化合物及二聚离子体，近年来又称为原子-离子溶液理论；（2）色心（F-心）理论，也称为离子-电子溶液理论。其中化学理论得到最普遍的支持，色心理论日益受到重视。

化学理论提出，金属在熔盐中溶解的实质是由于金属与熔盐发生了化学相互作用，生成了低价化合物，以及某些情况下，这些低价离子发生二聚作用，在溶液中形成稳定的低价复离子。

元素在化合物中出现的化合价决定于电子层的结构，例如铝的电子层结构为 $1s^2 2s^2 2p^6 3s^2 3p^1$，通常在离子化合物中，这些元素都会失去最外层的电子，获得氖的结构 $1s^2 2s^2 2p^6$，并分别出现 1、2 和 3 的化合价。许多研究证明，稳定的低价离子是靠生成 $6s^-$ 电子的闭合对而建立起来的。因此，金属溶解于熔盐中，生成低价离子，并以稳定的二聚体离子形态存在是符合逻辑的。

在同铝相接触的熔融冰晶石中，既能生成溶解的铝，还能生成溶解的钠，在铝/电解质界面上可以建立如下的平衡：

$$Al + 3NaF \Longrightarrow 3Na + AlF_3 \tag{8-1}$$

这样，就引起了电解质中存在着溶解钠的某种浓度，根据金属溶解度数据研究得到的热力学模型，认为溶解的钠是以游离钠形式存在，而溶解的铝则是呈单价离子形态 AlF_2^-，铝的溶解反应式如下：

$$2Al + AlF_3 + 3NaF \Longrightarrow 3AlF_2^- + 3Na^+ \tag{8-2}$$

溶解金属的低价离子在电解质中可以迁移到阳极，在该处发生氧化，一些研究者还测定了溶解金属离子的扩散系数，认为上述低价离子的迁移系数要高于熔盐中的其他离子。溶解铝的阳极氧化可以用下式表达：

$$AlF_2^- + 2F^- \Longrightarrow AlF_4^- + 2e \tag{8-3}$$

8.2.2 溶解金属引起的电子导电性

碱金属溶解在碱金属卤化物熔盐中，能引起电子导电性。这种现象已经发现了将近一百年，电子导电性减少了金属电积和电解过程的电流效率[1]。由于铝电解过程阴极上生成的铝同电解质发生交互作用，将有钠被置换出来，在金属/电解质界面上有一定的钠的活度，随着钠的溶解，就有过剩电子出现，导致产生电子导电性，它将使电流效率受到影响。

有多个学者研究了铝电解质中的电子导电性问题。Borisoglebskii 等在有铝存在的冰晶石熔体中，在1000℃下测定了电子电导率大约为总电导率的3%，由于没有考虑钠蒸气蒸发的问题，因而对这首次的研究，提出了质疑。后来的研究者指出，铝电解质中的电子电导率很低，可以忽略不计。Haarberg 等[2]进行了至今最为严密的测定，他采取了仔细的措施，防止钠的蒸发，以及电极的腐蚀，在1000℃下熔融 Na_3AlF_6-Al_2O_3（饱和）-Al 熔体中，总电导率为3.11S/cm，此时，测出的离子电导率2.22S/cm，进而认为是由于电子导电性而使得电导率增加了，那么电子电导率应为0.89S/cm。相应的电子迁移数，在被铝饱和的电解质中为0.29。但是，在工业电解槽中，在阴极附近溶解的金属呈梯度分布，因而电子导电性的影响逐渐减弱。

熔体的组成（AlF_3含量）和温度对电子电导率的影响也做过研究，指出 AlF_3 的含量降低和温度的升高，都能增大电子电导率。另外，也研究了添加剂 CaF_2、LiF 和 MgF_2 对电子电导率的影响，指出电解质含有这些添加剂，都会使电子电导率降低。

8.3 铝在冰晶石熔体中的溶解度

前人对铝在冰晶石熔体中的溶解度做过很多的研究，有代表性的结果列在表8-1中。

铝在冰晶石-氧化铝熔体中的溶解度很小，在1000℃时为0.1% ~ 0.2%。

从实验室重量法的研究结果可以看到，铝的溶解度与下列因素有关。

表 8-1 铝在冰晶石-氧化铝熔体中的溶解度[3]

作　者	年份	电解质组成 （质量分数）/%	温度/℃	铝溶解度/%	测定方法
Haupin	1960	Na_3AlF_6 +5% Al_2O_3 +8%CaF_2	980	0.10	按盐相中的金属量
Thonstad	1965	Na_3AlF_6 + Al_2O_3 （饱和量）	1000	0.10	按盐相中的金属量
Yoshida 和 Dewing	1972	Na_3AlF_6 + Al_2O_3 （饱和量）	1000	0.05	按盐相中的金属量
Arthur	1974	Na_3AlF_6	1020	0.085	按盐相中的金属量
		Na_3AlF_6 +5% Al_2O_3	1020	0.081	按盐相中的金属量
		Na_3AlF_6 + Al_2O_3 （饱和量）	1020	0.073	按盐相中的金属量
Gerlach 和 Weber	1974	Na_3AlF_6	1000	1.1(80min)	按金属质量差（用刚玉坩埚）
		Na_3AlF_6 +12% Al_2O_3	1000	0.8(80min)	按金属质量差（用刚玉坩埚）
邱竹贤等	1981	2.7NaF · AlF_3 +5% Al_2O_3	1000	0.38(300min)	按金属质量差（用炭坩埚）
	1993	1.5NaF · AlF_3 +3% Al_2O_3	850	0.20(300min)	按金属质量差（用炭坩埚）

（1）温度。铝在饱和氧化铝的冰晶石熔体中的溶解度随温度升高而增大，有关数据见图 8-1。

（2）氧化铝含量。铝在纯冰晶石熔体中以及不同含量氧化铝的情况下，其溶解度数据表示在图 8-2 上。

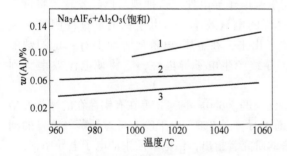

图 8-1 铝在 Na_3AlF_6 + Al_2O_3 （饱和）
熔体中的溶解度
1—Thonstad（1965 年）；2—Arthur（1974 年）；
3—Yoshida 和 Dewing（1972 年）

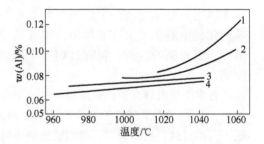

图 8-2 铝在 Na_3AlF_6 + Al_2O_3（饱和）熔体中的
溶解度与温度、氧化铝浓度的关系（Arthur）
1—纯冰晶石；2—含 5% Al_2O_3；3—含 10% Al_2O_3；
4—含 15% Al_2O_3

由图 8-2 可见铝的溶解度随氧化铝浓度增大和温度降低而减少。

（3）摩尔比的影响。Al 在 NaF-AlF_3 熔体中的溶解度随摩尔比（NaF/AlF_3）不同而不同，其总的趋势是随摩尔比的减小而减小，但在强酸性区域内又略微增大。邱竹贤等[3]研究了过量 AlF_3 对低温电解质中铝盐溶解度的影响，有关结果列入图 8-3。

8.4　早期研究工作的若干资料

早期研究者们是用重量法测定铝的质量损失的。通常熔体是未加搅拌的。所谓铝的质量损失，包括铝的化学溶解，铝与潮湿气体和坩埚的反应，还有在熔体表面上部气态蒸发或氧化损失等。显然多数研究者只是研究化学溶解反应，有些研究者是用称重后的铝加入到熔体中，计

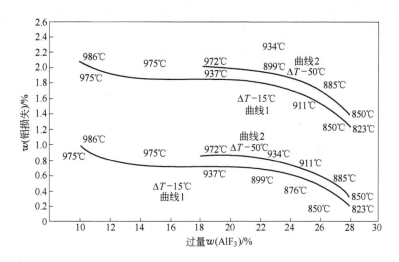

图 8-3　过量 AlF₃ 对低温电解质中铝溶解度的影响[3]

1—过热 15℃；2—过热 50℃

算金属消失及熔体重新恢复透明所需时间，以此作为铝的质量损失的依据。还有一些研究者采用搅拌或者鼓泡来搅拌，测定 CO 的生产率或氧的消耗率，据此研究铝的质量损失。由于采用的方法不同，所得的结果有较大的分歧，但是从众多的研究中可以总结出影响铝质量损失的因素。

（1）温度。茹林最早指出，当温度升高时，铝的质量损失大为增加，这种现象为后来的研究者所证实，其原因是随着温度的升高，金属的溶解度增大之故。

（2）摩尔比。在早期的研究工作中，研究者们就已测定了在不含氧化铝的冰晶石熔体中铝的质量损失（$w(Al_L)$，%）。在正冰晶石组成的情况下，铝的质量损失最大；在摩尔比为 2.7 时，铝的质量损失最小；在有氧化铝存在时，最小的溶解度趋向于较低的摩尔比范围。Belyaev 在摩尔比为 2~3 时，在不同氧化铝含量情况下得到的铝质量损失见图 8-4[4]。Vetyukov 采用 BN 坩埚和惰性气体，发现摩尔比在 2.2~2.8 范围内，当摩尔比增大时，铝的质量损失减少，结果如图 8-5 所示。

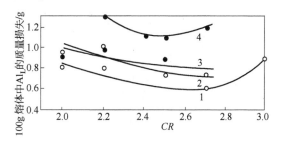

图 8-4　熔融冰晶石中不同摩尔比和氧化铝
含量时的铝损失

1—0% Al₂O₃；2—5% Al₂O₃；3—3% Al₂O₃；
4—7% Al₂O₃ （Belyaev）

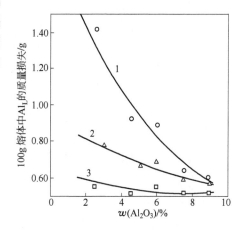

图 8-5　在 1020℃ ±10℃ 时不同摩尔比
范围内铝损失与氧化铝含量的关系

1—CR=2.2；2—CR=2.5；3—CR=2.8 （Vetyukov）

（3）添加剂。前人的研究结果指出，往电解质中加入 CaF_2 或者 MgF_2，都减少了铝的质量损失。添加 NaCl，在 10% 之前，铝的质量损失是稳定增加的。例如当电解质的 $CR=2.7$，温度为 1050℃时，添加 NaCl 10% 时每 100g 熔体中铝的质量损失增加 1.8g。有关结果如图 8-6 所示。

添加少量的 Fe_2O_3、SiO_2、V_2O_5 和 P_2O_5，除了 P_2O_5 外，所有的添加剂都使铝的质量损失增加。由于这些添加剂在铝电解槽中作为杂质，浓度很低，因此影响可以忽略不计。

（4）氧化铝含量。前人的研究工作可以用 Belyaev 的结果作为代表，他指出 $w(Al_2O_3)$ 在 0%~7% 时，铝的质量损失增加，其结果如图 8-7 所示。

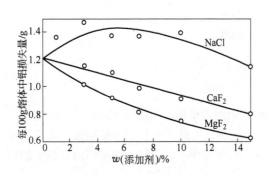

图 8-6　1020℃时不同添加剂对冰晶石熔体中铝损失的影响（Firsanova and Belyaev）

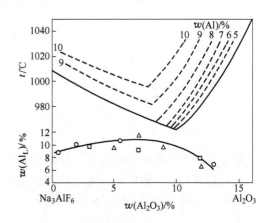

图 8-7　不同氧化铝浓度和温度下的铝损失

8.5　CO_2 在冰晶石-氧化铝熔体中的溶解度

二氧化碳在冰晶石-氧化铝熔体中的溶解度由 Bratland 等所测定。在 1050℃下，二氧化碳溶解量为 3×10^{-6} mol/cm^3。根据他们的数据，二氧化碳在冰晶石中的溶解速率约为 2×10^{-7} mol/$(cm^2 \cdot min)$，这个数值要比在搅拌熔体中"二次反应"生成的一氧化碳数值低一个数量级，因此溶解的二氧化碳在"二次反应"中起的作用不大，"二次反应"主要的途径是气态二氧化碳和溶解金属之间的反应。

8.6　工业电解槽上铝的溶解与损失

工业铝电解槽上铝的溶解与损失可分为以下四个连续的步骤，如图 8-8[3] 所示。（1）铝在同电解质接触的界面上发生溶解反应；（2）溶解的铝从界面层向外扩散；（3）溶解的铝进入电解质本体；（4）溶解的铝被阳极气体氧化。

在上述四个步骤中，最缓慢的步骤决定着总反应的速度。前人对于铝的溶解损失进行的

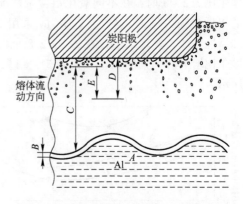

图 8-8　工业电解槽内铝的溶解损失机理图
A—铝/电解质界面，在该处发生铝的溶解反应；
B—反应产物的扩散区；C—溶解的铝同 CO_2
发生反应的区域；D—CO_2溶解和扩散的区域；
E—溶解的铝与 CO_2 混合并生成 Al_2O_3
和 CO，随即向上逸出

动力学研究中，一般认为铝的再氧化反应（即第4个步骤）是最慢的。但是，也有学者认为铝的溶解或者铝的扩散和转移是反应速度的控制步骤。对这些分歧在文献[5]中有详细介绍。现在可以认为，对于控制步骤的不同结论是由于试验条件不同所致。当在温度梯度、机械搅拌和鼓入气泡等情况下，会使电解质中产生不同程度的对流，在强烈搅拌的熔体中，铝的溶解是控制步骤；而在熔体处于静置状态时，传质过程才是速率的控制步骤。表8-2列出了有关铝损失反应控制步骤的不同观点。

表8-2　有关铝损失速率控制步骤的观点总汇[3]

作　者	年份	实　验　方　法	控　制　步　骤
Абрамов	1953	不同高度熔体中的铝损失量	铝转移
Ревазян	1960	不同铝浓度的铜-铝合金在熔体中的铝损失量	铝溶解
Thonstad，Solbu	1968	静态熔体与通入氩气搅动的熔体	铝溶解
Gjerstad，Welch	1964	CO_2气体通到熔体上面，观测不同熔体高度下的氧化速度	铝转移
Arthur	1974	测定工业电解槽中各区内的铝浓度	铝转移（从层流区向电解液整体扩散）
Thonstad，Rolseth	1976	电分析法测定已溶金属浓度	铝氧化
Rolseth，Thonstad	1981	电分析法测定已溶金属浓度	两个缓慢传质步骤
Gerlach	1974	CO_2气体通到熔体上面，观测不同熔体高度下的氧化速度	铝溶解
池田晴彦，高沢衛	1980	不详	静态下为铝转移；动态下（工业槽内）为铝溶解
邱竹贤，范立满	1982	工业电解槽内铝浓度分布的研究	铝溶解

现在认为，较有说服力并得到认同的观点是，铝的溶解是最缓慢的一步，决定着总反应的速率。

工业电解槽上的测定表明，电解质中铝的浓度很低，Thonstad在140kA预焙槽上对电解质进行了取样和分析，发现铝浓度很小（0.01%），只有饱和浓度的十分之一，而且在铝液表面2cm内没有观测到铝的浓度梯度。邱竹贤等在6台工业电解槽的不同部位取得20多处电解质试样，发现电解质试验中的铝浓度都是很低的，均小于0.007%，表明这6台工业电解槽电解质中的铝浓度远未达到饱和浓度0.1%。

工业铝电解质中，铝浓度为何如此之低？主要是在于：（1）电解槽内电解质中传质过程进行得很快，受多种因素的影响，如磁力搅动、气体排除和温度梯度等，而且极距很小，甚至有时气泡能进入到铝液附近，所以铝浓度小，不存在 Al 的浓度梯度；（2）电解槽中的铝液是处在阴极保护状态下的，其溶解损失速度约为 $0.53 \times 10^{-3} g/(cm^2 \cdot min)$，这是57台工业槽上的实测结果，此值也低于实验室电解槽未通电条件下测得的铝损失速度。

参 考 文 献

1 Thonstad J, et al. Aluminum Electrolysis, 3rd edition. Dusseldorf: Aluminum-Verlag, 2001

2 Haarberg G M, Thonstad J, et al. Electrical conductivity measurements in cryolite alumina melts in the presence of aluminium. Wayne Hale. Light Metals. Warrendale, Pennsylvania: TMS light metals committee, 1996: 221~225

3 邱竹贤. 铝电解原理与应用. 徐州: 中国矿业大学出版社, 1998

4 Belyaev A I, Zhemchuzhina E A, Firsanova L A. Physikalische Chemie geschmolzener Salze. Leipzig: Grundstoffindustrie, 1964

5 Grjotheim K, et al. Aluminum Electrolysis, 2nd edition. Dusseldorf: Aluminum-Verlag, 1982

9 铝电解的电流效率

9.1 概述

电流效率是铝电解生产最重要的技术经济指标之一，20多年来，对提高电流效率的研究，从理论到实践都有了很大的进展。当前，最好的预焙阳极铝电解槽年平均电流效率略大于96%，一般的也表现很好，详见表9-1。

表 9-1 现代工业铝电解槽的电流效率和其他重要指标[1,2]

槽 参 数	180kA 槽				280kA 槽			
过剩 AlF$_3$/%	10.9	9.4	5.5	4.0	12.5	11.2	9.5	7.7
LiF 的含量/%	0.3	1.0	2.2	3.2	0.4	2.1	3.0	2.6
MgF$_2$ 的含量/%	0.3	1.0	2.6	2.6	—	—	—	—
CaF$_2$ 的含量/%	4.5	4.2	3.9	3.8	—	—	—	—
温度/℃	956	958	953	947	952	937	942	953
过热度/℃	2	10	15	10	—	—	—	—
电流/kA	181.1	181.6	180.3	179.3	281.7	285.6	284.3	281.0
电流效率/%	94.47	94.15	93.24	91.96	95.8	95.1	94.1	91.9
电耗/kW·h·kg^{-1}(Al)	13.28	13.15	12.75	12.99	12.84	13.03	13.06	13.32
槽电压/V	4.21	4.15	3.99	4.01	4.13	4.16	4.12	4.11

9.1.1 电流效率的定义

电流效率是单位时间电解产出铝的质量与按法拉第定律计算的理论产出量之比，即：

$$CE = \frac{W_{实}}{W_{理}} \times 100\% \tag{9-1}$$

$$W_{理} = 0.3356 \times It$$

$$= 0.3356(\mathrm{kg}/(\mathrm{kA \cdot h}))$$

式中　I——电流，A；

　　　t——时间，h；

　0.3356——Al 的电化当量。

电流效率为何不能达到100%？现在的理论和实践证明电流效率（CE）很难超过98%，其原因是不可避免有若干的电流损失。

9.1.2 关于电流损失 $i_{损}$

不言而喻，电解电流通过了阴极，但是没有产铝，这就造成了电流的损失。电流损失主要是两大方面，即铝的二次反应损失和钠的二次反应损失，共七个项目。

（1）i_1：铝的二次反应损失。这种损失是最主要的，设为 i_1，其反应式为：

$$2Al_{(溶)} + 3CO_{2(气)} =\!=\!= Al_2O_3 + 3CO_{(气)} \tag{9-2}$$

其动力学机理为：Al 从铝液/电解质的界面上转移至电解质本体，这种溶解的 Al 再经过电解质转移到阳极/电解质界面，溶解的 Al 被 CO_2 所氧化并生成 CO（详见第8.6节）。

（2）i_2：钠的二次反应损失。i_2 指的是电解过程中钠析出消耗的电流，而析出的钠被再氧化而损失。

$$6Na_{(溶)} + 3CO_{2(气)} + 2AlF_{3(溶)} =\!=\!= 6NaF_{(溶)} + Al_2O_3 + 3CO_{(气)} \tag{9-3}$$

由于 Na^+ 离子是电解质中传递电流的主要载体，它富集在阴极区的边界层，当阴极电流密度提高时，析出的 Na 进入铝和电解质中，当遇到 CO_2 时即被氧化而损失。因此，现代炼铝技术中，有的工厂通过铝中钠的含量或槽内靠近铝液区的电解质中钠的含量来表示电流效率的大小[3]。现代预焙槽由于磁场的平衡，铝液的流动减慢，同时对铝液面的干扰减少，减缓了 Na^+ 由边界层向电解质中的扩散，减少了 Na 的氧化损失。因此，在边界层，Na^+ 的浓度比较高，这种槽的电流效率将会很高，同时，边界层的 Na^+ 含量高，也表明铝液镜面很稳定，电流效率也会很高。

（3）i_3：Al_4C_3 的生成和氧化。生成 Al_4C_3 的反应为：

$$4Al_{(溶)} + 3C_{(固)} =\!=\!= Al_4C_{3(固)} \tag{9-4}$$

通常发生在与铝液接触的阴极炭块上，也会发生在没有电解质炉帮保护的侧部炭块上。当槽内铝液高度降低时，生成的 Al_4C_3 与电解质接触，发生溶解，Al_4C_3 在电解质的最大溶解度（摩尔比为1.8时）为2.15%，而后，遭遇阳极气体或空气作用而氧化，其反应为：

$$Al_4C_{3(溶)} + 6CO_{2(气)} =\!=\!= 2Al_2O_{3(溶)} + 3C_{(固)} + 6CO_{(气)} \tag{9-5}$$

Al_4C_3 的生成也是阴极内衬破损的主要原因之一。

（4）i_4：电子导电性。电子导电性主要是由溶解的钠引起的。金属溶解在自身的熔盐中，容易形成"色心"，它具有电子导电性。因此，电解质具有微弱的电子导电性。Haarberg 等[4]测得1000℃时 Na_3AlF_6-Al_2O_3（饱和）-Al 熔体中电子电导率为 $0.89S·cm^{-1}$，此时该熔体的单位离子电导率为 $2.22S·cm^{-1}$。电子导电性形同短路，这样引起的电流损失估计在 1%~2% 左右。研究表明，降低温度或者提高 AlF_3 含量，将减小电解质的电子导电性，有利于提高电流效率。

（5）i_5：杂质引起的损失。Sterten 等[5]较详细地研究了杂质对电流效率的影响。摩尔比为2.5，氧化铝为 4%~6%，CaF_2 为5%的电解质中，在980℃情况下的研究结果指出，大多数杂质都以单价态存在于电解质中，在含量很低的情况下，Mg、Ba 和 B 对电流效率几乎无影响；SnO_2 也无影响；而多价态的杂质离子 Fe、P、V、Si、Zn、Ti 和 Ga 等随着它们在电解质中浓度的增加，电流效率呈直线降低。电解质中这些杂质的阳离子每增加 0.01%，电流效率降低 0.1%~0.7%。P 离子是最为有害的，它以低价态到阳极氧化为高价态，转移到阴极后还原为低价态，反复的氧化还原，增大了电流损失。大多数杂质离子引起电流效率降低也是由于在阴极和阳极/二氧化碳界面上的反复氧化-还原所造成的。

（6）i_6：阴极和阳极之间的瞬时短路。这是操作不慎而发生的，在更换阳极或出铝时，误使阳极同铝液接触造成瞬时短路而引起的电流损失。

（7）i_7：铝或钠渗透进入电解槽内衬材料而引起的电流损失。因此，在电解槽没有发生漏

电的情况下，电流总损失（$i_损$）为上述 7 项之和，即

$$i_损 = i_1 + i_2 + i_3 + i_4 + i_5 + i_6 + i_7 \qquad (9-6)$$

可见，采取任何能减少 $i_损$ 的措施，就能够提高电流效率。

9.2 工业预焙槽上的电流效率问题

9.2.1 提高电流效率的历史回顾

60 余年来提高电流效率的历史回顾见表 9-2。

表 9-2　60 余年来提高电流效率的历史回顾[6]

年　份	槽　型	电流/kA	电流效率/%
1940 ~ 1945	侧插自焙槽	50	85
约 1952	上插自焙槽	100	90
1955 ~ 1970	重点放在降低电耗		
约 1974	预焙阳极槽	109 ~ 160	93.9
约 1980	预焙点式下料槽	182	94.2
	上插自焙槽	100	90.5
其间，个别预焙试验槽电流效率可达 95.5%，自焙上插槽可达 93%			
1994 ~ 现在	预焙点式下料槽	300 ~ 400	94 ~ 96

9.2.2 影响工业槽电流效率的因素

主要因素有温度与过热度、电解质组成、电解槽设计及电解槽操作等。

9.2.2.1 温度与过热度

电解温度是影响电流效率的最重要因素，电解温度 = 电解质的初晶温度（或熔化温度）+ 过热度，温度主要对铝的二次反应起作用，一般是温度降低，二次反应减少。

根据 Kvanda 对 10 个不同系列的工业电解槽进行统计，得出的结论是：温度降低 5 ~ 6℃，电流效率可提高 1%[7]。Alcorn 和 Tabereaux 的研究指出，电解质温度变化 10℃，电流效率 CE 将变化 2.6%。但现代预焙槽的操作实践表明，也有相互矛盾的表现，例如：

（1）较高的电解温度也能得到较高的电流效率，因为这同电解质的组成有关，电解质组成影响铝在其中的溶解度，因而不同电解质其二次反应的程度不同；

（2）与电解槽的稳定性有关，其中，高温也可得到较高的电流效率；

（3）更好的过程控制可以保持较低的温度，达到高电流效率。

（4）过热度。

因此，Tabereaux[2]认为温度不一定对电流效率有决定性的影响，而是过热度比电解温度更重要。过热度与电流效率的关系是：过热度小，电流效率高，过热度增加 10℃，电流效率降低 1.2% ~ 1.5%，其关系见图 9-1。

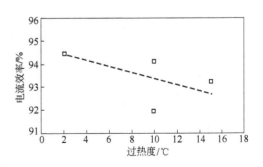

图 9-1　电流效率与电解质过热度的关系[2]（180kA）

为什么过热度比电解温度更重要？一个重
要的原因是：因为过热度小，容易生成侧部炉
帮，阴极铝液镜面的面积缩小，因而可提高电
流效率。

9.2.2.2　电解质组成

A　AlF₃

现代电解槽都采用低摩尔比电解质，NaF/
AlF₃摩尔比不大于 1.5 ~ 2.2。这种电解质最早
是美国铝业公司采用（1955 年），但是，在 40
年以后才公开。电解质的摩尔比与电流效率的

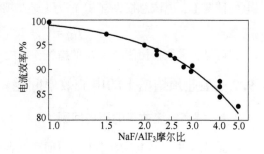

图 9-2　电流效率与摩尔比的函数关系[2]

关系见图 9-2，摩尔比与过剩的 AlF₃的换算公式如下：

$$M_{过剩AlF_3} = M_{AlF_3}^{实测} - \frac{M_{NaF}^{实测}}{\alpha_{设定}} \tag{9-7}$$

式中　$\alpha_{设定}$——设定的摩尔比。

但是，高 AlF₃含量，即低摩尔比的电解质有重大缺点：

(1) 减少了电解质的电导率；

(2) 减小了氧化铝的溶解度；

(3) 增大了电解质的挥发损失；

(4) 增大了 Al_4C_3 的溶解度（Al_4C_3对炭素阴极和内衬破坏很大）；

(5) 操作困难。

B　LiF

美国雷诺公司是最早（1965 年）采用含 LiF 的电解质的，而我国于 1970 年后才采用。LiF
对电流效率的正面影响是：

(1) 降低电解质的初晶温度，添加 1% 的 LiF，可降低 9℃；

(2) 提高电解质的电导率，因而可以增大极距。

工业实践表明：

(1) 老式电解槽（侧插或上插自焙槽）采用含 LiF 的电解质能有效地提高电流效率；

(2) 大型预焙槽的电流效率已经高达 95% 的，再用 LiF 作用不明显；

(3) 大型预焙槽已经采用低摩尔比电解质，如果电流效率不高于 94%，加少量 LiF 能有少
许提高；

(4) 费用高，增加了成本，且铝中含有少量的锂。

采用 MgF_2 和 CaF_2 作为电解质添加剂在降低电解质的初晶温度方面具有正面影响。

C　Al₂O₃ 含量

电解质中氧化铝含量对电流效率的影响问题至今还没有一个完全清楚的结论。有证据证
明，Al_2O_3 含量对电流效率有正面的影响；但另外也有证据证明，Al_2O_3 含量对电流效率没有
影响，或者影响很小。总的倾向是：Al_2O_3 对电流效率的影响比较小，主要的原因是短时的电
流效率数据比较难以测定准确，氧化铝含量对电流效率的影响未获得足够的实证。

D　关于最佳电解质组成问题

目前，还不能找到一种普遍适用的电解质组成。各大公司、各大铝厂、甚至同铝厂的各个
车间都有适合自己生产情况的电解质组成。一般是在常规的电解质组成基础上，按各厂的条件

做若干调整，许多铝厂对所用的电解质组成作为商业秘密，不予公开。

9.2.2.3　电解槽设计

电解槽设计与电流效率的关系还在继续总结和认识之中。目前，比较确定的影响主要有以下几点：

（1）减小电解槽的大面有利于提高阴极电流密度从而提高电流效率。设计中，把侧部炭块放在靠近阳极投影区的阴极部位效果比较好。

（2）小阳极替代大阳极有利于阳极气体的排放，因而有利于提高电流效率。为什么预焙槽的电流效率总要大于只有一个大阳极的自焙槽，这可能也是重要原因。

（3）磁场及其补偿措施，根据不同的槽型而定，采取了磁场补偿之后可以减小铝液波动和扰动的影响，减少了 Al 的溶解，有利于提高电流效率。

（4）采用点式下料和先进的控制技术，能保证电解槽在优化的情况下工作，有利于提高电流效率。

9.2.2.4　电解槽操作

电解槽的多种操作参数虽然能作出其各自对电流效率影响的评估，但各种参数的综合作用难于找出统一规律，需由各铝厂自行优化，这些操作参数是：电解质组成、铝液高度、电解质高度、极距的保持等。此外，电解槽的启动、槽龄和阴极条件也有影响。

9.3　电流效率的测量

欲获得准确的电流效率数据，必须对产铝量能精确地确定，然而，准确及时地测定电流效率的方法至今仍然还没有妥善地确立。现今，测定电流效率的方法有：CO_2/CO 分析法、示踪原子法（含控制电位库仑计法）、氧平衡法（含质谱仪法）和盘存法等。

（1）CO_2/CO 分析法（又称为皮尔逊-瓦丁顿（P-W）法）。本方法的依据是二次反应后铝被 CO_2 所氧化，产生了 CO，可按照测出的 CO_2/CO 比值求出瞬间的电流效率。1947 年为皮尔逊-瓦丁顿（Pearson-Waddington）提出，其公式为：

$$CE = 50\% + \frac{1}{2}\varphi(CO_2) \tag{9-8}$$

$$\varphi(CO_2) = \frac{V_{CO_2}}{V_{CO_2} + V_{CO}} \times 100\%$$

式中　$\varphi(CO_2)$——CO_2 的体积分数，%；

　　　　V_{CO_2}——CO_2 的体积，mm^3；

　　　　V_{CO}——CO 的体积，mm^3。

采用的仪器是 CO_2 红外分析仪或奥沙托 CO_2 分析器。由于此方法比较简单，因而为较多的厂家所采用。

但是 P-W 公式存在着如下缺点，需要在使用时加以修正：1）由于阳极的原生气体 CO_2 会和炭素阳极发生反应，即布多瓦耳反应，所产生的 CO 并非二次反应引起；2）溶解的金属铝可能同 CO 反应生成碳，在试验电解槽中，阳极气体被还原为碳可达 3%；3）HF 的存在，由物料主要是氧化铝带入的潮湿水分，引起氟化盐的分解产生 HF，阳极气体中约含 0.5% HF，应予以修正；4）在自焙槽的情况下，阳极气体中还含有碳氢化合物 6% ~7%；5）在取样时的空气稀释。因此需要增加修正项。

许多研究者提出过各种各样的修正项，但普遍适应性较差，修正项要看取样技术和操作条件而定。

在工业电解槽上作瞬时测定时，其误差有几个百分点，主要是收集阳极气体时有空气漏入。但这种方法在严格取样操作，并防止样品被空气稀释的情况下，电流效率数据有很好的参考价值，这个方法与加铜稀释方法测得的结果相当。

（2）加 Ag（或 Cu）稀释法。此方法的依据是，往电解槽的铝液中加入少量的金属 Cu 或 Ag，经一定时间后分析该元素在铝液中的相对含量（即被稀释后的元素量），以确定该段时间内铝的增量，由此确定该时段内的电流效率。这类方法比较准确，但要求加入的元素要与铝液混合均匀。我国采用加 Cu 稀释法较多。

美国铝业公司曾经采用控制电位库仑计作为精确测定金属含量的工具[8]，它用于分析加入铝中的微量银（Ag），通常往电解槽铝液中加入 Ag 的浓度为 $(1 \sim 100) \times 10^{-4}\%$，测量的精度在 0.4% 以内。用此方法在工业槽上进行的测定表明，测量槽每周的电流效率为 $(95 \pm 0.1)\%$。此方法的缺点是，需要精密仪器和分析时间较长。

（3）示踪原子法。此方法的依据是，往电解槽的铝液中加入放射性同位素 ^{198}Au、^{60}Co 等，经一定时间后，分析该元素在铝液中的相对含量（即被稀释后的元素量），以确定铝的增量。

采用盖格计数器来测定放射性同位素被稀释的程度，由此确定铝的增量。

采用放射性同位素，虽加入的金属数量很少，所得结果精度较高，但放射性的完全消失需要时间，例如 ^{198}Au，其半衰期为 2.7d，放射性完全消失约需 1 个月，许多厂家不愿意用。

（4）总氧量平衡法。Leroy 等[9]采用质谱仪连续测定电流效率，他们在 280kA 预焙槽上采用质谱仪连续分析烟气的组成，由此确定氧和碳的质量平衡，进而确定电流效率和炭耗。

Hives 等[10]也用专门制作的仪器和氧平衡方法在实验室电解槽中研究了炭耗和电流效率的关系。

这个方法涉及到复杂的仪器，要采用质谱仪测定电解槽气体的组成，仪器昂贵而且受磁场的影响。

（5）盘存法。它是工业上最常用的方法，其依据是：电解槽经过一定时间产出的铝，扣除槽内存有的铝，得出该时段内实际产出铝量，由此确定电流效率。其关键是必须准确测定槽内存铝量。这个方法通过较长时期的生产（例如 3 个月或半年），而后进行槽内存留铝量的盘存而获得电流效率的数据是颇为准确的。因为较长时期的生产以后，所得的产铝量很大，即使槽内存铝量的测定不很准确，也对结果的影响不大。若以年平均的电流效率计算，其误差在 1% 左右。因此，工业上采用年平均电流效率数值是比较可信的。

9.4　结语

综上所述，对于工业上铝电解槽的实际操作来说，采用较低的摩尔比，较低氧化铝浓度，较低的电解温度，低的效应系数，良好的点式下料和自动控制，维持铝液面稳定，减少对其扰动，保持炉帮与伸腿完整，防止换阳极时的短路，因厂、因槽制宜地选择好工艺技术条件，有望获得较高的电流效率。

参 考 文 献

1　Langon B，Varin P. Aluminium pechiney 280kA pots. Light Metals，1986：343 ~ 347

2　Tabereaux A T，et al. Lithium-modified low ratio electrolyte chemistry for improved performance in modern reduction cells. Light Metals，1993：221 ~ 226

3　Tabereaux A T. The role of sodium in aluminum electrolysis：a possible indicator of cell performance. Light

Metals, 1996: 319 ~ 326

4　Haarberg G M, Thonstad J, et al. Electrical conductivity measurements in cryolite alumina melts in the presence of aluminium. Light Metals, 1996: 221 ~ 225

5　Sterten A, Solli P A, Skybakmoen E. Influence of electrolyte impurities on current efficiency in aluminium electrolysis cells. Journal of Applied Electrochemistry (UK), 1998, 28(8): 781 ~ 789

6　Thonstad J, et al. Aluminum Electrolysis, 3rd edition. Düsseldorf: Aluminum-Verlag, 2001

7　Kvande H. Current efficient of aluminum reduction cells. Light Metals, 1989: 261 ~ 268

8　Tarcy G P, DeCapite D R. Controlled potential coulometry as a tool for the determination of current efficiency in commercial hall cells. Light Metals, 1990: 275 ~ 283

9　Leroy, Michel J, Pelekis, et al. Continuous measurement of current efficiency by mass spectrometry on a 280kA prototype cell. Light Metals, 1987: 291 ~ 294

10　Hives J, Rolseth S, Gudbrandsen H. Carbon consumption and current efficiency studies in a laboratory aluminium cell using the oxygen balance method. Light Metals, 2000: 385 ~ 389

10 铝电解的理论最低能耗与节能

研究铝电解理论最低能耗，可以它为基础，评估铝电解实际能耗以及寻求节能的空间。目前，铝电解的理论能量效率不足 50%，其中有若干消耗是不可避免的，然而还有相当多的部分是具有节能潜力的，因而是科技工作者在铝电解节能科技创新中要努力实现的目标。

从广义上看，研究理论能耗，可为铝电解工业能源的保障供给、节能和环保负荷等宏观管理提供参照基础。

在研究理论能耗的过程中，对能耗的考核范围有两个方面：(1) 铝冶炼的全过程，即在宏观规划时，对能耗的考虑应包括：自铝土矿采矿→氧化铝生产→电解铝生产的全过程[1]；(2) 仅从电解生产技术考虑，即铝电解的全过程。

10.1 若干基本概念

10.1.1 量度和基准

许多分析评估机构提出的调研报告，彼此之间在数据比较时产生混乱，这是因为采用的度量体系、测定基准、系统边界和量纲的不同所致。通常容易混淆的数据就是"在产能耗数值"和"默认的能耗数值"。

在产能耗数值是基于物理的测量，默认能耗数值则有若干假定在里面，这些假定会使报告的数据产生很大的差异。

10.1.2 理论基准、实际基准、最小基准和现行生产的基准

10.1.2.1 理论基准

在检验生产过程时有两个度量值，即生产过程的理论最低值和现行生产的实际值，两者之间有一点差异。用化学方法将一种材料转变为另一种材料时，其理论最低的能源需求是基于制造这个产品的净化学反应。在炼铝（惰性阳极）的情况下，是由氧化铝制得金属铝（$2Al_2O_3 = 4Al + 3O_2$），其理论最低能耗是 $9.03 kW \cdot h/t(Al)$。

这个最低值代表着热力学上理想的能耗，但反应非常缓慢。又如，某材料由一种形状转变为另一种形状，其理论最低能耗是基于这种材料的力学性能，它也是一个理想值。在实际当中，既不能实现化学的也不能实现力学的理论最低值。然而，它提供了一个理想值和最佳值的基准。

10.1.2.2 实际基准

实际生产数值是对目前生产实践的实际测量平均值，它取自于这个过程的周边范围、参数数目、采样技术、测定准确度和数据精度。理论最低值和现实生产实际值之间的差是一个非常有价值的数据，是改进过程、改进能源效率的空间。

10.1.2.3 实际最低能耗

按一般应用而言，实际最低能耗的定义也是不同的。在某些实例中，是以所述过程的能耗值为代表，此能耗值是在采用了最好的技术和最好的管理进行各项单元操作情况下的综合能

耗。又比如，实际最低能耗，定义为该项目采用了先进技术的最优设计值，由于这些影响工业过程的新技术、新工艺和新材料的效果是难以预测的，那么实际最低能耗实际上是一个变动的指标。美国曾规划至2020年电解铝的实际最低能耗为11009.03kW·h/t(Al)，该国1995年以来生产实际能耗是15409.03kW·h/t(Al)，前者比后者降低了27%，工业上把这个可以达到的目标设定为到2020年工业实际最低能耗。

10.1.3 隐性能耗、过程能耗、原料能耗和二级能耗

现实生产过程的测量，是对现有企业内的作业进行实际测定。这些在线测定很有价值，因为它们是企业之间进行比较的基准。更重要的是，这些在线测定是设计和建造新工厂时的标准数据。在线测定并不考虑制造某个产品的全部能耗及其对环境的影响。

对生产企业能耗的全面考虑，还应包括企业用来发电的能耗和企业用于制造燃料和原材料的能耗。这些"二级能耗"，即发电、运输、生产燃料和原材物料所需能耗，对于一个地区、一个国家和全球的能源情况来讲都是非常重要的。但是对个别工厂进行分析时，则很少这样考虑。在铝电解过程中，"二级能耗"在制造燃料所需能耗中约占3%。又如，石油焦是制造炭阳极的原料，这一部分能耗相当于电解铝在线能耗的30%。

隐性能耗是在线能耗和"二级能耗"的总和。隐性能耗考虑了发电的无效部分和外部运输损失。节约在线的1kW·h电相当于节约3kW·h的能源，后者包括发电用的石油和煤基燃料。隐性的电力转换因素是变化的，因为它们取决于用来发电的资源。每个制造企业都有一个不同的隐性转换因素，视所处地方而定。例如，典型的美国电网电，是用10318.4J的能源来驱动1kW·h的在线用电3599.85J的。用煤发电则要求10856.53J来驱动1kW·h的在线用电。采用水力发电就没有燃料值可以计算。典型的水力发电假定隐性能耗值是用3599.85J的能源来驱动1kW·h的在线用电，而它的温室气体排放为零。对于一个用水电的企业来说，它的在线电耗和隐性电耗是一样的。

铝电解所需能源有98%采用电能。一个现代铝厂若由水电站供电，那么生产每吨铝在线能耗是14400kW·h和隐性能耗14400kW·h。如果采用火力发电，每吨铝用电14400kW·h，也就是36000kW·h隐性能耗。美国原铝工业中铝和阳极生产用电量的一半以上是水电。美国对电解铝采取平均隐性值为7227.1336J/在线kW·h，对其他生产采取10318.4J/在线kW·h。

10.1.4 产品生命周期分析

产品生命周期分析是系统改进铝工业的有效措施。产品生命周期或产品生命循环，是指产品从自然中来到自然中去的全部过程，即产品从摇篮到坟墓的整个生命周期各阶段（包括从自然中获得最初资源和能源，经过开采、冶炼、加工和再加工等生产过程，形成最终产品，又经过产品存储、批发和使用等过程），直至产品报废或再处理，构成物质转化的一个生命周期。产品生命周期分析是针对整个生命过程中的所有环节影响，以产品为主线，追踪产品的设计、制造、使用和废止的各个过程，将社会生产的技术、经济、消费心理与环境联系在一起，涉及的内容是社会、技术和环境三大系统的交叉结合。产品生命周期分析或产品生命循环评估（LCA）被认为是产品对能源、环境经济和社会价值的最完整分析模型。对铝而言，LCA在"使用"和"维护"因素方面是有所变化的。终端产品在多种应用中，它所影响的能源和环境要比生产它的大得多。例如，在运输方面，生产1g强度相当但质量更轻的铝产品，要比传统材料在节约运输燃料和明显减少温室气体方面要优胜得多。对于铝产品的全面LCA还应当考虑它是否更容易循环使用，例如在美国，现在生产的铝接近一半是从再生铝得来的；几乎是每

种铝产品，它的废弃物都能加以循环使用。这使铝成为一个"从摇篮到摇篮"的 LCA 产品。

10.1.5 能源价值链分析

我们所研究和讨论的能源价值是以能源价值的分析为基础的。能源价值链分析是 LCA 的一个集成部分。对铝产品来讲，它提供 LCA 标识出来的有价值的信息和资料。价值链分析和 LCA 相似，但是它只覆盖总 LCA 的一部分。价值链分析可以汇集生产过程每一步所需的直接能源和物料带入的能源，以及建立这个链条各个产品聚集的能源值。但是，此处不考虑 LCA 当中"使用和维护"方面的能源，包括制造设备、生产场地建筑物的能源项目。价值链分析方法在制造系统内做精确的分析是非常有用的。

10.1.6 运输能耗

对于全面的 LCA 来说，运输能耗是很重要的。运输能耗是输送原始物料、物料的配送、中间产品运输等用的能耗。运输能耗在制造某个终端产品所需总能耗中占了相当一部分。例如，要运输开采出的铝土矿，把矿石送到氧化铝厂，把氧化铝送到电解铝厂，把铝锭送到金属加工厂以及废铝从收集站到熔炼厂等所要求的运输能耗。在此处只讨论原始物料的运输和铝生产过程中运输发生的能耗。上述的这些运输能耗同总的能耗相比，占的份额很小。在美国，原始物料所需的运输能耗约占原铝生产所需能耗的 2%。在运输能耗方面，尚未考虑二次铝生产的需要，因涉及到消费者抛弃废铝的收集，中转站的汇集和运输到处理厂的能耗等，情况十分复杂，不予考虑。在文献中报道过，获得上述这些资源所需的运输能耗估计占二次铝产品生产总能耗的 6% ~8%。

10.2 电解用原材料的理论最低能耗

美国能源部报告指出，2000 年美国生产 1kg 铝，其原材料的生产需要耗能 8.2kW·h，约占原铝生产总能耗的 28%。各原始物料所需能耗构成如下：铝土矿采矿 0.32kW·h/kg(Al)，氧化铝生产 7.27kW·h/kg(Al)，炭阳极生产 0.66kW·h/kg(Al)。

生产任何一种产品，它的全面的能源需求和环境影响，须包括生产所用的原始物料的能耗及其对环境影响。对于原铝生产来说，主要应包括铝土矿采矿、氧化铝生产和炭阳极生产。在美国，大约需要开采 5900kg 的矿石来得到 5100kg 的铝土矿，后者提炼成 1930kg 的氧化铝，经过电解生产并消耗 446kg 炭阳极才能生产 1t 金属铝。铝电解生产所用的电解质，其中冰晶石和氟化铝仅有少量的消耗，另外在出铝和熔融铝的转移中，有少量电解质损失，总共估计在 20kg/t(Al) 左右，此处不考虑它的能耗。

10.2.1 生产氧化铝的理论最低能耗

2000 年美国铝工业的资料表明，生产 1kg 原铝需要 1.93kg 氧化铝，该数量氧化铝生产过程需要消耗能源 7.27kW·h，同时排放 CO_2 1.62kg，还指出，根据 1995 年的资料，从铝土矿生产氧化铝（用拜耳法）的能源需求为 3.76kW·h/kg(Al_2O_3)，按每千克金属铝计算，即 1.93kg (Al_2O_3)/kg(Al) × 3.76kW·h/kg(Al_2O_3) = 7.27kW·h/kg(Al)。氧化铝理论的最低能耗由铝土矿生产冶金级氧化铝，可以按过程的反应进行计算，其中拜耳法最低能耗涉及到溶出、分离和分解等工序。由于拜耳法反应中没有净的化学反应和温度变化，因此理论最低能耗为零，但是第三步氢氧化铝煅烧即氢氧化铝脱水，它的理论最低能耗为 0.14kW·h/kg(Al)。

10.2.2　生产炭阳极的理论最低能耗

根据资料，2000 年生产 1kg 原铝需要炭阳极 0.45kg，该数量阳极的生产大约需要能耗 0.61kW·h 和排放出 CO_2 0.12kg。根据美国 1995 年数据，生产 1kg 阳极的能耗为 1.36kW·h，因此生产 1kg 铝所需的炭阳极能耗为 0.67kW·h。

生产炭阳极的最低理论能耗是由以下各项组成：蒸馏煤沥青获得煤焦油黏结剂，焙烧过程大约损失三分之一的沥青黏结剂。沥青炭化获得的燃料能值 0.75kW·h/kg（阳极），它是阳极制造中理论能耗的度量。此外，还应有隐性能耗 5.10kW·h/kg（阳极）作为总的理论能耗的一部分。因此，总的理论最低能耗（制造预焙阳极）为 5.85kW·h/kg（阳极）。

10.3　铝电解的理论最低能耗

10.3.1　理论最低能耗的计算

铝电解生产熔融金属铝理论最低能耗数据是通过热力学计算获得的。计算中，设定进入电解槽的反应物和离开电解槽的产品和副产品都是在室温，而熔融铝离开电解槽时是 960℃。图 10-1 是计算系统（电解槽）的理论边界。电解槽的工作温度变化对理论能耗只有很微弱的影响。例如，电解槽的工作温度在 700 ~ 1100℃ 范围内发生 100℃ 的变化时，它对理论最低能耗的影响小于 1%。有些研究假定离开电解槽的气体为 960℃，那么在那些研究当中计算所得理论最低能耗比本计算要高 2.5% ~ 3.5%。理论上来说，收集这些排放气体所携带的能量是可能的。然而实际上比较困难，因为

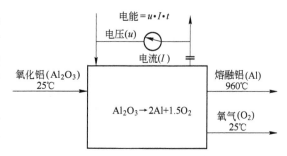

图 10-1　由氧化铝制成铝时计算理论最小能耗的系统示意图

气体是从数百个电解槽的集气罩中捕集来的，在排放到大气之前经过了处理，仅有非常小的一部分热被吸附返回到系统中。

在炼铝过程中，反应的热力学和化学平衡可通过下式来表示：

$$\Delta G = \Delta H - T\Delta S$$

推动电解反应（$2Al_2O_3 = 4Al + 3O_2$）进行所需要的能量，可以从吉布斯自由能变化值获得。保持系统平衡所需要的能量，由反应热 ΔH 和吉布斯自由能 ΔG 之差来提供。由于吉布斯自由能小于氧化铝还原的反应热，附加的能量应该加入系统中保持体系的温度，否则随反应的进行，体系就会冷却。因此，铝电解反应的 ΔH 提供了所需的最小理论能量（反应需要的和平衡所需要的）。电解槽是在大气条件下工作的，电解过程没有压力变化，热力学量纲和用于计算炼铝最低能耗的详情见附录Ⅲ。对于反应物和产物，温度变化所需能量的计算是根据其质量定压热容 c_p 数据进行的，这些数据也见附录Ⅲ。

根据法拉第定律，生产 1mol 量的某元素和化合物需要往电解槽通入 96485C 的电量。铝的相对原子质量为 26.98，有正 3 价电荷，因此，物质的量为 8.99mol。法拉第定律写成更普通的表达式为：

$$(96485C/mol) \times (A \cdot s/C) = 2980A \cdot h/kg$$

上式2980A·h/kg(Al)是电解生产每小时所需理论的最小电流数。这个数值是在很理想的条件下，即没有消耗电流的可逆反应和没有浓度梯度或气泡发生的条件下得出的。吉布斯自由能除以法拉第电流量得到的是推动反应进行所需的最小电压。实际上，槽电压和电流效率都是变化的，它们受电解槽设计等条件的制约。电解槽的能量效率很低并且是在最低电压下工作的。这个超过的电压提供了保持系统平衡（$\Delta H - \Delta G$）和生产熔融态的铝所需的热能（CP）。图10-1为由氧化铝生成铝时计算理论最小能耗的系统示意图。

直接从氧化铝分解获得铝的情况下（阳极析出氧气），推动反应进行所需的能量（ΔG）为8.16kW·h/kg，保持热平衡所需的热能（$\Delta H - \Delta G$）为0.48kW·h/kg以及维持熔融态铝的热能（CP）为0.39kW·h/kg。因此所需理论最低能耗为9.03kW·h/kg(Al)（注：如果气体的排放温度为960℃，则总的理论最低能耗为9.30kW·h/kg(Al)）。

由于采用惰性阳极时阳极气体为氧气，阳极不消耗，计算的反应式为：

$$2Al_2O_3 == 4Al + 3O_2$$

计算的体系和诸条件同以上系统（即图10-1）一样。这样，用惰性阳极电解铝时的理论最低能耗也为9.03kW·h/kg(Al)（注：如果氧气离开电解槽时温度为960℃，则总的理论最低能耗为9.30kW·h/kg(Al)）。详细计算见附表Ⅲ-1。

10.3.2　采用炭阳极时铝电解的理论最低能耗

采用炭阳极生产出960℃的熔融铝，铝电解的理论最低能耗为5.99kW·h/kg。

目前工业铝电解都采用炭阳极。电解时炭阳极是消耗的，它为电解过程提供了部分所需能量。这就使得用炭阳极电解炼铝所需的能量要低于直接把氧化铝还原为铝所需的能量。采用预焙阳极和自焙阳极电解所需的理论能耗是一样的。采用炭阳极时铝电解的总反应为：

$$2Al_2O_3 + 3C == 4Al + 3CO_2$$

图10-2所示为理想的炼铝电解槽系统示意图。假定反应物（Al_2O_3和C）是在25℃进入电解槽，CO_2也以25℃离开电解槽。生产出的熔融铝以槽温960℃离开电解槽，假定反应是在完美条件下进行的，也就是说，没有可逆反应和副反应额外地消耗阳极炭，反应物离子到达电极没有浓度梯度，并且没有热损失。有关这个反应的理论最低能耗的详细计算见附表Ⅲ-2。计算结果表明，推动反应进行所需的能量（ΔG）为5.11kW·h/kg，保持平衡所需的热能为0.49kW·h/kg，因此，用炭阳极电解铝所需的理论最低能耗为5.99kW·h/kg(Al)

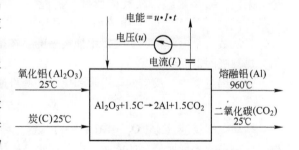

图10-2　用炭阳极电解炼铝时计算理论最低能耗的系统示意图

（如果排放的CO_2为960℃，则总的理论最低能耗为6.16kW·h/kg(Al)）。

实际的炭阳极电解生产中，电流效率都小于100%，因为发生了二次反应以及少量的布多尔反应（$CO_2 + C = 2CO$）。

现今，铝电解槽的电流效率已经达到96%，电能消耗13kW·h/kg(Al)。按上述100%电流效率计算的理论最低能耗为5.99kW·h/kg(Al)，那么，现代用炭阳极的铝电解槽其能量效率水平约为46%。

10.4　铝电解节能的方向

按惯例，以铝电解每吨铝的综合能耗为 15000kW·h 考虑，与理论能耗 5990kW·h 相比，扣除非电解用电及不可避免的能耗之外，节能的潜力是很大的。我们将从两方面来探讨今后的节能方向。首先是改进目前的工艺状况来挖掘节能潜力；其次是从电解槽革新方面寻求节能潜力。从远景方面考虑，还要从炼铝新方法及非冰晶石-氧化铝熔盐电解法进行研究和开发，以期原铝生产能耗比现时生产方法降低 30% ~ 40%[2]。

10.4.1　目前工艺状况下改进的潜力

由于铝电解生产是在若干台电解槽串联而成的电解槽系列中进行的，因此只要分析一台电解槽，找到单台电解槽的节能潜力，便容易获得全系列的节能潜力。

10.4.1.1　槽电压分配

电解槽槽电压是指电流进入电解槽的进电端到电流流出其出电端，两端之间的电压降。槽电压的组成可用下式表示：

$$E_{槽} = E_{分解} + E_{过} + E_{电解质} + E_{阳极} + E_{阴极} + E_{连接} + E_{其他}$$

式中　　$E_{槽}$——槽电压，V；

$E_{分解}$——氧化铝分解电压，V；

$E_{过}$——过电压，V；

$E_{电解质}$——电解质电压降，V；

$E_{阳极}$——阳极电压降，V；

$E_{阴极}$——阴极电压降，V；

$E_{连接}$——连接母线电压分摊，V；

$E_{其他}$——如阳极效应分摊等，V。

槽电压分配见图 10-3[3]。

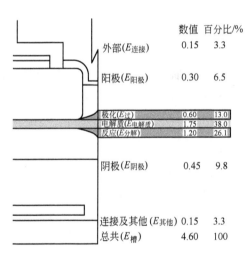

图 10-3　槽电压分配图

10.4.1.2　逐项分析节能的潜力[4]

（1）氧化铝的分解电压，由上节可知，采用炭阳极在 960℃时为 1.2V。

（2）过电压（图 10-3 中"极化"），在第 5 章 5.2.3 节已做理论分析，通常此数值按 0.6 ~ 0.7V 来计算。如前所述，0.6 ~ 0.7V 的过电压约占槽电压的 13%。适当减小阳极电流密度，增大氧化铝浓度，适当增加摩尔比，可以减小阳极过电压。当然，这些措施和当今的生产工艺条件如低氧化铝浓度、低摩尔比及较高阳极电流密度是有矛盾的。因此降低过电压的方向在于采用电催化剂（参见第 5 章 5.2.3 节）以及其他新技术，这些尚待进一步研究和开发。

（3）电解质电压降，一般在 1.65 ~ 1.75V。电解质电压降可按下式表示：

$$E_{电解质} = \rho DL$$

式中　ρ——电解质的比电阻；

D——平均电流密度，A/cm²；

L——两极间距离，cm，生产稳定时通常不改变，是恒定值。

需要指出的是，保持电解过程的高温，主要靠极距空间中电解质在电流流过时产生的焦耳热来维持。操作中要保持焦耳热与电解槽的热平衡相适应。如果 $E_{电解质}$ 所产生焦耳热不足以维持热平衡，电解槽将逐渐冷却，工艺制度受到破坏。反之，由于 ρ 的增大或不适当地提高 L 将使焦耳热过多，电解槽处于热行程，也会破坏电解槽的热平衡。因此在电解质的 ρ 值稳定的情况下保持热平衡，只有通过 L 调节来实现。所以，在正常稳定的生产中保持 L 值基本恒定是十分重要的。

降低电解质电压降可以通过改进电解质组成、减少阳极气泡和电解质中的炭渣来实现。在极距不能减少的情况下力求降低 ρ 值，有效的途径是采用添加剂，通过添加剂增大电导率，即减小 ρ，如第 2 章 2.3.2 节所述。

通过添加剂来增大电解质的电导率，其中最有效的方法是添加 LiF。当前采用低摩尔比再添加 LiF 效果较显著。现行工艺中采取低氧化铝浓度是有利于提高电导率的。然而低氧化铝浓度将增大阳极气体同炭阳极之间的接触角，也就是说不利于气体的迅速释放，因此改进阳极形状（包括阳极底部开沟）以利于气体的排出是今后的发展方向[5]。

阳极到阴极的距离（极距 L）。阳极底掌到铝液表面的距离称为极距，极距一般为 4 ~5cm。在现行槽上，极距的进一步降低，除考虑热平衡外，还应考虑铝液在磁场作用下产生的波动有可能在短极距下接触阳极发生短路。再者，极距过低在气泡析出时同液体铝金属接触，会发生铝的再氧化反应，降低电流效率，因此，不能贸然采取降低极距的操作。

综上所述，降低电解质电压降今后的方向是：1）改变电解质组成或采用能增大电解质电导率的添加剂；2）保持电解质的清洁，即不含炭渣、碳化铝、悬浮氧化铝（脏料）等；3）改变阳极结构和形状以利于气体排出，进而降低极距；4）采用导流槽，阴极上没有厚的铝液层可以在较低的极距下进行生产；5）改变阳极和阴极排列方式，由电极面水平相对排列改成电极面竖式相对排列，电极的竖式排列有利于气体排出和电解质循环。

（4）阳极电压降主要由阳极炭块的比电阻、阳极的电流密度、阳极同电解质的接触面积、阳极导杆的电阻以及爪头和炭块的磷生铁接触点的电阻来决定。炭块的比电阻是最主要的，它取决于炭块的整体质量，国外先进指标阳极电压降为 0.3V，我国的较好指标为 0.4V，因此阳极质量需作更大的改进[6]。

（5）阴极电压降。阴极电压降由铝液层、阴极炭块、阴极导电钢棒三部分的电压降总和组成。典型的阴极电压降数据为 0.45V，它占槽电压的 11% 以上，因此，努力提高阴极炭块的电导率是节电的重要方向。石墨炭块是阴极炭块中电阻率最小的产品，但是它的耐磨损能力较差，影响阴极寿命，因而影响槽寿命。采用硼化钛涂层的石墨炭块是较为理想的，这样既能降低阴极的电阻率，又能延长电解槽寿命。在阴极导电钢棒方面，增大导电面积和改变棒的形状（例如圆形双棒）有利于增加导电面积、减少接触电阻和减少棒与炭块间的应力损坏，从而延长槽寿命。

研究开发更理想的新型阴极是今后铝电解槽节能的任务之一。

10.4.2　电解槽改进革新

采用导流槽、采用可湿润性阴极与惰性阳极联合使用的竖式电解槽，或者双极性电极的多室电解槽，有可能把现有电解方法的能耗再减 1/3，达到 10000 ~ 11000kW·h/t(Al)。

参 考 文 献

1   William T Choate, John A S Green. U. S. Energy requirments for aluminum production: historical perspective, theoretical limits and new opportunities. Prepared under contract to BCS, Incorporated, columbia, MD, for the U. S. Department of Energy, Efficiency and Renewable Energy, Washington D. C. , 2003

2   刘业翔. 铝电解节能科研新动向. 轻金属, 1987, (1): 32

3   Kvande H, Haupin W. Cell voltage in aluminum electrolysis: a practical approach. JOM, 2000, (2): 31, 33 ~ 37

4   刘业翔. 论铝电解的节能潜力.《轻金属》创刊40周年文集, 2004

5   Liu Yexiang, Wang Xiangmin. New type electrocatalysts for energy saving in aluminum electrolysis. Light Metals, 1995: 247

6   Yang Jianhong, Liu Yexiang, et al. Lowering the anodic overvoltage by doping the carbon anodes in aluminum electrolysis. Light Metals, 1999: 453

附录 II　固体盐及熔盐的结构

II.1　固态盐结构基本概念

结晶化学中以下的若干基本概念对理解熔盐结构是重要的。

（1）晶体。晶体是由质点（原子、分子或离子）在三维空间按一定规律，周期重复地排列所构成的晶格（也称点阵）结构。这种内部原子或分子按周期性规律排列，是晶体结构最基本的特征，使晶体具有下列共同特性：均匀性，各向异性，自发地形成多面体外形，有明显确定的熔点，有特定的对称性和使 X 射线产生衍射。

（2）近程有序与远程有序。在晶体中一种质点最邻近周围的另一种质点的排列总是一样的，这种规律叫做近程规律或短程有序。在晶体中每种质点各自都呈现有规律的周期性重复，某种规则结构周期性地在三维空间重复出现，这种贯彻始终的规律称为远程规律或远程有序。在 NaCl 晶体中，不论是 Na^+ 离子还是 Cl^- 离子，它们的排列既有近程有序，又有远程有序；非晶体和液态的微观结构特征是近程有序（在极小范围内规则排列）而无远程有序。在近非晶体如玻璃体中，质点虽然可以是近程有序，但不存在远程有序。在气体中则既不存在远程有序，也不存在近程有序。准晶体质点的排列应是远程有序，但不体现周期重复，即不存在格子构造。

（3）晶体缺陷。实际晶体中的质点在其平衡位置作热振动，即使在 0K 时也不停止。

实际晶体中存在缺陷。晶体的缺陷按几何形式可划分为点缺陷、线缺陷、面缺陷和体缺陷等。

1）点缺陷。包括空位、杂质原子、间隙原子、错位原子和变价原子等。原子在晶体内移动造成的正离子空位和间隙原子称为 Frenkel 缺陷；正负离子空位并存的缺陷称为 Schottky 缺陷。

2）线缺陷。最重要的是位错，位错是使晶体出现镶嵌结构的根源。

3）面缺陷。反映在晶面、堆积层错、晶粒和双晶的界面、晶畴的界面等。

4）体缺陷。反映在晶体中出现空洞、气泡、包裹物、沉积物等。

晶体的缺陷影响晶体的性质，可使晶体的某些优良性能降低，但是从缺陷可以改变晶体的性质角度看，在晶体中造成种种缺陷，就可以使晶体的性质有着各种各样的变化，晶体的许多重要性能由缺陷产生。改变晶体缺陷的形式和数量，就可制得所需性能的晶体。

（4）晶体的 X 射线衍射。晶体的晶格结构使晶体对 X 射线、中子流和电子流等产生衍射。在晶体结构测定中，其中 X 射线法最重要，已测定了十多万种晶体的结构，是物质空间结构数据的主要来源。

（5）离子化合物。它是由正负离子结合在一起形成的化合物，一般由电负性较小的金属元素与电负性较大的非金属元素生成。正负离子之间由静电力作用结合在一起，这种化学键称为离子键。

1）离子键。多存在于由金属元素和非金属元素组成的物质中。金属容易提供电子给非金属元素，本身形成正离子，而后者成为负离子，两者之间以库仑力结合。$E^\ominus = 600 \sim 1500 kJ/mol$，结合力强反映出该种离子键物质具有高熔点。结构上表现为离子力求使其周围有较多的带相反电荷的离子配位，以降低体系能量。

2）离子晶体可看成是由不等径球堆积而成。在多数情况下，阴离子要比阳离子大，可以认为阴离子形成球的密堆积，阳离子处在密堆积形成的八面体或四面体空隙里。这样，阳离子配位数普遍是6或4，阴离子的配位数有3、8或12。

（6）晶格能。正负离子之间的静电作用力，其强弱可用晶格能的大小表示。

晶格能是在 0 K 时，1mol 离子化合物中的正负离子由相互远离的气态结合成离子晶体时所释放出的能量。以 NaCl 为例：

$$Na^+(g) + Cl^-(g) === NaCl(晶体) + U$$

式中，U 即为晶格能。

正负离子在接近到一定程度时排斥力突然迅速增大。考虑到晶体结构中引力和斥力平衡时位能最小，可得到一般二元化合物的晶格能表达式为：

$$U = 256.1\Sigma(z^+ + z^- /R) \qquad kcal/mol(1cal = 4.1868J)$$

式中 z^+、z^-——分别为正、负离子的电价；

　　　　R——正负离子间的距离，Å(1Å = 0.1nm)。

晶格能不能由实验直接测定，但可通过实验，利用 Born-Haber 循环测定升华热、电离能、解离能、电子亲和能和生成热等数据，根据内能是状态函数性质计算出晶格能。

（7）晶体盐结构的影响因素。影响晶体盐结构的重要因素为离子数量，离子半径，正、负离子半径比 r^+/r^-（决定配位数）和离子的极化作用。

1）离子半径。虽然电子在原子核外的分布是连续的，并无明确的界限，但实验结果表明，可近似地将离子看作具有一定半径的弹性球，两个互相接触的球形离子的半径之和等于两个核间的平衡距离。利用 X 射线等方法可以很精确地测定正负离子间的平衡距离，再根据这个距离用不同的方法（如 Goldschmidt、Pauling 和 Shanon 方法）求得两个离子的半径。附表Ⅱ-1 列出了离子半径数据[1]。

2）离子的极化作用。离子本身带有电荷，形成一个电场，离子在相互电场作用下，可使电荷分布的中心偏离原子核，而发生电子云变形，出现正负极的离子极化现象，使离子键向共价键过渡。

Ⅱ.2   冰晶石与氧化铝的结构

Ⅱ.2.1   冰晶石

冰晶石晶体具有单斜晶系的结构，它是以 AlF_6^{3-} 为基础的。F^- 围绕 Al^{3+} 构成一个八面体，AlF_6^{3-} 立于八面体晶格顶点上面，稍有倾斜。Al^{3+} 跟 F^- 之间的键较短，平均为 0.18nm，而 Na^+ 与 F^- 之间的键较长，平均为 0.25nm。在这个结构中，近程有序是每一个 Al^{3+} 由 6 个 F^- 围绕。而远程有序是一个八面体（AlF_6^{3-}），每个八面体（AlF_6^{3-}）与一个 Na^+ 处于连续间隔的排列中。

Ⅱ.2.2   AlF₃

AlF_3 晶体是共价键化合物，它有较高的硬度，不熔化而直接升华。

Ⅱ.2.3   Al₂O₃

Al_2O_3 是一种离子晶体化合物，6 个 O^{2-} 围绕一个 Al^{3+} 构成菱面体；而一个 O^{2-} 又以四面体的形式为 4 个 Al^{3+} 所包围，在晶格点上为单体的 Al^{3+} 和 O^{2-} 所占据。

附表 II-1 离子半径数据

IA	IIA	IIIB	IVB	VB	VIB	VIIB	VIII	VIII	VIII	IB	IIB	IIIA	IVA	VA	VIA	VIIA	0
H 1^-1.36 1^+0.00																	He 0 0.122
Li 1^+0.68	Be 2^+0.34											B 3^+(0.20)	C 4^+0.2 4^+(0.15) 4^-(0.26)	N 3^+ 5^+0.15 3^-1.48	O 2^-1.36	F 1^-1.33	Ne 0 1.60
Na 1^+0.98	Mg 2^+0.74											Al 3^+0.57	Si 4^+0.39	P 3^+ 5^+0.35 3^-1.86	S 2^-1.82 6^+(0.29)	Cl 1^-1.81 7^+(0.26)	Ar 0 1.92
K 1^+1.32	Ca 2^+1.04	Sc 3^+0.83	Ti 2^+0.78 3^+0.69 4^+0.64	V 2^+0.72 3^+0.67 4^+0.61 5^+0.4	Cr 2^+0.72 3^+0.67 6^+0.35	Mn 2^+0.91 3^+0.70 4^+0.52 7^+(0.46)	Fe 2^+0.80 3^+0.67	Co 2^+0.78 3^+0.64	Ni 2^+0.74	Cu 1^+0.98 2^+0.80	Zn 2^+0.83	Ga 3^+0.62	Ge 2^+0.65 4^+0.44	As 3^+0.69 5^+(0.47) 3^-1.91	Se 2^-1.93 4^+0.69 6^+0.35	Br 1^-1.96 7^+(0.39)	Kr 0 1.98
Rb 1^+1.49	Sr 2^+1.20	Y 3^+0.97	Zr 4^+0.82	Nb 4^+0.67 5^+0.66	Mo 4^+0.67 6^+0.65	Tc	Ru 4^+0.62	Rh 3^+0.75 4^+0.65	Pd 4^+0.64	Ag 1^+1.13	Cd 2^+0.99	In 1^+0.30 3^+0.92	Sn 2^+1.02 4^+0.67	Sb 3^+0.90 5^+0.62 3^-2.08	Te 2^-2.11 4^+0.89 6^+(0.56)	I 1^-2.20 7^+(0.50)	Xe 0 2.18
Cs 1^+1.65	Ba 2^+1.38	La 3^+1.04 4^+0.90	Hf 4^+0.82	Ta 5^+(0.66)	W 4^+0.68 6^+0.65	Re 6^+0.52	Os 4^+0.65	Ir 4^+0.65	Pt 4^+0.64	Au 1^+(1.37)	Hg 2^+1.12	Tl 1^+1.36 3^+1.05	Pb 2^+1.26 4^+0.76	Bi 3^+ 5^+0.15 3^-1.48	Po	At	Rn
Fr	Ra 2^+1.44	Ac 3^+1.11															

Ce	Pr	Nd	Pm	Sm	Eu	Gd	Tb	Dy	Ho	Er	Tm	Yb	Lu
Ce 3^+1.02 4^+0.88	Pr 3^+1.00	Nd 3^+0.99	Pm 3^+(0.98)	Sm 3^+0.97	Eu 3^+0.97	Gd 3^+0.94	Tb 3^+0.89	Dy 3^+0.88	Ho 3^+0.86	Er 3^+0.85	Tm 3^+0.85	Yb 3^+0.81	Lu 3^+0.81
Th 3^+1.08 4^+0.95	Pa 3^+1.06 4^+0.91	U 3^+1.04 4^+0.89	Np 3^+1.02 4^+0.88	Pu 3^+1.01 4^+0.86	Am 3^+1.00 4^+0.85	Cm	Bk	Cf	Es	Fm	Md		

注：( )内为可忽略或可修正数。

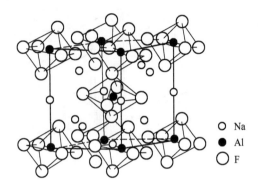

附图Ⅱ-1　Na_3AlF_6结构示意图

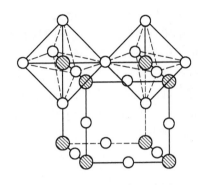

附图Ⅱ-2　AlF_3结构示意图

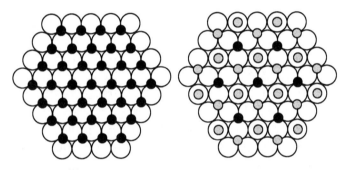

附图Ⅱ-3　α-Al_2O_3头两层的结构示意图

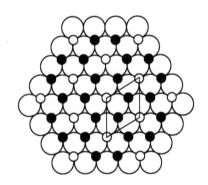

附图Ⅱ-4　γ-Al_2O_3第一层结构示意图

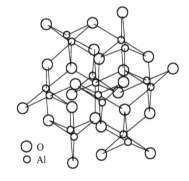

附图Ⅱ-5　氧化铝结构示意图

Ⅱ.3　熔盐结构

Ⅱ.3.1　液态结构和固态结构相近似

固体盐在熔化时，其晶格节点上离子的热振动加剧。此时离子要挣脱相邻离子的引力，使得物质的热容增大，出现流动性。固体盐在温度接近熔点附近时，其结构特征大部分仍保留着。经过 X 射线、中子衍射、喇曼光谱、红外光谱等的测定表明，此时此种盐的物理性质变化不大。大多数固态盐熔化时，容积平均增加 10% 左右（也就是质点间的平均距离增加 3% 左右）。另外，盐的熔化热要比蒸发时小很多，平均减少 1/8 ～ 1/10。这表明克服质点间的引力所需的能量不如液态变成气态那么大，即固态变成液态时质点间的结合力变化不很大。再者，固体盐的热容与熔融盐的热容相差不大，热容是晶格结点上质点振动能的量度。表明在温度不太高时，液态中质点的热运动与固态的基本相同。最后，X 射线、中子衍射分析表明，液态中质点的排列仍然有一定的规律性，即接近于近程有序排列。固-液态的相似程度，可以以最新对 $PbCl_2$ 的高能 X 射线衍射结果得到印证（参见附图 II-6）。图中，固态的显峰（b），在 $PbCl_2$ 刚熔化时（c）和离熔点不远的熔融态时（d）均保持着，表明熔融态接近于近程有序排列。

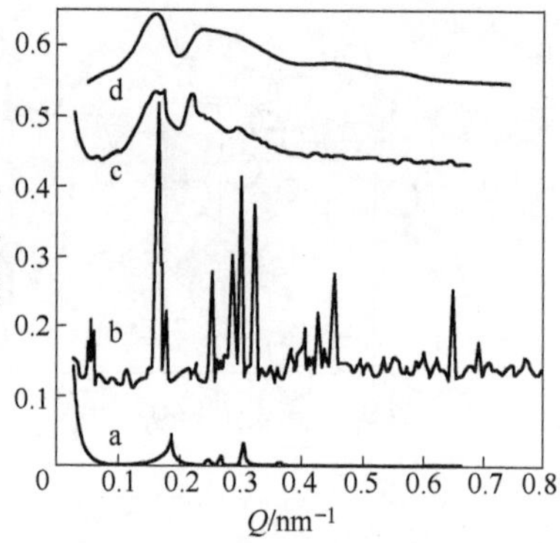

附图 II-6　$PbCl_2$ 的 X 射线衍射图
a—炭素空坩埚；b—固体多晶态的 $PbCl_2$；
c—刚熔化时的 $PbCl_2$（熔点 774K）；
d—805K 时熔融态的 $PbCl_2$

II.3.2　熔盐结构理论与模型概述[2,3]

关于熔盐结构理论，研究者们提出的若干要点如下：

（1）Herasymanko 是最早把熔盐看作是离子体系的学者之一。他认为在理想的混合熔盐中，离子在熔体中是混乱地分布着的，而不论它们是带正电荷或负电荷。这种熔体可作统计处理。

（2）Temikin 把熔盐的混合物看作是两个独立的混合物，即阳离子混合物和阴离子混合物。阳离子与阴离子统计平均地分布于它们之间，阴、阳离子之间可以互相交换位置。

（3）前苏联学者叶辛提出熔体的微观相互作用理论认为，熔盐中离子由于各自具备的能量不相同，它们的分布是不均匀的；离子之间相互作用力大的可以相互靠近形成络合离子。

关于盐结构模型，多年来先后提出过许多模型，如似晶格模型、空穴模型、液体自由体积模型、有效结构模型、晶格模型等，在专著中均有介绍[3]。

II.4　离子成对势能

在熔体中离子结合成为络合离子的趋势由成对势能的大小来决定，它由 Bron-Meyer 表达式表示为：

$$U_{ij(R_{ij})} = Z_i Z_j e^2 / r + B_{ij} \exp(-r/R_{ij})$$

式中　r——离子之间中心距离；

Z_i——带有电荷 e 的第 i 个离子；

Z_j——带有电荷 e 的第 j 个离子；

B_{ij}——i 和 j 离子球体之间的排斥力参数；

R_{ij}——设定的数字。

参 考 文 献

1　钱逸泰. 结晶化学导论（第二版）. 合肥：中国科学技术大学出版社，1999

2　Robert E, Lacassagne V, Bessada C, et al. Study of NaF-AlF₃ melts by high temperature 27 Al NMR spectroscopy- comparison with results from Raman spectroscopy. Inorganic Chemistry, 1999, (38): 214 ~ 217

3　谢刚. 熔融盐理论与应用. 北京：冶金工业出版社，1998

附录Ⅲ　理论能耗数据和计算

附表Ⅲ-1　电解槽惰性阳极系统的理论最小能耗

反应物温度 /℃	产物温度 /℃	298℃时反应热力学 (Al_2O_3)==$(2Al+1.5\ O_2)$				产物-反应物 /cal·(g·mol(Al))$^{-1}$
		ΔG	−378179	0	0	189089
		ΔH	−400500	0	0	200250
Al_2O_3 / 25 → 惰性阳极电解槽 → 2Al / 960，1.5O_2 / 25		ΔS	12	14	74	11155
		反应过程理论最小能耗				能耗/kW·h·kg^{-1}
		电解反应能耗 ΔG				8.16
		维持温度的热能（$\Delta H-\Delta G$）				0.48
		960℃时 Al 的热能				0.39
		理论最小值				9.03
		960℃时 O_2 的热能				0.27

注：1. 1cal=4.1868J；

　　2. 热力学数据 G、H、S 来自附表Ⅲ-3，热容来自附表Ⅲ-5 和附录Ⅳ。

附表Ⅲ-2　电解槽炭阳极系统的理论最小能耗

反应物温度 /℃	产物温度 /℃	298℃时反应热力学 $(2Al_2O_3+\ 3C)\longrightarrow(4Al+3\ CO_2)$					产物-反应物 /cal·(g·mol(Al))$^{-1}$
		ΔG	−756358	0	0	−282779	118395
		ΔH	−801000	0	0	−282155	129711
2Al_2O_3 / 25，3C / 25 → 炭阳极电解槽 → 4Al / 960，3CO_2 / 25		ΔS	24.3	4.1	27.1	153.2	11311
		反应过程理论最小能耗					能耗/kW·h·kg^{-1}
		电解反应能耗 ΔG					5.11
		维持温度的热能（$\Delta H-\Delta G$）					0.49
		960℃时 Al 的热能					0.39
		理论最小值					5.99
		960℃时 CO_2 的热能					0.17

注：1. 1cal=4.1868J；

　　2. 热力学数据 G、H、S 来自附表Ⅲ-3，比热容来自附表Ⅲ-5 和附录Ⅳ。

附表Ⅲ-3 与铝生产有关的元素和化合物的热化学数据

元素和化合物	CAS RN	摩尔质量	化学式	$H(s)$ J/mol	$H(s)$ cal/mol	$G(s)$ J/mol	$G(s)$ cal/mol	$S(s)$ J/mol	$S(s)$ cal/mol	$C_p(s)$ J/mol	$C_p(s)$ cal/mol
铝	7429-90-5	26.98	Al	0	0	0	0	28.3	6.764	24.35	5.82
氯化铝	7446-70-0	133.34	$AlCl_3$	-704200	-168308	-628800	-150287	100.7	24.061	91.84	21.95
氧化铝	1334-28-1	101.96	Al_2O_3	-1675700	-400500	-1582300	-378179	50.9	12.165	79	18.88
三水铝石①		155.96	$Al_2O_3 \cdot 3H_2O$	-1293100	-309058	-1154900	-276028				
高岭石①	1332-58-7		$Al_2O_3 \cdot 2SiO_2 \cdot 2H_2O$	-4119000	-984465	-3793900	-906764				
无水高岭石		162.04	$Al_2O_3 \cdot SiO_2$		-843840		-791351				
石 墨	7440-44-0	12.01	C	0	0	0	0	5.7	1.361		
氯		70.91	$Cl_2(g)$	0	0	0	0	222.9	53.286		
一氧化碳	630-08-0	28.01	$CO(g)$	-110523	-26416	-137268	-32808	197.9	47.301		
二氧化碳	124-38-9	44.01	$CO_2(g)$	-393513	-94052	-394383	-94260	213.6	51.061		
氧	7782-44-7	32.00	$O_2(g)$	0	0	0	0	205.0	49.003		
水		18.00	H_2O	-241826	-57798	-228582	-54632	188.8	45.132	33.598	
二氧化硅	14808-60-7	60.08	SiO_2	-910700	-217663		-220615	41.46	9.909		
四氯化硅	10026-04-7	169.90	$SiCl_4(g)$	-657000	-157027	-617000	-147467	330.70	79.039	90.3	21.6

注：数据来源于《化学和物理手册》，编辑 David R Lide，CRC 20 世纪 80 年代版本。
①数据来源于《物理地球化学进展》，编辑 Saxena，S. K. 数据由 U. S. G. S 的 Bruce Hemingway 先生友情提供。

附表Ⅲ-4 作为温度函数的生成热值的变化

				生成热/cal·mol^{-1}			
温度/℃	温度/K	Al_2O_3	C	Al	CO_2	CO	O_2
25	298	−400300	0	0	−94050	−26400	0
727	1000	−404400	2310	18710	−94400	−26750	9249
827	1100	−404000	3320	21710	−94250	−26900	10515
927	1200	−403600	3850	24740	−94300	−27000	11843
960	1233	−403500	4030	25750	−94300	−27100	12295
1027	1300	−403200	4390	27790	−94300	−27300	13233
1127	1400	−402800	4930	30850	−94300	−27350	14680

注：1. 数值来自"惰性阳极技术研究组"，附录 A-9，第 11 页；

2. 1Cal = 4.1868J。

附表Ⅲ-5 与铝生产有关的气体比热容

（标准摩尔比热容 $c = a + bT + cT^2$，（T，K））

	比热容/cal·(mol·K)$^{-1}$		
气 体	a	b	c
O_2	6.148	3.102×10^{-3}	-923×10^{-7}
CO	6.420	1.665×10^{-3}	-1.96×10^{-7}
CO_2	6.214	10.396×10^{-3}	-35.45×10^{-7}
Cl_2	7.576	2.424×10^{-3}	-0.65×10^{-7}

注：1. 数据来源于：热力学的另一种近似，W. F. Ludar，1967；

2. 1cal = 4.1868J。

附录Ⅳ 铝热容和熔解热数据

比热容 $= A + Bt + Ct^2 + Dt^3 + E/t^2$ cal/(mol·K)(1cal = 4.1868J)

标准焓 $= At + Bt/2 + (Ct^3)/3 + (Dt^4)/4 - E/t + F - H$ kcal/mol

标准熵 $= A\ln(t) + Bt + (Ct^2)/2 + (Dt^3)/3 - E/(2t^2) + G$ cal/(mol·K)

式中，$t = K/100$；A、B、C、D、E、F、G 和 H 为常数；K 为热力学温度。

（注：来源于 http://webbook.nist.gov（标准参考数据程序）。）

附表Ⅳ-1 固态铝在298~933.45K（0.1MPa）温度范围内的公式参数

项 目	A	B	C	D	E	F	G	H
铝	6.71348	-1.29418	2.04599	0.819161	-0.066294	-2.18623	14.7968	0

附表Ⅳ-2 液态铝在933.45~2790.813K（0.1MPa）温度范围内的公式参数

项目	A	B	C	D	E	F	G	H
铝	7.588681	9.40685×10^{-9}	4.26987×10^{-9}	6.43922×10^{-9}	1.30976×10^{-9}	-0.226025	17.5429	2.524381

附表Ⅳ-3 铝加热和熔融所需能量

温度		状 态	比热容 /J·(mol·K)$^{-1}$	项 目	阶梯变化的能量 /kW·h·kg^{-1}	从25℃升温的累积 能量/kW·h·kg^{-1}
℃	K					
25	298	固体	24.24		0.00	0.00
660	933		32.99		0.19	0.19
660		熔体	395.65	J/g	0.11	
660	933	液体	31.78			0.30
775	1048		31.78		0.04	0.33
960	1233		31.78		0.06	0.39
2000	2273		31.78		0.34	0.73
熔炼				25~960℃	总量	0.39
熔炉熔化				25~775℃	总量	0.33

注：固体铝的比热容随温度变化很大，而熔融铝接近常数。

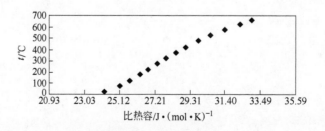

附图Ⅳ-1 固体铝比热容

第二篇　铝电解生产工程技术

11　现代预焙铝电解槽的基本结构

现代铝工业已基本淘汰了自焙阳极铝电解槽，并主要采用容量在 160kA 以上的大型预焙阳极铝电解槽（预焙槽）。因此本章主要以大型预焙槽为例来讨论电解槽的结构。

工业铝电解槽通常分为阴极结构、上部结构、母线结构和电气绝缘四大部分。各类槽工艺制度不同，各部分结构也有较大差异。图 11-1 为我国一种 200kA 中心点式下料预焙槽外观的纵向结构总图。

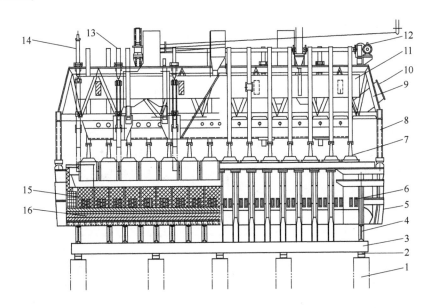

图 11-1　我国一种 200kA 预焙阳极铝电解槽结构图

1—混凝土支柱；2—绝缘块；3，4—工字钢；5—槽壳；6—阴极窗口；
7—阳极炭块组；8—承重支架或门；9—承重桁架；10—排烟管；
11—阳极大母线；12—阳极提升机构；13—打壳下料装置；
14—出铝打壳装置；15—阴极炭块组；16—阴极内衬

11.1　阴极结构

电解铝工业所言的阴极结构中的阴极，是指盛装电解熔体（包括熔融电解质与铝液）的容器，包括槽壳及其所包含的内衬砌体，而内衬砌体包括与熔体直接接触的底部炭素（阴极炭块为主体）与侧衬材料、阴极炭块中的导电棒、底部炭素以下的耐火材料与保温材料。

阴极的设计与建造的好坏对电解槽的技术经济指标（包括槽寿命）产生决定性的作用。因此，阴极设计与槽母线结构设计一起被视为现代铝电解槽（尤其是大型预焙槽）计算机仿真设计中最重要、最关键的设计内容。众所周知，计算机仿真设计的主要任务是，通过对铝电解槽的主要物理场（包括电场、磁场、热场、熔体流动场、阴极应力场等）进行仿真计算，获得能使这些物理场分布达到最佳状态的阴极、阳极和槽母线设计方案，并确定相应的最佳工艺技术参数（详见第 20 章），而阴极的设计与构造涉及上述的各种物理场，特别是它对电解槽的热场分布和槽膛内型具有决定性的作用，从而对铝电解槽热平衡特性具有决定性的作用。

11.1.1　槽壳结构

　　槽壳（阴极钢壳）为内衬砌体外部的钢壳和加固结构，它不仅是盛装内衬砌体的容器，而且还起着支撑电解槽重量、克服内衬材料在高温下产生热应力和化学应力迫使槽壳变形的作用，所以槽壳必须具有较大的刚度和强度。过去为了节约钢材，采用过无底槽壳。随着对提高槽壳强度达成共识，发展到现在的有底槽。有底槽壳通常有两种主要结构形式：自支撑式（又称为框式）和托架式（又称为摇篮式），其结构图分别见图 11-2 中的 a 和 b。

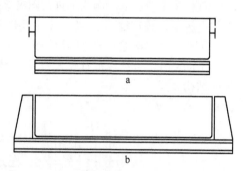

图 11-2　铝电解槽的槽壳结构示意图
a—自支撑式（框式）；b—托架式（摇篮式）

　　过去的中小容量电解槽通常使用框式槽壳结构，即钢壳外部的加固结构为一型钢制作的框，该种槽壳的缺点是钢材用量大，变形程度大，未能很好地满足强度要求。大型预焙槽采用刚性极大的摇篮式槽壳。所谓摇篮式结构，就是用 40a 工字钢焊成若干组 "⊔" 形的约束架，即摇篮架，紧紧地卡住槽体，最外侧的两组与槽体焊成一体，其余用螺栓与槽壳第二层围板连接成一体（结构示意图如图 11-3 所示）。

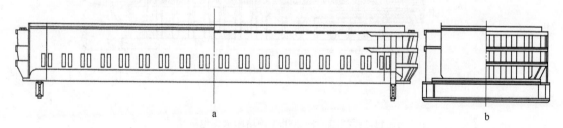

图 11-3　大型预焙铝电解槽槽壳结构图
a—纵向；b—横向

　　现代大型预焙槽槽壳设计利用先进的数学模型和计算机软件对槽壳的受力、强度、应力集中点、局部变形进行分析和相应的处理，使槽壳的变形很小，并且还加强槽壳侧部的散热以利于形成槽膛。例如沈阳铝镁设计研究院设计的 SY350 型 350kA 预焙槽的槽壳设计为：大摇篮架结构（摇篮架通长至槽沿板，采用较大的篮架间隔）；槽壳端部三层围板加垂直筋板；大面采用船形结构以减少垂直直角的应力集中；大面采用单围带（取消腰带钢板与其间的筋板），并在摇篮架之间的槽壳上焊有散热片以增大散热面积；摇篮架与槽体之间隔开，使摇篮架在 300℃ 以下工作。

　　图 11-4 所示是大摇篮架船形槽壳部分图。有人认为，图 11-4b 所示的圆角形与图 11-4a 所示的三角形相比，圆角形船形结构槽壳受力更好，且更有效地降低槽两侧底部的应力集中[1]。

　　对槽寿命要求的提高体现在电解槽大修中就是对槽壳变形修复要求的提高。不仅要修理槽壳的外形尺寸，而且要定期对槽壳的结构进行更新，对产生了蠕变和钢材永久性变形的槽壳实

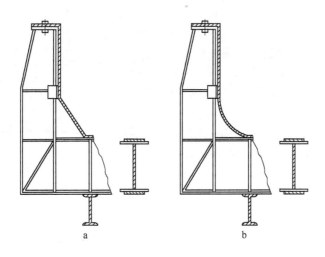

图 11-4 大摇篮架船形槽壳部分图
a—三角形；b—圆角形

施报废制度，更新整个槽壳。

11.1.2 内衬结构

内衬是电解槽设计与建造中最受关注的部分。现在世界上铝电解槽内衬的基本构造可分为"整体捣固型"、"半整体捣固型"与"砌筑型"三大类。

(1) 整体捣固型。内衬的全部炭素体使用塑性炭糊就地捣固而成，其下部是用作保温与耐火材料的氧化铝，或者是耐火砖与保温砖。

(2) 半整体捣固型。底部炭素体为阴极炭块砌筑，侧部用塑性炭糊就地捣固而成，下部保温及耐火材料与整体捣固型的类似。

(3) 砌筑型。砌筑型底部用炭块砌筑，侧部用炭块或碳化硅等材料制成的板块砌筑，下部为耐火砖与保温砖及其他耐火、保温和防渗材料。根据底部炭块及其周边间缝隙处理方式的不同，砌筑型又分为"捣固糊接缝"和"黏结"两种类型。前种类型是在底部炭块砌筑时相互之间及其与侧块之间留出缝隙，然后用糊料捣固；后种类型则不留缝隙，块间用炭胶糊黏结。

上述的整体捣固型与半整体捣固型被工业实践证明槽寿命不长，而且电解槽焙烧时排出大量焦油烟气和多环芳香族碳氢化合物，污染环境，因此已被淘汰。砌筑型被广泛应用。砌筑型中的黏结型降低了"间缝"这一薄弱环节，被国外一些铝厂证明能获得很高的槽寿命，但对设计和材质的要求高。因为电解槽在焙烧启动过程中，没有间缝中的炭素为炭块的膨胀提高缓冲（捣固糊在碳化过程中会收缩），因此若设计不合理或者炭块的热膨胀与吸钠膨胀太大，便容易造成严重的阴极变形或开裂。

内衬的基本类型确定后，具体的结构将按最佳物理场分布原则进行设计。当容量、材料性能以及工艺要求不同时，所设计出来的内衬结构便应该不同，但一旦阴极结构设计的大方案确定（例如选用"捣固糊接缝的砌筑型"），则不论是小型还是大型槽，其内衬的基本结构方案可以是相似的。区别往往体现在具体的结构参数上，而对于同等槽型和容量的电解槽，结构参数上的区别往往由设计理念、物理场优化设计工具和筑槽材料性能上的差异所引起。

我国目前均采用捣固糊接缝的砌筑型。图 11-5 是我国大型预焙铝电解槽内衬基本结构方案的一个实例。内衬底部构成为：

1）底部首先铺一层 65mm 的硅酸钙绝热板（或先铺一层 10mm 厚的石棉板，再铺一层硅酸钙绝热板）。

2）在绝热板上干砌两层 65mm 的保温砖（总厚度 130mm），或者为加强保温而干砌三层 65mm 的保温砖（有种设计方案是在绝热板上铺一层 5mm 厚的耐火粉，用以保护绝热板，然后在其上干砌筑保温砖）。

3）铺设一层厚 130～195mm 的干式防渗料（具体厚度视保温砖的层数而定，即两层保温砖对应 130mm 厚度，三层保温砖对应 195mm 厚度），或者在三层保温砖上用耐火粉找平后铺一层 1mm 厚钢板防渗漏，再用灰浆砌两层 65mm 的耐火砖。

4）在干式防渗料上（或耐火砖上）安装已组装好阴极钢棒的通长阴极炭块组。

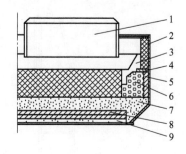

图 11-5 大型预焙阳极铝电解槽
槽内衬结构图（实例）

1—阳极；2—碳化硅；3—扎糊；4—耐火砖；
5—保温砖；6—高强浇注料；7—干式
防渗料；8—保温砖；9—硅酸钙板

5）阴极炭块之间有 35mm 宽的缝隙，用专制的中间缝糊扎固。

内衬侧部（底部干式防渗料或耐火砖以上的侧部）的构成及特点为：

1）对于与底部炭块端部对应的侧部，靠钢壁砌筑一道 65mm 的保温砖，或者布设 10mm 石棉板和 40～60mm 高温硅酸钙板；然后在该保温层与底部炭块之间浇注绝热耐火混凝土（高强浇注料）；并留出轧制人造伸腿的空隙。

2）在浇注料上方砌筑一层耐火砖，再在该耐火砖上方砌筑一层 123mm 厚的侧部炭块（或氮化硅黏结的碳化硅砖），并使其背贴炭胶到钢壳壁上。

3）侧部炭块顶上用 80mm 宽、10mm 厚的钢板紧贴住炭块顶部焊接在槽壳上，防止炭块上抬。

4）底部炭块与侧部砌体之间的周边缝用专制的周围糊扎成 200mm 高的人造坡形伸腿。

大型中间下料预焙槽从工艺上要求底部应有良好的保温，以利于炉底洁净；侧部应有较好的散热，以促成自然形成炉膛。侧部炭块下的浇注料（或耐火砖砌）做成阶梯形，以抑制伸腿过长。

11.1.3 筑炉的基本规范

本节结合上述大型预焙槽的内衬结构实例（图 11-5），介绍当前我国大型预焙槽筑炉的基本规范，主要包括工艺要求与材料指标两个部分。其中所列材料是当前我国电解槽内衬常用材料，而非最好、最先进的材料。关于筑炉材料中的炭素材料（阴极炭块、侧部炭块及糊料等）还将在本书第 30 章中详细讨论。

11.1.3.1 槽底砌筑

槽底砌筑的工艺要求如下：

（1）清理与放线。槽壳清理干净后，依据电解槽内衬施工图，进行基准放线作业。

（2）铺石棉板。槽底铺一层 10mm 石棉板，接缝小于 2mm，石棉板间缝用氧化铝粉填平。

（3）铺绝热板（硅酸钙板）。绝热板的接缝小于 2mm，所有缝间用氧化铝粉填满，绝热板与槽壳间隙填充耐火颗粒，粒度小于 2mm；绝热板的加工采用锯切割；根据槽底变形情况允许局部加工绝热板，但加工厚度不大于 10mm。

（4）砌筑保温砖。保温砖加工采用锯切割；砌筑时按画在槽壳上的砌体层高线逐层拉线控制；第一层保温砖在绝热板上进行作业，所有砌筑缝小于2mm，并用氧化铝填满，不准有空隙；保温砖与侧部绝热板间填充耐火颗粒，粒度小于2mm，填实；第二层保温砖与第一层保温砖应错缝砌筑，所有砖缝用氧化铝粉填满；第三层保温砖与侧部绝热板间填充耐火颗粒，粒度小于2mm，填实。

（5）铺干式防渗料。将干式防渗料铺在保温砖上，用样板挂平，铺一层薄膜，薄膜上铺纤维板，然后用平板振动机夯实。要求分两层铺料、夯实达到设计要求的密实厚度，然后按预先画好的基准线测量9点，要求水平误差不大于±2mm/m，高度误差不大于±1.5mm，局部超出标准可进行整理，并保证阴极炭块组安装尺寸。

11.1.3.2 槽底砌筑用主要材料的指标

槽底砌筑用主要材料的指标如下。

（1）硅酸钙板。表11-1和表11-2所列为符合国家标准GB/T 10699—1998的硅酸钙板主要指标。

表 11-1 硅酸钙板的性能指标

型 号	牌 号	导热系数（平均温度373℃，最大值）/W·m⁻¹·K⁻¹	抗压强度最小值/MPa	抗弯强度最小值/MPa	密度/kg·m⁻³	线收缩率/%
Ⅰ型	220 号	≤0.065	≥0.50	≥0.30	≤220	≤2
	170 号	≤0.058	≥0.40	≥0.20	≤170	≤2

注：最高使用温度槽底650℃，侧部850℃，规格600mm×300mm×60mm。

表 11-2 硅酸钙板的尺寸允许偏差和外观

项 目	尺寸允许偏差/mm			外观缺陷/个	
	长	宽	厚	缺 棱	缺 角
平 板	±4	±4	+3，-1.5	1	1

注：本标准为一等品。

（2）黏土质保温砖。表11-3和表11-4所列为符合国家标准GB/T 3994—2005的黏土质保温砖主要指标。

表 11-3 黏土质保温砖的性能指标

项 目	指 标						
	NG135-1.3	NG135-1.2	NG1.5-1.1	NG135-1.0	NG125-0.8	NG120-0.6	NG115-0.4
体积密度（不大于）/g·cm⁻³	1.3	1.2	1.1	1.0	0.8	0.6	0.4
常温抗压强度（不大于）/MPa	0.50	0.45	0.40	0.35	0.30	0.20	0.10
加热永久线变化不大于2%的试验温度（不小于）/℃	1350	1350	1350	1350	1250	1200	1150
导热系数（(350±25)℃，不大于）/W·m⁻¹·K⁻¹	0.55	0.50	0.45	0.40	0.35	0.25	0.20

表 11-4 黏土质保温砖的尺寸允许偏差及外形尺寸 （mm）

项　　目			指　　标
尺寸允许偏差	尺寸≤100		±2
	尺寸101～250		±3
	尺寸251～400		±4
扭　曲	长度≤250	不大于	1.0
	长度>250		2.0
缺棱长度			40
缺角长度			60
熔洞直径			5
裂纹长度	宽度≤0.25		不限制
	宽度0.26～0.50		30
	宽度>0.50		不准有
相对边差	厚　度		1

（3）黏土质耐火砖。表 11-5 和表 11-6 所列为符合国家标准 YB/T 5106—1993 的黏土质耐火砖主要指标。

表 11-5 黏土质耐火砖的性能指标

项　　目	指　　标
	N-4
耐火度（不低于）/℃	1690
0.2MPa 荷重软化开始温度（不低于）/℃	1300
重烧变化（1350℃，2h）/%	+0.2 -0.5
显气孔率（不大于）/%	24
常温耐压强度（不小于）/0.2MPa	200

注：1. 电解槽使用黏土耐火砖牌号不低于 N-4；

2. 传热系数（W/(m²·h·℃)）：0.7+0.64（t/1000）；密度（g/cm³）：0.35。

表 11-6 黏土质耐火砖的尺寸允许偏差和外观尺寸 （mm）

项　　目			指　　标
尺寸允许偏差	尺寸≤100		±2
	尺寸101～150		±2.5
	尺寸151～300		±2%
	尺寸301～400		±6
扭　曲	长度≤250		2
	长度231～300		2.5
	长度301～400		3
缺棱、缺角深度		不大于	7
熔洞直径			7
渣蚀厚度<1			在砖的一个面上允许有
裂纹长度	宽度≤0.5		不限制
	宽度0.51～1.0		60
	宽度>1		不准有

（4）氧化铝。表 11-7 为目前所使用的氧化铝的传热系数。

表 11-7 不同容量氧化铝传热系数

密度/g·cm^{-3}	表面温度/℃	传热系数/kJ·(m²·h·℃)$^{-1}$	传热系数/W·m^{-2}·℃$^{-1}$
0.662 ~ 0.665	600	0.435	0.121
1.30 ~ 1.124	600	0.720	0.2
1.202 ~ 1.105	600	1.172	0.325

（5）石棉板。目前执行标准为 JC/T 69—2000。石棉板是以石棉为主要原料，加入黏结剂和填充材料而制成的板状隔热材料。一般要求石棉板组织结构均匀，厚度一致，表面光滑，但允许一面有毛毯压痕或双面网纹。不允许有折裂、鼓泡、分层、缺角等缺陷。石棉板烧失量不大于 18%，含水度不超过 3%，密度不大于 1.3g/cm³，横向拉伸强度不小于 0.8MPa。石棉板的规格通常有 850mm×850mm 和 1000mm×1000mm 两种，厚度 1.0 ~ 25.0mm，1m³ 石棉板的质量按 1200kg 计算。

（6）干式防渗料。表 11-8 所列为符合国家标准 GB/T 10294—1988 的干式防渗料的主要理化性能指标。

表 11-8 干式防渗料的理化性能指标

项 目		单 位		指 标
$Al_2O_3 + SiO_2$		%	≥	85
耐火度		℃		1630
松散密度		g/cm³		1.5
堆积密度		g/cm³		1.9
抗冰晶石渗透950℃×96h		mm		15
热导率	65℃	W/(m·K)	≤	0.35
	300℃			0.40

11.1.3.3 阴极炭块组的制作

阴极炭块组的制作，包括炭块和钢棒的加工及其组装两部分。其制作方式与阴极钢棒的形状有关。阴极钢棒可采用方形、矩形或圆形、半圆形等多种形状。理论上而言，圆形棒周围应力分布均匀，尤其是能够克服矩形或燕尾槽形所带来的应力集中的问题，可降低阴极炭块破损的风险，并能够获得较低的铁/炭电压降。然而圆形棒与炭块的连接（黏结方式）在我国没有成熟技术。不少人建议使用半圆形断面，但我国尚无工业实践，目前还是采用方形或矩形棒，对应地将阴极炭块的沟槽加工成燕尾槽形状。

近 20 年，世界上新建铝厂普遍采用通长炭块和通长阴极钢棒。从 20 世纪 70 年代中期开始，由于电解槽容量不断增大，采用大断面阴极炭块后，每个阴极钢棒带有两条沟槽的设计方案被采用，即每个阴极炭块与两个阴极钢棒相连接。

阴极炭块与钢棒的组装方式有炭糊扎固、磷生铁浇注、炭的黏结剂黏结等。其中，磷生铁浇注式组装的阴极寿命短，工艺流程烦琐、复杂，技术性强，高温作业，劳动强度大，效率低，成本高，废品率高，该法在国内大多被扎固法所取代。下面以扎固法为例进行介绍。

A 阴极炭块组制作的工艺要求

阴极炭块组制作的工艺要求如下：

（1）钢棒下料后，在其两端面打上编号（最好打钢印或用油漆标记），测量并记录每根钢棒的弯曲程度；校正不合格的钢棒；砂洗四面，表面应露出银灰色金属光泽，砂洗完后检查并填写记录。

（2）组装前用压缩空气将炭块燕尾槽内灰尘吹净，然后加热阴极炭块，与此同时加热阴极钢棒和炭糊，加热温度根据炭糊性质而定，一般在 40~110℃ 的范围（以炭糊说明书要求的温度为准）。

（3）组装前再清扫一次燕尾槽内的灰尘；用电毛刷对钢棒进行打磨，表面不准有灰尘。

（4）阴极钢棒轴向中心线必须与炭块钢棒槽轴中心线相吻合，偏差不准超过炭块长度的 1‰，钢棒组装后总长度偏差不大于 15mm，弯曲度不大于 4mm。

（5）每次加糊后用样板刮平再捣固，共分 6 层左右捣固，每层捣固高度为 20~40mm；扎固时炭糊的温度应满足钢棒糊使用说明书的要求；每层捣固两个往返，捣固后糊与炭块表面呈水平，表面整洁，不准有麻面，捣固压缩比（1.6~1.8）:1，捣固风压不低于 0.5MPa，扎固捣固锤每次移动 1cm 左右，严禁捣固锤打坏炭块，防止异物进入糊内。

（6）组装后测量炭块表面与钢棒表面，平行度公差值 3mm，不准高于炭块表面，用耐火泥抹平。

（7）组装后阴极炭块组的质量要求。1）导电性能。当用 2000A 直流电以工作面和阴极钢棒露出端为两极，其电压平均值不大于 350mV（在室温下）；2）外观。由燕尾槽向外延伸的裂纹宽度不大于 0.5mm，长度不大于 60mm，其他缺陷符合底部炭块标准，冷糊杂物清除干净；3）炭块组堆放要按作业基准进行，要轻吊轻放，钢丝绳所压炭块部位要有防压措施，严禁雨淋，受潮；4）对炭块组检查采用抽查法，抽检比例 3%。如有质量问题提高抽查比例。

　　B　阴极炭块组制作用主要材料

阴极炭块组制作用主要材料如下。

（1）阴极炭块。关于阴极炭块的种类、性能、制备工艺等请见本书第 30 章。阴极炭块的种类很多，这里仅以当前国内外大中型预焙槽上使用最多的半石墨质炭块为例进行说明。我国铝厂目前较普遍使用的半石墨质阴极炭块行业标准为 YS/T 287—1999。该标准的炭块理化指标见表 11-9，尺寸允许偏差见表 11-10，加工后尺寸允许偏差见表 11-11，且外观符合如下规定：1）产品表面应平整，断面积不允许有空穴、分层和夹杂物；2）加工长度大于 1m 时，弯曲度不大于长度的 0.1%；3）炭块严禁受潮和油污染；4）炭块表面允许有符合表 11-12 中所述的缺陷。

表 11-9　半石墨阴极炭块的理化性能指标

部 位	牌 号	灰分/%	电阻率 /$\mu\Omega\cdot m$	电解膨胀率 /%	耐压强度 /MPa	体积密度 /$g\cdot cm^{-3}$	真密度 /$g\cdot cm^{-3}$
		不大于			不小于		
底部	BLS-1	7	42	1.0	32	1.56	1.90
炭块	BLS-1	8	45	1.2	30	1.54	1.87

表 11-10　炭块尺寸允许偏差（mm）

名 称	允许偏差（不大于）		
	宽 度	厚 度	长 度
炭 块	±10	±10	±15

表 11-11　炭块加工后的尺寸允许偏差

名　称	允许偏差（不大于）			
	宽度/mm	厚度/mm	长度/mm	直角度/(°)
底部炭块	±2	±4	±12	±0.4
侧部炭块	±3	±3	±5	±0.5
角部炭块	±5	±5	±5	

表 11-12　炭块表面的缺陷

缺陷名称	缺陷尺寸/mm	缺陷名称	缺陷尺寸/mm
缺　角	$a+b+c \leqslant 50$，不多于两处	面缺陷	近似周长 $a+b+c \leqslant 100$，深度 $\leqslant 5$
缺　棱	$a+b+c \leqslant 50$，不多于两处	裂纹（0.5 以下）	长度 a 或 $b+c \leqslant 60$

注：$a+b+c$ 的计算见图 11-6。

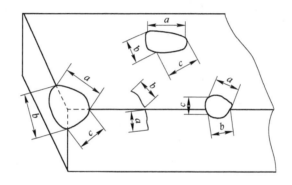

图 11-6　炭块缺陷计算示意图

（2）钢棒糊。以 GH 牌号的钢棒糊为例，其理化性能指标如表 11-13 所示。

表 11-13　钢棒糊的理化性能指标

指标牌号	灰分/%	挥发分/%	固定炭含量/%	体积密度/g·cm⁻³	耐压强度/MPa	电阻率/μΩ·m
GH	≤3	≥9~13	≥84	≥1.55	≥25	75

（3）硼化钛阴极。TiB_2 是最理想的铝电解可润湿性阴极材料（详见本书第 33.3 节）。目前中南大学研发的常温固化硼化钛阴极涂层材料和中国铝业公司研发的硼化钛-炭复合材料均开始在大型预焙铝电解槽上应用。这种材料与低石墨质或低石墨化程度的炭块结合，可以显著改善阴极的抗钠膨胀性，而与高石墨质或高石墨化程度的炭块结合，则可以显著改进阴极的耐磨性。此外还有一个很重要的优点是，它给阴极带来了一种炭素材料所不具备的性能，即与金属铝液的良好润湿性，因而可减少槽底沉淀，提高阴极工作的稳定性。硼化钛阴极涂层与价格较低的无烟煤基（无定形或半石墨质）炭块相结合的效果最为显著。无定形炭在长时间电解后会逐渐石墨化，在一年或更长一点的时间内大部分会转化成石墨。在工业电解槽上这种石墨化转化之所以未能体现在阴极电压的下降，是因为钠膨胀及熔融电解质与碳化铝的渗透抵消了石墨化所带来的电导率的改进。对此，中南大学开发的常温固化硼化钛阴极涂层技术所采用的涂层厚度只要有 4~5mm 即可（这样涂层的造价相对较低），涂层本身寿命只需 2 年左右即可

（因为阴极炭块的吸钠膨胀主要发生电解槽启动后的 1~2 年内），但其提高槽寿命和稳定槽况所带来的效益显著高于使用涂层所带来的投资费用增加。

11.1.3.4　阴极炭块组的安装

阴极炭块在槽底的排列有图 11-7 所示的几种情况，其中 a、b、c 三种比较，c 型最好。d 型对应通长炭块，这种类型接缝数量最少，一般认为该类型可使电解质和铝液渗漏的可能性以及由于上抬力和推挤力所引起的机械破损可能性均可降至最小。通长炭块不一定采用通长阴极棒，但发展趋势是通长炭块与通长阴极棒一起采用。

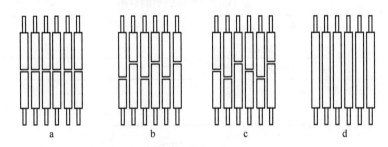

图 11-7　阴极炭块组安装类型（a~d）

A　阴极炭块组安装的工艺要求

阴极炭块组安装的工艺要求如下：

（1）将砌筑完毕的槽底（干式防渗料）表面清理干净，按预先画好的作业基准线进行安装作业，以槽中心为准，由中央向两端进行。

（2）炭块组两端钢棒预先安装好挡板。已变形棒孔挡板要校正方可使用，不能校正的必须更换。

（3）用钢丝绳吊动炭块时，所压部位必须采取防范措施，以防损伤炭块；调整炭块组时仅撬动炭块，不可撬动钢棒；严禁损伤炭块、钢棒及挡板，安装要平稳，不平处可用粉料（防渗料）垫平。

（4）相邻炭块水平高度差不超过 3mm，长度偏差不大于 10mm；炭块间距符合内衬图要求，相邻炭块就位，用缝宽样板控制，测定三点，一般控制在规定值 ±2mm，然后取下样板用木楔临时固定。

（5）就位时，钢棒应放在窗口中央，阴极钢棒中心线与槽壳窗口中心线偏差为 ±3mm；阴极钢棒挡板紧贴槽壳钢板上，2~3mm 间缝用水玻璃石棉腻子塞满；腻塞棒孔后，炭块组不准移动；如需移动，窗孔间隙重新腻塞。

（6）水玻璃石棉腻子密封料的配比，按水玻璃:（石棉粉 70% + 石棉绒 30%）质量比 = 1:1.5，混合均匀使用。水玻璃腻子应洁净，不准混入异物。

B　阴极炭块组安装用主要材料

阴极炭块组安装用主要材料如下。

（1）硅酸钠水玻璃。符合国家标准 GB/T 4209—1996 的水玻璃的密度为 1.32~1.38g/cm³，波美度（20℃以下）35~37°Be，模数（M）3.5~3.7。

（2）石棉。目前采用的石棉理化性能指标见表 11-14。石棉绒采用温石棉时选 4 级，4 级石棉的纤维长度和含量分别为：4.8mm 为 5%~35% 以上，1.35mm 为 45%~70% 以上，砂粒粉尘含量不大于 5.5%。石棉粉的技术性能为：短纤维石棉 10%，轻质耐火土钙镁细粉 90%，体积密度 0.86g/cm³，耐热度不小于 600℃，水分不大于 5%，导热系数不大于 0.093W/(m·K)。

表 11-14 石棉的主要理化性能指标

种类	密度 /g·cm⁻³	莫氏硬度	纤维外形	柔顺性	强韧性	比热容 /GJ·kg⁻¹·K⁻¹	导热系数 /W·cm⁻¹·K⁻¹	熔点 /℃	使用温度 /℃	最高工作温度 /℃	灼热减量 (800℃) /%	吸湿量 /%	耐酸性	耐碱性	抗拉强度 /MPa
温石棉	2.2 ~ 2.4	2.5 ~ 4.0	白色光泽	柔软	强	0.836	0.07	1200 ~ 1600	400	600 ~ 800	13 ~ 15	1 ~ 3	弱	强	29.40
青石棉	3.2 ~ 3.3	4.0	深青色,光泽小	柔软	稍弱	0.836	0.07	900 ~ 1150	200		3 ~ 4	1 ~ 3	强	弱	32.34

11.1.3.5 阴极炭块周围砌筑

A 阴极炭块周围砌筑的工艺要求

阴极炭块周围砌筑的工艺要求如下。

(1) 四周紧贴槽壳为石棉板、硅酸钙板，缝隙小于 2mm，缝隙用石棉绒-水玻璃糊实。

(2) 两炭块钢棒间砌 65mm 黏土质隔热耐火砖（两层或三层，依内衬图而定），采用湿砌，砖缝小于 3mm。

(3) 捣打浇注料。按内衬图尺寸支好模板，固定阴极炭块四周；用搅拌机干混浇注料 2min，然后加入清洁自来水（加水量在 6.5% ~ 7.5% 之间），加完水后搅拌 3 ~ 4min 即可出料；搅拌好的浇注料应立即倒入模内（应采用多点投料为好），用插入式振动器振动，振至表面露出浮水为止；振动器提起时应避免留空洞，振动棒应缓慢均匀移动，不能在一点长时间振动，以防浇注料偏析；加第二层料振动时，切忌将振动棒插入第一层料内以防破坏第一层已初凝料层的组织结构；浇注完毕全高倾斜不大于 5mm，其表面凹凸不大于 2mm；浇注好后用草袋覆盖注体。养护时间为：若环境温度大于平均 20℃/d，养护时间为 24h，否则为 48h。

(4) 砌筑耐火砖。待浇注体达到养护时间后，浇注体上用耐火泥浆找平砌筑一层或二层（视内衬图而定）65mm 高铝砖或黏土质隔热耐火砖，砖缝小于 3mm，泥浆饱满，为砌筑侧部炭块做好准备。

B 阴极炭块周围砌筑用主要材料

阴极炭块周围砌筑用主要材料如下。

(1) 防渗隔热耐火浇注料（耐火混凝土）。不同厂家有不同标准，表 11-15 是其中一种的组成及性能。

表 11-15 防渗隔热耐火浇注料（耐火混凝土）组成及性能指标

组 成		Al₂O₃ 含量 /%	体积密度 /g·cm⁻³	耐压强度 /MPa	烧后线变化 /%	导热系数 /W·m⁻¹·K⁻¹	使用温度 /℃
骨 料	结合剂						
轻质黏土砖	高铝水泥	35 ~ 45	2.0 ~ 2.3	12 ~ 38	0.4 ~ 5	0.5 ~ 0.8	1000 ~ 1300

注：导热系数为 700 ~ 1000℃时的数据。

(2) 耐火砖。某企业生产的高铝砖理化性能指标见表 11-16。若采用黏土质隔热耐火砖，相关性能指标见 11.1.3.2 小节。

表 11-16 高铝砖理化性能指标

项 目		指 标			
		LZ-75	LZ-65	LZ-55	LZ-48
Al_2O_3 含量(不小于)/%		75	65	55	48
耐火度/℃	不小于	1790		1770	1750
0.2MPa 荷重软化开始温度/℃		1520	1500	1470	1420
重烧线变化/%	1500℃,2h	+0.1 −0.4			—
	1450℃,2h	—			+0.1 −0.4
显气孔率(不大于)/%		23		22	
常温耐压强度(不小于)/MPa		53.9	49.0	44.1	39.2

11.1.3.6 侧部砌筑

A 侧部砌筑的工艺要求

侧部砌筑的工艺要求如下。

(1) 砌筑前将槽壳上的污垢和周围砖表面上的泥浆清理干净,砌筑块(炭块或碳化硅砖)要仔细检查,有缺陷的根据情况放在角部。

(2) 炭块用干砌,碳化硅(SiC)砖用耐火泥浆砌筑,因此若使用碳化硅砖,先配制碳化硅耐火泥浆。砌筑从角部开始作业,立缝小于 0.5mm,卧缝小于 3mm,错台小于 5mm。大面根据槽型可以砌筑成一条弧线。侧块背部紧贴槽壳钢板,背缝小于 2mm。

(3) 若需加条,则加条在角部两侧的第三块上进行,加条尺寸应不小于原炭块的二分之一。

(4) 砌筑和调整侧部炭块应使用木槌敲打,严禁使用金属锤敲打,以防损伤炭块。

(5) 对于侧部块与槽壳间的缝隙,若侧部为碳化硅砖,则用碳化硅浇注料或侧部散热填充料填实;若为炭块,则用氧化铝,或炭胶或侧部散热填充料填实。

B 侧部砌筑用主要材料的指标

侧部砌筑用主要材料的指标如下。

(1) 侧部块。若使用炭块,则见 11.1.3.3 节;若使用氮化硅结合碳化硅砖,则见表 11-17的实例(牌号为 SICATEC75)。

表 11-17 氮化硅结合碳化硅砖的理化性能指标

指 标	测试条件	标 准	指 标		测试条件	标 准
显气孔率/%	—	≤18	化学成分/%	SiC	—	≥72
体积密度/g·cm⁻³	—	≥2.60		Si_3N_4	—	≥18
耐压强度/MPa	—	≥150		Fe_2O_3	—	≤0.7
抗弯强度/MPa	室温	≥42		Si	—	≤0.5
	1400℃	≥45	尺寸公差	厚度	0~100mm	±1.0mm
荷重软化温度/℃	0.2MPa,T_2	>1700℃			0~300mm	±1.5mm
导热系数/W·m⁻¹·K⁻¹	1000℃	17(实测值)		长、宽	301~500mm	±2.0mm
抗氧化性/%	1150℃×20h	0.5(实测值)			>500mm	±0.5%

（2）炭胶。侧部使用炭块时，用到炭胶。表 11-18 为一种炭胶的主要理化指标。

表 11-18　炭胶的主要理化指标

项　目	单　位	标　准	项　目	单　位	标　准
灰　分	%	<5	固定炭	%	>50
挥发分	%	<45	针入度（20℃时）	0.1mm	450~650

（3）碳化硅耐火泥。侧部使用碳化硅砖时，用到碳化硅耐火泥。表 11-19 为一种碳化硅耐火泥的主要理化性能指标。

表 11-19　碳化硅耐火泥的主要理化性能指标

项　目		指　标		项　目		指　标	
		Sicabond	Sica-Glue			Sicabond	Sica-Glue
化学组成 /%	Si	≥	≥	粒度组成	>0.5mm	≤1	
	C		约 3		<0.074mm	>50	
	Fe$_2$O$_3$	<1	≤1.0		110℃×24h	≥4.0	≥6.0
	SiO$_2$	<9			1000℃×3h	≥5.0	
最高使用温度/℃		1350	1350	应　用		砌筑碳化硅砖	复合碳化硅砖与碳砖

（4）侧部散热填充料。表 11-20 为一种侧部散热填充料在不同温度下的导热系数。

表 11-20　侧部散热填充料在不同温度下的导热系数

种　类	单　位	室　温	150℃	300℃
配方 1	W/(m·K)	0.55	0.98	1.40
配方 2	W/(m·K)	0.60	1.12	1.53

11.1.3.7　扎固

A　扎固立缝的工艺要求

扎固立缝的工艺要求如下：

（1）阴极块加热前应用压缩空气将槽内清理干净，然后进行加热作业。

（2）立缝加热用电加热器加热，冬季加热时间不少于 12h，夏季加热时间不少于 10h，加热温度同扎糊作业温度（遵照糊料产品说明书）。需加热的材料、工具同时加热。扎固前再次进行吹风清扫。

（3）测量阴极炭块加热温度，每个炭块各测三点。

（4）非工作人员禁止入槽内，作业人员的鞋底必须干净。

（5）阴极炭块立缝均涂一层稀释沥青，厚度 0.5mm 左右。

（6）按量加糊，应用样板刮平，再进行扎固作业，扎固次数不少于两个往复，捣固时间约 45s/层。立缝一般分 7~8 次扎完，每槽约 60min。操作点的风压不低于 0.6MPa，压缩比不低于 1.60∶1。

（7）扎固炭帽要在模板内进行，以防打坏炭块。炭帽应高出阴极炭块上表面 5mm，宽度 40mm，铲去炭帽两侧毛边并用手锤压光使之表面平整、光滑、无麻点。

B　扎固周围缝的工艺要求

扎固周围缝的工艺要求如下：

（1）周围糊扎固前应对周围缝加热，并在加热前进行吹风清扫，加热温度同立缝温度。

（2）凡与糊接触部位（炭糊除外）均涂一层稀释沥青，厚度为0.5mm左右。

（3）槽长、短侧各分7~10次扎完，斜坡高度符合内衬图要求（一般为200mm），工作点风压不低于0.6MPa，压缩比不低于1.60：1。扎固之前首先将阴极钢棒底下塞实。

（4）扎固坡面时，为使层间衔接牢固，用爪型捣锤把表面打成麻面，然后再铺糊扎固。周围糊接头处用火焰加热器烘烤，不准将糊烧成炭化物，加热至立缝要求温度。

（5）捣固后表面呈平面，光滑整洁，不准有麻面。

C 扎固用冷捣糊

目前已普遍使用冷捣糊扎固立缝与周围缝。表11-21所列是"湘Q/LC556"标准的冷捣糊炭素材料的理化性能指标。其中，LTC-1适用于阴极炭块间立缝和周围缝；LTC-2适用于阴极炭块与阴极钢棒接缝（钢棒糊）。

表 11-21 冷捣炭素料理化性能指标

项　目	LTC-1	LTC-2		项　目	LTC-1	LTC-2
挥发分/%	<12	<10		体积密度/g·cm⁻³	≥1.45	≥1.5
骨料最大粒径/mm	≤8	≤2		耐压强度/MPa	≥25	≥20
灰分/%	≤12	≤10		残余体积收缩率/%	≤1.5	≤1.5
成形后体积密度/g·cm⁻³	≥1.55	≤1.6	1300℃ 烧后	显气孔率/%	≤22	≤22
水分/%	≤1	≤1		导热系数/W·m⁻¹·K⁻¹		
固定碳/%	≥76	≥77		电阻率/μΩ·m	≤70	≤65
施工操作温度/℃	25~40	40~50		破损系数①	≤1.0	

①破损系数是指炭素材料经电解试验后侵入试样内的电解质体积与试样原总孔隙体积的比值。

11.2 上部结构

槽体（金属槽壳）之上的金属结构部分，统称上部结构，它可分为承重桁架、阳极提升装置、打壳下料装置、阳极母线和阳极组、集气和排烟装置。

11.2.1 承重桁架

以本章开始部分所介绍的200kA预焙阳极铝电解槽为例（图11-1）介绍承重桁架，如图11-8所示，下部为门式支架，上部为桁架，整体用铰链连接在槽壳上。桁架起着支撑上部结构的其他部分和全部重量的作用。

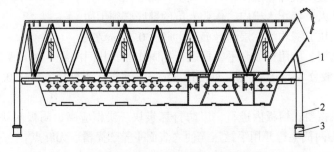

图 11-8　一种200kA预焙阳极铝电解槽承重桁架结构图
1—桁架；2—支架或门；3—铰接点

11.2.2 阳极提升装置

目前，国内预焙槽阳极提升装置有两种，一种是螺旋起重器式的升降机构；另一种是滚珠丝杠三角板式的阳极升降机构。

以本章开始部分所介绍的200kA预焙铝电解槽为例（图11-1）介绍阳极提升装置。它是螺旋起重器升降机构，由螺旋起重机、减速机、传动机构和马达组成（图11-9）。4个螺旋起重机与阳极大母线相连，由传动轴带动起重机，传动轴与减速箱齿轮通过联轴节相连，减速箱由马达带动。当马达转动时便通过传动机构带动螺旋起重机升降阳极大母线，固定在大母线上的阳极随之升降。提升装置安装在上部结构的桁架上，其行程为400mm，在门式架上装有与电机转动有关的回转计，可以精确显示阳极母线的行程值。

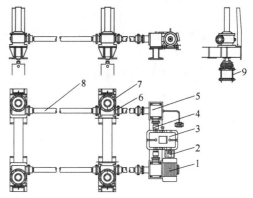

图 11-9　一种200kA预焙阳极铝电解槽阳极提升机构图
1—马达；2—联轴节；3—减速箱；4—齿条联轴节；
5—换向器；6—联轴节；7—螺旋起重机；
8—传动轴；9—阳极大母线悬挂架

随着电解槽容量增大，螺旋起重机数量相应增加。例如，300kA槽需选用8个螺旋起重器（相当于8个蜗轮减速机），在每个传动轴（共两个）上分别安装4个，但问题是很难做到4点在一条直线上，因而不能较好地实现齿轮咬合。

中国铝业股份有限公司广西分公司320kA预焙槽的设计中，针对槽上部结构支撑大梁长，承载负荷大（72t）的特点，采用了分体式阳极提升机构的设计方案，即采用两段大母线梁，双电机驱动，8个螺旋起重器均匀负荷的分体式结构形式。A、B两段大母线梁运行误差调控由计算机自动跟踪完成，但由于两段负荷不一样，很难实现A、B两段阳极底掌在一个水平面上，即一台电解槽可能在两个极距下工作，必须经常人工调整。为达到特大型槽8个螺旋起重器同步升降，可以将变速机构置于槽的中部通过4个水平轴与螺旋起重器相连[1]。

采用滚珠丝杠三角板式的阳极升降机构，仅用2个蜗轮杆减速器、2个标准滚珠丝杠与8个三角板，结构示意图如图11-10所示，其工作原理是，滚珠丝杠向前推，阳极下降；滚珠丝杠向后拉则阳极上升（由电动机正反转控制）。显然，这种机构比传统的螺旋起重器的升降装置简单，机械加工件少，易于制造加工，传动效率高1倍，造价低且耐用，易检修维护，又能简化上部金属结构，对扩大料箱容积，方便阳极操作均有益处。法国普基公司135～320kA预焙槽均采用这种阳极升降装置。我国目前沈阳铝镁设计研究院设计的大型槽也采用了该种设计

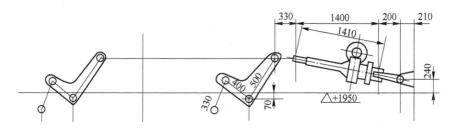

图 11-10　滚珠丝杠三角板式的阳极升降机构

方案[1]。

11.2.3 打壳下料装置

早在 20 世纪 60 年代，美国在预焙铝电解槽上使用了线下料装置，多数位于两排阳极中央空间部位，每次打壳下料的间隔时间为 60 ~ 120min。打壳机构分为铡刀型、刀齿混合型，按照一定间距固定在槽纵向中央可升降的工字钢梁上。其上部安装线加料定容器。定容器由两个钢筒组成，两端用轴连接。这种结构与我国白银铝厂 20 世纪 80 年代购买日本千叶铝厂的 155kA铡刀式中间下料预焙槽大体相同。

在氧化铝下料方面的重要突破是 20 世纪 80 年代发展起来的点式下料系统，它由槽上料箱和点式下料器组成。料箱上部与槽上风动溜槽或原料输送管相通，原料通过现代的气力输送系统可以从料仓直达槽上料箱。点式下料器安装在料箱的下侧部。点式下料器由打壳装置和下料装置两个部分组成，或者是将打壳与下料集合在一起的"二合一"装置，其中打壳装置实现在电解槽结壳表面上打开一个孔穴，下料装置实现将其定容器中的氧化铝通过打开的孔穴卸入电解质中。点式下料器动作一次向电解槽添加少量（且通过定容器来定量）的氧化铝，每个定容器典型加料量为 0.5 ~ 3kg（视定容器的定容大小而定），定容精度可达到不大于 ±2%。

每台电解槽安装一定数量的点式下料器后，便可以通过理论计算确定正常的下料间隔时间。一般地，正常下料间隔时间在 1.5 ~ 3min 的范围。由于下料间隔如此之短，点式下料技术常被称为"准连续"或"半连续"下料技术。点式下料系统与现代先进的计算机控制系统相结合，可以通过由控制系统自动调整下料间隔来调整下料量，从而形成多种准连续"按需下料"技术，满足现代铝电解工艺对氧化铝浓度控制的要求。

合理地选择每台电解槽安装点式下料器的个数、定容规格和安装位置是相当重要的。要考虑下料点所对应区域的电解质有较好的流动性；考虑氧化铝的溶解度及溶解与分布速度，避免造成电解槽内的浓度差；有合适的正常下料间隔时间以及发生阳极效应时能够快速加入足量的氧化铝。事实上，下料器的个数在一定程度上取决于电解槽容量大小，有一种说法是大约每 50kA 电流需安装一个下料器[2]。法国普基铝业公司的 AP18 预焙槽（180kA）和 AP30 预焙槽（300kA）均设计为 4 个下料器。我国预焙槽的下料器个数为：系列电流在 60 ~ 100kA 范围则每槽安装 2 个；160 ~ 300kA 安装 4 个；320 ~ 350kA 安装 5 个。有的电解工艺采用交替下料方式（如编号按顺序为 1 ~ 4 的 4 个下料器按照 1、3 与 2、4 两两交替下料），而有的采用每次全部同时下料方式。发生阳极效应时均采用全部下料器同时下料，一般动作 4 ~ 5 次，即可满足熄灭阳极效应的下料要求。下料器的最佳安装位置是靠近阳极角部的中缝处[3]，下料器的锤头尺寸较小为好，使在壳面上打开的下料孔较小。希望向洞中央低速下料，而不应成堆卸料，因为氧化铝需要迅速扩散，以防止沉淀的形成。结壳上的洞最好保持敞开，以减小掉入电解质中的结壳量。

目前，我国普遍使用的点式下料器为筒式下料器。图 11-11 所示的是一种筒式下料器的安装示意图。其打壳装置由打壳汽缸和打击头组成，打击头为一长方形（或圆形）

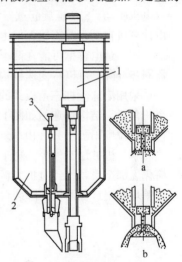

图 11-11 一种筒式下料器
的安装示意图

a—汽缸活塞运动到上端；
b—汽缸活塞运动到下端
1—打壳汽缸；2—氧化铝料箱；
3—下料汽缸

钢锤头,通过锤头杆与汽缸活塞相连,当汽缸充气活塞运动时,便带动锤头上、下运动而打击熔池表面结壳;其下料装置由一汽缸带动一个在钢筒中的透气钢丝活塞及下端装有钟罩的密封钢管组成。钟罩与透气活塞将钢筒的下部隔成一个定容空间,定容空间的上端开有充料口。当汽缸活塞运动到上端时,便带动钟罩封住钢筒的下端(见图11-11a),透气活塞移动到充料口上端,即充料口打开,料箱中被流化的氧化铝立即充满下料器的定容室。当接到下料命令时,汽缸活塞被驱动向下运动,便带动连在活塞杆上的透气活塞和钟罩向下运动,此时,透气活塞挡住了充料口(见图11-11b),堵住了料流向定容室,而定容室中的料却随着钟罩向下运动而卸入槽中。此种加料装置具有运动可靠、下料精确、使用寿命长等优点。目前国内已开发出4.5L、1.8L和1.2L三种筒式定容下料器,并有下料与打壳分离式和下料与打壳二合一式两种类型。

　　下料器的自动控制是通过计算机控制系统控制电磁阀来实现的(也可以手动控制)。通过几个电磁阀的组合,可以按照一定的程序向打壳汽缸和定容下料汽缸提供压缩空气,完成各种动作的顺序控制。

11.2.4　阳极母线和阳极组

11.2.4.1　阳极大母线

阳极大母线既承担导电作用,又承担阳极重量。电解槽有两条阳极大母线,其两端和中间进电点用铝板重叠焊接在一起,形成一个母线框,悬挂在阳极升降机构的丝杆(吊杆)上。阳极组通过小盒卡具和大母线上的挂钩卡紧在大母线上。

11.2.4.2　阳极组的基本结构

阳极组由炭块、钢爪和铝导杆组成,炭块有单块组和双块组之分,按钢爪数量有四爪和三爪两种。图11-12所示的是一种"单块组-四爪"阳极组的结构示意图。钢爪与炭块用磷生铁浇注连接,与铝导杆一般采用铝-钢爆炸焊连接。与单块组不同的是,双块组使用一根铝导杆连接着两块阳极。

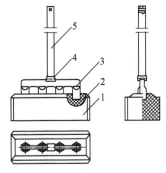

图11-12　"单块组-四爪"
阳极组结构示意图
1—炭块;2—磷生铁;3—钢爪;
4—铝-钢爆炸;5—铝导杆

11.2.4.3　最佳阳极结构与安装尺寸的选择

阳极的结构尺寸影响到电解槽的电、热场及其分布(影响电压平衡与热平衡),从而影响到电解槽的能耗指标、电流效率指标以及阳极消耗指标,因此优化阳极结构尺寸具有显著意义。

A　阳极炭块高度

阳极炭块的高度影响到下列几个方面:

(1)换极周期。换极周期是指一台电解槽槽内所有阳极更换完毕所需天数(昼夜),也即一块新阳极能工作的天数。换极周期与阳极炭块高度等参数的关系式为:

$$\lambda = (H - H_{\mathrm{L}})/h_{\mathrm{c}} \tag{11-1}$$

式中　λ——换极周期,d;

　　　h_{c}——阳极高度消耗速度,cm/d;

　　　H——阳极炭块总高,cm;

　　　H_{L}——残极高度,cm。

其中,阳极高度消耗速度h_{c}为:

$$h_c = \frac{8.054 d_{阳} \gamma W_c}{d_c} \times 10^{-3} \tag{11-2}$$

式中　8.054——系数（它等于铝的电化当量乘以每日的24h，即0.3356×24）；

　　　　$d_{阳}$——阳极电流密度，A/cm^2；

　　　　γ——电流效率，%；

　　　　W_c——阳极净耗量，kg/t(Al)；

　　　　d_c——阳极假密度，g/cm^3。

用式11-1和式11-2可以计算分析换极周期与阳极净耗、阳极电流密度、阳极体积密度、电流效率等参数的关系。例如，某大型槽阳极为24组（如我国160kA预焙槽），取换极周期为24d（每槽每天更换一组阳极），阳极净耗为440kg/t(Al)时，阳极体积密度为1.55kg/cm^3，阳极电流密度为0.72A/cm^2，残极高度为165mm，电流效率为94%，用式11-1和式11-2可计算出阳极炭块总高为536mm（目前，国内常用高度为540mm）。又例如，某大型槽阳极为28组（如我国200kA预焙槽），取换极周期为28d（每槽每天更换1组阳极），阳极净耗为420kg/t(Al)，其余参数同上，可计算出阳极炭块总高度为578mm（目前，国内常用高度为580mm）。延长换极周期能降低阳极组装与阳极更换的工作量与相关消耗，并降低因阳极更换而打开电解质面壳所造成的热损失以及换极对电解槽运行的干扰频度。但换极周期的设计还应考虑到换极作业时间安排上的便利；并且阳极高度的增加还会影响到下面将述及的其他方面。

（2）阳极电压降。阳极电压降随着阳极高度的增大而增大，因而会增大电解能耗。例如，我国的阳极采用540mm的高度时，所对应的阳极炭块的电压降为140mV左右，如果阳极高度增加到610mm，则阳极电压降平均升高约20mV，若电流效率为93%，则每吨铝多耗电64kW·h。

（3）阳极保温（电解槽热平衡）。阳极高度过高，不利于阳极上覆盖的氧化铝的保温作用，即不利于电解槽热平衡的稳定。槽内阳极高度差较大，造成有的阳极块侧部加不上氧化铝保温料，高阳极块保温性能比低阳极块的保温性能差，高阳极块的热损失增加，这对窄加工面的电解槽更为不利。

（4）电解槽上部结构。阳极高度越大，则电解槽立柱母线越高，上部金属结构位置抬高，荷重加大。

（5）阳极电流分布。阳极高度越大，从阳极侧面流出的电流相对于阳极底部流出的电流的比例便越大（阳极电流密度的修正系数便越小），这对电解技术经济指标不利。针对我国160kA预焙槽的仿真研究表明[3]，在其他条件一定的情况下，当阳极高度从500mm增加到600mm时，阳极电流密度修正系数从0.934降低到0.924。

从上述的分析看到，最佳的阳极高度受到多方面因素的影响。在20世纪80年代，蔡祺风用极值法得出了预焙阳极炭块最佳高度的数学表达式[4]，并计算了160kA预焙槽阳极的最佳高度为603mm。显然，最佳高度的计算结果不仅与考虑的因素多少有关，而且与各因素可准确量化的程度有关。其中，一些主要因素的变化会显著影响阳极高度的最佳值，例如，当电解用电电价增高时，阳极高度的最佳值便会降低。目前，我国预焙槽的阳极高度一般在540~600mm的范围，个别企业采用高达620mm的阳极，是否符合经济效益最佳的原则，值得进一步分析。

B　阳极炭块的长度与宽度（包括截面积）

阳极炭块的长度与宽度（包括截面积）会影响到下列几个方面：

（1）阳极气体的排出。阳极炭块的截面积越大，对阳极气体的逸出便越不利，因而对电流效率指标不利。

（2）阳极更换周期。由于阳极高度受到多方面因素的限制只能控制在一定的范围，因此阳极炭块的截面积越大，换极周期便越长。上面在讨论阳极高度时已指出，一方面延长换极周期能降低阳极组装与阳极更换的工作量与相关消耗，并降低因阳极更换而打开电解质面壳所造成的热损失以及换极对电解槽运行的干扰频度；但另一方面，阳极越大，每次更换阳极时对电解槽的干扰幅度（如对阳极电流密度分布的冲击）便越大。此外，还要考虑工厂在阳极更换作业时间安排上的合理性与规则性。

（3）阳极电流分布。阳极越宽越长（截面积越大），经钢爪流向阳极侧面的距离便越远，因而从阳极侧面流出的电流相对于阳极底部流出的电流的比例便越小（阳极电流密度的修正系数便越大），这对电解技术经济指标是有利的。此外，对于老槽改造，若能增大阳极截面积，则可以在不提高阳极炭块电压降的情况下强化电流；或者在不强化电流的情况下由于能减小阳极电流密度而减小阳极电压降。

（4）铝液中的水平电流密度。电解槽的设计应尽量减小铝液中的水平电流密度，而阳极的长、宽尺寸与阳极排布方式对铝液中水平电流密度的大小与分布有重要影响。当阳极炭块的宽度能与阴极炭块的宽度相匹配时，有利于减少铝液中的水平电流密度。但最佳的长度与宽度值显然与具体的槽型和结构尺寸相关。针对我国160kA 预焙槽的仿真研究表明[3]，在其他条件一定的情况下，铝液中水平电流密度的最大值首先随阳极长度的增加而减小，而后又增加，在1500mm 时有最小值 0.8397A/cm² （图 11-13）。

（5）阳极钢爪的用量与排布。当采用的阳极过宽时，就必须采用双排钢爪。这必然使钢爪总断面积及用钢量增加，使钢爪在生产中散发大量热量。采用双块组就是为了避免采用过宽的单块阳极。

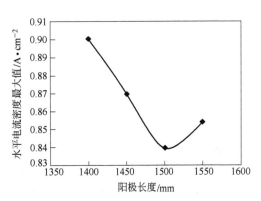

图 11-13　阳极长度与铝液中水平电流密度
最大值的关系（160kA 预焙槽仿真实例）

从上述的分析看到，如同阳极高度一样，最佳的阳极长度与宽度也受到多方面因素的影响。目前，我国大型预焙槽（160～350kA）的阳极宽度基本上都是 660mm（双阳极组中的阳极块宽度也为 660mm），阳极长度则因槽型而异，一般在 1400～1600mm。个别的老槽改造则采用了一些尺寸不在此范围的阳极。表 11-22 列出了一些国家大型预焙槽阳极设计参数。

表 11-22　一些国家大型预焙槽阳极设计参数

公司（槽型）	德国 TOGINID	美国铝业 A697	法国铝业			中国铝业
			AP18	AP280	AP30	
电流/A	175	180	180	280	300	280
阳极组数	20	24	16	40	40	40
阳极断面尺寸/cm×cm	140×76.5	140×72	145×54（双阳极）	140×66	145×68	145×66
阳极钢爪数及排列方式	∷∷	∷∷	∷∷∷	⋮	⋮	⋮
每个钢爪下方的阳极面积/m²	0.28	0.258	0.233	0.236	0.23	0.232

C 阳极至槽侧壁距离（加工面宽度）

加工面宽度影响到下列几个方面：

（1）阴极电流密度。在阳极电流密度一定的情况下，加工面宽度越大，阴极电流密度越小。理论与实践均表明，阴极电流密度小，则电流效率低。

（2）物理场分布与炉膛的形成。加工面及阳极间缝越宽，则阳极投影面积以外的熔体面积越大，通过阳极侧部的电流也越大（阳极电流密度修正系数便越小），上部散热面也越大（通过加工面上部的热损失大），对物理场（包括电场、磁场、流场、热场）的分布均会产生较大的影响。大加工面（500~600mm）的老式预焙槽对应的炉帮厚度较大，但采用低温（低过热度）工艺时凝固等温线波动范围大，因此炉帮结壳厚度不容易稳定，波动范围较大。另外，大面加工面在低摩尔比、低温操作时容易出现边部结壳塌陷，在更换阳极时大量槽面结壳氧化铝容易落入槽内，必须人工扒至槽帮处，不仅劳动消耗大，而且不利于形成规整的炉膛和氧化铝浓度的控制。以上问题均会影响电流效率和能耗指标。现代窄加工面（大面加工面宽度为250~300mm）预焙槽侧部采用散热型，强制性形成炉膛，并由于采用了良好的物理场设计方案，因此槽帮虽然相对较薄但稳定性较好。

（3）电流效率。这是从另一个角度来分析阳极加工面与阳极间缝宽度对电流效率的影响。区域电流效率的观点认为[5]，电解槽各个区域由于极距、熔体流速、电解质温度等的差异，电流效率是不一致的，不同区域阳极下方的电流效率不同，而阳极投影面以外区域（加工面和阳极间缝所对应的区域）的电流效率远低于阳极投影面正下方区域的电流效率，因此缩小加工面和阳极间缝的设计方案有利于获得高电流效率。

Goff 等人研究了由阳极至槽壁距离从 450mm 缩小到 250mm 的试验槽与原型槽相比后的情况，电流效率由 93.1% 提高到 94.9%。新安铝厂改进型 160kA 预焙槽首次在国内应用窄加工面，由过去老槽型的 520mm 宽加工面改为 350mm，电流效率比宽加工面提高 1.3% 左右。湖北华盛铝厂将 60kA 自焙槽系列改为 82kA 预焙槽系列，将大面加工面由 520mm 改为 275mm，在阳极电流密度为 $0.8 \mathrm{A/cm^2}$ 时电流效率达到了 93%[1]。

以上的分析与实例均支持缩小加工面，但加工面过窄也会带来问题：1）阴极电流密度高，对阴极炭块质量要求高；2）电解槽内熔体的体积相对较小，因此工艺技术条件（如熔体温度、熔体高度、氧化铝浓度、极距等）对外界干扰敏感，电解槽自平衡能力弱；3）对炉帮结壳的稳定性和炉膛的规整度要求很高，否则可能引起侧部破损，或引起换极困难。

根据国内外生产实践经验，中间点式下料的大型预焙槽的大面加工面宽度为 280~350mm，小面加工面宽度为 400~450mm。两排阳极炭块的中间缝宽度为 120~180mm。

D 阳极钢爪及其他

阳极钢爪的结构与安装尺寸影响到以下几个方面：

（1）承载负荷能力。钢爪尺寸越大，安装越深，则与炭块接触面积（包括周边接触面积与接触深度）便越大，承受负荷的能力便越强。

（2）钢材的用量。显然，钢爪尺寸越大，钢材用量便越大，阳极重量也增大。

（3）阳极电压降与阳极电流分布。钢爪直径越大，钢爪电流密度就越小，因而电流在阳极中分布就越均匀，且阳极的电压降也越小；钢爪深度越大，电流流经炭块部分的高度就越小，因而阳极电压降就会越小，且阳极侧面流出电流相对于阳极底部流出电流的比例就越小（即阳极电流密度的修正系数便越大）。仿真研究表明[3]，在有限的变化范围内，钢爪直径和钢爪之间的距离对阳极侧面电流的影响很小。

（4）阳极热损失。钢爪尺寸越大，钢爪导致的阳极散热量便越大。

从上述的分析看到，最佳的阳极钢爪结构与安装尺寸受到多方面因素的影响。目前，我国的钢爪电流密度一般按照 $0.1A/cm^2$ 左右选取，根据通过的电流计算出钢爪断面。

铝导杆断面积，按每组阳极电流负荷确定，按经济电流密度选取，一般按 $0.4A/mm^2$ 选取。

铝-钢爆炸焊块，工作最高温度不应超过400℃，否则强度急剧降低。铝-钢爆炸焊的界面抗拉应力应大于铝导杆。

11.2.4.4　底部带沟槽的阳极炭块

近年来，国外一些预焙槽上采用了底部开沟槽的炭素阳极。例如，从阳极底掌开一条宽1cm，深度为 $300\sim380cm$ 缝隙。窄阳极块开一条，宽阳极块开两条。早在1990年，美国R. Shekhar等人对底部开不同沟的惰性阳极对流场的影响进行了水模型试验，结果表明，阳极底部开槽有利于减少阳极底部气泡覆盖率和促进极间氧化铝的传质[6]。但关于炭素阳极开沟的研究报告很少。我们曾对预焙槽阳极采用不同排气沟时其周围电解质流场进行了仿真计算，结果表明[7]：

（1）阳极底部开沟促进了阳极气体向外界的排放，减少了其在阳极底部的停留时间和阳极底部气泡覆盖率，因此有利于减小阳极气体引起的电压降，从而有利于降低槽电压，达到节能目的。

（2）阳极底部开沟在促进阳极气体向外界排放的同时，还使电解质流速有所减小，有利于保持电解质流场的均匀与稳定，有利于槽内的传质传热，有利于减少阴极铝液与阳极气体发生"二次反应"的机会，从而有利于提高电流效率。

（3）气泡在阳极底部停留时间的减少和电解质流场的改进有利于降低阳极效应系数。

（4）针对排气沟为通沟和非通沟两种情况的计算表明，采用通沟时流体的剧烈程度要小些，这是由于通沟的存在减小了流体在阳极周围流动的阻力，流体运动更平稳。

11.2.4.5　集气及排烟装置

预焙槽由上部结构盖板和槽周若干块可人工移动的铝合金槽罩密封，分别由若干块大面罩、角部罩和小面罩组成。

槽子产生的烟气由上部结构下方的集气箱汇集到支烟管，再进入墙外总烟管而到净化系统。

为了保证换阳极和出铝打开部分槽罩作业时烟气不大量外逸，支烟管上装有可调节烟气流量的控制阀，当电解槽打开槽罩作业时，将可调节阀开到最大位置，此时排烟量是平时的2.5倍，使作业时烟气捕集率仍能保证达到98%。

11.3　母线结构

整流后的直流电通过铝母线引入电解槽上，槽与槽之间通过铝母线串联而成，所以，电解槽有阳极母线、阴极母线、立柱母线和软带母线；槽与槽之间、厂房与厂房之间还有联络母线。阳极母线属于上部结构中的一部分，阴极母线排布在槽壳周围或底部，阳极母线与阴极母线之间通过联络母线、立柱母线和软母线连接，这样将电解槽一个一个地串联起来，构成一个系列。

铝母线有压延母线和铸造母线两种。为了降低母线电流密度，减少母线电压降，降低造价，大容量电解槽均采用大断面的铸造铝母线，只在软带和少数异型连接处采用压延铝板焊接。由于用于母线的投资约占电解槽总造价的35%，因此，从降低母线购置费（降低投资）的角度，应该减小母线截面尺寸，提高导电母线的电流密度，但母线截面尺寸的减小会增大导电母线的电阻，使生产运行过程中的电耗增高。因此，在母线装置的设计中应该确定能使建设期投资与运行期能耗总和为最小的经济断面，在该断面下的电流密度称为经济电流密度。关于经济电流密度的计算，请参见文献[1]。

在大型电解槽的设计中，母线不仅被看成是电流的导体，而且更重要的是它产生的磁场对生产过程的影响。母线系统的电流和电解槽内的电流会产生一个强磁场。另外，铁磁体（特别是槽壳）将构成二次磁场源，该磁场源叠加于一次磁场，对一次磁场有削弱或增强作用。这两种磁场对电解槽的稳定性产生重要的影响，它们与熔体中的电流相互作用，产生一种洛伦兹力，使熔体界面变形和波动。为了获得尽可能高的电流效率和尽可能低的槽电压（低极距），一个非常有效的措施就是设法降低电解质/铝液界面的流速以及减少界面的波动和扭曲。因此，现代化的大型电解槽在设计电解槽结构和母线系统时，力图减小垂直磁场的绝对值，避免水平电流和力争垂直磁场的对称性或水平梯度，试图使设计的铝液表面限制在阳极投影面积之内。近十几年来，国际上把电解槽磁场设计和磁流体动力学设计作为开发大型电解槽的基础，也是铝电解槽物理场仿真与优化设计的主要内容之一，并由此产生了多种多样的进电方式和母线配置方案。关于此部分内容，本书将在第 19 章和第 20 章中介绍。这里仅给出目前国际上横向排列的大容量电解槽（大于 200kA）母线配置的三种典型方案：

（1）大面进电，阴极母线全部绕行配置。典型的有挪威 Hydro 230kA 试验槽。国内沈阳铝镁设计研究院推出的 200kA 槽系列也是采用这种设计。

（2）大面进电，阴极母线槽底强补偿配置。典型的有法铝 280kA 槽、我国 280kA 试验槽等，平果铝厂 320kA 槽的设计也是采用这一思想。

（3）大面进电，阴极母线槽底弱补偿配置。典型的有瑞士 EPT-18 系列、我国的 230kA 试验槽等。

11.4　电解槽电气绝缘

在电解槽系列上，系列电压达数百伏至上千伏。尽管人们把零电压设在系列中点，但列两端对地电压仍高达 500V 左右，一旦短路，易出现人身和设备事故。而且，电解用直流电，槽上电气设备用交流电，若直流窜入交流系统，会引起设备事故，需进行交流、直流隔离。因此，电解槽许多部位需要进行绝缘。下面以某种 160kA 电解槽为例进行介绍，绝缘部位和绝缘物见表 11-23。

表 11-23　160kA 电解槽电气绝缘表

序　号	绝　缘　部　位	绝　缘　物
1	母线与母线墩之间	石棉水泥板
2	槽底支撑钢梁与支柱之间	石棉水泥板
3	槽壳与摇篮架之间	石棉板
4	支烟管与主烟道之间	玻璃钢管
5	槽上风动溜槽与主溜槽之间	玻璃钢型槽
6	槽前空气配管与槽上部结构之间	橡胶管
7	槽前操作风格板与槽壳之间	石棉水泥板
8	端头槽外侧风格板与厂房地坪之间	石棉水泥板
9	阳极提升马达与槽上部结构之间	胶木绝缘板
10	阳极提升马达与传动轴之间	环氧酚醛层压玻璃连接套
11	螺旋起重机与大母线之间	环氧酚醛层玻璃布板

序　号	绝　缘　部　位	绝　缘　物
12	回转计与上部结构之间	胶木绝缘板
13	脉冲发生器与上部结构之间	胶木绝缘板
14	门式支柱与槽壳之间	石棉板
15	打壳气缸与上部结构之间	石棉布
16	打壳出头与集气罩之间	石棉布
17	阳极导杆与上部结构之间	石棉布
18	槽罩与上部结构、槽壳之间	石棉布
19	短路口螺杆与母线之间	环氧酚醛层压玻璃导管

参 考 文 献

1　霍庆发. 电解铝工业技术与装备. 沈阳：辽海出版社，2002

2　格罗泰姆 K，克望德 H. 铝电解导论. 邱竹贤，王家庆译. 沈阳：《轻金属》编辑部，1994

3　程迎军. 铝电解槽阳极-熔体电热场及惰性阳极热应力的计算机仿真与优化：［硕士学位论文］. 长沙：中南大学，2003

4　蔡祺凤. 预焙槽阳极炭块最佳高度的研究. 中南矿冶学院学报，1987，18(2)：151～157

5　曾水平. 铝电解槽内电磁场计算及电流效率连续监测的研究：［博士学位论文］. 长沙：中南工业大学，1996

6　Shekhar R，Evans J W. Modeling studies of electrolyte flow and bubble behavior in advanced Hall cells. Light Metals，1990：243～248

7　李劼，李相鹏，赖延清，等. 预焙阳极底部开排气沟对电解质流场的影响. 中国有色金属学报，2006，(6)：1088～1093

12 铝电解槽的焙烧启动及启动后的管理

新建或大修后的铝电解槽在进入生产前，要经过焙烧与启动过程。而从启动结束到转入正常生产，还需要一定的过渡时期。这一时期称之为非正常期。

所谓焙烧（对于预焙槽而言，又称为预热），就是利用置于铝电解槽阴、阳两极间的发热物质产生热量，使电解槽阳极、阴极（含内衬）的温度升高，实现下列目的：（1）使阴极炭块间和槽周边的扎糊烧结焦化，与阴极炭块形成一个牢固的整体；（2）烘干阴极内衬，并逐步将槽膛温度提高到接近电解温度（900℃以上），为启动电解槽做准备。

所谓启动，就是使电解槽在连通了系列电流的状态下，形成发生电解反应所需具备的基本技术条件，包括形成一定高度的电解质熔体和铝液，并使铝电解槽的主要技术参数（极距、槽电压、槽温、电解质成分、氧化铝浓度等）进入到电解所需的范围之内。

启动后的非正常期是使铝电解槽逐渐建立正常的生产技术条件的过渡时期。在这一时期，电解槽由启动初期的高槽温、高槽电压、高电解质高度、高摩尔比逐渐走向正常水平，并在槽膛四周逐渐形成由 $\alpha\text{-}Al_2O_3$ 与冰晶石组成的固态结壳，建立起规整、稳定的槽膛内型，从而建立起理想的热平衡（能量平衡）与物料平衡。

电解槽的焙烧启动虽然只有短短的几天，但对电解槽启动后的工作状态产生重大影响，尤其是对电解槽的寿命产生决定性的影响。非正常期的长短视不同的槽型、运行条件与技术方案在 1~3 个月之间，该时期管理好坏也直接关系到电解槽能否顺利转入正常生产，而且对电解槽寿命产生巨大影响。焙烧启动与非正常期管理不当，很容易造成阴极破损、漏炉事故，或者会使电解槽先天不足，终身病态。因此，许多学者的论述均提醒对铝电解槽的焙烧、启动与非正常期管理应给予足够重视[1~3]。

12.1 焙烧

铝电解槽焙烧方法可以分为两大类，一类为电焙烧法；另一类为燃料（燃气、燃油）焙烧法（又称外加热法）。根据发热电阻物料的不同，电焙烧法又分为：（1）铝液焙烧法，即用铝液作电阻体的电焙烧法；（2）焦粒（或石墨粉）焙烧法，即用焦炭颗粒或石墨粉作电阻体的电焙烧法。

12.1.1 铝液焙烧法

铝液焙烧法是在电解槽内灌入一定量的铝液，覆盖在阴极表面上，并且与阳极接触，构成电流回路，电解槽通电后产生热量，焙烧电解槽。其示意图见图 12-1。

铝液焙烧的基本程序是：焙烧之前在槽膛四周用固体电解质块砌筑堰墙，以减缓铝液对人造伸腿的直接冲击并缩小铝液的铺展面积；完成堰墙砌筑

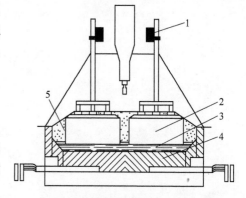

图 12-1 铝液焙烧示意图

1—阳极母线；2—阳极；3—铝液；4—阴极炭块；

5—电解质、冰晶石及保温料

后将预焙阳极安放在离阴极表面约 2~2.5cm 远处；然后从出铝端灌入铝液（铝液厚度约 4cm），铝液布满槽底包住阳极后即可通电；接着往槽内装入冰晶石和纯碱，并将冰晶石覆盖到阳极上以加强保温并避免阳极氧化；最后通入全电流进行焙烧。

由于铝液本身电阻很小，大部分热量则由阴极和阳极产生，总发热量不大，这是铝液焙烧电解槽一次通入全电流的原因。尽管通入全电流，因产生的热量较低，一般大型预焙槽的焙烧时间长达 7~8 昼夜。

在焙烧初期刚通电时，冲击电压会高达6V，随后电压逐渐降低（因槽底电阻逐渐减少），在第6昼夜时，电压降低到1.5V，因为此时发热量低而无法满足焙烧温度的要求，因此要稍稍提升阳极，使电压升高到2V左右，然后继续焙烧。提升阳极之前，铝液的温度在很长时间内保持在600℃左右，但在稍稍提升阳极之后，铝液温度很快就会升高到900~980℃。整个过程以控制铝液温度的上升速度为管理点。经过8昼夜均匀而缓慢地焙烧，达到启动温度后，电解槽便可以启动了。

12.1.2 焦粒（石墨粉）焙烧法

12.1.2.1 焦粒焙烧法

焦粒焙烧法是在阴、阳极之间铺上一层煅后石油焦颗粒作为电阻体，电解槽通电后，焦粒层便在阴、阳极之间产生焦耳热，焙烧电解槽，同时，阴极和阳极本身的电阻也产生热量，在其内部焙烧。其示意图见图 12-2。

焦粒焙烧法的基本程序是，在焙烧开始之前，在阳极与阴极之间均匀地铺设一层粒度约 1~3mm、厚度约 10~20mm 的煅轧后的焦粒，作为"加热元件"。其中焦粒应选用抗氧化性能强、体积密度变化小和粒度适当的煅后焦粒，以便有利于焦粒层与阳极底掌之间的通电接触良好和发热电阻稳定；焦粒铺设好后挂上阳极并将阳极压实在焦粒层上；为了使阳极的重量全部压在焦粒上，并保证焙烧过程中槽底膨胀变形不影响阳极与焦粉的良好接触，目前一般都采用软连接器来连接阳极导杆与阳极大母线；与铝液焙烧相类似，在电解槽装料前，槽膛四周用固体电解质块砌筑堰墙以保护人造伸腿（但目

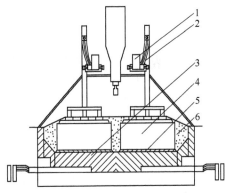

图 12-2　焦粒焙烧法示意图
1—阳极母线；2—软连接；3—阴极内衬；
4—阳极；5—焦粒；6—电解质块、
冰晶石及保温料

前一些企业不再这样做，理由是电解质块在电解槽启动时及启动后很容易滑到阳极底下，妨碍阳极升降，甚至顶坏阳极升降机构的丝杠，并且电解质块熔化慢，容易导致边部形成沉淀，妨碍高质量槽膛的形成）；接下来，将冰晶石与纯碱添加到槽内和阳极上，起保温和避免阳极氧化作用；并且安装分流器，使电解槽在通电焙烧的初期阶段有一部分电流被分流，不经过焙烧槽，避免升温过快（当电解槽需要加大焙烧电流时，分阶段拆除分流器）；最后通电焙烧。大型槽一般分 4~5 级送电，在每级电流停留 3~5min，在 20min 内送满全电流。焙烧过程中通过调整分流器来调整实际进入焙烧槽的电流。电解槽通电后焙烧 60~70h，槽电压从最初的 4V 左右（冲击电压约为6V）逐步降至约 2V。阴极表面温度也从冷态逐步焙烧至950℃左右。中缝、阳极缝间的冰晶石已熔化成电解质液（高度为 10~20cm）。至此，电解槽完成焙烧，具备启动条件。

12.1.2.2 石墨粉焙烧法

石墨粉焙烧法与焦粒焙烧法相类似。它是采用不同粒度配比的石墨作为焙烧发热电阻体，用专门的格筛将其均匀铺满电解槽槽底，然后将阳极直接坐在铺好的石墨层上。装好炉料后即可直接送电焙烧。在电解槽通电焙烧期间，要对槽底的焙烧温度进行跟踪测量，所有极缝之间都要作为跟踪测量点，当测量槽底的平均焙烧温度达到780℃时，就具备了启动条件。到达此温度一般只需72h。

由于石墨粉导电性好，该法不用分流片，直接采用全电流焙烧，电耗费用低。但与焦粒焙烧法相比，其工艺技术要求更加严格。在电解槽阴极表面铺设石墨层时，要求将石墨铺平、铺均、高度一致，否则将导致焙烧时导电不均匀，影响焙烧效果。由于国产石墨粉是生产石墨电极的附属产品，里面含有杂质，因此石墨的成分难以保证；阳极导杆和阳极炭块的浇铸必须垂直，表面要光滑平整，以保证阳极与石墨层充分接触；操作要一次完成。以上要求高且操作难度大，加上石墨粉价格高且熔化电解质费用太高，因此与焦粒焙烧比较优越性不大，目前很少应用。

12.1.3 燃料焙烧法

燃料焙烧法是在阴、阳极之间用火焰来加热，因此需要可燃物质、燃烧器，同时阳极上面要加保温罩，才能使高温气体停留在槽内，并防止冷空气窜入。火焰产生在阴、阳极之间，依靠传导、对流和辐射，将热量传输到其他部位。图12-3是燃料焙烧示意图。燃料通常为油、天然气或煤气。待电解槽焙烧完毕后，通电、启动同时进行。

美国[4]、挪威[5]等国先后对燃料焙烧进行了试验研究并获得较好的结果。国内中国铝业股份公司广西分公司与重庆大学合作在国内率先进行了燃料焙烧法的工业试验研究[6]。使用燃油焙烧的燃料焙烧系统包括一个燃烧器、一个喷油嘴和供油系统、空气管和燃油管；一个控制装置，控

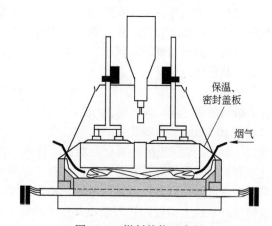

图 12-3 燃料焙烧示意图

制热电偶和绝热罩。调节预焙阳极以便为燃烧提供燃烧空间，把燃烧器放在适当的位置，以保证在炭块表面上有最大的热气流循环和最小的火焰冲击。焙烧完成时，关闭燃油（空气）的供给系统，移开燃烧器和绝热罩，下降阳极，使阳极恢复到电解槽启动的位置。向电解槽内灌入熔化冰晶石的同时，通电启动电解槽。

12.1.4 三种焙烧法的优缺点比较

12.1.4.1 铝液焙烧法的优缺点

铝液焙烧的优点比较突出，即方法简便、容易操作，不需要增加任何其他临时设施；焙烧后，电解槽内的温度分布虽然不均匀，但不会出现严重的阴极局部过热的现象；由于阴极的表面覆盖一层铝液，因此在焙烧过程中，阴极炭块不会被氧化；可以使用部分高残电极焙烧，有利于降低生产成本，启动后电解质洁净无夹杂，省工省料。

虽然铝液焙烧具有上述优点，但是其缺点也同样突出。首先，铝液焙烧启动法因铝液的电阻小，升温慢，焙烧时间长，造成焙烧过程能耗较高，效率较低；其次，铝液首先与阴极表面

接触，在焙烧过程中阴极表面产生缺陷和细小裂纹，首先由金属铝液充填，由于金属铝的热胀冷缩作用以及电解温度的变化，渗透阴极细小裂纹中的金属铝凝固和熔化的交替作用，会进一步使细小裂纹扩大，增强铝液渗透作用，加速铝液进入内衬中而导致电解槽早期破损；另外，焙烧温度低，阴极扎缝糊和边部扎固糊焙烧不彻底，启动后升温剧烈，升温梯度过大，造成较大的内应力使其产生裂缝，金属铝液进入裂缝，进而破坏电解槽的热平衡，使金属铝的热胀冷缩作用以及电解温度的变化频率加快，反过来加速铝液渗透作用，造成电解槽早期破损或寿命较短；对大型电解槽，由于电解槽底的阴极表面积很大，铝液还未充满阴极表面便开始凝固，如何确保铝液在通电之前，以液态的形式充满阴极表面又成为一个难题。

随着大型预焙铝电解槽的推广使用，尤其是大型预焙铝电解槽长度的增加，使灌铝操作变得复杂和困难，再加上大型预焙铝电解槽单槽造价的大幅上升，追求较长电解槽寿命以降低原铝成本是现代电解铝厂的主要目标之一，因铝液焙烧法对电解槽寿命的影响比较大，故现在铝液焙烧法在大型预焙槽上被淘汰。

12.1.4.2 焦粒焙烧法的优缺点

焦粒焙烧启动方法克服了铝液焙烧启动存在的一些缺点（尤其是铝液焙烧启动法对大型槽寿命的不利影响），具有时间短、效率高，对延长电解槽寿命产生有利的影响等优点。阴极炭块由常温逐步升高，且首先与液体电解质接触，这样焙烧过程中阴极表面产生缺陷和细小裂纹将由电解质填充，加之此时电解质摩尔比较高，一般在2.8以上，因此，将有效地阻止正常电解过程铝液渗透，对阴极起着保护作用，也就是说对延长电解槽寿命产生有利的影响。

白银有色金属公司铝厂是国内最早在大型预焙槽上开发应用"焦粒焙烧—电解质湿法启动技术"的工厂[7]。该厂1989年8月在从日本千叶铝厂购买的155kA预焙槽上使用该技术，10年后（1999年）通过甘肃省科技成果鉴定。其后，随着我国大型预焙铝电解槽的快速推广应用（并已将自焙铝电解槽淘汰），新型焦粒焙烧启动法迅速在全国推广应用，已取代了铝液焙烧。

新型焦粒焙烧启动法经过这几年大量的应用，其自身的缺点也逐步体现出来。其最大的缺点是电解槽焙烧过程中，因铺垫的炭粒不可能达到完全均匀一致等原因，难以保证电流均匀分布。虽然采用了软连接技术和分流器装置，增强了对电流分布的调整，但调整效果有限。电流分布的不均匀导致阴极表面温度不很均匀，可能产生局部过热。此外，该法对槽边部扎固糊（人造伸腿）的焙烧不良；启动后电解质炭渣多，需要清除炭渣，费工费料。

12.1.4.3 燃料焙烧法的优缺点

燃料焙烧法可通过调节燃烧器来控制加热速度。这样，加热速度的可控性好，并可通过移动加热器来控制温度分布，使阴极表面温度缓慢均匀上升；在焙烧过程中，由于阴极表面和阴极本体的温度梯度较小，因而热应力较小，有利于防止阴极表面形成裂缝；由于焙烧时被完全密闭，所以辐射热和沥青烟的散发量减少，消除了电阻焙烧过程中的调整阳极作业，焙烧操作的环境得到显著改善；对边部扎糊的焙烧能达到其他焙烧方法无法达到的效果；与焦粒焙烧法一样，启动时首先灌入的电解质能填充阴极内衬以及边部扎固糊因焙烧而出现的裂纹；启动后电解质洁净，也不需要捞除炭渣。

燃料焙烧需要专用的较复杂的燃料燃烧装置，方法复杂，操作难度大，装置维修量大，焙烧过程燃料消耗（能耗）高，并且人们对电解高温环境使用燃油、燃气（特别是燃气）的安全问题存在担心。从工艺本身而言，该法最大的缺点还是阴极氧化问题。由于高温烟气的氧含量控制以及燃烧空间的密封问题难以解决，阴极表面被烟气和空气氧化的问题难以解决好，严重时阴极炭块和捣糊缝燃烧；虽然能对侧壁生糊进行焙烧，但容易产生垂直裂缝和表面剥落现象。上述阴极氧化问题成为导致电解槽早期破损的重要隐患。为了避免阴极氧化，可采用在阴极表层铺设耐热钢板，但这些装置的设置一方面阻止了燃烧的高温烟气对阴极的热传输，使燃料焙烧的优势不能充分发挥；另一方面需要大量的机械和相应的配套设备来达到控制阴极炭块及扎缝和边部扎糊的燃烧，使操作进一步复杂。中国铝业股份公司广西分公司与重庆大学合作开发的高温烟气焙烧技术强调使用燃料燃烧产生的高温烟气来加热铝电解槽（而不是火焰直接加热），并通过对关键装置（燃烧器和分配室）的优化设计来降低高温烟气的氧含量[8]，以避免火焰和烟气本身对阴极的氧化，但依然不能解决因密闭不好漏入空气导致的氧化问题。目前，该方法在我国尚处于试用阶段。

12.1.4.4　三种焙烧法的定性比较

表 12-1 是对三种焙烧方法在大型预焙槽上应用效果的定性比较。需指出，由于各方法的成熟程度不同，同一方法在不同企业或不同条件下的实施效果也存在差异，加之各方法在某些比较项（例如温度分布均匀性）既有有利的一面，也有不利的一面，因此一些定性比较存在不确定性或存在分歧。

表 12-1　三种焙烧方法在大型预焙槽上应用效果的定性比较

序　号	项　　目	铝液焙烧	焦粒焙烧	燃料焙烧
1	焙烧时间	长	短	较短①
2	升温控制	难	较易	易①
3	温度分布均匀性	较均匀	较均匀	均匀①
4	对阴极热冲击	大	较小	小①
5	裂缝填充物	铝	电解质	电解质
6	阴、阳极氧化	少	少	多
7	对人造伸腿焙烧	差	差	好①
8	送电难易	较易	难	易①
9	操作难易程度	易	较易	难
10	运行辅助设备	无	较多	多
11	焙烧费用	大	小	较小
12	能源利用率	低	高	较高①
13	对启动的影响	小	较大	大

①表示人们所期望的定性。

12.2　启动

铝电解槽完成焙烧后，进入启动阶段。启动方法常采用的有两种，即干法启动与湿法启动。前者通常在新电解厂开动时尚无现成的液体电解质情况下第一、二台槽上采用，在有生产槽的系列中启动时多数采用湿法启动。

启动的必要条件是：阴极表面 60% ~ 70% 的面积温度达到了 900℃ 以上；对于湿法启动，还有一个必要条件是槽内 60% 以上的面积有 10 ~ 15cm 的熔融电解质。

12.2.1　干法启动

干法启动即是利用电解槽阴、阳极之间产生的电弧高温将固体冰晶石熔化成液体电解质，其做法是不断向焙烧好的电解槽阴、阳极间添加冰晶石，慢慢提升阳极，阳极脱开阴极的部分便产生强烈电弧而形成高温，使冰晶石熔化，当槽内有了适当高度的液体电解质后，可引发阳极效应，加速电解质熔化。待到有足够高度的液体电解质后，便加入氧化铝熄灭阳极效应，电压保持在 6 ~ 8V，保持一段时间后（24h 以上），灌入适量铝液，电解槽进入生产阶段，启动即告结束。

对于新厂第一、二台槽启动无液体铝液时，可采用慢慢向槽内加入铝锭逐渐熔化而成，此时，槽电压高些，以补充熔化铝锭的热量。

干法启动一开始两极间产生的强烈电弧，严重损伤阴、阳极表面，尤其阴极表面的损伤将会殃及电解槽的使用寿命，特别是焦粒焙烧清炉后进行启动的电解槽尤为严重。铝液焙烧的电解槽在启动之前阴极表面已有一层液态铝，电弧产生在阳极和铝液表面，铝液起到了保护阴极的作用。

干法启动时抬阳极必须小心谨慎，尤其一开始切不可抬得过快，以防发生强烈崩爆，破坏电解槽内衬，以及发生意外事故。通常利用槽电压的高低来监视，一般电压控制在 10 ~ 15V。开始电压摆动较大，这是由于阴极、阳极接触不良所致，待有一定液体电解质浸没阴、阳极后，电压渐趋稳定，才可继续慢慢升高电压，加速冰晶石熔化，直到有足够液体电解质为止。

12.2.2 湿法启动

湿法启动即是向待启动的电解槽内灌入一定量的液体电解质，同时上抬阳极，逐渐引发人工效应（也有不让发生人工效应的）。在人工效应期间可将阳极上用于保温的冰晶石推入槽内熔化，若电解质量不足，还需要投入冰晶石，直到液体电解质达到规定高度，便可投入一定数量的氧化铝，熄灭效应。灌入的电解质需要在生产槽上准备，一般要求电解质温度尽量高些，以保证抽取顺利和倒入启动槽时有足够的流动性。

效应时间一般不超过 30min，效应电压保持在 20 ~ 30V，具体根据电解槽焙烧温度和槽内电解质高度而定。效应期间根据需要添加冰晶石，效应持续时间为 25 ~ 30min，当电解质高度达到 25 ~ 30cm 后，人工熄灭效应。效应熄灭后应保持较高的槽电压，一般在 6 ~ 8V，中、小型槽为 8 ~ 10V，保持一段时间后（24h 以上），向槽内灌入一定量的铝液作为槽内在产铝，加好阳极保温料，启动便结束。

用焦粒焙烧的电解槽，启动之前若未清除焦粒，人工效应后必须组织人力捞取炭渣，以保证电解质洁净。

湿法启动与干法启动比较，有省电、操作方便、劳动强度低、安全可靠等优点，尤其不会对阴极内衬带来损伤，所以大多数电解槽的启动都采用湿法。但湿法启动需在生产槽上准备液体电解质，这样或多或少地影响生产槽的技术条件，尤其预焙阳极电解槽，在准备启动用液体电解质时需提前提高槽电压，让电解质高度升高，容易出现熔化炉膛和熔化阳极钢爪等情况，所以应特别注意。

近年来，有些厂家采用所谓"无效应湿法"启动，则是将电解质灌入待启动槽后抬高电压不超过 10V，让其慢慢熔化固体物料，这样需经过数小时乃至十几小时，才能启动完毕，启动时间较长。但该法有启动期间物料挥发损失小，环境条件较好等优点。采用该法时，应适当提高电解槽焙烧温度，以防止灌入的电解质凝固，影响启动质量。

无论采用何种方法启动，都必须使投入的固体物料（边部砌筑块除外）充分熔化，电解质温度应尽量高一些，这是因为启动期间投入的固体物料若不充分熔化，将以沉淀积于槽底，当灌入铝液后炉底温度降低，便难以熔化，日久天长便在炉底结成坚硬的结壳，既影响电解槽转入正常运行，也影响阴极内衬寿命。此外，新启动槽散热损失大，内衬在启动后相当一段时间内还会吸收大量热量，若启动时电解质温度低，很容易出现电解质高度急速下降，并在炉底产生沉淀，造成炉膛畸形。

12.3 启动初期管理

电解槽启动初期即指人工效应熄灭后到第一次出铝期间，一般为两昼夜（48h）。时间虽短，但电解槽的各项技术条件发生了明显变化。

现代大型槽在启动后至少经过24h以后才灌入铝液，其理由有两个：首先，电解槽虽在启动中经过30min左右的人工效应，槽温上升到近1000℃，但仍有部分固体物料未完全熔化，为了使电解槽灌铝后不致产生炉底沉淀，人工效应后必须保持一定时间的高温方可灌铝，使启动中添加的副原料得以充分熔化；其次，避免过早地让阴极接触铝液，而是让阴极中的细小裂缝先被冰晶石填充满，让内衬中的底糊继续焙烧好并且体积膨胀，而不让铝液先进去。

启动后经历24h以上，向槽内灌入铝液作为在产铝，使铝液高度达到14~18cm。灌铝后电解槽便进入了生产阶段，其标志是槽温明显下降，阳极周围的电解质沸腾正常，槽周表面开始形成电解质结壳。

启动初期的重要管理工作有：

（1）电解质成分管理。由于启动初期电解槽阴极吸钠处于最剧烈期，电解质摩尔比会下降很快，为了满足电解槽在高温与高摩尔比状态形成稳固的槽膛，启动后要求电解质摩尔比为2.8（质量比1.4）以上，氧化钙含量为5%左右，故在这期间还应根据装炉原料及灌入电解质的量进行估算，投入适量的苏打和氟化钙。若电解质高度不足30cm，还需在此期间添加冰晶石。

（2）下料管理。电解槽在启动后即可投入自动下料，但应采用定时下料的控制方式。由于启动初期电解槽并未进入正常电解过程，因此必须避免供料过量，防止产生沉淀和保持1~2次的阳极效应系数，但是也要防止阳极效应重复多发。因此，在灌铝之前，下料间隔比正常加料间隔时间延长一倍左右；灌铝之后下料间隔仍大于正常下料间隔（例如，为正常下料间隔时间的1.5倍）；阳极效应发生后再逐渐缩短加料间隔。

（3）槽电压管理。启动初期，电解槽的电压均由人工调节。在灌铝前，电压需从人工效应后的6~8V逐渐下降到5~6V，一般每隔30min左右手动调节一次。在灌铝后槽电压需逐步下降到4.3~4.5V（具体值须依据电解槽的热平衡与工艺条件的设计标准而定），因此灌铝后仍需3~5h一次的手动调整电压。

（4）槽温管理。前面已指出，灌铝前须维持电解槽处于较高的温度。从灌铝后到第一次出铝，槽温一般从近1000℃下降到970~980℃。由于新启动槽热损失大，电解质高度下降快，为了减少热损失量，灌铝后必须在阳极上适当加氧化铝保温。须注意电解槽表面是否已形成封闭的结壳，除中间下料孔外，其余地方几乎没有冒火跑烟之处，若经过两天两夜电解槽仍结不上壳，证明启动温度过高，必须加快降低电压。

（5）电解质高度管理。应特别注意其下降速度，到第一次出铝时电解质高度应在26~30cm，不得低于25cm，若下降太快，必须加强阳极保温和放慢电压下降速度，同时添加冰晶石以补充电解质。

（6）清理炭渣。对于焦粒焙烧的电解槽，启动后还要作电解质清理工作，清除浮游炭渣。

在电解槽启动初期，除了技术条件发生明显变化之外，阴极内衬组织也处于较大变化之中，阴极内衬的焙烧仍在继续，因此该时期的管理需特别关注与槽寿命相关的因素。前已述及，电解槽焙烧期间槽周扎糊带处于未焦化状态。电解槽启动时，为了保护边部，一般要求边部电解质块砌筑体不可被全部熔化，使其能缓冲边部免受强烈热震。电解槽启动后，虽然槽温在不断降低，但仍处于较高温度，边部电解质块逐渐熔化，尤其在灌铝前，边部熔化较快。随着边部电解质块的不断熔化，扎糊带温度逐渐升高而进入焙烧状态，炭糊逐渐焦化。为了让边部扎糊能正常焦化，要求边部温度上升不宜太快。灌铝后由于槽温下降较多，边部熔化减慢，同时液体电解质也开始在边部不断凝固，形成可逆过程，更减缓边部电解质熔化，使边部升温较慢，得以使边部扎糊良好焦化，不致产生裂纹。因此，电解槽启动初期必须控制好电压和槽温，一方面能保持新开槽有足够的液体电解质量，另一方面又能使边部扎糊良好焦化，延长电解槽寿命。那种启动后电解质高度严重收缩或短时间内烧红槽壳钢板的情况，既不利于电解槽转入正常生产，也将会使槽边部内衬受到严重破坏，缩短电解槽寿命。

12.4　启动后期管理

电解槽启动后经过两天高温阶段，即进入启动后期，时间长达 2 ~ 3 个月。这期间电解槽缓慢转向正常运行，虽然技术条件变化不很激烈，但电解槽的运行却发生着质的变化。一是电解槽的温度逐渐达到要求；二是各项技术条件慢慢演变到正常生产的控制范围；三是电解槽沿四周逐渐形成一层规整坚固的槽帮结壳，即所谓槽膛内型。当这些变化完成之后，电解槽建立了稳定的热平衡，即进入了正常运行阶段。因此，这期间的管理重点应围绕着这些"变化"来进行。

为便于管理，有时也把电解槽从启动到转入正常生产，分为初期、中期和后期三个时期，主要以槽温、电解质组成变化和工艺参数的调整到位来判断。

启动初期的特点：电解槽处于自身加热时期，温度由高到低从槽膛区向各方向延伸，各部位的温度逐渐升高；电解质逐渐变为酸性，这是因为此期间有钠的析出和炭素内衬材料大量吸收 NaF 所致，此时期要经常添加 NaF，以保持规程要求的电解质摩尔比。

启动中期的特点：电解槽各部分的温度基本达到，但尚未建立稳定的热平衡；电解质处于内衬吸收 NaF 和挥发损失 AlF_3 大致平衡时期，此期间调整电解质仅添加符合规程要求的冰晶石即可。

启动后期的特点：电解槽已建立起稳定的热平衡；电解质由于补充挥发损失和保持规程要求的摩尔比，需要定期添加 AlF_3；电解槽的各项工艺技术条件均已达到要求。

12.4.1　电解质高度控制

新槽启动时，电解质高度要求较高，其目的是通过液体电解质储蓄较多热量，使电解槽在启动初期散热较大和内衬大量吸热的情况下，也具有较好的热稳定性。电解槽从启动第二天起开始顺序每天更换一块阳极。随着启动时间的延长，槽上阳极便出现高低不齐，新旧阳极同在的局面。一块阳极通过 25d 的工作，到更换时仅剩下 18cm 左右，为了使阳极尽可能充分利用并获得较好的原铝质量，电解质高度不得超过最低阳极表面，否则，液体电解质浸没阳极钢爪而造成钢爪熔化，降低原铝质量。所以，正常生产期的电解质高度一般保持在 20 ~ 22cm，最多不能超过 24cm（最低残极高度加极距）。新启动槽的电解质高度一般在前两周内仍可保持在 25 ~ 30cm，第三周至 1 个月内降至 24cm 左右，第二个月起（有部分企业从第三个月起）保持到正常生产期的要求范围。

电解质高度的控制主要是通过控制槽电压，调整槽内热收入，并通过控制冰晶石添加量实现。电解槽启动后随着槽电压的降低，槽内热收入减少，电解温度下降，电解质便沿着四周槽壁结晶成固体槽帮，从而使电解质高度逐渐下降。

12.4.2　电解质组成控制

对于新启动槽，电解质组成主要指摩尔比，其他添加剂有在启动后一次投入够量的，也有在正常期后逐渐添加的。前面已指出，为了有利于形成稳固的槽膛内型并满足内衬吸收含钠氟化盐（NaF），新启动槽的摩尔比要求较高，一般在第一个月保持在 2.8（质量比为 1.4）以上。随着运行时间的延长，阴极内衬吸收钠盐逐渐变缓，炉膛也逐渐形成和完善，电解质摩尔比也应逐渐降低。由于摩尔比对电解槽的整个技术条件起决定性的作用，因此摩尔比向正常范围转变的速度决定了电解槽转入正常生产期的速度，从尽快取得理想的电流效率指标的角度，希望摩尔比能较快地降至正常范围。在制定启动后摩尔比的降低速度时，应该考虑电解槽所使用的阴极炭块种类。如果采用石墨含量高或石墨化程度高的炭块或使用硼化钛涂层阴极，因抗钠膨胀性能好，摩尔比下降的速度可以加快，以便缩短电解槽非正常期的时间。目前我国大型预焙槽普遍使用半石墨质炭块，一般在启动后的第二个月下降到 2.4 ~ 2.6，第三个月降至正常生产期的要求范围。

摩尔比配制是启动后按投入的冰晶石和灌入的电解质量估算而投入苏打或氟化钠，灌铝前取电解质分析，根据分析值再进行调整。以后每隔 4d 作一次电解质成分分析，根据分析值并结合电解槽热平衡变化情况按要求进行调整。氟化钙浓度按 5% 一次配制，分析后不足逐渐添加。如果添加其他氟化盐（如氟化镁、氟化锂），则按企业技术标准添加。

12.4.3　铝液高度控制

新槽启动 6h 后需灌入足量的铝液。以 200kA 槽为例，应灌入 10t 铝液，由于新启动槽炉膛较大，因此铝液高度仍然不高，一般在 16 ~ 17cm。之后由于槽电压逐渐降低，槽帮逐渐形成，炉膛容积逐渐变小，铝液高度会增加。若铝液高度出现 20cm 以上情形，则在其后的连续几日内适当增大出铝量，同时放慢电压下降速度，消除槽底沉淀物等以便降低铝液高度。若到第一次出铝时铝液高度不足 15cm，必须推迟吸出时间。启动第一个月铝液高度一般保持在 17cm 左右，启动后第二个月起（有的企业从第三个月起），铝液高度保持正常值，即 19cm 左右。

12.4.4　电压管理

大型预焙槽启动后，槽（工作）电压一般在 48h 内下降到 4.3 ~ 4.5V，72h 内下降到 4.1 ~ 4.2V。这对于目前采用低摩尔比（2.2 ~ 2.4）生产工艺的电解槽，已经与正常生产期的槽电压相近。但目前启动后期的电压管理有如下两种做法：

（1）一种做法是，启动后期的槽电压保持在 4.05 ~ 4.1V（具体值根据摩尔比的高低而定）。开始转入正常生产期时，随着摩尔比的降低再开始升高槽电压，例如摩尔比降低到 2.2，工作电压升高到 4.16 ~ 4.2V。这种做法所基于的观点是，槽电压的高低应该与摩尔比的高低相对应。由于启动后期需要保持较长时间的高摩尔比（例如，第一个月 2.8，第二个月 2.7，第三个月 2.6），而高摩尔比下电解质的电导率较高，因此无须高电压也能保持正常极距。

（2）另一种做法是，启动后期的槽电压降低到与正常生产期的槽电压接近或稍高。例如某厂的规程为：第一个月 4.20 ~ 4.25V（摩尔比 2.7 ~ 2.8），第二个月 4.15 ~ 4.20V（摩尔比 2.4 ~ 2.6），第三个月后降至正常生产期的范围 2.12 ~ 2.18V（摩尔比 2.2 ~ 2.4）。这种做法所基于的观点是，电解槽启动后的一段时间内（尤其是第一个月内），槽膛还未完全形成，尤其启动后的前半个月，边部槽帮很小，散热量很大，另外这期间阴极内衬仍处于吸热阶段，也需大量热量，因此电压还需保持较高。

以上两种做法似乎有重大区别，但如果采用第一种做法需要保持较高的效应系数，而第二种做法采用较低的效应系数，那么两种做法下的槽平均电压也许并无太大区别。也就是说，两种做法下输入电解槽的平均能量接近，只是第二种做法比第一种做法的能量输入要均匀些。

12.4.5　效应系数管理

由于新启动槽前期四周无电解质结壳所构成的炉膛保温，散热量很大，而且前期内衬吸热，电解槽热支出较大，再加上电解质摩尔比高，其初晶温度也高，虽然前期有较高电压维持热收入，但炉底仍然容易出现过冷现象，使电解质在炉底析出，久而久之形成炉底结壳。槽电压的保持采用上述第一种做法时，更应防止此种情形。而这种情形一旦出现，很容易形成畸形炉膛，严重影响电解槽转入正常生产期，此外，对阴极内衬会带来裂纹、爆皮、起坑等危害，导致电解槽早期破损。因此，新启动槽前期必须保持足够的炉底温度。

近些年来，我国大型预焙槽在正常生产期控制的效应系数为不大于 0.3 次/d，并有进一步降低的趋势，而新槽第一个月一般保持在 0.8 ~ 1.5 次/d（若槽电压保持较高，则效应系数便低一些）。随着运行时间延长，炉膛逐渐形成，已建立起了稳定的炉底热平衡，若再过多输入热量，将无益于炉膛的建立。因此，从第二个月开始，效应系数下降为 0.5 ~ 1 次/d，第三个月下降到正常生产期的范围。

随着我国铝工业对低效应系数的追求，正常生产期的效应系数控制目标已经调整到不大于 0.1 次/d（甚至不大于 0.05 次/d），并且也逐步调低了电解槽启动初期的效应系数保持值，例如新槽第一个月保持 0.3 ~ 0.5 次/d，第二个月保持 0.1 次/d 左右，第三个月下降到正常生产期的范围。

12.4.6　槽膛内型的建立

电解槽进入正常生产阶段的重要标志是：（1）各项技术条件达到正常生产的范围；（2）沿槽四周内壁建立起了规整稳定的槽膛内型。因此，新启动槽非正常期生产管理的重要任务是让电解槽建立稳定规整的槽膛内型。

图 12-4 所示为三种不同槽膛内型。图 12-4a 为过冷槽。边部伸腿长得肥大而长，延伸到阳

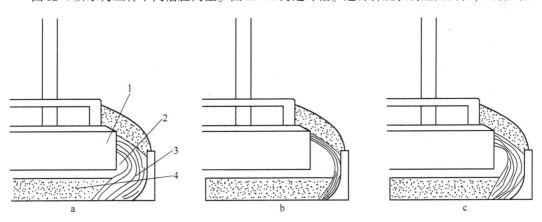

图 12-4　铝电解槽槽膛内型

a—过冷槽；b—热槽；c—正常槽

1—阳极；2—电解质液；3—炉帮伸腿；4—铝液

极之下，炉底冷而易起沉淀，电解质温度太低而发黏，氧化铝溶解性能差，时间长了炉底便长成结壳，使电解槽难以管理，为了维持生产，不得不升高槽工作电压。图 12-4b 是热槽。炉帮伸腿瘦薄而短，甚至无炉帮伸腿，铝液、电解质液摊得很开，直接与边部内衬接触。这种槽一是铝损失量大；二是易出现边部漏电，大幅度降低电流效率；三是易烧穿边部，引起侧部漏槽。图 12-4c 是正常槽。正常槽的炉帮伸腿均匀分布在阳极正投影的边缘，铝液被挤在槽中央部位，电流从阳极到阴极成垂直线通过。具有这种槽膛内型的电解槽技术条件稳定，电解槽容易管理，电流效率很高。因此，在新槽炉膛建立过程中，必须避免形成过冷或热槽炉膛。

目前我国预焙槽均为中间点式下料预焙槽，边部除了换阳极时扎一小部分外，其余时间原则上不动，电解槽四周大面被槽盖板严密封闭，炉膛全靠通过控制槽温和边部自然散热而使电解质自身结晶形成，这一过程属于自然形成炉膛。自然形成炉膛的速度较慢，而且形成过程中各项技术条件要求严格，但这样形成的炉膛具有较高的热稳定性，这正适应了中间点式下料槽不做边部加工，仍可保持有稳定槽膛内型的要求。

我国一些预焙槽的生产实践表明，电解槽启动后，随着各项技术条件的演变，进入第三个月炉膛才能建立完善。为了使建立起的炉膛热稳定性好，一般认为，必须注意以下几点：

（1）启动的第一个月必须采用高摩尔比的电解质成分。因为低摩尔比成分的电解质初晶温度低，形成的炉膛热稳定性差，极易熔化而使炉膛遭到破坏。随着炉膛的逐渐完善，摩尔比也应逐渐降低，向正常生产期的范围靠拢。

（2）必须控制好电解温度的下降速度。温度下降过快，虽然可以加速电解质结晶，促进炉膛快速形成，但这样形成的槽膛结晶不完善，稳定性差，同时结晶速度过快，容易出现伸腿生长不一，形成局部突出或跑偏（一边大，一边小）的畸形炉膛。但电解温度下降过慢，不利于边部伸腿的结晶生长，长时期建不起炉膛，使边部内衬长期浸没在液体电解质中，严重侵蚀边部内衬，影响电解槽寿命。一般在启动后的前 3 天，要求槽温下降快些，使其尽快在槽四周内壁结晶一层较薄的电解质槽帮，先将边部内衬保护起来，之后槽温下降适当放慢，目的是利用较长时间的平缓下降温度让结晶晶格完善，建立的炉膛坚实、稳固。电解温度的控制，主要是通过电压来控制的，因此，电压管理曲线也应与炉膛形成过程相适应。

（3）为了不出现畸形炉膛，在炉膛形成关键的第一个月采用增加效应系数的方法，规范炉膛的形成。因为阳极效应能在短时间内于阴、阳极间产生高热量，可有效地熔化炉底沉淀和炉帮伸腿局部突出部分，保证炉膛均匀规整。

（4）在炉膛形成过程中，除了严格控制好各项技术条件外，还应利用各种机会检查炉膛形成情况，如利用换阳极时触摸炉帮伸腿状况，发现异常苗头，及时调整技术条件使之纠正。否则，畸形炉膛一旦形成，再纠正十分困难，甚至会造成电解槽长期不能进入正常运行状态。

近年来，借鉴边部加料槽炉膛建立的方法于中间点式下料槽，即新槽启动后采取人工边部投入电解质块，用天车扎边部而快速形成炉膛。此法虽能使炉膛形成较快，而且容易规整，但这样形成的炉膛热稳定性极差，很易熔化，这可能是导致有些槽长期建不起炉膛而必须经常用天车扎大面的原因之一，所以应慎重采用。

12.5 大型预焙槽焦粒焙烧——湿法启动过程简介

12.5.1 焙烧前的准备工作

焙烧前的准备工作如下：

（1）按设计图纸和技术要求全面检测，试车验收。包括对母线回路的检查（包括阳极母线与铝导杆接触面是否平整光滑，短路片安装位置是否没有破伤，阴极钢棒是否全部焊接好，母线装置上的异物是否全部清理，阳极大母线位置是否调整好且阳极夹具是否准备齐全等）；阳极升降机构检查（包括传动部件的润滑，提升电机电流测试，升降操作方向及相关指示灯检查，装极负荷试车等）；阳极回转计调试（不转时检查软轴）及阳极上下限位测试；打壳下料装置的检测（包括槽上料箱检查，打壳与下料动作程序及相应指示灯检查，下料量标定等）；槽控机检查（包括各种手动操作与显示信号的正确性与可靠性检查，槽电压表标定等）；筑炉外观质量测试并做好记录归档；槽子各部分绝缘情况检查（电阻大于 $0.5 M\Omega$）；多功能机组、天车及空气压缩系统测试，确保满足生产要求。

（2）测试仪器仪表和工器具准备。包括风包 1 个（带风管 5 根）；分流片足量（用于制作分流器）；铝框或条框 1 套或者 $\phi 12 \sim 18 mm$ 竖直钢筋 2 根（用于铺焦粒，直径根据焦粒层厚度确定）；铝合金直尺或托板 2 把（用于铺焦粒）；热电偶保护套管 2 根；阴、阳极电流分布的测量工具 1 套；短路口绝缘板 4 对；扳手 2 把；小盒卡具 N 套（$N =$ 阳极组数）；铁锹 6 把；扫帚 2 把；效应棒足量；其他（如记录本等）。

（3）物料准备。准备足量的阳极、焦粒、冰晶石、纯碱及氟化钙等氟化盐。其中阳极块要求组装符合规范，炭块无裂纹缺角，铝导杆、钢爪与炭块底掌要垂直中正，磷生铁浇注良好；焦粒要求粒度在 $1 \sim 3 mm$，不得有 $1 mm$ 以下粉状焦；冰晶石要采用高摩尔比型；电解质块也要求高摩尔比、低氧化铝含量。由于目前各厂在装炉期间氟化盐用量及方式上存在分歧（例如，有的企业使用电解质块，而有的企业不用；有的企业装炉时使用氟化钙、氟化镁，而有的企业均不用）。因此，即使是同样的槽型与容量，用料量也存在较大差异。表 12-2 是某厂 200kA 预焙槽单槽焦粒焙烧启动物料用量。

表 12-2　某厂 200kA 预焙槽单槽焦粒焙烧启动物料用量

原材料	冰晶石量 /t	氟化钙量 /t	氟化镁量 /t	纯碱量 /t	阳极/组	焦粒量 /t	电解质量
装炉用料	8	0.8	0.6	3	挂　满	0.5	1.5~2.0（s）
焙烧用料	12						
启动用料							5（1）
合　计	20	0.8	0.6	3		0.5	8

（4）分流器制作。根据选用的分流方式（详见 12.5.3 节安装分流器），制作分流器。

（5）软连接器制作。根据阳极组数准备足量的软连接器（详见 12.5.2 节中软连接器安装）。

12.5.2　装炉操作

装炉操作如下：

（1）铺焦粒、挂阳极。调整好阳极母线高度（将阳极大母线停放在最低限位或其上 $50 \sim 60 mm$ 处），将槽上部和槽底灰尘吹干净，然后铺焦粒。铺焦粒及挂极从电解槽的一端开始至另一端结束。在每块阳极投影的正下方放上条框或钢筋栅格，然后往栅格上倒焦粉料，用直尺或托板抹平，轻轻拿走栅格，将阳极轻轻放置在焦粉层上，检查阳极导杆与大母线是否紧贴（间隙不得大于 $6 mm$），检查阳极是否倾斜（是否有 2/3 的阳极底掌压实在焦垫上），如果不符合要求，上提阳极后调整阳极位置直至符合要求。清扫出阳极周围多余的焦粒。重复以上步骤，直到电解槽全部阳极铺焦粒与挂极作业完成。电解槽通电后焙烧 60~70h，槽电压从最初的 4V 左右（冲击电压约为 6V）逐步降至约 2V。阴极表面温度也从冷态逐步焙烧至 950℃ 左右。中缝、阳极缝间的冰晶石已熔化成电解质液。至此，电解槽完成焙烧，具备启动条件。

（2）软连接器安装。有的工厂为图简便不使用软连接器。若不使用软连接器，则在阳极安放好后用手拧小盒卡具，通过调整卡具松紧度来保证既能利用阳极自重压实焦粒，又能使导杆与阳极大母线有较好的接触（接触处的缝隙小于 1mm，阳极导杆应处在挂钩中间，不与挂钩接触）。但使用软连接器，对焙烧过程会更有利些，因为可使阳极重量全部压在焦粒上，保证阳极与焦粉良好接触；另外，焙烧过程中，阴极内衬会发生热膨胀，采用软连接可以使阴、阳极对焦粒的压力保持一致，避免焦粒层局部电阻变化而导致温度分布不均（焦粒层的电阻随着其所受的压力增大而减小）。对于使用软连接器的情况，在阳极安放好后，放下卡具（不紧），装软连接器。软连接器的数量为每组阳极配备 1 个，安装示意图见图 12-5。软连接器与导杆和母线的压接面一般先用甲醛溶液（或其他同类性质的物质）或电动钢刷清洗干净，连接螺栓必须拧紧。软连接器一般使用厚度 1mm、宽度 115~125mm 的铝带或退火铜带，两头焊接在铝质（使用铝带时）或铜质（使用铜带时）压板上。

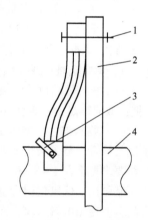

图 12-5 连接器安装示意图
1—螺母螺杆；2—导杆；
3—弓形夹具；4—母线

（3）阳极中缝与立缝隔离。在阳极上安装盖板，将盖板从出铝端依次放好在阳极中缝，盖板的作用是防止物料进入阳极中缝，以免灌电解质时电解质不流通。另一种做法是直接用石棉等材料把大面阳极立缝和阳极中缝塞好，焙烧期间不去掉，一方面阻止物料进入，另一方面加强保温。

（4）堆砌电解质块（隔墙）。除少数企业外，目前多数企业的操作规程还堆砌电解质隔墙，基本做法是，在人造伸腿斜坡上均匀撒上氟化钙（有的企业撒上氟化钙、氟化镁、冰晶石混合物，但有的企业不在装料阶段使用氟化钙，也不使用氟化镁，认为这些矿化剂过早入槽容易导致难溶沉淀生成，因此改在电解槽启动两三天后添加）；然后在靠侧部炭块处堆砌由高摩尔比电解质块构成的隔墙，其中大块靠阳极，小块靠侧部炭块。隔墙与阳极炭块间预留一定的空隙（如 10~20mm）。

（5）安放热电偶。分别在出铝端、烟道端和 A、B 面中间的阳极间隙处放置好热电偶供焙烧测温用。以某厂大型槽为例，热电偶安装位置如图 12-6 所示。

（6）装料。将冰晶石与纯碱添加到槽内和阳极上，起保温和避免阳极氧化的作用。目前，

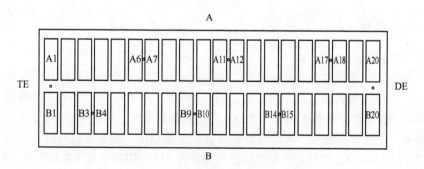

图 12-6 热电偶安装位置示意图

有两种装料方式：一种是将冰晶石与纯碱均匀混合后添加；另一种是用这两种物料分层添加。例如某些企业的操作规程是：先加10cm左右的冰晶石，后加5cm的纯碱，然后再装冰晶石，直到把阳极轻微覆盖（有的规程要求覆盖阳极钢爪三分之二）。装料过程要保证物料整形，尽量使其分布均匀，完毕后清扫槽沿及槽四周，盖好槽盖板。

12.5.3　安装分流器

安装分流器的目的是使电解槽通电焙烧时的初期阶段，有一部分电流被分流，不经过焙烧槽，避免升温过快。当电解槽需要加大焙烧电流时，分阶段拆除分流器。目前有三种类型的分流器，因而也对应不同的安装方式。

（1）"阳极钢爪—阴极钢棒"连接分流型，即将分流器一端焊接在阳极钢爪梁，另一端焊接在阴极棒上。采用此种分流方式时，每组阳极配备一个分流器，每个分流器一般由2~5片薄钢板构成，长度按照钢爪上缘至阴极棒距离选取。具体的安装程序是：将B面的风格板全部揭开；在每个阳极钢爪梁对应的阴极钢棒上焊接规定片数的分流片；将分流片穿过槽壳与风格板之间的间隙到达与其对应的阳极钢爪梁；调整分流片的位置使其不与槽壳、风格板接触，并且各分流片也不互相接触；将分流片焊接在阳极钢爪梁上；将B面的风格板按原来位置安装好；检查确认分流片不与槽壳、风格板接触，并且两片分流片也不互相接触。由于要保证分流片彼此不接触，因此同一个分流器中各分流片的长度是有区别的，例如某大型槽上使用的4片分流器的长度依次是：2400m，2550mm，2700mm和2850mm。

（2）"阳极大母线—立母线"或"阳极大母线（本槽）—阳极大母线（下台槽）"连接分流型，即一端用螺杆与压板固定在焙烧槽阳极大母线上，另一端用压板或U形夹固定在下一台槽立母线上（称为Ⅰ型，如图12-7所示），或者固定在下一台槽的阳极大母线上（称为Ⅱ型，如图12-8所示）。安装前先使用甲醛或类似性质溶液或使用电动钢刷将接触面清洗干净。须指出，由于末端槽没有下一槽或与下一槽的距离较远，无法采用压接分流的方法来分流，只有采用焊接分流法来分流。

（3）短路口连接分流型，即通过在电解槽的4个短路口并联接入一定数量的分流片起到分流作用。例如，200kA预焙槽的4个短路口各有12个螺栓孔，利用这些螺栓孔压接一定数量

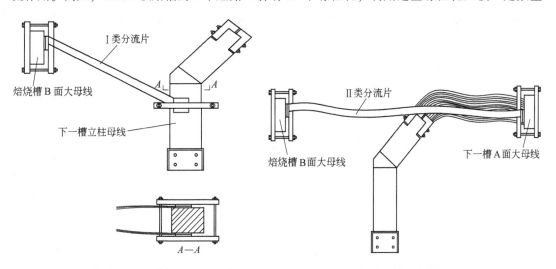

图 12-7　"阳极大母线（本槽）—立母线"
连接分流型（Ⅰ型）分流器安装示意图

图 12-8　"阳极大母线（本槽）—阳极大母线
（下台槽）"连接分流型(Ⅱ型)分流器安装示意图

的分流片可实现分流，并通过调整分流片的数量可调整分流量。

12.5.4　通电焙烧

通电焙烧操作如下：

（1）作业准备。检查装炉等各项工作准确无误，并检查使用的工具；与计算机站联系，把通电槽的有关控制软件、程序接通，保证信息通道畅通，置于"预热"状态；把槽控机中手动与自动阳极升降功能均置于"断开"状态，防止意外情况下乱抬阳极；在槽控机面板上贴上警告注意事项。

（2）确认停电。现场电话（或手机、对讲机）联系整流所开始停电；确认系列全部停电。

（3）短路口操作。用风动扳手或大扳手松开短路口的全部紧固螺杆；把旧的绝缘保护套取出，用风吹尽短路口处粉尘，重新换上新的绝缘保护套；重新放回紧固螺杆，呈松开状态；用木棍或长铁条撬开短路片，插入绝缘板，注意放到位；用风动扳手紧固螺杆，注意拧紧过程，铁垫片要放正位，使绝缘板被紧夹住，不易松动而滑出；对每一根紧固螺杆的绝缘情况用兆欧表进行测定，不符合要求的，必须找出原因并处理；对短路片软带与立柱母线之间的距离进行检查，保证两者存在 1cm 以上的缝隙，如有铁屑杂物，必须及时取出。整个短路口操作一般要求在 5min 内完成。

（4）通电指令发布。确认短路口操作完毕，绝缘情况正常；用现场电话（或手机、对讲机）通知整流所可以开始送电。

（5）送电过程。大型槽一般分 4~5 级送电（例如，某厂 200kA 槽分 80kA、120kA、160kA、200kA 四级；某厂 320kA 槽分 80kA、160kA、240kA、280kA、320kA 五级），电流从一级提升到上一级的过程可以快速进行，然后在每级电流停留 3~5min，一般在 20min 内送满全电流。但若在某级电流时电压超过 6V，则暂停继续提升电流，直至电压下降至 5.5V 再继续提升电流。送电过程中要对每级的槽电压、电流、分流片温度和等距离压降等作测量和记录。

（6）分流片的管理与拆除。通电后检查分流器的导电情况及阳极电流分布情况，阳极电流分布相差过大时，松紧软连接螺栓进行分流。分流片的拆除一般分若干次进行。第一次的条件是通电 6h 以后，且电压降至一定幅度（如 3.5V）以下。每拆一次分流器均等到电压降低到一定幅度下，再进行下一次的拆除。拆分流片的时候记录拆前、拆后的电压。拆除期间电压上升一般不允许超过 0.5V，若电压急剧上升应停止拆除工作，并检查阳极电流分布，若有异常及时调整，电压稳定后再继续拆除。拆除过程中防止打火，全部拆除后槽电压不允许超过 4.5V。

（7）焙烧过程数据采集。记录电压（1 次/2h）；利用预埋的热电偶进行温度测定（1 次/4h）；阳极电流分布测定（1 次/8h）；根据实际情况测量电解槽槽壳各部温度。

（8）焙烧异常的处置。通电后如果发现分流片有发红的现象要用风管吹风强制冷却，避免分流片熔断；阳极电流分布不均或阳极钢爪发红的时候，首先将阳极上的物料扒开，露出钢爪，必要的时候可以通过风管吹风强制冷却或稍微松开该极软连接的弓形卡具（若没有使用软连接器，则调整卡具松紧度），以减少通过该极的电流；发现火眼或阳极裸露时，要及时用冰晶石或扒动槽内热料覆盖；有阳极脱落发生时必须将脱落极的导杆取出（先将软连接拆除后再用天车吊出），脱落的阳极等到启动完后才能更换；巡检侧部窗口、阴极钢棒有无发红及电解质渗漏等情况；如果边部化空，为了加强保温，推料将化空处堵上；如果软连接被绷直，先将弓形卡具松开，用木棒将软连接撬成设计的形状后再将弓形卡具拧紧；发生其他的异常情况必须及时报告；在焙烧日志上记录异常的情况及处理的结果。

（9）焙烧过程的变化趋势。电解槽通电后焙烧 60~70h，槽电压从最初的 4V 左右（冲击电压约为6V）逐步降至约2V。阴极表面温度也从冷态逐步焙烧至950℃左右。中缝、阳极缝间的冰晶石已熔化成液体电解质。至此，电解槽完成焙烧，具备启动条件。

12.5.5 启动前的准备

启动前的准备如下：

（1）做好人员、效应棒、安全设施、工器具（如天车，活动、固定防磁扳手，半月耙，风管，钢钎，大钩，铝耙，铝耙杆，溜槽，铁锹，扫把，炭渣勺，电流分布测定工具，焙烧日志）等一切准备工作，并预热使用的工具。

（2）准备原料。确认电解质吸出的炉号及电解质量，预热好电解质包，准备足量的液体电解质（以200kA槽为例，准备4~5t，温度970℃以上，摩尔比不低于1.35）；并准备铝液和冰晶石。

（3）准备溜槽。操作排风量转换阀，揭开出铝端盖板，将热电偶及端头盖板取出，并将出铝口的料用铁锹铲到邻近阳极上，保证出铝口与中缝连通；用小叉车将溜槽叉到指定位置放好；工作台放好，摆正位置。

（4）拧紧卡具和拆除全部软连接。用微风将阳极导杆与母线压接面吹干净，分组从出铝端用手动扳手人工逐一紧固卡具，并确认卡具全部拧紧，并且导杆与母线紧贴；拆除软连接，并在拆完软连接后将阳极卡具重新复紧一遍；测阳极全电流分布，发现异常再重新紧一遍阳极卡具。

12.5.6 湿法效应启动

湿法效应启动方法如下：

（1）灌电解质。一次性快速灌入液体电解质（例如，200kA槽一次性灌入4~5t电解质，而更大容量电解槽，可分数包灌入；320kA槽分3包，每包4~5t，共灌入12~14t）；在灌电解质的同时，根据电解质的流动情况点动升阳极；灌完电解质后，将启动槽所有槽盖揭开，取出所有热电偶；将阳极中缝的挡板逐一用铝耙杆取出；用铝耙将极上的散料推入中缝，用铁锹将边缝的料铲至中缝。

（2）抬阳极（产生阳极效应）。上抬阳极，产生人工阳极效应（电压20~35V）；效应期间根据需要添加冰晶石。

（3）人工熄灭阳极效应。确认人工效应时间（20~30min）足够，边部化开，电解质量足够（电解质高度达到25~30cm）；手动"打壳"、"下料"6次左右；从大面、小头等多点插入效应棒熄灭阳极效应；电压保持6~8V（中、小型槽为8~10V）。

（4）捞槽内炭渣。用炭渣瓢在出铝端、烟道端及两大面处打捞炭渣，捞出的炭渣放入渣箱，捞净后清扫卫生，盖好盖板。

（5）启动结束工作。收拾现场卫生；做好记录。

12.5.7 湿法无效应启动

目前一些工厂为追求启动过程更加平稳而采用湿法无效应启动。具体做法是，与湿法效应启动一样灌电解质；但其后不产生人工阳极效应，保持6~8V（中、小型槽为8~10V）的槽电压直到进入"灌铝液"阶段。

12.5.8 灌铝液

启动24h后，灌入铝液。以某厂200kA预焙槽为例，分两次灌入10t，边灌边抬高阳极，使灌铝完毕后的槽电压保持 5.0 ~ 5.5V。

12.5.9 启动后期技术条件与操作管理（某厂 200kA 槽实例）

启动后期技术条件与操作管理如下：

（1）槽电压在灌铝后 8h 内降至 4.8V，16h 后降至 4.5V；40h 后降至 4.30V；72h 后保持正常，即 4.1 ~ 4.2V。

（2）灌铝后 3h，极上和边部加保温料。第一次阳极效应结束一周后，保持 Al_2O_3 的厚度为 18cm，直至正常生产。

（3）灌铝后 40h 内实施定时下料（缺省间隔时间为 120s），40h 后实施"按需下料"，即实施氧化铝浓度自动控制。

（4）摩尔比在启动后一个月内不得低于 2.8；第二个月末保持 2.6；第三个月保持正常，如 2.4 左右。电解质中 CaF_2 含量为 5% 左右，MgF_2 含量为 4% 左右。

（5）铝液高度在启动第一个月保持 17cm 左右，第二个月起保持正常，即 19cm 左右。

（6）电解质高度在启动后一周内保持 30cm 左右，第二周保持 27cm 左右，第三周至本月内保持 24cm 左右；启动第二个月起保持正常，即 21cm 左右。

（7）其他。灌铝后取铝试样和电解质试样各一个；第一次阳极效应后彻底捞炭渣；启动后第二天开始换极，第四天出铝；启动后 3 个月严禁使用多功能机组进行加工，只有更换阳极作业时可局部加工，但不允许破坏已有炉帮。

参 考 文 献

1 殷恩生. 160kA 中心下料预焙铝电解槽生产工艺及管理. 长沙：中南工业大学出版社，1997

2 田应甫. 大型预焙铝电解槽生产实践. 长沙：中南工业大学出版社，1997

3 邱竹贤. 预焙槽炼铝（第 3 版）. 北京：冶金工业出版社，2005

4 Richards W B. Thermal bake-out of reduction cell cathodes-advantages and problem areas. Proceedings of Sessions, AIME Annual Meeting 1983. Warrendale, Pennsylvania：US Metallurgical Soc of AIME. 1983：857 ~ 866

5 Harald Bentzen, Jan Hvistendahl, Marianne Jensen. Gas preheating and start of Soderberg cells. Light Metals, 1990：741 ~ 747

6 Zhang Li, Wu Chengbo, Pan Liangming, et al. The heat transfer characteristic of the gas baking method for heating electrolytic cell. Zhu G M, Peng S Q, Li Q P ed. International Conference on Energy Conversion and Application（ICECA 2001）. Wuhan, China：Energy Conversion and Application, 2001：373 ~ 377

7 任永杰. 155kA 预焙电解槽焦粒焙烧电解质湿法启动新技术的应用与发展. 轻金属, 2000, (7)：38 ~ 41

8 伍成波, 张力, 张丙怀等. 铝电解槽焙烧用矩形高速燃烧器的研制. 重庆大学学报, 2003, 26(2)：18 ~ 21

13 铝电解槽的主要操作

铝电解槽上需人工进行的主要操作有阳极更换、出铝、熄灭阳极效应、抬母线等。本章参考一些铝厂的作业基准介绍上述主要人工操作工序。

13.1 阳极更换

预焙电解槽所用阳极是在阳极工厂按规定尺寸成形、焙烧、阳极导杆组装后，送到电解工序使用。每块阳极使用一定天数后，需换出残极，重新装上新阳极，此过程为阳极更换，或简称换极。

阳极是按照一定的周期进行更换的。关于阳极更换周期的计算，详见 11.2.4.3 节最佳阳极结构与安装尺寸的选择。

知道阳极使用周期和电解槽阳极安装组数，便可确定阳极更换顺序。关于阳极更换顺序的确定，详请见 15.8 节阳极更换进度管理。

13.1.1 阳极更换的基本步骤

阳极更换的作业流程如图 13-1 所示。

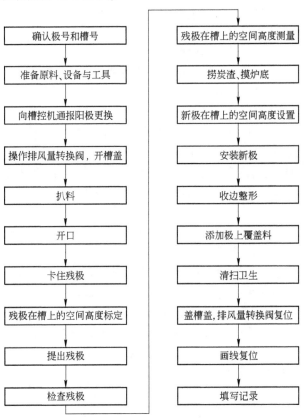

图 13-1 阳极更换作业流程图

（1）作业准备。

1）从作业日志和作业安排上确认槽号、极号。所有工具放置在安全线内。

2）准备原料、设备与工具。备好新阳极块（组）、电解质粉料；备好多功能天车等设备；备好作业记录、渣箱、阳极托盘、铁锹、换极全套工具，并把需预热的工具进行预热处理。换极的全套工具一般包括：两把大钩、一把铝耙、一把过滤耙、一把多齿耙、一根直角钎、粉笔、一把扫把、一把铁锤、阳极定位工具（卡尺、水平仪）、钢钎、风镐、铁耙等。

3）向槽控机通报换极。在换极作业开始前5min，按该槽对应的槽控机上的换极通报键，发出换极作业信息。若通报后经过规定时间（如40min）未见通报阳极更换结束，槽控机一般会自动取消通报，因此从通报时刻到实际进行阳极交换时刻若超过了规定时间，要重新通报阳极更换。

4）将电解槽排风量阀切换到高位（增大电解槽抽气量）。

（2）扒料。操作人员站在风格板上，打开换极处槽盖板；揭开的槽盖板应整齐叠放在相邻槽或左右的槽盖板上。

用铝耙将待更换阳极上的覆盖料及其边部可扒出的覆盖料呈扇形扒开，把扒出的料扒在槽沿板内侧或铲到相邻阳极上。

（3）结壳开口。

1）人工开口。对于待换阳极与相邻的高残极（更换较晚的阳极）之间的极缝，由于高残极妨碍用多功能天车进行开口，加之该缝隙的结壳形成不久，比较疏松，因此用人工开口。开口位置为以相邻高残极大面侧壳面线为基准向外5cm处，窄缝长度为新阳极的宽度，窄缝要求连通且能观察到槽中液体电解质。对于用短钢钎或铁耙处理不了的硬壳面用风镐进行处理，确保该窄缝连通且能观察到槽中液体电解质。

2）多功能天车（PTM）开口。指挥PTM扎开需换极的中缝、低残极侧壳面的结壳，形成一条连通且能观察到槽中液体电解质的窄缝（宽约8cm）。用铝耙把天车开口过程中形成的结壳块扒出，以防掉入电解质内，注意不要让天车打击头碰到阳极，开完口后，指挥天车工收回打击头。

（4）卡住残极。指挥PTM旋转卡头，下降提升阳极装置的夹具，夹住阳极铝导杆孔；下降PTM的小盒卡具扳手，卡住小盒卡具。

（5）残极在槽上的空间高度标定（阳极定位的第一步）。标定残极在槽上的空间高度的目的，是为了使新极能精确地安装定位在目标高度上。因此首先在这里介绍阳极定位的常用方法。

所谓阳极定位，就是将阳极的安装高度从残极传递到新极，使新阳极安装后，其底掌在电解质中的位置能够根据残极底掌原来的位置来设定。生产实践中，使新阳极底掌的位置略高于残极底掌原来的位置，这是考虑到新极导电的滞后性。新极上槽后，冷阳极表面迅速形成一层冷凝电解质，1～2h后开始熔化，阳极开始导电。随着炭块温度升高，通过的电流逐渐增大，实践表明高度为540mm的新极，16h左右导电达正常值的70%，24h左右达正常值，角部阳极几乎拖长一倍的时间，考虑到新极导电的滞后性，新极安装不能与残极底面一样齐平，应比残极提高1d（非角部极）或2d（角部极）的消耗量，即15mm或30mm，保证达到正常导电值时其底掌与其他阳极底掌位于同一平面。

在PTM没有阳极定位装置的情况下，可采用人工定位法。以自制卡尺（兜尺）进行阳极定位为例，定位过程如图13-2所示：1）以阳极大母线下沿为基准，在残极导杆上画线；2）在卡尺竖边上刻度与残极导杆画线对准处画线，然后抽出卡尺，在画线下2cm处再重新画线，擦

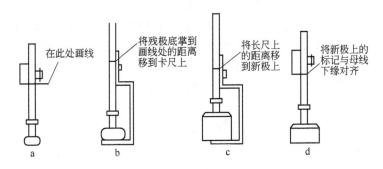

图 13-2　卡尺定位过程

a—在槽上；b—吊起残极；c—吊起新极；d—在槽上定位

去原画线；3）将卡尺上的高度（标记）移到新极上（在新极导杆上的同样高度画线）；4）以此线位置与大母线下沿齐平。

一些 PTM 配备有阳极定位装置。以一种机械定位装置（阳极水平定位仪）为例进行说明，它由传动皮带（钢丝）、刻度盘、皮带卷放筒组成。皮带一头固定在 PTM 的阳极卡头上，经刻度盘的中盘连到卷放筒上。卡头伸缩时，皮带带动中盘转动，表示出不同的空间位置。具体的定位过程是：残极拔出前，先标定水平仪；把残极吊运到水平仪定位托架上；使用水平仪设定残极位置；把新极吊运到水平仪定位托架上，使用水平仪设定新极位置；把新阳极吊到换极的电解槽上后，使用水平仪安装新极就位。使用该方法时，为保证安装精度，要做到阳极在卡头徐徐上升的过程中定位，这样可使卡头总是勾住导杆孔上缘，防止在阳极下降受阻时，勾子在导杆内产生相对移动所造成的定位误差。

（6）拔出残极。用 PTM 的小盒卡具扳手松开小盒卡具；在电解工的指挥配合下，缓慢拔出残极；在拔出过程中，若发现有结壳块可能掉入槽内时，应指挥天车工暂停拔出，待电解工将结壳块勾出后，再继续拔出。残极拔出后，必须静置一下，待残极底掌上的电解液不再下滴，并确认天车及残极移动方向上无人后方可移动 PTM。指挥 PTM 将拔出残极吊至电解车间操作大面（不要碰击槽上部槽壳板与立柱母线）；操作者对 PTM 吊起拔出的残极进行目视检查。

（7）残极检查。残极在运出之前，要检查是否异常。残极检查记录的内容如下：残极是否裂纹，残极是否掉块、掉角，钢爪是否熔化，残极是否穿底，残极是否长包。

（8）残极在槽上的空间高度测量（阳极定位的第二步）。详见第 5 个步骤"残极在槽上的空间高度标定（阳极定位的第一步）"。

（9）捞渣块及检查槽内情况。电解工用大勾、多齿耙等工具，捞净电解槽内结壳块，将邻极上及中缝处黏有的结壳清理干净。

每天换极打开一次炉面，是检查槽内情况的好机会，应借此机会检查铝液、电解质高度（用直角钎进行一点测量）、炉底沉淀、邻极工作状态和槽内炭渣量等。若电解质高度低，应趁此机会补充冰晶石，炭渣多的应趁此捞出，可利用 PTM 自带机械抓斗捞渣块，或者人工用炭渣瓢将炭渣捞出，将渣块倒入渣箱。并用大勾检查左、右邻极底掌有无裂纹、化爪、长包、掉角等情况，发现邻极有问题的马上处理。同时还要检查伸腿状态、炉底是否有沉淀、结壳块阴极底掌破损等异常情况，并做好记录，发现炉底沉淀多的可适当调整加料间隔和槽电压。

（10）新极在槽上的空间高度设置（阳极定位的第三步）。详见第 5 个步骤"残极在槽上的空间高度标定（阳极定位的第一步）"。

（11）新极安装及新极定位（阳极定位的第四步）。首先，将阳极导杆与横梁母线的压接面上的粉尘清理干净。然后，把新阳极吊到换极的电解槽上；把铝导杆靠到阳极大母线上，轻轻接触；下降小盒卡具旋转扳手，使其达到卡具基底；缓慢下降阳极；使用阳极定位方法使新极就位（详见"残极在槽上的空间高度标定（阳极定位的第一步）"）；拧紧小盒卡具；确认卡紧后方可松开 PTM 的阳极提升装置，然后将阳极提升装置提升到上限位。

（12）收边整形和添加保温料。人工将扒到槽边部的结壳碎块（粒度在 50mm 以下）覆盖边部端头，同时将料铲到新极上，并做好整形，使其保持自然斜度。

新极装好后覆盖一定厚度（140～180mm）的氧化铝，一是防止阳极氧化，二是加强电解槽上部保温，三是迅速提高钢-炭接触处温度，减少接触电压降。保温料覆盖情况见图 13-3。

（13）清理收尾。把槽沿板清扫干净，盖好盖板；操作排风量转换阀复位；把工具按规定放回工具架上；把地面卫生清扫干净；在新铝导杆上，用粉笔画线（画线是为了观察阳极是否下滑，画线前把其他线抹掉，再在导杆与阳极大母线下部平齐处画一条线）；向槽控机通报换极完毕（即消除阳极更换通报），使其退出阳极更换的监控状态；观察槽电压，使其保持在设定电压。

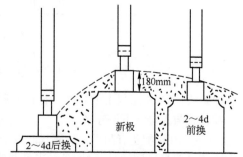

图 13-3　阳极上氧化铝覆盖示意图

（14）换极 16h 后的阳极电流分布测量。为了确保新极安装精度，新极上槽后 16h，需进行导电量检查，即测等距离新极导杆上的电压降（现场叫 16h 电流测量）。若新极 16h 后等距离导杆上的电压降是正常的 50%～80%，角部为 30%～50%，视为安装合格，否则需进行调整。

（15）异常处理。

1）阳极脱落。在检查巡视或换极过程中发现有阳极脱落时，必须及时更换出来。作业过程与正常换极作业不同之处是由于阳极已脱落，残极炭块不能拔出，对小的脱落块用钎子、大钩等工具拉出即可，而大的脱落块，必须借助专用夹钳夹出来，把铝导杆放在异常极用的托盘上。槽内的炭渣、阳极碎块必须捞干净。检查更换阳极周期表，确定装高残极或新阳极，使用时间在 10d 之内或 24d 以上的脱落极用新阳极更换，使用了 10d 以上或 24d 之内的脱落极用高残极替换。脱落极无法用正常换极时使用的阳极定位方法来定位，因此在装极时，只能用大钩摸邻极和所装阳极的底掌大致确定安装位置。

2）阳极长包。阳极长包的时候，操炉工要让天车工知道；长包清理后再进行阳极设置。

3）阳极滑落。新阳极上槽后出现滑落，要将它提回到铝导杆上画线的位置。

4）16h 电流分布异常。在 16h 内测出的阳极电流分布大于限定值时要进行调整。调整幅度应在 2～4cm 内。

13.1.2　阳极更换作业的质量控制环节

换极过程中，与计算机（或槽控机）联系，捞电解质块，新极安装精度（阳极定位）是重点工序，应作为全过程的质量控制环节。

换极中，残极提出时槽电压会有少许上升；若不与计算机联系（不通报槽控机），槽控机便按常规处理，即作电压调整，使阳极大母线在残极提出后位置下降，必然影响新极安装精度；槽控机不能按要求在阳极更换期间及更换结束后的一定时间内停止下料，消化换极过程带入槽内的氧化铝，会严重影响氧化铝浓度控制的正确性；并且槽控机不会在换极结束后一定时间内提高设定电压（在正常设定电压的基础上附加一个换极后附加电压），这对电解槽的热平衡控制不利。换极前通报槽控机，槽控机便转入阳极更换的监控程序，不作电压调整，监视该槽的电压变化；待新极安装完毕后，再与计算机联系，通报换极完毕（消除阳极更换通报），使槽控机退出阳极更换的监控状态。若不通报换极完毕，则槽控机在经历一定时间后自动退出阳极更换的监控状态。一些控制程序能根据残极取出时的槽电压升高和新极插入后的槽电压回复来判断阳极是否更换完毕，但对于电压不稳定的电解槽不容易准确判断，因此一般需要人工通报换极完毕，以便槽控机及时退出阳极更换监控状态。

提残极时会在槽内掉入部分大结壳块，此结壳块影响新极安装精度（大结壳块顶住阳极而不能安装到位），之后在新极下形成炉底沉淀，影响电解槽正常运行，因此，残极提出后必须把掉入槽内的结壳块干净地捞上岸来。

新极安装精度关系到阳极电流均匀分布。因此应细心进行阳极定位操作，确保安装精度。

13.1.3 安全注意事项

安全注意事项如下：

（1）工器具必须经预热后才能上槽使用，工器具在使用中要防止因磁场作用使工器具把握不牢，造成槽与槽、槽与母线之间的短路或伤人；特别是发热的工器具，尤其要小心。工器具在进出电解槽大面时，应保持直立，以削弱磁场的影响；暂时不使用或已使用完毕的工器具应及时摆放在工具小车上，不许随意丢放。

（2）用卡尺画线时，要事先检查阳极卡具是否会掉落，确认安全后方可作业，但严禁迎面站在卡具的下方，严禁将脚伸入阳极底掌下面，以免烫伤、砸伤。

（3）任何情况下，禁止任何人员脚踩在壳面上作业。

（4）换极过程中，天车的移动方向上，严禁站人。

13.2 出铝

电解产出的铝液积存于炉膛底部，需定期抽取出来，送往铸造车间铸造成为产品。国内中、小型电解槽一般 2～3d 出一次铝，大型预焙槽实行一日一次制。每槽吸出的量原则上应等于在周期内（两次出铝间的时间）所产出铝量，具体由区长（大组长）下达（按每天一点测量决定），或由计算机给出指示量（三点测量平均值加以修正计算后给出）。出铝工根据指示量，使用 5t 容积的喷射式真空抬包（见图 13-4），在多

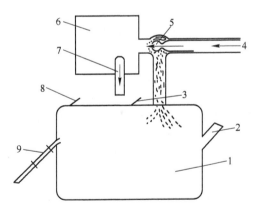

图 13-4 喷射式抬包示意图
1—包体；2—出渣口；3—清仓口；4—高压风入口；
5—喷嘴；6—气体缓冲箱；7—废气出口；
8—铝液虹吸口；9—吸出管

功能天车配合下，每包可一次吸出 2～4 台槽的铝液（视槽容量而定），之后用专用运输车送往铸造车间。

13.2.1 出铝的基本步骤

出铝的作业流程如图 13-5 所示。

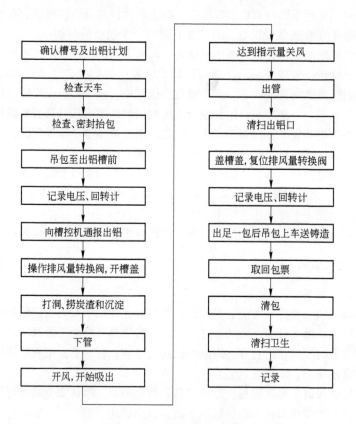

图 13-5 出铝作业流程图

13.2.1.1 作业准备

作业准备如下：

(1) 确认槽号及出铝计划。从作业日志和作业安排上确认槽号。查看工作记录，确认设备有无异常，计划有无变更；在有异常和变更的时候，进行作业时间的变更和计划的修改，并且同有关单位进行联系；发生了非正常作业（如通电、启动、停槽、紧急情况下停槽等）的时候，与有关单位洽谈作业计划；一切正常时，联系普通绝缘天车并进入下一步。

(2) 准备设备与工具。准备普通绝缘天车、出铝抬包、压空软管、炭渣瓢、套筒扳手、手动扳手、铝锤、观察孔用玻璃、石棉绳、抬包车、吸出指示量。对设备进行检查。在开始工作前和工作结束后都要检查抬包车；进行普通绝缘天车的一般检查（外观检查）；对普通绝缘天车计量秤进行外观检查。

(3) 密封出铝抬包。取 1.6m 左右的石棉绳两段和 0.5m 左右的石棉绳一段，并拧紧成束；清干净抬包盖的凹槽及后包盖的杂物；石棉绳装入凹槽并轻压使其基本充满凹槽，后包盖用石棉绳填实；盖下包盖，反复用力几次，使石棉绳被挤压出凹槽，锁紧包盖；盖后盖，反复用力几次，锁紧后包盖；清干净观察孔的插槽；在插槽插入观察孔用玻璃，用细的石棉绒塞紧缝隙；用扳手进行抬包和吸出管的再拧紧工作；装抬包喷嘴；把喷射器用空气软管一端与喷嘴通过快速接头接好。

(4) 吊运抬包。操作普通绝缘天车将抬包从抬包座吊起；在抬包平稳后记录空抬包的重量；操作普通绝缘天车，把抬包吊移至将吸出炉的炉前。抬包在大面行走，吸管方向与行走方向同向。

（5）检查抬包密封性。把喷射器用压空软管与天车吊钩主风管套接上；打开开风按钮；用手套堵住吸管口，通过手感吸力的大小判断密封性能是否良好。

（6）打开出铝孔。操作排风量转换阀门（增大电解槽抽风量）；打开出铝端炉门；充分预热工具，注意电解质的飞溅；操作出铝打壳气缸控制阀，打开出铝孔；用炭渣瓢捞干净掉进电解质的结壳块、炭渣和炉底沉淀物，露出电解质液面；检查伸腿及炉底隆起情况；打开的出铝洞口要大于吸出管管径。

（7）向槽控机通报出铝。在出铝作业开始前的5min，按该槽对应槽控机上的出铝通报键，给计算机发出出铝作业信息。若通报后经过规定时间（如20min）未见通报出铝结束，槽控机一般会自动取消通报，因此，从通报时刻到实际进行出铝时刻若超过了规定时间，要重新通报出铝，使槽控机启用出铝控制程序，记录下槽电压和回转计读数。

13.2.1.2　出铝过程

出铝过程如下：

（1）插入出铝管。操作天车，让吸出管对准出铝洞口，慢慢把吸出管插入槽内，使吸出管刚好触及炉底；轻摇抬包的手轮调整吸出管口，离炉底约5cm，防止抽上沉淀或电解质（注意吸出管不能接触阳极和炉底）；要求天车工操作天车时，做到抬包不碰操作地平面及电解槽的上部结构。

（2）出铝操作。看好并记住天车计量秤（如多功能天车的电子秤）的读数显示和该槽的吸出量，确定吸出完后的天车秤读数；打开压缩空气阀，开始吸出铝液；通过抬包观察孔观察吸出情况；密切观察天车秤显示值的变化情况，快到吸出值时，关闭压缩空气阀。

（3）拔出出铝管。操作天车，使抬包慢慢上升，出铝管移出出铝洞；记录槽控机显示的出铝后电压值及槽控机调整阳极后的回转计读数。

（4）出铝结束。用铁铲铲平出铝洞口四周的结壳块，使洞口平整，清扫槽沿板；关好炉门，操作排风量转换阀门复位；用扫把清扫大面，保持现场清洁。

13.2.1.3　异常情况的处理

异常情况的处理如下：

（1）出铝过程中发生阳极效应。立即关闭出铝的压缩空气阀；停止出铝工作；必须将出铝管从槽内取出。

（2）铝液吸不进抬包。检查压缩空气喷嘴是否堵塞，如果有堵塞，要清除干净；检查包盖的密封性，发现密封性不好的要进行调整或更换石棉绳重新封包；检查吸出管是否堵塞，如有堵塞要进行清除或更换；检查压缩空气是否达到要求，如没有到达要求，则联系相关单位处理；检查完上述几点还是没有吸出铝液时，要向相关人员报告再决定处理的方法。

（3）吸出大量电解质。一旦吸上大量电解质，要将槽号报告相关人员。

（4）未能及时出铝。因各种原因导致单槽出铝工作未能在额定时间（如20min）内完成时，要再次通报槽控机。

13.2.1.4　抬包运送

按上述出铝过程吸出使抬包达到额定的容量，关闭压缩空气阀，卸下吸出软管；操作天车，把出满1包铝液的抬包移至通道，抬包在大面行走，吸管方向与行走方向同向；把抬包放稳至抬包车的包座，抬包重心正中，吸管对正车尾中间；确认天车挂钩头离抬包吊环1m远后，才能上抬包车；开车运送到铸造车间。

13.2.1.5　记录、报告

填写出铝记录表；计算实际出铝量；下班前将单槽出铝记录表送计算机室。

13.2.2　出铝作业的质量控制点

出铝作业的重点是准备好抬包，工作质量控制点是吸出精度和防止吸出电解质。

抬包准备如何，影响到工作效率。如果抬包准备充分（各处密封好，不漏风），吸出铝液速度快，否则，吸出铝慢，甚至吸不上铝。一个工作班中，天车除了出铝外，还要换阳极、装料、清扫维护，白班还有抬母线任务及其他工作，所以，出铝占时不能太长（正常每台槽占时5~8min，加上粗清包每班不超过2h）。除此外，出铝口必须在下管前打好，捞净炭渣和推开沉淀，防止吸出时堵管。换一次吸出管至少花20min。

吸出精度要求在 +50 ~ -10kg（实出量与指示量之差），上电解质量为每台槽5kg。保证精度的措施首先为天车液压秤（或电子秤）必须准确指示，要求经常检查校对；其次是吸出工准确把握液压秤的指示。须特别注意的是，大包出铝一次吸出数台槽，吸出工有时在头几台时漫不经心，却在最后一台找平总量，表面计算精度符合，实际张冠李戴。这样会给技术条件管理带来混乱，甚至恶化槽况，害处极大。解决办法是：（1）对工人加强工作质量意识教育，提高责任心和职业道德，当出现某槽误差较大时，应自觉进行补救（出少的再吸出差量，出多的应倒回去）；（2）靠严格监督和检查。

13.2.3　注意事项

电解质超量吸出是吸管尚未下到铝液层内，便开风吸出。多吸出电解质也严重破坏槽子技术条件，急速增加抬包重量，还会造成堵塞铸造保温炉前炉，保温炉内渣量增多。吸出工下管前应掌握槽子铝液深度，管口必须下到铝液层内。但下管太深会出现沉淀堵吸出管。

出铝前向槽控机通报出铝，计算机便转入出铝监控程序。大多数铝厂在出铝期间不进行手动和自动调整电压处理，而是在通报出铝后，由槽控机自动根据出铝通报后槽电压的显著变化判断出铝开始与结束，并由槽控机在自动判断出铝结束一定时间后自动下降阳极，恢复槽电压至正常范围，其后自动转入正常控制。因此，若出铝中途失败，出铝工应将电压手动降到正常。

出铝前向槽控机通报出铝很重要，否则槽控机会将出铝期间的电压变化视为阳极效应来临或电压异常，因而可能会在出铝期间出现所不希望的自动阳极移动；而在出铝结束后槽电压很高时不自动下降阳极（而是进行电压异常的报警），或者即使人工将电压恢复到正常范围，也不会按照出铝后附加电压来控制电压，从而影响热平衡控制；甚至错误预报阳极效应并启动效应预报加工（大下料），从而影响氧化铝浓度的正常控制，并可能导致电解质大量沉淀。

出铝后应趁热粗清抬包（电解质热态下易于清出），以保证规定的使用天数。清出的电解质应及时加入槽内。

填好作业记录，算出每槽实出量和上电解质量（出铝后清包前抬包重量与出铝前抬包重量之差，再除以当班出铝槽数），将每槽实出铝量及时送计算机室（夜班不超过24点），以供制作日报表用。

出铝作业的有关安全注意事项与换极作业类似。

13.3　熄灭阳极效应

阳极效应是熔盐电解过程中发生在阳极上的特殊现象，无论哪种解释机理都有氧化铝浓度降低（生产槽上氧化铝浓度小于 2%）的原因。过去采用定时下料模式的中间点式下料预焙槽，可通过效应来消除炉底沉淀并清洁电解质液，掌握和调整向电解槽中添加氧化铝量的情况，因此，定时中间点式下料预焙槽效应系数一般设定比较高，大都在 1.0 次/日左右。当今发展起来的各类智能型控制技术，可较好地控制氧化铝浓度，加之环保要求愈来愈严格，因此效应系数大大降低。

13.3.1　熄灭阳极效应的方法

电解槽上设有阳极效应报警装置（一般采用铃、语音、指示灯等多种声光报警），采用计算机控制的槽子，程序中设有阳极效应监视，自动效应加料，部分系统还设有自动熄灭功能。但自动熄灭程序中采用的下降阳极自动熄灭效应方法，成功率不高（60%～80%）。同时，下降阳极时常出现电解质从火眼喷出烧坏槽罩和压出电解质现象，因此我国未使用自动熄灭效应功能，仍然采用人工熄灭效应。

大型中心下料预焙槽人工熄灭效应采用插入木棒的方法。实质是木棒插入高温电解质中产生气泡，赶走阳极底面上的滞气层，使阳极重新净化恢复正常工作，前提是电解质中氧化铝浓度应先提高到正常范围内。

13.3.2　熄灭阳极效应的基本操作步骤

熄灭阳极效应的基本操作步骤如下：

（1）效应发生的确认。根据阳极效应指示灯及通信广播，确认发生效应槽号；从效应木棒架处取二三根效应木棒放在出铝端处的大面上。

（2）设备情况检查。

1）烟道端观察。迅速赶到发生阳极效应的电解槽槽控机处，观察效应指示灯是否亮、槽控箱是否处于自动状态以及电压是否正常；观察效应处于何种状态；检查有无关闭阀门，观察打壳、下料电磁阀是否工作正常，并把排风量阀切换到高位（增大电解槽抽风量）。

2）出铝端观察。到出铝端，将端盖板揭开，操作出铝打壳气阀，将出铝口打开；察看有无堵料及阳极情况是否正常，待自动效应处理时，观察该槽下料及打壳是否正常。

（3）效应熄灭作业。阳极效应持续一段时间后，槽控机自动启动效应处理程序，进行 AEB（效应加工）。槽上所有下料器同时打壳下料。此时若有故障，或不打壳，或不下料，熄灭效应后要及时报告作业长、班长，联系处理。

待效应自动加工结束后，效应时间持续约 3～4min（目前，偏向于尽量缩短这一时间），进行熄灭效应操作。手持熄效应木棒，从出铝端打开的洞口快速插入到 A1 阳极或 B1 阳极底部，使铝液、电解液剧烈搅动，赶走附着在阳极底掌的气泡，熄灭阳极效应。当效应指示灯熄灭后，跑至槽控机旁，观看电压是否正常。当电压过低或过高时，都要调整至设定电压，并跟踪 30min。

（4）清理与记录。回至出铝端，取出效应木棒放入废效应木棒堆放处；必要时用预热好的炭渣瓢将炭渣捞出倒入炭渣箱内；盖上端盖板，把排风量阀切换到小风量位置，用扫把清理卫生，将工具放回工具架，并做好记录。

（5）异常处置。如果电压低于 4.00V 可按几下"升阳极"键，把电压提到设定电压数值即可。如有电压摆，汇报班长处理并做好记录。如果出现异常高电压（熄灭后电压达 7V），则确认效应熄灭；拔出效应木棒；与计算机联系；每 20min 巡视一次槽电压，低于设定电压的要抬起。

（6）记录和报告。将效应熄灭不良的槽号和所进行的处置记录到作业日志，并向相关人员报告。

13.3.3　熄灭阳极效应作业的质量控制点

操作质量的控制点是阳极效应持续时间。

从效应发生到熄灭的时间称为阳极效应持续时间，它等于计算机检出时间、效应加工时间和熄灭操作最少时间之和。计算机检出和加料程序上一般为 2～3min，加上熄灭效应操作时间，效应持续时间在 5min 左右，力争不超过 8min，超过则视为阳极效应时间过长。

及时熄灭阳极效应具有重要意义。首先效应期间的碳氟化合物气体排放量与效应持续时间成正比，降低效应持续时间对环境保护的意义重大；其次，效应期间输入功率为平常的数倍，同时电解过程基本停止进行，过长的效应可能烧坏侧部炉帮，烧穿槽壳，熔体电解质过热，降低效率等，并大量浪费电力。因此，必须控制效应持续时间，及时熄灭。国外一些铝厂利用计算机控制系统自动熄灭效应的功能，将阳极效应持续时间控制在 40s 左右。

要有效控制效应持续时间，应从两方面入手：一是插木棒前的准备要充分；二是插木棒时刻和方法要得当。准备工作指及时取来木棒，认真检查槽控机是否自动，各种阀是否打开，若发现位置不对则应立即恢复正常，保证效应加料按时顺利完成。插木棒时刻应在效应加工完成时，如果未加料，电解质中的氧化铝浓度没恢复，插入木棒是徒劳的，并易造成不灭效应。木棒应直接插入阳极底掌下，起赶走阳极底部滞气层的作用，插入别的地方会搅混电解质，阳极效应难以熄灭或产生异常电压。

13.3.4　注意事项

阳极效应熄灭后应注意跟踪槽电压的变化，必要时手动调节。因为效应刚熄灭时电解槽尚未完全稳定，且电解质浑浊，因此电阻较高，但其后槽电压经常出现较快幅度的下降，容易下降到槽控机停止自动控制的异常电压区（例如低于 3.8V），使电压得不到及时调节。

注意观察和通过计算机查看效应电压的高低和稳定情况。因为这些信息可反应出电解槽运行状态。大型预焙槽效应电压稳定在 20～25V，视为运行正常；高于此则为冷槽特征，即热输入不足或热输出过大，低于此则为热槽特征，即热输入过剩或热输出过小；电压不稳（大幅起落）视为炉膛不规整或阳极行程有病。有了这些信息后可施行适当处理措施。

注意槽内炭渣情况。捞炭渣是清洁电解质的有效方法，阳极效应期间电解质中炭渣分离加强，均浮在表面，效应后不捞出来又会重新混入电解质中，增大电解质电阻，影响阳极工作。

重要的安全注意事项有：熄灭效应时，不允许赤手触摸电解槽体任何部位；插效应棒时，要防止电解液喷溅烫伤。

13.4　抬母线

阳极导杆固定在电解槽阳极大母线上，随着阳极不断消耗，母线位置便不断下移，当母线接近上部结构中的底部罩板时，必须进行抬母线作业。

13.4.1　抬母线周期的估算

两次作业之间的时间称为抬母线周期，周期长短与阳极消耗速度和母线有效行程有关，即

$$T = \frac{S_{效}}{h_c}$$

式中　T——抬母线周期，d；

　　$S_{效}$——母线有效行程，mm；

　　h_c——阳极消耗速度，mm/d。

例如，若某预焙槽母线总行程为400mm（一般用回转计读数表示，1个计数代表1mm），考虑上、下安全行程量（上50mm、下320mm），有效行程为270mm，阳极消耗速度为14.4mm/d，按上式计算抬母线周期为18d，可按此周期考虑星期休息日，按系列生产槽数，安排每天工作量。

13.4.2　抬母线作业的基本步骤

抬母线使用专门的母线提升机（母线框架），由多功能天车（PTM）配合作业。母线框架上面装有若干个夹具，其平面位置及个数与电解槽上阳极的导杆平面位置及个数相对应，按槽上阳极位置排成两行。每边安装一个滑动扳手，每个夹具上装有一个隔膜气缸，隔膜气缸和滑动扳手与框架上的高压总气管相通，以天车空压机输出的高压风作为动力。操作时，用天车卷扬机吊起母线提升机支撑在槽上部横梁上，高压风驱动隔膜气缸动作，带动夹具锁紧阳极导杆，使阳极重量改由夹具-框架-横架支撑并固定位置。操纵提升机上的滑动扳手，松开阳极卡具，借助母线与导杆之间的摩擦导电，按下槽控机的阳极提升按钮，母线上升，阳极不动。当母线上升到要求位置时（回转计读数为50）停止，将阳极卡具拧紧，松开提升机夹具，由天车吊出框架，完成一台槽抬母线作业，每台约耗时20min。具体的作业流程如图13-6所示。

图 13-6　抬母线作业流程图

（1）作业准备。确认需抬母线的槽号。抄录每台槽每天的回转计读数，回转计读数大于320以上的，即确定为需抬母线槽；检查使用的设备（PTM、母线框架）与工具（手动扳手、粉笔、直尺）；准备2~3根阳极效应木棒放到抬阳极母线的槽前。

（2）检查母线框架。操作 PTM 下降 2 个副钩，使钩头钩住框架的吊架；放掉 PTM 副钩压缩空气管内的水分，与框架上的软管套接好并打开气阀的开关；打开控制盒上的夹紧气缸阀门开关，试验各动作开关是否工作正常；检查框架上各气缸、各导气管是否有漏气；检查框架各夹紧臂是否有歪斜不正位现象。

（3）吊运母线框架。用 PTM 的 2 个副钩使框架吊起，保持水平位置，试验 2 个天车副钩吊起母线框架上下、左右移动正常后，才上升到上限位；操作 PTM，把母线框架移至将要抬母线槽的正上方。

（4）向槽控机通报抬母线。向槽控机通报"抬母线"作业，使相应的指示灯亮（槽控机启用抬母线监控程序）。

（5）安放母线框架。操作 PTM 运行，使母线框架的 4 个支撑脚对准电解槽阳极母线 A 端或 B 端上部的 4 个支撑；慢慢下降母线框架使 A 端或 B 端的每一根阳极导杆都被夹住；稍放松 PTM 的 2 个副钩，整个框架的重量由电解槽上部机构支撑。

（6）母线框架夹住阳极导杆。确认母线框架各个夹紧臂都正对位，没有错位现象；操作母线框架控制盒，打开夹紧气阀；确认每个夹紧臂都紧紧夹住阳极导杆。

（7）松开小盒卡具。操作母线框架的摇臂使气动扳手下降，卡住小盒卡具的螺杆头，松开小盒卡具；检查每一个卡具是否都旋松，对阳极导杆没有压力。

（8）提升阳极母线。记录下抬母线前的回转计读数；按住槽控机上的"抬母线"键（如无专用的"抬母线"键，则将槽控机切换到"手动"状态，并使用升阳极键），使阳极母线不断上升；提升母线过程，注意观察槽电压是否有明显的变化（若槽电压上升超过 300mV，则停止抬母线，检查原因并处理），观察回转计读数是否有相应的变化。

（9）拧紧小盒卡具。当提升阳极母线时，回转计读数显示为 50 时，停止上抬母线；记下停止提升阳极母线时的回转计读数；操作母线框架的摇臂使扳手下降，卡住小盒卡具的螺杆头，拧紧小盒卡具；检查每一个卡具是否都拧紧。

（10）定位画线。用粉笔沿阳极母线下缘画出定位线，以便确认抬母线后阳极是否有下滑现象。

（11）放回母线框架。确认所有该抬的槽子都抬完；操作 PTM 提升母线框架到上限位，并将母线框架吊运到指定的管理点；操作 PTM 调整母线框架位置，使其正对 4 个支撑脚并撑住；插好销钉；操作 PTM 下放 2 个副钩，并让其副钩与母线框架脱开；卸下 PTM 副钩与母线框架的气管接头；操作 PTM 提升 2 个副钩到上限位；收拾效应木棒；PTM 进行其他作业或停放到指定管理点。

（12）异常情况的处置。抬阳极母线过程中如果发生效应必须立即停止上抬母线，立即在出铝端插木棒熄灭效应，同时把已经松开的小盒卡具扭紧，等待效应熄灭之后再进行抬阳极母线。

（13）下列情况禁止抬阳极母线：电解槽正在发生阳极效应，或正在更换阳极，或正在出铝作业中。

（14）记录报告。记录抬母线的槽号、抬前的回转计读数、抬后的回转计读数以及其他需记录的事项。作业完毕后，向相关人员报告。

13.4.3　作业质量控制点

抬母线的质量控制点是抬完母线后旋紧阳极卡具，若卡具不旋紧，此后会出现阳极下滑，灾难性地恶化槽况。因此，要经常检测风动扳手的扭紧力，为了能及时检查出阳极下滑，抬前须在阳极导杆沿卡具下侧用有色粉笔画线，抬后擦去先画的线而重新在卡具下侧画线，抬中或抬后出现下滑，可按此线调整阳极。

13.4.4　注意事项

抬母线应通报槽控机，作业完后通报前后回转计读数。

抬母线过程中不得进行其他作业，不得发生阳极效应。因此，抬前必须查看报表或与计算机联系，不能在效应等待期间进行作业，若抬时出现效应，应停止作业，立即进行手动下料尽快熄灭，防止损坏设备。

吊放母线框架要平稳准确，在松开卡具之前不得起吊开动卷扬机，松开卡具应在 A、B 面对角进行（两人同时操作），避免母线框架偏斜。

由于槽膛大小不一，阳极母线下降速度也出现差异，每槽周期不可能完全固定，这就需要抬母线作业组每天定时记录各槽回转计读数，到达规定限度时均应安排作业。

参 考 文 献

1　殷恩生．160kA 中心下料预焙铝电解槽生产工艺及管理．长沙：中南工业大学出版社，1997
2　田应甫．大型预焙铝电解槽生产实践．长沙：中南工业大学出版社，1998

14 铝电解生产中的参数测量

现代铝电解工艺虽然有了计算机控制系统，但由于可在线检测的参数有限，因此还需要辅以多种由人工进行的常规测定，才能全面地掌握电解槽的运行状况，并为调整和改进生产技术条件与操作方法提供依据，同时为电解槽的深入研究或技术改进积累资料。并且，随着生产自动化程度的提高和管理理念与方法的变革，现代铝电解生产已从过去的粗放型、经验式操作与管理模式，转变为精细化、数据化与科学化的操作与管理模式。特别是大型铝电解企业力图建立管控一体化系统，强调生产管理者借助完整的数据检测和计算机信息进行生产过程分析与决策，因而对人工常规检测的规范性、可靠性和精确性以及对数据的计算机录入提出了更高的要求。

铝电解生产中的常规测定除了少数需要由专门机构和使用特殊设备进行检测外，大部分测量方法简单，操作易行，故一般由电解工或现场技术人员兼任检测工作。本章将参考一些铝厂的作业规程，主要介绍现代铝电解厂普遍实施的人工常规测定，最后一节将介绍铝电解参数新型测量方法的发展概况。

14.1 铝液高度、电解质高度测定

铝液高度和电解质高度是电解槽的重要技术条件之一，其测定既是决定出铝量的需要，又是掌握技术条件的需要，对于了解电解槽的运行状况，特别是热平衡状态至关重要，因此这项工作也是操作工人和管理人员需要天天进行的。

（1）测定作业安排。根据不同需要，有一点测定与多点测定之分。一点测定作为快速测定，主要用于每天（粗略地）了解技术条件变化情况。多点测定用于技术条件管理和决定出铝量（例如三点测定）；或临时性地用于全面分析特定槽况或者作为技术资料用于科学研究（例如六点测定）。由于电解槽的槽底一般存在变形，加之槽内铝液与电解质的界面受磁场的影响也会弯曲（详见第20章），因此测点越多，越能反映铝液及电解质真实高度和槽底真实状况。对于300kA以上的特大容量电解槽，由于槽底面积大，多点测定的测点数可增加，例如三点测定增至五点测定，六点测定增至十点测定。

许多铝厂为了确保出铝决策的正确性，将用于决定出铝量的三点测定（特大型槽采用五点测定）规定为例行作业。例如，每槽相隔5d进行一次三点测量，每个厂房根据槽数按每天三班工作制排出每班测量的槽数，各班按此顺序进行测量作业，测量必须在出铝前进行；每个槽子三点测量完后，算出平均值作为本次测定值，再将其与上次的测定值进行加权平均，获得的加权平均值作为该槽的测量结果；再将结果与前一次测量值进行比较，若出现20mm以上的差别，需要重新测量，最后将数据输入计算机。计算机根据输入的数据计算出到下次测量期内的出铝量来。出铝工即照此指示量进行出铝。

（2）测定作业准备。

1）确认测定的槽号。

2）检查测定工具（倾斜角度为45°的测定钎、水平仪、刻度尺、铝耙、天车、炭渣瓢、铁锹、扫把、记录本）。

（3）测定作业实施。

1）测定位置。一点测量一般在出铝口（图 14-1 所示的出铝端测点），或随阳极更换时在更换位置进行；三点测量一般在图 14-1 所示的 A 面（进电端）取三个测量点（即大面全长 1/4、1/2 和 3/4 处）；六点测量一般在图 14-1 所示的 A、B 两个大面对称地各取三个测量点。大面的测点位于阳极之间的间缝（靠近操作面）。由于新极而不能测定的情况，多点测定的地方可以变更。

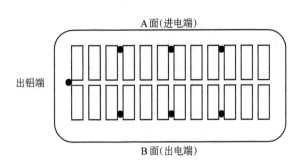

图 14-1　铝液、电解质高度测点
（开孔位置）分布示意图

2）打开测定孔。预热需要预热的工具；操作排风量转换阀门（增大电解槽抽风量），揭开测定处的炉盖；操作汽缸控制杆，打开出铝孔（一点测定）；用铝耙扒开测定处的氧化铝（多点测定）；用天车打击头在阳极与阳极之间打开一个直径为 10~20cm 的孔（多点测定），注意不能碰到阳极，以防把阳极扎坏；天车扎完孔后，电解工用钻子将孔口清理好，保证测定钎顺利插入炉底。

3）打捞炭渣。用炭渣瓢打捞测定开口处的炭渣。

4）测定的方法。测定方法参见图 14-2 和图 14-3。把水平仪放置在测定钎上，把钎头插于炉底；保持水平仪的水平，静置 5s；取出测定钎放在较平的地面（或槽沿板）上，用水平仪使其保持水平状态；用刻度尺以 1cm 为单位，在铝液-电解质的交界线（可凭肉眼观察出）和总高线上读数、记录。电解质高度 = 总高 − 铝液高度。

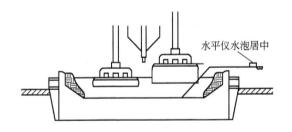

图 14-2　铝液、电解质高度测定示意图
（测定钎插入槽内）

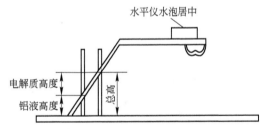

图 14-3　铝液、电解质高度测定示意图
（测定钎取出后在水平面上量取高度）

（4）测定完毕后的处理。

1）全部测定完毕后，把工具送回原处；将炭渣铲到炭渣箱；用结壳块将测定洞堵好（出铝口处的一点测定不用堵）；清扫槽沿板卫生；盖好炉盖，并把排风量转换阀门复位。

2）计算测定数据的平均值（或加权平均值）。

3）把测定记录提交相关人员，并按规程输入计算机系统。

14.2　电解质温度测定

电解质温度是反映电解槽的运行状态和影响电解槽的技术经济指标（尤其是电流效率）的主要工艺参数之一，因此管理人员必须准确掌握电解质温度的变化情况。因此，测量次数频繁，一般每日每槽至少测定一次，许多铝厂每班测定一次。

（1）测定作业准备。

1）确认测定炉号。

2）向计算机室查询被测槽的阳极效应发生时间（对测定前3h内发生的效应进行记录）。

3）准备并检查测定工具（热电偶、手持式热电偶架、数字测温表、记录表）。

4）测点选择。对于一般性的技术了解和掌握，通常在出铝口测量。尽量在固定点测量，可以避免不同测点处的温差影响对温度变化趋势的判断。对于电解槽温度场的研究，必须选择多点测量，具体按要求进行，但应避开两天内才换上的新阳极处。

（2）测定作业实施。

1）把出铝端盖板中任一块移开50cm的宽度。

2）操作汽缸控制杆，打开出铝洞。

3）握住手持式热电偶，从出铝洞口插入热电偶，目测插入热电偶的深度，约为15cm，角度为30°～60°（参见图14-4）。

4）打开数字测温表的开关，待数字测温表的显示稳定，记录温度。

5）取出热电偶，盖好出铝端盖板。

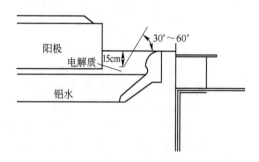

图 14-4　温度测定示意图

（3）须终止测定或测定异常的情形。

1）测定须终止的情况。当出现下列情况，如降电流、停电、测定中发生阳极效应、进入换极、进行出铝时，须终止测定。

2）测定值异常的情况。当出现测定温度在900℃以下或1000℃以上，或数字测温表的显示不稳定、摆动大，要取出热电偶，查看热电偶是否损坏，如损坏应更换新的热电偶。

（4）测定完毕后的处理。

1）所有测定工作结束后，收拾工具，放到指定的地点。

2）将测定值及被测槽号、时间、槽电压、效应后的时间等一并记录。

3）把测定记录提交相关人员，并按规程输入到计算机系统。

14.3　阳极电流分布测定

在预焙电解槽生产过程中，阳极电流分布的测量是最常进行的。电解槽焙烧时，每天必须进行全极电流分布测量，以检查阳极导电情况；生产槽新阳极换上达16h必须测量电流承担量，检查阳极高度设置情况，以便进行调整；生产槽一旦出现槽况异常（电压针振）或阳极病变，首先进行检查的项目便是阳极电流分布。因此，阳极电流分布的测量工作天天有，班班有，要求从操作工人到现场技术管理人员人人会做。

（1）测定原理与测定工具。测量等距离阳极导杆上的电压降时，由于阳极铝导杆的横截面积相等，等距离上的电阻值也基本相等。当电流通过阳极导杆时，便产生电压降，通过测量等距离上的电压降大小，便反映出通过导杆的电流多少，不必进行数字转换。

主要测量工具为电压表和等距压降测定棒（或称测量叉）。

电压表用量程为25mV、50mV两挡的普通电压表（现场叫毫伏表）。一般用25mV量程。为了屏蔽磁场影响，通常将电压表装在一铁盒内，正面开了矩形孔，以便观察读数。

测量叉及测量方式如图14-5所示，测量杆用螺丝固定在绝缘板中央，金属测量棒固定在绝缘板两端，形成一矩形叉（用于叉住阳极导杆），两根导线分别接在两测量棒上，穿过测量杆与电压表相接。

（2）测定作业准备。确认测定的炉号；准备并检查测定工具（电压表、测量叉、记录本）。

（3）测定作业实施。

1）将导线连接在电压表的正极和50mV的接线柱后，放置在炉面的中央。

2）操作排风量转换阀门（增大电解槽抽风量）。

3）揭开A、B两侧被测阳极对应处的槽盖板。

4）使测定棒的正极端朝铝导杆的上部，然后使正极和负极端与铝导杆完全接触（见图14-5）。

5）从电压表的零位开始，以0.1mV为单位读数并记录（按极号记录清楚）。

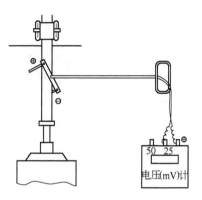

图14-5　阳极等距压降测量叉及测量示意图

（4）须终止测定的情形。须终止测定的情形包括：测定槽发生阳极效应时；对地电压异常时；降电流时；出铝时；阳极更换时；抬母线时。

（5）测定完毕后的处理。

1）把工具送回原定位置；把槽盖板安放在原处，把排风量转换阀门复位。

2）测定数据处理。计算全槽全部阳极测定值的平均值。在平均值的两头取一区间，作为合格范围。测定值在2.0mV以下的要查对换该极的时间。超出合格范围的应视情况进行调极。以某厂160kA电解槽为例，每槽24块阳极，导杆截面积为130mm×130mm，测量叉的两测量棒之间的距离为40cm，引出导线为5m，加上各接点的电压降，所测距离的电压平均约7mV，一般取6～8mV为合格区间。对于新换阳极16h电流分布在4～6mV为宜。

3）把测定记录提交相关人员，并按规程输入到计算机系统。

14.4　阳极压降测定

测定阳极压降的主要目的是为技术改进提供资料，因而只在需要时进行测定。

（1）测定作业准备。确认测定的槽号；准备并检查测定工具（电压表、等距压降测定棒、导线、扫把、铝耙、炭渣瓢、多功能天车、记录纸）；预热需要预热的工具。

（2）测定作业实施。

1）电压表的连接。用导线将正、负极测定棒各自连接到电压表的正、负极。

2）打开测定洞。测定处为A、B侧所有的阳极。

操作排风量转换阀门（增大电解槽抽风量）；取下测定处的槽盖板；用铝耙扒开测定处的氧化铝；用多功能天车打击头在测定处的每对阳极之间打开直径约20cm的洞；用炭渣瓢打捞炭渣。

3）进行测定。将正极测定棒插在阳极爆炸焊片上；将负极测定棒钩住阳极的底面；当电压表稳定时以5mV为单位读数记录；负极测定棒在使用2次后必须更换，等完全冷却之后才能再使用。

4）阳极电流分布的测定。进行阳极压降的测定必须同时进行阳极电流分布的测定。

（3）须暂停测定的情形。当测定槽发生效应时，或对地电压异常时，或降电流时，或出铝时，或槽电压异常时暂停测定。

（4）测定完毕后的处理。

1）测定结束后将工具送回指定的位置；用结壳块将测定洞堵好；清扫槽沿板卫生；盖好槽盖板，操作排风量转换阀门复位。

2）处理测定数据。

第一，计算全槽全部阳极的阳极压降测定值的合计值与平均值。

第二，用各阳极的阳极电流密度分布测定值（即等距压降值）作为加权系数，计算电解槽阳极压降的加权平均值作为被测槽的阳极压降值。以全槽有 24 个阳极为例，阳极压降为：

$$阳极压降（mV） = (I_1 \times U_1 + I_2 \times U_2 + \cdots + I_{24} \times U_{24})/(I_1 + I_2 + \cdots + I_{24})$$

式中，I_1，I_2，$\cdots$，I_{24} 为 24 个阳极的阳极电流密度分布测定值（即等距压降值）；U_1，U_2，$\cdots$，U_{24} 为 24 个阳极的阳极压降测定值。

3）把测定记录提交相关人员，并按规程输入到计算机系统。

14.5 阳极上覆盖料高度的测定

阳极上保温料高度对电解槽的热平衡、能耗乃至槽膛形状均有重大影响，因此需要经常地测量。测量方法一般采用目测法。

（1）测定基准的确定。目测的基准如图 14-6 所示。由于阳极炭块表面到钢梁表面的高度一定（例如 31.5cm），因此将这段高度分成 7 份，每份 4.5cm。目测时打开槽盖观察 Al_2O_3 埋住钢爪（及横梁）的高度，例如埋住 4 份，高度便为 $4 \times 4.5cm = 18cm$，依此类推。

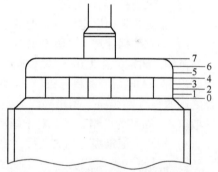

图 14-6 阳极上覆盖料高度目测基准图（分为 7 等份）

（2）全极测定法（测定槽内全部阳极）的测定作业实施。

1）操作排风转换阀门（增大电解槽抽风量）。

2）在 A、B 两侧大面各三处地方打开槽盖板（位置为大面全长 1/4、1/2 和 3/4 处所对应的盖板），对于阳极数较多（如 40 块）的特大型槽，则在 A、B 两侧各五处地方打开槽盖板（位置为大面全长 1/6、1/3、1/2、2/3 和 5/6 处所对应的盖板）。

3）目测全部钢爪处的氧化铝高度，并记录。全槽目测点数 = 全槽阳极数 × 每块阳极的钢爪数。

（3）简易法（测定槽内部分阳极）的测定作业实施。

1）操作排风转换阀门。

2）打开 A、B 两侧大面中央的盖板，目测并记录每侧大面中央各 4 块阳极钢爪的氧化铝高度（例如，对于每侧各有 12 块阳极的电解槽，打开 6 ~ 7 号阳极槽盖，测定 5 号、6 号、7 号和 8 号阳极炭块）。对于阳极块数多的特大型槽，则需增加测定数量（例如有 40 块炭块的电解槽，打开 A、B 侧 6 ~ 7、14 ~ 15 号阳极间的盖板，目测并记录 5 ~ 8 号、13 ~ 16 号阳极各钢爪的氧化铝高度）。

（4）测定完毕后的处理。

1）盖好炉盖；操作排风转换阀门复位。

2）测定数据处理。

第一，求各测定点氧化铝高度的总和；由下式求出（平均）氧化铝高度：氧化铝高度 =

（各测定点氧化铝高度的总和×4.5）／目测点数。

　　第二，氧化铝高度的目标值一般为16cm。若测定值在13~14cm，判定为稍稍不足；若测定值不大于12cm，则判定为不足，应及时补加。

　　3）把测定结果报告相关人员，并按规程输入计算机系统。

14.6　残极形状测定

　　残极形状测量是检验阳极使用情况的一个重要手段，也为改善阳极质量积累第一手资料。因此，当阳极质量或使用效果有波动，或需要全面分析阳极使用情况时，往往需要进行此项测量。测量范围包括残极长、宽、高，钢梁到残极表面的距离。

　　（1）测定作业准备。

　　1）确认测定块数。

　　2）准备并检查测定工具（直尺、直角刻度尺、水平器、电解质箱、打壳凿子、铁锹、竹扫把、记录本等）。

　　3）打掉残极表面的结壳块，并清扫干净。

　　（2）测定作业实施。

　　1）残极的长度测定。用直角刻度尺钩住残极的长侧，尺下表面顺长度方向紧贴阳极表面，以1cm为单位读数并记录（见图14-7中①）。

　　2）残极的宽度测定。用直角刻度尺钩住残极的短侧，与测长度的方法一样读数、记录（见图14-7中②）。

　　3）残极高度测定。把直尺的一端放在残极表面并触及钢爪，将水平器放在直尺表面并保持水平，使刻度尺与直尺相互垂直，以1cm为单位读数到交点处并记录数据（见图14-7中③）。

　　4）钢梁到阳极表面的距离测量。此数据反映阳极表面氧化掉渣情况，可间接表明阳极抗氧化性能。测量时用直

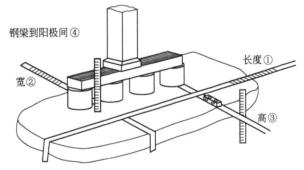

图14-7　残极形状测定示意图

尺沿钢梁垂直表面贴紧，下端立于残极表面，以0.5cm为单位读数记录钢梁下沿至残极表面的距离（见图14-7中④）。

　　（3）测定完毕后的处理。

　　1）全部测定结束，把工具送回原处。

　　2）测定数据处理与记录。计算长度、宽度、高度、钢爪与阳极间的平均值，并记录下来。

　　3）把测定记录交给相关人员，并输入计算机系统。

14.7　极距测定

　　正常生产中不经常测定极距，因为极距正常与否可以通过电解槽的槽电压（槽电阻）稳定性反映出来，但当需要获取资料用于全面分析与优化电解槽的设计，或全面分析与优化槽况及工艺技术条件时，往往需要进行此项测定。

　　（1）测定作业准备。

　　1）确定测定的槽号，与操炉工联系测定时间。

2）准备和检查测定工具（多功能天车、铝耙、测定棒、水平仪、钢尺）。

（2）测定作业实施。

1）根据测定需要确定测定处。

2）取出测定处的槽盖板，操作排风量转换阀门（增大电解槽抽风量）。

3）用铝耙扒开测定处的氧化铝。

4）用天车打击头在测定处的每对阳极间，打开直径15cm 左右的洞。

5）捞出洞中的结壳块和炭渣。

6）将水平仪放在测定棒上，放入槽内，弯头水平部分顶住阳极底掌，保持水平仪水平（图14-8）。

7）持续时间约 5～10s，快速取出测定棒，根据电解质与铝液分界线，以 0.5cm 为单位测出并记录阳极底掌至铝水镜面的垂直距离——极距。

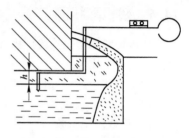

图 14-8　测量极距示意图

8）依此测定其他点。

（3）测定完毕后的处理。

1）堵好测定洞；盖好槽盖；操作排风量转换阀门复位；收拾好现场卫生。

2）计算与记录。记录测定时槽电压及阳极状况（上槽多少天）；计算并记录实际极距的平均值。

3）把测定记录交给相关责任人，并输入计算机系统。

14.8　侧部炉帮形状测定

现代预焙槽处于正常运行状态时，侧部炉帮一般比较稳定，并且炉帮不规整也表现为槽电压（槽电阻）的稳定性变差，因此炉帮不需要经常测定。但当需要获取资料用于全面分析与优化电解槽设计（特别是热场设计），或全面分析与优化槽况及工艺技术条件时，往往需要进行此项测定。

由人工使用三种类型的钢制测定棒进行测定：炉帮厚度测定棒（见图14-9）；伸腿中部高度测定棒（见图14-10）；伸腿末端测定棒（见图14-11）。

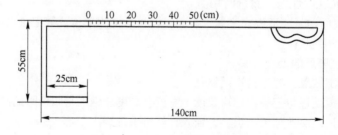

图 14-9　炉帮厚度测定棒

炉帮形状测定分精密测定和简易测定两类。精密测定在每个测点测定：炉帮最薄处的厚度与高度、炉帮厚度分别为 25cm 和 30cm 处的高度、伸腿末端的长度（简称伸腿长度）和伸腿末端的高度。简易测定在每个测点只测定炉帮最薄处的厚度与高度、炉帮厚度为 30cm 处的高度。但两类测定的测定方法相同，因此下面介绍精密测定。

（1）测定作业准备。确认测定的槽号；准备并检查测定的工具（三种测定棒、水平仪、

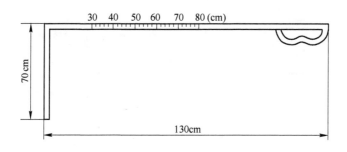

图 14-10　伸腿中部高度测定棒

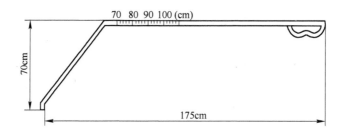

图 14-11　伸腿末端测定棒

刻度尺、铝耙、扫把、天车、炭渣瓢、大钩、记录纸）。

（2）测定作业实施。

1）选择测点。一般至少在 A、B 两侧各测 3 个点，特大型槽则每侧各测 5 点（以每侧有 20 块阳极的特大型槽为例，测点在阳极 2～3、6～7、10～11、14～15 和 18～19 块之间）。

2）打测定洞。预热需要预热的工具；操作排风量转化阀门，取下测定处的槽盖板；用铝耙扒开测定处的氧化铝；用天车打击头打开测定洞，洞的位置为大面距侧部炭块约 20cm 处，洞的尺寸为长 20cm，宽 30～40cm；用大钩检查打开的洞，如果有结壳块掉入洞内要把它捞出（为了减小测定的误差）；用炭渣瓢打捞炭渣。

3）炉帮最薄处位置的测定。将水平仪放置在 55cm 测定棒上，插入炉内，使棒的顶端与侧部炉帮最薄处贴合，保持水平仪水平。用刻度尺垂直于槽沿板内侧，以 1cm 为单位读数，记录测定棒零位到刻度尺为止的进深（见图 14-12）。移动刻度尺到槽沿板的中央位置，直立，测定棒到槽沿板的距离，在刻度尺上以 1cm 为单位读数和记录（见图 14-13）。

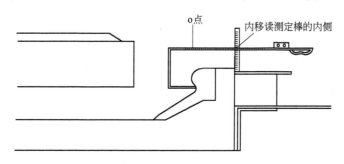

图 14-12　炉帮最薄处的厚度测定示意图

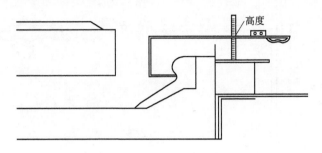

图 14-13　炉帮最薄处的高度测定示意图

炉帮最薄处位置的计算:

炉帮最薄处的厚度 = 测定棒读数;

炉帮高度 = 刻度尺读数 - (测定棒高度 - 炉膛深度)。

4) 伸腿中部位置的测定。将伸腿中部高度测定棒立在平地上,水平仪放置在测定棒上,保持水平,用刻度尺测定棒到平地的距离,以 1cm 为单位读数记录 (见图 14-14)。

炉帮厚度 (含侧部砌筑块及槽壳厚度) 为 30cm 处的伸腿高度测定方法为 (见图 14-15): 将刻度尺垂直放在槽沿板的内侧,将测定棒一边插入电解质,一边使其 30cm 处与刻度尺对准,水平仪放置在测定棒上;确认测定棒 30cm 处是否对准;测定棒的端头与侧部炉帮伸腿贴合,使水平仪保持水平,用刻度尺量槽沿板中央到测定棒的高度,以 1cm 为单位读数记录。

<table>
<tr>
<td>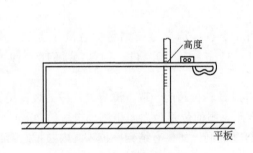</td>
<td>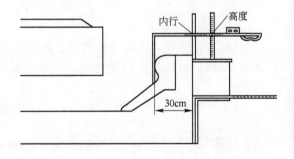</td>
</tr>
<tr>
<td style="text-align:center">图 14-14　伸腿中部高度
测定棒的高度测定</td>
<td style="text-align:center">图 14-15　厚度 30cm 处的伸腿中部
高度测定示意图</td>
</tr>
</table>

按上述同样方式测定炉帮厚度为 25cm 处的伸腿高度。

伸腿中部位置的计算:

伸腿中部的炉帮厚度 = 25cm 或 30cm;

伸腿中部的炉帮高度 = 刻度尺读数 - (测定棒高度 - 炉膛深度)。

5) 伸腿末端位置的测定。把伸腿末端测定棒插入槽底,挂住伸腿的末端,水平仪放置在测定棒上。

保持水平仪的水平,将刻度尺垂直放在槽沿板的内侧,以 1cm 为单位读数,记录测定棒上的刻度 (见图 14-16)。

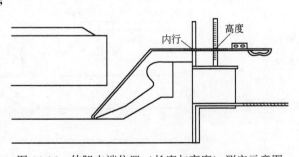

图 14-16　伸腿末端位置 (长度与高度) 测定示意图

保持水平仪水平，用刻度尺量槽沿板中央到测定棒的高度，以1cm为单位读数并记录。

将测定棒立在平地上，水平仪放置在测定棒上，保持水平，用刻度尺量测定棒到平地的距离，以1cm为单位读数记录。

伸腿末端位置的计算：

伸腿末端的长度（简称伸腿长度）= 测定棒读数；

伸腿末端的高度 = 刻度尺读数 − (测定棒高度 − 炉膛深度)。

（3）测定暂停的情况。被测槽发生效应的时候，或对地电压异常的时候停止测定。

（4）测定完毕后的处理。

1）测定全部完成或终止后，把工具送回原处；用结壳块堵好洞口，清扫槽沿板；盖好槽盖板，操作排风量转化阀门复位。

2）在侧部炉帮形状记录纸上记入测定值，记录格式如表14-1所示（以每侧有20块阳极的电解槽、每侧5个测点为例）。

表14-1 炉帮形状测定表 （cm）

年　月　日

项目		A					B				
位置		2～3	6～7	10～11	14～15	18～19	2～3	6～7	10～11	14～15	18～19
炉帮最薄处	厚度										
	高度										
炉帮中部	25cm厚处高度										
	30cm厚处高度										
伸腿末端	长度										
	高度										

3）将结果交给相关人员，并输入计算机系统。

14.9 炉底隆起测定

电解槽每运行一段时间，或者发现炉底明显变形时，需进行炉底隆起的测定。目的是作为调整槽电压、铝液高度及电解槽规程的资料，作为决定停槽的资料，以及作为检查阴极恶化程度的资料。

新槽启动前应进行阴极面基准高度（从槽沿板到阴极的距离）的测定，并将计算结果作为资料存档，作为以后计算炉底隆起高度的基准值，其测定方法与测量炉底隆起相同，因此不另行介绍。

（1）测定作业准备。确认测定槽号；准备并检查测定工具（炉底隆起测定棒、刻度尺、铝耙、扫把、天车、大钩、炭渣瓢、记录本）；在炉底隆起测定棒上记录阴极面基准高度及前一次的炉底隆起测定值。

（2）测定作业实施。

1）测定位置。一点测量一般选择A侧大面全长的1/2处（即槽横向中心线处）。多点测量根据需要确定（根据多点测定结果可绘制炉底状态图）。

2）打开测定洞。预热需要预热的工具；操作排风量转化阀门（增大电解槽抽风量），取下测定处的槽盖板；用铝耙扒开测定处的氧化铝；用天车打击头打开直径约20cm的测定洞；用大钩检查测定洞处的炉底，如果有结壳块掉入洞内要把它捞出（为了防止测定的误差）；用炭渣瓢打捞炭渣。

3）进行测量。见图14-17a，将测定棒上插入炉内；在测定棒的水平端放上水平仪并使之水平；确认水平仪水平、测定棒顶端和阴极炭块面贴合；用刻度尺以0.5cm为单位读数并记录槽沿板到测定棒的间距（Y值）。

见图14-17b，将测定棒从炉底取出，放置在地面上，保持水平仪的水平；确认水平仪的水平，用刻度尺以0.5cm为单位读数并记录地面到测定棒的间距（X值）。

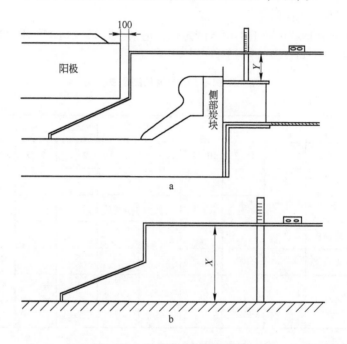

图 14-17   炉底隆起测定示意图

a—测定并记录槽沿板到测定棒的间距（Y值）；b—测定并记录地面到测定棒的间距（X值）

（3）需重新测定、暂时终止或延期测定的情形。

1）与前次的测定值相比，差值超过±3cm的情况要进行再测定。

2）对地电压异常时；测定槽发生效应时；测定处刚换了新极（在7d后测定），要暂时终止或延期测定。

（4）测定完毕的处理。

1）全部测定完毕，将工具放到指定地点；用结壳块将测定洞堵好，清扫槽沿板；盖好槽盖板，操作排风量转换阀门复位。

2）数据计算与记录。炉底隆起＝阴极面基准高度－（$X-Y$）。

3）把记录提交相关人员，并按规程输入到计算机系统。

14.10 炉底电压降测定

电解槽随着运行时间的延长，阴极炭块的性质会发生变化，使阴极压降大幅度增加。测量炉底电压降,既可了解炉底变化情况,为正确调整技术条件提供依据,也可为改进电解槽砌筑安装积累资料,因此一般在上述需要时进行测定。

(1) 测定作业准备。确认槽号;准备并检查测定工具(数字电压表、5m 补偿导线 2 根、测定棒 2 根、铝耙、多功能天车、扫把、铁锹、炭渣瓢、记录本)。

(2) 测定作业实施。

1) 测定点选择。测量点数可根据需要决定,一般至少需要选择 6 点,分布在 A、B 两面有代表性的地方(例如,大面全长的 1/3、1/2 和 2/3 处)。由于新极而不能测定的,可以变更测定点位置。

2) 连接导线。用导线将数字电压表和测量棒连接好,将用作负极的测量棒连接到电压表的负极接线柱;将用作正极的测量棒连接到电压表的正极(1000mV)接线柱。

3) 打开测定洞。预热需要预热的工具;操作排风量转换阀门(增大电解槽抽风量),打开测定点的槽盖板;用铝耙扒开测定点的氧化铝;用天车打开约 20cm 的洞;用炭渣瓢打捞结壳块及炭渣。

4) 进行测定。见图 14-18,先使接负极的测定棒插在测定点对应的阴极钢棒与软母线的接合点;再使接正极的测定棒呈约 45°的角度与炉底接触,注意测定棒不能与阳极接触;在电压表读数稳定后以 10mV 为单位读数记录;有沉淀的情况稍微倾斜测定棒;每个测定点进行两次测定。

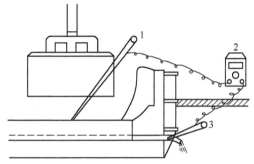

图 14-18 炉底电压降测定示意图
1—正极棒;2—数字电压表;3—负极棒

5) 测定棒的使用次数。不许连续使用同一根测定棒。

(3) 须暂停或重复测定的情形。

1) 当测定槽发生效应时,或对地电压异常时,或降电流时,暂停测定。

2) 本次测定值与前一次的测定值有 ±50mV 的差值时,或本次测量过程中两次测定值相差大于 5% 时,要重新测定。

(4) 测定完毕后的处理。

1) 用结壳块堵好测定洞;清扫槽沿板;盖好槽盖板;操作排风量转换阀门复位;把工具送回指定地方放置。

2) 计算本次测量过程中两次测定值的平均值。

3) 把测定记录提交相关人员,并按规程输入计算机系统。

14.11 阴极钢棒电流分布测定

该项测定既为阴极工作状况分析提供资料,又为改进电解槽砌筑安装积累资料,因而一般在有此需要时进行测定。

(1) 测定作业准备。确认测定的炉号;检查测定用具(测定棒 2 根、电压表、导线、记录本)。

(2) 测定作业实施。

1) 把导线接到屏磁铁盒内电压表的接线柱上。

2) 导线连接在电压表的负接线柱和 50mV 接线柱上。

3）进行测定。

见图 14-19，将正极棒插在阴极钢棒与软带母线压接处的 A 点；将负极棒触及阴极母线和软带母线的焊接处 B 点；电压表指针从零开始，以 0.1mV 为单位读数、记录。

（3）测定须暂停的情形。测定须暂停的情形包括：测定槽发生效应时；对地电压异常时；降电流时；正在测定槽的操作面进行作业时。

（4）测定完毕后的处理。

1）全部测定完毕，把测定用具送回原处。

2）测定数据的处理。测定值需加上各自对应软母线的补正系数；测定值补偿后，求出其平均值。

3）把测定记录提交相关人员，并按规程输入到计算机系统。

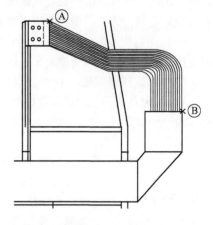

图 14-19 阴极钢棒电流分布测定示意图

14.12 阴极钢棒、槽底钢板温度测定

本项测定的目的是为初步了解阴极工作状况及为导电情况提供资料，因此在需要时进行测定。

（1）测定作业准备。确认测定的槽号；准备并检查测定用的工具（红外线测温仪、记录本）。

（2）阴极钢棒温度测定作业的实施。

1）手持红外线测温仪，在风格板上距阴极钢棒头 1m 的距离测定。

2）测定点在阴极钢棒与软带母线接头向内 2cm 处。

3）以 1℃ 为单位读数记录。

4）测定点必须没有杂物及厚的氧化铝覆盖，如有必须清除后再测定。

（3）槽底钢板温度测定作业的实施。

1）选定测定点。每组阴极对应的钢板测定 3 个点，即 A 面端头向 B 面 50cm 处，B 面端头向 A 面 50cm 处，槽纵向中心线对应点。

2）以 1℃ 为单位读数记录。

（4）测定须终止的情况。测定须终止的情况包括：测定槽正在进行换极作业时；停电、限电时；被测槽发生效应时。

（5）测定完毕后的处理。

1）将工具放回指定位置。

2）将测定记录提交相关人员，并按规程输入计算机系统。

14.13 取电解质试样、原铝试样

取电解质试样，是为了分析电解质中的摩尔比、氧化铝浓度、氟化钙浓度等，从而保持适当的电解质成分，因此每槽每隔一定时间（如每隔 4d）要进行一次取电解质试样的作业。

取原铝试样，作为调查电解槽的铝纯度、操炉管理、铸造配料的资料。每槽每隔一定时间（如每隔 2d）要进行一次取原铝试样的作业。

（1）取样作业准备。

1）打开出铝孔。操作排风量转换阀门（增大电解槽抽风量），并打开出铝端炉门；手动操作出铝打壳装置，打击出铝孔，使电解质液面露出。

2）工具的准备与预热。对于取电解质试样，准备电解质试样勺、电解质试样模和电解质试样盒；对于取原铝试样，准备原铝试样勺、原铝试样模、原铝试样盒、字模和手锤；把试样勺和铸模放在出铝端侧槽沿板上，或用热的氧化铝预热（防止爆炸）。

（2）取样作业实施。

1）把铸模的浇注口向上放置在槽的靠取样孔一端。

2）当取电解质试样时，用电解质试样勺从出铝孔取出电解质液；当取原铝试样时，用铝试样勺从出铝孔取出试样，在勺里摇动，以使电解质和铝液分离。

3）在试样（电解质或铝液）凝固之前，将取出的试样慢慢倒入铸模，放置凝固。

4）对于原铝试样，确认其凝固后，用手锤和字模在表面上打上槽号。

5）冷却并确认取样的槽号之后把试样装入试样盒。

6）确认在试样里没有混入灰尘、炭粒、氧化铝等杂物，电解质试样中不含铝。出现试样不好的情况要再次取样。

（3）取样完毕后的处理。

1）盖好出铝端槽盖板；操作排风量转换阀门复位；清扫现场。

2）取完所有的试样后将试样送到检验室。

3）检验完成后取回检验报告单送到相关人员处。

14.14 铝电解参数新型测量方法的发展概况

随着现代铝电解工业对生产过程监控与管理要求的不断提高，人们期望能对更多的电解参数进行快速和在线检测。目前传感器及相关的传感技术远远不能适应这一需要，能由计算机控制系统在线实时检测的参数还局限于槽电压和系列电流，其他由人工进行常规检测的重要参数虽然也能输入到计算机控制系统中作为辅助信息，但因检测周期过长，影响了其作用，还有一些重要监控参数由于碰到的困难很多，至今尚未完全解决，因而根本没有检测。长期以来，铝工业期待实现的在线或快速检测参数包括：

（1）电解质温度和过热度（初晶点）。

（2）Al_2O_3 浓度。

（3）熔体（电解质与铝液）高度。

（4）电解质成分（摩尔比或过剩 AlF_3 含量）。

（5）极距。

（6）阳极、阴极电流分配。

（7）阳极、阴极的电位变化。

（8）HF、CF_4 浓度。

（9）CO_2/CO 比值（电流效率）。

本节仅介绍初晶温度和氧化铝浓度的测量。由于铝电解熔体的强烈腐蚀性，常规接触式传感器的耐腐蚀问题难以解决，因此需要引入和研究非破坏式、非接触式传感技术。

解决监控参数不足的另一途径是使用"软测量"技术，即综合应用数学统计方法、系统辨识与参数估计方法、计算机动态仿真技术等，实现对不可测参数的估计。相关内容将在第三篇相关章节中加以介绍。

14.14.1 槽温及电解质初晶温度测量

14.14.1.1 热电偶连续测定电解质温度

热电偶连续测定电解质温度一直是铝工业期待实现的。但问题是热电偶保护套管的耐腐蚀性问题难以解决。一些研究者针对保护套管的材质选择与加工进行了研究。能够防腐蚀的陶瓷基套管容易被碰坏，且操作过程的插入和拔出因其环境温差变化太大，易产生裂纹而破损。炭基套管的温度响应太差，强度也不理想，同时它在电解质中的消融也较快。铸铁基合金套管的强度较好，热传导较好，其抗腐蚀能力与陶瓷套管和炭质套管相比类似。壁厚为 5mm 的铸铁基合金套管，在电解质中的插入寿命为 30d 左右[1]。但是，30d 左右的使用寿命尚不能使铝工业满意，并且合金套管腐蚀后会使铝液中铁等杂质含量增加，同时依然较短的使用寿命会导致较高的使用与维护成本。

14.14.1.2 热电偶连续测定槽侧壁温度

由于连续测定电解质温度所涉及的热电偶保护套管问题难以解决，人们自然想到了通过检测槽壁（金属槽壳的内壁或外壁，或内衬中）的温度来估计槽内温度的方法。归纳起来，用热电偶测得的金属槽壳侧壁温度数据有如下特点[2]：

（1）槽壁温度的基值（基值的变化周期以天计）主要由测量点处的炉帮壳厚度决定，两者有较好的对应关系。

（2）槽壁温度相对于基值的变化（变化周期以小时或天计）能反映槽内温度，但反映迟缓，反映滞后时间长达一至数小时，而且不能准确定量地反映槽温温度，也不能反映槽温短期内的小幅度波动（如下料前后的温度波动）。

（3）安装在侧壁内的热电偶可以用来检测阴极侧部内衬的侵蚀。

由于槽壁温度对槽内温度响应的滞后性和不精确性，因此只是使用其作为反映槽内热平衡和槽膛变化的辅助信息。例如，日本三菱轻金属公司曾利用槽壁温度的日平均值和阳极效应峰值电压的日平均值作为输入参数，每日为每槽打印或显示一个热平衡与阳极工作状态的二维判断图；中南大学梅炽等开发的炉膛内型动态解析程序则应用多支按一定方式安装有槽壳上的热电偶所检测的侧壁温度连续解析炉膛厚度并显示二维炉膛内型[3]。槽壁多点测温的方案显然可以克服槽壁单点测温的代表性不够的问题，因此在现行计算机控制系统中普及应用，但该信号作用只是辅助性的，而且测点多导致了检测系统的使用与维护成本增加的问题。

14.14.1.3 动态法测温技术与间歇式测温技术

中南大学王化章、刘业翔等人于 20 世纪 80 年代末提出了将动态法测温思想应用于铝电解质等高熔体温度检测的设想，并开发了高温熔体的测温方法及其装置的专利技术[4]。动态法测温装置能将接触式传感器自动插入电解质熔体中，利用热电偶与熔体短暂接触过程中所获得的电势信号动态变化曲线来推算电势信号达稳定时所对应的电解质温度。这便能减少热电偶与电解质的接触时间，故可延长热电偶的使用寿命，更重要的是在此基础上期望实现铝电解槽的在线自动间歇式测温，即通过在电解槽上部结构中安装一个能自动将热电偶插入（然后抽出）电解质熔体的装置，并利用计算机系统自动处理热电偶的响应曲线，从而实现对电解质熔体的定点间歇式测温。将计算机应用于动态测温中的好处是，利用计算机的解析能力可以边检测热电偶的输出信号，边进行被测介质温度的预测，如果预测精度达到要求便及时抽出热电偶。

动态法测温的准确性与重现性一方面与数据处理算法有关[5]；另一方面则与热电偶探头的材质与结构关系很大[6]。后来的研究者提出了一些新的探头结构，并将动态法测温中对热电偶响应曲线的分析思想延伸到利用响应曲线进行电解质初晶点判断。

普通的间歇式在线测温并不要求采用动态法原理,而是利用微机控制,当热电偶输出信号达到稳定时便立即将热电偶自动抽出。我国的包头铝业公司于2001年进行了间歇式在线测温装置的工业试验,其中热电偶使用了铸铁合金基的保护套管,主要目标参数为:测温精度0.5%,热电偶套管使用次数为5000次,热电偶响应时间为3~4min。

间歇式测温(包括动态法测温)的不足之处是,热电偶使用寿命仍受到保护套管材质的限制,因此测定频度需限制为每数小时1次才具有工业应用价值。李劼等人研究建立了与采用间歇式测温装置配合使用的电解质温度自适应预报估计模型[7],从而用模型估计与间歇测量相结合的方式获得电解质温度曲线。

14.14.1.4 基于特殊热电偶探头的电解质温度与过热度(初晶点)测定方法

A 球形探头

干益人等人提出并研制了一种基于球形探头的电解质温度与初晶点测定方法。其球形探头的结构如图14-20所示。它采用铂铑-铂热电偶丝,探头的下部由一球形金属块构成。因为在同等体积下球形探头有着最大的表面积,更重要的是球形可以保证各个方向传递到中心的热一致,球形中心的温度就成了外壳各点温度的综合,从而具有较高的稳定性与重现性。热电偶的电位数据被连续采样,经AD转换输入计算机后进行处理。

当一个冷的探头插入熔盐时,在探头表面会形成一凝固层。由于这一过程非常快,所以凝固层与熔盐的组分是相同的。然后随着探头温度的升高,凝固层会经历以下几个过程:变厚、保持厚度、变薄、熔化。

如果探头的体积很小而且热导率很高,探头的温度可认为是一致的。测量过程中探头不断升温,升温的速度不断下降。当凝固层熔化后升温速率开始上升,然后又有一下降过程。在凝固层刚完全熔化的临界点,探头的温度等于初晶温度。此方法的关键在于如何确定温度-时间曲线的临界点。图14-21中升温速率-时间曲线中的点1即为初晶点。

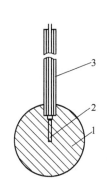

图 14-20 球形探头示意图

1—金属球;2—热电偶;3—套管

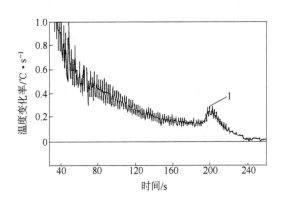

图 14-21 球形探头在熔盐中的温度变化率-时间曲线

B 带坩埚的探头

继球形探头的研究报道之后,又出现了带坩埚探头的研究报道[9,10]。探头带有一个坩埚(如图14-22所示),将此探头插入电解质中,等到其温度达到电解质的温度,即时间-温度曲线出现稳定的平台后,即可拿出让其冷却,由计算机跟踪检测热电偶的输出信号。当达到初晶温度时,由于被测介质释放熔化热,冷却速度变慢。根据时间-温度曲线可得初晶温度。如图14-23所示,点1即为初晶温度。

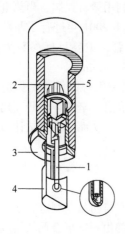

图 14-22　带坩埚的探头结构示意图
1—热电偶；2—连接部分；3—插入部分；
4—坩埚；5—套管

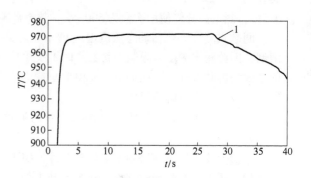

图 14-23　带坩埚的探头在熔盐冷却过程
中的温度-时间曲线

目前，我国一些铝厂正在试用一种一次性的带坩埚的探头，期望实现对电解质初晶点的检测，并作为调整和控制电解质过热度的依据。

14.14.1.5　消耗型光纤辐射温度计测温

目前出现了一种采用消耗型光纤辐射温度计测量液体金属温度的方法，已经成功应用在铜和钢铁冶炼行业。现在已有单位在进行铝电解槽中的测温实验。普通的光纤辐射温度计测量温度是直接接收被测对象表面的辐射光，即非接触测温；而消耗型光纤辐射温度计却是将光纤浸入到被测熔融金属中，接收被测对象内部的辐射光，因此是一种接触式测温方法。因为铝电解质的表面会结壳，所以采用接触式测温方法应该更适于铝电解槽的温度测量。消耗型光纤安装在保护套管中，它的顶端插入熔体中，插入深度约 50mm，每次测量插入约 5s，由于光纤的顶端会被溶解或熔化，所以需要不断更新，以使光纤顶端保持透明。因此，每次测量完毕后光纤会被立即拉出 50mm，然后把光纤前端切断，整个测量过程大约需要 2min[11]。

14.14.2　氧化铝浓度测量

关于电解质中 Al_2O_3 浓度的测定，曾进行过长期的研究和开发，至今仍在继续之中。然而至今尚无一种可供工业上持久应用的测量仪器。

前人探索过的许多原理和应用仍值得今日参考，其中有：（1）利用双联浓差电池测定冰晶石-氧化铝熔盐中 Al_2O_3 的活度；（2）利用不耗阳极直接测定冰晶石-氧化铝熔体中 Al_2O_3 浓度；（3）利用参比电极与检测电极组成模拟原电池测定 Al_2O_3 的浓度；（4）利用临界电流密度与氧化铝含量关系测定电解质中 Al_2O_3 的浓度。

A. T. Tabereaux 等[12]于 1976 年和 1983 年发表了有关氧化铝浓度计的研究报告。这种氧化铝浓度计的原理是以阳极临界电流密度与氧化铝浓度的关系为基础的（参见本书 6.2 节临界电流密度），从测量临界电流来查知电解质中的氧化铝浓度。浓度计的探头为一微型电解槽，测量时将它插入电解质中，往微型电解槽上通以一定强度的直流电，待到小阳极上发生阳极效应，即达到该条件下的临界电流密度时，就可根据事先标定好的临界电流密度与氧化铝浓度的关系，查知电解质中的氧化铝浓度。此项工作由于探头（石墨阳极）材质的不稳定，槽内电解质流场和阳极气泡干扰等，还需作大量研究工作才有工业应用价值。

参 考 文 献

1　龙凤翔，王云利，王魁汉. 铝电解温度间歇式在线测量. 轻金属，2002，(5)：39~41

2　李劼. 提高贵州铝厂160kA预焙铝电解槽控制系统的控制水平：[硕士学位论文]. 长沙：中南工业大学，1989

3　周萍，梅炽. 铝电解槽槽膛内形的连续检测. 轻金属，1992，(4)：19

4　王化章，薛健，刘业翔等. 高温熔体的测温方法及其装置. 中国专利91106724，1991

5　徐福仓，李劼. 用于铝电解质动态测温的一种新算法. 自动化仪表，1999，20(8)：13~15

6　喻学斌，王化章，薛健等. 铝电解槽动态法测温用热电偶. 有色金属，1996，(2)：76~79

7　李劼，刘业翔，黄永忠等. 点式下料铝电解槽电解质温度模型. 中国有色金属学报，1994，4(2)：12~16

8　Gan Y R, Gao Z S, Zhang A L. Multifunctional sensor for use in aluminum cells. Light Metals, 1995：233~240

9　Verstreken P, Bath Liquidus. Temperature sensor for molten salts. Light Metals, 1996：437~444

10　Jgrimsey E. An in-bath liquidus measurement for molten salts and slag. Light Metals, 1996：1149~1154

11　黄攀，王俊杰. 铝电解工业中参数测量技术的新进展. 仪表技术与传感器，2002，(8)：52~54

12　Wilson C A, Tabereaux A T. Alumina control in center-break cells. Light Metal, TMS (Warrendale, Pennsylvania)，1983：479~493

15　铝电解的生产管理

现代预焙槽的生产管理首先要求企业采用先进的管理理念与思想方法，并在此基础上建立完整、统一、标准的管理体系、管理制度与作业方法。因此，本章将首先讨论现代预焙槽管理的思想方法，然后着重叙述与铝电解工程技术关系密切、主要属于技术管理范围的一些重要管理内容，包括：技术标准（槽基准）的管理、电解质组成管理、槽电压管理、加料管理、铝液高度和出铝量管理、电解质高度管理、阳极更换进度管理、阳极上覆盖料管理、原铝质量（铝液纯度）管理、效应管理、异常槽况（病槽）及事故的防治与管理等。

15.1　现代预焙槽管理的思想与方法

现代预焙槽炼铝随着新技术的应用、槽容量和生产规模的扩大、机械化与自动化程度的大幅提高，不再是过去恶劣环境下的重体力劳动模式、作坊式（经验型与粗放型）的操作与管理，而是干净环境下的轻松工作，是现代化大生产所要求的标准化及精细化的作业与管理。因此，现代预焙槽需要一批具有新的管理理念及思想方法的新型管理者。过去从事过自焙槽生产的人们应该尽快转变管理理念与思想方法。

殷恩生曾论述了现代预焙槽管理的思想方法[1]。他指出，对于铝电解生产管理而言，应当树立"保持平稳"、"技术条件比操作质量更重要"、"降低槽温"、"预防为主"和"注意先天"的思想方法；从过程分析出发，应树立"仿生分析"和"减少变数"的思想方法。同时，他还总结了车间生产管理的一般法则，那就是标准化、同步化与均衡化，并重视设备管理和全面质量管理。他的这些论述对于现代预焙槽炼铝企业具有重要指导意义。

15.1.1　车间管理遵循标准化、同步化和均衡化的原则

15.1.1.1　标准化

A　制定和执行标准的意义

对于连续性强、机械化自动化程度高、工序间环环相扣的大工业来说，成百上千的人集中在一起，从事着相同的劳动，制造着同样的产品，这就需要在操作方法、管理制度和产品标准上的高度统一。因此，现代工厂中都把制定标准、执行标准作为生产管理的重要内容。

铝电解作为现代大工业的一个分支，既遵从普遍适用于大工业生产的管理规律，又具有区别其他工业的特殊性，从而具有固有的特殊规律。这些普遍规律和特殊规律溶渗于各项技术标准、作业标准和管理标准之中，而这些标准就是企业乃至整个行业知识与智慧的结晶。另外，大工业生产只有实施标准化才能做到步调一致，只有"协同作战"，才能实现"整体最佳"的目标。因此，铝电解生产管理者必须首先树立严格遵循标准的思想。为此，管理者必须学习掌握大工业生产的普遍规律和电解炼铝的特殊规律。在此基础上学习掌握各项标准，并不折不扣、全面贯彻落实各项标准，尽量杜绝违反标准的现象。

在过去的自焙槽车间内，由于缺少对过程的准确计量和监视，对槽子运行过程的判断基本停留于操作者的直观感觉，对槽子的处置是根据个人的经验。经验的个体性和处置的随意性是现代化大生产所不能容许的。自焙槽的管理者一旦转向管理现代预焙槽，他们会迅速熟悉新的

操作方法，但过去的管理习惯则难以迅速改变。他们的管理习惯往往会破坏技术条件和操作方法的统一，使先进的装备不能获得优良的成绩。对他们来说，存在着摈弃作坊式习惯，树立现代大生产观念的问题。

　　B　制定（修订）标准

　　对于各项操作，都应建立统一的标准。标准中应包括以下内容：作业名称、作业对象、所需工具（或仪表）、作业环节分解、指示、联络、操作顺序、时刻、记录（含记录表形式）、安全、维护等方面。要求每项作业中的全部内容都必须按标准的规定进行，切实做到作业的每个环节都符合标准。

　　中国铝厂过去基本上无作业标准，只有一个简要的操作规程。规程只是用条款性的文字，极其简单地叙述了作业的技术条件和注意事项，不明确作业涉及以上各个方面的具体要求，在请示、联络、记录、动作顺序等方面，根本没有提及。

　　之所以在作业标准的内容上产生如此大的差别。原因之一是源于对"作业"一词的理解不同。按照传统的思想理解，作业就是手持工具完成一连串动作，只要动作完成了，就算完成了作业。但是，按现代工业管理思想，动作完成了并不算作业完结，还必须完成动作之后的清扫、请示、联络、记录等才算结束。原因之二是两者对操作环节的要求宽严不同。传统的思想认为，干了就行，并不苛求干的方法和人员、工种的组织，因而易出现完成同样作业方式各异的情景。而现代管理思想认为，操作的环节和动作本身就是作业标准的一部分，要使同一项作业的各个环节都显现出高度的同一性，使各项作业的各个环节都纳入控制之中。

　　中国第一个160kA电解槽系列的操作标准，是按现代工业管理的思想制定的，其做法现在已逐步推广到了中国其他铝厂。随着中国企业管理水平的不断提高，标准涵盖的范围不断扩大。首先，不仅针对"操作型"作业（阳极更换、效应熄灭、出铝、抬母线等）制定作业标准，而且还把其他一些生产活动也规范化为若干种作业，并制定相应的作业规程。例如，与生产管理密切相关的有巡视作业；与出铝有关的有铝液输送作业、吸出管更换作业、吸出抬包的粗略清除作业、抬包的预热作业等；与开、停槽有关的有列间短路作业、电解质吸出与移注作业、电解槽系列通电及停电的联络作业、停槽作业等；与计算机控制系统相关的有槽电压的调整作业、电解槽异常的检出与处理、电解控制系统异常信息的处理、电解控制系统停止时的处置等；与工具制作、设备操作与维护有关的作业有氧化铝耙（铝耙）浇铸作业、铝电解控制系统操作与维护作业、多功能天车的操作与维护作业、原料输送与烟气净化系统的操作与维护作业等。其次，对工艺技术基准及一切管理工作也实行标准化，制定相应的技术标准和管理方法，除政治工作，经营、福利方面的标准外，在生产与技术管理方面，最低限应该为下列几类管理制定具体的标准：

　　（1）技术标准与技术条件管理。

　　（2）设备与工具管理。

　　（3）生产计划与管理。

　　（4）操作工序质量管理。

　　（5）产品质量管理。

　　（6）生产调度指挥管理。

　　（7）数据检测（含收集、传递、分析、汇报）管理。

　　（8）各级人员的岗位责任制及考核管理。

　　（9）生产与技术会议管理。

　　（10）原材料与工器具供应管理。

（11）全面质量管理活动的管理。

（12）奖金分配管理。

中国的一些工厂普遍重产品标准，轻操作标准，更轻管理标准。反映出重结果而忽视原因的倾向，这与全面质量管理的思路相悖，应当扭转，使管理发挥出第二生产力的应有作用。

标准不是一成不变的。例如，新建铝厂可能不能完全套用其他铝厂的标准。以技术条件为例，一个电解系列的标准技术条件应该是其最佳技术条件、作业标准与管理标准的制定与实施都是以保证电解槽在标准工艺技术条件下运行时具有最佳槽况和最佳技术经济指标为宗旨的。标准技术条件是经过生产实践的长时间证明可以在已有的装备、生产条件和操作管理水平下平稳实现的技术条件。反之，如果所制定的标准技术条件无论怎么努力也不能平稳实现，那么就不是本企业生产系列（或本阶段）的最佳技术条件，就应该考虑修订标准。此外，随着原料、设备、劳动组织等条件的变化和生产经验的积累，原有标准中会有一些与现实不符，或显得陈旧，而需及时修订。总之，各种标准始终保持反映现状，处于统一作业的法典地位。

C 执行标准

在电解铝厂，由于整流、阳极制造、铸造、化验、检修、车队等车间都围绕电解生产工作，提供电解车间电力、阳极和各种服务，这些车间工作质量的好坏将最终反映在电解生产指标之中，因此，执行操作标准并非仅是电解车间的义务，而是要求全厂各车间、岗位人人把关，全厂动员。不允许不执行标准的车间和岗位存在；不允许车间和岗位执行一部分标准，违反另一部分标准的现象立足。

大量现象表明，执行一部分而违反另一部分标准的情况在现有的工厂相当普遍。这是造成指标低下、物耗过高和生产波动的最主要原因。

这种局面之所以能够得以持续，原因有二：其一是操作者用习惯取代标准；其二是没有为操作者创造出执行操作标准的客观条件。

车间的管理者应帮助操作者和最直接的管理者树立一种观念：操作标准和管理标准是生产中不可违反的法律，违背这些标准就是违背客观规律，必然将受到客观规律的惩罚。应养成一种习惯：在分析改善指标的措施时，不要奢谈理论，首先要实事求是地反省操作质量和技术条件保持情况，寻找操作、管理与标准的差距。

车间的管理者和流程上有联系的车间都应为本车间或下道工序创造执行标准的环境，这样才能用标准约束下级，才能使下级看到领导贯彻标准的决心。如果对影响标准执行的现象听之任之，就会大大淡化操作者执行标准的热情，形成领导强调执行标准只是空喊口号的局面。还应该看到，不按标准进行的那部分操作可能毁掉大部分按标准操作的成果。

管理者推动操作标准和管理标准的落实，应当同时采用宣传意义、组织学习、质量考核、讲评讨论、奖惩分明、及时排除执行标准的困难等手段。只要认真做好这些工作，坚持下去，才有可能使生产指标跨上一个新台阶。

15.1.1.2 同步化

电解车间每天所进行的作业都有固定的时间和程序，这是过程平稳所要求的，也是多功能天车作业能力所决定的。因此，一到某一时刻，所有参与作业的不同工种的操作者都必须到达现场，并且在指定的时间内完成作业。

根据电解车间作业时间表，排出了其他车间配合作业的时间表，从而形成整个工厂的工作节拍。电解车间和其他车间都必须遵守已经约定的配合时间表，到时同步动作，使任务完成协调、高效。

　　车间的一切人员不仅要遵守工厂规定的劳动纪律，而且必须严守作业时间表上的作业时刻，不得拖延和无故颠倒作业的顺序（特别是出铝时刻）。表15-1是某厂在实践中使用多年的一张车间作业时间表。

表 15-1　电解车间日作业时间表

项　目	0	1	2	3	4	5	6	7	8	9	10	11	12	13	14	15	16	17	18	19	20	21	22	23
运送阳极块				▨	▨	▨							▨	▨	▨						▨	▨	▨	
班前会	▨								▨								▨							
天车检查,抬包检查	▨								▨								▨							
出铝车到达现场	▨								▨								▨							
出铝			▨	▨	▨	▨(109~122)			▨	▨	▨(101~108)							▨	▨(122~126)					
清包							▨					▨								▨				
换阳极						▨	▨(101~108)						▨	▨(122~126)							▨	▨(109~122)		
抬母线														▨	▨									
扎大面及处理槽						▨	▨							▨	▨							▨	▨	
加料(装料)							▨	▨							▨	▨								
维护天车								▨	▨	▨	▨	▨	▨	▨	▨	▨	▨	▨	▨	▨	▨	▨	▨	
16h电流分布测定		▨	▨							▨	▨													
取铝试样及电解质样									▨(铝试样2日一次,电解质样4日一次)															
三点测定(1次/5日)									▨	▨(101~108)					▨ ▨(121~126)								▨ ▨(109~122)	
准备吸出管总成											▨ ▨(副班)				▨ ▨ ▨ 吸出工作完毕后进行									
打出班报								▨								▨							▨	
打出 AE 报																							▨	
打出出铝指标量表																							▨	
输入纸带打出纯度表															▨									
打出日报			▨																					
出铝管理员核算										▨	▨	▨												
车间统计员核算上报											▨	▨	▨											

　　在电解车间要实现这种时间表是十分困难的，但又必须坚持。电解车间本身及其相配合的车间都要用铁的纪律相约束，按时到位，提前做好作业准备。要保持电解槽技术条件平稳、适宜，各项操作质量良好，尽量减少天车和人力的无效劳动。电解车间的天车以及直接制约电解生产的铸造、阳极组装的设备都须处于良好状态，不得因设备故障而打乱生产节奏。若多功能天车需要计划检修，则应首先完成那些将制约其他车间工作节奏的作业（如出铝送到铸造车间、协助大修槽并吊运槽上部结构），限制在车间自行支配的那些作业时间内进行。这时，作业的顺序可临时颠倒或推迟。

　　每日的工作有一定节奏，每个月也如此。例如：25～26日以区为单位召开下月槽基准讨论会；12日、22日车间召开旬生产技术研讨会；3～5日车间召开生产技术总结会；8～9日区召开工序质量讲评会等。除车间内部的会议安排外，电解车间领导应每月定时与铸造、阳极、供电、车队、化验等配合车间的有关人员恳谈，彼此征求在作业上配合、协调中的意见和希望。

15.1.1.3　均衡化

　　均衡化指进入电解车间物流和从电解车间移出的物流均衡。"均衡"含有两重意义：第一，物流不能中断；第二，投入和产出都应保持在一定范围之内。维护投入产出的均衡是生产调度的重要内容。

　　投入均衡。进入车间的 Al_2O_3、阳极块、氟化盐、电解质粉、工器具必须按时按量，不允许在某一环节出现堵塞或供应量过剩或不足。

　　产出均衡。要求槽子产出量均衡，送到铸造的原铝量大致恒定。这就要求电解各项操作质量良好，技术条件搭配合理，槽况稳定。同时要及时返回阳极组装所有的导杆和残极，不要在车间积存。

简言之,槽子稳定是物流均衡的基础,物流均衡又是槽子稳定的客观表现。

为了保证生产过程中物流投入产出的均衡,要求与物流进出有关的设备、阳极组装、铸造等上下工序的设备状态良好,按时动作、保证出力。这就要求操作者认真操作,精心维护,减少或避免设备事故;要求设备部门做到有计划检修,并注意同类设备检修时间尽量错开,缩短时间。一旦出了故障或事故要立即进行调度,迅速恢复生产。

为了实现均衡,工厂在下达生产计划时,要注意指标符合实际,指标过高或过低(特别是前者)都会破坏技术条件的平稳。如果槽子的稳定遭到破坏,反过来就会影响到日后物流的均衡。

同时,工厂要保持奖金幅度的稳定。奖金幅度的大起大落会诱惑基层管理者刻意多出铝或压铝,来追求高奖金,造成人为地背离技术条件。即使遇到生产计划与槽况不符,奖金行情涨落颇大的情形,车间的管理者也应把好最后一道关口。计划低时,多出的铝存在账面。计划高时,用账面铝填补欠缺。做到多一点不出,少一点不压,始终平稳保持铝液高度、电压等重要技术条件。切不可为追求计划的完成和高奖金而本末倒置。

综上所述,保持物流的均衡虽说只是生产管理的一个侧面,但实现物流的均衡牵动着生产管理的绝大部分内容,对各单位的各方面工作都提出了更高的要求,这反映了生产管理诸方面的内在联系。启示人们,只有尽力做好各项基础工作,才有可能进入物流管理均衡的境界。

15.1.2 保持平稳

电解过程需要保持平稳和安定。所谓"平稳"包含两层意义:一是指保持合理技术条件不变动,少变动,即使变动也应尽量控制变动量,使变动幅度控制在槽自调能力所能接受的范围内,做到温度、电压、铝液高度波动小,槽帮规整稳定;二是指尽量减少来自操作、原料、设备带来的干扰,创造技术条件得以平稳保持的环境。

(1)现代高效节能工艺技术条件对保持平稳提出了更高的要求。现代铝电解为了追求高效节能和环保达标,在改进的装备与控制技术的保障下,采用了以低摩尔比(2.1~2.4)、低电解质温度(940~960℃)或低过热度(8~12℃)、低效应系数(0.1以下)为主要特征的所谓现代工艺技术。与传统的以高摩尔比(2.6~2.8)、高电解质温度(960~970℃)和高过热度(15~20℃)、高效应系数(1.0以上)为主要特征的工艺技术相比,现代工艺技术容许的工艺技术条件变化范围很窄。从物料平衡来看,低温和低摩尔比使电解质中的氧化铝过饱和度以及溶解速度下降,因此容许的氧化铝浓度变化范围变窄,稍微多下料就容易导致沉淀,而下料稍不足又容易走向效应(使低效应系数的目标难以实现)。再从热平衡来看,低摩尔比状态下熔融电解质组成(强酸性)与凝固的电解质组成(接近中性)差别大,因此热平衡波动引起熔融电解质凝固或凝固电解质熔化时会显著引起摩尔比的变化,反之摩尔比的变化对热平衡的影响也变得显著,也即低摩尔比状态下摩尔比与热平衡的相互影响与相互作用要比高摩尔比状态下强烈得多。正是由于上述原因,许多现场操作者得出这样的结论:好管理的技术条件(指传统工艺技术)没有好指标,而能有好指标的技术条件(指现代工艺技术)不好管理。这是有一定道理的。

(2)为了实现平稳,首先应该从管理思想和管理方法入手,树立技术条件平稳调整的理念。由于现代铝电解工艺技术容许的技术条件变化范围变窄,加上铝电解槽(特别是大型槽)是热容量大、反应迟钝的调节对象,技术条件的调整和变动往往要滞后几小时,甚至数十小时才显现出效果,因此技术条件不能调整过频,且一次的调整幅度不能过大,应等待效果,分析趋势之后，再作计议。具体应考虑以下几个方面：

1）从调整策略上考虑，应该结合具体的电解槽特性（如槽容量越大，则惯性越大），技术参数之间的相互关联性、被调参数的变化趋势（变化方向和速率）等因素来综合考虑调整的幅度和频度，而不是单纯考虑被调参数与目标值的偏差。例如，在摩尔比调整时，除了考虑摩尔比与目标值的偏差外，还应从摩尔比与槽温的关联性出发，考虑摩尔比和槽温的变化趋势，最后综合制定氟化盐添加速率的调整幅度和频度。

2）从调整幅度而言，作业标准中一般明确规定了一些技术参数（如设定电压、基准下料间隔等）的变动幅度、相邻两日出铝量的最大差别和一次出铝的允许最大量等，应该严格遵照执行。有些计算机控制系统中提供一些可以改变下料和电阻控制效果的参数，若需调整，一定不能以"大起大落"的方式草率进行。

3）从调整频度而言，考虑到电解槽的大惯性和滞后性，产生了一种称为"疗程思想"的管理方法。它以数天（如5d）为一个疗程期，一次制定措施，实施5d，到第五天小结效果，再制定后5d的处置对策。那种对槽子每天都变动技术条件的做法，看起来貌似负责，实际上非但看不出结果而且不时打破槽子的平衡，实属有害无益。

4）从管理理念而言，要结合运用本节叙述的其他思想方法（如预防为主，处理为辅等），采取有效的管理手段和技术措施，抑制偏离的发生。

（3）为了实现平稳，还应该改变粗放作业的观念，对人工作业严格进行管理。在电解槽上的诸项操作中，换极、出铝、熄灭效应对槽子的干扰最大，因此，这几项作业应当严格进行管理。换极时结壳捞不净，新极安装位置不对，效应超时，出铝量偏差过大，氟化盐一次投入过量，滥用扎槽帮的手段及扎炉帮时一次投料过多，阳极临时更换个数过多，大面积调极，停止加料时间过长等都是槽子所不能接受的干扰，应该杜绝。

总之，减少外来干扰，保持过程技术条件平稳，既应该从操作上入手，也应从管理思想和管理方法上入手，两者结合，才是保持平稳的完善形式。

15.1.3　技术条件比操作质量更重要

本章开头已指出，技术标准与技术条件对生产系列整体可达到的技术经济指标起着决定性的作用，而操作质量的好坏对生产过程的平稳性、进而对生产系列技术经济指标的稳定性有着重大影响。前者涉及"战略"问题，而后者涉及"战术"问题，两者虽然都重要，但整体而言，显然前者比后者更重要。以我国20世纪80年代引进和翻版建造的160kA预焙槽为例，其设计采用的工艺技术条件为以高摩尔比、高温和高效应系数为主要特征的传统工艺技术条件，其电流效率的设计值和早期实际实现值为87%～88%，当时不论现场如何抓操作质量，技术经济指标没有明显提高。而从20世纪90年代以来，在先进控制技术的保障下，成功地转换到以低摩尔比、低温和低效应系数为主要特征的现代工艺技术条件，电流效率的提高幅度达到5%以上，直流电耗的降低幅度也超过了600kW·h。这很好地说明了保持正确的工艺技术条件对电解槽技术经济指标的决定性作用。

一个理想的工艺技术条件形成后就应该成为一种技术标准，其他各类作业标准与管理标准都是围绕平稳实现标准的工艺技术条件来制定和实施的，因此电解槽处于标准工艺技术条件下运行时，应该具有健康的状态。这种健康状态还体现在槽子具有足够的自平衡能力和抗病能力，可自身克服一定程度的干扰，能忍耐短时间内操作质量的粗放而不致发病。反之，若技术条件偏离标准，则可能出现两种情况：第一种情况是技术条件向不利于稳定的方向（如"冷槽"）或搭配失调的方向发展，槽子自平衡能力减弱，变得敏感、娇气，受到微小的干扰便会发病，在此情况下纵然操作质量异常精细，也不能阻拦槽子走向恶性循环的怪圈；第二种情况是技术条件走向一个新的平衡状态（如类似传统工艺技术条件下的高摩尔比、高温状态），出现所谓"好管理，但没有好指标"的情形，即槽子虽然可稳定运行，但电流效率指标急剧下降，能耗指标相应地恶化。况且，由于近年来中国建造的大型预焙槽和配备的计算机控制系统都是按照采用现代工艺技术条件的要求来设计的，因此出现第二种情况时，技术条件的搭配会走向失调，槽况的稳定性不可能长期维持。

对于标准技术条件的设定与保持，管理者的作用和责任要比操作者更重要。现场管理中，不仅要考虑操作者各项操作质量，更要考核管理者保持标准技术条件的情况以及技术条件发生偏离时调整措施的合理性和平稳度。那种只制定工序质量考核标准，无技术条件考核标准；只抱怨操作质量而不从技术条件上找原因的重操作、轻技术的倾向应当改变。

15.1.4 依靠铝电解控制系统、尽量减少人工干预、确保人机协调

电解槽运行受到的外界干扰越小，铝电解控制系统对槽况的判断和对氧化铝及槽电阻（槽电压）的控制便越不容易出现失误。人工对电解槽的每一次干预都会打乱电解槽的正常控制进程，例如，手动调整一次电阻（移动一次阳极）不仅会打乱控制系统对槽电阻监控的正常进程，而且会导致控制系统暂停用于氧化铝浓度控制的槽电阻变化速率计算（如暂停 6 ~ 10min），因而影响氧化铝浓度控制的精度。虽然控制系统自动进行的阳极移动也会短暂地影响氧化铝的判断与控制，但经过周密设计的控制程序能合理地安排电阻调节的频度与幅度，将其对氧化铝浓度控制的不利影响降至最低程度，但人工调整对于控制系统来说是随机发生的。例如，控制系统在即将作出效应预报等氧化铝浓度控制的关键时刻，即使槽电阻有所越界也会暂缓调节电阻，以便继续跟踪槽电阻的变化，确认是否达到了预报效应的条件，但若此时发生了手动阳极移动，则控制系统的这种跟踪与预报过程被打断，而失去了及时预报效应和及时采取措施（如采用效应预报加工）的良机。现代智能化的控制系统中应用了许多基于"槽况整体最优"原则的调控规则，例如对电阻调节而言，不是简单地实施"一越界便调整"的原则，现场发现电阻越界而控制系统未调整便要能清楚地知道是何种原因引起（出于控制系统的自身策略？控制系统故障？对控制系统进行了限制？电阻超出了允许自控的范围？等），这就需要作业人员与管理人员懂得控制系统的控制思想，确保人机协调，避免人机"对着干"。

15.1.5 重视设备管理

电解的主要操作、技术条件的调整、物流的进出都是建立在设备正常的基础上，越现代化的工艺对设备的依赖性越强。有人讲，设备好坏是电解死或活的问题，工艺的好坏是指标高或低的问题。一句话，设备不正常，标准化、同步化、均衡化均为奢谈。

在电解车间，最重要的设备是多功能天车、净化大风机、计算机控制系统和电解槽。

抓好设备管理的第一关是要求操作者正确使用，精心操作设备。按照操作标准的规定，开车前查看上班记录，并作检查，做到心中有数。开车后，全神贯注，细心操作，注意巡视，不干违反标准的危险、野蛮、"省事"的操作。工作结束后，要对设备进行清扫、擦拭、润滑、检查，并认真填好作业记录和专用的设备状况检查表。设备一旦出现异常应马上报告，更不允许带病运转。

对所有上岗人员，都必须进行正确操作、维护设备知识的考核。对操作重要设备，如电解多功能天车的人员要坚持"操作证"制度，无证者不得上岗。

要特别注意操作多功能天车人员的情绪和精神。发现其异常时，区长或班长应立即令其停

止作业，防止事故。电解多功能天车的操作者工作时间较长（每班 5~6h），而且操作时精力消耗较大，故应在作业中穿插休息或换人操作。

要注意作业场所、道路的整理整顿。工具、托盘、氟化盐、脱落的残极都要按规定堆放，消除因现场混乱诱发事故的隐患。

要经常检查电解槽周围及楼下母线是否接地，清除它们上面所附杂物，防止烧坏槽控机及计算机室设备。

第一个 160kA 电解槽车间在抓设备的操作维护方面时，开展"红旗设备竞赛"，"百日或（千日）无事故竞赛"等全员设备管理活动，值得推广。另外，除要求各级行政领导齐抓共管外，还要充分发挥安全员、设备管理员及各班兼职设备员的职能作用。

设备管理的第二关，就是要抓好检修关。检修部门应坚持巡视制度，检查作业人员的使用与维护情况，掌握设备现状和趋势，及时排除毛病及故障，防止故障扩大化。

电解车间应与检修部门共同排定计划检修时间表，到时停机，清扫，为检修提供方便。检修部门应在保证检修质量的前提下尽快修复。为了保证检修的质量和速度，检修部门应准备充足的备件和总成，使现场检修简化为备件或总成的更换，以便大大缩短检修时间。换下的零件或总成拉回检修车间，在干净环境和充裕的时间下可获得良好的检修质量。修复的零件或总成可作为下次检修使用。

15.1.6　重视全面质量管理（含过程改善）

全面质量管理是发动群众参加管理，实现人人把关的一种行之有效的管理形式。对于铝电解这个连续性强，多人参与，效果反映迟缓的行业，全面质量管理非常有用。

全面质量管理的基本思想是，以防为主，处理为辅；把管结果变成管原因，把处理事故变为抓日常工作的严格管理，使每个操作、每项技术条件都处于受控状态，且整个过程中，始终贯彻用数据说话。其做法可从以下几个方面入手：

（1）抓操作质量，使操作质量分布的特性值向最佳值靠拢。具体做法是对每项操作的质量都定出中值、上下控制限，要求每个职工对自己所作的操作都在控制图上打点。一旦点子失控或虽然在控，但呈缺陷性排列时，就须立即自寻原因，采取消除措施，做到自我诊断、自我控制、自我完善。

（2）为了造成声势和持之以恒，可结合劳动竞赛开展"工序质量讲评"、"操作能手评比"、"无缺陷活动"等活动，将电解车间的主要操作，如换极、出铝、熄灭效应、抬母线都纳入质量考核。

（3）抓技术条件保持，使各项技术条件分布的特性值向标准值靠拢。可对一台槽或一个区、一个厂房的铝液高度、电解质高度、指示量、电解质电阻、效应发生时的状态等在控制图上打点，一旦异常，立即会诊进行处理。一段时间后求出某一条件的偏差、平均值，与前期比较，看受控、状态及分布是改善还是恶化。由于经常分析，经常调整，始终保持槽子技术条件受控，可有力地保证疗程目标、长期目标的实现，防止或减少干扰造成的技术条件大幅度波动。

（4）前面已指出，技术条件比操作质量更重要，因此应对技术条件保持情况进行考核，用考核的数据进行评比，并与经济责任制挂钩。

（5）无论操作质量，还是技术条件，在分析其受控水平时，一定要用数据说话，并注意将收集到的数据按厂房、区、班或个人分层解析。

（6）组织一支收集加工、分析槽子各种数据的队伍。通过科学地分析、论断，把握目前槽的现状和问题，并提出解决措施，供车间领导决策。

（7）开展访问用户活动，即将下工序视为"客人"，尽量提供方便，尽量提供符合质量的产品或服务。无论是在电解车间内部，还是对铸造、阳极组装车间都应如此，且长期坚持。

（8）广泛开展群众性的 QC（质量管理）活动，号召热心质量管理活动、有一定组织能力和具有必要 TQC（全面质量管理）知识的人自发组成 QC 小组，对操作的某一难点、技术条件保持上的某一难题进行研究和改善。但必须注意选题不要过大，涉及面也不要过宽。注意要日常积累数据，灵活用 QC 工具进行分析。小组要经常活动，不要流于形式。

15.1.7 讲求生产计划管理的科学性，克服生产计划中的主观随意性

生产计划指标过松或过紧会出现下列弊端：

（1）不利于保持电解槽技术条件的长期稳定。指标过松时，生产作业与管理人员思想松懈，并可能造成月末（或年末）压铝等现象；指标过紧时，则可能造成月末（或年末）拼命出铝的现象。这均会影响正常工艺技术条件的稳定保持。

（2）造成年内月份间技术经济指标和财务数字大幅度波动。实践表明，计划下达过松，往往产量和效益的指标超额太多，如果车间只按计划数交库上报，超产的部分便在车间保存下来（到季末或年末统一上交实物或账面铝），而超产部分所耗电力及原材料消耗不是在上交之月计入成本的，因此上交之月的技术经济指标及财务指标就会大幅度"改善"，甚至"改善"到荒唐的程度。

（3）不利于电解车间加强管理和改善过程。计划过松，完成计划唾手可得；计划过紧，完成计划无望而放弃努力，都不能恰到好处地调动操作与管理者的积极性。

因此生产计划的制定应讲求科学性，应根据历史（最近 3~6 个月）的指标完成情况并考虑改善因素综合制定生产计划。要使现场操作与管理人员感受到，只要严格贯彻执行作业标准、百分之百地保持技术条件和操作质量，就必定能完成计划指标。要将产量、成本等经济指标的考核与对技术条件保持好坏的考核紧密结合起来，制定综合考评办法。要制定合理的考评周期，例如将考评奖励周期拉长到 3~6 个月，允许周期内的月份有较少的欠产或超产，允许周期内的月份间以丰补歉，这样可避免短期行为。当考核周期内出现影响指标的重大因素时，应及时召集会议商议和调整计划。

15.1.8 运用基于数据分析的决策方法

随着计算机控制系统的不断进步，计算机控制系统能提供愈来愈丰富的反映电解槽状态变化的历史曲线和图表；人工现场测量也能取得一些有价值的数据和信息，并且多数铝厂也将现场测量数据和信息输入到了计算机控制系统，使计算机报表的内容更加丰富。现场管理人员应该利用这些软件工具、报表与信息分析过程的状态，并结合槽前观察与判断，发现趋势不良的电解槽，以便尽早做出决策，采取措施。管理者掌握数据处理与分析的方法与工具以及基于数据分析的决策方法是管理者必修的基本功。过去那种单凭简单的槽前观察和判断便采取行动的做法是典型的作坊式与经验式做法，不能满足现代铝电解所追求的精细控制的要求。

15.1.9 预防为主，处理为辅

在电解生产中，管理的目的绝非为了处理病槽，而是为确保电解系列能在最佳（标准）状态下稳定运行，取得最佳的技术与经济指标。

常常遇到这样的情况：一些人对电解槽的基本管理不感兴趣，却卖力地研究病槽处理；某

些班组当槽子平稳时就无所适从，似乎没有病槽就不能唤起他们的干劲和热情。诸如此类现象，反映了部分管理者仍有轻视预防，看重事后处理的思想。不预防，只处理，就会防不胜防，出现处理不完的病槽。这样，打乱正常生产秩序和管理制度，将使计划落空，队伍士气低落。一言以蔽之，有百害而无一利。使病槽妙手回春是技术，但使大批槽子长期平衡无病是更高一筹的技术。

做好预防工作，首先要保持正确而平稳的技术条件；其次要确保生产设备的正常运行和严格把住各项操作质量；并且还需提高阳极、氧化铝等主要原料的品质。另外，要重视槽子状态的解析，研究槽子动向，做到未雨绸缪，先发制槽，防患于未然。

电解生产是千百人共同劳动的作品。电解技术是众人合作的技术，唤起大家的热情，使多人、多工种都朝着一个目标去做，是做好预防工作的关键所在，管理者不单要发布具体的工作指示，而且要承担起鼓励、组织、检查和奖惩的职能。

15.1.10　要注意先天期管理

幼儿先天不足，成人后大都体弱多病。这条人类健康的规律也同样适用于电解槽。

槽子预热、启动和启动后期管理是人们赋予槽子走向正常平稳生产的阶段，也是槽子生命周期中内部矛盾最为激烈的时期。

这个时期，槽子由冷变热，逐步达到电解温度下的热平衡。这个时期，炭衬要大量吸收碱性组分，内部各种材料要完成热和化学因素的膨胀和相互错动。这个时期，槽内侧部要自然发育形成一定形状、稳定而难熔的槽帮。简而言之，要形成正常槽所必需的一切条件。

这个时期，操作不好可能出现铝液渗入内衬破坏热绝缘；铝液从阴极棒孔穿出形成漏铝通道；槽底加温不够使炭素体大量吸收钠而潜伏早期破损，或在槽底形成顽固结壳；电压和电解质组成调整不好，形成的槽帮易熔，经不起温度的波动。

因此，要精心对待槽子的预热、启动和启动后期管理。创造良好的先天条件，今后槽子管理起来才会事半功倍。

15.1.11　仿生分析思想

发育正常的电解槽在一定范围内具有以下能力：

（1）自调节能力，如槽温升高时，槽帮减薄散热，阻止温度上升；槽温降低时，槽帮增厚，阻止槽温下降，并多发效应提温。

（2）自供料能力，如氧化铝浓度下降，槽帮熔化阻止浓度下降；氧化铝过饱和时便沉淀下来阻止氧化铝过饱和。

（3）自恒流能力，如底掌稍微突出的阳极，电流走得多，因而消耗较快，一段时间后，底掌到同一个水平，电流分布趋于均匀。

（4）自净化能力，如效应能自动清除阳极底掌下的炭渣，保持其活性；电解质中的炭渣能自动分出并从火眼喷出或燃烧掉。

以上构成了槽子在一定范围内的自平衡能力，仿佛槽子内部设置有若干功能微弱的控制保护环。从这个意义上讲，电解过程与生命现象似乎有着异曲同工之妙。

现场人员常把电解槽视为一个实实在在的"活体"，可以借鉴人体适应恶劣环境的能力，借鉴人们熟悉的生命现象来分析电解过程，使复杂问题变得简单而形象。

但是，熔盐电解还有区别于生命现象的独有规律，因此，仿生分析是有限的，特别是对深层次的问题的讨论上。因此，仿生分析法只能定性地分析问题，而不能定量地解决问题。

15.1.12 减少变数（变量）思想

人类分析复杂事物，往往是将复杂事物化简，分别研究其中两三个变数之间的关系，然后再回到复杂事物中去，创造一个次要因素不变或少变的环境，用调整两三个主要因素之间的搭配方法去支配全局。

广义地讲，电解技术条件有十几个，其中起主要作用也有五六个。实践中，调整槽平稳时不能对它们逐一都变，只能固定大部分条件，只调节一两个，看出结果后，再次调整。这样便于找出规律，简化管理和分析难度。

现代铝电解计算机控制系统无论硬件和软件怎样变化，依然只调节一两个主要的变数，而对其他变数则要求现场创造出事先约定的条件，即不变的、固定的技术条件。

15.2 电解槽工艺标准（槽基准）的制定与管理

铝电解槽的工艺标准（槽基准）规定了电解槽在正常运行条件下的最佳工艺技术条件（或简称技术条件）或技术参数。其中最重要的技术条件有：电解质组成（摩尔比）、电解质温度、氧化铝浓度、效应系数、槽电压、铝液高度、电解质高度等；最重要的技术参数有：设定电压、基准下料间隔时间、效应间隔时间等。

15.2.1 最佳工艺技术条件的制定

15.2.1.1 电解质温度、过热度与电解质组成

电解质温度是电解过程最重要的工艺参数之一。铝业界一直在想方设法降低电解质温度，因为温度降低意味着电能消耗的降低，并且，研究表明，降低电解质温度能提高电流效率。众多研究表明，电解质温度每降低 $10℃$，电流效率可以提高 $1\% \sim 2\%$（但前提是降低温度不带来其他工艺条件的恶化）。

降低电解质温度无疑通过两个途径：降低电解质过热度和降低电解质初晶点。

电解质过热度是指电解质温度与电解质的初晶点（或称熔点、初晶温度）之差。电解质温度必须高出熔点若干度（如 $10 \sim 15℃$），也就是说，必须有一定过热度，电解生产才能正常进行。由于凝固的电解质是不导电的，过热度过低时，电解槽的热平衡稍有波动（如出铝、换阳极等人工作业干扰、槽面保温料变化、下料量变化等引起温度波动）就会引起槽况出现很大的波动，如电压波动，沉淀产生等，使电解槽无法正常运行。当然，过热度也不能过高，过高会影响电流效率，并加大能量消耗。至于要保持多高的过热度合适，要看电解槽操作与控制的平稳程度，以前全靠人工来控制下料和调整电压的电解槽，因为温度波动较大，所以过热度保持较高（$20 \sim 25℃$）。现代预焙槽采用点式下料器实现准连续的下料，并由先进控制系统精细地调节电压和控制下料过程，因而过热度可以保持较低（$10 \sim 12℃$），这是电流效率提高的重要原因之一。

上面的讨论表明，降低过热度的程度是有限的，因为现代采用点式下料和计算机控制系统已经将过热度降低到 $10℃$，再降的空间不大。因此，要实现较大幅度的降低电解质温度，就必须设法降低电解质初晶点。

电解质初晶点由电解质的组成所决定，例如正冰晶石的熔点是 $1008.5℃$。如果其中加入氧化铝，使氧化铝浓度保持在 $5\% \sim 10\%$，则对应的熔点降低到 $980 \sim 960℃$，相应地，电解质温度需要保持在 $1000 \sim 980℃$。为了降低初晶点，人们研究了多种可以改进电解质物理化学性质

（包括降低初晶点）的添加剂，这导致了 AlF_3、CaF_2、MgF_2、LiF 等添加剂的使用，使现代铝电解的电解质初晶点降低到了 950℃ 以下，相应地，电解质温度降低到了 970℃ 以下。特别是添加 AlF_3，实质就是降低摩尔比，在现代大型预焙槽上得到了广泛应用。目前，许多工厂采用了 2.1 ~ 2.2 的摩尔比（相当于在正冰晶石中加入 14.7% ~ 12.7% 的 AlF_3），再加之电解质中还含有其他一些成分（如来自氧化铝原料中的元素 Ca 使电解质中自然积累了约 5% 的 CaF_2），使电解质初晶点降低到 930 ~ 945℃，相应地，电解质温度降低到 940 ~ 960℃。

我们知道，电解质组成的改进不仅通过降低电解质初晶点（从而降低电解质温度）来提高电流效率，而且还能通过改善电解质的其他理化性能直接对电流效率或能耗指标产生有益的作用，因此许多铝厂总是把调整电解质组成（并相应地调整其他技术条件）作为提高自己的技术经济指标的主要手段之一，但不同企业采取了不同的做法，例如我国近年有下列几种做法：

（1）第一类做法是尽可能地降低摩尔比（采用 2.0 ~ 2.1 的摩尔比），并相应地降低电解质温度，将正常电解质控制到 935 ~ 945℃。但维持这样的技术条件的难度非常大，一方面是对下料控制要求高，容易出现沉淀或效应过多的问题；另一方面是电解质电阻率增大，使工作电压的降低受到了限制。此外，过低的摩尔比被怀疑是槽寿命降低的一个原因，理由是增大了 Al_4C_3 的溶解损失，致使阴极和内衬的腐蚀增大。

（2）第二类做法是，摩尔比保持在 2.3 ~ 2.5 范围，不追求摩尔比和槽温的继续降低，也基本不考虑除氟化铝以外的其他添加剂，但强调保持合适的（较低的）电解质过热度。采用此做法的人认为，对于现代物理场设计（特别是磁场补偿设计）优良的大型槽（尤其是特大型槽），其电解质温度对电流效率的影响不是很显著，倒是电解槽的稳定性对电流效率的影响更加显著，因此通过保持较高的电解质初晶温度（而不是通过提高过热度）来保持较高槽温（955 ~ 965℃），可以保持电解槽有较好的稳定性和自平衡性能，不仅一样能获得高电流效率，而且槽子更好管理。这种做法在我国的确有成功的实例。

（3）第三类做法是，重新对使用氟化镁和（或）氟化锂添加剂发生了兴趣。这些添加剂与氟化铝有共同的优点，最突出的共同优点是降低初晶温度（按添加同样质量分数计，添加剂降低初晶温度的效果顺序是 LiF > MgF_2 > CaF_2 > AlF_3）。但也有同样的缺点，最突出的共同缺点是降低氧化铝的溶解度（按添加同样质量分数计，添加剂降低溶解度的效果顺序是 LiF > AlF_3 > MgF_2 > CaF_2）。人们之所以在这几种添加剂的选择上不断"摇摆"，主要是因为这几种添加剂具有以下不同特性[2]：

1）氟化镁和氟化钙是一种矿化剂，能促进边部结壳生长，但氟化铝和氟化锂不具有这一特性。

2）氟化镁和氟化钙能增大电解质与炭间界面张力，因而能降低电解质在阴极炭块中的渗透，有利于提高槽寿命，而氟化铝与之正好相反。

3）氟化镁和氟化钙增大电解质黏度和密度，因而不利于炭渣分离和铝珠与电解质分离（有损电流效率），而氟化铝和氟化锂则与之正好相反。

4）氟化锂、氟化镁和氟化钙不仅降低氧化铝溶解度，而且还直接降低氧化铝溶解速度，而氟化铝对氧化铝溶解速度没有直接影响（只是通过降低电解质温度而间接影响氧化铝溶解速度）。

5）氟化锂具有其他几种添加剂所不具备的优点，那就是能提高电解质电导率，因此常用于强化电流，或者电价昂贵的地区用于降低槽电压。但它也有其"独特"的缺点，那就是价格昂贵。

　　由于上述添加剂具有共同特点（都降低初晶温度、降低氧化铝溶解度），因此电解质中这些添加剂的总含量是有限的（特别是氟化钙的自然积累已达到了5%左右，因此非启动槽一般不添加，但采用相近性质的添加剂，如氟化镁时，要考虑这一因素），这就是说，必须对添加剂有所取舍或按一定的比例搭配。例如添加了氟化镁（2%~3.5%）和（或）氟化锂（1.5%~2.5%）后，摩尔比一般不能降低到2.4以下。

　　从铝电解100多年的历史来看，电解质组成的演变是渐进的，常常是一种组成风行一时，随后逐步改成另外一种组成，而原先的组成依旧为许多工厂所采用。所以在同一时期内，各个工厂采用怎样的电解质组成（多大的摩尔比）及温度，要视各厂的电解槽类型、所采用的加料方式、所用的氧化铝品种和来源、烟气净化方式与水平、操作设备和自动控制系统的自动化程度与水平、作业人员的观念与操作水平等多方面因素而定。

　　最后顺便指出，尽管大幅度降低槽温遇到了困难，但低温铝电解依然是铝工业追求的目标。因为铝的熔点是660℃，要得到液体铝，电解温度只要达到800~850℃即可，大约高出铝的熔点150~180℃。要实现如此低的电解温度，可能需要对现行电解工艺（包括铝电解质体系、电极材料以及电解槽结构）进行重大变革，否则降低电解质温度与保持合适的氧化铝浓度和合适的极距（槽电压）之间的矛盾十分突出。

15.2.1.2　氧化铝浓度

　　对电解质中氧化铝浓度进行严格控制的要求是伴随着低温、低摩尔比以及低效应系数的要求而产生的。

　　众所周知，当氧化铝浓度低于效应临界浓度（一般在1%左右）时，会发生阳极效应，导致物料平衡被打破；当氧化铝浓度达到饱和浓度时，继续下料便会造成沉淀，或者氧化铝以固体形式悬浮在电解质中，也导致物料平衡被打破。随着氧化铝浓度向饱和浓度靠近，产生沉淀的机会便会增大，因为一方面氧化铝的溶解速度随着之变小；另一方面电解质的"容纳能力"变小，容易出现局部电解质中氧化铝浓度达到饱和，例如当从某一局部（如下料点）加入的氧化铝原料未及时分散开时，该局部的电解质中氧化铝浓度达到过饱和，导致沉淀产生。考虑到上述原因，氧化铝浓度一般控制在显著低于饱和浓度的区域。摩尔比降低以及由此引起的电解质温度降低，都会引起氧化铝饱和浓度降低。例如，当摩尔比为2.35、电解质温度为945℃时，氧化铝饱和浓度仅为7%，在这样的条件下，要实现既不产生效应，又不产生沉淀，一般认为需要将氧化铝浓度控制在1.5%~3.5%的区域内。要在如此窄的范围内控制氧化铝浓度，就必须有先进的控制系统，而我国从20世纪90年代以来逐步发展起来的智能控制系统基本满足了低摩尔比操作对氧化铝浓度控制的要求。

　　将氧化铝浓度控制在较低的范围也正好满足了现代各种氧化铝浓度控制技术（或称按需下料控制技术）的要求，因为这些控制技术都需要通过分析下料速率变化（即氧化铝浓度变化）所引起的槽电阻变化来获得氧化铝浓度信息（详见第24章），当在低浓度区时，槽电阻对氧化铝浓度的变化反映敏感，因此将氧化铝浓度控制在较低区间（如1.5%~3.5%）有利于获得较好的控制效果。

　　综上所述，无论是从现代低摩尔比型工艺技术条件考虑，还是从现代氧化铝浓度控制技术考虑，都需要采用较低的氧化铝浓度，但采用低浓度并非从氧化铝浓度与电流效率的直接关系出发来考虑的，因为关于氧化铝浓度与电流效率的直接关系的研究并无定论[3]，有的研究认为提高氧化铝浓度可提高电流效率；有的研究（尤其是大型预焙槽的工业试验研究）则得出降低氧化铝浓度可提高电流效率的结论，还有的研究者得出电流效率与氧化铝浓度的理论关系曲线是一条"U"形曲线的结论，即在中等浓度区电流效率最低。但是，若单纯从节约能耗的观点来看，氧化铝浓度在中等浓度区对降低槽电压是有利的，因为槽电压与氧化铝浓度的关系曲线也是一个 U 形曲线，在中等浓度区存在一个使槽电压为最小值的浓度值（例如摩尔比为 2.3 ~ 2.6 的酸性电解质，最小点在 3.5% ~ 4.0% 之间），高于或低于该浓度值槽电压均会升高，因而对能耗指标不利。当然，通过降低极距可压制槽电压因为浓度过低（或过高）所导致的升高，但显然极距的降低对电解槽的稳定运行和电流效率指标不利。因此，我们认为，管理者不要机械地从氧化铝浓度化验值出发追求"低浓度运行"，而重在看浓度控制的效果，若一种浓度控制程序能确保槽况稳定、无沉淀且效应系数满足要求、给定的工艺技术条件能平稳保持，便说明它是成功的。

15.2.1.3　效应系数与效应持续时间

现代铝电解工艺希望效应系数越低越好，因为效应发生会导致槽电压高达 30 ~ 50V 直到效应熄灭，引起槽温急剧升高，能量损失和铝损失严重，特别是效应期间产生大量的严重破坏大气臭氧层的碳氟化合物气体，所以受到现代环保政策的严格控制。因此，现代电解工艺要求效应系数在 0.3 以下。西方发达国家的铝厂由于受到环保政策的控制，要求效应系数在 0.1 以下，先进生产系列的效应系数控制在 0.05 次/（槽·d）以下，同时尽可能地降低效应的持续时间（借助控制系统的自动快速熄灭效应功能，使效应持续时间仅为数十秒）。

效应系数大小不仅取决于氧化铝浓度控制的好坏，而且还受热平衡控制的好坏和阳极质量好坏的影响。我国大型预焙槽随着自控技术和阳极质量的改进，效应系数可以控制到 0.3 以下，规定效应的持续时间一般为 3 ~ 5min。

传统电解工艺保持较高的效应系数（1.0 左右），这一方面是受过去自控技术和阳极质量等因素的限制；另一方面是基于对效应的认识。传统观念认为，效应虽然对电解槽有上述不利影响，但也有好的一面：首先，效应发生是氧化铝浓度达到低限的标志，利用它可校正电解槽的物料平衡，消除电解槽中可能产生的沉淀（这一点对过去采用人工下料方式或无先进控制系统的电解生产系列而言，是控制物料平衡的有效手段）；其次，利用效应发生时阳极底掌下的炭渣容易排出的特点，可起到清理阳极底掌的目的。随着现代工艺技术的改进和操作观念的更新，电能价格的高涨，特别是随着环保要求的严格，效应的弊大于利的观点已普遍为人们接受，尽可能地降低效应系数和效应持续时间正成为我国铝业界的共识。

15.2.1.4　极距

极距是指铝电解槽阳极底部（阳极底掌）到阴极铝液镜面（即铝液与电解质的界面）之间的距离，简而言之，就是电解槽阴、阳两极之间的距离。它既是电解过程中的电化学反应区域，又是维持电解温度的热源中心。铝电解槽只有保持一定的极距才能正常生产。正常生产过程的极距一般在 4 ~ 5cm 之间。预焙槽的极距一般比自焙槽稍高，因为预焙槽的阳极块数目多，很难使每块阳极都保持在同一极距。同时也不应有极距过低的炭块，这会引起电流分布不均，造成局部过热、电压摆动、阳极掉块、降低电流效率。由于出现这种问题的电解槽会表现出电压摆动，因此检测阳极电流密度分布（及各阳极块的电流分布的大小）可以找出极距过低的炭块。

由于改变极距便改变了阴、阳两极间电解质的电阻，于是便改变了极间电解质的电压降。极距改变 1mm，引起槽电压变化约 30 ~ 40mV，这是非常显著的。因此，调整极距是调整槽电压的主要手段。生产中所指的槽电压调节指通过调整极距来改变槽电压。这便是生产中常把极距调节与槽电压调节两个概念等同起来的原因。

提高极距一方面能减少铝在电解质中的溶解损失，因而对提高电流效率有利；另一方面因为增大电解质压降而升高槽电压，而对降低能耗指标不利。因此，生产中有一个如何选择最佳极距的问题。研究表明，当极距低于 4.5cm 时，提高极距对电流效率的作用非常明显，并且提高电流效率对降低能耗的作用大于槽电压升高对能耗的不利作用。反之，若极距高于 4.5cm，则极距升高对电流效率的作用逐渐变得不明显，因而提高电流效率带来的好处不能抵消升高槽电压（因而升高槽温）所带来的坏处。

基于上述分析可知，极距调节（或槽电压调节）需兼顾两个目的：一是维持足够高的极距；二是维持合适的槽电压从而维持合适的能量收入（最终维持电解槽的能量平衡）。工业现场一般不检测极距，也不设定极距的基准值，而是通过设定最佳电压值来保证极距足够高。此外，电阻针振与摆动判别标准的设定也很重要，因为电阻的稳定性好坏能反映极距的设置是否足够高。

15.2.1.5　槽电压及槽平均电压

关于槽电压的内涵将在 19.2 节中讨论。槽电压管理涉及到下列 4 种不同含义的电压：

（1）目标电压。是为对电压施行目标管理而设定的一个指标。每月末由管理者根据槽子运行及操作情况而确定，是争取通过努力可望达到的目标值。

（2）工作电压（或称净电压）。是指电解槽的进电端与出电端之间的电压降，也是槽控机实际控制的槽电压，它由反电动势（包括理论分解电压和阴、阳极过电位）、电解质电压降、阳极电压降、阴极电压降（炉底电压降）、槽母线电压降几个部分构成。它不包括效应电压分摊值。

（3）全电压。是工作电压与效应分摊电压之和。

（4）设定电压。是管理者给每台电解槽的槽控机设定的工作电压控制目标，换言之，槽控机（计算机）以设定电压为目标来控制工作电压。工作电压与设定电压的差值反映了现场是否存在异常电压，差值在 0 ~ 0.03V 内说明电压控制良好。

槽平均电压。在一些控制系统中，全电压的日平均值常被称为日平均电压，或简称平均电压。有些企业则将平均电压定义为：槽工作电压的日平均值 + 槽外母线（主要是从整流车间到电解车间的连接母线和穿越电解车间过道的连接母线）上的电压降（日平均值） + 阳极效应的分摊电压（日分摊）。有些企业则从计算能耗的角度，将平均电压（或称统计平均电压）定义为：

$$V_{平均电压} = V_{全电压} + V_{公用母线分摊} + V_{停槽分摊} + V_{不明部分} - V_{通用启动槽电压}$$

式中，$V_{公用母线分摊}$ 指整流所到厂房内第一台槽立柱母线，最后一台槽周母线汇集点到整流所、厂房内各区之间连接母线以及厂房之间连接母线所消耗的电压降在系列生产槽上的分摊值；$V_{停槽分摊}$ 指系列内停槽母线所消耗的电压值在系列生产槽上的分摊值。

统计部门根据整流所和电解计算机室分别得到总电压，求出一个比值，即 $V_{整流所总电压}$/$V_{计算机室总电压}$，也称黑电压系数。车间、厂房、区用 $V_{全电压}$ 值乘上此系数，得到统计平均电压值，据此把握辖区内的平均电压指标。

工厂管理者在制定各类电压基准时应掌握槽电压与其他工艺技术条件及技术经济指标之间的辩证关系，把握一些重要理念，例如：

（1）电解质组成的变化对工作电压的影响。例如，降低摩尔比或添加氟化镁、氟化钙不仅直接导致电解质的电导率降低，而且通过降低电解质温度和降低氧化铝浓度工作区域间接导致电解质电导率下降。而电解质电导率的降低导致同等极距下电解槽的工作电压升高。针对大型预焙槽进行理论计算表明，若要保持极距不变，则摩尔比每降低 0.1，设定工作电压应提高约 50mV。因此，若摩尔比在 2.6 时的工作电压为 4.0V，则当摩尔比调整为 2.3 时，设定工作电压应调整为 4.15V 方可保持极距不缩小。因此，摩尔比降低后，往往使铝电解操作者面临两种选择，要么降低极距维持槽电压不变，要么维持极距不变，让槽电压升高。前种做法可能导致极距不够，槽电压摆动，抵消了降低槽温带来的好处；后种做法可能因电压升高而看不到降低槽温对电能消耗指标带来的好处，并且如果电压升高过多的话，还可能因能量收入增加过多，使降低槽温的目的事实上无法实现，或者会发现槽温虽然降低了，但槽膛却化空了（因为热收入增多，必定需要热支出相应增多，才能维持电解槽的能量平衡）。基于上述原因，管理者在制定设定电压标准时一般采取折中的方案，即降低摩尔比的同时，适当提高槽电压设定值，提高的幅度不一定达到能维持极距不变的程度，而是允许极距适当降低，只要槽电压不发生明显波动即可。这个度如何把握，需要管理者在生产实践中去探索。

（2）从节约电解能耗的角度出发，应尽量挖掘降低槽电压的潜力，但不能简单地采取降低槽控机中设定电压的做法。在工作电压的各项构成没有变化的情况下，改变设定电压意味着改变极距。而若极距降低影响了电流效率，则可能反而升高了电能消耗。从直流电耗的计算公式：直流电耗 = 2980 × 槽电压（V）/电流效率（%），可以计算出，如果槽电压从 4.15V 降低到 4.11V 导致电流效率从 94% 降低到 93%，则不仅损失了 1% 的电流效率，而且吨铝直流电耗还升高了约 13kW·h。因此要慎用依靠降低极距（即降低设定电压）来降低槽电压的手段。

（3）除降低极距以外的任何其他降低槽电压的技术措施都是既对降低能耗有利，又对提高电流效率有利，因此应尽力而为。例如，如果阳极电压降或阴极电压降能降低 30mV，那么将设定电压降低 30mV 就不需要降低极距，即使出于热平衡的考虑不降低设定电压，也意味着"节省"下来的 30mV"奉献"给了电解质电压降，因而极距一定升高了（升高 1mm 左右），这么"一丁点"的极距升高看似无益，但对于稳定性处于"临界状态"的电解槽却非常重要。稳定性处于"临界状态"是指当电解槽的工作电压低于某一"临界值"时，槽电压便剧烈波动，而只要工作电压提高 20 ~ 40mV（意味着极距提高"一丁点"），槽电压便稳定了。对此，笔者曾提出了一个"有效极距"的概念。当电解槽稳定性很差时，即使电解槽的平均极距很高，熔体的波动实际上造成电解槽的"有效极距"很低；而当电解槽的平均极距升高"一丁点"能使电解槽的稳定性显著改善时，相当于"有效极距"大幅增加，因此将对电流效率的提高产生显著的效果。因此，工厂要对槽电压的各项构成（阳极压降、阴极压降、各导电部件各连接处的接触电阻等）分别制定明确的定期检测与分析的规程与作业标准，并制定具体的分项考核目标。

15.2.1.6　铝液高度

现代预焙槽的铝液高度一般在 15 ~ 22cm 之间。电解槽内保持合适高度的铝液对于电解槽的正常运行具有重要意义：

首先，电解槽内必须有一层铝液作为电解槽的阴极。因为在电解槽内，电解质中铝离子放电成为金属铝的反应是在铝液镜面上进行的，而不是在阴极炭块的表面进行的。也就是说，电解槽真正的阴极是铝，而不是阴极炭块。这便是为什么电解槽启动的时候要向电解槽中灌铝的原因。

其次，电解槽内需要一定高度的铝液保护阴极炭块和均匀槽底电流。由于金属铝液与炭阴极材料表面的润湿性很差，为了不使炭阴极表面暴露于电解质中，电解槽中不得不保持一定高度的铝液。如果铝直接在阴极炭块上析出，还会腐蚀阴极炭块。此外，还需考虑到电解槽随槽龄增长而出现槽底变形，铝液能填平槽底坑洼不平之处，使电流比较均匀地通过槽底。

电解槽内需要有足够高度的铝液才能保持电解槽中铝液的稳定（进而保持槽电压稳定）。

若单从保护阴极炭块和均匀槽底电流的目的考虑，就没有必要保持 20cm 左右的铝液高度，保持如此高的铝液的更重要原因是，铝液在电磁力的作用下发生运动并导致铝液与电解质界面的变形，并且铝液高度越低，铝液运动越强烈。现代铝电解槽的电磁场平衡设计得较好，已能实现将铝液高度降低到 15cm 左右，但继续降低仍然克服不了铝液波动、槽子稳定性差的问题。

再者，保持适量的铝液是保持良好热平衡的重要基础。由于铝液是热的良好导体，因此能起到均衡槽内温度的作用。特别是，阳极中央部位多余的热量可通过这层良好导体输送到阳极四周，从而使槽内各部分铝液温度趋于均匀。调整槽内铝量可起到调整热平衡的作用，提高铝液高度可增大槽子的散热量，有利于降低槽温；相反，降低铝液高度可减小槽子的散热量，有利于提高槽温。现场作业人员常利用这一特性来调整电解槽的热平衡，但属于不得已而为之的措施。正常情况下应该尽量保持电解槽的工艺技术条件稳定。

铝液过低与过高会带来问题。铝液过低带来的主要问题是，槽电压波动，电解槽不稳定，不利于槽内热量的均匀与及时疏散，槽温升高，槽膛熔化，容易形成热槽（一种病槽）。铝液过高所带来的问题是，传导槽内热量多，槽温下降，槽底变冷而有沉淀，槽底状况恶化等系列问题。

综上所述，铝厂应该根据本厂电解槽的热平衡及物理场设计特性、工艺技术的特点、电解槽的操作稳定性等因素综合制定最佳的铝液高度基准值。

15.2.1.7 电解质高度

现代预焙槽的电解质高度一般在 18～23cm 之间。电解槽内保持合适高度的电解质熔体对于电解槽的正常运行具有重要意义：

首先，电解槽需要足量的液体电解质来获得电解质成分（包括氧化铝浓度）稳定性。由于电解质熔体起着溶解氧化铝的作用，只有足量的电解质熔体才对加入的氧化铝原料有足量的"容纳"能力，氧化铝浓度的稳定性才好，电解槽适应下料速率变化的能力才较强。对于现代中间点式下料电解槽，原料几乎全靠中间点式下料器加入，因此若电解质高度低，则加入的原料沉淀到槽底的比例迅速增大，并且氧化铝浓度波动大，效应次数增加，电解槽的下料控制进入恶性循环。此外，由于电解槽中的液体电解质与凝固的电解质处于一种动态平衡之中，当槽温等参数变化时，动态平衡会被打破，例如槽温升高会引起固相熔化成液相，反之液相凝固成固相。由于固相与液相的组成是有差异的，因此若液体电解质的量过少，则固相与液相之间的转化会引起电解质成分较大的波动，这对生产过程的稳定不利。

其次，电解质熔体是电解槽中热量的主要载体，只有足量的电解质熔体才能使电解槽保持足够好的热稳定性，即电解槽适应热量变化的能力较强。

再者，电解质高度高则阳极与电解质接触面积较大，使槽电压降低。

但电解质过低与过高也会带来问题。电解质高度过低所带来的问题是，电解槽内的（液体）电解质组成（包括氧化铝浓度）的稳定性较差，热稳定性也较差，电解槽技术条件容易波动，容易产生沉淀，也容易产生效应，并且不利于降低槽电压。电解质过高带来的问题是，阳极埋入电解质太深，阳极气体不易排出，使铝与阳极气体发生二次反应加剧，引起电流效率降低。同时还易造成阳极长包，电解槽的槽膛上口容易化空。此外，电解质太高意味着电解槽的能量收入偏高，不符合尽可能降低能量消耗的原则。

综上所述，铝厂应该根据本厂电解槽的热平衡与物料平衡设计特性、工艺技术的特点、电解槽的操作稳定性等因素综合制定最佳的铝液高度基准值。

15.2.1.8 槽膛内型

电解槽达到正常生产阶段的一个重要标志是槽膛（或称炉膛）内壁上已经牢固地长着一

层电解质结壳（"槽帮"），使槽膛有稳定的内型。这层结壳是由沉积在电解槽侧壁上的刚玉（α-Al_2O_3）和冰晶石等组成，它均匀地分布在电解槽侧壁上，形成一个椭圆形的环。由这一圈结壳所规定的槽膛内壁形状，称为"槽膛内型"。

构成槽膛的这层结壳是电和热的不良导体，能够阻止电流从槽侧部通过，抑制电流漏损，并减少电解槽的热损失，同时它还能保护着阳极四周的槽底。另一个重要作用是把槽底上的铝液挤到槽中央部位，使铝液的表面收缩，有利于提高电流效率。因此，现代铝电解生产上十分重视槽膛内型，要求槽膛规整而又稳定，让电流均匀地通过槽底，防止其局部集中。

铝电解槽因有槽帮的存在而在一定范围内具有很强的自我调节能力。最突出的是电解质温度和热平衡自我调节。因此，正常电解生产中某些操作不当，乃至槽况某时的较小波动，都会因有槽帮的存在，而由电解槽自我调节，重新向平衡状态靠拢，无需太多的人工干预。这就确保了正常生产和操作的顺利进行，乃至控制系统的容错运行，降低了操作和维护的强度。

槽帮在电解槽中对于侧部内衬材料来说相当于一种永远不受侵蚀的保护层，保护内衬不受电解质熔体的侵蚀。在电解槽中，保证槽帮的存在是延长铝电解槽寿命的重要条件和手段。

槽膛内型的典型尺寸如图 15-1 所示，主要有：

（1）槽帮厚度。指槽膛侧部（槽帮）最薄部位的厚度。该部位一般在电解质与铝液界面附近。

（2）伸腿长度。指槽膛底部的"伸腿"进入阳极投影之下的部分的长度。

（3）伸腿高度。指槽膛底部的"伸腿"进入阳极投影之下的部分的高度。

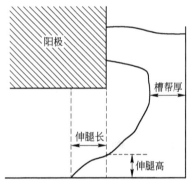

图 15-1　槽膛内型的特征尺寸

槽帮厚度能反映槽膛大小，因此重要。伸腿的大小和形状之所以重要，是因为理论研究和生产实践均表明，伸腿如果太平坦和太长，会导致铝液中产生很大的水平电流，从而产生很大的垂直磁力，引起铝液波动，最后结果是造成槽况不稳定（主要表现为槽电压波动），因而降低电流效率。

15.2.2　槽基准的制定程序及原则

不同企业给予的槽基准修改权限有所区别。一些企业对修改权限的限制较紧，最终必须经过分厂（技术科或质管科）审批。例如采取如下确定程序：在每个月的月末由各个小组长合议、研究，根据月报分析前三个月的生产实际成绩，再考虑现在槽子的情况，做成各个组的槽基准建议草案；工区汇总并组织审议后提交车间，车间汇总并组织审议后提交分厂（技术科或质管科），由分厂组织审议后制定出全系列的槽基准并落实执行。而有些企业对修改权限的限制较松，例如各个小组长合议、研究后，报值班长审定便可实施。对修改权限的限制较松的企业可能会对槽基准中许可修改的参数和修改范围作严格规定，例如有的企业不将摩尔比列入槽基准，即不允许小组长修改正常运行槽的摩尔比标准值。

槽基准的确定应遵循全系列尽可能一致、尽可能少改变的原则，即追求"共性"，照顾"个性"。全系列槽工艺技术条件的一致性越好，同时全系列槽运行的稳定性越好，则全系列越容易进入到"整体最佳"的状态。反之，如果槽基准参差不齐，则全系列不可能处在整体最佳状态。

15.2.3　槽基准包含的主要内容

槽基准中包含的主要内容有：各项工艺技术条件或技术参数的标准值或标准范围；对各标准值或标准范围进行调整的基本原则，例如：

（1）摩尔比标准范围的调整原则。根据热平衡（槽温）、物料平衡（沉淀状态）、槽况稳定性（电压针振与摆动的发生情况状况）以及效应发生情况（效应系数、效应质量）的综合分析进行确定，但尽可能保持标准范围不变，一些企业不给予车间及车间以下管理人员对摩尔比的修改权。

（2）设定电压标准范围的调整原则。视热平衡（槽温）情况、效应的质量、发生效应的状况、电压针振与摆动的发生情况，尽可能控制在最低的范围之内。

（3）铝液高度标准值的调整原则。根据最近的电流效率、效应质量、热平衡（槽温）、电压针振与摆动的时间来决定。

（4）电解质高度标准值的调整原则。主要根据热平衡（槽温）来确定标准值。例如，电解温度偏高则将电解质高度标准值调高 $1 \sim 2cm$；反之电解温度偏低，则将电解质高度标准值调低 $1 \sim 2cm$。

（5）效应间隔（或效应系数）标准值的调整原则。根据已经发生效应的实际情况来决定。

（6）基准下料间隔的调整原则。主要根据实际称量的氧化铝下料器下料量来确定（例如氧化铝原料来源发生变化时可能引起此项变化），辅助参考物料平衡（槽底沉淀）和效应控制情况（效应系数）等槽况信息。

15.2.4　槽基准的执行与变更

槽基准的执行与变更如下：

（1）槽基准由最终审定者交给计算站。

（2）现场作业人员可从计算站或值班长处得到新的槽基准。

（3）槽基准的变更。如果认为有必要的话，在月中就可以变更，由小组长提出报告，按前述的槽基准确定程序来确定。

15.2.5　记录与报告

记录与报告如下：

（1）现场记录与报告。小组长把槽基准（建议草案）写在基准制作表上，再向值班长提出；审定执行的槽基准记录在作业日志上，并对槽基准发生变化的槽号和变化内容进行标记。在月中有必要变更基准的时候，以书面报告的形式向值班长提出。

（2）计算站记录与报告。计算站的计算机系统中详细存储每个月的槽基准以及变更情况和执行情况。

15.3　电解质组成管理

电解质组成管理的目标就是保持电解槽的电解质组成（其中主要是摩尔比）在工艺标准所规定的最佳范围。

在电解槽渡过了启动期后，引起摩尔比升高的因素占据主导地位。传统铝电解工艺采用以高摩尔比、高温（高过热度）为主要特征的工艺技术条件，即使摩尔比升高到使电解质为中性甚至碱性也不予注意，加之容许电解质组成在较大的范围内变化，因此对电解质组成的管理没有严格的要求。随着低摩尔比工艺技术条件在现代预焙槽上的广泛采用，需要及时补充氟化铝才能保持摩尔比的稳定，特别是由于低摩尔比电解过程容许的工艺参数的变化范围显著变小，对外界的干扰愈来愈敏感，摩尔比变化引起槽况波动变显著且持续时间变长，因此摩尔比控制的稳定性对电解槽状态的稳定性起着决定性的作用，因此电解质组成（尤其是摩尔比）的控制与管理变得愈来愈重要，这也是现代大型铝电解槽上安装有氟化铝添加装置的原因。

遗憾的是，直到今天，还没有在工业现场直接、快速测定摩尔比的仪器，因此工业生产中，只能定期从电解槽中取电解质样品，到分析室进行检测。目前，工厂一般每隔 4d 左右取样检测一次。

随着技术的进步，电解质组成控制已逐步从过去完全由人工进行，发展到由计算机根据某些参数和控制模型来控制氟化铝添加装置的动作，实现氟化铝添加的控制。氟化铝添加控制是现代铝电解槽计算机控制的重要内容之一（将在本书第 25 章中讨论），下面将介绍的一些过去属于人工管理现在能交给计算机控制系统去完成的内容。

15.3.1 电解质组成的调整方式

电解质组成的调整是依据电解质中主要组分偏离目标值的大小以及槽况的变化来进行的。由于直到今天尚无可在工业现场直接、快速测定电解质组成的仪器，因此工业生产中，只能定期从电解槽中取电解质样品，到分析室检测电解质中主要组分的含量。

电解质组成调整主要包括摩尔比调整（即过剩氟化铝含量调整），通过采用添加氟化铝、Na_2CO_3 来实现。当摩尔比偏高时，增加氟化铝投入量；当摩尔比偏低时，减小氟化铝投入量或停止氟化铝的添加；只有在电解槽启动 1 个月内且摩尔比很低时，加 Na_2CO_3 来提高电解质摩尔比。电解质组成调整还包括氟化钙调整，主要是在氟化钙含量低于某一设定值时，添加氟化钙。若企业采用了氟化锂、氟化镁等添加剂，则在这些添加剂含量低于相应的设定值时，分别添加相应的添加剂进行调整。

在电解槽度过了启动期后，引起摩尔比升高的因素占据主导地位。随着低摩尔比工艺技术条件在现代预焙槽上的广泛采用，需要及时补充氟化铝才能保持摩尔比的稳定，这也是现代大型铝电解槽上安装有氟化铝添加装置的原因，并且补充氟化铝维持稳定的摩尔比成为现代铝电解工艺控制电解质组成的主要内容。

过去，调整电解质组成的物料都是由人工在换极或出铝时手工加入的。但对于添加氟化铝，随着自动化程度的不同，铝厂应用的添加方式有下列几种[4]：

（1）人工间歇式调整。即现场操作管理人员定期或不定期地（即认为需要时）确定各个电解槽的电解质组成调整方案，并一次性（或分批）将氟化盐加入电解槽中。一般利用出铝或换极的时候添加。这种方式是过去自动化程度很低的电解槽（主要是自焙槽）上所采用的调整模式。

（2）氟化铝部分配入氧化铝原料，随氧化铝原料一道通过点式下料器自动添加，部分由人工间歇添加。这是在中间点式下料预焙槽发展起来后形成的调整模式。由于现代预焙槽生产系列均采用浓相或超浓相的氧化铝自动输送方式，因此一些工厂将基本的氟化铝添加量从氧化铝配料端配入氧化铝中，进行混合后由自动输送系统源源不断地送到各台电解槽的料箱中，因此该部分氟化铝能够像氧化铝一样以"准连续"（或称"半连续"）地加入电解槽中。但由于各槽不能分开调节，且配料时混合的均匀性不易保证，因此配入氧化铝中的氟化铝的比例不能过高，其余部分依然由人工根据电解槽的"个性"间歇式添加。

（3）由槽上氟化铝添加装置自动添加。由于现代预焙槽已愈来愈普遍地安装有氟化铝自动添加装置（即安装一个专用于添加氟化铝的点式下料器），氟化铝可在计算机控制系统的控制下自动添加。计算机控制系统根据给定的添加速率，或者根据某些参数（电解质组成的人工取样检测值）和控制模型所计算出的添加速率来控制氟化铝添加装置的动作，即由槽控机通过改变专用点式下料器的打壳下料间隔来改变氟化铝的添加速率。

（4）主要由槽上氟化铝添加装置自动添加，部分由人工间歇式添加。人工间歇式添加主要发生在更换阳极时，目的是改善壳面性质，使结壳疏松好打，以利于更换阳极。

15.3.2 根据电解质组成分析值与目标值的偏差理论计算添加剂用量的方法

当某槽电解质的某种组分的分析值与目标值发生偏差时，理论上可以根据偏差大小及液体电解质量计算出添加剂的用量。下面以摩尔比的调整为例，推导计算公式，其中，摩尔比采用质量比表达（摩尔比 = 2 × 质量比）。

先考虑需要降低摩尔比的情况。设槽内液体电解质量为 P，调整前质量比为 K_1，调整后为 K_2，AlF_3 添加量 Q_{AlF_3}，添加前电解质中 AlF_3 质量为 $P/(1 + K_1)$，添加后为 $(P + Q_{AlF_3})/(1 + K_2)$，列出等式为

$$\frac{P}{(1 + K_1)} + Q_{AlF_3} = \frac{P + Q_{AlF_3}}{1 + K_2}$$

整理得

$$Q_{AlF_3} = \frac{P(K_1 - K_2)}{K_2(1 + K_1)} \tag{15-1}$$

如果需要作摩尔比提高（主要在新槽非正常生产期）的调整，可采用同样方法导出 NaF 的添加量公式为：

$$Q_{NaF} = \frac{P(K_2 - K_1)}{1 + K_1} \tag{15-2}$$

但在生产中，提高摩尔比现在不采用加氟化钠，而是加碳酸钠（Na_2CO_3，俗称苏打），碳酸钠加入电解质中发生下列反应：

$$3Na_2CO_3 + 2Na_3AlF_6 \Longrightarrow Al_2O_3 + 12NaF + 3CO_2$$

反应式表明，加入 Na_2CO_3 即产生 NaF，并消耗冰晶石中的 AlF_3，这对提高摩尔比更有效，而且 Na_2CO_3 比 NaF 廉价。

例：今有一电解槽，液体电解质为 8000kg，成分为 CaF_2 5%、Al_2O_3 5%，需将摩尔比从 2.7（质量比 1.35）降到 2.6（质量比 1.30），计算需加入的 AlF_3 量。

解：电解质中冰晶石量为 $8000(1 - 5\% - 5\%) = 7200$kg，代入式 15-1 中，得

$$Q_{AlF_3} = \frac{P(K_1 - K_2)}{K_2(1 + K_1)} = \frac{7200(1.35 - 1.30)}{1.30(1 + 1.35)} = 118(kg)$$

15.3.3 电解质组成调整的简单决策方法（传统方法）

在生产管理中，根据用上述方法获得的计算值，并参照生产实际情况将添加剂用量列成对照表，每次分析按结果与目标值的相差情况对照投入。与目标值相差太大的，进行多次调整，

逐渐达到目标值。表 15-2 列出了某厂大型预焙槽吨铝氟化铝添加量标准。

表 15-2　某厂大型预焙槽吨铝 AlF₃ 添加量对照表

标准值 – 分析值	吨铝 AlF₃ 添加量/kg	标准值 – 分析值	吨铝 AlF₃ 添加量/kg
≥0.10	36	0.04 ~ – 0.04	20
0.10 ~ 0.05	30	≤ – 0.05	10

除摩尔比之外，其他添加剂（如 CaF_2 等）也随生产进行而变化，调整也可通过简单计算列成表后进行对照添加。表 15-3 为某厂大型预焙槽吨铝氟化钙添加量标准。低得太多的也应作多次投放而逐渐调整。

表 15-3　某厂大型预焙槽 CaF₂ 含量调整对照表

目标值(质量分数)/%	分析值(质量分数)/%	吨铝 CaF₂ 投入量/kg
5	4.6 以上	0
	4.1 ~ 4.5	25
	4.0 以下	50

15.3.4　电解质组成调整的综合决策方法

以上介绍的简单决策方法仅仅依据电解质组成分析值与目标值的偏差来决定添加量，这是一种较粗糙的方法。它一方面对电解质组成的人工检测周期及测量精度有较高的要求；另一方面忽略了与摩尔比变化相关联的其他因素。

引起摩尔比波动的主要因素是槽温（热平衡），氟化铝的挥发损失也与槽温相关，原料、槽龄、内衬等因素的改变相对较缓慢。由于热平衡的波动会引起摩尔比的波动，特别是摩尔比越低，热平衡的波动对摩尔比的影响便越大，因此当电解槽的热平衡不稳定时，更不能只依据摩尔比的分析值与目标值的偏差来确定氟化盐的添加量。对于酸性电解质体系，由于偏析导致液态电解质的摩尔比总是低于结壳的摩尔比，因此当槽温下降引起液态电解质部分凝固（结壳）时，会导致液态电解质的摩尔比降低；反之，当槽温上升引起部分凝固的电解质（结壳）熔化时，会导致液态电解质的摩尔比升高。正是由于槽温变化与摩尔比变化之间存在如此大的关联性，一些研究者提出了一些仅根据槽温计算氟化铝添加速率的摩尔比控制策略。但更多的铝厂根据槽温和摩尔比两个参数来决定氟化铝添加速率。

在一些配备有先进控制系统，并且有完备的数据检测与管理体系的铝厂，上述综合决策过程可以建立为计算机模型，由计算机控制系统根据输入的参数（如摩尔比、槽温、原料成分、槽龄等）来自动决策氟化铝基准用量与添加速率，这将在本书第 25 章中讨论。

15.4　电压管理

生产现场进行电压管理最重要的是做好两件事：一是管理好设定电压，因为它是计算机控制系统进行电压控制（实际上是电阻控制）的基准；二是密切监视各槽工作电压，有效防治电压异常现象的发生。

15.4.1　不同电压（电阻）控制模式下的设定电压管理

对于槽电压的管理，最重要的是设定电压的管理，因为它是计算机进行电压控制（实际上是电阻控制）的目标。而要管理好设定电压，管理者首先必须掌握计算机控制系统的电压（电阻）控制模式与基本原理（请见第 23 章）。不同的控制系统可能采用不同的控制模式，但大体不外乎是恒电压、恒电阻、"混合型"三种控制模式。

（1）恒电压控制模式下的设定电压管理。若采用恒电压控制模式，则控制系统以维持工作电压恒定（而不是电阻恒定）为控制目标，因此系列电流波动引起工作电压变化时，槽控机也会调整极距，使工作电压向设定电压"回归"。当系列电流波动严重时，恒电压控制模式会导致控制系统频繁调节槽电压，甚至当系列中有一台电解槽出现效应导致系列电流显著下降时（因而非效应槽的电压下降时），非效应槽的槽控机纷纷提升极距（使槽电压不因系列电流的降低而降低），而效应槽的效应熄灭使系列电流回升时，显然被提升了极距的电解槽的槽电压就会高出电压设定范围，因此效应熄灭后系列中出现纷纷下降阳极的现象。如此频繁的调节既对氧化铝浓度控制十分不利，又对槽况的稳定不利。因此，恒电压控制模式现在基本不被采用。若要采用，则必须适当放宽电压非调节区，并加大相邻两次电压自动调节之间的最小间隔时间（一般称为自动阳移的最小间隔时间）的设定值，以此限制电压自动调节的频度。

（2）恒电阻控制模式下的设定电压管理。这是目前最普遍使用的控制模式。在这种控制模式下，控制系统实际上将人工给定的设定电压值换算成为与基准电流相对应的设定电阻值（注：基准电流是给定的标准系列电流值），然后以维持槽电阻恒定为目标进行极距控制（电压调节）。因此，在恒电阻控制模式下，管理者必须明确这样一个概念：设定电压是指当系列电流正好等于控制系统中设定的基准电流时的槽电压控制目标值。在恒电阻控制模式下，如果槽电压的变化是因为系列电流的变化所引起，控制系统是不会调节电压的，因为这种情况下，槽电阻并没有改变。因此，当系列电流变化幅度较大时，现场经常可以看到，槽电压尽管偏离设定电压较大，控制系统也不会调节，这样可避免系列电流波动时槽控机频繁调节槽电压，从而避免了频繁的电压调整对氧化铝浓度控制产生的不利影响。但不利之处是，当系列电流长时间偏离基准电流时（例如电网限电导致需长时间降低系列电流），工作电压就会长时间偏离设定电压值。

假设控制系统中的设定电压为 V_0，设定的基准电流为 I_0，控制系统根据槽电阻计算模型换算的槽电阻目标控制值（记为 R_0）为：

$$R_0 = (V_0 - B) / I_0 \tag{15-3}$$

式中，B 为表观反电动势（它是一个设定常数，可视为工作电压中不随系列电流的变化而改变的部分，一般取 $B = 1.60 \sim 1.70\text{V}$）。如果实际系列电流从 I_0 变化到 I_1，维持槽电阻目标控制值（R_0）不变，那么与 R_0 对应的槽电压目标控制值（记为 V_a）变为：

$$V_a = R_0 \times I_1 + B \tag{15-4}$$

将式 15-3 代入式 15-4 得：

$$V_a = (V_0 - B) \times I_1 / I_0 + B \tag{15-5}$$

如果要在恒电阻控制模式下要获得恒电压控制的效果，解决的办法有两个：

1）修改控制系统中的基准电流设定值，使之等于当前的（平均）系列电流值。这样，控制系统就会按照修改后的基准电流值将设定电压值换算成设定电阻值，控制系统再按修改后的设定电阻进行控制时，就会使槽电压向设定电压"回归"。

2）修改设定电压值。假设控制系统中的设定电压为 V_0，设定的基准电流为 I_0，在恒电阻控制模式下，如果实际系列电流从 I_0 变化到 I_1，要使工作电压的控制目标值维持为 V_0 不变，则槽电阻目标控制值（记为 R_1）须为：

$$R_1 = (V_0 - B)/I_1 \tag{15-6}$$

对应的设定电压（记为 V_1）须为：

$$V_1 = R_1 \times I_0 + B \tag{15-7}$$

将式 15-6 代入式 15-7 得：

$$V_1 = (V_0 - B) \times I_0/I_1 + B \tag{15-8}$$

在恒电阻控制模式下，当系列电流变化时若不进行任何处理（不修改基准电流设定值，也不修改设定电压），换言之，若系列电流变化时允许槽电压跟随着变化，槽电压的实际目标控制值可用式 15-5 来计算；当系列电流变化时如果要维持恒电压的控制效果，则利用式 15-8 可以计算设定电压的修改值。例如，若基准电流设定值为 200kA，与其对应的设定电压为 4.15V，并取 $B = 1.6$，那么当系列电流降低到 195kA 时，在恒电阻控制模式下槽电压的实际目标控制值为：$V_a = (4.15 - 1.6) \times 195 / 200 + 1.6 = 4.086(\text{V})$；如果要维持恒电压的控制效果（即维持槽电压目标控制值为 4.15V 不变），则设定电压需要修改为：

$$V_1 = (4.15 - 1.6) \times 200/195 + 1.6 = 4.215(\text{V})$$

（3）"混合型"控制模式下的设定电压管理。所谓混合型控制模式，是指既不采用纯粹的恒电阻控制模式，又不采用纯粹的恒电压模式，而是介于这两种控制模式之间。例如，我们曾经在开发的控制系统中给定一个可由操机员修改的"混合"系数，当系数取值为 0 时，代表恒电阻控制模式；当系数取值为 1 时，代表恒电压控制模式；当系数取值介于 0 ~ 1 之间时，为"混合型"控制模式。在混合型控制模式下，当系列电流从 I_0 变化到 I_1 时，如果不调整设定电压（V_0）和基准电流（I_0），则槽电压的实际目标控制值（V_a）为：

$$V_a = (1 - \alpha) \times ((V_0 - B) \times I_1/I_0 + B) + \alpha \times V_0 \tag{15-9}$$

式中，α 代表混合系数。例如，若基准电流设定值为 200kA，与其对应的设定电压为 4.15V，并取 $B = 1.6$，那么当系列电流降低到 195kA 时，在混合型控制模式（$\alpha = 0.5$）下，利用式 15-9 可求得槽电压的实际目标控制值为 4.118V。该值高于恒电阻控制模式下的 4.086V，但低于恒电压控制模式下的 4.15V。管理者可以事先绘制出不同混合系数（α）下，槽电压的实际目标控制值（V_a）与系列电流（I_1）的关系曲线，然后选择与最中意的曲线相对应的混合系数，作为设定电压管理的依据之一。

15.4.2 根据槽况调整设定电压的基本原则

当系列电流基本恒定时，设定电压的调整依据槽况进行，进行调整的基本原则是：

（1）设定电压是槽基准中的重要内容，因此对设定电压的调整应遵循槽基准管理的基本原则（参见 15.2 节）。

（2）槽况稳定时，设定电压不需要也不应该经常调整。稳定总是比变动好。严禁在槽况无异常也无干扰因素的情况下每天变动。

（3）设定电压是否调整主要根据电解槽的热平衡状况、稳定性（电压针振与摆动）、槽底沉淀和槽膛状态来进行决策。目前，一些企业为了尽可能少调整设定电压，并简化设定电压的调整决策，主要依据电解槽的稳定性来考虑设定电压的调整。另外一些企业考虑的因素要多一些，例如，出现以下情况时，考虑升高设定电压：

1）出现冷槽特征或导致热支出增大的因素（如效应多发或早发，槽帮长厚，电解质高度持续下降，为提高电解质高度而大量添加了冰晶石或氟化盐）。

2）槽稳定性变差（如最近 24h 中电压针振或摆动累计时间超过一定限度）。

3）出现炉底沉淀、结壳等病槽时。

4）设定电压因热槽特征而被降低到标准值以下，但现在槽况已恢复正常时。

5）其他非正常情况（如在 8h 内更换两块阳极时，更换阳极期间加入了电解质块时，系列较长时间停电后恢复送电时等）。

出现以下情况时，考虑降低设定电压：

1）出现热槽特征（如效应迟发，电解质高度连续在上限基准之上等），且槽稳定性未变差，因而允许适当降低设定电压时。

2）设定电压因槽况（或工况）异常而升高后，槽况（或工况）已恢复到正常情况时。

3）设定电压的调整应平稳进行。例如，某厂的设定电压更改的标准幅度应为：

　　　4.30V 以上时　　每次 0.10V

　　　4.20V 以上时　　每次 0.05V

　　　4.10V 以上时　　每次 0.03V

　　　4.00V 以上时　　每次 0.02V

但对于病槽和大量投入冰晶石提高电解质高度的情况，每次更改幅度可在 0.20 ~ 0.50V 范围内，在槽子恢复过程中，应根据情况及时调整，否则会产生热量收支不平衡，恶化槽况，如果设定电压的变更是依据电压针振或摆动的情况而进行的，那么电压针振或摆动消失后应及时恢复设定电压。其他情况的变更，应按疗程原则进行调回，即 3 ~ 5d，此间必须施行其他调整热平衡的措施（如调整吸出量和极上保温料），不能单靠变更电压来维持。

15.4.3　槽电压（槽电阻）异常或控制不良的检查与处理

对槽电压（槽电阻）异常或控制不良的检查与处理是槽电压管理的重要内容。该部分内容将在 15.12 节中讨论。

15.5　下料管理

对加料的管理实际上就是对铝电解槽物料平衡的管理。由于在第 19.1 节中将讨论与加料管理相关的一些内容（如基准下料间隔的确定，正常下料、过量下料与欠量下料的定义等），因此本节的叙述从简。本节着重叙述对现场作业与管理人员来说，比较重要的三方面内容，即下料控制模式的管理、基准下料间隔的管理以及下料异常的检出。

15.5.1　下料控制模式的管理

由于现代预焙槽普遍采用了中心点式下料和具备自动下料控制功能的计算机控制系统，因此管理者除了应掌握与物料平衡相关的基本概念外，还应明了计算机控制系统的下料控制（即氧化铝浓度控制）的相关参数定义与基本原理（有关内容请见第 24 章）。其中最重要的是清楚计算机控制系统中定义了哪些下料控制模式，各种模式下的控制原理、所使用的参数以及启动运行和退出运行的条件等。不同的控制系统定义了不同的下料控制模式，但一般定义有最基本的三类下料控制模式，即自动控制模式、定时下料模式和人工停料模式。

（1）自动控制模式及其管理。自动控制模式是由计算机控制系统（槽控机）自动进行氧化铝浓度控制。在该控制模式中，控制系统（槽控机）以槽电阻的变化为主要依据来分析电解槽中氧化铝浓度的状态，并通过自动调整下料间隔时间（即下料速率）来调整氧化铝浓度，使其保持在所期望的范围之内。目前，我国控制技术中的下料自动控制模式分为两大类：一类是"设效应等待"的控制策略，即"定期停止下料进行效应等待"的控制模式；另一类是

"不设效应等待"的控制模式（将在 15.11 节及第 24 章中讨论）。显然，针对不同的下料控制模式需要制定不同的下料管理策略。但无论是"设效应等待"控制模式还是"不设效应等待"控制模式，均涉及到一个很重要的设定参数，那就是"基准下料间隔时间"。下面将专门讨论。

（2）定时下料模式及其管理。在定时下料模式下，控制系统（槽控机）按照基准下料间隔进行下料（此种模式下，基准下料间隔时间就是定时下料间隔时间），而不根据槽况的变化调整下料间隔时间（但有的控制系统会根据系列电流的变化修正下料间隔时间）。现代铝电解生产中只在出现下列异常情况时启用定时下料模式：

1）启动不久的电解槽（例如灌铝后数十小时内）。

2）槽电阻针摆严重，或者槽况严重异常（如电阻严重异常、槽底严重沉淀等），导致下料自动控制失效。

3）槽控机采样故障（无法获得下料自动控制所需的槽电阻数据）。

4）系列电流异常（电流过低导致下料自动控制失效，或者电流检测故障导致无法获得槽电阻数据）。

现代铝电解控制系统一般都能在识别出以上非正常情况时，自动进入定时下料模式，并在异常情况消失后自动退出定时下料模式。对此，铝电解操作与管理者必须熟悉控制系统的控制模式自动切换功能。如果是由人工强制性地启动定时下料模式，一定要遵循严格的管理程序，规定定时下料启用的条件、退出的时间以及申请、审批与记录规程。

（3）人工停料模式及其管理。人工停料模式是现代计算机控制系统提供给现场操作者一种处理严重沉淀槽的措施。一般做法是，当操作者认为某槽沉淀严重需要停止一段时间的下料时，可以通过一定的申报程序通知计算站："××槽号，从××时刻开始停料，到××时刻结束停料"。操机员接到通知后则通过控制系统终端的操作菜单设定相应信息供控制系统（槽控机）执行。这样做虽然显得繁琐，但避免了现场操作的随意性，有利于标准化管理。如果企业的控制系统有这项功能，应该相应地制定人工停料模式的启用条件以及申请、审批与记录规程。

15.5.2 基准下料间隔时间的管理

基准下料间隔时间可视为在基准系列电流和正常槽况下，能使下料速率等于氧化铝消耗速率而应该采用的下料间隔时间。它是下料自动控制模式和定时下料模式均使用的重要参数。

需注意，有的控制系统不仅在自动控制模式中会修正下料间隔时间，而且在定时下料控制模式中也修正下料间隔时间。但定时下料控制模式中的修正一般只对系列电流偏离基准电流设定值的情形进行修正，因为控制算法的设计者考虑到：基准下料间隔时间的设定值是与基准系列电流的设定值相对应的，当系列电流变化时，氧化铝的消耗量便相应地发生变化，因此就应该修正基准下料间隔时间。有些控制系统在发现槽况异常（如电阻严重针振、摆动）而自动转入定时下料时，会对基准下料间隔时间做适当的"放大"后作为定时下料的间隔时间，理由是异常槽况下电解槽的电流效率会降低，因此氧化铝消耗速率会降低，为了防止沉淀发生，下料间隔应该延长（减少定时下料期间的下料）。

在下料自动控制模式下，控制系统以基准下料间隔时间为"轴心"，来决定各种下料状态（如正常下料状态、欠量下料状态、过量下料状态）中的下料间隔时间。因此，延长基准下料间隔时间应该能使控制系统加入到电解槽中的物料减少；反之，缩小基准下料间隔时间应该能使控制系统加入到电解槽中的物料增多。但是，基准下料间隔的改变对控制系统的实际下料量的影响程度还取决于具体的控制系统的下料控制算法设计。对于一些智能化的控制系统，如果控制系统"认为"电解槽的氧化铝浓度偏低，那么即便将基准下料间隔调大（拟少下料），控制系统也会通过较多地使用"过量下料"状态来弥补基准下料间隔增大所导致的下料量的不够。如果出现这种情况，那么在一段统计时间之内（如 24h），控制系统进入过量下料状态的累计时间与进入欠量下料状态的累计时间之比明显变大，或者控制系统在过量下料状态中的下料次数与欠量下料状态中的下料次数之比会明显增大。因此，管理者可以应用这类比值来分析基准下料间隔的设定值是否合理。

智能化的下料控制程序可能会弱化，但不会忽视基准下料间隔的调整对物料加入量的影响，因此调整基准下料间隔时间依然是对控制系统的下料控制进行有效干预的主要手段。

出现以下情况需要可以变更基准下料加料间隔：

（1）缺料频繁时，缩短加料间隔；由于物料过剩而产生沉淀或氧化铝浓度过高时，延长基准下料间隔（参见 15.11 节）。

（2）Al_2O_3 堆积密度减小时，需缩短加料间隔；增加时，需延长加料间隔（堆积密度可提前从原料输送工段获得）。

（3）槽子有病、电流效率降低时，需延长基准下料间隔；槽子好转、电流效率恢复时，需缩短基准下料间隔。

（4）因某种原因已向槽子大量投料，需延长基准下料间隔；一旦投入的料已消耗完（一般以来效应为准），恢复到标准值。

基准下料间隔的变更要遵循严格的管理程序，并进行记录和报告。

15.5.3　下料异常或控制不良的检查与处理

对下料异常或控制不良的检查与处理是下料管理的重要内容。该部分内容将在 15.12 节中讨论。

15.6　铝液高度和出铝量管理

铝液高度的调整主要通过调整出铝量来实现，因此对铝液高度的管理和对出铝量的管理是密不可分的。大型预焙槽一般每天出铝一次（部分企业采用 36h 出铝周期），出铝时按照下达的出铝量指标，使用真空抬包从槽中抽取铝液。出铝前后，铝液高度一般相差 3~4cm。

15.6.1　管理的基本原则

首先，企业要制定明确的铝液高度基准值（一般给定一个上、下限之差不超过 2cm 的范围值，如 18~20cm）和出铝量的基准值，并以实现基准值为目标开展相关工作。

铝液高度是电解槽工艺标准（槽基准）中的一项管理内容，应该按照槽基准的管理规程严格进行管理。生产中要严格保持确定的铝液高度，防止偏高偏低。实践表明，偏高比偏低危害性更大。长期保持较低的铝液高度，不过是电流效率较低，不会有较大的险情。若要将铝液提高，只需减少几次出铝量或停止一两次出铝就能实现，但若长期铝液较高，出现炉底沉淀或结壳，处理起来十分困难，疗程很长。由于炉底导电不均匀，同样会产生较大水平电流而导致滚铝，形成大病槽。可见管理好铝液高度十分重要，但正确管理的前提是准确地进行铝液高度的测量，因此选择正确的测量方法并要求现场严格地执行测量作业标准是管理的重要内容。

由于正常铝电解槽的每日产铝量是相对稳定的，铝液高度超过正常速度的变化肯定是热平衡等因素引起的槽膛变化所造成的，出铝量的制定虽然以保持标准的铝液高度为目标，但却不能作为调节铝液高度的唯一手段（热平衡变化引起槽膛变化是导致铝液高度变化异常的主要原因，因此应配以热平衡调整），否则出铝量的大起大落会导致电解槽中的在产铝量较大范围波动，反而不利于电解槽热平衡走向稳定。因此，出铝量的制定一般以数天（如 5d 或 7d）为一个周期进行计划，并且不能大幅偏离基准值（偏离基准值的范围不超过 ±10%）。归纳起来，出铝量管理应遵循下列原则：（1）接近实际电流效率，尽量做到产出多少取走多少；（2）保持指示量平稳，切忌大起大落；（3）可以利用调整铝液高度来调整电解槽的热平衡，但一般只有对于热平衡已经不正常的电解槽才采用这种调节措施。

15.6.2　铝液高度测量与出铝计划制定的管理

15.6.2.1　铝液高度测量方法选择

正确的出铝计划离不开准确的铝液高度测量数据。铝液高度测量的方法有一点测量和多点测量两种。多点测量一般为三点（300kA 以上大容量槽为五点）。尽管一点和多点两种测量方法均采用相同的测定工具（45°测定钎加水平仪，详见 14.1 节），但两种方法有以下不同点：

（1）测定位置不同。一点测量位置常取在出铝口，多点测量位置在大面（详见 14.1 节）。由于测量位置不同，获得铝液高度准确性不一样。对于炉底干净、无隆起的槽，三点测量的平均值一般高于一点测量 0.7～1.0cm（见图 15-2）。若炉膛不规整，一点测量的铝液高度值与全槽平均值的误差更大。

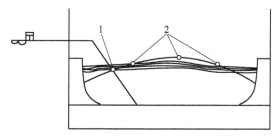

图 15-2　铝液高度测量示意图
1——一点测量点；2—三点测量点

（2）测量周期不同。一点法每天至少进行一次，多则数次；多点法则必须按照测定计划实施，测定计划表的测定周期与出铝计划表的制定周期相同，例如每 5d（或每一周）进行一次。

（3）用途不同。一点测量只能用于每天了解铝液情况，主要目的是掌握电解质高度；多点测量是用于制定后 5 天的出铝计划。

（4）难易程度不同。一点测量简单易行，随时可作；多点测量必须用天车打测量孔，工作量相对较大。

但作为铝液高度的技术条件管理和作为制定出铝计划的依据，必须采用多点测量法。每天再辅以一次一点测量了解变化，这样会使管理更趋完善。

15.6.2.2　多点测量基本程序及铝液有效值（MTVV）计算方法

多点测量的基本程序是：在出铝计划周期的最后一天出铝前数小时进行测量；测量完毕后计算出算术平均值，并将该槽当时的回转计读数一同报告给计算机室；计算机操作员将数据输入后，由计算机进行平滑处理，得出铝液有效值，供制定新一轮出铝计划表使用。

计算机进行铝液有效值计算（平滑处理）的计算公式为：

$$MTVV = \alpha M_0 + (1 - \alpha)[M_1 - (J - K)]$$

式中　$MTVV$——（本次的）铝液有效值，mm；

　　　M_0——本次测量的铝液高度平均值，mm；

　　　M_1——前次的铝液有效值，但有些企业取前次测量的铝液高度平均值，mm；

　　　J——从上次测量到本次测量之间的阳极实际下降量，mm；

　　　K——从上次测量到本次测量之间的阳极标准下降量，mm；

　　　α——平滑系数，一般取值在 1/3～1/2 之间。

多点测量中应注意的事项有：

(1) 注意对测量精度的管理。多点测量的平均值比上次测量的平均值相差 ± 3cm 以上的要进行重新测定。

(2) 注意对阳极回转计刻度的读数的管理。因为计算机计算铝液有效值时要用到回转计读数来计算本次测量与上次测量期间的阳极下降量，因此在进行多点测量铝液、电解质高度时，要记录阳极回转计刻度读数。在抬母线时，要记录抬前和抬后的回转计刻度读数。

(3) 正确进行数据记录并按照作业准则输入计算机。

(4) 注意槽底沉淀对测量的影响。须注意，定义的铝液高度是指电解质以下，包括炉底沉淀在内的所有部分。测定时炉底有沉淀，千万不能刨出沉淀部分将剩余值作为铝液高度，不然就会不自然地提高铝液高度，使槽子走向冷态化。测量时若发现槽底有沉淀，必须采用适当方法处理。

15.6.2.3 基于 MTVV 值的出铝计划制定

过去按一点测量值确定指示量的做法虽然简单易行，但存在两大致命缺点：(1) 数据准确性差。反映不出槽内实际铝液状况，对炉底隆起的老槽，或炉底沉淀多的槽，按此下达指示量容易引发病槽；(2) 指示量不平稳。由于测量值的起落，必然造成指示量波动大。一旦指示量的波动幅度超过了槽子的自调能力，必然对炉膛和技术条件产生不良影响，甚至恶化槽况。

基于多点测量的铝液有效值 (MTVV) 法具有相当严密的科学性，是严格、平稳管理的体现。具体做法是，将 MTVV 值与基准高度相比较，一次作出一个周期 (如 5 日，有的企业为 7 日) 的总吸出量和每日指示量表 (实例见表 15-4)，交给出铝组执行。对异常情况 (如 MTVV 值不在标准的高度范围时、前一次的出铝量误差较大或槽况发生急剧的变化时) 或异常槽况则不按 MTVV 法，而由管理者 (如工区长) 根据当天槽况决定出铝量。

表 15-4 基于铝液有效值法的 5 日出铝指示量表 (某厂 160kA 预焙槽) (kg)

MTVV 值与基准值之差/mm	5 日总吸出量	第一天	第二天	第三天	第四天	第五天
+ 20 ~ + 11	5800	1200	1100	1200	1100	1200
+ 10 ~ - 5	5700	1200	1100	1200	1100	1100
- 6 ~ - 15	5100	1100	1000	1000	1000	1000

铝液有效值法有如下优点：

(1) 多点测量平均数据，比一点测量准确，更真实地反映铝液高度及分布。

(2) 平滑处理中，把本次测量值与上次有效值 (或测量值) 加 5 日内阳极下降量推算出的值进行加权平均，既考虑本次测量情况，又考虑了前次有效值情况和炉膛变化情况 (由阳极下降量反映)，可充分排除测量误差，将电解槽前后情况有机地连贯起来。

(3) 做到了平衡管理，正常槽规定 5 日内相邻两天最大差值仅为 100kg，保证电解槽平稳出铝，起落幅度小。

(4) 管理科学化、标准化，使人为影响因素尽量减小。

此法的缺点为：

(1) 环节多，从测量、计算平均值及回转计读数记录、报告计算机，其中一个环节出问题，指示量表就打印不出来。

(2) 测定工作必须定时定日，不能错过。

(3) 要求吸出精度高，不能超过误差范围，更不能一日不出。

(4) 病槽及非正常生产期槽不能使用此法。

（5）有效值超过计算范围，此法做不出出铝计划，需管理者人为决定。

但此法的缺陷正反映出了操作管理的严格性。管理混乱和生产不稳定无法实施此法，这就从工作程序上对我们提出了严格操作、严格管理的要求，这正是我们的目的所在。一言总之，我们要把企业办成先进企业，必须采取严格的、科学的管理方法。

15.7　电解质高度管理

对电解质高度的调整应以"疗程"思想来进行，避免对槽况产生冲击。

电解质高度的管理内容主要包括：

（1）电解质高度的判定。每天出铝前，在出铝端进行一点测定，结合定期（如每月）进行的多点测定的平均值，作为判断的参考资料；同时在换阳极时，视电解质液面高、低作为判断的参考资料。

（2）电解质高度的增减。可根据多点测量的高度，对照电解质料基准表来决定电解质料的添加量。例如，某厂320kA电解槽的电解质料添加基准表如表15-5所示。电解质料添加时间及位置为：更换阳极时，当阳极换出后，在其位置进行电解质料添加。使用的电解质料包括：刨炉的电解质块、抬包结壳电解质块和冰晶石。

表 15-5　电解质料添加基准

五点测定值	判　　断	处　　置
26cm 以上	向值班长报告	不需要加入电解质
24cm 以上	与计算机室联络	停止加入残极上电解质块
20～22cm	增加电解质液	在 6d 内，每天加入 100kg
18～19.9cm	增加电解质液	在 6d 内每天加入 150kg
17.9cm 以下	增加电解质，同时报告班长	在 10d 内每天加入 125kg，且电解质加入后再测定

（3）调整电解质高度的相关处理。由于电解质高度受热平衡的影响很大，因此，在按照电解质的吨铝消耗量及时补充冰晶石和氟化铝的基础上，合适的电解质高度还需要通过保持合适的热平衡来维持，当电解质高度异常时，应通过恢复电解槽的正常热平衡来促进电解质高度恢复正常。对电解质高度严重异常的情况进行处理的极端措施是，通过从电解质中抽出液体电解质，或向电解槽中灌入取自其他槽的液体电解质来调整，但该措施不常用。

15.8　阳极更换进度管理

15.8.1　阳极更换顺序的确定

阳极更换顺序的确定原则是：第一，相邻阳极组要错开更换；第二，电解槽两面炭块组应均匀分布，使阳极导电均匀，两条大母线承担的阳极重量均匀；第三，若按电解槽纵向划分成几个相等的小区，每个小区承担的电流和阳极重量也应大致相等，为此，阳极更换必须交叉进行。

为了便于记录和管理阳极更换，生产现场对电解槽的阳极进行编号，所有的阳极分为 A、B 两侧，其中 A 侧指进电端的那一侧阳极，B 侧指非进电端的那一侧阳极；阳极标号以出铝端的第一块阳极作为 1 号阳极，按数字顺序排列到烟道端，例如，对于每侧有 20 根阳极的预焙槽，阳极标号依次为 1～20；确定一块阳极的位置以阳极所在的侧和阳极编号，例如 A16 代表 A 侧从出铝端往烟道端数第 16 根阳极。

我国大型槽阳极更换周期一般为 25~27d。有些大型槽设计为双阳极，即两块相邻的阳极构成一组，每次更换一组。对于以组为单位更换阳极的生产系列，除了需要对电解槽上每块阳极的位置进行编号外，还需要对每组进行编号（即有极号与组号之分）。例如，对于全槽有 40块阳极（20组）的预焙槽，阳极号和阳极组的关系如表 15-6 所示。

表 15-6 阳极号与阳极组号对应表

阳极组	A1		A2		A3		A4		A5		A6		A7		A8		A9		A10	
阳极号	A1	A2	A3	A4	A5	A6	A7	A8	A9	A10	A11	A12	A13	A14	A15	A16	A17	A18	A19	A20
阳极组	B1		B2		B3		B4		B5		B6		B7		B8		B9		B10	
阳极号	B1	B2	B3	B4	B5	B6	B7	B8	B9	B10	B11	B12	B13	B14	B15	B16	B17	B18	B19	B20

给定了每台电解槽的阳极数量和阳极更换周期（关于阳极更换周期的计算请见 11.2.4节），便可以按照上述交叉更换的原则制定出阳极更换顺序表。

以某厂 200kA 预焙槽为例，全槽有 28 块阳极，每块阳极以 26d 为更换周期，更换顺序如表 15-7 所示。按此顺序，A、B 两侧的阳极能交叉进行更换，每天更换一块阳极，除了 A7 与A8、B7 与 B8 阳极是同一天更换外，其他相邻阳极更换日期相差 4d。

表 15-7 某厂 200kA 预焙槽阳极更换顺序

极 号		1	2	3	4	5	6	7	8	9	10	11	12	13	14
更换顺序	A 侧	1	5	9	13	17	21	25	25	3	7	11	15	19	23
	B 侧	10	14	18	22	26	4	8	8	12	16	20	24	2	6

再以某厂 320kA 铝电解槽为例，全槽有 40 块阳极，每块阳极以 27d 为更换周期，分为 20组更换，更换顺序表如表 15-8 所示。由于阳极组数（20）小于阳极更换周期（27），因此每槽平均 1.35d 才能更换一组阳极，实际做法是每 27d 中有 20d 更换阳极，其中安插 7d 休息（不更换）。相邻的阳极组更换日期相差 7~8d。

表 15-8 某厂 320kA 预焙槽阳极组更换顺序

组 号		1	2	3	4	5	6	7	8	9	10
更换顺序	A 侧	1	7	13	19	5	11	17	3	9	15
	B 侧	12	18	4	10	16	2	8	14	20	6

15.8.2 阳极更换进度表的制定

将阳极更换顺序编程后输入计算机，便可在每天 23 点前打印出下一天的日更换表，工人按此表安排更换。同时每月最后一天的 23 点前打出下一个月全月全系列阳极更换顺序表，以备查对。表 15-9 是某厂 320kA 预焙槽某年某月的阳极更换进度表（一个例子）。

表 15-9 某厂 320kA 预焙槽××年××月阳极更换进度表

槽号	日 期																													
	1	2	3	4	5	6	7	8	9	10	11	12	13	14	15	16	17	18	19	20	21	22	23	24	25	26	27	28	29	30
101	A1	B6	休	A8	B3	休	A5	B10	A2	B7	休	A9	B4	A6	B1	休	A3	B8	休	A10	B5	休	A7	B2	休	A4	B9	A1	B6	休
102	B9	A1	B6	休	A8	B3	休	A5	B10	A2	B7	休	A9	B4	A6	B1	休	A3	B8	休	A10	B5	休	A7	B2	休	A4	B9	A1	B6

槽号	日期																													
	1	2	3	4	5	6	7	8	9	10	11	12	13	14	15	16	17	18	19	20	21	22	23	24	25	26	27	28	29	30
103	A4	B9	A1	B6	休	A8	B3	休	A5	B10	A2	B7	休	A9	B4	A6	B1	休	A3	B8	休	A10	B5	休	A7	B2	休	A4	B9	A1
104	休	A4	B9	A1	B6	休	A8	B3	休	A5	B10	A2	B7	休	A9	B4	A6	B1	休	A3	B8	休	A10	B5	休	A7	B2	休	A4	B9
105	B2	休	A4	B9	A1	B6	休	A8	B3	休	A5	B10	A2	B7	休	A9	B4	A6	B1	休	A3	B8	休	A10	B5	休	A7	B2	休	A4
106	A7	B2	休	A4	B9	A1	B6	休	A8	B3	休	A5	B10	A2	B7	休	A9	B4	A6	B1	休	A3	B8	休	A10	B5	休	A7	B2	休
107	休	A7	B2	休	A4	B9	A1	B6	休	A8	B3	休	A5	B10	A2	B7	休	A9	B4	A6	B1	休	A3	B8	休	A10	B5	休	A7	B2
108	B5	休	A7	B2	休	A4	B9	A1	B6	休	A8	B3	休	A5	B10	A2	B7	休	A9	B4	A6	B1	休	A3	B8	休	A10	B5	休	A7
109	A10	B5	休	A7	B2	休	A4	B9	A1	B6	休	A8	B3	休	A5	B10	A2	B7	休	A9	B4	A6	B1	休	A3	B8	休	A10	B5	休
110	休	A10	B5	休	A7	B2	休	A4	B9	A1	B6	休	A8	B3	休	A5	B10	A2	B7	休	A9	B4	A6	B1	休	A3	B8	休	A10	B5
111	B8	休	A10	B5	休	A7	B2	休	A4	B9	A1	B6	休	A8	B3	休	A5	B10	A2	B7	休	A9	B4	A6	B1	休	A3	B8	休	A10
112	A3	B8	休	A10	B5	休	A7	B2	休	A4	B9	A1	B6	休	A8	B3	休	A5	B10	A2	B7	休	A9	B4	A6	B1	休	A3	B8	休
113	休	A3	B8	休	A10	B5	休	A7	B2	休	A4	B9	A1	B6	休	A8	B3	休	A5	B10	A2	B7	休	A9	B4	A6	B1	休	A3	B8
114	B1	休	A3	B8	休	A10	B5	休	A7	B2	休	A4	B9	A1	B6	休	A8	B3	休	A5	B10	A2	B7	休	A9	B4	A6	B1	休	A3
115	A6	B1	休	A3	B8	休	A10	B5	休	A7	B2	休	A4	B9	A1	B6	休	A8	B3	休	A5	B10	A2	B7	休	A9	B4	A6	B1	休
116	B4	A6	B1	休	A3	B8	休	A10	B5	休	A7	B2	休	A4	B9	A1	B6	休	A8	B3	休	A5	B10	A2	B7	休	A9	B4	A6	B1
117	A9	B4	A6	B1	休	A3	B8	休	A10	B5	休	A7	B2	休	A4	B9	A1	B6	休	A8	B3	休	A5	B10	A2	B7	休	A9	B4	A6
118	休	A9	B4	A6	B1	休	A3	B8	休	A10	B5	休	A7	B2	休	A4	B9	A1	B6	休	A8	B3	休	A5	B10	A2	B7	休	A9	B4
119	B7	休	A9	B4	A6	B1	休	A3	B8	休	A10	B5	休	A7	B2	休	A4	B9	A1	B6	休	A8	B3	休	A5	B10	A2	B7	休	A9
120	A2	B7	休	A9	B4	A6	B1	休	A3	B8	休	A10	B5	休	A7	B2	休	A4	B9	A1	B6	休	A8	B3	休	A5	B10	A2	B7	休
121	B10	A2	B7	休	A9	B4	A6	B1	休	A3	B8	休	A10	B5	休	A7	B2	休	A4	B9	A1	B6	休	A8	B3	休	A5	B10	A2	B7
122	A5	B10	A2	B7	休	A9	B4	A6	B1	休	A3	B8	休	A10	B5	休	A7	B2	休	A4	B9	A1	B6	休	A8	B3	休	A5	B10	A2
123	休	A5	B10	A2	B7	休	A9	B4	A6	B1	休	A3	B8	休	A10	B5	休	A7	B2	休	A4	B9	A1	B6	休	A8	B3	休	A5	B10
124	B3	休	A5	B10	A2	B7	休	A9	B4	A6	B1	休	A3	B8	休	A10	B5	休	A7	B2	休	A4	B9	A1	B6	休	A8	B3	休	A5
125	A8	B3	休	A5	B10	A2	B7	休	A9	B4	A6	B1	休	A3	B8	休	A10	B5	休	A7	B2	休	A4	B9	A1	B6	休	A8	B3	休
126	休	A8	B3	休	A5	B10	A2	B7	休	A9	B4	A6	B1	休	A3	B8	休	A10	B5	休	A7	B2	休	A4	B9	A1	B6	休	A8	B3
127	B6	休	A8	B3	休	A5	B10	A2	B7	休	A9	B4	A6	B1	休	A3	B8	休	A10	B5	休	A7	B2	休	A4	B9	A1	B6	休	A8
128	A1	B6	休	A8	B3	休	A5	B10	A2	B7	休	A9	B4	A6	B1	休	A3	B8	休	A10	B5	休	A7	B2	休	A4	B9	A1	B6	休
129	B9	A1	B6	休	A8	B3	休	A5	B10	A2	B7	休	A9	B4	A6	B1	休	A3	B8	休	A10	B5	休	A7	B2	休	A4	B9	A1	B6
130	A4	B9	A1	B6	休	A8	B3	休	A5	B10	A2	B7	休	A9	B4	A6	B1	休	A3	B8	休	A10	B5	休	A7	B2	休	A4	B9	A1
131	休	A4	B9	A1	B6	休	A8	B3	休	A5	B10	A2	B7	休	A9	B4	A6	B1	休	A3	B8	休	A10	B5	休	A7	B2	休	A4	B9
132	B2	休	A4	B9	A1	B6	休	A8	B3	休	A5	B10	A2	B7	休	A9	B4	A6	B1	休	A3	B8	休	A10	B5	休	A7	B2	休	A4
133	A7	B2	休	A4	B9	A1	B6	休	A8	B3	休	A5	B10	A2	B7	休	A9	B4	A6	B1	休	A3	B8	休	A10	B5	休	A7	B2	休
134	休	A7	B2	休	A4	B9	A1	B6	休	A8	B3	休	A5	B10	A2	B7	休	A9	B4	A6	B1	休	A3	B8	休	A10	B5	休	A7	B2
135	B5	休	A7	B2	休	A4	B9	A1	B6	休	A8	B3	休	A5	B10	A2	B7	休	A9	B4	A6	B1	休	A3	B8	休	A10	B5	休	A7
136	A10	B5	休	A7	B2	休	A4	B9	A1	B6	休	A8	B3	休	A5	B10	A2	B7	休	A9	B4	A6	B1	休	A3	B8	休	A10	B5	休

15.8.3　非正常情况下的阳极更换管理

非正常情况下的阳极更换管理如下：

（1）新槽换极开始日期的确定。从启动后两天开始换极（灌铝后的第二天）。

（2）停槽前的阳极更换。决定某个槽要停槽时，在停槽之日的前一天或前两天（按作业标准的规定）开始停止更换阳极；对于计划停槽的情况，从 10 天开始使用残极；从停槽上换下来的残极，阳极高度在 30cm 以上的要再使用。

（3）临时更换阳极。因阳极脱落、裂纹、长包、掉角等必须临时换极时，首先选择用高度不小于所换阳极高度的残极替换，只有在无残极时，才可用新阳极替换；也有一些企业规定，比较下一次计划更换的时间，若在 10d 以内的使用残极，10d 以上的使用新极。

（4）因故推迟更换的情形的处理。由于天车故障等原因，不能当班更换的阳极，推迟到下一班进行，阳极更换顺序不变。当班换极时，优先更换压极，如果压极量较大时，换极顺序不变，可缩短更换两组阳极的时间间隔，直到进入正常周期；但每台槽每 24h 换极组数不能超过两组，时间间隔必须在 8h 以上，目的在于减少换极对槽子运行的干扰，而且新极不能集中在一个区（如 A3、B3），特别情况需要多换时，只能用使用过的残极或从邻槽拔来热残极，以缩短换上阳极的导通全电流时间，尽可能保证电流分布均匀。

（5）记录报告。碰到更换终止和临时更换的情况，要记入更换时间表和工作日志，并向相关人员报告。

15.9　阳极上覆盖料管理

阳极覆盖料，或称极上保温料，是维持电解槽热平衡、防止阳极氧化的重要因素，并且对于减少氟盐挥发损失也有一定作用。

15.9.1　阳极覆盖料管理的基本原则

生产中应尽可能保持足够厚的、稳定的覆盖料。尽管增减覆盖料的厚度可以调节电解槽的热支出，从而调整槽子的热平衡，但现代预焙槽生产主张按工艺标准保持足够高的覆盖料，而不主张将变更覆盖料的厚度作为调节热平衡的手段。这是因为，首先，变更覆盖料的厚度对电解槽热平衡的影响的可控性差，覆盖层越薄，槽面散热占槽子总散热的比例就越大，则覆盖层厚度变化对热平衡影响的可控性便越差；其次，为了降低阳极被空气氧化的程度，希望覆盖层足够厚（以不覆盖到爆炸焊片为限），因此不希望采用变更覆盖层厚度这种"顾此失彼"的调节手段。

15.9.2　阳极覆盖料管理的内容

阳极覆盖料管理的内容如下：

（1）阳极更换时的覆盖料投入量。应作具体规定，以利于标准高度的保持。例如某 320kA 槽生产系列规定阳极更换时覆盖料的加入量为 220 ~ 240kg。

（2）阳极上覆盖料高度。应规定标准高度。例如我国预焙槽一般规定标准高度为 16cm。在换阳极时，按图 15-3 和图 15-4 进行覆盖料的加入、管理。

（3）阳极上覆盖料高度的调整。阳极爆炸焊片被覆盖料覆盖了的时候，要把覆盖料扒开，让爆炸焊片露出来；阳极上覆盖料高度不够时，应及时调用天车进行覆盖料补充加料，防止阳极氧化。

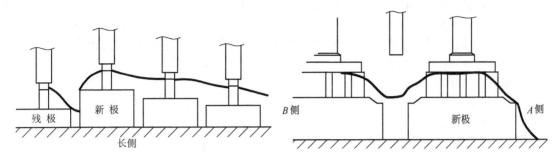

图 15-3　换极时阳极覆盖料示意图（大面视图）　　图 15-4　换极时阳极覆盖料示意图（小面视图）

（4）记录与报告。临时向阳极上加入覆盖料的槽号，要记入工作日志，同时向值班长报告。

15.10　原铝质量（铝液纯度）管理

铝的质量通常按铝中含杂质的多少来评定，铝中含有的金属杂质有二十多种，其中最主要的是铁（Fe）、硅（Si）、铜（Cu）几种，此外还含有气体杂质如氢、氧等，及非金属杂质如碳，电解质与铝或其他金属形成化合物等。

铝中杂质含量越高，其质量品级越低，相应销售价格也越低。因此，铝的质量直接影响到企业的经济效益。但要提高成品铝的质量，必须有高质量的原铝（即铝液）。因此，电解出高质量的原铝，便成为提高成品铝质量的关键。

15.10.1　降低杂质来源相关联的管理

原铝中杂质来源有多种途径，因此生产管理中要针对各种途径制定管理标准并有效实施管理。

（1）把好原料质量关。要提高原铝质量，首先应把好原料质量关，坚持使用符合国家标准和行业标准的原材物料，降低从原料如 Al_2O_3、炭阳极、氟化盐中带入的杂质。此外，加入抬包壳皮时，注意抬包壳皮有没有杂质（如耐火砖头等）的投入。

（2）加强现场操作管理，尤其是阳极管理、电解质高度管理和铁制工具使用上的管理，避免铁制材料与工具在熔体中熔化。例如，提高阳极更换质量，准确设置阳极位置，尽量避免因设置不准出现电流过载熔化钢爪而引起阳极脱落；随时检查阳极行程情况，防止因阳极掉块、脱落、裂纹而熔化钢爪，不正常的阳极要迅速地换下来。掌握好电解槽各项技术条件，尤其是电解质高度，防止因电解质高度过高而浸泡即将更换的低阳极钢爪，引起熔化；为了避免工具熔化而污染原铝，铁制工具如大钩、大耙等不得在液体电解质或铝液中浸泡太久，发红变软后即应更换，不好的工具不要使用，假如工具掉进了电解槽里，要迅速地取出，阳极效应发生时不要把工具放入电解槽内；此外，防止下料器的打壳锤头因长期磨损而脱落掉入槽中，因此必须随时观察运动部件的磨损情况，及时更换，掉入槽内的必须及时拿出。

（3）保持电解槽热平衡稳定，加强对槽膛形状和槽底破损的防治与管理。原料中的杂质有相当一部分沉积在槽膛边部的电解质结壳中。对于正常运行的电解槽，槽膛稳固，这些杂质不会进入液态铝中，但一旦出现电解槽变热，造成槽膛熔化，沉积在边部结壳中的杂质便会进入液态电解质中，随着电解过程最终进入铝液，引起原铝中杂质含量增高。此外，许多电解槽底部都有不同程度的裂纹，在电解槽正常运行时，这些裂纹被沉积物所填充并固化，一定程度地起着保护炉底的作用，但电解槽处于热行程时，高温会使这些沉积物熔化，裂纹会继续扩展并加深，穿透底部炭块而引起阴极钢棒熔化，而且通过裂缝浸入的铝液会还原耐火材料中的铁硅氧化物，使铁、硅进入铝液中，使其杂质含量增高。所以，电解槽应建立起稳固的热平衡，保持正常运行，不仅可以高产低耗，而且可以优质。生产实践证明，大凡正常运行的电解槽，原铝质量也往往良好。

（4）加强对环境卫生的管理。除了生产操作和技术条件之外，电解厂房的整洁，也是保证原铝优质的重要条件之一。生产中应保持厂房内干净，地坪完好，墙壁、窗户完整，防止尘土进入槽内污染原铝；要进行槽四周的清扫整理，防止铁、硅等杂物的混入。

15.10.2　铝液试样分析

准确的铝液试样分析是有效进行原铝质量管理的前提。对于铝液试样分析的管理，关注的主要内容是：

（1）铝液取样频度。对于铝液取样频度，企业要做出明确的规定。目前我国铝厂一般每星期从电解槽出铝孔取一次铝液试样，送中心化验室分析。

（2）铝液取样方法及试样编号。按照企业制定的铝液取样方法及试样编号要求进行。

（3）原铝试样分析。对于正常槽的分析，要进行分析结果的正确性判断，即把本次原铝试样分析结果与上次的进行比较，若误差为铁在 0.2% 以上，硅在 0.05% 以上，则要再取样进行分析；对于纯度异常的电解槽，可以进行临时取样分析，例如每天取样一次进行分析。

（4）记录与报告。对于再分析、临时分析的槽号，以及分析的结果要记入工作日志，并且向相关人员报告。

15.11　效应管理

15.11.1　效应管理的目标与思路

现代铝电解企业进行效应管理的目标是：

（1）通过维持理想的工艺技术条件（尤其是保持理想的物料平衡与热平衡），使效应系数尽可能达到预定目标。前面已指出，现代铝电解工业追求无效应运行，对于效应系数指标与国际先进水平尚有较大差距的我国铝电解企业，还应该通过不断地改进设备、工艺与操作管理水平来改进铝电解槽的工艺技术条件，以达到不断降低效应系数的目的。

（2）除了追求理想效应系数外，还应该尽可能使效应持续时间达到预定目标，并朝着不断缩短效应持续时间的方向努力。此外，还应该追求效应发生的均匀性（克服单槽或系列槽效应系数忽高忽低的现象）。

为了实现效应管理的目标，效应管理应该遵循下列思路：

（1）效应管理是一项系统工程，它是建立在其他各项作业与技术管理的基础之上的。效应的发生是铝电解槽正常运行条件（尤其是物料平衡与热平衡）遭到破坏的标志，因此效应参数（包括效应系数、效应持续时间、效应电压、效应发生的均匀性等）是否先进，成为现代铝电解生产控制、操作与管理水平的综合量度；反过来，生产控制、操作与管理水平也决定了效应管理所能达到的高度。有人形象地比喻，效应管理是屋顶，其他各项管理（尤其是与物料平衡和热平衡相关的管理，如下料管理、电压管理、电解质成分管理、电解质高度管理、铝液高度管理、阳极覆盖料管理等）是基础和柱子。一旦某个（或某些）失控（或失调），都会造成效应管理这个屋顶的崩塌，其中以下料管理、电压管理和铝液高度管理最为重要。

（2）正因为效应管理是一项系统工程，就不能对效应参数偏离目标的电解槽采用"头痛医头、脚痛医脚"的做法。虽然效应发生的最直接原因是氧化铝浓度过低，但绝不能简单地调整控制系统的下料参数（如基准下料间隔），因为现代计算机程序对物料因素有较强的控制能力，反倒是对热工因素的处理能力较弱（因为槽温不能自动检测，散热因素不能自动调控），对阳极故障等恶化电解槽稳定性的问题更是束手无策，而正是这些计算机不能有效监控的因素常常是导致效应参数恶化的真正原因，更应该引起作业人员与管理人员的高度重视。在正常的工艺技术条件下，现代先进的计算机控制系统具有将氧化铝浓度控制在 1.5% ~ 3.5% 范围之内的能力，但若电解槽的热平衡与槽电阻稳定性遭到破坏，氧化铝浓度控制效果就会急剧恶化，进而进入恶性循环，使热平衡、物料平衡及电解槽的稳定性与理想状态的偏差愈来愈大。此时，效应管理的重点是找出和消除导致电解槽运行状况（包括工艺技术条件）恶化的真正因素，系统地考虑制定和实施工艺技术条件调整方案，阻止恶性循环的进一步发展，创造出加料控制程序得以发挥作用的环境，使工艺技术条件逐步回归正常范围。

（3）企业在不断追求降低效应系数的目标时，必须稳步进行，不可冒进。应充分分析效应系数降低过程中电解系列的技术经济指标变化趋势，谨防作业人员迫于考核压力采取不利于技术经济指标的错误手段降低效应系数（例如多下料、升高摩尔比和槽温等）。同时，应该分析效应发生的均匀性，一般来说，"错误手段"压低的效应系数会导致单个电解槽乃至全系列电解槽的效应系数忽高忽低（即效应系数不均匀）。如果能在较高的水准上使全系列效应系数降低，即效应系数降低的同时，其他效应参数（效应持续时间、效应电压、效应发生的均匀性等）均能保持理想状态（甚至相应地得到改进），则必定能带来降低能耗和改进环保指标的效果，那么企业可以考虑制定新的效应管理目标和实施步骤。

（4）企业制定的效应系数目标值一般是针对全系列而言的，对于具体的电解槽，应允许一定的"弹性"，对于运行状态很好的新槽，可以允许其效应系数比设定值更低，而对于启动槽、异常槽和高槽龄槽，允许效应系数高一些（例如，一些以 0.1 为设定值的铝厂允许异常槽的效应系数为 0.2 ~ 0.5）。

（5）效应管理与铝电解控制系统中使用的下料自动控制模式有重大关系，因此企业在制定效应管理的具体策略时，应该首先熟练掌握计算机控制系统的下料控制模式与策略（参见 15.5 节及第 24 章）。

15.11.2 下料自动控制模式的选择对效应管理的影响

在 15.5 节中已指出，目前，我国铝电解控制系统的下料自动控制模式分为"设效应等待"与"不设效应等待"两大类。

作业人员与管理者首先必须弄清楚控制系统中所选用的下料自动控制模式的基本原理（参见第 24 章），并相应地去管理与所选控制模式相对应的设定参数。例如，"设效应等待"控制模式中用到"效应等待周期"（即从上次效应发生时刻或效应等待失败而退出等待时刻到本次安排效应等待时刻之间的时间长度）、"效应等待极限时间"（即停止下料进行效应等待的最长许可时间，若超过该时间则认为效应等待失败而恢复正常的下料控制）、"效应等待成功率"（这是一个描述效应等待好坏效果的参数）等。其中效应等待周期是一个需要认真管理的参数，因为该参数会对效应系数指标产生决定性的影响。"不设效应等待"控制模式中没有这些参数，但可能也有一些与控制效应系数相关的设定参数，通过调整这些设定参数使控制系统尽可能将电解槽的效应系数调控到目标范围。此外，不同控制模式虽然使用了一些类似的术语（如突发效应、延时效应等），但具有不同的含义，因此要求不同的效应管理策略。

15.11.3 效应异常的分析与处理

效应异常的分析与处理是效应管理的重要内容。该部分内容将在 15.12 节中讨论。

15.12 异常槽况（病槽）及事故的防治与管理

15.12.1 异常槽况（病槽）及事故防治与管理的基本原则与重点

当铝电解槽工艺技术条件中的某个或某些偏离了正常范围时，均可以视为槽况异常。当某个或某些重要工艺技术条件显著偏离正常范围，特别是电解槽赖以正常运行的两大条件——热平衡和物料平衡遭到严重破坏，因而电解槽技术经济指标严重恶化时，便视为病槽。在人们心目中，病槽意味着较严重的异常槽况（但病槽与异常槽况两个术语并没有严格的定义区别，因此下面的讨论中不做严格区分）。在现代铝电解生产中，病槽被作为生产事故来对待。此外，生产中还有两类常见的事故，即操作管理事故（如漏槽、难灭效应、操作严重过失等）和设备引发事故（如槽控机控制失灵导致"拔槽"或"坐槽"，电气设备或母线短路导致的安全或爆炸事故等）。

按技术条件是否异常来归类，异常槽况可分为：槽电压（槽电阻）异常、氧化铝浓度异常、槽温异常、摩尔比异常、电解质高度异常、铝液高度异常、效应参数异常等。但此种分类方法不易表达病槽的主特征，因此生产中常按病槽的主特征进行分类，例如槽电压异常（包括槽稳定性异常）、热平衡异常（热槽与冷槽）、物料平衡异常（下料异常）、阳极故障（阳极工作异常）、槽膛异常、槽底异常（槽底沉淀等）、其他事故型病槽（如难熄效应、电解质含碳或碳化铝、滚铝等）。其中一些病槽的主特征是"重叠"的，例如槽膛异常、槽底异常、阳极故障、滚铝等均会表现为槽电压异常（槽稳定性异常）。本节将重点讨论几个最常见的异常槽况（病槽）及其防治[5]。

管理者不能单纯依据病槽的"主特征"来制定处理方案，一方面是因为具有同一种"主特征"的病槽往往产生的根源是完全不同的，例如热槽可能由能量输入过大引起，也可能由冷槽转化而来，也可能由物料平衡遭破坏引起，也可能由阳极质量问题引起，因此要根治热槽就必须找出并消除病槽的成因；另一方面，电解槽出现异常槽况（病槽）时，常常呈现出多种特征的病态共存，并互为因果，形成恶性循环，并出现病槽"主特征"不断转化的情形，因此如果单纯针对病槽在某一阶段的"主特征"制定处理方案，容易犯"头痛医头，脚痛医脚"的错误，正确的处理原则是，从各项工艺技术条件之间的相互关系出发，制定使各项工艺技术条件逐步恢复正常的综合治理方案。

过去落后的槽型及粗放型的操作与管理方式经常导致电解槽"犯病"，因此病槽处理技术的好坏成为衡量操作人员与管理者能力的重要标准。现代设计优良的电解槽具有较强的自平衡能力，配备有先进的计算机控制系统，只要能推行先进的管理思想与方法（参见 15.1 节），牢固树立"预防为主，治理为辅"的管理思想，并严格执行标准化作业与管理，就能（也要求）将异常槽况消除在萌芽状态，并杜绝严重病槽的发生。现代铝电解工业实践表明，病槽与事故多发的企业往往是设备运行及生产操作与管理尚处于"磨合期"的新企业，或者是生产管理观念陈旧、依然停留于经验型与粗放型的操作与管理模式的老企业。

随着铝电解生产设备、工艺及管理的不断进步，病槽及事故防止与管理的重点发生了重大变化。过去生产系列中那种"随机"出现的病槽已愈来愈少见，对生产全局的影响也愈来愈小，因而也不再成为管理者关注的重要问题。倒是一些可引起全系列槽况波动或出现异常的全局性重大问题需要铝电解管理者给予重点关注，例如：

（1）原材料供给的重大波动可能引起系列槽况波动甚至异常。例如，阳极质量的波动可能引起全系列槽稳定性变差，阳极故障及大量炭渣的出现使控制系统无法对物料平衡与热平衡实施有效的控制，可能导致热槽、槽底沉淀等多种异常槽况（病槽）的出现；氧化铝原料质量的波动可能影响整个输料系统的工作，特别是氧化铝溶解性能变差时可能引起控制系统的原有物料平衡控制参数不能适应，导致炉底沉淀的产生、效应系数的提高，继而影响槽热平衡的稳定。

（2）重要生产辅助设备发生故障，破坏了标准化、同步化和均衡化的作业与管理流程，使相关区域甚至全系列电解槽的槽况走向异常。例如，整流供电系统故障导致系列停电会影响系列槽生产稳定，恢复供电后可能出现大面积的异常槽况与病槽；铝电解计算机控制系统的故障（如系列电流采样故障、系统通信故障等）会严重影响控制系统正常控制功能的发挥，严重时可导致全系列或若干区域电解槽的失控或误控，使失控或误控区电解槽状态走向异常；多功能机组的故障可能使换极与出铝操作无法按作业标准实施，成为电解槽发病的原因。

（3）面对包括上述情况在内的各类突发性事件，处理措施不当或不及时，可能导致大面积异常槽况与病槽的出现。

15.12.2 槽电压（槽电阻）异常或控制不良的检查与处理

槽电压（槽电阻）异常或控制不良的判断与处理是铝电解计算机控制系统的主要功能之一（详见第22章和第23章），这里仅对槽电压异常的几种类型作简要的介绍并叙述与人工处理相关的内容。

15.12.2.1 槽电压（槽电阻）异常的检查与处理

在系列电流正常的情况下，槽电压异常等同于槽电阻异常，因此以下均统称为槽电压异常。槽电压异常是最常见的槽况异常，许多异常槽况均能表现为槽电压的异常。

槽电压异常主要表现为：

（1）槽电压（或槽电阻）越限，即超过了控制系统的控制范围，例如，槽电压低于3.8V或高于4.5V。为了安全，槽电压越限时不允许控制系统进行调节。

（2）槽电压（或槽电阻）强烈波动，或称电压针摆，这是电解槽稳定性异常的表现。先进的控制系统目前将电压的强烈波动分为两种基本的类型进行解析与报警：电压摆动（即强烈的低频波动，或称低频噪声）、电压针振（即强烈的高频波动，或称高频噪声）。当不严格区分时，两者便统称为电压针摆。控制系统在检出电压摆动的强度或针振的强度分别超过相应的设定值后，判断为电解槽处于"电压针振"或"电压摆动"状态。

作业人员一定要事先明确电压异常的判定标准。对于大多数控制系统，电压越限与电压针摆的判定标准是可以在计算机站的参数设定菜单中修改的。因此，同样的控制系统在不同企业应用时会有不同的设定值。例如，有的铝厂以追求电压针摆尽可能小为目标，将电压针振与摆动的判断标准分别设定得很低（例如，分别设定为80mV与30mV），超过这样的限度便会报警，并自动提升阳极（提高电压）来消除或减弱针摆；而有的铝厂以追求最小的平均槽电压为目标，不愿意控制系统频繁地判断出电压针摆而自动提升阳极，故将电压针振与摆动的判断标准设定得很高（例如，分别设定为200mV和80mV）。

控制系统发现槽电压异常后，会启动自动语音报警，并且槽控机上的相应指示灯会点亮。因此作业人员能根据控制系统的声光报警来获得信息。作业人员也可以通过巡视作业发现电压异常。在得知电压异常后，要及时巡视和采取以下处理措施：

(1) 观察槽况，并检查槽控机上的两路独立的电压显示是否一致，确认是槽控机的采样故障还是电解槽本身的问题。

(2) 若发现是槽控机采样故障，与计算机室联络获得更详细的关于异常情况的信息，并切断槽控机的电压自控功能，进行手动调整；若非槽控机采样故障，继续进行下列各项。

(3) 如果电压严重异常，查看电解槽是否有明显的事故，如漏槽、槽壳发红、阳极脱落、阳极下滑、阳极开裂、阳极发红等。若有，则立即按相应的事故处理程序进行处理。没有发现明显的事故，则继续下面的有关检测与处理内容。

(4) 通过槽控机查看当前的槽工作电压、针振与摆动强度、出现异常的持续时间（或异常的起始时间），以及近期是否有不断反复出现的异常等，以便对电压异常的严重程度做到心中有数。此外，根据电压异常的类型确定检查槽况的侧重点，例如电压超越上限则重点检查是否漏槽、效应来临等；电压跌破下限则重点检查是否压槽、滑极（阳极下滑）等；电压针振则侧重检查与阳极工作状态及极距状态相关的因素；电压摆动则侧重检查与槽膛内型和槽底状态相关的因素。

(5) 电压针摆严重时，测定并检查阳极电流分布，如果分布不均匀，检查是否有阳极故障（如阳极长包、阳极开裂等），若有则确定是否需要更换有故障的阳极；若无，则继续确定是否需要进行调极处理（即根据电流分布的测定结果，将通过电流过大的阳极的安装位置升高，但较少采用将通过电流过小的阳极的安装位置降低的处理措施）。

(6) 如果阳极无明显故障，而电压针摆严重，则检查是否有炭渣聚集，如果是，则打捞炭渣。

(7) 如果阳极无明显故障，也无炭渣聚集，但电压针摆严重且针摆发生的时间不长（如一至数小时），则分析是否有效应来临的趋势（效应来临前有可能因极距压低或阳极底掌下形成导致电压不稳定的气膜层）。由于效应来临导致的针摆一般在效应发生后自动消除，或者因控制系统自动提升了阳极并加大了下料量（例如进行了效应预报后的大下料）而自动消除。若发现控制系统的确采取了这些处理，则作业人员应先观察控制系统处理后所产生的效果。若有效果，则避免重复处理，否则再决定是否需要人工干预（如人工抬阳极或大下料）。

(8) 当槽电压严重异常时，在进行上述检查的同时检查是否存在电解槽破损（槽底或边部破损），或槽底严重沉淀或结壳，或槽膛严重不规整。如果确认槽底破损，则按照破损槽修补的有关作业规程确定是否需要修补，或在确定需要修补时进行修补，并确定相应的技术条件调整方案。若不属于槽底破损，只属于槽底沉淀或结壳或槽膛严重不规整，则继续下列各项检查内容，找出导致这些问题的根本原因，并针对性进行处理。

(9) 如果电压异常但未发现上述问题（或未找出导致问题的根本原因），查看该槽最近的人工作业记录（包括控制系统中关于人工作业的记录），看是否因为人工作业质量问题引起了电压异常，包括检查人工作业是否正确地通报到控制系统中（只有熄灭效应不用通报），因为若没有正确通报，则槽控机有可能对人工作业引起的槽况变化进行了错误的处理，例如将抬母线、拔出残极或出铝引起的电压上升作为效应预报，导致错误的大下料而引起沉淀，从而引起电压异常变化。

(10) 如果电压异常但未发现上述问题（或未找出导致问题的根本原因），检查是否因下料异常而引起，因为下料异常会导致氧化铝浓度异常变化，包括可能引起上述的效应来临的情况，或者引起大量沉淀的产生致使电流分布不均或槽底压降升高。如果确认下料异常是导致电压异常的重要原因，则转入下面将要叙述的"氧化铝下料异常的处理"。

(11) 如果电压异常但未发现上述问题（或未找出导致问题的根本原因），检查是否因控制系统的控制参数设定不当，控制效果变差而逐步引起电压异常，这尤其容易引起槽电压的稳定性逐步变差，而槽稳定性变差后反过来又引起控制效果进一步变差，这种"恶性循环"最终使电解槽进入电压针摆状态。这种情况引起的电压异常往往有一个逐步积累的过程，因此通过与计算站联系调阅该槽的有关控制参数和历史曲线，可以分析导致控制效果变差的最初和最主要原因，或者分析是否存在不正确的参数设置，或现行参数设置是否不适应变化了的槽况。

（12）无论上述何种原因引起的电压越限，都需要作业人员将电压调节到可控范围（即不越限的范围），才能使控制系统恢复对电压的自动控制。对于电压针摆，则不同的控制系统（或同一控制系统中的不同控制参数设置）所允许的针摆后电压自动调节范围与调节程度是不同的，因此作业人员应该事先了解控制系统在检出电压针摆后的附加电压大小、有效的电压调节范围和为了消除电压针摆而提升阳极的次数与程度，以便判断是否需要进行人工干预（人工调节电压）。为了尽快消除针摆，可以手动调整电压，但不主张频繁调整电压。

（13）除了可以立即解决或消除的突发性事故与事件（如滑极、阳极脱落、效应来临等）引起的电压针摆外，大多数情况下电压针摆的消除需要一个过程。因此，计算机控制系统中一般都为电压针摆消除后设立了一个恢复期（如2h），在恢复期中，电压的实际保持值高于正常的电压设定值（如高 $50 \sim 100mV$）。在一些电解系列能观察到这样一种现象，即恢复期过后控制系统将电压调整到正常设定值附近，电压又出现针摆；控制系统确认针摆后提升阳极，针摆又逐渐消失；经历恢复期后控制系统再将电压调整到正常设定值附近，电压针摆又重现。这种情况说明极距在一种"临界"状态，可能需要调整设定电压，或调整其他技术条件（而不是单靠降低极距）来降低槽电阻，保持正常极距。

（14）对于电解槽破损这种难以有效修复的因素引起的电压针摆，必须按照针对破损槽所制定的技术条件来保持槽电压和其他相关控制参数，以便消除或减弱电压针摆，甚至可能提高针摆的判别标准以允许电压较大范围的波动。对于可以有效修复的因素引起的电压针摆，应尽可能通过调整工艺技术条件（尤其是通过恢复到正常技术条件）来使电解槽逐步回归正常状态。除非进入十分严重的状态或不可自控的状态，否则应尽量避免"外科手术"式的处理方式，例如扎边部一般只在炉帮发红时采用；扒沉淀的做法几乎被禁止。即使采用了这样的极端措施，也仍然需要着眼于正常技术条件的恢复，否则只能治标，不能治本。

（15）对于不能通过简单处理而消除的异常电压，作业人员应该按照企业的有关规程向相关人员报告，由相关技术人员与管理人员制定科学的处理方案。

15.12.2.2　槽电压（槽电阻）控制不良的检查与处理

槽电压（或槽电阻）控制不良的情况包括：槽电压调节过于频繁（班报或日报上的累计阳移次数太多）、槽电压波动范围大（从槽控机或历史曲线可发现工作电压经常显著高于或低于设定电压）、工作电压与设定电压的偏差大（班报或日报上的平均工作电压与设定电压偏差大）、阳极下降量过大或过小（班报与日报上的累计阳极下降量过大或过小）等。作业人员应在巡视电解槽时注意槽电压的控制情况，并及时分析计算机班报和日报，发现问题时进行如下检查与处理：

（1）手动操作阳极上升、下降，看阳极提升机动作（包括制动）是否正常，有故障则及时联络相关人员处理。

（2）无上述问题时，检查是否有阳极下滑，有则及时处理。

（3）若无上述问题，检查是否存在阳极问题（如阳极长包等），或各阳极下的极距差异过大，或存在炭渣聚集，或存在尚未熔化的金属异物等；同时检查槽电压的稳定性，因为这些问题的存在一般会并发电压针摆（或经常性反复的电压异常）。存在上述问题时，容易出现局部压槽或短路，因此易出现控制系统提升阳极时，槽电压便超出设定上限，而下降阳极时，又出现电压跌出下限并同时并发电压针摆，如此反复，导致电压调整效果不理想或调节过频。作业人员应针对具体问题进行处理，例如更换问题十分严重的阳极，测量阳极电压分布并调极，打捞炭渣，清除异物等。与电压异常相关的处理见本节前面所述的"槽电压（槽电阻）异常的检查与处理"。

（4）若无上述问题，则问题可能来自电解质熔体、炉膛及相关技术条件的异常变化。例如，近24h阳极下降总量过大（与前一天相比），则可能漏铝或炉帮化空，故要检查炉底及炉帮；近期热平衡或物料平衡控制不稳定，则电解质电阻率波动大（在控制系统中，电解质电阻率用阳极下降或上升单位距离（1mm）时，槽电压或槽电阻的变化量来表示，并分别简称为阳降电阻率和阳升电阻率，详见本书第4篇），而电解质电阻率波动大时，控制系统难以准确跟踪其变化，导致目标调节量与实际调节量的差异大，例如，假设槽控机期望通过提升阳极1s提高槽电压30mV（即正常的阳升电阻率为30mV/s），而若事实上提高了槽电压80mV（即实际的阳升电阻率达到了80mV/s），则会出现电压过调，其后槽控机只好再下降阳极，而下降阳极中又可能引起电压向下方向的过调，如此振荡式的反复调节便引起电压调节过频，这对槽况的稳定十分不利。若出现这种情况，临时性的措施是通知计算机站调整电压控制的有关参数，限制电压调节的频度与幅度，减小调节振荡，但根本性的措施是尽快使电解槽恢复正常的工艺技术条件。

（5）上述的一些处理过程及处置内容应按照企业的有关作业规程与计算机站联络，并将异常发生的内容报告值班长。

15.12.3 物料平衡异常或控制不良的检查与处理

由于现代铝电解工艺多采用低摩尔比与低温工艺技术条件，氧化铝在电解质中的溶解度与溶解速度均较低，物料平衡的保持难度较大，因此物料平衡遭破坏而引起的病槽成为相对较常见的病槽。

电解槽的物料平衡遭破坏有两种形式，一是物料不足，二是物料过剩。但两种情况都产生相同的结果——使电解槽发热。

当电解槽中氧化铝物料不足时，阳极效应频频发生，产生大量热量使电解质温度升高，熔化边部伸腿，瓦解炉膛，使铝液高度下降，出现热槽。当电解槽中氧化铝物料过剩时，槽底逐渐产生沉淀，饱和了氧化铝的电解质对炭渣分离不好，电解质电阻变大，发热量增多，使电解质温度升高，槽底沉淀也使槽底电阻增大，产生大量多余热量，槽底变热，成为热槽。

而引起物料平衡遭破坏的原因可以分为两大类，一类是下料故障与事故，另一类是各种因素引起的下料控制异常。

15.12.3.1 下料故障与事故的检查与处理

下料故障与事故包括下料器故障、下料孔（即由打壳锤头打开的槽料面下料通道）不通畅、槽料面崩塌、人工作业引起大量额外下料等。

下料器故障（包括下料器堵塞、下料量严重偏离定容量）可能在计算机报表上体现出来，例如存在下料器堵塞或下料量显著小于定容量的问题时，24h下料次数可能会显著高于正常范围（因为计算机可能使用了较多的过量下料），当超出计算机的可调范围时，可能引起效应系数显著增大。通过现场观察下料器的动作，或称量下料量，可确认下料器故障，应及时通知相关人员修理。在下料器得到修复前，告知相关人员通知计算站临时性地修改基准下料间隔（严重时采用定时下料）。

若在效应发生时发现下料器故障，例如打壳锤头没有动作，或下料孔不通畅造成氧化铝不能加入槽内，则用天车上的打击头在大面打开几个洞，并用天车加入氧化铝或用氧化铝耙扒阳极上氧化铝加入槽内后再熄灭效应；若下料口通畅，但没有氧化铝下料时，用氧化铝耙扒阳极上氧化铝入槽内或用天车加入氧化铝入槽内后再熄灭效应，效应熄灭后，阳极上氧化铝被扒开的地方要用天车补充氧化铝，并通知相关人员修理下料器。

如出现槽料面崩塌、人工作业引起大量额外下料等情形，根据严重程度，告知相关人员通知计算站临时性地扩大基准下料间隔（严重时停止下料，直至等待效应发生）。

如发现下料孔堵塞，先要将上方的堆积料扒开，再利用槽控机上的手动打壳按键，使打壳锤头多次打击壳面，严重时借助其他处理措施，直到打开下料孔为止。更重要的是，平时巡查时及时发现问题并及时处理，这样便很容易打开下料孔。

15.12.3.2 下料控制异常的检查与处理

下料控制异常表现为氧化铝浓度控制效果不佳（如氧化铝浓度过低、效应频繁，或者氧化铝浓度过高、槽底沉淀与结壳严重），体现在计算机班报与日报表上的有：累计下料次数异常、效应系数异常；体现在下料控制曲线上就是：控制曲线形状异常，如欠量下料偏多（即长时间处于欠量下料状态），或过量下料偏多等；体现在电解槽状态上就是：工艺技术条件会发生明显的波动。

下料控制异常与电解槽稳定性差、技术条件恶化往往互为因果关系，并形成恶性循环。下料控制异常往往有一个逐步积累的过程，因此通过与计算机站联系调阅该槽的有关控制参数和历史曲线，可以分析导致控制效果变差的最初和最主要原因，或者分析是否存在不正确的参数设置，或现行参数设置是否不适应变化了的槽况。主要的处理措施包括：

（1）若属于控制参数设置不正确，应尽快改正。

（2）若槽电压稳定性很差（电压针摆严重），控制系统无法实施正常的氧化铝浓度控制，则应由相关技术人员与管理人员制定针对性的综合处理方案（如制订临时性的下料控制参数与电压控制参数设置方案），交由计算站执行，并通知现场作业人员监视调整后的效果（需记得一旦恢复到可进入正常自控的状态，要及时恢复）。

（3）若下料控制异常已经导致了非常严重的物料过剩与槽底沉淀，可遵照下料管理作业标准中关于基准下料间隔调整的相关规定，适当延长基准下料间隔，并可通知计算站给该槽设定一段时间的停止下料或无条件欠量下料，使沉淀得到消化，与此同时，可适当提高电解质高度，增加对氧化铝的溶解量，尽快消除沉淀，防止产生热槽。若已经产生了热槽，则应配合采用针对热槽的处理措施，使热平衡尽快恢复正常。

（4）若下料控制异常导致了物料投入严重不足（体现为效应显著增多），可遵照下料管理作业标准中关于基准下料间隔调整的相关规定，适当缩小基准下料间隔，尽快满足电解过程的物料消耗的需要，防止因效应过多而使电解槽热平衡遭到破坏，成为热槽。若已经产生了热槽，则应配合采用针对热槽的处理措施，使热平衡尽快恢复正常。

（5）若上述措施见到了效果，也还需要着眼于正常技术条件的恢复，否则只能治标，不能治本。

（6）对于长时间无法消除的下料控制异常，作业人员应该按照企业的有关规程向相关人员报告，由相关技术人员与管理人员制定综合处理方案。

现代铝电解工艺主张创造条件使下料控制逐步回归正常，而不主张采用极端的人工措施处理，例如扒沉淀、长时间停料等，这些措施扰乱电解槽的动态平衡，并扰乱电解槽的正常控制过程，反而使电解槽不容易恢复正常状态。

15.12.4 热平衡异常的检查与处理

当电解槽的热收入与热支出不平衡时，电解槽会走向冷行程（生产中称为冷槽），或者热行程（生产中称为热槽）。

15.12.4.1 冷槽的检查与处理

A 冷槽的成因

冷槽（或称冷行程），最本质的特征是电解质温度低于正常范围。当电解槽的热收入小于热支出，电解槽就会走向冷槽。而引起热收入小于热支出的原因是多方面的。例如：

（1）槽电压设定（或控制）值低于正常范围，导致热收入小于正常的热支出。

（2）电解槽的散热高于正常值，导致热支出大于正常的热收入。而引起散热偏大的原因又是多方面的，例如，氟化铝添加过量导致摩尔比降低，由此引起的过热度升高增大了电解槽对外散热的"动力"（尤其是通过侧部炉膛和炉面对外散热增大）；出铝偏少导致铝液高度过大，由此增大了电解槽通过槽底和侧部对外散热量；阳极覆盖料不足，增大了电解槽通过炉面对外散热量。

（3）电解槽的下料量显著高于正常值，加热和溶解多余的物料导致热支出大于正常的热收入，但此类冷槽很容易最终转化为热槽。

（4）换极等人工操作不规范（如换极的时间过长或额外下料量过多）引起散热过大。

B 冷槽的症状

冷槽在初、中、后期表现出的症状及其轻重程度有以下区别。

（1）冷槽初期，从可检测的技术参数（控制系统检测或人工检测的参数）来看，表现为：电解质温度下降，电解质高度下降而铝液高度上升，计算机报表中的电解质电阻增大，时常出现异常电压或电压针摆等。从现场可观察到的现象有：电解质颜色发红，黏度大，流动性差，阳极气体排出受阻，电解质沸腾困难，火眼中冒出的火苗软弱无力，颜色蓝白。

（2）冷槽发展到一定时间（中期），"冷槽初期"中所述的技术参数（电解质温度、电解质高度、铝液高度、电解质电阻、电压针摆等）继续恶化；阳极效应频繁发生，时常出现"闪烁"效应和效应熄灭不良。"冷槽初期"中所述的现场观察到的病状继续变严重。冷槽引起其他类型的病槽出现，如炉膛不好（炉膛局部肥大，部分地方伸腿伸向炉底，炉膛变得不规整），炉底不好（由于热平衡遭破坏引起物料平衡的正常控制被破坏，致使炉底沉淀加剧），甚至出现阳极故障（阳极电流分布不均可能引起阳极脱落）等。

（3）冷槽发展到后期，最主要的表现为炉底有厚厚的沉淀或坚硬的结壳，炉膛极不规整，部分地方伸腿与炉底结壳结成一体，中间下料区出现表面结壳与炉底沉淀连成一体，形成中间"隔墙"，阴、阳极电流分布紊乱，电压针摆大，有时出现滚铝；电解质高度很低，效应频频发生，效应电压很高，并伴有滚铝现象；电解槽需要很高电压才能维持阳极工作（4.3V 以上）。冷槽发展到最严重时，电解质全部凝固沉于炉底，铝液飘浮在表面，槽电压自动下降到2V 左右，一抬阳极便出现多组脱落，从而被迫停槽。

C 冷槽的处理

初期冷槽处理方法很简单，只要及时发现苗头，找出成因，消除导致冷槽的因素，便能使热平衡恢复正常。例如，若属于槽电压设定或控制值偏低导致的能量输入不足，则立即找出导致这种问题的原因并使工作电压恢复到正常范围，或者将工作电压调整到稍高于正常范围以加快热平衡的恢复，待热平衡恢复到一定程度时将槽电压调整到正常范围；若属于氟化铝添加量偏大（或者出铝量偏小，或者阳极覆盖料不足）导致的能量支出过大，则立即找出导致这些问题的原因并使氟化铝添加量（或出铝量，或阳极覆盖料厚度）恢复到正常范围，或者临时性超正常范围调整以加快工艺技术条件回归正常的速度，但应及时"调头"到正常范围，以防"矫枉过正"；若属于换极等人工操作不规范（如换极的时间过长或额外下料量过多）引起散热过大，则临时性地适当提高工作电压，或加强阳极保温，或延长基准下料间隔使热平衡回归正常。现代铝电解生产由于配备有先进的计算机控制系统，并执行严格的技术管理，一般能通过发现工艺技术条件的异常来及时发现冷槽的症状，并及时采取措施使工艺技术条件恢复正常，冷槽症状自然消失，很少发展到冷槽中、后期。若发展到了冷槽中、后期，可以视为生产事故。

如果初期冷槽发现和处理不及时，到了中期，电解槽便显示出各种病状。此时，简单地将被破坏的技术条件调整到正常范围虽然有效，但槽况恢复时间会较长，因此需要针对性地制定治理方案（包括技术条件的调整方案），治理方法可从下列几方面进行：一是适当提高电压设定值使工作电压提高，达到增加热收入，提高槽温，提高电解质高度，提高极距（减小电压针摆），抑制炉膛变小的目的；二是调整控制系统中与下料控制相关的参数，使下料间隔延长，并安排一定量的效应等待，使效应系数适当提高，利用效应等待期间停止下料来促进炉底沉淀的消耗和发生效应时的高热量熔化炉底沉淀，但绝不能利用多来突发效应的办法提高效应系数，这样反而会增加炉底沉淀；三是调整操作制度，主要是出铝制度，通过适当多出铝来提高炉底温度，生产中称为"撤铝水"。但在撤铝水过程中仍应以电解槽平稳为前提，这就要求撤铝水不能太快。若一次出铝太多，一是电解槽波动大，二是铝液高度突然下降太多，会出现炉底沉淀局部露出铝液表面的情况，跟随下降的阳极底掌很容易与沉淀接触，造成电流分布混乱，引起电解槽滚铝，另外，还可能使下降的阳极接触边部伸腿，引起阳极长包。实际操作中常采用"少量多次"的出铝制度。在沉淀快消除完之时，出铝更要慎重，以防撤铝水过头，引起电解槽向热槽转化，必要时应停止吸出，及时调整铝液到正常范围。同时将其他技术条件及时调整过来，使电解槽顺利转入正常运行状态。

15.12.4.2　热槽的检查与处理

A　热槽的成因

热槽（或称热行程），最本质的特征是电解质温度高于正常范围。当电解槽的热收入大于热支出，电解槽就会走向热槽。而引起热收入大于热支出的原因是多方面的。例如：

（1）槽电压设定（或控制）值高于正常范围，使热收入过大。

（2）摩尔比升高引起电解质的初晶温度上升。

（3）出铝过多、阳极覆盖料过厚、下料过少等原因引起热支出小于热收入。

（4）各类异常槽况（如电解槽稳定性极差）导致电流效率下降，使正常情况下应该用于产铝的电能转为发热，使热收入大于热支出。

B　热槽的症状

热槽在初、中、后期表现出的症状及其轻重程度有以下区别。

（1）热槽初期，从可检测的技术参数来看，表现为：电解质温度上升，电解质高度上升，铝液高度下降（炉膛变大），使用效应等待控制策略时会出现效应滞后现象而且效应电压偏低，计算机报表中的电解质电阻下降，此外，一些初期热槽出现槽电阻过于平稳的现象。从现场可观察到的现象有：电解质颜色发亮，流动性极好，阳极周围出现汹涌澎湃的沸腾现象，炭渣与电解质分离不好，在相对静止的液体表面有细粉状炭渣漂浮，用漏勺捞时炭渣不上勺，表面上电解质结壳变薄，中间下料区的下料口结不上壳，多处穿孔冒火，且火苗黄而无力。

（2）热槽发展到一定时间（中期），"热槽初期"中所述的技术参数继续恶化，所述的现场观察到的病状继续变严重。尤其严重的是，槽膛遭到破坏，部分被熔化，槽面中部因电解质温度高而无法结壳，边部表面结壳也部分消失，无火苗上窜，出现局部冒烟现象；炭渣与电解质分离不清，严重影响了电解质的物理化学性质，电流效率很低，槽底产生氧化铝沉淀，这层沉淀电阻较大，电流流经时产生高温而使槽底温度很高，用钢钎插入数秒钟后取出，铝液、电解质界限不清，而且钢钎下端变成白热状，甚至冒白烟；分离不出去的炭渣便与电解质、氧化铝悬浮物形成海绵状炭渣块黏附在阳极底掌上，电流通过这层渣块直接导入槽底，使阳极大面积长包，同时这层渣块电阻很大，电流通过时产生大量焦耳热使槽温变得很高。

中期热槽若处理不及时或处理不当，便很快转化成严重热槽，其特征为电解质温度很高，整个槽无槽帮和表面结壳，白烟升腾，红光耀眼；电解质黏度很大，流动性极差；阳极基本处于停止工作状态，电解质不沸腾，只出现微微蠕动，含炭严重，从槽内取出电解质冷却后砸碎，断面明显可见被电解质包裹的炭粒；由于电解质黏度大，氧化铝不能被溶解，在电解质中形成由电解质包裹的颗粒悬浮物，其后沉入槽底，使槽底沉淀迅速增多，电解质高度急速下降；槽底温度很高，铝液与电解质混在一起，用钢钎插入后取出，根本分不出铝液与电解质界限，犹如一锅稀粥；电解质对阳极润湿性很差，槽电压自动上升，甚至出现效应电压（由于电解质电增大，槽电压上升到 $6 \sim 12V$），现场戏称严重热槽为"开锅"。

C　热槽的处理

对于初期热槽，只要找出和消除其成因便很容易使电解槽恢复正常，例如，若槽电压较高或槽电压有降低的余地，则适当降低槽电压设定值；若摩尔比偏高，则适当增大氟化铝添加量；若铝液高度偏低则适当减少出铝量；若下料控制不正常则尽快恢复正常。总之，使偏离正常的技术条件尽快恢复正常就可逐步消除热槽症状。

但是，初期热槽若未及时处理，一两天内会转化成中期热槽或严重热槽。到此阶段，处理过程为首先清除阳极病变，先通过测量阳极全电流分布，找出有病变的阳极，提出来并清除底部渣块，打掉突包，个别严重的可采用残极更换（平时积存下来的厚残极，它可以在 1h 内承担全电流，新极开始导电很慢）。阳极病变处理后，再通过测量阳极电流分布调整好阳极设置，使之导电均匀，阳极工作。紧接着降低槽温，但降低槽温不可盲目用降低极距来降低槽电压，因为热槽电解质电阻大，槽电压高并不是因为极距大，而是由于电解质电阻大所引起，所以降低槽电应采取清亮电解质，减小电解质电阻，并加强电解槽散热的办法。打开大面结壳，使阳极和电解质裸露，加强电解槽上部散热，同时从液体电解质露出的地方慢慢加入氟化铝和冰晶石粉的混合料（一般两袋冰晶石混入一袋氟化铝），冰晶石熔化需要消耗大量热量，使槽温降低，同时熔体电解质量增加而增大了热容量，可消耗多余的热量，混入的氟化铝，可降低电解质摩尔比（因热槽电解质中氟化铝挥发严重，而且高摩尔比的炉帮熔化，导致摩尔比较高），促使炭渣分离，清净电解质，降低其电阻，减少焦耳发热量（注意：不能添加氧化铝，否则，可使电解质中悬浮物增多，电解质得不到清洁，失去处理效果）。再就是减少出铝量，增大槽底散热。对于较严重的热槽，处理期间中止出铝，必要时还需适当灌入铝液，降低槽底温度，待槽温降下之后，再根据具体情况，缓缓撤出铝液，消除槽底沉淀，使电解槽稳步恢复正常运行。尤其是槽电压下降要稳妥，以防止转化成冷行程，使槽底沉淀变硬。

对于严重热槽，其特点是电解质严重含炭，阳极不工作，所以在处理过程中，首先应使炭渣与电解质分离，改善电解质性质，再就是让阳极工作起来，处理方法与中期热槽基本相同。但严重热槽电解质大部分以稀糊状沉入了槽底，上部液体电解质很低，所以处理起来极为困难，见效很慢。为了加快处理进程，可从正常槽中抽取新鲜电解质灌入，这样能有效地降低槽温，使炭渣很快分离出来，改善电解质性质，使阳极恢复工作。只要阳极工作起来，在此基础上按照一般热槽的处理过程进行，电解槽便可逐渐恢复过来。

热槽好转后，都会出现槽底沉淀较多的情况，尤其是严重热槽，有些沉淀厚达 200mm 以上，但这种沉淀与冷行程的沉淀不同，它因槽底温度高而疏松不硬，容易溶化。在恢复阶段，只要注意电压下降程度，控制好出铝量，同时控制好物料平衡，电解槽很容易恢复，一般在一周内就可以转入正常，但若控制不好，也很容易反复。所以，恢复阶段必须十分注意槽况变化，精心做好各项技术条件的调整，使之平稳转入正常运行。

15.12.5 阳极工作故障及其处理

阳极工作故障及其处理如下。

(1) 阳极长包。阳极长包即为阳极底掌消耗不良，呈包状突出的现象。一旦突出的包状伸入铝液，电流形成短路，造成电流空耗，电流效率大幅度降低。

电解槽冷行程或热行程，物料平衡遭到破坏，都会引起阳极长包，只是行程不同，阳极长包的部位有所不同，长包后电解槽的状况有所差异。由于冷行程边部肥大，伸腿长，阳极端头易接触边部伸腿，包都长在阳极靠大面端头，而且长包后电解槽不显得太热；热槽都是由于阳极底掌上贴附炭渣块而阻碍消耗，所以包大部分都长在阳极底掌中部，长包后槽温很高，常常长包阳极处都冒白烟。物料平衡遭破坏后引起的阳极长包与热行程相似。

阳极长包的共同点是电解槽不来效应，即使来也是效应电压很低，而且电压不稳定。长包开始时电解槽会有明显的电压波动，一旦包进入铝液，槽电压反而变得稳定，槽底沉淀迅速增加，电解槽逐渐返热，阳极工作无力。

处理阳极长包的方法比较单一，在预焙槽上一般以打包为主。将长包阳极提起来，用铁钻子或钢钎把突出部分尽可能打下来，再放回槽内继续使用，实在打不下来的才进行更换，尽量使用厚残极，因新极导电缓慢，装上会引起阳极导电不均，使其他阳极负荷增大而脱落，同时炭渣会迅速聚集在不导电的新极下面，使之长包。处理过程中应尽量将槽内浮游炭渣捞出，使电解质清洁。处理完后立即进行阳极电流分布测定，调整好阳极设置高度，使电流分布均匀，并用冰晶石-氟化铝混合料覆盖阳极周围，一方面降低槽温，另一方面促使炭渣分离，切不可用氧化铝保温，这样会增加槽底沉淀，恶化电解质性质。如果一次处理彻底，调整好了阳极电流分布，槽温很快会降下来，阳极工作有力，炭渣分离良好，两天内即可恢复正常运行。若处理不彻底，会出现循环长包，而且很容易转化成其他形式的病槽。

(2) 阳极多组脱落。预焙槽的阳极往往由于其本身质量问题或操作质量问题而出现个别阳极脱落，或掉块（部分脱落），此类情况只要及时发现和处理，一般对电解槽的正常运行影响不大。但是，若一个槽在短时间内（几个小时内）出现多组脱落（三组以上），不仅处理工作量大，而且对电解槽的运行产生极大的破坏，严重者被迫停槽。

阳极多组脱落一般来势凶猛，有些可在 1h 内脱落达数组乃至十数组，实际中曾遇到一台槽一次脱落阳极 15 组，几乎占整个阳极的三分之二。

引起阳极多组脱落的原因主要是阳极电流分布不均，严重偏流。强大的电流集中在某一部分阳极上，短时间内使炭块与钢爪连接处浇注的磷生铁或铝-钢爆炸焊熔化，阳极与钢爪或铝导杆分开，掉入槽内，之后电流又涌向别的阳极，恶性传递。从已发生的情况来看，造成阳极偏流主要有下列原因：其一是液体电解质太低（150mm 以下），浸没阳极太浅，阳极底掌稍有不平，就会使阳极电流分布不均匀，出现局部集中，形成偏流；其二是槽底沉淀较多，厚薄不一，阴极电流集中，引起阳极电流集中，形成偏流。除此之外，抬母线时阳极卡具紧固得不一致，或有阳极下滑情况，未及时调整，也会引起阳极电流偏流，最终造成阳极多组脱落。

处理阳极多组脱落的原则是：第一，必须立即控制住继续脱落；第二，尽快拿出脱落块，装上阳极重新导电。处理时首先测阳极电流分布，调整未脱落阳极，使之导电尽量均匀，不再脱落；之后组织人力尽快拿出脱落块，每拿出一块装上一块，一律使用残极，切不可装新极，最好是从邻槽拔来的红热残极，这样装上就可以承载全电流。若在处理过程中由于电解槽敞开面积大，电解质可能会很快干枯，沉于槽底，铝液上飘，电压自动下降。此时绝不可硬抬电压，待脱落块处理完以后，再从其他槽内抽取电解质灌入，边灌边抬电压，使之达到 4.5 ~ 5.0V，电解质在 150mm 以上，马上测阳极电流分布，调整好各组极距，使电流分布均匀，阳极处于工作状态。然后加冰晶石粉于阳极上部保温，切断正常加料，待槽温上升后，才可延长下料间隔投入氧化铝，并适当出铝，使槽底沉入的电解质熔化，逐渐恢复正常。

15.12.6 滚铝及其处理

滚铝是电解槽可怕的恶性病状。电解槽滚铝时，一股铝液从槽底泛上来，然后沿四周或一定方向沉下去，形成巨大的旋涡，严重时铝液上下翻腾，产生强烈冲击，甚至铝液连同电解质一起被翻到槽外。

热槽和冷槽都可能引起滚铝，但滚铝的根本原因并不在于电解槽冷热，而是由于电解槽理想的电流分布状态遭到破坏，形成不平衡的磁场。对于正常运行的电解槽，槽膛规整，槽底干净，电流可按设计的大小和路径流经电解槽各处，使各个方向上的磁场基本平衡，磁场力较小，铝液以较规律的行为缓慢运动，相对平静。但当电解槽的槽膛被破坏，槽底沉淀后而且厚薄不均时，就会造成阴、阳极电流紊乱，破坏磁场的平衡。不平衡的磁场产生不平衡的磁场力，作用于导电铝液，使铝液加速不规则运动。特别是铝液层中纵向水平电流增加，产生的磁场力将局部铝液推向槽外，使铝液强烈翻滚。因此，发生滚铝的电解槽有三个特点：

(1) 槽膛畸形，槽底沉淀多而且分布不均匀，使铝液运动局部受阻，形成强烈偏流。

(2) 槽内铝液浅，铝液中水平电流密度大（特别在出铝后易产生滚铝）。

(3) 阳极、阴极电流分布极不均匀，尤其是阳极电流分布变化无常，阳极停止工作。

因此，要消除电解槽滚铝，必须减少铝液层中的水平电流，使阴、阳极电流分布均匀，磁场分布平衡，以减少作用于导电铝液上的不平衡磁场力。

处理滚铝槽，通常采用适当提高槽电压（提高极距），并勤调整阳极电流分布（通过测全电流分布后调整阳极设置高度）的处理方法，迫使阴、阳极电流分布均匀而恢复磁场平衡，从而大幅减轻滚铝程度，然后通过热平衡和物料平衡的有效控制使槽膛逐渐恢复正常，沉淀逐渐消除，各项技术条件逐步转入正常而最终消除滚铝。对于严重的滚铝，也可能需要采用一些极端的措施，如采用扎边部来强行规整槽膛；采用灌铝来提高铝液高度，降低铝液中水平电流密度；采用扒沉淀处理槽底局部的大量沉淀。但不到迫不得已，应避免采用这些极端措施。

15.12.7 效应异常的分析与处理

15.12.7.1 效应异常的表现形式

效应异常主要分效应状态异常和效应系数异常两类情况。效应状态异常主要表现为效应持续时间过长（效应本身难以熄灭，或操作者未及时处理或处理不当）和效应（峰值）电压过高或过低，此外还有一种称为"闪烁"的非正常效应，即效应电压时隐时现，或出现后持续很短时间又自动消失。效应系数异常主要表现为效应频繁突发所引起的效应系数过高（高于设定值），但目前多数企业依然把效应系数过低（显著低于设定值）也视为不正常状态，这是因为多数企业在计算机控制系统中依然使用了定期等待效应的策略，并将效应等待失败也视为异常。

15.12.7.2 引起效应异常的主要因素

引起效应异常的主要因素有：

（1）热平衡因素（"冷"、"热"行程）。电解槽在"冷"行程（冷槽）时，易发生突发效应，且效应电压偏高；电解槽在"热"行程（热槽）时，易发生延时效应（效应等待失败），且效应电压偏低。

（2）物料平衡因素。氧化铝加料偏小，易发生突发效应；氧化铝加料偏大，易发生延时效应；槽底沉淀多，电解质高度低的非正常槽容易因为效应熄灭的操作不当而成为难灭效应。

（3）设备因素。计算机控制系统故障（如自动下料停止）或下料系统故障。下料系统故障的情形有：打壳头不动作或打击力不够，造成电解槽内缺料，发生突发效应；下料器漏料时，易造成电解槽内氧化铝过剩，发生延时效应；槽上供料系统故障，易造成槽上料箱缺氧化铝料，发生突发效应；氟化铝下料器漏料时，易造成电解槽"冷"行程，进而引起效应异常；氟化铝下料器堵料时，易造成电解槽"热"行程，进而引起效应异常。

（4）阳极因素。阳极质量差时，一方面通过恶化槽电阻的稳定性，进而影响氧化铝浓度控制效果而引起效应系数异常；另一方面因阳极故障和炭渣增多而引起效应系数异常或效应状态异常（如效应电压过低）。

（5）人工操作因素。难灭效应经常是由人工操作不当而引起。难灭效应常常发生在槽底沉淀多、电解质高度低的非正常运行槽上。当这种槽来效应时，如果熄灭时机掌握不好，液体电解质中氧化铝浓度还未达到熄灭效应的最低值，过早插入木棒，将槽底沉淀大量搅起进入电解质中，立即使电解质发黏，固体悬浮物增多，使得投入的氧化铝难以熔化，同时电解质性质恶化，对阳极的润湿性不能恢复，电阻增大，产生高热量，很快使电解质温度升高而含炭，效应难以熄灭，引起恶性病槽。

（6）其他因素。例如系列电流不正常、氧化铝假密度发生变化或溶解性能发生显著变化等。

15.12.7.3 难灭效应的处理

当在电解槽的某一部位（大型槽通常选在出铝口）进行效应熄灭无效时，变成了难灭效应，应重新选择突破口，新的位置一般选在两大面低阳极处，用天车扎开壳面，将木棒紧贴阳极底掌插入，不要直插槽底，以免再搅起沉淀。对于严重者可多选一处，同时熄灭，一般都能见效。难灭效应熄灭后，会出现异常电压（达 5~6V），此时千万不能以降低阳极来恢复电压值，否则造成压槽，只能让电压自动恢复，一般在 1~2h 内电解质会逐渐澄清，电压自动下降。为了加快恢复槽温，促使炭渣分离，同时增加液体电解质，以加速溶解悬浮物，加快槽状态恢复。

15.12.7.4 效应分析与处理的基本原则与方法

现场操作人员与管理者首先必须明了引起效应异常的主要因素。由于引起效应异常有多方面的因素，因此，一方面应该通过对效应异常的分析获得关于电解槽状态（热平衡状态、物料平衡状态、阳极工作状态等）、相关设备（下料系统）运行状态以及相关条件（系列电流、氧化铝原料等）正常与否的多方面信息，使效应分析成为槽况综合分析的重要组成部分；另一方面通过分析找出效应异常的原因后及时采取措施，努力使效应系数及其他工艺技术条件保持正常。在分析方法上，应该利用内容丰富的计算机报表（详见第26章），尤其是利用记录有各槽最近数次（如5次）效应状况的效应报表，从较长的时间段内分析电解槽的效应发生情况，把握各槽的效应状态变化趋势。鉴于效应信息对槽况分析的重要性以及效应控制好坏对电解技术经济指标和环保指标的重要性，从操作者（操炉工）到管理者都应该参与到效应异常的分析与处理。

对操炉工的要求相对较低些，表 15-10 是采用效应等待控制策略的某企业的"效应异常处置基准表"（有修改），供参考。如果操炉工无法解决问题，则要求管理人员进行全面系统的分析与处理。

表 15-10　效应异常处置基准表（举例）

分类	效应发生状况	检查项目	处置内容	后续处置	备　注
闪烁效应	闪烁连续发生二次	下料自动控制	确认槽控机自动下料正常，否则进行相关处理使其恢复		
	闪烁连续发生三次	①下料自动控制	①确认槽控机自动下料正常，否则进行相关处理使其恢复		
		②打击头的动作 ③下料器的下料	②抬高电压 0.03V； ③检查打壳、下料电磁阀门是否正常，否则进行相关处理	与值班长联系，检查槽上输料系统	
突发效应	突发效应一次	①下料自动控制 ②打击头的动作 ③下料器的下料	①确认槽控机自动下料正常，否则进行相关处理使其恢复 ②检查打壳、下料电磁阀门是否正常，否则进行相关处理	与值班长联系，检查槽上输料系统	从上次效应算起8h 之内发生的效应一般与加料器有关
	突发效应连续二次	①"突发效应一次"中的检查项目	①"突发效应一次"中的处置内容	①"突发效应一次"中的后续处置	
		②设定电压	②若设定电压异常，则恢复正常；若效应电压偏高，且设定电压在正常范围，则抬高电压 0.03V	②若设定电压有异常，则与值班长联系； ③每班进行设定电压的检查； ④继续"检查项目"的③～⑤项	"延时效应"后，只连续发生二次突发效应，则不予处置
		③电解质高度	③若比基准高度低 2cm以上，再抬高电压 0.02V，并增加电解质；若低于基准高度不到 2cm，不需要进行任何处置	⑤使电解质恢复到基准高度，同时使工作电压逐步恢复到设定电压	参考电解质高度管理作业
		④阳极上氧化铝高度	④若比基准高度低 2cm以上，临时加入氧化铝；若低于基准高度不到2cm，不需要进行任何处置	⑥临时加入氧化铝后，工作电压逐步恢复到设定电压	参考阳极覆盖料管理作业
		⑤铝液高度	⑤若比基准高度高2.1cm 以上，研究是否增加出铝量，按值班长的指示出铝；若超过基准高度不到 2.1cm 以上，则等待下次效应发生	⑦增加出铝量后，工作电压逐步恢复到设定电压	若采用抬高电压的处置方法，突发效应就停止，恢复到设定电压突发效应又发生，则要讨论设定电压是否正确

分类	效应发生状况	检查项目	处置内容	后续处置	备 注
突发效应	突发效应连续三次	①"突发效应一次、二次"中的检查项目	①"突发效应一次、二次"中的处置内容（但不重复进行抬高电压的处理）	①"突发效应一次、二次"中的后续处置	
		②下料次数及下料量	②若确认是氧化铝加入量不足，根据值班长的指示，缩短基准下料间隔	②基准下料间隔缩短后，工作电压逐步恢复到设定电压；③加工间隔的恢复要与氧化铝假密度的变更相一致	参考下料管理作业
延时效应	延时效应一次	设定电压	若设定电压异常，则恢复正常		计算机程序会自动延长加工间隔
	延时效应连续二次	①"延时效应一次"中的检查项目	①"延时效应一次"中的处置内容	①"延时效应一次"中的后续处置	
		②电流分布	②若电流分布正常，则进行"检查项目"的③~⑥项，否则报告值班长，并接受其指示	②从作业日志上研究阳极残极是否异常	参考阳极电流分布测定作业
		③设定电压	③若比基准电压高，则下降0.03V；若与基准电压相符，则不进行任何处置	③即使效应系数变正常，也不将电压恢复到原来的电压	正在提电解质高度或其他原因时，即使电压比基准电压高，也不要降下来
		④电解质高度	④若比基准高度高2cm以上，则下降电压0.03V（如果电压已经下降，则不再下降）；若超过基准高度不到2cm，则不进行任何处置	④即使效应系数变正常，也不将电压恢复到原来的电压	参考电解质高度管理作业
		⑤铝液高度	⑤若比基准高度低1.6cm以上，则研究少出铝的问题，按值班长的指示少出铝；若低于基准高度不到1.6cm，则不进行任何处置	⑤即使效应系数变正常，也不将电压恢复到原来的电压	参考出铝管理作业
		⑥下料次数及下料量	若氧化铝投入量过多，则等待下次效应发生（或等待控制系统启动效应等待）		计算机程序会自动延长加工间隔
	延时效应连续三次	虽然采取了上述各项处置，还是出现了连续三次"延时效应"的情况，此时要遵照值班长的指示来进行处理			

分类	效应发生状况	检查项目	处置内容	后续处置	备　注
效应电压异常	效应电压过低	①热平衡状态 ②阳极工作状态 ③炭渣情况	若有热槽特征，则按热槽处理办法进行工艺技术条件的调整；若阳极工作故障（脱极、长包）则清除故障；若炭渣过多则捞出过多的炭渣	再度发生效应时检查效应电压是否恢复正常	
	效应电压过高	①效应中是否抬电压 ②热平衡状态	若因效应中抬电压引起，则效应后调整电压至正常；若有冷槽特征，则按冷槽处理办法进行工艺技术条件的调整	再度发生效应时检查效应电压是否恢复正常	

注：效应电压"高"与"低"的标准应根据具体的槽型及运行实际情况确定。

15. 12. 8　异常情况及事故的检查与处理

异常情况及事故的检查与处理具体分为：

(1) 现场巡视作业。企业应设立现场巡视作业，目的是及时发现电解槽及机器设备的异常情况，并进行整理、整顿，创造一个良好的工作场所。现场巡视作业分两类：

1) 日常巡视及作业结束后的巡视（在厂房操作面上进行）。日常巡视一般每 30min 进行一次，巡视的主要项目包括：电解槽的打壳下料系统（是否有堵料、漏料、卡打击头等），槽电压（是否异常、是否电压摆）；设备（是否有损坏、是否运转正常）等。

"操作型"作业（换极、出铝、抬母线、熄灭效应等）结束时的巡视内容主要包括：

第一，各个电解槽的电压及异常指示灯：槽电压有无摆动现象？异常指示灯有没有亮？

第二，回转计的读数：将回转计的读数记入作业日志，并检查其下降量是多了还是少了？

第三，操作面、槽间风格板以及炉盖：检查操作面、槽间风格板以及炉盖有无破损的地方；

第四，整理、整顿与清扫：作业时使用过的工具，或者电解质散落的情况时，要进行收拾处理，检查通道上有无垃圾等散乱物；

第五，天车的停放：天车作业终了时，是否停放在指定的位置，天车的总开关是否拉下来了；

第六，窗户的情况：为了保持车间内的环境，要关上窗户。

一些作业完了后的针对性巡视内容有：

第一，阳极更换后：槽电压（电压是否降下来，有无电压针摆），电解质液的溢出（若有电解质液溢出，则用铁锹将它投入槽子里）；

第二，出铝后：槽电压（电压是否高，是否有电压针摆），回转计的值（下降量多了还是少了）；

第三，抬母线后：电压及槽控机状态（是否处于自动状态），回转计的读数，铝导杆上的记号（是否有下滑现象、是否划线了）。

2) 异常时的巡视。由作业者在厂房操作面上进行巡视，巡视的内容为：对于没有投入电阻自动控制的电解槽，要经常巡视其槽电压；对于对地电压异常的电解槽，要查探出电解槽周围的异物。

由小组长等在操作面下（楼下）进行巡视，巡视的内容包括：漏过铝液的电解槽、金属纯度不良的电解槽、启动后刚灌过铝的电解槽、对地电压异常的电解槽（要查探出槽周围的异物）。

倘若巡视中发现了异常，要记入作业日志，并向值班长报告；需要处理的地方，与相关单位联系。

（2）对地电压异常的处理。对地电压发生异常时，所有的工作均要停止。要查出原因，直至对地电压异常排除；倘若发现异物，不能徒手去排除它，要用木棒。

（3）槽侧壁或底部发红的处理。倘若发现电解槽侧壁槽壳发红或槽底发红，马上用风管进行吹风冷却；作业人员联系值班长，根据值班长的指示处理。

（4）漏炉（漏电解质和铝液）的处理。倘若发现漏电解质的情况，一人马上到槽控机前将槽控机置于手动，下降阳极，使阳极不脱离电解质的液面，同时一人与值班长联系。根据电解质泄漏的地方，用天车打击头将泄漏处对应的结壳面打下，扎实；天车一边扎，人一边往泄漏处的结壳面加入电解质块，好让天车能扎实，直至泄漏停止为止；根据值班长的指令处理。

倘若发现漏铝的情况，采取与上述漏电解质同样的处理。若泄漏不能堵住，则要进行停槽操作。

（5）操作严重过失及其处理。最有危险的操作过失有两种，一种是出铝过失，还有一种是新槽启动抬电压过失。出铝过失可能的情况有全部吸出电解质，出铝实际量大大超过指示量，认错槽号重复吸出等，这些都严重破坏电解槽的正常运行。当出现吸出的是电解质而不是铝液时，应立即倒回槽去，同时适当提高槽工作电压，以增补所损失的热量；出铝时实出量超过指示量太多时（如超过200kg），应将多出的量倒回原槽；若出现重复吸出，必须从其他槽抽取相当的量灌入，以保证铝液高度稳定，防止引起病槽。

新槽启动进行人工效应时，应随电解质灌入慢慢抬高电压，当电压达到40V时，应立即下降阳极，否则电压过高，易击穿短路绝缘板，出现强烈电弧光起火烧毁绝缘板和其他设备，造成短路，严重烧坏短路口，后果不堪设想。新槽启动时，若出现短路口打弧光，应立即降低电压，使效应熄灭，若出现起火，应用冰晶石粉扑灭火焰，并松开短路口螺丝增加一层绝缘板。如果绝缘板被严重破坏，应紧急停电，更换绝缘板，处理好后方可继续开动，严防烧坏短路口。

（6）设备引发事故及其处理。最需要防止的是槽控机故障引起的恶性事故。槽控机可能因电气元件质量问题或安装问题，出现电路串线或继电器接点黏结，引起控制失灵或误动作，出现恶性事故。最有危险性的是阳极无限量上升或下降。阳极自动无限量下降，会将电解质、铝液压出槽外，直至顶坏上部阳极提升机构，使整台槽遭毁灭性破坏；阳极自动无限量上升，会使阳极与电解质脱开断路，出现严重击穿短路口和严重爆炸事故。

当发现阳极自动无限量上升或下降时，应立即断开槽控机的动力总电源，切断控制，通知检修部门立即检修，清除设备故障。如果阳极上升到短路口严重打弧光，人已无法进到槽前时，应立即通知紧急停槽，以防止发生严重爆炸事故。

防止设备引发事故的手段除了选用质量优良的元件和确保安装质量外，还应加强设备管理，做好维护保养，定期检查，保证设备处于正常运行状态，同时加强现场巡视，及时发现问题，及时排除，避免引发事故。

15.13　系列通电、停电与停槽作业的管理

15.13.1　系列通电与停电联络作业

为了供电车间和电解车间顺利而安全地进行电解槽的通电、停电作业，必须制定和贯彻实

施完善的通电与停电联络作业规程。主要包括：

（1）关于停电类型与联络方法。电解槽系列的停电包括计划停电、紧急停电、电厂停电以及由于事故而停电等情况。

各种停电情况就决定了有关的各种联络方法。停电与通电联系人通常是，供电车间为当班负责人；电解车间为当班值班长或小组长。联络方式一般采用电话，对联络的内容要复述一遍，而且要向对方报告自己的姓名。供电车间得到通电时间、停电时间的通知之后，在通电或停电之前，与计算机的操作员联系，利用广播设备向电解车间内部联络通知电解车间的值班长或者小组长。

（2）计划停电（平常的通电与停电）。考虑到电解槽整个系列的生产，或者设备上的维修方面有必要的停电，这些停电计划都是事先知道的。为此，向供电车间及有关部门提出，做出"停电月计划表"。在停电的前一天或当天，用电话与他们联络。一般临近停电时要进行多次联络，例如：

1）到停电的前一天为止，停电的时间、目的等，与供电车间联络，并确认下来；

2）在停电前 30min 之前，与供电车间联系；

3）在停电前 10min 之前，与供电车间联系；

4）在停电前 3min 之前，与供电车间联系；

5）从供电车间那里得到"停、送电完毕"的通知。

（3）特殊情况紧急停电。特殊情况是指由于在电解系列发生了刻不容缓的紧急情况而必须紧急停电的情况。例如，由于触电而发生了人身事故的时候；由于电解槽断路，铝液飞溅，打火花等，发生了人身事故，并且还在继续的时候；其他紧急情况。分为两类：

1）第一种紧急停电。第一种情况是指，根据了解到的事故状态看，在停电之前还可以有 3min 左右的时间富余，可对事故进行判断，例如发生漏铝液，漏电解质等情况。

第一种紧急停电的联络方法是，由当班值班长或小组长向供电车间控制室当班的负责人提出特殊情况紧急停电要求；从供电车间那里得到"停、送电完毕"的通知。

2）第二种紧急情况停电。第二种情况是指，从事故发生的状态看，虽然有必要停电，但还有 10min 左右的富余时间能进行具体的联络和要求（要求在几分钟之内停电）。

第二种紧急停电的联络方法是，按"计划停电操作"做，但停电要求在停电前 10min 之前通知对方；从供电车间那里得到"停、送电完毕"的通知。

（4）由于供电方面发生了事故而停电。这是由于电厂或电气设备发生事故而停电。

联络方法是，询问供电车间恢复送电的预计时间；在供电车间送电之前，必须与他们取得联系。

（5）有关通电方面的联络。可能通电时，值班长或小组长要与供电车间联系通电的预定时间；从供电车间那里得到"停、送电完毕"的通知。

（6）记录与报告。把停电的原因、停电的时间及状态都记录下来，并报告值班长。

15.13.2　停槽作业

停槽作业主要包括以下几步：

（1）作业准备。所有参加停槽的操作工，都必须明确要停槽的槽号（槽号由车间或厂部确定，特殊情况由值班长确定）；准备好工具和材料（风动扳手、风管、紧固螺栓，大扳手或停槽专用扳手、抬包、天车、大铁箱、撬棍或钢钎、橡皮锤等）。

（2）吸出电解质作业。按照电解质吸出与移注作业规程抽取电解质，抽取过程注意观察电解质液面的变化情况，杜绝电解质液面脱离阳极，按相应速度下降阳极。

（3）短路口清灰。用风管接通工作面上的风源，打开风源，吹干净短路口上的积灰。

（4）联系停电。用现场电话与整流所联系停电，确认系列确实停电。

（5）拆除绝缘板。松开短路口螺栓，取出绝缘插板，用风管接通工作面上的风源，打开风，吹净压接面上的积灰，安装上绝缘垫圈及螺帽，用风动扳手、大扳手（或停槽专用扳手）拧紧紧固螺母，完成一遍后再复紧一遍，复紧时，一边用橡皮锤或铝锤敲打立柱母线与短路口间的压接面交界，一边用扳手复紧。

（6）联系送电。通过现场电话（手机、对讲机）与整流所联系送电，观察送电情况。

（7）测量短路口压接面压降，确认系列电流恢复到正常值，打开万用表，调到测直流电压200mV 档位；测量短路口压接面压降，大于 30mV 的要再拧紧螺母使压降到尽可能的低。

（8）断开槽控机的控制。切断槽控机（包括逻辑箱与动力箱）对该槽的控制，并通知计算机站该槽正式停槽。

（9）切断动力源。把供入该槽的高压风源切断，关住总阀，联系净化车间关闭支烟管阀；关住超浓相输送溜槽上的蝶阀，停止供料。

（10）全部吸出。按照停槽时的全部吸出作业规程吸干净槽内的在产铝，抽出的铝液送铸造或倒大铁箱；对于无法虹吸出来的残铝，取出残极，用大勺瓢取出来，倒入炭渣箱，作为大块铝，用叉车再送到铸造车间。

（11）升阳极排残料。按上升阳极键，使阳极上升，水平母线上升到对应的回转计读数为50～54 之间；操作下料电磁阀，使定容下料器动作，排空料箱内的料。

（12）清理现场。把停槽期间所用的工具器归整，放回指定位置；扒干净电解槽上部的积料，清净电解槽上部；用扫把清扫干净大面、小面、风格板、槽沿板。

（13）工作日志的记录。记录停槽的槽号、日期、时间，电解质和铝液的吸出量，将以上事项向有关人员报告。

15.14 设备与工具管理

15.14.1 设备的管理

设备管理的目的是利用日常的检查以及正常的操作来维持设备的机能及运转率，从而确保正常的生产和安全。主要包括：

（1）日常的检查。为了维持设备的机能和性能，以确保安全运转，操作工人必须进行：1）作业前的检查；2）作业后的检查；3）运转操作中的检查。检查要按照正确的操作方法进行。

（2）检查的项目。操作前按照设备检查表的要求进行检查，运转操作中靠五官感觉（听响声、闻气味、看运转情况）进行检查，并确认运作状况；操作结束后清扫、维护设备的卫生。

（3）定期的检查。由相关的部门定期进行检查修理。

（4）异常时的处置。

1）当发现异常及故障的时候，要向相关的单位报告异常及故障的位置、状况；

2）当判断异常或故障会引起安全及正常生产上的特殊事故的时候，要立即向相关的单位报告；

3）异常及故障的设备禁止使用（经相关单位确认虽然有异常及故障，但不影响，可以正常使用的除外）；

4）联系修理：当发生异常及故障之后，要联系相关单位进行检查修理；

5）修理结束后的确认：相关单位进行检查修理完成之后要检查、确认修理的内容及结果。

（5）记录与报告。将检查的结果和处置的内容记录到专用的检查记录表上，将联系修理的内容和修理完成的检查与确认记录到专用的工作日志中，按规程将有关事项报告到相关人员。

15.14.2 工具的管理

铝电解现场使用的主要工具：

（1）停、开槽工具。见附表 V -1。

（2）测试工具。见附表 V -2。

（3）操炉工具。操炉工具放置在槽前的工具架上。工区应有足够的槽前工具架，并摆放在规定位置，例如，每个工区放置 3 个工具架，等距放置在厂房大通道侧壁处的位置，工具架上的工具数量见附表 V -3。工具的放置方法是：最上层放电解质、铝液测定钎（直角、斜钎）、钢钎（长、短）；上段放铝耙、炭渣瓢；中段放大钩、铁耙；下段放炉前滤、炉前耙、清包用半月耙；鼠笼柜中放打壳用的砧子、竹扫把、取样瓢。

（4）取样工具（电解质、铝试样盒，电解质、铝试样模、字模、手锤、取样瓢）。一般每个工区 1 套，由取样负责人负责检查管理。

（5）其他工具。如捞阳极脱落用的夹子、阳极电流分布测定工具、搬运结壳块用的手推车等，这些工具每个工区均有配备，根据现场的情况定点放置，由专门的班组（如运行班）负责检查管理。

参 考 文 献

1　殷恩生 . 160kA 中心下料预焙铝电解槽生产工艺及管理 . 长沙：中南工业大学出版社，1997

2　杨重愚 . 轻金属冶金学 . 北京：冶金工业出版社，1991

3　格罗泰姆 K，克望德 H. 铝电解导论 . 邱竹贤，王家庆译 . 沈阳：《轻金属》编辑部，1994

4　Salt D J. Bath Chemisty Control System. Light Metals，1990：299 ~ 304

5　田应甫 . 大型预焙铝电解槽生产实践 . 长沙：中南工业大学出版社，1997

16　铝电解槽的破损与维护

铝电解槽是铝电解生产的主体设备，电解槽内发生着系列物理、化学与电化学反应。铝电解槽阴极内衬虽然不直接参与电解反应而消耗，但在高温、强腐蚀和强物理场条件下，常因各种原因遭受到破损，被迫停槽大修。当前，电解槽的使用寿命一般为3～5年，少数可达5～7年，甚至10年以上。

铝电解槽内衬因破损严重而停槽大修时，全部内衬材料被拆除并作为固体废弃物被抛弃，槽壳经校正修复后重新使用。这不仅花费众多的人力，消耗大量内衬材料；同时大修期间电解槽停产，经济损失巨大。另外，废旧内衬目前还无法有效回收利用，存在环境污染隐患。因此，明确电解槽破损的方式与原因，掌握电解槽内衬维护方法，从结构设计、材料选择、砌筑工艺和操作管理等方面采取措施，尽可能延长阴极内衬的使用寿命，是铝电解工作者需要研究解决的重要课题之一。

16.1　铝电解槽破损的特征、检测与维护

了解电解槽破损的特征与方式，在电解槽破损初期及时检测并找出破损部位，施以正确的修补，并适当调整工艺技术条件，加强维护，将有效地减缓其破损速度，延长其使用寿命。

16.1.1　电解槽阴极破损的特征

对大量破损槽在停槽大修之前所表现的共性进行总结，可以将电解槽破损的主要特征归纳成以下10种类型：

（1）铝液中铁、硅含量急剧升高。电解槽在正常生产期间，铝中的铁含量一般不超过0.2%，硅含量不超过0.15%[1]。若出现阳极钢爪熔化或槽外含铁物质掉入槽内，将使铝液中铁含量突然升高，但通过几次出铝后就会逐渐降低到正常范围。如果出现铝液中铁含量连续上升，并且没有下降和稳定的趋势，同时硅含量也出现上升势头，那么此时就很可能已发生电解槽阴极内衬破损，并开始熔化阴极钢棒。

电解槽阴极炭块破损后，铝液和电解质熔体渗入破损部位，熔化阴极钢棒，使原铝中铁含量及硅含量在短时期内迅速上升并且持续较长时间，铁含量可达到0.4%以上，个别电解槽甚至能达到1.0%以上。电解槽阴极炭块破损的主要方式之一就是炭块横向断裂（见图16-1），在槽底表面沿长度方向形成若干大裂缝，靠边部还产生许多小裂纹。阴极炭块断裂后，铝液漏入碳块底部，使阴极钢棒熔化（见图16-2a）引起阴极铝液中铁含量上升，当熔体进一步向底部发展并腐蚀耐火层和保温层时（见图

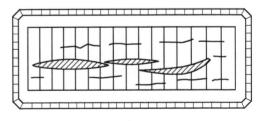

图 16-1　铝电解槽阴极炭块断裂示意图[1]

16-2c)，铝液中 Si 含量开始上升。另外，电解槽炭块相邻间宽约40mm 宽的中缝，槽周边与底部炭块相邻处有约400mm 宽的边缝，这些大、小缝都用炭糊扎固而成。如果扎缝糊发生层状

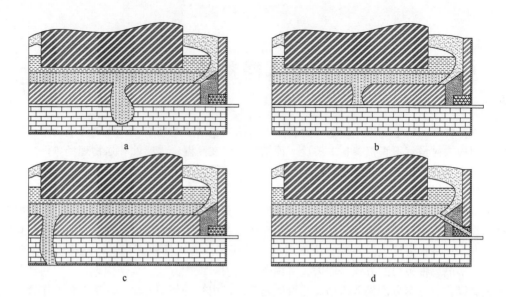

图 16-2　铝电解槽底部内衬破损的主要形式[2]

a—熔化阴极钢棒；b—阴极棒孔漏铝；c—槽底漏铝；d—伸腿破损漏铝

剥离、开裂和脱落，也可能导致铝液和电解质熔体渗入破损部位，熔化阴极钢棒，使原铝中铁含量及硅含量持续上升，具体情形与炭块断裂时类似。对发生上述现象的破损槽进行刨槽后可发现，中间大裂缝大多已贯穿了炭块，炭块下面有较厚的 Al-Fe 合金层，阴极钢棒所剩无几。

　　（2）阴极棒孔处漏槽。电解槽阴极炭块破损后，铝液和电解质熔体渗入破损部位，不但熔化阴极钢棒，使原铝中 Fe 含量及 Si 含量迅速上升，渗漏熔体也可沿着阴极钢棒不断发展，直至阴极棒孔，引发漏铝停槽（见图 16-2b）。另外，生产过程中，周边人造伸腿扎糊可能出现起层剥离、穿孔、纵向断裂，铝液与电解质熔体浸入缝隙中，并向阴极棒孔发展，引起周边扎固区局部直接穿孔漏铝，造成停槽（见图 16-2d）。

　　（3）钢壳发红。发生如图 16-2a 和图 16-3a 所示各种破损情况后，熔体不断渗漏接近电解槽钢壳，所对应部位的槽壳温度局部上升，直至钢壳发红。钢壳发红比侧部与底部漏槽的严重程度要轻些，但如果不及时采取适当预防措施，就可能发展成为如图 16-2c 和图 16-3b 所示的电解槽漏铝，不得不停槽大修。纵向排列电解系列在有底层的电解厂房内比较容易观察钢壳发红的现象。图 16-3a 所示的是实际生产中最典型的钢壳发红的情况，侧部炭块

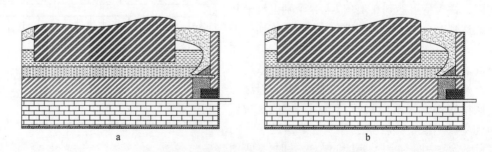

图 16-3　铝电解槽侧部破损的主要形式[3]

a—侧部钢壳发红；b—侧部漏铝

被局部腐蚀，电解质和铝液直接接触保温砖。一般来说，应尽可能早地发现并用压缩空气冷却钢壳的发红部位，同时用固体电解质块填补侧壁附近的部位，帮助侧部结壳（槽帮）的形成。

（4）底部破损漏槽。电解槽阴极炭块破损后，熔融电解质熔体和铝液漏入炭块底部，不但使得阴极钢棒熔化引起阴极铝液中铁含量上升（见图 16-2a），也可进一步穿透耐火砖层并腐蚀保温层，保温层受到电解质侵蚀后，其热传导迅速增加，进而加速熔体的渗漏与腐蚀。保温材料被破坏后，内衬的温度升高到铝的熔点以上，铝液会迅速渗入比较疏松的保温材料，直到槽底钢壳，致使槽底钢壳出现大面积发红，发现和救治不及时就会在此处很快形成空洞而流出，发生底部漏铝，被迫停槽（见图 16-2c）。

（5）侧部破损漏槽。电解槽运行过程中，其侧部内衬可能发生断裂、化学与电化学侵蚀、剥落与氧化等，使得侧部内衬遭到破损，首先发生如图 16-3a 所示的侧部发红，在救治不及时情况下发生如图 16-3b 所示侧部漏槽，严重时也迫使停槽。

（6）槽底隆起[1]。图 16-4 所示为不同槽底炭块隆起高度随时间变化曲线，可见电解槽使用 3 年左右，其阴极将可能隆起 10% 以上。电解槽在启动后第一年内，槽底隆起一般较少，约为 2cm。但随后隆起速度加快，在 3 年左右，一般可达 10cm，个别的甚至超过 15cm，再往后隆起减慢，逐渐趋于稳定。槽龄较长的电解槽的槽底隆起现象主要表现为槽底沿长度方向呈山丘状隆起，形成中间高、四周低的状况。

阴极炭块隆起主要是由于炭素材料吸收钠而引起的，也可能是由于渗入到阴极炭块底部的电解质熔体与炭块底部的耐火材料发生反应，生成体积较大的称之为灰白层的化合物，其厚度可达 25 ~ 40cm。灰白层的生成使阴极内衬产生比较大的应力，导致阴极不断隆起，炭素材料的孔隙和裂纹扩大。停槽后对槽阴极内衬进行干刨，可观察到阴极炭块连同钢棒呈弯弓状，炭块和钢棒交织在一起，形成灰白色的 Fe-C 合金，炭块下部与耐火砖交界处沉积着较厚的铝和电解质，以及泡沫状的灰白层和类玻璃体（见图 16-5）。

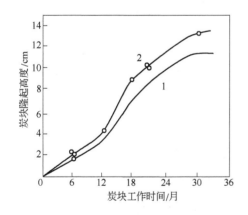

图 16-4 槽底炭块隆起高度随时间变化曲线[4]

1—典型变化曲线；2—单槽现场测定数据

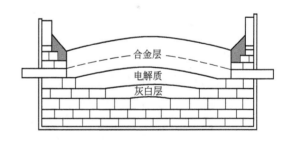

图 16-5 电解槽槽底隆起断面结构示意图[1]

有些情况下，电解槽阴极内衬破损后（见图 16-2），阴极钢棒不但受到电解质和铝液的侵蚀，而且温度会迅速升高，当达到一定程度时，阴极钢棒可能向上弯曲，导致阴极炭素内衬局部向上隆起，严重时会导致电解槽外壳变形。

炉底隆起后，槽内各处铝液深度不同，中间浅，四周深，容易使阴极导电不均，引起滚铝等恶性病槽，同时炉底电压降增大，生产能耗增高，操作管理困难。当隆起到一定程度后，被迫停槽进行大修。

（7）电压"针振"严重。在生产中有时发现槽电压表指针大幅摆动（见图16-6），就是所谓的"针振"现象。发生"针振"现象的电解槽，如果不是由于阳极长包，或者在阳极底掌有较大的悬浮炭渣团或阳极碎片，不断地发生局部短路所引起的话，就可能是由于槽底内衬发生破损所引起的。由于在破损处的铝液高度和电流密度的大幅度增加或减少，影响着槽内磁流体的稳定性，增加了铝液流速和湍流强度变化，致使针振更加严重。另外，由于在槽底破损处铝液电流密度的增高和二次反应的加强，会引起该处附近发生局部过热。对于达到一定寿命（如1500d以上）的"高龄槽"，因连续生产时间长，容易形成较多的炉底硬沉淀，炉底不同程度地隆起上抬，槽膛的规整度和槽底的平整度变差，严重时形成畸形槽膛。槽底的偏斜与隆起都将改变铝液的循环运动方向，从而容易发生电压"针振"现象。

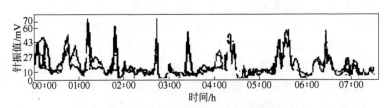

图16-6 典型的电压针振曲线

（8）槽底压降超高[5]。电解槽槽底压降大幅上升，也是破损槽的一个特征。如图16-7所示，电解槽阴极压降一般随槽龄的延长而逐渐升高，但是如果阴极压降过大，达到500~600mV甚至更高，就可能是内衬破损的征兆。阴极某些部位破损后，铝液和电解质就可以渗入炭块的裂纹和裂缝中，伴随着产生炭块的膨胀和阴极炭块的隆起现象，膨胀后的炭块阴极压降增大，槽电压和电解槽能耗增加，即使电解槽并未漏铝或铁含量超标，也可能从电解生产的技术经济指标考虑，不得不对电解槽进行停槽大修。

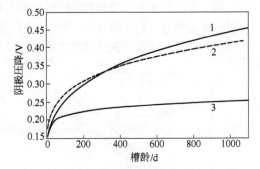

图16-7 不同阴极种类及与钢棒连接方式下
阴极压降变化曲线[6]
1—无定形炭块，捣固连接；2—无定形炭块，
黏结连接；3—半石墨质炭块，黏结连接

（9）槽底存在坑穴（冲蚀坑）[1,7]。在换阳极过程中，如果用钢钎检查阴极表面，有时不但会发现明显裂缝，还会发现存在大小不等的坑穴，此时阴极铝液中的铁硅含量可能并未明显升高。当坑穴逐渐向下发展贯穿炭块时，铝液渗漏进入炭块底部并熔化阴极钢棒，导致铝液中铁、硅含量升高，也可能最终造成漏铝停槽。

刨槽后可发现，这些坑穴的形状一般为上大下小，表面很光滑，犹如口朝上的喇叭，并覆盖着一层白色氧化铝固体，可见坑穴主要是被冲刷而成的（见图16-8），因此这些坑穴也被称作冲蚀坑。正常生产中，冲蚀坑并不很常见，主要发生在炭块间的扎固缝上，少数在质量较差的炭块上。电解槽启动后，槽底炭素内衬发生局部层状剥落或开裂现象，剥落处、裂缝或其他机械损伤部位的阴极内衬进一步被腐蚀（主要是生成 Al_4C_3）和剥落，从而形成充满铝液的孔洞，在电磁力的作用下，空洞处形成局部铝液旋涡，这些空洞因此可能发展成为很大、很深的冲蚀坑。

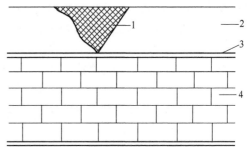

图 16-8　槽底冲蚀坑照片与结构示意图[1,7]

1—冲蚀坑；2—阴极炭块；3—阴极钢棒；4—耐火层

（10）电解槽产铝量降低。当电解槽达到较高寿命或有破损发生时，可能发生电流效率和产量降低现象，这些电解槽一般槽底严重隆起、槽电压过高、槽底大量沉淀，并且采用一般的操作方法（如降低加料速度、引发阳极效应和清理阴极炭块表面等）也无法将槽电压降低下来。从提高电解生产的技术经济指标考虑，一般会将此类电解槽停槽大修。

16.1.2　电解槽破损的检测

电解槽正常生产期间，假如铝液中铁、硅含量正常且没有发现其他破损迹象，一般不进行侧部钢板、槽底钢板和阴极钢棒温度及阴极电流分布压降值的检测。当认为电解槽有破损的可能后，必须进行全面细致的检查，采取各种检测方法找出破损部位、确认破损程度，对防止漏炉停槽和早期停槽具有重要意义。电解槽破损的检测方法主要有[2,8]：

（1）测量阴极钢棒电流分布及阴极钢棒温度。如图 16-2 所示，当炉底破损到一定程度后，会形成阴极炭块与阴极钢棒间的铝液通道，通过该处的电流量大增，导致阴极钢棒及与之相连母线的电压降大幅升高，局部发热量增大；同时，由于铝液直接接触阴极钢棒，也会导致钢棒温度升高。因此，可对其进行电流分布和温度测量，并对异常值进行重点排查。

（2）对电解槽底部钢壳进行温度测量。测量槽底钢壳温度，有助于探测电解槽的早期破损。电解槽在正常生产期间，槽底钢壳的温度会在一个稳定范围内。当发生如图 16-2 所示情况时，铝液渗漏贯穿阴极炭块并腐蚀保温材料后，会使炉底钢板表面温度升高，当电解槽底部钢壳某一部位过热，其温度测量值又高于其他同龄电解槽的同一部位时，就表明此处为异常，有可能炉底内衬已发生破损。

在大型电解槽上，由于槽底面积较大，全面探查槽底温度的困难较大，为了缩小检查范围，可通过测量阴极钢棒温度和底部槽壳温度相结合的方法，来判断内衬是否破损以及大致的破损部位。测量工具为便携式高温计，配以测温探头。阴极钢棒温度可直接测量钢棒端头表面温度，并按钢棒排列顺序依次记录。测量底部槽壳的温度时，应先将槽壳分为若干小方块（一般 20 个以上），并照此画在记录纸上，然后在每一个小方格内选择 1~2 点测量，相应填在记录纸格内，通过异常值的排查就可以初步判断内衬是否破损以及大致的破损部位。

（3）换阳极时用铁钩探查槽底。为及时发现破损部位并采取相应措施，电解车间班组长及换阳极工应坚持在换阳极时探查炉底的制度，即将铁钩伸到阳极下面，钩尖向下，擦着炉底缓慢拖动探查，当检到有坑或有缝的地方，将钩尖慢慢插入坑中或缝中，大致估计坑缝的深度和长度，并记录好大概位置，以方便对破损处进行修补。但是当用铁钩探查槽底时，特别是探查到有坑穴，或发现阴极炭块或伸腿有松动脱落迹象时，应杜绝硬拉狠拽，否则易导致破损的阴极炭块或伸腿脱落，人为地加剧炉底破损。

（4）槽况的检查判断。电解槽炉底破损初期的主要特征是原铝中的铁含量缓慢升高或稳定在较高值上变化不大，此时的槽况一般不受影响。但随着阴极钢棒的大量熔化，阴极电流开始出现严重失衡，破损处的铝液高度、电流密度也开始有明显的变化，严重影响电解槽内的磁流体稳定性，增加铝液流速和湍流强度，导致铝的二次反应加剧，引起针振频率增高，出现局部炉底过热现象。通过上述槽况的分析，也可判断电解槽有破损的可能，从而采取相应措施。

16.1.3 破损槽的维护

早期检测出电解槽的破损方式与部位，只要积极采取措施控制，加强维护管理工作，完全能够有效维护并延长破损电解槽的寿命。生产实践中对破损槽的维护措施主要如下[7,9,10]：

（1）电解槽破损部位的修补。

1）用氟化钙或氟化镁补槽。在槽底，氟化钙或氟化镁不熔于铝液而呈沉淀状态，它们对原铝质量不产生污染，是修补破损槽底的适宜物料。在补槽时，为了操作使用方便，先用玻璃纤维袋子把粉状氟化钙或氟化镁装成半袋，然后用铁工具把它送入槽内，准确地堆放在槽底内衬的裂缝和冲蚀坑上，然后尽可能地再将周围用沉淀围堆起来，以防止和减弱其被流动的铝液冲刷、熔化和移动位置。补好以后，该槽原铝中铁含量会逐渐降低。不过补槽的有效时间有时不会太久，一般是补槽后经2~3个月再检查一次，如有问题可再补救。

2）用镁砂混合沉淀制块补槽。镁砂较重而又不易被电解质和铝液冲刷熔化，作为补槽底破损材料，比粉状氟化镁和氟化钙更持久耐用。具体操作是，首先用槽内的热沉淀与镁砂混合制块，待冷却后就可以用它来补破损槽底；用铁钎等工具找准槽底破损部位，然后把送入槽底的镁砂混合块堆放在槽底裂缝和冲蚀坑上补好。如果破损部位靠近槽侧部，补好以后可以再加入一些固体电解质块压实和冷却，促使其在破损裂缝处形成固体结壳覆盖层。生产操作中只要注意维护，用这种补槽料的一次补槽有效期可达半年以上。

3）用沉淀黏结镁砖碎块补槽。镁砖碎块用来补槽是比较理想的材料。为了能修补大小不同的破损裂缝，必须选用较小的镁砖碎块，然后用槽底沉淀黏结制成混合块，这样槽底较小的裂缝和冲蚀坑就可以被镁砖碎块和沉淀堵塞。这种镁砖沉淀混合块耐腐蚀性好，又不易被电解质和铝液冲刷、熔化和移位，且对原铝质量无污染。

（2）切断破损处过负荷阴极钢棒小母线。当槽底内衬的破损比较集中，且扩展较快时，由于高温的铝液和电解质流入破损缝隙，熔化阴极钢棒，此处形成局部短路，引起阴极电流过载，此棒发生过热和化棒现象，并导致原铝中铁含量迅速上升。发生这种情况时，如果生产上不及时采取补救措施，很可能造成阴极钢棒熔化掉而导致棒孔漏槽的重大事故。为此，应及时采取补槽措施，可先用厂房内压缩空气吹风冷却局部过热和烧红的阴极钢棒或槽壳部分。如因过负荷而烧红的阴极钢棒不多，可及时将烧红棒的阴极小母线束切断，使其不继续通电受热，并使流入此处的铝液和电解质熔体冷却和凝固，防止进一步化棒或造成漏槽。一般来说，为防止化棒和漏槽事故的发生，只要切断过负荷棒数不超过电解槽阴极钢棒总数的5%，就不会给电解槽的正常生产带来较大影响。

（3）漏炉电解槽的补救。如前所述，电解槽漏炉主要可分为槽底漏炉（包括阴极棒孔漏炉）和侧部漏炉。前种情况比后者严重，但无论哪种漏炉都会给生产带来较大损失。首先是，槽内大量的铝液和电解质流入母线沟和槽底地基，严重时流出的液体与阴极母线熔铸在一起，不易清除。其次是，有冲断阴极母线、严重影响生产的危险，甚至还可能引起人身和设备安全事故。

对可能发生槽底漏炉的电解槽，要加强检查与监护，事先要做好准备，一旦漏炉发生时能及时发现和正确处理。比如，揭开可能漏炉处的地沟盖板，用3~5mm厚的长方形铁板或地沟盖板挂在靠槽边的阴极母线上；在电解槽附近准备一些电解质块、袋装的氟化钙或脏氧化铝等原材料，供漏炉时堵塞漏洞用。

当发生漏炉事故时，根据流出来的是电解质还是铝液，迅速判断是侧部还是底部漏炉。当确认为是炉底破损漏炉时，先应系列停电，在未停电之前，指定人员下降阳极，保证电压不超过5V，集中力量保护阴极母线不被冲坏。如果确认侧部漏炉，要集中力量从槽内外两侧堵塞漏洞，只有在迫不得已的情况下才可系列停电，但要积极组织人力恢复生产。抢救漏炉电解槽时应注意以下问题：

1）采用丝杠装置升降阳极的电解槽，在下降阳极时以坐到槽底或结壳上为限，不要强行下降，以免将槽上部结构顶坏。

2）加强统一调度与指挥，切忌慌乱，注意安全，防止发生人身事故。

3）做好单槽断电的准备，事故抢救过程中，应根据实际情况确定是否停槽大修。如果槽龄已久、电解槽内衬破损严重，则应立即进行单槽断电。如果槽龄短，破损面积小，经填补有恢复生产的可能，可用镁砂、氟化钙、沉淀等填补好破损处，再恢复生产。

（4）修补后破损槽的管理。为保证破损槽的补槽料完好，延长电解槽的使用期限和生产出较高品质的原铝，务必做好下列各项工作：

1）保持较低的电解温度。对破损槽可适当提高铝液高度，在操作与控制上应力求平稳，并采取较低的电解温度。防止由于加工质量低劣和人为操作造成大量沉淀。因为这可能引起槽底局部过热而使补槽料有被熔化的危险。

2）尽量避免发生阳极效应。因效应时产生大量的热量，可能使补槽料熔化。

3）在破损处及其附近禁止扒沉淀。

4）出铝量要均匀，不要非进度出铝或出铝量过多，保持稳定的铝液高度，防止产生热槽。

5）避免产生病槽，一旦发生不正常情况时应立即设法消除，不能拖延。对异常情况应当向有关人员交代清楚。

6）在含铁量下降的情况下，不得随便用铁工具探摸槽底，以免碰伤破损处。如果为了掌握破损处情况而必须进行检查时，应固定专人进行，但严禁直接用铁工具插入破损处。

实践证明，如果对内衬破损处填补及时，维护妥当，破损电解槽仍可以维持较长的生产时间并生产出高质量的原铝。但也需要注意，破损严重的电解槽不必硬性修补，以避免最终大面积漏槽引起更大损失。

16.2 铝电解槽破损的机理

电解槽破损特征与形式可归纳为16.1.1节所述的十种主要类型，但引起破损的原因多种多样，错综复杂，有些破损是由一种原因引起，有些则为诸多因素共同影响的结果[5]。深入探究电解槽内衬破损的机理，是找出有效对策、延长电解槽内衬使用寿命的前提与基础。

16.2.1 炭素内衬在组装与焙烧过程中产生裂纹

16.2.1.1 阴极炭块

阴极炭块产生裂纹的原因有：

（1）当采用磷生铁浇铸方式进行阴极炭块与阴极棒组装时，炭块受到猛烈热冲击而容易产生拐角裂纹和燕尾槽顶角裂纹。有些情况下，这种裂纹在生铁浇铸后短时间内就明显可见，并且两条顶角裂纹大多和炭块侧面成30°～50°斜角。裂纹可从燕尾槽顶角内壁开始一直延伸到炭块外壁表面（如图16-9所示）。

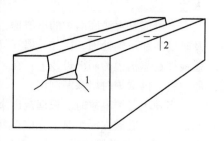

图 16-9　阴极炭块生铁浇铸组装
产生的典型裂纹[5]
1—顶角裂纹；2—拐角裂纹

（2）当采用捣固糊捣固方式进行阴极炭块与阴极钢棒组装时，捣固过程不存在磷生铁浇铸时的热冲击问题。但是，电解槽通电焙烧初期，槽底温度低，捣固糊电阻率高。阴极炭块组之间也由高电阻率的侧部立缝糊相互隔离。由于捣固糊的电阻率随温度升高而快速降低（见图16-10），这时如果某一组或少数几组阴极炭块通过较高的电流，其相应产生较多的热量又使燕尾槽内捣固糊因温度升高而降低电阻率，于是该炭块组通过的电流更高。如此互为因果，槽底电流可能集中在个别阴极钢棒上。从图16-11可见，在炭糊固化温度（约500℃）至1000℃温度范围内，钢棒、炭块和炭糊各自的热膨胀（收缩）性能有较大差异，一般要求钢棒与炭块间存在一定的压应力。但是，当压应力过大或产生剪切应力和拉伸力应时，就可能导致炭块产生燕尾槽顶角裂纹。如果电解槽焙烧过程中个别阴极炭块组电流集中，产生顶角裂纹的可能性就将明显增加。另外，电流集中也可使个别阴极钢棒过热而发红，导致阴极钢棒与阴极小母线间的焊接点断裂，特别是在新系列焙烧时容易发生这种现象。

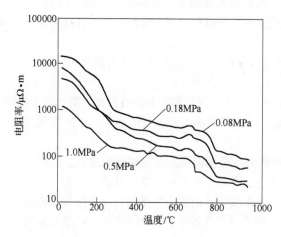

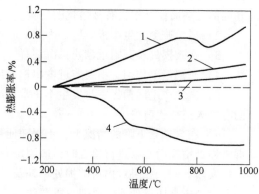

图 16-10　阴极钢棒捣固糊在不同压力下的
电阻率随温度变化特性[5]

图 16-11　阴极炭块、钢棒与捣固糊的
热膨胀（收缩）特性[11]
1—阴极钢棒；2—无定形炭块；
3—石墨化炭块；4—钢棒捣固糊

（3）槽底炭块在焙烧（目前普遍采用焦粒焙烧）过程中由于电流分布不均而局部过热，产生的热应力超出阴极材料承受范围时，就可能产生裂纹。预焙槽在焦粒焙烧过程中，在操作不当时阴极炭块的局部温度可高达1500℃，表面温度梯度可达1100℃/m。图16-12所示为焦粒焙烧过程中，阴极炭块由于电流集中引起热应力集中而断裂的情景，炭块上两条平行裂纹相距80～82cm，这正好对应于两阳极的内钢爪距离，这也与开始加热焙烧时所观察到的两阳极内钢爪上电流较高的现象相符合。

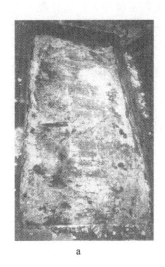 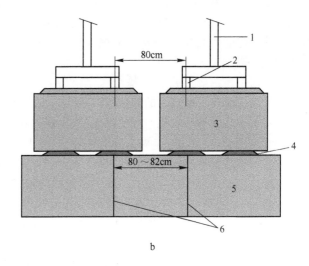

a   b

图 16-12 焦粒焙烧过程中阴极炭块电流集中导致的横向裂纹[5]

a—阴极表面裂纹照片；b—裂纹成因示意

1—阳极导杆；2—阳极钢爪；3—阳极炭块；4—焦粒；5—阴极炭块；6—焙烧裂纹

16.2.1.2 捣固糊（底糊）

捣固糊在受热过程中因其组成（黏结剂种类和配比、骨料含量与粒度分布）差异而具有不同的热膨胀和热收缩特性。如图 16-13 所示，不同捣固糊的热膨胀（收缩）性能有较大差异，但以煤沥青为黏结剂所制成的底糊的热膨胀和收缩特性可归纳如下：

（1）加热温度在约 400℃ 以下时，底糊保持某种塑性，体积呈现膨胀趋势，黏结剂中的轻馏分逸出，质量损失和气孔率显著增加。

（2）加热温度在 400～500℃ 时，由于黏结剂中组分的裂解和聚合反应，底糊形成半焦而固化，这时的温度也称为固化温度，体积不再膨胀而开始收缩。

（3）加热温度在约 500℃ 至 950℃ 时，不断提高焦体的焦化程度，炭捣体的体积呈收缩趋势，机械强度不断增大，800℃ 左右焦化作用基本完成。

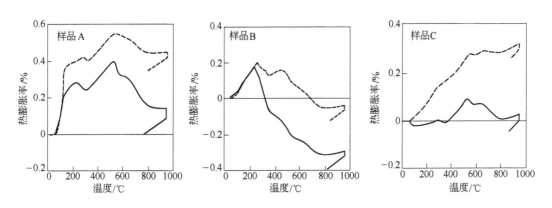

图 16-13 三种冷捣糊的热膨胀（收缩）特性[5]

（测试样品的捣实密度为 1500kg/m³，实线为非约束条件下测试，

虚线为约束条件下测试）

炭糊捣体的收缩率除了取决于其组成，还与其捣实密度等因素有关。国外报道的底糊线收缩率值差别很大，一般为 0.25% 左右。国内底糊的线收缩率很难见到有关数据，一般认为当生糊捣体的体积密度为 1.50~1.60g/cm³时，焙烧后的残余线收缩率在 0.24%~0.53% 之间，平均为 0.4% 左右。

A 炭糊捣体的收缩产生裂缝

如果炭糊捣体与阴极炭块的热膨胀（收缩）性能不匹配，就很容易在炭糊捣体上产生收缩裂缝（一般出现在槽膛周边炭糊捣体上），金属铝和电解质熔体对裂缝渗透后就可能导致电解槽破损（如图 16-14 所示）。周边捣固缝宽度一般只有 360~400mm，但总长度相当长，因而可产生较大的收缩量并导致开裂，图 16-15 所示的就是工业电解槽周边炭糊捣体收缩产生裂缝的一般情况。例如，对于容量为 160kA 的预焙铝电解槽，槽膛大面长度约为 9550mm，小面长度约为 4100mm，粗略计算可知周边捣固缝总长度约为 27300mm。取炭糊捣体的平均宽度为 400mm、线收缩率为 0.4%，计算出炭糊捣体的线收缩总长度为 27300 × 0.4% = 109.2（mm），收缩裂缝总面积为 109.2 × 400 = 43680（mm²）。

图 16-14 周边炭糊捣体收缩裂缝
引起的内衬破损[5]

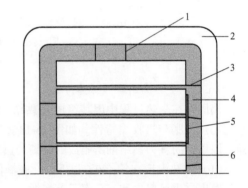

图 16-15 周边炭糊捣体收缩产生的裂缝[5]
1，3—收缩裂纹；2—槽沿板；4—炭糊捣体；
5—界面裂缝；6—阴极炭块

B 炭糊捣体的层离

图 16-16 是两种典型的由于炭糊捣体发生层离所引起电解槽破损情况，炭糊捣体产生层离的原因可归纳如下：

（1）采用热捣糊分层捣固时，捣固层与前一层之间的时间间隔过长，由于前一层捣固糊的温度降低太大，改变了糊的流变性。

图 16-16 炭糊捣体层离引起的电解槽破损[5]

（2）采用冷捣糊捣固时，如果糊中黏结剂含量过多，过度捣固可使得黏结剂和细粉骨料集中于捣体表面层（见图16-17a）。发生上述情况后，表面层在焙烧过程中的收缩特性将不同于其他捣固层，因而与前一糊层之间产生裂纹并导致层离。如果冷捣糊中黏结剂含量过少，过度捣固可使得糊中焦粒被压碎，特别是用电煅无烟煤作骨料时更加显著（见图16-17b）。这时捣体表面层中细粒骨料增多，骨料表面积增大，导致缺乏足够的黏结剂包覆焦粒，不能与前一层捣固糊良好黏结，因而形成一薄弱层，焙烧过程中或者启动生产后易开裂层离。

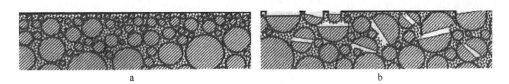

$$图16-17　过渡捣固导致炭糊捣体的结构变化^{[5]}$$

图16-17　过渡捣固导致炭糊捣体的结构变化[5]

a—黏结剂/粉料富集；b—表面层骨料粒子被压碎

16.2.2　电解槽启动初期内衬的裂纹发展与层离

在电解槽启动初期，金属钠的析出及其向炭素内衬的快速渗透，使得内衬剧烈膨胀，容易导致炭素内衬裂缝发展和层离。

16.2.2.1　金属钠的析出与渗透

电解槽启动电解后，除金属铝生成外还有钠的生成，其析出机理可分为电解析出和置换反应析出两种，分别如式16-1和式16-2所示。

$$Na^+ + e \Longrightarrow Na \tag{16-1}$$

$$Al + 3NaF \Longrightarrow 3Na + AlF_3 \tag{16-2}$$

通过分析测试电解一段时间后阴极炭块中吸收的电解质组分可发现，钠是电解开始后向炭素阴极中渗透的主要元素，并且由钠、铝和钙对氟的摩尔比计算可以确定，钠不是以氟化物的形态而是以金属状态渗入为主。经过多年研究，目前关于金属钠的渗透有以下观点得到大家的一致认可：

（1）金属钠是炭素阴极中的主要渗入物质。钠的渗入改善了电解质熔体对炭素阴极的湿润性，有利于电解质熔体随后在阴极气孔中的渗透。

（2）钠的渗入量随着电解质摩尔比的增高和炭素材料石墨化程度的降低而增加。

（3）增大阴极电流密度导致钠向炭素阴极中的渗入速度加快。

关于金属钠向炭素阴极中渗透的机理，主要有两种观点：第一种观点认为钠是以蒸气形态渗入阴极炭块；另一观点认为钠是以原子态经过炭素晶格向炭块内部扩散，其中后一观点目前似乎得到更多的支持。不管哪种渗透机理，人们总结出钠向炭素阴极中的渗入速度服从扩散定律，渗入深度与时间满足式16-3所示的抛物线关系：

$$d = k\sqrt{t} \tag{16-3}$$

式中　d——渗入深度，mm；

　　　t——时间，s；

　　　k——常数，与温度等因素有关，如温度降低则k值减小。

16.2.2.2 钠渗透导致炭素内衬的钠膨胀

炭素内衬包括阴极炭块和炭糊捣体等炭素材料。根据石墨化程度（或石墨含量）的不同，炭素材料可分为不同的类型。例如，铝用阴极炭块可分为：

（1）石墨化炭块。可石墨化的骨料加黏结剂形成的炭块，约3000℃下进行热处理。

（2）半石墨化炭块。可石墨化的骨料加黏结剂形成的炭块，约2300℃下进行热处理。

（3）半石墨质炭块。已石墨化的骨料加黏结剂形成的炭块，约1200℃下进行热处理。

（4）无定形炭块（普通炭块）。未石墨化的骨料（电煅或气煅无烟煤）或少量已石墨化的骨料加黏结剂形成的炭块，在1200℃下进行热处理。

随着热处理温度的提高，上述各种炭素材料的石墨化度不断提高，石墨微晶增大，层间距减小。石墨晶体的层面与层面之间是较弱的分子键合，一些单质或化合物可以"插入"层间，形成层间化合物（也称为嵌层或插层化合物）。钠渗入炭块后与 C 作用生成不够稳定的层间化合物 C_nNa_m，一般认为，随着炭素材料石墨化程度的增大和电解温度的降低，其稳定性增长的次序大致是 C_8Na、$C_{12}Na$、$C_{24}Na$、$C_{32}Na$、$C_{48}Na$ 和 $C_{64}Na$。Na 插入石墨晶体的结果是使石墨的晶格层间距增大，即由 0.3354nm 变为 0.46nm，在宏观上表现为炭素材料的体积膨胀。在铝电解生产中，炭素内衬的钠膨胀总是与热膨胀叠加在一起，在具体数值上，钠膨胀量可大于炭素材料从室温升高到1000℃的热膨胀量。

为了研究钠对阴极炭块的渗透现象并测试阴极炭块的抗钠渗透性能，Rapoport[12] 于 1957 年发明了可监测电解过程中炭素材料钠膨胀量的方法与装置，并被称为 Rapoport 钠膨胀测试仪（见图 16-18a）。目前，该方法已成为各种炭素材料抗钠渗透性能的有效评价手段，瑞士 Carbon R&D Ltd. 已有成套 Rapoport 钠膨胀测试仪（RDC-193 型）出售。尽管不同研究者的测试条件和装置结构各有差异，但测试的基本原理就是，钠的渗透和层间化合物的形成引起电解过程中阴极试样的线性膨胀，采用 Rapoport 钠膨胀测试仪可测试出材料的线性钠膨胀位移，通过式 16-4 计算出钠膨胀率 ρ：

$$\rho = \Delta L/L \tag{16-4}$$

式中 ΔL——试样的线性钠膨胀位移；

L——试样的初始长度。

钠膨胀率越小，表明阴极材料的抗钠渗透性越好。

在 Rapoport 钠膨胀测试仪的基础上，后人发展出了多种改进型 Rapoport 钠膨胀测试仪（见图 16-18b、c、d）。比如，为了模拟电解槽中阴极炭块由于热作用和钠及电解质的渗透而膨胀时受槽壳约束而产生的内衬应力，开发了采用可外加压力的 Rapoport 钠膨胀测试仪测试阴极材料的钠膨胀。所谓加压，实际上就是在常规的 Rapoport 钠膨胀测试仪的顶部加上一个可以控制压力大小的压力装置，通过压力装置给所测试的阴极试样施加压力，测量在一定压力下的阴极试样的钠膨胀率大小[13]。为了克服常规的 Rapoport 钠膨胀测试仪存在的实验相对困难、可操作性差和精度低的问题，许多学者在常规 Rapoport 的基础上进行了或多或少的改进，以适应实际研究的需要[14]。比如，阴极材料被加工成圆柱形，在它的中心有一与长轴平行的通长圆孔，一个氮化硼棒穿过其中，与底部的 BN 圆盘表面接触，阴极底面放在 BN 底盘上。电解时，位移传感器可以测出阴极材料相对于 BN 棒的钠膨胀位移。位移传感器通过 A/D 转换将数据送入计算机进行数据处理。从而得出材料的钠膨胀率。这种装置测出的数据相对较为准确[15]。有些改进的 Rapoport 测试仪还可以用来测量阴极的其他一些参数，例如在测试钠膨胀的同时还可以测试阴极材料的抗弯强度[16]。通过这些改进的装置，可以

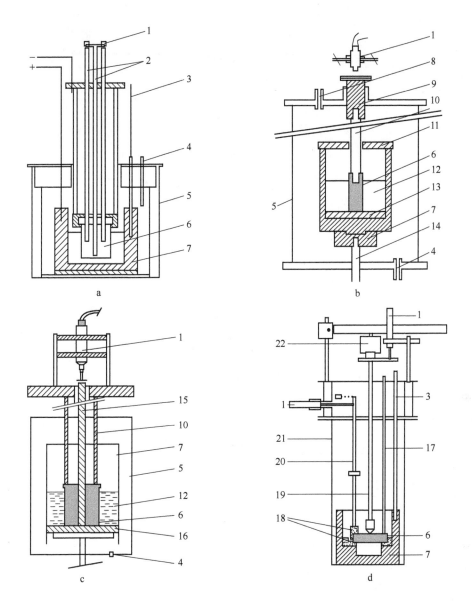

图 16-18 铝电解阴极材料的钠膨胀率测试装置示意图

a—原始 Rapoport 钠膨胀测试仪[12]；b—改进型 Rapoport 钠膨胀测试仪[14]；

c—改进型 Rapoport 钠膨胀测试仪[15]；d—改进型 Rapoport 钠膨胀测试仪[16]

1—位移传感器；2—传动杆；3—热电偶；4—进气口；5—电炉；6—试样（阴极）；7—石墨坩埚（阳极）；

8—出气口；9—石墨活塞；10—不锈钢杆；11—刚玉盖板；12—电解质熔体；13—刚玉垫板；

14—阳极钢棒；15—氮化硼杆；16—氮化硼板；17—阴极导电杆；18—氮化硼绝缘垫；

19—压杆；20—延伸臂；21—不锈钢炉壁；22—载重室

直观地反映出阴极材料在电解过程中受钠渗透而引起的膨胀情况，对不同的阴极材料进行直观比较。

炭素材料的钠膨胀率与电解温度、电解质组成、材料的成形工艺及石墨化程度有关。图 16-19 是五种阴极炭块的钠膨胀率曲线。在摩尔比为 4 的电解质中，无定形炭块的钠膨胀率一

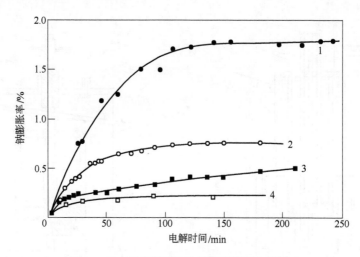

图 16-19 挤压成形炭块的钠膨胀率曲线[5]

$(CR = 4 , t = 960 \sim 980℃)$

1—电煅无烟煤炭块；2—半石墨质炭块；3—半石墨化炭块；4—石墨化炭块

般为 1.0% ~3.0%，但有些质量差的无定形炭块的钠膨胀率可能大得多，甚至在测试过程中由于钠渗透导致材料的崩塌瓦解；相同条件下，半石墨质炭块和半石墨化炭块的钠膨胀率一般为 0.5% ~0.7%，全石墨化炭块的钠膨胀率约只有 0.25%。表 16-1 是不同阴极材料的钠膨胀率数据，也可见阴极材料的骨料组成（特别是石墨含量）对炭块的钠膨胀率有显著影响。

表 16-1 不同阴极材料的钠膨胀率[17]

阴极材料种类或炭块骨料配方		电解 90min 的钠膨胀率/%
焦炭或无烟煤含量/%	石墨含量/%	
100，石油焦	0	7，试样瓦解
100，冶金焦	0	5，试样瓦解
50，气煅无烟煤 50，冶金焦	0	2.5
100，气煅无烟煤 GCA	0	1.49
85，气煅无烟煤 GCA	15	1.42
50，气煅无烟煤 GCA	50	0.95
100，电煅无烟煤 ECA	0	1.00
90，电煅无烟煤 ECA	10	0.75
60，电煅无烟煤 ECA	40	0.64
40，电煅无烟煤 ECA	60	0.34
0	100	0.2
石墨化炭块		0.05 ~0.09
耐火硬质金属（TiB_2、TiC、ZrB_2、ZrC）		0

当电解质摩尔比从 4.0 降低到 2.3 时，阴极炭块的钠膨胀率可降低 60%，如图 16-20 所示。其中钠膨胀率测试用电解质摩尔比一般为 4，而目前工业电解槽正常电解条件下的电解质摩尔比为 2.3 左右，但是在电解槽启动初期电解质摩尔比远高于 2.3，并且由于电解槽电场作用下 Na^+ 的定向迁移将导致阴极区域的摩尔比局部升高，这在实验室电解槽中由于气泡扰动可基本不考虑。

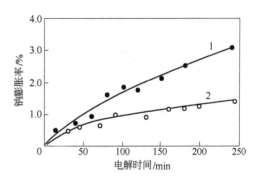

图 16-20　无定形炭块在不同摩尔比
电解质中的钠膨胀率曲线[5]
（$t = 960℃$；1—$CR = 4$；2—$CR = 2.3$）

如图 16-21 所示，阴极炭块的钠膨胀率也具有各向异性的特征，在垂直于挤压方向的钠膨胀率远高于在平行于挤压方向的钠膨胀率，随着炭块石墨化程度的提高这一特征更加明显。产生此现象的原因就是，挤压成形炭块焙烧后，炭块中的石墨片层更趋向于平行挤压方向排列，钠渗透后引起片层间距（垂直于挤压方向）增大，因而表现出垂直于挤压方向的钠膨胀率更大这一现象。挤压成形炭块的钠膨胀率各向异性程度高于振动成形或模压成形炭块，并且振动成形或模压成形炭块在振动或加压方向的钠膨胀率更大。

图 16-22 为不同骨料组成的阴极炭块钠膨胀率随着焙烧温度提高的变化趋势，可见各种炭块钠膨胀率随焙烧温度提高而显著降低，在低于 1800℃ 的焙烧温度时，各种炭块的钠膨胀率有较大差异，其中无烟煤炭块的钠膨胀率最低；当焙烧温度超过 2000℃ 时，各种炭块的钠膨胀率基本接近。

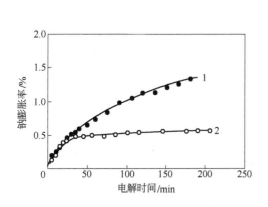

图 16-21　半石墨质阴极炭块在不同
方向的钠膨胀率[5]
（$CR = 4$，$t = 960 \sim 980℃$）
1—垂直于挤压方向；2—平行于挤压方向

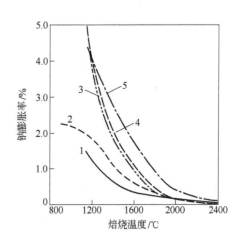

图 16-22　不同温度焙烧所得阴极炭块的钠膨胀率[18]
1—无烟煤炭块；2—无烟煤 + 冶金焦炭块；
3—石油焦炭块；4—可石墨化焦炭块；
5—冶金焦炭块

从图 16-23 中可见，如果在电解过程中对阴极炭块附加机械压力，随着压力的增大，在施加压力的方向上炭块钠膨胀率可以显著减小。研究发现，不同类型阴极炭块都存在这一现象（见图 16-24）。

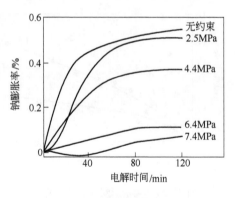

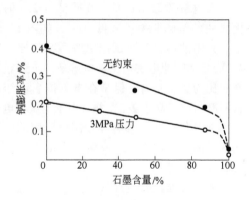

图 16-23　无烟煤炭块在不同
压力下的钠膨胀率[19]

图 16-24　不同石墨含量阴极
炭块的钠膨胀率[20]

16.2.2.3　钠膨胀引起炭素内衬的裂纹发展与层状剥离

如前所述,钠膨胀与热膨胀不同,通过外加载荷(比如采用更加刚性的电解槽槽壳)可以减少炭素材料的钠膨胀量(见图 16-23)。但是,钠渗透形成的层间化合物 C_nNa_m 将从微观结构上降低炭素内衬中骨料颗粒和黏结相的强度,破坏其结构完整性,在电解槽运行过程中这种受到破坏的炭素内衬将更容易在其他因素作用下破损失效。

首先,钠膨胀将可能引起底部阴极炭块的局部表面剥落。无定形炭块砌筑的电解槽上,在电解槽启动后,经常可以看到电解质熔体中漂浮有槽底剥落的碎片或薄片。如图 16-25 所示,当在焙烧不够(温度过低或温度梯度过大)的情况下启动电解槽,容易发生钠的非均匀渗透并产生局部应力,从而引起槽底炭块的层状剥落。这一现象主要发生在槽底的三相(电解质熔体、固体电解质、阴极炭块)界面处,并且逐步朝着阴极结壳收缩方向发展。这种情况下产生的剥离层厚度一般为 20~40mm,不会直接引起内衬破损,但使得阴极表面粗糙不平或产生局部缺陷,常常导致槽底坑穴的产生,并最终引起电解槽漏铝停槽。当无烟煤骨料煅烧或炭块焙烧不够充分时,上述阴极炭块的表面局部层状剥落现象就更容易发生。因此,阴极炭块必须有足够高的骨料煅烧温度和生块焙烧温度,保证阴极炭块在筑炉后不再发生不可逆的热化学反应,以减少上述现象的发生。

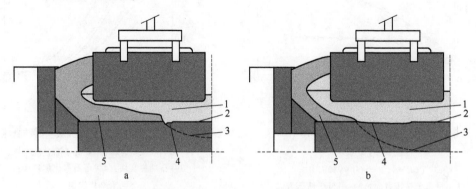

图 16-25　因焙烧不够,启动后的阴极表面局部剥落[5]

a—三相界面处产生局部剥离；b—朝着结壳收缩方向发展

1—电解质熔体；2—焙烧后阴极表面；3—电解质凝固等温线；

4—层状剥落部位；5—槽帮与伸腿

　　当电解槽在启动过程中或启动初期因漏槽或其他原因被迫停槽后，常常在电解槽冷却过程中发生如图 16-26 所示的槽底阴极炭块钠渗透层大块整体剥离现象，而且剥离层几乎贯穿电解槽的整个槽底，从而导致电解槽严重破损。尽管电解槽是在启动后较短时间内因其他原因（比如漏槽）被迫停槽大修的，但发生大块整体剥离现象后，电解槽就可能难以修复使用。相反，当电解槽运行较长时间后停槽大修，这时钠已经渗透贯穿了整个阴极炭块，一般不会发生图 16-26 所示现象。产生上述现象的原因是，钠渗透导致钠膨胀，并且在渗透前沿产生局部应力；在高温下，外部约束一定程度上抑制了炭块的钠膨胀并且炭素材料的晶面滑移作用部分缓和了局部应力；但是，在冷却过程中，钠渗透层的变形基本不可逆，而非渗透层炭块的热膨胀具有可逆性而发生收缩，从而在钠渗透前沿区域产生较大的局部应力，该应力超过材料强度时就产生裂纹，导致阴极炭块的大块整体剥离。

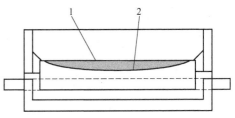

图 16-26　早期破损槽冷却过程中钠膨胀引起的阴极炭块水平裂纹及大面积整体剥离[5]
1—钠渗透层；2—裂纹

　　在经常进行侧部加工或发生热行程的电解槽上，炉帮比较容易消失，此时侧部炭块和人造伸腿处炭糊捣体也将发生钠膨胀并引发层状裂纹与剥离现象（见图 16-27）。这一现象一般不至于直接导致电解槽侧部破损漏槽，但与其他因素（比如空气氧化）联合作用后就可能导致电解槽侧部破损漏槽。

　　对于冷行程频发的铝电解槽，可能发生严重的钠膨胀裂纹与层状剥离现象。铝电解槽出现

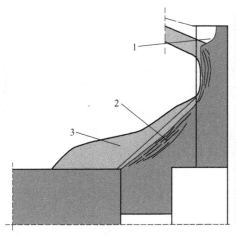

图 16-27　钠渗透导致侧部炭块与人造伸腿裂纹与层状剥离[5]
1—空气氧化空洞；2—层离裂纹；3—电解质结壳

冷行程后，其槽膛内形不规整，局部伸腿肥大，部分地方伸向阳极投影区；为消除槽底伸腿与沉淀，需要提高电解槽槽电压以增加热收入。在这种槽底伸腿交替形成与熔化条件下，阴极炭块的钠膨胀容易引发如图 16-28 所示的槽底大面积"腐烂"式层状剥离现象。在阴极炭块的"腐烂"部位，阴极炭块的整体结构遭到严重破坏，形成了大量 0.5～2cm 厚的层状碎片，碎片间的裂缝中产生了大量的 Al_4C_3；情况严重时，这种"腐烂"式结构可一直发展到阴极钢棒部位，从而导致化棒或漏槽的严重后果。

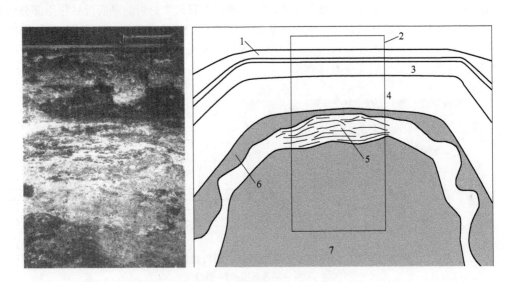

图 16-28　阴极炭块的"腐烂"式层状剥离[5]

1—槽沿板；2—左图拍照区域；3—侧部内衬；4—人造伸腿；5—"腐烂"内衬；

6—伸腿保护下未破损区；7—部分破损区

16.2.3　熔体持续渗透导致槽底拱凸与破损

电解槽焙烧启动后进入正常生产期间，炭素内衬的温度分布已趋稳定，钠渗透也趋缓慢。但是，在钠渗透基础上，电解质和铝液熔体持续渗透进入电解槽内衬，已成为导致槽底拱凸与破损的主要因素。

16.2.3.1　电解质组分在槽底的分布

电解槽经过长期生产停槽后，对其进行干刨，在内衬中不同部位取样，测定其物相组成，可以了解在槽内所进行的系列物理化学过程。干刨过程中一般可发现槽底内衬大致从上到下分为四层：炭素阴极、灰白层、耐火砖层、保温砖层。当然，当槽底严重侵蚀时，层间界面并不很明确。灰白层是电解槽投产后逐渐形成的，位于炭素阴极底面与被侵蚀的耐火砖层之间。这是一层凸透镜状的灰白色物质，其中夹杂有矿物质、金属、碳化铝和孔洞等。

表 16-2 是针对两台不同槽龄（A 槽为 1057d，B 槽为 400d）的破损电解槽，采用 X 射线衍射半定量分析确定槽底内衬中不同部位的物相组成，结果表明：

（1）炭素内衬中电解质的渗入量很大，并且渗入电解质中含有大量 NaF。对于阴极炭块，电解质渗入量达 30% 以上；对于炭糊捣体，电解质渗入量达 50% 以上。这说明炭素内衬在长期生产中孔隙（也可能是裂纹）已经进一步发胀。

表 16-2 破损电解槽阴极内衬的物相组成[21,22]

电解槽及内衬部位		主要物相及含量/%					
		C	Na$_3$AlF$_6$	NaF	CaF$_2$	α-Al$_2$O$_3$	β-Al$_2$O$_3$
A 槽	阴极炭块 中部	57~68	6~12	12~35	1~2	1~1.5	1~3
	阴极炭块 侧部	37~59	7	31~46	1~2	—	约1
	周边炭糊捣体	19	1	78	1	—	—
	灰白层	—	2~10	25~88	—	5~53	—
	耐火砖层①	—	31~48	20~27	1~7	40~44	1~4
	保温砖层	—	25~41	6~28	3.6	4.1	—
B 槽	阴极炭块 中部	25~50	25	10~25	10	5~10	10
	阴极炭块 侧部	50	25	10	10	—	10
	周边炭糊捣体	21	6~8	66~79	1	—	—
	灰白层	—	50	5	5	50	—
	耐火砖层	—	25	10	5	20~50	—
	保温砖层	—	—	25	10	50	—

注：A 槽槽龄为 1057d，B 槽槽龄为 400d。
① 为另还含有 4.8% 的霞石。

（2）灰白层中主要含碱性氟化盐和氧化铝。

（3）碱性电解质不但渗入到耐火砖层，并且与耐火砖反应生成霞石；在长期生产过程中，电解质也有相当数量渗入到了保温砖层。

总之，电解质熔体向槽底持续渗透，使得槽底结构受到越来越大的损害。

16.2.3.2 内衬中的化学反应

内衬中渗入大量熔体后，将发生系列化学反应，进而导致内衬膨胀、变形与破损。主要的化学反应有：

（1）Al$_4$C$_3$ 的生成。裂纹增长后的炭素内衬中，不但发生铝液与炭素材料的直接反应：

$$4Al + 3C \Longrightarrow Al_4C_3 \tag{16-5}$$

而且由于钠和电解质熔体向炭素内衬中的渗透，发生式 16-6 所示的反应：

$$4Na_3AlF_6(l) + 12Na(在炭素中) + 3C(s) \Longrightarrow Al_4C_3(s) + 24NaF(l) \tag{16-6}$$

（2）β-Al$_2$O$_3$ 的生成。β-Al$_2$O$_3$ 可以通过反应（见式 16-7），在溶解有 Al$_2$O$_3$ 的碱性电解质熔体中沉淀出来。

$$6NaF(l) + 34Al_2O_3(在熔体中) \Longrightarrow 3(Na_2O \cdot 11Al_2O_3) + 2AlF_3 \tag{16-7}$$

（3）铝铁合金（AlFe$_3$）的生成。当金属铝和电解质熔体渗透到达阴极钢棒后，可分别通过式 16-8 和式 16-9 两种方式发生反应，生成铝铁合金：

$$Na_3AlF_6(l) + 3Na(在炭素中) + 3Fe(s) \Longrightarrow 6NaF(l) + AlFe_3(s) \tag{16-8}$$

$$Al(l) + 3Fe(s) \Longrightarrow AlFe_3(s) \tag{16-9}$$

（4）产生 SiF$_4$ 气体。耐火砖中含有 55%~63% SiO$_2$，SiO$_2$ 可按式 16-10 和式 16-11 反应，并排放出 SiF$_4$ 气体，在内衬产生孔隙与裂纹：

$$3SiO_2 + 4NaF \Longrightarrow 2(Na_2O \cdot SiO_2) + SiF_4 \uparrow \tag{16-10}$$

$$SiO_2 + 4NaF \Longrightarrow 2Na_2O + SiF_4 \uparrow \tag{16-11}$$

（5）固体 Si 的生成。耐火砖中的 SiO$_2$ 可按式 16-12 与渗入的铝液反应，析出固态单质 Si：

$$3SiO_2(s) + 4Al(l) \Longrightarrow 3Si(s) + 2Al_2O_3(s) \tag{16-12}$$

16.2.3.3 电解质熔体在阴极内衬中偏析结晶与凝固

如前所述，渗入内衬中的电解质可以与耐火材料和保温材料发生作用，不但发生部分组元的偏析结晶, 形成灰白层等; 而且破坏槽底耐火保温结构, 改变了槽底温度分布特征, 当温度降低到一定程度后, 渗透进入内衬的熔体可直接发生凝固。

A　灰白层的产生与长大

如前所述, 灰白层是由氟化盐、金属、氧化物等熔结形成的灰白色非均质混合体。首先, 炭素阴极因钠膨胀和热膨胀而拱凸开裂, 导致在炭素阴极下面形成了孔隙, 于是从上面流入的电解质熔体和金属铝液等在其中填充。其次, 渗入电解质中含有溶解度较低的 Al_2O_3, 由于温度降低而结晶析出, 有钠渗入的炭块底部也与填充在这里的电解液按式 16-6 反应析出 Al_4C_3, 另外还有电解质与耐火砖的反应产物。这样日积月累, 灰白层不断增厚, 槽底日趋拱凸, 并使内衬产生裂纹或破损。

B　盐类晶体的生成与长大

不断向阴极内衬渗透的电解质熔体, 当达到它的初晶温度等温线上时, 有一些成分便会开始析出。电解液继续向更低的等温线上渗透, 对应于电解质熔体其他组分的液相线温度, 另一些成分又继续析出。800~850℃ 温度的等温线, 是低共熔电解质凝固的边界; 当低于这一温度时, 一般只会有一些气相电解质成分继续向下渗入。在长期生产过程中, 电解质的持续渗透和偏析, 导致盐类晶体不断长大。当内衬由于保温性能降低而凝固等温线上移时, 盐类结晶不只是在灰白层和耐火砖中进行, 而且可以上移到阴极炭块的孔隙中进行。这时, 阴极炭块孔隙中不断长大的晶体可导致炭块进一步膨胀、变形和破裂。

16.2.4　槽底内衬缺陷发展形成冲蚀坑导致化棒停槽

在正常生产过程中, 炭素阴极的磨蚀 (包括物理磨损与化学腐蚀) 速度较慢。相关试验表明, 在不同磁场补偿与铝液高度条件下, 无定形炭块的整体磨蚀速度为 1~2cm/a; 随着阴极石墨含量或石墨化程度的提高, 其磨蚀速度增大; 对于全石墨化炭块, 其磨蚀速度达到 3cm/a; 依此速度计算, 电解槽寿命将达到 10 年以上[23]。但是, 电解槽常常因局部缺陷或操作原因, 槽底某些部位的磨蚀速度明显加快, 形成各种类型的冲蚀坑。冲蚀坑的不断发展将导致阴极钢棒直接与铝液和电解质熔体接触熔化, 严重时漏铝停槽。

根据其形成和发展机理的不同, 可将槽底内衬的冲蚀坑成分为物理磨损型和化学消蚀型两种[24,25]。

16.2.4.1　物理磨损型

物理磨损型冲蚀坑的形成过程可归纳如下:

(1) 槽底炭素内衬存在裂纹和局部缺陷。包括: 炭块本身缺陷; 焙烧启动时因膨胀 (热膨胀或钠膨胀) 拱凸, 产生局部裂缝; 炭素捣固体的收缩裂缝或局部层离; 阴极炭块因材质不均、钠膨胀和温度梯度形成局部应力, 产生局部裂纹或局部剥离。

(2) 炭素槽底上铝液流过局部缺陷时, 如果其流速超过 6.4cm/s (由模拟实验得出), 铝液便由层流变为紊流, 并在缺陷处产生局部旋涡, 从而不断磨损槽底炭素内衬, 形成坑穴。

(3) 未溶解的 Al_2O_3 颗粒悬浮于旋流中, 不断地擦抹去坑穴处炭块上的碳化铝膜和炭块本体。

(4) 坑穴不断发展接近阴极钢棒, 产生局部的电流较集中; 较集中的电流导致作用于铝液运动的电磁力增强, 于是坑穴处的涡流也加强, 磨损加剧。

(5) 上述作用导致冲蚀坑不断加深和加大, 其形状多为圆锥形, 而且表面光滑。

从上述形成机理分析可见, 电解槽的物理磨损型冲蚀坑的形成及发展与电磁力扰动下的铝液运动有密切关系。在电磁力扰动下, 阴极铝液呈不断运动状态, 其运动速度随着铝液厚度降低而提高, 当铝液高度降低到临界值 (取决于电解槽磁场分布和操作工艺) 以后, 阴极内衬的物理磨损将明显加剧。如果电解槽的母线设计不合理（铝液受到较大电磁力）或长期运行于较低铝液高度时，就容易在底部内衬的缺陷部位形成冲蚀坑，影响电解槽寿命。为减少槽底磨损，应尽可能减少槽底沉淀（包括未溶解氧化铝和电解质块）。另外，在采用全石墨化阴极炭块时，应考虑到其抗物理磨损能力不如无定形炭块这一不足之处。

16.2.4.2 化学消蚀型

这种机理形成的冲蚀坑一般位于电解槽中的某一特定区域，其形成过程与特点可归纳如下：

（1）正常生产期间，炭阴极表面覆盖着铝液。由于热力学上有利，炭阴极上总会形成 Al_4C_3；但是，因为 Al_4C_3 在铝液中的溶解度很小，所生成的 Al_4C_3 膜便阻碍了 Al_4C_3 的进一步生成。

（2）在电解槽的某些特定地点，例如槽膛边部、出铝口和下料点。在这里经常加工，加工时沉淀夹带电解质沉降到达铝液与阴极内衬的界面。

（3）实践表明，Al_4C_3 在电解质中的溶解速度要比在铝中快 50 倍。由沉淀夹带到槽底的电解质迅速地将该处的 Al_4C_3 膜溶解，并且随着 Al_2O_3 沉淀返溶进入上层电解质熔体，该处槽底又将消耗炭素内衬生成新的 Al_4C_3 膜。

（4）Al_4C_3 的溶解和生成过程随着特定区域的循环加工而反复进行，于是在该处形成坑洼进而发展成较大的冲蚀坑，严重时导致化棒停槽。

（5）应当指出，由化学消蚀所形成的冲蚀坑也会影响铝液的流动，进而增加物理磨损的作用。

在预焙铝电解槽生产过程中，出铝位置基本固定，出铝口对应的阴极炭块表面没有炉帮或伸腿保护，直接与铝液接触。实践表明，受出铝操作影响，出铝口的磨蚀速度远大于阴极炭块的平均磨蚀速度（见图16-29），容易形成出铝口冲蚀坑（见图16-30）。图16-31所示为槽底清

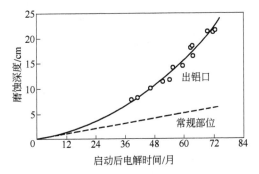

图 16-29　出铝口与常规部位炭块
磨蚀速度对比[23,26]

图 16-30　预焙铝电解槽出铝口
冲蚀坑照片[5]

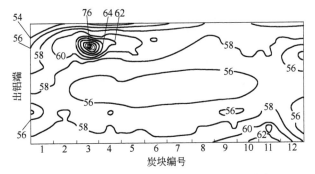

图 16-31　刨槽清理后槽底等高线示意图[5]
（图中数据以槽沿板为参照面，以 cm 为单位）

理后作出的槽底等高线示意图，由此可见出铝口冲蚀坑尺寸远大于出铝管直径，并且冲蚀坑位置也偏离了出铝口，部分已处于阳极投影区（见图16-32）。产生上述现象的原因是，出铝口冲蚀坑的形成并不是出铝管的直接机械磨损或撞击所致，而是由于频繁的出铝操作导致电解质沉入铝液底部，直接与炭块表面接触，快速溶解炭块表面的 Al_4C_3 膜。这种化学消蚀作用使得在出铝口产生局部坑穴，但是随着坑穴不断向底部发展，与阴极钢棒距离缩短，产生局部电流集中，从而使得冲蚀坑朝阴极钢棒方向偏移（见图16-32）。

除上述出铝口等特定部位冲蚀坑外，在阴极炭块上的裂纹、裂缝、低密度部位、异质缺陷和炭糊捣体的收缩裂纹、局部层离区及其与炭块间的收缩裂缝等薄弱部位也可能形成冲蚀坑，并导致电解槽内衬破损停槽。图16-33所示就是由槽底炭块焙烧裂纹发展而成的一个几乎覆盖整个炭块的大面积冲蚀坑。这些冲蚀坑的形成机理可概括如下：

（1）少量金属铝渗透进入薄弱区域，增强其导电性能，使该处局部电流密度增大，产生扰动电磁力，使铝液产生局部波动或旋涡；当然也有些部位渗透后的少量铝液迅速形成了不导电的 Al_4C_3，这时一般不会形成局部旋涡。

（2）铝液旋涡导致电解质熔体不断进入铝液底部，溶解缺陷处 Al_4C_3 后返回电解质本体，从而不断将 Al_4C_3 带走，腐蚀阴极内衬。

（3）随着 Al_4C_3 的不断形成与溶解，缺陷处逐渐形成冲蚀坑；受电流集中的影响，这些冲蚀坑一般朝着阴极钢棒方向发展，可以在较短时间内导致化棒与漏槽。

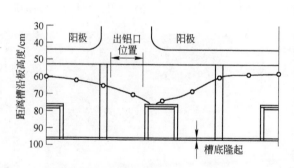

图 16-32　出铝口冲蚀坑发展示意图

图 16-33　阴极炭块焙烧裂纹发展形成
的大面积冲蚀坑[5]

16.2.5　空气氧化导致侧部破损

在铝电解生产过程中，如果槽帮保护和上部氧化铝覆盖不佳，侧部炭块就可能被空气氧化，严重时导致电解槽破损。在电解槽内衬设计和槽壳结构不佳条件下，侧部氧化问题更显突出。图16-34描述了侧部炭块被空气氧化的演变过程，两年内侧部炭块完全消失，最终使得电解槽槽壳内侧仅有电解质结壳（槽帮）将其与电解质和金属铝熔体隔离（见图16-34d）。在此情况下，持续一定时间的阳极效应就有可能熔化槽壳内侧的炉帮，从而使得槽壳直接与熔体接触并被腐蚀。发现侧部槽壳发红后应迅速采取措施（包括停槽大修），以免发生大面积熔体泄漏事故。图16-35所示就是一个侧部被完全氧化的铝电解槽。在实际生产中，如果在电解槽侧部氧化不严重时就及时发现，可将氧化部位的槽沿板切除，并使电解质高度降低，清除氧化部位的氧化铝和电解质后，采用捣固糊对破损部位进行修复，理想情况下电解槽寿命可以延长数周甚至数年。

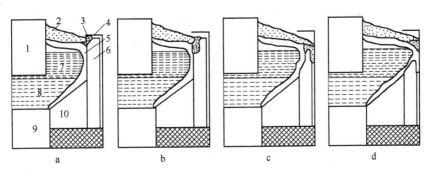

图 16-34 电解槽侧部炭块被空气氧化的演变示意图[5]

1—炭素阳极；2—上部覆盖料；3—电解质、氧化铝和灰分混合物；4—槽沿板；5—槽帮；
6—侧部炭块；7—电解质熔体；8—铝液；9—阴极炭块，10—人造伸腿

　　目前，铝电解行业已普遍采用 Si_3N_4 黏结 SiC 板代替侧部炭块，不但使得槽帮形成更加良好外，也使侧部具有更好的抗氧化性能，一般难以发生侧部氧化破损现象。但是，必须对 SiC 板的质量进行严格控制，保证黏结相原料 Si 粉已完全转化为 Si_3N_4，否则将发生图 16-36 所示的侧部局部氧化层离现象。

图 16-35 侧部内衬被完全氧化的铝电解槽[5]

1—槽沿板；2—裸露槽壳；3—残留侧部炭块；4—人造伸腿

图 16-36 侧部 SiC 板的局部氧化层离现象[5]

1—槽沿板；2—SiC 板；3—炭素内衬

16.2.6 化学腐蚀导致侧部破损

　　铝电解槽的侧部结构设计需要保证电解槽启动后，在保持热平衡的基础上能够及时形成槽帮，并且在正常生产过程中，侧部内衬能够一直被槽帮保护，避免直接与电解质和金属铝熔体接触。但是，在电解槽结构设计不合理或非正常操作情况下（比如阳极效应时间过长），槽帮可能变薄甚至消失（如图 16-37 所示），此时侧部炭素内衬将与电解质熔体和金属铝液接触。在此情况下，电解质熔体与铝液界面部位的炭素内衬可按式 16-5 反应生成 Al_4C_3，并且快速溶解到电解质熔体中，由此引起的侧部破损不断发展，直至侧部槽壳和槽底炭块，从而导致侧部钢壳发红甚至漏

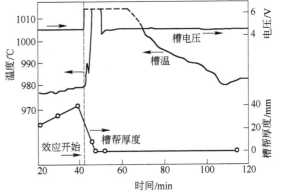

图 16-37 阳极效应发生后的槽温、
槽电压与槽帮尺寸变化[27]

槽（见图 16-38），如果槽帮熔化问题长时间得不到解决，化学腐蚀速度足以在两个月内使得电解槽侧部穿孔漏槽。生产实践证明，铝电解槽侧部内衬寿命与电解槽非正常作业（产生额外热量，引起槽温升高）有直接关系，比如效应频发电解槽的侧部内衬寿命一般都较低。

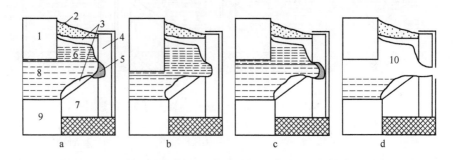

图 16-38　化学腐蚀导致侧部破损过程示意图

1—炭素阳极；2—上部覆盖料；3—槽帮；4—侧部炭块；5—Al_4C_3腐蚀层（放大后）；
6—电解质熔体；7—人造伸腿；8—铝液；9—阴极炭块；10—漏槽后极间空洞

16.3　延长铝电解槽寿命的途径

电解槽寿命是指电解槽投入使用并运行一段时间后，表现出 16.1 节所述的内衬破损特征，从技术角度考虑无法继续运行，或从经济角度考虑不宜继续使用，需要停槽或大修，从电解槽启动运行至停槽大修的天数，即为电解槽寿命。根据停槽的性质可将电解槽寿命分为物理寿命、经济寿命和技术寿命。物理寿命主要是指由于内衬破损的原因发生漏炉，而被迫停槽；经济寿命是指随着槽龄的延长主要技术经济指标下降，由于电解槽继续运行经济上不合理而停槽；技术寿命主要是指由于病槽或限电等技术故障，而非正常停槽[28]。

在现代铝电解工业中，电解槽大修费用可占原铝总成本的 3% 以上。因此，电解铝厂为了降低原铝生产成本，除了努力提高电流效率，降低原材料消耗，减少不必要的生产费用之外，就是要尽可能的延长电解槽寿命，以节省电解槽维修费用。特别是，基于电解槽容量越大，生产成本和相对基建投资也越低的考虑，开发应用更大容量的大型预焙铝电解槽已成为铝电解工业的重要发展方向。但是随着电解槽容量的增大，内衬的修建费用也随之增加。大型电解槽降低成本的前提是能够达到先进的技术经济指标，特别是能够具有较长的槽寿命，否则不但达不到降低成本的目的，还有可能造成更大的经济损失。例如，一台 160kA 电解槽，仅内衬材料就需 25 万元左右，一台 320kA 的电解槽内衬材料约需 46 万元左右。加上修建工时及辅助材料，就分别需 40 万元（160kA 槽）和 77 万元（320kA 槽）左右。另外，电解槽破损后，从停槽大修到重新启动转入正常生产可能超过 30d；在此期间，非但不生产原铝，而且还要耗费重新启动时额外所需的物料和电力[3,29]。因此，延长电解槽寿命是铝电解科技工作者面对的重要课题。

工业实践表明，影响电解槽寿命的因素复杂多样，其中有"先天性"的，如设计的缺陷或设计不够完善；有属于"后天性"的，如内衬建筑材料不合乎要求，施工质量不够完善，焙烧、启动及转入正常生产期间的操作处理不当，技术不够先进等。图 16-39 是铝电解工作者从内衬质量、电解工艺及设计安装 3 个方面总结出的 22 个影响电解槽寿命的因素。本节将在 16.2 节介绍铝电解槽破损机理的基础上，从 6 个方面分析探讨延长电解槽寿命的主要途径。

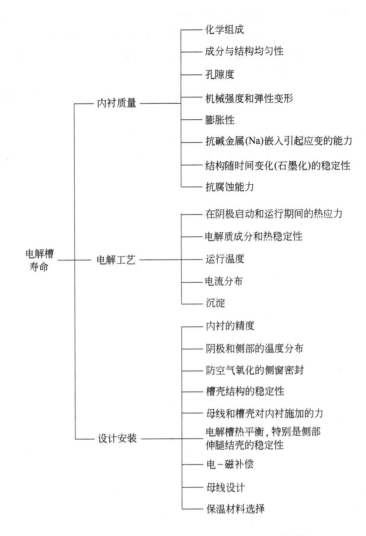

图 16-39 影响铝电解槽寿命的主要因素[3,30]

16.3.1 多物理场的优化设计

结构设计是决定电解槽寿命的基础，在设计阶段就应该从多方面入手，抓住影响电解槽寿命的关键因素，使电解槽各部分均处于稳定匹配状态，才能使电解槽高效长寿。结构设计中除材料选择外，最重要的就是电解槽多物理场（电、磁、热、流、力）的优化设计，具体有：

（1）电热场优化设计。良好设计的热平衡是维护电解槽在正常电解温度下稳定生产和实现电解槽长寿命的基本前提。电解槽内衬热平衡设计的基本原则，一是电解质凝固等温线应在阴极炭块之下的耐火砖层内，800℃等温线应在保温砖层之上的防渗层内；实践表明，阴极炭块竖直方向温度梯度超过2.5℃/cm时（这相当于炭块底部温度降低到800℃），很容易出现电解槽早期破损。二是在侧部能迅速形成一定厚度和形状的凝固电解质保护层，因为到目前为止还未见能够抵抗金属铝液和铝电解质熔体共同腐蚀的侧部内衬材料[31]。

（2）热应力场优化设计。电解槽内衬应力设计的基本原则是应使内衬始终处于适量的压应力下，以防止界面（包括填缝糊—炭块界面和槽壳—侧块界面）和垂直裂纹张开，同时又不会压裂或压碎炭块。内衬应力设计主要包括槽壳强度和应力缓冲区的设计。内衬的应力主要源自于内衬的热膨胀和钠渗透所引起的膨胀，不同的材料的膨胀性能差别很大。因此，内衬的应力设计与电解槽热平衡设计和所采用的内衬材料是密切相关的。

槽壳的设计必须有适当的强度，而且加固位置适当。槽壳不仅是整个电解槽重量的承受体，也是电解槽内应力的缓冲体，刚柔适度的槽壳，受力点分布合理的支撑钢架，可以有效地缓冲内衬膨胀时产生的强大应力，消除或减轻电解槽炉底隆起和槽壳向外膨胀的现象。目前，在大型预焙槽上广泛采用的"摇篮式"支撑结构，具有强度好，受力均匀，缓冲性强，材料节省等优点，可以有效地控制槽壳变形和炉底隆起，消除槽壳破损与撕裂等隐患，对延长内衬与槽壳使用寿命具有良好的效果。电解槽槽壳四角改成圆弧形状，可有效地控制角部裂开现象。适当增强槽壳强度，特别是上部的强度，也有助于阻止中缝裂开，对延长电解槽使用寿命大有益处[1,32]。

在底部炭块与槽壳间设立膨胀应力缓冲区是必要的。用填缝糊捣实的边部大缝及炭块间缝都是膨胀应力缓冲区，也可用可压缩的耐火材料，于靠近槽壳处专门设立一圈膨胀应力缓冲区（俗称伸缩缝）。近年来发展起来的大型电解槽倾向于取消侧上部的伸缩缝，即将侧块直接粘贴在槽壳上。现代中间点式下料电解槽要求边部散热快，故边部设计得相当薄、没有伸缩缝且用导热好的碳化硅砖取代普通侧部炭块。在这种情况下，为减小膨胀应力，目前趋向于采用热膨胀系数、钠膨胀系数和弹性模量都小的高石墨化程度（或石墨质含量）的炭块。另一方面，在电解槽侧下部优化保温设计的同时，保留伸缩缝仍是必要的。炭块的抗弯强度远小于其抗压强度，因此应尽量避免炭块受到弯曲应力的作用。在炭块端部的上半部施加较强的膨胀限制而在其下半部（阴极钢棒周围）施加较小的膨胀限制可以抑制炭块向上拱起，从而减小炭块受到弯曲应力作用的可能性。研究还表明，炭块端部下半部是裂纹诱发区，应力容易在此集中，裂纹大多从这里产生并向其他部位扩展。因此，减小此处的应力还可减小裂纹产生的可能性。为此一般有三种做法，一是在炭块端面下砌筑较软的耐火材料，二是在此捣打填缝糊，三是将炭块的下端角切去。另外，应允许阴极钢棒自由膨胀和滑动，如用磷生铁浇铸组装钢棒和炭块，应在浇铸前使钢棒表面尽量光滑；如用炭糊捣固阴极钢棒，应在捣固前使钢棒表面尽量光滑。阴极炭块之外的钢棒部分可在侧部内衬施工前包裹一层牛皮纸或油毡[31]。

（3）磁流体场优化设计。磁场设计对槽寿命的影响主要是通过影响电解槽能量平衡及槽内熔体流动特性表现出来的。磁场设计首先影响铝液流动特性，而铝液的流动特性又影响电解槽的热平衡状态，从而对槽侧部炉帮熔化和侧部破损起决定性作用。在工业生产过程中磁流体场设计不当往往表现为：侧部冲刷严重，炉帮难以形成，侧部经常需要辅助加工，经常出现侧部早期有规律破损；铝电解槽稳定性变差，槽底沉淀和结壳问题增多；极距调整困难，低极距容易出现槽电压摆动，电流效率低，电解质高度难保持；高极距容易出现槽况过热，能量平衡难于稳定。改进电解槽的母线设计，降低电解槽的垂直磁场强度，减小槽内铝液的循环和流速，可大大减少铝液对槽膛的冲刷，有利于电解槽槽膛的稳定和电解工艺技术条件的稳定，从而起到延长电解槽寿命的作用[33]。

16.3.2　筑炉材料的合理选择与匹配

主要的筑炉材料包括阴极炭块、捣固糊、侧部炭块（或 SiC 板）、保温材料和耐火材料等，通过长期生产实践和试验研究，目前形成的筑炉材料选用基本原则如下：

（1）采用机械强度与孔隙度适中，热膨胀率较低，抗钠侵蚀能力强的阴极炭块，能够非常有效地提高内衬使用寿命。目前能够较好地满足上述质量要求的阴极炭块主要有半石墨质、半石墨化炭块和石墨化炭块。近年来我国采用质量较好的半石墨质炭块代替传统的无烟煤普通炭块，已收到了良好的效果[1,34]。

（2）使用原料质量好，配方合理，黏结能力强的炭捣固糊，可以有效地抵抗钠及电解质对扎固炭缝的侵蚀，使电解槽这一最薄弱环节满足使用要求[1]。

（3）应用 TiB_2 阴极涂层技术（比如，中南大学开发的常温固化 TiB_2 阴极涂层技术），可在阴极内衬、尤其是普通阴极炭块（电煅无烟煤炭块或部分石墨质炭块）表面涂覆 TiB_2 涂层，固化、炭化形成 TiB_2 涂层阴极，有利于延长电解槽寿命。首先，阴极内衬表面涂覆 TiB_2 涂层后，改善了炭素阴极表面与金属铝液间的润湿性，电解生产时，阴极表面能够紧紧地"抓住"铝液，形成金属铝液保护层，阻止或减缓钠的渗透，保证了启动初期阴极内衬的完整、完好，从而达到提高电解槽寿命的目的。同时，TiB_2 涂层还能改善电解槽的工作状态，提高电流效率，降低能耗。另外筑炉时，阴极炭块经过高温焙烧，电阻率较小；捣固糊未经过焙烧，电阻率较大；低温时，两者的电阻率相差数十倍（甚至更大），采用焦粒焙烧时，极易电流分布不均，从而引起局部热应力，导致阴极内衬破损。TiB_2 涂层为均匀混合物，导电性一致，在阴极内衬表面涂覆 TiB_2 涂层，可以缓解上述问题，减少阴极内衬早期破损的可能性[35]。

（4）提高侧部炭块中石墨质含量（如半石墨块），不但可以提高其抵抗钠和电解质侵蚀能力，同时也提高了炭块的耐冲击性能，加强了对边部加工振动破坏的抵御力；提高了炭块的致密度，减少了热膨胀率差异，可以消除边部炭块上、下受热不均所引起的中间断裂现象，还提高了抗氧化能力[1]。

（5）采用 Si_3N_4 黏结 SiC 砖代替侧部炭块，不但材料本身具备良好的抗熔体侵蚀性、抗氧化性和抗磨损性，而且该材料具有良好导热性能，有利于槽帮的形成与保持，极大地减少了电解槽侧部破损的风险[36]。

（6）炭块下部采用优质耐火砖和保温砖砌筑，可以很好地抵御铝液和电解质的腐蚀，并起到很好的保温作用[1]。

（7）采用可耐火且防渗的干式防渗料取代电解槽内衬中的耐火砖及氧化铝层。干式防渗料是由不同粒径、不同种类的耐火材料混合而成，能与通过阴极炭块渗透下来的电解质反应生成一层致密的玻璃体状霞石层（5～15mm），从而阻止液体电解质及其蒸气的继续渗透，确保保温层不被破坏，可以起到耐火、防渗、抗电解质腐蚀，保持电解槽热平衡，保护下面保温层面免受电解质侵蚀的作用，从而延长电解槽使用寿命。另外，干式防渗料导热系数低，具有较好的保温效果；同时由于防渗层是由散料捣打而成，可以吸收一部分炭块的膨胀，有效减缓槽底隆起[37]。

（8）各种材料在满足各自功能要求的基础上，相互之间的合理搭配非常重要。不能仅追求某种或部分材料的良好性能，而忽视了对其他材料的性能要求，而是要从整体性能上考虑材料选用的合理性，这样既达到了电解槽长寿的目的，又节省了材料费用。其中，最主要的是各种筑炉材料热膨胀（收缩）性的匹配。比如，炭糊捣体在高温下加热时呈收缩状态，而其他材料均呈膨胀状态；这种收缩和膨胀在刚性槽壳包围下必须相互匹配，否则一旦出现不匹配状态，则不可避免地在这些材料构成的内衬中产生缝隙或裂纹。这些缝隙或裂纹在长时间高温作用下，有时甚至是在高温电解质直接作用下短时间内即产生破损[5]。

16.3.3 内衬砌筑质量的保证与提高

阴极内衬砌筑质量不好，往往会引起早期破损而停槽。因此，电解槽的砌筑必须严格按各工序的施工规模和质量标准进行，注意以下问题[1]：

（1）从槽底钢板砌筑内衬时，首先应校平底部槽壳，使耐火材料铺设平整。

（2）保温砖、耐火砖铺设时必须结构严密，尤其需要铺设炭块的部位，不能有凹凸不平。

（3）阴极钢棒窗口要封闭严密，避免空气漏入氧化炭块。

（4）阴极炭块组装时，采用石墨质炭糊扎固阴极钢棒，炭糊焙烧后产生一定的收缩，可以补偿阴极钢棒的热膨胀，从而避免炭块产生裂纹。扎固时钢棒、炭块、炭糊都应按要求预热到一定温度，以保证扎固紧密，黏结力强，减小钢—炭接触电阻，减小孔隙，以减少在此渗入沉积电解质和铝的可能性。

（5）安装阴极炭块时，炭块摆放必须整齐，缝隙均匀。

（6）炭糊扎固前，必须清扫干净缝隙，严禁残留杂物和粉尘。所有扎固缝都必须充分预热，扎固时保证炭糊具有一定温度；捣糊工艺中最关键的是捣固工人（俗称捣固机手、扎固工）的捣固手法，扎固压力必须在 6×10^5 Pa 之上，扎固中必须按要求一层一层地扎，每层添料均匀，扎具移动均匀，扎固紧密，不能留任何死角或扎固不到位的地方；扎好后，人造伸腿表面必须光滑平整。

（7）砌筑侧部炭块或 SiC 砖时要求砖缝充分磨合，背缝也不需要充填物料，因焙烧时内衬膨胀可以将背缝挤实，充填物料反而影响其传热。

（8）电解槽砌筑好后，应及早起用，放置时间过长，内衬吸入大量水分，破坏材质结构，启动后会加速破损。

（9）暂时不用的电解槽必须妥善保护，不要在槽内堆放杂物，以防砸坏阴极表面；严禁将炽热残极和液体电解质等放入槽内，否则会严重损伤阴极表面，给启动后破损造成隐患。

16.3.4 焙烧工艺的确定与完善

焙烧电解槽的目的是使电解槽内衬温度达到适当的启动温度，并使阴极内衬（特别是炭糊捣体部分与阴极炭块结合部位）烧成一个整体，使各部位温度均匀升高，基本接近正常生产条件。从理论上讲，电解槽内衬升温速度越慢越好，可以使内衬中挥发分、水分等均匀排出而不至于给内衬留下损伤。但电解槽焙烧又有一个经济性问题，时间无限延长则焙烧费用过高，显得不经济。

焙烧工艺包括焙烧方法的选择和具体的焙烧工艺制度的完善。铝电解槽的焙烧方法主要有三种，分别为铝液焙烧法、焦粒（或石墨）焙烧法和燃气焙烧法。其中，焦粒焙烧法是当前最常用的焙烧方法，燃气焙烧法是目前最被看好的焙烧方法。

采用焦粒焙烧法时，周边糊通常要在灌电解质启动电解槽后才被烧结。填缝糊的塑性和烧结时的收缩可以缓和相当大一部分的膨胀应力。因此在相同条件下，内衬中所形成的压应力比采用燃气焙烧法时要小。还有一点需要指出的是，焦粒焙烧的时间需要控制在合理的范围之内。过快和过慢都对填缝糊的性能有不良影响。过快（小于40h）会使糊的裂纹增多，强度下降；过慢会使边部周边缝里的糊体处在 200 ~ 450℃（焦床焙烧终了时边缝糊的温度一般不会超过450℃）的时间过长，蒸馏掉大量沥青组分，使沥青的黏结性能下降，同样也会使糊的孔隙度增大、强度下降。强度过低的捣体很容易受到电解质和铝液的渗透，也容易在铝液的冲刷下层离起来，从而对电解槽寿命产生不利影响，甚至导致早期破损。

采用燃气焙烧法时，周边填缝糊在焙烧阶段已被烧结。灌电解质和启动电解槽所产生的大量热量和膨胀应力可以通过侧部传给槽壳。如果槽壳的强度足够大，将有可能在炭块内衬内形成足够大的压应力。由于采用燃气焙烧法时焙烧后填缝糊的强度通常比采用其他焙烧方法时要大，并有可能超过阴极炭块的强度。当遇到大的应力时，炭块有可能断裂而造成电解槽破损。因此，采用燃气法和抗热震性较差的低档阴极炭块时，应适当调整填缝糊的配方，以减小其焙烧后的强度。

16.3.5　启动方法的合理选择

启动过程和启动后期管理均对槽寿命产生重要影响，主要表现在启动温度和时间两个方面。启动方法分为效应启动和无效应启动两类，效应启动又分为湿法效应启动和干法效应启动两种，无效应启动只有采用湿法，不同的启动方法对电解槽寿命的影响程度不一样。

效应启动中，不管是干法还是湿法效应启动，均对电解槽内衬有不利影响。因为效应时产生大量热，使电解质温度急剧升高，对电解槽内衬的热冲击较大。内衬材料在高温冲击下，在炭素糊料收缩的同时，炭块、保温材料、耐火材料和钢材等膨胀，势必在内衬中产生相对位移，从而产生裂纹和缝隙。此时一旦有铝存在则会侵入到裂纹和缝隙中，给随后生产带来隐患。另外在高温作用下，液体电解质也可渗透进入到炭素材料晶格中，破坏炭素晶格的完整性。因此，启动时应尽量控制好启动温度和时间。

无效应启动是采用向槽内注入适量的液体电解质，适当提高阳极，控制槽电压不超过8V，使电解质缓慢熔化，达到启动电解槽之目的。这种方法目前普遍采用，启动过程时间较长，其好处是电解质熔化均匀，升温速度均匀，对槽内衬无强烈的热冲击。内衬材料的相对运动不那么剧烈，因此有利于延长槽寿命。

16.3.6　生产工艺的有效管理

如果说结构设计、筑炉材料与筑炉工艺只影响电解槽寿命的初中期，那么生产工艺几乎影响电解槽的一生。电解槽的生产工艺包括：槽电压、摩尔比、电解质高度、铝液高度、阳极效应系数、槽底电压降、换极制度、出铝制度、电流强度、阳极电流密度、氧化铝浓度、电解质中氟化钙、氟化镁等的浓度、加料制度等。上述各项技术条件是一个互相紧密联系的耦合体系，对槽寿命构成了综合影响，如果单纯地研究个别参数对槽寿命的影响将非常困难，也毫无意义，为有效延长电解槽寿命，应注意从以下几方面加强电解生产工艺的管理[1]。

（1）加强非正常期管理。电解槽启动后到炉膛形成的非正常期，重在形成坚实、规整的槽膛内型。槽膛形成的好坏，既关系到电解槽运行能否顺利走向正常，也关系到电解槽的使用寿命。

首先，大型铝电解槽虽然经过3~6d的焙烧，槽内温度达到900℃以上，但内部温度仍未达到平衡，启动之后在相当一段时间内还需大量吸收热量，因此，启动初期，槽温不能降低过快，以免影响内衬温度均衡或出现冷槽。但是在此期间也要防止出现热行程或槽温居高不下，必须按要求保持好其他各项技术条件。

另外，为了防止钠的大量析出，从启动开始电解质中就应有足够的氟化钙或氟化镁浓度，因 Ca^{2+}、Mg^{2+} 离子可以在阴极表面形成电化学屏障，一定程度上减缓钠的析出，减轻非正常期内高摩尔比电解质对阴极内衬带来的不良影响，同时氟化钙和氟化镁有加速 $\gamma\text{-}Al_2O_3$ 朝 $\alpha\text{-}Al_2O_3$ 转化的功能，使炉膛形成得更加坚固。

（2）保证电解槽长期稳定运行。生产实践证明，各种病槽都不同程度地破损阴极内衬，因此，保证电解槽长期稳定运行，可以有效地延长电解槽内衬使用寿命。生产中首先应从电解槽的能量平衡、电解槽的磁场分布、电解槽的生产工艺制度、电解用的阳极质量、自动化控制技术等方面，保证各项技术条件控制在合理的范围内，保持稳定的热平衡和槽膛内型，提高各项作业质量，及时消除可能引起病槽的潜在因素，使电解槽长期平稳运行。

（3）保证稳定的电力供应。若系列电流供应不稳、过流或欠流，都将严重影响电解槽寿命。过流会使槽内热收入过多，瓦解炉膛，成为热槽，导致侧部内衬破损。欠流则引起电解温度过低，出现冷行程，渗透到炭块中的电解质凝固，将促使炭块隆起或断裂；特别因电力短缺被迫停槽后，再进行二次启动，更会促使内衬破损，加速槽壳变形，大大缩短电解槽的使用寿命。因此，系列电力供应必须稳定，特别不允许任意降低电流或停电。

参 考 文 献

1 田应甫. 大型预焙铝电解槽生产实践. 长沙：中南工业大学出版社，2001

2 尹书奎，邵勇，曹继明，等. 大型预焙铝电解槽阴极内衬破损特征及检测. 轻金属，2005(12)：29~32

3 孙志宏. GL190kA 预焙铝电解槽槽寿命问题研究：[硕士学位论文]. 长沙：中南大学，2005

4 李兵，彭建蓉. 电解槽早期破损的成因与对策. 云南冶金，1999，28(6)：20~24

5 Sorlie M, Oye H A. Cathodes in aluminum electrolysis. 3rd edition, Dusseldorf, FRG：Aluminium-Verlag，1994

6 Vadla J J. Simultaneous gluing of bar to block and block to block on relining. Cutshall E R. Light Metals 1992. Warrendale PA, USA：TMS, 1992. 795~799

7 刘海石. 延长大型铝电解槽寿命的研究：[博士学位论文]. 沈阳：东北大学，2006

8 朱广斌，朱六群. 铝电解槽阴极内衬破损特征与检测. 世界有色金属，2006(12)：33~34

9 刘德福，朱晓庆，刘世恒. 160kA 预焙铝电解槽破损的维护及修补方法探讨. 轻金属，2002(11)：30~33

10 李世军. 大型预焙铝电解槽破损的检测、判断及维护. 有色金属（冶炼部分），1999(3)：33~36

11 Sorlie M, Gran H. Cathode collector bar-to-carbon contact resistance. Cutshall E R. Light Metals 1992. Warrendale PA, USA：TMS, 1992, 779~787

12 Rapoport M B, Samoilenko V N. Deformation of cathode blocks in aluminium baths during process of electrolysis. Tsvet Met, 1957, 30(2)：44~51

13 Peyneau J M, Gaspard J R, Dumas D, et al. Laboratory testing of the expansion under pressure due to sodium intercalation in carbon cathode materials for aluminium smelters. Cutshall E R. Light Metals 1992. Warrendale PA, USA：TMS, 1992, 801~808

14 方静. 铝电解用惰性可润湿性 TiB_2/C 复合阴极材料的制备与性能研究：[硕士学位论文]. 长沙：中南大学，2004

15 Newman D S, Dahl O T, Justnes H, Kopperstad S, Oye H A. Technique for measuring in situ cathode expansion (Rapoport test) during aluminium electrolysis. Miller R E. Light Metals 1986. Warrendale, Pa：TMS, 1986, 685~688

16 Brandtzaeg S R, Welch B J. Mechanical changes in cathode carbons during start-up. Campbell P G. Light Metals 1989. Warrendale PA, USA：TMS, 1989, 169~174

17 Wilkening S, Winkhaus G. Material problems in electrowinning of aluminium by the Hall-Heroult process. Journal of Applied Electrochemistry, 1989, 19(4)：596~604

18 Wikening S Busse G. Evaluation and production of carbon cathode blocks. McMinn C J. Light Metals 1980. Warrendale PA, USA：TMS, 1980, 653~674

19 Guilliatt I F, Chandler H W. Stress analysis in carbon cathode beams during electrolysis. Cutshall E R. Light Metals 1977. New York, USA：TMS, 1977, 437~451

20 Peyneau J M, Gaspard J R, Dumas D, Samanos B. Laboratory testing of the expansion under pressure due to sodium intercalation in carbon cathode materials for aluminum smelters. Cutshall E R. Light Metals 1992.

Warrendale PA, USA: TMS, 1992, 801～808

21　Dell M B. Percolation of Hall bath through carbon potlining and insulation. Cutshall E R. Light Metals 1971. New York, USA: TMS, 1971, 443～452

22　邱竹贤. 铝电解中界面现象及界面反应. 沈阳: 东北工学院出版社, 1986

23　Gudbrandsen H, Sterten A, Odegard R. Cathodic dissolution of carbon in cryolitic melts. Cutshall E R. Light Metals 1992. Warrendale PA, USA: TMS, 1992, 521～528

24　Dell M B. Potlining failure modes. Bohner H O. Light Metals 1985. Warrendale PA, USA: TMS, 1985, 957～966

25　James B J, Welch B J, Hyland M M, Metson J B, Morrison C D. Interfacial processes and the performance of cathode linings in aluminum smelters. JOM, 1995, 47(2): 22～25

26　Kure T, Kawano K. Life of 125 kA prebaked potline. Miller J. Light Metals 1978. Warrendale PA, USA: TMS, 1978, 255～266

27　Welch B J, May A E. Materials Problems in Hall-Heroult Cells. Welch B J. Proceeding of the 8th International Light Metals Congress. Dusseldorf, FRG: Aluminium-Verlag, 1987, 120～125

28　戴小平. 现代工艺条件下延长预焙铝电解槽寿命的研究. 第二届全国延长铝电解槽使用寿命学术研讨会论文集. 郑州: 中国有色金属学会, 2007, 1～5

29　韦涵光. 延长电解槽寿命降低铝锭成本. 世界有色金属, 2003(3): 41～43

30　王智堂, 杨玲. 浅析影响铝电解槽寿命的因素. 冶金设备, 2006(4): 79～82

31　廖贤安, 谢青松. 铝电解槽内衬设计和破损机理若干问题的综合分析. 轻金属, 2002(7): 29～31

32　陈人鑫, 汪洪杰, 王醒钟等. 提高铝电解槽寿命的根本途径. 轻金属, 2002(2): 39～42

33　沈贤春. 铝电解槽磁场和磁流体问题的研究. 轻金属, 2000(9): 42～46

34　吴智明, 张平, 王平, 车永林. 铝电解用高石墨质阴极炭块的应用分析及工业实践. 世界有色金属, 2006(6): 19～25

35　李庆余. 铝电解用惰性可润湿性 TiB_2 复合阴极涂层的研制与工业应用: [博士学位论文]. 长沙: 中南大学, 2003

36　李贺松, 梅炽. 铝电解槽热电场的有限元分析. 中国有色金属学报, 2004, 14(5): 854～859

37　王再云, 肖亚明, 张凤炳. 干式防渗料在铝电解槽上的应用试验. 轻金属, 1999(6): 33～35

17　铝电解的供电与整流

17.1　铝电解对直流电能的要求

铝电解生产过程依靠不断地供给电解槽直流电能。工艺生产要求恒定的直流电流。若直流电流大幅度波动，会显著影响电解槽运行状态（尤其是热平衡）的平稳性，并干扰铝电解的正常控制过程，从而显著影响铝电解槽的技术经济指标。当发生全厂停电事故时，如停电 1h，除产生大幅度电流波动的严重影响外，还因电解槽逐渐冷却而危及槽子的正常寿命。如果停电在 6h 及以上，电解槽中的电解质将凝固，此时，对电解槽的炭块内衬危害很大。即使恢复供电，槽子也将损坏，炭块间将产生裂缝而漏槽，槽子被迫停产大修。

根据上述工艺特点，在设计铝电解厂供电时，应把工厂供电的可靠性放在首位，并按以下原则进行考虑：

（1）铝电解负荷为一级负荷，因此，设计铝电解厂供用电系统和电气设备的选择，必须考虑在检修和一般故障的情况下不得影响铝电解的正常生产，不得降低负荷和电解系列电流。

（2）铝电解车间的电解多功能天车、用于电解车间的压缩空气系统的空压站、全厂性的水泵站、为整流所的整流机组供水和供风的水泵及风机等负荷均为一级负荷。修理车间的负荷为三级负荷，其他所有负荷均属于二级负荷。大型铝电解厂一级负荷约占全厂总负荷的 95%。

（3）铝电解生产停电和减电的允许值，根据国外资料及国内运行经验推荐：

1）正常情况下（包括检修及一般事故）不允许停电；

2）极端情况下，如检修时发生事故或在发生事故时再发生事故，允许：

　　全停电　　　　　　30~45min

　　减电 20%　　　　　4h

　　减电 10%　　　　　12h

上述全停电时间指电解槽的直流电源中断时间，即包括整流机组为恢复送电所需时间，故电源实际中断时间应更短。

（4）根据前述铝电解负荷性质和允许事故停电时间，铝电解厂应由两个独立电源供电。一般可分为两种情况：

1）由多电源的统一电力系统的两个区域变电所（或发电厂）、分别向铝电解厂供电；

2）由多电源的统一电力系统的一个区域变电所（或发电厂）不同变压器，以两个以上回路向铝电解厂供电。

17.2　整流机组的选择

17.2.1　整流机组一次电压的确定

整流机组一次电压与外部供电电压及整流所总容量密切相关。近年来，国内铝工业发展迅速，铝电解厂产能不断扩大，电解系列向高电压、大电流方向发展。铝电解厂成为区域电网的最大用电户之一。

国内110kV、220kV、330kV大型整流机组制造技术日趋成熟。整流变压器组分为：调压变压器、整流变压器、独立式自饱和电抗器及冷却器等部分，安装时合成一个整体，同时也解决了在铁路和公路上的运输问题。因此，现代铝电解厂只需在厂内设置110kV或220kV开关站，直接向整流机组及全厂动力变压器供电，取代了过去中、小铝厂需要设置降压变电站的历史。

在确定铝电解厂整流机组一次电压时应与电力部门密切配合，并合理确定铝电解厂的受电电压。下列原则供确定整流机组一次电压时参考：

（1）年产5万~10万t铝的电解系列，整流机组一次电压宜采用110kV，经济效果显著。只有在110kV电压送电距离不能满足要求时，或根据电力系统已有规划情况，经过技术经济综合比较，必须采用220kV的条件下，才采用220kV作为铝厂的受电电压。

（2）年产10万~20万t铝及以上的电解系列，整流机组一次电压宜采用220kV或330kV。

17.2.2　整流机组台数选择及机组额定电流的确定

整流机组台数与机组电流的确定，应考虑下列因素：

（1）应满足工艺生产的要求。

（2）节省投资和获得较高的整流效率。

（3）整流机组的台数应尽可能使整流所形成较高的整流相数，以减少整流机组产生的高次谐波对电网的影响。

（4）尽可能选用目前已生产的标准设备。

（5）与工厂发展的可能性相协调。

（6）对铝电解生产，需保证整流机组中任一台检修或故障时，电解系列电流仍不降低。一般采用（$N+1$）的原则，即系列电解电流除需要N台整流机组并列运行供电外，还需另加一台备用机组。

目前，电解系列向高电压、大电流方向发展，还应从投资和负荷率着眼，合理地选择多机组方案。

17.2.3　整流机组直流额定电压的确定

整流机组的额定电压应按式17-1确定：

$$U_{dN} \geqslant U_{dox} + n_t \Delta U_{cx} + \Delta U_M \tag{17-1}$$

式中　U_{dox}——无效应时系列电压，V，一般可按每个电解槽的平均电压U_p乘以系列总槽数N_{XC}而得，即：$U_{dox} = N_{XC} U_p$；

ΔU_{cx}——铝电解槽阳极效应时槽电压升高值，V，一般取35V；

n_t——预定的调压制度所确定的阳极效应个数，一般总槽数$200 > N_{XC} > 100$台时，取$n_t = 2$，$N_{XC} \geqslant 200$台时，取$n_t = 3$。

ΔU_M——整流所母线压降，V，一般取5V。

将式17-1简化为：

$$U_{dN} \geqslant U_{dox} + 35n_t + 5 \tag{17-2}$$

必须指出, 上述确定直流电压的公式是基于铝电解槽同时出现 n_t 个阳极效应时, 不降低系列电流, 这一预留电压有利于最后一个槽的启动, 因为一般启动时槽电压较高。因此, 当无效应时, 整流机组将运行于 $(U_{dox} + 5)$ V 的电压下。当出现 n_t 个效应时, 必须将机组电压再升高 $35n_t$ V。如果不能自动将直流电压降低 $35n_t$ V, 势必将产生电流冲击, 即电流超过系列额定电流。

若忽略母线压降 5V, 上述电解系列冲击电流为:

$$I_{dxc} = \left[1 + \frac{n_t \Delta U_{cx}}{N_{XC}(U_P - E_F)}\right] I_{dox} \tag{17-3}$$

式中　E_F——铝电解分解电压, 对于大型槽可取槽电压的 42.5%。

从式 17-3 看出, 电解系列总槽数 N_{XC} 愈多, 冲击电流值愈小。

因此, 在确定效应预留电压 $35n_t$ V 之后, 应效验机组承受这种冲击的可能性。在不过分增大备用容量的条件下, 整流机组应具备这种超负荷能力。

17.2.4　整流相数的选择

由于整流机组为非正弦用电设备, 因而引起供电网络内电压、电流波形的畸变, 对通信产生干扰, 使系统内发电机损耗增加, 降低出力, 引起系统内电力电容器超载等, 影响供电网络的供电质量。

抑制谐波有效办法之一是增加整流所的等效脉波数。现代大型铝电解厂, 一般采用单机组十二脉波系统, 整流机组由 4 至 6 台组成。形成等效 48 ~ 72 脉波系统, 可完全或大部分地消除幅值较大的低次谐波。虽然如此, 但由于各整流机组间负载不平衡或一个机组暂时退出运行、供电系统短路、容量较小、整流装置控制角较大等原因, 可能出现幅值较大的低次谐波或使总的谐波含量增加, 导致供电系统母线上的电压畸变率 (畸变系数) 超过允许标准。因此, 需要安装滤波装置来抑制谐波。

17.3　整流所供电主结线

整流所供电主结线的确定, 与电力系统、设备选型、设备配置、继电保护、操作运行、经济以及安全等各方面有着密切关系, 必须结合各种类型铝电解厂的工艺要求和实际情况, 全面分析有关因素, 正确处理它们之间的关系, 合理制定电气主结线。

17.3.1　总的要求

制定电气主结线的要求有:

(1) 必须满足工艺生产的要求, 结合其供电可靠性的要求, 区别大、中、小型铝电解厂, 因地制宜地制定主结线系统。

(2) 在保证供电可靠性的基础上, 应力求简单、清晰、操作方便, 同时还应保证任一设备故障检修时供电的不间断性。

(3) 投资少、运行费用低。

(4) 系统应具有扩建的可能性。

(5) 大型铝电解厂供配电电压一般不超过三级, 对铝联合企业一般不超过四级。

17.3.2　主结线方案的选择

国内铝厂的电解系列向高电压、大电流方向发展, 110kV、220kV 和 330kV 国产化大容量直降式整流机组开发制造技术已趋于成熟。大型铝厂变电整流所仅需建设110kV、220kV或330kV开关站，直接向整流机组供电，这使得供电主结线简单、清晰，供电更为安全可靠。

由于铝厂负荷在电力系统内举足轻重，往往成为电网的最大负荷之一。因此，制定主结线方案时，一般需与电力部门共同协商，取得认同和支持。

年产10万t及以下级电解铝厂的供电系统如果离区域电网或发电厂较近，经技术经济比较，宜优先采用110kV供电。年产10万t以上级电解铝厂供电系统如果离区域电网较远，一般采用220kV或330kV电压供电。

110~330kV开关站接入系统应选择两回独立电源供电。当一回电源发生事故或检修时，另一回电源应能百分之百供电。开关站主结线系统一般为双母线结线系统。

供电系统中，为保持整流机组构成完整的脉波数，全部整流机组应运行于一段母线上。全厂动力用电，包括整流所自用电系统，正常运行时应单独接于另一段母线上，以便当整流机组引起全停电时，仍能保证自用电系统运行，以缩短停电时间和便于维护检修。

17.3.3　大型整流所主结线选编举例

图17-1、图17-2及图17-3分别为系列年产10万t、15万t及20万t铝厂的主结线图。现以图17-3为例：系列直流电压1235V，电流300kA，由6台整流机组，形成72脉波。供电电源220kV，双母线结线系统。其中：

（1）调压变压器。

接线组标号：YN. a0. d11；

调压方式及级数：自耦线端有载调压，连续有载调压级数：95级，调压范围：（1.5~105）% $\times U$。

（2）整流变压器。

移相绕组：在整流变网侧绕组（D和Y接），实现各机组的移相，移相角：±2.5°，±7.5°和±12.5°。

绕组形式：两组同相逆并联。

（3）整流变压器阀侧饱和电抗器。

有效线性调压范围：直流侧电压为80V。

（4）整流器。

直流侧额定输出：76kA/1300V；

整流电路形式：三相桥式同相逆并联（2组）；

各机组间移相角配置：-2.5°，+2.5°，-7.5°，+7.5°，-12.5°和+12.5°。正常6台运行，构成72脉波。

17.4　变电整流系统的整体配置

一个好的供电整流系统需要有一个好的设计配置。配置设计不仅仅是电力专业的课题，而且是土建、通风、水道、热工等各专业共同合作的综合结果，同时也与设备制造和安装水平密切相关。通风冷却的良好与否直接关系到整流设备的出力，土建的合理布置关系到整流所的运行与检修是否方便。一个好的供电整流系统配置不仅可以做到减少投资和占地面积、节省有色金属、施工简易快速，而且对提高供电安全性、减少电耗、延长检修周期有着重要的作用。

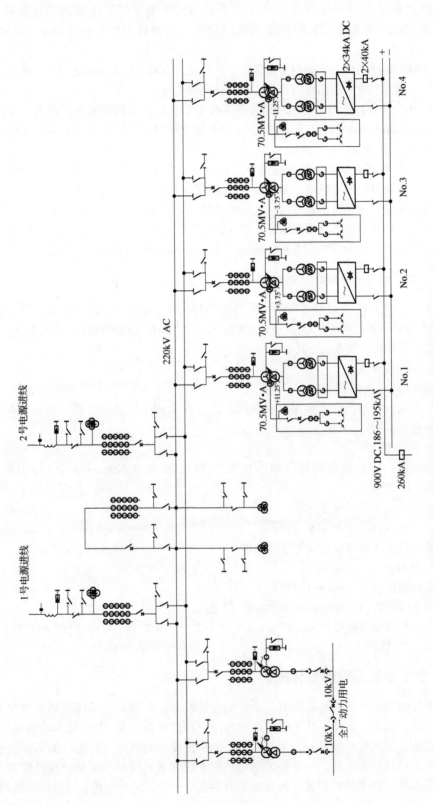

图 12 年产 10 万 t 厂供电系统图（ 开关站为露天布置）

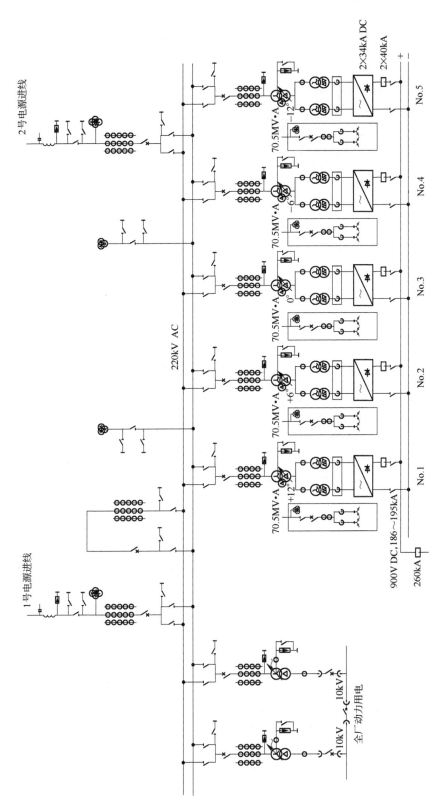

图 17-9　年产 10 万 t 铝厂供电系统图（■■■■■■ 开关站为屋内布置）

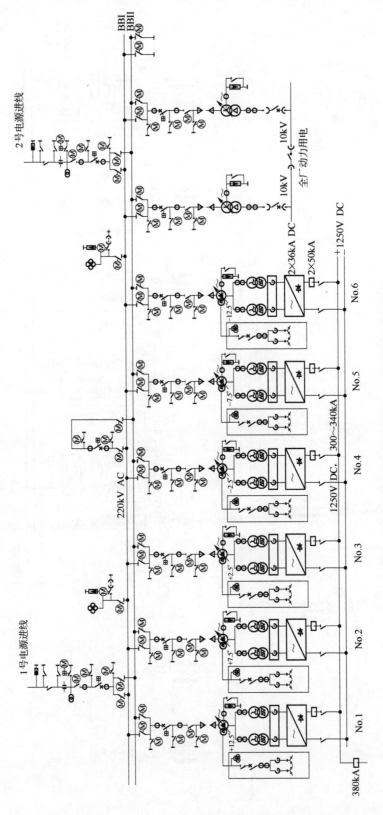

图 ⅡⅡ⊖⊖万 Ⅱ万 铝厂供电系统图（ⅡⅢ⊟Ⅱ Ⅱ⊟ 开关站为屋内布置）

目前我国大型铝厂的电解系列向高电压、大电流方向发展，因而对电解铝的主要供电设备（如整流机组等）提出了高可靠性、高节能、高智能控制的新要求。由于当前整流设备制造技术水准的提高，110～330kV 直降式分箱合体式整流变压器结构形式的出现，整流机组单机容量也越来越大。加上对同相逆并联连接方案的重视和采用，使得国产化整流变压器成套装置得以逐渐推广。另一方面，大型整流装置不断采用新的技术和新的结构型式，如大功率二极管的普遍采用，高电压、大电流可控硅组件的迅速发展，整流装置冷却方式和介质种类的不断革新等。这一切都给整流所配置设计带来了新的模式和新的改进，因而整流所的配置方案也在不断变化和完善之中。

17.4.1 配置原则与要求

变电整流所整体配置的任务，要结合环境气象条件及工厂特点，并考虑整流所与本企业外部和内部的关系，确定其在厂区总平面的合理配置。

17.4.1.1 结合变电所和进线走廊常年风向进行配置

整流所应配置在厂区的上风向，以减少电解车间排出的有害气体对电气设备绝缘和整流所环境卫生的影响。

整流所是铝厂的负荷中心，紧靠 110kV（或 220kV 或 330kV）开关站。由于负荷的重要性，地区电网通常以两回及以上向电解厂供电。确定整流所位置时，首先应结合变电所考虑电源来向和具备比较宽敞的进线走廊。当双回线路时，应使一回路检修或故障时，另一回能正常运行。要综合考虑线路长度、引线方便、交通条件、施工运行等因素。因此，在总体布置时，变电整流所要满足近期生产为主，也要考虑发展的可能性。

厂内 10kV 配电装置的配置从节省占地面积，维护方便，尽量缩短线路长度方面，应优先考虑与整流所合在一起的配置方案。

17.4.1.2 关于整流所与电解厂房的距离问题

整流所与电解厂房的距离和电解厂房的通风条件、厂区排水及厂区运输等问题有关，但应着重考虑由电解厂房的直流母线用铝量和电能损耗问题。由于电解系列电流在技术上有日益提高的趋势，直流母线单位长度的用铝量和电能损耗增大。因此，要尽可能缩短电解厂房和整流所之间的距离，如无特殊理由，整流所应与电解车间紧靠。若必须保持一定距离，则此距离不宜超过 10～12m。

17.4.1.3 具体配置应满足的要求

变电整流所的配置是根据已确定的电气系统和已选定的电气设备进行的。正确确定主结线系统和合理地选择电气设备是一个好的配置设计的必要前提，具体配置时应满足下列要求：

（1）运行安全可靠。安全是连续供电的首要条件，因此，在配置设计中要采取各种措施保证运行安全可靠。当配电装置布置场所的空气中含有对设备起破坏作用和能使绝缘严重恶化的物质时，应有防污染措施，如采用加强绝缘，将配电装置布置在能够隔绝尘埃，有害气体或蒸气等侵入的房间中，或选用六氟化硫（SF_6）密封组合电器（GIS）。在高海拔地区，要有外绝缘补偿措施。

当配电装置的母线分成若干段时，为了限制配电装置的事故范围，应建造使各段相互隔绝用的带门的隔墙。当配电装置为双列式布置时，最好使配电装置横断面内的电气设备全属于同一段，以便发生事故时将其局限在一段范围内。

电器、导电部分、绝缘子和支持结构的配置和安装，应使正常运行和事故状态下发生的电动力、电压、电弧、带离子的气流及油的分解物，例如：空气断路器、油断路器、熔断器等喷射出来的气流和产物，不致对维护人员造成伤害，不致危害其他设备，或造成事故接地等，从而扩大事故范围。

（2）维护、检修方便。维护、检修方便亦是设计中考虑的一个重要方面。硅整流所多机组并联的情况下，缩短时间就相当于加大备用量。不仅在节约人力，材料上有意义，在某些情况下，对节约投资也有作用。同时这也是保证安全的辅助措施之一。例如：为了预防人员在进行检修工作时的错误，并使人身不易无意地触及带电部分，在整个配电装置内，应合理地装设遮栏，并使一切回路的相位排列都应当尽可能相同。配电装置的电器、导电部分和结构，也应按这样安排，即当任一回路停电时，可以视察、调换和检修属于该回路的导电部分、电器和结构，而不影响相邻回路的正常工作。

各设备配置尺寸不但要考虑运行巡视的需要，还应考虑检修试验时的操作安全距离，并考虑安装检修时搬运设备用的起吊设备以及相应的吊装孔等。

（3）投资省，运行费用低。整流所主要取决于设备选择，但在配置设计时也应考虑经济因素，尽量做到投资省、占地少，而且结构简单。同时要适当考虑发展预留位置，更要考虑运行费用低，延长检修周期等因素。

（4）施工简易并且工期短。配置设计中尽量考虑可能采用预制构件，在电气设计上广泛利用成套装置是加快施工进度的重要措施。

17.4.2　调压变及整流变的配置

对调压变及整流变的配置有如下要求：

（1）要求整流变压器组网侧和阀侧连接方便，各相阻抗平衡，线路短。大型直降式整流变压器组一般为由调压变压器、整流变压器及饱和电抗器组成的分箱合体式结构，通常配置在整流所建筑物的外墙侧。110kV（或220kV，或330kV）露天开关站至整流变压器组的网侧线路，一般采用悬垂（组合导线）吊线。

屋内配置的 GIS 开关站至整流变压器组的网侧线路，宜采用单芯 110kV 或 220kV 电缆连接。

整流变压器的阀侧至整流器的线路采用硬母线连接。由于阀侧电压较低，电流较大，应尽可能缩短线路距离，使各相阻抗平衡，减少损耗，避免负荷电流分配不均和出现非正常次数的谐波电流现象。阀侧系统采用同相逆并联方案有助于减少电抗，消除局部过热，改善功率因数等显著优点，应用广泛。但须注意两逆并系统在交流侧的绝缘问题，两系统交流侧有电磁的联系，将使整流臂因反电压升高及短路而导致事故。同时也应尽可能缩短阀侧线路长度。

（2）运行安全可靠，维护方便。在配置调压、整流变压器组时，从运行安全可靠，维护方便的角度出发，要考虑下列因素：

1）有利通风，防止雨水。整流所中，因整流变压器组较多，容量大，负荷稳定，并配置在整流室外墙间隔中，给通风散热造成不利影响。对于室内配置的整流变压器组，即使采用强油循环风冷的方式，也要严格根据全部热量或余热考虑足够的自然或机械通风。对于户外装置，为改善通风散热，结合厂区总平面布置，要适当考虑夏季主导风向以利通风，并避免阳光西晒。

为防止由于整流所屋面排水流落在整流变压器顶盖和阀侧母线上造成事故，通常屋面雨水不许向变压器侧排泄，同时必须合理地考虑地面排水。

2）注意安全，限制事故。不同整流变压器组间隔之间应设防爆耐火隔墙，其高度应高于变压器的防爆筒高度。整流变压器组两侧到间隔墙的净距离不应小于1.5m。整流变压器组网侧或阀侧处母线要有足够的安全距离。

整流变压器组的事故排油问题一般考虑为在整流变压器组下部距离变压器四周1m的范围内设置混凝土储油坑，内铺250mm厚的卵石层，并具有2%坡度，以便在事故时排油兼排雨水。储油坑底部的排油管管径不应小于变压器安全阀的直径。但在任何情况下最小不应小于100mm。

在整流所附近设置专用的事故油池。将各整流变压器组油坑排油管连接汇总到总管再敷设到事故油池。当露天配置时，油池内雨水也将流入，故还应设有及时排出油池内雨水的设施。事故油池液位线下的体积应该等于一组整流变压器组的设备油量的120%，从而保证整流变压器组重大事故时，油不致流失。

17.4.3 整流柜及直流配电装置的配置

整流柜及直流配电装置的配置是整流所配置的核心部分，应综合考虑如下：

（1）配置清晰规整，便于安装维护：

1）配置和系统协调性好。大型整流所中，整流器组数多，每一个机组单元包括整流柜、控制柜、过电压吸收装置、直流隔离刀闸及直流测量装置等许多设备。进行配置时，在横的方面要尽量使各机组单元与主系统机组顺序相一致，在纵的方面要尽量使各机组单元之断面相同，各设备的平面和空间位置与系统中的连接顺序相协调，给运行维护人员一个完整清晰的概念，有利于迅速排除故障和使事故局限在一定范围内并减少误操作。

设备配置时要尽可能紧凑，减少交直流母线长度，减少电耗，减少投资及有色金属消耗量。随着电解系列电流的加大，应适当加大单机容量。尽可能采用成套设备，如成套整流变压器组及配套强油循环风冷式装置、成套整流器组及配套冷却装置、成套母线式隔离开关等，以实现较理想的配置方案。

所有电缆线路、直流母线、通风管道以及整流器的冷却水管要综合平衡。尽量减少交叉，避免冲突。供冷却用的热交换器及通风机应配置在专用的房间内，防止溅水、漏水，并降低噪声。

2）设置宽敞的通道，便于巡视及检修。大型整流所中，一般硅整流柜是双面维护，应设置两条维护通道。考虑到缩短整流变压器阀侧母线比缩短直流侧母线意义更大，因此，要求阀侧母线尽可能短，有利于减少损耗和改善功率因数。主维护通道应位于与电解车间相邻近整流柜的一侧，其宽度不应小于2.5m，柜后通道不应小于1.0m。

整流所母线室主要配置有直流配电装置、母线、电缆风道以及水管等各种管路。所有主管路应尽可能明敷，利于维护检修。直流配电装置前的维护通道，一般在2m以上。维护通道应尽可能自然采光，而以人工照明为辅。

3）配置要便于施工安装。由于主母线截面大、质量重，单片母线较长，因此，配置还要考虑主母线的安装及搬运。应尽可能利用整流所的维护通道，当作母线的运输通道及吊装场地。

此外，配置还要考虑设备的搬运及吊装。对于安装在二楼及以上的设备，要考虑搬运吊装孔，孔的大小要按所需吊装的最大设备外形尺寸并双向留有0.5m以上宽裕度来考虑。整流所一楼的设备也要考虑施工搬运方便。

（2）整流装置各相平衡且线路短，以满足动稳定要求。

1）整流装置的交、直流进出线各相阻抗的平衡及线路长度最短。特别是大电流整流装置，其交、直流进出线位置和数量要保证由于相间和引出线磁场干扰而使得各整流臂间及同一臂的各并联组件间电流分布的不平衡减少到最低程度。虽然影响同一臂内各并联硅组件均流系数的因素很多，在很大程度上决定于整流装置本身技术上的合理性，但在整流装置既定的交、直流进出线位置和数量的条件下，也应使外部母线连接尽量均衡对称，这样有利于均流系数的改善。

整流臂间以及同一机组的整流柜间，电流分配虽力求均匀，但实际上总有差异，减少臂间和柜间电流差异的有效措施是采取整流变压器阀侧同相逆并联的方法。在既定的连接形式下，应尽可能使得阀侧母线长度缩短并使相母线布置对称均衡。

2）母线的动稳定特征，且散热要好。整流装置的交直流线路以及整流所的直流主母线原则上都应按事故电流进行动稳定校验。从配置角度上，首先应尽可能减少造成短路故障的可能性。特别是大型整流所中，系统短路容量很大，整流变压器的阀侧母线相间距离不能太大，因此，在大电流整流变压器阀侧母线上短路时，多数场合下很难保证动稳定。此时，只有尽量缩短这一段母线长度，从而减少故障几率，但应保证当整流组件反向击穿造成短路时应是稳定的。此时，应在计入快速熔断器的限流作用后，来校验这段母线的动稳定。由整流柜引出的直流母线以及整流所直流主母线，其正负母线间的距离愈远愈好，这样既能减少造成母线短路的可能性，也有利于母线散热，从而改善整流所的通风散热条件。

整流机组的保护装置一般不具有时限，母线截面很大，上述母线在短路故障时的热稳定性可不进行校验。

17.4.4　整流柜及直流配电装置的安装和接地

17.4.4.1　整流装置安装和接地问题的特点

A　直流回路漏泄电流较大

随着电解系列电压、电流的提高和增大，电解槽槽数增多，占地面积加大。虽然通常电解系列主系统并无人工接地，但由于电解槽安装的特点，其对地绝缘不易处于高水平，加之运行中绝缘情况将逐渐恶化，而这种绝缘老化所导致的是对地绝缘降低。当其对两极具有对称性时，常用的监视方法又不能发现，因而系列漏泄电流可能达到最大值，从而产生强烈电弧，对人身安全和设备安全造成巨大危害。

B　电解槽反电势

铝电解槽反电势约有 $1.6 \sim 1.75\mathrm{V}$，系列平均值一般为 $1.75\mathrm{V}$。在直流回路具有较大漏泄电流的情况下，如果发生严重接地故障，即使将并联运行整流装置的交流电源完全切除，电解槽的反电势仍然向故障点供给较大电流。因此，在考虑安装和接地时，要注意这一点。

17.4.4.2　硅整流及其附属装置的安装

硅整流及其附属装置的安装方法通常有两种，一种为绝缘法，另一种为非绝缘法。考虑到铝电解直流回路漏泄电流较大，应与一极接地系统同等对待。因此，从人身和设备安全角度考虑，现代大型硅整流柜及其附属装置（与主回路有电气连接的辅助装置如控制箱）均采用绝缘法安装，即设置在与大地绝缘的地带或绝缘台上。具体做法和要求如下：

（1）整流柜和控制柜等底部安装在瓷瓶上，整流柜上的母线支架应注意与墙壁和地面等绝缘。

（2）离整流器及辅助装置最突出部分1m范围内的地面铺以绝缘层。绝缘材料的耐压强度应为主系统额定电压的 10 倍，且不低于 3000V，并应具有足够的机械强度。

（3）距整流器及辅助装置最突出部分 1.5m 以内的墙壁和柱子，应覆盖高度不小于 1.7m 的绝缘材料，并在上述 1.5m 范围内，对于与大地等电位的电缆金属外壳、金属管道、构架等，应该用绝缘管将其覆盖或隔离。进出水管应加一段绝缘管，其长度一般为 4m 左右。

17.4.4.3 直流配电装置的安装

直流配电装置包括桥式大电流直流刀型隔离器、整流机组直流测量保护用传感器、总测量直流传感器及配套的控制装置等。

上述设备的操作板面及金属构架应与地面、墙、柱等绝缘，配电装置外 1m 以外的地面，一般采用沥青绝缘地面。1.5m 以内的墙壁和柱子覆盖高度为 1.7m 的绝缘材料。上述对地绝缘耐压仍为额定直流电压的 10 倍。

17.4.4.4 直流传感器的配置和安装

直流传感器的配置和安装应注意以下几点：

（1）供整流机组测量保护用的直流传感器，通常安装在整流柜直流母线输出端与机组直流隔离开关间的正母线的直线段上。为保证测量精度，不宜过分偏大选择初级电流值。

（2）为避免直流磁场影响，直流传感器配套用的辅助装置宜安装距直流母线 1m 以外。

（3）直流传感器安装处应有较好的通风散热条件，应避免安装在地沟内母线段上。

17.4.5 110～330kV 开关站的配置

大型铝厂的 110～330kV 开关站配电装置，在总体配置中应与整流所分开。但在布置紧凑合理和方便整流变压器检修及运输的条件下，尽可能缩短与整流变压器之间的距离。

17.4.5.1 开关站沿整流所长度方向的布置

110～330kV 开关站主结线为双母线系统，馈线间隔中心线与整流机组中心线基本一致，以最短距离采用组合导线等方式向整流变压器网侧供电，并且各机组单元从交流侧到直流侧都自成独立系统。系统配置清晰整齐，便于维护检修。

目前国内铝厂也有 110～330kV 开关站采用六氟化硫封闭式组合电器（GIS）直接向整流机组网侧送电的方案。

17.4.5.2 整流所动力配电

整流所是工厂的负荷中心，通常在整流所设置两台动力变压器，由开关站供电，并在整流所设置一座 10kV 总配电所供全厂动力供电。考虑负荷的重要性，10kV 采用单母线分段系统，以不同段两回馈线向整流所自用电和全厂车间供电（三级负荷除外）。10kV 配电一般采用真空断路器。

17.4.6 中央控制室和电缆夹层的配置

中央控制室和电缆夹层的配置要点：

（1）中央控制室应与 110～330kV 开关站配电装置的控制设备和整流所配电装置的控制设备合并考虑。通常将中央控制室放在三层楼，下部一楼为所用电变压器等，二楼为电缆夹层。

（2）中央控制室一般除要求有良好的朝向，并避免反光和西晒外，还应使从控制室能隔窗监视室外 110kV（220kV 或 330kV）开关站配电装置和整流变压器的运行情况。控制室应有直接通达室外的门和走廊，便于巡视操作和事故处理。

（3）中央控制室一般要考虑整流所和开关站的全部控制、保护、辅助电源等各类型平台设备的安装位置，并留有适当空位。

（4）中央控制室与开关站、整流机组及直流配电装置相互间有较多的控制电缆，电缆夹层和通道要兼顾室内和室外两个方面。设计要求线路距离短而且有足够的通道容量，且室外通道要防止雨水倒灌。

中央控制室电缆夹层高度一般为 2.5m。

17.4.7　整流所通风冷却系统配置

整流所通风冷却系统配置要点：

（1）为减小噪声，除整流装置本身自带冷却风机及小型轴流风机外，所有通风机应配置在隔离的通风机室内。风冷装置本身也要采用低噪声风机。

（2）大型通风机应尽可能不要配置在楼层上，防止机械振动影响电气设备运行和维护，尤其是不要安装在中央控制室上下层和附近楼层上。

（3）水冷整流器的热交换装置，一般宜配置在专用的室内。特别是当直流配电装置采用绝缘法安装时，不允许在其附近安装热交换装置，防止热交换器在运行和检修过程中漏水或水溢出，严重降低地面绝缘水平。

（4）当整流装置采用绝缘法安装时，所有通风及直接通达整流装置冷却用金属管道及阀门，应有按要求规定的绝缘长度。

17.4.8　整流所办公室及生活室

整流所一般需要有与工作定员相适应的房间和办公室，供日常工作、学习和会议用。

大型整流所还应设有一个值班电工室，可以配置在中央控制室附近。

整流所内外环境卫生很重要，生活设施和生活用水要创造方便条件。生活设施除淋浴由全厂统一处理外，应满足更衣、进餐、休息等各种正常需要。

17.4.9　整流所电气设备防震措施

在地震区配置整流所，除对整流所建（构）筑物本身有抗震要求外，对电气设备的设计安装也应注意以下事项：

（1）所有与电气设备相连接的硬母线，在连接处附近加装母线伸缩器，以防止震坏瓷套和瓷瓶。

（2）所有控制盘、保护盘与基础间加装橡皮垫或减震器。

（3）所有同排的盘之间用螺栓固定，形成一个整体。

（4）所有电气设备都要进行固定安装。如整流变压器的轮子应用卡子固定，安装在结构支架上的电压互感器和电力电容器要采取适当的固定措施，如利用构架的角钢边沿固定。

17.4.10　配置方式举例

下面概略介绍国内大型铝电解厂目前常用的几种配置方案，以供参考。

（1）年产 25 万 t 铝电解厂 220kV 变电整流所（露天开关站）配置方案。

图 17-4 是目前国内大型铝电解厂 220kV 变电整流所的应用配置。

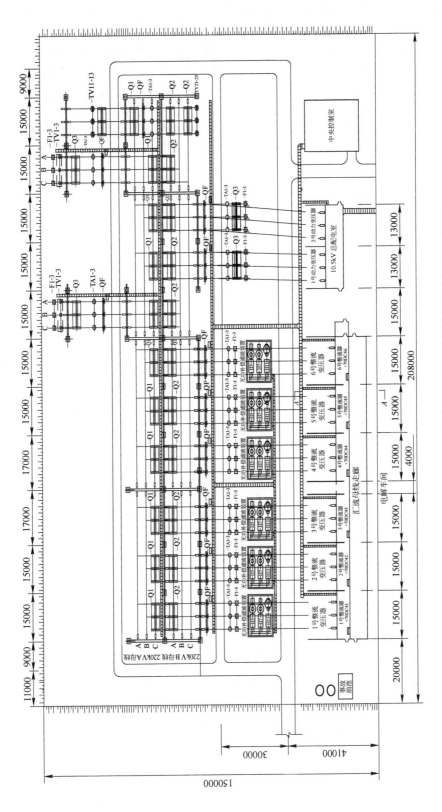

图 17 年产 11 万 铝厂 220kV 变电整流所（开关站为露天布置）平面图

220kV 露天开关站，主结线为双母线系统，共分 11 个间隔：2 回进线、6 回整流机组馈线、2 回动力变压器馈线及 1 个母联兼 PT 间隔。

整流所 6 台整流变压器组及两台动力变压器露天配置。馈线间隔中心线与整流变压器组中心线基本一致，采用组合导线架空向整流变压器组网侧供电，距离最短。各整流机组的滤波补偿装置分别配置在整流机组进线的下方。6 台整流变压器组及两台动力变压器均设置防火隔离墙。

图 17-5 为图 17-4 的 A—A 剖面，整流变压器组由调压变压器、整流变压器（包括饱和电抗器）组成，采用分箱合体式结构，露天配置。

硅整流柜及监控设备为室内安装，整流柜的交流母线上进，直流母线下出，配置在二楼。每机组由两台整流柜组成，两两相靠，横向排列，双面维护，主维护通道位于毗邻铝电解厂房一侧。

一楼配置直流配电装置包括桥式大电流直流刀型隔离器、整流机组直流测量保护用传感器、总测量直流传感器及配套的控制装置等。直流正负母线室内敷设。

中央控制室靠 10kV 配电站侧。三层建筑中一楼为所用电变压器及配电装置配置等，二楼为电缆夹层，三楼为中央控制室，其中配置有自动化微机监控、保护、测量及直流电源系统的屏组等。

（2）年产 15 万 t 铝电解厂 330kV 变电整流所（GIS 开关站露天布置）配置方案。

图 17-6 是目前国内大型铝电解厂 330kV 变电整流所的应用配置。

330kV GIS 露天配置，开关站以四回 330kV 架空线向整流变压器组网侧供电。两台动力变压器由 110kV GIS 开关站架空线供电。

4 台整流变压器组及两台动力变压器露天配置。馈线间隔中心线与整流变压器组中心线一致，距离最短。各整流机组的滤波补偿装置分别配置在整流机组进线的下方。

图 17-7 为图 17-6 的 B—B 剖面图，整流器配置的特点是整流柜的交流母线为下进，直流母线上出，配置在一楼。桥式大电流直流刀型隔离器、整流机组直流测量保护用传感器以及直流正负母线等配置在二楼，室内敷设。

进电解车间的总直流正、负母线室外布置，总测量直流传感器及配套的控制装置配置在电解车间端头。

（3）年产 20 万 t 铝电解厂 220kV 变电整流所（GIS 开关站室内布置）配置方案。

图 17-8 和图 17-9 分别为大型铝厂 220kV 变电整流所全部整流设备室内配置图及 C—C 剖面图（图中仅以一套整流机组为例），其中 220kV GIS 组合电器及滤波补偿为室内配置，配置图从略。图中仅表示一套整流机组的平、剖面配置图。

整流变压器组由调压变压器、整流变压器、自饱和电抗器组成，采用分箱合体式结构。网侧为 220kV 单芯电缆进线，由 220kV GIS 配电装置的电缆夹层通过电缆隧道及走廊引至。

每台整流机组按脉波数制造成 12 个同相逆并联卧式自撑结构的整流桥臂，结构的组成见图 17-10。

整流器的配置按整流变压器同相逆并联绕组在阀侧出线呈“一”字形水平顺序排列。整流桥臂交错配置在上下两层平台上，从而使整流桥臂之间距离增加一倍，敞开式配置见图 17-11 和图 17-12。该条件配置，不仅便于设备的吊运、安装，维护检修，而且散热条件得到良好的改善。

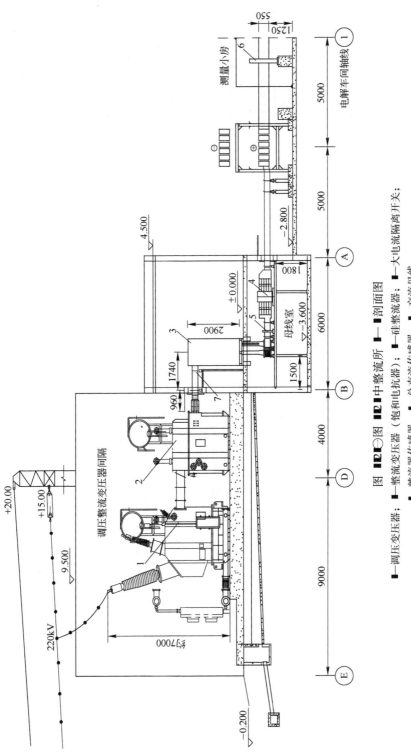

图 Ⅱ 图 ⊖ 图 Ⅱ 中整流所 Ⅱ— 剖面图

1—调压变压器; 2—整流变压器 (饱和电抗器); 3—硅整流器; 4—大电流隔离开关;
5—整流器传感器; 6—总直流传感器; 7—直流母线; 8—交流母线;

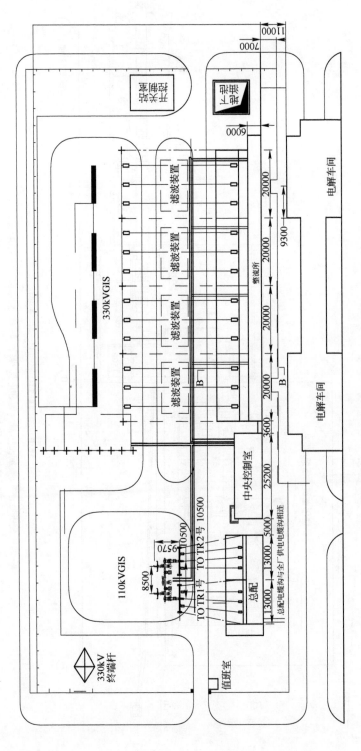

图 ⅡⅢ一年产 ⅢⅣ万 铝⁄厂 ⅡⅢⅢ变电整流所（Ⅱ■开关站为露天布置）平面图

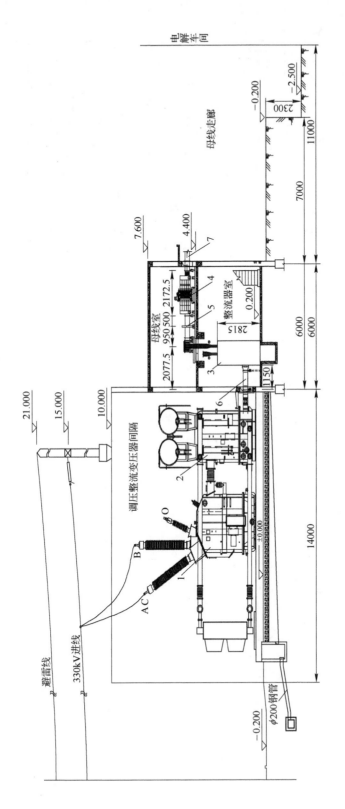

图 Ⅱ ⊙ 图 Ⅱ ⊖ 中整流所 ⊢ ⊣ 剖面图

■—调压变压器；■—整流变压器（饱和电抗器）；■—硅整流器；■—大电流隔离开关；
■—整流器传感器；■—交流母线；■—直流母线

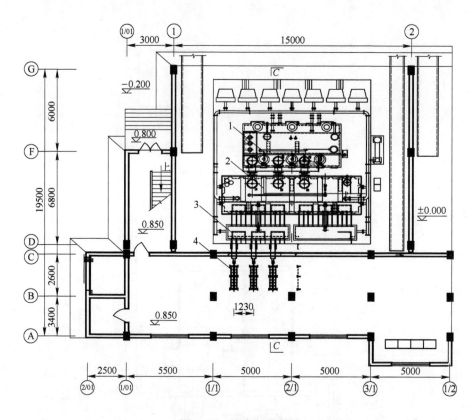

图 17-8　整流所平面图

1—调压变压器；2—整流变压器；3—饱和电抗器；4—硅整流器

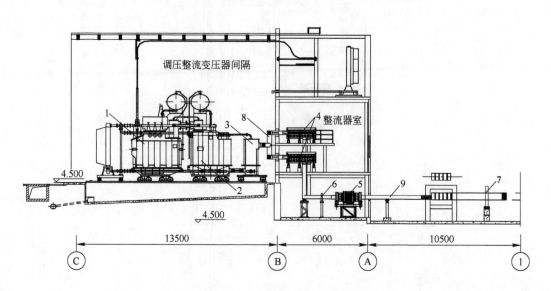

图 17-9　图 17-8 中整流所 C—C 剖面图

1—调压变压器；2—整流变压器；3—饱和电抗器；4—硅整流器；5—大电流隔离开关；
6—整流器传感器；7—总直流传感器；8—交流母线；9—直流母线

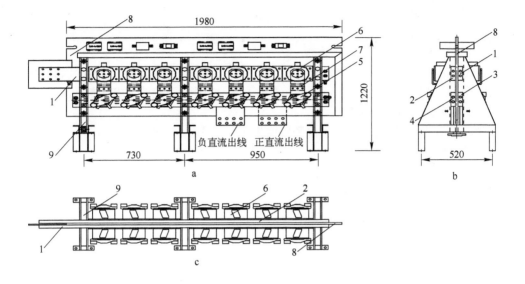

图 17-10　整流器桥臂外形图

a—正视图；b—侧视图；c—俯视图

1，2—同相逆并联母排；3—正直流母排；4—负直流母排；5—硅二极管；
6—快速熔断器；7—母排；8—绝缘隔板；9—绝缘支架

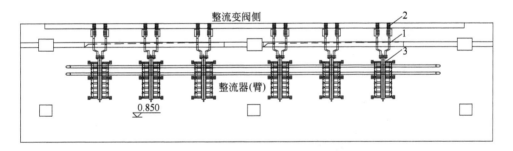

图 17-11　整流器（臂）下层平面布置图

1—柔性母线连接器；2—阀侧母排；3—整流器（臂）母排

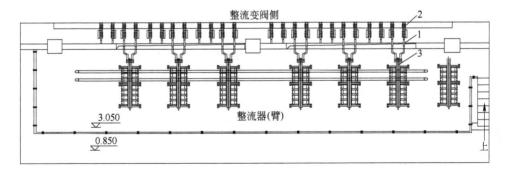

图 17-12　整流器（臂）上层平面布置图

1—柔性母线连接器；2—阀侧母排；3—整流器（臂）母排

17.5　变电整流的自动化系统

17.5.1　自动化系统结构

现代铝电解厂变电整流所自动化系统均采用双机双网的分层分布式结构，以实现网络上的集中监控、文件传输、资源共享、数据库查询等多种功能。系统的组成特点：

（1）主系统双机双网对等；

（2）采用独立的主系统保护装置和监控装置；

（3）采用单元式保护和监控装置；

（4）独立的保护通信网络和监控通信网络；

（5）先进的群网和方便的 WEB 浏览功能。

提高控制技术可靠性的理论基础就是采用冗余、分散、分层技术，但要兼顾冗余设计对经济性的影响，即考虑用冗余提高可靠性的同时，也要节省投资。

综合自动化系统有如下主要组成部分：

（1）监控微机；

（2）保护装置；

（3）监控装置；

（4）系统 IDE 设备；

（5）连接监控微机与单元式保护装置和监控装置等设备的通信链路；

（6）运行在监控微机上的监控组态软件。

17.5.2　自动化系统的构成

变电站微机自动化装置采用分层分布式结构，分别为站控层、间隔层和通信管理层。

17.5.2.1　站控层

站控层网络采用以太网结构，配置两台核心监控主机，完成主站所有各类数据的采集、分析、处理、命令的发布、数据库的建立及管理，并提供用户人机接口及数据报表。主站监控主机具有对下行命令进行操作的权限。

两台主服务器应具有完全相同的功能，同时工作，任何一台故障，不需要切换，不影响系统的正常运行。

17.5.2.2　通信管理层

该管理层系统通过光纤将各分站服务器和总控单元信息上送主控层两台监控主服务器，以实现对全站信息和数据的统一管理。与主控层两台监控主服务器相连的两台智能通信管理器具有完全相同的功能，互为冗余，任何一台通信管理器故障，不需要双机转换，不影响系统的正常运行。

17.5.2.3　现场控制层

该系统由微机型继电保护装置、智能保护监控装置、数字式电能表、IDE 智能装置等组成，负责现场电气设备的各类保护、监控、现场遥控/遥测等数据的采集、遥控命令的执行，并通过通信执行数据的处理及传送，向监控主机发送各类原始数据。

17.5.3　自动化系统配置要求

17.5.3.1　站控层设备配置

站控层设备配置有以下技术要求：

（1）站控层设备安装在中央控制室，完成综合自动化装置的所有控制、保护、测量功能等。

对于 110kV（220kV 或 330kV）开关站配电装置、整流机组及直流配电装置、10.5kV 总配装置部分，在中央控制室设置模拟控制屏，屏上安装相应的显示仪表、位置指示器、控制开关及调压开关位置显示装置等，以直观显示整个整流所电气系统的运行状态，控制屏（模拟屏）一般要求采用马赛克组屏。有的铝厂已采用大屏幕背投显示系统替代模拟监控屏。

（2）监控主机服务器采用高性能、高可靠性服务器，配置为 P4 2.8G/512M/120G/DVD/100M 双网卡，以及专用键盘和鼠标等配件，21in❶液晶彩显。安装系统监控组态软件（双机网络版）可以完成系统全面监控和远动功能。所有服务器均装设防火墙和正版杀毒软件，以保证系统的安全可靠运行。配置两台宽行打印机分别对 110kV（220kV 或 330kV）供电系统、整流机组、动力变压器、10.5kV 总配电装置及 10kV 所用配电部分进行操作控制，可打印报表、曲线、事件记录等。在中央控制室设置 1 套独立的微机五防综合控制系统。

（3）配置 2 台数据库服务器（配置 XEON 2.8GHz/512M/3X72G 硬盘/数组卡），21in 液晶显示器。

（4）工程师工作站服务器采用高性能、高可靠性服务器，配置为 P4 2.8G/512M 带专用键盘和鼠标等配件，21in 液晶显示，1 台激光打印机。

工程师站完成以下功能：

1）建立开放型生产管理信息网络数据库，存储实时与历史数据；

2）数据经过处理和组织后，以图形和报表等方式形象直观地表达出来；

3）生产出现问题或事故时，能及时准确地调出相关数据进行分析；

4）通过网络可方便地获得及时、准确、一致的各种信息；

5）改变传统管理模式，由事后处理变为事先管理；

6）实时历史数据库能加入到关系数据库中，以便今后与信息网络实现无缝联结。

（5）GPS 校时系统：装置采用接收卫星频率综合处理，使事故分辨率达到 1ms。全系统配置一台 IRIG-B 时钟码输出的高精度 GPS 同步时钟。采用硬件对时，对时精度 1ms，脉冲定时精度 1μs。

（6）配置两台笔记本电脑，用于定值参数设定及修改。笔记本电脑配置为 P4 2.0G 以上/60G/512MB/DDR/PC2100 内存/14in/带相关通信卡。

（7）系统以 Windows 2000 为操作系统平台，全中文 Windows 界面，两台监控微机联网，互为热备用，监控系统能严格遵循行业标准和生产标准。主控网络层为有人值班系统，系统配置双机双网。系统所有服务器装设防火墙和杀毒软件，以保证监控系统的安全可靠运行。

（8）厂区 10kV 分配电所各设置一台监控服务器，配置工业标准机架式服务器（P4 2.6G/512M/120G/DVD/100M 双网卡）作为各 10kV 配电所的后台监控主机，完成各分配电所监控系统全面的监控功能。该主机也是操作人员或维护人员的人机接口界面，选配 1 台飞利浦 17in 液晶显示器。各分配电所所有操作接口、监控服务器和液晶显示器均安装在每个分配电所的通信屏柜上。

（9）厂区各 10kV 分配电所各设 1 个总控单元，均选用 1 台高可靠性、技术先进的智能

---

❶　1in = 2.54cm。

总控管理单元。总控单元上连分站监控服务器，下连现场通信管理单元，构成整个通信网路，其向上通过以太网与监控主机相连，向下通过屏蔽双绞线与设备层通信控制器和连接器相连。

依据技术标准要求，高级智能总控单元、保护通信管理单元、监控通信管理单元及通信连接器等均采用集中组屏。智能总控单元应预留有与电力调度部门的通信接口，按电力部门调度所通信规约接入系统，需要传送的信息在数据库中做好，并满足电力载波、微波、光纤、电缆等不同通信方式的要求。各配电所数据除向中央控制室发送各类数据外，还应向其指定的部门发送各类数据。

中央控制室的主站系统需要向调度系统发送调度数据并接受调度控制命令，同时需做好电度信息数据库单向发送给能量管理系统。

所有总控单元、保护管理单元、保护及监控通信单元、智能通信转换单元、集线器、IED智能设备等均按要求预留有20%以上的通信接口余量。

17.5.3.2 间隔层微机保护监控设备配置

A 110kV（220kV）配电装置保护配置

110kV（220kV）配电装置保护配置包括：

（1）进线及母联。进线：电流速断、过流延时，低电压和过电压保护；母联：过流保护、充电保护，保护动作跳闸。

（2）整流变压器组。电流速断、过流延时，接地保护（含间隙零序保护和零序过流、过压保护），保护动作跳闸。

调变、整流变、有载调压重瓦斯，压力释放，整流器故障、整流器逆流保护及直流系列离极保护等分两路进行。其中一路接入断路器跳闸回路，动作跳闸；另一回路以接点方式接入微机保护装置，包括动作跳闸及信号采集。其余轻瓦斯（含有载调压轻瓦斯）及其他非电量报警信号，由监控单元采集并报警。

（3）电力变压器。设有纵联差动保护、复合电压启动的过电流保护、过负荷保护、接地保护（含间隙零序保护和零序过流、过压保护）。

瓦斯保护、主变有载分接开关瓦斯保护、压力释放保护分两路进行。其中一路接入断路器跳闸回路，动作跳闸；另一回路以接点方式接入微机保护装置，包括动作跳闸及信号采集。其余轻瓦斯（含有载调压轻瓦斯）及其他非电量报警信号，由监控单元采集并报警。

主保护和后备保护要求完全分开。

110kV（220kV）部分及10.5kV部分

110kV（220kV）保护配置要求具有备自投及PT切换功能，10.5kV保护配置要求具有进线、母联备自投及PT切换功能。

B 10kV电压等级保护设置

10kV电压等级保护设置有：

（1）10kV馈出线路。电流速断、过流保护，保护动作跳闸。单相接地保护动作发信号。

（2）10kV/0.4kV车间动力变压器。电流速断、过流保护，瓦斯保护，保护动作跳闸。单相接地保护动作发信号。

（3）10kV无功补偿电容器。过流保护、过电压保护、低电压保护、单相接地保护、中性点不平衡电流保护，保护动作跳闸。

（4）10kV母联断路器保护。电流速断保护，保护动作跳闸。

（5）10kV电源进线保护。失压保护，延时动作跳闸。

17.5.3.3 测量、控制及信号设置要求

A 计量设置要求

计量设置要求如下：

（1）110kV（220kV）进线回路设置数字式多功能表，精度为0.2级，具有直接测量全部电参数和计量电度功能，可以实现复比率、最大需量、峰谷电价计费等功能，并带有通信接口。

（2）110kV（220kV）配电装置的整流变压器、动力主变压器回路设置有数字式多功能电表，精度为0.5级，具有直接测量全部电参数和计量功能，可以实现复比率、最大需求量、峰谷电价计费等功能，并留有通信接口。

（3）10.5kV配电装置的所有进、出线回路、10kV厂用配电装置的所有进、出线回路、0.38kV厂用配电装置的进线电源回路均设置数字式多功能电表，精度为0.5级，具有直接测量全部电参数以及盘表显示和计量功能，并留有通信接口。

（4）所有计量表均具备通信功能，所有数据通过网络上传至主控层。

B 微机继电保护监控装置要求

微机继电保护监控装置应满足电气主接线图上对保护监控配置的要求；继电保护监控设备和系统用光缆或电缆连接，微机继电保护装置为模块化结构；所有的继电保护监控设备带两个独立中间继电器并行保护出口，动作有保持信号，并向监控系统传送数据；保护监控设备应可以和同步卫星对时，做到1ms分辨率的事件顺序记录；系统有自检功能和逻辑编程特殊保护功能，当保护装置出现异常时闭锁保护动作，并发出告警信号；保护工作信号的操作电源一般为DC 220V，整定值满足现场整定的要求，动作及复归时间满足开关动作要求；电气抗干扰性能、保护装置及其二次回路的绝缘试验符合IEC 255标准。

a 110kV（220kV）系统微机保护监控装置要求

（1）采用大屏幕液晶显示器显示，显示被保护对象的一次主接线图、实时运行参数，包括模拟量及开关量信息。

（2）每个保护监控装置应有双通信接口，可分别与双网同时相连。

（3）每个保护监控装置除遥控功能依赖通信网外，遥测、遥信、事故报警、记录功能可完全不依赖通信网络和计算机独立工作，并可在通信网恢复后自动向上层传送数据。

（4）保护监控装置要求具有监测和显示三相电流、电压、功率因数、频率等电气参数，能高速记录电压/电流功率波动过程，准确地记录在短时动态过程中电压、电流、有功功率、无功功率、频率的变化趋势。

（5）谐波分析为实时谐波测量（50次以上）。

（6）在被监控的线路或设备发生故障时，能真实记录故障电压、电流波形（36周波以上），录波结果带日期和时间标志并能储存。

（7）设有定值越限监视和记录功能，能连续监视电压、电流、有功、无功、频率等所有三相电量，对选定的电量进行连续的越限监视判断，记录事件类型并储存。顺序事件记录（SOE）1ms，事件的最小时间分辨率为1ms，不少于100个事件记录。

（8）保护监控装置应具有分时计费功能。

b 10kV微机保护监控装置要求

（1）测量功能，包括三相电流、三相电压、有功功率、无功功率、频率、功率因数等电气量及跳闸电流测量。

（2）运行状态监视，包括控制回路断线、开关及刀闸等开关量信息。

（3）断路器及隔离开关远方/就地分合闸控制。

（4）电容器组分组自动/手动投切。

（5）在被监控的线路或设备发生故障时，能真实记录故障电压、电流波形（36 周波以上），录波结果带日期和时间标志并能储存。

（6）设有谐波分析（30 次以上）和事件记录功能。

（7）每个保护监控装置应具有分时计费功能。

（8）10kV 系统需具备小电流接地选线功能。

（9）显示功能具有大屏幕液晶显示器，显示被保护对象的实时运行参数，包括模拟量及开关量信息。

17.5.4 软件配置要求

该系统应具备广泛的规约库，以支持多种微机保护监控装置、智能仪表、电能表等，并可提供软件工具以及数据结构字典，以供用户以后自己编写所需程序。

数据库软件应适合电力系统特点，且要求保证数据的安全性，实时性和完整性，升级方便，易于扩展。

自动化系统监控组态软件应通过行业主管部门鉴定检测，并应支持前述系统结构和配置。监控组态软件还应全面考虑系统的安全问题，分级用户操作口令；具有简洁、直观的用户接口和在线帮助功能；具有强大的编辑功能，可在线编辑各种画面；具有"五防"功能和多媒体声光报警功能。具体功能如下：

（1）数据采集。

1）保护监控单元要求测量全部电气参数。电气参数包括三相交流电量（U、I、P、Q、KWH、$\cos\varphi$、$KVARH$、f）和谐波分量（U、I、直流电度，小时直流电流，小时直流电压）。

2）采集断路器和隔离开关状态、保护信号和接点状态等各种状态量。

3）变压器油温。

4）可显示开关和隔离开关状态、保护信号和接点状态等各种状态量；用接线图、棒图、曲线图、饼图等显示实时主接线图和主要参数参考趋势曲线以及设备运行状态等。

5）可实现模拟屏智能控制器、直流电源系统、微机五防、电能量及各 10kV 配电室之间的通信。

（2）事故报警和记录。

1）1ms 顺序事件记录（SOE）。

2）监控主机设定电气参数（U、I、F、Q、KWH、$\cos\varphi$、$KVARH$、F）的上限和下限、上上限和下下限的限值和越限报警。

3）开关量变位报警。

4）分类记录报警事件的时间和事件。

5）报警事件启动事故追忆。

6）控制操作记录、保护动作记录、系统设置记录、通信故障记录。

7）电压电流故障记录。

8）微机上设置独立的报警事故画面。

（3）统计分析、报表、打印等。

1）提供计算工具，分类整理实时数据和记录所有电量。

2）小时、日、月、年电能统计。

3）根据用户提供的报表格式和计算方式统计分析并生成报表。

4）具有画面打印、各种报表打印功能，运行日报、月报、电度日报、月报等的定时及召唤打印。

5）历史数据库保留 3 年。

（4）遥测、遥信、遥控、遥调四遥远动功能。

1）可支持多种协议，实现与电力调度端的通信。具有远程维护功能，可查看遥测、遥信信息，可查看保护动作事件，可远程对系统各种参数进行查询和修改，可查看保护自检信息，可进行远方信号复归。

2）对 110kV（220kV 或 330kV）开关站、10kV 配电站所有开关采用远程计算机和就地两种控制方式。在计算机控制方式下，能通过键盘输入操作指令和鼠标点击菜单命令输入操作指令。

3）多级口令控制五防闭锁功能，各项操作均有确认信息，经确认方能动作。

4）采用 GPS 装置接收卫星频率并进行综合处理，装置内无晶振，永无漂移之忧，脉冲定时精度为 1μs。

17.5.5 组屏原则

组屏原则有：

（1）110kV（220kV 或 330kV）进线、整流机组馈线、动力变压器馈线，母联、PT 保护、监控装置分开设置，控制保护屏一般设置在中央控制室。

（2）主变 10.5kV 的进线回路、母联回路、分段回路及其对 10kV 厂用配电装置的馈出线的保护、监控装置一体化设置，在高压柜或高压配电装置室内就地组屏，并且必须具备抗现场电磁干扰的能力。

（3）10.5kV 配电装置的 I 段、II 段之间，任一工作段进线故障，设置的备用电源能自动投入，并且必须具备抗现场电磁干扰的能力。

17.5.6 自动化系统方案举例

图 17-13 为国内某大型铝电解厂 220kV 变电整流所自动化系统的应用方案，即电解系列直流电压 1250V、直流电流 300～340kA 的综合自动化系统。系统结构分为间隔层、管理层及主站层三层。

间隔层由所有微机智能装置（含保护、监控单元）、PLC 等通过通信网络接入管理层。间隔层共分 220kV 单元、10kV 总配、10kV 分配、整流机组 PLC 四大部分。其中 220kV 单元分为 1 号和 2 号进线、母联、动力变、联络线、1～6 号整流机组等间隔。每个间隔均严格按照单元式配置（D25 + SEL-口），并通过多功能智能装置，以 2 路独立通路接入管理层；10kV 总配及厂区 10kV 分配的每个单元均按保护单元、监控单元独立设置的原则（SEL-口 + FCKX-1X）配置在各个柜体上，通过 8 口智能通信处理器（FCAU-01），以 2 路独立通路接入管理层；整流系统 PLC 组成独立 DH + 网后分别接入 2 台监控主机，完成整流系统的数据采集和监控。

管理层由 2 台相互独立、支持高速以太网的智能通信处理器组成。一方面负责采集间隔层设备的数据，并将数据送往主站层 2 台独立的监控主机；另一方面又负责接受主站层监控主机的控制命令，并将该命令送回至间隔层设备。模拟控制屏以通信方式接入智能通信处理器。另外提供 2 路互为热备用的远动接口，以方便与电力调度部门进行通信。

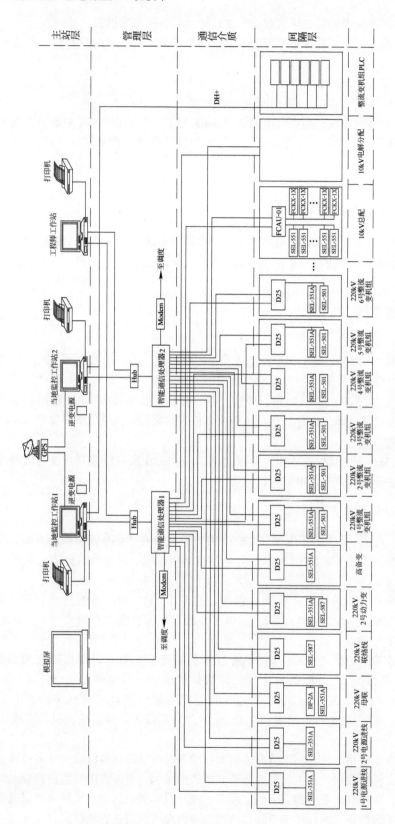

图 12 电解系列直流电压 ▮▮▮ 直流电流 ▮▮▮ 变电整流所综合系统结构图

主站层配置 2 台相互独立的计算机,通过高速以太网联网,采用客户—服务器方式。

任何一台计算机故障均不会影响另一台计算机的正常运行。当该站系统与厂内其他系统组成大系统时,也不会影响该系统的数据传输与访问。另外配置一台设置有权限控制的工程师站计算机。

全站设有一台 GPS 同步时钟,具有 IRIG-B 输出,对全站系统及设备进行对时。

该系统是一种设计简化、维护方便、运行可靠、造价低廉的分散微机保护、监控系统。

17.5.6.1　系统布置及通信介质

图 17-13 中的系统布置与一般整流所自动化系统的最大不同点是:220kV 间隔的保护与监控设备以组屏方式分散布置于相应的一次间隔层设备旁,10kV 总配、10kV 分配及 35kV 滤波补偿装置的所有保护与控制单元直接布置在相应设备的开关柜上,每台整流机组的 PLC 布置在整流室的整流器控制柜上。

间隔层中配电设备一对一组屏,采用屏蔽双绞线,以减少投资,间隔层到主站层(中央控制室)采用光纤电缆,以增加抗干扰性及保证通信的速率。

17.5.6.2　系统特点

系统特点有:

(1)分层分布方式。系统分为间隔层、通信管理层和主站层。

(2)高可靠的硬件设备。整个系统主要硬件设备均为世界知名品牌,具有极高的性能和可靠性。

(3)真正单元化的设计。

1)功能单元化。所有单元的保护和监控均严格独立,任一装置故障均不影响其他装置的正常工作,极大地提高了整个系统的可靠性。

2)结构单元化。所有单元严格按一次间隔设备进行配置,如 220kV 的 1 条进线、1 台动力变、1 台整流机组、1 座 10kV 配电所等,且均单独设置保护和监控设备,极大地简化了整个系统的结构,非常便于运行、巡视、维护检修和系统扩容,并且不会影响其他间隔的运行。此外结构单元化配置,减少了二次配线,节省了大量的控制电缆及电线,并简化了设计工作量。

(4)完全冗余的系统结构。

1)通道热备用。从间隔层至主站层均为完全独立的双网结构,任一网络故障均不影响系统的正常运行。

2)主机热备用。用两台监控计算机互为热备用,当一台监控计算机故障或所采集的数据异常时,另一台计算机仍正常工作。正常时两台计算机同时工作,有效地保证了系统的可靠性。

(5)高速以太网络。两台智能通信处理器通过以太网口(Ethernet)与高速以太网(100M)相连,与各站级层的通信速度快,完全可以满足铝电解行业的大量数据通信处理要求。

(6)良好的开放性。系统能支持多达 70 多种规约。随着一次系统的扩容,监控系统可以非常方便地接入相应二次设备而不影响现有设备的正常运行。

(7)便捷的远程功能。通过 Internet 或公用电话线,便可在办公室或其他任意地方访问站内主机,浏览、查询设备运行情况以及受权限的远程维护。

17.6　变电整流系统的安全保障

17.6.1　供电安全

变电整流所采用二回独立电源供电,主结线为双母线系统;配电装置的继电保护和自动装置严格按国家标准 GB 14285—1993 技术规程设置；智能微机保护和监控设备采用世界知名品牌设备，真正单元化的设计，完全冗余的系统结构，高速的以太网络，良好的开放性，便捷的远程功能；上述先进技术保证了供电安全可靠。

17.6.2 过电压保护

对过电压保护有以下要求：

（1）电气设备防止过电压措施。

1）超高压进线，双母线分别设置氧化锌避雷器一组；

2）整流变压器、动力变压器的超高压及中性点各设置氧化锌避雷器一组；

3）35kV、10kV 配电母线上设置氧化锌避雷器一组，各馈线设置过电压保护器一组；

4）整流器硅二极管（或可控硅）设过电压保护装置及阻容吸收装置。

（2）建（构）筑物防雷接地。所有建筑物属于第 II 类防雷保护，根据建（构）筑物的特点，分别采用避雷线、避雷带等形式，引下线利用建（构）筑物的钢结构或混凝土柱内金属与基础接地极连接。设计上均考虑了防雷、防静电等安全接地措施，接地电阻 $R_{jd} \leqslant 10\Omega$。

（3）电气设备接地要求值：

超高压露天开关站 $R_{jd} < 0.5\Omega$

10kV 中性点不接地系统 $R_{jd} \leqslant 4\Omega$

380V/220V 中性点接地系统 $R_{jd} \leqslant 4\Omega$

重复接地 $R_{jd} \leqslant 10\Omega$

微机监控系统接地 $R_{jd} \leqslant 1.0\Omega$

（4）接地范围。

1）超高压变电所的配电装置金属底座、金属构架及金属栏杆；

2）整流变压器、动力变压器、电动机、电气设备及照明设备的底座及外壳；

3）电流互感器的二次线圈；

4）电气设备传动装置；

5）配电屏、工作台金属框架；

6）交、直流电力电缆金属外壳、布线用钢管等。

17.6.3 工业卫生

对工业卫生的要求有以下几点：

（1）提高装备水平，改变传统的操作方式，减少操作人员接触污染源。

（2）提高控制水平，减轻操作人员的劳动强度。

（3）尽量采用低噪声设备，噪声值仍超过 85dB 时，必须采用隔音和消声措施，使之达到标准值。

（4）设有足够的更衣室和休息室。

（5）厂房的自然采光和照明满足《建筑采光设计标准》GB/T 50033—2001 的要求，并设有自动切换的事故照明。

17.6.4 防火与消防

整流所的防火与消防设计，完全贯彻以"预防为主、防消结合"的方针。

17.6.4.1 防火措施

防火措施有以下要求：

（1）整流所。

1）整流变压器及动力变压器之间设有防火隔墙。

2）整流变压器设置有水喷雾灭火系统，整流所内并配置适当数量的手提式及推车式化学灭火器。

3）变压器设有贮油池，贮油池内应敷设卵石层。其厚度不应小于250mm，直径宜为50～80mm。此外，还设有排油设施及专用事故油池，如变压器发生事故时释放大量的油将排泄于事故油池内。

（2）中央控制室。

1）天棚吊顶，隔墙采用阻燃材料；

2）控制室设置不少于两个安全出口；

3）中央控制室设置火灾检测报警装置，整流器室、电缆夹层、电缆走廊（或电缆隧道）、配电室等均安装有火灾探测器；

4）配置适当数量的手提式化学灭火器。

（3）电缆设置。

1）远离热源及火源；

2）封堵电缆孔洞；

3）分隔不同机组、不同系统电缆；

4）设置防火墙及阻火板。

17.6.4.2 消防

对消防有以下要求：

（1）消防通道贯穿整流所内部并与厂内两侧主干道相通，以保证消防车辆的安全进出。

（2）整流所两侧入口处设置室外地上式消火栓，以确保消防供水的安全可靠。

17.6.5 安全标志

凡易发生事故或危及安全和职业健康的地方和设备，均设置安全标志、设置涂有安全色的防护物或在建、构筑物及设备上涂安全色。

参 考 文 献

1 沈阳铝镁设计研究院电力室. 硅整流所电力设计. 北京：冶金工业出版社，1983
2 贵阳铝镁设计研究院. 工程设计资料. 2000～2007（内部资料）

18 铝电解的粉状物料(氧化铝)输送系统

18.1 粉状物料输送方式的分类

粉状物料输送可分为机械式输送和气力式输送两大类。机械式有小车轨道式、皮带式和斗式提升机垂直提升三种形式。第一种小车轨道式，其特点是小车上安装有料箱，小车可沿着轨道把物料送到每一固定点上；第二种皮带式输送，其特点是在仓库或火车卸料站通过该系统把粉状物料送到贮仓或是所需要的地方；第三种是斗式提升机，该装置只适用于垂直提升粉状物料。

粉状物料气力输送是基于以下几种不同的功能和技术特性分类的。(1)输送方位：水平输送、垂直输送、倾斜输送。(2)输送方式：超浓相、浓相、稀相。(3)输送物料的粒度：颗粒状大小。(4)输送过程：连续输送、间断输送。(5)输送压力：高压、中压、低压。(6)输送状态：正压输送、负压输送、正—负压输送。(7)功能特性：管道式输送（带有装置如给料装置、卸料装置、气动小仓等）。(8)系统设计特点：带小仓式的气力输送，气力提升器、压力容器等。根据上述功能和特性，我们可以归为三大类，见图18-1。第一种为带仓式的气力输送，其特点是输送过程中始终有轮式或无轮式的小仓伴着，这在氧化铝上用得较少；第二种为气力管道式输送，它可分为气力提升器式和压力容器式。气力提升器输送能力最高可达200t/h，它一般用于物料的垂直提升，粉状物料由一个浓相沸腾床连续不断地供给垂直输送

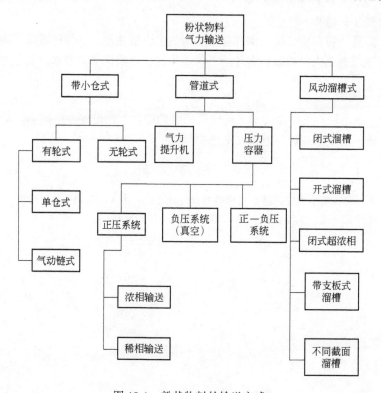

图 18-1 粉状物料的输送方式

管，然后通过垂直输送管将提升到最高点的物料卸到缓冲仓或贮仓内。压力容器式输送是铝厂输送氧化铝粉状物料用的时间最久且最为广泛的一种，其主要形式有两种：稀相输送和浓相输送，目前国内大部分小铝厂都采用传统的稀相输送方式。第三种是风动溜槽式输送，其重点是超浓相输送。

18.2 粉状物料的几种主要输送方式及特点

现将铝厂运输氧化铝粉状物料所采用的几种常用输送方式做一简要介绍。

18.2.1 小车轨道式

该输送方式一般用于往铝电解厂房中各台电解槽侧部料箱输送氧化铝物料。采用该输送方式的铝厂一般建有高楼部，从高楼部至每一栋电解厂房烟道侧应装配有运行轨道。物料通过斗式提升机送至高楼部高位料仓内，再装入小车的料箱内，然后通过小车沿轨道分别送至设置在每台铝电解槽侧上部的料箱中。用这种系统输送氧化铝，物料不被破碎，对电解铝工艺生产有利，但设备成本高，投资大，维修量大。另外，该系统密闭性较差，氧化铝飞扬损失大，环境污染较大。中国铝业公司贵州分公司第二电解铝厂在20世纪70年代末成套引进日本电解铝技术时，采用的就是这种氧化铝输送方式，国内也有其他铝厂采用这种输送方式，但数量较少。因轨道等设备维修量大，氧化铝飞扬损失大，推广意义不大。

18.2.2 皮带输送机

该系统适用于颗粒料或小块料的点对点的长距离输送。在大型铝联合企业中，氧化铝厂中及与电解铝厂之间的运输也常采用此方式。而单独的电解铝厂则一般用于从火车卸料站到中间贮仓的氧化铝长距离输送，其优点是物料不被破碎，运行状况也较好，但投资成本较大，维修量也较大，目前只有少数大型铝厂采用这种输送系统。

18.2.3 斗式提升机

该系统主要用于粉状物料的垂直提升。在国内各大型铝厂也用得比较多，特别是带有配套干法净化系统的电解铝厂，一般都用斗式提升机来提升含氟氧化铝到料仓内。有些小铝厂提升物料采用稀相输送的压力泵，斗式提升机与压力泵比较，优点是物料不破碎，不要配套压缩空气系统。但其系统的机械磨损大，维修量大，如果设备质量较差则更是如此，因此逐渐被空气提升机所替代。

18.2.4 空气提升机

这是一种用于垂直提升的气力输送粉状物料的新技术，目前在水泥和铝行业的采用较为广泛，可取代传统的稀相压力泵和斗式提升机。它类似于吹灰缸，但结构更加简单，更重要的一点是所需气源不是压缩空气，而是风机供风，压力仅为 2500Pa 左右，耗气量小，能耗只有吹灰缸的 1/5～1/10，可见这种设备的运行非常经济。

该系统在设计原理上与压力泵的不同点是它在一个沸腾状态下连续不断地输送粉状物料。空气提升机利用很低的空气压力，使物料呈流态化状态、然后通过进出口压力的匹配关系来实现其连续送料。一台空气提升机系统的设计，首先在设定产能和选择好物料的前提下，需要进行基本的输送压力计算，即垂直输送压力 $\Delta p_{\rm T}$，接着设计出供料柱直径和高度，然后再根据浓相沸腾床原理，按生产经验数据进行系统工程设计。

粉状物料能在垂直管中输送的必要条件是 $\Delta p_f \geqslant \Delta p_r$，$\Delta p_f$ 是供料柱的压力（包含沸腾床），Δp_r 是垂直管的压力。如果 Δp_f 小，将没有任何粉状物料被送到垂直管，在一定的压力范围内 Δp_f 越大，粉状物料被输送的比例越大。根据不同的物料特性和要求，空气提升机的输送能力范围可从 3t/h 直到 200t/h，输送高度最高可达 50m 以上。

18.2.5　稀相输送

稀相输送是我国铝厂传统输送氧化铝物料的方法，目前大部分铝厂尤其是小铝厂还是采用这种方式输送氧化铝。该系统主要由压力泵和输送管道组成，输送距离一般在 400m 左右。稀相输送系采用 0.6~0.8MPa 的压缩空气作为动力源，通过仓式泵直接从储仓将氧化铝物料压送到下一个系统的高位储仓内。压缩空气作为动压力直接驱动作用于氧化铝原料的单一颗粒上，即压缩空气的动能传递给被输送的物料，使物料以悬浮或集团悬浮的状态向前流动。在垂直输送管和水平输送管中，物料流动分别呈现下列特征：

（1）在垂直输送管内，气流阻力与物料颗粒的重力处于同一直线上，两者只在输送流方向上对物料发生作用。但实际垂直输送管中颗粒群运动较为复杂，还会受到垂直方向力的作用，因此，物料就会形成不规则的相互交错的蛇形运动，使物料在输送管内的运动状态形成均匀分布的定常流。

（2）在水平输送管内，一般输送气流速度越大，物料就越接近于均匀分布。但根据不同条件，输送气流不足时流动状态会有显著变化。在输送管的起始段是按管底流大致均匀地输送，物料接近管底，分布较密，但没有出现停滞，物料一面做不规则的滚动、碰撞，一面被输送。越到后段越接近疏密流，物料在水平管中呈疏密不均的流动状态，部分颗粒在管底滑动，但没有停滞。最终形成脉动流或停滞流，水平管越长，这一现象越明显。

由于稀相输送靠动能转换传递能量和悬浮态输送要求风速较高（物料在输送管中流速很快，可达 30m/s 左右），在能量传递过程中也会损失部分能量，加上悬浮颗粒间及颗粒与管壁间的摩擦损失，因此能耗高（一个产能约 10t/h 的压力泵，消耗压缩空气的气量达到 40m³/min），固气比很低（质量比一般为 5~10），同时对管道的磨损严重，物料粉化严重，对电解生产极为不利。

稀相输送不宜用于卸料站至储仓或储仓至储仓的输送过程，也不能用于电解槽料仓间的输送。虽然稀相输送设备简单，占地面积小，密闭性好，配置灵活，但由于上述各种缺陷，它将逐渐被浓相输送和超浓相输送所取代。

18.2.6　浓相输送

这是为了解决稀相输送存在的问题后来开发的一种新技术，动力源仍然为压缩空气，系统由压力容器、控制系统和输送管网组成（本章下面将专门介绍），其特点是输送配置灵活，自动化程度高，耗气量小，物料流动速度低，物料破碎小。自 20 世纪 70 年代末期瑞士 ALESA 公司开始向世界转让氧化铝与氟化盐物料浓相风动输送技术以来，浓相输送技术逐步在铝厂应用，用该技术可完全取代传统的稀相输送技术。

18.2.7　超浓相输送

超浓相输送是相对于稀相输送和浓相输送而言的，但是采用风机低压供风和风动溜槽输送，故仅适宜做粉状物料的长距离水平输送（本章下面将专门介绍）。其特点是物料在风动溜槽中呈流态化向前运动，固气比大（大于 100），运动速度小，物料不易破碎，系统全密闭，所需风压低、风量小、自动化程度高，现已作为先进技术被大部分电解铝厂采用，用于在仓对各电解槽输送净化返回的载氟氧化铝。

下面重点介绍目前已被大部分铝厂所采用的先进的浓相和超浓相输送技术[1~4]。

18.3　浓相输送技术

18.3.1　输送管中物料运动状态

在输送管中物料颗粒的运动状态除受管径和物料粒度以及形状的影响外，还随着气流速度和混合比的变化而显著变化。水平管道中物料颗粒运动状态与气流速度的关系如图18-2所示。

图18-2中 v 为管道中的气流速度，横坐标为气流速度的对数，$(p_1 - p_2)/\Delta L$ 为单位水平管长的压降，纵坐标为单位水平管长的压降的对数，G_s 为加料流率。图18-3为相应的物料运动状态图。

当物料在管道中，分别以加料流率 G_{s1} 和 G_{s2} 进入时，则气流速度与压损的关系，将分别按图18-2中曲线 b_1h_1 和 b_2h_2 变化。当气流

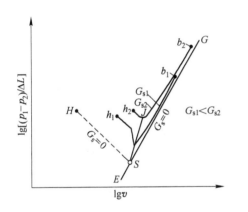

图 18-2　水平输送状态图

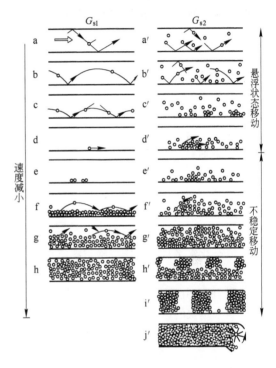

图 18-3　水平输送物料运动状态

速度降低时，压力损失出现最低点，以后，压力损失又增加，如果把不同加料速率下的最小压损点连接起来，则连线 SJ 便谓之经济气流速度线。其右侧相应于运动状态图18-3中的 a~d 和 a'~d' 的流动形态。这时，气流速度较高，物料在水平管中飞翔，其运动状态与铅垂管中相类似呈均匀分布，如图18-3中的a及a'；但大多数的试验，均观察到颗粒处于管道截面的下半部较多，如图18-3中的b及b'；随着气流速度的降低，颗粒将沿管底跳跃，如图18-3中的c及c'；当气流速度到达经济速度线 SJ 时，这时颗粒在水平管中已不再飞翔跳跃，物料将沿管底滑动，相当于图18-3中的d或d'。所以经济速度 v_0 也称为水平管中飞翔输送的临界速度。

当气流速度越过经济速度线 SJ 时，进入 SJ 的左侧，运动状态出现明显变化。这时，气流速度只要稍微减少，物料立即便要沉积管底，情况变得异常复杂。在不同加料流率下，变化也不相同。从运动状态图18-3中十分明显地看出：当加料流率较小时，物料在管道中的运动状态按 e~h 变化；而当加料流率较大时，物料在管道中的运动状态按 e'~j' 变化。其过程可按不同的加料流率说明如下：

在加料流率很小时（$G_s \rightarrow 0$），其过程按曲线 SH 变化。最早的沉积点发生在 S 点附近，S 点的气流速度是经济速度，几乎也是沉积速度。当气流速度降低时，颗粒在管底沉积，并占据

一定的管道截面。因而，在管道剩余截面上气流的真实速度，在 SH 段上保持为常数，直至 H 点附近，管道被颗粒填充至相当程度，只要极少量的颗粒，就足以堵塞管道的剩余截面，因而，在管道中的气流的运动变得不稳定。

在加料流率（G_{sl}）较小时，其过程按曲线 b_1h_1 变化，与 $G_s \to 0$ 的情况大体相同。颗粒在 SJ 和 h_1 交点沉积，不再移动，如图 18-3 中的 e、f、g 所示。交点的气流速度谓之沉积速度。

在加料流率 G_s 较大时，其过程按曲线 b_2h_2 变化。管道中的物料在比 b_1h_1 较高的气流速度下开始聚集为移动的料堆而沿管底滑动，如图 18-3 中的 d′、e′、f′、g′ 所示。当气流速度降低至 h_2 时，沙丘似的料堆沉积管底，形成料栓。如图 18-3 中的 h′ 所示。

18.3.2　浓相输送原理

悬浮输送习惯上也称之为稀相输送，它在图 18-2 中经济速度线的右边，气流速度较高，物料悬浮在水平管中呈飞翔状态，空隙率很大。物料输送主要依靠由较高速度的空气所形成的动能。通常气流速度可达 30m/s 以上，固气比 8 左右。

流态化输送一般称之为浓相输送，它在图 18-2 中的左边，气流速度小于 15m/s，固气比大于 20，此时物料在管道中已不再均匀分布，而呈密集状态，但管道并未被物料堵塞，因而仍然是依靠空气的动能来输送。

18.3.2.1　流态化连续料流的压降特性

对于短距离水平管道，气流与物料混合就足以形成流态化的、充满管道的连续料流。料流长度 L 与压降 Δp 关系如图 18-4 所示。

流态化水平料流的压降除与料流长度有关外，还与管径、气速、混合比、料气速比和摩擦阻力系数等有关。

图 18-4 中曲线 1、2 和 3 分别与 $v_s = 1$、2 和 3 相对应。可以看出，随着料流长度增加，压降以越来越快的速率增加，很快就可消耗掉输送气源提供的压力。因此这种流态化的连续料流不可能保持在较长的水平输送管段中。

18.3.2.2　栓流式浓相输送技术原理

为研究栓流式浓相输送技术，可假设管中流态化的连续料流由于管道太长，遇阻后即将停滞。此时，在管道内腔的上部，设置一根内管，内管朝下的一面开有若干小孔，输送管中的部分气流将进入内管流动，见图 18-5。

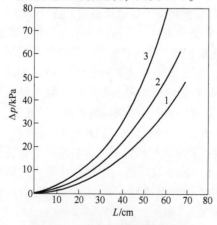

图 18-4　流态化水平料流长度
与压降的关系

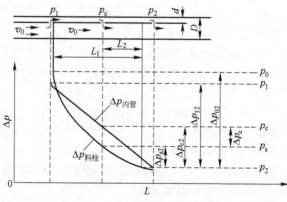

图 18-5　栓流式浓相输送原理图

考察输送管中连续料流最末端长度为 L_1 的料流段。设定与其对应的内管段中的气流速度不变，且不考虑气流的可压缩性，则内管中的压力分布 $p_{内管}$ 呈线性变化，推动长度为 L_1 料流段所需的压力变化如 $\Delta p_{料栓}$ 曲线所示。设定料流段 L_1 两端的内管压差小于推动料流段所需的压力，也即 $\Delta p_{12} < \Delta p_{02}$，显然该段料流不能继续移动。此时，管中大部分气流将通过内管，小部分透过料流段。

考察最末端长度为 $L_2(L_2 < L_1)$ 料流段情形。由图 18-5 可见，由于此处的内管压降与输送管内料流压降间存在压差 Δp_c 使得 $\Delta p_{c2} = \Delta p_{s2} + \Delta p_c > \Delta p_{s2}$，即料流段 L_2 两端的内管压差大于推动料流段 L_2 所需的压力，因此该段料流可产生移动。图 18-6 是浓相输送料栓形成示意图。

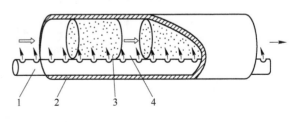

图 18-6　料栓的形成
1—内管；2—输送管道；3—料栓；4—气栓

原输送管中流态化的连续料流被料栓的形成内管小孔进入的气流分开，形成并分离出一段移动的流态化料栓。此过程的连续进行，使得剩余的连续流态化料流被不断分割，在输送管中得到气栓，料栓相间的栓流输送状态，从而实现了长距离管道中物料流态化(浓相)输送，图 18-6 可知，推动若干个料栓所需消耗的气压比推动一段流态化连续料流（等长于各料栓长度之和）要小得多，此外移动两段短料栓所需消耗的气压比移动一段长料栓（等长于两段短料栓之和）要小。

图 18-7 是铝厂中典型的栓流式浓相输送氧化铝的压力容器系统示意图：栓流式浓相输送系统主要由压力容器系统、控制管网、带有内管及调节部件的输送管道、带除湿系统的压缩空气供气系统、卸料及除尘系统、各类阀门、检测仪器仪表、PLC 控制设备、过程控制软件等组成。

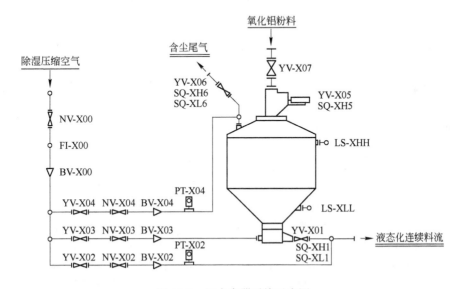

图 18-7　压力容器系统示意图

18.4　超浓相输送技术

超浓相输送基本原理如图 18-8 和图 18-9 所示。

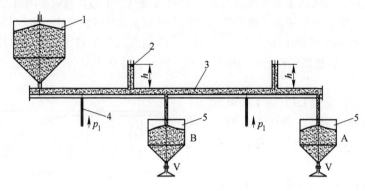

图 18-8 超浓相输送基本原理（料斗阀门开启前）

1—料仓；2—平衡管；3—风动溜槽；4—进气管；5—料斗

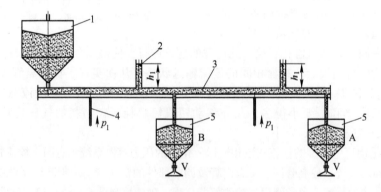

图 18-9 超浓相输送基本原理（料斗阀门开启后）

1—料仓；2—平衡管；3—风动溜槽；4—进气管；5—料斗

风动溜槽将贮仓和料斗 A、B 连为一个系统，风动溜槽分为上、下两部分，下部为空气槽，上部为料槽，风动溜槽上安有压力平衡柱。

在图 18-8 和图 18-9 中，将料斗阀门 V 打开，料斗中物料水平下降，周围的压力发生了变化，压力平衡被破坏。为了使压力达到平衡，平衡柱中的物料降到 h_1，物料开始不断进入料斗中，这种过程会不断传递，一直到贮仓。一旦阀门关死，压力逐渐达到平衡，平衡柱的料位又恢复到原位。

超浓相风动溜槽输送即是利用氧化铝具有较好的充气性和流动性的特点，采用适当压力的空气将料室中物料悬浮松动，风动溜槽以一定的斜角（0°～2°）安装，当低端卸料阀开启时，悬浮疏松的物料在压差和重力的作用下自动卸出。

超浓相输送是基于物料具有的潜在流态化特性进行输送的。所谓流态化是一种使用固体颗粒通过与气体或流体接触，转变成类似流体状态的操作。目前输送粉末物料的流态化是通过一个多孔透气层来完成的。多孔透气层（或称为沸腾板）将输送槽分为上下两部分，上部装有粉状物料，下部是气腔。当气腔中外加 P_1 的压力时，气体就通过沸腾板进入上部粉状物料层，填充粉状物料层的空隙。当气流达到一定速度时，粉状粒子之间原有的平衡被打破，同时其体积增大，假密度减小，粒子之间的内摩擦角及与溜槽壁的摩擦角都接近零，这样粉状物料就成了流体。利用粉状物料的这一特性并加上设定好的平衡料柱进行风动溜槽的满料室输送，即是超浓相输送。

超浓相输送不需要压缩空气作为输送动力，只需较低压力的空气使物料浮动。输送过程中固气比可达 500：1，空气压力只需 0.005MPa 左右，故采用一般的离心风机即可达到目的。

超浓相输送系统的主要设备就是风动溜槽和离心风机。风动溜槽没有运动的机械部件，维修工作量小；输送速度低，管件磨损小，气体对物料粒子的破损小；输送压力低，普通风机就能满足要求，完全可以实现自动化操作；控制元件少，控制操作过程也较为简单。但与浓相输送相比，在配置上有较大的制约，不像浓相输送那样能够做到因地制宜。

因此，从上所述可以看出，在电解铝厂沿电解厂房两侧的日耗仓对各电解槽返回的载氟氧化铝输送系统采用该技术尤为适合。

18.5 现代大型电解铝厂氧化铝输送方式的选择

现代大型电解铝厂一般采用大容量的预焙槽，且均为横向配置。通过比较各种输送方式的优缺点，可以认为：现代大型铝电解厂氧化铝输送方式采用如下模式是一种投资省、自动化程度高、维修量少的最佳方式，即从贮仓或仓库至日耗仓采用管道式浓相输送，从日耗仓至电解槽采用风动溜槽超浓相输送方式。这种组合输送方式，充分利用了这两种输送方式的优点，从贮仓或仓库至日耗仓一般距离较远，而且一般都要跨越道路和建筑物；风动溜槽超浓相输送用于日耗仓至各电解槽，在超浓相输送装置（风动溜槽）上无任何阀门。因此，输送装置大为简化，几乎没有维修量，从而保证物料在输送过程中几乎不发生故障。

图 18-10（平面示意图）和图 18-11（立面示意图）是电解铝厂中采用浓相加超浓相输送氧化铝系统的典型应用示例。并且这种系统与氧化铝干法净化系统是连接在一起的。物料从远离电解厂房的卸料站或仓库（或大型贮槽），通过浓相输送到电解厂房净化系统的日用氧化铝贮槽（日用氧化铝贮槽有两种，一种为双层贮槽，即在贮槽上下分两层，一层为贮存新鲜氧化铝，二层为贮存载氟氧化铝；另一种为分别设立同等贮量的氧化铝贮槽和载氟氧化铝贮槽），因距离远，一般要跨越道路和建筑物，而浓相管道非常灵活、投资省。从净化系统的含氟氧化铝仓到电解车间的电解槽，采用了超浓相输送，这正是利用了其配置紧凑、物料不易破碎、本身自动化程度高、维修量小、易于管理操作等优点，使其更好地为电解生产服务。

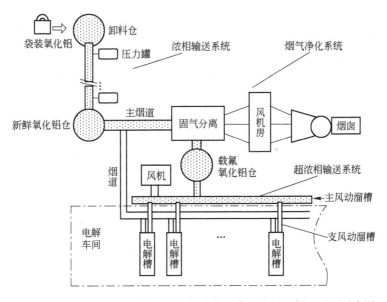

图 18-10 电解铝厂氧化铝输送与烟气净化的典型应用示例（平面示意图）

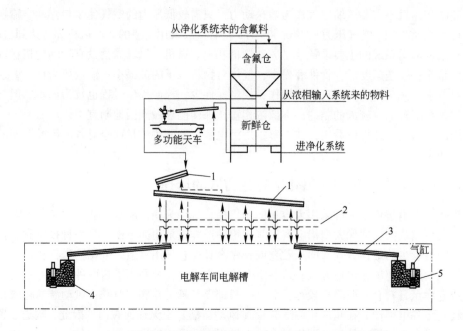

图 18-11 电解铝厂氧化铝输送的典型应用示例（立面示意图）
1—超浓相输送主风动溜槽；2—离心风机供风；3—超浓相输送电解槽风动溜槽；
4—槽上料箱；5—筒式定容下料器

目前国内所开发应用的栓流式浓相输送新技术与当前国际先进水平相比，技术创新点有：压力容器物料计量系统，管道物料快速成栓新方法，压力容器无磨损内排气方式，压力/时间参数控制料位方法，新型内管调节机构和相配套的过程控制软、硬件系统、计量软件等。单套设备氧化铝输送产能大于 36t/h，动力指数为 0.0102kW·h/(t·m)。该技术具有工艺新颖、技术先进、自动化程度高、计量方法准确、运行稳定、输送能力大，氧化铝物料磨损小、能耗低、投资省，环保效果显著等特点。

目前国内所开发应用的沸床式超浓相输送新技术，采用蓄能流态化工作原理，使得输送氧化铝可在极低的风压下工作，系统具有自动化水平高、输送能耗低、设备磨损小、寿命长、无粉尘散发、运行维护工作量极小、可多点供料等特点，特别适用于大型电解槽的氧化铝供料。该项技术输送固气比可达 500 以上，输送能耗仅为 0.7kW·h/t(Al)，所需动力空气压力仅需 0.005MPa。

目前国内所开发的栓流式浓相输送和沸床式超浓相输送新技术已全面应用于各大铝厂新建和改造工程。

参 考 文 献

1 林文帅，周丹. 氧化铝输送技术的开发应用. 轻金属，1998（增刊）
2 李琏，郭海龙. 关于电解铝厂应用浓相输送技术的研讨. 轻金属，2000，(6)：38~41
3 刘长利，丁吉林. 栓流式浓相输送氧化铝新技术开发. 云南冶金，2004，33(3)：25~29
4 马成贵，肖飚. 氧化铝超浓相输送技术. 轻金属，1994，(10)：28~31

19 铝电解槽的动态平衡

19.1 物料平衡

19.1.1 物料平衡的基本概念

加入到电解槽中的物料总量（投入）只有与离开电解槽的物料总量（产出）保持一种平衡关系才能保持电解槽的平稳运行。换言之，加入电解槽中的原料只有与电解消耗的原料维持一种平衡关系，才能保持电解槽的平稳运行。以氧化铝的添加与消耗为例：

（1）如果添加的氧化铝量小于消耗的氧化铝量，那么电解质中的氧化铝浓度便会降低，当降低到一定程度（达到阳极效应的临界浓度），便会发生阳极效应，电解槽便无法维持正常运行。

（2）反之，如果添加的氧化铝量大于消耗的氧化铝量，那么电解质中的氧化铝浓度便会升高，当升高到一定程度（接近电解质中氧化铝的饱和溶解度），氧化铝便会从电解质中析出，沉淀于槽膛和槽底，而槽底沉淀的大量产生会导致电解槽无法正常运行。

添加氧化铝原料的控制（称为下料控制，或称为氧化铝浓度控制）是铝电解槽物料平衡控制的中心内容。如果电解质中的氧化铝浓度能被控制在一个理想的范围，便达到了维持氧化铝物料平衡的目的。

19.1.2 根据物料平衡关系计算氧化铝消耗速率

从理论上讲，只要计算出电解槽中氧化铝的消耗速率，然后按照计算的消耗速率来添加氧化铝便能实现氧化铝物料平衡。

根据物料平衡关系来计算电解槽的氧化铝消耗速率是很容易的。从本书第9章中关于电化当量的定义和电解槽理论产铝量的计算公式可知，电解槽的理论产铝量仅取决于电流，若电流以 I（kA）表示，则每小时理论产铝 $0.3356 \times I$（kg），假设电流效率为 η（%），则每小时的实际产铝量为：$0.3356 \times I \times \eta$（kg）。而按照化学公式可从氧化铝的分子式（$Al_2O_3$）计算出：每产出 1kg 铝理论上需要消耗 1.889kg 的氧化铝。由此可知，电流为 I、电流效率为 η 的电解槽，每小时的氧化铝理论消耗量 F_c 为 $1.889 \times 0.3356 \times I \times \eta$（kg/h），即：

$$F_c = 0.6339 \times I \times \eta (kg/h) \tag{19-1}$$

将上式右侧除以60，则得到每分钟的氧化铝理论消耗量 F_c 为：

$$F_c = 0.01057 \times I \times \eta (kg/min) \tag{19-2}$$

以 240kA 铝电解槽为例，假设电流效率为 93%，则用式 19-2 可计算出氧化铝的理论消耗速率为 2.358kg/min。

以上的计算没有考虑氧化铝中杂质含量（同样也未考虑电解产出铝的杂质含量）及下料过程中氧化铝的飞扬损失对氧化铝原料消耗量的影响。如果氧化铝原料的消耗量由下料器来计量，考虑到（一级品）氧化铝中 1.4% 的总杂质大部分不会转入到金属铝，且考虑到下料过程的飞扬损失，电解槽在单位时间内的氧化铝消耗量会比上述理论计算值稍大，按照大约2%来考虑，则氧化铝的消耗速率计算值 F_c 可调整为 $1.02 \times 0.01057 \times I \times \eta$，即

$$F_c = 0.01078 \times I \times \eta (\mathrm{kg/min}) \tag{19-3}$$

还以240kA铝电解槽（电流效率为93%）为例，用式19-3可得氧化铝的消耗速率计算值为2.405kg/min。

19.1.3 根据计算的消耗速率确定基准下料间隔时间（基准下料速率）

现代预焙铝电解槽采用中间点式下料器来完成下料操作。下料器利用定容原理来计量氧化铝。例如1.8kg级的下料器，当氧化铝充满其定容室时，氧化铝的质量为1.8kg（当然有一定误差）。下料器每动作一次（先打壳，后下料），向电解槽内下料约为1.8kg。以240kA铝电解槽为例，每槽安装有4个下料器，若每次下料时4个下料器同时动作，则向电解槽内添加的氧化铝量的计算值为：$4 \times 1.8 = 7.2$（kg）。用该计算值除以氧化铝消耗速率的计算值（2.405kg/min），则得到基准下料间隔时间（又称为基准下料速率）为：$7.2/2.405 \approx 3 (\mathrm{min}) = 180 (\mathrm{s})$。

19.1.4 按物料平衡计算值（基准下料速率）控制下料所存在的问题

现代铝电解生产均采用槽控机来控制下料器的动作。假如仅依据物料平衡计算值来控制下料过程，下料控制会变得非常简单：槽控机只需按照设定的基准下料间隔时间来定时驱动下料器动作。然而，事实上许多不确定性的因素和干扰因素会使得实际情况与计算值发生偏差。当偏差积累到一定程度便引起了物料平衡的破坏。

在实际生产中，下列因素会导致实际下料量与计算的下料量发生偏差：

（1）下料器向槽中添加的物料有时会部分地堆于槽面（成为槽面保温料），而有时槽面保温料可能塌陷。

（2）加入槽中的物料的溶解过程存在滞后并伴随有沉淀的产生，尤其是采用低摩尔比、低温这种技术条件后，由于氧化铝在电解质中的饱和溶解度和溶解速率大大降低，沉淀更易产生，而发生沉淀的比例与沉淀的溶解速率不可预料。

（3）由物料与电解质凝固构成的炉膛的厚度随槽温、电解质组成等因素的变化而变化，即熔融电解质的体积（质量）会发生变化，从而也引起氧化铝浓度的变化。

（4）阳极工作、出铝、人工维护等人工作业带入槽中的物料量难以正确地估计和通报。

（5）下料器的计量存在一定的误差，下料器还可能出现故障。

（6）由于电解槽槽况的波动，电流效率也是波动的，实际的电流效率可能会与物料平衡计算中设定的电流效率值发生较大的偏差，这也导致电解槽实际的氧化铝消耗量与按物料平衡估算的消耗量间存在偏差。

由于上述原因，传统的基于物料平衡计算原理的定时下料控制技术不得不采取定期停止下料，安排阳极效应等待的方式来检验电解槽的物料控制效果（因为电解槽中的氧化铝浓度下限值就是阳极效应发生的临界浓度，一般在1%~1.2%之间），同时利用阳极效应来消除可能产生的槽底沉淀。然而，现代铝电解工厂考虑到阳极效应严重破坏电解槽的稳定性（导致能耗增高）并产生大量污染环境的有害气体，故采用了一些基于氧化铝浓度估计（辨识）的新型下料控制技术。新技术以维持氧化铝浓度在一个理想的范围为目标，根据对氧化铝浓度的估计结果来调整下料速率（即下料间隔时间），这样下料间隔就不像定时下料技术那样固定不变。氧化铝浓度能控制好便不必频繁地（如每天一次）安排阳极效应，而是尽可能避免阳极效应的

发生。

19.1.5 正常下料、欠量下料与过量下料

上面已指出，各种不确定性的因素和干扰因素引起的控制偏差会导致氧化铝浓度变化，因此现代下料控制算法均不是一成不变地采用基准下料间隔来控制下料，而是会自动调整下料速率（即调整下料间隔时间）。在计算机控制过程中，采用基准间隔时间进行下料的状态被称为正常下料；当缩短下料间隔时间，使下料间隔时间小于基准间隔值（即下料速率大于基准下料速率，也即大于氧化铝理论消耗速率），这种下料状态被称为过量下料（或增量下料）；反之增大下料间隔，使下料间隔时间大于基准间隔值，这种下料状态被称为欠量下料（或减量下料）；某些情况下（如换极、出铝、边加工、熄灭阳极效应等）还会出现批量下料（非正常的过量下料）。

假定基准下料间隔为 3min，那么在正常下料状态下 1h 下料 20 次；如果下料间隔时间延长 1 倍（至 6min），那么在这种欠量下料状态，1h 下料 10 次，即理论上而言，下料量（10 次）比消耗量（20 次）少了 50%（即欠量 50%）；反之，如果下料时间从 3min 缩短到 2min，那么在这种过量下料状态，1h 下料 30 次，即理论上，下料量（30 次）比消耗量（20 次）多了 50%（即过量 50%）。过量（或欠量）百分数与过量（或欠量）下料间隔之间的换算关系是：

$$过量下料间隔 = 基准下料间隔 / (1 + 过量百分数) \tag{19-4}$$

$$欠量下料间隔 = 基准下料间隔 / (1 - 欠量百分数) \tag{19-5}$$

用此换算关系可以验证上述的举例：基准下料间隔为 3min 时，过量 50% 对应的下料间隔为：$3/(1 + 0.5) = 2(min)$；而欠量 50% 对应的下料间隔为：$3/(1 - 0.5) = 6(min)$。从换算关系发现，若欠量 100%，则下料间隔计算值为无穷大，这意味着停止下料；若过量 100%，则下料间隔为基准间隔的 1/2。可见，将下料间隔时间比基准值缩小 1 倍下料 1h 后，理论上需要停止下料 1h（而不是将下料间隔时间比基准值扩大 1 倍下料 1h），才能将过量 1h 多下的氧化铝消化掉！这样的分析表明，实际应用中（包括计算机控制中）所定义的欠量百分数和过量百分数是针对料量而言的，而不是针对下料间隔时间而言的。

19.1.6 下料量（或下料速率）变化对氧化铝浓度影响

理想状态下，当熔融电解质的质量维持不变，且下料速率正好等于氧化铝消耗速率时，氧化铝浓度才会保持不变。

以 240kA 铝电解槽为例，在设计条件下熔融电解质的质量约为 10t，若熔融电解质的质量不变，要使氧化铝浓度升高（或降低）1%，便需要多添加（或少添加）100kg 的氧化铝。假如发生阳极效应（氧化铝浓度 1% 左右），要使效应熄灭后的氧化铝浓度上升到 2.5%，理论上便需要添加约 150kg 的氧化铝。当然，实际生产中由于沉淀和槽膛熔化可能并不需要添加 150kg 便能使氧化铝浓度上升到 2.5%，也有可能因加入氧化铝过快等原因导致新加入的氧化铝不能完全溶解便沉淀，而使得即使一次性加入 150kg 氧化铝也不一定能使氧化铝浓度上升到 2.5%。特别是熔融电解质的体积（质量）发生波动时，氧化铝浓度的这种不可预期的波动便更大。

此外需指出的是，氧化铝的溶解速度也是影响下料量与氧化铝浓度之间对应关系的重要原因。加入到电解质中的 Al_2O_3 存在溶解滞后的现象（详见第 3 章）。若将加入的 Al_2O_3 量记为 F_d，溶解的 Al_2O_3 记为 F_s，两者之间有如图 19-1 所示的定性关系。图中曲线的含义是，加入

的氧化铝量（F_d）要经过一个溶解滞后时间（τ）才开始溶解，其后随时间的延长而逐渐溶解。我们曾在 160kA 预焙槽上进行实验[1]（主要试验条件为：电解质摩尔比 2.6~2.7，槽温 955℃，氟化钙含量 5%，原料为国产粉状氧化铝），发现氧化铝溶解滞后时间为 2min 左右，溶解时间常数为 10min 左右（溶解时间常数的定义是，溶解 63.2% 的氧化铝所需的时间）。可见若一次性加入氧化铝量太大，则因溶解滞后

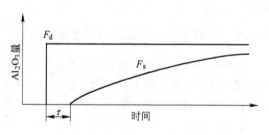

图 19-1　加入的 Al_2O_3 量（F_d）与溶解的
Al_2O_3 量（F_s）的定性关系

导致的沉淀比例也就增大。这一现象也从一个侧面支持了现代铝电解工艺中的"勤加工，少下料"的说法。

19.2　电压平衡

在系列电流不变的情况下，电解槽的电压高低直接决定着电解槽的能量收入，因而也就直接影响到电解槽的能量平衡。改变电解槽电压的最主要手段是调节电解槽的极距来改变电解质的电压降。可见，维持电解槽的"电流通道"中各个部分的电压降有一个合理的、稳定的分布（即维持一个理想的电压平衡）既对维持电解槽的能量平衡有重要意义，又对维持合适的极距有决定性的作用。

19.2.1　电压平衡的相关概念与计算方法

电压平衡的相关概念与计算方法如下：

（1）槽工作电压与槽平均电压。从电压平衡的角度考虑，关于电解槽的电压有两个重要的定义，一个称为槽工作电压（简称槽电压）；另一个称为槽平均电压。

槽电压是指电解槽的进电端与出电端之间的电压降（对于相邻的电解槽，上台槽的进电端就是下台槽的出电端）。槽电压一般分为四个组成部分：极间电压降（$\Delta V_{极间}$），阳极电压降（$\Delta V_{阳}$）、阴极电压降（$\Delta V_{阴}$）及槽母线电压降（$\Delta V_{槽母}$），即

$$\Delta V_{槽} = \Delta V_{极间} + \Delta V_{阳} + \Delta V_{阴} + \Delta V_{槽母} \tag{19-6}$$

对于平均电压，各厂的定义稍有区别。以日平均电压为例，一种定义是，槽电压的日平均值与阳极效应的分摊电压（日均值）之和；另一种定义是，槽电压的日平均值，与阳极效应分摊电压（日均值）和槽外母线电压降（日均值）之和。槽外母线主要是从整流车间到电解车间的连接母线和穿越电解车间过道的连接母线。

（2）极间电压降。极间电压降（$\Delta V_{极间}$）又可分为反电动势（$E_{反}$）和电解质电压降（$\Delta V_{质}$）两个组成部分。电解过程中为克服反电动势而需要施加的电压称为极化电压。极化电压与反电动势的大小相等，方向相反，因此从数值上而言，可以不区分这两者。极化电压（反电动势）又可划分为理论分解电压和过电压两大部分。细分起来，过电压还可分为阳极电化学过电压、阳极浓差过电压、阴极浓差过电压三个主要组成部分（详见第 5 章）。

工业生产槽上测定反电动势很困难。一般地，在系列电流突然停止的一瞬间，电解槽的槽电压表上所显示的读数是反电动势。反电动势的经验值为 1.65V 左右，其中分解电压约为 1.15V，过电压约为 0.5V。

电解质电压降 $\Delta V_{质}$ 的测量常采用"电压-极距"法。测量时，先分两次上升阳极 10mm，分别记录槽电压、电流值，然后分两次将阳极下降回原位，分别记录槽电压和电流值，由此计算出每毫米极距压降变化值，同时在不同位置（不同阳极炭块下）测量极距值，然后采用算术平均方法分别计算极距平均值和每 1mm 极距电压降平均值，最后计算电解质电压降：

$$\Delta V_{质} = 单位长度平均压降 \times 平均极距$$

（3）阳极电压降。阳极压降由卡具压降、导杆压降、爆炸焊压降、钢爪压降、铁炭压降、炭块压降构成。由于电解槽由若干组阳极构成（如 200kA 预焙槽有 28 组阳极），总的阳极电压降需根据各组阳极的电压降按电流分配系数法计算，计算公式如下：

$$\Delta V_{阳} = \sum_{i=1}^{n} K_i \times \Delta V_i \tag{19-7}$$

式中 n——阳极的组数；

ΔV_i——第 i 组阳极的电压测量值；

K_i——电流分配系数，它代表通过第 i 组阳极的电流的大小，计算公式为：

$$K_i = \frac{\Delta V_{i等距}}{\Sigma \Delta V_{i等距}}$$

$\Delta V_{i等距}$——采用等距压降测量法测得的等距电压降。

同样地，阳极各部分的电压降按如下方式计算：

1）卡具压降：

$$\Delta V_{卡具} = \sum_{i=1}^{n} K_i \times \Delta V_{i卡具}$$

2）导杆压降：

$$\Delta V_{导杆} = \sum_{i=1}^{n} K_i \times \Delta V_{i导杆}$$

3）爆炸焊压降：

$$\Delta V_{爆} = \sum_{i=1}^{n} K_i \times \Delta V_{i爆}$$

4）钢爪压降：

$$\Delta V_{钢爪} = \sum_{i=1}^{n} K_i \times \Delta V_{i钢爪}$$

5）铁炭压降：

$$\Delta V_{铁炭} = \sum_{i=1}^{m} K_i \times \Delta V_{i铁炭}$$

m 为实际测点数（如果每组阳极测 3 点，则 $m = 3n$）。

6）炭块压降：

$$\Delta V_{炭块} = \sum_{i=1}^{m} K_i \times \Delta V_{i炭块}$$

m 为实际测点数（如果每组阳极有两块炭块，并且都测量，则 $m = 2n$）。

（4）阴极电压降（槽底压降）。铝电解阴极电压降常称为槽底压降，它指从阴极炭块表面到阴极钢棒出口处，即钢棒与软带的连接处的电压降，因此它包括了阴极炭块压降、铁炭压降、导杆（钢棒）压降以及由于槽底沉淀与结壳引起的电压降。由于生产中无法分项测试，故只进行总的阴极电压降测试。测定式，一般在多个位置测量，然后取平均，即

$$\Delta V_{阴} = \Sigma \Delta V_{i阴} / n$$

式中 n——测点数。

（5）槽母线电压降。槽母线电压降包括发生在下列各个部位的电压降：阴极软带、阴极母线、母线焊接、阳极压接、横梁母线、阳极软母线及斜立母线。

为了准确计算母线系统的压降，分析各部分局部压降变化情况，母线系统一般分几个部分进行测量，各部分当量压降按功率法求之：

$$\Delta V_{槽母} = \frac{\sum_{i=1}^{n} \Delta U_i^2 / R_i}{I_{系列}} \tag{19-8}$$

式中　$I_{系列}$——系列电流；

ΔU_i、R_i——第 i 部分的电压降和电阻；

n——母线系统分成 n 个部分进行测定和计算。

对于不能确定其电阻值 R_i 的部分，如压接口等，先依据与其串联母线的电压值和电阻值求得电流值 I_i，然后再依据电流值 I_i 及电压测量值 ΔU_i 求其当量压降：

$$\Delta V_{槽母} = \frac{\sum_{i=1}^{n} \Delta U_i I_i}{I_{系列}} \tag{19-9}$$

采用上式计算相对来说比由接口压降直接求算术平均值更为合理。

(6) 阳极效应分摊电压。阳极效应分摊电压由下式计算：

$$\Delta V_{效} = k(V_{效应} - V_{槽}) \tau_{效应} / (24 \times 60) \tag{19-10}$$

式中　$V_{效应}$——当日内效应发生时段内的平均效应电压；

$V_{槽}$——槽电压（日平均值）；

$\tau_{效应}$——当日所发生的阳极效应的总持续时间（min）；

k——阳极效应系数。

需要指出，生产中在制作日报时，一般不考虑阳极效应系数，即取消上式中的系数 k，这意味着当日发生的阳极效应所增加的电压全部分摊在当日，若当日无阳极效应，则当日效应分摊电压为零。但在进行电压平衡测试时，一般要考虑阳极效应系数，并且采用较长的时段（如一个月）来计算效应分摊电压。

(7) 铝电解槽的阴极、阳极及斜立母线电流分布。电解槽的电压平衡测试与分析常常包括阴极、阳极及斜立母线的电流分布的测试与分析。

1）阴极电流分布。阴极电流分布根据各阴极软带压降的测量值，按下式计算得出：

$$I_i = \frac{\Delta V_i}{R_i} \tag{19-11}$$

$$R_i = 2.8 \times (1 + 0.0036 t_i) \frac{L_i}{S_i} \tag{19-12}$$

式中　ΔV_i——电压测量值；

R_i——软带电阻值，由软带长度 L_i、断面积 S_i 及电阻率（与温度有关）计算得到；

t_i——软带温度值。

2）阳极电流分布由测量每根阳极导杆的等距离压降求得，其计算式为：

$$I_i = \frac{\Delta V_{i等距}}{R_{i导杆}} \tag{19-13}$$

式中　$\Delta V_{i等距}$——电压测量值；

$R_{i导杆}$——阳极导杆电阻值，由阳极导杆长度 L_i、断面积 S_i 及电阻率（与温度有关）计算得到。

3）斜立母线电流分布。现代大型预焙槽都采用了大面多点进电母线配置方式，如200kA大型槽采用大面四点进电，因此电压平衡测试中往往包括斜立母线进电电流分配关系的测试与分析。通过测量斜立母线的等距压降等数据，按下式计算斜立母线的电流分布：

$$I_i = \frac{\Delta V_{i等距} \times S_i}{\Sigma(\Delta V_{i等距} \times S_i)} \times I_{系列} \tag{19-14}$$

式中　$\Delta V_{i等距}$——第 i 组斜立母线等距电压；

　　　S_i——第 i 组斜立母线截面积；

　　　I_i——第 i 组斜立母线电流。

19.2.2　铝电解槽电压平衡测试实例

下面给出铝电解槽电压平衡测试的实例。

（1）测试目的：

1）根据测试结果进行电解槽电压平衡计算，对各部分压降进行分析，评价其合理性。

2）根据测试结果分析各部分压降不合理的原因，探讨改进的措施，为改善电解槽工艺技术条件，降低槽电压和减少直流电耗提供依据。

3）测量阴、阳极电流分布和母线电流分配，评价进电母线断面选择的合理性。

4）对进电母线系统的设计参数进行验证，判断设计方案是否合理。

（2）测试内容：

1）电压平衡测试依据原中国有色金属工业总公司制定的《铝电解槽电压平衡测试标准（SLB—88—01）》进行，测量内容包括：阴极压降、阳极压降、极间压降及母线压降等。

2）阴极电流分布及阳极电流分布。

3）斜立母线电流分配。

（3）测试结果与分析。作为例子，下面给出中南大学周乃君等针对某厂（记为一厂）的4台200kA预焙槽和某厂（记为二厂）的两台200kA预焙槽进行电压平衡测试的部分测试与计算结果（见表19-1、表19-2）。

表 19-1　200kA 铝电解槽电压平衡测试与计算结果

项　目	测试对象	一厂4台槽平均值	二厂2台槽平均值
母线压降/mV	阴极软带	11.86	17.77
	阴极母线	93.84	105.29
	母线焊接	已计入相联部件的压降中	
	阳极压接	已计入相联部件的压降中	
	横梁母线	8.97	9.42
	阳极软母线	17.66	16.40
	斜立母线	84.17	107.84
	总　计	216.50	256.71

项 目	测试对象	一厂 4 台槽平均值	二厂 2 台槽平均值
阳极压降/mV	卡 具	12.57	10.07
	导 杆	18.34	21.04
	爆炸焊	10.20	8.01
	钢 爪	33.81	46.09
	钢 炭	312.23	305.37
	炭 块		
	总 计	389.38	390.58
反电动势①/mV		1650	1650
电解质压降	极距/cm	5.39	5.16
	压降/mV	1651.99	1406.37
槽底压降/mV		356.12	355.61
槽电压总和/mV		4263.98	4059.26

①反电动势取理论值。

表 19-2　200kA 铝电解槽电压平衡测算结果汇总表

测试对象 项目	一厂 4 台槽 平均值	二厂 2 台槽 平均值	测试对象 项目	一厂 4 台槽 平均值	二厂 2 台槽 平均值
阳极压降/mV	389.38	390.58	系列母线分摊	未计入平均电压	未计入平均电压
阴极压降/mV	356.12	355.61	槽电压总和/mV	4286.94	4123.31
电解质压降/mV	1651.99	1406.37	系列电流/kA	199.63	198.85
极化电压/mV	1650	1650	平均工作电压/V	4.272	4.19
效应分摊①/mV	22.95	61.09	误差/%	0.35	1.59
母线压降/mV	216.50	256.71			

①效应分摊电压值是根据所测槽在测试前一个月的效应报表数据计算确定。

　　由表 19-1 及表 19-2 可以看出，各项测量值之和（槽电压总和）与直接测得的平均槽电压值基本达到平衡，误差分别为 15mV（0.35%）、67mV（1.59%），在测量误差允许范围（±2%）之内，表明测算结果是可信的。

　　一厂的 4 台槽与二厂的 2 台槽母线结构基本相同，从所测电压平衡结果来看，除因极距差异造成的电解质压降有明显差异外，其他部分压降基本一致。

　　由表 19-2 可以看出：所测的一厂的 4 台槽的阳极压降平均值虽与二厂的 2 台槽的阳极压降平均值差不多，然而都高于设计值（333mV）。超过设计值的主要原因是：钢炭压降过高，超过设计值（200mV）112mV。导致钢炭接触与阳极块压降之和较大的可能原因是：1）钢炭间的磷生铁浇铸质量不佳；2）钢爪上的铁锈清理不够干净；3）阳极上保温料不足，造成阳极氧化严重，使钢-炭接触面积减小而压降增大；4）在阳极组装时对炭碗清理不够，炭碗中有粉尘异物；5）阳极质量不佳，其比电阻较大。具体原因应现场解剖探查确定。

　　对于电流分布，可以编制计算机程序，由计算机根据测定数据绘制电流分布图。图 19-2

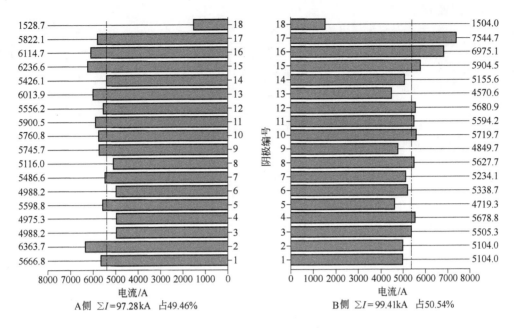

图 19-2 某槽阴极电流分布图

给出了一个阴极电流分布的测定实例。从该分布图可见，阴极电流分布的均匀性并不太好，部分阴极电流明显偏大或偏小，最小电流出现在 A18 处。就两侧出电电流分配来看，A 侧合计为 49.46%，B 侧合计为 50.54%，A、B 两侧相差 1.08%，差距不大。如果 A、B 两侧电流差距大，可能的原因有：槽底各部伸腿长度不同、钢棒与槽底炭块接触阻力不同，及槽底各部的沉渣、阴极软母线结构配置不合理等。

图 19-3 给出了阳极电流分布测定结果的一个实例。在该实例中，阳极电流分布不是很均匀，存在部分阳极电流明显偏大或偏小的现象。此外，A 侧电流比 B 侧要大一些。导致阳极电流分布不均的原因很多，例如，阳极残炭高度差异、槽内结壳、阳极导杆压接不良、A—B 两

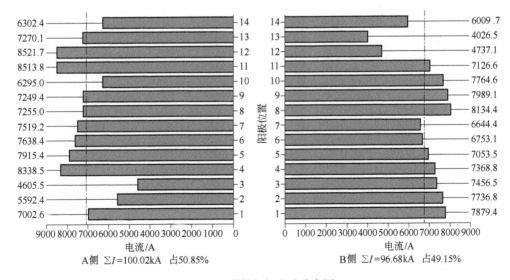

图 19-3 某槽阳极电流分布图

阳极母线配置不同等。

图 19-4 给出了斜立母线电流分配的测试实例。图中 D1、D2 代表靠近烟道端的两组立柱母线；T1、T2 代表靠近出铝端的两组立柱母线。在该实例中，立柱母线的电流分配与等进电比设计相比，存在有一定的偏差。

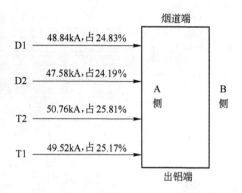

图 19-4　某槽立柱母线电流分配

19.3　能量平衡（热平衡）

19.3.1　能量平衡的相关概念与基本计算方法

电解槽的能量平衡是指单位时间内电解槽中能量的收、支相等。换言之，同一时间内，输入到电解槽的能量只要等于电解槽支出的能量，电解槽的能量才能维持一种平衡状态，电解槽的状态（特别是温度）才能维持稳定。

以电解槽整体作为计算体系，并以电解温度作为计算基础，则输入铝电解槽的电能（记为 $W_供$）分配在下列三个方面：

（1）加热物料和反应过程所需能量，即理论电耗 $W_理$。

（2）导电母线上的电能损失量 $W_导$。

（3）电解槽散热和其他能量损失 $W_损$。

当电解槽处于能量平衡状态时，输入等于输出，即

$$W_供 = W_理 + W_导 + W_损 \tag{19-15}$$

式中，$W_供$ 取决于槽电压 U 和系列电流 I，当电压的单位为 V，电流的单位为 kA 时，可按下式计算：

$$W_供 = UI(\mathrm{kW \cdot h/h}) \tag{19-16}$$

式中，$W_理$ 可又分为两个组分：反应所需的能量 $W_反$ 和加热物料所需的能量 $W_料$。

$W_反$ 可从反应式出发来推导计算式[2]。在正常电解温度（930~970℃）下，$W_反$ 与系列电流 I 和电流效率 η 的关系为：

$$W_反 = (0.436 + 1.456\eta)I(\mathrm{kW \cdot h/h}) \tag{19-17}$$

同样可推导出加热物料所需的能量为：

$$W_料 = (0.044 + 0.188\eta)I(\mathrm{kW \cdot h/h}) \tag{19-18}$$

上述两项之和为：

$$W_理 = W_反 + W_料 = (0.48 + 1.644\eta)I(\mathrm{kW \cdot h/h}) \tag{19-19}$$

$W_导$ 取决于导电母线的电阻（R_e）和系列电流（I）。如果，电阻的单位为 μΩ，电流的单位为 kA，则导电母线上的电能损失为：

$$W_导 = R_e I^2/1000(\mathrm{kW \cdot h/h}) \tag{19-20}$$

$W_损$ 包括通过电解槽的槽底、侧壁、槽面（炉面）及导线的散热损失。热损失有传导、对流和辐射三种主要形式，计算很复杂，因此常常根据能量平衡式来反推电解槽达到平衡时的热损失量，即

$$W_损 = W_供 - (W_理 + W_导) \tag{19-21}$$

考虑到 $W_导$ 也是一种热损失，因此若将 $W_导$ 归入到 $W_损$ 中一并考虑，然后利用式 19-16 和式 19-19 可得：

$$W_损 = W_供 - W_理 = UI - (0.48 + 1.644\eta) \cdot I$$

$$= [U - (0.48 + 1.644\eta)] \cdot I(\text{kW} \cdot \text{h/h}) \tag{19-22}$$

令

$$\alpha_{热损} = U - (0.48 + 1.644\eta) \tag{19-23}$$

$\alpha_{热损}$ 定义为电解槽的热损失系数，它代表电解槽处于平衡状态时，单位电流（1kA）和单位时间（1h）内损失的能量（kW·h）。上式表明热损失系数取决于体系压降和电流效率。

若电解槽的能量平衡被打破，则最直观的现象是电解槽的温度会发生变化，因此，对能量平衡的考察常常简化为对热平衡的考察（在实际生产中两者几乎有一样的含义）。如电压升高使能量输入大于能量输出，电解槽的温度便会升高。温度升高的结果是电解槽的散热增大，能量支出增大，使电解槽趋于一个新的能量平衡（电解槽的温度也趋于稳定在一个新的温度值上）。可见电解槽的能量平衡是一种动态的平衡，电解槽具有自我调节保持一种动态平衡的能力，这就是电解槽的自平衡能力。因电解槽炉膛和炉面结壳厚度可随温度变化而改变且槽内熔体处于较强烈的对流状态，所以电解槽具有较强的自平衡能力。然而，如果电解槽的能量平衡被严重打破，那么电解槽就无法尽快回复一种新的平衡状态，要么回复的时间很长，要么虽然回复到新的平衡，但却不是一个理想的平衡状态（如槽温过低或过高，槽膛过厚或过薄等）。

19.3.2 生产过程中影响能量平衡（热平衡）的常见因素

生产过程中影响能量平衡（热平衡）的常见因素包括以下几点：

（1）加料。该因素影响能量平衡中的 $W_料$。它取决于加入槽内的原料种类、质量以及添加方式。在槽正常运行过程中，Al_2O_3 的加热和溶解的吸热是 $W_料$ 的主要部分。添加 Al_2O_3（简称下料）是影响能量平衡（从而影响槽温）的一个较显著的因素。下料对槽温的影响表现在下列两个方面：

1）能量平衡（热平衡）被暂时打破，即由加入的冷料在被加热和溶解过程中吸收大量热能而导致电解质温度短时的急骤变化。我们曾在 160kA 预焙槽上对此进行了研究。在定时下料制下，于每次下料（90kg）后，在出铝孔处我们测得的电解质温度急骤降落的极小值为 7～9℃，在槽大面（边长的 1/4 和 3/4 处）的阳极边缘附近测得极小值为 4～5℃，由此推测在下料器下方局部电解质温度可降落 15～20℃。这便是在定时下料制下为保证 Al_2O_3 的溶解速率，避免难溶性沉淀生成而不得不保持15℃以上的电解质过热度的主要原因。在准连续下料制下，我们测得每次下料（9kg）后，电解质温度降落极值在出铝孔处为 1～2℃，在槽大面阳极边缘附近一般不足1℃，由此推算在下料器下方局部电解质的温度降落极值为4℃。可见采用准连续下料方式对能量平衡（热平衡）的破坏较小，为维持与定时下料制下相同的原料溶解速率所需的电解质温度与过热度可以大大降低。

2）能量平衡（热平衡）状态跟随物料平衡状态的变化而变化，即下料速率增大（"过量下料"）或减小（"欠量下料"）引起物料平衡状态变化，能量支出项中的 $W_料$ 相应地增大或减小，导致电解质温度（动态平衡温度）相对缓慢地降低或升高（槽膛也跟随着变厚或变薄），这便导致能量支出项中的 $W_散$ 相应地减小或增大，从而弥补 $W_料$ 的变化，使电解槽的能量支出依然等于收入（即能量依然保持平衡），然而能量平衡的状态却发生了变化，表现形式是电解槽的温度发生了变化。显然，这是能量平衡（热平衡）状态跟随物料平衡状态的变化而变化的现象。

(2) 出铝和阳极更换。出铝和阳极更换这两个周期性人工作业能显著的改变电解槽散热状态并因引起额外下料而显著地改变加热原料的能量消耗。这两种作业对槽能量平衡（热平衡）的影响是难以估计的。

阳极更换对热平衡的影响可分两方面考虑，一方面是该作业引起的（一次性）额外下料（对于大型槽大约为 70 ~ 120kg）；另一方面是该作业引起的散热和新阳极换入后的吸热，该方面引起的槽热平衡状态变化在换极后的前 4h 最为明显，其后的变化虽然减弱，但变化的持续时间长达 20 多个小时。

出铝对热平衡的直接影响没有阳极更换显著。在大型槽上出铝引起的额外下料在 30 ~ 50kg。但出铝改变了槽底的散热状态，因此对热平衡的间接影响作用还是较大的，因此，出铝时间和出铝量的调整常常被用作调整热平衡状态的一种手段。

(3) 槽面保温料。电解槽上部的散热损失占全部热损失的 60% 以上。而槽面保温料的厚度对电解槽上部的热损失有决定性的影响。可见，维持一个稳定的、均匀的保温料层对维持电解槽的能量平衡至关重要。目前，我国许多预焙槽生产中的一个常见问题是槽面保温料不足。显然，保温料越薄，槽上部散热损失占全部热损失的比例便越大，料面变化便越容易引起能量平衡（热平衡）的变化，电解槽的稳定性也就越差。

19.3.3 能量平衡测试实例

19.3.3.1 能量平衡测试的目的
能量平衡测试的目的主要有两点：

(1) 根据测试进行铝电解槽能量平衡计算，对各部分能量收支进行分析，并评价其合理性。

(2) 根据测试结果分析各部分能量收支不合理的原因，探讨改进措施，为改善电解槽的设计及改善工艺技术条件提供依据。

19.3.3.2 能量平衡的测试内容
目前，能量平衡测试依据原中国有色金属工业总公司制定的《铝电解槽能量平衡测试与计算方法（YS/T 120—92）》标准进行。测试内容包括：各部分散热损失、槽膛内型、电解槽工艺及操作参数等。

能量平衡测试点布置要求合理、全面，能较好地反映槽子实际散热情况。为此，将阴极槽壳分三个区域布点测试，即熔体带（一带）、阴极炭块带（二带）、耐火层与保温层带（三带）；槽底板以工字钢梁划分测试带；槽罩分块测量，每块分上、中、下三个区域布点测试，其中每带（区域）又分为若干个测量点；电解质与铝液温度、熔体（电解质、铝液）高度、极距及槽膛内型每台槽子分别测 12 个点。

计算所取体系为：槽底—槽壳侧部（包括阴极棒头）—四面侧部罩—上部水平罩—铝导杆构成的密封型体系。以环境温度为计算基础温度（而不是以电解温度为计算基础温度），以单位小时为能量收入支出时间计算单位。

19.3.3.3 测试计算结果的汇总与分析
测试工作完成后，采用部颁标准对测量数据进行处理和计算，然后将测试计算结果以图表形式给出。下面给出中南大学周乃君等在某厂 200kA 预焙槽上的实测结果（包括相关测试内容）作为例子。

图 19-5 为 314 号槽槽膛内型的实测结果（俯视示意图），图中 A1 ~ A14、B1 ~ B14 分别代

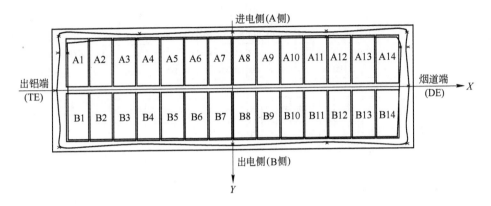

图 19-5 314 号槽实测槽膛内型图（俯视示意图）

表电解槽 A（进电侧）、B（出电侧）各 14 块阳极的标号，阳极外围的曲线表示槽膛分布。表 19-3 为 314 号槽实测的槽膛内型参数。

表 19-3 314 号槽的槽膛内型参数表

测点位置	槽帮厚度/cm		伸腿高度/cm		伸腿长度/cm	
	实测值	平均值	实测值	平均值	实测值	平均值
TE 端	16.9	—	5.0		3.2	
A3-4	15.8		3.0		2.9	
A7-8	11.9	12.2	4.5	3.6	3.9	3.5
A11-12	8.9		3.5		3.9	
DE 端	16.9	—	10.0		2.9	
B3-4	10.4		4.0		6.9	
B7-8	15.4	12.8	2.5	2.9	1.9	3.9
B11-12	12.6		2.2		3.9	

图 19-6 为 314 号槽的槽壳温度分布图。表 19-4 为 314 号槽的槽壳表面平均温度。熔体区对应的槽壳表面温度最高，往下槽壳表面平均温度依次递减，这符合槽壳温度分布的一般规律。

表 19-5 为 314 号槽的能量平衡测试结果的汇总表。表 19-6 为 314 号槽的槽体系的热损失结果汇总表。表 19-7 给出了 4 台测试槽的热损失分项对比表。图 19-7 ~ 图 19-10 给出了 4 台电解槽热损失的分布图，图中 4 个百分数分别对应槽上部、槽沿板、槽侧部（熔体区 + 阴极区）、阴极钢棒和槽底的热损失比例。

槽上部热损失主要取决于加工操作制度，即与氧化铝覆盖层厚度、加料加工方式、槽罩密闭状态等有关。槽下部热损失主要取决于阴极结构设计、槽衬材料性能变化程度及槽侧部炉帮形状等。

铝电解槽槽体系散热损失分布数据，在一定程度上可以用来评价铝电解槽阴极设计和加工操作的合理性，现代大型预焙铝电解槽在设计上要求侧部加强散热、底部加强保温，在生产操作中力求上部有一个合理的氧化铝覆盖层。

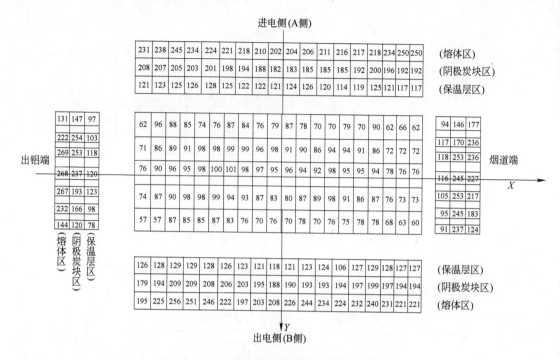

图 19-6 314 号槽的槽壳温度分布图 （单位:℃）

表 19-4 314 号槽的槽壳表面平均温度

项　目	熔体区	阴极炭块区	保温层区	最高温度/℃	槽底温度/℃	
A 侧平均温度/℃	223.8	194.1	121.8	250		
B 侧平均温度/℃	226.4	196.7	125.4	256	平均85.4	最高101
TE 端平均温度/℃	217.7	198.9	104.3	270		
DE 端平均温度/℃	199.7	218.0	106.0	236		

表 19-5 314 号槽能量平衡测算结果

项　目		能量/kJ·h⁻¹	折合电压/V	百分比/%
能量收入	电能收入	2900964.1	4.0332	100.0
能量支出	①铝电解反应能耗	1298895.8	1.8057	44.77
	②CO 与 CO_2 气体带走热	7930.7	0.0109	0.27
	③产物铝液带走热	82936.1	0.1153	2.86
	④残极带走热	8077.3	0.0113	0.28
	⑤钢爪带走热	1476.4	0.0020	0.05
	⑥换块散失的热	26047.0	0.0363	0.90
	⑦空气带走热	712443.1	0.9906	24.56
	⑧槽体系散热	716435.9	0.9962	24.70
	①槽壳底部和侧部	456218.7	0.6344	15.73
	②槽沿板	56166.2	0.0782	1.94
	③集气罩	130196.5	0.1811	4.49
	④阴极棒	57151.6	0.0795	1.97
	⑤铝导杆	16702.9	0.0234	0.58
	总支出	2854242.3	3.9683	98.39
能量收入与支出差额		46721.8	0.0649	1.61

表 19-6 314号槽体系散热损失

散热面			散热量/kJ·h⁻¹	折合功率/kW	折合电压/V	百分比/%
阳极	集气罩	A 侧	21822.6	6.401	0.0304	3.05
		B 侧	23316.5	6.821	0.0323	3.25
		出铝端	4888.5	1.427	0.0068	0.68
		烟道端	4135.0	1.217	0.0058	0.58
		水平顶部	76034.0	22.267	0.1057	10.61
	铝导杆		16702.7	4.890	0.0232	2.33
	小　计		146899.3	43.023	0.2042	20.50
阴极	槽沿板	A 侧	20885.5	6.128	0.0291	2.92
		B 侧	20396.3	5.981	0.0284	2.85
		出铝端	6368.7	1.868	0.0089	0.89
		烟道端	8515.7	2.497	0.0119	1.19
	槽壳	底部 A 侧	41975.5	12.298	0.0584	5.86
		底部 B 侧	80400.4	23.547	0.1118	11.22
		A 侧 一带	57222.8	16.768	0.0796	7.99
		A 侧 二带	38776.8	11.354	0.0539	5.41
		A 侧 三带	17286.5	5.058	0.0240	2.41
		B 侧 一带	56614.6	16.579	0.0786	7.90
		B 侧 二带	44397.7	13.012	0.0618	6.20
		B 侧 三带	17885.8	5.247	0.0249	2.50
		出铝端 一带	17946.3	5.247	0.0249	2.50
		出铝端 二带	23318.0	6.821	0.0323	3.25
		出铝端 三带	9013.0	2.644	0.0126	1.26
		烟道端 一带	14702.1	4.302	0.0204	2.05
		烟道端 二带	27787.7	8.143	0.0387	3.88
		烟道端 三带	8891.5	2.602	0.0123	1.24
	阴极棒头		57151.6	16.747	0.0795	7.98
	小　计		569536.5	166.843	0.7920	79.50
合　计			716435.8	209.866	0.9962	100.0

表 19-7 4台测试槽的热损失分项对比表

槽号	123 号		204 号		314 号		416 号	
项目	热损失/V	百分比/%	热损失/V	百分比/%	热损失/V	百分比/%	热损失/V	百分比/%
上部热损失	1.3141	62.34	1.4826	64.08	1.3709	63.39	1.2950	60.69
①CO/CO₂热损失	0.0103	0.49	0.0099	0.43	0.0109	0.50	0.0108	0.51
②空气带走热	0.8941	42.41	1.0973	47.43	0.9906	45.80	0.9012	42.24
③产物铝带走热	0.1155	5.48	0.1115	4.82	0.1153	5.33	0.1152	5.40
④残极带走热	0.0111	0.53	0.0112	0.48	0.0113	0.52	0.0111	0.52

槽 号	123 号		204 号		314 号		416 号	
项 目	热损失/V	百分比/%	热损失/V	百分比/%	热损失/V	百分比/%	热损失/V	百分比/%
⑤钢爪带走热	0.0021	0.10	0.0021	0.09	0.0020	0.09	0.0021	0.10
⑥换块热损失	0.0349	1.66	0.0347	1.50	0.0363	1.68	0.0345	1.62
⑦铝导杆散失热	0.0230	1.09	0.0231	1.00	0.0234	1.08	0.0230	1.08
⑧集气罩热损失	0.2231	10.58	0.1928	8.33	0.1811	8.37	0.1971	9.24
阴极热损失	0.7939	37.66	0.8309	35.92	0.7919	36.61	0.8387	39.31
①槽沿板	0.0900	4.27	0.0487	2.11	0.0782	3.62	0.0709	3.32
②熔体区	0.3023	14.34	0.2968	12.83	0.2035	9.41	0.2285	10.71
③阴极区	0.2003	9.50	0.2214	9.57	0.2605	12.04	0.2951	13.83
④槽底	0.1294	6.14	0.1918	8.29	0.1702	7.78	0.1698	7.96
⑤阴极棒头	0.0719	3.41	0.0722	3.12	0.0795	3.68	0.0744	3.49
合 计	2.1080	100.0	2.3135	100.0	2.1628	100.0	2.1337	100.0

注：采用折合电压表示热损失。

总热损失指除铝电解反应能耗以外的总能量支出。

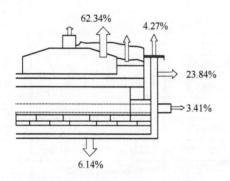

图 19-7 123 号槽总热损失分布图

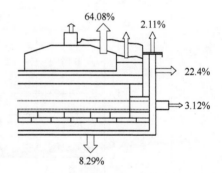

图 19-8 204 号槽总热损失分布图

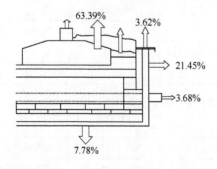

图 19-9 314 号槽总热损失分布图

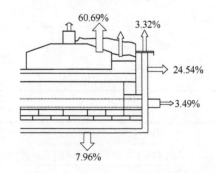

图 19-10 416 号槽总热损失分布图

以 314 号槽为例，总热损失为 2.1628V，占总能量收入的 53.62%，槽上部热损失为 1.3709V，占总热损失的 63.39%；阴极热损失为 0.7919V，占总热损失的 36.61%；阴极热损失中，槽沿板、槽侧部、阴极钢棒和槽底的热损失分别占总热损失的 3.62%、21.45%、

3.68%和7.78%。314号槽的槽下侧部（阴极炭块表面高度以下）的热损失为0.5102V，显著高于槽底压降（实测为0.345V），可见属于所谓的"自耗型"阴极，但从另一方面也说明阴极热损失偏高，阴极保温设计不够理想。

参 考 文 献

1　李劼. 点式下料铝电解槽计算机控制模型的研究：［学位论文］. 长沙：中南工业大学，1993
2　杨重愚. 轻金属冶金学. 北京：冶金工业出版社. 1991

20　铝电解槽的物理场

20.1　物理场的基本概念

铝电解槽的物理场指存在于电解槽内及其周围的电、磁、流、热、力等物理现象。这些物理场可以是独立的，也可以是其他场派生出来的。它们包括电流场、磁场、热场、熔体流动场和应力场等。

电流场指电解槽中电流与电压的分布，它是电解槽运行的能量基础，是其他各物理场形成的根源：

（1）电流产生磁场。

（2）电流的热效应（焦耳热）产生热场。

（3）磁场分布的不平衡是电解质与铝液运动的主要原因，即形成流场（即熔体流动场）。

（4）流场影响电解质中 Al_2O_3 和金属的扩散与溶解，即形成浓度场。

（5）温度分布形成槽帮结壳，并产生热应力使槽体结构发生变形，从而形成应力场。

20.2　物理场技术的发展历史

以物理场的计算机仿真为核心的物理场技术，是随着大容量电解槽的开发和对槽内电解过程的深入研究而逐步建立和完善起来的。

20 世纪 60 年代以前，铝电解的研究主要集中在电解过程方面，如电极反应、阳极效应机理、电解质组成及其物理化学性质、影响电流效率的因素等。电解槽的设计基本停留在经验设计阶段。尽管在电解槽的结构、技术经济指标等方面都取得了很大的进展，但未能有根本性的突破。在这一阶段已有人开始研究磁场等对电解过程的影响，但未引起足够的重视。

从降低投资和提高劳动生产率角度考虑，增大槽子容量是经济的。在扩大容量的过程中，一些过去不被重视的物理场对电解过程的影响愈来愈大，甚至到了使电解槽无法增大容量和无法正常运行的程度。因此，从 20 年代后期开始，国际上许多大的铝业公司、研究所及高等院校相继投入了较大的人力物力开展相关的研究工作。在这一阶段，计算机技术的广泛应用和计算机容量的不断扩大为物理场的研究提供了有力的工具。尽管各自的研究方法和路线不同，但均以母线配置和电流分布为基础，采用数学物理的模拟方法，结合原型工业试验的结果，建立起一整套关于电解槽电、磁、热场、流体流动场及其与电解过程电流效率之间关系的数学模型、计算机程序。利用现代计算机仿真方法对电解槽物理场分布及其变化规律的模拟分析技术称为物理场的计算机仿真技术。

物理场研究成果使电解槽的设计由纯经验设计转向计算机辅助优化设计，并使人们对电解过程有了更深入的了解。这些研究成果体现在 20 世纪 80 年代初国际上投产了一批 180kA 级的高效能工业电解槽上，随后更大容量的高效能电解槽不断出现，直至目前出现了 500kA 的大型预焙槽。

我国的物理场研究工作是从 20 世纪 80 年代以消化引进"日轻"技术为起点的。70 年代末期，当时我国从日本轻金属株式会社引进了全套 160kA 中间下料预焙槽技术。在引进的技术资料中，有一套在当时对我们来说还比较陌生的计算机设计软件，即"磁场计算程序"、"阴、阳极热解析程序"、"槽壳应力分布计算程序"。在消化和开发这套软件技术时，为了方便将它们称为"三场"（磁场、热场和应力场）技术。随着研究和开发过程的深入，人们发现铝电解槽中影响电解过程的物理场远非这三种，但作为人们广泛接受的名词，"三场"如今被沿用下来，泛指物理场。

从 90 年代以来，已成功地应用物理场技术设计和优化 180kA 级以上的预焙槽。到目前，我国自行开发的物理场技术已达到或接近国际先进水平，并成功地应用于 180 ~ 350kA 预焙槽的开发中。

20.3 物理场计算机仿真的数学模型与方法

铝电解槽物理场的计算机仿真的实质是数学模拟与数值解析。因为各个物理场都遵循已知的物理学规律，所以运用计算机就能求解方程组的数值解，然后利用计算机的图形处理能力，便可以图形方式输出计算结果。下面着重讨论电场、磁场、流场、热场和应力场的计算模型[1,2]，并简要介绍物理场的综合仿真方法和动态仿真方法。

20.3.1 电场计算模型

铝电解槽中电流从阳极导入，通过电解质和金属铝液到阴极炭块再由阴极钢棒导出。电场（电流与电压分布）是铝电解槽运行的能量基础，是其他各物理场形成的根源。因此，铝电解槽的电流分布好坏对铝电解生产有重要的影响。采用等效电阻法与有限元法相结合的方法，研究铝电解槽电流分布。在计算中对所研究的铝电解槽导电部分阳极、熔体（电解质和铝液）和阴极炭块做出如下假设：

（1）在本模型进行迭代求解的有限的时间段内，整个铝电解槽及其解析域的电、磁、流等参数场属于稳态场。

（2）槽帮结壳看作绝缘体。

（3）阳极炭块下表面处于同一水平面。

（4）阳极炭块、熔体和阴极炭块分别等温，各子域电阻率相等。

（5）铝液高度和电解质高度各处均匀。

（6）母线系统、阳极导杆、阳极钢爪等按等效电阻处理。

20.3.1.1 母线电流计算模型

流经母线系统、阳极导杆及阳极钢爪各部件的电流可根据基尔霍夫定律计算：

$$\Sigma E = \Sigma I \cdot R \tag{20-1}$$

$$\sum_j I_j = 0 \quad (j \text{ 表示节点}) \tag{20-2}$$

图 20-1 是一种预焙槽的导电体及周边导电母线模型图。图 20-2 是某种槽型的导电段等效电阻网络模型示意图，计算时将母线段都用等效电阻代替，然后根据总电流及各母线段的串并联关系，绘制电路网络图，由上式解出各节点的电位及母线段的电流。

20.3.1.2 阳极、阴极与熔体电流解析模型

对于阳极、熔体（电解质和铝液）、阴极电流场，可采用多种数值计算方法，例如有限差分法、有限元法、电荷模拟法、表面电荷法等，其中有限差分法和有限元法是目前使用较为广泛的两种数值计算方法。由于在进行迭代求解的有限的时间段内，铝电解槽的电流场属于静态电场，场量与时间无关，因此铝电解槽内导电部分的导电微分方程可表示为拉普拉斯方程，

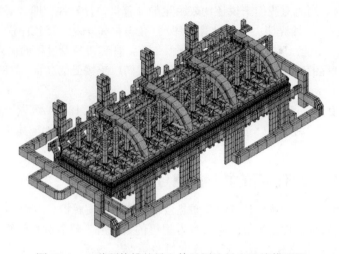

图 20-1 一种预焙槽的导电体及周边导电母线模型图

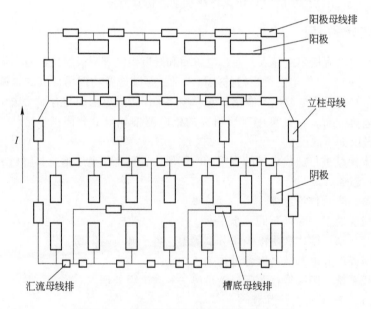

图 20-2 母线段等效电阻网络模型示意图

即：

$$\sigma_x \frac{\partial^2 U}{\partial x^2} + \sigma_y \frac{\partial^2 U}{\partial y^2} + \sigma_z \frac{\partial^2 U}{\partial z^2} = 0 \tag{20-3}$$

$$\Sigma U = \Sigma I \cdot R \tag{20-4}$$

式中　U——标量电位，V；

　　　I——电流，A；

　　　R——电阻，Ω；

　　　σ——电导率，S/m。

　　求解铝电解槽阳极、阴极与熔体电流场的有限元基本方程可以从泛函出发经变分求得，也可从微分方程出发用加权余量法求得。以后者为例，对电位分布方程取插值函数：

$$\tilde{U}(x,y,z) = \tilde{U}(x,y,z,U_1,U_2,\cdots,U_n) \tag{20-5}$$

式中 U_1，U_2，$\cdots$，U_n——n 个待定系数。

根据加权余量法的定义，可得：

$$\iiint_U W_l \left[\sigma_x \frac{\partial^2 \tilde{U}}{\partial x^2} + \sigma_y \frac{\partial^2 \tilde{U}}{\partial y^2} + \sigma_z \frac{\partial^2 \tilde{U}}{\partial z^2} \right] dxdydz = 0, \ l = 1,2,\cdots,n \tag{20-6}$$

式中 U——三维电场的定义域；

W_l——权函数。

根据伽辽金法对权函数的选取方式，得：

$$W_l = \frac{\partial^2 \tilde{U}}{\partial U_l}, \ l = 1,2,\cdots,n \tag{20-7}$$

为了引入边界条件，利用高斯公式把区域内的体积分与边界上的曲面积分联系起来，经变换可得：

$$\frac{\partial J}{\partial U_l} = \iiint_U \left(\sigma_x \frac{\partial W_l}{\partial x} \frac{\partial U}{\partial x} + \sigma_y \frac{\partial W_l}{\partial y} \frac{\partial U}{\partial y} + \sigma_z \frac{\partial W_l}{\partial z} \frac{\partial U}{\partial z} \right) dxdydz -$$

$$\oiint_\Sigma \left[W_l \left(\sigma_x \frac{\partial U}{\partial x} \cos\alpha + \sigma_y \frac{\partial U}{\partial y} \cos\beta + \sigma_z \frac{\partial U}{\partial z} \cos\gamma \right) \right] dS = 0, \ l = 1,2,\cdots,n \tag{20-8}$$

一般在整体区域对式 20-8 进行计算，将求解区域熔体（电解质和铝液）、阳极炭块、阴极炭块进行网格剖分，先在每一个局部的网格单元中计算，最后合成为整体的线性方程组求解。如果将区域划分为 E 个单元和 n 个结点，则电场 $U(x,y,z)$ 离散为 U_1，U_2，$\cdots$，U_n 等 n 个结点的待定电位，得到合成的总体方程为：

$$\frac{\partial J}{\partial U_l} = \sum_{e=1}^{E} \frac{\partial J^e}{\partial U_l} = 0, \ l = 1,2,\cdots,n \tag{20-9}$$

式 20-9 有 n 个结点，相应可求得 n 个结点的电位。

最后得到矩阵方程式：

$$[k]^e \cdot \{U_l\}^e = [f_p]^e \tag{20-10}$$

迭代并求解，即可得求解域内各点的标量电位 U，并求解出各点的电流密度 J、电场强度 E 及电流 I 等量。

20.3.1.3 铝电解槽导电系统综合计算模型

铝电解槽导电系统综合解析模型也就是将母线电流等效电阻网络计算模型与阳极、阴极与熔体电流有限元计算模型综合于一体，实现铝电解槽整槽电流场的整体计算（见彩图 I-1 和彩图 I-2）。

20.3.2 磁场计算模型

把铝电解槽磁场计算场域划分为四部分：母线系统区 Ω_1，阳极、电解质、铝液、阴极炭块区 Ω_2，有源电流的磁性材料阴极钢棒区 Ω_3，铝电解槽槽壳钢板区 Ω_4。分别采用不同的计算方法进行计算。

20.3.2.1 母线磁场计算模型

铝电解槽的母线分为斜立母线和平行轴线母线，其中平行轴线母线又可分为串接母线和非串接母线。计算母线电流产生的磁场采用均匀分布的有限长矩形母线来计算槽内的磁场，也称为矩形母线模型。

设矩形母线与 z 轴平行，母线截面的边长分别 $2a$ 和 $2b$，如图 20-3 所示。母线长度为 $z_2 - z_1$，通过母线的电流为 I，电流沿 z 轴方向流通。取一截面为 $dx'dy'$ 的细丝形成一平行 z 轴的线形电流，长度为 l，线电流 I'，并将坐标原点取在母线断面的中心。根据毕奥-萨伐定律：

$$d\boldsymbol{B} = \frac{\mu_0 I'}{4\pi} \frac{dz \times \boldsymbol{r}^0}{r^2} \qquad (20-11)$$

式中 $\boldsymbol{r}^0$——P' 点指向 P 点的矢径 $\boldsymbol{r}$ 方向上的单位矢量；

μ_0——真空中的磁导率，$\mu_0 = 4\pi \times 10^{-7} \mathrm{H/m}$。

$$d\boldsymbol{B} = \frac{\mu_0 I'}{4\pi} \frac{dz \times (\boldsymbol{r}_P - \boldsymbol{r}_{P'})}{r^3} \qquad (20-12)$$

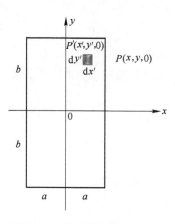

图 20-3 矩形载流母线磁场
计算示意图

由于：

$$r = \sqrt{R^2 + z^2}, \quad R = \sqrt{(x'-x)^2 + (y'-y)^2}, \quad \sin(z, \boldsymbol{r}_0) = R/r \qquad (20-13)$$

式中 z——垂直方向坐标；

R——投影面内半径；

r——$\boldsymbol{r}_0$ 的长度。

因此线电流 I' 在 $P(x,y,0)$ 点产生的磁感应强度为：

$$B' = \frac{\mu_0 I'}{4\pi} \int_l \frac{\sin(z, \boldsymbol{r}_0)}{R^2 + z^2} dz = \frac{\mu_0 I'}{4\pi \sqrt{(x'-x)^2 + (y'-y)^2}} \times$$
$$\left(\frac{z_2}{\sqrt{(x'-x)^2 + (y'-y)^2 + z_2^2}} - \frac{z_1}{\sqrt{(x'-x)^2 + (y'-y)^2 + z_1^2}} \right) \qquad (20-14)$$

载流母线可视为由有限根细丝线形电流所组成，因此矩形母线所产生的磁场为各线形电流产生的磁场的叠加。线形电流为：

$$I' = \frac{I}{4ab} dx'dy' \qquad (20-15)$$

将 I' 代入式 20-14 并对之积分，即得 P 点的磁感应强度为：

$$B = \int_{-a}^{a} \int_{-b}^{b} \frac{\mu_0 dx'dy'}{16ab\pi \sqrt{(x'-x)^2 + (y'-y)^2}} \times$$
$$\left(\frac{z_2}{\sqrt{(x'-x)^2 + (y'-y)^2 + z_2^2}} - \frac{z_1}{\sqrt{(x'-x)^2 + (y'-y)^2 + z_1^2}} \right) dxdy \qquad (20-16)$$

采用数值积分求得上式的结果后，再利用 $dz \times d\boldsymbol{r}_0$ 的方向余弦，求得三个分量 B_x，B_y，B_z。当计算槽内任一点 $P(x,y,z)$ 上的磁感应强度时，首先进行坐标变换，将坐标原点沿 z 轴向上移动 z，变换坐标后 P 的坐标为 $P(x,y,0)$，利用上面的方法即可得到载流母线的磁场。

20.3.2.2 阴极、阳极、熔体磁场计算模型

炭块及熔体中电流产生的磁场可采用矩形母线数学模型，在计算中将炭块、熔体区应用有限元划分成若干六面体有限元单元，通过有限元方法计算出每个单元的电流分布，作为炭块及熔体区磁场计算的电流源，然后应用毕奥-萨伐定律计算出炭块和熔体区的磁场。其计算方法如下：

$$\boldsymbol{B} = \mu \boldsymbol{H} = \mu \boldsymbol{H}_s \qquad (20-17)$$

$$\nabla \times \boldsymbol{H}_s = \boldsymbol{J}_s \tag{20-18}$$

式中　$\boldsymbol{H}_s$——源电流区域产生的磁场强度；

　　　$\boldsymbol{J}_s$——源电流区域电流密度；

　　　μ——磁导率，H/m。

式 20-18 中源电流区域产生的磁场强度可以由毕奥-萨伐定律体积分计算得出：

$$\boldsymbol{H}_s = \frac{1}{4\pi} \int_v \frac{\boldsymbol{J}_s \times \boldsymbol{r}}{r^3} \mathrm{d}v \tag{20-19}$$

即：

$$\boldsymbol{B} = \mu \frac{1}{4\pi} \int_v \frac{\boldsymbol{J}_s \times \boldsymbol{r}}{r^3} \mathrm{d}v \tag{20-20}$$

式中　$\boldsymbol{r}$——源点到场点的径向矢量；

　　　r——场点到源点的距离。

20.3.2.3 阴极钢棒磁场计算模型

阴极钢棒区既是铁磁物质又存在着电流，对此可采用简化标量磁位法计算。阴极钢棒产生的磁场由两部分组成：阴极钢棒电流产生的磁场和阴极钢棒铁磁物质产生的磁场。

$$\boldsymbol{B} = \mu \boldsymbol{H} = \mu(\boldsymbol{H}_s + \boldsymbol{H}_0) \tag{20-21}$$

式中　$\boldsymbol{H}_s$——阴极钢棒电流产生的磁场强度；

　　　$\boldsymbol{H}_0$——阴极钢棒铁磁产生的磁场强度；

　　　$\boldsymbol{H}$——总磁场强度。

对于由阴极钢棒铁磁物质产生的磁场强度，由式 20-18 有：

$$\nabla \times \boldsymbol{H}_0 = 0 \tag{20-22}$$

由此可定义简化标量磁位 ϕ 为：

$$\boldsymbol{H}_0 = -\mathrm{grad}\phi \tag{20-23}$$

代入式 20-21 得：

$$\boldsymbol{H} = \boldsymbol{H}_s - \mathrm{grad}\phi \tag{20-24}$$

因此：

$$\boldsymbol{B} = \mu \boldsymbol{H} = \mu \left(\frac{1}{4\pi} \int_v \frac{\boldsymbol{J}_s \times \boldsymbol{r}}{r^3} \mathrm{d}v - \mathrm{grad}\phi \right) \tag{20-25}$$

20.3.2.4 槽壳磁场计算模型

显然在 Ω_4 中，由于 $\nabla \times \boldsymbol{H} = 0$，因此可以定义全标量磁位 ϕ 为：

$$\boldsymbol{B} = \mu \boldsymbol{H} = -\mu \mathrm{grad}\phi \tag{20-26}$$

计算时可先用标量电位法计算出母线系统、阳极、阴极、熔体及阴极钢棒的电流密度分布，然后应用毕奥-萨伐定律、全标量磁位法和简化标量磁位法分别计算出各部分的磁感应强度，最后综合各部分的磁感应强度，得出所计算区域任一点的磁感应强度(见彩图I-3 和彩图I-4)。

20.3.2.5 铝液电磁力场计算模型

铝液电磁力场的计算主要分为三步：(1) 铝电解槽电流场的计算；(2) 铝电解槽磁场的计算；(3) 根据铝电解槽的电流场和磁场计算结果计算出铝液电磁力场。

求出槽内各点磁感应强度及其分量后，其电磁力由所计算单元内电流密度矢量 $\boldsymbol{J}$ 与磁场矢量 $\boldsymbol{B}$ 的叉积确定，即：$\boldsymbol{F} = \int_V \boldsymbol{J} \times \boldsymbol{B} \mathrm{d}v$，用 x、y、z 方向的分量表示为：

$$F_x = \int_V (J_y B_z - J_z B_y)\,\mathrm{d}v \tag{20-27}$$

$$F_y = \int_V (J_z B_x - J_x B_z)\,\mathrm{d}v \tag{20-28}$$

$$F_z = \int_V (J_x B_y - J_y B_x)\,\mathrm{d}v \tag{20-29}$$

20.3.3 铝液流场计算模型

流体分为牛顿流体和非牛顿流体，牛顿流体如水、空气等；而非牛顿流体则包括泥浆、石油、沥青等。至今国内外研究都表明电解槽中铝液属于牛顿流体。铝电解槽流动区域指熔融的电解质与铝液熔体所占据的空间部分，且电解质与铝液分为上下两层。熔体在电解槽内受四种力的作用：电磁力，阳极气体流动所产生的力，温差对流浮力，重力。这些力的作用使得熔体发生循环流动、界面波动和隆起变形。由于各部分熔体所受力不同，研究熔体流动时一般将电解槽内的熔体分为三个子区：一区为铝液层，为单相流动区域，主要受电磁力的作用；二区为近铝液面的电解质薄层，没有气泡，因而也可处理为单相流动区域，这部分也主要受电磁力的作用；三区为近阳极区，即阳极周围及底掌下的电解质，这一区域气泡的运动起着主要作用，为气泡—液体两相流动区域。显然，一、二区之间存在明确的分界面，二、三区之间则没有明显的分界面。

熔体的三维湍流运动可用纳维—斯托克斯（Navier-Stocks）方程来描述。由于铝电解槽中铝液的运动对电解生产影响显著，因此一般主要研究铝液流动，并对所研究的对象进行以下简化：

（1）铝液流动视为单相流。

（2）铝液流动视为不可压缩流，并且在本模型迭代求解的时间段内视为稳态流。

（3）由于密度的差别，铝液在电解槽的下部，电解质在其上部，可以认为两层熔体互不掺混，因此将铝液表面视为自由面。

（4）铝液的导热性好，因此铝液流动视为等温流动。

由于熔融铝液与电解质两种液体互不掺混，且不考虑两者之间的热交换，因此自由表面可近似作为对称面处理。在对称面和对称轴线上，速度方向平行于对称面或对称轴线，而垂直于对称面或对称轴线的速度分量为0。同时，所有变量的垂直于对称面或对称方向的导数都为0，即：

$$\frac{\partial p}{\partial n_a} = \frac{\partial k}{\partial n_a} = \frac{\partial \varepsilon}{\partial n_a} = 0 \tag{20-30}$$

式中 n_a——对称面的法线方向。

在简化的基础上，建立铝电解槽流场的三维流动紊流数学模型。利用广义的牛顿黏性定律，相应的雷诺时均 Navier-Stocks 方程组可表示为（此处均略去了时均符号）：

连续性方程：
$$\frac{\partial(\rho v_x)}{\partial x} + \frac{\partial(\rho v_y)}{\partial y} + \frac{\partial(\rho v_z)}{\partial z} = 0 \tag{20-31}$$

动量方程：

$$\frac{\partial(\rho v_x v_x)}{\partial x} + \frac{\partial(\rho v_y v_x)}{\partial y} + \frac{\partial(\rho v_z v_x)}{\partial z} = \rho g_x - \frac{\partial P}{\partial x} + \frac{\partial}{\partial x}\left(\mu_{\text{eff}} \frac{\partial v_x}{\partial x}\right) + \frac{\partial}{\partial y}\left(\mu_{\text{eff}} \frac{\partial v_x}{\partial y}\right) + \frac{\partial}{\partial z}\left(\mu_{\text{eff}} \frac{\partial v_x}{\partial z}\right) + F_x$$

$$\tag{20-32}$$

$$\frac{\partial(\rho v_x v_y)}{\partial x} + \frac{\partial(\rho v_y v_y)}{\partial y} + \frac{\partial(\rho v_z v_y)}{\partial z} = \rho g_y - \frac{\partial P}{\partial y} + \frac{\partial}{\partial x}\left(\mu_{\text{eff}}\frac{\partial v_y}{\partial x}\right) + \frac{\partial}{\partial y}\left(\mu_{\text{eff}}\frac{\partial v_y}{\partial y}\right) + \frac{\partial}{\partial z}\left(\mu_{\text{eff}}\frac{\partial v_y}{\partial z}\right) + F_y$$

$$(20\text{-}33)$$

$$\frac{\partial(\rho v_x v_z)}{\partial x} + \frac{\partial(\rho v_y v_z)}{\partial y} + \frac{\partial(\rho v_z v_z)}{\partial z} = \rho g_z - \frac{\partial P}{\partial z} + \frac{\partial}{\partial x}\left(\mu_{\text{eff}}\frac{\partial v_z}{\partial x}\right) + \frac{\partial}{\partial y}\left(\mu_{\text{eff}}\frac{\partial v_z}{\partial y}\right) + \frac{\partial}{\partial z}\left(\mu_{\text{eff}}\frac{\partial v_z}{\partial z}\right) + F_z$$

$$(20\text{-}34)$$

式中　v_x、v_y、v_z——表示 x、y、z 熔体的速度;

x、y、z——表示坐标方向(其中 x 方向由出铝端指向烟道端,y 方向由 A 侧指向 B 侧,z 方向由铝液下表面指向铝液上表面);

P——压力;

ρ——熔体密度;

g_x、g_y、g_z——x、y、z 的重力加速分量;

F_x、F_y、F_z——作用于熔体上的体积力的分量(包括电磁力以及浮力);

μ_{eff}——有效黏度(等于分子黏度 μ 与湍流黏度 μ_T 之和),即:

$$\mu_{\text{eff}} = \mu + \mu_T \tag{20-35}$$

用 $k\text{-}\varepsilon$ 湍流双方程模型进行封闭。

湍动能 k、湍动能耗散速率 ε 方程为:

$$\mu_T = C_\mu \rho k^2 / \varepsilon \tag{20-36}$$

$$\frac{\partial}{\partial x_i}(\rho k u_i) = \frac{\partial}{\partial x_i}\left[\left(\mu + \frac{\mu_T}{\sigma_k}\right)\frac{\partial k}{\partial x_i}\right] + \mu_T \frac{\partial u_j}{\partial x_i}\left(\frac{\partial u_i}{\partial x_j} + \frac{\partial u_j}{\partial x_i}\right) - \rho\varepsilon \tag{20-37}$$

$$\frac{\partial}{\partial x_i}(\rho\varepsilon u_i) = \frac{\partial}{\partial x_i}\left[\left(\mu + \frac{\mu_T}{\sigma_\varepsilon}\right)\frac{\partial\varepsilon}{\partial x_i}\right] + C_1\frac{\varepsilon}{k}\mu_T\frac{\partial u_j}{\partial x_i}\left(\frac{\partial u_i}{\partial x_j} + \frac{\partial u_j}{\partial x_i}\right) - C_2\rho\frac{\varepsilon^2}{k} \tag{20-38}$$

式中　C_1、C_2、C_μ——经验常数;

σ_ε——湍动能耗散率 ε 的普朗特数;

σ_k——脉动能 k 的普朗特数。

方程中各项常数取值分别为:C_μ 为 0.09,C_1 为 1.44,C_2 为 1.92,σ_k 为 1.0,σ_ε 为 1.3。

铝液/电解质界面隆起的高度是以铝液流场计算所得的压力分布为基础,并根据简单的静力平衡以及铝液与电解质界面处压强连续的基本原理进行计算的,相应的表达式为:

$$h = \frac{P_E - P_M}{g(\rho_M - \rho_E)} \tag{20-39}$$

式中　h——相对于初始位置电解质—铝液界面的隆起高度;

下标 E、M——电解质和铝液。

根据前面对铝液流动的物理模型的简化,铝液表面为自由表面,即为等压面,P_M 为常数,则上式可表示为:

$$h = \frac{P_E}{g(\rho_M - \rho_E)} - h_0 \tag{20-40}$$

式中　h_0——常数,该常数可根据铝液体积不变的原则来确定。即:

$$h_0 = \frac{1}{S_0}\iint\frac{P_E}{g(\rho_M - \rho_E)}\mathrm{d}x\mathrm{d}y \tag{20-41}$$

式中 S_0——铝液界面的面积。

20.3.4 热场计算模型

20.3.4.1 电热传导微分方程

电流在电解槽内传递过程迅速、滞后小，故电传递过程可采用拉普拉斯方程表示，即：

$$\mathbf{\nabla} \cdot \sigma \mathrm{grad} V = 0 \tag{20-42}$$

式中 σ——电导率；

V——电位差。

对坐标为 (i, j, k) 的控制单元体，若有电流通过，其焦耳热为：

$$q_{i,j,k} = q_{i,j,k}^{i-1,j,k} + q_{i,j,k}^{i+1,j,k} + q_{i,j,k}^{i,j+1,k} + q_{i,j,k}^{i,j,k-1} + q_{i,j,k}^{i,j,k+1} \tag{20-43}$$

其中，

$$q_{i,j,k}^{i-1,j,k} = \sigma_x \cdot (V_{i-1,j,k} - V_{i,j,k})^2 \frac{\Delta y \Delta z}{\Delta z} \tag{20-44}$$

20.3.4.2 槽内温度和槽帮结壳界面控制方程

忽略电解槽熔体流动的黏性耗散作用，对槽内熔体温度随时间的变化可由能量控制方程表达如下：

$$\rho \frac{\partial H}{\partial \tau} + \mathrm{div}(\rho \boldsymbol{v} H) = \mathrm{div}(k \cdot \mathrm{grad} T) + q_{\mathrm{vol}} \tag{20-45}$$

对于理想气体以及固体和液体，温度与焓的关系可表示为：

$$H = \int_{T_0}^{T} C(T) \cdot \mathrm{d} T \tag{20-46}$$

即：

$$c_p \mathrm{grad}(T) = \mathrm{grad}(H) \tag{20-47}$$

对于纯物质其关系为：

$$\begin{array}{lll} H = c_p T & T \leqslant T_{\mathrm{m}} & \text{（固相）} \\ H = c_p T_{\mathrm{m}} + H_{ps}(t) & T = T_{\mathrm{m}} & \text{（界面）} \\ H = c_p T + \lambda & T \geqslant T_{\mathrm{m}} & \text{（液相）} \end{array} \tag{20-48}$$

式中，$H_{ps}(t)$ 是虚焓，满足如下关系式：

$$\int_{t}^{t+\Delta t} \frac{\mathrm{d} H_{ps}}{\mathrm{d} t} \mathrm{d} t = L = H_{\mathrm{l}} - H_{\mathrm{s}} \tag{20-49}$$

式中 L——潜热；

下标 m——标识熔点。

对于相变发生在一温度区间的物质，其关系为：

$$H(T) = \int_{T_0}^{T} C(T) \mathrm{d} T \quad T_0 \leqslant T \leqslant T_{\mathrm{sm}}$$

$$H(T) = H(T_{\mathrm{sm}}) + \frac{L(T - T_{\mathrm{sm}})}{2\varepsilon} \quad T_{\mathrm{sm}} \leqslant T \leqslant T_{\mathrm{ml}} \tag{20-50}$$

$$H(T) = H(T_{\mathrm{ml}}) + \int_{T_{\mathrm{ml}}}^{T} C(T) \mathrm{d} T \quad T_{\mathrm{ml}} \leqslant T$$

式中 ε——相变温度范围;

 下标 s——标识固相区,即槽帮结壳区;

 下标 m——标识过渡区,即相变区;

 下标 l——标识液相区,即熔体区。

将式 20-47 代入到式 20-45 可得:

$$\rho c_p \frac{\partial T}{\partial \tau} + \mathrm{div}(\rho \boldsymbol{v} H) = \mathrm{div}\left(\frac{k}{c_p}\mathrm{grad}H\right) + q_{\mathrm{vol}} \tag{20-51}$$

若只考虑导热,则式 20-51 可简化为:

$$\rho c_p \frac{\partial T}{\partial \tau} = \mathrm{div}\left(\frac{k}{c_p}\mathrm{grad}H\right) + q_{\mathrm{vol}} \tag{20-52}$$

对于液相区,如不能忽略流动的影响,仍可采用式 20-47 的形式表示。但热导率 κ 用有效导热系数 k_{eff} 表示。

$$k_{\mathrm{eff}} = k + k_{\mathrm{t}}$$

式中 k——分子导热系数;

 k_{t}——湍流导热系数。

式 20-52 即是所求的控制方程。

若进一步假定 c_p 是常数,则 H-T 的关系可简化为:

$$H = c_p \cdot T$$

则式 20-52 可简化为:

$$\rho c_p \frac{\partial T}{\partial \tau} = \mathrm{div}(k\mathrm{grad}T) + q_{\mathrm{vol}} \tag{20-53}$$

20.3.4.3 槽帮结壳界面位置的确定

假定开始时($t=0$)熔体温度为 $T_{\mathrm{mlt}}(x,y)$ 并以 $\partial\Omega_0$ 的边界条件占有区域 Ω_0。当 $t>0$ 时,边界 $\partial\Omega_0$ 冷却,温度降至初晶点 T_{F} 以下,那么以 $\partial\Omega_0$ 为边界的熔体就开始从边界向熔体内冷凝形成新的槽帮结壳层。若 t 时刻的等温界面为 $\partial\Omega_{\mathrm{L}}(t)$,则控制方程为:

$$\rho c_{\mathrm{s}} \frac{\partial T_{\mathrm{s}}(x,y,t)}{\partial t} = \nabla \cdot [k_{\mathrm{s}} \nabla T_{\mathrm{s}}(x,y,t)] \quad (x,y) \in \Omega_{\mathrm{s}}(t) \tag{20-54}$$

$$\rho c_{\mathrm{L}} \frac{\partial T_{\mathrm{L}}(x,y,t)}{\partial t} = \nabla \cdot [k_{\mathrm{L}} \nabla T_{\mathrm{L}}(x,y,t)] \quad (x,y) \in \Omega_{\mathrm{L}}(t) \tag{20-55}$$

式中 Ω_{s} 和 Ω_{L}——代表形成的槽帮结壳区和熔体区域,且 $\Omega_{\mathrm{s}} \cup \Omega_{\mathrm{L}} = \Omega_0$;

 $T_{\mathrm{s}}(x,y,t)$——形成的槽帮结壳区内 t 时刻点(x,y)处的温度;

 $T_{\mathrm{L}}(x,y,t)$——t 时刻熔体区内点(x,y)处的温度;

 ρ、c、k——密度、比热容和热导率;$k_{\mathrm{L}} = k_{\mathrm{eff}}$;

 下标 s——标识形成的槽帮结壳;

 下标 L——标识熔体。

在槽帮结壳界面上满足如下等温条件:

$$T(x,y,t) = T_{\mathrm{F}}$$

式中 T_{F}——电解质初晶点,℃。

则,界面上能量方程为(Stefan 条件):

$$k_{\mathrm{s}} \frac{\partial T_{\mathrm{s}}(x,y,t)}{\partial n} - k_{\mathrm{L}} \frac{\partial T_{\mathrm{L}}(x,y,t)}{\partial n} = \rho L \boldsymbol{v} \cdot \boldsymbol{n} \tag{20-56}$$

式中　$\boldsymbol{n}$——区域 $\partial\Omega_{\mathrm{L}}(t)$ 内点 (x,y) 处界面 $\partial\Omega_{\mathrm{L}}(t)$ 上指向熔体区域内的法向量；

　　　$\boldsymbol{v}$——界面上同一点的速度矢量；

　　　L——熔化潜热。

式 20-56 即是要求的槽帮结壳界面位置控制微分方程。

对于槽帮结壳的熔化过程处理方法和控制方程同上述一样，也是 Stefan 条件，只是在开始假设槽帮结壳占有的区域进行推导，方法一样。

联立式 20-42～式 20-44、式 20-48、式 20-49 或式 20-50、式 20-52 和式 20-56 即可求出电解槽内的电位和熔体温度分布以及槽帮结壳的界面位置。对于铝电解槽，上述方程只能用数值解法，阴极与阴极棒部分用三维解析，其余部分可用二维或三维解析。

20.3.4.4　电、热模型定解条件

根据大型预焙铝电解槽的具体情况，对模型给出如下定解条件。

(1) 求解导电方程的假设与边界条件：

1) 把铝液的电位作为基准电位，且把铝液内部看作是等电位。

2) 电解槽的槽帮完全切断电流。

3) 把通过阴极棒出口端的电流作为已知量，同时由于阴极棒的导电性良好，因而认为出口端的电流均匀分布；通过阳极导杆或阴极棒的电流按总电流的平均分摊值计算。

(2) 求解非稳态导热方程的边界条件。

1) 电解质与铝液区视为等温区，并根据外界扰动引起热平衡的变化来自行调节电解质和铝液温度。它们同槽衬（包括槽帮）的传热量通过牛顿换热公式来计算。

2) 上部结壳与阳极间的接触面视为绝热面。

3) 槽体周围的环境温度按车间平均气温给定。

4) 槽体外表面的散热系数为：

$$\alpha = \alpha_{\text{对}} + \frac{\sigma_0 \cdot \varepsilon_{\mathrm{w}} \cdot \varphi}{T_{\mathrm{w}} - T_{\mathrm{a}}} \left[\left(\frac{T_{\mathrm{w}} + 273.15}{100} \right)^4 - \left(\frac{T_{\mathrm{a}} + 273.15}{100} \right)^4 \right] \tag{20-57}$$

式中　σ_0——斯蒂芬-玻耳兹曼常数；

　　　ε_{w}——槽本外部黑度；

　　　φ——角度系数；

　　　T_{w}——槽体表面温度；

　　　T_{a}——空气介质温度；

　　　$\alpha_{\text{对}}$——对流换热系数。

$\alpha_{\text{对}}$ 与槽壁及周围介质温度、介质性质、介质流动状态和槽壁的配置状态有关。对垂直壁而言，$\alpha_{\text{对}} = A_3(T_{\mathrm{w}} - T_{\mathrm{a}})^{1/3}$，式中 A_3 为常数，它与介质性质及计算温度 $T_{\text{计}}$ 有关，$T_{\text{计}} = 0.5(T_{\mathrm{w}} - T_{\mathrm{a}})$；对顶部结壳表面而言，$\alpha_{\text{对上}} = 1.3\alpha_{\text{对}}$。

熔体与槽内表面（包括底部炭块与侧部炭块）的对流换热系数。电解质与侧部槽帮的换热系数用实验公式计算：

$$Nu = 0.0365 Re^{0.8} \cdot Pr^{0.33} \tag{20-58}$$

式中　Nu——努塞尔准数，$Nu = \dfrac{\alpha \cdot L}{\lambda}$；

Re——雷诺准数，$Re = \dfrac{v_\mathrm{b} \cdot L}{\nu}$；

Pr——普朗特准数，$Pr = \dfrac{\nu}{a}$；

v_b——电解质流速；

L——电解质深度及阳极至槽帮距离之和；

α——对流换热系数；

λ——导热系数；

ν——运动黏度；

a——导温系数。

铝液与槽衬材料之间的换热系数。铝液的流动主要考虑平行于槽的长轴方向的水平流动，Haupin 根据平行管流给出计算铝液与槽衬材料之间的传热系数的经验公式：

$$Nu = 5 + 0.025(Pr \cdot Re^{0.8}) \tag{20-59}$$

铝液与槽衬材料之间的换热系数。先用式 20-59 求出对流换热系数 α_m，再用下式修正：

$$\alpha_\mathrm{mf} = \frac{1}{1/\alpha_\mathrm{m} + \Delta l_\mathrm{b}/\lambda_\mathrm{b}} \tag{20-60}$$

式中　Δl_b——薄膜厚度（$0.5 \sim 2\mathrm{mm}$）；

$\quad\lambda_\mathrm{b}$——电解质薄膜的导热系数。

20.3.5　热应力场计算模型

热应力问题是将温度场的结果作为应力场的体积力。通常求解弹性力学的边界条件有位移边界条件、应力边界条件和弹性边界条件。铝电解热应力仿真过程中施加体积力和位移边界条件。热应力仿真所基于的计算模型包括：

（1）微分平衡方程（纳维方程）。

$$\left.\begin{aligned}
\frac{\partial \sigma_x}{\partial x} + \frac{\partial \tau_{yx}}{\partial y} + \frac{\partial \tau_{zx}}{\partial z} + F_x &= \rho \frac{\partial^2 u}{\partial t^2} \\[2mm]
\frac{\partial \tau_{xy}}{\partial x} + \frac{\partial \sigma_y}{\partial y} + \frac{\partial \tau_{zy}}{\partial z} + F_y &= \rho \frac{\partial^2 v}{\partial t^2} \\[2mm]
\frac{\partial \tau_{xz}}{\partial x} + \frac{\partial \tau_{yz}}{\partial y} + \frac{\partial \sigma_z}{\partial z} + F_z &= \rho \frac{\partial^2 w}{\partial t^2}
\end{aligned}\right\} \tag{20-61}$$

式中　σ_x、τ_{xy}、τ_{xz}、τ_{yx}、σ_y、τ_{yz}、τ_{zx}、τ_{zy}、σ_z——应力分量；

$\quad F_x$、F_y、F_z——体积力分量；

$\quad u$、v、w——位移矢量分量。

（2）几何方程（柯西方程）。

$$\left.\begin{aligned}
\varepsilon_x &= \frac{\partial u}{\partial x} \quad & \gamma_{yz} &= \frac{\partial w}{\partial y} + \frac{\partial v}{\partial z} \\[2mm]
\varepsilon_y &= \frac{\partial v}{\partial y} \quad & \gamma_{xz} &= \frac{\partial w}{\partial x} + \frac{\partial u}{\partial z} \\[2mm]
\varepsilon_z &= \frac{\partial w}{\partial z} \quad & \gamma_{xy} &= \frac{\partial u}{\partial y} + \frac{\partial v}{\partial x}
\end{aligned}\right\} \tag{20-62}$$

式中 ε_x、ε_y、ε_z——正应变；

　　 γ_{yz}、γ_{xz}、γ_{xy}——剪应变。

（3）本构方程。

$$\left.\begin{array}{l} \varepsilon_{ij} = \dfrac{1}{2G}\sigma_{ij} - \dfrac{\mu}{E}\Theta\delta_{ij} \\[3mm] \sigma_{ij} = 2G\varepsilon_{ij} + \lambda\theta\delta_{ij} \end{array}\right\} \tag{20-63}$$

$$\text{且}(i,j = x,y,z),\left(\delta_{ij} = \begin{cases} 1 & i = j \\ 0 & i \neq j \end{cases}\right)$$

式中 λ、G——Lame 系数，$\lambda = \dfrac{E\mu}{(1+\mu)(1-2\mu)}$，$G = \dfrac{E}{2(1+\mu)}$；

　　 E——弹性模量；

　　 μ——材料的泊松比；

　　 Θ——体积应力。

弹性力学的解法大体可以分为三大类，试验方法、数值方法、解析方法。对于复杂边界条件的弹性力学问题，一般采用变分解法，它也是将弹性力学基本方程的定解问题变为求泛函的极值（或驻值）问题，进而转化成求解函数的极值（或驻值），最后把问题归结为求解线性代数方程组。变分方法有基于最小势能原理的瑞利-里茨法和伽辽金法，基于最小余能原理的近似计算方法，广义变分方法，哈密尔顿变分方法，以及与上述古典变分方法相区别的有限元法等。

20.3.6 物理场综合仿真方法

铝电解槽各物理场（电、磁、热、流、力）之间是相互耦合、相互影响的，理论上来讲应当耦合求解（综合仿真）。但因耦合关系的复杂性和计算手段的局限性，长期以来都将其分割（或部分分割）开来进行研究（解析），在各种假设条件下，得到每种场的特性和规律。

在已掌握的静态（且孤立的）物理场仿真模型与算法的基础上，通过对电解槽的电场、磁场、流场、热场等物理场计算模型进行优选与重构，分别建立起相对独立的算法与软件模块，然后进行模块的集成，可实现铝电解槽电场、磁场、流场和热场的综合仿真解析。例如，首先使用 ANSYS 商业软件来建立各物理场（电、磁、热、流）的仿真模块，然后进行集成，就可以建立综合仿真系统。ANSYS 软件是融结构、流体、电磁场、声场和耦合场析于一体的大型通用有限元分析软件，由世界上最大的有限元分析软件公司之一的美国 ANSYS 公司开发。ANSYS 软件由前处理模块、求解器模块和后处理模块组成。前处理模块（PREPROCESS）主要为 CAD 操作、网格生成、输入及转化功能。求解器模块（SOLVER）针对特定的问题进行求解；后处理模块（POSTPROCESS）主要是把计算得到的结果处理成各种直观、漂亮的图形。作为商业软件，ANSYS 具有良好的通用性和易用性，它可以很方便地通过几个设置来处理一般的问题。但对于像电、磁、热、流场多场耦合问题的研究，它有其使用的局限性，需要对其进行二次开发，使之能适应这一特殊问题。

图 20-4 是基于 ANSYS 平台而开发的一种铝电解槽物理场综合仿真系统的流程图。

根据对物理场耦合关系的分析，母线电流可独立求解；求出母线电流分布后，母线电流与

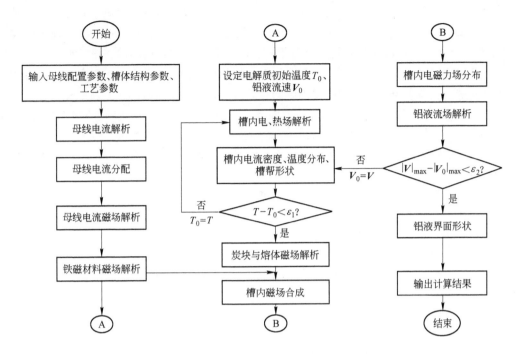

图 20-4 电解槽物理场综合仿真的流程图

铁磁材料产生的磁场即可求解，但通常需要计及邻列槽的影响；在阳极块及以下槽体部分，电流分布与温度分布必须耦合求解，求解时可根据实际槽中不同的阳极高度（电流不同），对每个阳极取一个切片进行解析，从而得到不同位置处电流密度、温度分布及槽帮结壳形状，继而求解炭块与熔体产生的磁场；流场的解析先是由得到的电流密度分布和合成磁场计算结果求出电磁力场，然后解析得到铝液流速场，因铝液流速及对槽帮的冲刷对热场解析结果有重要影响，故还需回代重新对电、热场进行解析，一般而言这一过程重复 3～5 次即可得到收敛解，最后求出铝液界面形状后，一次解析周期中的计算过程结束。

20.3.7 物理场动态综合仿真方法

上面已讨论的物理场仿真都属于静态仿真。静态仿真所得到的结果都是与给定的结构参数和工艺参数相对应的结果。在实际生产中，由于工艺参数及部分结构参数是变化的，所以物理场分布也是变化的。于是人们认为，将静态仿真软件作适当的改造，用于电解槽的监控软件中，使输入到仿真解析软件中的工艺参数是实测的参数，这样，随着工艺参数的变化，物理场分布就相应地变化，于是给现场操作人员提供物理场分布的动态变化信息。这就是人们常说的动态仿真技术。

动态仿真基于下列事实。影响电解槽运行工况的因素可分为两大类：一类是静态（或缓变）因素，包括母线配置，槽体结构、材料电热特性、熔体性质、槽体散热条件等；另一类是动态（或瞬变）因素，包括系列电流、槽电压、极距、摩尔比、电解质和铝液温度、电解质和铝液高度、阳极效应系数等工艺参数，以及加料、出铝、换极、极距调整、边部加工、效应处理等控制变量或常规作业。静态因素只影响槽子的中长期行为，可作为建立基准工况的依据；动态因素影响槽子动态行为，是动态仿真的主要依据。

以铝电解槽热平衡（热场）的动态仿真为例，影响热平衡的动态因素都需要定量转化为槽体系所收支的能量或与之相关的扰动量。当某扰动因素使供入槽体系的能量变化时，首先将导致熔体温度（电解质温度）改变；因为电解质组成一定时，电解质对应有一确定的初晶点（初晶温度）T_f，所以熔体温度的变化会使部分电解质结壳熔化或结晶，槽帮厚度改变，槽体散热量将随之变化，直至在一新的平衡点体系达到能量平衡。因此我们可以在分析各种因素对体系能量收支贡献的基础上，根据检测到的扰动量的强度和持续时间，不断地模拟建立电解槽能量平衡关系，计算出电解温度，并通过求解导热方程确定槽体温度场，同时推算出槽膛内型。

需指出，由于各物理场之间的耦合关系，针对单一物理场的计算流程须集成在整个物理场的动态综合仿真流程之中。

从理论上而言，物理场的动态综合仿真可以通过下列方式来实现：

（1）利用上述的物理场综合仿真模型建立起综合仿真系统，并将其加入到智能控制系统的过程监控级。

（2）将铝电解槽运行过程中能引起各物理场变化的因素分为"静态影响因素"和"动态影响因素"，由智能控制系统采集和量化"动态影响因素"以获得在线仿真解析所需的信息。

（3）将采集和量化的"动态影响因素"作为综合仿真模型的输入参数，不断地进行循环解析，更新仿真结果，便实现了动态综合仿真。

（4）使动态综合仿真系统针对监控区域内的电解槽，逐槽进行动态综合仿真。

（5）由于基准工况（设定参数）漂移和误差积累等原因，需要定期检测一些参数，包括设定参数和仿真参数（如：人工定期检测的摩尔比、电解质温度、铝液高度、电解质高度等），由动态系统应用检测数据或设定数据进行模型检验、合理性检查、冲突消解与运算决策等。

根据以上构思建立的动态综合仿真系统的技术原理如图 20-5 所示。

然而，简单地按上述方式来实现动态综合仿真所存在的一个问题是，在目前的计算机硬件条件下进行多场耦合计算耗时过长，例如在 P4 微机上计算 4 个场（使用三维 1/4 槽模型）大概需要 15 ~ 20h，而实现综合仿真则需要重复 3 ~ 5 次"四场"耦合计算才能得到收敛解，因此针对一台电解槽完成一次综合仿真的时间长达 50 ~ 100h，显然根本无法保障实时性的要求。

为了解决综合仿真的实时性问题，可采用如下解决方案：

（1）对于热场的仿真进行"准三维"处理，即只对电解槽数个（如 8 个）典型的"切片"进行仿真，用数个典型"切片"的等温线图来给出槽温和槽膛内型的仿真结果（包括槽温和槽膛内型的特征参数）。这样，在 P4 级以上微机中运行时，单台槽的热场仿真时间能控制在 5s 以内。

（2）对于电场、磁场和流场的仿真计算，由于运算时间长，并且仿真计算的结果对于槽况诊断的意义不及热场仿真，因此可采用一种基于离线综合仿真结果的"二次模拟"方法，即对"四场"进行离线耦合仿真计算，通过对计算结果进行分析，得出电、磁、流场受各自的主要动态影响因素（即动态参数）影响的大小，推导得到槽内熔体（电解质和铝液）中各点的电流密度、熔体中各点的磁感应强度以及铝液中各点的流速分布与主要动态参数之间的关系式（二次模拟），然后在应用软件中利用这些关系式来进行仿真计算。

总的来说，动态仿真由于受到了模型计算参数以及工艺参数的及时检测上的局限，仿真精度还不够理想。

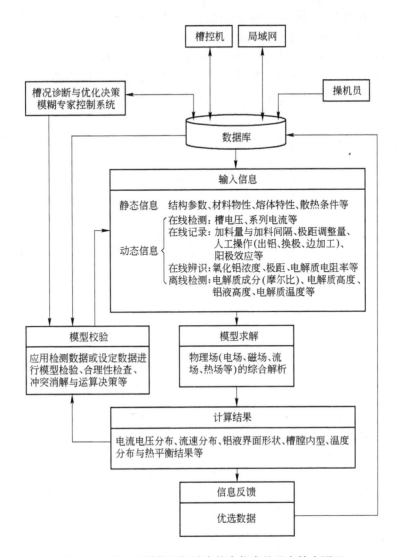

图 20-5　铝电解槽物理场动态综合仿真的基本技术原理

20.4　电场

前面已指出，电流是电解槽内发生一切现象的根源。电流分布（电场）的确定是分析其他物理场的基础，因此研究其他物理场都要从电场的研究开始。

20.4.1　电解槽的导电结构

电场的研究首先涉及电解槽的导电结构。从已讨论过的电解槽结构可知，导电结构包括槽外及槽内母线、阳极部分、熔体部分和炭阴极部分。

20.4.2　母线电流分布

调整电解槽周边母线的配置方式是改变（优化）槽内磁场，进而改变（优化）槽内流场的主要手段。对此下面将专题讨论。

调整母线的配置方式时还要考虑母线的投资成本。过于复杂的配置增加了建设投资。这就需要估算优化流场的好处是否大于增加的母线投资。

除了考虑母线的空间布局外，还要考虑母线的截面积大小，即母线的经济电流密度问题。从母线电阻产生的电耗和母线的投资成本两方面来考虑，显然母线的截面积越大，母线电耗越小但投资成本越高。一种研究结论是，当投资费用与电耗费用相等时，总费用为最低，即对应的电流密度为经济电流密度。

20.4.3　阳极电流分布

预焙槽的阳极电流分布是指各个阳极组（块）的电流分布情况。从关于电压平衡的讨论中知道，阳极电流分布可通过测量各阳极导杆上的等距压降来确定其电流分配。

阳极电流分布是否均匀对电解槽的稳定性有极大的影响，因为阳极电流分布不均时，通过引起"电—磁—流"的连环式变化使熔体波动剧烈，导致电压剧烈波动。

现代对阳极电流分布的研究还包括对单个阳极块或阳极组（包括阳极导杆在内）的电流分布。因为通过这一研究可寻找阳极块（组）的结构与电压分布（进而寻找与温度分布、热应力分布）的关系，以便提出阳极结构的优化设计方案。

20.4.4　熔体中的电流分布

熔体包括电解质和铝液两个部分。由于这两种熔体的电导率相差很大，因此其电流分布情况也有很大差异。

熔融电解质的电阻比较大，因此在阳极投影下边电解质中的电流密度基本一致，电流的方向垂直向下。阳极侧部电解质中电流密度较小，并随着到阳极边缘的距离增加而迅速减小。因此，电解质中的电流高度集中在阳极底掌到铝液表面的极距空间（约4cm高度）内，电解质中的水平电流是较小的。

铝液是良好的导体，因此铝液中的电流分布更多地受到铝液周边环境的影响，如炉膛厚度与形状、槽底沉淀与结壳状态、阴极的结构与状态等。因此，熔体中的水平电流及水平电流引起的熔体波动主要集中在铝液中。最大的水平电流可达 $0.45 \sim 0.65 \mathrm{A/cm^2}$。一般情况下，在靠近槽侧部的地方出现最大值。如果阴极工作状态出现异常，水平电流分布便会出现较大的变化。例如，槽底某一局部有较大沉淀与结壳使该局部电阻增大（甚至不导电），电流便绕过该区域的铝液向阴极其他区域流动，这就在该区域产生了较大的水平电流，而水平电流与垂直磁场相互作用便产生了垂直磁场力，垂直磁场力导致铝液上下波动，于是引起槽电压波动。

20.4.5　阴极结构中的电流分布

阴极结构中的电流分布，主要受阴极结构形式、材料及槽膛中侧部炉帮和伸腿形状、大小的影响。某厂的测试表明[3]，靠阴极钢棒出口端25%的钢棒长度上汇集了75%的电流，其余的75%钢棒长度上则只汇集了25%的电流。这说明了铝液中存在很大的水平电流，同时电流过分集中造成了阴极电压降的增加，因此这种阴极结构是不甚合理的。

20.4.6　电场分布的计算机仿真研究

采用计算机仿真技术可对电解槽内的电位与电流分布进行计算，并绘制出分布图。图 20-6 和图 20-7 分别为使用 ANSYS 软件（基于有限元法）对某厂预焙槽的阳极（块）和阴极中的电位分布进行仿真解析的结果。图中用 8 种色彩等级来区分不同部位的电位高低，颜色相同的部位表示电位处于同一等级。图 20-6 中的数字表明，阳极组的总电压降为 0.30291V。图 20-7 中的数字表明，阴极炭块组中的总电压降为 0.293098V。

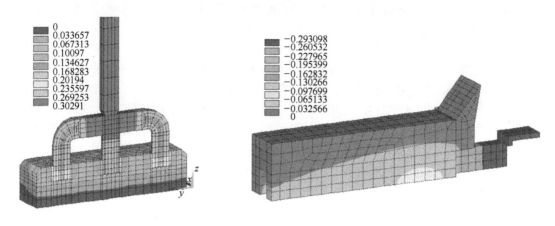

图 20-6 阳极等电位图　　　　　　　图 20-7 阴极等电位图

20.5　磁场

20.5.1　磁场对电解过程的影响

前面已指出，电解槽中的磁场是由通过导体的电流（电场）而产生的。磁场和电流相互作用，在熔体介质中产生一种电磁力，称为拉普拉斯力。拉普拉斯力可引起电解质和铝液的运动，同时使两者间的界面发生形变（形成流场）。因此，磁场对电解过程的影响是通过对电解质和铝液流动（流场）的影响，对两者界面的形变和波动而起作用的，具体体现它影响到极距（槽电压）的稳定性，从而影响到电解槽运行的稳定性和电流效率。

20.5.2　磁场设计的目标以及磁场补偿技术

如何实现电解质与铝液的界面尽可能平坦，铝液流速限制在一定数值内，当槽电阻变化时不引起较大的金属运动，这些就是铝电解槽磁场设计所要达到的目标。

通过调整电解槽的导电母线系统（槽上及周边母线）的配置（改变电场），可改变母线系统在电解槽中产生的磁场，从而改变磁场对铝液流速和波动的影响（改变流场）。这种以减小铝液流速和波动为目标，设计最佳的母线配置来实现最佳的磁场分布的技术称为磁场补偿（又称磁场平衡）技术。

显然，磁场补偿技术涉及到电场、磁场和流场的优化设计。补偿的对象是磁场，补偿的手段是改变电场，而补偿的目的是优化流场。

电解槽有横向排列和纵向排列两种基本方式。纵向排列的主要问题是所有电流都经槽两侧的阴极母线输送，电解槽的磁场强度在靠近出电端处特别高。另外，由于立柱母线集中一端输入，造成在电解槽出电端处产生一个很强的水平磁场，造成电解槽水平电流不平衡。两列电解槽相距较近，会产生有害的垂直磁场叠加。因此，150kA 以上的电解槽都采用横向排列方式。

大型槽采用横向排列一方面是为了降低投资，同时另一方面是为了使阴极母线产生的磁场减弱。此外横向排列比较容易调整母线的配置布局，即容易补偿不利的磁场，使磁场分布尽可能合理。横向排列的一个缺点是必须采用多功能天车（联合机组）完成加工和其他操作。另外，两个厂房才能容纳一个系列，建筑面积利用率相对较低。

在下面将要讨论的熔体流动场中，将会看到不同的母线配置形式对铝液的流动和铝液面形状有重大的影响，从中可以看出通过改变母线配置来进行磁场补偿的重要性。

20.5.3 磁场的计算机仿真解析

采用计算机仿真技术可对电解槽内的磁场分布进行计算，并绘制出分布图。

中南大学曾先后针对三种槽型：82k 预焙槽（湖北华盛铝业公司），154kA 预焙槽（郑州龙祥铝业公司），200kA 预焙槽（河南神火铝业公司），进行了磁场仿真解析和实测[4]。这三种槽型的母线配置方式如图 20-8 所示。其中，82kA 槽的排列方式为纵排三点进电，即两端进电方式，一端采用两点进电，而另一端的进电母线主要用于对磁场起补偿作用，如图 20-8a 所示；154kA 槽的排列方式为横排两端进电方式，如图 20-8b 所示；200kA 槽的排列方式为横排大面四点进电方式，如图 20-8c 所示。

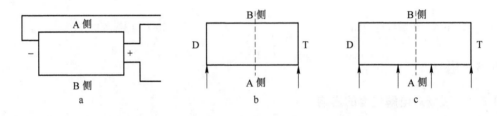

图 20-8　三种槽型铝电解槽的母线配置示意图

a—82kA；b—154kA；c—200kA

图 20-9 ~ 图 20-17 给出了这三种槽的铝液层内的垂直磁场分布仿真解析结果。图中用不同的色彩来区分不同部位的垂直磁场的大小，图中方位标注为，A 侧和 B 侧分别代表进电和出电侧，TE 和 DE 分别代表出铝端和烟道端。

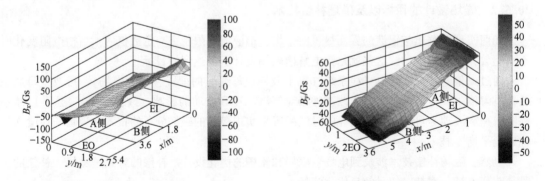

图 20-9　82kA 铝电解槽内磁感应强度 B_x 分布图　　图 20-10　82kA 铝电解槽内磁感应强度 B_y 分布图

由图 20-9 ~ 图 20-17 可以看出，对于不同的槽型，其磁场分布也不相同。归纳起来，有以下特点：

（1）磁感应强度分量 B_x：均沿短轴呈对称分布。且对于 82kA 槽，B_x 还沿长轴呈反对称分布，其极值出现在大面靠近槽壳处；对于 154kA 槽，A 侧的 B_x 大于 B 侧，最大值出现在 A 侧两端靠近槽壳处；对于 200kA 槽，B_x 还沿长轴呈反对称分布，沿长轴方向呈现出高低起伏的波浪形，两端波峰的幅值略高于中间的波峰，极值出现在大面靠近槽壳处。

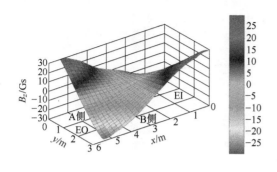

图 20-11　82kA 铝电解槽内磁感应
强度 B_z 分布图

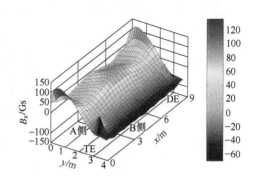

图 20-12　154kA 铝电解槽内磁感应
强度 B_x 分布图

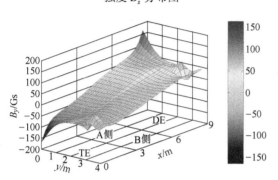

图 20-13　154kA 铝电解槽内磁感应
强度 B_y 分布图

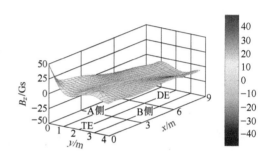

图 20-14　154kA 铝电解槽内磁感应
强度 B_z 分布图

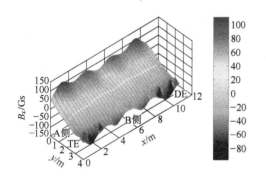

图 20-15　200kA 铝电解槽内磁感应
强度 B_x 分布图

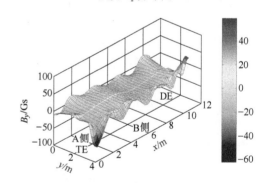

图 20-16　200kA 铝电解槽内磁感应
强度 B_y 分布图

（2）磁感应强度分量 B_y：均沿短轴呈反对称分布。且对于 82kA 槽，B_y 还沿长轴呈对称分布，极值出现在电解槽的四个角部；对于 154kA 槽，B_y 的极值出现在 A 侧的两个角部；对于 200kA 槽，B_y 的分布与 B_x 相似，沿长轴方向呈现出高低起伏的波浪形，两端波峰的幅值略高于中间的波峰，极值出现在电解槽 B 侧的两个角部。

（3）磁感应强度分量 B_z（垂直磁场）：均沿长轴和短轴呈反对称分布。对于 82kA 槽与 154kA 槽，B_z 的极值均出现在电解槽的四个角部；对于 200kA 槽，B_z 的极值出现在 Ⅰ～Ⅱ斜立母线和Ⅲ～Ⅳ斜立母线之间。

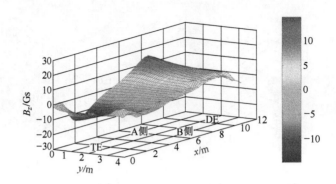

图 20-17 200kA 铝电解槽内磁感应强度 B_z 分布图

20.6 熔体流动场

20.6.1 熔体的运动对电解过程的影响

熔体的流动为氧化铝加入电解质中后迅速分散和溶解创造了条件。但流速的增大又促使铝的二次反应增加，降低电流效率。

对电解槽的稳定性和电流效率影响最大的流动形式是铝液面的上下波动。波动过大时，可造成阴阳极短路，甚至造成滚铝等恶性事故。

20.6.2 铝液的运动形式与速度

决定铝液面的曲率（即弯曲变形程度）和铝液的流动速度的不仅仅是电磁力，其影响因素较多。其实质是一个变化着的槽膛内，受到外力和内力作用下的密度不同且互不相混的流体的流动。外力包括磁力和重力；内力包括流动过程中产生的流动阻力和流动加速度产生的作用力。内力和外力共同作用引起电解质和铝液中各处的压力不等，形成了压力场；熔体在压力场的作用下运动，形成流动场，流动状态一般呈旋涡状。随着槽型及母线配置设计的不同，有的呈现为两个大旋涡（例如一些两点进电的电解槽），而有的呈现为四个大旋涡（例如一些四点进电的大型预焙槽）。除了大旋涡外，可能还存在一些局部的小旋涡。下面将在仿真与测试实例中进行介绍。

20.6.3 铝液流场的计算机仿真解析与实测

采用计算机仿真技术可以对铝液流场（包括流速分布和铝液-电解质界面形状）进行仿真解析。表 20-1 给出了中南大学针对 82kA 预焙槽、154kA 预焙槽和 200kA 预焙槽三种槽型（母线配置参见图 20-9）的仿真解析结果[4]。表中还给出了根据实测数据所计算的最大流速和平均流速值。铝液流速的实测采用目前较成熟的铁棒溶蚀法。其原理是，将多根铁棒同时插入到电解槽不同部位的铝液层中，经一定时间后同时取出。根据铁棒腐蚀的形式和程度，对照事先标定好的曲线就可以确定铝液流动的方向与大小。从表 20-1 可见，在三种槽型中，200kA 槽的容量最大，但铝液最大流速和平均流速的仿真计算值却是三种槽型中最小的，其测试值也明显低于 154kA 槽的对应测试值。这说明母线配置对于改善大型槽的流场分布起到了显著的作用。

表 20-1 铝液流场的计算机仿真解析与实测结果

项 目	82kA 槽		154kA 槽		200kA 槽	
	仿真值	实测值	仿真值	实测值	仿真值	实测值
铝液最大流速/cm·s^{-1}	19.5	12.87	18.3	18.14	15.6	15.62
铝液平均流速/cm·s^{-1}	8.7	10.98	9.2	14.31	7.4	12.05
铝液-电解质界面隆起高度/cm	1.8	—	3.2	—	2.1	—

图 20-18 ~ 图 20-20 分别给出了 82kA、154kA 和 200kA 这三种铝电解槽的水平截面铝液流速分布的计算机仿真图（水平截面位置为铝液表面往下 2/3 铝液高度处）。图中的箭头方向代表该处铝液的流动方向，而箭头长短及颜色的变化代表流速的大小。而从图中可见，采用纵排三点进电（两端进电）方式的 82kA 槽，其铝液运动主要呈现出两个运动方向相反的大涡；采用横排两点进电方式的 154kA 槽，其铝液运动也是呈现出两个运动方向相反的大涡，但其运动方向与 82kA 槽相反，即从 154kA 槽的中部来看，铝液是由 A 侧向 B 侧流动，而 82kA 槽是由 B 侧向 A 侧流动；采用横排四点进电方式的 200kA 槽，铝液运动呈现出 4 个旋涡。上述三种槽型的旋涡都是沿电解槽长轴方向排列。

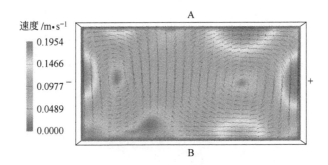

图 20-18 82kA 预焙槽水平截面铝液流速分布

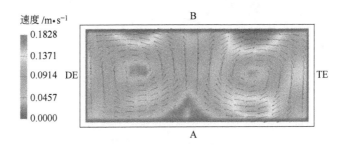

图 20-19 154kA 预焙槽水平截面铝液流速分布

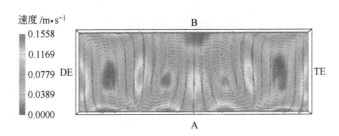

图 20-20 200kA 预焙槽水平截面铝液流速分布

图 20-21 ~ 图 20-23 分别给出了 82kA、154kA 和 200kA 这三种槽型的电解质-铝液界面形状的计算机仿真解析结果图。从图中可见，82kA 与 154kA 铝电解槽中铝液-电解质界面均显示出中间隆起的态势，但在 4 个角部有些差别；200kA 铝电解槽则为高低起伏的波浪形。再结合表 20-1 可见，200kA 槽液平均流速最小，但铝液隆起幅度居中，为 2.1cm；82kA 槽铝液平均流速居中，铝液界面隆起幅度最小，为 1.8 cm；154kA 槽无论从铝液平均流速还是界面隆起幅度都是最大，表明 154kA 槽两点进电方式的母线配置是不好的。

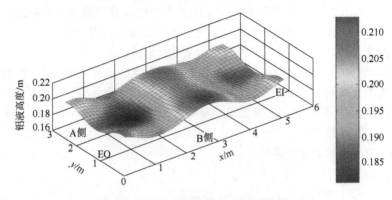

图 20-21　82kA 预焙槽铝液-电解质界面形状

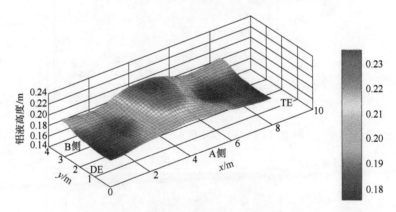

图 20-22　154kA 预焙槽铝液-电解质界面形状

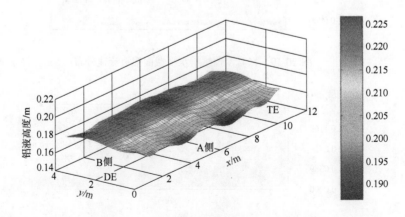

图 20-23　200kA 预焙槽铝液-电解质界面形状

阳极周围的电解质流场主要受到阳极气体的作用，某导流槽阳极周围电解质流场见彩图Ⅰ-7。

最后需指出，以上关于铝液流动和界面形状的仿真结果都是在设定的理想条件下获得的，流速的测定值也都是在正常运行条件下获得的。当电解槽的工艺条件偏离理想（或正常）条件时，流场的分布（流速及界面形状）会发生很大的改变，导致电解槽的稳定性变差，从而严重影响电流效率。因此，保持电解槽正常稳定的工艺技术条件十分重要。

20.7　热场（温度场）

电解槽因电能转化为热能而处于高温状态，必然向外散热，于是形成了从内部向外部不断散热的热流分布状态和从内部到外部温度逐渐下降的温度分布状态，这种状态便是热场（或称温度场）。

20.7.1　热场的计算机仿真解析

目前，较为成熟并已成功应用于电解槽优化设计中的仿真解析方法是稳态试算方法（静态仿真），即给定某一设计条件后，计算出相关的结果，并与另一设计条件下的计算结果进行比较，择优选取最佳的设计条件。这一方法同样适应于其他物理场的解析。

该计算方法的输入参数包括槽结构参数（几何形状、保温层配置、阴阳极大小及相对位置等）、工艺参数（电流、槽温、电解质及铝液高度等）。计算结果一般包括如下几个部分：

（1）等温线分布（二维等温分布图）或三维等温分布图。把温度从周边环境到电解质初晶点（记为 Fr）分为若干等级（如 100，200，…，900，925，Fr），把阴极、阳极和熔体中处于同一温度等级的部位的中心点用线条连接起来，便构成等温线。图 20-24 所示为（二维）等温线分布的仿真实例图。使用三维图形描述电解槽中各部位的温度，并通过用不同的颜色表明各部位的温度高低，便是三维等温分布图。图 20-25 和图 20-26 分别为阳极（块）和阴极的三维等温分布的仿真实例。

（2）向外热流损失。按热流的方向和大小绘制曲线，其中热流的大小用曲线的不同颜色来

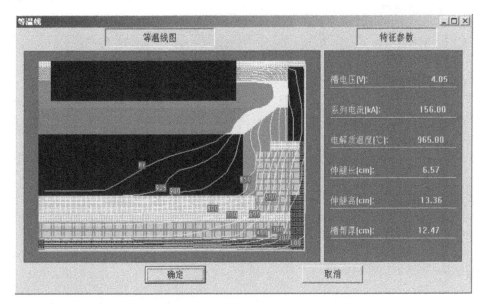

图 20-24　预焙铝电解槽热场仿真解析实例（等温线图，见彩图Ⅰ-8）

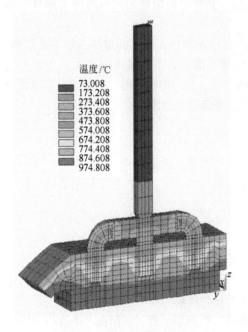

图 20-25 阳极（含保温料层）
的等温分布图

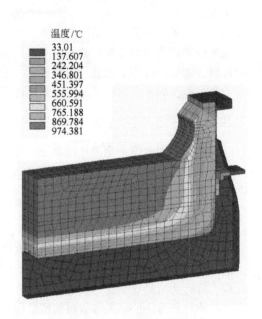

图 20-26 阴极（含内衬和槽壳）
的等温分布图

、 区分。

（3）炉帮与伸腿的位置和形状。事实上，温度为电解质初晶点的等温线在电解槽侧部的位置与形状（见图 20-24）便代表了炉帮与伸腿的形状，根据仿真结果可计算三个代表炉膛内型的特征值：伸腿长、伸腿高、炉帮厚。焦粒焙烧是目前广泛采用的焙烧方法，彩图Ⅰ-9 为 160kA 电解槽焙烧 15h 后的温度分布图。某 75kA 导流槽温度分布计算结果见彩图Ⅰ-10。

20.7.2 电解槽保温设计（热场设计）的基本原则

铝电解槽的保温设计主要是指阴极底部和侧壁的保温设计。设计的原则是，尽可能地降低热损失，以减小能耗，但必须满足以下条件：

（1）建立稳定的、产生高电流效率的合理形状的炉帮。

（2）内衬中等温线分布合理。900℃等温线应在阴极炭块层下面（即保证阴极炭块的温度在 900℃以上），以免电解质在阴极炭块中凝固结晶，造成炭块的损坏；800℃等温线应在保温砖层以上（即保证保温砖的温度在 800℃以下），以免保温砖受高温作用而破坏。

（3）散热分布合理，即通过阳极、炉面、槽壳侧面、槽壳底部、阴极钢棒等各部位散热的比例处于最佳状态，所谓最佳状态就是使电解槽具有的对热平衡变化的自调节能力为最好，工作适应性为最强。在第 11 章现代预焙铝电解槽的基本结构中已指出，现代大型铝电解槽散热设计的基本思想是"侧部散热型（有利于自然形成炉膛），底部保温型（有利于避免槽底结壳的形成）"。

20.7.3 热场分析计算的作用

热场的分析计算结果不但可以用来分析所设计的保温结构是否合适，进行保温结构设计的优化选择，而且可以用来进行参数灵敏度的分析，即分析热场对哪些参数的改变最敏感，从而为设计参数的选择提供依据，并且能提醒电解槽的操作者关注那些对热场影响最显著的参数或因素。

Bruggeman 曾通过参数灵敏度计算获得如下一些结论：

（1）阴极产生的热量在阴极中的分布状态。对炉帮、结壳和温度都没有显著影响。阴极的影响不是其热量分布，而是其产生的总热量。

（2）上部热损失。上部热损失对炉膛内型有直接和重要的影响。这说明了保持稳定、正常的保温料层的重要性。

（3）槽底和阴极棒热损失。对于炉膛内型仅有次要的影响。

（4）侧壁传热系数。对槽膛内型和槽温均有重大的影响。这说明保护好侧壁，并让侧壁形成组成和形状均十分稳定的炉帮对于保持电解槽稳定的热平衡十分重要。

（5）环境空气温度。±50℃的温度变化导致炉帮相对基础条件变动±4cm。相对于基础条件升高环境温度比降低环境温度对平均槽温影响显著，升高环境温度50℃使电解质平均温度升高12℃，而降低环境温度50℃使电解质平均温度降低4℃。

（6）铝液和电解质高度。铝液高度变化比电解质高度变化对炉帮和槽温的影响要大。铝液高度增加3.8 cm，引起电解质平均温度降低7℃；电解质高度增加5.0cm，引起电解质平均温度降低3℃。可见，保持铝液高度的稳定对于保持热平衡稳定十分重要。

20.8 应力场

铝电解槽经历焙烧和启动后，内部的高温会导致阴极内衬材料和槽壳因受热而膨胀（热膨胀），电解质渗透（包括阴极炭块吸钠）会导致内衬膨胀。这些膨胀会在材料内部形成很大的作用力，即应力。应力场就是指阴极内衬和槽壳中的应力分布状态。包括摇篮架，槽壳及内衬的单阴极切片模型见彩图Ⅰ-11。

槽壳中的应力过大或分布不均会导致槽壳严重变形。槽壳严重变形是影响电解槽寿命的一个重要因素。电解槽槽壳或摇篮架开裂则是常见的停槽原因之一。如何使槽壳能经受住各种力的作用，不发生开裂，变形度尽可能小，同时钢材的用量最省，是槽壳设计的主要任务。

阴极内衬中的应力形成与演变是影响阴极破损（电解槽寿命）的一个重要因素。在电解槽焙烧阶段，阴极炭块受热膨胀，而周边捣固糊和炭块间的扎缝糊则因烧结而经历一个膨胀-收缩过程，若内衬中某一区域（或者全区）的收缩大于膨胀，则导致某一区域（或者全区）中产生裂纹，过大的裂纹会成为电解槽启动阶段熔体渗漏的通道，成为电解槽阴极早期破损的重要原因；但若某一区域（或者全区）膨胀大于收缩，则在电解槽启动后，会在某一区域（或者全区）中形成过大的应力。引起应力增长的原因有如下三个方面：

（1）上部结构、阴极内衬材料、铝液和电解质的重力作用；

（2）内衬材料受热膨胀；

（3）内衬材料受到熔融电解质、铝液、电解中析出钠的侵蚀和渗透而发生化学与物理变化所导致的膨胀，其中吸钠膨胀是最主要的。

当内衬中的应力增长过大，或者严重分布不均时，阴极便会发生变形、隆起或开裂，这成为槽破损的最主要原因，并且随着电解槽向大容量发展，阴极面积显著增大，上述原因引起槽破损的风险随之显著增大。可见，认识内衬中应力的形成与演变规律，进而采取各种有利于实现最佳应力及最佳应力分布的技术措施，对于减少槽破损，提高槽寿命是至关重要的。

由于引起阴极动态变化的因素众多且非常复杂，对动态变化规律进行全面的、定量的描绘是长期以来国内外均未有效解决的难题。随着计算机技术和数值模拟方法的发展，可以通过数学模型和数值计算对铝电解槽中应力场进行仿真研究[5]。但目前的研究还很不深入。进一步的研究应该从内衬材质、结构设计以及焙烧启动和生产工艺等多个方面定量地分析各种因素在阴极内衬应力的形成与演变中所起的作用，找出导致阴极内衬变形与破损的薄弱环节及主要影响因素，进而为铝电解槽的内衬材质选择与优化、槽内衬结构的设计以及为焙烧启动工艺和生产工艺的优化提供科学依据，为铝电解槽寿命的提高发挥重大作用。

20.9　物理场与电解槽运行特性的关系

物理场之间以及物理场与工艺参数之间存在复杂的耦合关系。这种复杂耦合关系如图20-27所示。可见，某一个参数的改变，可最终导致多个物理场及参数的"连环式"的改变。这给现场操作人员两方面的启示：其一，调整电解槽的状态时应"抓主要矛盾"，通过调整一二个重要参数，间接地改变其他参数，使它们朝预期的方向发展；其二，不能孤立地进行工艺参数的调整，而要考虑参数间的关联性，并且要考虑到一些参数的变化引起的"连环式"的变化会经历较长的时间才会显露出来，参数调整不能操之过急。

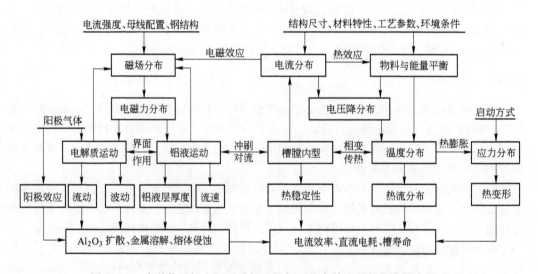

图 20-27　多种物理场之间以及物理场与工艺参数之间的复杂耦合关系

物理场分布的好坏与电解槽的运行特性有十分密切的关系。

（1）获得高良好技术经济指标（尤其是电流效率）的一个重要条件是，电解槽具有良好的电压稳定性，要求：

1）铝液面的形变及（上下）波动小，铝液流速能限制在一定数值内；

2）槽内熔体流动场分布好；

3）磁场分布好，尤其是垂直电磁力小（它是引起铝液面变形和波动的主要原因）；

4）电场分布好，水平电流小（即电流的方向尽可能垂直向下）；

5）对电解槽的导电体（包括槽周边的母线）进行合理配置；

6）产生了"电→磁→流"的仿真与优化技术，其中最突出的是以磁场平衡（或称为磁场补偿）为目的的导电母线配置技术。

（2）获得良好技术经济指标（尤其是电流效率和槽寿命）的另一个重要条件是，电解槽具有良好的热平衡状态，要求：

1）热场分布好；

2）保温设计好；

3）产生了"电→热"仿真与优化技术。

（3）要获得良好的槽寿命指标的一个重要条件是，槽壳不会严重变形，要求：

1）电解槽的阴极及槽壳内部的应力场大小及其分布合理；

2）产生了槽壳应力分析与优化设计技术；

3）今后还要加强对阴极内衬中的应力分析与优化设计的研究。

参 考 文 献

1　姜昌伟．预焙阳极铝电解槽电场、磁场、流场的耦合仿真方法及应用研究：［博士学位论文］．长沙：中南大学，2003

2　游旺．大型预焙铝电解槽槽膛内型在线动态仿真研究：［博士学位论文］．长沙：中南工业大学，1997

3　黄永忠，王化章，王平甫等．铝电解生产．长沙：中南工业大学出版社，1994

4　周萍．铝电解槽内电磁流动模型及铝液流场数值仿真的研究：［博士学位论文］．长沙：中南大学，2002

5　邓星球．160 kA 预焙阳极铝电解槽阴极内衬电-热-应力计算机仿真研究：［硕士学位论文］．长沙：中南大学，2004

附录V　工厂常用工作记录表格

（1）某厂停、开槽工具，测试工具，操炉工具的数量（见附表V-1～附表V-3）。

附表V-1　某厂停、开槽工具的定额数量

工具的名称	数　量	工具的名称	数　量
风动扳手	2	万用表（mV）	1
固定扳手	10	橡皮锤	2
撬棍	6	绝缘套管	12
风管	3	螺杆、螺母（套）	4
铝锤	1	摇表	1

附表V-2　某厂的测试工具定额数量

工具的名称	数　量	工具的名称	数　量
直流电压表	2	炉底隆起测定棒	4
电压表屏蔽盒	2	炉帮形状测定棒（套）	2
红外线测温仪	1	极距测定棒	4
热电偶测温仪	2	阳极电流分布测定工具(套)	2
炉底电压测定棒	10	水平仪	2
阴极钢棒电流分布测定棒	4	刻度尺	2

附表V-3　某厂操炉工具架上的工具配置情况及数量

工具的名称	数　量	工具的名称	数　量
氧化铝耙	2	直角测定钎	1
大钩	1	135°测定钎	2
炉前滤	1	炭渣瓢	2
长钢钎	1	短钢钎	1
清包用半月耙	1	竹扫把	1
炉前耙	1	铁耙	1
打壳用的砧子	1		

（2）工具使用的重要注意事项：

1）与熔体有接触的工具在使用之前必须进行预热。

2）效应的时候，禁止使用工具。

3）工具上附着的电解质结壳要将它打落在电解槽内。

4）工具变形的时候，要在它正红热的时候予以校正。

5）工具每次使用完后要整理、检查，并放置回原来位置，发现有损坏的要及时记录报告

相关人员以便及时更换。

（3）记录表格的管理。企业应制定统一的生产记录表格。下面列出了某企业使用的若干记录表格，其中附表 V-4～附表 V-18 是焙烧启动日志本中的记录表；附表 V-19 是换极工作记录本的内容；附表 V-20 是出铝记录本的内容；附表 V-21 是破损槽三项记录本的内容；附表 V-22 是主要技术条件记录本的内容。

附表 V-4　通电、原辅材料投入量及主要参数表

通电时间	日　时　分		CaF_2 量：
混　合　物	kg，其中冰晶石　　　kg；Na_2CO_3　　　kg		
T 端回转计	D 端回转计		
2/3 电流时电压	V	全电流 30min 后电压	V
全电流冲击电压	V		

附表 V-5　通电当天电压记录表

项　目	时　间	白　班	时　间	中　班	时　间	零　班
电　压	10：00	V	18：00	V	2：00	
	12：00	V	20：00	V	4：00	V
	14：00	V	22：00	V	6：00	
	16：00	V	24：00	V	8：00	V
签　名						

注：通电第 2 天、第 3 天、第 4 天电压记录表与上表相同。

附表 V-6　拆分流片记录

时　间	分流片	电压/V	
		前	后

附表 V-7　通电当天阳极电流分布测定记录表

时间 ＼ 极号	1	2	3	4	5	6	7	8	9	10	11	12	13	14	15	16	17	18	19	20	签名
A																					
B																					
A																					
B																					
A																					
B																					

注：通电第 2 天、第 3 天、第 4 天阳极电流分布测定记录表与上表相同。

附表V-8 通电当天（白班）槽内温度测定记录表

重要记事

位置 时间	T端	4~5	8~9	D端	签名
10：00					
16：00					

注：通电第2天、第3天槽内温度测定记录表与上表相同。

附表V-9 启动前电压记录

时 间	零点班	时 间	白 班
2：00		10：00	
4：00		12：00	
6：00		14：00	
8：00		16：00	
签 名		签 名	

附表V-10 启动前温度（℃）

时 间	T端	D端
签 名		

附表V-11 启动记录表

步骤 \ 项目	时 间	电解质灌入量	电 压			脉冲数		效应持续时间
			灌前	人工效应电压	效应后	前	后	
第一包电解质								
第二包电解质								
第三包电解质								
第四包电解质								

启动后摩尔比：

附表V-12 启动后灌铝前手动控制电压记录表

次 数	时 间 （时间、班次）	电 压		签 名	原材料投入记录
		前	后		
1					
2					
3					
4					

续附表 V -12

次 数	时 间（时间、班次）	电 压		签 名	原材料投入记录
		前	后		
5					
6					
7					
8					
9					
10					
11					
12					
13					
14					
15					
16					
17					
18					
19					
20					
21					
22					
23					
24					
25					
26					
27					

附表 V -13 灌铝记录表

项目 步骤	时 间	电 压		脉 冲		两水平	灌入量
		灌 前	灌 后	灌 前	灌 后		
第一包							
第二包							
第三包							
第四包							
第五包							
第六包							

附表 V-14　灌铝后手动控制电压记录表

时　间	电　压		签　名	时　间	电　压		签　名
	调　前	调　后			调　前	调　后	

附表 V-15　灌铝后一周内炉底压降记录

槽　号		测试时间	
测试点数		平均压降值/mV	
最大压降值/ mV		最小压降值/mV	
测试记录人员			

附表 V-16　炉底压降测试原始记录

测试位置						
测试数值						

附表 V-17　第四天阴极电流分布记录表

时间 ＼ 极号	1	2	3	4	5	6	7	8	9	10	11	12	13	14	15	16	17	18	19	20	21	22	23	24	25	26	27	签名
A																												
B																												

附表 V-18　原料及辅料的使用情况

灌电解液	加冰晶石	加碱量	焦粉用量	加氟化钙量	灌铝量
kg	kg	kg	kg	kg	kg

附表 V-19　换极工作记录本　　　　年　月　日

出　勤		AC 作业记录								
天车运行情况		槽号	极号	残极情况	邻极情况	炉底情况	极上覆盖料	两水平	16h 电流分布	处理情况
工作完成情况	AC									
	TAP									
	其他									
设备运行情况										
异常处理情况及遗留问题										
定置管理及现场文明生产										
交班者签名		接班者签名								

附表 V-20　吸出记录本

（　　）车间　　　　　　　　　　　　　　　年　　月　　日　　班

槽　号	单槽指示量	铸造卡片量	合　计	吸出误差	实出量			
						接班情况	抬包重	
							是否堵管	
							是否清除	
							是否压铝	
						交班情况	抬包重	
							是否堵管	
							是否清除	
							是否压铝	
						其　他	残铝倒入槽号	
							是否借包用	
							出铝风压	
							本班实出量	
						备注：		
						卫　生		
						接班者		交班者	

附表 V -21 破损槽三项记录本

（ ）车间 槽 年 月 日

阴极钢棒电流分布

位置	1	2	3	4	5	6	7	8	9	10	11	12	13	14	15	16	17	18	19	20	21	22	23	24	25	26	27	平均值	签名
A																													
中																													
B																													

炉底钢板温度

位置	1	2	3	4	5	6	7	8	9	10	11	12	13	14	15	16	17	18	19	20	21	22	23	24	25	26	27	平均值	签名
A																													
中																													
B																													

阴极钢棒温度

位置	1	2	3	4	5	6	7	8	9	10	11	12	13	14	15	16	17	18	19	20	21	22	23	24	25	26	27	平均值	签名
A																													
中																													
B																													

附表 V -22 主要技术条件记录本

槽号

日期＼内容	两水平（B/M）		温度/℃	指示量/kg	实出量/kg	备 注
	出铝端	烟道端				
1						
2						
3						
4						
5						
6						
7						
8						
9						
10						
11						
12						
13						
14						
15						
16						

续附表 V-22

内容 日期	两水平（B/M）		温度/℃	指示量/kg	实出量/kg	备　注
	出铝端	烟道端				
17						
18						
19						
20						
21						
22						
23						
24						
25						
26						
27						
28						
29						
30						
31						

第三篇 铝电解计算机控制及铝厂信息化

21　铝电解计算机控制系统的基本结构与功能

自 20 世纪 60 年代起，传统的铝电解产业便开始采用计算机控制技术。随着计算机技术、自动控制理论和技术以及铝电解工艺的发展，20 世纪 70 年代后大多数技术水平先进的国家已普遍实现电解铝生产的计算机控制与管理。计算机控制管理功能的不断加强，不仅逐步把操作者从高温、强磁场和高粉尘环境下的繁重的体力劳动中解放出来，而且实现了准确、及时、稳定和精细的控制，也使采用大容量（180～500kA）预焙槽，在低温、低摩尔比、低 Al_2O_3 浓度这些有利于大幅度提高电流效率和降低能耗的技术条件下进行电解成为可能。当前国际上先进的电流效率指标（94%～96%）和直流电耗指标（13000～13300kW·h/t(Al)）都是在先进的计算机系统的监控下取得的。铝电解槽自动化操作水平的提高，也使高度封闭式电解槽的设计成为了可能，从而有力地推动着铝电解生产朝着低污染、或无污染的方向迈进。计算机系统的使用，还使铝电解这一传统产业的管理方式迅速地走向数据化、标准化和科学化。总之，计算机控制与管理系统已成为现代铝电解生产过程必不可少的自动化装备，它的发展水平已成为当代铝冶炼技术发展水平的重要标志之一。

21.1　系统结构与功能的发展概况

按控制系统的结构形式与控制方式来分类，铝电解控制系统的发展大致经历了单机群控、集中式控制、集散式（或分布式）控制、先进集散式（或网络型）控制几个阶段[1~5]。而伴随着结构与控制方式的发展，是控制方法与功能的不断发展。

21.1.1　单机群控系统（20 世纪 60～70 年代）

早在 20 世纪 60 年代，当小型机应用到工业领域在技术上和经济上变得可行时，铝工业便从 1964 年开始采用它对铝电解生产系列进行监控。受当时技术上的限制，加之计算机昂贵，一个电解系列只能采用一台小型机（经济许可时再备用一台），安装于计算站对全系列的电解槽进行监控。专门的信号采样装置实现对全系列各槽槽电压的循环扫描采集和对来自整流所的系列电流信号的采集。来自电解槽旁的槽控箱只是一个简单的电动执行单元，它接受计算机的输出信号，完成阳极移动等功能。

单机群控系统的主要功能是：依据其在线采集的系列电流、各槽的槽电压，进行简单的分析运算和生产数据的整理报告，并通过控制各槽的阳极升降装置，实现对槽电压（即极距）的自动调节，以及依据槽电压的跃升，进行阳极效应报警等。

21.1.2　集中式控制系统（20 世纪 70～80 年代）

进入 20 世纪 70 年代，人们对控制系统自动下料控制功能的追求导致了各类自动下料装置的出现。与此同时，微型计算机（微机）的发展使得构造能实现更多控制功能的先进控制系统成为可能。例如，Z80 等单板机曾被应用于槽控箱（从此，槽控箱也被称为槽控机），使槽控机除了简单的"执行"功能外，还具有定时下料和简单的故障诊断等功能。功能强一点的槽控机还具有独立完成槽电压采样的功能。但此阶段的槽控机一般无独立控制功能，整个计算机控制系统是一种集中式控制系统，即采用一台小型机作为上位机（主机），与每台电解槽（或数台电解槽）配备一台的槽控机构成两级集中式控制系统，由上位机集中控制、集中监视。以我国贵州铝厂 20 世纪 80 年代初期从日本引进的计算机控制系统为例，应用程序在主机（PDP—11 小型机）内运行，槽控箱（以 Z80 单板机为核心）的存储器只存有若干条按固定逻辑驱动执行机构的固定程序。二级的分工是：主机进行系列全部槽的信号采集和解析（槽电阻计算、槽电阻稳定性分析、槽电阻调节、AE 预报、定时下料安排等）；根据解析结果向槽控箱发布控制命令和监视其对命令的执行情况；以及累计数据、编制报表。槽控箱则接受经由输出接口设备传来的主机命令，按其内部固定逻辑驱动执行机构（马达、风机、各电磁阀）进行有序动作，从而完成阳极升/降，定时加料和阳极效应处理；通过接口设备向主机反馈以及在自己的操作面板上以信号灯显示各种状态信号（如手动或自动；料箱高、低料位；阳极升降时由脉冲计数器产生的代表阳极移动量的脉冲数等）；此外，在槽控箱上可以实现自动/手动切换和手动操作，并在脱离主机时自动完成定时下料作业。

集中式控制系统的缺点之一是，作为下级机的槽控箱无独立控制能力，主机负荷重，因此当电解槽数目多、或引入较多的控制信号，采用（准）连续按需下料等较复杂且实时性要求较高的控制模型时，主机的采样和解析速度就难以满足要求。缺点之二是，主机一旦发生故障便会造成全系列槽的失控。虽然可采取一些措施来弥补这些不足，例如选用速度更高的采样设备，选用内存更大、运算速度更高的小型或微型机作主机和改进应用软件的编制等来提高主机的解析与控制速度，采用双台主机互为备用的方式来提高系统的可靠性，以及在电解槽数较多时于两级间增加一级区域通信微机或区域控制机来分担主机的部分任务（具有区域分散式控制系统的特征），但是进入 80 年代后，随着造价低、性能好的微机的出现，以及集散系统这种新一代工业过程控制机的应用普及，集中式系统正逐步被集散式系统所取代。

21.1.3　集散式（分布式）控制系统（20 世纪 80 ~ 90 年代）

集散式（或分布式）控制系统采用"集中操作，分散控制"方式。各槽配备一台的槽控箱（或称槽控机）作为直接控制级，内含一个独立的以微控制器为核心的控制系统，能独立地完成对所辖电解槽进行信号（电流、电压）采样、分析运算和实施控制的功能；所有槽控机通过通信线连接到计算机站的上位机（过程监控级），由上位机对槽控机进行集中监控。90 年代以前，上位机仍采用小型机，90 年代以后则普遍采用工控微机作为上位机。

在工业控制网络技术成熟之前，国外一些电解槽数目较多的厂家采用了三级以上的集散式控制系统，如美国 Kaiser 铝业公司曾采用"厂部主机—厂房通信机—槽系列中心服务机—槽控机"四级集散式控制系统[1]。传统的集散式控制系统采用"主—从式"通信方式，槽控机仅在主机要求时才会与主机联系，接受主机的命令，并定期将记录的数据转移至主机。受通信方式与通信技术的制约，传统集散式控制系统中的上位机与槽控机的数据交换速度不能满足铝电解工业对过程实时监控愈来愈高的要求。

集散式控制系统保留了集中式控制系统的集中操作特点，但拥有集中式控制系统无法比拟的优越性，主要体现在显著增强了系统的安全可靠性和硬件配置灵活性，同时强大的数据运算及快速处理与存储能力更好地满足了应用软件日益扩充的需要。

在集散式控制系统硬件功能与操作系统（软件平台）的强大支持下，铝电解控制模型与应用软件也快速发展，主要体现在下列几个方面：

（1）氧化铝浓度控制。这是最引人注目的进步。由于氧化铝浓度的在线检测问题始终无法解决，人们便通过应用一些先进的控制理论与技术来建立氧化铝浓度的"辨识"（估计）与控制算法，从而使铝电解槽的下料控制方式从过去的定时下料过渡到按需下料。最有代表性的是法国铝业公司率先成功应用的基于槽电阻跟踪的氧化铝浓度控制方法[6]。这种基于槽电阻跟踪的方法历经多年的发展，形成了各式各样的氧化铝浓度控制方法，利于基于现代控制理论的自适应控制技术[7~11]，基于智能控制方法的智能模糊控制技术与模糊专家控制技术[12~17]以及神经网络控制技术[18~20]等。关于此方面的一些重要内容将在第 24 章中详细讨论。

（2）槽电阻（极距）、热平衡以及电解质成分控制。由于槽温、极距和电解质成分的连续在线检测问题始终无法解决，人们便应用一些先进的控制理论与技术来改进极距、热平衡以及电解槽成分控制算法。在氧化铝浓度控制中使用的一些自适应与智能控制技术同样也用到极距与热平衡控制方面，例如电解质动态平衡温度的自适应预报估计模型与控制模型[10,21]，基于模糊控制与神经网络的极距与热平衡方法等[22~25]。并且，研究者们愈来愈重视电解质成分（摩尔比）自动控制对热平衡稳定控制的重要性，这导致氟化铝自动添加装置（即用于氟化铝添加的下料器）在铝电解槽上的广泛使用以及各类与热平衡（槽温）控制密切相关的摩尔比判断与决策（控制）方法的开发应用，例如基于槽温、摩尔比实测值的查表控制法[26~30]、基于摩尔比、槽温等参数间的回归方程的控制法[31~36]、基于初晶温度（过热度）实测值的控制法（九区控制法）[37]、基于模糊逻辑模型的摩尔比控制方法[38]以及基于槽况综合分析的控制法[25,39]。关于此方面的内容将在第 23 章和第 25 章中详细讨论。

（3）槽况综合分析（槽况诊断）。对不断改进控制功能与效果的不懈追求，使铝工业不再满足于简单的槽况分析功能，如电阻波动解析、效应预报等（详见第 22 章）。开发槽况分析（尤其是槽况综合分析）功能成为 20 世纪 90 年代以来铝电解控制技术开发的一个热点。并且，"直接控制级 + 过程监控级"的两级集散式控制方式使槽况分析功能也采用两级配置方式。一级设置在直接控制级（槽控机）中，利用该级获得的实时动态信息实现对槽况的快速实时分析，例如，槽电压（或槽电阻）波动特性的快速实时解析、电阻控制与下料控制过程的各类异常现象的快速实时分析等，从而直接服务于实时控制级的下料控制与电阻控制；另一级设置在过程监控级，利用该级存储的历史数据（信息）实现对槽况中、长期变化趋势的综合分析（包括对病槽的诊断），从而可定期（或不定期地）对槽控机中的相关设定参数进行优化（调整），或者为人工维护槽况提供决策支持。事实上，上面提到的各类热平衡与摩尔比控制方法同时也属于槽况分析的方法，并且大多设置在直接控制级，用于为槽控机（或操作者）确定相关控制（或设定）参数，例如设定电压、氟化铝基准添加速率以及出铝量等。此外，对槽况综合分析的要求已经从过去的单槽分析发展到多槽分析，即把一个区域（大组、段、车间乃至全系列）的电解槽作为一个整体来进行综合分析。

为了实现槽况的综合分析，首先必须获得用于槽况分析的足够信息。为此人们从两个方面进行努力：一方面是增加参数的自动检测项，即开发新的传感器，增加在线信号以及人工检测的数据；另一方面是对可测数据（参数）进行"深加工"。"深加工"技术又被称为"软测量"技术。由于铝电解在经济实用的传感器方面尚无突破，因此软测量技术是增加槽况综合分析信息量的重要方法。事实上，下料控制中的氧化铝浓度估计算法、热平衡控制中的热平衡状态分析算法以及摩尔比控制中的摩尔比状态分析算法也都可以视为"软测量"。至今人们研究过的用于铝电解槽槽况分析中的软测量技术可以归为如下几类：系统辨识与参数估计技术[10,11,21]、数理统计与数据挖掘技术[40~43]、铝电解槽物理场的计算机动态仿真技术[44]、人工神经网络及模糊专家系统等智能技术[23,39,45]。关于此方面的内容将在第 27 章中详细讨论。

21.1.4 先进的集散式控制系统——网络型控制系统（20 世纪 90 年代至今）

进入 20 世纪 90 年代后，随着可构造网络型控制系统的各类现场总线技术的发展，先进的集散式（分布式）控制系统开始采用"现场控制级（槽控机）+过程监控级"两级网络结构形式。例如在我们于90年代中期推出的网络型智能控制系统中（详见下节"系统配置实例"），现场控制网络采用一种先进的现场总线——CAN总线来实现现场实时控制设备（槽控机）及其他现场监控设备的互联；过程监控级则使用以太网实现本级中各设备（工控微机及服务器等）的互联，并实现与全企业局域网的无缝连接。

控制系统结构的网络化以及与企业计算机局域网的"无缝"连接，使"人、机交互"和"管、控一体"变得更为方便，因此，这不仅推动了各类需要人机交互的槽况分析系统的发展与实用化，而且使大型铝电解企业实现综合自动化与信息化的目标变得更加容易。

21.2 系统配置实例

21.2.1 一种简单的两级集散式（分布式）控制系统的基本配置

图21-1所示的两级分布式铝电解计算机控制系统的一般配置形式是一种最简单的两级集散式（分布式）系统配置形式。它可以分为现场控制级（槽控机）和过程监控级。现场控制级设在电解车间，主体控制装备是每槽配备一台槽控机（又被称为下位机）。过程监控级设在计算站，它的主要监控设备是一台计算机（一般采用工控微机），又被称为上位机。一条通信线（包括必要的通信器件）可以将现场控制级中的所有槽控机与过程监控级中的监控微机连接在一起，构成一个完整的控制系统。

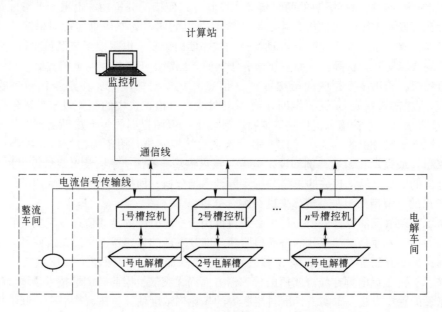

图21-1 两级分布式铝电解控制系统的一般配置形式

上述这种只有一台监控微机作上位机的简单结构适应于电解槽数量较少的情形。如果电解槽数量较多，一般将电解槽按所在地域分区（例如，若一个电解系列中有200台电解槽分布在两栋厂房中，则可以按四个分区），给每个区配备一套如上所述的控制系统。各区的监控微机（即区域监控微机）都安装在计算站，通过局域网将区域监控微机连接在一起，便使整个生产系列的控制系统成为一个整体。

21.2.2　一种两级网络型控制系统的基本配置

大型铝电解企业的铝电解控制系统可采用由现场控制级与过程监控级两级构成的网络结构。图 21-2 是我们于 20 世纪 90 年代后期推出的一种网络型计算机控制系统的基本配置图。该系统的过程监控级"融入"到了企业的全厂综合自动化与信息化网络中，该级中的工控机及服务器通过交换机组成以太网（Ethernet），在网络下并行工作，通过以太网的 TCP/IP 协议进行数据传输。

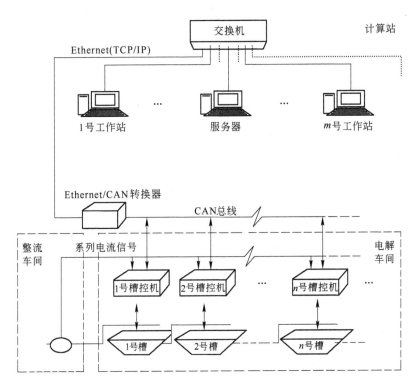

图 21-2　网络型铝电解控制系统的一般配置形式

考虑到过程监控级使用的以太网通信方式难以满足电解车间恶劣环境下的稳定可靠通信要求，在现场控制级中采用现场总线（CAN 总线）构成通信网络。为了实现现场控制级的 CAN 总线网络与过程监控级的以太网络的无缝连接，在现场控制级与过程监控级之间安装有若干台 CAN-Ethernet 智能转换器，它们可并行运行，互为备用。也可以使用工控微机充当 CAN-Ethernet 智能转换器（接口机），接口机的扩展插槽中插上 CAN 总线网卡和以太网网卡，分别连接上、下两级。

21.3　系统功能设计实例

21.3.1　现代铝电解工艺对控制功能的基本要求

由于铝电解过程复杂且重要参数难以在线检测，所以铝电解槽是一个非线性、多变量、大滞后且具有模型不确定性的复杂被控对象。

生产实践与理论研究表明，要获得理想的技术经济指标，关键是控制好铝电解槽的几个主要技术参数，使铝电解槽能处于理想的物料平衡与热平衡状态下稳定运行，从而使物理场稳定，引起电流效率损失的二次反应最大程度地被抑制。为达到这一目标，现代铝电解工艺对控制系统提出了如下基本要求：

（1）控制好铝电解槽的物料平衡。由于氧化铝的添加是引起物料平衡变化的主要因素，因此最重要的是控制好氧化铝的添加速率（即下料速率），使氧化铝浓度的变化能维持在预定的一个很窄的范围内，既要尽量避免沉淀的产生，又要尽量避免阳极效应的发生。

（2）控制好铝电解槽的极距与热平衡（包括摩尔比）。主要的目的是，以移动阳极作为调整极距和改变输入电功率为手段，既要维持合适的极距，又要保持理想的热平衡。同时通过氟化铝添加控制，不仅保持电解质成分的稳定，而且为热平衡的稳定创造条件。

（3）具备一定的异常槽况分析（病槽诊断）与辅助决策功能。由于至今铝电解槽上尚存在不能由计算机直接控制的操作工序和工艺参数，且存在一些检测不到的干扰因素和变化因素，并由于控制误差的积累，铝电解槽的物料平衡，热平衡，以及互有关联的物理场会发生缓慢的变化。这些变化积累到一定的程度后会导致电解槽正常的动态平衡的崩溃，即电解槽成为病槽。因此计算机应该具有利用各种可获取的信息综合解析电解槽的变化趋势，并及时诊断病槽或尽早发现病槽形成趋势的能力，以便能及时地调整有关控制参数或提出人工进行维护性操作的建议。

现代铝电解过程控制系统的功能就是以满足上述要求为目标来设计开发的，到目前，先进控制系统的控制与管理功能逐步发展到包括下列几个方面：

（1）槽电阻解析与控制（包括槽电阻异常分析、效应预报、极距调节等）。

（2）氧化铝浓度控制（即下料控制）。

（3）电解质成分控制（即氟化铝添加控制）。

（4）人工操作工序的辅助管理与监控。

（5）槽况诊断（包括单槽及系列槽工况综合分析）。

（6）生产管理与辅助决策等。

21.3.2　现场控制级（槽控机）的主要功能

以上一节中介绍的"现场控制级—过程监控级"两级集散式（或网络型）系统为例，现场控制级的主要功能包括：

（1）数据采集。以$1 \sim 4Hz$的采样速率，同步采集槽电压及系列电流信号，并进行槽电阻的计算、滤波等。

（2）槽电阻解析及不稳定（异常）槽况处理。实时地分析槽电阻的变化与波动，并据此对不稳定及异常槽况（如电阻针振、电阻摆动、阳极效应趋势、阳极效应发生、下料过程的电阻变化异常、极距调节过程的电阻变化异常等）进行预报、报警和自处理。

（3）下料控制（即氧化铝浓度控制）。基于对槽电阻和其他与物料平衡变化相关的因素的解析，判断槽内物料平衡（氧化铝浓度）状态，并据此调节下料器的下料间隔时间，实现对下料速率的控制（即对氧化铝浓度的控制）。

（4）正常槽电阻控制（即极距与热平衡控制）。基于对槽电阻、槽电阻波动和其他与极距或热平衡相关的因素的解析，判断电解槽的极距与热平衡状态，并据此进行极距调节（即槽电阻调节），间接地实现对极距与热平衡的控制。

（5）AlF_3添加控制。以上位机的AlF_3添加控制程序给定（或直接由人工设定）的AlF_3基准添加速率作为控制基准，结合自身对槽况及相关事件的判断，调节氟化铝下料器的下料间隔时间，实现对电解质摩尔比的控制。

（6）人工操作工序监控。对换阳极、出铝、抬母线等人工操作工序进行监控。

（7）数据处理与存储。为上位机监控程序进行数据统计和记录，并制作和储存报表数据。

（8）与上位机的数据交换。在联机状态下通过通信接口与上位机交换数据。

（9）故障报警与事故保护。诊断、记录和显示自身的运行状态和故障部位，并采取相应的保护措施。

21.3.3　过程监控级（上位机体系）的主要功能

对于一个由"现场控制级—过程监控级"构成的两级分布式（或网络型）系统为例，过程监控级的主要功能包括：

（1）槽工作状态的实时显示。以动态曲线与图表形式，实时地显示槽电压、槽电阻、系列电流及其他各种动态参数与信息。

（2）参数设定、查看与修改。为用户提供丰富的菜单，实现对控制系统（包括槽控机和上位机体系）中设定参数的设定、查看与修改。设定参数一般分为两大类，即系列参数（全系列通用）和槽参数。

（3）历史数据（信息）查看与输出。为用户提供丰富的菜单及数据库操作手段，以曲线和图表等形式实现对电解槽各种历史数据（信息）的查看与输出（打印）。

（4）报表制作与输出。按照规定格式制作和输出（打印）各种类型的报表，如解析记录报、时报、班报、日报、月报、效应报、槽状态报、故障信息报等。

（5）自动语音报警。配备有自动语音报警系统，向电解车间广播重要提示信息，包括电解槽的异常信息（如效应发生、效应超时、电压越限等）。

（6）槽况分析。先进的控制系统提供对各电解槽及全系列变化趋势进行分析的功能。例如，基于对历史数据的挖掘与分析，判断单槽、或某个区、或全系列槽在某一时段的状态（参数）变化趋势，为生产过程优化与控制优化提供指导。

（7）生产管理。与企业的局域网联网，实现各类信息的浏览、修改、上传、下载、打印，满足企业实现综合自动化与信息化的要求。

21.4　核心控制装置——槽控机简介

槽控机是铝电解控制系统中的关键控制装备。目前我国的槽控机主要有单 CPU 型和多 CPU 网络型两种类型。过去在自焙铝电解槽上还曾经使用过可编程序控制器（PLC）型。

21.4.1　可编程序控制器（PLC）型

PLC 是一种可广泛应用于多种工业过程控制的通用设备。与专用型的单板机相比，它的显著优点是：硬件可靠；输入/输出能力强；具有模块化积木式结构，因此组态灵活，通用性与可扩性强；不需另设接口电路，且编程容易掌握，故开发周期短。但其缺点是，价格可接受的中、低档 PLC 运算能力差，不能对复杂被控对象进行分析，因此一般只适合于作开关量的控制。

21.4.2　单 CPU 型

早期的槽控机多采用一片 Z80CPU 和复杂外围电路构成。由于电子技术的迅猛发展，尤其是 CPU 的升级换代速度加快，所以现在一些槽控机厂家将 386CPU 配置在槽控机上替代原有

Z80CPU，满足应用软件升级的要求，但其硬件结构并没有实质性的改变。硬件结构采用插板式，将信号输入/输出部分、槽电压与系列电流转换部分等做成插板，内部信号传输采用标准总线（STD 总线），外部信号采用计算机常用的扁带进行转接，与上位机的通信过去多采用 RS-485/BitBus（位总线）方式，后来也逐步改用 CAN 总线等现场总线。

这种槽控机的优点是运算速度快，有 DOS 系统支持，编程方式相对简单。但其缺点不容忽视：

（1）核心器件较落后。由于采用的是已被淘汰的 386CPU 产品，势必失去器件厂家的未来技术支持，且会影响后期的产品供货。

（2）生产成本及后期维护成本均较高。386CPU 采用表贴安装方式，管脚密集不易焊接，要采用波峰焊等设备；同时，由于 386CPU 与外围电路的连接复杂，各信号间的逻辑关系也很复杂，现场测试比较困难，对维护水平要求高且维护难度大；因为管脚密集不易焊接，所以出现故障以后只能整板更换，备件购置费用和系统的维护费用高。

（3）对运行环境要求较高。386CPU 是为计算机设计的，其对运行环境要求比较高，粉尘和高磁场对其运行可靠性有重大影响。

（4）故障率较高。槽控机的接头插件在电解现场强腐蚀高灰尘的环境中易氧化腐蚀，导致接触不良、信号中断和引发随机性故障，整机的稳定性和可靠性随运行时间延长而降低。

（5）运算能力没有充分发挥。由于与之相配的外围设备的运行能力没有提升，其运算能力并没有完全发挥。

（6）不易于扩展。铝电解过程控制必然会随着工艺技术的发展而产生许多新的控制点，采用单 CPU 结构后，对于每一个新的控制点都要重新设计槽控机硬件。

为了解决上述单 CPU 型的插板式槽控机所存在的接插件多，故障率高的问题，一些厂家推出了大板式槽控机。但"大板"故障风险集中，一旦"大板"中某一局部故障，则整块板均需更换或修理，这可能还会导致工厂的备件购置费用和系统的维护费用增高。

21.4.3　多 CPU 网络型

20 世纪 90 年代末期，我们开发了一种多 CPU 网络型槽控机（全分布式槽控机），并迅速在我国铝电解行业推广应用。从外观来看，该种槽控机与单 CPU 型大板式槽控机类似，为壁挂式结构，左、右机箱分别为动力箱、逻辑箱，这两个箱体的外形尺寸相同（典型尺寸均为：宽 400mm × 高 550mm × 厚 200mm，见图 21-3）。但内在的本质区别是，摒弃了流行于 80 年代的 STD 总线技术，而采用先进的现场总线（CAN 总线）技术和网络通信技术，将槽控机内部结构设计为多 CPU 的智能分布式网络结构形式。

CAN 现场总线技术是一种多主总线技术，符合国际标准（ISO11898），通讯传输速率可达 1Mbps，具有高可靠和通讯的实时性，同时网络内节点数不受限制，易于功能的扩展。

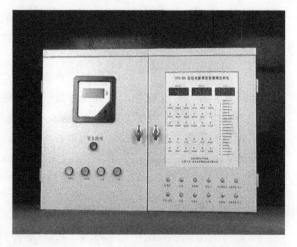

图 21-3　一种多 CPU 网络型槽控机外形

我们按智能化、模块化与网络化的硬件设计原则来设计槽控机的逻辑单元。以 YFC-99 型槽控机为例，将逻辑单元设计为 3-CPU 网络体系结构，内含 3 个智能模块：

（1）采样模块。完成槽电压和系列电流的采样，并进行槽电阻计算，信号滤波等预处理。

（2）主模块。对过程进行解析；接收开关板的输入信号；通过显示面板的数码管和指示灯输出运行信息；实现与外部设备（上位机）的数据交换等。

（3）操作模块。完成所有对动力单元的输入/输出操作，如阳极升降、打壳、下料等动作信号的输出以及执行情况的检测输入。

上述 3 个智能模块均带有自己的 CPU，均能相对独立地运行和发挥自己的功能，彼此之间通过以双绞线或双芯电缆为通信介质的 CAN 总线互联，实现数据交换和协同工作，从而使整个槽控机的逻辑单元成为一个网络体系。并且，该体系与外设的接口也采用 CAN 总线协议，以满足构造网络型控制系统的要求。按上述设计方案所设计的槽控机的逻辑单元结构示意图如图 21-4 所示。可见，在整个槽控机中，电路板数量仅为 5 块（3 个智能模块另加 1 个触摸开关板和 1 个动力箱中的信号采集板）。

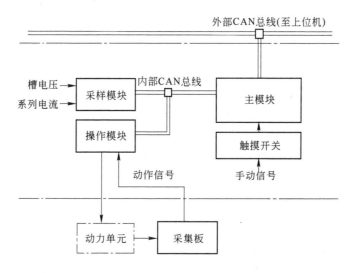

图 21-4　YFC-99 网络型槽控机逻辑单元的基本构成

多 CPU 网络型槽控机的主要特点是：

（1）智能化程度高。多 CPU 网络体系中的智能模块能并行运行、协同工作，因此综合数据处理能力强大（多个 CPU 的协同处理能力远远大于单个 CPU），能很好地满足高度智能化控制的要求，避免了单 CPU 型槽控机单纯依赖 CPU 的升级来提高数据处理能力的局限性。例如，使用 16 位或 32 位 CPU 芯片（如 Intel80386 等）来替代单片机芯片虽然可以解决数据处理能力的问题，但带来了结构复杂、高温下运行稳定性较差且维护困难等新问题。

（2）结构简洁、集成度高、安全可靠、维护性好。智能模块（电路板）采用类似的硬件结构，其 CPU 均采用适于工业现场恶劣环境的单片机系列（如 90C32 系列 CPU），并设计有可编程的电源监视和 WatchDog（防程序走飞）的器件；外围接口电路采用高集成化器件（PSD），以简化电路设计提高可靠性；高集成度器件与网络体系结构的采用使槽控机内部连接线极少，降低了接插性故障，同时该方式使得故障分散，易于维护，维护费用低，而且当某一模块的 CPU 工作故障时能被其他无故障的模块检出，从而自动采取保护措施。

参 考 文 献

1　Mohr R A. Aluminum reduction plant distributive control system. Light Metals, 1982: 595~608

2　Macaudiere Y. Recent advances in process control of the potline. Light Metals, 1988: 607~612

3　李劼, 丁凤其, 霍本龙等. 基于现场总线的全分布式铝电解槽自动控制机. 轻金属, 2001, (4): 36~38

4　丁凤其, 李劼, 邹忠等. 基于 CAN 总线的全分布式控制器及其在铝电解过程控制中的应用. 自动化仪表, 2001, 22 (7): 42~43

5　刘业翔, 陈湘涛, 张文根等. 基于数据仓库的铝电解网络监控系统的设计与实现. 轻金属, 2003, (9): 25~29

6　Bonny P, Gerphagnon J L, Laboure G et al. Process and apparatus for accurately controlling the rate of introduction and the content of alumina in an igneous electrolysis tank in the production of aluminium. US4431491. 1984

7　Moen T, Aalbu J, Borg P. Adaptive control of alumina reduction cells with point feeders. Light Metals, 1985: 459~469

8　Borg P, Moen T, Aalbu J. Adaptive control of alumina reduction cells with point feeders. Modeling, Identification and Control (MIC), 1986, 7 (1): 45~56

9　McKenna J S, Omani F K, Nyadziehe T. An adaptive feed strategy for a center-break reduction cell. JOM-Journal of the Minerals Metals & Materials Society, 1993, 45 (11): 44~47

10　李劼. 点式下料铝电解槽计算机控制模型的研究. 长沙: 中南工业大学, 1993

11　Li Jie, Huang Yongzhong, Wang Huazhang, et al. An estimation model of alumina concentration for point-feeding aluminum reduction cells. Light Metals, 1994: 441~447

12　Li Jie, Xiao Jin, Liu Yexiang, et al. Hierarchical intelligent control system for aluminium reduction cells. Light Metals, 1997: 463~467

13　Li Jie, Xu Fucang, Xiao Jin, et al. An intelligent fuzzy control system for prebaked-anode aluminum reduction cells. In: Huang Xinhan et al ed. Proceedings of The International Conference on Artificial Intelligence for Engineering. Wuhan: HUST Press, 1998: 476~479

14　李劼, 王前普, 肖劲等. 预焙铝电解槽智能模糊控制系统. 中国有色金属学报, 1998, 8 (3): 557~562

15　李劼, 肖劲, 张泰山等. 铝电解槽点式下料的专家模糊控制方法. 中南工业大学学报, 1998, 29 (1): 32~35

16　李劼, 丁凤其, 邹忠等. 铝电解模糊专家控制器的开发与应用. 有色金属, 2000, 52 (4): 61~63

17　李劼, 张文根, 丁凤其等. 基于在线智能辨识的模糊专家控制方法及其应用. 中南大学学报 (自然科学版), 2004, 35 (6): 911~914

18　Meghlaoui A, Bui R T, Thibault J et al. Intelligent control of the feeding of aluminum electrolytic cells using neural networks. Metallurgical and Materials Transactions B, 1997, 28B (4): 215~221

19　Meghlaoui A, Bui R T, Thibault J et al. Predictive control of aluminum electrolytic cells using neural networks. Metallurgical and Materials Transactions B, 1998, 29B (10): 1007~1019

20　Meghlaoui A, Thibault J, Bui R T et al. Neural networks for the identification of the aluminium electrolysis process. Computer & Chemical Engineering, 1998, 22 (10): 1419~1428

21　Li Jie, Liu Yexiang, Huang Yongzhong et al. Bath temperature model for point-feeding aluminium reduction cells. Transactions of Nonferrous Metals Society of China, 1994, 4 (1): 26~32

22　李劼, 李民军, 肖劲等. 铝电解槽槽电阻的智能控制方法研究. 见: 中国科学技术协会编. 中国科

协第三届青年学术年会论文集——"信息科学与微电子技术".北京：中国科学技术出版社，1998：495～497

23　李民军.大型预焙铝电解槽模糊专家控制器及新颖热平衡控制模型的研究：[学位论文].长沙：中南工业大学，1999

24　Frost F, Karri V. Intelligent control of aluminium reduction cells using backpropagation neural networks. In: M. Mohammadian, ed. International Conference on Advances in Intelligent Systems: Theory and Applications (AISTA2000). Canberra, ACT, Australia: IOS Press, 2000: 34～39

25　Frost F, Karri V. Identifying significant parameters for Hall-Heroult process modelling using general regression neural network. In: R. Loganantharaj, G: Palm, M, Ali, ed. Thirteenth International Conference on Industrial and Engineering Applications of Artificial Intelligence and Expert Systems (IEA/AIE2000). New Orleans. Louisiana. USA: Springer, 2000: 73～78

26　Salt D J. Bath chemistry control system. Light Metals, 1990: 299～304

27　Barber M. The optimization and control of bath chemistry. Proceedings of the International Symposium on Quality and Process Control in the Reduction and Casting of Aluminum and Other Light Metals, New York: Pergmon Press, 1987: 51～58

28　Peyneau J M. The automated control of bath composition on high amperage cells. Proceedings of the International Symposium on Reduction and Casting of Aluminum. New York: Pergmon Press, 1988: 189～195

29　Madsen D J. Temperature measurement and control in reduction cells. Light Metals, 1992: 453～456

30　Campo J J, Sancho J P. Low bath ratio operation in side breaking V. S. S. pots. Aluminium, 1994, 70 (9/10): 587～589

31　Desclaux P. AlF_3 additions based on bath temperature measurements. Light Metals, 1987: 309～313

32　Wilson M J. Practical considerations used in the development of a method for calculating aluminium fluoride additions based on cell temperatures. Light Metals, 1992: 375～378

33　Entner P M, Gudmundsson G A. Further development of the temperature model. Light Metals, 1996: 445～449

34　Entner P M. Control of AlF_3 concentration. Light Metals, 1992: 369～374

35　Entner P M. Further development of the AlF_3-model. Light Metals, 1993: 265～268

36　Entner P M. Control of bath temperature. Light Metals, 1995: 227～230

37　Rieck T, Iffert M, White P et al. Increased current efficiency and reduced energy consumption at the TRIMET smelter essen using 9 box matrix control. Light Metals, 2003: 449～456

38　Meghlaoui A, Aljabri N. Aluminum fluoride control strategy improvement. Light Metals, 2003: 425～429

39　周诗国.预焙铝电解槽热平衡诊断专家系统的研究：[学位论文].长沙：中南大学，2001

40　陈湘涛.数据仓库与数据挖掘技术在新型铝电解控制系统中的应用研究：[学位论文].长沙：中南大学，2004

41　刘业翔，陈湘涛，张文根等.基于连通分支的聚类分析算法及其在铝电解中的应用.计算机工程与应用，2004，23：216～219

42　刘业翔，陈湘涛，张更容等.铝电解控制中灰关联规则挖掘算法的应用.中国有色金属学报，2004，14 (3)：494～498

43　Chen Xiangtao, Li Jie, Zhang Wengen et al. The development and application of data warehouse and data mining in aluminum electrolysis control systems. Light Metals, 2006: 515～519

44　游旺.大型预焙铝电解槽槽膛内形在线动态仿真研究：[学位论文].长沙：中南工业大学，1997

45　徐福仓.专家系统技术在铝电解过程监控中的应用研究：[学位论文].长沙：中南工业大学，1998

22　槽电阻的常规解析（含异常状态分析）

22.1　信号采样与槽电阻计算

众所周知，表观槽电阻（简称槽电阻）是用于实现铝电解过程实时控制的主要参数。它既是重要的状态参数，又是重要的被控参数。通常都采用下列这个简单公式由槽电压 U、系列电流 I 的采样值计算槽电阻 R 的采样值：

$$R_0(n) = \frac{U(n) - B}{I(n)} \tag{22-1}$$

式中　$R_0(n)$——在 t_n 时刻的原始槽电阻（或称为采样值）；

　　　$U(n)$——在 t_n 时刻的槽电压采样值；

　　　$I(n)$——在 t_n 时刻的系列电流采样值；

　　　B——表观反电动势（设定常数）。

表观反电动势 B 是一个设定常数，它可以视为是铝电解真实的反电动势的统计平均值。它应该依据槽电压（U）-系列电流（I）试验曲线在正常电流处的切线延伸至零电流处所截取的常值。由于槽型及技术条件的不同，各铝厂选用的 B 值不同，选值范围在 $1.6 \sim 1.7V$ 之间。众所周知，真实的反电动势是变化的，例如当氧化铝浓度向临近效应发生的临界浓度靠近时，真实的反电动势会显著升高（即显著高于设定的表观反电动势），从而引起槽电压显著升高，于是引起（表观）槽电阻显著升高。假如槽电阻计算公式中的 B 是真实的反电动势，槽电阻便不应跟随反电动势的变化而变化，但由于槽电阻计算公式中 B 被固定为一个常数，因此反电动势变化时（引起槽电压变化），槽电阻也跟随着发生变化，这就是式 22-1 所计算的槽电阻严格来说应称为表观槽电阻的原因（只有在电解槽的运行条件正好使真实的反电动势等于设定值时，表观槽电阻才是真实的槽电阻）。

之所以要用（表观）槽电阻而不是直接用槽电压来作为槽况解析的依据，是因为槽电压跟随系列电流变化，而理论上而言，槽电阻是不随系列电流的变化而变化的，因此用槽电阻来判断槽况能排除系列电流变化所产生的干扰。但在铝电解现场的控制系统中往往观察到这样的现象：当系列电流的波动明显引起槽电阻的波动。引起这一现象的最可能原因是：（1）槽电压与系列电流的采样误差较大，或者两者的采样不同步（这种情况下，往往表现为系列电流波动加剧时，槽电阻的波动也跟随着加剧）；（2）真实的反电动势与设定的反电动势的偏差较大（这种情况下，往往表现为槽电阻跟随系列电流的波动而波动）。为了尽可能消除系列电流波动对槽电阻的影响，显然应该尽可能保持槽电压与系列电流的采样同步，并消除采样误差，并且使槽电阻计算公式中的表观反电动势设定值尽可能接近常态工艺技术条件下的真实反电动势的平均值。

槽电阻一般以欧姆（或微欧姆）作单位，但电解工人往往感觉槽电压的单位（mV 或 V）较为直观。因此，无论是在国外，还是在我国，愈来愈多的控制系统开发商将槽电阻线性变换为具有相同内涵的"正常化槽电压"表达，即：

$$U_0(n) = R_0(n)I_b + B = \frac{U(n) - B}{I(n)}I_b + B \tag{22-2}$$

式中　$U_0(n)$——在 t_n 时刻的正常化槽电压（原始值）；
　　　　I_b——基准系列电流。

其余变量的含义与槽电阻计算公式式22-1中相同。

采用正常化槽电压来代表槽电阻虽然使现场操作人员感到直观了，但却使部分操作人员难以弄明白为何正常化槽电压采用了电压的单位却代表槽电阻。对此，下面再作一些解释。从正常化槽电压的计算公式可见，槽电阻与正常化槽电压这两者的换算关系用一句话可以表达为"不论当前的实际槽电压是多少，只要当前的槽电阻为 R_0，那么与基准电流相对应的槽电压（即正常化槽电压）就是 $R_0 I_b + B$"可见，假如系列电流变化引起槽电压变化了，只要槽电阻保持不变，正常化槽电压就保持不变（当然前提是基准电流和表观反电动势的设定值均保持不变）。以一台200kA铝电解槽为例，假如系列电流正好等于基准电流值（200kA），对应的槽电压为4.1V，并假设槽电阻计算公式中的表观反电动势取值为1.6V，则用式22-1计算的槽电阻值为 $1.25 \times 10^{-5}\Omega$（即 $12.5\mu\Omega$），用而式22-2计算的正常化槽电压为4.1V（注意：当系列电流值正好等于设定的基准电流值时，正常化槽电压的值就等于槽电压的值）。假设系列电流从200kA降低到190kA时槽电阻维持不变（维持在 $12.5\mu\Omega$），从槽电阻计算公式式22-1反推可知，槽电压将从4.1V降低到3.975V。再从正常化槽电压计算公式式22-2可知，正常化槽电压依然还是4.1V。而若假定系列电流从200kA降低到190kA时，通过提升阳极保持槽电压4.1V不变，从槽电阻计算公式式22-1可计算出，槽电阻将从 $12.5\mu\Omega$ 升高到约 $13.2\mu\Omega$；从正常化槽电压的计算公式式22-2可计算出，正常化槽电压将从4.1V升高到约4.24V。

从槽电阻和正常化槽电压的计算公式可知，改变表观反电动势的设定值会改变槽电阻的计算值，但对正常化槽电压的计算值的影响较小（前提是实际的电流与基准电流接近，假如实际的系列电流等于基准电流，则无影响）；改变基准电流的设定值不会影响槽电阻的计算值，但会改变正常化槽电压的计算值。因此，生产现场不要随意对计算机控制系统中的表观反电动势和基准电流的设定值进行更改，否则会使槽电阻曲线在表观反电动势修改时刻或正常化槽电压曲线在基准电流修改时刻产生跃变，使历史记录数据失去统一的比较标准。

图22-1是设定参数（表观反电动势和基准电流）及槽电压、系列电流发生改变时，对槽

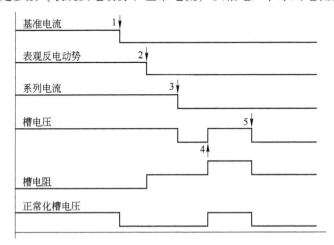

图22-1　设定参数（表观反电动势和基准电流）及槽电压、
系列电流对槽电阻和正常化槽电压影响示意图

1—改变基准电流设定值（仅引起正常化槽电压变化）；2—改变反电动势（引起槽电阻变化，但对正常化槽
电压影响较小）；3—改变系列电流（引起槽电压变化，但对槽电阻和正常化槽电压没有影响）；
4，5—通过非系列电流因素来改变槽电压（引起槽电阻和正常化槽电压相应地变化）

电阻和正常化槽电压产生影响的示意图。

由于在基准电流和反电动势一定的情况下，槽电阻和正常化槽电压具有相同的内涵，因此后面的讨论将统称为槽电阻（或电阻）。

22.2　槽电阻的滤波与噪声解析（槽稳定性分析）

无论槽况如何稳定，从现场控制系统的计算机监视屏幕上看到的原始槽电阻的实时采样曲线是一种上下波动的曲线。对于正常槽况，相邻 1s 的正常化槽电压采样值的波动幅度也可能达到 10～30mV。现场操作人员称这种现象为电阻波动（或电阻针振、电阻摆动）。用自控专业术语，则将这种现象称为槽电阻噪声（或简称槽噪声）。现代控制系统一方面要对针对噪声进行滤波或平滑处理，以防止噪声对电阻调节和氧化铝解析的干扰；另一方面，对噪声本身进行解析，获得关于槽况波动的信息。当槽噪声（电阻波动）超过一定幅度时，认为电解槽处于不稳定状态，因此槽噪声分析又称为电解槽稳定性分析。

22.2.1　槽电阻噪声的基本类型

沿袭传统的观念，将槽电阻中与 Al_2O_3 浓度和极距的慢时变过程无关的高频成分视为噪声，噪声可粗略地分为采样噪声、槽噪声和异常阶跃三大类。

（1）采样噪声。这是指槽电阻采样与计算过程中所引入的与电解槽运行特性无关的噪声，来源主要有下列四个方面：

1）槽电压和系列电流信号的模拟与量化误差。对于先进控制系统，该项误差较小，一般仅在 10^{-4}V 的数量级。因这种误差具有白噪声性质、方差较小且基本恒定，故不会影响对来自铝电解过程的干扰噪声（即下面将要讨论的槽噪声）的解析，且易于用低通数字滤波消除其对过程监控的干扰。

2）槽电压和系列电流采样通道中的随机电噪声。有人采用 300Hz 的高速采样研究了这类噪声[1]。研究结果表明，若采用时间常数大于 50ms 的 RC 滤波器或类似性能的数字滤波器对原始信号进行预处理，则该项噪声可被有效地抑制。对于先进控制系统，该项噪声也仅在 10^{-4}V 的数量级。

3）槽电压系列电流采样不同步而引入的噪声。研究表明[1]，这两个信号的采样时差只要不大于用作预处理的滤波器的时间常数（50ms），则该项噪声可被抑制。现代控制系统在采样硬件与软件的设计上均会保证两信号的同步采样，使该项噪声可以忽略。

4）系列电流波动引入槽电阻中的伪噪声。理论上，槽电阻不随系列电流的变化而变化，但事实上系列电流波动可能会给槽电阻中引入伪噪声。系列电流与槽电压的采样同步性越差，或者表观反电动势设定值与真实的反电动势差异越大，则系列电流波动引入槽电阻中的伪噪声便越大。上一节的讨论已指出，使用正常化槽电压来表示槽电阻时，表观反电动势设定值的改变对正常化槽电压的影响不大。这也就是说，系列电流波动引入槽电阻中的伪噪声不会因为表观反电动势的设定值与真实反电动势有差异而明显增大。我们曾对 160kA 预焙槽的该种噪声进行过估算；估算表明[2]，当 Al_2O_3 浓度在 1%～8% 范围内变化时，表观反电动势偏离设定值（1.60V）的最大幅度为 ±0.1V；当系列电流 I 在工作电流（160kA）附近波动时，槽电阻对系列电流的偏导数 $\partial R_0/\partial I$ 的最大幅度约为 $\pm 3.9 \times 10^{-3}$ $\mu\Omega$/kA。当以 $\partial U_0/\partial I$ 表达时（U_0 为正常化槽电压）则约为 ±0.625mV/kA。因此，假如系列电流波动范围为 ±8kA，故知从理论上考虑，引入的伪噪声的最大幅值不超过 ±5mV。可见伪噪声是相当小的。

但系列电流波动不仅在槽电阻中引入伪噪声，而且因引起电磁场分布的变化故可导致槽电阻真实的噪声增大。因此有必要对系列电流波动的统计特性进行分析，以便一方面在解析槽噪声时能考虑系列电流波动的影响，另一方面在设计用于电解槽控制目的的槽电阻低通数字滤波器时，能充分考虑到系列电流波动所引入的快时变噪声。

（2）槽噪声。这是指取决于电解槽运行特性的噪声。研究表明，槽噪声可分为两种基本的类型[3]，一种是由阳极故障、气泡排出的干扰等引起的波动周期为数秒或更快的高频噪声；另一种是由铝液层波动引起的波动周期为数十秒的低频噪声（低频只是相对而言）。为了现场操作人员容易理解，在我们开发的控制系统中，将波动周期小于30s的高频噪声定义为"电阻针振"，而将波动周期大于30s（但小于120s）的低频噪声定义为"电阻摆动"。槽噪声分析是电解槽稳定性分析的主要内容，下面将专门讨论。

（3）异常阶跃。这是指由各种人工作业，料面塌陷，阳极脱落、掉块以及其他一些非正常因素引起的槽电阻大幅度跃升或跌落，直观的表现是槽电阻—时间曲线的连续性中断。控制系统需要识别槽电阻的异常阶跃，以便在其后利用槽电阻—时间曲线进行阳极效应预报、氧化铝浓度估计和正常态的极距调节时，不会因此而出现误判。有些控制系统将异常阶跃的分析也归入槽噪声分析中。

22.2.2　槽电阻滤波的基本原理

通常情况所说的滤波，是指对槽电阻进行低通数字滤波，去除其中频率较高（即快时变）的组分，以避免其对极距和 Al_2O_3 浓度这两个相对而言为慢时变状态参数的判断和控制产生干扰。为达到这一目的，一般采用具有惯性滤波性能的一阶递归式低通数字滤波器，其结构形式是：

$$y(k) = (1 - \varphi) \times y(k-1) + \varphi \times x(k) \tag{22-3}$$

式中　　$y(k)$——滤波器输出（即滤波值）；

　　　　$x(k)$——输入（即原始采样值）；

　　　　　k——采样点的时序；

　　　　　φ——滤波系数（$0 < \varphi < 1$）。

该式的直观含义是，本次（k 时刻）的滤波值，是上次（$k-1$ 时刻）的滤波值与本次的采样值的加权平均值。用这样类型的滤波公式进行信号处理，又称为平滑处理。达到加强滤波效果的目的，常采用多个这样的数字滤波器级联的方式。滤波系数及滤波器的级联个数一般用试验或经验确定。显然，滤波系数越大，或滤波器级联的个数越多，则滤波（平滑）的程度便越高，但因此而引起的滤波值与实际值之间的滞后程度也越大。

上述的惯性滤波器虽然直观易懂，但并非最好的滤波器。数字滤波器的设计有多种理论方法，在此不做详细讨论，读者可参见我们的相关研究工作[2, 4]。

一个先进的控制系统会根据解析的需要进行不同程度和不同类型的滤波。例如，通过分别设计使用高通、带通和低通数字滤波器对槽电阻采样系列进行处理，可以实现高频噪声（电阻针振）、低频噪声（电阻摆动）和低频信号的分离[2,5]。图 22-2 是这种分离过程的示意图。槽电阻采样序列（图中最上方的电阻采样值曲线）经过一个高通数字滤波器处理，得到的输出序列就是图中所示的高频噪声曲线（该曲线可用于计算高频噪声强度）；槽电阻采样序列经过一个带通数字滤波器处理，得到的输出序列就是图中所示的低频噪声曲线（该曲线可用于计算低频噪声强度，低频噪声曲线呈现较明显的波动周期时，往往由槽中铝液的运动引起）；而槽电阻采样序列经过一个低通数字滤波器处理后，所得到的输出序列就是图中所示的低频信号曲

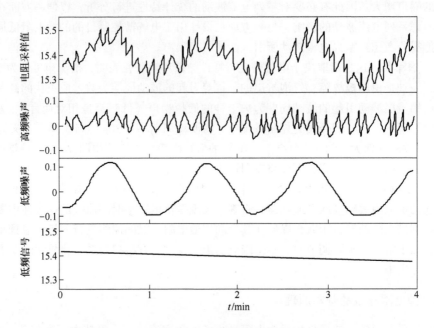

图 22-2　高频噪声、低频噪声和低频信号的分离

线，该曲线提供给下料控制模块（即氧化铝浓度控制模块）和槽电阻控制模块（即极距控制模块），用于进一步解析槽内氧化铝浓度和极距的变化情况。

22.2.3　槽噪声解析（槽稳定性分析）

　　传统的槽噪声解析不区分噪声的种类，因此也就不区分电阻（或电压）波动、电阻（或电压）摆动、电阻（或电压）针振等术语的含义。"电压摆动"是较常用的对槽噪声的称呼。电压摆动（实质上是指电阻摆动）的传统检查方法是，对一定周期（如 2min）内的取样电阻值的波动幅度（或称电压摆动强度）进行计算（计算该周期内采样电阻的最大值与最小值之差）；若电压摆动强度超过设定值则认为当前周期中存在电压摆动；然后根据历史的状况做出"电压摆动起始"、"电压摆动在持续中"、"电压摆动暂停"、"电压摆动结束"或"无电压摆动"等进程判断，并进行记录和报警。进程判断的基本程序是：

　　若当前周期发现电压摆动，而前一周期没有"电压摆动持续中"、"电压摆动暂停"标志，则控制系统做出"电压摆动起始"（或"电压摆动确认"）标志；

　　若当前周期发现电压摆动，而前一周期已有"电压摆动持续中"或"电压摆动暂停"标志，则控制系统维持"电压摆动持续中"标志；

　　若当前周期没有电压摆动，而前一周期有"电压摆动持续中"标志，则控制系统做出"电压摆动暂停"标志；

　　若当前周期没有电压摆动，而前一周期有"电压摆动暂停"标志，则检查电压摆动暂停已有多长时间，如果未超过一定时间（如 20min），则继续维持"电压摆动暂停标志"；如果经过了一定时间，则做出"电压摆动结束"或"无电压摆动"标志。

　　依据电压摆动的起始、持续、暂停和结束做出不同标志的目的，一是为了现场操作人员了解电压摆动的发展阶段，以便于制定正确的槽况维护决策；二是使其他解析与控制模块采取正确的处理措施（详见后续章节中的讨论）。例如，在电压摆动暂停（即电压摆动消失后不久）

阶段，要防止控制系统（槽控机）或人工急于降低槽电压而引起电压摆动重现。

前面在讨论噪声分类时已指出，分析槽噪声的一种更细致的方法是将槽噪声（我们定义为电阻波动）分为高频噪声（我们定义为电阻针振）和低频噪声（我们定义为电阻摆动）两类来分别进行解析。这样，就需要将高频噪声和低频噪声分解出来，分别计算它们的强度（即电压针振强度与电压摆动强度），并分别对它们进行起始、持续、暂停和结束的进程判断。它们的总强度定义为电阻波动强度（相当于传统噪声解析中所称的电压摆动强度）。

欧洲一专利提出的高、低频噪声强度计算方法是，采用每秒一次（即 1 Hz）的采样速率采集原始槽电阻；将相邻若干个采样值之间的最大波动幅度作为高频噪声强度；计算低频噪声强度相对较复杂些，首先计算机每隔一定时间（如 10 s）计算一次该时间间隔内的平均电阻，并存储从过去 t_k 时刻至当前 t_0 时刻的 $k+1$ 个平均槽电阻值（AR_k，AR_{k-1}，…，AR_0），然后按下式计算一个低频噪声的衡量值：

$$NOISE = \left(\sum_{i-0}^{k-1} |AR_i - AR_{i+1}| - |AR_0 - AR_k| \right) \times \frac{1}{t_0 - t_k}$$

式中 AR_i——在 t_i 时刻处计算的平均槽电阻。

几种理想化平均槽电阻曲线及对应的噪声衡量值（$NOISE$）举例在图 22-3 中。

图 22-3 中最上方曲线的低频噪声值为零，是因为电阻的变化属于异常阶跃，不属于低频噪声；中间那条曲线的低频噪声为零，是因为电阻的变化缓慢，相当于是上节中所指的低频信号（见图 22-2），而不是低频噪声；最下方的那条曲线的低频噪声大于零，这条曲线相当于图 22-2 中所标识的低频噪声曲线。

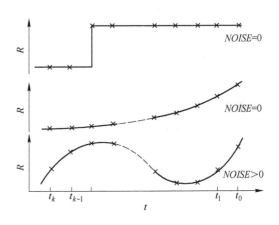

图 22-3   低频噪声计算与实例[4]

计算高频噪声与低频噪声强度的另一方法是，先分别使用高通滤波与带通滤波从原始的槽电阻采样曲线中分别将高频噪声曲线与低频噪声曲线分解出来（见图 22-2），然后再分别计算高、低频噪声曲线在一定时间（即一个解析周期）内的波动幅度。

如果将每个周期中计算出来的高频噪声强度（或低频噪声强度）连成曲线，就分别得到了高频噪声强度曲线（或低频噪声强度曲线）。由于电阻波动的不稳定性，这种原始的曲线一般波动较大，因此可以采用与式 22-3 表达的惯性滤波器类似的方法对曲线进行平滑处理，从而得到比较平滑的高频（或低频）噪声强度曲线。控制系统用经过平滑的噪声强度来判断槽噪声状态的进程，就能防止控制系统对槽噪声的判断过于敏感。过于敏感不好，那样会导致控制系统对于一些噪声强度处于临界位置且不稳定的电解槽，一会判定摆动（或针振）起始，一会又判定其暂停或停止，这会导致控制系统频繁转换一些控制参数，从而影响对电阻的正常控制和氧化铝浓度的正常控制。

除了使用针振（或摆动）强度来描绘电解槽的稳定性外，铝厂一般还同时使用另一个衡量槽子稳定性的参数，那就是电阻针振（累计）时间和电阻摆动（累计）时间。以电阻针振时间为例，体现在日报（或者班报）上就是本日（或本班）的电阻针振累计时间。该时间是由槽控机将本日（或本班）中本台电解槽处于"电阻针振起始"或"电阻针振在持续中"状态的时间累加起来。如果本日（或本班）的累计时间超过了对应的规定值，便认为该槽处于不稳定状态。

控制系统消除电压针振（或摆动）的常规方法是提升槽电压，详细内容见第 23 章。

22.3　阳极效应的检出与处理

阳极效应（AE）的发生是以槽电阻取样值超过了 AE 判别值为标志的。上节在介绍槽噪声解析中指出，控制系统（槽控机）要根据噪声发生的状况（进程）做出进程标志。控制系统在进行 AE 判断时也要依据 AE 的起始、持续、暂停和结束做出不同标志，一方面以便现场操作人员了解 AE 的发展阶段；另一方面以便其他解析与控制模块采取正确的处理措施。

22.3.1　阳极效应（AE）的检出

AE 检出的一般程序是：

槽控机检查电阻取样值是否达到了 AE 判别值（一般以正常化槽电压达到了 8V 以上为判别标准），若达到，则将该电阻标识为 AE 标志电阻（简称 AE 电阻）。

若本次解析周期中 AE 电阻个数超过了规定个数，则可初步判断该槽处于 AE 状态（即"AE 起始"状态）；但为证实，计算机还需经过连续两个以上解析周期的检查，若发现 AE 电阻累计个数达到了设定值，则可确认 AE 的发生（即"AE 确认"状态）。

确认 AE 后，槽控机及上位机通过多种方式（屏幕显示、声音报警、语音报警等）输出 AE 发生的信息，并转入 AE 处理程序。

如果 AE 电阻的累计个数未达设定值，AE 电阻又自行消失，而且在其后的若干个解析周期中未见复发，则这种情况称之为"电压（或电阻）闪烁"。计算机只存储和打印"闪烁"信息，不对槽进行处理。

22.3.2　AE 的处理

目前，我国依然采用人工插入木棒的方法熄灭 AE（详见第 13.3 节）。槽控机的 AE 处理程序停止进行正常的下料控制和电阻控制，主要任务是对 AE 过程的槽电阻进行跟踪，并在 AE 持续一定的时间后启动"AE 加工"，即启动槽上的全部下料器连续打壳下料若干次，使规定的料量进入电解槽（操作人员也可通过槽控机的手动按钮来进行 AE 加工）。若 AE 处理程序在连续的若干个解析周期内未发现 AE 电阻，则确认"AE 结束"，在 AE 结束后计算并储存 AE 平均电阻、AE 峰值电阻、AE 持续时间等信息，同时恢复到正常的控制过程。

由于人工熄灭 AE 难以满足快速熄灭 AE（如数十秒钟内熄灭 AE）的要求，且存在木料消耗、劳力消耗、飞扬与挥发损失大、影响环境等问题，因此铝工业一直期望有效的自动熄灭 AE 方法。曾被研究的自动熄灭 AE 的方法包括下列三类：

（1）下降或倾斜阳极。

（2）喷射压缩空气或能在高温下分解产生强烈气体的物质。

（3）分流或短路。

以上方法同时都必须与有效的加料方法结合起来。

方法（1）中的下降阳极法是基于：1）随着阳极的下降，阳极侧部浸润面积增大，而 AE 时通过阳极侧部传导的电流本来就比正常时大，所以电流密度迅速降低；2）由于阳极下降的运动过程引起磁场分布变化，从而引起铝液波动，波动的铝液与越来越接近的阳极短路。下降法容易实现，因此从一开始，预焙槽的自控系统中一般采用此法。法国普基铝业公司为其现代化预焙槽开发的 AE 熄灭程序即采用此法。其基本原理是[5]：先给出一系列使阳极平面下降的命令，随后又给出一系列使之上升的命令（见图 22-4）。此过程被称之为一个循环。AE 熄灭程序容许使用有限个循环，并跟随一个槽电阻调节周期，以达到成功熄灭 AE 的目的。在进行上述步骤的同时，对电解槽采取过量下料。据称，该法成功率达 90%。

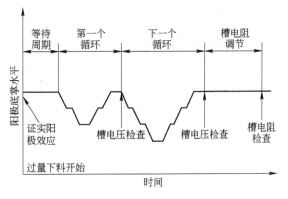

图 22-4　法铝阳极效应熄灭步骤

但使用下降阳极法的其他一些铝厂发现该法成功率并不高，且有造成电解质外溢的危险，特别是当伸腿不规整时，阳极下降的幅度受到限制，致使效果不佳。可见，同为下降阳极法，由于具体程序、槽况及其管理方式的不同，效果各异。

针对一些铝厂发现的下降阳极法的缺点，不少研究提出了一种可简称之为"升—降阳极法"的改进方案。升—降阳极法的特点是，在处理 AE 时，不是单纯下降阳极，而是根据 AE 时槽电压的高低，先提升阳极若干毫米或提升至槽电压达预定的高值止；阳极在高位置保持若干秒；于阳极提升和保持期间打壳下料；加料后再降阳极至提升前的位置下方若干毫米处。

此法先提升阳极的理由是，首先提升阳极则使电解质在高电压下急骤受热，Al_2O_3 溶解度增加；并且，提升阳极使附着在阳极周围的结壳落入电解质中从而使电解质液面升高，形成易于熄灭 AE 的状态，这相当于降低了阳极，因而减小了下降阳极所需的距离，可防止电解质溢出槽外；还因 Al_2O_3 得到了充分溶解，而能防止已熄灭的 AE 在短时间内再次发生；此外，先提升阳极，增大极距还有使极间电流分布均匀的优点，对于阳极有病变或阴—阳极短路的电解槽，当 AE 发生时电压一般较低而且不稳定，因此提升阳极加大极距对于清理阳极表面，维持正常极距是有益的。

方法（1）中的倾斜阳极法由挪威奥达尔松达尔铝业公司开发，并于 1981 年起分别在 150kA、220kA 预焙槽上应用。该法是基于：1）由于阳极倾斜产生倾角，因此阳极底掌的气泡随之易于逸散；2）与下降阳极法一样，摆动也引起磁场分布变化，从而引起铝液波动，个别阳极与铝液接触短路。据报道，这种方法若与采用压缩空气的方法结合使用，能减小所需的阳极摆动倾斜角，为自焙槽提供了一种有效的可交替使用的熄灭 AE 方法。但此法主要缺点是使槽结构复杂化。

方法（2），喷射压缩空气或能在高温下分解产生强烈气体的物质的方法，是基于强烈的搅动而活化阳极表面，以及搅动的铝液与阳极表面接触短路。由于喷射压缩空气的钢管容易被凝固的电解质堵塞，所以效果不佳，加之强烈的搅动会干扰槽况，喷入的空气中的氧会造成金属的氧化损失，所以喷射压缩空气法仅在一些自焙槽的自控系统中见到应用。前苏联等一些专利提出几种改进方法，一种是喷射含炭粉（煤粉）的压缩空气，炭粉的存在可减小空气中氧对铝液的氧化作用；另一种是喷射对电解过程无害的盐类（如合成脂肪酸）[6]，利用盐类高温分解产生的强烈气体，搅动熄灭 AE。

方法（3），即分流或短路法，其原理是降低电流密度。此法能减少熄灭 AE 时的能量损失，减小熄灭 AE 操作对槽况的干扰，但此法必须与正确的加料和适度地下降阳极结合起来才有较好的效果，它的主要缺点是：使槽结构复杂化，投资增加，且分流或短路开关的设计较复杂，维护费用大。

22.4 阳极效应预报

现代铝电解生产正普遍采用"低温、低摩尔比、低 Al_2O_3 浓度"这种临近 AE 状态的生产技术条件，为避免计划外的 AE 发生，AE 预报显得十分重要。跟踪槽电阻是当今被普遍采用的 AE 预报方法。基本做法是：槽电阻经过低通滤波（又称平滑）后，计算滤波电阻的斜率（即变化速率），然后将滤波电阻值及其斜率（或累计斜率）值分别与限定值比较，作出判断。

由于各铝厂所用系统的信号采样方式（如采样周期）不同，电解槽槽型不同以及软件开发上的差异，所以数学模型的具体形式有所不同。下面列举几个模型，以资比较。

（1）美国国际铝业公司的 AE 预报模型。对原始的 15s 为采样间隔的槽电阻取样值 r 进行下列计算：

电阻平滑
$$\bar{r}_n = \frac{7}{8}\bar{r}_{n-1} + \frac{1}{8}\bar{r}_n$$

斜率计算
$$S_n = \bar{r}_n - \bar{r}_{n-1} \quad (\mu\Omega/15s)$$

斜率平滑 第一次：$\bar{S}_n = \frac{59}{60}\bar{S}_{n-1} + \frac{1}{60}\bar{S}_n = \frac{59}{60}\bar{S}_{n-1} + (\bar{r}_n - \bar{r}_{n-1})(\mu\Omega/15min)$；初值 $\bar{S}_0 = 0$

第二次：$S_n = \frac{19}{20}\bar{S}_{n-1} + \frac{1}{20}\bar{S}_n$；初值 $\bar{S}_0 = 0$

若下列两判别式成立则预报 AE：

1）$r_n > NRN + 0.5\mu\Omega$ （NRN——目标槽电阻）

2）$\bar{S}_n > 0.15\mu\Omega/15min$

（2）用分段线性回归计算槽电阻斜率的 AE 预报方法。使用分段线性回归的槽电阻斜率计算法原用于进行"按需下料"的 Al_2O_3 浓度控制，显然，也可用于 AE 预报。

顾名思义，分段线性回归即分时段对槽电阻取样值进行对取样时间的线性回归处理。假如在 0 至 t_n 时刻的时段内获得：(t_1, r_1)，(t_2, r_2)，…，(t_n, r_n) 共 n 组电阻取样值，去除异常取样值后保留 N 个有效值。设这 N 个有效取样值 r 与时间 t 之间呈现下列一元线性回归关系：

$$r = r_0 + Kt + \varepsilon(t)$$

式中 K——槽电阻对时间的变化速率；

$\varepsilon(t)$——计算值与测量值的偏差，设其服从正态分布，即 $\varepsilon(t) \sim N(0, S_2)$。

按一元线性回归原理可求出常数 r_0、K 以及相关系数 S_2，分别为：

$$r_0 = \frac{[\Sigma r][\Sigma t^2] - [\Sigma t][\Sigma(r \times t)]}{N\Sigma t^2 - (\Sigma t)^2}$$

$$K = \frac{N \times \Sigma(r \times t) - [\Sigma r] \times [\Sigma t]}{N \times \Sigma t^2 - [\Sigma t]^2}$$

$$S_2 = \frac{N \times \Sigma(r \times t) - [\Sigma r] \times [\Sigma t]}{\sqrt{[N \times \Sigma t^2 - (\Sigma t)^2] \times [N \times \Sigma r^2 - (\Sigma r)^2]}}$$

Σ 表示对 N 个数据求和。

假如在回归计算的时段内槽电阻的变化速率（即斜率）较小，那么槽电阻波动引起的随机误差会导致相关系数 S_2 降低，也即回归的可信度降低。此外，采样间隔过宽，N 值过小也会降低 S_2。当槽电阻变化显著时，随机误差的影响作用相对降低，S_2 增大。因此，对应于一定的采样间隔和回归计算的时段长度若 K 和 S_2 分别达到相应的设定高值，则可以预报 AE。

（3）以槽电阻斜率和累积斜率为主要判据、并辅以其他辅助判据的 AE 预报方法[7]。这里，槽电阻斜率是指一个解析周期（如 2min）内的滤波电阻的变化速率。而滤波电阻相当于图 22-2 中所示的低频信号，它是去除了异常阶跃并滤除了高、低频噪声后的电阻滤波值。槽电阻累积斜率是指一定时间间隔（如 8min）内滤波电阻的累积变化速率。

我们在工业电解槽上对 AE 发生前的滤波电阻曲线进行统计分析发现，AE 发生前滤波电阻的上升速率有很大的差别。较典型的情况之一是，从 AE 要发生的前 20~30min 开始，滤波电阻呈现快速上升的趋势，对于此种情况，通过判断槽电阻斜率是否达到某一极限就可以进行有效的 AE 预报（有效的 AE 预报是指 AE 预报后，AE 发生的趋势可以通过大下料进行遏制；无效的 AE 预报是指，AE 预报得太晚，即使进行大下料也无法遏制 AE 的发生）。较典型的情况之二是，从 AE 发生前 40~60min 起，滤波电阻开始慢慢爬升，爬升到一定程度后 AE 突发。对于这种情况，单纯通过判断槽电阻斜率是否达到某一极限是无法进行有效的 AE 预报的，要么预报得太晚，要么滤波电阻根本就没有达到极限值 AE 就已经发生了。

根据上述情况，我们将电阻斜率和电阻累积斜率这两个参数结合起来进行 AE 预报。例如，给这两个参数一个合适的"权重"，如果加权之和达到某一设定的极限值，则预报 AE。将斜率和累积斜率结合起来使用能够显著提高不稳定槽况下的 AE 准确率，这是因为电解槽不稳定时，电阻斜率计算受到的噪声干扰较大，因此单纯使用斜率预报 AE 容易造成误报或漏报。而对斜率进行累积则能使被累积斜率值中包含的正负误差相抵。

有一些信息可以作为 AE 预报的辅助判据，例如近期（如近 6h）槽内物料平衡的理论偏差（称为物料衡算偏差）。该参数是按照物料平衡的原理从近期累积的下料量（计算方法：累积的总下料次数乘以每次的下料量）与理论的氧化铝消耗量来计算得到的。理论消耗量与累积下料量的差值越正（说明近期欠量程度大），则 AE 出现的可能性越大，因此可以降低预报 AE 的"门槛"（即降低 AE 预报用电阻斜率极限值或电阻累积斜率极限值），以便提高 AE 预报的有效性。

另一个对 AE 预报也有辅助意义的参数是槽电阻针振。由于当有发生 AE 的趋势时，阳极底掌会逐步形成不稳定的气膜层，因此常会在 AE 发生前出现电阻的高频噪声明显增大的现象。若控制系统发现这种现象，也可以降低预报 AE 的"门槛"，以便提高 AE 预报的有效性。

上述 AE 预报方法均是基于对槽电阻的跟踪。日本一专利提出了一种 AE 预报方法却是依据他们的这样一个发现：在 AE 前 0.5~1.5h 内，流经工作时间未超过 50h 的阳极中的电流会急骤衰减。因此，通过直接或间接地检测流经刚更换入槽的新阳极中的电流，当发现电流衰减值超过一定值时，即可预报 AE。这一方法能否用作一种辅助的 AE 预报方法，还有待验证。

参 考 文 献

1 Simard C, et al. Topics in Signal Conditioning and Digital Processing Techniques for Monitoring Alumina Reduction Cells. Light Metals 1990. Warrendale, PA：USA, TMS, 1990：227~232

2 李劼. 点式下料铝电解槽计算机控制模型的研究：[学位论文]. 长沙：中南工业大学，1993

3 Tnoue T, Mono Y. Advanced Computer Control System for Potline. Light Metals 1985. Warrendale, PA：USA, TMS, 1985：485~498

4 李劼，刘业翔，黄永忠等. 铝电解过程控制信号滤波与槽噪声解析模型的研究. 中南矿冶学院学报，

1993, 24 (3): 318 ~ 325

5　Macaudiere Y. Recent Advances in Process Control of the Potline. Light Metals 1988. Warrendale, PA: USA, TMS, 1988: 607 ~ 612

6　Arnason, et al. Process for extinguishing the anode effect in the aluminum electrolysis process. US. 4417958, 1980, 9

7　李劼, 丁凤其, 李民军等. 铝电解槽阳极效应的智能预报方法研究. 中南大学学报. 2001, 32 (1): 29 ~ 32

23 槽电阻控制(极距调节)

槽电阻控制常被分为正常电阻控制(或称常态极距调节)和非正常电阻控制两类。正常电阻控制的目的是,当槽电阻处于允许自动调节的正常范围内时,控制系统用阳极移动的手段将(正常态的)槽电阻控制在目标控制区域内,从而达到维持正常极距和能量平衡的目的。

不言而喻,当槽电阻异常(例如 AE 发生、电阻越限等)、或者有进行正常电阻控制的限制条件(如出铝、换极等人工操作工序的预定)时,计算机仅记录和输出有关警告信息,或者只进行本项中的解析而不进行本项中的调节,或者转入专门的监控程序。

23.1 正常电阻控制的基本原理与程序

常规控制方法是将槽电阻维持在以人工设定值(目标值)为中心的非调节区内,即目标控制区域内,如图 23-1 所示。如果电阻超出上限,则下降阳极;反之若电阻低于下限,则提升阳极。电阻升、降调节一般均是以将电阻调节到设定值为目标。

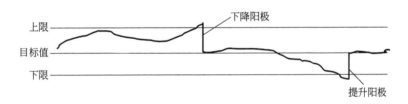

上限 下降阳极
目标值
下限 提升阳极

图 23-1　常规电阻控制的原理示意图

正常电阻控制的基本程序如图 23-2 所示,分为以下 9 步。

(1)确定槽电阻目标控制区域。目标控制区域(或称非调节区、"死区"、"不感区")是一个以目标控制电阻为中心,带有一定上、下限的区域。

在生产现场,目标控制电阻的基准值是由人工以电压值给定的,而不是以欧姆值给定的,因此常被称为设定电压。为了使量纲配套,现今的控制系统多采用"正常化槽电压"来表示槽电阻。由于正常化槽电压与槽电阻具有相同的内涵,因此下面的讨论依然简称为槽电阻。

每台电解槽的设定电压一般都通过计算机站的操机员来给定(若由电解工通过槽控机按钮来设定与修改,容易导致管理上的漏洞)。上位机的菜单中有专门的槽电阻参数设定菜单,可以针对单台电解槽进行。菜单中至少包含用于确定电阻目标控制区域的三个参数,即设定电压(目标控制电阻的基准值)、电压上限和电压下限。电压的上限与下限的取值一般是:设定电压 $\pm 20 \sim 30 \text{mV}$。对于电压波动较大的电解槽,可以再适当放宽范围。如果企业已经规定了正常电解槽的电阻目标控制区域宽度,那么只要给定设定电压即可,控制系统会采用默认(或沿用先前已设定的)控制区域宽度,即自动确定上限与下限。

控制系统在实际控制过程中会对电阻目标控制区域自动进行适当的调整,例如在严重电阻波动(即电阻针振或摆动)发生时或消失后的一定时间内,出铝或阳极更换后的一定时间内,

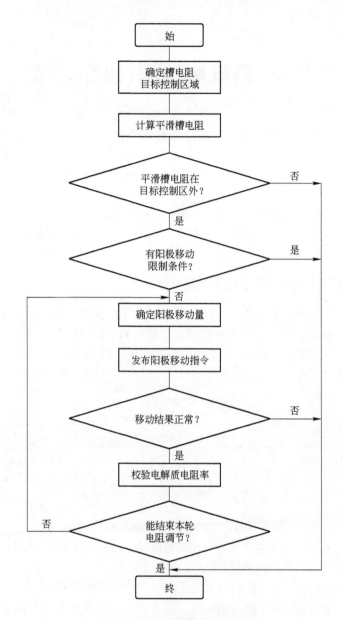

图 23-2 正常电阻控制的基本程序

控制系统添加一个修正项（称为附加电阻）到目标控制电阻上，用算式表达即为：

$$R_{目标} = R_{设定} + R_{波动} + R_{出铝} + R_{换极}$$

对于将电阻波动分为电阻摆动（低频噪声）与电阻针振（高频噪声）分别进行解析的控制系统，$R_{波动}$ 可能被分解为（$R_{针振} + R_{摆动}$）两项。

（2）平滑槽电阻（槽电阻低通滤波）。正常电阻控制所采用的槽电阻不是原始的采样电阻，而是经过低通数字信号滤波去除了采样电阻中的电阻针振与摆动后所得到的滤波电阻，或称平滑电阻（详见第 22.2 节，平滑电阻相当于图 22-2 中的低频信号）。换言之，正常电阻控制是以平滑槽电阻作为判断和调节的依据。

(3) 检查是否需要进行阳极移动。若在某一解析周期中发现该周期中的平滑槽电阻在选定的目标控制区域外，则确认需要进行阳极移动。

(4) 检查是否有阳极移动（或阳极下降）的限制条件。这是在决定实施正常电阻控制（即调节极距）前的进一步检查。若有限制条件则不指示阳极移动。例如，在下列情况下不进行阳极移动：

1) 检测到禁止电阻调节的各类标志（如停电标志、停槽标志、停止电阻自动控制的标志等）；

2) 其他解析与控制模块设置的标志表明需要停止电阻调节（例如下料控制模块设定了 AE 预报加工标志；下料控制进入氧化铝浓度校验关键阶段，为防止阳极移动对电阻跟踪的干扰，可能在电阻偏离目标控制区不大的情况下请求暂停电阻调节）；

3) 阳极移动执行机构故障；

4) 上一轮电阻调节有异常且目前尚未恢复；

5) 当前电阻或系列电流出现了异常（如电阻越限、系列电流越限、AE 电阻等）；

6) 处于"电阻调节的最小间隔时间"之内，即当前时刻距上一轮电阻调节的时刻未超过设定的电阻调节最小间隔时间（或称"最小 RC 周期"）。但一般处理电阻大幅度偏离目标控制区域或处理 AE 后的低电阻时不受此限制。设置该限制条件的目的是防止电阻调节过于频繁，以免影响氧化铝浓度控制和槽况的平稳性。

在有些条件下，控制系统不限制阳极上升，但限制阳极下降，例如：

第一，安排了 AE 等待；

第二，已作出了 AE 预报；

第三，停电恢复后的一定时间内；

第四，其他解析与控制模块设置的标志表明需要停止下调电阻（如槽稳定性解析程序设定了电阻针振或摆动起始标志等）。

(5) 确定阳极调整量。计算机首先根据平滑槽电阻与目标槽电阻的差值确定目标调节量，然后换算为阳极移动持续时间，换算原理是：

若为阳极下降：

$$T_C = \frac{\Delta R_C}{\overline{ED}}$$

若为阳极上升：

$$T_C = \frac{\Delta R_C}{\overline{EU}}$$

式中　T_C——阳极移动持续时间，s；

　　ΔR_C——槽电阻目标调节量，$\mu\Omega$，如果用正常化槽电压代表槽电阻，则单位为 mV；

$\overline{ED}$、$\overline{EU}$——分别为计算阳极下降、上升的电解质电阻率，$\mu\Omega/s$ 或 mV/s。

显然，$\overline{ED}$、$\overline{EU}$ 实际指阳极每移动 1s，电解质电阻的变化值，但其取值主要取决于电解质电阻率，故可视为电解质电阻率的一种量度。在每次阳极移动完成后，控制系统利用新得到的信息自动对 $\overline{ED}$ 或 $\overline{EU}$ 进行校验（见下面将讨论的"校验电解质电阻"）。

程序中一般将阳极移动持续时间分为若干个固定的档次，即时间等级。因此，计算机计算出阳极移动持续时间后再将其调整到最接近的档次上。

(6) 进行阳极移动。控制系统（槽控机）发布控制指令使槽控机的动力箱执行阳极移动指令。

(7) 检查和处理控制执行的结果。阳极移动完成后等待一定时间（如 1~2 个解析周期），待槽况稳定，然后计算机对控制执行结果进行检查。如果发现有异常，如槽电阻实际调整量远小于目标调节量，或者移动方向（电阻变化方向）错误，或者阳极升降电机上的回转计发出的脉冲数太少（脉冲数与阳极移动量之间存在换算关系），那么计算机经过两次以上解析周期对异常现象的确认后，记录并输出警告信息，同时结束本轮的电阻调节过程。

（8）校验电解质电阻率。在阳极移动后，若槽电阻变化正常，而且槽未临近 AE（即无 AE 预报），控制系统便对用于计算阳极移动时间的电解质电阻率（$\overline{ED}$ 或 $\overline{EU}$）进行修正。以 $\overline{ED}$ 的修正（即本次进行了阳极下降）为例，控制系统首先用阳极移动后的槽电阻实际变化量 ΔR_a 除以阳极移动时间 T_C，计算出一个新的阳极下降电解质电阻率值：

$$\overline{ED} = \Delta R_a / T_C$$

如果计算得到的 $\overline{ED}$ 在合理的范围，则对 $\overline{ED}$ 进行修正；否则放弃修正。一种常用的修正方法是采用平滑公式：

$$\overline{ED}(k) = (1 - \varphi)\,\overline{ED}(k - 1) + \varphi\overline{ED}(k)$$

式中　k——代表采样点的时序；

　　　φ——平滑系数（$0 < \varphi < 1$）。

该式的直观含义是本次（k 时刻）的平滑值，即上次（$k - 1$ 时刻）的平滑值与本次计算值的加权平均值。可见，平滑公式类似于第 22.2 节中所述的一阶递归式低通数字滤波器。平滑系数 φ 由计算机根据 $\overline{ED}$ 或 $\overline{EU}$ 的可信度来计算或取定。显然，调整量愈大槽电阻愈平稳（即电阻波动愈小），则可信度愈高，平滑系数 φ 的取值便可以愈大，即增大当前计算的电阻率的加权系数（φ），相应地便减小了历史的电阻率的加权系数（$1 - \varphi$）。

修正得到的阳极上升/阳极下降电解质电阻率的变化能反映电解槽的工作状态的变化，因此一些铝厂的计算机报表上列有该参数栏，以供生产管理者分析槽况使用。

（9）检查是否能结束本轮的电阻调节过程。结束一轮电阻调节过程的情况有正常结束和非正常结束两大类。非正常结束的情况有：

1）调节后电阻变化方向错误；

2）出现了阳极移动（如阳极下降）的限制条件；

3）出现较大的电阻波动，致使电阻的波动幅度比目标调节量还大。

非上述情况，控制系统则检查当前的槽电阻（平滑值）是否已进入目标范围。若是，则结束本轮调节；否则重复上述解析与调节过程直至槽电阻进入目标控制范围，或者调节次数达到了为每一轮正常电阻控制所规定的最大调节次数（如 3 次）。

23.2　改善正常电阻控制效果的措施

23.2.1　提高控制系统对槽电阻目标控制区域进行自修正的能力

维持槽电阻在设定区域并非槽电阻控制的真正目的。前面的讨论已指出，槽电阻调节的真正目的是：一方面维持正常的极距；另一方面维持理想的热平衡。但是，因为槽电阻与很多种目前尚不能在线检测的参数有关，所以它与极距和电解质温度并无确定的对应关系，将电阻控制在目标控制区域内并不意味着能维持最佳的极距和热平衡。因此，在传统的控制方法下，当电解槽状态或运行条件发生变化时，往往需要手动辅助调节或人工调整设定电压及上、下限，即调整目标控制区域。

在上一节中已介绍，常规的控制系统一般都考虑了在某些情况下对目标控制电阻进行适当调整,例如采用与电阻针振/摆动、出铝及换极相关的附加电阻,但这显然是低层次的。

使控制系统具备更强的自动修正目标控制区域,包括设定电压及上、下限的能力是否必要?又是否可能呢?

对于一个生产系列,全体电解槽的槽电阻越是稳定和一致,则说明该生产系列越是稳定和一致。因此最理想的情况是,正常槽况下的电阻目标控制区域(尤其是设定电压)几乎不需要控制系统来经常变换。然而,由于生产条件的波动以及不稳定和异常槽况的出现总是难免的,因此若控制系统具备在一定范围内自动调整目标控制区域的能力,对于及时恢复正常槽况是非常有益的。

随着管控一体化的实现和管理数据化的加强,逐步加大计算机自动调整目标控制区域的"力度"是完全可能的。计算机能在多大范围内和以多大的敏感度调整目标控制区域,主要取决于计算机对槽况的判断能力。而这种判断能力一方面取决于能否获得足够的判据,另一方面取决于槽况诊断软件的优劣。

从电阻控制的目的可知,用于调整电阻目标控制区域的槽况信息主要是与槽稳定性(反映极距)及热平衡相关的信息。

利用槽稳定性(即电阻波动)信息来自动调整电阻目标控制区域的常见做法是:由控制系统按一定周期(如24h)计算周期内的电阻平均波动幅度,然后根据平均波动幅度(并结合当前波动幅度)来调整下一周期内的设定电压。调整原则是:电阻波动幅度大于某一设定上限,则升高设定电压;波动幅度小于某一设定下限,则降低设定电压。生产实践表明,电阻波动幅度的升高与降低不仅反映极距是否合适,而且能反映热平衡的变化。例如,电解槽向冷槽发展时,电阻波动往往会加剧;而向热槽发展的初期,电阻波动往往减小,甚至可能变得异常稳定。因此通常情况下,根据电阻波动调整设定电压的原则与根据热平衡来调整设定电压的原则是相容的。

同样,控制系统可按一定的周期(如24h)分析过去的一个周期中电解槽的热平衡状态(参见第27章中的相关内容),若电解槽呈冷槽状态或向冷槽发展,则升高设定电压;反之,若电解槽呈热槽状态或向热槽发展,则降低设定电压。

须指出,设定电压调整的周期不能太短,也不能仅根据个别测量数据来进行调整。调整周期过短带来的问题是,过于频繁的调整可能导致振荡式的调整,反而导致槽况波动;加之信息统计的时间段太短会使统计信息的可信度降低(尤其是对电解槽冷热趋势判断的可信度会降低),从而使设定电压调整的正确程度下降。更不能根据个别的人工测量数据进行调整,例如不能以人工定期测量的电解质温度(尤其是过热度)数据来作为控制系统调整设定电压的主要依据,因为无论测定值多么准确,它都不能准确反映热平衡状况,这一方面是测定周期长(几小时甚至24h);另一方面是温度(或过热度)测定时的氧化铝浓度情况未知,而电解质温度(尤其是电解质初晶温度与过热度)受氧化铝浓度变化的影响很大。理论计算表明,在我国目前常用的电解质成分范围内(摩尔比2.1~2.4),氧化铝浓度变化2%(这是正常变化范围),可使电解质初晶温度(或过热度)相差10~12℃。因此,在氧化铝浓度不能准确测量的情况下,哪怕发现相邻两次的过热度测定值产生了10℃的变化,也无法确定是否需要调整设定电压(因为氧化铝浓度在3.5%时的过热度比氧化铝浓度在1.5%时的过热度高出10℃是正常的)。可见,即使未来解决了电解质温度或过热度的在线连续检测问题,也不应该过于频繁地跟随电解质温度或过热度的变化而调整槽电阻的目标控制区域,除非电解质温度、过热度、氧化铝浓度和极距都可以在线准确地测量并能建立起电阻目标控制区域与这些参数间的完整且准确的数学模型。

23. 2. 2　确定合理的槽电阻调节频度

槽电阻调节过于迟钝会使电阻的调节不及时，影响槽况稳定；而过于敏感（调节过于频繁）也会影响槽况的稳定性，更重要的是会严重干扰氧化铝浓度的控制。众所周知，现代铝电解控制系统分析判断氧化铝浓度的主要依据是低通滤波电阻（或称平滑电阻）的变化速率（即电阻斜率）和变化范围，而电阻调节会打断正常的槽电阻低通滤波（平滑）过程。因此，从氧化铝浓度控制的角度而言，电阻调节越少越好。

有两个设定参数对电阻调节频度产生重要影响：一个是电阻目标控制区域的宽度（即"死区"宽度），另一个是电阻调节的最小间隔时间（即最小 RC 周期）。

为了取得理想的调节频度，一种常见的设定死区宽度的做法是给控制系统给定两个或两个以上的死区宽度。例如，无电阻针振或摆动（即正常槽况）时，使用"窄死区"；而有电阻针振或摆动时，使用"宽死区"。"宽死区"还可以应用于其他情况，例如人工作业（出铝、换极等）后的一定时间内，氧化铝浓度控制正处于浓度校验的关键阶段，近期电阻调节的效果不好等。更细致的调整死区的做法是，预先建立一种算法，使控制系统能根据近期电阻波动、人工作业、氧化铝浓度控制以及近期电阻调节频度等情况自动修正死区宽度，使电阻调节频度趋于最佳。例如，当电阻波动加剧或近期电阻调节过于频繁时，控制系统自动加大死区宽度，反之则缩小死区宽度；若电阻调节效果不好（调节后电阻实际变化量与计算的调节量偏差太大，甚至变化方向与预定方向相反），则可能是极距过低（压槽）或阳极效应来临的征兆，因而应自动加大死区宽度，同时禁止下降阳极。

对于最小 RC 周期这一设定参数，也可使控制系统以"原则性与灵活性相结合的方式"来使用。例如，当电阻严重偏离目标控制区域时，可以不受最小 RC 周期的限制（可立即启动新一轮电阻调节）。更灵活的做法是，建立一种算法使控制系统能够根据低通滤波电阻偏离死区的程度来修正最小 RC 周期。基本原理是，如果低通滤波电阻偏离死区达到一定程度，那么随着其偏离程度的进一步增大而逐渐缩小最小 RC 周期，以便尽早消除这种偏离死区过大的情形；如果低通滤波电阻偏离死区的程度不大，则不缩小最小 RC 周期。采取这种措施既可防止电阻不稳定时调节过于频繁，又可尽量避免电阻偏离死区过大的情形不会维持很长的时间。

除了采用上述与设定参数相关的措施外，还可以在电阻调节的限制条件中增加一些避免调节过于频繁的策略，例如：如果本次解析周期中发现低通滤波槽电阻或系列电流有下降趋势（下降速率超过对应的设定值），那么本周期中不进行降低电阻的调节；反之，如果本次解析周期中发现低通滤波槽电阻或系列电流有上升趋势（上升速率超过对应的设定值），那么本周期中不进行升高电阻的调节。采用这样的限制条件的目的很明显，就是控制系统先"观察"一下电阻（或电流）的变化是否可以使电阻自动进入到目标控制区域，否则有可能现在降了电阻，过一会还得升电阻；或者现在升了电阻过一会又得降电阻，导致调节频繁。

23. 2. 3　智能控制技术的采用

以上介绍的改进电阻控制效果的措施是传统的基于数学模型的控制方法所难以实现的，而使用一些智能控制技术则更容易实现一些智能化的控制策略。智能控制不依赖于被控对象的数学模型，能利用人的经验、知识采用仿人智能控制决策实现复杂和不确定系统的高性能控制，因此很适合于像铝电解槽这样的复杂对象。感兴趣的读者可参见我们的相关研究报道[1~5]。

23.2.4 加强人机配合

随着智能化程度愈来愈高的新型控制技术的采用，人与机的智能能否和谐统一是至关重要的，故此应该重视现场操作管理人员的技术培训，使他们充分理解和接受新的控制思想，这样才能避免"人机冲突"。

从人工操作维护方面来考虑，首先，要求操作管理人员理解槽电压与摩尔比等工艺参数间的关系，能根据电解槽整体技术条件正确地给定设定电压。其次，操作管理人员要能很好地理解控制系统中电阻控制的基本原理与相关的调节策略，保证人机默契配合，避免人工的随意干预，更要避免人工调节与自动调节的冲突。最可怕的情况是，操作人员与控制系统"对着干"，你下降电阻，它却提升电阻。这在稳定性差的电解槽上容易出现，原因是控制系统可能自动升高了不稳定槽的电阻目标控制区域（目的是为了消除电阻针振或摆动），因而电阻保持较高；而现场操作人员可能觉得电阻超出了原设定范围，结果导致电解槽在"你升它降"中被来回折腾。

还有一种可能引起生产现场对控制系统产生疑虑的情况是，操作人员明明发现某些电解槽的槽电阻超出了目标控制区域，可控制系统就是不及时进行调节。这有可能是控制系统正采用了一些限制电阻调节频度的措施，而生产现场的操作与管理人员可能对这些限制措施不熟悉，或者未观察出来。例如，假如控制系统中使用了诸如"如果本次解析周期中发现低通滤波槽电阻的下降速率超过设定值，那么本周期中不进行降低电阻的调节"这样的限制条件，现场操作人员是不容易从槽电压表上观察出当前电阻变化是否符合这样的限制条件的。

人机配合还有很重要的一个方面，那就是现场操作人员必须严格执行作业标准，提高操作与管理质量，减少对电解槽的干扰，维持正确的工艺技术条件，从而为控制系统创造一个良好的控制环境与条件。

23.3 出铝和换极过程中的槽电阻监控

23.3.1 出铝过程中的槽电阻监控

出铝与换极过程的电阻监控属于非正常电阻控制类。出铝前，需由操作人员手动输入通知控制系统（槽控机）。槽控机便运行专门的出铝监控程序，通过跟踪槽电阻曲线来监控出铝的全过程。

出铝监控过程中典型的槽电阻变化曲线如图23-3所示。

根据图23-3，可将出铝监控的全过程分为下列6个阶段：

（1）出铝初始。计算机接收到出铝预定信号，在有关程序中置定必要的标识符。

（2）出铝准备。程序完成必要的初始化工作（如暂停下料控制和正常电阻控制），进入监控出铝过程的状态。

（3）出铝开始。程序在检出槽电阻增加超过了某一限值时，确认出铝开始。

（4）出铝结束。程序检出（确认）槽电阻已停止增加，基本稳定。

（5）出铝控制。程序在连续数次（如3次）的解析周期里都作出了"出铝结束"的判断后进

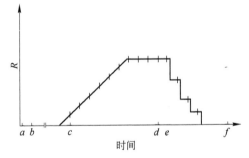

图23-3 典型的出铝监控过程

行槽电阻的调节。先用向下粗调，必要时再用向下或向上微调，共分数次将槽电阻调至规定的范围内。

（6）控制完成。当槽电阻调节达到要求后，槽控机确认控制完成，恢复对出铝槽的正常控制。

计算机在下列情况之一出现时，自行中断出铝监控并输出相应信息：

（1）槽电阻异常。

（2）发出阳极移动命令但没有回转计的脉冲信号返回（适于装有回转计回转的电解槽）。

（3）出铝结束时，槽电阻比设定值（或出铝前的电阻）高出太多，超过限度值。

（4）出铝结束后进行槽电阻调节时，阳极总的下降时间超过限值，但槽电阻尚未调至要求的范围。

（5）指示阳极下降但出现槽电阻上升。

（6）出铝过程中发生了阳极效应。

（7）等待出铝开始的时间或出铝过程持续时间超过限值（如 30min）。

出铝监控完成后，或中途退出监控后，计算机还要存储相关信息，例如出铝引起的槽电阻（槽电压）上升量；阳极移动总持续时间和移动量；收到的回转计脉冲数；完成或中断时刻以及中断监控的理由等。

23.3.2 预焙槽阳极更换过程的电阻监控

在换阳极操作前，由操作者按下"阳极更换"按钮通知槽控机，槽控机便取消下料控制和正常电阻控制，并监视该槽槽电阻的变化。当发现槽电阻明显上升一个值（旧阳极取出引起），之后又下降一个值（新阳极置入引起）时，便断定新极安装已完成。于是在一定时间后恢复常态控制。如果其电阻变化值不明显，因而不能确认时，计算机在更长一点的时间（如1h）后恢复常态控制。

由于上述利用槽电阻变化判断旧阳极取出与新阳极插入的程序成功率不高，加之即使判断出新阳极插入也可能因槽上操作未完全结束而不能移动阳极，因此，现今都以严格的作业标准要求操作人员在阳极更换结束后再次操作"阳极更换"按钮通知槽控机，使槽控机恢复常态控制。

参 考 文 献

1 Li Jie, Xiao Jin, Liu Yexiang, et al. Hierarchical intelligent control system for aluminum reduction cells. Light Metals 1997. Warrendale, PA：USA, TMS, 1997：463～467

2 李劼，李民军，肖劲等．铝电解槽槽电阻的智能控制方法研究．见：中国科学技术协会编．中国科协第三届青年学术年会论文集——"信息科学与微电子技术"．北京：中国科学技术出版社，1998：495～497

3 李劼，王前普，肖劲等．铝电解槽智能模糊控制系统．中国有色金属学报，1998，8（3）：557～562

4 李民军．大型预焙铝电解槽模糊专家控制器及新颖热平衡控制模型的研究：[学位论文]．长沙：中南大学，1999

5 Li Jie, Ding Fengqi, Zou Zhong, et al. Development of fuzzy expert technique for aluminum electrolysis. Light Metals 2001. Warrendale, PA：USA, TMS, 2001：1267～1272

24　氧化铝浓度控制(下料控制)

24.1　传统的定时下料控制方法

24.1.1　定时下料控制的典型模式

定时下料控制的典型模式如图 24-1 所示。

图 24-1 中，从上一次效应加工或效应预报加工结束时刻到本次的效应等待开始时刻，这段时间间隔值是按管理者所期望的效应系数而设定的效应间隔时间。控制系统在效应间隔设定时间内以一定的时间间隔安排效应即正常加工。

当达到效应等待开始时刻时，控制系统停止 NB 进入效应等待。效应等待极限时间的基值也由管理者设定，但当效应等待时间内发生了停电，或有人工额外下料，或槽子已进入了由控制系统作出的效应预报状态时，控制系统将等待的极限时间作相应延长。

当效应在效应等待极限时间之内发生

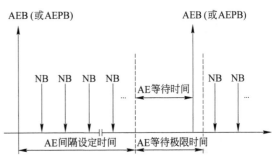

图 24-1　定时下料控制的典型模式
NB—正常加工；AEB—AE 加工；AEPB—AE 预报加工

时，控制系统进行（或由人工进行）效应加工；或者在效应等待极限时间内控制系统的效应预报程序作出了效应预报（说明效应等待已达到了清洁槽底、维持物料平衡的作用），控制系统通过槽况解析确认当前槽况正常无须让效应发生，便不等待效应发生就进行加工（即效应预报加工）。

从效应加工或效应预报加工后，控制系统又按固定模式开始下一轮下料周期。

24.1.2　效应等待失败后的 NB 间隔及效应等待时间调整

以上只讨论了效应如期地发生或预报在效应等待极限时间内的情况。事实上，有时效应会在 NB 间隔内突发，有时效应等待会失败。当效应在 NB 间隔中突发时，最可能的原因是缺料或槽温过低，这两方面都能从效应（和效应加工）中得到补偿，因此控制系统只需从突发的效应为起点，接上述典型模式安排新的一轮加料周期。但如果为效应等待失败的情形，控制系统将按一定方式对其后的加料周期里的 NB 间隔及效应等待进行调整。基本方式是：

（1）第一次效应等待失败时，控制系统结束效应等待，立即转入下一轮加料周期，但将该周期内的 NB 间隔延长一设定值（例如延长 20%）。从第一次效应等待开始时刻起，经历一设定时间后安排第二次效应等待。若第二次等待也失败，则采取与第一次效应等待失败后相同的方式安排其后的加料周期，这样 NB 间隔再次被延长一设定值。其后若仍无效应发生，原则上可按同样方式安排第 3、4、…、n 次效应等待。但应规定 NB 间隔的总延长量不得超过一定限度，而且一般需要人工来处理病槽。

（2）当效应终于发生后（效应也可能是在被延长的 NB 间隔中发生的），槽子便进入康复期。已经变大了的 NB 间隔不是立即恢复到基准值，而是比基准值稍大一些，以适应槽子康复的需要。待正常发生了 1～2 个效应后，才复原到基准值，即重新转入正常的加料周期。

以上所述的定时下料控制模式是基于物料平衡的原理来控制下料，并依靠定期停止下料等待效应来校验物料平衡的控制效果并消除 NB 期间可能产生和积累的沉淀。由于控制过程没有与氧化铝浓度挂钩，因此难以实现氧化铝浓度的平稳控制，并且难以满足环保法规对低效应系数的要求。特别是当采用以低摩尔比、低温和低效应系数为主要特征的工艺技术（即"三低"工艺技术）时，低温和低摩尔比的采用大大降低了 Al_2O_3 在电解质中的饱和溶解度和溶解速度，因此下面将讨论的准连续"按需下料"与低 Al_2O_3 浓度控制成为维持稳定操作的必要条件。

24.2 基于槽电阻跟踪的氧化铝浓度控制方法

24.2.1 氧化铝浓度与槽电阻的关系

由于目前还没有能满足控制需要的 Al_2O_3 浓度传感器，因此采用准连续（或称半连续）下料制度的新型控制技术仍是以槽电阻作为主要控制参数。但与传统技术不同，新技术通过对槽电阻的跟踪，不仅完成了常态极距控制，而且完成了对 Al_2O_3 浓度的跟踪与控制。

当前各种新型技术的共同的理论依据是：在槽况正常稳定而且极距变化基本不改变阳极底掌形状时，（表观）槽电阻、Al_2O_3 浓度、极距这三个参数之间存在着如图 24-2 所示的定性关系[1]。从图 24-2 中可见，在极距一定的条件下，氧化铝浓度与槽电阻的关系呈现为"凹形"曲线，即在中等氧化铝浓度区存在一个极值点。极低点的位置随电解质的组成与温度等工艺条件的不同波动在 3%～5% 的范围内。当浓度高于或低于与槽电阻极值点所对应的浓度值时，槽电阻均会升高。在极值点，左侧（即低浓度侧）槽电阻随浓度的降低而显著增加的主要原因是过电位随浓度的降低而显著降低（当浓度降低到效应临界浓度时，槽电阻会急剧升高而发生阳极效应）；在极值点，右侧（即高浓度侧），过电位受浓度变化的影响很小，槽电阻随浓度升高而升高的主要原因是电阻率随浓度的升高而升高（当浓度升高到一定程度时，沉淀的产生还会成为高浓度区电阻升高的重要原因）。极距与槽电阻的关系几乎是线性的关系。图 24-2 中三条曲线分别对应极距在三个设定值时的槽电阻与氧化铝浓度关系曲线。理论估算表明[2]，极距设定值的不同主要影响到槽电阻与氧化铝浓度关系曲线的高低，而对该关系曲线的形状影响很小。因此，如果忽略极距的变化（极距调整的短暂时间除外），控制系统就可以通过跟踪氧化铝浓度变化过程中的槽电阻变化来了解氧化铝浓度所处的状态。这是目前各类基于槽电阻跟踪的氧化铝浓度控制算法的理论基础。

目前，各种基于槽电阻跟踪的氧化铝浓度控制技术均将 Al_2O_3 浓度工作区设置在图 24-2 所示的槽电阻-Al_2O_3 浓度曲线极低点的左侧，即低

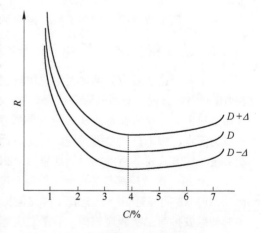

图 24-2 槽电阻 R、Al_2O_3 浓度 C、极距 D 间的定性关系

Al_2O_3 浓度区。将 Al_2O_3 浓度控制在低 Al_2O_3 浓度区不仅满足了现代采用"三低"技术条件的要求，而且由于在低 Al_2O_3 浓度区槽电阻对 Al_2O_3 浓度的变化很敏感，因此当有意识地将下料过程安排为"欠量下料"与"过量下料"周期交替地进行时，Al_2O_3 浓度的变化就会反映到槽电阻的变化中，通过跟踪槽电阻及其变化速率（常称为斜率）便可以跟踪推测 Al_2O_3 浓度和进行欠量与过量两种下料状态的切换，最终达到将 Al_2O_3 浓度的波动限制在预定的工作区内的目的。在一定时间内，槽电阻均值（或基值）的大小反映极距的高低，因此可用于极距控制。极距调整及其他操作工序（如出铝、阳极更换）原则上只对 Al_2O_3 浓度跟踪产生短时间的干扰。

保证 Al_2O_3 浓度跟踪成功的关键是维持热平衡以保证炉膛稳定。对于现代采用小加工面的预焙槽，当热平衡良好、槽况稳定时，可以观察到炭素阳极的消耗速率小于铝液高度的增长速率，这导致极距轻微和逐渐减小。极距变化是 Al_2O_3 浓度跟踪精度的最大影响因素，但是只要欠量下料与过量下料的"欠"与"过"的程度安排合适，极距的变化就不足以掩盖槽电阻变化中所包含的 Al_2O_3 浓度的信息。

根据技术特点的不同，当前基于槽电阻跟踪的氧化铝浓度控制技术可以分为如下三类：（1）基于槽电阻变化区域跟踪的浓度控制法；（2）基于对槽电阻变化速率（即斜率）跟踪的浓度控制法；（3）基于氧化铝浓度（或特征参数）估计模型的浓度控制法。顺便指出，这三类方法在国内被泛称为 Al_2O_3 浓度的"自适应控制"法。

24.2.2　基于槽电阻变化区域跟踪的浓度控制法

类似于传统的正常电阻控制，该法设定一个槽电阻目标控制区域（即非调节区），但不同的是，该法不仅利用极距调节，而且还利用 Al_2O_3 下料速率调节（即欠量，过量下料状态的切换），将槽电阻维持在目标控制区域内。

以法国普基铝业公司开发的下料控制程序为例[3]，如图 24-3 所示，该程序用欠量下料和过量下料周期交替地进行，以检查 Al_2O_3 浓度的变化，目的是维持 Al_2O_3 浓度在最佳浓度点 C_0 附近波动。假定浓度变化区间位于图 24-2 所示的极值点的左侧，即低氧化铝浓度区，当执行欠量下料时，槽电阻会因 Al_2O_3 浓度减小而上升（图 24-3），但上升未超过非调节区时不调节极距。直至槽电阻上升超过非调节区上限，控制系统才命令每次不超过十分之几毫米的距离下降阳极。若经 N 次调节后槽电阻仍超过非调节区上限，则转入过量下料周期。过量下料使 Al_2O_3 浓度逐步升高，槽电阻逐步降低。但由于在较高 Al_2O_3 浓度下，槽电阻对 Al_2O_3 浓度的变化变得不敏感，所以若用非调节区下限作为结束过量下料的判断标志，则可能因干扰噪声（如极距波动等）的存在而造成误判断，因此过量下料持续一段预定时间 T 后宣告结束，随之转入欠量下料周期。在过量下料周期中若槽电阻滑落到非调节区下限外，控制系统将按传统的正常电阻控制（常态极距调节）程序进行增大极距的调节。

以上所述的"欠量"、"过量"交替下料程序每持续一定时间（如 $1 \sim 2d$）后，为

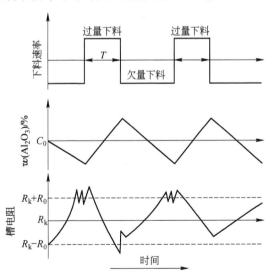

图 24-3　法国普基的一种下料控制程序的原理

保险起见，控制系统对电解槽进行一次槽电阻"跟踪"（或称 Al_2O_3 浓度的"寻迹"），以作为对 Al_2O_3 浓度的附加控制。做法是：停止下料并禁止阳极移动，然后跟踪槽电阻直至其达到预定值（或效应预报程序作出了预报）后转入过量下料。这种跟踪程序用于调整 Al_2O_3 浓度工作区，并消除效应发生槽和不稳定槽中的多余物料，同时通过对全系列槽平均跟踪时间与标准时间比较，得到关于系列槽物料平衡总趋势的信息。

24.2.3　基于槽电阻变化速率（斜率）跟踪的浓度控制法

在讨论槽电阻与氧化铝浓度的关系曲线（图 24-2）时已指出，极距（D）设定值的不同主要影响槽电阻（R）-Al_2O_3 浓度（C）曲线的高低，而对该曲线的形状影响很小。换言之，R 对 C 的变化率（dR/dC）几乎不受设定极距的大小影响，因此 dR/dC 与 C 存在更为密切的联系（参见图 24-4），而它与 R 对时间 t 的变化率（或称斜率）$\dfrac{dR}{dt}$ 之间存在着下列关系：

$$\frac{dR}{dt} = \frac{dR}{dC} \times \frac{dC}{dt}$$

当控制系统以一定的速率安排欠量下料与过量下料，使 $\dfrac{dC}{dt} \neq 0$ 且基本恒定时，斜率 $\dfrac{dR}{dt}$ 便近

似与 $\dfrac{dR}{dC}$ 成正比，再对照图 24-4 可知，从一定下料速率下的电阻斜率值可以推断氧化铝浓度所在范围。且"欠量"与"过量"的程度愈大，电阻斜率便愈大，对 Al_2O_3 浓度变化的反应也就愈明显。这一点也解释了当今各种基于槽电阻跟踪来控制下料的技术都不能摆脱"欠量"与"过量"周期交替的下料安排模式的缘故。当然，"欠量"与"过量"程度的选取还必须兼顾到使电解槽运行稳定。电解槽运行不稳定会使电阻斜率中包含的随机干扰噪声的比例增大，反而会降低 Al_2O_3 浓度跟踪的精度。

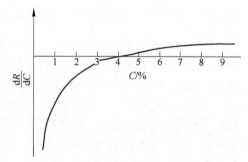

图 24-4　槽电阻对氧化铝浓度的斜率 $\left(\dfrac{dR}{dC}\right)$ 与氧化铝浓度的定性关系

在欠量下料周期内，连续地计算阳极不移动期间的电阻斜率（应该使用低通滤波电阻来计算电阻斜率），当其达到规定的上限值 P_c 或在一定时间内的电阻累积斜率达到规定的上限值 TP_c 时，意味着 Al_2O_3 浓度达到了低限，于是开始一个过量下料周期。若在欠量下料周期中电阻斜率未达限值而槽电阻不在死区，即超出了目标控制区域（$R_k \pm R_0$），则通过移动阳极来调节槽电阻。

该类控制方法在确定由欠量下料转入过量下料时，不需要像第 24.2.2 小节中那样采取先进行一系列（N 个）极距微调来证实高电阻的确由 Al_2O_3 浓度降低引起，因此可大大减少阳极移动的次数，且可降低对阳极升降系统的调节精度的要求。此外由于该类方法能对 Al_2O_3 浓度变化的全过程用电阻斜率来定量描述，故可望维持电解槽运行在更为狭窄的理想的 Al_2O_3 浓度工作区内。

图 24-5 是法国普基铝业公司开发应用的基于电阻斜率跟踪的浓度控制法的原理框图[4]。

从图 24-5 可见，法国普基铝公司的控制程序在控制起始点首先检查电阻是否在死区（即在目标控制区域），且不论电阻是否在死区均启用欠量下料；如电阻不在死区，那么跟踪检查

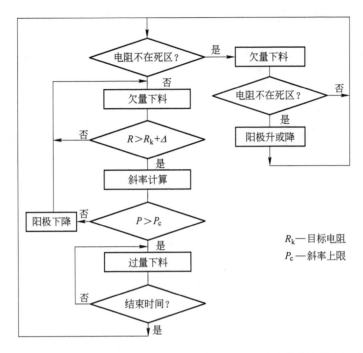

图 24-5　法国普基铝公司开发的基于电阻斜率跟踪的浓度控制法的原理框图

欠量下料能否使电阻回归到死区，若欠量下料不能使电阻回归到死区，则使用阳极升或降使电阻进入死区；若电阻进入了死区，则继续使用欠量下料，直到发现电阻高出目标值一定程度（即 $R > R_k + \Delta$）便转入电阻斜率计算程序，并跟踪斜率直到发现斜率达到预定上限（即 $P > P_c$）后转过量下料；过量下料一直持续到设定时限后转回控制的起始点，开始新一轮的控制循环。

从图 24-5 可注意到，斜率计算与跟踪仅在欠量下料进行到一定程度（使槽电阻大于目标值一定程度）后才启用，欠量下料状态的初始阶段以及过量下料状态中均不进行斜率跟踪计算，且过量下料的终止时间是设定值，这显然是考虑到在较高 Al_2O_3 浓度下，槽电阻对氧化铝浓度的变化不敏感，所以电阻斜率中干扰噪声所占比例相对较大，用它跟踪 Al_2O_3 浓度不可靠。但目前国内外一些系统把斜率（或累积斜率）跟踪法推广到过量下料周期，即用斜率（或累积斜率）低于设定的下限值作为过量下料向欠量下料转换的依据。

24.2.4　基于氧化铝浓度（或特征参数）估计模型的浓度控制法

以上介绍的氧化铝浓度控制方法是基于对槽电阻的直接跟踪或者对槽电阻变化速率（斜率）的跟踪来判断和控制氧化铝浓度的。人们试想，能否通过建立槽电阻与氧化铝浓度之间的数学模型来实现对氧化铝浓度的直接估计（或对与氧化铝浓度有着更密切关系的特征参数的估计），并由此实现对氧化铝浓度更好的控制？

挪威 Hydro 铝业公司开发的 Al_2O_3 下料自适应控制技术[5]使用了一种参数估计的数学模型。该法在控制原理上与槽电阻斜率跟踪法大体相似，主要区别是该法不直接使用槽电阻或槽电阻斜率来跟踪控制氧化铝浓度，而是对下料速率这一参数加以利用，通过一个参数估计模型（时间序列分析中常用的一种带受控项的自回归滑动平均模型，即 CARMA 模型）来实现对槽电阻

-氧化铝浓度曲线的斜率 $\left(\dfrac{\mathrm{d}R}{\mathrm{d}C}\right)$ 的在线估计，并通过对这一参数进行监控实现对浓度的监控。前面在讨论基于槽电阻斜率 $\left(\dfrac{\mathrm{d}R}{\mathrm{d}t}\right)$ 跟踪的浓度控制方法时已指出，$\dfrac{\mathrm{d}R}{\mathrm{d}C}$ 与氧化铝浓度有着很好的对应关系（图24-4），但同时也指出，只要保持欠量下料与过量下料中的下料速率不变，$\dfrac{\mathrm{d}R}{\mathrm{d}t}$ 与 $\dfrac{\mathrm{d}R}{\mathrm{d}C}$ 便近似成正比，因此使用这两个参数中的哪一个来跟踪控制氧化铝浓度应该没有本质的区别。

为了直接获得氧化铝浓度的估计值，并尽可能降低干扰噪声对氧化铝浓度估计的影响，我们曾采用机理分析与现代时间序列建模理论相结合的方法，针对点式下料铝电解槽建立了基于非线性系统自适应推广的 Kalman 滤波算法的 Al_2O_3 浓度动态估计模型和基于该估计模型的氧化铝浓度自适应控制模型。在该浓度估计模型中，我们对观测信号（槽电阻）中包含的快时变噪声采用了低通预滤波处理措施，而对观测信号和模型中的慢时变噪声，采用了虚拟噪声补偿措施，即采用带慢时变均值和方差的虚拟白噪声来补偿机理模型中包含的慢时变偏差和观测信号（槽电阻）中包含的慢时变噪声。有兴趣的读者可参考有关文献[2,6]。

24.3 氧化铝浓度控制效果的影响因素与改进措施

24.3.1 影响氧化铝浓度控制效果的因素

对于基于槽电阻跟踪的氧化铝浓度控制方法，影响氧化铝浓度控制效果的因素一方面来自于控制算法与设定参数本身是否合适（例如，欠量与过量程度是否合适，欠量与过量切换的斜率判别设定值是否合适等）；另一方面来自于槽况是否足够平稳，使该类控制方法赖以成功的假定条件得以成立。其中，最重要的假定条件就是，槽电阻与氧化铝浓度之间有十分确定的对应关系，浓度跟踪与控制期间除氧化铝浓度以外的其他因素不会显著引起槽电阻变化，因此也就不会对用槽电阻跟踪判断和控制氧化铝浓度的过程产生显著的干扰。然而，当槽况不稳定或出现异常时，上述的假定条件就难以成立，从而导致氧化铝浓度控制效果变差甚至出现控制失误，导致大量沉淀产生或效应频发，这又反过来引起槽况更加不稳定，形成恶性循环。这种情况在我国早期建造的预焙槽（如 160kA 预焙槽）上更容易出现，因为这些电解槽物理场和槽结构设计先天不良，稳定性和自平衡能力较差，而且我国电解铝生产系列较普遍地存在生产系列供电不稳定，国产氧化铝的溶解性能不好等问题，因此简单地采用欠量、过量交替下料和槽电阻跟踪策略很难实现预期的控制效果。

不稳定或异常槽况易导致控制效果变差甚至控制失误有下列情形：

（1）氧化铝浓度不在预期的工作区间，使控制策略赖以成立的前提条件不存在。例如，如果氧化铝浓度进入到槽电阻与氧化铝浓度关系曲线的极值点的右侧（即高浓度区），那么按照预定的低浓度区控制策略就会导致控制失误。

（2）槽电阻与氧化铝浓度之间的表观关系曲线的形状发生了重大变化，其原因有两个方面。一方面，工艺技术条件的变化使槽电阻与氧化铝浓度之间的函数关系发生了变化；另一方面，除氧化铝浓度以外的许多其他引起槽电阻变化的因素成为了干扰因素，例如，如果欠量下料的同时，槽膛扩大引起极距缓慢升高，那么极距缓慢升高引起的槽电阻上升会被当做是氧化铝浓度降低引起的槽电阻升高的一个部分，因此槽电阻与氧化铝浓度的关系曲线会变陡峭，反之，如果欠量下料的同时极距在缓慢降低，那么由此引起的槽电阻下降会冲抵氧化铝浓度下降所带来的槽电阻上升，因此槽电阻与氧化铝浓度的关系曲线会变平坦。

归纳起来，干扰氧化铝浓度跟踪与控制效果的因素有：

（1）除了氧化铝浓度外，槽电阻的变化还由极距、电解质高度、电解质组成等参数的变化引起。

（2）下料器向槽中添加的物料有时会部分地堆于槽面（成为槽面保温料），而有时槽面保温料可能塌陷。

（3）加入槽中的物料的溶解过程存在滞后并伴随有沉淀的产生，尤其是采用低摩尔比、低温这种技术条件后，由于氧化铝在电解质中的饱和溶解度和溶解速率大大降低，沉淀更易产生，而发生沉淀的比例与沉淀的溶解速率不可预料。

（4）由物料与电解质凝固构成的炉膛的厚度随槽温、电解质组成等因素的变化而变化，从而也引起氧化铝浓度的变化。

（5）阳极工作、出铝、人工维护等人工作业带入槽中的物料量难以正确地估计和通报。

（6）下料器的计量存在一定的误差，或者下料器故障。

24.3.2　改进氧化铝浓度控制效果的措施

24.3.2.1　改进槽电阻滤波与斜率计算算法

目前，各种氧化铝浓度控制方法都要使用槽电阻（或槽电阻斜率）作为主要判据，因此设计使用具有良好滤波效果的槽电阻滤波与斜率计算算法（参见第22.2节）是氧化铝浓度控制取得理想效果的前提。

24.3.2.2　选择合适的下料控制模式

在第15.5节中，已讨论了目前我国铝电解控制系统中最基本的三类下料控制模式（即自动控制模式、定时下料模式和人工停料模式）的启用与管理；并已简要介绍了下料自动控制模式中的常用两类："设效应等待"控制模式与"不设效应等待"控制模式。

"设效应等待"控制模式是将传统的定时下料控制方法中的"效应等待"思想融入基于槽电阻跟踪的浓度控制方法而产生的一种下料控制模式。随着铝电解工业对无效应操作的追求，"设效应等待"的控制模式也在不断改良，例如，变"硬性等待"为"柔性等待"，即到达等待时刻时，如果控制系统发现不是等待效应的最佳时期（如最近进行了人工作业，最近实施了过量下料或大下料等）则延缓效应等待的安排；或者采用"效应等待＋效应预报"控制模式，即通过效应等待进行了效应预报后便结束效应等待（转入正常的下料控制，不让效应实际发生），并视为效应等待成功，但若在规定的效应等待期限内未能作出效应预报则称为效应等待失败，控制系统恢复自动下料直到进入下次效应等待（同样地，第一次效应等待失败后发生的效应均称为延时效应，进入第一次效应等待之前的下料过程中发生的效应称为突发效应）。若采用了上述改良型的"设效应等待"控制模式，作业与管理者不要误认为控制系统"不听使唤，不中用"。

对于不设效应等待的控制模式，控制算法中也会有根据效应系数设定值自动调整氧化铝浓度控制参数的策略，例如我们开发的一种"不设效应等待"的控制模式的基本思路是：当被控电解槽效应距今时间从小于设定时间走向大于设定时间的历程中，控制系统的下料控制策略从"遏制效应发生"向"允许效应发生"的方向转化，若在效应距今时间远大于设定时间阶段电解槽出现某种不稳定征兆，则会向"鼓励效应发生"的方向转化。在效应距今时间显著小于设定时间的阶段发生的效应称为突发效应，而在显著大于设定时间阶段发生的效应称为延时效应。

管理者根据所选用的控制模式选择和管理好相应的设定参数对于获得理想的控制效果是至

关重要的。关于此部分内容请参见第 15.5 节及第 15.11 节。

24.3.2.3　提高控制系统对下料速率的自调整能力

基于槽电阻跟踪的浓度控制方法采用"欠量下料"与"过量下料"交替进行实际上就是将下料速率这一输入变量设计为取"欠"、"过"两种速率值。国内外一些控制系统增加一种"正常下料"状态，将"正常下料"周期一方面用于非正常槽况（因病槽、人工作业以及采样故障等原因导致滤波电阻不可用或不可信）；另一方面用于在"欠量"与"过量"两种下料周期之间形成一个"缓冲周期"（一般以"正常-欠量-过量"的方式进行下料周期的循环），使槽电阻和氧化铝浓度在这个"缓冲周期"内进入相对平稳期。由于在正常下料期间不进行氧化铝浓度解析，因此该期间对槽电阻的调节不受氧化铝浓度控制的制约，因此一种控制思路是：尽量将槽电阻的调节放在正常下料状态内进行。

除了"欠量"、"过量"、"正常"下料周期的切换策略对氧化铝浓度控制效果有重要影响之外，每种下料周期中的下料速率设计也对控制效果产生显著影响。前面的讨论已经指出，欠量与过量的程度要合适，程度太小则氧化铝浓度变化速率偏小，浓度变化引起的槽电阻变化信息可能被干扰噪声所淹没，容易导致失误；而程度太大，可能引起物料平衡与热平衡的波动太大，这又会使得其他因素（如热平衡波动可能引起的极距波动）引起的槽电阻变化加大，也即对浓度判断过程的干扰加大。综合权衡，欠量与过量百分数的设定值一般在 20% ~40% 之间选择。

然而，采用固定的欠量下料速率（欠量百分数）和过量下料速率（过量百分数）可能并不能很好地适应各种具体情况。例如，如果下料器的计量误差较大，就需要适当加大欠量与过量百分数。生产中有这样的情况：下料器经常发生堵料事故，假如堵料导致每次下料比正常情况少下料 25%（槽上 4 个下料器堵死一个就是这种情形），那么按照过量 25% 下料实际只相当于正常下料的下料量，而按照欠量 25% 下料则相当于欠量 50%，从而导致效应不断发生。为了解决这类问题，可以从两个方面做工作，一是要求现场操作人员经常检修和维护下料器（包括供料系统）；二是优化控制策略，赋予控制系统自动调整下料速率（欠量与过量下料百分数）的功能和对下料器工作状态进行判断的功能。

一种下料速率的自调整方案是：将"欠量下料"细分为"小欠量"（基准欠量）、"中欠量"与"大欠量"等不同速率档级；同样"过量下料"也可细分为"小过量"（基准过量）、"中过量"与"大过量"等不同速率档级。例如，进入欠量下料状态时，首先使用基准欠量（如欠量 25%）；如果经历一定时间后电阻斜率的升高没有达到预期效果，则选用"中欠量"（例如欠量 40%）；如果再经历一定的时间没有达到预期效果，则选用"大欠量"（例如欠量 60%）。这样，最终总可以使电阻上升一定幅度；如果经过这样的处理还是无法将电阻斜率升高到一定程度，则说明出现了异常（如，保温料塌陷了、炉帮化了、人工操作未通报或其他未知的原因导致大量额外的物料进入了电解槽）。控制系统可以通过对异常情况的分析判断下料器工作状态，并在发现下料器严重偏离正常状态时进行报警（这将在第 28 章中继续讨论）；同时应该降低欠量转过量的标准，或者直接转入正常下料，因为如果让控制系统长时间进行大幅度的欠量下料可能会导致炉帮熔化。

上述针对欠量下料状态的处理方式原则上也可用于处理过量下料中的情形，但一般要对过量百分数的加大程度和过量下料状态的持续时间严加限制，谨防大量沉淀产生。

在欠量和过量下料周期中采用"可变下料速率"的控制策略后，下料速率曲线就不是图 24-3 所示的由"欠量下料"与"过量下料"两种下料速率构成的"矩形状"曲线；而是由多种下料速率构成的"阶梯状"曲线。图 24-6 就是我们开发的一种"可变下料速率"控制方案

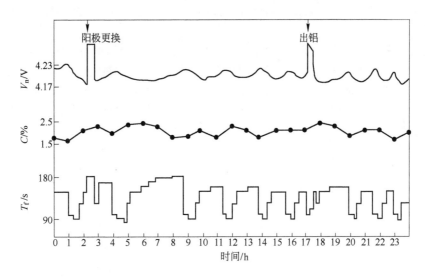

图24-6　一种"可变下料速率"控制方案下的氧化铝浓度控制实例

下的控制实例。图中是对一台200kA预焙槽连续监测24h所得的实际控制曲线，其中C代表氧化铝浓度，它由人工定时（1h）取样化验得到，单位为质量分数（%）；V_n代表用正常化槽电压来表达的槽电阻；T_f代表下料间隔时间，即下料速率。V_n和T_f来自控制系统的自动记录。可见这期间的氧化铝浓度被控制在1.5%~2.5%的范围内。

24.3.2.4　优化浓度分析与判断的判据（斜率上限等），并使用辅助判据提高分析与判断的可靠性

斜率上限定得越小，被控制的氧化铝浓度范围就越窄，但浓度判断与控制失误的概率也就增大了。在第19.1节中已经介绍了如何根据物料平衡关系计算氧化铝消耗速率和各种下料状态下的基准下料间隔时间（即基准下料速率），并讨论了下料速率变化在理论上对氧化铝浓度产生影响的程度。根据所举的240kA预焙槽（电流效率93%）的例子，氧化铝的消耗速率计算值为2.405kg/min。如果液体电解质为10t，那么要使电解质中的氧化铝浓度下降1%，需要消耗掉溶解在液态电解质中的100kg氧化铝。而按照欠量25%下料，则每分钟应少下料2.405kg/min×25%=0.511kg/min。消耗100kg氧化铝需要的时间为100/0.511 = 196min（约3.3h）。如果欠量百分数从25%改为50%，则使氧化铝浓度下降1%（即消耗100kg氧化铝）所需的时间减少一半（即约1.65h）。可见，生产现场可以通过使用上述的基于物料平衡原理的计算方法来计算并判断设定参数改变时对欠量与过量状态的持续时间产生多大的影响，然后结合控制系统记录的下料控制曲线来分析实际值与计算值之间有多大的偏差，进而分析偏差产生的原因。

目前，氧化铝浓度的目标控制范围一般定为1.5%~3.5%，允许的浓度变化范围达到2%，那么能否按照2%的变化范围来推算欠量或过量状态的持续时间并进而推算浓度控制的斜率上限呢？不能。因为控制系统无法保证欠量下料与过量下料状态切换时的氧化铝浓度能够正好处于目标控制范围的端点值附近。因此，从理论上来设计欠量或过量下料状态中氧化铝浓度的变化值时，应该按照不大于1%来考虑（为不可预见的浓度变化留有足够的余地），这样才有可能保证电解槽在绝大部分时间内的氧化铝浓度处于目标控制范围。为了提高浓度分析判断的可靠性，有必要使用除电阻斜率以外的辅助判据。第22章中介绍了一种以槽电阻斜率和

累积斜率为主要判据，并辅以其他辅助判据的效应预报方法。这种方法同样适应于氧化铝浓度控制。

以我们开发的控制系统为例，斜率的计算周期取 2min，而累积斜率指最近 8min（4个斜率计算周期）内的累积斜率。当槽电阻波动较大时，无论采用多好的滤波算法，也不能完全排除噪声对斜率计算的干扰，以至于将斜率计算值连成曲线时是一条上下波动的不平滑曲线。对斜率进行累积可以使被累积的斜率值中包含的正、负误差相抵，可以更清楚地反映近期电解槽的电阻变化趋势。

将斜率和累积斜率这两个参数相结合的一种简单方案是：给这两个参数一个合适的"权重"，用两者的加权之和作为浓度控制的判据。权重系数根据槽电阻的稳定性而定，如果槽电阻稳定性好，斜率计算的可信度高，或者斜率的变化趋势明显，则斜率的权重系数增大（累积斜率的权重系数减小），反之则增大累积斜率的权重系数。但是，不能以累积斜率完全替代斜率作为判据，因为累积斜率的时间滞后性较大，单一使用容易导致下料状态的切换不及时。

第22章还介绍到，物料衡算偏差这一参数可以作为效应预报的辅助判据，这一参数同样可以作为氧化铝浓度控制的辅助判据。例如，如果近期（如最近6h）理论消耗量显著大于下料量（即物料衡算偏差为很大的正值），则应该降低欠量转过量的斜率判别标准，防止过长时间的欠量导致效应趋势难以逆转，或者炉膛被"吃空"。

如何将浓度控制与效应预报很好地结合起来，并利用好效应预报加工（即大下料）也是改进氧化铝浓度控制效果的重要方面。

24.3.2.5 使控制系统能判断和处理浓度进入槽电阻-氧化铝浓度"凹形曲线"右侧（即高浓度区）的情形

一些人为的或异常的因素以及控制系统在槽况不稳定时可能出现的控制失误均有可能使氧化铝浓度进入高浓度区，如果控制系统不能及时发现，可能会进行错误的控制。从原理上而言，判断浓度是否进入高浓度区的方法很简单：检查欠量下料或过量下料状态下槽电阻的变化方向是否与预期方向相反。如果在欠量下料状态下出现电阻不升高反而降低的情况，可以通过延长欠量下料状态的时间，使槽电阻由下降一直转为上升，一般可以使浓度"回"低浓度区。但在过量下料状态出现电阻不降低反而升高的情形时，却不能草率地决定转入欠量，因为导致电阻变化方向异常的原因不一定是浓度处于高浓度区，还有两种可能：一种是效应趋势已形成，即使过量下料也无法扭转电阻上升的势头；另一种是下料器故障（如堵料或槽面下料孔堵塞）。因此，还需要结合其他辅助判据（如物料衡算等）进一步分析物料平衡的状态，或者依然持续进行过量下料一段时间，然后把问题交给欠量下料周期去处理。

24.3.2.6 使用智能控制技术

在第23章中已指出，采用智能控制技术是改进槽电阻控制效果的重要措施。同样，智能控制技术也适合于氧化铝浓度，因为以上介绍的改进氧化铝浓度控制效果的各类措施是传统的基于数学模型的控制方法所难以实现的，而使用一些智能控制技术则容易实现一些智能化的控制策略[7,8]。智能推理方法可根据对槽况的综合分析来判断和控制氧化铝浓度。综合分析的内容不仅包括槽电阻的变化情况分析，还包括物料平衡估算、阳极效应等异常槽况判断、阳极效应预报、槽况稳定性分析、下料控制中可能出现的种种异常情况分析、槽电阻与氧化铝浓度特征曲线及工作点在特征曲线上的位置的智能分析等。然后根据槽况综合分析的结果选择适宜的下料控制模式，在必要时调整控制规则及控制器的动态特性以便使电解槽尽快地回复到最佳的工作区间，并在通过槽况分析获得氧化铝浓度工作点偏低或偏高的结论时，修正相关设定值。

24.3.2.7 加强人机配合

在第 23 章中已指出,加强人机配合是改进槽电阻控制效果的重要措施。同样,加强人机配合对获得理想的氧化铝浓度控制效果至关重要。

从人工操作维护方面来考虑,要求操作管理人员掌握下料控制的基本原理,懂得下料周期切换的基本策略,能正确地进行控制模式的选择和相关设定参数的设置,尤其是要尽量减少对下料控制过程的人为干扰,例如:

(1) 要避免在槽控机上进行错误的操作(例如错误地通报人工操作工序),并避免进行手动与自动控制模式的来回切换,因为进行了一些错误的操作或者转换了控制模式后,控制系统会立即终止正常的控制程序(可能转入特定的下料模式或简单的定时下料),而再从其他控制模式转回正常的自动控制模式时,控制系统要经历一个较长的初始化阶段才会转入正常控制程序,并且一般都是从欠量下料周期重新开始正常的控制过程。显然,反复从欠量下料周期开始容易导致效应的发生。

(2) 要尽可能减少人工调整极距,因为阳极移动引起的电阻变化打断了控制系统对槽电阻变化速率(斜率)的跟踪,使控制系统对氧化铝浓度的正常跟踪与控制过程暂停(一般需要暂停 4~6min)。因此,如果这种干扰恰好发生在氧化铝浓度很低的阶段,则可能引起"欠量"转"过量"的迟缓,从而导致效应发生。

(3) 要尽量减少人工额外下料,要改变过去的经常进行边加工的习惯。若进行了额外下料(包括进行了会引起额外下料的人工作业工序与边加工),一定要按照操作规程通报槽控机,这样可以使控制系统及时地调整控制模式,减少控制失误。对于炉底沉淀的处理,应尽可能通过适当调整技术条件达到逐步消除沉淀的目的,例如采取适当提高设定电压、适当增加出铝量、加强保温等措施,使电解槽通过自身的调节消除沉淀。

与槽电阻控制一样,人机配合还有很重要的一个方面,那就是现场操作人员必须严格执行作业标准,提高操作与管理质量,减少对电解槽的干扰,维持正确的工艺技术条件,从而为氧化铝浓度的控制创造一个良好的控制环境与条件。

参 考 文 献

1 Haupin W E. Production of Aluminium and Alumina. Chichester: John Wilcy & Sons, 1987

2 李劼. 点式下料铝电解槽计算机控制模型的研究: [博士学位论文]. 长沙: 中南工业大学, 1993

3 Bonny, et al. Process and Apparatus for Accurately Controlling the Rate of Introduction and the Content of Alumina in an Igneous Electrolysis Tank in the Production of Aluminium: US, 4431491. 1984-02

4 Macaudiere Y. Recent advances in process control of the potline. Light Metals, 1988. Warrendale, PA: USA, TMS, 1988: 607~612

5 Moen T, Aalbu A, Borg P. Adaptive control of alumina reduction cells with point feeders. Light Metals 1985. Warrendale, PA: USA, TMS, 1985: 458~469

6 Li Jie, Huang Yongzhong, Wang Huazhang, et al. An estimation model of alumina concentration for point-feeding aluminium reduction cells. Light Metals 1994. Warrendale, PA: USA, TMS, 1994: 441~447

7 李劼, 丁凤其, 邹忠等. 铝电解模糊专家控制器的开发与应用. 有色金属, 2000, 52 (4): 558~561

8 李劼, 张文根, 丁凤其等. 基于在线智能辨识的模糊专家控制方法及其应用. 中南大学学报(自然科学版), 2004, 35 (6): 911~914

25　电解质摩尔比控制（AlF_3 添加控制）

随着低摩尔比工艺技术的采用，电解质成分（主要是 AlF_3 的添加）的计算机控制愈来愈受到重视。现代电解槽的上部结构中安装有独立的 AlF_3 料斗，由计算机控制 AlF_3 作点式添加。AlF_3 添加控制与槽电阻控制的有机结合构成电解槽热平衡和电解质组成控制的基础。

当前国内外能将摩尔比与热平衡的控制综合起来考虑并加以控制的方法可归纳为下列几种类型：（1）基于槽温、摩尔比实测值的查表法；（2）基于摩尔比、槽温等参数间的回归方程的控制法；（3）基于初晶温度（过热度）实测值的控制法（九区控制法）；（4）基于槽况综合分析的控制法。

25.1　基于槽温、摩尔比实测值的查表控制法

该法首先针对特定的槽型与工艺建立一个 AlF_3 基准添加速率的数学模型，根据氧化铝原料组成和槽龄确定不同槽龄的电解槽的 AlF_3 基准添加速率。然后，在实际的控制过程中，再根据各台电解槽摩尔比、电解质温度等参数的实际变化情况，对 AlF_3 添加速率在基准速率的基础上做调整[1~3]。

25.1.1　AlF_3 基准添加速率的数学模型

25.1.1.1　槽龄与 AlF_3 消耗速率的关系

新槽启动后，由于阴极内衬吸收钠的速率很大，以致在运行的第一周时间内，需要大量的碳酸钠。钠的吸收速率随槽龄增大而迅速减小，当槽龄大约为 $800 \sim 1000d$ 时，钠的吸收几乎停止，因此，尽管槽型、下料方式及使用的 Al_2O_3 原料不同，AlF_3 用量与槽龄之间都存在图 25-1 所示的定性关系[1]，主要区别是，当钠的吸收停止后，AlF_3 的稳定用量值不同。

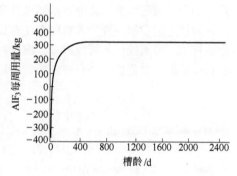

图 25-1　AlF_3 用量与槽龄关系示意图

企业首先根据统计结果列出 AlF_3 用量与槽龄的修正关系表（或者做出拟合曲线），存储在计算机中，供控制系统在确定 AlF_3 基准添加速率时调用。

25.1.1.2　Al_2O_3 原料的组成与 AlF_3 消耗速率的关系

电解槽经历启动初期后，需要添加 AlF_3 控制摩尔比的主要原因是 Al_2O_3 原料中所含的 Na_2O 随添加的原料源源不断地进入电解质。

由化学反应式 25-1 可求出用来平衡原料中的 Na_2O 和 CaO 所需的 AlF_3 单槽每周用量为：

$$AlF_3\ 每周用量 = \frac{单槽金属日产量 \times 7}{原料中金属总含量(\%)} \times$$

$$\left[1.355 \times w(Na_2O) \times \frac{1 + \dfrac{2}{3} \times 质量比}{质量比} + 0.9983 \times w(CaO) \right] \quad (25\text{-}1)$$

其中，原料中金属总含量（记为 w（Me））可由式 25-2 从原料的成分分析结果中求出：

$$w(\mathrm{Me}) = 0.5293 \times [1 - w(\mathrm{SiO_2}) - w(\mathrm{Fe_2O_3}) - w(\mathrm{ZnO}) - w(烧损(1000℃ 下)) -$$
$$0.4516 \times w(\mathrm{Na_2O}) - 0.3940 \times w(\mathrm{CaO})] + 0.4674 \times w(\mathrm{SiO_2}) +$$
$$0.6994 \times w(\mathrm{Fe_2O_3}) + 0.8034 \times w(\mathrm{ZnO}) \tag{25-2}$$

针对特定的槽型和工艺制度，由试验与统计分析获得槽龄与钠的吸收速率之间的定量关系后，便可将此与式 25-1 和式 25-2 表达的原料组成与 AlF$_3$ 消耗速率的定量关系相结合，构成 AlF$_3$ 基准添加速率与槽龄和原料组成之间的关系式。

25.1.2 AlF$_3$ 基准添加速率的调整

25.1.2.1 调整的主要依据——摩尔比与电解质温度的同步测定值

调整 AlF$_3$ 添加速率的主要依据有两个，一个是摩尔比化验值，另一个是电解质温度测定值。由于相对于槽电阻、Al$_2$O$_3$ 浓度等参数而言，摩尔比可视为慢时变参数，因此在正常槽况下由人工定期（如每隔 1d）取样测定电解质组成和测定同一时刻的电解质温度，便可以满足电解质组成控制的需要。

摩尔比在很大程度上决定着电解槽正常运行的电解质温度，反过来，电解质温度的变化也引起摩尔比发生变化。由于偏析导致液态电解质的摩尔比总是低于结壳的摩尔比，因此当电解槽走向热行程时，摩尔比会因结壳熔化而升高；反之，槽走向冷行程时摩尔比会降低。这就是用电解质取样分析摩尔比时，必须同时测定电解质温度的缘故。当确定电解槽的目标摩尔比时，也必须考虑电解质温度，例如当温度在 $T_{(基准)} \pm \Delta T$ 内变化时（如 $\Delta T = 10℃$），摩尔比目标值相应地在 $CR_{(基准)} \pm \Delta CR$ 的范围内调整（如 $\Delta CR = 0.10$）。

出铝、换阳极、阳极效应等也通过影响热平衡而影响摩尔比。它们的影响作用也可通过试验来确定和建立模型。

25.1.2.2 调整的算法——查表法

首先计算或查表得到与一定的原料组成和槽龄相对应的 AlF$_3$ 基准速率，然后由槽温与目标槽温的差别、摩尔比与目标摩尔比的差别，用查表方式确定附加在基准添加速率之上的调整量。表 25-1 所示的是一个实例[1]，该表中的添加调整量是指每周的调整量（调整量用袋数表示，每袋 25kg），用该表的调整量加上每周基准用量，再转化为 AlF$_3$ 添加速率（AlF$_3$ 自动下料的间隔时间），输入到计算机中执行。

表 25-1 AlF$_3$ 添加袋数调整量（附加于基准添加袋数之上，25kg/袋）

质量比实际值减去目标值得到的偏差	电解质温度		
	低于目标值 10℃ 以上	正常（目标值 ±10℃）	高于目标值 10℃ 以上
	AlF$_3$ 添加袋数调整量		
+0.18 ~ +0.22		+4	+3
+0.13 ~ +0.17	+4	+3	+2
+0.08 ~ +0.12	+3	+2	+1
+0.03 ~ +0.07	+2	+1	0
-0.02 ~ +0.02	+1	0	-1
-0.03 ~ -0.07	0	-1	-2
-0.08 ~ -0.12	-1	-2	-3
-0.13 ~ -0.17	-2	-3	-4
-0.18 ~ -0.22	-3	-4	

　　在实际执行 AlF_3 添加的过程中，还应根据具体情况对添加量作适当调整，例如添加固体电解质时应减少 AlF_3 添加速率，AE 后加大 AlF_3 添加速率等。此外，与 AlF_3 添加速率的调整相配合，为了获得理想的摩尔比和热平衡综合控制效果，在确定槽基准时，还应根据摩尔比和阴极压降等情况考虑设定电压的调整方案。

　　最后，简要地指出，除了摩尔比的调整外，$w(CaF_2)$ 的调整也可交由计算机进行。利用 AlF_3 与 CaO、Na_2O 的化学反应式和 Al_2O_3 原料中 CaO、Na_2O 的含量（%），可得出估算新产生的电解质中的 CaF_2 含量的公式 25-3：

$$w(CaF_2)(电解质中) = \frac{1.392 \times w(CaO)}{1.392 \times w(CaO) + 1.355 \times \dfrac{1+R}{R} \times w(Na_2O)} \tag{25-3}$$

式中　R——质量比。

　　计算机综合由人工取电解质样的分析结果，及用式 25-3 估算的结果来确定的 CaF_2 的添加速率。

25.2　基于摩尔比、槽温等参数间的回归方程的控制法

25.2.1　基于摩尔比与槽温（测定值）之间的回归方程的控制法

　　加拿大铝业公司的 Paul Desclaux 提出了一种无需摩尔比分析值，只采用电解槽温度测量值来计算 AlF_3 添加速率的摩尔比控制方法[4]。他认为槽设计一定时，槽温度仅是电解质成分的函数，且电解质成分与槽温之间能快速达到平衡。而电解质中 CaF_2 等添加剂的含量变化很小，因此槽温可视为摩尔比的函数。他根据槽温与摩尔比的回归直线关系，用槽温测量值取代传统的摩尔比分析值来决定 AlF_3 添加量，见式 25-4：

$$A_I = A_0 + 5(T_I - T_t) + 2(T_I - T_{I-1}) \tag{25-4}$$

式中　A_I——当天 AlF_3 添加量；
　　　A_0——由槽龄确定的 AlF_3 基准添加量；
　　　T_I——当天槽温；
　　　T_{I-1}——前一天槽温；
　　　T_t——槽温目标值。

25.2.2　基于槽温变化速率回归方程及冷、热行程分析的控制法

　　M. J. Wilson 提出了另一种仅根据槽温计算 AlF_3 添加速率的摩尔比控制方法[5]。首先根据槽龄和使用的氧化铝的特点（含钠量、载氟量）确定 AlF_3 基准添加速率，然后根据槽温的变化趋势对 AlF_3 添加速率进行修正。当电解槽走向热行程时，采用由回归得到的槽温变化速度、回归得到的热行程的起始温度和温度控制的下限值之差来决定 AlF_3 添加速率的增加量；当电解槽走向冷行程时，采用由回归得到的槽温变化速度、回归得到的冷行程的预计最终温度和温度控制的上限值之差来决定 AlF_3 添加速率的减少量。最后还根据槽温与槽温目标值之间的差值来修正 AlF_3 添加速率以弥补电解槽在不同槽温条件下 AlF_3 挥发带来的损失。

25.2.3　基于摩尔比与槽温、平均槽电压及 AlF_3 添加速率之间的回归方程的控制法

　　P. M. Entner 等[6~9]根据电解槽在一段时期内的电解质温度测量值 T、过剩 AlF_3 浓度分析值

C、AlF$_3$ 添加速率值 F 和平均槽电压值 U，用线性回归方法得到槽状态方程式25-5：

$$T = a_0 + a_1 C + a_2 U \qquad (25\text{-}5)$$

和过程方程，见式25-6：

$$C = b_0 + b_1 F + b_2 T \qquad (25\text{-}6)$$

式25-5 中，C 和 U 为考虑了时间滞后的几天内的平均值，式25-6 中 F 和 T 为考虑了时间滞后的几天内的平均值。根据设定的目标槽温和过剩 AlF$_3$ 浓度，按式25-5 和式25-6 迭代计算最后一次取样分析过剩 AlF$_3$ 浓度和测量槽温之后的几天内最佳的 AlF$_3$ 添加速率和最佳的槽电压设定值。该回归模型的参数每隔一定时间重新计算以跟踪电解槽的当前状态和适应槽龄的逐渐变化。当回归模型的回归参数超出设定界限时，视为惰性（不灵敏）的槽状态，此时回归参数选用一套标准参数来计算 AlF$_3$ 添加速率和槽电压设定值。槽状态变化也可从电解质高度、铝液高度和出铝比（阳极下降量与出铝质量比）的变化中判断，用以调整 AlF$_3$ 添加速率和槽设定电压，以维持稳定的热平衡状态。

25.3　基于初晶温度（过热度）实测值的控制法（九区控制法）

德国 TRIMET 铝业公司试验了一种基于电解质初晶温度（过热度）和电解质温度测量值的摩尔比与设定电压的综合控制法，称为九区控制法[10]。根据初晶温度测定值和温度测定值的高、中、低，把控制区域划分为图25-2 所示的九个区域。其中位于中央的第五区是正常工作区。当电解槽位于该区以外的区域时，就需要调整电压或者 AlF$_3$ 添加速率，使电解槽向第五区回归。各区中的调整策略标识在图中，而具体调整量要根据试验确定。

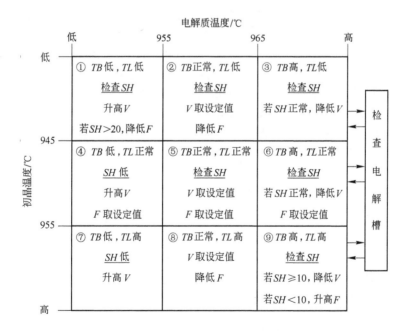

图 25-2　九区控制算法

TB—电解质温度；TL—初晶温度；SH—过热度；V—设定电压；F—AlF$_3$ 添加速率

从图25-2 中标识的控制策略可见，该控制方法主要依据电解质温度与目标值的偏差来调整设定电压，主要依据初晶温度与目标值的偏差调整 AlF$_3$ 添加速率，并且在某些区域中，过热度的大小是控制决策选择的依据，即据此确定是调整电压还是调整摩尔比。

据报道[10]，该控制方法有较好的效果。我国的一些铝厂也在试用这种控制方法（包括试用一种可同时测定电解质初晶温度和温度的过热度测定装置）。但该方法也存在下列局限性：

（1）需要使用专用的过热测定装置，且该装置需要使用一种一次性的测定探头，因此运行的成本较高。在所报道的试验中，该项控制每天实施一次，但初晶温度（过热度）每隔一天才检测一次，没有检测值时，使用初晶温度和过热度与槽电压等参数间的数学模型来计算，这肯定带来较大误差。

（2）没有考虑摩尔比以外的因素对摩尔比的影响，尤其是没有考虑氧化铝浓度对初晶温度的强烈影响。即使氧化铝浓度在±1%的正常范围内变化，引起的初晶温度变化也可达±5～6℃。而过热度测定装置并不能同时测定氧化铝浓度，因此无法修正该影响因素。该影响因素引起的误差与装置的测定误差叠加在一起，可能导致初晶温度的测定值不能真实地反映电解质摩尔比的实际高低，从而引起摩尔比控制失误。虽然通过增加测定频率和通过数据平滑处理（如使用最近的数次测定值的平均值）可以减小氧化铝浓度变化带来的偏差，但测定频率太高则增加测定成本，而测定频率太低则使平滑处理带来的数据滞后性太大。

（3）该控制方法依据电解质温度及过热度的测定值来调整设定电压的做法也过于片面。设定电压调整的其他重要依据（如电压针振与摆动情况）必须加以考虑。此外，槽温发生异常波动时，首先应该查找和消除引起槽温异常波动的其他原因，然后才是考虑设定电压的调整。

25.4 基于槽况综合分析的控制法

上述几类控制法所用控制模型或策略都较简单，模型的输入变量主要考虑了槽温和/或摩尔比的人工定期检测值，这一方面对人工检测的周期及测量精度有较高的要求，另一方面忽略了与摩尔比变化相关联的其他因素，且对摩尔比与其影响因素之间的非线性关系考虑不足。

要真正实现摩尔比的最优控制应该根据槽况（尤其是热平衡状态）综合分析结果来制定摩尔比的调节策略。而电解质温度（包括初晶温度与过热度）测定值虽然是反映电解槽热平衡状态的重要参数，但两者之间不能画等号，这不仅因为电解质温度的人工检测周期太长且可能存在较大误差，而且还因为电解质温度不能全面描述电解槽的热平衡状态。例如，不能单凭温度升高或降低做出冷行程或热行程的结论；如果两次测定电解质温度时，电解质中的氧化铝浓度相差2%，也可能引起电解质温度测定值相差10℃以上；设定电压过低引起热收入不够，或者铝液高度过高引起热支出过大，也会引起电解质温度变化，进而引起摩尔比变化。显然，在这些情况下正确的处理方式都不是直接调整摩尔比，而是应该调整影响热平衡的其他因素，如物料平衡、设定电压、出铝量等。

精细的摩尔比控制决策不仅应该考虑热平衡状态，还须考虑电解槽槽况的其他方面（如物料平衡、槽稳定性等），也就是说应该全面考虑槽况，例如，如果当前电阻波动严重，或者槽膛不好，或者槽底沉淀严重，也可能需要适当减小 AlF_3 添加速率。

此外，为实现精细的摩尔比控制，不仅要考虑当前槽况情况，而且要分析预测槽况的变化趋势，例如，出现热平衡向冷槽发展、槽电阻波动或槽底沉淀向变严重的方向发展等情况时，那么即使当前摩尔比较高，也不能按常规增大 AlF_3 添加速率。

基于以上的考虑，我们在开发槽况综合诊断与决策系统时，把 AlF_3 添加速率这一参数作为需要通过决策来取值的参数之一[11,12]。换言之，我们将摩尔比控制融入槽况诊断与决策之中。这样就能避免使用单一的 AlF_3 添加控制模型"考虑不周"或"顾此失彼"的问题。以我们曾开发的一个简单的槽况诊断与决策系统为例。

（1）系统采用如下输入变量作为槽况诊断的判据：1）电解质温度；2）铝液高度；3）电解质高度；4）24h 针摆（包括针振和摆动）的累计时间；5）阳极上升、阳极下降平均电阻率；6）摩尔比。

（2）以 24h 为周期，进行槽况诊断，诊断结论中描述当前槽况最符合下列几种类型中的哪一种（或哪两种）：1）炉膛不好；2）炉底不好；3）冷槽；4）热槽；5）假热槽（过热度低）；6）理想槽况；7）不理想槽况。并用 [0，1] 之间的取值描述结论的可信程度（若为病槽，也代表病槽的严重程度）。

（3）最后，系统根据输入变量及诊断结论，做出控制决策，即确定下列三个输出变量的取值：1）设定电压；2）AlF₃ 添加速率；3）出铝量。其中，对 AlF₃ 添加速率的决策原则是：如果为"炉膛不好"、或"炉底不好"、或"冷槽"、或"针摆严重"、或者有向这些病槽发展的趋势，则下个周期（24h）中需减小 AlF₃ 添加量；如果为"热槽"或有向"热槽"发展趋势，则下个周期中需增大 AlF₃ 添加速率。

上述的槽况诊断与决策系统安装在上位机中，因此上位机将 AlF₃ 基准添加速率决策值发送到槽控机，槽控机在具体执行时，还会根据当前槽况与槽上作业（如阳极效应发生、人工操作工序的进行等）进行 AlF₃ 添加速率的二次调整。

关于槽况诊断与决策系统的更多的内容，请参见第 27 章。

25.5　改进摩尔比控制效果的措施

要获得理想的摩尔比控制效果，第一要选用先进的控制模型与算法；第二要尽力保障控制模型与算法所需的输入参数准确可靠，因此要十分重视人工定期检测摩尔比和槽温；第三要确保 AlF₃ 下料系统计量准确，运行可靠；第四要加强人工管理，严格遵守作业标准，确保相关技术条件保持正确且稳定，尽量减少病槽发生，确保人机和谐配合，能正确地设置相关的人工设定参数（如 AlF₃ 基准下料速率），并正确地实施人工辅助调节。

从人工维护的角度考虑，尽可能保持电解槽运行稳定和防止病槽发生对于获得理想的摩尔比控制效果是十分重要的。在槽况维护中，保持电解槽的热平衡又是最重要的，因为热平衡的波动与摩尔比的变化最容易陷入恶性循环。尤其是采用低摩尔比操作后，熔融电解质组成（强酸性）与凝固的电解质组成（接近中性）差别大，因此摩尔比与热平衡的相互影响与相互作用要比高摩尔比状态下强烈得多；低摩尔比状态下的调整摩尔比操作会引起摩尔比和热平衡出现较长时间和较大幅度的"惯性"变化过程。

对于槽况不稳定、摩尔比偏离正常范围较大的电解槽，常常施以人工辅助调节。在进行人工辅助添加时或者人工调整 AlF₃ 基准添加速率时，要密切注视摩尔比和热平衡的变化，要用系统的和动态的观点，找准引起摩尔比变化的原因和趋势，不能只看每一静态值或单靠调整 AlF₃ 的添加量来调整摩尔比。由于摩尔比的调整会引起摩尔比和热平衡出现较长时间，和较大幅度的"惯性"变化过程，因此人工调整时，每调整一次摩尔比便要等待电解槽进入一个相对较平稳的过程，然后再考虑下一次调整。如果两次下调摩尔比的操作没有拉开足够的时间间隔，那么这两次操作对槽温和摩尔比的影响便会叠加在一起，电解槽的热平衡便会发生震荡。

参 考 文 献

1　Salt D J. Bath chemistry control system. Light Metals 1990, Warrendale, PA: TMS, 1990: 299 ~ 304

2　Madsen D J, Temperature measurement and control in reduction cells. Light Metals 1992, Warrendale, PA:

TMS, 1992: 453~456

3　Campo J J del, Sancho J P. Low bath ratio operation in side breaking V. S. S. pots. Aluminium. 1994, 70 (9~10): 587~589

4　Desclaux P. AlF$_3$ additions based on bath temperature measurements. Light Metals 1987, Warrendale, PA: TMS, 1987: 309~313

5　Wilson M J. Practical considerations used in the development of a method for calculating aluminium fluoride additions based on cell temperature. Light Metals 1992, Warrendale, PA: TMS, 1992: 375~378

6　Entner P M, Gudmundsson G A. Further development of the temperature model. Light Metals 1996, Warrendale, PA: TMS, 1996: 445~449

7　Entner P M. Control of AlF$_3$ concentration. Light Metals 1992. Warrendale, PA: TMS, 1992: 369~374

8　Entner P M. Further development of the AlF$_3$-model. Light Metals 1993, Warrendale, PA: TMS, 1993: 265~268

9　Entner P M. Control of bath temperature. Light Metals 1995, Warrendale, PA: TMS, 1995: 227~230

10　Rieck T, Iffert M, White P et al. Increased current efficiency and reduced energy consumption at the TRIMET smelter essen using 9 box matrix. Light Metals 2003, Warrendale, PA: TMS 2003: 449~456

11　李民军. 大型预焙铝电解槽模糊专家控制器及新颖热平衡控制模型的研究: [博士学位论文]. 长沙: 中南工业大学, 1999

12　周诗国. 预焙铝电解槽热平衡诊断专家系统的研究: [学位论文] 长沙: 中南大学, 2001

26 铝电解控制系统的生产报表

报表作为铝电解生产管理的重要一环，一直受到生产管理者的高度关注。从广义上来说这是个很大的话题，但总的来讲铝电解生产报表分为两个层次：（1）电解管理报表，主要指调度报表、成本核算报表、设备管理报表、计划报表等纯管理型报表；（2）电解生产报表，主要指各工区和生产厂长生产管理所需的报表，而且这部分主要由铝电解控制系统提供，比如系列班组报表、系列日报表、系列统计报表等。鉴于第一类报表是管理型报表，每个生产厂家的管理思想不一样，会有不同的表现形式，在此不做具体的阐述，但对于基于控制系统的生产报表，格式与主要内容是类似的，因此本章以我们开发的铝电解控制系统的生产报表为例进行讨论。

26.1 报表系统的结构设计

为了最大限度满足用户组态的需要及保持接口机（上位机中用于与槽控机直接交换数据的工控微机）的系统数据结构稳定，目前报表系统一般设计成多层结构（如图 26-1 所示）。第一层是原始数据库层，根据铝电解生产的特点和时间间隔尺度分为 10s 解析记录数据库（鉴于数据量比较大，一般放在一个单独的目录结构下，比如 …\Data\）、小时报表数据库（hourreport. mdb）、效应报表数据库（effectreport. mdb）、日报表数据库（dayreport. mdb）、工艺报表数据库（GY. mdb）、故障报表数据库（GuZhang. mdb）、恢复报表数据库（HuiFu. mdb，是下位机参数的上位机备份数据库）、管理信息数据库（XinXiW. mdb，是上位机操作员参数修改记录数据库），这些数据库是接口机系统的核心，一般设计好后，不会有大的变动，如果要做字段修改，必须由开发商来完成，否则会影响接口机系统的稳定性。第二层是中间数据库层（Bbreport. mdb）组成，它是一个组态数据库，平时里面的数据表是空的，只在打印报表时才有数据。第三层是面向用户的报表输出层，它由各种报表格式文件组成，最主要的有系列班组报表（bbb. rpt）、系列日报表（bbd. rpt）、系列效应报表（efv. rpt）、系列统计报表（tj. rpt），报表格式文件由报表编辑器完成与中间数据库的捆绑链接。

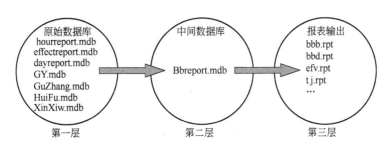

图 26-1 报表系统软件模块结构

报表系统的工作原理是：当用户需要打印报表时，报表输出程序按中间数据库表结构设定的数据字段从原始数据库中提取信息，然后生成中间数据库中相应的表记录，而中间数据库中的表记录跟相应的报表格式文件是捆绑在一起的，因此生成的报表数据能按用户组态要求输出。以系列日报表为例，当打印日报表时，中间数据库（Bbreport.mdb）中的日报中间表（bbdTable）记录由原始数据库 dayreport.mdb、effectreport.mdb、GY.mdb 组合形成，这个工作由报表程序自动完成，而 bbdTable 与日报格式文件 bbd.rpt 是捆绑的，bbdTable 中有数据就能生成相应的日报表，开发商只要在 bbdTable 中提供足够的字段，就能满足用户的组态需求，当用户有特别的需求时只要修改 bbdTable 表字段和报表程序就能达到目的，不用改动原始数据库。这样既保证了接口机数据存储部分的稳定性，又能满足用户不断变化的需求。

报表编辑器是用户修改报表格式的编辑工具，目前国际上著名的商业化产品有 CrystalReport 及 Microsoft Excel。CrystalReport 是专业化的报表编辑器，功能非常强大，用户非常容易上手，低版本（4.6以下）产品作为 VisualStudio 捆绑件一起发售，其用户操作界面如图 26-2 所示。Excel 作为通用电子表格处理工具，同样具有报表编辑功能，而且具有很大的用户群，但用户需要学习的东西比较多，其用户操作界面如图 26-3 所示。我们在以下的报表格式讨论中，采用 CrystalReport 报表编辑工具。

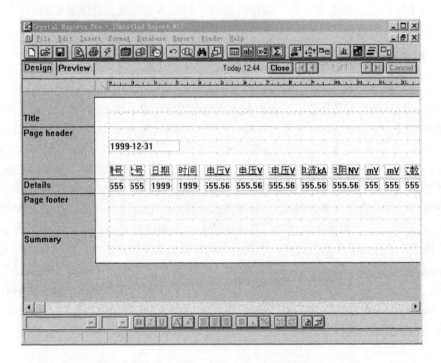

图 26-2　CrystalReport 报表编辑器

26.2　生产报表的主要类型与内容

26.2.1　解析记录报表

槽控机实时解析槽况的数据可编制成解析记录报表，报表字段的主要内容有系列电流、电压、电阻、（低通）滤波电阻、平滑电阻（低通滤波程度高于"滤波电阻"）、实际下料间隔、针振、摆动、斜率、累计斜率及效应距今等。这些解析数据反映当前电解槽的运行情况，是生产一线人员分析电解槽变化趋势的重要信息。一般槽控机以 1s 或 2s 发送一次的频率向上位机发送这些解析数据，上位机一方面用于信息的实时显示（如动态曲线与表格）；另一方面以一定的时间间隔来保存这些解析数据作为历史记录。鉴于数据量比较大，而且电解槽槽况变化相

青海分公司第三电解厂电解槽生产日期报表

（五车间 ）

平均系列电流：210.13kA　　平均系列电压：553.2V

报表时间：2006/2/27

槽号	槽状态	槽龄	电压(v)			效应情况							加料情况					电压针振(mv)	电压摆动(mv)	总功耗(kwh)	原铝质量			出铝量(kg)	累计铝量(kg)
			设定电压	工作电压	平均电压	次数	持续时间(m)	峰压(v)	料等待时间	闪烁次数	功耗(kWh)	AEW间隔(h)	总量(kg)	总次数	欠量次数	过量次数	设定NB间隔(s)				Fe含量(%)	Si含量(%)	品位(%)		
5756	联机	1344	4.123	4.119	4.119							300	2,699	818	291	428	107	7	2	20,769					
5757	联机	1324	4.123	4.121	4.121							300	2,663	807	269	419	105	13	5	20,786					
5758	联机	1347	4.123	4.124	4.124							300	3,234	980	224	650	102	11	4	20,838					
5759	联机	1349	4.123	4.115	4.115							300	2,660	806	351	323	104	12	5	20,748					
5760	联机	1351	4.123	4.126	4.215	1	4	42.5	55		427	300	2,828	857	246	503	102	8	2	21,257					
5761	联机	1328	4.13	4.13	4.13							300	3,039	921	252	516	102	19	9	20,829					
5762	联机	1349	4.123	4.134	4.134							300	2,732	828	278	411	106	10	4	20,849					
5763	联机	1353	4.123	4.13	4.13							300	3,155	956	237	561	106	7	2	20,827					
5764	联机	1344	4.13	4.12	4.12							300	3,132	949	210	626	107	8	3	20,777					
5765	联机	1353	4.123	4.103	4.103							300	2,818	854	260	515	104	8	1	20,691					
5766	联机	1347	4.133	4.133	4.133							300	2,911	882	215	576	105	10	5	20,838					
5767	联机	1357	4.123	4.121	4.121							300	3,016	914	293	458	102	9	3	20,781					
5768	联机	1351	4.14	4.137	4.137							300	2,581	782	255	414	112	25	8	20,866					
5769	联机	1322	4.123	4.142	4.142							300	3,231	979	265	499	108	14	12	20,889					
5770	联机	1485	4.12	4.13	4.13							300	2,871	870	233	520	107	8	4	20,827					
5771	联机	1491	4.12	4.131	4.131							300	2,851	864	204	471	109	14	8	20,834					

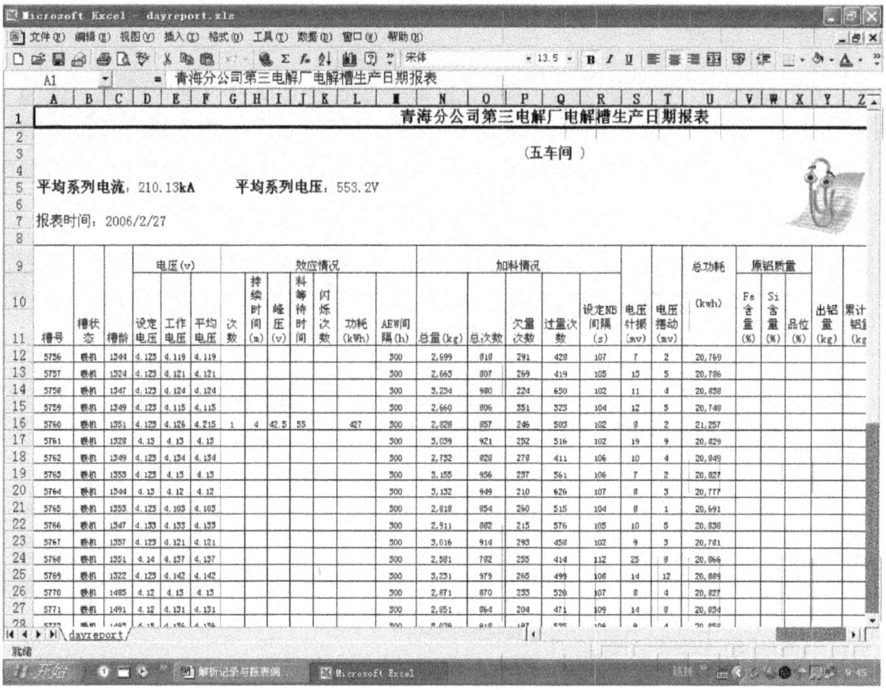

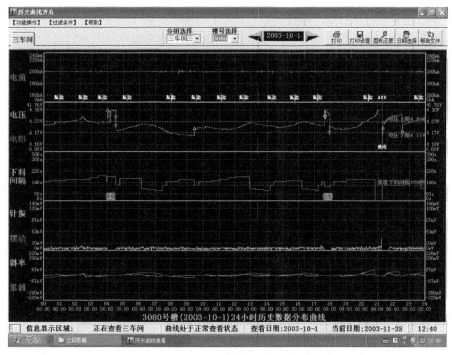

图 26-3　Microsoft Excel 具有报表编辑功能

对来说是一个缓变过程，目前解析历史记录的最短间隔一般为 10s。以报表的形式来输出这些大信息量的解析历史数据不是很直观，现在都以历史曲线的方式来代替解析记录的输出，图形显示直接明了，特别对趋势的分析更是事半功倍。具体界面如图 26-4 所示。

图 26-4　解析历史记录的曲线显示（实例）

26.2.2 单槽生产报表

单槽生产报表是以电解系列中的一台槽为单位编制出的报表，这种报表主要为机房管理及生产特殊需要而设计，主要有单槽小时报表、单槽故障报表、单槽参数修改报表等。这些报表一般不参与全厂生产管理，只作为临时数据查看使用。其中单槽小时报表格式如表26-1所示。

表 26-1 单槽小时报表格式

槽号：

时间	电流 /kA	设定电压 /V	平均电压 /V	电阻 /mV	针振 /mV	摆动 /mV	功耗 /kW·h	下料次数	下料量 /kg	效应距今	出铝距今	换极距今	加工距今

26.2.3 系列生产报表

电解生产一般以系列报表的形式来进行生产管理，主要有系列班组报表、系列日报表、系列效应报表、系列状态报表、系列统计报表、系列故障报表及系列小时报表等，其中系列班组报表、系列日报表、系列效应报表及系列统计报表合称为电解"四大报表"，是每个电解厂生产管理的必备报表，下面将着重介绍这四种报表。

26.2.3.1 系列班组报表

电解生产一般以班为单位进行管理，有"三班倒"及"四班倒"两种形式，为了考察每个班的生产情况，需要编制一份以班为单位的管理报表。系列班组报表是为了满足这种生产需求而设计的，其字段反映的信息主要包括电压变化情况（设定电压、平均电压及工作电压）、效应情况（效应个数、效应持续、效应峰压及效应功耗等）、下料情况（下料量、下料次数、欠量下料次数及过量下料次数）、功耗情况（总功耗）、槽稳定性情况（异常电压持续时间、针摆持续时间）、特殊作业情况（功能键次数、功能键时间）、手动操作情况（手动时间、手动阳升次数、手动阳降次数、手动下料次数及手动大下料次数）、计算机阳极调整情况（自动RC次数）及基准设置情况（基准下料间隔、基准效应等待间隔）。这个报表侧重于电解生产的一线管理，对操作工的操作情况考察得比较仔细，主要由电解工区来使用。具体报表格式如表26-2所示。

表 26-2 系列班组报表格式

平均系列电流： kA 平均系列电压： V

槽号	电解槽状态	电压情况			效应情况					下料情况		
		设定电压	工作电压	平均电压	效应次数	效应持续	效应峰压	效应总耗	效应等待持续时间	下料量 /kg	欠量下料	过量下料

槽号	电解槽状态	异常电压		电压摆		自动RC次数	槽控机手动操作情况					功能键次数	功能键时间	标准下料间隔	效应等待间隔
		持续时间	当期异常	持续时间	当期摆动		手动时间	阳升次数	阳降次数	下料次数	大下料次数	大下料时刻				

26.2.3.2　系列日报表

系列日报表是电解厂管理层对生产情况以天为单位进行综合考察的依据，对这个报表的设计都比较讲究，考察的内容有一天内电压变化情况（设定电压、平均电压及工作电压）、效应情况（效应个数、效应持续时间、效应峰压及效应功耗等）、下料情况（下料量、下料次数、欠量下料次数及过量下料次数）、功耗情况（总功耗）、槽稳定性情况（异常电压持续时间、针摆持续时间）、基准设置情况（基准下料间隔、基准效应等待间隔）及工艺数据情况（摩尔比、槽温、两水平、Fe 含量、Si 含量、原铝质量、吸出铝量及氟化铝量）。这个报表侧重于全方位考察电解车间一天内槽况的变化趋势，是管理层的必备报表。

26.2.3.3　系列效应报表

系列效应报表是电解车间考察效应发生情况的专用报表，而且其格式也相对固定，以最近五次效应的特征数据（效应起始日期、效应起始时间、效应持续时间、效应峰压、效应均压、效应功耗、效应状态及效应等待时间）为依据进行编制，主要由电解工区来使用。

26.2.3.4　系列统计报表

系列统计报表是管理层考察电解车间一段时间内（一般以月为单位）电解生产整体运行情况的报表，主要考察内容有电流变化情况、电压变化情况（设定电压、平均电压及工作电压）、效应情况（效应个数、效应持续时间、效应峰压、效应等待时间、效应功耗及效应系数）、下料情况（下料量、下料次数、欠量下料次数及过量下料次数）、功耗情况（总功耗）、槽稳定性情况（异常电压持续时间、针摆持续时间）、工艺数据情况（摩尔比、槽温、两水平、吸出铝量及氟化铝量）。这个报表在工艺数据类型及时间段的选择上，每个厂略有不同，为了满足时间段选择的差异性，报表程序设计成用户从指定起点到指定终点的办法来解决。

26.2.3.5　系列状态报表

系列状态报表以随机的方式输出电解槽当前运行状态的主要信息，包括当前通信状态、槽状态、自动 AEB（AE 加工）状态、自动 NB（下料）状态、自动 RC（正常电阻控制）状态、操作状态、故障状态、设定电压、工作电压、加料状态、设定 NB 间隔、实际 NB 间隔、最近 AEB 时刻、最近 AE 时间、最近 NB 时刻、最近 RC 时刻、最近出铝时刻、最近换极时刻、最近加工时刻、最近抬母线时刻。这个报表侧重当前电解槽的各种作业状态，主要由电解工区来使用，鉴于目前大型预焙铝电解厂车间信息化建设都已完成，车间能通过网络实时观察到电解槽的各种信息，系列状态报表的作用已越来越淡化。具体报表格式如表 26-3 所示。

表 26-3　系列状态报表格式

槽号	通信状态	槽控机状态	槽状态	自动 AEB	自动 NB	自动 RC	当前操作	故障	设定电压	工作电压

槽号	加料状态	设定 NB 间隔	实际 NB 间隔	AE 时刻	AE 时间	NB 时刻	RC 时刻	出铝时刻	换极时刻	边加工时刻	抬母线时刻

26.2.4   系列分析报表

为了进一步提高电解生产的工艺技术指标，需要生产现场工艺人员对电解槽进行更精细的管理，需要对电解生产中出现的问题进行更深入的分析和探讨，特别是大型预焙铝电解槽效应系数的控制是重中之重，它既对电流效率有影响，又直接与电耗指标的完成有重要关系，同时效应处理质量的好坏对槽况也有直接影响，因此电解工艺人员对效应系数非常"敏感"，特别是目前超大型（300kA 以上）预焙铝电解槽的管理，低效应系数是非常重要的考核指标。传统系列效应报表大都通过最近五次效应的日期、时间、持续、功耗、峰压、均压这几个数据来判断效应受控情况，这种考察方法过于简单，最重要的一点是它没有跟下料控制的信息结合起来，不能真正反映效应发生的深层次原因，不能指导工艺技术人员对下料控制策略进行相应的调整（通过调整相关控制参数）。为此，我们设计了一种新型的效应分析报表。

报表中的项目大致可分为 6 类。

（1）本次及最近一次效应特征数据。主要有：效应起始日期、效应起始时间、效应持续、效应功耗、效应峰压、效应均压及效应等待时间。

（2）效应发生时状态。包括如下两方面参数：

1）反映效应发生时电解槽下料状态转换的基本情况，如：正/欠，正/过，欠/正，欠/过，过/正，过/欠，停/…，…/停（其中停/…表示从停料状态转换到其他任意下料态；…/停表示从其他下料态转换到停料状态）。

2）效应发生前的下料状态转换时刻距效应发生时刻的时间，即效应发生前的下料状态持续时间（若效应发生前是"大过量"状态，则本项目实际上是效应预报时间）。

（3）效应发生前 8h 内的物料平衡状态。由于铝电解生产是一个滞后性很强的电化学反应系统，对突发效应的抑制只考察效应发生时的状态是不够的，为此我们设计了本项目来反映效应发生前的大体物料平衡状态，具体来说有如下 3 个参数：

1）欠量百分比。效应前 8h 内欠量下料时间所占比例。

2）正常百分比。效应前 8h 内正常下料时间所占比例。

3）过量百分比。效应前 8h 内过量下料时间所占比例。

如果两次效应间的间隔时间不到 8h，以实际间隔时间来计算。本项目的设计为考察效应发生前的物料平衡状态提供了可靠的依据，是判断由于浓度变化引起效应的基准。特别值得一提的是本项目为下料器故障的报警提供了依据。

（4）效应周期内各种状态的时间统计。本项目主要对两次效应间人工干预的情况进行定量的分析，包括如下参数：

1）自控时间。指两次效应间计算机自动控制下料的时间。

2）效应等待时间。指两次效应间计算机进入效应等待阶段的持续停料时间（该参数适用于"设效应等待"的下料控制模式）。

3）停料时间。指两次效应间人工干预所造成的停料时间。

（5）效应预报情况的统计。本项目主要考察计算机对当前发生的效应进行预报的情况，主要参数有：

1）效应预报次数。指两次效应间计算机自动进行的效应预报次数。

2）效应预报距效应时间。效应发生时最近一次效应预报距效应发生的时间。

（6）效应分析结果。效应分析结果包括月效应受控率和结论两项。其中月效应受控率是效应控制情况的定量判据，结论部分主要输出基于 8h 下料平衡态的下料器故障报警及电解槽热平衡的简易诊断结果。

根据引起效应发生的主要原因（氧化铝浓度过低或槽温过低），将效应分为"浓度效应"和"温度效应"两种。上述报表格式的设计对"浓度效应"的判断给出了重要依据，但对于"温度效应"没有足够的信息，这需要专用的槽热平衡状态专家诊断系统配合及电解工艺技术人员的参与。

26.3　铝电解生产报表形态的发展方向

随着计算机网络技术的飞速发展，工业监控系统由传统的单机形式监控向局域网络甚至互联网监控方向发展[1~6]，基于资源共享的工业网络监控系统是今后企业信息化建设的重要组成部分，其中网络体系结构处于核心地位，合理选择网络体系结构对监控系统软件开发工作量、系统运行效率、运行速度以及稳定性和可维护性都有至关重要的作用，目前流行的网络体系结构主要有两种：客户/服务器（C/S）模式和浏览器/服务器（B/S）模式。

传统的 C/S 模式架构由客户端、应用服务器和数据库服务器 3 层组成。客户程序仅仅处理与用户的交互，把用户的请求提交给应用服务器，并把结果返回给用户。应用服务器负责处理应用逻辑，即接收客户请求，根据应用逻辑处理结果转化为数据库请求与数据库服务器交互，并将交互的结果传送给客户应用程序。数据库服务器根据应用服务器的发送请求实施数据库操作，并将操作的结果传送给应用服务器。

B/S 模式也是一种 3 层结构的网络架构形式，即由形式逻辑层、应用逻辑层和数据层 3 部分组成，是传统 C/S 模式的发展，其中形式逻辑层即为客户机上的 Web 浏览器；应用逻辑层为 Web 服务器，完成逻辑处理；数据层则为各数据库服务器。在这种模型下，客户端与 Web 服务器相连，Web 服务器再与数据库服务器相连。通过浏览器发送请求到 Web 服务器，再由 Web 服务器通过 ASP（active server page）动态服务网页等与数据库服务器交互，Web 服务器负责将处理结果转为 HTML 格式，最后再反馈给用户。

这种 Browser/Web Server/Database Server 三层次的网络结构具有传统多层客户/服务器结构和 Web 技术的优势，是当前网络体系结构的主流和最佳模式[7~11]，为企业实现网络监控提供了一个简洁安全的解决方案。该结构具有如下优点：

（1）客户端采用统一的浏览器界面，适用于不同操作系统，用户根据不同的需求，下载不同的网页，容易维护和培训。

（2）客户交互界面与应用逻辑分开，提高了系统的可伸缩性，同时由于共享了应用逻辑，添加新的应用时，仅仅修改应用逻辑即可，减低了系统的维护工作量。

（3）浏览器中运行的应用程序和应用服务器之间只传送请求信息和响应信息，通过网络传送的信息量小。

综上所述，随着大型预焙铝电解厂信息化建设的不断深入，基于 Internet 和 B/S 模式的报表输出系统是今后铝厂管理系统的发展趋势，这方面我们进行了有益的尝试，在中铝公司青海分公司电解网络建设过程中，我们实现了基于 B/S 模式的客户端电解信息浏览系统，其中电解生产"四大报表"采用 ASP 技术完成了报表信息的浏览器组装。这种架构方式在报表系统维护、远程报表管理及与管理信息系统的集成上比传统 C/S 模式具有更大的优势，代表今后的发展方向，基于浏览器方式的 ASP 系列日期报表如图 26-5 所示。

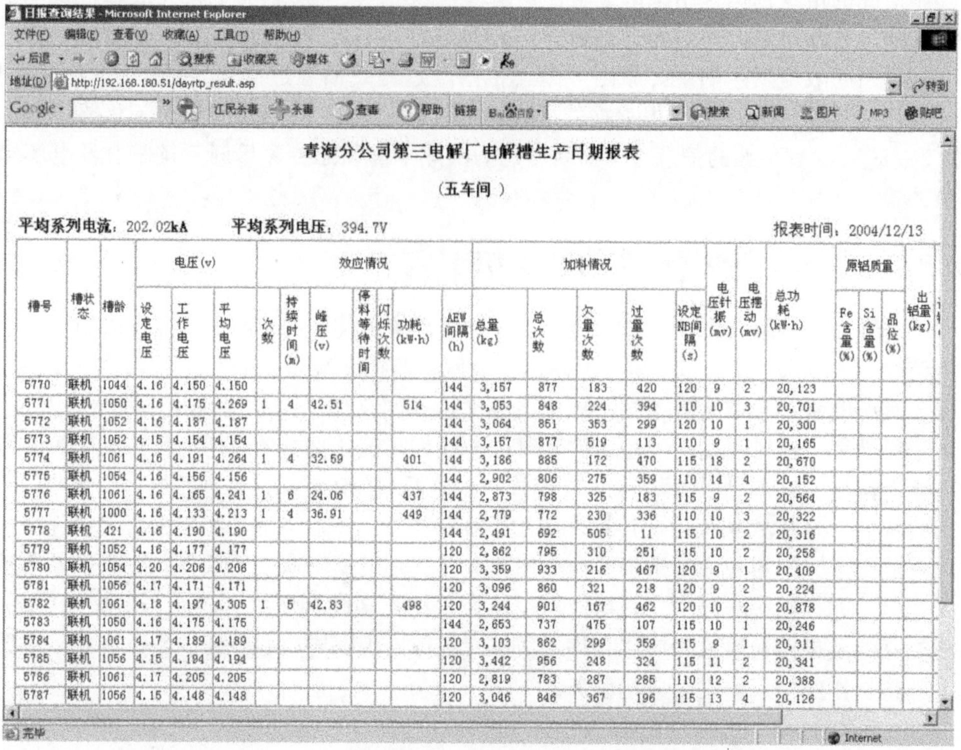

青海分公司第三电解厂电解槽生产日期报表

（五车间）

平均系列电流：202.02kA　　平均系列电压：394.7V　　　　　　　　　报表时间：2004/12/13

槽号	槽状态	槽龄	电压(v) 设定电压	工作电压	平均电压	效应情况 次数	持续时间(m)	峰压(v)	停料等待时间	闪烁次数	功耗(kW·h)	AEW间隔(h)	加料情况 总量(kg)	总次数	欠量次数	过量次数	设定NB间隔(s)	电压计振(mv)	电压摆动(mv)	总功耗(kW·h)	原铝质量 Fe含量(%)	Si含量(%)	品位(%)	出铝量(kg)
5770	联机	1044	4.16	4.150	4.150							144	3,157	877	183	420	120	9	2	20,123				
5771	联机	1050	4.16	4.175	4.269	1	4	42.51			514	144	3,053	848	224	394	110	10	3	20,701				
5772	联机	1052	4.16	4.187	4.187							144	3,064	851	353	299	120	10	1	20,300				
5773	联机	1052	4.15	4.154	4.154							144	3,157	787	519	113	110	9	4	20,165				
5774	联机	1061	4.16	4.191	4.264	1	4	32.59			401	144	3,186	885	172	470	115	18	2	20,670				
5775	联机	1054	4.16	4.156	4.156							144	2,902	806	275	359	110	14	4	20,152				
5776	联机	1054	4.16	4.165	4.241	1	6	24.06			437	144	2,873	798	325	183	115	9	2	20,564				
5777	联机	1000	4.16	4.133	4.213	1	4	36.91			449	144	2,779	772	230	336	110	10	3	20,322				
5778	联机	421	4.16	4.190	4.190							144	2,491	692	505	11	115	10	2	20,316				
5779	联机	1052	4.16	4.177	4.177							144	2,862	795	310	251	115	10	2	20,258				
5780	联机	1054	4.20	4.206	4.206							120	3,359	933	216	467	120	9	1	20,409				
5781	联机	1056	4.17	4.171	4.171							120	3,096	860	321	218	120	9	2	20,224				
5782	联机	1050	4.18	4.197	4.305	1	5	42.83			498	120	3,244	901	167	462	120	10	2	20,878				
5783	联机	1061	4.16	4.175	4.175							144	2,653	737	475	107	115	10	1	20,246				
5784	联机	1061	4.17	4.189	4.189							120	3,103	862	299	359	115	9	2	20,311				
5785	联机	1061	4.16	4.194	4.194							120	3,442	956	248	324	115	11	2	20,341				
5786	联机	1061	4.17	4.205	4.205							120	2,819	783	287	285	110	12	2	20,388				
5787	联机	1056	4.15	4.148	4.148							120	3,046	846	367	196	115	13	4	20,126				

图 26-5　基于浏览器方式的 ASP 系列日期报表

参 考 文 献

1　缪晓波，文代刚，等．基于 TCP/IP 协议的网络化智能传感器技术研究．测控技术，1999，(9)：30，31

2　李嘉，杨佃福．引入以太网技术是现场总线技术发展的一个必然趋势．自动化仪表，2001，(5)：1~5

3　彭可，陈际达，等．控制系统网络化及控制系统与信息网络集成技术．信息与控制，2002，(5)：441~445

4　Ali Iraqi, Morawski, Andrzej Barwicz, et al. Distributed data processing in a telemetric system for monitoring civil engineering constructions. IEEE Trans. Instrum. Meas. , 1999, 48 (3) : 773 ~777

5　成功，杨佃福，等．以太网技术在现场总线中的应用和前景．计算机工程，2001，(12)：1~3

6　魏庆福．当前工业控制机技术的几个热点问题．工业控制计算机，2002，(11)：1~4

7　余海晨，仲崇权．基于 Internet 的控制系统远程监控方案及实例．计算机自动测量与控制，2001，9 (5)：14~16

8　黄美莹，郑纬民，等．基于 B/S 模式和 JSP 技术的网络流量动态监控系统．计算机工程与应用，2002，(1)：144~146

9　李国富，聂刚，等．基于 B/S 模式的远程串行通讯系统的应用研究．机床与液压，2003，(5)：39~41

10　李军，王勇．基于 B/S 模式的广域网多媒体监控系统的设计与实现．四川大学学报（自然科学版），2004，41 (3)：555~559

11　董智勇．基于 Internet 的分布式可控监测技术的研究．计算机引用研究，2004，(4)：43~44

27 槽况综合分析

　　现代计算机控制系统虽然具有一定的槽况分析功能，但主要是直接控制级（槽控机）中的一些较简单的异常槽况实时判断功能（如电阻波动、效应发生与效应预报等），开发和完善能够对槽况（包括热平衡、物料平衡、阴阳两极的工作状态等）及其变化趋势进行全面解析，并在病槽出现时能正确进行诊断的槽况综合分析模型与算法是当前国际上铝电解槽自控模型研究的重点之一。此外，对槽况综合分析的要求已经从过去的单槽分析发展到多槽分析，即把一个区域（大组、工段、车间乃至全系列）的电解槽作为一个整体来进行综合分析。

　　由于电解槽是一个复杂的多变量体系，因此对其运行状态需要用多种参数来综合描述。早在二十几年前，人们试图建立规模庞大的模型来描述这个受控过程，但因过于复杂，在当时的技术条件下难以实现，所以模型被分为两类，一类为静态分布参数模型，该类模型逐渐构成现代"物理场"解析理论基础并主要用于电解槽设计；另一类则是用于过程控制的动态集总参数模型。其中动态集总参数模型的建立一直遵循着减少变数的思想，即尽管电解槽技术条件（状态参数）很多，但通过创造一个次要因素不变或少变的环境，用调整一两个可变参数达到支配过程整体状态的目的，由此发展起来的以槽电阻解析、槽电阻控制（极距调节）以及下料控制为基础的简单模型获得了巨大成功。

　　但是，这种控制模型的功能是有局限性的。首先，它只能在电解槽状态基本正常时，有效地实施控制；其次，它不能对电解槽的运行状况及其发展趋势作出综合的评判。尽管本书已介绍的各种基于槽电阻解析的监控模型通过对槽电阻的解析可以获得槽况是否稳定以及 Al_2O_3 浓度是否正常的实时信息，但这些信息只能片面、零散地反映铝电解槽短期内的运行状态，而对电解槽运行状态趋势的评判需要来自于对足够长时间内的测定记录的统计分析，而目前从计算机报表分析到全系列槽或某一特定槽的状态趋势评判，再到状态参数（或技术条件）的调整（或优化），均由现场各级管理者（分工）进行。现行控制系统对受控参数的调节是以人工设定值为目标的，一旦电解槽出现病态，便被完全置于操作管理者的手动控制之中。尽管每一个工厂都有一套作业标准供操作管理者在进行参数调整、病槽处理时遵循，但在大多数情况下，操作管理者的个人经验和知识起着决定性的作用。由此可见，控制系统实施控制的整体效果在很大程度上受到操作管理者水平的影响，这就导致即使在同一工厂的同一生产系列中，不同的区域、不同的槽也会出现差异明显的控制效果。因此可以设想，如果让计算机具备包括病槽诊断在内的槽况综合分析能力和自动进行过程状态参数优化的能力，更进一步地，如果让计算机掌握大多数操作管理专家中的最好知识，那么就可以使全系列各槽的操作管理水平向最佳水平"看齐"，使控制效果向最佳效果"逼近"，真正实现生产过程的最优控制。

　　为达到这些目标，当今的研究者正朝着三个方面努力。（1）开发新的传感器，增加系统的在线采集信号；（2）借助于现代控制理论和新兴的计算技术，建立起既包含动态集总参数模型又包含静态分布参数模型的多参数过程动态模型；（3）应用新兴的数据处理与信息处理技术（如数据挖掘技术、人工神经网络技术、专家系统技术等），对可获取的数据（信息）进行深加工，例如进行趋势分析、离散度分析、波动分析、偏移分析、影响因素分析、槽况分类分析等，为控制系统和管理人员的控制决策（包括参数优化）提供依据，并将操作管理者专家的分析和调整槽况的知识和经验转化为计算机（专家系统）知识库中的可供全体操作管理者共享，且可不断修改和扩充的知识模型。

27.1 槽况综合分析信息的获取

27.1.1 数据获取方式

要使计算机控制系统具有槽况综合分析的功能，首先必须使其获取足够多的相关数据（信息）。从原始数据的来源来看，数据获取可分为控制系统自动获取（如控制系统在线检测数据及控制过程中产生的数据）和人工离线检测两类。人工离线检测数据是槽况综合分析的重要数据来源。对于变化较缓慢的参数，如电解质摩尔比、各种添加剂含量等，用于人工检测或者人工取样进行离线分析，将结果输入计算机，通常就可以满足计算机控制电解质成分及其他慢时变参数的要求。慢时变参数的变化趋势能反映槽况的变化趋势，因此各种人工离线检测数据，如摩尔比、电解质高度与铝液高度、电解质温度、金属铝的杂质含量等均可以引入计算机的中、长期槽况解析模型中。但为达到这种目的，人工检测应该规范化。

在第 21 章中已指出，为了使控制系统获得尽可能多的数据（信息）用于槽况分析，可以有两种方式来增加控制系统自动获取的数据（信息）：一种是增加参数的自动检测项，即开发新的传感器，增加在线信号以及人工检测的数据（详见第 14 章）；另一种是对可测数据（参数）进行"深加工"，即通过综合应用系统辨识与参数估计技术[1]、数理统计与数据挖掘技术[2]、铝电解槽物理场的计算机动态仿真技术[3]、人工神经网络及模糊专家系统等智能技术[4,5]，实现对不可测参数的"估计"。"深加工"技术又被称为"软测量"技术，由于铝电解在经济实用的传感器方面尚无突破，因此软测量技术是增加槽况综合分析信息量的重要方法。

对可测数据进行"深加工"的方法与技术主要有下列几点：

（1）利用数学统计或数据挖掘方法，对工艺参数的统计特性进行深入计算。例如，下料控制中统计计算的物料衡算偏差能反映电解槽的物料平衡。对各类重要的工艺参数（工作电压、摩尔比测定值、氧化铝浓度测定值、槽温测定值、熔体高度测定值等）的统计特性（如变化趋势、离散程度、波动程度、偏移程度等）以及参数间的关联度进行统计计算，可为槽况综合分析提供大量判据。

（2）利用现代控制理论中的系统辨识与参数估计方法，实现对不可直接检测参数的在线估计。基于槽电阻跟踪的氧化铝浓度控制方法中所采用的 Al_2O_3 浓度估计模型就是这种方法在铝电解过程控制模型中的成功应用实例。我们曾开发的电解质温度估计模型也是利用该类方法，利用影响热平衡的主要参数（如电功率、原料添加、阳极更换及出铝等）来估计电解质温度[1,6]。

（3）深入挖掘可获取的数据与槽况之间的关系，对一些能间接反映槽况特征的参数进行深入计算。例如：槽电阻解析中所计算的低频噪声（电阻摆动）强度和高频噪声（电阻针振）强度，能反映电解槽不稳定性的特征（参见第 22 章）；槽电阻解析中所计算的阳极效应峰值电压，能提供电解槽热平衡状态的信息（参见第 22 章）；槽电阻控制中所计算的阳升/阳降电阻率能提供熔融电解质组成及电解质温度的信息（参见第 23 章）。

（4）通过计算机仿真方法或人工神经网络等智能方法，"计算"一些可直接描绘槽况的特征变量。例如，利用计算机热场动态仿真方法，可对反映热平衡状态的电解质动态平衡温度和描绘槽膛内型的特征变量（如炉帮厚度、伸腿长度等）进行估算（参见第 20 章）。再如，利用人工神经网络方法，建立槽况分析的人工神经网络模型，用一些已知的参数与变量作为模型的输入变量，而用取值为[-1,1]之间的自定义变量（如变量名为"热平衡状态"、"槽底沉淀状态"等）作为模型的输出变量，通过模型运算获得特征变量的取值（例如，"热平衡状态"这一特征变量的取值若靠近-1，则代表"冷槽"；若靠近+1则代表"热槽"）。

对于上述一些数据"深加工"方法，下面还将结合槽况分析方法的讨论进行介绍。

27.1.2 数据存储

随着计算机网络技术与数据库管理技术的飞速发展和广泛应用，实际生产中产生的各种数据和海量信息的网络存储与访问成为企业的必然需求，并且也使槽况综合分析具有更坚实的基础和更方便的应用环境与条件。尤其是基于管控一体化网络的数据存储与访问方式，使用户能够方便地通过网络终端使用各种槽况分析工具。为了使数据查询与分析处理能在较大的时间跨度内进行，并且为了满足愈来愈先进的槽况分析工具对海量信息的要求，现代控制系统对历史数据的存储有了更高的要求。传统控制系统中广泛应用的小型数据库如 Access、InterBase 等，越来越显示其功能的不足，这主要表现在如下几个方面：

（1）数据容量有限，且数据量达到一定程度后，影响控制系统的运行性能。数据表记录条数的限制，是小型数据库本身固有的缺陷，当记录数超过其上限后，数据库的性能立即急剧下降，此时，控制系统的存储和查询等操作的响应时间明显增加，系统的采样处理受到影响，系统的整体性能下降，严重的时候，将会影响生产。

（2）系统维护不方便。由于记录数的限制，一个数据库中只能保存一段时间的记录，为了获得长期的历史数据，必须及时地分时间段备份数据库，同时，必须对现有数据库进行定时清理，以维护系统运行的性能。

（3）产生信息孤岛，数据的查询和分析局限于计算站内。由于这些小型数据库是一种本地数据库，没有提供网络处理功能，数据只能存储在控制系统工作的接口机中。这种计算模式，产生了自动化孤岛，所有的数据查询、报表管理、图形分析、参数修改等操作，都必须在接口机上进行，主管人员、工艺人员等人需要了解详细的信息时，不得不到计算站进行操作。而网络技术的发展，为消除信息孤岛，实现远程监控提供了可能。

（4）数据分析处理不方便，编程工作量大。一方面，由于数据库是分段备份的，这为跨时间段的数据分析带来不便；另一方面，在电解铝厂往往有多个电解系列，这些系列之间的信息孤岛现象，为领导层进行多维分析（如全厂、不同车间在不同的时间段的分析等）带来了很大不便，为了实现部分功能，编程的工作量也非常大。

（5）数据集成难度大，需要企业追加投资。在一些电解铝厂，由于存在多个系列，这些系列所采用的控制系统的厂家不一样，便有着多种异构数据源，在进行数据集成时，由于通信协议和数据结构的不同，很难进行系统集成。若要实现这种网络处理功能，需要企业追加额外的投资。

除了上述列举的不利因素以外，还可以找到很多其他的原因，如技术上的数据不一致、I/O性能等。

为了解决这些问题，基于大型关系数据库的数据仓库技术成为一种较好的解决方案。采用大型的关系数据库如 Oracle、SQL Server 等实现日常事务的处理，解决了容量限制、信息孤岛和数据集成等问题，而数据仓库则提升了数据查询、分析处理的能力，提升了系统的整体性能等。

27.2 基于统计分析与数据挖掘的槽况综合分析方法

27.2.1 常用统计分析与数据挖掘方法

27.2.1.1 时间序列的均值计算（又称趋势分析）方法

在生产和科学研究中，对某一个或一组变量 $x(t)$ 进行观察测量，将在一系列时刻 $t_1, t_2, \cdots,$ t_n（t 为自变量且 $t_1 < t_2 < \cdots < t_n$）所得到的离散数字组成序列集合 $x(t_1), x(t_2), \cdots, x(t_n)$，我们称之为时间序列，这种有时间意义的序列也称为动态数据。铝电解过程中同样会产生一些动态数据，如工作电压、电流、电解槽温度、氧化铝浓度等，这些时间序列数据就代表了电解槽运行的情况，但通常都很难从这些数据中直观的看出电解槽的运行情况，因此必须利用一些算法对这些数据进行分析，找出隐藏在这些数据中的有用信息。均值计算就是一种常用的分析算法，通过对不同时段内的均值进行比较，就可以考察时间序列的变化趋势。

27.2.1.2 离散度分析方法

离散度 ω 可定义为某参数在某时间段内的值相对于该段时间内平均值的标准差。设 $X = \{X(i) \mid (i = 1, 2, \cdots, n)\}$ 为所分析参数在选定时间范围内的集合，则该参数在该时间段内的离散度为：

$$\omega = \frac{1}{n} \sum_{i=1}^{n} |X(i) - \bar{X}| \tag{27-1}$$

式中　$X(i)$——在某时间点的值；
　　　$\bar{X}$——该参数在该段时间的平均值。

27.2.1.3 波动分析方法

上述的离散度分析算法只表达了某参数的整体稳定，而无法得出该参数在一段时间内的变化趋势，如三天变化趋势、五天变化趋势、季度变化趋势等，为此，可采用波动分析。

波动分析是考察数据在某时间段内相对固定时间间隔的变化情况。设 $X = \{X(i) \mid (i = 1, 2, \cdots, n)\}$ 为所分析参数在选定时间范围的集合，则该参数在该时间段内的离散度为：

$$\omega = \frac{1}{n-j} \sum_{i=j}^{n} |X(i) - X(i-j)| \tag{27-2}$$

式中　$X(i)$——在某时间点 i 的值；
　$X(i-j)$——在某时间点 $(i-j)$ 的值；
　　　　j——时间间隔。

27.2.1.4 聚类分析方法

所谓聚类（clustering），是指从数据库中寻找数据间的相似性，并依此对数据进行分类，使得不同类中的数据尽可能相异，而同一类中的数据尽可能相似。近年来，随着数据库中知识发现和数据挖掘技术的迅速发展，聚类分析技术作为数据挖掘的重要方法之一，在诸如市场及顾客分析、Web 文档分类、模式识别、图像处理和数据压缩等实际应用领域中得到了广泛的应用。长期以来，人们提出了许多数据聚类算法，这些聚类算法大体上可以分为如下五类：划分方法（partitioning methods）、分层方法（hierarchical methods）、基于密度的方法（density-based methods）、基于网格的方法（grid-based methods）和基于模型的方法（model-based methods）等。

为了对槽况进行分类，我们曾在基于密度的挖掘算法上，开发了基于连通分支的聚类分析方法[2,7]。通俗地说，假如采用 n 个变量来描述一个分析对象的状态，则由 n 个变量的取值所决定的一种特定的状态就是 n 维空间（数学上称为事务拓扑空间）中的一个点（以下简称状态点）。如果将 m 个特定槽况所对应的 m 个状态点都绘制在事务拓扑空间中，并将"聚集"在一起（彼此间距离不超过某一设定值）的状态点构成的集合称为一个连通分支。一个基于连通分支的聚类是空间中构成该连通分支的点的集合，不属于任何连通分支的点，构成空间中的孤立点。从而，对一个集合进行聚类分析，即是在该集合构成的拓扑空间中寻找所有的连通分支和孤立点。一个连通分支便代表一类相接近的状态，而孤立点（"不合群"的状态点）通常代表异常的状态。

下面，以一个分析实例来进一步说明聚类方法。该实例是对某厂某个区域的 10 台槽 1 个月的历史数据进行聚类分析。为直观起见，假设用 3 个变量（电解质温度、铝液高度和电解质高度）来描绘电解槽状态。图 27-1 是状态点在三维空间中的分布图。需指出，在加载数据（变量的取值）时，进行了数据的无量纲化（或数据的标准化）处理，具体的处理方案是进行所谓"均值化算子"处理，即将变量的每个取值除以全部取值的平均值。

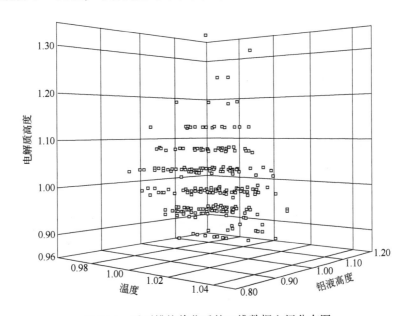

图 27-1 系列槽均值化后的三维数据空间分布图

对历史数据进行连通分支聚类后，整个对象空间由若干的连通分支划分（图中大致分为六个连通分支），每一个连通分支对应着该区域电解槽的某一种槽况。这种聚类后的槽况，基本说明了系列槽在一定历史时期内的槽况分类，而那些不属于任何连通分支的孤立点，则表明了电解槽的一些异常状况。

对历史数据进行聚类分析，只是算法的基础部分。由于电解槽的运行是持续不断的，每时每刻都有相关的生产数据生成，对这些增量数据的分析，是算法的重要组成部分。为了考察增量算法，我们采用"时间窗口采样"的处理方式。其主要思路是，根据对历史数据的挖掘，获得槽况的分类，以此分类为基础，对增量数据进行时间窗口采样（截取一个时段内的数据），将采样所获得的数据与连通分支进行距离比较，满足条件的归入相关的连通分支中，从而获得该电解槽在时间窗口内所属的槽况分类。若时间窗口选择了包含当前时刻的信息，则反映了系列槽当前的槽况分类，这对于指导当前的生产有着重要的作用。

　　在"时间窗口采样"中，时间窗口（时段长度）的选择和确定比较重要。时段太长，比如选择一年作为考察的对象，由于前期影响的作用，淡化了当前因素的影响；而时段太短，比如选择某一天作为考察对象，则其影响的效果过于短暂，不能反映它们的真实状况。根据工业现场的实际情况和实验结果，我们确定以一周的时间段作为时间窗口的区间长度最为合适。

　　除了"时间窗口采样"处理外，还可进行"时间窗口滑动分析"。举例来说，对任意一台电解槽，计算序列数据中随着时间窗口的滑动，其所属槽况分类的变化。若槽况在某一类中保持不变，则计算窗口内数据点距连通分支的重心的距离变化趋势，分析单槽的槽况走势并进行预测；若槽况在不同的类中变化，则说明该槽的槽况不稳定，需要及时地调整控制策略、修改工艺参数，若继续向病槽类偏移，则应对槽及时进行检测或检修。

　　利用时间窗口的滑动，截取上面所举实例中的第 10 号槽一周的数据，获得其三维数据空间分布如图 27-2 所示。通过对单槽的数据分析，其大致包含三个连通分支，都属于正常的工作范围。单独考察其电解质高度，略低于系列平均高度，电解质温度则在平均温度左右波动，而单独考察铝液高度时，则稍高于系列的平均高度。

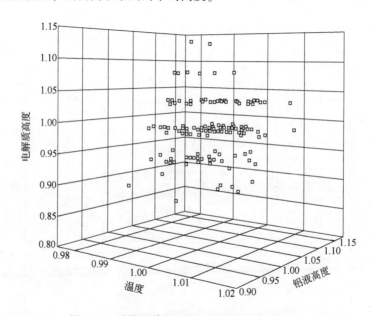

图 27-2　单槽均值化后的三维数据空间分布图

　　上述聚类分析的结果和该厂的实际生产情况基本接近，说明算法具有实际的生产指导意义。

27.2.1.5　关联度分析方法

　　通俗地说，关联度分析就是分析某个变量（假设被选定为主变量，数学上称为主属性）与其他变量（非主变量，数学上称为非主属性）之间的关联程度，即计算每个非主变量与主变量之间的关联度。一个非主变量与主变量间的关联度越大，则说明该非主变量对主变量的影响程度越大。可见，关联度分析可以分析引起某个变量发生变化的主要因素。

　　传统的关联规则基于支持度-置信度框架，对工业生产中监控数据的挖掘具有很大的局限性。为了弥补现有关联规则挖掘的不足，我们将灰系统理论引入关联规则的挖掘中，提出了一种适合于铝电解工业控制现场的关联规则挖掘算法，即基于灰关联度框架的灰关联规则挖掘算法[2,8]。这种灰关联度框架，采用几何关系和曲线间相似程度的量化比较分析方法进行构建，实现灰关联分析，进而获得基于时间属性的灰关联规则。

以电解槽热平衡影响因素的灰关联分析为例，可以选择电解质温度作为主变量（主属性），以日总下料量、日 AlF_3 添加量、日均槽电压、铝液高度、电解质高度和摩尔比等为非主属性，建立热平衡的挖掘模型，就可以任意选取某台（或多台）电解槽，并任意选取某个时段，对电解质温度与各个关联因素之间的灰关联度进行计算，从而分析电解质温度与各因素的关联程度，为管理者进行热平衡的调节与维护提供决策支持。

27.2.2 基于统计方法的铝电解槽物料平衡状态分析

这种统计一般以月为时间单位来进行，因为统计的时间段太短，则存在的误差较大，这种统计可以针对单台电解槽进行，也可针对多台电解槽进行（把任意指定的一个区域，乃至全系列电解槽作为一个整体来分析）。为了叙述的简便，下面主要以针对单台电解槽进行分析的情形为例进行叙述。

27.2.2.1 氧化铝下料量与消耗量的统计分析

可以在控制系统中建立一种算法，使控制系统能够对用户（计算机终端操作者）任意指定的一台或（多台）电解槽在任意指定的时间段内的氧化铝下料量与消耗量进行统计计算，然后进一步分析两者的平衡情况。

大家知道，一台电解槽的日下料量可以由控制系统利用其统计得到的日下料总次数和下料器的定容量来计算。有了该数据，控制系统就可统计某台电解槽在任意指定的时段内的氧化铝下料量。而一台电解槽在对应时段内的氧化铝消耗量则可以由控制系统通过统计该台电解槽在对应时段内的出铝量来估算（每产 1t 铝实际消耗氧化铝量为 1.9 ~ 1.92t）。

假如某台电解槽在某一时段内的下料总量与消耗总量之间存在的偏差过大，则应该从下列几方面找原因：

（1）炉膛或沉淀状态发生变化。例如，如果下料总量显著大于消耗总量，则可能是槽中物料在沉积（槽膛和槽底沉淀与结壳在快速长厚），电解槽在走向冷行程；反之，如果下料总量显著小于消耗量，则可能是槽膛、沉淀与结壳在快速熔化，电解槽在走向热行程。是否属这种情况，还需结合热平衡的统计分析来判断。

（2）下料器的计量有偏差，或者有堵料或漏料现象。

（3）非正规途径（不是来自下料器）的下料过多且无法被控制系统计量，或者因飞扬与机械损失等造成的氧化铝原料消耗的确显著高于平均水平，即生产中氧化铝的损失过大。

下面以某厂 240kA 铝电解槽生产系列中一个区域（42 台槽）为例按上述思路进行分析，进一步说明物料平衡定期分析的过程。该区域电解槽在 2004 年 6 ~ 8 月期间的主要工艺与质量统计数据如表 27-1 ~ 表 27-3 所示。本分析实例及表中数据还将用于本节中的后续分析。

表 27-1　42 台槽 2004 年 6 ~ 8 月主要工艺与质量数据（均值）

工艺或质量参数	单位	6 月	7 月	8 月	备　注
电　流	kA	238.69	238.90	239.81	计算机记录
设定电压	V	4.1219	4.1225	4.1181	计算机记录
工作电压	V	4.1106	4.1247	4.1301	计算机记录
平均电压	V	4.1546	4.1658	4.1619	计算机记录
工作电压 - 设定电压	mV	-11.3	2.2	12.0	
平均电压 - 设定电压	mV	32.7	43.3	43.8	

工艺或质量参数	单位	6月	7月	8月	备　注
平均电压针振	mV	16.2	24.5	27.8	计算机记录
针振持续时间	min/d	6	43	97	计算机记录
基准下料间隔	s	855.93	834.32	816.79	
欠量下料次数		427	414	442	计算机记录
过量下料次数		339	360	340	计算机记录
其他下料次数（含正常、手动）		215	226	230	计算机记录
下料量	kg/d	3532.3	3599.3	3641.5	计算机记录
效应系数		0.43	0.40	0.37	计算机记录
$w(Al_2O_3)$	%	3.338	3.441	4.516	人工测量
$w(CaF_2)$	%	4.425	4.524	4.547	人工测量
摩尔比		2.358	2.328	2.314	人工测量
电解质温度	℃	957.7	953.8	953.1	人工测量
初晶温度（计算值）	℃	949.2	946.6	939.5	根据摩尔比、$w(Al_2O_3)$和$w(CaF_2)$计算，忽略其他成分的含量
过热度（计算值）	℃	8.5	7.2	13.6	
铝液高度	cm	21.027	21.209	21.075	人工测量
电解质高度	cm	22.711	22.531	21.970	人工测量
吸出铝量	kg	1783.488	1815.480	1824.914	人工测量
铝中Fe含量	%	0.097	0.090	0.077	人工测量
铝中Si含量	%	0.059	0.056	0.056	人工测量

表27-2　42台槽2004年6~8月主要工艺与质量数据的离散度

工艺或质量参数	单位	6月	7月	8月	备　注
工作电压	V	0.0244	0.0371	0.0291	计算统计
平均电压	V	0.0613	0.0650	0.0513	计算统计
平均电压针振	mV	7.57	11.45	12.86	计算统计
针振持续时间	min/d	8.8	32.2	37.4	计算统计
欠量下料次数		65	65	60	计算统计
过量下料次数		105	106	102	计算统计
下料量	kg/d	183.3	172.9	161.6	计算统计
效应系数		0.071	0.085	0.086	计算统计
$w(Al_2O_3)$	%	0.820	0.896	0.808	计算统计
$w(CaF_2)$	%	0.160	0.155	0.155	计算统计
摩尔比		0.078	0.064	0.068	计算统计
电解质温度	℃	8.1	6.3	5.7	计算统计
铝液高度	cm	0.842	0.815	0.781	计算统计

工艺或质量参数	单位	6 月	7 月	8 月	备　注
电解质高度	cm	1.970	1.821	1.443	计算统计
吸出铝量	kg	60.514	62.612	61.863	计算统计
铝中 Fe 含量	%	0.0189	0.0153	0.0134	计算统计
铝中 Si 含量	%	0.0043	0.0057	0.0058	计算统计

表 27-3　42 台槽 2007 年 6~8 月主要工艺与质量数据日均波动值

工艺或质量参数	单位	6 月	7 月	8 月	备　注
电流强度	kA	0.177236	0.3560	0.2510	计算统计
设定电压	V	0.0004	0.0005	0.0003	计算统计
工作电压	V	0.019102	0.03099	0.0233	计算统计
平均电压	V	0.09164	0.09042	0.0722	计算统计
平均电压针振	mV	6.8595	11.4201	12.3952	计算统计
针振持续时间	min/d	6.824	37.76272	51.9381	计算统计
基准下料间隔	s	1.7403	0.8195	0.8534	计算统计
欠量下料次数		85.80446	83.6473	71.5699	计算统计
过量下料次数		147.9331	140.2417	124.1634	计算统计
其他下料次数 （含正常、手动）		80.43585	84.7914	82.7678	计算统计
下料量	kg/d	251.3456	228.1805	200.1280	计算统计
效应系数		0.1198	0.1490	0.1310	计算统计
$w(Al_2O_3)$	%	0.2888	0.2601	0.3290	计算统计
$w(CaF_2)$	%	0.1061	0.06893	0.0537	计算统计
摩尔比		0.0371	0.02024	0.0251	计算统计
电解度温度	℃	6.304105	6.033624	5.25367	计算统计
铝液高度	cm	0.598276	0.741046	0.816502	计算统计
电解质高度	cm	2.244012	2.189512	1.747453	计算统计
吸出铝量	kg	64.50794	64.44096	94.0698	计算统计
铝中 Fe 含量	%	0.018748	0.006253	0.003163	计算统计
铝中 Si 含量	%	0.010668	0.003279	0.001677	计算统计

　　根据出铝量计算得到的该区域电解槽在 6、7、8 三个月中氧化铝日均消耗量分别为：3424.3kg、3485.7kg、3503.8kg，而按照下料次数统计所计算的这三个月的日均下料量分别为：3532.3kg、3599.3kg、3641.5kg。由此可计算出，6~8 月中，计算机按下料次数统计的日均下料量分别比按出铝量统计的日均消耗量大了：108kg、113.6kg、137.7kg。可见，从 6 月到 8 月，计算的下料量与计算的消耗量之间的差距较大，且差距逐月增大。假如按下料次数统计的下料量和按出铝量统计的消耗量都是正确的，并且假设下料量高出消耗量的部分均沉积到电解

槽中,那么从 6 月 1 日到 8 月 31 日,平均每台电解槽中累计沉积物料为:$108kg/d \times 30d + 113.6kg/d \times 31d + 137.7kg/d \times 31d = 11030.3kg$。这种沉积速度是不能容忍的。从现场调查中发现,该区域电解槽确实在走向"冷行程",槽膛和槽底沉淀与结壳在较显著地长厚。但同时发现,统计的下料量与计算的消耗量不符还有别的原因,那就是下料器的计量有负偏差且时有堵料现象。

27.2.2.2　电解槽的下料状态的统计分析

在第 24 章中已介绍,基于槽电阻跟踪的浓度控制法一般都会使用"欠量下料"、"过量下料"、"正常下料"以及"手动下料"等几种基本的下料状态。通过统计各种下料状态的持续时间或者各种下料状态中的下料次数,可获得物料平衡控制是否正常的信息。

仍以某厂 240kA 铝电解槽生产系列中一个区域(42 台槽)的分析为例,从表 27-1 可见,在 6、7、8 三个月中,处于欠量下料状态中的下料次数日均值(简称欠量下料次数)分别为 427、414 和 442 次;过量下料次数为 339、360 和 340;其他下料(含正常及手动)次数为:215、226 和 230。由此可计算出,在 6、7、8 三个月中,欠量下料次数与过量下料次数之比分别为:1.26、1.15、1.92,可见 8 月中,电解槽在欠量下料状态中的下料次数明显偏多。8 月过量下料次数仅比 6 月多出 1 次,而欠量下料次数却多出 15 次,经探究我们发现,导致这一现象的主要原因是,生产现场显著缩短了槽控机中的基准下料间隔设定值。联系到前面对氧化铝下料量与消耗量的统计分析可知,这也是导致氧化铝下料量显著高于消耗量的一个重要原因。

27.2.2.3　氧化铝浓度与效应(AE)系数的变化趋势分析

下面仍以某厂 240kA 铝电解槽生产系列中一个区域(42 台槽)的分析为例进行讨论。

从表 27-1 可见,该区域电解槽在 6、7、8 月中,取样化验获得的氧化铝浓度的平均值分别为:3.338%、3.441% 和 4.516%,氧化铝浓度有增大趋势;另外,AE 系数分别为:0.43、0.40 和 0.37,有降低趋势。另外,统计计算还得到,效应系数的日均波动值为 0.1198、0.1490、0.1310,可见效应的均匀性没有明显改进。

在摩尔比为 2.3 ~ 2.4 的范围内,氧化铝浓度的平均值应该在 2.5% 左右为佳,而上述例子中、6、7、8 月中的氧化铝浓度平均值均显著高于此值。整体偏高也有可能是浓度化验中存在绝对偏差,或电解质取样存在偏差,因为生产现场取电解质样时一般不预先停止下料一段时间(以防干扰浓度控制),这样往往无法排除夹杂在其中的固体氧化铝原料,导致部分氧化铝浓度的化验值偏高,从而使平均值偏高。此外,如果取样时间没有与换极、出铝、人工加工或效应处理后拉开一定的距离,也可能导致氧化铝浓度值偏高。

如果浓度取样化验的偏差主要只是系统偏差,那么不论氧化铝浓度的绝对值是否准确,其相对变化趋势值还是可信的。氧化铝浓度平均值逐月增大,特别是在 8 月显著增大,反映出氧化铝浓度未能较好地保持在预定的低浓度区。然而,前面针对电解槽下料状态的分析已发现,8 月中电解槽在欠量下料状态中的下料次数明显偏多,这就表明控制系统还是"认识"到电解槽中的氧化铝浓度偏高,因此启用欠量下料状态的时间明显增多,使约 43.7% 的物料是在欠量下料状态中加入的,而在过量下料状态中加入的物料约为 33.6%。尽管如此,8 月以来单槽日均下料量还是显著增大了,并且导致日均下料量增大的下料次数都发生在欠量下料状态中。前面已经指出,导致这一现象的主要原因是生产现场显著缩短了槽控机中的基准下料间隔设定值。

6 月以来,企业一方面在降低摩尔比和槽温;同时另一方面希望降低效应系数。一般来说,这两个方面同时实现是非常困难的。企业在降低摩尔比和槽温的同时,采取了较大幅度地降低基准下料间隔同时延长效应等待间隔时间（降低效应系数设定值）的措施。这种措施虽然未能完全实现效应系数的控制目标，但还是收到了逐步降低效应系数的效果。然而，如果效应系数的降低是以提高电解槽的氧化铝浓度为代价换来的，那么继续降低效应系数的潜力便十分有限，并且容易导致物料加快沉积的现象。因此在电解槽热平衡和物料平衡趋于稳定之前，不宜靠降低基准下料间隔和效应等待间隔时间来强求效应系数的降低。

27.2.3 基于统计方法的铝电解槽热平衡状态分析

27.2.3.1 热平衡状态的基本情况分析

通过调用和分析电解槽（单槽或多槽）定期统计报表（如月统计报表）中与热平衡相关的数据（如：电解质温度、摩尔比、熔体高度、原铝中 Fe 等杂质含量等）及其变化趋势，可以分析某台（或某区域多台）的电解槽的热平衡状态的基本情况及其发展趋势。

仍以某厂 240kA 铝电解槽生产系列中一个区域（42 台槽）的分析为例进行讨论。

从表 27-1 中的统计可见，从 6 月到 8 月，摩尔比依此为：2.358、2.328 和 2.314，共降低了 0.044；电解质温度分别为：957.5℃、953.8℃ 和 953.1℃，共降低了 4.6℃。

从表 27-3 可见，从 6 月到 8 月，摩尔比的日均波动量依此为 0.037、0.020 和 0.025，6 月日均波动最大，7 月日均波动最小；电解质温度日均波动量分别为 6.3℃、6.0℃ 和 5.3℃，虽然在逐月下降（3 个月间共降低了约 1℃），但总体而言电解质温度的日均波动量依然较大。

6~8 月，铝液高度和电解质高度的保持较为平稳。从表 27-1 和表 27-3 可见，6 月到 8 月，铝液高度分别为 21.027cm、21.209cm 和 21.075cm，表现较为平稳，而铝液高度的日均波动量分别为 0.598cm、0.741cm 和 0.817cm，波动呈增大趋势；电解质高度分别为 22.711cm、22.531cm 和 21.970cm，表现为逐月下降趋势，而电解质高度的日均波动量分别为 2.244cm、2.190cm 和 1.747cm，呈下降趋势。

原铝质量的变化也能间接反映电解槽热平衡的变化趋势。从表 27-1 中所列的原铝中 Si 和 Fe 含量来看，整体上有下降趋势，特别是 Fe 含量下降较明显，说明电解槽整体上是朝着有利于提高质量的"冷"的方向发展。

27.2.3.2 初晶温度与过热度的估算与分析

为了考察电解质的初晶温度与过热度，可以根据有关的理论公式，从电解质的主要成分化验值（摩尔比、Al_2O_3 含量和 CaF_2 含量，忽略其他成分的含量）估算出电解质初晶温度，并将其用于热平衡的统计分析。在本例中，6~8 月的电解质初晶温度计算值依次为：949.2℃、946.6℃ 和 939.5℃，共降低了 9.7℃。其中，8 月的初晶温度计算值明显低于 7 月，是因为 8 月的氧化铝浓度和氟化钙含量的化验值明显高于 7 月的化验值。由于电解质初晶温度的计算中忽略了未化验的成分（如氟化镁、氟化锂等），加上成分化验值可能存在误差，因此初晶温度的计算值不一定准确，但是我们可以用它来考察电解槽过热度的变化趋势。

用 6~8 月的电解质温度值分别与对应的初晶温度计算值相减，得到过热度的计算值依次为：8.5℃、7.2℃ 和 13.6℃。8 月中的过热度计算值明显高于 6 月、7 月的，主要是因为 8 月中氧化铝浓度的化验值明显高于 6 月、7 月中的对应化验值。用初晶温度的理论计算公式还可以估算出，在 6~8 月所采用的电解质组成范围内，氧化铝浓度升高 1% 引起的初晶温度降低约为 6℃；摩尔比降低 0.1 引起的电解质初晶温度降低约为 6℃；氟化钙浓度升高 1% 引起的初晶温度降低约为 2.3℃。在正常生产过程中，氟化钙的浓度是相对稳定的，摩尔比次之，而氧化铝浓度是变化较快且变化范围较大的因素。假如 8 月的氧化铝浓度与 7 月的相同,则 8 月的过热度计算值也只有 7.2℃,与 7 月的几乎相等。

上述关于过热度的估算给我们提出一个问题,如果 8 月中的氧化铝浓度的确比 6 月、7 月平均高出 1% ~ 1.2%,则 8 月中的电解质过热度便无疑比 6 月、7 月平均高出 6 ~ 7℃。由于电解槽向外散热量不仅取决于电解质温度的高低,而且与电解质过热度成正比,因此在相近的电解质温度下,高过热度的电解槽对外散热量显著大于低过热度的电解槽。对于靠高浓度来支撑过热度的电解槽,容易走两个极端,一是如果在能量收入不足的情况下降低氧化铝浓度,电解槽的过热度将迅速降低,电解槽容易走向冷行程,使电解槽出现冷槽症状;一是如果能量收入足够且维持高浓度,则容易出现热槽症状,即槽温虽然不高,但由于过热度较高而呈现一些热槽的症状,一方面槽子散热大容易化空上部槽帮,另一方面高浓度下的运转容易形成沉淀的积累,最终形成槽底长、上口空的"锅状"槽膛。对于此类电解槽,我们建议在确保足够的能量收入(足够高的工作电压)和保持其他技术条件稳定的条件下,逐步降低氧化铝浓度,不要片面地追求效应系数而过分调小基准下料间隔。

27.2.4 基于统计方法的槽电压及其稳定性分析

27.2.4.1 槽电压及其稳定性的基本情况分析

仍以某厂 240kA 铝电解槽生产系列中一个区域(42 台槽)的分析为例进行讨论。

从表 27-1 可见,6 ~ 8 月的设定电压分别为 4.1219V、4.1225V 和 4.1181V。7 月比 6 月高 0.6mV;8 月比 7 月降低 4.4mV。总的来说,相差不大。

从表 27-1 还可看见,6 ~ 8 月的平均电阻针振分别为 16.2mV、24.5mV 和 27.8mV,有增大趋势;针振持续时间为 6min/日、43min/日和 97min/日,有显著增大趋势,说明电压(电阻)的稳定性显著变坏。

从表 27-3 可见,6 ~ 8 月的工作电压日均波动量为 19.1mV、31.0mV 和 23.3mV,7 月中的波动量相对较大,但总体而言,工作电压控制的平稳性没有跟随电压稳定性的变坏而变坏。表 27-3 中平均电压的日均波动量,6 ~ 8 月分别为 91.6mV、90.4mV 和 72.2mV,有逐步变小的趋势,但总体而言,平均电压的日均波动量显著高于工作电压的日均波动量,这主要是因为效应不是均匀地发生在每一天,每日的效应分摊电压差别较大。

27.2.4.2 关于设定电压与工作电压的偏差分析

从表 27-1 中的统计可见,从 6 月到 8 月,平均摩尔比降低了 0.044,电解质温度降低了 4.6℃。假如要维持降低摩尔比前(6 月)的极距不变,那么工作电压理论上应该升高约 22mV(因为理论计算表明,摩尔比每降低 0.1,槽电压会上升约 50mV)。但是,企业为了追求低电能消耗,在降低摩尔比的同时,没有调高设定电压,8 月还相对于 7 月降低了 4.4mV。然而,从表 27-1 可见,实际的工作电压却没有跟随设定电压的改变方向而变化,而是从 6 月的 4.1106V 升高到 8 月的 4.1301V,升高了 19.5mV;同时平均电压从 4.1546V 升高到了 4.1619V,升高了 7.3mV。平均电压的升高幅度小于工作电压的升高幅度主要是效应系数降低了的缘故。

工作电压之所以未能跟随设定电压的调整方向变化,主要是槽电压的稳定性逐月变差。从表 27-1 中的统计可见,平均电压针振从 6 月的 16.2mV 增长到了 8 月的 27.8mV,同时针振持续时间(针振幅度超过 100mV 的持续时间)从每槽每日 6min,显著升高到每槽每日 97min。这说明其中一些电解槽发生了较强烈的电压针振。控制系统在电解槽发生了强烈针振时,会自动升高设定电压(以便减轻针振),这样,电解槽的工作电压便会高于设定电压。

此外，我们分析现场运行记录还发现，7月以来，一些电解槽由于运行在电解槽极易发生针振的临界状态，电压控制出现了"检出电压针振（超限）→升高槽电压→检出电压针振消失→两小时后降低槽电压→又检出电压针振→……"的反复振荡现象。这种振荡现象不利于电解槽的稳定运行，也是导致槽日均工作电压高于日均设定电压的重要原因。对此，我们调整了电压控制算法，以防止这种控制上的振荡现象，同时也建议生产现场不要不顾电解槽的稳定性继续降低设定电压。此外，结合前面的物料平衡与热平衡分析结果可知，电解槽有冷行程趋势，也说明不宜再继续降低设定电压。

27.2.5　基于统计方法的工艺与质量参数的一致性分析

如果一个电解系列（特别是新电解系列）中电解槽的工艺技术条件与质量指标参差不齐，说明这个电解系列的操控与管理不好。

电解系列（或其中某个区域）的一致性可以通过计算该系列（或某个区域）电解槽在某段时间（如1个月）内的工艺与质量参数的离散度来考察，并通过考察离散度逐月的变化情况来考察电解系列（或某个区域）一致性的逐月变化情况。

对于某一工艺（或质量）参数，其以月为单位的离散度是这样定义的：各台电解槽的月均值与全部槽的月均值之差的绝对值的总和，再除以电解槽的数量。

下面，仍以某厂240kA铝电解槽生产系列中一个区域（42台槽）的分析为例进行讨论。该区域电解槽的主要工艺与质量参数的离散度如表27-2所示。

首先看表27-2中有关电压控制的参数，7月中工作电压与平均电压的离散度较大（一致性较差），这主要是因为该月中有几台电压针摆特别严重的电解槽；6~8月，电压针振及针振持续时间的离散度均逐月增大（一致性变差）。因此，整体而言，槽电压及其稳定性操控的一致性在逐月变差。

其次，从表27-2中看与下料控制有关的参数，欠量下料次数、过量下料次数以及下料量的离散度呈现逐月变小（一致性变好）的趋势，但变化不明显，并且整体而言离散度还是偏大；效应系数的离散度逐月稍有增大，但不算显著；氧化铝浓度的离散度情况是，相对而言8月最好，7月最差，但由于氧化铝浓度的离散度均在0.8以上，即平均的浓度离散范围为±0.8%以上，偏高了一些。因此，整体而言物料平衡操控的一致性在逐月变好，但依然不太理想。

再看与热平衡控制有关的参数，摩尔比的离散度是7月最小、8月次之、6月最差；电解质温度、电解质高度、铝液高度以及原铝中Fe含量的离散度逐月变好，但槽温的离散度最小也在5.3℃以上，即平均的槽温离散范围达到±5.3℃，偏高了一些。因此，整体而言热平衡操控的一致性在逐月变好，但依然不太理想。

27.3　基于特征参数分析的槽况分析方法

特征参数是指能直接反映槽况特征的参数。基于特征参数分析的槽况分析方法采用"化繁为简"的思路，通过几个特征参数的分析迅速掌握槽况特征。例如：

（1）对于槽况稳定性情况分析，着重看近期（如24h内）的电阻针振与摆动累积持续时间与平均强度，以及效应系数。

（2）对于热平衡状况，着重看电解槽温度检测值、摩尔比检测值、电解质高度检测值、效应系数以及效应峰值电压。

（3）对于物料平衡状况，着重看效应发生状况（效应系数及均匀程度）。

下面，以日本三菱轻金属公司开发的槽况诊断槽型为例，说明槽况分析方法。该模型仅采用槽壁温度（日平均值）和效应峰值电压（日平均值）两个特征参数为输入变量。槽壁温度信号是通过安装一支热电偶于阴极槽壳外侧的大面中间部位而获得的。该诊断程序每日能为每槽打印或显示一个如图27-3所示的二维状态判断图。图中横坐标为槽壁温度日均值相对于原点处的标准（基值）的变化值，标准值通过对日均值序列进行平滑处理得到，其大小主要取决于炉帮的厚度和导热性。日均值相对于标准值的变化则反映电解质温度的变化趋势。图中纵坐标为经平滑处理的阳极效应峰值电压日均值，原点（30V）为标准值。当上述两状态变量落在图中所示的正常区时视为槽况正常，否则按其所落区域及相对于先前值的变化方向来判断病因，以便操作者消除病槽。这种诊断槽况技术曾在我国青铜峡铝厂的引进系统中使用。显然，当采用准连续"按需下料"新工艺，实现低效应系数操作时，这种诊断技术的作用便受到了限制，因此需要采用其他的特征参数。

27.4　基于人工神经网络技术的槽况综合分析方法

人工神经网络的研究可以追溯到20世纪40年代信息科学的开创时期。1943年心理学家 W. McCulloch 和数理逻辑学家 W. Pitts 总结了生物神经元的一些基本生理特性，提出了形式神经元的数学描述与结构方法，从此，揭开了人工神经网络研究的序幕。此后半个多世纪里，人工神经网络的研究经历了发展、挫折、再发展的过程。自从80年代神经网络的研究再次掀起热潮以来，反向传播（BP）算法使多层感知器的理论得以完善，并在模式识别、图像处理等许多领域取得了成功的应用。再加上 Grossberg 和 Carpenter 等人对于自适应谐振理论的研究，Kohonen 对自组织特征映射的研究，Fukushima 对新感知机的研究以及 Feldman 和 Ballard 等人对联结机制的研究取得了令人鼓舞的结果，在理论和实际应用方面都获得了很大的成功，出现了许多有代表性的神经网络，如 BP、Hopfield、ART、SOM、RBF、Boltzmann 机等，并且在数据处理、模式识别、过程控制、知识处理、信号处理诸多领域都取得了成功的应用，几乎渗透到了自然科学、工程技术和社会科学的各个方面[9,10]。

27.4.1　人工神经元模型

自1943年 McCulloch 和 Pitts 提出第一个人工神经元模型以来，人们相继提出了多种人工

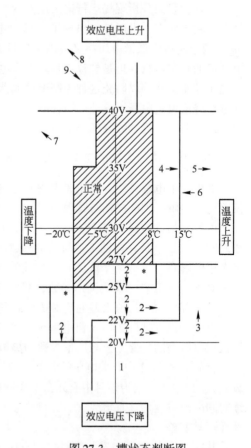

图 27-3　槽状态判断图

* —— 连续三次下降；

1—阳极不正常；2—注意阳极；3—阳极向正常恢复；
4—槽稍热；5—槽过热；6—热槽向正常恢复；
7—槽稍冷；8—槽过冷；9—冷槽向正常恢复

神经元模型，其中被人们广泛接受并普遍应用的是图 27-4 所示的模型。图中的 x_0，x_1，$\cdots$，x_{n-1} 为实连续变量，是神经元的输入，θ 称为阈值（也称为门限），w_0，w_1，$\cdots$，w_{n-1} 是本神经元与上神经元的连接权值。

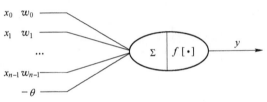

图 27-4　人工神经元模型

神经元对输入信号的处理包括两个过程：第一个过程是对输入信号求加权和，然后减去阈值变量 θ，得到神经元的净输入 net，即：

$$net = \sum_{i=0}^{n-1} w_i x_i - \theta \tag{27-3}$$

从上式可以看出，连接权大于 0 的输入对求和起着增强的作用，因而这种连接又称为兴奋连接，相反，连接权小于 0 的连接称为抑制连接。

第二个过程是对净输入 net 进行函数运算，得出神经元的输出 y，即：

$$y = f(net) \tag{27-4}$$

$f(x)$ 通常被称为变换函数（或特征函数），简单的变换函数有图 27-5 所示的几种。

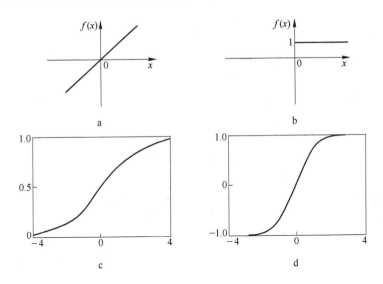

图 27-5　神经元的几种常用变换函数

a—线性函数；b—阈值函数；c—Sigmoid 函数；d—双曲正切函数

这几种变换函数分别满足如下关系：

（1）线性函数。

$$f(x) = kx \tag{27-5}$$

（2）阈值函数（硬限幅函数、阶跃函数）。

$$f(x) = \begin{cases} 1, x \geq 0 \\ 0, x < 0 \end{cases} \tag{27-6}$$

（3）Sigmoid 函数（S 函数）。

$$f(x) = \frac{1}{1 + e^{-\lambda x}} \tag{27-7}$$

在实际的神经网络中，λ 常取为 1。

（4）双曲正切函数。

$$f(x) = \tanh(x) \tag{27-8}$$

27.4.2　前向多层神经网络、BP 算法及其计算机实现

基于上面介绍的神经元结构，人们又提出了很多种神经网络结构模型，如 Hopfield 网络、Boltzmann 机、ART 网络和 BAM 网络等。在故障诊断领域中用得最多也最有成效的是前向多层神经网络。由于该网络在学习（训练）过程中采用了 BP（back-propagation）算法，故有时该网络又称为 BP 网络。标准的 BP 网络由三层神经元组成，其结构如图 27-6 所示。最下面为输入层，中间为隐含层，最上面为输出层（有一种观点认为图示网络只有两层，其理由是输入层神经元只起数据传输作用，而没有进行任何计算，不影响网络的计算能力，因而在计算网络层数时不应该包括输入层）。网络中相邻层采取全互联方式连接，同层各神

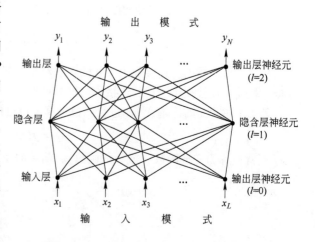

图 27-6　前向多层神经网络（BP 网络）模型

经元之间没有任何连接，输入层与输出层之间也没有直接的联系。为方便以后的讨论，在此假设输入层、隐含层和输出层神经元的个数分别为 L、M、N。

可以证明：在隐含层节点可以根据需要自由设置的情况下，用三层前向神经网络可以实现以任意精度逼近任意连续函数。

BP 神经网络中的动力学过程有两类：一类是学习过程，在这类过程中，神经元之间的连接权将得到调整，使之与环境信息相符合，连接权的调整方法称为学习算法。

另一类过程是指神经网络的计算过程，在该过程中将实现神经网络的活跃状态的模式变换，与学习过程相比，计算过程的速度要快得多，因而，计算过程又称为快过程，与之对应，学习过程通常称为慢过程。

现在，推导前向多层神经网络的学习算法。设从第 l 层神经元 j 到第 $l-1$ 层神经元 i 的连接权值为 $w_{ji}^{(l)}$，p 为当前学习样本，$o_{pi}^{(l)}$ 为在 p 样本下第 l 层第 i 个神经元的输出，变换函数 $f(x)$ 取为 Sigmoid 函数，即 $f(x) = \frac{1}{1 + e^{-x}}$。

对于第 p 个样本，网络的输出误差 E_p 用下式表示：

$$E_p = \frac{1}{2} \sum_{j=0}^{N-1} (t_{pj} - o_{pj}^{(2)})^2 \tag{27-9}$$

式中　t_{pj}——输入第 p 个样本时第 j 个神经元的理想输出；

$o_{pj}^{(2)}$——输入第 p 个样本中第 j 个神经元的实际输出。

考虑多层神经网络中的 l 层（隐含层或输出层，即 $l=1$，2）假设第 l 层有 J 个神经元，第

$l-1$ 层有 I 个神经元，具有图 27-7 所示的通用结构。

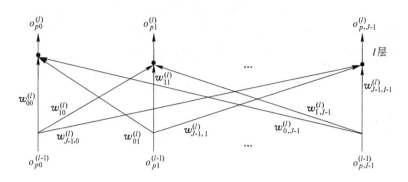

图 27-7 BP 神经网络的通用层结构

为了使系统的实际输出与理想输出相接近，即使 E_p 下降，根据梯度算法，可以对 l 层按下式进行调整：

$$\Delta_p w_{ji}^{(l)} \propto - \frac{\partial E_p}{\partial w_{ji}^{(l)}}, l = 1, 2 \tag{27-10}$$

对于非输入层的神经元，具有下面的操作特性：

$$net_{pj}^{(l)} = \sum_{i=0}^{l-1} w_{ji}^{(l)} o_{pi}^{(l-1)} - \theta_j^{(l)} \tag{27-11}$$

$$o_{pj}^{(l)} = f_j(net_{pj}^{(l)}) \tag{27-12}$$

在式 27-11 中，如果将 $-\theta_j^{(l)}$ 看做是第 $l-1$ 层的一个虚拟神经元的输出，即设：

$$o_{pl}^{(l-1)} = 1, w_{jl}^{(l)} = -\theta_j^{(l)}$$

则式 27-11 可改写为：

$$net_{pj}^{(l)} = \sum_{i=0}^{l} w_{ji}^{(l)} o_{pi}^{(l-1)} \tag{27-13}$$

又

$$\frac{\partial E_p}{\partial w_{ji}^{(l)}} = \frac{\partial E_p}{\partial net_{pj}^{(l)}} \frac{\partial net_{pj}^{(l)}}{\partial w_{ji}^{(l)}} \tag{27-14}$$

由式 27-13 可以得到：

$$\frac{\partial net_{pj}^{(l)}}{\partial w_{ji}^{(l)}} = \frac{\partial}{\partial w_{ji}^{(l)}} \sum_{k=0}^{l} w_{jk}^{(l)} o_{pk}^{(l-1)} = o_{pi}^{(l-1)} \tag{27-15}$$

定义：

$$\delta_{pj}^{(l)} = - \frac{\partial E_p}{\partial net_{pj}^{(l)}}$$

综合式 27-10、式 27-11、式 27-13 和式 27-15 得出：

$$\Delta_p w_{ji}^{(l)} = \eta \delta_{pj}^{(l)} o_{pi}^{(l-1)} \tag{27-16}$$

式中，$i = 0, 1, 2, \cdots, I$；$j = 0, 1, 2, \cdots, J-1$；$l = 1, 2$。

可见，为求出调整值，必须先求出 $\delta_{pj}^{(l)}$。

$$\delta_{pj}^{(l)} = - \frac{\partial E_p}{\partial net_{pj}^{(l)}} = - \frac{\partial E_p}{\partial o_{pj}^{(l)}} \frac{\partial o_{pj}^{(l)}}{\partial net_{pj}^{(l)}} \tag{27-17}$$

由式 27-12 得到

$$\frac{\partial o_{pj}^{(l)}}{\partial net_{pj}^{(l)}} = f'_j(net_{pj}^{(l)})$$

现在，分两种情况来讨论：

（1）如果所讨论的神经元为输出神经元，则由式 27-9 可得：

$$\frac{\partial E_p}{\partial o_{pj}^{(l)}} = -(t_{pj} - o_{pj}^{(2)})$$

代入式 27-17 得到

$$\delta_{pj}^{(l)} = (t_{pj} - o_{pj}^{(2)})f'_j(net_{pj}^{(l)}) \qquad (27\text{-}18)$$

式中，$l = 2$；$j = 0, 1, 2, \cdots, N-1$；

（2）如果所讨论的神经元为隐含层神经元，则有：

$$\begin{aligned}
\frac{\partial E_p}{\partial o_{pj}^{(l)}} &= \sum_{k=0}^{N-1} \frac{\partial E_p}{\partial net_{pk}^{(l+1)}} \frac{\partial net_{pk}^{(l+1)}}{\partial o_{pj}^{(l)}} \\
&= \sum_{k=0}^{N-1} \frac{\partial E_p}{\partial net_{pk}^{(l+1)}} \frac{\partial}{\partial o_{pj}^{(l)}} \sum_{i=0}^{M-1} w_{ki}^{(l+1)} o_{pi}^{(l)} \\
&= \sum_{k=0}^{N-1} \frac{\partial E_p w_{kj}^{(l+1)}}{\partial net_{pk}^{(l+1)}} \\
&= -\sum_{k=0}^{N-1} \delta_{pk}^{(l+1)} w_{kj}^{(l+1)}
\end{aligned}$$

将此结果代入式 27-17 得到：

$$\delta_{pj}^{(l)} = f'_j(net_{pj}^{(l)}) \sum_{k=0}^{N-1} \delta_{pk}^{(l+1)} w_{kj}^{(l+1)} \qquad (27\text{-}19)$$

式中，$l = 1$；$j = 0, 1, 2, \cdots, M-1$。

从上式可以看出，为求出隐含层的输出误差系数 $\delta_{pj}^{(1)}$，必须用到输出层的 $\delta_{pj}^{(2)}$，所以这个过程也称为误差反向传播过程（EBP, error back -propagation）。

现在来讨论 $\delta_{pj}^{(l)}$ 项中的 $f'_j(net_{pj}^{(l)})$，由于 $f(x)$ 采用 Sigmoid 函数，即：

$$f_j(net_{pj}^{(l)}) = \frac{1}{1 + e^{-net_{pj}^{(l)}}} = o_{pj}^{(l)}$$

由此可以得到

$$f'_j(net_{pj}^{(l)}) = o_{pj}^{(l)}(1 - o_{pj}^{(l)}) \qquad (27\text{-}20)$$

将式 27-20 代入式 27-18 和式 27-19 得到

$$\delta_{pj}^{(l)} = (t_{pj} - o_{pj}^{(2)}) o_{pj}^{(l)}(1 - o_{pj}^{(l)}) \qquad (27\text{-}21)$$

式中，$l = 2$；$j = 0, 1, 2, \cdots, N-1$；

和

$$\delta_{pj}^{(l)} = \left(\sum_{k=0}^{N-1} \delta_{pk}^{(l+1)} w_{kj}^{(l+1)}\right) o_{pj}^{(l)}(1 - o_{pj}^{(l)}) \qquad (27\text{-}22)$$

式中，$l = 1$；$j = 0, 1, 2, \cdots, M-1$。

将式 27-21 和式 27-22 代入式 27-16 得到：

当 $l = 2$（输出层）时，

$$\Delta_p w_{ij}^{(2)} = \eta(t_{pi} - o_{pi}^{(2)}) o_{pi}^{(2)}(1 - o_{pi}^{(2)}) o_{pj}^{(1)} \qquad (27\text{-}23)$$

式中，$i = 0, 1, 2, \cdots, N-1$；$j = 0, 1, 2, \cdots, M$。

当 $l = 1$（隐含层）时，

$$\Delta_p w_{ij}^{(1)} = \eta \left(\sum_{k=0}^{N-1} \delta_{pk}^{(2)} w_{ki}^{(2)} \right) o_{pi}^{(1)} \left(1 - o_{pi}^{(1)} \right) o_{pj}^{(0)} \tag{27-24}$$

式中，$o_{pj}^{(0)} = x_{pj}$，$i = 0, 1, 2, \cdots, M-1$；$j = 0, 1, 2, \cdots, L$。

至此为止，推导完了 BP 学习算法，式 27-23 与式 27-24 为推导的最后结果。

现在再来讨论 BP 学习算法中的几个值得注意的问题：

（1）神经网络输入层、输出层的神经元个数可以根据研究对象的输入、输出信息来确定，如何合适选取隐含层神经元的数目无规律可循，然而隐含层神经元的数目是否合适对整个网络能否正常工作具有重要意义。隐含层神经元数目如果太少，则网络可能无法训练；如果隐含神经元数目刚刚够，则网络可以训练，但鲁棒性不好，抗噪声能力差，无法辨识以前未见过的模式；如果隐含层神经元过大，则除了需要很多训练样本外，还可能会建立一个"老祖母"网络，具有了所有模式，而无法认识新的内容，同时训练时也必然耗费更多的时间，并占有更多的内存。一般情况下可按下式给出：

$$n_H = \sqrt{n_I + n_O} + l \tag{27-25}$$

式中　　n_H——隐含层神经元数目；

　　　　n_I——输入层神经元数目；

　　　　n_O——输出层神经元数目；

　　　　l——1 ~ 10 之间的整数。

（2）学习算法中的 η 表示学习速率，或称为步幅，η 较大时，权值的修改量就较大，学习速率比较快，但有时会导致振荡；η 值较小时，学习速率慢，然而学习过程平稳。这样，在实际的学习过程中，可以将 η 值取为一个与学习过程有关的量，并且在学习刚开始时 η 值相对大，然后随着学习的深入，η 值逐渐减小。η 值的具体选取方案已有很多种，η 可取为一个常数，满足 $0 < \eta < 1$，如 η 取 0.5。

（3）在权值的修改公式中，往往还加入一个惯性项（有时称为动量项）$\alpha \Delta w_{ji}^{(l)}(n-1)$，即

$$\Delta w_{ji}^{(l)}(n) = \eta \delta_{pj}^{(l)}(n) o_{pi}^{(l-1)}(n) + \alpha \Delta w_{ji}^{(l)}(n-1) \tag{27-26}$$

式中　　$\Delta w_{ji}^{(l)}(n)$——第 l 层第 j 个神经元与上一层第 i 个神经元之间的连接权的当前修改值；

　　$\Delta w_{ji}^{(l)}(n-1)$——上一个学习周期对同一个学习样本的权值修改值。

惯性项校正系数 α 应与 η 协调选取，通常较大的 α 可以改善网络的收敛速度，但对提高网络的收敛精度没有积极的作用。有文献指出：当 α 依下式取值时，可同时获得较好的收敛速度和精度：

$$\alpha_{pj}^{(l)}(n) = \frac{\delta_{pj}^{(l)2}(n)}{\sum_{m=1}^{n-1} \delta_{pj}^{(l)2}(m)} \tag{27-27}$$

此时权值修改公式为：

$$\Delta w_{ji}^{(l)}(n) = \eta \delta_{pj}^{(l)}(n) o_{pi}^{(l-1)}(n) + \alpha_{pj}^{(l)}(n-1) \Delta w_{ji}^{(l)}(n-1) \tag{27-28}$$

对于简单的情况，α 可取一个常数，如 $\alpha = 0.5$。

（4）由于单个神经元的转换函数大都是采用 Sigmoid 函数而不是阶跃函数，因而输出层各

神经元的实际输出值只能趋近于 1 或者 0，而不可能达到 1 或者 0。例如，当 $net = 1$ 时，f (net) $= 0.73106 < 1$，因而，在设置各训练样本的理想输出分量时，t_{pj} 有时可取为接近 1，0 的数，如 0.9，0.1 等而不直接取为 1，0。

（5）在学习开始时，必须给各个连接权赋初值。可以对每个连接权赋一个随机值，但不能使所有的连接权初值都相等。在实际的网络训练过程中，通常的处理方法是给每一个连接权赋以 $-1 \sim 1$ 之间的一个随机数。

（6）BP 算法学习的目的是为了寻找连接权 $w_{ji}^{(l)}$（$l = 1$ 时，$i = 0, 1, 2, \cdots, L$，$j = 0, 1, 2, \cdots, M-1$；当 $l = 2$ 时，$i = 0, 1, 2, \cdots, M$，$j = 0, 1, 2, \cdots, N-1$。L、M、N 为输入层、隐含层、输出层的神经元个数）使得 $E = \sum_p \sum_{j=0}^{N-1} (t_{pj} - o_{pj}^{(2)})^2$ 趋于全局最小，然而在实际操作时，获得的连接权常常不能使 E 趋于全局最小，而只能使之趋于一个相对大一点的 E 值，称为局部最优。如何避免在学习过程中陷入局部最小是 BP 算法的一大难题。当出现局部最优的情况时，表现出来的特征是：各权值收敛到某一稳定值，而误差值却不是最小。因此，可以按下式判定：

$$\begin{cases} |o_{pj}^{(2)}(n+1) - o_{pj}^{(2)}(n)| < \xi \\ |o_{pj}^{(2)}(n) - t_{pj}| > \beta \qquad , j = 0, 1, \cdots, N-1 \end{cases} \qquad (27\text{-}29)$$

式中，$\xi \ll 1$；β 为一小数，通常 $0 < \beta < 0.2$。如符合上式，则认为此时 BP 网络陷入局部极小点。系统陷入局部极小点后的处理方法有很多种，最简单的方法是从头重新做起，此外还可以采用模拟退火法和遗传算法（genetic algorithms，GA）来消除局部最小问题。

综合上面的讨论，可以按照下面步骤来设计具体的学习过程：

（1）网络结构及学习参数的确定：输入层、隐含层、输出层的神经元数目，步长 η 以及惯性项校正系数 α、权值收敛因子 ξ 及误差收敛因子 β。

（2）网络状态初始化：用较小的（绝对值为 1 以内）随机数对网络权值、阈值置初值。

（3）提供学习样本：输入向量 $x_p(p = 1, 2, \cdots, P)$ 和目标向量 $t_p(p = 1, 2, \cdots, P)$。

（4）学习开始，对每一个样本进行如下操作：

1）计算网络隐含层及输出层各神经元的输出。

$$o_{pj}^{(l)} = f_j(net_{pj}^{(l)}) = f_j\left(\sum_i w_{ji}^{(l)} o_i^{(l-1)} - \theta_j^{(l)}\right)$$

2）计算训练误差。

$$\delta_{pj}^{(2)} = o_{pj}^{(2)}(1 - o_{pj}^{(2)})(t_{pj} - o_{pj}^{(2)}) \qquad （输出层）$$

$$\delta_{pj}^{(1)} = o_{pj}^{(1)}(1 - o_{pj}^{(1)})\sum_k \delta_{pk}^{(2)} w_{kj}^{(2)} \qquad （隐含层）$$

3）修改权值和阈值。

$$w_{ji}^{(l)}(n+1) = w_{ji}^{(l)}(n) + \eta\delta_{pj}^{(l)}o_{pi}^{(l-1)} + \alpha(w_{ji}^{(l)}(n) - w_{ji}^{(l)}(n-1))$$

（5）判断是否满足 $|o_{pj}^{(l)}(n+1) - o_{pj}^{(l)}(n)| < \xi$，满足则执行第 6 步，否则返回第 4 步。

（6）判断是否满足 $|o_{pj}^{(l)}(n) - t_{pj}(n)| < \beta$，若满足则执行第 7 步，否则返回第 2 步。

（7）停止。

其程序流程图如图 27-8 所示。

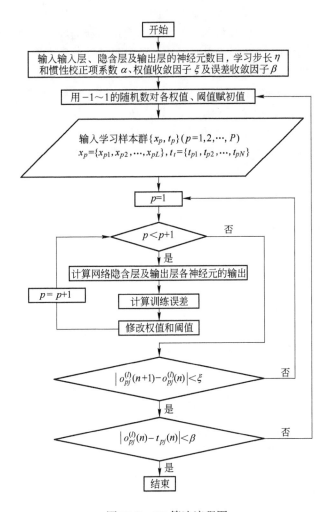

图 27-8 BP算法流程图

27.4.3 人工神经网络的特点

神经网络是一个从输入到输出的高维非线性映射，每个节点（神经元）通过连接权重接受来自其他节点（神经元）的信息，然后通过输入输出转换函数给出输出信息，因而人工神经网络有一系列优于其他计算方法的特点：

（1）信息分布存储在大量节点中，以大规模模拟并行处理方式。

（2）人工神经网络具有学习功能。如果有一误差或新情况出现，而导致系统结果不准确，那么可以采用"反向传播"来进行连接权重修正。当系统将来再遇到那种情况时，人工神经网络将能正确地模拟它。

（3）人工神经网络更适于处理带噪声的、不完整或不一致的数据。在人工神经网络中，某一输入与某一输出的联系不是由某个单独的节点直接确定的，相反，每一节点反映出输入—输出模型的一个微特征（microfeature），微特征的概念意味着每个节点只是轻微地影响输入—输出模式。只有将所有的节点组织在一起，构成一个单独的完整网络时，这些微特征才能反映出宏观的输入—输出模式。其他计算方法不具有这一微特征概念。例如，在经验建模中，大多数模型在很大程度上依赖于所使用的每一变量，因而，当一个变量值有问题时，模型很可能产生不准确的结果。然而，有了微特征概念，如果某一变量值有问题，模型并不会从根本上受到影响。此外，神经网络中输入节点及由节点输出的信号是连续函数，所以人工神经网络可以从即使是带噪声的、不完整或不一致的输入信号中导出恰当的结论。

（4）人工神经网络是非线性变换，有利于处理复杂的非线性问题，有自组织、自学习能力，通过训练自动总结归纳规律，无需具体的函数形式，并且有很好的容错性和外推性，回归方法精度与回归样本数目和样本数据的准确性密切相关。

正由于人工神经网络的这些优良特性，所以与传统的基于知识的系统相比，基于神经网络的知识处理系统具有如下几个主要优点，很适合于提取铝电解专家的热平衡控制知识和经验，用以构造铝电解热平衡监督学习控制系统：

（1）具有统一的内部知识表示形式，任何知识都可通过对样本的学习存储于同一个神经网络的各连接权重中，便于知识库的组织与管理；知识容量大，可把大量的知识存储于一个相对小得多的神经网络中。

（2）便于实现知识的自动获取，能够自适应环境的变化。

（3）推理过程为并行的数值计算过程，避免了以往的"匹配冲突"、"组合爆炸"和"无穷递归"等问题；推理速度快。

（4）具有联想、记忆、类比等形象思维能力，克服了传统的基于知识的系统中存在的"知识窄台阶"问题，可以工作于所学习过的知识以外的范围。

（5）实现了知识表示、存储和推理三者融为一体，即都由同一个神经网络来实现。

27.4.4 基于神经网络的槽况诊断与决策系统的设计

由于引起铝电解槽槽况变化的因素很多，且各因素与槽况之间的关系为很复杂的非线性关系，因此很适合于采用有利于电解专家经验和知识利用的神经网络———一种非线性动力学系统来建立影响因素与槽况以及槽况调整操作间的非线性输入输出关系。下面，以我们曾设计的一种基于神经网络的槽况诊断与决策系统[4]为例进行讨论。

27.4.4.1 系统的结构设计

该系统的结构如图 27-9 所示。该系统采用两个并联的多层前馈 BP 神经网络，分别为槽况诊断神经网络和热平衡参数调控神经网络。

槽况诊断神经网络输入层采用 25 个神经元（25 个输入变量），这些变量是与槽况相关的数据，它们可以从控制系统的数据库中读取。从数据的来源来看，有如下三类数据：

（1）计算机解析统计数据。如：槽电阻、输入功率、槽电阻针振、槽电阻摆动、阳极效应系数、效应峰值电阻、效应功耗、电阻率估值、日阳极净下降、日总下料量等参数的统计平均值以及变化趋势值。

（2）来自物理场动态仿真的数据。如：槽帮厚度、槽帮高度、伸腿长度等槽膛内型的仿真值（参见第 20 章）。

（3）人工离线检测数据。如：电解质温度、摩尔比、电解质高度、铝液高度、炉底压降等参数及其变化趋势值。系统的输入变量中不仅采用了多种能反映槽况参数的统计平均值，而且还采用了这些参数的变化趋势值，是为了追踪电解槽运行的动态过程。

槽况诊断神经网络输出层采用 5 个神经元，分别与电解槽的某一方面的状态相对应，它包括：热平衡状态（冷槽—热槽）、极距状态（压槽—过高）、阳极工作状态（正常—故障）、沉淀状态（很少—很多）、铝液波动状态（正常—严重）。

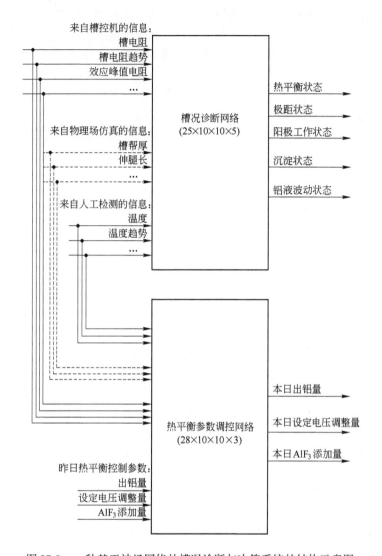

图 27-9　一种基于神经网络的槽况诊断与决策系统的结构示意图

热平衡参数调控神经网络的输入层采用 28 个神经元，它包括与槽况诊断神经网络相同的 25 个输入神经元和前一天的槽热平衡控制参数的使用值（出铝量、设定电压调整量以及氟化铝添加量）。系统采用前一天的槽热平衡控制参数的使用值是为了综合考虑从前一天以来，槽热平衡调整的效果和使槽操作平稳，不至于使控制量变化很大而导致电解槽热平衡产生波动。

热平衡参数调控神经网络的输出层采用 3 个神经元，分别对应当日电解槽的热平衡控制参数的使用值，包括：出铝量、设定电压调整量以及氟化铝添加量。

本神经网络系统的两个并行网络中均采用了两个隐含层，两个网络隐含层结构取 10×10。

27.4.4.2　神经网络的知识获取（神经网络的学习）

神经网络用于槽况诊断和热平衡参数调控之前，需要先从训练样本中通过学习获得铝电解专家的经验知识，并把这些知识分布存储在神经网络的权值中，以完成知识的自动获取。由于铝电解专家的经验知识具有不精确、不确定的特点，因此为了适应铝电解专家知识的这种模糊性特点，神经网络应具备处理模糊信息的能力。为此，本系统对输入和输出数据进行模糊归一化处理，即把各输入输出变量进行模糊化处理，分为若干挡级，然后再用归一化数值来代表，以便神经网络的处理。如：电解质温度分为"很低、低、稍低、正常、稍高、高、很高"若干挡级，分别用 [-1, 1] 间的数值来代表，即用 -1 ~ -0.75 间的值代表很低，-0.75 ~ -0.5代表低，-0.5 ~ -0.25 代表稍低，-0.25 ~ 0.25 代表正常，0.25 ~ 0.5 代表稍高，0.5 ~ 0.75 代表高，0.75 ~ 1 代表很高；沉淀状态分为"少、较多、多"三个挡级，分别用 -1 ~ 0.4，0.4 ~ 0.7，0.7 ~ 1 之间的数值来代表；同样，设定电压调整量分为"剧降、降低、稍降、零、稍升、升高、剧升"七个挡级。可见，本系统输入输出数据的模糊归一化处理方式非常有利于铝电解专家知识的获取。

当铝电解专家用这种归一化值把经验知识表示为槽况诊断和热平衡参数调控的样本对时，神经网络就可以通过离线学习，调整网络权值，从这些样本中自动获取专家经验知识。本系统两个网络采用并联结构，因此需采用两个样本集分别对其进行学习，以获取槽况诊断和热平衡参数调控专家经验知识。

神经网络的学习采用上节中改进的 BP 算法。以热平衡参数调控网络的学习为例，当启动学习过程后，送入输入神经元的是电解槽的各种运行参数及其变化趋势的模糊归一化值，经过误差反向传播计算调整网络的权值矩阵后，当网络输出与铝电解专家提供的样本对中的槽热平衡参数调控输出（网络期望输出）之间的误差足够小时，表明网络已完成从槽运行参数输入到槽热平衡参数调控输出的非线性聚类映射，就宣告学习结束。以同样方式，可以完成从槽运行参数输入到槽状态判断输出的非线性聚类映射。

27.4.4.3 神经网络的推理决策

本系统可在在线和离线两种运行方式中灵活地切换。当系统运行于在线方式时，它从数据库中读取某一时段（如最近24h）的相关数据，并对它们进行模糊归一化处理，得到两个网络的输入信息；然后利用两个网络学习好的权值矩阵进行前向推理计算，分别得到槽状态判断结果和槽热平衡参数调控决策结果，并输出槽状态信息和出铝量、氟化铝添加量等网络推理决策供电解车间生产人员参考，经适当修正后用于电解槽的生产和操作调整，并且可根据推理决策得到的电压调整量直接调整槽控机中的设定电压参数。当系统运行于离线方式时，两个网络的所有输入信息均可由操作人员进行修改，其推理决策过程同在线方式，但是推理结果只作为一种辅助决策的信息供操作人员参考，而不直接修改槽控机中的设定电压参数。

本系统的推理决策输出采用模糊化的语言值，而不仅仅输出 [-1,1] 之间的数值，以便让用户懂得电解槽的状态判断结果和槽热平衡控制决策结果，而不是对众多 [-1,1] 之间的数值一片茫然。这种模糊化的输出实际上可看做一种对神经网络推理决策过程的解释。例如：在槽况诊断网络中，阳极工作状态输出神经元，根据其输出值范围，分为"正常、微故障、故障"三挡，每当推理一次得到该状态输出神经元的值后，系统依照一组规则，把它归入相应的模糊语言挡级，然后给出相应的模糊语言输出结果。在热平衡参数调控网络中，氟化铝添加量按同样方式分为"很小、小、稍小、正常、稍大、大、很大"七挡。系统推理得出模糊语言值后，再根据类似于模糊控制中的反模糊化算法，把输出的模糊语言值映射到实际添加氟化铝采用的公斤数值。由于该系统采用模糊化的输入和输出来处理铝电解专家的经验知识和进行系统的推理决策，因此系统的灵活性、可移植性和鲁棒性都可得到保证。

27.4.4.4 神经网络的在线学习

系统在应用的初期，仅通过初始样本集合学习电解专家的经验知识往往很不够，一方面是因为专家提供的样本集合往往不能完全覆盖槽况诊断和决策领域的所有情况，另一方面是因为专家提供的样本集合中还可能含有错误的知识，此外，电解槽的特性也处于不断变化之中，因此这将大大限制系统的应用效果。神经网络不同于常规知识处理系统的一个优点是，可方便地通过自学习不断地调整自身的结构来获得新知识和修改原有的错误知识并适应环境的变化，所以神经网络系统可在专家的指导下对出现的一些错误的槽况诊断与决策实例进行修改后得到新样本，并对新样本进行在线学习，从而提高系统的适应性和鲁棒性。

27.5　基于专家系统技术的槽况综合分析方法

计算机科学在应用于智能计算机系统设计的过程中产生了一个新的学科分支——人工智能（AI），而专家系统是人工智能在实践领域的具体应用。通俗地说，专家系统是针对某一专门用途而开发的计算机程序，只是这种程序使用模拟人脑推理机理的计算机模型，程序语言为人工智能专用程序语言。初期问世的专家系统由"咨询"程序构成，采用离线操作方式。目前国内外已出现能应用于工业对象，进行在线、实时推理决策与控制的专家系统。通常，可从市面购得的专家系统工具只是一种"壳体"，即它不含任何专门知识，但它提供了一个能存储推理知识和数据的通用型"框架"（即支持软件和硬件）。用户与知识工程师通过它的"人—机交流"接口将知识（和数据）植入其中，来完成系统的建立和测试。

专家系统的核心部分是知识库和推理机。知识库存储从专家那里得到的关于某一具体应用领域的专门知识。推理机具有推理的能力，即能够利用知识库中的知识，从数据库中的数据（又被称为事实）来推导出结论。

27.5.1　专家系统知识库（规则库）的建立

目前，知识库的设计常采用基于规则（rule-based）的方法，即把系统的知识主要表达为"如果〈条件〉则〈结论〉"形式的规则（即语句），称为产生式规则。使用产生式规则的知识库又称为规则库，规则中的"条件"又被称为规则的前件，"结论"又被称为规则的后件。

由于与规则前件进行匹配的事实以及按规则推理所产生的结论往往具有不精确或不确定性，因此通常采用概率函数模型和（或）模糊函数模型来处理。凡是在系统中使用模糊集和模糊逻辑来表示和处理知识的不确定性和不精确性的专家系统都可称为模糊专家系统。

与传统专家系统相比，模糊专家系统的知识表示能力获得了极大的提高。在传统的专家系统中，由于知识属于精确型知识，因此事实与规则前件只允许精确匹配，不允许部分匹配。而在模糊专家系统中，由于知识属于不精确，不确定型知识，因此事实与规则前件允许部分匹配，这就使得它与传统逻辑系统有本质的不同，即模糊逻辑可以提供一种近似和相似的推理机制，而前者仅提供一种精确的推理机制。当然，模糊逻辑也能处理精确推理，实际上，精确推理只是模糊（近似）推理的一种特殊情况。

我们在开发模糊专家系统时，将模式规则与精确规则采用统一的"if < 条件 > then < 结论 >"的形式来表达，只是对于模糊规则，条件和结论都含模糊子句。为了简化推理机的构造，我们仅采用简单规则和"AND"类型的复合规则来表达全部规则。这是因为其他类型的规则均可以拆分为这两种类型的规则。"AND"类型的复合规则的表达形式如下：

$$\text{if } [\text{Pj1 AND Pj2}\cdots\text{AND Pjm}] \text{ then } [\text{Qj1 AND Qj2} * \text{AND Qjn}]$$

其中，Qj1 代表第 j 个结论的第 1 个子结论，Pj1 代表能使第 j 个结论成立的第 1 个子前提，两者都可为模糊或精确的子句，其余依此类推。上述规则表示前件（即条件）中含有 m 个前提，并且只有当 m 个前提均成立（或均可能成立），结论才能成立（或才可能成立）。若前件中只含 1 个前提，结论中只有 1 个子结论，则便是简单规则，可见简单规则是"AND"类型复合规则的一个特例。

采用上述的规则表达形式，就可方便地表达槽况分析与决策的"模糊知识"，例如：

如果 T = "大降低"，而且 B = "大升高"，而且 Al = "不变"，则槽膛不好；

如果 T < = "降低"，而且 B > = "升高"，而且 SH > = "升高"，而且 Al = "不变"，则槽膛不好；

如果 T < "正常值"，而且 T < = "降低"，而且 Rb > = "升高"，而且 SH > = "升高"，则槽底不好；

如果 Al = "大升高"，而且 B < = "不变"，则为冷槽；

如果 Al > = "升高"，而且 CR < = "降低"，则为冷槽；

如果 Al > = "升高"，而且 T < = "降低"，则为冷槽；

如果 Al > = "升高"，而且 B < = "降低"，则为冷槽；

如果 Al > = "不变"，而且 T < = "降低"，而且 B < = "降低"，则为冷槽；

如果 Al = "大降低"，而且 B > = "不变"，则为热槽；

如果 Al < = "降低"，而且 CR > = "升高"，则为热槽；

如果 Al < = "降低"，而且 T > = "升高"，则为热槽；

如果 Al < = "降低"，而且 B > = "升高"，则为热槽；

如果 Al < = "不变"，而且 T > = "升高"，而且 B > = "升高"，则为热槽；

如果 SH > = "升高"，则升高设定电压；

如果 SH < = "降低"，且设定电压 > = "正常"，则降低设定电压；

如果 "槽膛不好"，则减小 AlF_3 添加量；

如果 "槽底不好"，则减小 AlF_3 添加量；

如果 "冷槽"，则减小 AlF_3 添加量；

如果 "针摆严重"，则减小 AlF_3 添加量；

如果 "热槽"，则增大 AlF_3 添加速率；

……

需指出，上述规则只是一种举例。规则中的 T 代表电解质温度；B 代表电解质高度；Al 代表铝液高度；SH 代表 24h 针摆（累计）时间；Rb 代表阳升与阳降的平均电阻率；CR 代表摩尔比。上述规则中的变量均采用模糊变量，所谓模糊变量，其取值不是原始的数值，而是按照人的思维方式，将原始的数值"模糊化"为若干个挡级值（语言值）。例如若分五挡，则描述某个参数的变化趋势的挡级值可定义为："大降低"（-2），"降低"（-1），"不变"（0），"升高"（+1），"大升高"（+2）。

模糊专家控制系统中，规则前件可能是精确的，也可能是不精确的，同样，数据库中的事实可能是精确的，也可能是不精确的。这样，规则的前件与事实的匹配就会出现如下四种情况：（1）精确的前件与精确的事实；（2）精确的前件与不精确的事实；（3）不精确的前件与精确的事实；（4）不精确的前件与不精确的事实。

由此可看出，模糊专家系统允许规则前件与事实之间的匹配程度在[0,1]中取值，而传统专家控制系统的规则前件与事实之间的匹配只能为第一种情况，其匹配程度只能在{0,1}中取值（即要么取 0，要么取 1）。

27.5.2 推理机的构造

推理机的推理过程可分正向链接推理和逆向链接推理两种形式，前者从已知的一组事实

（叶节点）不断地推出新的事实，直至作出结论（实现目标）；后者是先假设一个结论，然后去推论支持假设的事实，直至作出证实或否定假设结论的决定（实现目标）。推理机还可以采用其他许多类型的推理方式。此外，推理机还采取多种优先级排序策略来解决多条规则（即知识）可能出现的相互冲突。

我们曾采用基于"近似推理"原理的模糊专家系统的推理技术构造推理机，推理过程如图 27-10 所示。它采用模糊模式匹配—触发（近似推理）的方式，用数据库中的事实数据与每条规则的前提进行匹配。由于事实库中的事实不仅有精确的命题，而且有不精确的命题，推理机不仅允许精确的匹配，而且还允许部分匹配，也就是说匹配程度不是在 $\{0,1\}$ 中取值，而是在 $[0,1]$ 中取值。精确的前件与精确的事实匹配程度只能在 $\{0,1\}$ 中取值，不精确的前件与精确的事实的匹配程度为精确的事实属于不精确的前件的隶属度，精确的前件与不精确的事实以及不精确的前件与不精确的事实之间的匹配程度采用模糊集间的匹配来计算。整个规则的匹配程度为所有前件与事实之间匹配程度的最小值，只要该值大于预先设定的阈值，该规则就进入触发规则集，采用规则分组、优先级和匹配程度的冲突消解策略选用最终的执行规则，从而使不确定性得以在推理网络中传播。

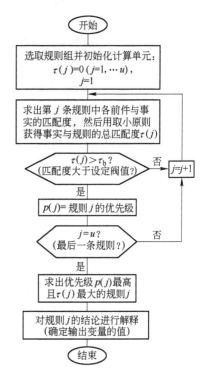

图 27-10　推理机推理过程图

27.5.3　槽况分析与决策专家系统与现行控制系统的结合

将槽况分析与决策专家系统与现行控制系统进行有机的结合，可构成图 27-11 所示的一种分级智能控制系统。

在这种组合形式中，现行控制系统仍承担对在线和离线检测数据的解析和对未知参数的估计，并实现对电解槽的动态模拟和实时监控，发挥其精细、快速的控制功能，同时为专家系统的数据库提供经"深加工"的数据。专家系统则可作为高层次的组织级，主要发挥其智能推理功能进行槽况解析，在槽一级和全系列一级两个层次上实现对电解过程中、长期状态趋势分析和监视，并以此为基础在必要时自行做出或建议有关操作管理者做出调整（优化）下级控制机中的设定参数的决策，为各级操作管理人员提供过程的维护与处理意见，以及完成高层次的协调、组织与管理工作。

专家系统可通过接口与外部数据库和受控对象相连，并通过接口与使用者进行对话。通常，专家系统所具有的方便的"人机交流"功能，一方面，使它在推理决策的信息不足时可直接向操作人员询问关于受控对象的状态信息，另一方面，能以"技术咨询"方式向操作人员提供对受控对象进行维护和处理的指导意见。

在专家系统中，知识库与系统其他程序（如推理程序）完全分离，知识库的独立性与知识模块化形式相结合，一方面使知识库的修改、扩充和维护非常简便、且可在线进行，这实际上达到了在线修改推理决策模型的目的；另一方面使知识库的容量不受内存的限制。

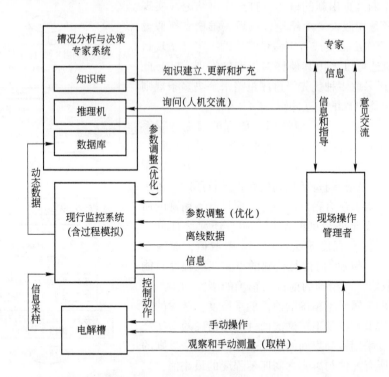

图 27-11 槽况分析与决策专家系统与现行控制系统的一种组合形式

27.6 多种槽况分析方法的综合应用——一个集成型槽况综合分析系统的设计与实现

上面介绍的数种槽况分析方法是可以综合应用的。下面以我们开发的一个集成型槽况综合分析系统为例进行讨论。该系统中集成应用了基于数据统计、数据挖掘以及专家系统等技术的多种槽况分析方法。

27.6.1 系统功能设计

系统功能结构如图 27-12 所示,铝电解控制系统通过网络为本分析系统提供数据源,经过数据预处理后转变成规范化的数据;系统根据客户的需求进行数据分析,得到反应铝电解槽运行状态的结果,以可视化的方式呈献给用户;同时,对槽况较差的电解槽,结合专家的经验并通过专家诊断系统进行进一步的诊断,从而得到电解槽控制参数和工艺参数的优化调整方案。

整个系统的着重点在于数据分析。该模块可集成应用数理统计模型、数据挖掘模型以及神经网络模型,对数据进行处理、分析,实现数据→信息→知识的转变。根据功能结构图,系统主要划分为以下几个模块。

(1) 数据预处理模块。主要功能是从铝电解控制系统中进行数据抽取,同时,对这些数据进行规范化处理,包括清除冗余数据,填充空穴数据,统一数据格式等,为下一步的系统分析提供良好的数据支持。

(2) 数据分析模块。该模块可以详细的划分为几个独立的子模块,如图 27-13 所示,其中各子模块的功能如下:

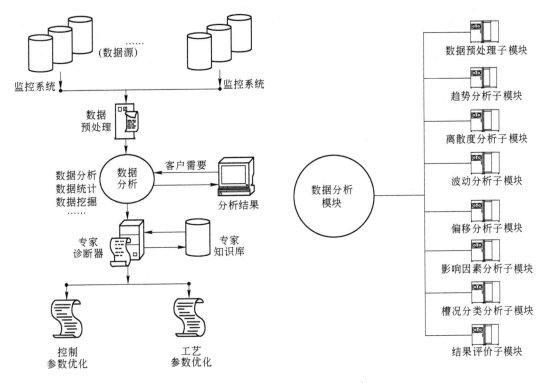

图 27-12　系统功能结构图　　　　图 27-13　系统功能模块图

1）趋势分析子模块。该模块主要功能是对单个电解槽或整车间（系列）电解槽的趋势（均值）进行分析，获得在给定的时间范围内各种参数（如工作电压、下料量、电解质温度、熔体高度等）分阶段的趋势变化情况。

2）离散度分析子模块。该模块主要是对单槽或系列（车间）各参数的离散度（期望或方差）进行分析，获得在给定的时间范围内各种参数（如工作电压、下料量、电解质温度、熔体高度等）分阶段的离散度变化情况。

3）波动分析子模块。该模块主要是对单槽或系列（车间）各参数单日、三日、五日、七日等的波动情况（变化量）进行分析，获得在给定的时间范围内各种参数（如工作电压、下料量、电解质温度、熔体高度等）分阶段的波动变化情况。

4）偏移分析子模块。该模块主要是对单槽或系列（车间）各参数相对于目标范围的偏移情况进行分析，获得在给定的时间范围内各种参数（如工作电压、下料量、电解质温度、熔体高度等）或者其加权值分阶段的偏移变化情况。

5）影响因素（关联度）分析子模块。该模块主要对单槽或系列（车间）在给定时间范围内各种参数之间的相互影响进行分析，获得这些因素影响程度的排序情况，得到在给定时间范围内最主要的影响因子，并为后续的深入分析提供基础。

6）槽况分类分析子模块。该模块主要是对单槽或系列（车间）的槽况进行分类分析，获得给定的时间范围内槽况的分类情况，为槽况诊断提供前期基础。

7）结果评价子模块。该模块主要是针对整个数据分析模块所得出的结果做出一个评价，得出数据分析系统运行的好坏。

（3）图表结果显示模块。将分析结果以图表、图形等格式向用户提交可视化的分析界面，同时，对量化结果进行排序，获得最佳或最差情形。

（4）专家诊断模块。根据系统分析中得到的一些统计和量化的结果，采用模糊专家系统来对电解槽或对整个系列（车间）的运行进行诊断。

（5）系统优化模块。根据诊断的结果，给出控制系统优化方案和工艺优化方案，供企业操作决策人员和开发人员参考。

27.6.2　系统运行环境

分析系统的软件运行环境如下。

服务器操作系统：Microsoft Windows 2000 Server 中文标准版及以上。

客户端操作系统：Microsoft Windows 9x 中文版以上，安装 .net framework。

后台数据库与数据仓库：Oracle8i 或 Microsoft SQL Server 2000 中文企业版。

27.6.3　基于 .net 平台的系统实现

27.6.3.1　.net 平台的介绍

本系统的开发采用最新的 .net 平台方案实现。微软对 .net 的定义是：.net 是在高度分布式的互联网环境中，使软件开发简单化的新的计算平台。鉴于网络的高速发展，预计以后商业活动的中心将转移到网络上来，而 .net 平台正是在这种环境下诞生的。

.net 平台有许多独到优点，主要体现在如下几个方面：

提供标准的面向对象开发环境，不仅可以在本地与对象交互，还可以通过 WebService 和 .netremoting技术在远程与对象交互。

提供优化的代码执行环境，使以前让人们头痛的程序版本问题得到了解决，可以在同一台机器中安装相同程序的不同版本。而且 deployment 也得到了改善。微软称它是 X-COPY，就是说像拷贝文件一样简单了。

提供代码运行安全性。以前我们担心网页中包含的 ActivX 控件会执行恶意的代码，但现在不用担心了，因为 .netframework 保障执行代码的安全性。

使用 JIT（just intime activation）技术，提高代码运行速度。

提供标准的框架和强大的开发工具，可以让程序员在实际的开发当中，积累更多的经验。

net 遵循业界标准规范，所以可以让代码（.net 里的代码）与其他系统交互。如 WebService，COM 等。

27.6.3.2　系统实现

整个系统分为两部分：后台数据库、客户端分析子系统。后台数据库负责数据的存储和部分应用逻辑的实现，客户端分析子系统则只和后台数据库打交道，客户端数据的完成通过局域网来实现，形成一种基于网站构架的结构。

客户端分析子系统的核心功能主要包括：参数设置、趋势分析、离散度分析和波动分析等几个模块。

其他的各个模块，则从系统的安全性、可管理性、用户操作的交互性等进行考虑，用来协同配合系统的正常运行。同时，在功能扩展方面，系统保留了相应的接口，以不断完善该系统。

（1）客户端参数设置的实现。此模块客户端的参数设置模块，确定各参数的预警区间、时间日期参数、槽号、车间号等相关参数。客户端参数设置界面如图 27-14 所示。

（2）客户端工艺分析的实现。当输入合法的参数之后，此模块可以被激活。它用来对所选

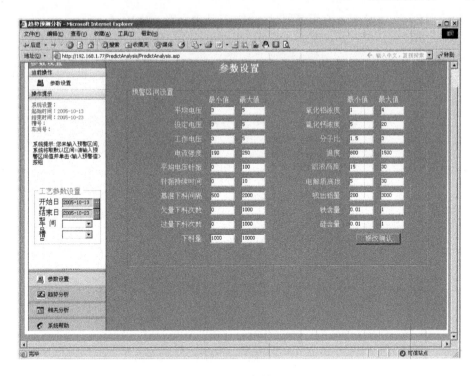

图 27-14 客户端"参数设置"界面

日期、槽号的数据进行以下分析：趋势分析、离散度、波动、相关性等，获得电解槽在这段历史时间之内的槽况。其界面如图 27-15 所示。

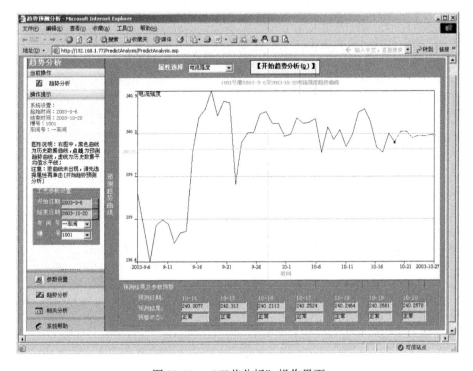

图 27-15 "工艺分析"操作界面

（3）服务器端的实现。在服务器对数据进行处理，用于对 Microsoft SQL Server 中的数据进行预处理，生成合法数据并重新输入到该数据库中，可以自动运行也可以手动操作。其运行界面如图 27-16 所示。

图 27-16　服务器端数据预处理界面

随着企业不断追求管、控一体化的目标，上述基于网络体系的槽况综合分析系统必将发挥愈来愈大的作用，推动企业信息化建设的进程。

参 考 文 献

1　李劼. 点式下料铝电解槽计算机控制模型的研究：[学位论文]. 长沙：中南工业大学，1993

2　陈湘涛. 数据挖掘技术在铝电解控制技术中的应用：[学位论文]. 长沙：中南大学，2004

3　游旺. 大型预焙铝电解槽槽膛内型在线动态仿真研究：[学位论文]. 长沙：中南工业大学，1997

4　李民军. 大型预焙铝电解槽模糊专家控制器及新颖热平衡控制模型的研究：[学位论文]. 长沙：中南工业大学，1999

5　徐福仓. 专家系统技术在铝电解过程监控中的应用研究：[学位论文]. 长沙：中南工业大学，1998

6　李劼，刘业翔，黄永忠，等. 点式下料铝电解槽电解质温度模型. 中国有色金属学报，1994，4（2）：12～16

7　刘业翔，陈湘涛，张文根，等. 基于连通分支的聚类分析算法及其在铝电解中的应用. 计算机工程与应用，2004，（23）：216～219

8　刘业翔，陈湘涛，张更容，等. 铝电解控制中灰关联规则挖掘算法的应用. 中国有色金属学报，2004，14（3）：494～498

9　胡守仁，余少波，戴葵. 神经网络导论. 长沙：国防科技大学出版社，1993

10　徐秉铮，张百灵，韦岗. 神经网络理论与应用. 广州：华南理工大学出版社，1994

28　铝厂信息化

　　信息化是指通过企业网络平台的建设、信息资源的开发与利用，实现企业人力、财力与物资资源的优化配置，完成信息流、资金流、物流、业务工作流的融合与统一，最终提高企业的经济效益和市场竞争能力。

　　早期的企业信息化建设的内容：在硬件方面主要是计算机局域网的建设，在软件方面主要是管理信息系统（MIS）的建设。在当今的企业信息化建设中，管理系统（软件）已远不止传统的管理信息系统（MIS），而且还扩展到办公自动化系统（OA）、供应链管理系统（SCM）、客户关系管理系统（CRM）、企业资源计划系统（ERP）、电子商务平台等。

　　对于现代生产型（尤其是流程生产型）企业，信息化建设的一大特点是，企业的生产过程自动控制系统与企业的管理系统相融合，构成管理与控制一体化的系统，从而克服企业自动化系统中的自动化"孤岛"，并防止管理系统成为缺乏底层数据支撑的"空中楼阁"。现代计算机技术、网络技术、数据库技术以及 Internet 等技术的飞速发展，加速了现代企业管控一体化的进程。

28.1　铝厂信息化建设的主要内容

　　与我国其他生产型工业企业相类似，我国铝厂信息化建设的发展大致经历了三个阶段，形成了发展中的三个高潮期：第一个阶段为起步期，其功能与应用是低层次的，主要包括文字处理、表格处理、人事财务信息管理等，使用的范围比较小，局限在部分的管理部门；第二个阶段为发展期，企业的投入力度加大，应用的范围逐步扩大，各部门建立了自己独立的局域网，初步实现文件的共享、打印的共享等功能，并开始使用数据库进行数据的管理；第三个阶段为综合建设期，企业的投入进一步增加，但同时也加大了对系统建设的整体规划，从功能、实用性等角度考察系统的实施。在此阶段，数据库管理系统的应用开始普及，系统之间的数据集成、功能整合以及各种数据的多维分析等逐步成为信息化建设中的需求主体，并在此需求的带动下逐步实现控制系统与管理系统的融合。

　　进入上述第三阶段，也就是当今阶段，铝厂的信息化建设包括下列内容：

　　（1）信息网络平台的建设。作为基础建设的投资，主要是为铝厂的内部联网提供硬件平台，实现企业内部各部门之间的信息互访，同时，提供 Internet 的连接。通常，铝厂的骨干网络采用光纤架构，配备高速的中心路由器和节点交换机，速率为 100M/1000M；桌面交换机则选用 10Base-T 或 100Base-T，实现以太网或快速以太网的连接。

　　（2）控制系统的建设。在电解铝厂，控制系统的数据是信息化的基础数据来源。对电解、铸造、整流、炭素等生产部门实现生产过程的自动控制，并对各系统的数据进行集成和融入管理系统，实现数据的共享与复用，是当前电解铝厂信息化建设的一个趋势。而对控制系统本身，先进的网络体系结构、完善的控制功能、良好的控制效果、稳定的控制性能、强大的数据分析能力、人性化的控制界面等，则是控制系统建设需要考虑的重要问题。

　　（3）管理系统的建设。管理系统建设的内容比较多，随着我国软件产业的发展，市场上出现了许多成熟的软件产品，如管理信息系统（MIS）、办公自动化系统（OA）、供应链管理系统（SCM）、客户关系管理系统（CRM）、企业资源计划系统（ERP）等，这些系统向用户提供了一般的通用功能。电解铝厂在进行管理系统建设的过程中，通常根据自身的实际情况业务需求，采取两种方式进行：购买现有的软件和定制开发新软件。

（4）电子商务平台的建设。互联网技术的飞速发展，传统的经营模式面临着新的挑战。电子商务作为一种新的经营理念，逐步步入社会生活。网络广告、网络营销、网上支付和网上售后服务等，为铝厂降低经营成本、提高市场竞争能力提供了一种可能；特别是"非接触经济"的提出，为电子商务的发展提供了一种新的机遇。电子商务平台的建设，已经成为信息化建设发展的一种趋势。

（5）信息技术的普及教育。通过各种形式和途径进行在职培训，开展信息技术、信息化知识的普及教育，提高电解铝厂各级领导、管理干部、科技人员、业务人员、广大职工的信息意识与文化素质，培养既懂信息技术，又懂业务的复合型人才，是企业信息化顺利实施的保证，也是企业信息化建设的重要组成部分。

随着技术和管理的不断进步，电解铝厂信息化建设也在不断成熟。总的来说，其未来的发展趋势主要包括以下几个方面[1~9]：

1）系统的高度集成，主要包括功能的集成、多种异构数据的集成等。

2）软件的人性化、智能化与交互能力的加强，专家的经验参与管理。

3）安全性将作为系统的基本功能，得到进一步加强。

4）数据分析与数据挖掘的能力成为软件的功能主体，实现企业的知识管理。

5）普适计算模式将逐步引入管理系统，形成开放式的管理闭环。

6）系统的性能得到进一步改善，分布式、并行处理等技术将随着数据的增长逐步成为系统的基本功能。

7）虚拟设计、虚拟制造技术成为应用的新热点，虚拟企业成为可能。

8）研究新的管理理念，并用于企业的实际管理过程。

28.2 管理信息系统概述

建立起适合企业自身特点的管理信息系统（MIS）是企业信息化建设的一项核心内容。

在计算机引入管理信息系统之前，就存在人工信息系统，人们通过手工操作进行信息处理。20世纪50年代后期，人们开始尝试用计算机为各种管理功能提供信息服务，管理信息系统的概念随之问世。

1961年，J. D. Gallagher提出了以计算机为主体，信息处理为中心的系统化的综合性管理信息系统的设想，第一次提出了管理信息系统这个概念[10]。

1970年，Ross从经营管理者的立场出发，应用系统工程的原理，提出了生命周期设计方法[10]。再加上20世纪70年代计算机性能的提高，远程通信的发展和通信网的形成，为管理信息系统争取时间和空间打下了良好的基础。

20世纪80年代以后，管理信息系统逐渐成为计算机传统应用领域的一个重要分支。

简而言之，管理信息系统是一个以人为主导，利用计算机硬件、软件、网络通信设备以及其他办公设备，进行信息的收集、传输、加工、储存、更新和维护，以使企业战略竞优、提高效益和效率为目的，支持企业高层决策、中层控制、基层运作的集成化的人机系统。

28.2.1 管理信息系统的特点

（1）面向管理决策。管理信息系统是继管理学的思想方法、管理与决策的行为理论之后的一个重要发展，它是一个为管理决策服务的信息系统，它必须能够根据管理的需要，及时提供所需要的信息，帮助决策者作出决策。

（2）综合性。从广义上说，管理信息系统是一个对组织进行全面管理的综合系统。一个组织在建设管理信息系统时，可根据需要逐步应用个别领域的子系统，然后进行综合，最终达到应用管理信息系统进行综合管理的目标。管理信息系统综合的意义在于产生更高层次的管理信息，为管理决策服务。

（3）人机系统。管理信息系统的目的在于辅助决策，而决策只能由人来做，因而管理信息系统必然是一个人机结合的系统。在管理信息系统中，各级管理人员既是系统的使用者，又是系统的组成部分，因而，在管理信息系统开发过程中，要根据这一特点，正确界定人和计算机在系统中的地位和作用，充分发挥人和计算机各自的长处，使系统整体性能达到最优。

（4）现代管理方法和手段相结合。如果只是简单地采用计算机技术以提高处理速度，而不采用先进的管理方法，那么管理信息系统的应用仅仅是用计算机系统仿真原手工管理系统，充其量只是减轻了管理人员的劳动。管理信息系统要发挥其在管理中的作用，就必须与先进的管理手段和方法结合起来，在开发管理信息系统时，融进现代化的管理思想和方法。

28.2.2　管理信息系统的功能

企业是一个复杂的系统，整个系统中各环节的活动构成了企业的经营生产活动。物流与信息流是贯穿在企业经营生产活动中的两个运动过程。物流是企业的基本流，它的运动进程产生各种运动信息，而企业管理者针对这些信息作出决策，以决策信息再控制物流运动，规划调节物流数量、方向、速度、目标，使之按一定目的和规划运动。信息流是管理的基础和管理的体现，管理信息是企业的神经中枢，是生命线，这在信息时代更为重要。管理信息系统不仅为企业管理提供决策所需要的一切信息，而且还有一定的决策、控制功能，其范围正在不断扩大。

（1）信息的输入。将收集来的各种信息源，按一定的格式加以整理、录入并存储在一定的介质上（如卡片、磁带、软盘等），经过一定的校验后，即可输入系统进行处理。对基础数据进行严格的管理，要求计量工具标准化，并要求使用正确的程序和方法，使信息流通渠道顺畅。同时，必须保证信息的准确性、一致性。

（2）信息的传输。信息的传输包括计算机系统内和系统外的传输，实质是数据通信。

（3）信息的存储。即将输入的信息存储到计算机存储器上。计算机存储器分为内存和外存：内存的存取速度快，可随机存取存储器中任何地方的数据；外存的存储量大，但必须由存取外存的指令整批调入内存后，才能为运算器使用。

（4）信息的加工。信息加工的范围很大，从简单的查询、排序到复杂的模型调试及预测都会涉及。在加工中，要使用许多数学及运筹学的工具，许多大型的系统不但有数据库，还有方法库和模型库。在信息加工过程中，要确定信息处理过程的标准化，统一数据和报表的标准格式，以便建立一个集中统一的数据库。

（5）信息的维护。信息维护，是信息资源管理的重要一环。狭义上讲，它包括经常更新存储器中的数据，使数据均保持可用状态；广义上讲，信息的维护还应包括系统建成后的全部数据管理工作。信息的维护主要是为了保证信息的准确、及时、安全和保密。

（6）信息的查询和使用。信息的查询是使被授权使用系统的用户容易存取数据库中的任何记录或任何数据项。信息的使用是实现信息价值的转化，提高工作效率；也是管理信息系统设计的最终目标。

（7）提供决策支持功能。支持决策是管理信息系统的主要功能，也是最困难的任务。决策是为达到某一目的而在若干个可行方案中经过比较、分析，从中选择合适的方案并实施的过程。决策过程可分为三个阶段：

1）收集情况。对环境进行调查，获取、加工与决策有关的数据，以获得识别决策问题的因素和线索。

2）设计。发现、分析和模拟决策过程，也就是理解问题，建立模型，进行模拟，提供多种可供选择的方案。

3）选择。从各种方案中选出一种最佳方案，付诸实施。

在提供决策支持的过程中，管理信息系统需要高效低能地完成日常事务处理业务，优化分配各种资源，包括人力、物力、财力等。并且能够通过充分利用已有的资源，包括现在和历史的数据信息等，运用各种管理模型对数据进行加工处理，支持管理和决策工作，以便实现组织目标。

28.2.3　管理信息系统的结构

传统的管理信息系统的结构如图 28-1 所示。

（1）市场销售子系统。功能包括销售和推销以及售后服务的全部活动。

事务处理主要是销售订单、广告推销等的处理。

在作业控制方面包括聘用和培训销售人员、销售和推销的日常调度，还包括按区域、产品、顾客的销售量定期分析等。

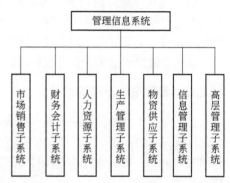

图 28-1　传统管理信息系统的结构

在管理控制方面包括总的成果和市场计划的比较，它所用的信息有顾客、竞争者、竞争产品和销售力量要求等。

在战略计划方面包括新市场的开拓和新市场的战略，它使用的信息包括客户分析、竞争者分析、客户调查、收入预测、产品预测和技术预测等。

（2）生产管理子系统。功能包括产品的设计、生产设备计划、生产设备的调度和运行、生产人员的聘用和培训、质量控制和检查等。

事务处理是生产指令、装配单、成品单、废品单和工时单等的处理。

作业控制要求将实际进度与计划相比较，找出薄弱环节。

管理控制要求进行总调度、单位成本和单位工时消耗的计划比较。

战略计划要考虑加工方法和自动化的方法。

（3）物资供应子系统。功能包括采购、收货、库存管理和发放等。

事务处理包括采购订货、制造订货和收货报告、库存单、运输单、装货单、脱库存项目、超库存项目、库存营业额报告、供应商性能总结、运输单位成本分析等。

作业控制包括产生库存水平报告、库存短缺报告、库存积压报告等。

管理控制包括计划库存与实际库存水平的比较、采购成本、库存短缺分析、库存周转率分析等。

战略计划包括新的物资供应战略、对供应商的新政策以及"自制与外购"的比较分析、新技术信息、分配方案等。

（4）人力资源子系统。功能包括人员聘用、培训、考核、工资和解聘等。

事务处理有产生聘用需求、工作岗位责任、培训计划、职员基本情况（学历、技术专长、经历等）、工资变化、工作小时和离职说明。

作业控制考虑的是聘用、培训、终止聘用、工资调整和发放津贴等。

管理控制主要进行实情与计划的比较，产生报告。

战略计划包括聘用战略和方案评价、职工培训方式、就业制度、地区工资率的变化及聘用留用人员的分析等。

（5）财务会计子系统。财务的职责是在尽可能低的成本下，保证企业的资金运转。

会计的主要工作是进行财务数据分类、汇总，编制财务报表、制定预算和成本数据的分析与分类。

事务处理包括赊账申请、销售单据、收款凭证、付款凭证、日记账、分类账等。

作业控制包括每日差错报告和例外报告、处理延迟记录和未处理业务的报告。

管理控制包括预算和成本数据的分析比较。

战略计划包括财务的长远计划、减少税收影响的长期计划，成本会计和预算系统的计划等。

（6）信息管理子系统。功能是保证其他功能有必要的信息资源和信息服务。

事务处理有工作请求、收集数据、校正或变更数据和程序的请求、软硬件情况的报告以及规划和设计建议等。

作业控制包括日常任务调度，统计差错率和设备故障信息等。

管理控制包括计划和实际的比较。

战略计划包括整个信息系统计划、硬件和软件的总体结构、功能组织是分散还是集中等。

（7）高层管理子系统。功能是为组织高层领导服务。

事务处理包括信息查询、决策咨询、处理文件、向组织其他部门发送指令等。

作业控制包括会议安排计划、控制文件、联系记录等。

管理控制要求各功能子系统执行计划的当前综合报告情况。

战略计划要求广泛的综合的外部信息和内部信息。

28.3 管控一体化系统的开发与集成

随着铝电解企业中以铝电解过程控制系统为主体的自动化系统逐步采用网络体系结构，并与企业计算机局域网能实现无缝连接，管控一体化系统的建设进程在明显加快。近几年来，我们以开发和推广应用铝电解智能控制系统为基础，针对铝电解生产的特点，采取从下往上逐步建设的思路来构造铝电解企业的管控一体化系统。下面，将结合我们的开发实例进行讨论。

28.3.1 开发原则

管控一体化系统的开发应该遵循下列基本原则：

（1）按控制系统与管理系统"两网合一"的一体化网络的建设原则进行全厂计算机网络的整体规划与建设，解决原来的自动化"孤岛"问题并避免产生新的自动化"孤岛"。

（2）在构造或选购信号采集与过程控制系统时，应选择新型的数字化、网络化、开放式的仪器仪表与自动化装置，特别是尽可能选用具有开放式软硬件平台，支持软硬件组态和用户"二次开发"的集成型控制系统。

（3）注重信息资源管理系统的开发与应用，提高各类信息收集、处理、共享及应用水平，并在此基础上开发管理系统，进而开发、建立实用的企业决策支持系统，提高企业管理与决策水平。

28.3.2 控制系统结构的网络化

28.3.2.1 网络体系结构发展趋势

随着计算机网络技术的飞速发展，工业监控系统的结构正向局域网络甚至互联网监控方向发展，基于资源共享的工业网络监控系统是今后企业信息化建设的重要组成部分，其中网络体系结构处于核心地位，合理选择网络体系结构对监控系统软件开发工作量、系统运行效率、运行速度以及稳定性和可维护性都有至关重要的作用，目前流行的网络体系结构主要有两种：客户/服务器（C/S）模式和浏览器/服务器（B/S）模式。

传统的 C/S 模式架构由客户端、应用服务器和数据库服务器三层组成。客户程序仅仅处理与用户的交互，把用户的请求提交给应用服务器，并把结果返回给用户；应用服务器负责处理应用逻辑，即接收客户请求，根据应用逻辑处理结果转化为数据库请求与数据库服务器交互，并将交互的结果传送给客户应用程序；数据库服务器根据应用服务器的发送请求实施数据库操作，并将操作的结果传送给应用服务器。

B/S 模式也是一种三层结构的网络架构形式，即由形式逻辑层、应用逻辑层和数据层三部分组成，是传统 C/S 模式的发展，其中形式逻辑层即为客户机上的 Web 浏览器；应用逻辑层为 Web 服务器，完成逻辑处理；数据层则为各数据库服务器。在这种模型下，客户端与 Web 服务器相连，Web 服务器再与数据库服务器相连。通过浏览器发送请求到 Web 服务器，再由 Web 服务器通过 ASP（active server pages）动态服务网页等与数据库服务器交互，Web 服务器负责将处理结果转为 HTML 格式，最后再反馈给用户。

这种 Browser/Web Server/Database Server 的三层网络结构具有传统多层客户/服务器结构和 Web 技术的优势，是当前网络体系结构的主流和最佳模式[11~15]，为企业实现网络监控提供了一个简洁安全的解决方案。该结构具有如下优点：

（1）客户端采用统一的浏览器界面，适用于不同操作系统，用户根据不同的需求，下载不同的网页，容易维护和培训。

（2）客户交互界面与应用逻辑分开，提高了系统的可伸缩性，同时由于共享了应用逻辑，添加新的应用时，仅仅修改应用逻辑即可，减低了系统的维护工作量。

（3）浏览器中运行的应用程序和应用服务器之间只传送请求信息和响应信息，通过网络传送的信息量小。

28.3.2.2 具有三级网络结构的铝电解控制系统

对于有管控一体化建设要求的铝厂，我们在为其进行控制系统结构设计时，采用图 28-2 所示的三级网络结构。这种结构顺应了控制系统及管控一体化系统网络结构发展趋势。

该系统中的硬件配置及数据交换方式如下。

（1）控制级中的主体设备为槽控机，该级采用基于 CAN 总线通信协议的现场总线实现控制设备的连接。

（2）监视级主要由监视用工作站（具体数目由电解槽数和总线配置决定）、数据服务器、Web 服务器和交换机组成，基于 TCP/IP 通信协议进行数据交换。工作站一般采用工业控制计算机；服务器一般采用小型双 CPU 服务器，数据服务器的配置要求高一些，Web 服务器的配置可略低一些；交换机的选择取决于计算站网络的容量，一般 24 口就可以了。一般每个电解分厂配备一套服务器（数据和 Web 服务各一台）。监视级的设备大多数都部署在电解分厂计算站内，通过屏蔽双绞线相连；若在各工区及车间等地设立监控终端，则通过光纤连接至计算站，构成一种星型的网络拓扑结构。

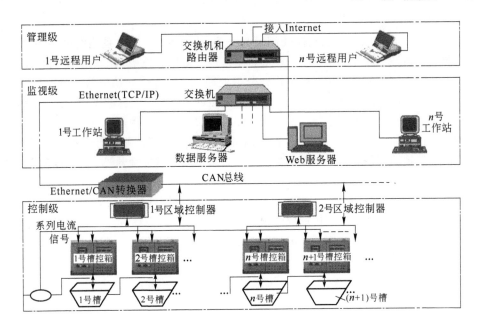

图 28-2 具有三级网络结构的铝电解控制系统（见彩图Ⅱ-2）

（3）监视级向下通过 Ethernet/CAN 转换器与控制级（槽控机）相连，实现数据双向传输；向上通过光纤与电解分厂局域网相连，同时工作站和服务器通过交换机及路由器以 TCP/IP 协议与局域网中的远程用户计算机相连，完成与管理级数据的高速传输。

该系统所采用的主要软件平台如下：

（1）控制级的软件平台采用实时操作系统，具有响应速度快，多线程并发的特点，编程语言采用标准 C 语言和单片机 C 语言（C51），易于维护。

（2）监视级采用如下软件平台：

工作站采用 Microsoft WindowXP Profession 操作系统，采用 Access 数据库做本地数据的存储。

数据库服务器采用 Microsoft Window Server Advanced 操作系统，采用 SQL Server 或 Oracle 数据库做网络数据的存储。SQL Server 后台数据库部分采用 ultraEdit-32 等文本编辑器开发；Oracle 后台数据库部分采用 PLSQL Developer 开发。

Web 服务器采用 Microsoft Window 2000 Server 及以上操作系统，采用 Microsoft Internet Information System（IIS）做 Web 信息服务。Web 网页部分采用 DreamWeaver 开发。

数据存储采用双备份模式，工作站监控终端采用本地小型数据库（Access）方式存储，数据服务器采用大型数据库（SQL Server 或 Oracle）方式存储，同样的数据保存两份，避免了服务器故障造成数据的丢失，提高了系统数据存储的自维护能力。

（3）管理级采用如下软件平台：

远程用户操作系统中的浏览器只要能支持 ActiveX 控件就能访问到监视级 Web 服务器上相应的网页，最好选用 IE（Microsoft Internet Explore）浏览器。

系统采用 B/S 模式进行数据访问，非常容易扩展到 Internet 广域网，实现跨区域的远程访问。

系统采用 B/S 架构设计，对用户应用软件维护的要求降低，方便用户。

28.3.3 管控一体化系统中若干重要子系统的开发

除了开发应用先进的控制（子）系统以外，还需要开发若干对管控一体化系统起支撑作用的子系统。

（1）数据处理与动态信息监控（浏览）子系统。管控一体化系统的网络结构可使电解、炭素、整流、铸造、净化、化验、质检等各个区域（部门）的数据汇聚到系统的数据服务器中来。如何针对不同的应用需求对数据进行分类处理、存储并建立动态信息监控与浏览子系统，对于构筑管控一体化系统十分重要。我们开发基于内存共享及实时数据库和基于浏览器方式的各类动态信息监控与浏览子系统，并使网络终端能快速进入各类监控与浏览子系统。例如，铝电解槽动态信息监控子系统能使与控制系统相连的所有网络终端，都像计算机站监控微机一样，及时准确地监视每一台电解槽的生产运行状态，同时对每台电解槽的控制参数进行分权分级的修正与优化。

（2）管理子系统。管理系统模块（子系统）的划分原则是以物流为基础，把生产经营活动中的采购、库存、生产、销售形成的物流、管理活动的信息流和支持物流活动的资金流统一起来，形成一个整体框架。结合铝电解企业的特点，我们开发了一些最常用的管理系统模块，企业可逐步采用并加入企业局域网的管理级中：

1）反映企业物流信息的子系统，主要包括物资供应管理子系统、设备备件管理子系统等。

2）反映企业资金流信息的子系统，主要包括销售管理子系统、财务管理子系统、成本核算与控制管理子系统等。

3）反映企业综合管理功能的子系统，主要包括综合计划统计子系统、工程项目管理子系统、经理查询子系统、生产技术子系统、企业管理子系统、质量管理子系统、审计管理子系统、人事管理子系统、社会保障管理子系统、办公自动化子系统等。

综上所述，电解铝厂管理系统的模块划分如图 28-3 所示。

（3）企业整体资源优化系统。最大限度地将铝电解生产的其他相关资源融入，采用模块化的软件思想将相应的资源模块引入铝电解生产管理，并与管理子系统、办公自动化、电子商务、远程监控等有机集成，形成更大范围的资源共享，最终构成全企业的整体资源优化系统。

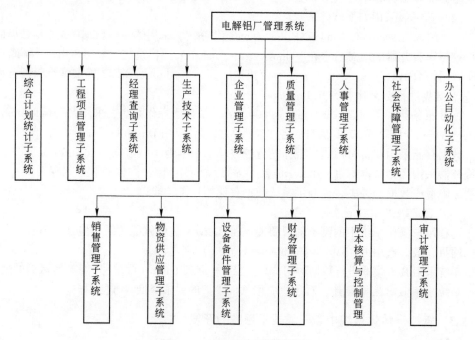

图 28-3 管理系统的模块划分

28.3.4　管控一体化系统的发展目标

对于大型铝电解企业，可按照 CIMS（流程工业现代集成制造系统）的思想并结合铝电解工业自身的特点，使管控一体化系统向着 CIMS 的"PCS/MES/ERP"三层结构形式发展：

（1）以 PCS（过程控制系统）为代表的基础自动化层。主要内容包括先进控制软件、软测量技术、实时数据库技术、可靠性技术、数据融合与数据处理技术、集散控制系统（DCS）、现场控制系统（FCS）、多总线网络化控制系统、基于高速以太网和无线技术的现场控制设备、传感器技术、特种执行机构等。

（2）以 MES（生产过程制造执行系统）为代表的生产过程运行优化层。主要内容包括先进建模与流程模拟技术（advanced modeling technologies，AMT）、先进计划与调度技术（advanced planning and scheduling，APS）、实时优化技术（real-time optimization，RTO）、故障诊断与维护技术、数据挖掘与数据校正技术、动态质量控制与管理技术、动态成本控制与管理技术等。通过研究 MES 及相关技术，可以实现在线成本的预测、控制和反馈校正，以形成生产成本控制中心，保证生产过程的优化运行；可以实施生产全过程的优化调度、统一指挥，以形成生产指挥中心，保证生产过程的优化控制；可以实现生产过程的质量跟踪、安全监控，以形成质量管理体系和设备健康保障体系，保证生产过程的优化管理。

（3）以 ERP（企业资源管理）为代表的企业生产经营优化层。主要内容包括企业资源管理（ERP）、供应链管理（SCM）、客户关系管理（CRM）、产品质量数据管理、数据仓库技术、设备资源管理、企业电子商务平台等。

将具有 CIMS 结构的管控一体化系统的控制、优化与决策功能与办公自动化、电子商务、远程监控等功能集成于一体，可构成企业的综合自动化与信息化网络体系。

参 考 文 献

1　宋旭东，刘晓冰，董丕明，等．基于 CIMS 环境下的数据安全性研究．计算机应用研究，2004，(5)：147~148

2　张秋余，袁占亭，谢鹏寿，等．CIMS 多数据库集成关键技术的研究．兰州理工大学学报，2004，30 (4)：98~101

3　黄琛，范玉顺．基于知识的企业 CIMS 框架及关键技术研究．计算机集成制造系统-CIMS，2003，9 (10)：829~833

4　秦国锋，李启炎．基于数据挖掘技术的 CIMS 系统信息集成方法．计算机工程，2003，29 (15)：37~39

5　戈鹏，殷国富，高伟．基于知识的制造资源建模与应用．中国机械工程，2003，14 (17)：1478~1481

6　王晓峰，袁戎，罗焕佐．流程企业管理与控制信息集成系统．化工自动化及仪表，2003，30 (6)：27~29

7　潘铁军，郑蕾娜，魏仰苏，等．面向 CIMS 的数据库体系化环境和 OLAP．计算机工程，2004，30 (16)：75~77

8　冯东海，王坚，戴毅茹．基于 XML 的虚拟企业建模系统的网络化设计与实现．组合机床与自动化加工技术，2004，2：2~4

9　Hansmann U, et al. 普及计算．英春，孙沛，等译．第二版．北京：清华大学出版社，2004

10　王知强．管理信息系统入门与提高．北京：清华大学出版社．2005

11　余海晨，仲崇权．基于 Internet 的控制系统远程监控方案及实例．计算机自动测量与控制，2001，9

(5)：14～16

12　黄美莹，郑纬民等．基于 B/S 模式和 JSP 技术的网络流量动态监控系统．计算机工程与应用，2002，
　　(1)：144～146

13　李国富，聂刚等．基于 B/S 模式的远程串行通讯系统的应用研究．机床与液压，2003，(5)：39～41

14　李军，王勇．基于 B/S 模式的广域网多媒体监控系统的设计与实现．四川大学学报（自然科学版），
　　2004，41（3）：555～559

15　董智勇．基于 Internet 的分布式可控监测技术的研究．计算机应用研究，2004，(4)：43～44

第四篇　　铝冶炼辅助工程与新技术

29　电解铝厂的烟气净化与环境保护

29.1　铝电解与环境保护

29.1.1　铝电解生产过程环境负荷沉重

铝材是生产过程环境负荷最大的金属材料之一。生产吨铝所需能耗大约为吨钢能耗的 4.5 倍，除废水排放量较少外，其他污染物的排放量均大大超过钢材，生产吨铝所产生的 CO_2 是吨钢的 7~9 倍。

铝电解生产过程中不仅产生大量的温室效应气体 CO_2 和过氟化物（主要是 CF_4 和少量的 C_2F_6），散发有害气体（氟化氢和二氧化硫）、粉尘（含氟粉尘、氧化铝和炭粉）和沥青挥发物（内含苯丙蒽等）等有害物质，而且还产生大量含氟阴极废旧内衬，这些废物如得不到有效处理，将产生严重的环境和生态问题，因此，铝工业的环境问题多少年来一直受到人们的关注。

铝电解生产中自焙槽生产带来的环境污染问题特别突出，我国已明令淘汰。这是因为没有净化设施的自焙槽生产厂，每生产 1t 铝，可排放 30~32kg 沥青挥发物，20~25kg 氟化物，20~30kg 粉尘等，如此大量的有害气体及粉尘均远远超过了国家环保局批准的《大气污染物综合排放标准》的规定，车间工作地带氟化物浓度超过卫生标准的 1~6.5 倍，粉尘超标 1~4 倍，这些污染物对所在地的大气、水源和土壤有较大污染，影响动植物的生长，同时对工人的身心健康造成危害。自焙槽烟气治理难度大，烟气净化设施投资大，运行费用高。

环境问题和持续发展问题，是 21 世纪世界面对的几大中心问题之一。为了进一步落实环境保护基本国策，实施可持续发展战略，1996 年 8 月 3 日，国务院正式发布了《国务院关于环境保护若干问题的决定》。《决定》指出："到 2000 年，全国所有工业污染源排放污染物要达到国家或地方规定的标准；各省、自治区、直辖市主要污染物排放总量控制在国家规定的排放总量指标内。"铝厂污染物排放标准日趋严格，这就要求对铝电解产生的环境负荷有清楚的认识，在此基础上采取清洁生产工艺和烟气治理技术。

29.1.2　铝电解环境负荷特点

为了很好地认识铝电解所产生的环境负荷在整个铝工业所产生的环境负荷中的地位，弄清各环境负荷的来源，从而有针对性地提出环境性能改善的措施，有必要对铝工业生命周期中各个工序（即铝土矿开采、氧化铝生产、阳极生产以及铝电解过程）产生的直接和间接环境负荷及其来源有一个总体的了解。下面将从能耗和气体环境负荷两个方面对铝电解环境负荷特点进行分析。

铝工业是一个高能耗产业。在我国，能耗成本占原铝总成本的 1/3 以上。IPAI（International Primary Aluminium Institute）对全球铝工业生产各工序所需平均能耗和温室效应气体进行了调查。据统计，从铝土矿开采到原铝产出，所需能耗平均在 182~212MJ/kg 之间，其中电解过程所占比例在 64% 左右，各工序在原铝生产过程中的能耗比例如图 29-1 所示。

根据生命周期的观点，铝电解过程中产生的环境负荷包括以下三个部分：

（1）电解工艺本身产生的直接环境负荷。

（2）电解过程中因能源消耗而产生的直接（化石燃料直接燃烧）和间接环境负荷（电解所需电力提供过程中产生的环境负荷）。

（3）电解过程中因物料消耗所带来的间接环境负荷（阳极生产、氧化铝生产等）。

原铝生产过程中产生的环境负荷如表 29-1 所示。表中 CO_2 为取自于 IPAI 发表的世界铝工业的 CO_2 平均排放数据，并考虑了过氟化物气体对 CO_2 的当量效应。其余取自于美国能源部的美国铝工业生产中的环境负荷数据。需要注意的是，表中的数据仅仅起参考作用，因为随各国电力结构、发电效率以及电解技术的进步，表中数据将会发生变化。

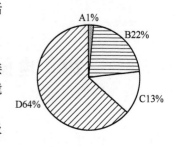

图 29-1 铝工业生命周期
各工序能耗比例
A—铝土矿开采；B—氧化铝生产；
C—阳极生产；D—铝电解

表 29-1 原铝生产过程中产生的环境负荷[①②]

环境负荷[①]	生命周期	数量/kg·t⁻¹（Al）			比例/%		
		与工艺相关	与能源相关	合计	与工艺相关	与能源相关	合计
CO_2	铝电解	3852[②]	5938	9790	31.26	48.19	79.45
	阳极生产	285	91	376	2.31	0.74	3.05
	氧化铝生产	162	1750	1912	1.31	14.20	15.52
	铝土矿开采	0	244	244	0	1.98	1.98
	合 计	4299	8023	12322	34.89	65.11	100
SO_x	铝电解	18	62.41	80.41	21.75	75.43	97.18
	阳极生产	0.68	0.56	1.24	0.82	0.68	1.50
	氧化铝生产	0	1.09	1.09	0	1.32	1.32
	合 计	18.68	64.06	82.74	22.57	77.43	100
NO_x	铝电解	2.9	24.11	27.01	9.91	82.40	92.31
	阳极生产	0.15	0.3	0.45	0.51	1.03	1.54
	氧化铝生产	0	1.8	1.8	0	6.15	6.15
	合 计	3.05	26.21	29.26	10.42	89.58	100
有机物	铝电解	0.13	0.7	0.83	9.22	49.65	58.87
	阳极生产	0.22	0	0.22	15.60	0	15.60
	氧化铝生产	0	0.36	0.36	0	25.53	25.53
	合 计	0.35	1.06	1.41	24.82	75.18	100
颗粒物	铝电解	4.2	17.98	22.18	17.77	76.09	93.86
	阳极生产	0.46	0.15	0.61	1.95	0.63	2.58
	氧化铝生产	0.5	0.34	0.84	2.12	1.44	3.55
	合 计	5.16	18.47	23.63	21.84	78.16	100

环境负荷[①]	生命周期	数量/kg·t⁻¹ (Al)			比例/%		
		与工艺相关	与能源相关	合 计	与工艺相关	与能源相关	合 计
CO	铝电解	125	1.3	126.3	97.98	1.02	99.00
	阳极生产	0.28	0	0.28	0.22	0	0.22
	氧化铝生产	0	1	1	0	0.78	0.78
	合 计	125.28	2.3	127.58	98.20	1.80	100
氟化物	铝电解	1.3	0	1.3	92.20	0	92.20
	阳极生产	0.11	0	0.11	7.80	0	7.80
	氧化铝生产	0	0	0	0	0	0
	合 计	1.41	0	1.41	100	0	100

①环境负荷中除 CO_2 的数据取自 IPAI（International Primary Aluminium Institute）数据外，其余环境负荷数据均取自
　于 Margolis N，Sousa L. Energy and environmental issues for aluminum production Light metals，1998，1279～1285；
②将 CF_4 和 C_2F_6 的温室效应贡献考虑在内。

将表29-1中相关数据进行整理，得到图29-2、图29-3，由此可以看出，铝电解的环境负荷
具有以下几个方面的特点：

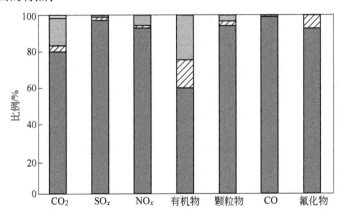

图 29-2　铝工业生命周期各工序环境负荷

□—铝土矿开采；▨—氧化铝生产；◪—阳极生产；■—铝电解；

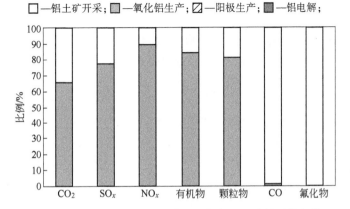

图 29-3　电解过程中工艺本身以及与能源相关的环境负荷

□—工艺本身；▨—与能源相关

（1）在铝工业生命周期中，和其他工序相比铝电解过程产生的环境负荷最大。

（2）铝电解过程中，除 CO 和氟化物外，因能源消耗而产生的环境负荷大于工艺本身产生的环境负荷。因此，欲降低电解过程的环境负荷，除对电解工艺本身进行改进外，有必要将电力结构的转变和电力效率的提高考虑在内。

29.2　电解铝生产的污染源

冰晶石-氧化铝熔体电解炼铝过程中，散发的有害气体与粉尘主要有固态和气态氟化物，两者各占约 50%。其他污染物有 CO、CO_2 和 SO_2。自焙槽还有沥青烟（内含苯丙蒽等）。由于自焙槽将逐渐淘汰，在此将不再讨论自焙槽的烟气治理问题。

在铝电解生产中还有一种有害物危害极大，这种有害物叫过氟化物，是一种强烈的温室气体。

29.2.1　污染源

29.2.1.1　氟化物

氟化物有以下几个来源：

（1）熔融铝电解质的蒸气，主要组成是 $NaAlF_4$、$(NaAlF_4)_2$ 和 AlF_3。在低于 920℃时，$NaAlF_4$ 分解成亚冰晶石和 AlF_3。

（2）气态氟化物主要是 HF，由原料带入的水分，或电解质液面与空气中水分发生如下反应时生成：

$$\frac{2}{3}Na_3AlF_6 + H_2O \xlongequal{\quad} \frac{1}{3}Al_2O_3 + 2NaF + 2HF \tag{29-1}$$

$$\frac{2}{3}AlF_3 + H_2O \xlongequal{\quad} \frac{1}{3}Al_2O_3 + 2HF \tag{29-2}$$

（3）当电解过程接近发生阳极效应时，产生过氟化碳 CF_4 和 C_2F_6。

（4）电解槽加入氟化盐时，由于飞扬所产生粉尘进入烟气中，造成含氟粉尘的污染。另外，尚有少量阳极炭渣从电解槽火眼中喷出，随烟气进入烟气处理系统。

29.2.1.2　CO、CO_2 和 SO_2

电解过程中氧化铝与炭阳极发生反应生成 Al、CO_2 和 CO。炭阳极消耗与电流效率（η）及阳极气体中 CO 含量（x）与 CO_2 含量（$1-x$）关系见图 29-4。

以电流为 I 和电流效率为 η 为例，当阳极气体中 CO_2 含量占 75% 时，则电解槽每小时生成的 CO 量：

$$P_{CO} = \frac{0.522x}{2-x}I \times \eta = \frac{0.522 \times 0.25}{2 - 0.25} \times I \times \eta \quad (kg) \tag{29-3}$$

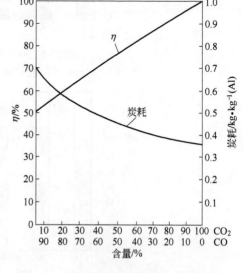

图 29-4　阳极消耗与电流效率、CO 含量、CO_2 含量之间的关系

每生产1kg铝生成的CO量：

$$P'_{CO} = \left[\frac{0.522 \times 0.25}{1.75} I \times \eta\right] \div \left[0.3355 \times I \times \eta\right] \quad (kg) \quad (29\text{-}4)$$

$$P'_{CO} = 0.7457/0.3355 = 0.222 \quad (kg)$$

而生成CO_2为1.054kg。

从电解槽烟气中排出的SO_2，取决炭素阳极中的含硫量。

29.2.1.3 电解槽内衬废渣

槽内衬使用寿命一般4~6年，电解槽大修时，废内衬（阴极炭块与耐火保温砖）将全部清除出槽壳，内衬除含有大量氟化物外，还含有一定量的氰化物，因此，必须予以专门的处理。处理后的废渣要堆放在专门设置的大修槽废料堆场，此堆场要具有防止地下水污染的性能，以保证达到环保标准。

29.2.1.4 残极吸收带走的氟化物

非连续性的预焙阳极，每块阳极不能全部消耗，其剩余部分被称为残极。同阴极炭块一样，阳极残极也带有一定量的电解质，根据实测阳极焙烧炉烟气含氟量（0.0235kg/t）计算，则每生产1t原铝，残极将带走电解质以氟计算约为0.94 kg。

29.2.1.5 阳极焙烧炉排放的有害物质

阳极生产中要掺入20%~30%残极，而残极中又含有一定量的氟化物，并在焙烧过程中随焙烧炉烟气排放出，污染环境；另外，生阳极在焙烧过程中还要排出未被燃烧尽的沥青挥发分，两者都需要进行净化处理。

29.2.2 氟化物的危害

29.2.2.1 对人体健康和动物的影响

大多数氟化物的毒害作用都是由氟离子决定的，而与氟化物分子中的其他元素无关。因此，易溶解的氟化物，一般危害作用较大。氟离子是各种细胞的毒物，因此它对人体的细胞有一定影响。但是，氟化物又是人体组织中一种正常的成分，它在软组织中占十万分之一，在骨骼中占千分之一。人体摄取水中痕量氟是正常的。无机氟化物进入人的消化系统时，先被小肠吸收，然后进入血液；在那里，大部分氟沉积在骨骼的磷灰石组分中。氟离子对钙和磷的亲和力很大，能优先沉积在诸如骨骼、牙齿、指甲和头发这类硬组织中。人体中90%以上的氟存在于骨骼中。

牙齿和骨骼的氟中毒，是长期接触氟化物所致，这是两种已详细研究过的病症。牙齿的氟中毒引起牙齿发生永久性的缺陷，其特征是牙齿珐琅质出现白垩色斑点。这是由于钙化不完全造成的，通常只发生在牙齿发育的早期，例如大约十二岁以前的儿童期。动物吸收超量氟化物最灵敏的标记是牙齿损坏。除了出现白垩斑点之外，珐琅质失去光泽并发生不规则的磨损，显然会使动物牙齿出现凹坑。

骨骼氟中毒是慢性吸收氟化物及其滞留的主要表现，一般用X线透视进行诊断。症状是背脊疼痛或关节活动不灵活。在其后期，还有神经性的放射型疼痛症状。骨骼氟中毒是多年接触高含量氟化物的结果。在现代铝工业中，无论是国外还是国内都很少出现上述现象。牲畜（主要是牛）达到氟中毒后期，表现为跛脚，常常看到，受氟影响特别严重的牛，有跛脚行走的现象，这类现象常常发生在无组织排放氟化物的铝厂，在近代铝工业中这种现象很少出现。其他牲畜和动物还未发现此类问题。

在铝工业中至今还很少发现上述氟化物的中毒现象，但是支气管炎却是电解工人的常见病。目前通过对工人的尿常规化验来精确测定吸收的氟量。尿中平均氟化物含量低于 5mg/L 时，相当于每天吸收了 5mg 氟化物。目前已知的患骨硬化病者，还无法确认每天仅吸收 5 ~ 8mg 氟化物就可能出现这种病症的根据。表 29-2 汇总了文献所报道的不同氟化物量级所产生的影响。

表 29-2　氟化物对铝厂有关人员影响的一些研究情况[1]

大气中氟化物含量	24h 内尿中氟化物含量	说　明
低于 $2 \times 10^{-4}\%$（2ppm）（总量）		新工人常常感到头痛、恶心、眼结膜和呼吸道发炎，几天后好转。超过 5 年的电解工有 13.5% 受过危害
$0.14 \sim 3.43 mg(F)/m^3$（电解厂房内）	男性:9.03mg(全部时间) 男性:5.19mg(部分时间) 女性:3.64mg	在 189 名工人中,X 光检查发现异常者约占 25.4%;咳嗽发生率占 12.8%
$0.141 \sim 0.15 mg(F)/m^3$（电解厂内其他地方）	男性:1.83mg 女性:1.58mg	在 60 名工人中,X 光检查发现异常者约占 8.3%;咳嗽发生率占 6.9%
$0.033 \sim 0.048 mg(F)/m^3$（电解厂内中心区）	男女性:0.84mg	在 74 人中,X 光检查发现异常者约占 4%
有一个铝厂为 $4 \times 10^{-4}\%$（4ppm）氟;另一个铝厂为 $3 \times 10^{-4}\%$（3ppm）氟或更少		对工作 7 ~ 30 年工龄的 10 名电解工进行 X 光检查发现:有 2 名骨质疏松;3 名局部骨质密度增大

29.2.2.2　对农作物的影响

（1）氟对植物的影响机理。植物可从空气、土壤和水体中吸收或富集氟化物，但土壤对植物的影响相对较小，植物吸收过多氟化物后，会出现叶褪绿，叶末端坏死，果实发育异常或受阻等反应，从而降低作物产量，影响农作物品质。空气中的氟化物能够以气态形式通过植物叶片气孔进入植物体内，也可随着颗粒物沉积于植物叶面上，对食用该植物的动物也将造成明显伤害，叶片吸附的氟主要分布在叶片内，而根部吸收的氟能扩散到叶片及根的组织内部，从而造成植物受氟伤害。大气中氟化物危害作物的症状是在叶尖和叶缘出现伤斑，氟化物浓度高时，症状可扩展到叶片中部，当受害严重时由于细胞枯死而出现枯斑症。不同植物或同一植物在不同生长期对氟化物敏感性相差很大。例如，开花期的水稻最易受到氟伤害，植物对大气氟化物有积累特性，与植物在氟化物中的暴露时间成正比。据研究，绿色叶菜类具有约 10 倍高的蓄积，大米具有约 5 倍高的蓄积，其他作物未表现出明显的蓄积；而植物吸收氟化氢后，在叶片中仍保持可溶性状态，可能从叶片中丧失。

根据植物对氟化物敏感程度不同，可把它们划分为敏感植物、中度敏感植物和抗性植物。雨水可以洗脱植物叶片表面的氟化物，减少植物中的氟含量，从而降低植物的伤害。植物生长地土壤中的元素组成决定了氟化物在其中滞留的形式，也决定了植物中元素组成，它们都是决定氟对植物影响的重要因素。大气氟化物危害植物后，不仅能产生各种可见症状，并且对植物生长有明显影响，使生长受阻，如大麦受害后株高降低，穗长缩短，有效穗数、穗粒数和地上部分干重均明显减少。树木受氟危害下，春季发叶推迟、秋季落叶提前、叶片变小、分枝多、节间短、小枝丛生，植株普遍矮化，使光合作用速率下降等。大气中氟化物是引起农作物产量损失较大的污染物，相同浓度的氟化物比 SO_2 的毒性大 20 ~ 100 倍。据有关资料报道，植物对氟的吸收相当迅速，并随外界氟浓度的增加而增加，在低浓度时，氟也能穿过表面皮层而蔓延开，在叶片内积蓄，其积蓄量与大气浓度相关性极为显著。

（2）对农作物的影响。根据农作物对氟化物的反应，可将农作物分为三类，即敏感作物、中等敏感作物和抗性作物，常见农作物分类列于表 29-3。

表 29-3 农作物对氟的敏感性分类表[2]

污染物	作物敏感程度	农 作 物 种 类	日平均浓度/$\mu g \cdot dm^{-2} \cdot d^{-1}$
氟化物	敏感作物	冬小麦、花生 、甘蓝、菜豆、苹果、梨、桃、杏、李、葡萄、草莓、樱桃、桑、紫花苜蓿、黑麦草、鸭茅	5.0
	中等敏感作物	大麦、水稻、玉米、高粱、大豆、白菜、芥菜、花椰菜、柑橘、三叶草	10.0
	抗性作物	向日葵、棉花、茶、茴香、番茄、茄子、辣椒、马铃薯	15.0

29.3 环境保护标准

29.3.1 我国有关污染物排放标准发展沿革

1973 年我国第一部为环境保护而制定的污染物排放标准是《工业"三废"排放试行标准》。1985 年在 1973 年标准基础上，国家制定了《轻金属工业污染物排放标准》，该标准包含了废气和废水污染物排放标准，对于铝电解废气排放突出了铝电解生产的特点，基本与铝工业发达国家的行业标准相同，其中规定了预焙槽只允许氟化物排放 1kg/t（Al）的标准，具有氟化物总量控制的要求。但是当时对环境质量要求不够明确。对于固体废物制定了《有色金属工业固体废物污染控制标准》，提出了包括铝工业固体废物污染的控制标准。1996 年我国对污染物排放标准进行了修订，制定了《环境大气质量标准》、《大气污染物综合排放标准》、《工业炉窑大气污染物排放标准》、《污水综合排放标准》。这些是目前我国执行的铝工业污染物排放标准。其中《工业炉窑大气污染物排放标准》规定了 10 类 19 种工业炉窑 6 种有害污染物最高允许排放浓度。《大气污染物综合排放标准》中包括 33 种污染物，规定了最高允许排放浓度、最高允许排放速率和无组织排放监控浓度限值，其中的最高排放速率具有总量控制意义，反映出我国对大气污染物排放严密性和严格性要求。《污水综合排放标准》按照污水排放去向和受纳水体，规定了 69 种水污染最高允许排放浓度及部分行业最高允许排水量或最低允许水重复利用率。

2001 年我国又颁布新的固体废物污染控制标准，《危险废物贮存污染控制标准》和《一般工业固体废物贮存处置场污染控制标准》等，规定了危险废物、工业固体废物贮存的要求，包括固体废物的包装、贮存设施的选址、设计、运行安全防护、监测和关闭封场等要求。

大气环境根据地区类别执行不同环保标准。大气环境按不同的功能区分为三类，排放标准有三个级别标准，不同类别执行相应级别的大气污染物排放标准。

水环境根据不同水域划分功能分类。水环境根据不同的水域分为五类，并分为三个级别水污染物排放标准。不同类的水环境执行不同的级别污水排放标准。

29.3.2 部分环境保护法律法规

为了防止环境污染，保护和改善生活环境和生态环境，保障人体健康，促进经济和社会的可持续发展，我国先后颁布了各种环境保护法律和行政法规，对污染物排放控制提供强有力的法律法规保证。

（1）国家环境保护部分法律。已颁布的有：《中华人民共和国环境保护法》（1989 年）；《中华人民共和国大气污染防治法》（2000 年）；《中华人民共和国水污染防治法》（1996 年）；《中华人民共和国固体废物污染环境防治法》（1995 年）；《中华人民共和国环境噪声污染防治法》（1996 年）；《中华人民共和国环境影响评价法》（2002 年）等有关法律。

（2）国家环境保护部分行政法规。已颁布的有：《建设项目环境保护管理条例》（1998 年）；《国务院关于环境保护若干问题的决定》（国发 [1996] 31 号）；《国务院关于酸雨控制区和二氧化硫污染控制区有关问题的批复》等有关法规。

（3）环境质量标准和污染物排放标准。环境质量标准和污染物排放标准作为国家制定的规范文件，近 30 年来我国建立了包括国家和地方两级环境标准在内的较为完备的国家环境质量标准和污染物排放标准体系。随着环境质量要求的变化，环境质量标准和污染物排放标准也要相应的进行修改，总的方向是要求越来越严格，也越来越完善。这也反映出我国保护和改善生活环境和生态环境，保障人民健康，促进经济和社会可持续发展的需求。

1）环境质量标准。《环境空气质量标准》（GB 3095—1996）；《地表水环境质量标准》（GB 3838—2002）；《地下水质量标准》（GB/T 14848—1993）。另外，还有一项极为重要的要求，就是环境容量的问题，这个标准或要求掌握在国家和地方两级政府中，他们根据不同地区的条件下达指标。国外文献未见详细报道，早年法国普基公司在一个农业比较发达的地区建设铝厂，限制铝厂的建设规模不允许超过 20 ~ 25 万 t，其理由是年排放全氟量不能超过 200 ~ 250t/a，刚好相当于 1kg/t(Al)。近期有的国家铝厂规模不断扩大，出现 80 ~ 90 万 t 的铝厂，其原因是由于采用先进的控制技术使全氟的排放量降低到 0.4 ~ 0.5kg/t(Al) 或更低。

2）污染物排放标准。已颁布《大气污染物综合排放标准》（GB 16297—1996）；《工业炉窑大气污染物排放标准》（GB 9078—1996）；《污水综合排放标准》（GB 8978—1996）；《危险废物填埋污染控制标准》（GB 518598—2001）；《危险废物贮存污染控制标准》（GB 518597—2001）；《危险废物鉴别标准浸出毒性鉴别》（GB 5085.3—1996）；《一般工业固体废物贮存处置场污染控制标准》（GB 518599—2001）。与铝工业有关的标准见表 29-4。

表 29-4 铝工业部分污染物执行的环境质量标准[3]

环境要素	标准号标准名称	功能区划	污染物名称	取值时间	标准值	
					单 位	数值
环境空气	GB 3095—1996 环境空气质量标准	Ⅱ类	TSP	日平均	mg/m³（标态）	0.3
			SO₂	日平均	mg/m³（标态）	0.15
				小时平均	mg/m³（标态）	0.50
			氟化物	日平均	μg/m³（标态）	7
				小时平均	μg/m³（标态）	20
			NO₂	日平均	mg/m³（标态）	0.12
				小时平均	mg/m³（标态）	0.24
地表水环境	GB 3838—2002 地表水环境质量标准	Ⅲ类	pH		无量纲	6 ~ 9
			石油类		mg/L	≤0.05
			COD$_{Cr}$		mg/L	≤20

环境要素	标准号标准名称	功能区划	污染物名称	取值时间	标准值	
					单　位	数值
地表水环境	GB 3838—2002 地表水环境质量标准	Ⅲ类	BOD_6		mg/L	≤4
			氟化物		mg/L	≤1.0
			DO		mg/L	≥5
			氨　氮		mg/L	≤1.0
			高锰酸盐指数		mg/L	≤6
地下水环境	GB/T 14848—1993 地下水质量标准	Ⅲ类	pH		无量纲	6.5~8.5
			总硬度		mg/L	≤450
			溶解性总固体		mg/L	≤1000
			氨　氮		mg/L	≤0.2
			氟化物		mg/L	≤1.0

29.3.3　污染物排放控制

在解决铝工业污染物排放控制问题上，一方面必须注重淘汰落后生产工艺技术与设备，从源头减少污染物排放量，实现清洁生产工艺要求。另一方面，在污染物排放控制方面采用先进的技术和设备，提高污染物排放控制流程的自动化控制水平，保证环保设施 100% 正常运行。做到"一控双达标"，就是使污染物排放达到国家颁布的污染物排放标准，使周围的环境质量达到国家颁布的环境质量标准，有效控制污染物排放总量，并符合当地污染物排放总量指标要求。铝工业部分污染物排放标准见表 29-5。

表 29-5　铝工业部分污染物排放标准[3]

污染类型	标准号标准名称	级别	污染物名称	标准值
空气污染物	GB 9078—1996 工业炉窑大气污染物排放标准	二级	氟化物	$6mg/m^3$
			粉　尘	$100mg/m^3$
			SO_2	$850mg/m^3$
			沥青烟	$50mg/m^3$
			SO_2	$1200mg/m^3$
废　水	GB 8978—1996 污水综合排放标准	一级	pH	6~9
			氟化物	10mg/L
			COD	100mg/L
			BOD_6	20mg/L
			SS	70mg/L
			石油类	5mg/L
			氨　氮	15mg/L
噪　声	GB 12348—1990 工业企业厂界噪声标准	Ⅱ类	噪　声	昼间：60dB（A）
				夜间：50dB（A）

污染类型	标准号标准名称	级别	污染物名称	标准值
固　废	GB 5085.1—1996 危险废物鉴别标准（腐蚀性鉴别）		赤　泥	pH≥12.5 或 pH≤2.0
	GB 5085.3—1996 危险废物鉴别标准（浸出毒性鉴别）		氟化物	50mg/L

（1）废气排放控制。铝电解工业废气特征污染物为氟化氢，氟化物的挥放量大小也是衡量其铝电解污染控制的水平。电解槽烟气采用氧化铝吸附氟化氢干法净化措施，氟化物排放浓度可控制达到 2mg/t（Al）；氟化物排放可控制达到 0.7kg/t（Al）以下，颗粒物粉尘排放浓度可控制低于 10mg/m³ 以下。阳极焙烧炉烟气采用干法或湿法净化措施，氟化氢排放浓度一般低于国家排放标准 6mg/m³ 以下，沥青烟排放浓度低于国家排放标准 40mg/m³ 以下。工业粉尘采用先进袋式除尘器净化技术，粉尘排放浓度低于 50mg/m³。

（2）废水排放控制。首先是要控制排水量，提高工艺流程的循环水利用率，使循环水利用率达到 90% 以上。其他工业废水经过集中处理达一级排放标准后用作循环水补充水。生活污水经过集中处理达到一级排放标准后用于农灌和厂区绿化用。

（3）固废处置。我国目前对电解槽大修废料的处理一般采用渣场存放。电解槽的大修渣场，必须采取渣场外围构筑导流截洪沟的措施，减少雨水对废渣的淋溶和浸泡，对渣场底部进行整平，用黏土铺垫多层夯实，采用人工防渗材料铺垫，达到防渗要求，当到服务年限后，再用土覆盖，同时设防渗层，覆盖后进行植树绿化。

29.3.4　国外一些国家有关氟化物散发物量的限制值

国外一些国家有关氟化物散发物量限制值的标准有两种：

（1）空气质量标准。许多国家已经从法律上限制室内大气中氟化物的含量，以便保证工人在环保允许的条件下工作，而且制定了限定值，即指每天连续工作 8h 而不产生有害影响的最大允许氟化物含量，表 29-6 中列出了不同国家氟化物含量的限制值。这是对有限制接触时间的浓度标准，而对于连续工作时间较长的，则有更严格的限制标准。这些限制标准包括在表 29-7 上的数据中，此表是早期制定的环境空气质量标准。有些地方当局也对牧草制定了氟化物的限制标准，或者规定了以月为基础的平均散发速度。虽然这些法令是在过去若干年前制定的，但这些标准的严格性即使在现在也要采用极其有效的措施才能实现。

表 29-6　几个国家有关铝厂电解车间氟化物含量的要求

国　别	氟化氢含量（标准温室和压力）/mg·m⁻³（空气）	氟化物总量（标准温室和压力）/mg·m⁻³（空气）	国　别	氟化氢含量（标准温室和压力）/mg·m⁻³（空气）	氟化物总量（标准温室和压力）/mg·m⁻³（空气）
英　国	2	2.2	美　国	2	2.5
前联邦德国	2	—	前苏联	0.5 左右	1
荷　兰	2	—	挪　威	2	2.5

表 29-7 若干国家及地区有关铝厂环境空气质量标准（仅指氟化物）

化 合 物	地 区	24h 内空气中氟化物的平均浓度/mg·m^{-3}
氟化物（以 HF 计）	美国，蒙大拿州	0.007
氟化物（以 HF 计）	纽约州（农村）	0.007
氟化物（以 HF 计）	纽约州（都市）	0.0013
氟化物（以 HF 计）	纽约州（工业区）	0.0026
氟化物（以 HF 计）	加拿大，安大略省	0.0026
氟化物（以可溶性 HF 计）	美国，宾夕法尼亚州	0.005
氟化物（以无机气体计）	前捷克斯洛伐克	0.01
氟化物（以氟计）	前苏联	0.01
氟化物（以不溶解物计）	前苏联	0.03
氟化氢	前苏联	0.005
氟（以总氟计）	英国	0.001
氟化氢	荷兰	0.01

（2）排放物控制标准。由美国环境保护局（EPA）制定的法规也经常被其他国家作为制定标准的参考。美国 1970 年制定的新能源执行标准不仅是联邦标准，也适用于各州。根据此标准，全部氟化物的排放平均值不得超出表 29-8 给出的数值。这个平均值可由两种方法获得，在厂房屋顶检测 8h 内的三组试样，或是 24h 内的测定值。为了有利于控制排放量，美国还制定了槽集气标准（见表 29-9）。表 29-10、表 29-11 列出了一些国家的新标准。

表 29-8 美国有关铝厂全氟排放标准（kg/t（Al））

污染源	排放标准	污染源	排放标准
预焙槽电解车间	0.95	自焙槽电解车间	1
阳极焙烧车间	0.05		

表 29-9 美国（EPA）有关铝厂电解槽集气效率的规定（%）

电解槽类型	罩集气效率	第一级除去率	第二级除去率
自焙槽	80	98.5	75
连续预焙阳极槽	9	98.5	不设

表 29-10 挪威 2002/2003 年对 3 座铝厂规定的新标准

有害物成分	铝厂 A	铝厂 B	铝厂 C
总 F/kg·t^{-1}（Al）	0.6	0.5	0.7
粉尘/kg·t^{-1}（Al）	2	1.7	2.2
SO$_2$/kg·t^{-1}（Al）	2.5	2.5	1.4

表 29-11 部分国家和组织对氟排放的新标准

国家和组织	美国	加拿大魁北克	德国	世界银行
排放量/kg·t^{-1}（Al）	0.6（新建厂）	0.95 + 0.1	0.6	0.3~0.6
排放浓度（标态）/mg·m^{-3}			1.0 气氟	

29.4 预焙阳极电解槽氟化物的生成和计算模型

29.4.1 氟化物排放物的生成与组成

离开电解槽的颗粒物质成分包括：炭烟尘、氧化铝、冰晶石、单冰晶石、氟化铝、氟化钙、碳氢化合物；气体的组成则是二氧化碳、一氧化碳、二氧化硫和氟化氢、四氟化硅、硫化氢、二硫化碳、水和温室气体过氟化碳。

从控制排放物的角度看，颗粒（或固态）氟化物和气态氟化物的影响最大。阳极气体中氟化物由以下途径形成：

（1）电解液组分的挥发。

（2）电解质成分发生反应后产生的挥发物，例如来自电解质与水反应生成的氟化氢。

（3）随气体带出的颗粒物质。

电解质的挥发：$NaAlF_4$ 是最容易挥发的。在电解温度条件下，不含水分和金属元素的电解质组成范围内，挥发物中超过 95% 的是 $NaF-AlF_3$。按重要性排列，其他的挥发物质依次是 Na_2AlF_5、NaF 和 $Na_2Al_2F_8$。

$NaAlF_4$ 不是稳定的固体，挥发物质冷却时产生亚稳态的固相。正常情况下冷却时发生以下分解反应：

$$5NaAlF_4(g) \Longrightarrow Na_5Al_3F_{14}(s) + 2AlF_3(s) \tag{29-5}$$

这一反应能生成非常细小的颗粒物质，因为它同时包括了两种不同的快速结晶固体，正如下面要讨论的水解反应进一步使颗粒尺寸变小那样。当挥发过程将物质带入气相时，应考虑气相中其他物质的存在，因为在它离开槽子之后，它在冷凝时会产生颗粒物质。

由于挥发作用是一个重要影响因素，要使电解质不断挥发，必须有一个使电解质蒸气从电解槽移出的驱动力。对于运行的电解槽而言，这个驱动力就是由阳极上产生的有相当稳定流速的 CO 和 CO_2。由于收集烟气的槽罩内存在微负压，也吸入部分空气。蒸气损失的速率（和氟化物颗粒形成的速率）取决于饱和蒸气压和排出气体的物质的量（假设仅有 CO 和 CO_2）。

29.4.2 氟化物排放的计算模型

W. Haupin 等人[4]开发的预测氟化物排放的计算模型，对预焙槽而言，可以直接用于工程设计。

29.4.2.1 电解质的挥发

大部分固氟颗粒来自于电解质的挥发，本模型假设 CO 和 CO_2 离开电解质时携带出的挥发电解质，当温度下降时蒸气冷凝变为固氟颗粒。具有添加物的熔融冰晶石的蒸气压曾经广泛的进行过研究，其结果与近期的许多研究者非常接近。这些数据（包括含有 LiF 的电解质）经过整理后，以式 29-6 的形式表示：

$$VP = \exp[(-A/T) + B] \tag{29-6}$$

$$A = 21011 - 12235 R_b + 18862 R_b^2 - 6310.5 R_b^3 + 116.7w(LiF) - 55 R_b w(LiF) -$$
$$151w(MgF_2) + 1.466w(MgF_2)^2 - 6.7\%w(Al_2O_3)$$

$$B = 25.612 - 9.681 R_b + 11.854 R_b^2 - 3.831 R_b^3 + 0.25w(LiF) - 0.013 R_b w(LiF) -$$
$$0.0008w(CaF_2) - 0.08696w(MgF_2) + 0.001112w(MgF_2)^2 -$$

$$0.11w(\mathrm{Al_2O_3})/(1 + 0.193w(\mathrm{Al_2O_3}))$$

式中　　VP——电解质总蒸气压，Pa；

T——温度，K；

R_b——在电解质中 $\mathrm{NaF/AlF_3}$ 质量比；

$w(\mathrm{LiF})$——在电解质中 LiF 的质量分数，%；

$w(\mathrm{MgF_2})$——在电解质中 $\mathrm{MgF_2}$ 的质量分数，%；

$w(\mathrm{CaF_2})$——在电解质中 $\mathrm{CaF_2}$ 的质量分数，%；

$w(\mathrm{Al_2O_3})$——在电解质中 $\mathrm{Al_2O_3}$ 的质量分数，%。

实验室的测定指出，金属钠的分压很高，而当电解质含有金属铝时 $\mathrm{AlF_3}$ 的分压较小。在式 29-6 中没有考虑这两个因素，因为，我们在生产的电解槽上没有发现这类挥发物。这可能是因为这两者在电解质与气泡界面被 $\mathrm{CO_2}$ 再氧化，并又溶解于电解质中。

把氟化物的蒸气分压式 29-6 转换为 $\mathrm{kg(F)/t(Al)}$，必须知道蒸气的成分和电解槽每生产 1t 铝的气体氟的物质的量。Kvande 发现主要的蒸气类是 $\mathrm{NaAlF_4}$，$\mathrm{Na_2Al_2F_8}$ 和 NaF。而部分 NaF 的存在可能是以 $x\mathrm{NaF}/y\mathrm{AlF_3}$ 的形式，其中 $x/y > 1$，它不影响总的颗粒氟。

从 Kvande 的数据中可以估计到 NaF 的分压：

$$P_{\mathrm{NaF}} = VP_{\mathrm{b}}(0.2073 - 182/T) \times (-0.6366 + 1.449\,CR - 1.068\,CR^2 + 0.2556\,CR^3) \tag{29-7}$$

式中　　P_{NaF}——NaF 的分压，Pa；

VP_{b}——电解质的总蒸气压，Pa；

CR——摩尔比 $(\mathrm{NaF + LiF})/\mathrm{AlF_3}$。

Kvande 发现 $\mathrm{Na_2Al_2F_8} = 2\,\mathrm{NaAlF_4}$ 的平衡常数 $P_{\mathrm{M}}^2/P_{\mathrm{D}}$ 是：

$$K_{\mathrm{p}} = \exp[(-21085/T) + 15.45] \tag{29-8}$$

解二次方程式 P_{M} 得下式：

$$P_{\mathrm{M}} = \{-K_{\mathrm{p}} + [K_{\mathrm{p}}^2 + 4\,K_{\mathrm{p}}(VP_{\mathrm{b}} - P_{\mathrm{NaF}})]^{1/2}\}/2 \tag{29-9}$$

$$P_{\mathrm{D}} = VP_{\mathrm{b}} - P_{\mathrm{NaF}} - P_{\mathrm{M}}$$

$$F_{\mathrm{VP}} = 5351000/\eta/P_{\mathrm{B}}(4\,P_{\mathrm{M}} + 8\,P_{\mathrm{D}} + P_{\mathrm{NaF}}) \tag{29-10}$$

式中　　K_{p}——$\mathrm{Na_2Al_2F_8} = 2\mathrm{NaAlF_4}$ 反应的平衡常数；

P_{M}——$2\mathrm{NaAlF_4}$ 的分压，Pa；

P_{D}——$\mathrm{Na_2Al_2F_8}$ 的分压，Pa；

F_{VP}——蒸发的电解质，$\mathrm{kg(F)/t(Al)}$。

29.4.2.2　随气流携带的电解质

随电解槽气体带走的液态电解质在冷凝后变为固态颗粒，Wahnsiedler 等发现含有氟化钙的电解质，随电解槽气体带走而冷凝的固态颗粒仅占 5% ~ 9%。被携带的机理一般认为：当气泡离开电解质表面时，气泡顶端破裂，假如气体有足够的流速，就产生了小的滴粒。当这些细粒逐渐变大同时气流速度又很高的话，在表面结壳下的这一层滴粒就会被槽气体携带出去。其携带的量直接取决于气体的流速和比值（即气体密度/液体密度 – 气体密度）；但与液体的表面张力成反比。表面结壳既能起到过滤阻挡的作用，也起到了延长滴粒逸出的途径与时间。现在命名为 "Catch"，Catch = 0.9。被气流携带电解质经验关系式为：

$$F_{\mathrm{EP}} = 76000\,(1 - C)\,/\,S\eta \tag{29-11}$$

本式的表面张力值取自于 Bratland 等人的数据：

$$S = 270 - 0.137\,T_b - 3.29\,w(\text{Al}_2\text{O}_3) - 0.19w(\text{CaF}_2) - 2\text{In}(w(\text{Al}_2\text{O}_3)) +$$
$$0.00329\,T_b w(\text{Al}_2\text{O}_3) + 0.00056w(\text{CaF}_2)\,T_b - xs(\text{AlF}_3) \tag{29-12}$$

式中　F_{EP}——被气体携带走的固氟，kg(F)/t(Al)；

　　　C——Catch，被携带出来的电解质部分，但还没有逸出表面结壳；

　　　S——电解质的表面张力，mN/m；

　　　xs——氟化铝加入电解质和生成锂冰晶石和钠冰晶石之后，电解质中多余或过剩的氟化铝量，%。

29.4.2.3　HF 的生成

HF 来自于电解质与水蒸气的反应。电解槽气体中的 HF 分压可由下式计算：

$$\frac{1}{3}\text{AlF}_3(\text{电解质}) + \frac{1}{2}\text{H}_2\text{O}(g) \Longrightarrow \text{HF}(g) + \frac{1}{6}\text{Al}_2\text{O}_3(\text{电解质})$$

我们设定是 AlF₃ 与水反应而不是冰晶石和电解质的其他成分与水反应。这是因为 AlF₃ 的平衡常数是它们的几千倍。

$$F_{GB} = \left(\frac{2914000 - 1364000R_b}{\eta(P_B)}\right)\exp\left(7.4941 - \frac{8401}{T}\right) \tag{29-13}$$
$$\left(\frac{W}{25.96 + 1.237W} + \frac{H}{17.72}\right)^{1/2} a_{\text{AlF}_3}^{1/3} a_{\text{Al}_2\text{O}_3}^{-1/6}$$

式中　F_{GB}——电解质被水解形成的气氟，kg(F)/t(Al)；

　　　W——加入电解槽的氧化铝中的 H₂O 的质量分数；

　　　H——阳极中水分的 H₂ 的质量分数；

　　$a_{\text{Al}_2\text{O}_3}$——在电解质中氧化铝的活度；

　　a_{AlF_3}——在电解质中氟化铝的活度。

$$a_{\text{Al}_2\text{O}_3} = (w(\text{Al}_2\text{O}_3)/w^*(\text{Al}_2\text{O}_3))^{2.77} \tag{29-14}$$

饱和氧化铝（$w^*(\text{Al}_2\text{O}_3)$）的比例是根据 Skybakmoen 等人的公式计算的。AlF₃ 的活性值由方程式 29-15 表示：

$$a_{\text{AlF}_3} = \exp(1.9656 - 4.7237\,CR + 0.51281\,CR^2)$$
$$(1 - M_1 - M_2)(1 - 0.375\,a_{\text{Al}_2\text{O}_3}) \tag{29-15}$$

式中　M_1——CaF₂摩尔分数；

　　　M_2——NaF₂摩尔分数。

29.4.2.4　电解槽烟气的水解

气氟的另一个来源是 NaAlF₄ 被电解槽抽气系统带进的空气中水分所分解产生的。虽然空气带进了水分，但也冷却了电解槽气体，限制了水解。HBA（被空气水解的质量）是可调节的因子，它是根据覆盖料的厚薄在 0~3 之间变动的。HBA=1 是代表平均水平，变动因子是根据 1kA 在抽气温度在 30℃ 和 0.5m³/min 条件下测定的。虽然较高的抽气速度会引起湿度的增加，但是，烟气也能被迅速冷却。由于整个水解过程变化的比较小，所以，方程式 29-16 是实用的。

$$F_{GP} = \frac{380000(H)}{\eta P_B}\exp\left(13.746 - \frac{14370}{T}\right)P_M^{1/2}\left(\frac{P_h}{102.9}\right)^{1/2} \tag{29-16}$$

式中　H——空气水解值，以质量分数计；

　　　P_B——大气压，kPa；

P_M——$NaAlF_4$的分压，bar（1bar = 100kPa）；

η——电流效率，%；

P_h——空气的绝对湿度，kPa。

然而，电解槽烟气的水解，只改变了气氟与固氟的比例，而总氟的排放量没变。

29.4.2.5 计算模型汇总

总固氟：
$$F_P = F_{VP} + F_{EP} - F_{GP} \tag{29-17}$$

总气氟：
$$F_G = F_{GB} + F_{GP} \tag{29-18}$$

总氟：
$$F_T = F_{VP} + F_{EP} + F_{GB} \tag{29-19}$$

29.4.2.6 计算模型的计算示例

建立上述模型是试图对集气罩密闭完好的点式下料预焙槽进行排氟量的计算或预测，但是利用此模型进行的预测，还没有在其他类型电解槽上得到验证。另外，更换阳极，阳极效应，寻迹或跟踪（添加氧化铝的数量调整和跟踪电阻的上升）以及人工添加氟化铝对排氟量的影响也没有考虑在模型之内。Wahnsiedler 等发现下面的操作对排氟量影响的关系，可以用下式表示：

$$\Delta F = 0.55 \times A + 0.12 \times F - 0.35 \times T \tag{29-20}$$

式中 ΔF——增加的总氟排放量，kg(F)/t(Al)；

A——每天的阳极效应；

F——每天人工添加氟化铝的影响；

T——每天跟踪或迅迹的影响。

当然，这仅仅是一种大概的估计，实际上，每件事的操作所需要的时间和频率对 ΔF 的增减都是有影响的。

开发的模型与正常运行的 Alcoa-170kA 电解槽测量的结果是基本一致的。在电解质质量比为 1.1 ~ 1.4 和氧化铝含量 3% ~ 4% 的范围内，总的排氟量偏差在 0.8kg(F)/t(Al) 之内。在氧化铝浓度较低的情况下，模型求出的排氟量要高于回归方程式，这种结果我们已经预料到，因为回归方程式是线形的，而实际是非线形的。

利用数学模型预测的结果用图（图29-5 ~ 图29-8）可以更清楚的看出其实用性。电解质初

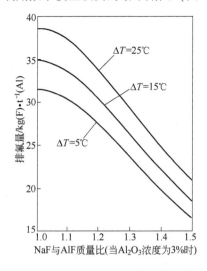

图 29-5 电解质质量比对排氟总量影响

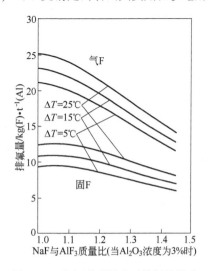

图 29-6 电解质质量比对排氟量影响

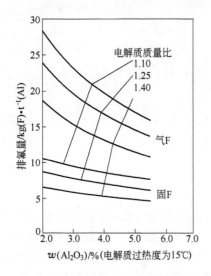

图 29-7　氧化铝浓度对排氟量的影响

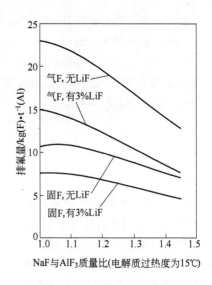

图 29-8　加 3% LiF 对排氟量的影响

晶温度的计算是采用 Sterten 的公式[5]；所有曲线的条件都一样：大气压 97kPa，绝对湿度 1.41kPa，氧化铝中水分 2.8%，阳极中的氢 0.093%，在电解质中 CaF_2 6.5% 以及 MgF_2 0.15%。

从图中可以看出：

（1）电解质质量比在 1.1~1.4 和氧化铝浓度在 3%~5% 的范围内，氟的总排放量在 0.8kg(F)/t(Al) 方差之内。

（2）电解质质量比或物质的量比越高，氟的排放量越少。

（3）氧化铝的浓度越高，氟的排放量也越少。

（4）过热度越大或电解质温度越高，氟的排放量越大。

（5）加 3% 的 LiF，在过热度为常数的条件下，排氟量大幅度降低。

29.5　预焙阳极电解槽的氟平衡

E. Dernedde[6] 和曹成山[7] 利用文献所作的氟平衡计算是目前比较详细的资料，具有参考价值。

29.5.1　铝电解槽的氟支出

铝电解槽的氟支出包括：铝电解槽内衬吸收；残极吸收和带走；电解质水解、挥发和飞扬而进入烟气的和机械损失。

（1）铝电解槽内衬吸收。槽内衬长期受高温熔融电解质腐蚀，吸收了大量电解质，其量随内衬寿命而变，一般难以准确定量，只能取经验或近似值。表 29-12 中废炭块含氟量，是生产 4~5 年后的中型槽各部位含氟量分析结果，由此估算出槽废内衬的含氟量。

表 29-12　一台生产 5 年后解剖槽衬的含氟量分析表

材　料	氟化物形式	渗入氟量/%	吨铝消耗的氟量/kg
底部炭块	NaF	22.01	1.85
	Na_3AlF_6	1.76	0.148
耐火材料	NaF	9.2	0.832
	Na_3AlF_6	20.1	1.81

材　料	氟化物形式	渗入氟量/%	吨铝消耗的氟量/kg
炭　糊	NaF	22.0	0.418
	Na_3AlF_6	10.1	0.20
合　计			5.258

（2）残极吸收带走。非连续预焙阳极的残极。将带走一定量的电解质，按实测焙烧炉烟气含氟量 0.0235kg/t 计算，取每生产 1t 原铝产生的残极将带走电解质以氟计为 $F_h = 0.94$ kg/t。

（3）电解质水解、挥发和飞扬而进入烟气。进入烟气的氟，主要有气态氟化物和固氟的含氟粉尘。对于现代点式加料预焙槽，E. Dernedde 等[6] 提出使用 AP18 槽技术参数估算出其排放总量为：

1）电解质挥发：$F_{VP} = 10.61$ kg/t(Al)

2）电解质带走：$F_{EP} = 0.63$ kg/t(Al)

3）水解生成 HF：$F_{GB} = 15.96$ kg/t(Al)

4）烟气被水解：$F_{GP} = 3.24$ kg/t(Al)

5）总量为 27.2kg/t(Al)

其中：

$$气氟 = F_{GB} + F_{GP} = 19.20 \ kg/t(Al)$$

$$固氟 = F_{VP} + F_{EP} - F_{GP} = 8.0 kg/t(Al)$$

由此可见，固氟占 30% 左右。对于 F 总排放量，不同文献提出的数据相差较大，可能因槽型、容量、操作参数不同所致，本文参照文献 [6] 取总排放量为 27.2kg/t(Al)。

（4）机械损失。机械损失包括物料贮运及操作中包括避免的损失，据一般统计约为 3kg/t(Al)。

29.5.2　铝电解槽的氟收入

预焙阳极铝电解槽的氟收入有三项：铝电解烟气净化回收；阳极焙烧炉烟气净化回收；新补充氟。

（1）铝电解烟气净化回收的数据。铝电解含氟烟气干法净化回收技术，对氟污染的治理回收是简单、有效的理想方法，在预焙阳极铝电解槽生产系列中被广泛采用。当前较为通用的预焙阳极电解槽的烟气集气效率 98%，全氟净化效率 99%。

1）天窗排氟：$27.2 \times (1 - 98\%) = 0.544$(kg/t(Al))

2）净化后烟囱排放：$27.2 \times 98\% \times (1 - 99\%) = 0.266$(kg/t(Al))

3）烟气干法净化系统回收氟：$27.2 - 0.544 - 0.266 = 26.39$(kg/t(Al))

（2）阳极焙烧炉烟气干法净化回收。随阳极残极带入的氟为 0.94kg/t(Al)，在残极掺配过程中所造成的机械损失按 10% 计算，则机械损失为 $0.94 \times 10\% = 0.094$(kg/t(Al))，焙烧炉烟气干法净化系统的氟净化效率取 97% 则：

1）阳极焙烧炉烟气干法净化烟囱排放：

$$(0.94 - 0.094) \times (1 - 97\%) = 0.25(kg/t(Al))$$

2）阳极焙烧炉烟气干法净化回收氟：

$$(0.94 - 0.094) \times 97\% = 0.821(kg/t(Al))$$

29.5.3 氟的平衡

理论的新补充氟量即电解过程的氟损失量减去回收量为 5.258 + 0.94 + 27.2 + 3 − 26.39 − 0.821 = 9.178(kg/t(Al)),折合成纯氟化铝 13.54(kg/t(Al)),一般市售氟化铝含氟量约为 60%,所以生产中氟化铝补充量应为 9.178/0.6 = 15.3(kg/t(Al))。氟平衡表见表 29-13,氟平衡图见图 29-9。

表 29-13 氟的平衡

氟的支出与收入项	分项内容	数量/kg·t⁻¹ (Al)	比例/%
电解槽氟的支出	铝电解槽内衬吸收	5.258	14.45
	残极吸收和带走的	0.94	2.58
	水解等进入烟气的	27.2	74.73
	机械损失	3	8.24
	合 计	36.368	100.00
电解槽氟的收入	铝电解烟气净化回收	26.39	72.50
	焙烧炉烟气净化回收	0.821	2.26
	新补充氟	9.187	25.24
	合 计	36.398	100.00

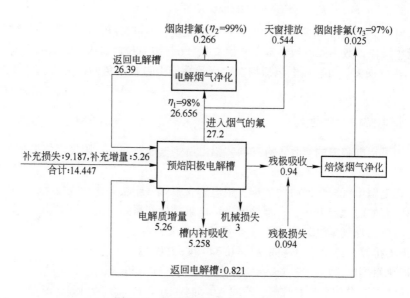

图 29-9 氟平衡图(单位:kg/t(Al))

29.6 烟气净化

29.6.1 铝电解槽烟尘的干法净化

最近 50 年来,世界上几乎所有采用预焙阳极电解槽的铝厂均采用氧化铝化学吸附氟化氢的干法净化技术。与湿法技术比较,主要是消除了污水的二次污染和能耗较高的缺点。但是干法净化技术也有缺点,那就是杂质的循环,它们将影响铝的质量和降低电流效率。

29.6.1.1　干法净化的工艺流程

铝电解过程中，由电解槽排出的烟气经槽盖板密闭集气，由排烟支管汇集于厂房外一侧的排烟总管，接着进入布袋除尘器前的排烟总管，向上通过文丘里反应器。在此，由新氧化铝贮槽经风动溜槽输送来的氧化铝定量加入反应器中，并根据需要加入一定量的由布袋除尘器沸腾床来的循环氧化铝。氧化铝与烟气充分混合，发生吸附反应，吸附烟气中的氟化物等污染物。反应后的载氟氧化铝与粉尘等固体物和烟气一道进入布袋除尘器进行气-固分离。净化后的烟气由主排烟风机送至烟囱排入大气。载氟氧化铝经布袋除尘器收集下来，一部分作循环吸附剂，另一部分从除尘器下部沸腾床溢流到风动溜槽，并经风动溜槽送至气力提升机提升到载氟氧化铝贮槽，由超浓相输送系统送到电解槽供电解生产使用。干法净化工艺流程如图 29-10 所示。

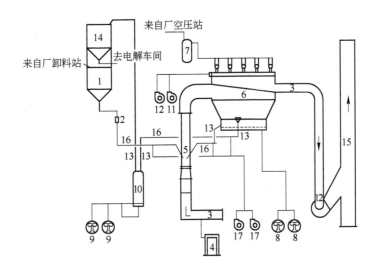

图 29-10　干法净化系统工艺流程图

1—新鲜氧化铝贮槽；2—定量加料装置；3—排烟管道；4—电解槽；
5—文丘里反应器；6—布袋除尘器；7—贮气罐；8—流态化
用罗茨风机；9—气力提升用罗茨风机；10—气力提升机；
11—反吹风机；12—主排烟风机；13—氧化铝料管；
14—载氟氧化铝贮槽；15—烟囱；
16—风动溜槽；17—高压离心机

29.6.1.2　烟气干法净化的主要设备

根据铝电解厂烟气干法净化工艺流程特点，其主要设备可分为三部分。

（1）烟气的输送设备。烟气的输送设备主要是指排烟机、管道和调节阀。需要强调的是：

1）在整个烟气净化系统中，排烟机是其中的核心设备。

2）输送烟气的管道要根据风量（风速）的要求进行设计，对含尘的烟气，气速不宜过高，以免增加磨损及能耗；但也不能过低，当气速低于1m/s 时，粉尘大量沉积。如我国某厂160kA 预焙槽一个系列的排烟量为 $4 \times 2940 m^3/min$，主管道内的烟气流速为 $18 \sim 20m/s$。另外，管道要尽量避免死角，转弯处和变径处要尽量平滑过度。

3）对于粗大的管道要留有伸缩膨胀的余地。

（2）气固混合设备。其目的是把吸附剂与烟气尽可能快速均匀地混合，根据目前国内生产厂的使用情况，主要采用以下几种方式：

1）用连续下料机把吸附剂直接撒入烟道内，这种方式简单，能耗也最低，但均匀性差。使用的连续下料机常用振动式或圆盘式，如常用的是振动式给料机。

2）把吸附剂撒在文丘里管道的喉口处，能耗大，磨损大，但混合物均匀反应能力强。

3）把吸附剂先流态化然后再与烟气混合，主要有以 A-398 沸腾床法。美国 PEC 公司的垂直径向喷射器法，这种方式混合均匀，吸附剂不易碎。

4）把烟气通过装有吸附剂的固定层，同时达到混合和气固分离的目的。

（3）气固分离设备。

1）第一种方式是采用布袋收尘器。它是利用含固体颗粒的气体通过滤料层时，由于筛分、重力、静电、惯性、钩住及扩散等作用，使固体颗粒滤粒阻留住，气体通过滤料使气固分离。布袋收尘器是最早采用且广泛使用的气固分离设备。

2）第二种方式是采用静电除尘设备，它是利用高压直流电场作用下，烟气中的粉尘被带出电荷（细粉尘本身往往就是带电的微粒）并向着异极运动，到达异极后把电荷释放，采用电除尘的优点是对流体阻力小（100～300Pa），运行费用低，对高温高压气体也能运用（但高温会降低收尘效率），缺点是一次投资大。

29.6.1.3　烟气干法净化系统的设计

（1）干法净化系统设计参数的确定。根据干法烟气净化的工艺特点，在进行系统工程前必须确定如下设计参数。

1）单槽排烟量。单槽排烟量是干法净化系统设计的重要参数。如果按理论计算，生产 1t 铝的烟气总体积为 $1000m^3$，但实际排出的烟量为理论值的上百倍，原因是混入了大量的空气。一般情况下，密闭电解槽散发的有害物捕集效率随着排烟量的增多而增多，但排烟量增到某一数值，集气效率不再明显增加，而氧化铝飞扬损失却明显增加，烟气中的有害物浓度降低。因此合理的排烟量必须通过实验确定。但必须注意的是目前 300kA 的大型电解槽在国内铝产能中占有相当大的比重，而这类电解槽的单槽排烟量必须予以增大。在工程设计中，单槽排烟量多采用"类比法"确定，即通过对实践中积累出的实测烟气量进行"类比"而确定，见表29-14。

表 29-14　电解车间烟气干法净化主要参数比较表[8]

序 号	内 容	A	B	C	D
1	年产铝量/t	106960	80000	100000	54328
2	单槽排烟量闭槽/m^3·(h·槽)$^{-1}$	6000	6480	6000	6000
	单槽排烟量开槽/m^3·(h·槽)$^{-1}$	15000	20400	15000	15000
3	总排烟量/m^3·h^{-1}	1786530	1719408	1776640	843600
	折合吨铝排烟量/km^3	146317	182916	1397401	40600
4	电解槽吨铝排氟量/kg	20	17.8	18	17.8
5	氧化铝比表面积/m^2·g^{-1}	>40	38.4	35	35
6	烟气新鲜氧化铝浓度（固气比）/g·m^{-3}	13.21	30.38	13	14.23
7	集气效率/%	97.5	98	96	98
8	净化效率/%	99	99.2	98.5	99
9	收尘效率/%	99.85	99.98	99.8	99.5

2）电解集气罩负压。维持集气罩负压是电解集气必不可少的条件，它是由排烟机得以保证的，根据电解槽生产工艺的实际操作情况，电解槽集气负压是可通过调节阀调节的，在工程

设计中，集气罩负压要求满足系统最远处电解槽集气罩的需要负压100Pa的要求。

3）固气比。根据Al_2O_3吸附HF的机理，Al_2O_3比表面积大小决定了吸附能力的大小，按表面吸附状态假说计算，一个HF分子新遮盖的面积为$(2 \times 1.33)^2 = 7.076$（Å）。

$1m^2$表面积可吸附HF的质量：

$$20.006/7.076 \times 10^{-20} \times 6.032 \times 10^{23} = 4.69 \times 10^{-4}（g/m^2）$$

式中　6.032×10^{23}——阿伏伽德罗常数；

　　　20.006——氟化氢的相对分子质量。

氧化铝对氟化氢的吸附能力G与表面积S成正比：

$$G = 0.0469S \times 100\% \tag{29-21}$$

实验研究表明，氧化铝实验吸附能力只有：$G = 0.0327S \times 100\%$。

以上只是理论上的推算，在实际生产中由于温度、压力和烟气量的变化，要达到最佳吸附状态所需要的固气比，一般是通过布袋收尘进口含尘浓度测定后调整而得到的。在工程设计中如固气比确定过大，则会使Al_2O_3添加量过多，导致Al_2O_3储运量增加，添加了Al_2O_3粒度过碎以及烟囱出口含尘浓度增加的问题。因此，在确定固气比时应参照"类比法"确定。

（2）烟气净化系统排烟机的选型及计算。

排烟机（风机）的选型计算包括两方面的内容。首先应确定排烟机的风量（Q），在初步完成工艺系统的配置后（包括布袋收尘器、反应器、管路布置）的基础上，计算整个工艺系统的总阻力（$\Delta P_{总}$）。

1）排烟机的风量Q是根据几台电解槽的排烟量，并考虑"漏耗"的安全量三者的乘积得到。

$$Q = 1.1 \times n \times Q_{排} \tag{29-22}$$

式中，n指电解槽的数量；$Q_{排}$指单槽排烟量。

2）净化系统的总阻力$\Delta P_{总}$

$$\Delta P_{总} = \Delta P_{负} + \Delta P_{摩} + \Delta P_{局} + \Delta P_{提} + \Delta P_{部} \tag{29-23}$$

式中　$\Delta P_{负}$——电解槽集气罩负压；

　　　$\Delta P_{摩}$——直管沿程摩擦压力损失；

　　　$\Delta P_{局}$——局部压力损失（如接头、三通、弯管等附件）；

　　　$\Delta P_{提}$——垂直管中提升物料克服重力所产生的压力损失；

　　　$\Delta P_{部}$——反应器、袋式收尘器等配套设备的阻力损失。

上述$\Delta P_{摩}$、$\Delta P_{局}$、$\Delta P_{提}$设计手册上均给出了明确的计算公式，在此不作列举。表29-15给出的数据仅供参考。

表29-15　现有干法净化回收装置系统阻力构成

项　目	阻力/Pa	比例/%	备　注
集气罩阻力	100	2.71	
管道阻力	1200	32.50	
反应器阻力	392	10.62	文丘里
袋式除尘器阻力	2000	54.17	
合　计	3692	100.00	

3）排烟风机压力 P 的确定。由于 $\Delta P_{摩}$、$\Delta P_{局}$、$\Delta P_{提}$ 与流速 V^2 成正比，而

$$V = Q/A \tag{29-24}$$

式中　A——管道截面积。

因此根据笔者选型经验，$P = 1.2 \sim 1.5\Delta P_{总}$。

4）排烟机电动功率的确定。排烟机为离心式风机，它的驱动电机功率为：

$$N = Q \times P \times K/(3600 \times 102 \times 9.8 \times \eta \times \eta_1) \tag{29-25}$$

式中　η——风机全压效率，$0.837 \sim 0.93$；

　　　η_1——机械效率，由联轴器传动时，$\eta_1 = 0.98$；

　　　K——电动机容量贮备系数，$K = 1.15 \sim 1.30$。

（3）烟气净化系统除尘设备的选型及其计算。除尘系统的选择主要考虑以下因素：含尘气体的性质（气体量、温度、浓度、粉尘的物理性质），环境对净化程度的要求，除尘设备的性能。

通过后面的论述，结合国内厂家的实际使用情况，一般选择袋式收尘器，在选型计算时，应根据工况条件，先确定过滤风速，再根据处理烟气量按下式求净过滤面积和总过滤面积：

$$F_{净} = Q/(60 \times V) \tag{29-26}$$

$$F_{总} = F_{净}(1 + 1/n) \tag{29-27}$$

式中　$F_{净}$——净过滤面积，m^2；

　　　$F_{总}$——总过滤面积，m^2；

　　　Q——烟气量，m^3/h；

　　　V——过滤风速，m/min；

　　　n——袋式收尘器室数。

29.6.1.4 袋式收尘器在铝厂使用实例

我国某铝厂使用袋式收尘器的实例如表29-16、表29-17所示。

表 29-16 我国某厂是两种设备的实例

项　目	A厂使用进口设备	A厂使用国产设备	项　目	A厂使用进口设备	A厂使用国产设备
处理风量/$m^3 \cdot h^{-1}$	25710	27100	压力损失/Pa	2000	$1500 \sim 1800$
过滤面积/m^2	276.5	300	喷吹阀	直角阀	直通阀
过滤风速/$m \cdot min^{-1}$	1.55	1.50	喷吹压力/Pa	6×10^5	3×10^5
处理烟气温度/℃	$80 \sim 120$	$80 \sim 120$	袋底压力/Pa	1060/1130	1340/1520

表 29-17 我国某厂使用的两种设备的性能

项　目	A厂使用进口设备	A厂使用国产设备	项　目	A厂使用进口设备	A厂使用国产设备
型　号	10DMP25	Y4-73No. 20F	冷却方式	油冷却	水冷却
风量/$m^3 \cdot h^{-1}$	180000	190000	支撑方式	F式	F式
风压/Pa	3950	3980	进口方式	双进口 135°	单进口 135°

29.6.1.5 国外干法净化技术的发展

干法净化技术在铝工业中处理含氟烟气已有 30 几年的历史。发展的三个阶段见表29-18。

表 29-18   干法净化技术发展的三个阶段

技术参数	第一代中等电流电解槽	第二代大电流电解槽	第三代未来发展
系列电解槽数/台	240	288	300 以上
电流/kA	195	320	400 以上
产能/t·a^{-1}	130000	260000	450000 以上
每个系列的 GTC 数（烟气处理中心）	2	2	2
每个 GTC 的烟气量/m^3·h^{-1}	950000	1800000	3000000 以上

（1）第一阶段：Vibrair 技术（除尘器反吹清灰技术）是一种模块化技术，每个单元由一个文丘里反应器，一台反向气流清灰的 Vibrair 袋滤器以及一台引风机组成。除了使用于较小电流的电解槽系列之外，近十年也广泛用于 300kA 的电解槽系列。其效果：HF 含量小于 0.5mg/m^3（标态），尘氟含量小于 0.3mg/m^3（标态）；滤袋寿命达 6～8 年。但是，近年来也有些变化，例如增加每个单元的过滤面积，由 1480m^2 增加到 1940m^2；又如，由于过滤箱体负压足以吸入周围环境中的空气用于反向气流清灰，反清灰机被取消；再如，过滤箱体的引风机重新布置到除尘器灰斗下，使得烟气净化系统所占用的面积由 3.9m^2/m^3 的烟气量降至 3.3m^2/m^3 气量。图 29-11 是 Vibrair 型高效干法净化装置图。

（2）第二阶段：TGT-RI 具有两个基本点。首先，除尘器滤袋长度很长（TGT）。其次，文丘里反应器放入脉冲喷吹除尘器中部（RI）。由于 IAP（积成作用汽缸）脉冲喷吹阀技术的发展，它可以使用低压压缩空气（0.2MPa）脉冲喷吹滤袋，从而实现了对长滤袋可以进行清灰的作业（见图 29-12）。占地面积缩小到

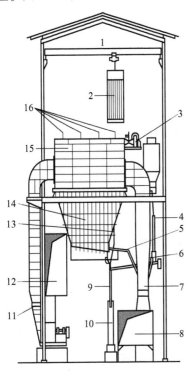

图 29-11   Vibrair 型高效干法净化装置

1—单轨吊；2—袋滤器模块；3—反吹风机；4—新鲜氧化铝空气溜槽；5—氧化铝循环；6—分配装置；7—文丘里反应器；8—主烟道入口；9—载氟氧化铝的空气溜槽；10—空气提升机；11—挡板；12—主烟道出口；13—溢流；14—除尘器灰斗；15—袋滤器；16—反吹空气阀

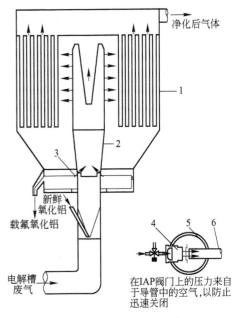

图 29-12   TGT-RI 设计概念图

1—滤袋；2—文丘里反应器；3—氧化铝再循环；4—IAP 阀；5—导管；6—脉冲管

$2.8m^2/(m^3 \cdot s^{-1})$ 烟气量。

使用 TGT 技术，GTC 由几个单元组成（包括 TGT 除尘器及集成反应器），每个单元具有 $200m^2$ 以上的过滤面积，滤袋直径 127mm，长度 6m。与 Vibrair 系统每个单元后连接一台引风机不同，TGT 烟气处理中心一般为 3～5 台引风机连接多单元的除尘器，更具有灵活性。

TGT-RI 主要优点为：第一，烟气与氧化铝接触时间较长，并由于空气流速低，反应器方向向上，氧化铝破损率小；第二，改进整个反应器出口及除尘器侧部滤袋气流分配的精细设计，减小了箱体上升风速，并使所有滤袋的氧化铝覆盖层均匀；第三，改进整个反应器的新鲜氧化铝和循环氧化铝的分布，在较低的氧化铝循环率下提高净化效率；第四，由于滤袋的阻力降低，系统引风机功率降低；最后，滤袋寿命长和氧化铝颗粒排放量低（IAP 脉冲喷吹阀的关键优点）。

（3）第三阶段：TGT-LIR，滤袋长度超过 7m，每个单元过滤面积更大（$3120m^2$）；每个单元内的文丘里反应器要作成线性集成反应器（缩写 LIR），见图 29-13。

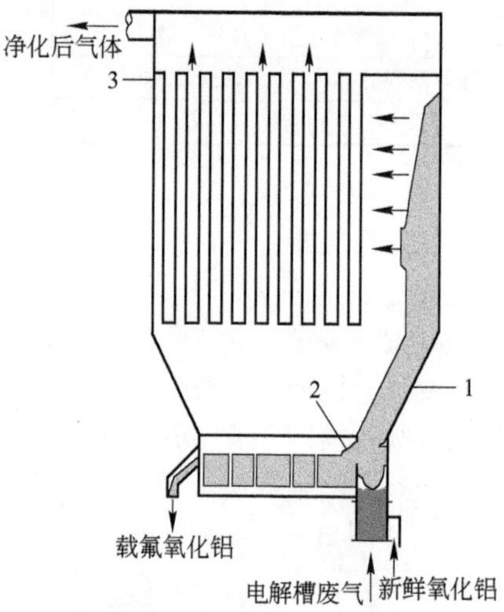

TGT-LIR 的烟气处理中心占地投影面积减少 25%，以 144 台 330kA 电解槽为例，Vibrair 占地投影面积为 $1700m^2$，TGT-RI 为 $1400m^2$，TGT-LIR 则为 $1200～1400m^2$。

图 29-13　TGT-LIR 设计概念图
1—文丘里反应器；2—氧化铝再循环；3—滤袋

干法净化技术发展的趋势是更高的捕集效率。在不断降低成本的同时，环保法规对 HF、固氟、总的颗粒以及 SO_2 的排放量要求日益严格。最近几年大部分预焙槽铝厂氟的排放极限已经降低到吨铝 0.72～0.95kg。也有不少铝厂计划达到吨铝 0.4～0.5kg 的水平。但是最应该注意的是，从天窗排出的量几乎占了总量的 90%。因此，目前有一种趋势就是通过加大净化系统的风量来降低从天窗逸出的氟（见表 29-19）。

表 29-19　净化系统增加风量后氟化物排放量降低的情况

单槽排风量（标态）/$m^3 \cdot s^{-1}$	吨铝氟化物排放量/kg		
	电解天窗	净化系统烟囱	总　量
2.0	0.50～0.60	0.03～0.06	约 0.6
2.1	0.40～0.50	0.03～0.06	约 0.5
2.4	0.25～0.35	0.04～0.06	约 0.35

点式下料预焙槽一般进入系统的 HF 量约为每吨铝 25kg，到净化后就变成每吨铝 0.4～0.5kg。所以要进一步降低总的排放量必须从两个方面入手：一是干法净化器要在最佳状态下运行；二是从源头控制。为了减少从天窗的排氟量，应做到：1）罩子要设计好；2）仔细平衡槽间烟气量，避免由于抽气不均引起漏风；3）提高单槽抽气量，如增加 20%，虽然，设备体积增大，但天窗排氟量相应减少 25%～30%。另外，有些铝厂（例如挪威 Sunndal 铝厂）安装双烟道筒，换阳极时加大风量一倍，在每台槽上安装一个转向阀，以便实现烟气在两个管道间转换（见图 29-14）。寻求最佳的净化效率，GTC 的 HF 入口浓度较高（每吨铝 25kg 或约

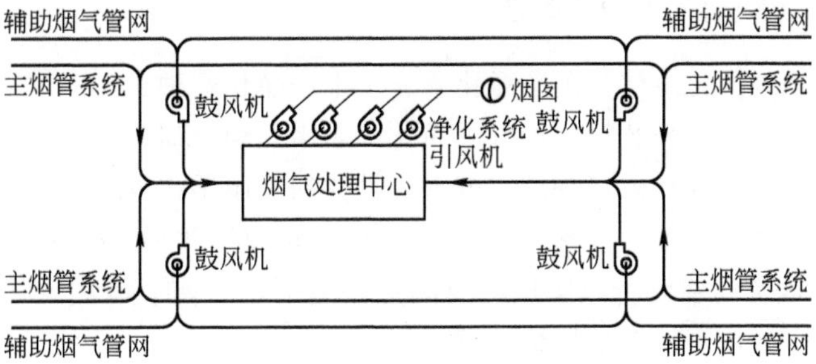

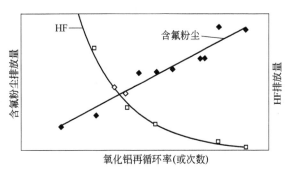

图 29-14 实施双引风系统的构思

300mg/m³（标态）），温度也较高（110～130℃）。调查发现随着温度的提高，从烟囱排出的氟量也越高。为了提高 GTC 系统的效率，必须保证氧化铝始终保持在饱和点以下，相应地，仔细设计排烟管的几何尺寸，使每个单元的烟气量相同，有的已在每个单元安装一个流量计测量其烟量，以便及时调节。同样，均匀分配进入新鲜氧化铝也非常重要，近年来对系统分料箱作了优化设计。另外，还要注意大颗粒氧化铝在筛上沉积。控制烟气中 HF 与含氟颗粒动态平衡（见图 29-15）对烟气中 HF 与含氟颗粒的排放量进行监测，可以通过改变循环氧化铝的使用量找到一个净化系统运行的最佳点。所以，要定期进行此项实验。

图 29-15 最佳氟化氢和含氟粉尘排放量之间的平衡

29.6.2 铝电解槽 SO_2 的湿法净化

湿法净化经常和冰晶石或氟化铝回收车间联合。前面特别强调消耗水的安全处理技术，因此严格防止二次污染，并安全地处理废水已成为该工艺能否实施的依据。当前，大量的湿法净化用在干法净化流程之后以除去二氧化硫。

（1）使用碱溶液处理。通常直接安装在干法系统的后面，由一台多喷管碱溶液喷淋塔组成，系统内还有反应室和浓缩室的排污处理系统，随后，要经过旋转真空除尘器，一般除去 SO_2 效果较好。

（2）使用海水处理。不少国外铝厂，例如挪威 ELKEM 等使用海水净化 SO_2。净化吸附过程是在一座净化塔内完成，海水被净化塔内安装的多排喷嘴充分雾化形成了两个吸收区域。SO_2 被吸收后完成从气态到液态的转变，酸化海水的同时产生不稳定的亚硫酸根（化学需氧量 COD），与空气中的氧气反应后生成无害的硫酸盐。国外某公司通过联合一所大学及试验工厂进行长时间设计研究，发明了专有的受污染海水处理工艺。受污染的海水经过烟气脱硫工艺（FGD）后 pH 值上升到正常水平，海水中化学需氧量 COD 浓度降低到 $1×10^{-4}$%（1ppm）以下，并且海水中氧气量接近达到饱和。在这个系统中只使用了两种地球上非常丰富的资源：海水和空气。在 2001 年，国外某公司在铝工业成功地建成投产了一套基于海水湿法净化的烟气脱硫系统。烟气脱硫效果满足所有设计要求，监测后净化效率高达95%以上（净化后烟气中 SO_2 浓度（标态）低于 20mg/m³），系统自投产运行以来一直很可靠。

29.6.3　阳极焙烧炉烟气的净化方法

阳极焙烧炉烟气净化方法分湿法净化和完全干法净化两种。

国际上为了适合密闭环式焙烧炉气体净化，采用焦油冷却和冷凝调节塔，随后进入电除尘和湿气体净化系统。敞开环式焙烧炉传统上也类似的采用湿式电除尘和湿气体净化系统。

电除尘在调节塔中捕集焦油雾，工作时某些单元捕集效率超过89%。应小心避免温度下降到低于60℃，因为这将降低收集板需要的焦油流动性。调节塔和电除尘排出的焦油常常循环进入炭素产品，或用于补充焙烧炉的燃料。

湿法净化通过溶解 HF 和 SO_2 完成气体净化。一个湿法净化系统可以实现99%的 HF 收集效率和96%的 SO_2 捕集效率。SO_2 的捕集效率可以通过控制液体的 pH 值进入酸性区域而降低。有时常常出现焦油并不在电除尘捕集，而是在湿法洗涤时获得。因此，水处理车间装备了用于除去液体表面焦油浮渣的装置。因此涉及焦油在洗涤器中沉淀问题，所以常选择离心机或旋流器类的薄雾清除器装置。

干法净化系统是基于冶炼级氧化铝吸附 HF 和焦油，至今还没有在密闭焙烧炉上使用，因为较长的收集装置使它有较高的花费。对于敞开式焙烧炉目前在国外倾向于安装干法净化系统。加入的氧化铝吸附氟化氢和焦油。一个典型的干法净化系统具有用于气体冷却和焦油冷凝的调节塔，这一设备也能除去气体带入的填料焦炭，然后，在反应器中氧化铝可有效捕集焦油和 HF，系统在排放烟气进入大气之前，由布袋过滤器除去烟灰。反应过的或二次氧化铝明显被含碳物质污染——碳含量是0.5% ~ 5%。有效的预分离带入的填料焦炭和调节焙烧炉无烟燃烧能得到较低的碳含量，用干法净化处理预焙槽排放的氧化铝含碳量是0.2% ~ 1.5%。来自阳极焙烧炉净化系统的氧化铝（为冶炼用量的1% ~ 1.5%）附加有炭，而伴随氧化铝加入电解槽的炭不希望有显著的增加。然而，有时氧化铝混合物是不够理想的，需要按照不同情况确定是否应该在氧化铝返回电解槽之前煅烧脱除炭。也有采用焦炭吸附焦油的干法，浸透了焦油的焦炭被再循环进入炭产品。

29.6.4　关于环境空气和电解车间空气质量的测定

滤膜法可以测定环境空气及车间空气中氟化物的小时浓度和平均浓度。石灰滤纸法不需要采样动力，简单易行。由于放样时间长（7d 至 1 个月），测定结果能较好地反映空气中氟化物的污染状况，测定结果以每日每 $100cm^2$ 石灰滤纸上吸收的氟化物（以氟计）的含量（μg）表示。

(1) 石灰滤纸法的原理。空气中的氟化物（氟化氢、四氟化硅等）与浸渍在滤纸上的氢氧化钙反应而被固定，用总离子强度缓冲溶液提取后，以氟离子选择电极法测定，求得石灰滤纸上氟化物的含量，反映在放置期间空气中氟化物的平均污染水平。石灰滤纸法简称 LTP 法。

测定体系中共存0.03%（300ppm）以下的三价铁离子不影响测定；微量三价铝离子干扰氟化物的测定，可经蒸馏分离后再测定。

本分析方法检出限为每 50mL 为 $1\mu g$ 氟，当放置天数为 1 个月时，监测方法的检出限为每 $100cm^2 \cdot d$ 为 $0.035\mu g$ 氟。当石灰滤纸吸收的氟含量超过每 $100cm^2$ 为 $8000\mu g$ 时，吸收率有所下降。

(2) 石灰滤纸法的计算。

每天每 $100cm^2$ 石灰滤纸上吸收的氟化物（以氟计）的含量为：

$$\mu_g = \frac{W - W_0}{Sn} \times 100 \tag{29-28}$$

式中　W——样品石灰滤纸中氟含量，μg；

　　　W_0——每张空白石灰滤纸中平均氟含量，μg；

　　　S——样品滤纸暴露在空气中的面积，cm^2；

　　　n——样品滤纸在空气中放置天数，d，准确至0.1d。

29.7 铝电解槽废旧阴极内衬的处理

29.7.1 废旧阴极内衬

电解槽在使用一段时间后需进行停槽大修。电解槽停槽后于钢槽壳中取出的被用过的阴极及衬里材料被称为废旧阴极内衬（spent potlining，SPL），加上刨炉产生的废旧耐火材料，统称为电解槽大修渣（但一般情况下也将大修渣等同于废旧内衬）。这是电解过程中产生的数量最大的固体废料，是含氟量极高的危险废弃物；又由于电解槽废旧内衬中，特别是在阴极侧部靠阴极棒和槽壳附近常常富集有极少量氰化物，当废旧内衬材料中的氰化物慢慢地被氧化和分解后，它和溶解的氟盐被雨水所浸渍，构成危害。因此电解槽废旧内衬是铝厂造成环境污染的主要因素之一。

29.7.2 电解槽废旧内衬的组成及毒性分析

据估算，全世界每年能产生数十万吨的废旧内衬。电解槽废旧内衬中含有大量氟，主要包括以下几个方面：

（1）电解槽炭内衬在多年的使用过程中，在960℃左右的高温环境下，炭素内衬与电解质直接接触，氟与碳发生反应生成碳氟化物，后者的形成量越大，内衬吸氟量越多。

（2）炭内衬在长期使用中不可避免地存在破损和产生裂隙，导致电解质由内向外渗透及渗漏，使炭内衬中常夹带有电解质条块状物，而电解质中的含氟量一般在50%左右。

（3）电解槽大修前虽然要抽干金属铝液和电解质液，但因槽膛的不规则性及槽膛槽帮与炭内衬的紧密结合，极难将电解质液全部抽出，也极难将炭内衬附着的电解质槽帮剥离干净，往往将炭内衬与部分电解质一起被清理出来。

表29-20为电解槽废旧内衬组成及排放量情况。

表 29-20　电解槽废旧内衬组成及排放量

名　称	排 放 量/t		名　称	排 放 量/t	
	60kA 自焙槽	160kA 预焙槽		60kA 自焙槽	160kA 预焙槽
阴极炭块	8.89	19.42	耐火粉	2.11	4.60
耐火砖	5.85	12.78	耐火粉浆	0.47	1.02
扎　糊	3.74	8.18	绝热板	0.23	0.51
保温砖	2.11	4.60	合　计	23.40	51.11

以160kA预焙槽为例，槽内衬使用3.5年后，如拆后称重可发现每台槽增重了10～12t，相当于内衬吸氟11～13kg/t(Al)。年产铝10万t的铝厂，每年废旧内衬中含氟260～310kg。

预焙槽的炭内衬吸氟量也可用式29-29进行计算：

$$Q_F = A_a \times F_y \times F_H \times F_c \times 10^{-3} \tag{29-29}$$

式中　Q_F——单槽大修时炭内衬吸氟量, t;

　　　A_a——单槽在寿命期中的产铝量, t

　　　F_y——吨铝氟化盐消耗量, kg;

　　　F_H——氟化盐中平均含氟量,%。

一般来说, 废旧内衬中含有的水溶性氟化物越多, 其毒性越大。表 29-21 是两电解厂电解槽废旧内衬毒性分析结果。

表 29-21　电解槽废旧内衬毒性分析结果

项　目	全量分析		浸出液分析			
	贵州铝厂	青海铝厂	贵州铝厂		青海铝厂	
	F/%	F/%	pH	F/mg·L⁻¹	pH	F/mg·L⁻¹
炭　块	13.08	5.73	11.44	3500	12.40	3500
耐火砖	11.19	4.71	7.89	290	10.70	235.5
扎　糊	16.18	14.11	11.68	13000	12.998	13000
保温砖	10.14	1.08	6.48	26	8.77	46.3
耐火粉	3.11	7.91	6.58	220	8.42	53.6
耐火粉浆	31.81		11.00	400		
绝热板	18.11	2.53	7.04	2220		70.1
混合样	11.48	6.54	10.50	2200	11.96	1818

我国另一资料指出, 废旧内衬材料主要有害物氰化物和氟化物, 其含量随槽寿命和槽内衬材料的种类而变化。郑州轻金属研究院对本院试验厂和西北某厂废旧内衬材料的分析见表 29-22。

表 29-22　废旧内衬中氰化物和氟化物含量

项　目	槽寿命 3100d 的有害物含量	槽寿命 1400d 的有害物含量
F, 可溶解量/mg·L⁻¹	3502	608
CN, 可溶解量/mg·L⁻¹	28	9

我国《危险废弃物的鉴别标准——浸出毒性鉴别》(GB 5085—1996) 规定浸出液含氟浓度在 50mg/L 以上即为危险废物。按照此标准进行评价, 电解槽废旧内衬属于危险废弃物。当电解槽废渣中的氟化物受水浸溶时, 有 40% 左右溶于水中, 如果渗入地下, 可能污染土壤和地下水, 并且其污染影响是长期的。国内外电解厂对废旧内衬的处理都很重视, 环保部门对其关注程度也日益增加, 并制定了判定标准及处理规定。美国环保局 1998 年将铝电解废旧内衬列为有害废物, 规定不得随意废弃。如何对这部分固体废弃物进行无害化处置, 防止其对水体、大气、土地的污染已经成为世界铝工业的一个很重要课题。

29.7.3　电解槽废旧内衬的综合利用

29.7.3.1　电解槽废旧内衬的处理与利用方法

由于方法较多, 仅介绍几个大公司的流程。

(1) Alcan-LCLL 法 (低苛性裂化石灰法)。该方法包括两个具有高压裂化氰化物的湿法冶金处理过程。它的副产品是氟化钠或氟化钙, 苛性溶液和固体残渣可用于生产水泥。该法经过半工业生产后在魁北克建设一个可大规模处理电解槽废旧内衬的工厂。

（2）Alcoa Australia Ausmelt 法。美铝-澳大利亚公司在波特兰铝厂开发了一种火法冶金处理电解槽废旧内衬的方法，名曰 AUSMELT 法。它是将废旧内衬在天然气火法炉中制成一种玻璃状的熔渣，同时，释放出 HF 气体经冷却和过滤后进入一个生产氟化铝的反应器。剩下的炉渣用于筑路（波特兰地区原为荒区）和深埋。该方法经过实验室试验和半工业生产，于 1995 年年底宣布建设一座 24000t 的废旧内衬处理厂，1998 年工厂投产，实际处理量为 12000t SPL。

（3）Pechiney 裂化法（也称 SPL 非溶解技术）。该公司于 1991~1992 年在法国圣让·莫里因铝冶炼研究中心建立了一个半工业化处理废旧内衬的工厂。方法是先将 SPL 破碎，与硫酸钙混合，进入一个空气被加热的高速旋涡气流的 VICAR 装置中使氰化物裂化，固体物质与气体进行干燥、冷却和过滤后，含氟气体经过净化，固体残渣则制成球后进行掩埋。该公司也设想将残渣用于制造水泥或做炼钢熔剂。

（4）澳大利亚 Comalco 法。Comalco 公司在澳洲博因岛铝厂采用两段流程处理 SPL。氰化物在 TORBED 反应器中热裂，氟和钙在第二段湿法流程中回收。早在 1990 年，该公司曾采用半工业煅烧装置处理过 5000t SPL。1992 年该装置处理能力达 10000t，流程主要包括破碎与煅烧；到了 1994 年第二段碱浸出工业装置才开始正常运行。

（5）ELKEM 的火湿法联合流程。在一个流态化反应器中高温处理磨碎后的 SPL，在反应器中生成铝酸钠、氟化钠和 HF 气体，氟化氢用于合成氟化铝。该装置在挪威 Mosjoen 铝厂生产了五年，年处理能力为 10000t，由于经济问题而停产。凯撒铝业公司、德国铝联合公司以及鲁奇公司也曾采用类似方法。

（6）ELKEM 的电冶金法。该公司曾建立一个 100kW 和 600kA 的半工业化电炉。破碎的 SPL 与铁矿添加剂混合后加入电炉进行冶炼，生产出惰性的炉渣可以掩埋在地表下，气氟用于生产氟化铝。此方法类似于 AUSMELT 法，由于此法消耗较多电能，最终没有实现工业化。

（7）Reynolds 回转窑法。将废旧内衬炭和耐火材料破碎后与石灰和烧结法氧化铝废弃的硅酸钙混合在回转窑中使氰化物热裂，溶解的氟盐与石灰生成可溶解的氟化钙。从 1988 年 3 月至 1990 年 6 月雷诺金属公司在美国阿肯色州一个氧化铝工厂中处理过 30000t 铝电解槽废旧内衬。后来又投资新建了一个工业化的处理厂，年处理能力 109000t。1993 年 10 月投产到 1995 年 5 月共处理美国 16 个铝厂 70000t 电解槽废旧内衬，加拿大也采用此种方法。看来目前只有此法进入工业化。

29.7.3.2　其他综合利用

（1）回收电解质。废旧阴极内衬一般含有 70% 的炭与 30% 的电解质，如果加以综合处理，炭可返回重新生产阴极炭块，电解质也可返回工业铝电解槽应用。据报道，美国凯撒铝业公司其所属的查尔梅特（Chalmette）铝厂每年从废旧内衬和洗涤液中回收 12000t 冰晶石，价值几百万美元。我国东北大学开发的浮选法，可使电解质跟炭分离开来，并能回收铝和受过侵蚀的钢质阴极棒。我国解州铝厂利用浮选法从炭渣和废旧阴极中回收电解质曾实现批量生产。

（2）加入氧化铝熟料烧成窑中代替部分无烟煤。山东铝厂于 1982 年开始将废炭块加入氧化铝熟料烧成窑代替无烟煤使用，取得了较好效果。拆除后的废炭块经破碎至小于 25mm 后，作为氧化铝生产的配料随同无烟煤进入氧化铝生产流程中。在生料磨制过程中，废炭块中的 NaF 与 Ca(OH)$_2$ 应生成 CaF$_2$ 和 NaOH。在烧结熟料时 CaF$_2$ 与生料反应生成难溶性的氟硅酸钙，因此 CaF$_2$ 作为矿化剂有利于氧化铝生产。在生料配比指标不变时，在无烟煤中掺配 19% 的废炭块，熟料中二价硫提高 18%，可改善溶出条件。

（3）加入水泥熟料中代替部分燃料。废炭块破碎后加入水泥熟料窑中不仅可以代替部分燃料，节省能源，而且炭块中所含的氟可以作为矿化剂改善窑内烧成条件，氟发生反应生成固

态 CaF_2 进入水泥中，既实现无害化处理，又达到了综合利用的目的。

（4）用于冶金工业。将废炭质内衬料用于黑色冶金工业，可代替炼钢时使用的氟化钙。经过破碎的残极和废阴极内衬还可作为燃料添加剂用于冶金工业生产。

（5）用于电极糊生产。作为制备铁合金电极糊原料，废旧阴极炭块具有良好的导电性能，破碎到一定的粒度后可代替一部分冶金焦制备电极糊。俄罗斯在这方面的研究较多，并早已在生产中采用。

29.7.3.3 废旧内衬的卫生填埋

废旧内衬中除能回收和循环利用的部分外，其余的必须运往专用渣场集中堆存，渣场选址必须合理并且进行防渗处理，尽量选用性能好的材料作为防护层。为防止细碎废渣的飞扬，需对渣场进行绿化。为防止外部雨水进入并避免溶淋水流失，渣场四周还需建设必要的挡水坝。

29.8 温室气体——过氟化碳

29.8.1 概述

目前采用炭阳极的冰晶石—氧化铝电解炼铝的生产方法，在电解过程中会产生两种过氟化碳（英文简称为 PFC），一为四氟化碳（CF_4），二是六氟化二碳（C_2F_6）。这两种 PFC 都是具有强烈温室效应的温室气体。众所周知，铝电解槽在发生阳极效应时，电压突然升高，一般可达到 30～50V，它不仅由于电解质过热引起侧部炉帮的熔化影响正常生产、大大地降低电能效率和槽寿命，而且产生了对大气温室效应有极其严重危害的过氟化物气体，四氟化碳（CF_4）和六氟化二碳（C_2F_6）的温室效应分别等效为 CO_2 的 6500 倍和 9200 倍；而且在大气中具有很长的寿命，文献报道为 1 万年到 100 万年；为此，成为了京都议定书中严格控制的一种温室气体。目前世界各产铝大国的环保部门正在拟订用什么标准来处罚过氟化物的排放，1995 年以后有些国家，如挪威就提出每生产 1t 铝产生 1t 当量二氧化碳的氟化物气体时，或是每台电解槽每天产生 X 个效应分钟数时，就要缴纳排放税金 15 美元，相当于原铝价值的 1%；目前世界各国由于测定过氟化物排放量的方法尚不一致，有关条例还正在研究与统一之中。

29.8.2 电解槽容量、槽型与 PFC 排放量的关系

近十年来，世界上几个著名的大型跨国铝业公司对各种电解槽技术与过氟化碳排放量的关系进行了大量的研究。研究指出，大电流的预焙槽产生的 PFC 较低，大电流优于小电流，预焙槽优于自焙槽。2003 年的一份报告[9]列出了有关数据，见表 29-23、表 29-24。由此可见，无论对现有铝厂的改造，还是新建铝厂，采用点式下料大型预焙槽无疑是有利的。

表 29-23 美国环保局公布的美国各种电解槽技术与 PFC 的关系[9]

槽 型	电流 /kA	测量槽数 /台	效 应 /min·(槽·d)$^{-1}$	CF_4（吨铝排放量） /kg	C_2F_6（吨铝排放量） /kg
上插自焙（VSS）	105	600	12.6	1.5	0.06
边部加工预焙槽（SWPB）	140	720	4.5	1.18	0.40
侧插自焙（HSS）	57～83	400	2.2	0.17	0.02
中间下料预焙槽（CWPB）	145	480	2.7	0.44	0.05
中间下料预焙槽（PFPB）	322	263	0.67 mV·槽$^{-1}$·d^{-1}	0.007 （过电压法）	0.0005 （过电压法）

表 29-24 各种槽型与 PFC 排放量的关系[9]

槽 型	CF_4（吨铝排放测量值）/kg	C_2F_6（吨铝排放测量值）/kg	槽 型	CF_4（吨铝排放测量值）/kg	C_2F_6（吨铝排放测量值）/kg
PFPB（A）点式预焙槽	0.0048	0.00038	HSS 侧插自焙	0.410	0.020
CWPB（B）中间下料预焙	0.0074	0.00081	VSS（C）上插自焙	0.241	0.010
CWPB（F）中间下料预焙	0.080	0.0052	VSS（G）上插自焙	1.286	0.054
SWPB 边部加工预焙槽	0.460	0.090			

29.8.3 评价过氟化碳排放量的标准或方法

评价 PFC 排放量的方法各国有异，因此，当评价不同的国家成绩时应说明使用的方法。在《IPCC（国家间气候变化委员会）2000 年最佳实施指导》中讲述了三种常用的方法或等级，为了评价 PFC 的排放量以及它的准确性，这些方法还包括：（1）连续监测排放量（等级 3a）；（2）根据现场实际情况开发排放量与操作参数之间的关系（根据各铝厂的特殊性，等级 3b）；（3）采用不确定因素排放因子的方法（等级 2 和 1）。现在所有正在执行义务协议或法规（或规定）的国家，有的采用一种评价方法，有的结合上述等级法综合进行评价，这些方法综述如下：

（1）铝厂测量法（等级 3a）。连续监测排放量的方法被认为是确定 PFC 排放量的最精确的方法。现在，有些国家实行了现场监测法。然而，该方法潜在的缺点是现场监测需要花费很多时间，同时与其他方法相比较也是一种非常昂贵的方法。因此，从监测所获得数据常常被用于研究和证实所建立模型的有效性（等级 3b）。采用工厂直接检测的方法可以提供一种真实的技术（数据）和利用精确的数据帮助制定政策；同时可以帮助一些国家来改进他们的评价方法。

（2）铝厂—特殊关系法[10]。这种方法为了开发铝厂—特殊关系式，所以要求周期的综合实测数据，同时，要连续的收集操作参数（即阳极效应频率、持续时间和阳极效应的过电压）以及各种生产数据。这种方法一旦建立，其关系就可以在任何时间去评价排放量因子。《IPCC 2000 年最佳实施指导》的等级 3b 中有两个评价方法，一个是斜率法，另一个是 Pechiney 过电压方法。每种方法概述如下：

1）斜率法。这种方法提出每台电解槽每天发生的阳极效应分钟数 $AE\min$ 与 CF_4 排放量 Q_1 之间的线性关系，其表示方法为：

$$Q_1 = \frac{S \times AE\min}{b \times d} \qquad (29-30)$$

式中 Q_1——CF_4 的吨铝排放量，kg；
  S——斜率；
 $AE\min$——AE 分钟数，min；
  b——电解槽台数，台；
  d——天数，d。

这种关系首先被 Hydro 和 Alcoa 的工人们根据他们在预焙阳极电解槽上实测的数据而提出的。两个公司不约而同地在预焙阳极电解槽上得出斜率值是 0.12；最近在美国其他铝厂的预焙阳极电解槽上也得出 0.12 的数值。

由 Tabereaux 提出的斜率方法，是假设 CF_4 的产生随法拉第定律而变化。法拉第定律确定：随着电解槽电流流动而产生的气体量也变化。所以，PFC 的发生量 Q_2 可以用下列方程式进行计算。

$$Q_2 = 1.698 \times (P \times CE^{-1}) \times AEF \times AED \tag{29-31}$$

式中　Q_2——PFC 的吨铝发生量，kg；

　　　P——在阳极效应时电解槽发生气体中的吨铝 CF_4 平均量，kg；

　　AEF——每天的阳极效应次数；

　　AED——阳极效应的持续时间，min。

限制这种方法使用的条件是如何最好地去评价在不同的操作条件和不同技术条件下的 P 值。

2）Pechiney 过电压法。这个方法采用阳极效应过电压作为过程参数，此过电压是把阳极效应发生过程中电压变化值进行积分而得。该相关公式是从该公司许多不同技术条件的铝厂经过试验和实测的 PFC 数据推导而出的。PFC 的排放量 Q_3 可从式 29-32 计算出：

$$Q_3 = 1.9 \times AEO \times CE^{-1} \tag{29-32}$$

式中　Q_3——PFC 的吨铝排放量，kg；

　　AEO——阳极效应过电压，mV；

　　CE——电流效率，%。

AEO 由电解槽设定电压以上的电压值与累计时间乘积的总和并除以被采集过程所用的时间（小时，班，日，月……）获得。在阳极效应（效应）发生时，每一个过程控制的扫描周期内记录下来的电解槽的过电压乘上该扫描周期的时间（s）就等于 AEO。当没有效应发生时，效应过电压是不会增大的。先记录下来被测量电解槽组的电压与秒的总数据（total of these volt-second），然后再除上为计算该电解槽组过电压所采集数据中的整个时间（s）和该组的电解槽数。因为在两个分子与分母中都包括时间（s），所以最后过电压的表示是以 mV 为单位的。如果所有数据都考虑，那么总瞬时过电压就是效应过电压，此过电压被称为代数的过电压，如果只考虑其中的正值，则过电压被称为"正值"过电压。如图 29-16 所示。

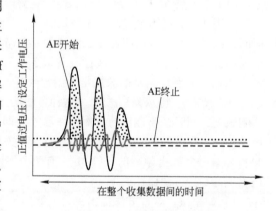

图 29-16　正值过电压的计算方法

该方法的缺点之一是对于许多没有能力收集有关阳极效应过电压的铝厂来讲是无法采用的，由于这个缺陷限制了该方法的应用。

29.8.4　治理或减少过氟化碳排放量的成就

1999 年，美国国家环保局（US EPA）提出一份有关《世界铝工业降低过氟化碳排放量的成就报告》[9]。该报告调查了过氟化碳排放量和 10 个国家在降低过氟化碳排放量方面的计划执行情况。这些国家有澳大利亚、巴林、巴西、加拿大、法国、德国、新西兰、挪威、英国和美国。这些国家已经提出了在"工业与政府"间有关降低原铝工业中过氟化碳排放量的倡议。1999 年报告表明，由于实施协议的地区采用了先进的管理方法、技术和研究成果，使得该地区的 PFC 排放量大大减少。美国环保局汇总了 10 个国家近几年在执行协议中的原始 PFC 排放量和减少的数值。综观 10 个国家 1999 年的报告，10 个国家中有 7 个国家的数据已经在 1999

年的基础上进一步全面的降低了 PFC 的排放量，其余 3 个国家，巴西和法国的 PFC 排放量分别比 1999 年高了一些；加拿大则没有报告其最新的数据。从 1999 年的报告可以看出 PFC 排放量的降低率已从 1990 年的 31% 提高到 1998 年的 78%。2000 年报告指出 PFC 排放量的降低率范围为 8% ~ 92%。2000 年 PFC 排放量减少的数值见表 29-25。

表 29-25　PFC 排放量的减少值[9]（2000 年报告）

国　家	吨铝当量 CO_2 排放量/t[①]	开始年	结束年	减少率/%	
				整个减少率[②]	年减少率
澳大利亚		0.6	1990	1999	82	17
巴　林		0.5	1995	1999	67	24
巴　西	1.8	1.6	1994	1999	8	2
加拿大	5.5	2.7	1990	1995	49	13
法　国[③]	7.0	2.0	1990	1998	71	14
德　国	3.3	1.3	1990	1999	60	10
新西兰	2.5	0.2	1990	1999	92	24
挪　威	3.8	1.1	1990	1999	70	13
英　国	6.8	0.9	1990	1998	87	22
美　国	4.9	2.7	1990	1999	44	6

①每吨铝排放的当量 CO_2 量（指 PFC，即 CF_4 和 C_2F_6）；
②整个减少率是指按排放率计算的；
③仅指 CF_4 的排放率。

参 考 文 献

1 K. 格里奥特海姆等著. 铝电解技术. 邱竹贤，李德祥译. 北京：冶金工业出版社，1985
2 贵阳铝镁设计研究院. 四川启明星铝业有限责任公司电解铝项目二期环境报告书. 2000.（内部资料）
3 吕维宁. 铝工业污染物排放标准及排放控制. 中国铝业，2004，(2)：36~39
4 Haupin W. Mathematical model of fluoriden from hall-héroult cells. Light Metals 1993. Warrendale, PA：USA, TMS, 1993：257~263
5 Rostum A, Solheim A, Sterten A. Phase diagram data in the system Na_3AlF_6-AlF_3-Al_2O_3. Light Metals 1990. Warrendale, PA：USA, TMS, 1990：311~323
6 Edgar Dernedde. Estimation of fluoride emmissions to the atmosphere. Light Metals 1998. Warrendale, PA：USA, TMS, 1998：317~321
7 曹成山，杨瑞祥. 预焙阳极铝电解槽氟平衡. 轻金属，2003，(11)：42~44
8 陈人鑫，邵郑等. 铝电解烟气净化设备的合理选择. 见：第四届铝电解专业委员会 2001 年年会暨学术交流会论文集. 昆明，2001：180~184
9 姚世焕. 温室气体过氟化炭对铝电解工业的影响. 中国铝业，2004，(8)：8~15
10 The international aluminum institute's report on the aluminum industry's global perfluocarbon gas emmissions reduction programme results of the 2001 anode effect survey. www. world aluminum org. iai
11 Anode effect survey 1994~1997 and perfluocarbon compounds emissions survey 1990~1997. www. world aluminum org. iai

30 铝用炭素材料及技术

30.1 概述

30.1.1 炭和石墨的基本性质

炭石墨材料是指选用无定形炭或石墨作为主体原料，经过特定的生产工艺过程而制备的无机非金属材料，它同时具有金属和陶瓷的特性[1]。由于炭石墨材料品种繁多且综合性能非常优异，它早已成为现代科学技术极为重要的工程结构材料，以及高温、导电、耐磨等功能材料。

天然存在的炭有石墨、金刚石、矿化的煤和褐煤。人造炭则有很多形式，如活性炭、炭黑、裂解石墨、玻璃炭、单晶炭、炭纤维、炭填料及 C_{60}（Fullerene）等。各种形式的炭都是碳的聚合状化合物。

各种形式的炭的结构特点，主要由内部的 C-C 键决定的。碳的三种同素异形体，金刚石、石墨和 C_{60} 具有不同的晶胞和键型。碳的基本电子结构为 $1s^2 2s^2 2p^2$。在大多数化合物中碳是四价的。在有机化合物，特别是在炭素材料中，四价碳以 sp^3—、sp^2—或碳原子轨道以 sp^3—杂化的三种价态中的一种体现。

金刚石的结构是 sp^3—杂化，碳原子以四面体结合的三维聚合体的代表。石墨是一个二维的由 sp^2—杂化碳原子构成的六面体结构聚合体。sp—杂化乃是假定二价羰基有着（—C＝C—C＝C—$)_n$型或累积双键烃（＝C＝C＝C$)_n$型的线状聚合物链，周边的碳原子也能以 sp—杂化态出现。碳原子能以不同的杂化态存在，并因此形成各种类型的键型，因而炭的结构具有多样性。

石墨为连续的层状结构，每一层为一个六边形基面，碳原子以 C—C 键结合，各层基面平行排列。基面上相邻碳原子之间的距离为 0.142nm，层与层之间的距离为 0.3345nm。基面上 C—C 键的键能为 340~420kJ/mol，层与层间的键能不超过 4.2~8.4kJ/mol（原子）（据不同资料）。因此，石墨的结构在沿着其晶面的平行方向和垂直方向上，其物理和化学性质有着强烈的各向异性。

根据 X 射线衍射数据，天然石墨的理论密度，按单位晶胞空间计算，为 2.265g/cm^3。人造石墨由于存在缺陷和孔隙则密度较低。因而真实石墨的结构与理想石墨的结构不同。交替排列的网络有序性遭到阻碍而产生层间缺陷，大缺陷又引起所谓"紊乱层结构"。碳原子在紊乱层结构的网络中并不占据着理想位置，而是相对网络面移动。

第二种不完整性是由于石墨中存在着原子级杂质（如氢、氮、氧等）及存在着不同价态的碳原子。空缺的晶格点为 Schottky 缺陷，原子由晶格点移往晶格间则形成 Frenkel 缺陷。缺陷的聚集则引起碳原子六面体网络的破裂，形成孔隙或爪型缺陷。

石墨结构中的缺陷还可能因外来元素的插入，在各层之间产生。外来元素浓度足够大时，就能形成夹杂化合物，若干种这类化合物具有电催化活性。

需要指出的是，熔盐电解所用石墨电极均为人造石墨制品（又称工业石墨制品）。这种石墨由骨料焦炭，黏结剂和孔洞构成，孔隙率一般为 20%~30%。石墨化使炭转变为结晶石墨。

室温下结晶石墨的若干物理性质如表 30-1 所示。

表 30-1　室温下结晶石墨的若干物理性质

物理性质	基　面	基面-基面	物理性质	基　面	基面-基面
电阻率/$\Omega \cdot cm$	40×10^{-4}	约 6000×10^{-4}	线膨胀系数/$℃^{-1}$	-0.5×10^{-6}	27×10^{-6}
热导率/$W \cdot (m \cdot K)^{-1}$	约 2000	10			

从石墨的电性质看，它具有半金属性。未经煅烧的生炭素块导电性很差，将其热处理至 1000℃，其电阻率将降低几个数量级，此后逐渐降低。炭素材料在 2500℃ 左右石墨化后，其室温电阻率可降至数百至几十分之一欧米，这取决于所用的原料。当原料为石油焦（骨料）时，该种石墨的室温电阻率在 $5 \sim 15\Omega \cdot cm$。

工业石墨的耐腐蚀性很好，其杂质含量都很低。因为在石墨化过程中，原料中存在的大多数杂质都升华和逸散，灰分含量为 $1.5 \times 10^{-4}\% \sim 10 \times 10^{-4}\%$（$1.5 \sim 10ppm$）。通常的杂质为铁、钒、钙、硅和硫。由于石墨的孔隙率及内表面积大，其化学吸附和物理吸附的气体难以脱除，在 2000℃ 时经真空处理才能除去。以每天氧化 1% 为氧化程度的衡量单位，纯石墨达此氧化程度的温度为 $520 \sim 560℃$；含有微量钠、钾、钒等杂质的石墨为 $420 \sim 450℃$；石墨在水蒸气中达此氧化程度的温度为 700℃；在 CO_2 中则为 900℃[2]。

30.1.2　炭素材料在铝电解工业中的作用

在铝电解生产中，由于所采用的冰晶石-氧化铝熔盐电解体系具有温度高、腐蚀性强等特点，作为阴、阳两极的导电材料，消耗量非常大。迄今为止能够抵御这种强高温熔盐的腐蚀、且价格低廉而又具有良好导电性的，唯有炭素制品。因此，铝工业上均采用炭素电极——炭阴极和炭阳极[3]，甚至包括槽内衬。

电解法制铝初期，使用以木炭、焦粉、焦油经过混合、成形、烧结制作的炭棒为阳极，阴极也是采用炭糊捣固而成。炭阳极导入直流电并参与电解铝的化学反应，阴极导出电流并作为盛装铝液和电解质的容器。当时炭素技术落后，阳极规格小，受此限制，电解槽的电流容量只有几千安培。这是电解铝技术发展的第一阶段，是初级的小型预焙槽阶段。后来为扩大阳极尺寸以增大电流，20 世纪 20 年代，挪威人 Soderberg 仿照当时铁合金电炉上的连续自焙电极形式，发明了连续自焙阳极铝电解槽（HS 型），使阳极糊在槽上自行焙烧，周围侧插阳极棒。这使得电解槽的容量扩大到数万安培以上，大大加速了铝的发展。这种槽形被称为 Soderberg 槽。到 40 年代，电解槽的容量已达到 $40 \sim 60kA$。为了简化阳极操作、提高机械化程度，并降低净化处理费用，20 世纪 40 年代初，法国普基公司发明了上插阳极导电棒的自焙阳极技术（VS 型），使电流进一步增大。到了 50 年代，上插电解槽大量流行，容量达到 100kA，70 年代达到 150kA。自焙槽的电流效率可达 89%，每吨铝电耗 $14500 \sim 16000kW \cdot h$。自焙槽是铝电解槽结构发展的第二阶段。

但是自焙槽存在着产生有害气体的缺点，环境污染严重。50 年代，振动成形法制造预焙阳极成功，法国发明了预焙阳极电解槽（PS 型），采用边部加料形式。它有利于提高单槽电流容量、机械化和密封，阳极电压降低，迅速得以推广。50 年代初电解槽的容量达到 100kA，60 年代达到 150kA，每吨铝电耗降低到 13700 $kW \cdot h$。为满足电解铝厂大规模生产的需要，普基公司设计了产能大、便于机械化作业的敞开式环式焙烧炉。60 年代，美国开发成功中心下料预焙阳极电解槽技术（PC 型）。70 年代后，中心下料预焙槽技术逐步完善，它的集气效率高，便于环保处理，自动化程度高，可以自动控制加料，很快得以推广，并成为当今世界主力槽型。现代预焙槽是铝电解槽结构发展的第三阶段。

前已叙及，电解槽的阴、阳极和槽衬都是由炭素材料构成的。阳极在电解槽的上部，是铝电解槽的"心脏"，它承担向电解槽导入直流电和参与电化学反应的任务，阳极质量和工作状况的好坏，直接影响着铝电解生产的主要工艺技术指标，诸如能量效率和电流效率，同时也直接影响着铝电解的生产成本；此外，炭阳极质量优劣与铝电解生产过程的稳定性和工人的劳动强度紧密相关[4,5]。铝电解生产对炭素阳极的基本要求如下：

（1）要求阳极具有良好的物理化学性能，减少阳极对空气和二氧化碳反应活性，以求达到降低炭耗、延长阳极更换时间、减少电解槽含炭渣量的目的。

（2）要求阳极具有良好的电化学性能，以求达到提高阳极电化学反应活性，降低电解过程中电能消耗的目的。

（3）要求阳极杂质含量要少，以免在电解过程中影响电流效率和避免杂质进入成品而影响产品质量。

（4）要求阳极质量更均匀、更稳定，以求达到进一步稳定电解槽工作状态的目的。

铝电解用炭素阴极是由底部炭块、侧部炭块、连接炭块的捣固炭糊或炭胶及阴极钢棒等部分组成的电解槽槽膛。槽膛深度 400~600mm。阴极炭块位于铝电解槽底部，其外部被耐火材料和钢壳包围和加固。炭素阴极作为铝电解槽的最内层衬里，直接盛装铝液和电解质，并将直流电流导出槽外，它不仅是铝电解槽最重要组成部分之一，而且是影响电解槽使用寿命的关键部位。阴极一旦破损，电解槽就将被迫停产大修。

铝电解生产对炭素阴极的要求是耐熔盐及铝液浸蚀，有较高的电导率、较高的纯度和一定的机械强度，以保证电解槽的寿命和有利于降低铝生产成本。炭素阴极的材质状况，安装质量及工作状况对铝电解生产的电流效率和电能消耗影响甚大。阴极电压降（又称炉底电压降）占铝电解槽电压降的 10%~20%。铝电解生产中，把炭素阴极因受熔盐和铝液侵蚀，冲刷及热应力作用等而变形、隆起、断裂等称为阴极破损。严重的阴极破损需要停槽，更换阴极内衬，即进行电解槽大修。阴极内衬正常寿命为 6 年左右。

随着铝工业技术的不断进步，大容量中心下料预焙阳极电解槽成为了铝电解发展的必然趋势，目前最大的电解槽电流容量达 500kA，阳极数量多达 40~70 组，最大的炭阳极尺寸已达到 1600mm×700mm×620mm。为满足电解铝的需要，铝用炭素制品正向着优化和稳定产品质量、降低消耗、减少污染方向发展。炭素生产工艺本身也向着生产设备高效化、生产工艺节能化、环保状况优良化、产品质量稳定化方向发展。

30.1.3 铝用炭素生产的主要原料

铝用炭素阳极和阴极生产所用的原料包括阳极主体组分（又称骨料）和黏结剂两大部分，其中阳极骨料主要是石油焦和沥青焦；低灰分无烟煤、沥青焦、冶金焦、天然及人造石墨等是生产电解槽阴极部分（包括阴极炭块、侧部炭块，捣固炭糊及炭胶）的主体原料[2,5,6]。无论是阳极还是阴极，所用的黏结剂均为煤沥青。

（1）石油焦。石油焦是生产各种炭石墨材料的重要原料。它的主要特点是灰分低，在高温下易石墨化。石油焦是炼油厂的石油渣油、石油沥青经焦化后得到的可燃固体产物，石油焦的焦化工艺有多种，其中采用延迟焦化工艺所得到的石油焦，因其孔隙度高而特别适用于制备铝电解用炭素阳极[3]。石油焦的质量评价指标主要包括：灰分、硫分、挥发分和 1300℃ 煅烧后的真密度（真比重）。具体指标见表 30-2。国外还要求一定的粒度，一定的微量元素含量和一定的体积密度等。

表 30-2 我国延迟石油焦的质量标准

项 目	一号		二号		三号	
	A 级	B 级	A 级	B 级	A 级	B 级
水分/%	≤3.0	≤3.0	≤3.0	≤3.0	≤3.0	≤3.0
灰分/%	≤0.3	≤0.5	≤0.5	≤0.5	≤0.8	≤1.2
硫分/%	≤0.5	≤0.8	≤1.0	≤1.5	≤2.0	≤3.0
挥发分/%	≤10	≤12	≤12	≤15	≤16	≤18
真密度/g·cm⁻³	≥2.08	≥2.08	≥2.08	≥2.08		
粉焦含量/%	≤3.0	≤3.0	≤3.0	≤3.0		

注：1. 延迟石油焦的真密度是指 1300℃ 煅烧 5h 的真密度；

    2. 石油焦的粉焦含量是指 8mm 以下。

（2）沥青焦。沥青焦是一种含灰分和硫分均较低的优质焦炭，它的颗粒结构致密，气孔率小，挥发分较低，耐磨性和机械强度比较高，其来源是以煤沥青为原料，采用高温干馏（焦化）的方式制备而得。沥青焦虽然也是一种易石墨化焦，但与石油焦相比，经过同样的高温石墨化后，真密度略低，且电阻率较高、线膨胀系数较大。沥青焦是生产铝用炭素阳极和阳极糊的原料，也是生产石墨电极、电炭制品的原料。我国沥青焦的质量指标见表 30-3。

表 30-3 我国沥青焦质量指标

项 目	指 标	项 目	指 标
水分/%	≤3.0	挥发分/%	≤1.0
灰分/%	≤0.5	真密度/g·cm⁻³	≥1.96
硫分/%	≤0.5	粉焦含量/%	≤4.0

注：沥青焦的焦粉含量是指 25mm 以下。

（3）无烟煤。无烟煤是生产铝用炭素阴极部分的主要原料，它是自然界中的泥煤经过煤化作用，逐渐形成褐煤、烟煤等变质煤，再进一步深度煤化达到高度变质（含炭量达到90%以上），直到形成无烟煤。无烟煤的特点是：有机质含量少、结构致密、强度较高、发热量较高，是生产各种炭块、炭质电极和电极糊料的原料。无烟煤的典型质量指标见表 30-4。

表 30-4 生产炭素材料用无烟煤的质量指标

项 目	灰分/%	挥发分/%	硫分/%	水分/%	抗磨强度大于4mm残量/%
一 级	≤10.0	≤7.0	≤2.0	≤3.0	≥35.0
二 级	≤11.0	≤7.0	≤2.0	≤3.0	≥35.0

（4）煤沥青。煤沥青在炭素材料制备中的作用主要是黏结固体炭粒（骨料），使其构成具有一定塑性的炭糊，并且在炭糊焦化过程中渗入骨料之间，使炭素材料具有足够的机械强度。煤沥青是煤焦油深加工的产品之一，它是煤焦油经高温分馏后余下的残油。煤焦工艺除生产焦炭、焦煤气外，每吨焦煤可生产 30～45kg 副产品——煤焦油。煤沥青是煤焦油加热蒸馏等处理的残余物。煤沥青的组成很复杂，其中含有几十种碳氢化合物。常温下煤沥青是密度为1.25～1.35g/cm³ 的黑色固体，加热到一定温度即呈软化态。根据软化点的不同分为低温沥青（也称软沥青，软化点低于75℃，环球法测定，以下同）、中温沥青（软化点在75～95℃之间）和高温沥青（也称硬沥青，软化点高达95～120℃）。此外，应特殊用户的要求，也可生产软

化点为 120～250℃的特高温沥青。

作为一个复杂的碳氢化合物的混合体，要想从煤沥青中提取单独的一种具有一定化学组成的物质非常困难，而只能用不同的溶剂去萃取，将它分成若干组分，如高分子组分（α组分）、中分子组分（β组分）和低分子组分（γ组分）。需要附加说明的一点是，对于同一种沥青来说，使用不同的溶剂得到的组分及其所占比例并不相同。

沥青中起黏结作用的主要是中分子组分。因此，沥青中的中分子组分含量的多少对沥青的性能起着重要的作用。一般认为沥青中的中分子组分的含量应达到20%～35%才能制得合格的炭石墨制品。中分子组分有一个最重要的特性就是不溶于苯（或甲苯），但溶于蒽油，据此可以较精确地测定沥青的中分子组分含量（测定称为苯或甲苯不溶物含量）。

评价沥青质量的另一个重要依据是结焦残炭值。它是指沥青在隔绝空气的条件下，加热到800℃，干馏3h，排除全部挥发分后残留的总炭量，也称固定炭。沥青中的挥发分含量越高，则固定炭含量越低，反之亦然。

在铝用炭素材料制备中所使用的煤沥青主要有中温沥青和改质（或高温）沥青两类。20世纪70年代以前，炭阳极普遍应用中温沥青，中温沥青和高温沥青的质量指标见表30-5。20世纪90年代以后，随着大型预焙阳极炼铝技术的发展，为了提高沥青中的高分子芳香烃化合物的量，并适当降低挥发分，提高结焦残炭值，由煤焦油或中温沥青进一步深加工而成的改质沥青，得到了广泛的应用。沥青改质通常是以中温沥青为原料采用如下方法完成：

1）在一定压力下对煤焦油做适当处理后再蒸馏，可得优质改质沥青。

2）用软化点为75～95℃的中温沥青，在250℃温度下熔化吹入压缩空气，1kg沥青吹空气量220～230L/h。空气吹入时间长，改性则大。

3）在沥青中添加一些化学试剂也可使沥青改性。

表30-5　中温沥青和高温沥青的质量指标

项目＼类别	中温沥青	高温沥青	项目＼类别	中温沥青	高温沥青
软化点/℃	75～95	95～120	灰分/%	≤0.3	
甲苯不溶物/%	15～25		挥发分/%	≤60～70	
喹啉不溶物含量/%	<10		水分/%	≤5.0	5.0

改质沥青质量指标见表30-6。

表30-6　改质沥青质量指标

指标	一级	二级	指标	一级	二级
软化点（环球法）/℃	100～115	100～120	水分/%	≤5	≤9
甲苯不溶物含量（抽提法）/%	28～34	>26	灰分/%	≤0.3	≤0.3
喹啉不溶物含量/%	3～14	6～15	结焦值/%	≥54	≥50
β-树脂含量/%	≥13	≥15			

国外大量研究工作已证明，阳极被空气和CO_2优先氧化的部分是所谓黏结剂基体，即沥青和细炭粉的混合物，这种现象被称为选择氧化，为此，选择优质的沥青无疑是制造优质阳极的关键。世界各先进国家预焙阳极所用的黏结剂已由中温沥青转为改质沥青，其指标如表30-7所示。

表 30-7　各国预焙阳极用改质沥青的主要技术指标

国家及厂名	S. P. /℃	BI/%	QI/%	β-树脂含量/%	固定炭含量/%	灰分/%	水分/%	真密度/g·cm⁻³
美国大湖公司	102	29(甲苯不溶物)	13.2	—	—	—	—	1.315
日本三菱公司	90~115	31~38	8~14	>22	>52	<0.3	<5	—
英国标准	95±3	32	12~15	—	59	<0.3	—	1.32
德国吕特格公司	80~90	25~35	6~14	>19	>50	<0.3	—	>1.3
加拿大铝业公司	114~120	—	11~16	>17	>58	<0.3	—	>1.3
中国某铝业公司	98~108	33~37	<12	≥22	54~59	≤0.3	<3	—

30.2　炭阳极

铝用炭素阳极材料可分为阳极糊和预焙阳极炭块两大类。阳极糊未经焙烧，直接用在自焙铝电解槽上作阳极使用。以阳极糊为主体所构成的连续自焙阳极可以连续工作而不必更换，其利用电解槽热量焙烧阳极，节省能量，不需建压型、焙烧设备，节省投资。但由于沥青烟直接在电解槽上部散发，环境污染严重，给铝电解生产烟气净化和自动化操作带来困难；此外，自焙阳极横截面积的局限限制了电解槽容量的提高，阳极操作比预焙阳极复杂，阳极电阻率较高，电耗较大。

预焙阳极炭块是将阳极糊成形并焙烧，然后用于预焙铝电解槽。以阳极炭块为本体构成的预焙阳极操作比较简单，阳极电压降比自焙阳极低，易于实现机械化、自动化，且消除了电解过程中的沥青烟害，有利于电解槽向大容量方向发展。但是，制造阳极炭块需经过成形、焙烧和组装工序，工艺流程长，成本高，投资也远大于阳极糊生产的投资。

30.2.1　预焙阳极

30.2.1.1　概述

铝用炭素预焙阳极是用于预焙铝电解槽的阳极块，与自焙阳极（阳极糊）相比，预焙阳极在生产制备流程中增加了成形、焙烧和组装等工序。也正是由于预焙阳极在上槽电解前预先进行了焙烧处理，使得生阳极中的黏结剂沥青在炭化的同时，大量的有害烟气得以提前排除，极大地改善了电解车间的工作环境。

预焙阳极是预焙阳极电解槽的重要组成部分，它由多组阳极炭块和阳极提升机构部分组成，阳极参与电化学反应并把电流导入电解槽内。每组阳极由 1~3 块阳极炭块、阳极导杆和钢爪预先组装而成。炭块的数量和尺寸视电解槽的容量和电流密度而定（一般为 10~40 组）。这些炭块组在槽内对称地排列在阳极水平母线的左右两侧，炭块组的铝导杆靠可转动的卡具固定在水平母线上，铝导杆起着输送电流和吊装炭块组的双重作用。阳极提升机构起升降阳极的作用。随着炭阳极的消耗，阳极机构带动阳极炭块组下降，当降至最低位置时，借助阳极提升机构，通过转接母线作业把水平母线提高，以保证在电解过程中阳极升降机构连续带动炭块组下降，使阴、阳极间的间距相对稳定。现代大型预焙阳极都采用自动控制。

30.2.1.2　预焙阳极的规格与性能要求

预焙阳极的规格依所设计的电解槽电流强度的不同而不同，甚至同类槽型在不同厂家所使用的阳极尺寸也有可能不同，表 30-8 列出了国内外几种典型预焙槽的阳极规格与阳极炭块组数。

表30-8 国内外部分工厂预焙槽阳极炭块尺寸

厂家名称	电流/kA	炭块尺寸 $L \times B \times H$/mm × mm × mm	阳极组数/组	备注
委内瑞拉铝业	230	1400 × 790 × 560	26	
法国普基铝业公司	180	1450 × 1000 × 560	16	双组块
	300	1450 × 1310 × 560	20	
美国铝业公司	300	1600 × 730 × 625	32	单组块
中国铝业贵州分公司	186	1450 × 660 × 540	28	
	160	1400 × 660 × 540	24	
中国铝业广西分公司	160	1450 × 660 × 540	24	双组块
	320	1450 × 1330 × 540	24	
山西关铝股份公司	190	1450 × 660 × 540	28	
邹平铝厂	230	1500 × 1330 × 550	16	双组块
沁阳铝电解试验厂	280	1450 × 660 × 540	40	
抚顺铝厂	200	1500 × 780 × 550	24	

由于预焙阳极消耗而使杂质进入铝液中去，所以对阳极块的理化指标要求是很严格的。在化学成分上，要求灰分越低越好，尤其对硅、铁、镍、钒的含量要严加控制；在物理性能上要求电阻率要小，有较好的抗压强度。表30-9列出了2007年4月我国最新出台的炭阳极质量标准（YST 285—2007）。新标准与老标准相比，各项指标有不同程度的提高，但相比国外常用的预焙阳极质量指标，仍有一些差距，其中尤其是对杂质含量的控制方面国外要求比较严格，此外，国外的指标中还包含了阳极的空气渗透率、抗弯强度以及导热系数等。表30-10是国外现代预焙槽的阳极质量要求。

表30-9 我国最新预焙阳极质量标准（YST 285—2007）

牌号	理 化 性 能						
	表观密度 /g·cm^{-3}	真密度 /g·cm^{-3}	耐压强度 /MPa	CO$_2$反应性 (残极率)/%	室温电阻率 /μΩ·m	线膨胀系数 /K^{-1}	灰分含量 /%
	不小于				不大于		
TY-1	1.53	2.04	32.0	80.0	55	5.0×10^{-6}	0.5
TY-2	1.50	2.00	30.0	70.0	60	6.0×10^{-6}	0.8

表30-10 国外现代预焙槽炭阳极质量要求

项目	单位	指标范围	备注
体积密度	g/cm^3	1.53 ~ 1.58	越高越好
电阻率	μΩ·m	52 ~ 60	尽量控制低的电阻率
抗压强度	MPa	40 ~ 48	—
抗弯强度	MPa	5 ~ 12	—
线膨胀系数	K^{-1}	3.5×10^{-6} ~ 4.0×10^{-6}	—
导热系数	W/(m·K)	3.5 ~ 4.5	

项　目	单　位	指标范围	备　注
透气率	nPm	0.5 ~ 1.5	越低越好
CO_2 反应余量	%	84 ~ 92	剩余越多越好
空气反应余量	%	70 ~ 85	剩余越多越好
杂质 S	%	1.2 ~ 2.4	越低越好
V	%	0.0080 ~ 0.0350	越低越好
Si	%	0.0100 ~ 0.0300	越低越好
Fe	%	0.0100 ~ 0.0500	越低越好
Na	%	0.0250 ~ 0.0600	越低越好
结　构	—	—	没有掉块和裂纹

30.2.1.3　预焙阳极制备工艺及技术

预焙阳极块的生产较自焙阳极复杂得多，除了有与阳极糊生产工艺相同的原料准备、石油焦煅烧、破碎分级、配料、混捏等工序外，还有生炭块成形、焙烧、阳极组装等重要工序。其基本生产工艺流程如图30-1所示。

（1）原料的准备。铝电解用预焙炭素阳极的生产原料包括阳极主体组分（又称骨料）和黏结剂两大部分。主体组分包括石油焦、沥青焦、残极、生碎及焙烧碎等，黏结剂为煤沥青。

残极是阳极炭块在电解槽使用以后的残余部分，其表面覆盖有氧化铝和氟化盐，将其清理掉以后，可返回用作生产阳极材料的原料。生碎是指成形以后不合格的阳极生块将其返回破碎，重新作为原料配入。用作黏结剂的煤沥青，主要有中温煤沥青和高温煤沥青或改质煤沥青。石油沥青经过改性处理后，也可作为制造阳极的黏结剂。

阳极材料要求杂质含量低，因此使用少灰的原料。其杂质含量一般不大于0.5%，但残极中有电解质成分，灰分要求可适当放宽。其他原料质量标准分别见表30-2 ~ 表30-5。

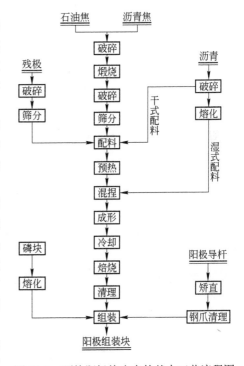

图30-1　预焙阳极块生产的基本工艺流程图

选择优质石油焦作原料，是生产优质预焙阳极的前提条件。石油焦的纯度、结构和气孔率是决定预焙阳极质量的重要因素，应尽可能控制各种杂质元素的含量。阳极中杂质的危害主要为：

1）钠、钒在阳极与空气的反应中起催化作用，增加阳极的氧化损失和造成电解槽炭渣增多。

2）硫、磷不但会增加制品的热脆性，造成阳极脆裂，而且在高温下会与钢爪头起反应，增大铁—炭接触压降，增加电耗。

3）铁、硅、镍、钒等元素会被还原进入铝液中，降低原铝的质量。

此外，石油焦的粒度对阳极生产影响也较大，一般要求粒度不能太细，否则造成后续工序的煅后焦粉料过多，增加黏结剂沥青的用量，影响阳极的理化性能。

(2) 煅烧。煅烧是预焙阳极生产的第一道工序，是指将已经破碎到50～70mm的原料石油焦或沥青焦在隔绝空气的条件下进行高温热处理的过程。煅烧的主要目的是排除原料中的水分和挥发分，同时促使原料中的单体硫气化和化合态硫分解，最终达到提高其抗热震性、密度、机械强度、电导率和抗氧化性等目的。煅烧的主体设备是回转窑，部分小型炭素厂使用罐式煅烧炉。

煅烧的重要技术参数是温度。煅烧的热源是由回转窑的窑头通入的煤气或重油（或重油加柴油）燃烧产生的，此外，当原料焦（俗称生焦）被加热后，其中的挥发分也是燃烧的成分。燃烧产生的热烟气借助窑内负压向窑尾移动，从窑尾排出进入收尘系统。原料焦的流向与烟气正好相反，经窑尾流入回转窑，在窑内与逆流的热空气接触加热，由于窑体是倾斜转动，物料随窑体转动的同时向窑头移动，同时完成煅烧，随后从窑头进入冷却机。

根据生焦在煅烧中发生的先后变化，可以把回转窑分为三段。

第一段是预热带。生焦在此带脱水和排出挥发分，该带的始端烟气温度约为1200℃，末端（窑尾出口）温度为500～600℃。

第二段是煅烧带。生焦在此带焦化，形成呈二维空间的有序结构排列的碳原子平面网格，达到改善石油焦的物化性能（如电阻率、真密度、机械强度等）的目的。该带的烟气最高温度可达1350～1400℃，物料在此被加热到1250～1300℃。

第三段是冷却带。物料在此带自然冷却到1000℃以下，由窑头排料口流进冷却机。冷却机是采用喷水方式对物料进行强制冷却。冷却机出口处煅后焦温度小于60℃。

煅烧工序所生产的煅后焦的好坏直接影响着预焙阳极理化性能指标。石油焦的挥发分、电阻率、真密度和颗粒收缩程度随煅烧温度的变化而变化。煅烧温度的高低，是决定煅后焦质量好坏的关键。煅烧条件应根据煅后焦质量要求和原料石油焦的质量波动调整控制。煅烧质量的衡量指标有真密度、电阻率、晶体结构（面间距和晶体结构）。

煅烧工序中物料的温度一般应控制在1200～1250℃，温度过高，物料烧损增大，温度过低，生焦烧不透，物化性能指标不过关。在此温度范围内煅烧的原料焦真密度可达1.99～2.03g/cm³，粉末电阻率小于650μΩ·m。在控制好炉内气氛和入炉空气量等条件的前提下，为了提高煅烧质量及防止焦炭在焙烧过程中产生二次收缩，有的铝厂将煅烧温度提高到1240～1300℃。这样既可以提高煅烧实收率和设备运转率，又能防止温度过高而引起石油焦的选择性氧化。

据文献报道[7]，当煅后焦真密度大于2.05g/cm³时，尽管骨料焦的反应能力降低，但阳极糊在二氧化碳气流中的破坏度却明显增大。这可能是由于煅后焦过烧，使其对沥青的黏附性增加，被迫增加沥青配入量，从而形成具有相对化学活性的黏结剂沥青焦。因此，高质量的煅后焦的真密度应控制在2.02～2.05g/cm³，电阻率小于650μΩ·m。经验表明，控制好煅烧条件不仅可以稳定煅后焦质量，还可部分消除原料石油焦的不良影响。

(3) 破碎、筛分与配料。破碎和筛分是指将大块的煅后石油焦用机械的方法碎裂成小块或粉料，并按照配方要求筛分和磨粉分成不同粒级的料。

破碎后的煅后焦各种粒级是混合在一起的，不符合科学配比要求，因此必须把它们进行粒度分级，即筛分。筛分就是将中碎后混在一起的物料按设计的尺寸分为不同粒级的物料。对于筛分设备来说，产量要满足生产需要，筛分纯度要满足生产工艺的要求。因为生产配方是按照一定的筛分纯度来计算的。炭石墨材料生产中常用的筛分设备有振动筛、回转筛和摇摆筛等，其中铝用炭素阳极筛分设备多用振动筛。

配料是将预先设计的配方进行不同粒级和不同物种的调配，从而获得最大的骨料混合料和糊料振实密度。骨料混合料的振实密度受参与混合的各粒级骨料配比、纯度和粒度分布的影响，亦受混合效果和振实程度影响。而糊料振实密度除受其骨料混合料的振实密度影响外，还受沥青用量、混捏效果和振实程度的影响。因此，配料时应筛分各粒级骨料的纯度和粒度分布，控制各粒级骨料配比及沥青配比，确保配方的准确性。

配料的另一个关键因素就是黏结剂沥青的配入量。沥青的湿润性和流动性是衡量其性能的两个最重要的指标，而影响沥青湿润性和流动性的重要指标有软化点（S. P.）、喹啉不溶物（QI）、β-树脂。研究表明，要获得高质量的阳极，沥青软化点宜控制在 100～110℃ 范围内，一般说 QI 值在 6%～12% 为宜，β-树脂的含量应控制在 18%～25%。沥青作黏结剂配料有固体沥青配料和液体沥青配料两种方式。生产实践表明，液体沥青配料的炭块质量优于固体沥青配料。其主要原因是：

1）液体沥青的温度可高达 170～180℃，当温度高于黏结剂软化点 50～70℃ 时，黏结剂具有最佳的流动性和湿润能力，有利于提高混捏效果。

2）炭素颗粒在混捏过程中被湿润后，颗粒表面对沥青的组分进行有选择性吸附。其中，黏结重胶质组分最易被吸附，轻质炭氢物质最难吸附。

3）由于液化沥青排渣、排烟、特别是排水汽充分，所以浸润和黏附效果好，从而提高了焙烧结焦值和焦桥黏结效果。可调整沥青熔化、贮存的工艺参数，强化贮存液体沥青的循环，改善原料沥青引入的不良作用，稳定配料沥青质量。

对于铝用炭素预焙阳极，有大颗粒配方和小颗粒配方两种模式，沥青含量则根据干料配方和成形工艺的区别而有所不同，一般为 14%～18%。大颗粒配料可以减少配料粒级和实现低沥青配比；减少配料粒级能节省骨料制备和配料部分的投资，提高效率，降低成本；降低沥青配比，可节省沥青用量，减少焙烧及其烟气净化负担。国内典型的四粒级配方见表 30-11。目前国际上最少的配料粒级为三粒级，低油比可控制在 13.5%～15% 范围。

表30-11　铝用预焙炭阳极的典型配方

粒级/mm	配料量/%	粒级/mm	配料量/%
粗颗粒料（6～12）	14～20	残　极	13～30
中颗粒料（3～6）	8～10	生　碎	0～7
细颗粒料（-3）	45～54	黏结剂沥青	14～18
粉料（-0.074）	22～25		

如表 30-11 所示，配料工序还应考虑残极的合理配入以及残极质量，对于软残极和污染的残极，由于它们将对阳极质量产生很大的负作用，生产中应加强残极清理，严把残极清理关，以减少残极中电解质的含量偏高，造成预焙阳极灰分增加。残极的配入量一般控制在 13%～30%，可根据实际需要调整。

（4）混捏与成形。经过配料计算所得的各种骨料与沥青黏结剂在一定温度条件下搅拌、混合取得塑性糊料，这一工序称为混捏。混捏的目的是使各种不同粒级的骨料均匀地混合，使熔化的沥青浸润焦炭颗粒表面，并渗入焦炭内部的孔隙。

在混捏过程中，由于有黏结剂沥青的浸润作用，原来松散的骨料颗粒堆积就变为有结合力的相互连接、并具有可塑性的糊料。因此，经过一定时间的混捏，可达到如下效果：1）物料混合非常均匀；2）骨料中的不同颗粒达到合理堆积，提高密实度；3）黏结剂沥青渗透到各种骨料的空隙中，提高了物料的黏结性和密实度。

混捏工艺的主要技术参数是混捏温度和混捏时间。混捏温度应该选定比沥青的软化点高出50~80℃。铝用预焙炭素阳极一般选用改质沥青做黏结剂，其软化点为110℃左右，则混捏温度应该选择160~180℃；若使用中温沥青做黏结剂，则混捏温度应该控制在140~160℃。混捏温度必须严格控制。以确保沥青在此期间黏度小，流动性好，从而获得最佳的沥青浸润效果，且容易渗透到骨料空隙中去。若温度不够，则沥青黏度大，混捏时搅刀转动费力，黏结剂与骨料难以混合均匀，影响阳极的物理性能。当然，温度也不能过高，否则沥青受热开始变化，部分轻质组分逐渐挥发，还有部分组分受空气中氧的作用，发生缩聚反应，使糊料的塑性变差，导致成形的成品率降低。黏结剂沥青是在加入混捏机前，必须先经过预热，且温度高于混捏机内的物料温度，一般要求大于170℃。

混捏时间一般在40~60min范围内，但要视具体情况而定。在实际生产中可遵循如下规则：

1）沥青软化点稳定，混捏温度稳定，混捏配料用量符合工艺要求，混捏时间不应延长或缩短。

2）沥青软化点变化时，依沥青黏结剂的软化点高低适当改变混捏时间。

3）混捏温度低时，可适当延长混捏时间，反之，则可适当缩短。

4）混捏细粉料时，可适当延长混捏时间。

5）加入生碎料时，也要适当延长混捏时间。

6）混捏过程因故停机，应保温并延长混捏时间；

7）若有特殊添加剂的加入，改变一般常规产品的混捏制度，也要考虑混捏时间的变化。

要想获得有较高密度和强度、低渗透性的阳极就需要有效的混捏。混捏载荷与阳极使用性能关系密切。混捏载荷越大，阳极的体积密度、质量损失、炭耗等参数越好。高载荷混捏和黏结剂含量高的阳极与低载荷和黏结剂含量高的阳极比，有较好的性能，也就是有较高的阳极密度和较低的阳极消耗。表30-12描述了混捏载荷与阳极使用性能的关系。

表30-12 阳极使用性能与混捏效果的比较[8]

项 目	单 位	低载荷混捏		高载荷混捏	
		试 验	常 规	试 验	常 规
KN1	kW	5~50	40~70	40~70	45~64
KN2	kW	22~110	60~150	69~146	73~146
焦 炭		A	A	C	C
黏结剂	%	16.77	15.51	16.29	15.24
生阳极体积密度	g/cm³	1.525	1.536	1.597	1.582
焙烧块体积密度	g/cm³	1.483	1.498	1.562	1.550
质量损失	%	5.4	4.8	5.1	4.6
电流效率	%	86.64	89.48	89.45	88.03
吨铝阳极毛耗	kg	636	621	665	672
吨铝阳极净耗	kg	475	465	460	475
吨铝炭渣	kg	7.3	4.0	1.4	2.9
电解槽	台	21	21	5	5

成形是将混捏好的炭素糊料压制成具有一定形状和具有较高密度的半成品（生块）。铝用炭素阳极的成形方式多采用振动成形。振动成形的基本原理是：利用高速振动（每分钟达2000~3000次，振幅为1~3mm）的振动机组，使装在成形模内的糊料处于强烈的振动状态，炭糊获得相当大的触变速度和加速度，在颗粒间的接触边界产生应力，引起颗粒的相对位移，糊料内部空隙不断降低，整体密度逐渐提高，达到成形的目的。

成形是生阳极制备的最后一道工序，在阳极生产实践中已确定用生阳极的体积密度来评估成形效率。体积密度指标影响焙烧阳极的理化和机械性能，一般要求生块体积密度大于$1.57g/cm^3$。

（5）焙烧。焙烧是影响炭素制品物理化学性能很大的一道关键工序。它是将压型后的炭块在隔离空气的条件下进行热处理，使黏结剂转变为焦炭。由于生块中的沥青牢固地包裹在炭素颗粒之间的过渡层，当高温转化为焦炭后，就在半成品中构成界面碳网格层，具有搭桥、加固的作用。经过焙烧的炭素阳极，其机械强度稳定，并能显著提高其导热性、导电性和耐高温性。

焙烧是一个复杂的过程。随着温度的升高，伴随着焙烧制品许多物理化学变化。表30-13列举了铝用炭素阳极在不同的焙烧温度段所发生的物理化学变化。影响焙烧工艺的关键技术参数是焙烧温度。

表30-13　焙烧过程中阳极的物理化学变化[9]

温度/℃	物理化学变化	主要表现
0~200	沥青热膨胀，由成形/冷却产生的应力释放	降低密度，骨料黏结有松散
150~350	沥青膨胀进入孔隙，引起沥青重新分布，骨料再填充	钢爪坑有塌陷变形的危险，影响渗透性、机械强度和电阻
350~450	释放轻质黏结剂挥发物	骨料填充密度稍有降低
450~600	焦化，由塑性物料转变为固体间架，释放大量非焦化挥发物	同一炭块内部由温度梯度可引起的膨胀和收缩发生膨胀应力
600~900	再焦化，释放裂解重挥发物，退火消除应力	正常加热速率无特殊影响
900~1200	黏结剂焦及低温煅烧的骨料焦晶格重新定位和增大	收缩引起膨胀应力如前阶段焦炭的煅烧程度大为超过（>100℃）可观察到裂纹增多

在以上焙烧过程中，有两个阶段即450~600℃和900℃以上最为重要。它们对阳极外观质量、理化指标影响较大。在450~600℃阶段应控制升温速率。如果升温过快，温度梯度太大，则挥发分将在阳极内部产生很大的压力，这将导致阳极体积增大，甚至形成裂纹。而且，升温太快，阳极失重也增加，影响气孔率、强度等指标。900℃以后主要影响阳极比电阻、抗氧化性等指标。热处理温度越高，则比电阻越低，抗氧化性越高。

影响焙烧阳极质量的主要因素是焙烧炉温度的均一性、合理的升温速率和最终温度。阳极炭块的焙烧过程是通过一个从升温、保温到降温的温度制度的实行而完成的。因此，在焙烧工序开始前制定一个合理的焙烧升温曲线非常重要。确定焙烧曲线的依据是：1）焙烧炉型；2）焙烧产品的规格；3）焙烧操作水平。焙烧的延续时间取决于焙烧制品的类别和规格，例如大型制品焙烧420h，而小截面的制品可以焙烧较短的时间，各温度区间范围内的升温速度都是根据理论及实践确定，这也是一项十分重要的工作。目前所使用的焙烧炉室的结构，还不可能直接测定焙烧制品的温度，这是很大的缺点。比如带盖的多室环式炉是将测温热电偶放在炉盖下的烟气中，这种方法对焙烧材料的温度和装入制品的炉室各部分的温度有较大的差异，且无一定的规律。

阳极的焙烧设施有隧道窑、导焰窑和多室环式焙烧炉（也称为轮窑）等，目前大型的炭素厂多采用多室环式焙烧炉。多室环式焙烧炉有许多优点：焙烧产品质量较好，热效率比导焰窑高，装出炉机械化程度高；从整炉来看，生产连续性强，产量高。但它也有缺点：基建投资大，厂房结构要求高，不适合小规模生产。炭块焙烧周期为 16~30d（包括冷却在内），最高焙烧温度为 1250~1350℃。升温速度在不同的温度区段有很大不同，200℃ 以下可以快速升温；200~600℃，每小时 2~5℃；600~800℃，可以稍快些；800℃ 以后，每小时 10~15℃。环式炉常用的焙烧曲线根据炉形和制品的规格而不同，升温时间一般为 160~400h。

（6）组装。阳极组装是将阳极铝导杆、钢爪和预焙阳极炭块组合为一体的工艺过程，导杆和钢爪以焊接的形式、钢爪头和预焙阳极炭块以磷生铁浇注的形式连接在一起（见图 30-2）。阳极炭块组一般为单块阳极，也有双块组和三块组。用于浇铸阳极炭块的磷生铁一般含磷 0.8%~1.2%。磷生铁的成分对于浇铸性能和钢与炭块之间的接触电阻影响很大。在生产中要求浇铸用的磷生铁具有流动性能好、热膨胀性强、电阻率低、冷态下易脆裂等特点。在浇注磷生铁前，钢爪预先在石墨液中浸沾，其作用是防止浇入铁水时铁水侵蚀钢爪，并改善钢爪与铸铁之间的接触状态。

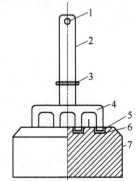

图 30-2 阳极炭块组
1—吊孔；2—阳极导杆；
3—爆炸焊块；4—铸钢爪；
5—磷生铁；6—炭碗；
7—阳极炭块

阳极炭块一般为长方体，在其导电方向的上表面有 2~4 个直径为 160~180mm、深为 80~110mm 的圆槽，俗称炭碗。在阳极组装时，炭碗用来安放阳极爪头，通过磷生铁浇注，使阳极导杆与阳极炭块连为一体，组成阳极炭块组。生产中对阳极组装的外观要求是：1）铝导杆弯曲度不大于 15mm；2）组件焊缝不脱焊，爆炸焊片不开缝；3）钢爪长度不小于 260mm，各钢爪偏离中心线不大于 10mm，钢爪直径不小于 135mm，铸铁环厚度不小于 10mm；4）磷铁浇注饱满平整，无灰渣和气泡。

30.2.2 炭阳极反应过程及消耗机理

30.2.2.1 阳极反应过程

多年以来，众多学者对阳极反应过程进行了大量的研究。在电解过程中，Al_2O_3 溶解在冰晶石熔体中，形成氧复合离子（在弱酸性和酸性工业电解质体系中，以 $Al_2O_2F_4^{2-}$ 和 $Al_2OF_6^{2-}$ 为主），这些复合离子在阳极表面放电产生 CO_2（或 CO），CO_2（或 CO）气泡从阳极表面逐渐迁移离开阳极。比较以下两个反应

$$Al_2O_3(diss) + \frac{3}{2}C =\!=\!= 2Al(l) + \frac{3}{2}CO_2(g) \qquad (30\text{-}1)$$

$$Al_2O_3(diss) + 3C =\!=\!= 2Al(l) + 3CO(g) \qquad (30\text{-}2)$$

反应式 30-1 和式 30-2 在 1000℃ 下的标准可逆电势分别为 1.16V 和 1.020V。从热力学角度来看，反应式 30-2 更易于发生。但从动力学角度来看，实验室研究发现，只有当阳极电流密度非常低时（0.1~0.3A/cm²），才会有反应式 30-2 发生，而工业生产中的阳极电流密度在正常工作时至少均保持在 0.6A/cm² 以上，阳极反应产生的气体几乎都是 CO_2，幸运

的是，正是动力学上有利于反应式 30-1 的进行，否则炭阳极的消耗将是现有工业生产炭耗的两倍。

对于阳极反应的具体过程有多种观点，但有一点是一致的，那就是阳极反应不是简单的一步反应。许多学者认为阳极在发生反应时产生了中间组分 C_xO：

$$O^{2-} \Longrightarrow O(吸附) + 2e \tag{30-3}$$

$$O(吸附) + xC \Longrightarrow C_xO \tag{30-4}$$

$$O^{2-} + C_xO \Longrightarrow C_xO \cdot O(吸附) + 2e \tag{30-5}$$

$$C_xO \cdot O(吸附) \Longrightarrow CO_2(吸附) + (x-1)C \tag{30-6}$$

$$CO_2(吸附) \Longrightarrow CO_2 \tag{30-7}$$

同时，他们认为上述反应中第二、第四和第五步中的一步是整个反应的控制步骤，决定整个阳极反应的速率。关于这些方面的研究还在继续之中。

30.2.2.2　阳极消耗的具体表现形式

A　关于阳极消耗的几个概念

（1）理论消耗。在铝电解过程中，炭素阳极将发生如下反应：

$$Al_2O_3(diss) + \frac{3}{2}C \Longrightarrow 2Al(l) + \frac{3}{2}CO_2(g) \tag{30-8}$$

$$Al_2O_3(diss) + 3C \Longrightarrow 2Al(l) + 3CO(g) \tag{30-9}$$

维持上述反应（电流效率为 100%）所需炭的消耗量就是理论炭耗。

当只有反应式 30-8 进行时，吨铝阳极理论炭耗量为 333kg。

当只有反应式 30-9 进行时，吨铝阳极理论炭耗量为 667kg。

当阳极生成的气体有 30% 为 CO 时（一般生产情况如此），阳极理论炭耗量为 393kg/t(Al)。

（2）实际消耗。在铝电解生产过程中，炭素阳极除了要维持上述反应而消耗以外，还有许多额外的影响因素导致阳极的消耗，这些因素引起的炭耗总和称为实际消耗。现代大型预焙槽吨铝阳极消耗约为 410～450kg。

（3）毛耗和净耗。生产 1t 原铝所消耗的阳极炭块的总量（包括残极）称阳极毛耗。除去残极后每生产 1t 原铝所消耗的阳极炭块量称为阳极净耗。

B　铝电解生产中阳极消耗的机理和具体表现形式

对于阳极消耗的机理，不同时期的学者持有不同的观点。20 世纪 60 年代，法国学者 R. Scalliet 和 A. Hollingshead 指出：阳极的过量消耗是由阳极的空气氧化反应和布多尔反应引起的。70 年代，美国的 S. S. Jones 提出阳极消耗机理的四个方面：铝电解主反应（即所谓的一次反应）、铝电解副反应、空气氧化反应和布多尔反应。并认为上述机理中的后两个反应能造成阳极的机械损失，导致炭渣的形成。80 年代初挪威学者 K. Grjotheim 和新西兰学者 J. Welch 指出，阳极的消耗主要发生在三个区内：空气燃烧区，该区发生阳极氧化反应和布多尔反应；粉化区，电解质冲刷使部分与阳极结合较弱的炭粒进入电解质；电极界面区，发生铝电解的主反应和副反应。80 年代中期，K. Grjotheim 又进一步丰富了上述理论。

1988 年，挪威的 G. J. Housbon 和 H. A. Oye[10,11] 把工业阳极消耗分为电化学消耗、化学消耗和机械消耗三种形式。当然，除了上述三种消耗形式外，还有其他的一些形式如：操作不当引起的炭损耗以及残极回收的炭损耗等。

(1) 电化学消耗。阳极大部分消耗是直接由电化学过程即所谓的一次反应式 30-8 引起的。按上述电化学反应方程式 30-8 计算可知，铝电解吨铝炭阳极理论消耗量为 333kg，或 0.112g/$(A \cdot h)$。

但是，在生产实践中，吨铝阳极实际消耗值在 400kg 以上，有的甚至超过了每吨铝 450kg（仅就预焙槽吨铝炭耗而言），自焙槽吨铝炭耗更高。如此大的差别是因为炭阳极的化学消耗和机械消耗等诸多额外炭消耗引起的。

(2) 化学消耗。化学反应消耗指的是阳极空气氧化、铝电解副（二次）反应以及布多尔反应或称羰基反应所造成的炭阳极消耗。

1) 阳极空气氧化。指的是阳极与空气中的氧之间发生的化学反应。对于预焙阳极该反应发生在 400℃以上阳极的顶部和侧表面暴露在空气中的部分。阳极空气氧化反应式如下：

$$C(阳极) + O_2(g) = CO_2(g) \tag{30-10}$$

或
$$2C(阳极) + O_2(g) = 2CO(g) \tag{30-11}$$

K. Grjotheim 认为，当温度小于 713℃时，阳极空气氧化反应以式 30-10 为主；当温度大于713℃时，则反应以 30-11 为主。

2) 副反应。电化学反应式 30-1 产生的 CO_2 还会与溶解在电解质中的金属反应：

$$3CO_2(g) + 4Al(diss) = 3C + 2Al_2O_3(diss) \tag{30-12}$$

$$3CO_2(g) + 2Al(diss) = 3CO(g) + Al_2O_3(diss) \tag{30-13}$$

$$3CO_2(g) + 6Na(diss) = 3CO(g) + 3Na_2O(diss) \tag{30-14}$$

以上反应称为铝电解的副反应，其中式 30-12 和式 30-13 也就是俗称的铝电解二次反应。这些反应并没有直接体现阳极的消耗，但它们的进行导致了金属铝产量的降低，即降低了电解的电流效率，因而这些反应也就间接地增加了吨铝阳极的消耗。

3) 布多尔反应。布多尔反应是指：

$$CO_2(g) + C(阳极) = 2CO(g) \tag{30-15}$$

或称炭阳极 CO_2 烧损。文献资料表明：布多尔反应不仅发生在阳极表面上，而且可深入阳极内部 5~10cm。该反应对阳极消耗有重要影响，通常占阳极总消耗的 5%~10%。

(3) 机械消耗。阳极的氧化无论是电化学反应还是化学反应，首先在沥青焦和骨料中的粉料上进行，即通称的优先选择氧化。这使得阳极表面粗糙度增加，骨料颗粒孤立或凸起，最终导致骨料与黏结剂焦即沥青焦的结合破坏，骨料从阳极上掉下来，其后果首先是造成阳极炭耗增加；其次是导致电流效率的降低。因为，在正常生产中，电解质中炭渣含量一般低于 0.1%，而局部的不均匀性可造成炭渣积累达 0.4% 以上。极距空间中炭渣颗粒的不良影响通常表现在阻碍电荷传递，炭渣的积累还会使电解质的电阻增高，从而导致电解质温度升高，电解出来的金属铝反溶（二次溶解）以及与 CO_2 的逆反应速度加快，最终降低电流效率。

(4) 其他消耗。阳极中不可避免地含有一些无机物杂质如 S、Fe、Na、V 等，其中很多杂质在阳极工作中表现出加速阳极与空气和 CO_2 的反应，造成阳极的额外消耗增多。除此以外，炭的额外消耗还会因残极的处理、新极和残极的搬运以及现场操作而引起。

综上所述，不同消耗方式引起的炭耗份额概括示于表 30-14。

表 30-14　铝电解阳极炭耗分配

机　理	阳极消耗/%		机　理	阳极消耗/%	
	预焙阳极	上插自焙阳极		预焙阳极	上插自焙阳极
电化学消耗(基本消耗): $Al_2O_3(diss) + 1.5C =$ $2Al(l) + 1.5CO_2(g)$	$66 \sim 76$	$58 \sim 66$	机械损耗	0.3	$3 \sim 4$
化学消耗: 炭的氧化 $C(阳极) + O_2(g) \rightarrow CO_2(g)$ 和 $2C(阳极) + O_2(g) \rightarrow 2CO(g)$	$8 \sim 15$	$19 \sim 23$	其他损耗 (如:阳极杂质反应 和残极回收炭损耗)	$3.5 \sim 4.5$	$12 \sim 15$
CO_2 燃烧 $CO_2(g) + C(阳极) \rightarrow 2CO(g)$	$5 \sim 10$		吨铝阳极炭净消耗/kg	$0.40 \sim 0.45$	$0.5 \sim 0.55$

C　铝电解生产中阳极消耗的计算方法

从理论上计算,吨铝阳极消耗量应介于 $333 \sim 667kg$ 之间。当阳极气体中 CO 占 30% 时,理论计算的吨铝炭耗量为 393kg。由于阳极在电解过程中参与电化学反应被逐渐消耗,所以必须定期地更换新的阳极炭块。实践证明,生产 1t 原铝所消耗的阳极炭块的总量(即毛耗)一般超过了 500kg。除去残极后的吨铝净耗(即实际消耗)也达到了 $410 \sim 450kg$。在生产过程中,由于阳极的不断消耗而需要定期更换。因此,为确定阳极更换周期有必要计算阳极的消耗速率,方法之一是可以通过计算炭块高度在单位时间内的减少量来衡量阳极炭块的消耗速率,从而初步预测阳极炭块的更换周期。计算公式如下:

$$h_c = \frac{8.054 d_阳 \times \eta \times W_0}{d_c} \times 10^{-3}$$

式中　h_c——阳极消耗速度,cm/d;

　　　$d_阳$——阳极电流密度,A/cm^2;

　　　η——电流效率,%;

　　　W_0——阳极净消耗量,kg/t;

　　　d_c——阳极体积密度,g/cm^3。

另外,许多学者综合了各种因素对炭阳极消耗的影响,以预测工业炭阳极的消耗量。根据工业电解槽试验和经验数据建立了相应的数学模型,其中 Peruchoud 建立的数学模型更为接近实际。该模型是:

$$NC(净耗) = C + 334/CE + 1.2(BT - 960) - 1.7CRR + 9.3AP + 8TC - 1.5ARR$$

式中　NC——吨铝阳极净耗,kg,其范围为:$400 \sim 500$;

　　　C——电流效率影响因素,其范围为:$270 \sim 310$;

　　　CE——电流效率,其范围为:$0.82 \sim 0.95$;

　　　BT——电解质温度,其范围为:$945 \sim 985$℃;

　　　CRR——CO_2 反应残存量,其范围为:$75\% \sim 90\%$;

　　　AP——空气渗透率,其范围为:$0.5 \sim 5.0nPm$;

　　　TC——热导率,其范围为:$3.0 \sim 6.0W/(m \cdot K)$;

　　　ARR——空气反应残存量,其范围为:$60\% \sim 90\%$。

30. 2. 3　改善阳极性能的途径

（1）阳极质量改进的意义。铝用炭素阳极堪称铝电解槽的"心脏"，阳极质量的优劣与铝电解生产的经济效益息息相关。例如阳极消耗的速度决定了吨铝阳极炭耗；阳极的物理化学性能直接影响阳极的电流分布、阳极的更换频率、电解槽内炭渣量等，也就直接影响铝电解槽的运行稳定性；阳极的电化学性能与阳极过电压、也就是与铝电解能耗有关。此外，阳极的质量还与工人的操作环境及劳动强度有直接关系。因此，改进炭素阳极的质量具有多重意义。

（2）阳极质量改进的途径。在铝用炭素阳极质量改进的科学研究和实际应用方面，近年来取得了许多进展，这些进展包括对原料（主要是指石油焦和沥青）、生产设备、工艺技术条件以及阳极在电解中消耗机理等方面的研究，甚至包括对铝用炭素材料功能特性指标测试方法和产品标准的研究，以此来改善阳极的物理、化学和电化学性能，提高阳极的工作质量，最终体现在电解过程中降低能耗、炭耗，提高电流效率，减少环境污染和降低劳动强度等方面。

在原料方面，包括研究石油焦的物化和结构性能，研究黏结剂沥青的改质处理，研究原料石油焦中的杂质和微量元素对阳极工作特性的影响等[12]，甚至研究非石油焦替代物制备铝用炭素阳极。在生产设备方面，一是对主体设备如回转窑、焙烧炉、混捏机等的改进，另外就是对引进设备的吸收、消化并改进。在生产技术方面，以提高产品质量、降低生产成本、改善生产环境等为目标，一系列工艺技术条件的优化被成功地应用于生产中，如针对现代化预焙电解槽电流容量大的特点，要求阳极规格大，抗热震性好，因此采用优质的煅后焦结合大颗粒配方新工艺，同时减少黏结剂沥青的配入量，既改善了阳极的物理性能，又降低了因沥青烟气造成的环境污染；采用干湿两种电捕法收尘净化烟气，使烟气排放口处的焦油含量降到了 $50mg/m^3$ 左右，焦油捕集率达90%以上，基本达到 $50mg/m^3$ 的环保排放标准[13]。

（3）阳极改性技术。多年来，国内外专家投入了大量的精力来研究炭素阳极在铝电解过程中的消耗机理，其主要目的是通过分析阳极的消耗机理，发现影响阳极消耗的控制因素，从而寻找最有效的降低阳极消耗的方法。在研究过程中人们发现，在阳极的物理性能已被确定的前提下（也就是阳极原料、生产设备、工艺技术条件固定不变），炭阳极在电解过程中的消耗速率在很大程度上是由阳极中所包含的无机物杂质所控制。无机物杂质对阳极炭耗速率的影响迄今为止有两种机理解释颇具代表性。他们大致分为：氧的传输机理和电子传输机理。

S. S. Barton, B. H. Harrison 以及 F. J. Lory, K. W. Sykes 等用电子传输理论来解释影响炭阳极消耗速率的因素。该理论的实质内容就是推测 π-电子的重新分配。碳原子的层间是由较弱的 π 键连接的、且层间距较大。在有催化剂存在的氧化反应中，碳的平面结构的边缘部分的 C—C 键将减弱，而 C—O 键增强，作为控制步骤的 CO 的解吸过程会受到影响。氧的化学吸附被碳表面的双电层上的电子所控制。影响碳的氧化反应动力学的杂质可分为三类：第一类是电子提供者，比如碱金属，它们在炭阳极表面形成了正离子，减少了氧的化学吸附的能量障碍，同时加快碳的氧化反应速率；第二类是电子的接受者，比如卤族元素，它们在阳极表面形成了负离子，其作用与前者相反；第三类是过渡金属，它们接受电子进入其未充满的 d 轨道因而在阳极表面产生了活性点，增强了氧化反应的速率。

Walker 用氧气传递理论解释碳的氧化反应，即添加剂在碳表面作为氧气的载体，在碳氧化反应时起催化（或阻化）作用：

$$2M_2O + O_2 \Longrightarrow 2M_2O_2 \tag{30-16}$$

$$2M_2O_2 + C \Longrightarrow 2M_2O + CO_2 \tag{30-17}$$

（M₂O 表示具有催化作用的添加剂） 添加剂对碳的催化作用存在两个方面：一个方面是催化阳极焙烧过程，另一个方面是催化阳极的氧化反应。即添加剂是在焙烧时与碳反应产生另外一种物质或者直接嵌入碳晶格内形成层间化合物，对沥青结焦起催化（或阻化）作用。

石油焦和沥青结焦属于多孔隙物质，由其构成的炭阳极亦是多孔隙的（预焙阳极的孔隙率为 14% ~ 18%）。它们与 CO_2 的反应适用于多孔隙固体的气-固反应模型。反应过程包括气相传质、孔隙扩散和在固体表面上的化学反应三个步骤。从物理机理来说，沥青在焙烧过程中，发生熔化、分解、缩聚、结焦等变化，形成结构疏松的沥青结焦，添加剂被包裹、均匀分散在其中，堵塞了其直通孔径，阻碍了气相传质到孔隙内的反应。因此，降低了沥青结焦反应活性；而添加剂在石油焦中的作用仅是覆盖在其表面，增加化学反应的阻力，因此，添加剂对石油焦的反应活性影响小[14]。

基于上述的阳极消耗机理解释，我们知道构成阳极的骨料和黏结剂沥青的活性的差别是造成选择性氧化、阳极掉渣的主要原因。因此，为缩小两种焦之间活性的差别，提高黏结剂焦的抗氧化能力，可以采取外加一系列微量元素（添加剂）来减缓碳的氧化反应速率，或者是降低沥青的结焦反应活性，使沥青与石油焦接近同步氧化，以阻止阳极在电解过程中的选择性氧化行为，从而达到降低阳极炭耗的目的。这就是所谓的阳极改性技术，也称为阳极添加剂技术。

（4）惰性阳极技术。由于炭素阳极固有的缺陷，无论采取上述哪种方式对阳极性能进行改善，都无法从根本上解决炭素阳极带来的环境污染、原材料消耗和因换极导致对电解槽平衡的破坏等问题。从氟化物高温熔盐体系炼铝法发明的时候起，业内人士就设想若能找到一种（类）既具有传统炭素阳极的优点，又能克服其固有缺陷的新型电极材料，这将是铝电解的又一次技术革命。于是，惰性阳极的概念应运而生。这种相对不消耗阳极的研究成功将对铝电解节能、降耗、增效和环保均具有巨大的促进作用[15~17]。有关惰性阳极的详细内容请参阅第 33 章。

30.2.4　连续预焙阳极

（1）连续预焙阳极的概念。铝电解生产中，预焙阳极可以连续使用而不必更换的一种阳极结构形式。通常的预焙阳极是间断使用的，一块阳极炭块的使用周期是 25 ~ 30d。预焙阳极炭块在使用过程中逐步消耗，当剩余高度为 13 ~ 18cm 时，必须从电解槽中取出，更换新的阳极炭块。为减少并消除残极，减少阳极炭块的消耗量，有学者提出了连续预焙阳极。

连续预焙阳极的阳极炭块间用一种黏结剂黏结。此黏结剂稍微加热到 75℃ 或添加适当的溶剂即可变成塑性，可用于黏结炭块。在低于黏结剂焦化温度时，虽在上部炭块重压下，黏结剂也不会液化。连续阳极的结构示意简图见图 30-3。

（2）连续预焙阳极的基本特征。连续预焙阳极在电解槽上使用时，阳极钢棒通常向下倾斜地安置在阳极炭块的两侧，这样有利于阳极棒迅速地连接且有利于导电。但由于阳极棒在阳极炭块的部分很热，易于变形，

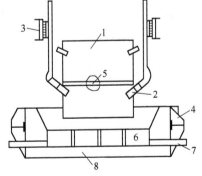

图 30-3　连续式预焙阳极电解槽简图
1—阳极炭块；2—阳极棒；3—阳极母线；4—槽壳；5—阳极炭块接缝；6—阴极炭块；7—阴极棒；8—保温层

当阳极炭块被消耗时，定期在阳极炭块上部黏结新的阳极炭块，而阳极钢棒随同阳极炭块逐渐下降。为防止被电解质腐蚀，阳极钢棒必须定期从阳极炭块的棒孔中取出。与现存的预焙阳极相比，连续预焙阳极具有如下的优势：节约电能、降低炭耗、稳定电解操作和提高电流效率。

但是，在这种阳极的研究过程中有两个难以解决的问题，首先是预焙炭块间黏结电阻大，导致阳极的电解过程中槽电压高，不利于节能；其次是缺少优良的黏结剂。大型预焙槽的阳极炭块重达1t以上，要确保阳极在电解过程中不会出现掉块的现象，必须要保证所用的黏结剂具有足够的黏结强度。此外，还有一些问题如如何实现换极机械化等都是目前产业化的障碍。尽管如此，在惰性阳极还没有完全研制成功之前，连续预焙阳极的构想不失为降低阳极对电解槽平衡冲击的有效途径。

30.3　炭阴极

30.3.1　概述

铝电解用炭阴极部分是由底部炭块、侧部炭块、连接炭块的阴极炭糊（包括周边糊、炭间糊、钢棒糊）和炭胶泥等组成的电解槽槽膛（图30-4是大型预焙铝电解槽内衬阴极材料结构图）。阴极炭块位于铝电解槽底部，其外部被耐火材料和钢壳包围和加固。炭阴极作为铝电解槽的最内层衬里，直接盛装铝液和电解质；并将直流电流导出槽边外，它是铝电解槽最重要组成部分之一。

铝电解生产对炭阴极的要求是耐熔盐及铝液浸蚀，有较高的电导率，较高的纯度和一定的机械强度，以保证电解槽的寿命和有利于降低铝生产成本。炭阴极的材质状况，安装质量及工作状况对铝电解的电流效率和电能消耗影

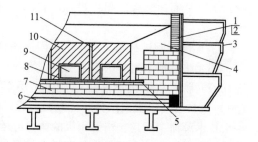

图30-4　大型预焙铝电解槽内衬阴极材料结构图
1—侧部炭块；2—炭胶泥；3—槽壳；4—周边糊；
5—炭垫；6—保温材料；7—耐火砖；8—钢棒糊；
9—阴极棒（铸钢）；10—底部炭块；11—炭间糊

响甚大。阴极电压降（又称炉底电压降）占铝电解槽电压降的10%～15%。铝电解生产中，把炭阴极因受熔盐和铝液侵蚀、冲刷及热应力作用等而变形、隆起、断裂等称之为阴极破损。严重的阴极破损需要停槽，更换阴极内衬，即进行电解槽大修。

作为铝电解槽阴极结构的主要组成部分，阴极炭块在铝电解生产中既承担着阴极导电体的作用，要求具有良好的导电性能，又作为电解槽的主体内衬材料，要求其在高温下具有抵抗槽内冰晶石熔体侵蚀的能力，这对延长电解槽的寿命具有重要的意义。

30.3.2　阴极炭块的种类及阴极性能要求

30.3.2.1　阴极炭块的种类

通常铝电解阴极炭块按照生产中所用材料进行分类，按照国际上通用的方法可将铝电解阴极炭块分为四类[18]：

（1）半石墨质阴极炭块。这种炭块的骨料主要成分是半石墨质材料，黏结剂为沥青，成形后焙烧到1200℃左右。

（2）半石墨化阴极炭块。这种炭块经过两步加热处理：第一步，成形后阴极炭块在焙烧炉

里焙烧；第二步，经焙烧过的炭块再送到石墨化炉内热处理，温度到2300℃左右，使其成为半石墨材料。

（3）石墨化阴极炭块。这种阴极炭块具有与半石墨化完全相同的过程，所不同之处是焙烧而成的炭块在石墨化炉中的最终热处理温度为2600～3000℃，使其炭块整体完全石墨化。

（4）无烟煤质炭块（无定形炭质炭块）。这类炭块其骨料是无定形炭（煅后无烟煤），或添加部分石墨质材料，其成形后的炭块在焙烧炉中焙烧到1200℃。这类炭块所用原料——无烟煤被煅烧的方式或温度的高低，又可分为如下两类：

1）低温煅烧无烟煤炭块，又称燃气煅烧无烟煤炭块。这种炭块所用的原料主要是低温煅烧的无烟煤（用固体、液体或气体燃料燃烧后生成的燃气煅烧而成的），其煅烧温度约1300℃。

2）高温煅烧无烟煤炭块，又称电煅无烟煤炭块。这类炭块所用的主要原料为由电气煅烧炉生产的高温煅烧无烟煤（电极附近、靠近电极处煅烧温度高达2300℃，炉芯温度1600～1900℃，靠近炉壁1200～1300℃）。在电煅炉中，部分煅烧无烟煤被石墨化。

在上述的几种阴极炭块中，国内外最广泛使用的是无定形炭质炭块，特别是电煅无烟煤炭块。

30.3.2.2 阴极炭块的性能评价

阴极炭块的主要性能指标包括热导率、电阻率、抗热冲击性能、抗冲蚀能力、抗压强度、抗Ropoport效应（抗钠渗透）等，表30-15是四种阴极炭块的基本性能要求。

表30-15 几种阴极炭块的性能比较

项 目	一般无烟煤阴极炭块	电煅无烟煤阴极炭块	半石墨质阴极炭块	石墨化炭块
价格指数	1	0.8～0.9	1.5～1.7	2～3
热导率/$W \cdot m^{-1} \cdot K^{-1}$	8～12	16～20	25～45	>100
电阻率/$\mu\Omega \cdot m$	55～65	40～50	20～25	10～15
抗热冲击性能	可以接受	较好	很好	最好
抗冲蚀能力	最好	好	较差	最差
抗压强度	高	高	次之	最次
抗Rapoport效应能力	—	好	好	最好

从表30-15可以看出，石墨化阴极炭块，无论是导电性能还是抗Rapoport效应的能力都是最好的，但其抗压强度和抗冲蚀能力最差，以及其高昂的价格和筑炉费用，至少不太可能在中小型电解槽上推广使用。对半石墨质阴极炭块来说，其导电性能、抗热冲击性能以及抗Rapoport效应的能力均较石墨化阴极炭块差，但优于无定形炭质炭块，其缺点是抗冲蚀能力和强度指标以及生产成本仍较高，半石墨质阴极炭块具有再生石墨电极的性质，我国有炭素厂生产这种炭块。半石墨质阴极炭块能否在铝电解槽上推广应用，取决于原料的来源、炭块的生产成本、价格以及铝电解使用这种炭块的技术、经济两方面的效果。

Rapoport效应是指在电解过程中，金属钠向阴极内部不断渗透，最终导致阴极炭块的破损。Rapoport效应是按如下的过程进行的。

（1）在电解过程中电解槽阴极表面生成金属钠。这种金属钠可以是电化学反应生成的，也可以是电解质中的氟化钠与电解产物金属铝按化学反应生成的：

$$Na^+ + e \Longrightarrow Na \qquad\qquad (电化学反应) \qquad\qquad (30\text{-}18)$$

$$Al + 3NaF \Longrightarrow 3Na + AlF_3 \qquad (化学反应) \qquad\qquad (30\text{-}19)$$

（2）阴极表面生成的金属钠通过炭素晶格和/或孔隙向阴极炭块体内扩散。

（3）金属钠扩散到炭素晶格层内，生成嵌入化合物 $C_x Na$，引起炭块膨胀和破裂。

铝电解槽由于 Rapoport 效应引起的钠膨胀除了与电解槽的温度，电解质成分和电流密度等因素有关外，还与阴极炭块的原料组成和结构特性有关。

30.3.2.3 阴极炭块的质量要求及其控制方法

无论是使用哪种类型的阴极炭块，均对尺寸有严格的要求，此外，还必须满足：比电阻小于 $60\mu\Omega \cdot m$，抗压强度不小于 30MPa；电解膨胀率小于 1.2%；灰分小于 10%；体积密度大于 $1.52g/cm^3$。其中电解膨胀率指标是反映炭块在电解过程中耐电解质及钠盐侵蚀性的指标，也有用破损系数表示的（小于 1.5）。

铝电解槽的阴极寿命除了与电解槽的设计、施工、焙烧、启动和操作等诸多因素有关外，阴极炭块的质量是一个影响寿命的重要因素，因此必须严格阴极炭块的质量检测。

下面介绍国外一家铝业公司所属炭素厂生产阴极炭块的质量检测程序及内容：

（1）每个阴极炭块各表面经过机械加工后，外观检测是否有残缺和裂纹。

（2）测量并记录每个阴极炭块的线性尺寸，并计算整体炭块的假密度。

（3）比电阻测定。

（4）假密度测定。

（5）透气性测定。

（6）机械强度测定。

（7）化学杂质分析。

（8）碱金属腐蚀膨胀。

（9）孔隙分布试验与测定。

（10）热膨胀试验与测定。

（11）非均质性试验与测定。

以上第（3）~第（7）项每隔 25 块阴极炭块取样，第（8）~第（11）项随机抽样。

国外专家还建议，在铝电解阴极炭块的质量检测程序中还应该包括：

（1）电解过程中钠和电解质的渗透性试验（常规检测）。

（2）抗 CO_2 和 O_2 氧化性试验（非常规检测）。

阴极炭块与 CO_2 和 O_2 的反应性能，就其炭块本身来说，并非是一个与其质量密切相关的参数。但是炭块与 CO_2 和 O_2 的反应能力的强若预示着炭块材质的好坏程度，以及炭块焙烧质量的好坏程度。特别需要强调的一点是，对侧部炭块来说，这一质量指标是很重要的、是必不可少的。

国外还发明了一种用超声波技术检测炭块内部缺陷和裂纹的技术。该技术与合理的数据处理技术结合起来，使检测的准确度达到 95%。

30.3.2.4 炭阴极其他部分的性能要求

铝电解槽炭素槽底的总体要求是致密的整体，没有空洞或裂纹，电导率高，阴极钢棒与炭块接触良好，具有足够的硬度，能抵抗电解质与铝液的冲刷和磨蚀，有较小的膨胀系数，保证槽子工作温度下不破裂。要满足这些要求，除了对阴极炭块进行严格的质量控制外，还必须对各组成部分（如侧部炭块、炭缝糊料、炭胶等）提出严格的质量标准。

对于侧部炭块要求，除比电阻不作规定外，其余与底部炭块相同；对炭素底糊和炭胶的质量要求为：灰分不大于12%，烧结后试样强度不小于15MPa，试样体积密度不小于1.4g/cm³，含炭量不小于80%等。

30.3.3 侧部炭块、阴极糊和炭胶泥

30.3.3.1 侧部炭块

侧部炭块是用于砌筑电解槽侧部，构成电解槽侧部内衬主体（炉帮）的炭素材料。侧部炭块不作为导体，而是作为电解槽抗侵蚀的内衬材料。该材料一般不与熔融的电解质接触，而是被一层凝固的电解质（炉帮）隔开。一旦电解槽过热或受其他条件的影响导致炉帮熔化，侧部炭块就会直接和熔融电解质接触并且被其冲刷或侵蚀，造成电解槽破损；加上部分电流从侧部流过，造成电流的空耗。

侧部炭块按外形结构分为普通侧部炭块和普通角部炭块以及侧部异形块和角部异形炭块（图30-5）；按照材质可分为普通侧部炭块和半石墨侧部炭块。研究表明，侧部炭块石墨化程度越高，其散热性能和抵抗熔融电解质侵蚀的能力就越强，越有利于炉帮的形成，对延长电解槽的寿命就越有利，表30-16为普通侧部炭块和半石墨侧部炭块的理化性能指标。

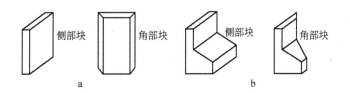

图 30-5　侧部炭块外形结构

a—普通型；b—异型

表 30-16　普通侧部炭块和半石墨侧部炭块的理化性能指标比较（GB 8743—88）

炭块种类		灰分/%	耐压强度/MPa	体积密度/g·cm⁻³	真密度/g·cm⁻³
普通侧部炭块	TLK-1	≤8	≥30	≥1.54	≥1.88
	TLK-2	≤10	≥30	≥1.52	≥1.86
	TLK-3	≤12	≥30	≥1.52	≥1.84
半石墨侧部炭块		≤3	≥30	≥1.54	≥1.9

20世纪80年代后期开始研制的碳化硅质侧部材料，具有较高的导热性和机械强度、较强的抗冲刷、抗腐蚀和抗氧化能力，且电阻率比较高，是一种较理想的电解槽侧部材料。经过近20年的完善和改进，目前已在部分大型预焙槽上推广使用，以克服大型槽侧部炭块易氧化的问题。

30.3.3.2 阴极糊

阴极糊是用于砌筑电解槽阴极炭块，填充阴极缝隙和黏结阴极钢棒的多灰炭质糊，又称为捣固糊、扎糊或底糊。阴极糊与阴极炭块一样，也是电解槽底部的砌筑材料，由于它和阴极炭块一样直接与熔融铝液和电解质接触，为了有效地提高电解槽的寿命，必须要求其具有与阴极炭块相似的性质，如灰分含量低，有良好的导电、导热性能，能够抵抗铝液和电解质的侵蚀等。阴极糊与阴极炭块配套使用，普通炭块使用普通阴极糊，半石墨炭块使用半石墨阴极糊。表30-17为我国阴极糊理化性能指标。

表 30-17 我国阴极糊理化性能指标

牌号	灰分/%	电阻率/$\mu\Omega \cdot m$	挥发分/%	抗压强度/MPa	体积密度/$g \cdot cm^{-3}$	真密度/$g \cdot cm^{-3}$
BSZH	≤7	73	7~11	≥17	≥1.44	≥1.87
BSTH	≤7	73	8~12	≥18	≥1.42	≥1.88
BSCH	≤4	73	9~18	≥25	≥1.44	≥1.87
PTRD	≤10	75	9~12	≥18	≥1.40	≥1.84
PTLD-1	≤12	95	≤12	≥18	≥1.42	≥1.84
PTLD-2	≤10	90	≤10	≥20	≥1.42	≥1.84

30.3.3.3 炭胶泥

在铝电解槽中炭胶泥是用于黏结电解槽侧部炭块的缝隙。由于该缝隙很小，故只能用骨料粒度很小的炭质胶泥充填。铝电解槽用炭胶泥是采用高温电煅无烟煤、石墨粉料和低软化点黏结剂（煤沥青与煤焦油的混合物）作原料，其基本配比是小于 0.15mm 的粉料和低软化点黏结剂各占 50%。炭胶泥的质量指标如表 30-18 所示。

表 30-18 炭胶泥的质量指标

灰分/%	≤5	固定炭/%	≤45
挥发分/%	≤50	针入度（20℃）/℃	450~650

30.3.4 炭阴极的制备工艺

低灰分无烟煤、沥青焦、石油焦、冶金焦、天然及人造石墨、煤沥青和煤焦油等是制造炭阴极（包括阴极炭块、侧部炭块、捣固炭糊及炭胶）的主要原料。图 30-6 为炭阴极制备工艺的基本流程。

原料经煅烧、破碎并筛分成一定的粒级，按配方计量后加入黏结剂进行混捏，混捏结束后即成为阴极糊料。将糊料进一步成形、焙烧（有些经过石墨化）、机加工等工序，就完成了阴极炭块（包括底部和侧部炭块）的制作。

（1）粗碎和煅烧。进厂的原料有些块度太大，在煅烧前需要将其破碎。煅烧的目的是去除原料中的水分、挥发分和其他杂质，提高原料致密性、热稳定性、机械强度和降低比电阻，为制备在焙烧过程中降低体积收缩和提高成品率打好基础。至于煅烧的设备，根据所达到的温度不同分两种，一种是回转

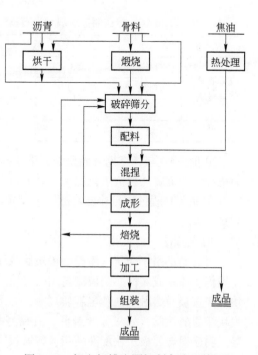

图 30-6 铝电解槽炭阴极制备流程简图

窑和罐式煅烧炉，它可使煅烧的温度达到 1200 ~ 1300℃，煅后煤（焦）的真密度大于 1.76g/cm³，适合于生产普通阴极炭块和配套阴极糊；另一种是使用电气煅烧炉进行煅烧，其特点是煅烧温度高，可达 1600 ~ 2100℃，其煅后煤（焦）的真密度大于 1.8g/cm³，适合于生产半石墨炭块以及配套的阴极糊。此外，用该种设备煅烧的原料具有更高的热稳定性和更低的比电阻。

（2）筛分、配料和混捏。煅后煤（焦）与经过脱水的冶金焦、石墨一起，经破碎、细磨、按一定粒度配比充分混合，混捏机中与煤沥青一起混捏成炭糊料。根据骨料的粒度和黏结剂煤沥青的配入量不同，糊料分为不同的产品。

1）用于制造底部炭块和侧部炭块的炭糊。该种糊料要求骨料粒度大于 10 ~ 12mm 以上，煤沥青配入量 16% ~ 18%。

2）捣固糊（又称底糊）。该种糊料是用捣固的方法连接炭块间大缝（大于 10mm）的炭糊料，其配料要求：骨料粒度较小（小于 4mm），沥青配入量适当增加（19% ~ 21%）。此外，为降低底糊的软化点，改善捣固施工环境和强度，可用蒽油、焦油、洗油等代替部分沥青作黏结剂来制造底糊。这种糊称为冷捣糊。

3）炭胶。炭胶是挤压黏结炭块间细缝（小于 4mm）的炭糊料。对炭胶的配料要求是：骨料粒度非常细（小于 1mm），黏结剂含量大幅度增加（40% 左右）。

混捏工序控制的条件主要是混捏时间、混捏温度和混捏机出口温度。当采用改质沥青或高温沥青作黏结剂时，粉状的固体沥青与炭素骨料同时加入混捏机内受热混捏。混捏温度应比沥青软化点高 50 ~ 80℃，与阳极炭块制备中的混捏工序一样，混捏温度必须严格控制，以确保沥青在此期间黏度小，流动性好，从而获得最佳的沥青浸润效果，且容易渗透到骨料孔隙中去。若温度不够，则沥青黏度大，混捏时搅刀转动费力，黏结剂与骨料难以混合均匀，影响阳极的物理性能。当然，温度也不能过高，否则沥青受热开始变化，部分轻质组分逐渐挥发，还有部分组分受空气中氧的作用，发生缩聚反应，使糊料的塑性变差，导致挤压成形的成品率降低。若生产冷捣糊，则一般在室温条件下进行混捏。

（3）成形。阴极炭块根据尺寸的不同，成形方式主要有挤压和振动成形。挤压成形效率高、制品规格大，更适合现代大型预焙槽的需要。挤压成形过程是糊料的塑性变形过程，分凉料（110℃）、预压（14.7MPa）、挤压（9.8MPa）和产品冷却（30℃水泡 3 ~ 5h）等过程。成形后的炭块（生块）体积密度可达 1.60g/cm³。

（4）焙烧。生炭块的焙烧是在隔绝空气情况下将炭块缓慢加热到 1250 ~ 1350℃（烟气温度）下完成的。焙烧过程中发生黏结剂的热分解、半焦化和焦化，把炭素颗粒固结为致密的烧结块。该工序要求：1）焙烧制度必须确保煤沥青产生最大的析焦量；2）在产生最大析焦量的同时坯体受热应均匀，确保制品结构均匀且无内外裂纹。烧成后的炭块应具有机械强度高、热稳定性好、高导电性等优点。

在焙烧过程中，生坯加热到 200℃ 时沥青软化，坯体体积增大且挥发分溢出；升温到 400℃ 时沥青的黏结能力减弱；在 500 ~ 800℃ 沥青结焦，坯体体积收缩且导电性和机械强度增加；超过 800℃ 以后化学变化逐渐停止，但真密度、强度、硬度以及导电性继续提高。对于不再进行石墨化处理的阴极炭块，焙烧是最后一道热处理工序。

（5）石墨化。炭的石墨化是生产人造石墨材料的主要工序，也是炭石墨材料工艺的特点之一。炭素材料的石墨化就是生成石墨型结晶碳的过程。从结构的转化观点来看，石墨化过程就是通过高温把原料中的碳青质（焦炭、炭黑和无烟煤的主要组分）的二维空间结构转化成石墨的三维有序空间结构。高温加热是无定形炭转化为石墨的主要条件，这是石墨化工艺的基础。实验证明，石油焦要加热到1700℃才进入"三维有序排列"的转化期，而沥青焦要在更高的温度才进入"三维有序排列"。

对于铝用炭素阴极而言，若生产半石墨化或石墨化阴极炭块，就需要完成石墨化工序。普通炭块经过2000℃左右的高温热处理就可以完成向半石墨化炭块的转换，若将高温热处理温度提高到2600~3000℃，就可以完成向石墨化炭块的转换。

石墨化工序有专门的石墨化炉。石墨化炉属于直接加热式电阻炉。它的工作原理是以被石墨化的材料作为电极，将电能转化为热能，因而可以获得高温。石墨化温度的高低取决于引入电能的数量，电能的多少是由物料的电阻与通过的电流决定的，在一定时间内产生的热量可按焦耳—楞次定律确定。即：

$$Q = I^2Rt = UIT \tag{30-20}$$

式中　Q——发生的热量，J；

　　R——炉子物料（炉芯）总电阻，Ω；

　　I——通过炉料的电流，A；

　　t——通电时间，s；

　　U——输入电压，V。

石墨化的生产工序大致可分为：装炉前的准备、装炉、送电、保温、冷却、出炉和石墨化坯的检查等。

（6）加工和组装。焙烧块经机械加工，成为适合于不同电解槽使用的规格尺寸不同的侧部炭块和底部炭块。阴极钢棒为矩形截面或半圆形的铸钢棒，截面尺寸有115mm×115mm，130mm×130mm，180mm×90mm等多种。按照所选用的钢棒尺寸，在阴极炭块上加工出安装钢棒的槽形空间（燕尾槽）。用磷生铁浇铸或炭糊捣固的方法把阴极钢棒与炭块连接在一起，这一工作称之为阴极炭块组组装。根据电解槽电流的不同，每个电解槽可选用20~60个阴极炭块组，每组炭块的数量和尺寸可以是不相同的。

30.3.5　改善阴极性能的途径

铝电解槽阴极结构的质量不仅是影响电解槽寿命的关键部位，同时也是电解槽节能降耗的重要途径。作为阴极结构的主体部分，阴极炭块质量的改进具有重要意义。

铝电解槽阴极部分的工作寿命除了与电解工艺和操作水平有关外，尚与阴极炭块的原料组成和结构特性有关[19,20]。现在工业铝电解槽的阴极一般是普通炭块、半石墨质或石墨化炭块，这些制品虽能够较好地满足铝电解生产的需要，但其主要缺点是对铝液的湿润性不好，易受电解质熔体尤其是钠的侵蚀，加速Rapoport效应的发生，促使炭阴极体积膨胀和裂缝，导致电解槽早期破损，同时在槽底形成的沉淀不易排出，久而久之形成炉底结壳，造成炉底上抬，炉底压降升高，槽况变差[21~23]。

为了改善阴极对铝液的润湿性，减缓电解质熔体和钠的渗透，以达到稳定电解生产、延长电解槽寿命的目的，近年来可润湿性阴极技术被国内外铝厂广泛采用，成为了电解铝研究领域一项重大的技术进展。在这项技术的研究和使用过程中，TiB₂被公认为是目前对铝电解槽最为合适的可润湿阴极材料，因为它对铝液有良好的湿润性，能有效防止电解质熔体和钠的侵蚀；同时它又具有良好的导电性和热稳定性。国内外许多实验室研究及工业试验表明，TiB₂阴极能有效地降低铝液层的厚度，降低极距，降低电耗，维持炉膛规整，减少炉内氧化铝沉淀，提高电流效率，延长电解槽使用寿命。关于TiB₂阴极技术详见第33章。

参 考 文 献

1　Jones L E, Thrower P A, Walker P L. Reactivity and related microstructure of 3D carbon/carbon composites. Carbon, 1986, 24 (1): 51~59

2　谢有赞. 炭石墨材料工艺学. 长沙: 湖南大学出版社, 1988

3　Leach C T, Brooks D G, Gehlbach R E. Correlation of cokes properties, anode properties, and carbon consumption. Light Metals, 1997: 481~488

4　成隽. 阳极质量对电解生产的影响. 轻金属, 1997, (12): 30~33

5　Perruchoud R C, Meier M W, Fischer W. Wordwide pitch quality for prebaked anodes. Light Metals, 2003: 509~518

6　Nigel R Turner, Stewart H Alsop, Olof Malmros. Development of petroleum. Enhanced coal tar pitch in europe. Light Metals, 2001, 565~572

7　Bernard Samanos, Christian Dreyer. Impact of cock calcination level and anode baking temperature on anode properties. Light Metals, 2001, 681~688

8　叶绍龙, 肖劲, 李劼等. 铝电解用炭阳极的综合性能. 中国有色金属学报, 2003, 13 (2): 490~496

9　(挪威) 格罗泰姆 K 等. 铝电解导论. 邱竹贤等译. 轻金属编辑部, 1994, (9): 125~126

10　Houston G J, Oye H A. Consumption of anode carbon during aluminium electrolysis: I, II. Aluminium, 1985, 61: 251, 346

11　Muftuoglu T, Oye H A. Reactivity and electrolytic consumption of anode carbon with various additives. Light Metals, 1987: 471~476

12　Pérez M, Granda M, García R et al. Development of binder pitches from coal extract and coal-tar pitch blends. Light Metals, 2001, 581~586

13　Franca G, Mesquita C, Edwards L et al. Anode quality improvement at the valesul smelter. Light Metals, 2003, 634~639

14　Berezin A I, Polaykov P V, Rodnov O O et al. Improvement of green anodes quality on the basis of the neural network model of the carbon plant workshop. Light Metals, 2002, 640~647

15　Andre Pinoncely, Andre Molin. Recent development in process control for green anodes production. Light Metals, 2002, 618~623

16　Olsen E, Thonstad J. The behavior of nickel ferrite cermet materials as inert anodes. Light Metals, 1996

17　Kvande H. Inert electrodes in aluminium electrolysis cells. Light Metals, 1999: 369~376

18　邱竹贤编. 铝电解. 北京: 冶金工业出版社, 1995

19　《中国冶金百科全书》编辑委员会, 中国冶金百科全书 (炭素材料), 北京: 冶金工业出版社, 1999

20　何允平, 段继文编. 铝电解槽寿命的研究. 北京: 冶金工业出版社, 1998

21　Ryosuke Kawamura, Tsutomu Wakasa. Improvement in the calcination process of anthracite for cathode carbon blocks. Light Metals, 2001, 711~717

22　Toda S, Wakasa T. Improvement of abrasion resistance of graphitized cathode. Light Metals, 647~654

23　Rudolf Keller. Wetting of carbonaceous cathode materials in the presence of boron oxide. Light Metals, 2003, 753~760

31 原 铝 精 炼

31.1 概述

电解铝工业生产的金属铝由于工艺本身的特点，通常含有一些杂质，这些杂质限制了金属铝在某些领域尤其在某些高科技领域的应用。因此，随着当今世界高科技主导地位的日益增强，精炼铝以及高纯铝的市场需求在迅速增大。另一方面，普通原铝生产企业为了企业本身的产品升级换代和追求更高的市场利润，也把目光投向了具有很高附加值的精铝、高纯铝和超纯铝的科技研发和生产。这两方面的原因刺激了原铝生产企业加大对原铝精炼技术和资金的投入，目前世界的原铝生产企业都在扩大精炼铝、高纯铝的产量，而原来没有原铝精炼的铝生产企业也都在建设原铝精炼生产线，原铝精炼的发展正方兴未艾。

31.2 铝的纯度对铝的性质的影响

31.2.1 铝的纯度及精炼铝的分类

目前广为采用的霍尔-埃鲁特电解炼铝工艺所生产的铝的纯度通常不超过99.85%，这种铝通过精炼提纯可以得到纯度更高的铝。根据铝的纯度差异，可以将精炼得到的铝分为以下几类：

（1）工业原铝。铝的纯度一般为99.00%~99.85%[1]，这种铝是目前铝电解工业的初级产品，一般没有经过精炼或者只是在电解过程中经过简单的气体直接精炼。

（2）精铝。铝的纯度一般为99.95%~99.996%（3N~4N），是由工业原铝经过一步电解精炼或者一到两步的火法精炼（通常采用偏析法）的产品[2]。

（3）高纯铝。铝的纯度一般为99.999%~99.9999%（5N~6N），是由工业原铝经过电解精炼、偏析联合工艺所获得的产品。

（4）超纯铝。铝的纯度一般在99.99999%（6N）以上，是由精铝或高纯铝经过多次区域熔炼得到的。

我国根据铝纯度的差异，将工业原铝和精炼铝分成不同的牌号。表31-1和表31-2是中国国家标准管理委员会根据铝纯度的差异所分列的铝、精炼铝商品牌号。对于高纯铝目前是根据中华人民共和国有色金属行业标准YS/T 275—1994来确定的，高纯铝的铝含量不小于99.999%，有两种牌号Al-05（≥99.999% Al）、Al-055（≥99.9995% Al）。表31-3是中国最大的金属铝生产商——中国铝业公司所生产的精铝和高纯铝商品的化学成分。

表31-1 工业原铝牌号（"重熔用铝锭"国家标准 GB/T 1196—1993）

牌 号	Al 含量（不小于）	化学成分/%						
		杂质含量（不大于）						
		Fe	Si	Cu	Ga	Mg	其他	总和
Al99.85	99.85	0.12	0.08	0.005	0.03	0.03	0.015	0.15
Al99.80	99.80	0.15	0.10	0.10	0.03	0.03	0.02	0.20

牌 号	Al 含量（不小于）	化学成分/%						
		杂质含量（不大于）						
		Fe	Si	Cu	Ga	Mg	其他	总和
Al99.70	99.70	0.20	0.13	0.10	0.03	0.03	0.03	0.30
Al99.60	99.60	0.25	0.18	0.10	0.03	0.03	0.03	0.40
Al99.50	99.50	0.30	0.25	0.20	0.03	0.03	0.03	0.50
Al99.00	99.00	0.35	0.45	0.20	0.05	0.05	0.05	1.00

表31-2　精铝化学成分（"重熔用精铝锭"国家标准 GB/T 8644—2000）

牌 号	Al 含量（不小于）	化学成分/%					
		杂质含量（不大于）					
		Fe	Si	Cu	Zn	Ti	总和
Al99.995	99.995	0.0015	0.0015	0.0015	0.001	0.001	0.005
Al99.99	99.99	0.003	0.003	0.0050	0.002	0.002	0.01
Al99.95	99.95	0.02	0.02	0.01	0.005	0.002	0.05

表31-3　中铝股份公司精铝和高纯铝的化学成分

牌 号	Al 含量（不小于）/%	杂质含量（不大于）/%	主要杂质含量（不大于）/10^{-4}%				
			Cu	Si	Fe	Zn	Ti
Al99.99	99.99	0.01	50	30	30	20	20
Al99.993	99.993	0.007	30	13	15	10	10
Al99.996	99.996	0.004	15	10	10	10	10
Al99.999	99.999	0.001	2.8	2.8	2.5	1	0.9
Al99.9995	99.9995	0.0005	1.5	1.5	1.5	0.5	0.5

31.2.2　铝的纯度对铝的化学性质的影响

铝的纯度不同，对于铝的基本化学性质（如与酸、碱等的可反应性）影响不大，但一般来讲较低纯度的铝与外界反应物的反应速度相应会增加。这主要是由于杂质的存在使得铝本身存在许多化学"缺陷"、化学"孔洞"或"微电池"，从而为外界反应物对铝的"浸蚀"提供了更便利的"入侵通道"。对于铝合金，有些与包含杂质的铝的化学表现类似，如铝-锌，铝-铜等合金。有些合金则表现出相反的特征如铝-硅等合金，其与外界反应物的反应速度并不增加，相反有些反而减少[3]。

高纯度的铝具有很强的抗外界反应物特征，即表现出很强的抗腐蚀能力，约为普通原铝的9倍以上[4]。这是由于在反应初期在铝的表面形成一层氧化膜，阻碍了外界反应物的进一步侵入反应。铝的纯度越高，表面的氧化膜越致密，与内部铝原子的结合越牢靠，对某些酸、碱、海水、污水以及含硫空气等具有更好的抗腐蚀能力。这一特征使得高纯铝通常用于要求强抗腐蚀能力物件、容器或设备的制造。

31.2.3　铝的纯度对铝的物理性质的影响

较高纯度的铝同普通原铝相比，物理性质有很大的变化，主要表现在以下几个方面：

（1）熔点。金属铝的熔点与纯度有密切关系。99.996%纯度的金属铝的熔点，最精确测定值为933.4K，99.99%以下纯度的铝，熔点一般低1~2K。铝的纯度越高，熔点相应升高。各种文献资料中所列的金属铝熔点的数据都是在金属铝某一纯度下的数据。

（2）沸点。金属铝的沸点也随纯度发生变化。纯度越高，沸点越低。沸点随杂质的变化规律遵循依数性原则[5]。

（3）密度。金属铝的密度随纯度变化的情况相对复杂，有些杂质增加金属铝的密度，有些杂质则降低金属铝的密度，这主要是基于杂质本身与金属铝密度数据的简单对比而言的。使金属铝密度增加的元素是 Fe、Cu、Mn、V、Cr、Ti、Pb 等，使其减小的元素是 B、Ca、Mg、Li 等，Si 元素会使金属铝的密度略微减小。此外，由于杂质元素在金属铝中的存在同时还引起金属铝晶格的缺陷，导致晶格膨胀或收缩，从而引起金属铝密度的减小或增加，因此不同纯度的金属铝的密度值实际上是这几种因素综合作用的结果。现行铝生产工艺所生产的金属铝的密度一般随纯度的增加而减小。表31-4是金属铝的纯度对密度的影响[6]。

表31-4　金属铝的纯度对密度的影响

铝的纯度/%	99.25	99.40	99.75	99.971	99.996
铝的密度（20℃）/g·cm^{-3}	2.727	2.706	2.703	2.6996	2.6989

（4）导热系数（或热导率）与线膨胀系数。杂质的存在会带来金属铝的热导率下降，大多数铝合金的热导率只有纯铝的40%~50%[7]，金属铝纯度的增加将会使金属铝的热导率迅速增加。金属铝的线膨胀系数随铝纯度的增加而减小，纯度越高，线膨胀系数越小。这主要是由于纯度越高，金属键的强度越大，结晶程度更好，晶格上的原子被束缚的更紧密。表31-5是金属铝的纯度对其线膨胀系数的影响[7]。

表31-5　金属铝的纯度对其线膨胀系数的影响

温度区间/℃	20~100	100~300	300~500	500~600
99.5%纯度铝的线膨胀系数/K^{-1}	24.0×10^{-6}	25.8×10^{-6}	27.9×10^{-6}	28.5×10^{-6}
99.99%纯度铝的线膨胀系数/K^{-1}	23.86×10^{-6}	25.45×10^{-6}	27.68×10^{-6}	—

（5）导电性。高纯度的铝具有优良的导电性。几乎所有的金属和非金属杂质元素在金属铝中的存在都会导致金属铝电阻率的增大，在较低温度下这种趋势更为明显，表31-6是当在99.99%的铝中添加0.1%其他元素组成铝二元合金时所导致的电阻率的增大值。随着杂质含量的增加，金属铝的电阻率也随之增加；当杂质浓度超过其在金属铝中的固溶极限后，电阻率的增加速率开始减缓[9]。当金属铝中包含两种以上的杂质元素时，它们对电阻率的影响视这些元素的相互作用关系而定，但杂质的存在仍然导致电阻率增加的趋势不变，只是随杂质浓度的变化关系显得较为复杂。对于高纯度的金属铝，当杂质含量为10^{-6}数量级时，每增加一种新的杂质可使电阻率增加10^{-11}Ω·m。

包含杂质的金属铝和高纯铝之间的电阻率的差异，在室温以上时相对较小，但在零度以下温度时变得明显增大。99.965%纯度的金属铝在273K时的电阻率是4.2K时的200倍，而纯度为99.99998%的金属铝在273K时的电阻率是4.2K时的45000倍。因此可以利用极低温度下的电阻率比值来确定金属铝的纯度。表31-7是金属铝的电阻率比值，其中R_{273}表示在273K时的电阻率，$R_{1.59}$是表示在1.59K时的电阻率，其余以此类推。99.99%以上的铝在极低温度（1.1~1.2K时）成为超导体，因此铝的高纯度是获得铝优良导电性的重要保证。

表 31-6　杂质元素对金属铝电阻率的影响

杂质元素	电阻率增大值/$\mu\Omega \cdot m$	杂质元素	电阻率增大值/$\mu\Omega \cdot m$
Ag	0.0003	Li	0.0038
As	0.00015	Mg	0.00051
Au	0.0003	Mn	0.0036
B	0.0012	Mo	—
Be	0.0001	Ni	0.0002
Bi	0.00017	Pb	0.00013
Ca	0.00027	Sb	0.0002
Cd	0.00014	Si	0.00068
Co	0.0001	Sn	0.0002
Cr	0.0041	Ta	—
Cu	0.00033	Ti	0.0031
Fe	0.00032	V	0.0043
Ga	0.00009	W	—
Ge	0.00029	Zn	0.0001
In	0.000014	Zr	0.0020

表 31-7　金属铝的电阻率比值

铝的纯度/%	$R_{273}/R_{1.59}$	$R_{273}/R_{4.2}$	R_{273}/R_{14}	R_{273}/R_{20}
99.965	200	200	180	170
99.98	350	350	350	300
99.99	700	650	600	450
99.992	800	780	730	540
99.996	1850	1800	1500	1000
99.9975	2200	2150	1750	1120
99.9982	3200	3150	2500	1500
99.9992	6800	6700	4100	2300
99.99997	40000	35700	—	3600
99.99998	—	45000	—	—

（6）导磁性。高纯度的铝具有极低的导磁性。杂质元素在金属铝中的存在一般都增加金属铝的导磁性，纯度越高，导磁性越低。

（7）光学性质。高纯度的铝具有很高的光反射性。大多数杂质元素在金属铝中的存在会减小铝的反光率，99%~99.5%纯度铝的反光率大约比99.99%纯度铝的反光率小2%~5%。铁对铝的反射率影响最大，当金属铝中的含铁量超过0.008%时，金属铝的镜面反射率随含铁量成比例降低。金属镁在金属铝中的存在对铝反射率的影响与其他元素不同，镁的存在会使铝的反射率提高[8]。

31.2.4 铝的纯度对铝的加工性能的影响

铝的纯度对铝的机械力学性能有很大的影响，铝的纯度越高，铝的抗拉强度和屈服强度降低，延展性增大，柔软性增强，韧性增加。表 31-8 反映了某种商用铝板与铝纯度的关系[9]。

表 31-8 某种商业铝板的力学性能与铝纯度的关系

项 目	冷加工率/%	σ_b/MPa	$\sigma_{0.2}$/MPa	伸长率/%
99.999% 纯度的铝	0	40~50	15~20	50~70
	40	80~90	50~60	15~20
	70	90~100	70~80	10~15
	90	120~140	100~120	8~12
99%~99.9% 纯度的铝	0	80~120	30~60	25~50
	40	120~180	100~150	5~10
	70	170~260	120~200	2~6
	90	260~310	220~290	约1

铝的纯度还与金属铝的可锻性有较大的关系。一般而言，纯度越高的铝可以在较宽的温度范围内方便的锻造成各种复杂形状的产品，而包含杂质较多的铝或合金铝可锻造性相对较差，这是由于这些杂质或合金元素使得铝的流变强度增高，阻断了组织连续性的连续离散相的形成，对铝的可锻性产生不利影响。因此，需要用金属铝制造复杂形状的场合都要求较高纯度的铝作为加工原材料。另外，由于较高纯度的铝极其柔软，很容易黏附切削刀具，产生较长的切屑，因此常常需要特殊的加工技术与设备。

铝的纯度对铝的焊接性能也有影响。纯度较高的铝较纯度较低的铝在弧焊时具有更高的稳定性。工业实践表明，金属铝中含有锂元素或者钙元素时（即使只有 $1 \times 10^{-3}\%$（10ppm）），尤其会对弧焊带来不利影响。

31.2.5 精铝及高纯铝的应用

精铝和高纯铝由于具有很好的导电性、可塑性、光反射性、延展性和耐腐蚀性以及极低的导磁性，使其在以高科技为主导的当今社会里具有广泛的应用，尤其在电子、能源、交通、汽车、计算机、航天、天文和化工等工业和科技领域更受青睐。

电子工业目前是精铝和高纯铝的最大应用领域，主要用于制作高压电容器铝箔、高性能导线、集成电路用键合线、计算机外部记忆装置磁盘合金的基体，其消耗量已占世界精铝产量的70%以上。

航空航天工业中，高纯铝用来开发制作等离子帆（推动航天器的最新动力）。

在交通领域，主要用于高速轨道交通中。高速轨道交通车辆除了需要用高纯铝配制高性能合金外，还由于高纯铝具有磁导率低、密度小的特点，在磁悬浮体材料中得到大量应用。

在能源领域，主要用于铝/空气电池的材料。由于铝的电化当量为 $0.3356g/(A \cdot h)$，约为金属锌的 1/4，即同样质量的铝，其放电量为锌的 4 倍，而且铝的电极电位比锌更负，因而可以提供更大的电化学功率，目前加拿大和美国都在此领域开展大量的研究工作，美国电技术公司已经在小汽车上成功应用了用高纯铝制作的铝/空气电池。

光学应用方面，汽车工业中的车灯反射罩，天文望远镜等大量使用铝反射器，国外也在研究用高纯铝作为大型天文望远镜的反光面。

在化工以及冶金工业中，精铝和高纯铝用于制造耐腐蚀反应设备及储存容器。此外，精铝和高纯铝还可用作真空蒸发材料（镀膜靶材）和喷镀材料等。

随着对高纯铝性能的进一步研究，精铝和高纯铝的更多新特性会被发现，高纯铝的应用前景将会越来越广阔。

31.3 原铝中的杂质元素

31.3.1 原铝中常见的杂质元素及其来源

目前炼铝工业所生产的原铝中的杂质元素主要有：硅、铁、钛、钠、钙、镁、锌、钒、磷、铬、镍、铜、硫、碳、氢、氮等，其中硅和铁是主要的杂质元素。这些杂质元素尤其是金属元素和半金属元素多数以固溶体形式溶解于铝中，如镁、铁、硅、锌等。也有些杂质元素以单质或化合物形态，以固态或气态形式夹杂于铝中，如氧化铝、碳化铝、碳、H_2、CO_2、CH_4和N_2等。铝中这些杂质的存在会影响铝的物理、化学以及力学性能，而固态和气态夹杂物甚至恶化铝液的铸造过程，因此必须采用精炼手段除去。

铝中的这些杂质主要来自炼铝工艺生产过程中的以下几种原材料：

（1）电解铝的原料氧化铝。电解铝的生产过程就是利用电化学手段分解氧化铝，从而得到金属铝。由于得到1t电解铝大约需要2t的氧化铝，因此氧化铝中所含的杂质是金属铝杂质的主要来源之一。表31-9为氧化铝国家有色行业标准（YS/T 274—1998）。

表31-9 氧化铝国家有色行业标准（YS/T 274—1998）

等 级	化学成分/%				
	Al_2O_3 含量（不低于）	杂质含量（不高于）			
		SiO_2	Fe_2O_3	Na_2O	灼减
一 级	98.6	0.02	0.03	0.55	0.8
二 级	98.5	0.04	0.04	0.60	0.8
三 级	98.4	0.06	0.04	0.65	0.8
四 级	98.3	0.08	0.05	0.70	0.8
五 级	98.2	0.10	0.05	0.70	1.0
六 级	97.8	0.16	0.06	0.70	1.2

表31-10是国外某些氧化铝生产商生产的氧化铝中的杂质含量。从中不难看出，作为电解铝原料的氧化铝并非100%的洁净。因此，在氧化铝电解过程中，这些杂质就会发生电化学反应在阴极析出，从而使金属铝的纯度下降。因此利用尽可能纯的氧化铝原料来电解是获得较高纯度铝的重要措施。

表31-10 国外某些氧化铝生产商生产的氧化铝中的杂质含量[10]

项 目		厂 名					
		法国拉勃拉斯	美国摩比尔	德国施塔德	希腊圣尼古拉	澳大利亚平加拉	日本苫小牧
化学成分（杂质不大于）/%	SiO_2	0.015	0.018	0.006	0.009	0.020	0.015
	Fe_2O_3	0.036	0.019	0.016	0.014	0.010	0.005
	Na_2O	0.468	0.543	0.31	0.291	0.463	0.39
	灼减	0.79	1.22	0.5	0.85	0.85	0.32

（2）电解用熔剂。铝电解过程采用的熔剂——冰晶石和氟化铝中的杂质也会给电解产品金属铝带来杂质污染，因此，铝电解用冰晶石和氟化铝通常要求较高的纯度，但由于每生产1t金属铝需消耗30~50kg的熔剂，熔剂中微量的杂质仍然是金属铝纯度下降的一个重要原因。

（3）电解过程所用的各种添加剂。在电解铝的工业实践中，为了改善铝电解质的物理化学性质，降低电解温度，提高电流效率，并减少氟盐的蒸发损失，常常在电解中加入各种添加剂，如锂盐、镁盐等，这些添加剂的引入也给获得较高纯度的电解铝带来不利影响。如果添加3%~5%的镁盐，金属铝中的镁含量就从$1.2 \times 10^{-3}\%$（12ppm）猛升至$1.5 \times 10^{-2}\%$（150ppm）。

（4）电极材料。铝电解过程采用的电极材料中的杂质是金属铝杂质的另一个来源。目前铝电解采用的炭阳极是消耗型的，每吨铝的炭阳极净耗为400kg以上，不纯的炭阳极势必通过污染电解质而进一步污染阴极析出的金属铝，或在铝液波动时直接污染金属铝。因此，为保证获得较高的电解铝，必须采用质量好、杂质少的炭阳极。

除了上述的原材料因素外，铝电解车间的粉尘、包含有杂质的气体以及不当的电解作业等都可能为金属铝带来所不希望的杂质元素。

31.3.2　铝电解过程减少原铝杂质元素的方法

根据上述对铝中杂质元素的来源可以看出，要获得较高纯度的电解铝，必须有较高纯度的原材料作保证，此外还必须得有良好的作业环境和规范的电解作业。后者可以通过加强管理和技术规范的严密化来实现，但对于原材料，不可能获得100%纯度。因此，少量杂质引入金属铝是不可避免的，表31-11列出了铝电解过程中各杂质伴生元素的收支平衡情况。由于原料中的杂质元素，大部分会在铝析出之前先被还原，并进入铝中，只有少部分杂质元素会从电解质里蒸发出来并随废气排出。因此希望通过电解工艺的过程控制，完全将杂质元素留在电解质里而让其通过蒸发排放，或者希望通过定期对电解质的化学处理除杂来排出杂质，这些都是不现实的。但通过以下措施则有助于提高电解铝的纯度：

（1）尽可能采用优质高纯的氧化铝、炭阳极、冰晶石和氟化盐，并避免其在运输、储藏、投料过程受其他人为因素的污染。

（2）规范铝电解作业，减少铝液和电解质的波动，优化电解作业环境。

（3）在铝电解作业中采用惰性阳极和惰性阴极以及新的槽型来提高电流效率和电能效率，减少活性电极本身带来的杂质。

（4）在电解铝铸锭前对产出的铝液进行直接净化（参见第31.4.2节）。

表 31-11　铝电解中伴生元素的收支平衡（g/t（Al））

项　目	Si	Fe	Ti	P	V	Zn	Ga	杂质总量
氧化铝	123.0	348.0	67.0	16.0	24.0	60.0	131.0	769
炭阳极	173.0	227.0	3.0	4.0	33.0	1.0	2.0	443
冰晶石	19.0	31.0	1.0	5.0	2.0	—	—	58
收入合计	315.0	606.0	71.0	25.0	59.0	61.0	133.0	1270
金　属	473.0	451.0	25.0	3.0	20.0	48.0	65.0	1085
废　气	42.0	378.0	41.0	18.0	38.0	12.0	66.0	595
支出合计	515.0	829.0	66.0	21.0	58.0	60.0	131.0	1680

通过必要的技术措施，尽管可以大大减少铝中杂质的含量，但由于铝电解过程是一极其复杂的电化学过程，产品铝液处于强大的电磁场中，铝液和电解质的波动很难避免，而二者又直接接触，铝液本身又对电解质有一定的溶解度，因此，即使采用了100%纯度的各种原材料，电解质对铝液的污染也很难完全避免。为了获得高纯度的铝，必须通过进一步的精炼。

31.4 原铝精炼工艺

31.4.1 概述

高纯铝优良的性能使得人们从20世纪初就开始研究它的精炼提纯工艺技术，这些技术可以归结为三大类型：直接净化法、电化学精炼法（电解法）和偏析熔炼法。其中直接净化法主要是结合铝电解过程或熔炼铸造过程进行的，包括熔剂净化、气体净化，以及近年发展起来的电磁净化。电化学法包括三层液电解精炼和有机液电解精炼，二者虽然采用不同的电解质体系，但都是将需要精炼提纯的金属铝制成满足电解技术要求的阳极，然后在阴极得到较高纯度的金属铝，而杂质则滞留在阳极或电解质中。偏析熔炼法根据采用的具体工艺的不同，分为分布结晶法、定向凝固提纯法、区域熔炼法。偏析熔炼的基本原理是利用各种元素在液相和固相中的分配差异，从而达到提纯的目的。这几种方法中，除有机液电解法外，其他工艺方法在目前的铝精炼生产实践中都有采用。

31.4.2 铝液的直接净化

31.4.2.1 铝液直接净化的基本原理

铝液的直接净化实际上是铝的初级精炼，通常在铝电解过程中出铝时或在铝的铸造前采用，目的主要在于去除铝中的非金属固态夹杂物和气态夹杂物，并同时除掉部分金属杂质。常用的工艺方法按处理过程的连续性来分可分为：静置法和连续净化法。按外加的物理化学手段可分为：熔剂净化法，气体净化法，磁场净化法，真空净化法等。

（1）熔剂净化法。熔剂净化常用的熔剂有钾、钠、铝的氟盐和氯盐组成，通常包括冰晶石、氯化钠、氯化钾等，其基本原理是在熔剂引入后，铝熔体和熔剂形成两个互不混溶的液相，由于接触角的差异，铝液中的非金属夹杂物将从铝液中向熔剂中迁移，然后静置分离，从而实现铝与这些杂质的分离。也可以固态采用有机化合物六氯乙烷作熔剂，它是利用这种有机物释放出的氯与铝液中的气体夹杂物及某些杂质元素的反应，以及利用氯与铝的反应生成的氯化铝气泡对固态夹杂物的吸附，反应产物和吸附了固态夹杂物的氯化铝上升到铝液表面，从而实现铝液的净化。图31-1给出了采用熔剂净化时，固体夹杂物从铝液中迁移逸出的示意图，整个迁移过程分为三个阶段：1）夹杂物向铝液-熔剂界面的附着；2）夹杂物跃迁过铝液-熔剂的界面；3）夹杂物离开相界面向熔剂内部转移。

（2）气体净化法。气体净化常用的气体有氯气、氮气、氩气和这些气体的混合气体等。其

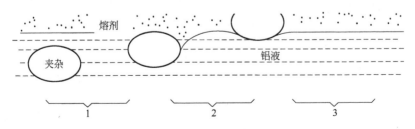

图31-1 固体夹杂物由铝熔体向熔剂中的迁移过程

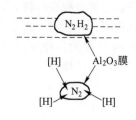

图 31-2 铝液气体
净化示意图

基本原理是通入的惰性气体（指不与铝液发生反应的气体如氮气、氩气等），可以使铝液中的固体夹杂物吸附在气泡上，并随气泡上升至铝液表面，最后在过滤层中分离；对于铝液中的气体夹杂物，由于其气体分压远大于进入铝液中的惰性气体气泡内的同类气体的分压（基本上等于零），则气体夹杂物很容易通过扩散进入铝液中的惰性气体气泡中，当惰性气体气泡浮出液面后，气泡中所携带铝液中的气体夹杂物也随之被排出。通入的活性气体主要目的在于利用其与铝反应生成氯化铝气泡，从而起到和惰性气体类似的作用。此外，通入的氯气还可与气体夹杂物如氢气以及一些杂质元素如钾、钙、钠、镁等反应，反应的气体生成物不溶于铝液而逸出铝液表面，从而和铝液实现分离；反应的固体生成物则可吸附在气泡上浮出铝液表面，从而实现铝与气、固态夹杂物以及一些金属杂质元素的分离。图31-2 给出了铝气体净化（通氮气）的示意图。

（3）磁场净化法。磁场净化法是新近发展起来的一项分离液态金属中非金属夹杂物的技术，目前在我国尚处于研究阶段。它是利用非金属夹杂物与金属的导电性差异，使它们在磁场中受到的电磁力产生差别，从而实现金属与非金属杂质的分离[11]。目前已有的电磁设计方案有：稳恒磁场、交变电磁场、交变复合电磁场、行波磁场、旋转磁场[12]和高频磁场等。这里以行波磁场净化法为例来说明此技术的工作特点。

将形成环路的陶瓷管放入到行波磁场发生器的气隙中，如图31-3 所示。陶瓷管中充满待净化的铝液并利用其自身的导电性而形成回路（图31-3 中只画出部分回路的情况，实际应用中则是将许多陶瓷管并排放置而组成多个回路），根据电磁感应的原理，行波磁场发生器中的交变磁场将在铝液回路中感生出交变电流，此交变电流在磁场作用下产

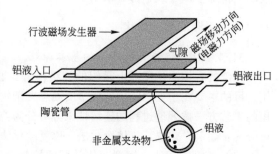

图 31-3 行波磁场净化金属铝液的示意图

生电磁力，则电流载体——铝液受到单向的电磁力（指时间平均值）的作用，被压向陶瓷管壁，虽然金属铝液中的非金属夹杂物由于不导电而不受电磁力作用，但它将受到金属铝液的挤压而迁移到陶瓷管的另一侧，最终附着在管壁上而与金属铝液分离。如果金属铝液从行波磁场发生器的一边流向另一边，则可实现金属铝液的连续净化。

（4）真空净化法。真空净化法包括静态真空净化法和动态真空净化法，因净化过程使用真空炉而得名。静态真空净化是在真空处理的同时，在熔体表面撒上一层熔剂以便使氢气等通过氧化膜除气。动态真空净化是相对于静态真空除气而言，它的工艺过程是先将真空炉抽成 1333.224Pa（10mmHg）的真空，然后打开进料口密封盖，把从保温炉来的铝熔体借真空抽力喷入真空室内，喷入真空室内的熔体，呈细小弥散的液滴，因而溶解在铝液中的氢等气体能快速扩散出去，铝液中的钠被蒸发燃烧掉。

31.4.2.2 铝液直接净化的装置及工艺实践

铝的直接净化一般在铝液铸锭前进行，世界上各大铝业公司均发展有自己的净化工艺，但仍然以气体净化工艺为主，下面简要介绍美国铝业公司的 Alcoa469 法和我国某铝厂的 DDF 法。

（1）Alcoa469 法。此工艺是美国铝业公司研究成功的铝液在线处理工艺，可实现铝液连续净化，见图31-4。该装置有两个处理室（称为两单元），采用氩-氯混合气体精炼和氧化铝球过

滤。在此装置中，熔体先经粗过滤床过滤，再经细过滤床过滤流向铸造机。在两个过滤床的底部设有气体扩散器，气体的流向与熔体的流向相反并均匀分布到整个过滤床截面上。经 Alcoa469 法处理的铝液中氢的溶解度可控制在每 100g0.15mm³ 以内[13]。

（2）DDF（双级除气过滤）法。DDF 法的装置分为除气和过滤两大部分。除气部分有除气室和加热室，除气室有一个旋转喷头，图 31-5 是它的示意图。金属铝熔体在第一个除气室里遇到湍流的细小气泡，铝熔体中的氢等气体不断扩散进入气泡并随气泡排出。之后金属铝熔体进入到第二个除气室里被再次处理，进一步降低铝熔体的气体含量。浸入式加热器由 U 形电热元件和保护套管组成，它占地面积小，结构紧凑，热效率高，是一种很实用的加热装置。DDF 装置过滤可以安装两块 508mm×508mm×50mm 的泡沫陶瓷过滤板。两块过滤板串联安装，对铝熔体进行双级过滤。过滤箱盖子上装有大功率的电热元件，既可以预热过滤板，也可以对过滤箱中存留的金属铝熔体保温，而且在过滤板未堵塞前可以反复使用多次，这不但操作简便，而且大大节约了生产成本。

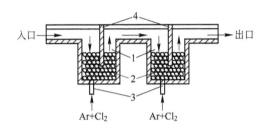

图 31-4　Alcoa469 法铝净化处理装置

1—熔体；2—氧化铝球；3—气体扩散器；4—隔板

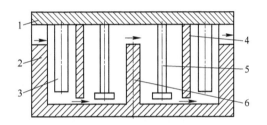

图 31-5　DDF 铝熔体净化处理装置示意图

1—除气箱盖；2—除气箱体；3—加热器；
4—导热隔板；5—转子；6—隔热板

31.4.3　三层液电解法

31.4.3.1　三层液电解法的基本原理

三层液电解法因精炼体系有三层熔体组成而得名，该法最早由 Hoops 于 1901 年发明，1932 年法国人 Gadeau 对此法加以改进，并成功制得 99.99% 纯度的精铝。1942 年，日本住友化学工业公司对此法做了发展，采用全氟化物体系并成功制备出 99.99% 的精铝。图 31-6 是三层液电解精炼槽的示意图。在三层液电解法的电解槽内，有三层熔体，按密度的不同，自下而上分别为阳极合金熔体、电解质和精铝。最下层的阳极熔体由待精炼的原铝和加重剂（一般是铜）组成，通常原铝在其中占 70%，铜占 30%，该层的密度为 3.2～3.7g/cm³，最重；中间层的电解质，一般为纯氟化物体系或氟氯化物体系，其密度为 2.7～2.8g/cm³；最上层的精铝是精炼出来的铝液，密度为 2.3g/cm³，最轻，与石墨阴极或固体铝阴极相接触，成为实际的阴极。

三层液电解法精炼是一电化学过程，同

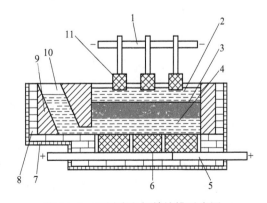

图 31-6　三层液电解精炼槽示意图

1—阴极母线；2—精铝；3—电解质；4—阳极合金；
5—阳极导体；6—阳极；7—钢制槽壳；8—隔热
耐火砖；9—镁砖；10—原料下料口；11—阴极

某些重金属（如铜等）在水溶液中的精炼原理类似，即待精炼的金属在阳极发生电化学溶解，然后在阴极被电化学还原成精制金属。在这里，阳极合金中铝失去电子，进行电化学溶解，变成 Al^{3+} 进入电解质，然后在外加电压的推动下，又在阴极上得到电子进行电化学还原，成为金属铝。阴阳极发生的反应如下式所示：

$$阳极 \quad\quad\quad Al(1) - 3e = Al^{3+}$$

$$阴极 \quad\quad\quad Al^{3+} + 3e = Al(1)$$

在上述过程中，由原铝作为主要成分组成的阳极铝合金里的杂质元素有不同的电化学表现。比铝更显正电性的杂质，如 Fe、Cu、Si 等不发生电化学溶解，仍然留在阳极合金中；比铝更显负电性的杂质如 Na、Mg 等，则发生电化学溶解和溶解了的铝一起进入电解质中；由于迁移运动到阳极附近的阴离子如 F^-、Cl^- 不在阳极放电。而在迁往阴极的各种阳离子中，Al^{3+} 的正电性最大，因而优先在阴极放电析出金属铝；其余的各种较铝负电性的阳离子如 Na、Mg、Ca 等，不会在阴极放电析出；但是如果电解质里包含比铝更显正电性的杂质如 Cu、Si、Fe 等，则会在阴极放电析出，从而降低阴极精铝的纯度。因此，必须选用纯的电解质或者通过电解质的预电解来除去电解质中比铝更显正电性的杂质来确保电解质的纯度，同时为避免阳极中铝浓度降低后其他比铝更显正电性的元素如 Cu、Fe 等的放电进入电解质，必须定期及时补充原铝到阳极合金中。

三层液电解过程同原铝生产过程一样也有极化现象的发生，并产生过电位。极化主要包括阴极极化、阳极极化和汞齐型电池极化。阴极极化是由于 Al^{3+} 在阴极附近扩散缓慢而致使阴极表面上的 Al^{3+} 浓度和电解液本体中 Al^{3+} 浓度的差异，从而引起阴极极化电势的产生，阴极极化电势大约 0.185V。阳极极化是由于两方面的原因引起，一是阳极表面上的 Al^{3+} 浓度和电解液本体中 Al^{3+} 浓度的存在差异，二是阳极合金表面的铝浓度与合金本体中铝浓度存在差异，这两方面的原因引起阳极极化电势的产生，阳极极化电势一般为 0.135V。汞齐型电池极化是由于铝在阴阳极活度的差异而引起的，一般为 0.040V。阴阳极上的极化从本质上来说都是浓差极化。三层液电解的总的极化电势约为 0.36V。

三层液电解的电流效率很高，阴极电流效率一般在 96% 以上，阳极电流效率则达 100%。能获得如此高的电流效率是由于如下几个原因：

（1）电解温度低，只有 750~800℃，只高出铝的熔点 100℃，铝的溶解量少。

（2）电解过程没有气体析出，没有阳极效应，电解质不"沸腾"，对流循环很弱，电解过程平稳，铝的损失量很小。

（3）极距高达 8~12cm。

（4）电解质与阴极铝液的密度差别较大，分层清除，铝的溶解损失少。

31.4.3.2 三层液电解法电解质和阳极合金组成

铝三层液电解法中的电解质和阳极合金组成对于所获得精铝的质量和电解过程的顺利进行具有至关重要的作用，因此它们的选择必须满足一定的要求。

（1）阳极合金三层液精炼用的合金应满足如下要求：

1）熔融合金的密度要大于电解质的密度。

2）合金的熔点要低于电解质。

3）铝在合金中溶解度要大，合金元素应是比铝更显正电性的元素。

目前，工业上通常采用铜做合金，当合金中铜含量为 30%~40% 时，其熔点为 550~590℃，密度为 3.2~3.5g/cm³，铜的电化学电位比铝要正得多，因此选用铜作为合金元素完全满足要求。

需要指出的是，随着精炼过程的进行，合金中铝的含量逐渐降低，从而导致合金熔度急剧上升（共晶点变化），甚至于导致合金凝固。一般情形是，当合金中铝的含量降到35% ~40%时，合金熔度即会发生急剧上升，当上升到高于料室温度（料室温度一般比精炼温度低30 ~ 40℃）时，合金凝固，料室冻结。因此，必须定期及时向料室补充原铝。此外，随着电解过程的不断进行，阳极合金中的杂质如 Si、Fe、Mn、Zn 等不断增加，当增加到一定浓度时，便析出高熔点金属化合物如 Al_7Cu_2Fe 等，从而恶化电解过程。因此，必须定期及时从料室捞出高熔点残渣，残渣组成通常为：Cu20% ~ 25%，Fe8% ~ 15%，Si5% ~ 10%，Mn1% ~ 2%，其余为铝。

（2）电解质精炼所用的电解质必须满足如下要求：

1）熔融电解质的密度要介于精铝和阳极合金的密度之间。

2）电解质中不含有比铝更显正电性的元素。

3）导电性能要好，熔度不宜过分高于铝的熔点，挥发性要小，且不吸水也不易水解。

目前，工业上采用的电解质有两大类：氟氯化物和纯氟化物，其组成见表31-12。为提高电解质的导电性和降低电解质的初晶点，可以在两种体系中添加适量的氟化锂[14,15]，当加入5%左右的氟化锂时，电解质的电导率可以提高15% ~20%，初晶点可以降低大约50℃。

表 31-12 三层液电解质常见组成（%）

氟氯化物体系		纯氟化物体系	
AlF$_3$	25 ~ 27	AlF$_3$	35 ~ 48
NaF	13 ~ 15	NaF	18 ~ 27
BaCl$_2$	50 ~ 60	CaF$_2$	16
NaCl	5 ~ 8	BaF$_2$	18 ~ 35

31.4.3.3 三层液电解法的电解槽

三层液精炼铝电解槽（图31-7）由阳极（外壳及内衬）、阴极组、阴极母线、阴极升降机构、阴极支承架及阴极罩盖等部分组成。

（1）阳极。阳极由外壳及内衬两部分构成。外壳是型钢与钢板焊接而成的矩形钢壳。在外壳内砌内衬，槽底保温层由石棉板、填料、保温砖、黏土耐火砖砌成。其上为炭块及钢棒构成的炭块组，电流自阳极母线经软母线、钢棒导入。其四周由石棉板、填料、黏土耐火砖砌成的保温层，再在槽膛侧砌镁砖。镁砖在电解质内溶解很少，并可防止阳极和阴极的短路。槽膛深一般为700 ~ 900mm。内衬的一端设有加料室。为防止电解质等的渗入，加料室由石墨管构成，在其底部有沟槽与槽膛相通。它是添加纯铝和捞渣用的。在其顶部有用耐火材料制成的罩盖覆盖。

（2）阴极组。阴极组呈双排排列在槽膛上方。由 ϕ500mm、高 350mm 的石墨化电极制成，外层浇铸 50mm 厚铝液以防止电极氧化。阴极也有用精铝浇铸成带散热翅的铝阴极。阴极数为 8 ~ 14 个，视电流而定。上部铝导杆通过钢爪头和铸铁将石墨阴极电流导出。铝导杆和钢爪间采用爆炸块接头，以降低其压降。

（3）阴极母线。阴极母线由阴极铝母线、阴极框架及阴极夹具三部分组成。每个阴极组的铝导杆、依靠偏心的凸轮夹具将导杆夹紧在阴极铝母线上、使电流导出。而阴极框架则是将两排铝母线构成整体，完成阴极同时升降调整。

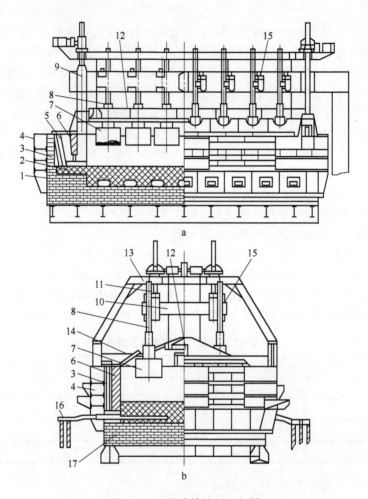

图 31-7 三层液精炼铝电解槽

1—外壳；2—炭块；3—保温砖；4—摇篮架；5—料室；6—镁砖；7—阴极；
8—阴极钢棒；9—阴极框架（垂直）；10—平衡母线；11—阴极导杆；
12—水平罩板；13—阴极框架（水平）；14—槽盖板；
15—夹具；16—阴极母线；17—耐火砖

（4）阴极升降机构。阴极升降机构由电动机、减速器、螺栓起重器等组成。用它来完成阴极的调整操作。通常是设在电解槽两端的支架上，每端各设一套；典型的阴极升降机构性能如表 31-13 所示。

表 31-13 阴极升降机构性能

指 标	数 值	指 标	数 值
设计起重量/t	12	减速机速比	64
阴极升降速度/mm·min^{-1}	58	起重器起重量/t	6
阴极母线行程/mm	500（最大）	齿轮副速比	2
电动机功率/kW	0.75	丝杠直径/mm	48
转数/r·min^{-1}	930	螺距/mm	8

（5）阴极支撑架。阴极支撑架由型钢焊接而成，其下部支撑在阳极外壳顶部，并在其间设有电绝缘。上部有阴极升降机构，支撑阴极及阴极母线，阴极罩盖悬吊在其下部。

（6）阴极罩盖。阴极罩盖有固定罩盖和活动罩盖两部分：固定罩盖是悬吊在支撑架下部，由型钢和薄钢板焊接而成。活动罩盖则由矩形铝框和薄铝板铆焊而成，以便于在更换阴极操作时移动。罩盖是为了防止有害气体扩散至车间内而设置的，故其顶部设有排气接口可与烟管连接。同时在固定罩顶部铺有保温层，可有效的减少槽上部的热损失。据资料记载，在增设罩盖后，可顺利降低电压 0.25 ~ 0.50V。

31.4.3.4 三层液电解法的工艺实践

目前三层液电解法几乎在所有的铝精炼厂都有应用，正常的操作包括：出铝、补充原铝、添加电解质、清理与更换阴极、捞渣等。

（1）出铝。先去掉精铝面上的电解质薄膜，然后用真空抬包出铝。这里的真空抬包与普通纯铝抬包区别在于吸出管端部有一个石墨套筒，套筒底部只设有若干径向小孔，精铝经此小孔进入抬包。在铝层中吸铝时，使其形成水平流，防止阴极精铝的波动引起其与阳极合金混合，降低精铝的品级。

（2）补充原铝。由于精炼电解槽的电流效率为 96% 以上，阳极所消耗的铝和吸出的精铝近于相等，为保证电解过程的连续顺利进行，必须及时补充原铝。补充原铝时要搅拌阳极合金熔体，使原铝均匀分布，否则原铝会直接上浮到阴极而污染精铝。这是由于注入的铝液密度不仅较阳极合金低，而且还比电解质低很多，当注入铝液时，不搅拌的铝液来不及与阳极合金混合，就穿过电解质，再进入阴极铝层从而污染阴极的精铝。

（3）补充电解质。在精炼过程中，电解质因挥发和生成槽渣（$AlCl_3$、BaF_2、Al_2O_3）而损失，故需要补充。一般在出铝后，用专门的石墨管往电解质层中补充电解质熔体（由母槽提供），以保持它应有的厚度。母槽是专门用来熔化和净化电解质的电解槽。母槽的温度一般高于普通槽，电压保持在 10 ~ 20V。加入母槽内的原料盐在加入母槽前要预先干燥，以减少熔化时的水解和泥渣化。电解质在母槽内的电化学净化电解时间一般为 4 ~ 5h。

（4）更换或清理阴极在精炼中，石墨阴极的底面常沾有精炼中生成的 Al_2O_3 渣或结壳，使电流流过受阻，故需定期（一般 15d）逐个予以清理。清理工作一般不停槽停电，故清理工作越快越好。如果采用带铝套的石墨阴极时，因铝套变形或开裂，则需要更换阴极。

（5）捞渣。随着精炼的进行，阳极合金中会逐渐积累 Si、Fe 等杂质，当其达到一定饱和度时，将以大晶粒形态偏析出来而形成合金渣，所以需要定期清理合金渣，以保持阳极合金的清洁。这种合金渣往往富集有金属镓，应该予以回收。此外，氟化铝水解会生成不利于生产的氧化铝沉淀，也应该捞除。

目前，世界上运转的铝精炼电解槽的电流一般为 18 ~ 100kA，厂房布置与原铝生产厂房类似，通常为两排布置，串联连接。运输、通风和其他设备也与原铝电解厂的相应设备类似。

典型的三层液电解精炼槽的技术参数和经济指标如表 31-14、表 31-15 所示[16]。

不难看出，三层液精炼铝的电能消耗很高，是原铝生产的 130%。这是由于为了获得高纯度的铝而不得不提高极距，以免阴极产物与阳极合金相混淆。

应当指出，由原料到精铝共消耗电能 33000 ~ 35000kW·h/t，精铝生产的电能消耗极高，这是本方法的最大缺点。

表 31-14 三层液电解精炼槽的技术参数

项 目	数 值	项 目	数 值
电流/kA	18 ~ 100	阳极合金高度（加原铝前）/cm	25 ~ 35
工作电压/V	5.5 ~ 6.0	阳极合金中 Cu 浓度/%	30 ~ 40
电解质温度/℃	760 ~ 810	阴极电流效率/%	>96
电解质电流密度/A·cm^{-3}	0.57 ~ 0.70	电能消耗（交流）/kW·h·kg^{-1}(Al)	18 ~ 19
电解质高度/cm	12 ~ 15		
阴极铝高度（出铝后）/cm	12 ~ 16	精铝纯度/%	99.99

表 31-15 三层液电解精炼槽的原材料消耗量

项 目	数值/kg·t^{-1}(Al)	项 目	数值/kg·t^{-1}(Al)
氯化钡	35 ~ 40	原 铝	1020 ~ 1030
氟盐（按氟计算）	16 ~ 21	铜	10 ~ 14
石 墨	12 ~ 13		

31.4.4 有机溶液电解法

31.4.4.1 有机溶液电解法的基本原理

铝的有机溶液电解精炼技术同三层液电解法一样，是一种电化学精炼技术，该技术源于由 Ziegler 等人研制的利用铝的有机化合物——三乙基铝配合物 $NaF·2Al(C_2H_5)_3$ 作为原料来制备高纯铝的方法。该工艺最初并非是原铝的精炼工艺，而只是作为一种从铝的化合物通过有机电解手段获取高纯铝的方法，利用这种方法以 $NaF·2Al(C_2H_5)_3$ 为铝源，通过有机电解可以在铝阴极上得到高纯铝（99.999%），在铅阳极上得到可用作防爆剂的汽油精，电解的电流效率达98%以上，电能消耗仅为 2 ~ 3kW·h/kg(Al)，但由于铝的有机化合物获取成本较高，生产的电流密度很小（电流密度大易引起有机电解质起火燃烧）难于工业化生产，因而没有发展成制备精铝的工业技术。

Hannibal 等人在 Ziegler 研制的有机液电解铝的基础上，将原电解工艺改进成原铝的电解精炼技术。他们采用含 50% $NaF·2Al(C_2H_5)_3$ 络合物的甲苯（$CH_3C_6H_5$）为电解质，以原铝作阳极，精炼所得到的铝成为阴极，在 100 ℃ 时进行电解，铝从阳极上溶解，在阴极上析出，得到高纯铝。阴阳极上发生的电化学反应如下：

阳极 $$Al - 3e \rightleftharpoons Al^{3+}（有机溶剂中）$$

阴极 $$Al^{3+}（有机溶剂中）+ 3e \rightleftharpoons Al$$

在此电解精炼过程中，同样发生电极极化现象，主要是浓差极化。浓差极化主要是阴阳极表面上的 Al^{3+} 浓度与有机液本体中浓度存在差异，从而导致阴阳极极化电位的产生。

31.4.4.2 有机溶液电解法的电解质选择

由于一般铝的有机化合物是典型的非电解质，导电性通常很差，因此合理选择有机液电解中电解质的组成就至关重要。原铝有机溶液电解法精炼对电解质有如下要求：

（1）具有良好的导电性，一般电导率的数量级应在 10^{-2}S/cm。

（2）具有良好的纯度，不应包含有比铝更显正电性的金属有机物或金属离子。

（3）有较低的黏度，以利于 Al^{3+} 的扩散。

（4）挥发性要小并有较好的稳定性，不易于分解也不易于被氧化，以利于电解操作和减少电解质的损耗。

到目前为止，主流的电解质是将 $NaF \cdot 2Al(C_2H_5)_3$ 溶解于甲苯$(CH_3C_6H_5)$ 所形成的有机溶液，其中 $NaF \cdot 2Al(C_2H_5)_3$ 含量为50%。

31.4.4.3　有机溶液电解法的电解槽以及工艺实践

原铝精炼的有机液电解法到目前为止仍处于研究阶段，但已经进行了半工业试验，采用的电解槽为玻璃槽（见图31-8），阴极板可为数平方米大小，阳极泥用纸质隔膜承接。电解槽用油热恒温器间接加热，并采用氮气保护电解质。

产出的高纯铝先用酸液浸洗，然后在感应炉内干燥，并在高纯石墨坩埚中熔化，即可铸成高纯铝锭。

采用有机液电解几乎可以除去原铝中所有的杂质，铝的纯度可以达到99.9995%以上。其电阻率比值可达20000。

根据半工业试验的结果，在100℃的电解温度下，槽电压为 $1 \sim 1.5V$，电流密度为 $0.003 \sim 0.005A/cm^2$，电流效率接近100%，单位面积上的铝产量为 $10g/(m^2 \cdot h)$。

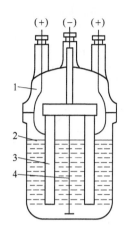

图31-8　有机溶液电解精炼槽
1—玻璃槽；2—铝的有机络合物
与甲苯的溶液；3—阳极；
4—阴极（高纯铝）

目前该法尚未投入工业实践，主要原因是产能较低，铝有机化合物制备成本较高且其毒性较大，需要较高的劳动防护措施。但该法极高的电流效率和极好的精炼效果必将促使人们对此工艺进行更多深入的研究。

31.4.5　原铝的偏析法精炼

31.4.5.1　偏析法的基本原理

偏析法是在金属精炼中常用的一种工艺方法，它是将二元金属组成的液体缓慢冷却至略高于其最低熔点之上，使主体金属以较纯的固体晶体析出，而杂质元素富集于液体中，然后将液体与固体分离。重复该过程就可得到一种较纯的金属。

A　金属偏析精炼的原理

金属偏析精炼的原理可用图31-9的相图加以说明：当一个合金 L（b_L% 的 B）被冷却到温度 T_1 时，含 B 比原合金 L 少得多的晶体 b_1 就与一个比原合金更多组元 B 的熔体 b_1' 处于平衡，此时将其分开，所得的固体和液体的成分发生了变化；再将 b_1 的固体加热至 T_2 时，就可得到含 B 更少的 b_2 结晶，液相为含 B 较 b_1' 少的熔体 b_2'。如此进行多次，就可得到纯组元 A 和富含组元 B 的共晶 b_E 熔体，从而达到分离提纯的目的。

B　平衡分配系数 K

采用偏析法精炼金属，其精炼效果的好坏与杂质元素在含被精炼元素系统中的平衡分配系数有关。

所谓平衡分配系数 K 是指在某一温度下，杂质元素在固相中的浓度 C_s 与其在液相中相平衡的浓度 C_L 之比，即 $K = C_s/C_L$。

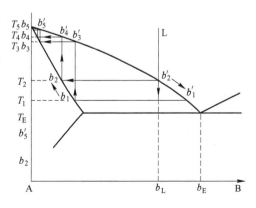

图31-9　金属偏析法精炼的相图（原理）

当 $K < 1$ 时，杂质元素在液相中富集；当 $K > 1$ 时，杂质元素在固相中富集；当 $K = 1$ 时，杂质元素在固相和液相中的浓度相近，难于用此种方法分离，此类杂质需采用其他精炼方法除去，也可以采用化学方法除去，即加入某些元素与铝液中的杂质形成不溶于铝液中的化合物沉渣，即可将这些杂质剔除。铝中杂质元素的平衡分配系数已列于表31-16中。

表31-16　铝中某些杂质元素的平衡分配系数

元　素	Ni	Co	Fe	Ca	Sb	Si	Ge	Cu	Ag
K 值	0.009	0.02	0.03	0.08	0.09	0.093	0.13	0.15	0.2

元　素	Zn	Mg	Mn	Sc	Cr	Mo	Zr	V	Ti
K 值	0.4	0.5	0.9	1	2	2	2.5	3.7	8

根据采用具体工艺的差别，偏析法又分为分步结晶法和定向凝固法以及区域熔炼，其中区域熔炼由于多用于精炼获取超高纯铝。

31.4.5.2　原铝分步结晶法精炼的工艺设备与工艺实践

分步结晶法目前在世界上一些铝的精炼生产线中得到了广泛的应用。最有代表性的有 Alcoa 法，普基法及日轻法。其中原法国普基公司很早就采用该方法生产高纯铝（图31-10），其原理是把经过净化的原铝在石墨槽（石墨坩埚）中均匀熔化；然后往槽中石墨制冷却管道内通入冷却气体，则纯度很高的铝便在石墨制冷却管外壁上结晶出来，上下抽动冷却管外面的石墨制活塞套管（又称石墨环），可把冷却管壁上的结晶铝粉刮下来，使之沉到槽底；同时石墨环还对堆积于槽底的结晶铝粉进行加压，挤出晶体之间富集了杂质元素的铝熔体；石墨槽周围的加热器对铝粉层加热并使之部分再熔化。如此反复，原铝被分成精铝固体层和杂质元素富集的液体层，再把铝液层抽上来，排出槽外，然后再注入新的原铝液，使纯度很高的铝结晶出来，反复操作，从而提纯。也可待液体层与固体层冷却凝固成一块后取出，从精炼部切断，然后再进行下一次精炼。

分步结晶法包括3个主要环节：（1）在冷却面产生初晶；（2）初晶重新熔解与固液分离同时进行；（3）边加热边再结晶。它的特点是所得产品的杂质浓度小于理论值，其原因是上述（1）和（3）环节的再熔解、再结晶产生的巨大作用所致。这一点与 Flemings 等的分步熔融精炼法相同的。另外，与普基法不同的是，Alcoa 法在使初晶结晶时通入 Ar 气体；而日轻法是充分利用熔体的石墨坩埚本身，其他基本构造，功能都大同小异。

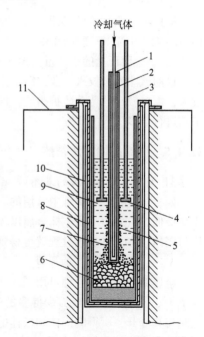

图 31-10　普基法精炼炉的构造
1—排气口；2—冷却气体导管；3—石墨棒；
4—石墨环；5—石墨制冷却管；6—烧结
大结晶；7—初晶小结晶；8—石墨坩埚；
9—铝熔液；10—热绝缘层；11—垂直炉

31.4.5.3　原铝的定向凝固法精炼工艺设备及其工艺实践

定向凝固法主要通过使冷却面连续凝固来制取高纯铝。按不同的冷却、凝固方式分：（1）冷却管凝固法；（2）底部凝固法（图31-11）；（3）侧壁凝固法；（4）上部凝固拉晶法

（图 31-12）；（5）横向拉晶法等。定向凝固法的最大特点是可以连续生产，而且可以通过增加重复次数来提高铝的纯度。

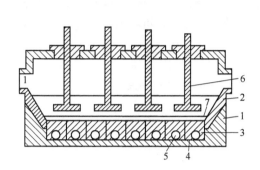

图 31-11 底部凝固法装置示意图

1—钢壳；2—侧部炭素材料；3—绝热层；4—底部炭块；

5—冷却介质流通管；6—石墨搅拌器；7—结晶铝

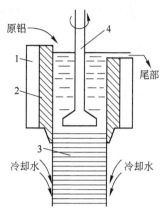

图 31-12 上部凝固拉晶装置示意图

1—保温炉；2—石墨模子；

3—精铝锭；4—搅拌器

定向凝固法操作过程是：在凝固过程中，在逐渐凝固的界面上（2~3cm）将铝液进行搅拌，使杂质元素不断地扩散转移到液相，凝固结晶的铝即为高纯铝，然后将杂质元素（$K<1$）富集的液铝层同本体分离。重复上述操作，凝固下来的铝可进一步提纯精炼，进一步分离杂质元素，并且重复的次数越多，铝的纯度就越高。

偏析法精炼技术由于具有投资省，能量消耗低的特点，近几年来我国一些铝企业也在这方面开展了大量的研究工作，图 31-13 是我国新疆众和股份公司自主研制的定向结晶炉[17]。其操作过程是：一级精铝液（普铝液）在出铝包中进行除渣，倒入定向结晶炉后，静置，使铝液冷却降温进行偏析，得到第一次偏析产物，把第一次偏析尾部的铝液（杂质）从炉眼放出。将偏析产物加热熔化，再进行第二次偏析，把第一次偏析产物作为第二次偏析原料进行提纯，第二次偏析尾部的铝液（杂质）从炉眼放出，第二次偏析产物晶体再加热熔化，从炉眼放出，最后得到的铝液纯度远远高于原铝液。在进行偏析过程中，最重要的是控制结晶速度。因为结晶速度太快，杂质还没来得及扩散就

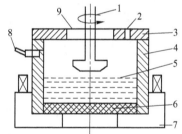

图 31-13 中国某铝厂用于铝精炼的定向结晶炉结构示意图

1—机械搅拌器；2—探测孔；3—炉顶；

4—保温层；5—铝液；6—炉底；

7—支撑底座；8—加热装置；9—炉盖

凝固，无法得到提纯；结晶速度太慢，效率太低，所以在结晶过程中控制结晶速度是关键。

31.4.6 原铝的区域熔炼法精炼

31.4.6.1 原铝区域熔炼法精炼的基本原理

原铝精炼采用区域熔炼法可以获得超高纯度的铝，它是偏析法的一种，属于加热熔析熔炼，基本原理是利用杂质元素在液态金属铝和固态金属铝中的分配差异来分离杂质的。采用区域熔炼法，首先要把待精炼的铝做成棒状条状或开口环状等长径比很大的细长形状，其精炼提纯的最主要特征是"熔区"在不断移动，杂质随着"熔区"的移动，将根据其 K 值（大于 1 或者小于 1）分别富集于固相或液相中，而且由于"熔区"的不断运动，两种类型的杂质分别

富集于"棒"的两端，而中部则是所获得的精炼产品，不断重复该过程可以得到很高的纯度。同其他偏析法一样，对于 K 等于1或接近于1的杂质元素的去除，该方法仍无能为力，对于这部分杂质可以采用预先化学处理除去，然后再做成条状或棒状进行区域熔炼。

31.4.6.2 原铝区域熔炼法精炼的设备与工艺实践

目前区域熔炼法主要用于获得超高纯铝，尽管获得的铝纯度很高，但其生产产能较低。此外该工艺获得的铝晶粒很大，不适宜直接加工，必须在高纯石墨坩埚内（带保护性气氛）重熔后铸锭备用。

图31-14是区域熔炼的装置示意图。区域熔炼的基本操作过程是：加热器（高频感应线圈）沿着被处理的固体长条铝锭缓慢移动；在加热器所在位置造成一个熔融区，金属铝中 K 小于1的杂质大部分将富集在熔融金属液中；随着熔区的移动，杂质也随着移动，当达到端头时，K 小于1的杂质就凝固下来，切去端头后所得金属铝就是提纯了的金属铝；当杂质的 K 大于1时，情况与上述相反，即杂质集中在

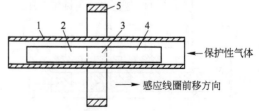

图31-14 区域熔炼装置示意图
1—石英管；2—熔炼后凝固的铝；3—熔炼区；
4—尚未熔炼的铝；5—感应线圈（加热器）

始端；将杂质富集的两端切去，中间部分就是精炼获得的金属铝。对所获精铝多次重复上述过程，即可得到纯度很高的铝。重复次数越多，所获得的铝的纯度越高。需要特别指出的是，由于金属铝的化学性质非常活泼，整个过程都需要在保护气氛中进行。

利用区域熔炼技术，可以将铝的纯度提高到99.9999%以上，这样高的纯度对用于超大规模集成电路的导线是非常必要的，否则杂质的存在将引起计算机工作过程频繁出现差错。

31.5 高纯铝纯度的测定

31.5.1 概述

通过精炼提纯技术得到的精铝、高纯铝或超纯铝，其包含的杂质成分含量很小，普通的化学分析手段无能为力，一般要采用一些特殊的分析仪器或分析手段，最重要的手段是光谱分析法和电阻测定法。其中光谱分析法一般较为快捷，但电阻测定法则是更为准确的测定铝纯度的手段。

31.5.2 光谱分析法

金属铝中的杂质可采用发射光谱仪分析，它是用特种光源（如高压电火花、电弧等）使待测样品被激发而产生特征的辐射谱，然后根据谱线特征来确定样品中元素的含量。其分析精度视仪器而定，其检出限可达 $1/10^6$。分析仪器可用光栅射谱仪、二次离子质谱仪（SIMS）和等离子体原子发射光谱仪（ICP AES）。此外还可以用中子活化分析法、释电质谱分析等，有兴趣的读者可以参考相关书刊。

31.5.3 电阻测定法

金属铝的电阻率对其包含的杂质所处的热状态（温度）非常敏感，因此，为了测定金属铝的纯度，通过测定室温（273K）和液氦温度（4.2K）下待测试样的电阻率，按下式计算出其电阻率比值[24,25]：

$$R = \frac{\rho_{273}}{\rho_{4.2}}$$

然后对照电阻率比值与纯度的关系即可以确定出铝的纯度。目前对于高纯铝和超纯铝纯度的测定大多采用此种方法作为最终确定方法。

31.6 原铝精炼的国内外状况及前景

31.6.1 世界原铝精炼现状及前景

目前，全球可生产精铝（不小于99.99% Al）的国家主要有：中国、美国、日本、俄罗斯、挪威、法国和德国等。各国最具代表性的精铝生产企业是：中国的新疆众和精铝股份有限公司、美国的美国铝业公司（Alcoa）、俄罗斯的俄罗斯铝业公司（Rail）、挪威的海德鲁铝业公司（Hydro）、法国的普基铝业公司（Pechiney）以及德国的德国联合铝业公司（VAW high-pural GmbH）。

日本是世界上最大的精铝生产国，2005年的生产能力为39.5kt/a，以偏析法为主，占85%。昭和铝业公司（Shoha Aluminium），是日本最大的精铝生产者，采用日本开发的专利技术（偏析法）提取。1978年，该公司在日本京都大学（Kyoto University）Ilideo Niimiya教授的指导下开始研究新的高纯铝提取技术，经过几年的开发工作，创造出了Cordunal偏析法。挪威海德鲁铝业公司（Hydro）是世界第二大精铝生产企业，总体看来，也是技术最强的精铝企业，在挪威、德国与日本有独资或合资的高纯铝企业。在挪威的企业位于万宜斯拉市（Vennesla），称为维格兰金属提纯公司（Vigeland Metal Refinery A/S），生产能力8kt/a，采用三层电解法，生产纯度较低的精铝。德国海德鲁高纯铝有限公司（Hydro Aluminium High Purity GmbH）是全球最先进的精铝生产企业，生产99.99%~99.999%（4N~5N）的高纯铝，用三层法与偏析法联合生产99.999%高纯铝，采用连续铸造法（continuous casting）与定模单铸法（static casting）铸造99.99%及99.999%高纯铝锭。俄罗斯铝业公司（Rail）是俄罗斯唯一的精铝生产企业，该公司拥有俄罗斯的3个大铝厂，布拉茨克铝厂（Bratsk）、克拉斯诺雅尔斯克铝厂（Krasnoyarsk）与萨彦斯克铝厂（Sayansk），它们的总生产能力达2.085Mt/a；俄罗斯铝业公司（Rusal）的布拉茨克铝厂（Bratsk）有两条精铝生产线，总生产能力15kt/a。法国的精铝生产全部为普基铝业公司控制，在其敦刻尔克铝厂有一条高纯铝生产线，生产能力2kt/a，采用偏析法。美国只有美国铝业公司（Alcoa）生产精铝，该公司是开发精铝工艺的先驱，也是最早高的精铝产者。

31.6.2 中国原铝精炼的现状及其前景

中国的原铝精炼始于20世纪50年代第一个五年计划，最早研究和生产的是辽宁省抚顺铝厂。此后我国铝行业的科技工作者一直对原铝的精炼技术进行不懈的研究，20世纪90年代后期至21世纪初先后申请铝精炼技术方面的专利9项，精炼技术也从最初的只有三层液电解发展到目前以三层液电解法为主，偏析法和三层液电解法并存的局面。各原铝生产厂家都以极高的热情开展铝精炼技术的研究、发展和国外新技术的引进，但在铝精炼技术方面，在世界上我国仍是较落后的国家，总的精铝生产量也很低。目前，我国有5家从事铝精炼的企业，铝精炼的工业生产技术仍然是以能耗较高的三层液电解法为主。

精铝和高纯铝在我国的极大需求和其存在的高额利润空间正在促进我国原铝精炼技术和产业的发展，许多铝冶炼企业都把原铝精炼作为企业新的利润增长点。进入21世纪以来，国内一些主要原铝生产企业把原铝精炼作为企业新增的投资项目，并把国外技术引进作为快速上马原铝精炼生产的重要举措，到 2006 年底，我国的精铝年实际产能已经超过了 3 万 t。作为原铝生产大国，我国有着发展原铝精炼的巨大的原料优势和较大的技术人员队伍优势，原铝精炼作为一种产业有望很快在我国得到快速的发展。

参 考 文 献

1 GB/T 1196—1993. 重熔用铝锭国家标准
2 GB/T 8644—2000. 重熔用精铝锭国家标准
3 罗启正. 铝合金熔炼与铸造. 广州：广东科技出版社，2002
4 邱竹贤. 铝电解. 北京：冶金工业出版社，1995
5 王光信等. 物理化学. 北京：化学工业出版社，2001
6 邱竹贤. 铝电解原理与应用. 徐州：中国矿业大学出版社，1998
7 顾学民等. 无机化学丛书：第二卷. 北京：科学出版社，1998
8 John E Hatch. 铝的性能及物理冶金. 刘静安等. 重庆：科学技术文献出版社重庆分社，1990
9 王家庆. 精铝市场分析和预测. 轻金属，1997，(5)：30～31
10 杨重愚. 轻金属冶金学. 北京：冶金工业出版社，1991
11 Leenov D, Kolin A. Theory of Electromagnetophoresis. J. Chem Phys, 1954, 22 (4)：683
12 翟秀静等. 旋转磁场用于原铝净化的研究. 东北大学学报（自然科学版），2002，11：1083～1085
13 顾晓波. 铝熔体净化处理方法分析. 有色金属设计，2001，28 (1)：14～17
14 张中林，邱竹贤. 三层液精铝电解性质的研究（氯氟化物体系）. 轻金属，1990，(4)：25～29
15 张中林，邱竹贤. 精铝电解性质的研究（氯氟化物体系）. 轻金属，1991，(5)：33～37
16 M. M. 维丘可夫等. 铝镁电冶金. 邱竹贤等. 沈阳：辽宁教育出版社，1989
17 努力古. 最新铝精炼技术——定向结晶炉. 新疆有色金属，2002，(4)：25～26

32　铝的循环与再生

32.1　发展再生铝的意义

32.1.1　再生铝生产的含义

　　再生铝又称二次铝（secondary aluminum），它是由含金属铝的废旧材料熔炼回收所得的金属铝或铝合金；由含铝矿物通过电解或其他方法制得的金属铝称为原铝（primary aluminum）。原铝通过加工、制造成的产品，在使用后即成为含铝废旧物料（即废铝）；含铝废旧物料经收集、处理、熔炼和加工后成为再生铝，这个全过程就是再生铝生产，如图32-1所示。由于含铝废料复杂，某些成分十分复杂的废渣铝料从经济角度考虑不适宜通过处理来生产金属铝，而可用于生产含铝化学品，从严格意义上来说，这不属于再生铝生产的范畴；但考虑到含铝废渣料量大面广，因此，本书将此部分内容也列入再生铝的范畴。

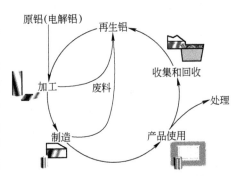

图32-1　铝的制造和再生的循环

32.1.2　再生铝生产的历史与现状

　　再生铝生产的历史可以追溯到20世纪初。实际上，早在1893年，德国的一家报纸就曾报道铝炊锅和用过的铝制品可由制造厂家再生，再生铝的诞生日期距离霍尔-埃鲁特电解法的发明还不到7年。早期的废铝收集是零星的，回收处理设备也十分简陋，产量很低。第一次世界大战以后，再生铝的生产有了大的发展。第二次世界大战期间，由于破损的军用飞机需要再生，迎来了再生铝冶金的第一个高潮；第二次世界大战以后，由于铝的消费量不断增加，废铝量也随之增加，再生铝的生产开始形成工业规模。在20世纪50年代，美国的乔·亨特（Joe Hunter）树立起再生铝的第二个里程碑。他先将废杂铝熔化，再于带坯铸机内处理熔融铝，获得了可锻的半加工品，使再生铝走出了仅限于铸件适用的范围。

　　从1950年开始直到进入21世纪，再生铝始终保持着稳定增长。美国、日本等发达国家都比较重视资源的再生利用，把废铝再生作为节能、环保的示范产业，并以立法的形式给以高度重视。

　　在美国，1987年国家就通过了《铝饮料罐回收法》，对废铝罐的回收起到积极推动作用。美国设有废铝回收专业公司，回收网点遍布全国，而且还有许多民间俱乐部、慈善机构与诸如"童子军"之类的团体专门开展易拉罐的回收积集，人们普遍接受铝罐的回收措施。目前，美国除回收中心外，还有1万多个方便的铝罐回收站和遍布各角落的回收机，使废铝罐能尽早回收，循环周期最短时不超过两星期。图32-2为用150万个废铝饮料罐重熔铸成的27t板锭。

　　美国铝业、雷诺等许多大公司都建有自己的废铝回收网络和再生厂。阿卢马克斯铝业公司

于 1993 年建成了科克拉得废铝再生公司，专以废幕墙型
材、商店门面型材、门窗废料、废型材等为原料，经再
生处理后铸成挤压建筑型材用的锭坯；雷诺厂则声称它
是"美国最大的废铝回收厂"。1995 年美国就收集了约
91.5 万 t 废铝罐，回收率达 62.1%；国内再生铝产量为
318.6 万 t，占铝锭产量的 47%。

　　在日本，对铝再生的重视更是其他国家难以比拟，
这与日本是个资源贫瘠国家的基本国情分不开。为了促
进废铝的回收，日本成立了全国性铝罐回收协会，专门
从事铝罐回收宣传和组织利用等工作。现今，日本铝罐
回收协会设有回收点 400 余处。他们还打算进一步增加
回收点。由于政府和各级相关部门的极力宣传和引导，
废铝回收再生观点已深入人心，使得日本废铝回收及再
生利用率在近十几年内提高很快，由 1979 年的 18% 迅速
提高到 1994 年的 61%，1995 年铝罐回收率又创下了历
史最高纪录，达 65.7%，超过美国，居世界第二位；
1997 年，日本国内产生的废铝为 170 万 t 左右，回收约
140 万 t，回收率高达 82%。到 2000 年，日本几乎关停
了所有原铝生产企业，铝消费中再生铝接近 100%，这对

图 32-2　用 150 万个废铝饮料罐
重熔铸成的 27t 板锭

矿产资源极度贫乏的日本来说，在节约资源和充分合理利用资源方面均具有重要的意义和价
值。

　　在欧洲各国，从政府到企业对废铝的回收和再生也同样给予了前所未有的重视。德国各大
公司对废铝回收均建有各自的处理基地，将废铝的价值发挥得淋漓尽致。德国阿卢比列兹公司
于 1996 年在开普敦市建立了一家新铸造厂，其主要原料是废 6063 合金，占 80% 以上，设计生
产能力为 6 万 t/a，极大地缓解了原铝资源的供需矛盾。在各大铝厂的共同努力下，德国的废
铝回收业取得了长足进展，1995 年德国铝罐回收率高达 70%。为了控制铝价上涨并使废铝得
到充分利用，目前德国每年生产的原铝和再生铝的水平大体持平，各为 55 万 t。此外，英国、
挪威、法国等也有很好的回收政策并配以切实可行的推进方法，对废旧铝回收做了大量细致的
工作，成绩显著。为了更好地发挥和利用废铝价值，许多大公司还实施了跨国联合行动，实行
强强合作，互补互助，形成规模效益，在国际范围内形成有效的回收利用系统。在这方面，挪
威是典型的代表，挪威的海德鲁铝业公司再生铝生产能力截至 2001 年底已经达到 54 万 t，其
中欧洲部分 36.5 万 t，北美部分 17.5 万 t[1]。

　　在发达国家对废铝的回收和再生给以高度重视的同时，以中国、巴西为代表的发展中国家
也对废旧铝的回收和利用给予了前所未有的关注，并在政策上给予大力支持。

　　在我国，产生的废铝几乎全部得到回收，是世界上铝回收量最高的国家，建立了从中央到
地方、从城市到农村的庞大回收系统与网络，目前中国已成为全球第二大再生铝生产与消费大
国。2002 年，中国回收的废铝为 150 万 t[2]。但相比较而言，我国的再生铝尚处于起步阶段，
企业太多，规模过小，比较分散，回收熔炼技术落后，污染问题未得到妥善解决，许多再生铝
企业显现出自发自流现象，因此，加强宏观指导和科学技术管理，促使其健康成长将对我国铝
行业的发展具有重要意义。

　　目前，全球最大的废铝再生企业是美国伊姆科再生金属公司（Imco Recycling Inc.），位

于得克萨斯（Texas）爱文市（Irving），1998 年其再生铝产量达 137 万 t，而生产能力约 150 万 t。据世界金属统计局公布的资料，1998 年全球再生铝的产量为 709.15 万 t，该公司的产量占世界总产量的 19.32%。日本最大的再生铝生产公司——大纪铝业公司，设计生产能力大于 224kt/a。中国最大的再生铝生产企业是上海新格有色金属工业公司，铝合金锭年产能达 12 万 t。

　　表 32-1 给出了 2004 年至 2006 年国外主要再生铝国家的再生铝产量。从表中可以看出，美国的再生铝年产量远高于其他国家，甚至比位居第二的日本高出近两倍。

表 32-1　2004 ~ 2006 年世界再生铝产量前 10 名（万 t）

位　次	国家和地区	2004 年	2005 年	2006 年
1	美　国	297.70	298.80	298.80
2	日　本	101.48	103.85	106.98
3	德　国	65.52	71.17	79.57
4	意大利	61.90	65.41	66.55
5	挪　威	34.87	36.24	34.92
6	巴　西	25.35	25.35	25.35
7	西班牙	24.26	24.26	24.26
8	法　国	23.64	22.20	22.20
9	墨西哥	21.64	21.64	21.60
10	英　国	20.54	20.53	19.79
合　计		755.96	769.15	780.62

　　为适应不断扩大的市场需求，发达国家在再生铝生产中还不断推出新的技术创新举措，如低成本的连续熔炼和处理工艺、低品位废杂铝连铸工艺等，用废杂铝已能大量制造供铸造、压铸、轧制及作母合金用的再生铝锭，最大的铸锭重 13.5t，其中重熔二次合金锭（RSI）用于制造易拉罐专用薄板，薄板的质量已使每支易拉罐的质量下降到只有 14g 左右，某些再生铝还用于制造计算机软盘驱动器的框架。再生铝生产已成为当今铝生产不可缺少的部分。随着全球天然铝资源的日益短缺和对环境问题的日益重视，再生铝生产将更加受到各国政府的高度重视，再生铝的生产将会在未来的铝和铝合金的供应中占有更大的比例。

32.1.3　发展再生铝的意义

　　目前金属铝已经成为仅次于钢铁的第二大消费金属，铝固有的特性使得它较为容易循环再生。1999 年，美国环保署宣布废金属（包括铝）不再是固体废弃物（而是一种有用的资源），这表明对废铝的认识又提高到了一个新的高度。世界上一些比较大的原铝生产企业也纷纷在再生铝生产方面加大投资力度。1999 年，挪威海德鲁铝业公司就宣布斥资 0.33 亿美元在美国建设一个年产 9 万 t 的再生铝生产企业，这为再生铝生产的跨国投资开辟了先河，也宣告再生铝的生产将成为获得金属铝或铝合金的重要手段，从而促进全球可持续发展战略的全面实施。归纳起来，发展再生铝工业的意义主要在于以下几个方面：

　　（1）缓解天然铝资源严重不足的局面，促进铝资源的良性循环。尽管世界铝土矿资源储量丰富，但富矿资源储量在逐年减少，在中国这种矛盾就更加突出，中国目前的铝土矿资源储量只能维持 50 年左右。废杂铝则是其杂质可进行机械和物理分离的超高品位"富矿"，回收率高，一般在 90% 以上，而且生产工艺简单，不必经过"铝土矿—氧化铝—熔盐电解"那样复杂的生产过程；而废铝大量进入循环—回收，会大幅减少对天然铝土矿资源的消耗，促进铝资源进入良性循环。日本每年报废的汽车多达 500 万辆、家用电器 1500 万件。这些国家每年生产大量的废杂铝，形成了颇具规模的进出口产业。1987 年和 1997 年全球废杂铝的贸易量分别高达 611.8 万 t 和 636.7 万 t。美国 1998 年铝饮料罐的消费达 1020 亿个，回收的 640 亿个，含铝量达 88 万 t。美国 1997 年拆解的机动车有 1000 万辆，含铝量约 60 万 t，如果将其折算成矿石，仅仅美国汽车废杂铝回收利用一项就相当于增建一座 200 多万 t 的铝土矿矿山。美国在其中、长期铝业发展规划中曾提出"到 2020 年，达到铝的 100% 循环使用"。

（2）大大减少炼铝的能源消耗，极大地降低铝的成本。铝曾被誉为"能源的银行"，一旦这种能源投资以后（生产铝及铝制品），它就可以有效地一次又一次提取铝（通过循环）。目前原铝生产采用的冰晶石-氧化铝熔盐电解法的吨铝直流电耗为 13000 ~ 15000kW · h。而铝的重熔仅消耗为从矿石到生产原铝能耗的 5%。而且原铝生产主要是依赖电力供应，而再循环熔炼传统上都采用天然气。可以展望，若今后全球及全社会积累的铝够多时，那时生产 1t 铝的能耗可能低于 2000kW · h，产品成本大为降低，可望会有更广泛的铝消费市场。

（3）再生铝产业的发展有可能改变铝工业的结构，形成再生铝生产居第一，原铝居第二的局面。目前若干工业发达国家的发展趋势即如此。以美国为例，1960 年，美国的再生铝为 40 万 t，到 2000 年已达到 345 万 t（68 家再生铝厂），二次铝的增长达 760%；原铝生产，美国由 1992 年的 400 万 t 减少到 2002 年的 270 万 t，减产达 33%。与此同时，美国进口的铝初级产品和铸造品 10 年增长了 20%，2002 年的进口中，40.8% 为二次再生铝产品。美国一家公司预测，到 2020 年，美国约有 80% 的铝电解厂会停业，仅剩 3 ~ 6 座铝厂。可见二次铝的生产增长，代表了铝业在能耗和产业结构上的重大变化。

（4）有利于减少废物排放和环境污染，减少环保费用，形成铝资源的良性循环。原铝生产流程中要排出大量的废渣，如赤泥、含碱废水、废气（含氟气体等）、废旧内衬材料等，其中固体废物的堆存还要占用大量耕地，严重污染环境。而原铝生产的铝电解生产过程里每生产 1t 金属铝，大约需要 2t 铝氧（Al_2O_3）和 0.5t 炭阳极及少量氟化铝。在生产过程中原料与产品的质量之差为 1.5t，它们全部转变成 CO 和 CO_2 及有毒的氟化物，排放的二氧化碳和含氟化合物贻害环境，是造成全球气候变暖的元凶之一。铝厂和社会对原铝生产过程排出的"三废"的治理要花费高额的费用。大力发展再生铝的生产和回收，将可以大大减少利用矿石生产原铝的数量，从而在源头上减少污染，促进铝资源的良性循环。另外，含铝废杂物的弃置已成为影响环境和生活质量的重大社会问题，而它恰是再生铝充足的原料来源，对其回收利用可大大节省环境处置费用。

（5）大幅节约基建投资费用。原铝生产的基建费用高，因为从矿石到铝锭的生产线流程长，辅助性生产多，电解槽的结构越来越复杂。但是再生铝生产流程简单，设备简单，而且无须其他的辅助生产线建设，基建费用低。以中国为例，建设原铝生产厂的投资约 10000 元/t（Al），而建设再生铝厂的投资约 1800 元/t（Al），可节约投资 82%[4]。

通过对用 17.5% 品位的铝矾土生产原铝与用废杂铝生产再生铝所做的简单对比表明，每再生 1t 铝，除节能 109J 外，还可节水 10.5t，少用固体材料 11t，少排放 $CO_2$0.8t，少排放硫氧化物（SO_x）0.06t，少处理废液废渣 1.9t，免剥离地表土石 0.6t，免采掘脉石 6.1t。而再生铝产业本身所带来的巨大生态、环保、社会效益，已不能仅仅用经济尺度来衡量，人们将普遍意识到，以铝为主要对象的再生铝产业是有利于保护人类有限资源、有限能源，有利于人类可持续发展的绿色产业。

32.2   再生铝（含铝废料）资源

32.2.1   再生铝原料（含铝废料）的来源及数量

废铝有两种：新废铝（new scrap）与旧废铝（old scrap）。前者是指铝材加工企业与铸件生产企业在制造产品过程中所产生的工艺废料以及因成分、性能不合格而报废的产品，它们一般都由生产企业自行回炉熔炼成原牌号铝或合金，也有一部分以来料加工形式运到铝电解厂等交换所需的铸坯，在作废铝统计时这类新废料不予统计。旧废铝是指从社会上收购的废铝与废铝件，如改造与装修房屋换下来的旧铝门窗、报废汽车、报废飞机、电器、机械、结构中的铝件、废旧铝易拉罐与各种铝容器、到期报废或电网的铝导体与铝金属件、破旧铝厨具等，但也包括用铝半成品加工成品铝产品时产生的废料与废品。如加工铝门窗、废弃易拉罐、加工铸件与锻件时产生的废料、切屑与废件等。通常所说的废旧铝或废杂铝就是后一种废铝。在目前全球生产再生铝用的废杂铝中2/5来自运输业，1/5来自包装行业，约1/3源于建筑业。

铝及其合金作为一种具有抗腐蚀性很强的金属材料，是一种长寿命消费材料，一般铝或铝合金器件寿命为25年左右。因此可以根据世界铝产量推算出世界含铝废料的数量，但此数量不全部包括废铝渣以及短期铝消费品如牙膏、铝质易拉罐的数量。例如2002年世界废铝的数量应为1977年世界的铝产量即1433万t[5]，2002年中国废铝数量应为1977年中国的铝产量21.12万t[6]，但实际上由于中国经济近20年的快速发展导致短期铝消费品数量的大幅增加，中国的实际数字比这个数字大。

32.2.2   再生铝原料（含铝废料）的分类及其特征

再生铝原料即含铝废料由于其来源复杂，不像原铝冶炼的原材料那样简单，不论其物理形态还是其化学组成都相当繁杂，根据其化学组成可以分为三大类：纯铝废料、铝合金废料、铝渣。

（1）纯铝废料。纯铝废料一般组成相对简单，杂质相对较少，其物理化学性质与原铝相同。主要是各种废旧的导电板、电线、电缆以及各种电工电料等。这些废杂铝一般是线材或板材，比较容易处理。

（2）铝合金废料。铝合金废料较纯铝废料在化学组成上相对复杂些，就合金类型来说有铝硅合金、铝镁合金、铝钛合金等，包含的合金元素除了硅、镁、钛等，还有锰、锡、锑等。这类废杂铝主要是飞机、船舶、汽车 家具、日用品等的废料，此外还有一些铝机件加工废料等。此类废料常常被油漆、油污和铁等污染，用作再生铝生产原料时常需要较多的预处理手段以除去这些污染物。此外，这类废料在硬度和强度上也存在较大的差异，如铸造铝合金和变形铝合金，根据此特点可以将不同的铝合金分开。

（3）铝废渣（dross）。此类废料在化学组成上更为复杂，杂质含量很高，一般在40%左右。此类含铝废料中就铝而言不仅包含金属铝，而且还含有氢氧化铝、氧化铝等。在处理此类废料的时候，为了获得高的铝回收率，一般需采用物理化学综合手段回收废渣中的铝，可以先采用物理手段回收金属铝，然后再用化学手段处理以回收剩余的铝；也可以采用化学手段一步回收全部的铝。

32.2.3   再生铝原料的预处理

由于废杂铝来源复杂，经常包含许多杂质。其中非金属杂质如油漆、油脂、灰尘等几乎在所有废杂铝中均可见到，这些废杂铝如果直接拿去回收再生，不仅金属回收率低、金属品质低而且恶化废铝再生的工作环境。因此为了提高再生铝的品质和再生铝企业的经济效益，改善再生铝的工作环境，在废杂铝处理前需要进行必要的预处理。常用的预处理包括分拣、解体、去污、除铁、重选电选除杂、捆扎压实、预热除湿等工作。

（1）解体分拣除污。由于废铝料品种繁多，来源不一，因此对废料必须处理解体分拣除污。

解体的目的是为了更好地分拣出废铝中的有害材料，如非铝金属材料、非金属材料、废铝中间的灰尘、油污和油漆等。在解体分拣除污过程中，一般首先用手选将纯铝与铸铝、大块铁等分开，大块的进行破碎筛分，破碎可采用颚式、锤式等破碎机破碎。破碎后可再次采用人工或机械分拣手段除去金属和非金属材料。对于废铝上的油污可用纯碱洗去。当铝屑中含油量大时（大于 6%），最合理的除油方法是采用离心分离机来除油。要彻底除油以及废铝上的油漆，除使用离心分离外，还应添加各种不同的溶剂，例如四氯化碳、三氯乙烯、二氯乙烷和三氯乙烷等。用这类溶剂除油要在密闭容器中进行，或者在离心分离后，再将铝屑用含 6% 水玻璃、4% 磷酸钠、1% 苛性钠和 0.5% 铬酸钾的水溶液加以洗涤，可彻底将铝屑上的油污等有机物除掉。由这些盐类组成的除油溶液在使用时安全简便，而且可反复使用多次。

近年来，一些高新技术开始在废杂铝的分拣中发挥作用。当前各种品牌的废铝屑与用旧的铝制品混杂在一起，通常只能以铸造产品的形式再生。铸造铝合金虽然对杂质允许含量高，对成分限制不严格，但将其中的废杂变形铝合金降级为铸造合金，使许多高质量产品丧失了经济上的优势。

为此，将经过成分分析后的高值废杂铝按单一品牌的形式分检出来，就成为制造再生变形铝合金的先决条件。铝加工厂或半制成品制造厂产生的新废铝屑（包括易拉罐），只要严格分类管理，可直接供重熔厂使用。而多年积累的旧废杂铝或后消费废杂铝，过去曾用变形热处理的方法将铸造与变形合金粗略地分开，后来又发展了着色分检，即利用化学腐蚀（如 15% NaOH 溶液）使不同牌号变形合金产生颜色差异，对之进行处理、检测和自动分检，该法的光学识别系统采用高性能彩色电荷耦合摄像机，通过光学传感器技术实现颜色鉴别。

2001 年初美国的汽车铝业联盟报道说，采用激光技术能将铸造铝合金与变形铝合金分开，特别是将各种变形铝合金彼此分开，较之迄今必须手检且慢而费时的分检过程更有利于批量运作。这是用高技术改造传统产业的典型范例。该技术叫做激光致熔光谱法（laser induced breakdown spectroscopy，LIBS），原理是先用一个激光器烧蚀传送过来的废杂铝块（件），净化其表面，然后用另一个激光器将光束打在从传送带掉下来的废杂件的表面，使材料小量蒸发，产生小而高度发光的等离子云团，再用发射光谱定量测出其化学成分。该技术能提高再生铝的附加值，降低成本，提高效率，有可能大规模用于再生铝的预备过程。

目前世界上比较成熟的废杂铝预处理工艺有加拿大铝业公司（Alcan）开发的流化床除漆，瑞典格兰吉斯公司（Granges）开发的分离废纸板饮料盒中铝箔回收铝法，荷兰地球科学实验室研制的采用电视摄像机与显像技术连锁分选装置纯化废杂料法[7]等。

（2）除铁。铁是废铝中含量最大的金属类杂质，对再生铝的生产危害较大，必须除去。

对于切削机床上机械加工的铝屑，往往混有铁屑，其铁含量有的达 30%。对于废铝中混杂的铁可以采用人工分拣手段或重力分选清除，同时可以采用磁选以及热析法加以清除。需要指出的是，对于废铝进行磁选作业，只有当机械混入废铝的铁杂物含量超过 0.2% 时在经济上才是合算的，铁含量小于 0.2%，可不经过磁选直接进行熔炼。

对于铁含量高，含铁部件的几何尺寸又比较大，并且与铝连接在一起无法人工分拣的废铝材，靠电磁铁磁选也是无法清除的。这时可以采用热析法除铁。热析过程是根据铁和铝熔点的差异来进行的。热析过程一般在专门的热析炉或反射炉中进行。由于铝的熔点比铁低很多，当加热到高于铝的熔点以上约100℃时，铝便熔化流出而铁仍然保持固态，从而使两者分离。

（3）重选、电选除杂。对于废铝中的铜、塑料等，可以采用重介质分选法或涡流分选-电选机等设备将其除去。采用重选、电选手段时，要求待分选的废杂物从物理状态上与铝本身是分离的。随着分选技术的发展，一些新的分选设备和技术手段不断涌现，使一些现代分选技术得以在废铝分选中不断发挥作用。

强力涡流分选机是目前新研制的用于废铝分选的一种新的电选设备，尤其适宜于处理数量越来越大的电子工业废铝。图32-3是强力涡流机的构造示意图。

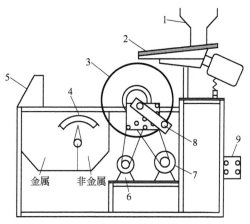

图 32-3　强力涡流分选机

1—进料漏斗；2—振动给料机；3—大涡轮；4—碎裂刀；
5—集料器；6—涡轮驱动电机；7—卷板驱动电机；
8—调节板；9—控制面板

（4）捆扎、压实。对于细碎、粉末铝屑和经破碎的散状铝废料，一般都要进行捆扎、压实，使之具有一定的形状、密度和体积，以便于运输和减少机械损失、化学损失。饮料罐一类的废铝尤其要如此处理。根据采用的熔炼设备的区别，对于压实密度有不同的要求。如对于现代大型熔炼反射炉，通常将废铝压制成密度为 $1400 \sim 2400 kg/m^3$ 的铝包。捆扎压实一般可采用专门的捆扎机、打包机或液压压实机进行。

（5）预热除湿。废铝的预热除湿是熔炼前的一项重要工作。对于熔炼来说，装料一般是分批进行的，有些则是直接加在已经熔化的铝液中，如果废铝带有水分以及没有除去的油污，则通过预热可以将它们除去。预热除湿一般利用熔炼炉的余热进行。预热除了具有除湿作用外，还具有缩短熔炼时间、提高熔炼效率的作用。

以上主要是针对利用废铝生产金属铝或铝合金的预处理过程，对于用于生产铝化学品则不一定都要经过上述的全部预处理过程，可以根据将要生产的化学品的特点选择其中的一些处理手段进行。

经过预处理后，废杂铝就可以作为原材料用于金属铝、铝合金和铝化学品的生产。

32.3　再生铝原料（含铝废料）的利用途径

32.3.1　利用再生铝原料（含铝废料）生产金属铝

32.3.1.1　对原料的要求和基本原理

金属铝纯度要求较高，因此用来生产金属铝的含铝废料要求成分要相对简单，最好是单一种类，以便于预先清洗除杂，有利于金属铝的回收。用作生产金属铝的含铝废料通常是废铝屑、废铝板、废铝线、牙膏皮等，对于含非铝元素较多且以铝合金形态存在的含铝废料，一般不用于生产金属铝，同样对于含有较多易于和金属铝形成合金的含铝废料也不作为回收金属铝的废料，这两类废料通常以铝合金的形态回收。对于含铝废料的物理形态一般没有要求，过大的废料可以通过预先破碎再入炉熔炼。

利用含铝废料生产的金属铝包括两种类型,一是金属铝锭,二是金属铝粉。前者的生产原理很简单,就是通过熔炼分层经铸造获得金属铝锭。金属铝粉除可以通过熔炼,然后喷雾干燥制粒得到外,还可以采用直接分选、破碎、磨碎制得。

含铝废料熔炼时要在熔剂覆盖下进行,熔剂有两方面的作用,一是保护金属铝不受氧化,二是吸附已生成的氧化物等,从而使氧化物等杂质从金属铝中脱除。

熔炼中所采用的熔剂应该满足以下要求:

(1) 熔点比金属铝低。

(2) 密度比金属铝小。

(3) 不与炉气、炉衬和铝发生化学反应。

(4) 对金属铝的润湿性要小于对杂质氧化物的润湿性,以有利于杂质氧化物转入熔剂层中。

废铝熔炼中采用的熔剂一般是氯化钠、氯化钾等氯化物的混合物,氯化钠和氯化钾的比例通常按1:1的质量比配置,这时熔剂的表面性质最有利于废铝熔炼效率的提高。为了降低熔剂的黏度,提高熔剂的流动性可以在熔剂中加入适量的添加剂,如氯化锂、冰晶石等。

32.3.1.2　实例

A　利用含铝废料生产金属铝锭

(1) 利用废弃的牙膏皮等类似软管回收金属铝。牙膏是最常用的生活用品,我国每年消费的牙膏量达30亿只,消耗原铝达2.5万t,如果有90%的回收率(这是很容易实现的),仅牙膏皮一项就可以回收金属铝2.2万t以上。因此利用牙膏皮回收金属铝一直受到企业的关注以及政府的支持。

利用牙膏皮回收金属铝,首先要经过预处理。预处理包括破碎、表面油脂的浸泡脱除、干燥、筛分等工序。经过预处理后,就可以配以熔剂进入熔炼炉熔炼。我国某企业采用三元熔剂在感应电炉中熔炼,铝的回收率达到90%以上,铝的纯度达99.7%,该企业采用的工艺见图32-4。

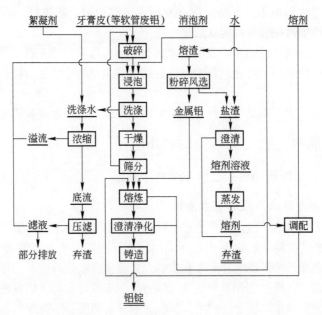

图 32-4　牙膏皮(等废铝软管)回收铝的工艺流程

(2) 复杂含铝废料生产金属铝。含铝废料尽管通过分拣可以将纯铝废料、铝合金废料以及铝废渣分开，甚至可以做到将不同的铝合金废料分别分开处理，但仍有一部分含铝废料无法分拣，为了从这类废料中回收金属铝就必须采用合适的处理工艺。处理工艺原则上也是经过预处理、熔炼、铸锭几个过程，但为了得到纯度合格的金属铝，需要将铝精炼技术引入，将熔炼、净化、提纯几个技术过程结合起来。处理过程中采用的工艺条件需要通过试验确定。

B 利用含铝废料生产金属铝粉

(1) 利用废铝箔片生产片状铝粉。铝废箔片在含铝废料中是数量很大的一类，对于纯度较好的铝废箔片可以通过机械球磨的方法制得片状铝粉。片状铝粉可用于指纹辨析侦探、墨水的添加剂、炸药等爆炸品、汽车等工业物件的涂料、汽化轻质混凝土等方面[8]。

利用铝废箔片制备片状铝粉的工艺非常简单，首先用剪切机将铝废箔片切割到长度小于6mm，然后在球磨机中进行球磨粉碎。球磨时采用不锈钢球，并在球磨机中加入适量的硬脂酸，球磨速度可以控制在120r/min。球磨机腔体内部要用氩气保护，以避免铝粉的氧化和爆炸。投入的废铝箔量、不锈钢球的大小、球磨时间、硬脂酸的加入量等对铝粉的粒度有较大的影响，具体的工艺参数要通过试验确定。

废铝箔片在球磨过程中经过如下五个阶段最终变成片状铝粉。第一阶段，箔片被球碾压，发生微铸和拉伸变形；第二阶段，微铸和变形后的箔片碎裂；第三阶段，碎片磨制成粗粉；第四阶段，粗粉初步细化；第五阶段，进一步细化。废铝箔片经球磨制备片状铝粉的演变过程见图32-5。

图 32-5　废铝箔片到片状铝粉的变化过程

(2) 利用含铝废料制取铝银粉。铝银粉（aluminum powder）因其外观颜色酷似金属银得名，实际上是金属铝粉，是目前常用的一种涂料。实际应用中，通常将铝银粉与油漆等调合剂混合，用来刷新拖拉机、柴油机、汽车、摩托车的机体以及其他铁制家具和商店门面等，同时它也广泛用于油墨、皮革等工业领域中。利用废铝制品等通过加工处理可以制得铝银粉，其加工方法简单，所用助剂易得。其实际生产工艺简述如下：

首先将废铝材料放入清洗池中浸泡，洗（刷）净尘垢及泥沙、黏附物等杂质，烘干或晾干备用。然后将烘干或晾干的铝材与蜡质类润滑剂（如石蜡）充分拌和，每50kg原料加石蜡0.5~1kg。添加润滑剂石蜡必须严格按原料质量要求，少了则不能使铝与空气隔绝，氧化后铝质色泽暗淡，光泽不好，太多则使粉质不佳或不能形成粉质。铝原料与润滑剂混合后，用机械捣碎或碾碎，在碾料过程中要不断搅拌，每隔10s左右翻动一次，如发现铝料光泽度不好，可用石油醚洗涤，以达到亮丽的光感，直至将物料碾成硬饼状为止。最后将碎好的物料慢慢放入粉碎机中进行粉碎，粗粉碎的粉末全部通过0.833mm（20目）筛，然后再进行细粉碎，细粉需通过0.110~0.096mm（140~160目）筛。为了使银粉达到亮丽的光度，细粉用石油醚冲洗一次。光洗后，放入烘房烘干晾干，即为合格的银粉，塑封包装入库。其工艺流程见图32-6。

C 利用含铝废料通过熔炼喷雾干燥制备金属铝粉

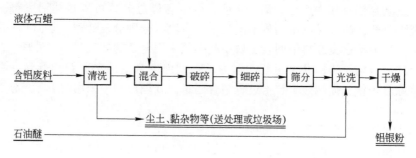

图 32-6　利用含铝废料制取铝银粉的工艺

普通工业金属铝粉在钢铁工业中具有广泛的应用，也是铁合金生产和合金钢的重要原料，传统制备普通工业金属铝粉都是采用原铝生产，含铝废料作为富铝材料也可以用来生产普通工业铝粉。

利用含铝废料生产工业铝粉主要包括熔炼和制粉两个工序。废铝的熔炼可以在竖炉中进行，熔炼温度为 720℃ 左右，熔炼时间一般为 4h。熔炼后的铝液温度保持 720℃，即可以进入喷雾工序进一步制得铝粉。喷雾工序是将铝液直接流入漏斗，经漏斗底部小孔（直径为 4 ~ 6mm）进入雾化器。雾化所用压缩气体压力为 6 ~ 6.5MPa，铝液由压缩气体吹雾后进入雾化筒形成铝粉。在雾化筒中铝粉借助于冷却水套迅速冷却，铝粉从筒底直接落入振动筛进行筛分，筛下即为成品铝粉，筛上返回熔炼炉。我国某企业采用含铝废料用竖炉生产金属铝粉，金属回收率达到 96.5%，雾化成品率为 96.7%。

32.3.2　利用再生铝原料（含铝废料）生产铝合金

32.3.2.1　对原料的要求和基本原理

生产铝合金的含铝废料范围比较广，可以是铝合金废料，也可以是金属铝废料等其他非合金废料，甚至含铝量较高的铝废渣也可以作为回收生产铝合金的原料。对于回收生产铝合金的含铝废料的物理形态也没有要求，但对大块废料一般要加以碎化处理，以便于预处理和熔炼。

利用含铝废料生产铝合金可以在铝合金生产工厂进行，也可以由专门的再生铝生产厂来进行。当在铝合金厂进行时，含铝废料经过预处理后和原铝一起搭配加入熔炼炉熔炼，含铝废料的搭配量一般为入炉总铝料的 25% ~ 30%。但根据我国某铝合金加工企业的工业实践，对于纯度较高、基本没有污染的废杂铝加入量最高可以达到 80%。

利用含铝废料生产铝合金的原理基本同利用含铝废料生产金属铝一样，也是通过熔炼分层来得到铝合金。

熔炼时也要采用熔剂，采用熔剂的目的同利用含铝废料生产金属铝的一样。所用熔剂要满足如下要求：

（1）熔点比铝合金低。

（2）密度比铝合金小。

（3）不与炉气、炉衬、铝以及铝中的合金成分发生化学反应。

（4）对铝合金的润湿性要小于对杂质氧化物的润湿性，以利于杂质氧化物转入熔剂层中。

由于铝合金种类繁多，因此可根据含铝废料的情况确定目标生产合金。对不同的目标生产合金需要采用不同的熔剂配方，常用的熔剂仍然是氯化物体系，如氯化钾-氯化钠、氯化钾-氯化钠-氯化钙-氟铝酸钠等，此外在熔剂中还加入一些木炭、玻璃屑、耐火砖屑等。详细的熔剂配方读者可参阅有关铝合金熔炼的文献[9]。

32.3.2.2　实例

在含铝废料中，绝大部分本身就是铝合金，因此适宜于通过再生处理生产铝合金，利用含铝废料生产的铝合金目前主要是铸造铝合金，含铝废料包括易拉罐、汽车废料、航空废料、加工废料等。

A　利用汽车切片等块状废铝料生产压铸铝合金

压铸铝合金是铝合金中的一种重要品种，主要用于汽车、摩托车生产中。利用汽车切片等块状废铝料生产压铸铝合金工艺比较简单，工艺流程如图 32-7 所示。

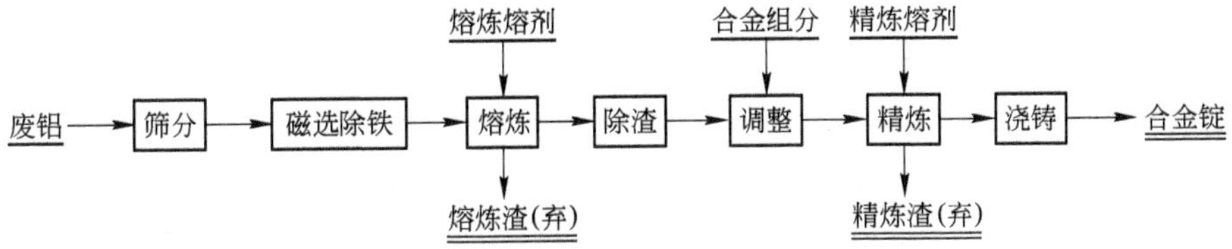

图 32-7　利用汽车切片等块状废铝料生产压铸铝合金工艺图

在入炉熔炼前首先要经过预处理，包括筛分除泥沙、磁选除铁、分拣除锌等几个过程。熔炼过程采用的氯化钠-氯化钾-氟化钠-氟铝酸钠体系，熔炼温度为 710～750℃，精炼采用的除气剂为 Na_2SiF_6、C_2Cl_6按一定比例的复配混合物。

熔炼时分批逐次加入经过预处理的废铝料，然后加入熔炼熔剂，并充分搅拌，使铝液和渣充分分离，然后撇去浮渣，进入精炼阶段。精炼时，可以先分析合金液的成分，确定是否需要调整合金成分。将精炼熔剂压入铝合金液中，并充分搅拌，然后静置。精炼熔剂的加入量一般为炉料质量的 0.5%。静置数分钟后，有大量气体逸出，夹杂物也浮到液面，将浮渣除去，核定合金液的成分后即可进行浇铸。如果合金液成分不满足要求，还要进行适当的调整。

B　铝制易拉罐回收利用

铝制易拉罐由于具有重量轻，便于贮存、携带和使用，密闭性好，不透光、耐腐蚀，能保鲜、保味、保质，加工性能优良，适于高速、连续、自动化生产，可进行多种表面处理，外观装饰性强，不易破碎便于运输，成为啤酒、碳酸类饮料、果汁等饮料的包装材料而风靡全球。2000 年我国铝质易拉罐耗铝约 19 万 t，预计 2010 年我国易拉罐耗铝将达到 30 万 t。易拉罐作为一种短期铝制品，目前已成为含铝废料的重要来源，而且由于易拉罐所含其他杂物较少，这使它成为再生铝生产中的主要原材料。

铝制易拉罐的最好回收办法就是仍然用于生产易拉罐，这样可以反复循环使用，而且也方便处理。但是铝制易拉罐的罐盖、罐身和拉环所含化学成分一般不同，其一般成分见表 32-2。因此易拉罐不加分割全熔化后，若返回用于制造罐身，则因含镁量高而要用大量纯铝冲淡；若返回用于制造罐盖则需补加大量的镁。这可以采用下述两种办法解决：(1) 罐身与盖用机械切割法分开，再分别熔化。(2) 利用罐身与罐盖材料熔点（罐体熔点 374.222℃，罐身熔点 325.333℃）与结晶不同将其分开。各部分分开后，即可以通过熔炼除杂获得易拉罐各部位的专用铝合金，然后铸造加工成所需要的铝制易拉罐。

表 32-2 铝制易拉罐的化学成分

部　位	化学成分/%							
	Mg	Mn	Si	Fe	Cu	Zn	Cr	Al
罐　盖	4~5	0.2~0.5	<0.02	<0.35	0.15	<0.25	—	余量
拉　环	4~5	<0.15	<0.2	<0.15	0.5	<0.25	—	余量
罐　身	0.8~1.3	1~1.3	<0.3	<0.7	<0.25	<0.25	<0.15	余量
全熔化后成分	1.2	0.78	0.9	0.43	0.14	0.026	—	余量

　　铝制易拉罐除了可以回收用于制作易拉罐外,还可以用于生产其他铝合金。生产过程仍然是要经过预处理、熔炼、调整、除杂、铸造等过程,其中合金成分调整可根据易拉罐成分的特点以及需要进行。

32.3.3　利用再生铝原料（含铝废料）生产含铝化学品

32.3.3.1　对原料的要求和基本原理

　　含铝化学品是指铝化合物以及用于涂料用途的铝粉末制品。由于含铝化学品对铝源并没有特殊的要求,因此含铝废料也可以用作生产含铝化学品的原料。

　　根据再生铝生产的本来含义,利用再生铝原料来生产含铝化学品似并不属于再生铝生产的范畴,但利用含铝废料生产含铝化学品是综合利用含铝废料的重要途径,尤其对一些无法通过经济手段生产金属铝或铝合金的废料来说,利用其生产含铝化学品可能是唯一的经济利用途径。

　　几乎所有含铝废料都可以用来生产含铝化学品,而且含铝废料化学组成越简单,在生产含铝化学品时越可以采用相对简单的工艺,同时可供生产的含铝化学品种类越多。实际中,用来生产含铝化学品的含铝废料通常都是成分相对较为复杂,含铝量也较低,但由于可供选择生产的含铝化学品种类也很多,因此含铝废料的复杂性并不成为其生产含铝化学品的技术障碍,因此从这个意义上来说,利用含铝废料生产含铝化学品对废料本身没有统一的严格要求。由于利用含铝废料生产含铝化学品主要是利用其作为铝源,因此废料的含铝量也不宜过低,对于最低含铝量的要求视所要生产的含铝化学品要求确定。

　　利用含铝废料生产含铝化学品主要就是利用其中的铝作为待制化学品的铝源,从而将铝引入含铝化学品。处理手段主要是通过酸或者碱来处理含铝废料,使铝进入溶液从而进一步制备所需要的含铝化学品。所涉及的化学反应很简单,一般都是铝与酸或碱的化学反应,制得铝盐或铝酸盐,然后以铝盐或铝酸盐为原料,再配以其他反应物通过化合反应制得所需的含铝化学品。以下是所涉及的几个重要化学反应。

$$2Al + 3H_2SO_4 =\!=\!= Al_2(SO_4)_3 + 3H_2 \tag{32-1}$$

$$2Al + 2NaOH + 2H_2O =\!=\!= 2NaAlO_2 + 3H_2 \tag{32-2}$$

$$2Al + 6HCl + 8H_2O =\!=\!= 2[Al(OH_2)_4]Cl_3 + 3H_2 \tag{32-3}$$

32.3.3.2　实例

　　利用含铝废料可以制取的含铝化学品品种很多,这里以碱式氯化铝、4A 沸石、硫酸铝的制备为例来说明含铝废料在制备含铝化学品方面的应用实例。

　　A　利用含铝废料生产碱式氯化铝

　　碱式氯化铝 $[Al_2(SO_4)_3Cl_{6-n}]_m$ 是一种无机高分子混凝剂,它具有投入量少、净化率高,特别在水温低时，仍能保持稳定的混凝效果；净化后水的色度和铁锰含量较低，对设备腐蚀作用小。它也可作石蜡浇铸硬化剂；此外，它还可用于铸造、造纸、医药、制革等领域。近年来，碱式氯化铝的发展十分迅速，技术经济效果显著。

碱式氯化铝的传统生产方法是利用铝土矿或氢氧化铝来制备。含铝废料作为富铝废料也可以用来制备碱式氯化铝，根据反应流程的差别可以分为中和法、一步法[10]和电化学法[11]。这里以中和法为例来说明利用含铝废料制备碱式氯化铝的工艺过程。首先通过与酸或碱的反应制备出氯化铝和铝酸钠，然后进一步合成出碱式氯化铝，所得产品外观为淡黄色或灰绿色的粉末。碱式氯化铝的生产工艺见图 32-8。

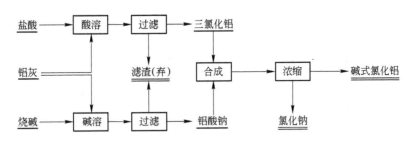

图 32-8 利用含铝废料制备碱式氯化铝的生产工艺

在该工艺中铝酸钠与三氯化铝溶液之间的配比是关键。三氯化铝配比过低只会得到氢氧化铝沉淀；过高，则盐基度达不到要求所制得的碱式氯化铝絮凝效果差，达不到产品质量标准。因此需要将三氯化铝和铝酸钠准确计量，然后在强力搅拌下均匀混合，并经过一定时间的合成反应后，最后将反应液抽至澄清池中澄清。在澄清池中加入 3 号絮凝剂使渣液分离，残渣经水洗后弃去，澄清液经浓缩后即为成品。我国对碱式氯化铝的质量标准见表 32-3。

表 32-3 碱式氯化铝质量标准

项　目	液体	固体	项　目	液体	固体
三氯化铝（不小于）/%	8	30	pH 值	3.5 ~ 4.5	3.5 ~ 4.5
盐基度/%	40 ~ 60	40 ~ 80	重金属（以 Pb 计）/%	0.002	0.009

B　利用含铝废料制备 4A 沸石

4A 沸石是目前无磷洗涤剂中大量采用的助剂，是世界范围内为限制海洋、河流、湖泊的富养化、保护生态平衡而采用的含磷助剂替代品。它也是生产 4A、3A、5A 等分子筛的原材料。4A 沸石制备的基本原理就是利用铝酸钠和硅酸钠在特定的条件下通过化学反应制得。由于含铝废料含有大量的铝，因此可以利用其作为制备铝酸钠的原材料。其工艺流程见图 32-9。制备过程简述如下：

首先将含铝废料进行分拣，除去大块非铝杂物，并通过用水清洗去灰尘，然后通过磁选的办法除去废料中的铁，由于作为洗涤助剂的 4A 沸石对白度有严格的要求，因此必须将铁含量降到 1.5% 以下。然后让其与烧碱溶液反应生成铝酸钠溶液，溶液的苛性比值 α_k 控制在 1.8 ~ 2.0。生成的铝酸钠溶液与硅酸钠溶液、水混合成胶，投料的铝硅比（Al_2O_3/SiO_2）控制在 1.9 ~ 2.1 之间，经过老化 1h 以后，然后结晶 3.5 ~ 5.5h 后即可通过过滤、洗涤、干燥得到 4A 沸石粉末。所得到的 4A 沸石要求粒度在 4μm 以下的占 85% 以上，产品白度在 90 以上，钙交换量大于 285mg/g（干沸石）。利用含铝废料生产 4A 沸石，由于不但废料中的铝可以利用，而且其中的氢氧化铝和部分氧化铝也得到利用，因此铝金属回收（指进入产品）可以达到

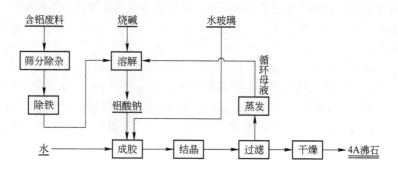

图 32-9 含铝废料生产 4A 沸石的工艺流程

95% 以上。

C 利用含铝废料生产硫酸铝

硫酸铝呈灰白片状、粒状或块状结晶物，密度为 $0.69g/cm^3$。能溶于水、酸和碱，不溶于醇，其水溶液呈酸性，由于含微量铁，结晶变黄。加热时猛膨胀成海绵状物。86.5℃时开始分解，250℃时失去结晶水，700℃时分解为三氧化二铝、三氧化硫和二氧化硫。

硫酸铝广泛用作水质净化凝聚剂；造纸工作中与皂化松香配合，用于纸张施胶，可增强纸张的抗水防渗性能；用作木材防腐剂；也可与碱蜡乳化液配合，用于纤维板生产，以增强纤维板硬度和防水性能；消防工业中，与小苏打、发泡剂配合组成泡沫型灭火药剂。它还用于颜料制革、印染、油脂、石油等工业部门。

用含铝废料生产硫酸铝的生产工艺流程见图 32-10。

含铝废料首先经磁选除铁，要求除铁后的含铝废料含铁小于 2%。除铁后的含铝废料，用密度为 $1.1425 \sim 1.1825g/cm^3$ 的稀硫酸浸出

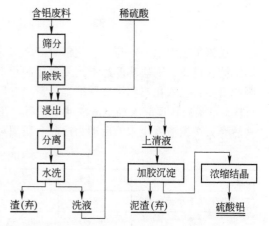

图 32-10 用含铝废料生产硫酸铝工艺流程

$4 \sim 5h$ 后，终点 pH 值为 $2.5 \sim 3$，浸出后澄清，上清液泵至沉淀槽；渣用水洗涤，洗液送沉淀槽；然后在槽中加入 $0.5\% \sim 1\%$ 的骨胶溶液，并适当搅拌让其自由沉降；其上清液即为硫酸铝溶液，残渣即可弃去。硫酸铝的溶液要求密度为 $1.1896 \sim 1.2000g/cm^3$，pH 值为 2.2。硫酸铝溶液经蒸发、结晶可制成符合国家质量标准的固体硫酸铝。

32.4 再生铝生产的熔炼设备

32.4.1 常用熔炼设备的类型

熔炼设备在利用含铝废料生产金属铝或铝合金的工艺过程中具有至关重要的作用，熔炼效果的好坏直接关系到铝的回收率和经济技术指标。在再生铝生产中常用的熔炼设备有反射炉、感应电炉和竖炉。其中反射炉包括单室反射炉和双室反射炉。感应电炉包括无芯感应电炉、有芯感应电炉、熔沟式感应电炉和坩埚式感应电炉。表 32-4 给出了几种常见熔炼炉型在熔炼废铝的经济技术指标。从表 32-4 中不难看出，在金属回收率方面，各种炉型相差不大，但在热

耗上有较大的差异，企业选择使用时可根据当地能源等具体条件确定。

表 32-4　各种熔炼炉熔炼废铝的经济技术指标

炉　型		热效率/%	热耗/kg（标煤）·t⁻¹（Al）	金属回收率/%
熔沟式感应电炉		65~70	450kW·h/t	—
无芯感应电炉	（铝屑）		750~800	91~92
	（块铝）		600~650	95~97
坩埚式感应电炉	（铝屑）		750~800	91~99
单室反射炉		12~25	120~160	90~95
双室反射炉		17~25	230	90~95
竖　炉		44~77	100	90~95

随着世界范围内对废铝回收的日益重视，对废铝熔炼中采用的熔炼炉的研究受到很大的关注，一些旨在节能、降耗和降低生产成本的新炉型也在不断涌现，如塔式炉、热析炉等，这些有力地促进了废铝熔炼的高效作业。

32.4.2　常用熔炼设备在再生铝熔炼中的应用

32.4.2.1　反射炉

我国及国外主要用反射炉熔炼废杂铝原料。反射炉熔炼适应性强，可以处理任何含铝原料，如铝屑、旧飞机、带钢铁构件的块状废杂铝料等。操作者首先将反射炉的炉底加热到1000~1100℃，再加入废杂铝原料，并且在炉料与火焰接触的地方盖上熔剂，待炉料全部熔化后再加入新鲜的熔剂（NaCl∶KCl=1∶1），当熔剂完全熔化后再加入下批炉料，直至炉内达到规定的熔体量为止。当熔体表面上形成液体熔剂层后，方可从熔体中除去铁构件。除铁操作要重复进行3~4次，搅拌熔体后，从炉门撇去渣。有时在撇渣前，还要进行除去非金属杂质的精炼过程。撇渣后取干净的铝或铝合金进行成分分析，然后进行铸锭。一般熔剂加入量为炉料的25%~40%。

工业上采用的反射炉，有一室反射炉、二室反射炉和三室反射炉。图32-11所示为顺流式两室反射炉，它由熔炼室和铝液池组成，熔炼室底部呈倾斜状向加料门方向上升，这样钢铁构件易于从熔体中除去，铝或铝合金熔化后沿专门流槽从熔炼室流到铝液池。经放出口流到铸锭机或铸罐中。

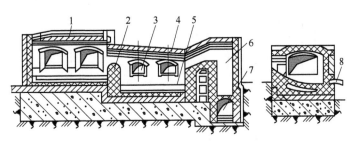

图 32-11　顺流式两室反射炉

1—熔炼室；2—挡火墙；3—装料口；4—炉顶；5—前床；
6—竖烟道；7—烟道；8—液态渣和合金铝放出口

炉子砖体在金属框架中，喷嘴或烧嘴装在熔炼室端墙上。炉衬由黏土砖砌成，这主要是基于它导热性低、铝、熔融熔剂和炉衬作用小。在熔炼铝前用 20% Na_3AlF_6 和 80% NaCl 组成的熔体处理新炉衬，此熔剂在操作温度下渗透缝隙，并在表面生成固体层，可提高炉衬寿命。

反射炉热效率为 25%～30%。20t 炉子的生产能力达 8t/h，煤气耗量为 150m³/h。我国某熔炼铝合金厂，油单耗 76～85L/t（Al），居国外中等水平。

英国在普通反射炉上增加燃烧器及蓄热室，并密闭反射炉，热效率可提高 4%，每吨铝燃料消耗为 115kg 标准煤。

两室顺流反射炉的缺点是烟尘被炉气从熔炼室带到铝液池，因而液态铝合金易被污染，同时也增加其氧化损失和含气量等。此外，在铝液池中易生成炉瘤，还因熔炼室比铝液池高，铝液池加热也不好。若按炉气流动方向，将铝液池摆在熔炼室之前，就能克服上述缺点，即按炉气流与铝合金流动方向相反的逆流原理工作。前苏联建造的逆流式双室反射炉示如图 32-12 所示。逆流式炉子与顺逆式炉子相比，可以提高热效率，使燃料消耗降低 12.85%，炉子生产能力也相应提高 15%。

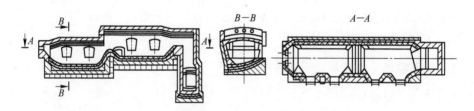

图 32-12　熔炼旧废铝用的逆流式反射炉

32.4.2.2　感应电炉

感应加热技术是 20 世纪初开始应用于工业部门的，由于它具有加热速度快、加热均匀、热效率高、易于自动控制等特点备受欢迎[12]。

感应电炉是利用电磁感应在金属内部形成的感应电流来加热和熔化金属。为使必须的电磁感应现象发生，变频电源、电容器、感应线圈和坩埚中的金属炉料是感应电炉的基本组成（图 32-13）。当回路接通电源后，通过导体回路的磁通量发生变化，进而就产生感应电流。感应电流在闭合回路内流动时，自由电子要克服许多阻力，必须消耗一部分能量做功，使一部分电能转化为热能。在感应电炉中正是由于变频电流通过感应线圈使坩埚中的含铝废料因电磁感应而产生感应电流，产生的感应电流转化为热能而使炉料加热熔化。

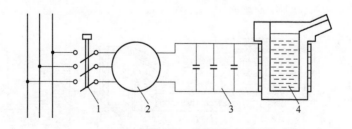

图 32-13　感应电炉基本电路图
1—变频电源；2—感应线圈；3—电容器；4—金属炉料

废铝回收熔炼采用的感应炉主要有熔沟型有芯感应电炉和坩埚感应电炉两类。

A 熔沟型感应电炉

熔沟型感应电炉由两部分组成，竖炉身和可拆的感应加热系统（炉底，即熔沟部分）。炉壳由钢板焊成，炉身内衬耐火砖。炉底部分的炉壳由非磁性合金制成。在炉底部分衬里（炉底石）中有垂直的熔沟。熔沟包围了铁芯和变压器的一次绕组。当熔沟被液态金属充满后就形成了二次绕组的短路环，短路环中电流很大。熔沟内液态金属（短路环）在感应电流作用下，在熔沟—炉料—熔沟之间的循环很快，这不仅有利于把热量快速传入炉内物料，加快熔化过程，而且还可保证炉内熔体成分的均一性。炉子最重要的组件是炉底石（即熔沟部分）。熔沟是用石英、镁砂或铬镁，高铝材料等为基质的耐火材料砌筑，并用硼砂、硼酸和正磷酸为黏结剂。

炉料经炉壳上部的加料口加入。当炉子转动时成品合金就经出料口流出。采用液传动或电力传动来操纵感应电炉的转动机构。

熔沟型感应电炉的主要缺点是由于氧化铝沉积在熔沟内表面上，使熔沟变小，恶化了合金熔体的循环，改变了炉子的电气特性，需停炉清理。这样不仅降低了炉子生产能力，而且缩短炉底内衬的寿命。

炉子熔沟因氧化物沉积而变小的机理还不完全清楚。有人认为是由于细分散氧化物颗粒在磁场和重力作用下，沉降到炉身底部、被合金流带到熔沟，并在那里与耐火衬里发生机械的、化学的作用造成；也有人认为可能是由于炉底内吸入空气的缘故。

熔沟型感应电炉的热效率为 65% ~ 70%，每吨合金电能单耗为 450W·h。

由于熔池中合金熔体被强烈搅拌，加入的炉料被搅拌到熔融合金层的下面，这有利于降低铝的氧化损失，熔炼时也可不加熔剂。从而减少了对周围环境的污染。当熔体表面对熔池深度的比例合适时，热损失可以降得很低。但熔沟型熔炼只能使用低氟化率，而且不含铁构件的炉料。

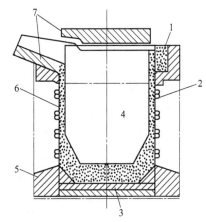

图 32-14　中频感应熔铝电炉
1，3—黏土耐火砖；2—水冷铜线圈；
4—炉膛；5—耐火隔热砖；6—捣固
耐火材料；7—定形耐火砖

B 坩埚感应电炉

坩埚感应电炉可以熔炼不含钢铁构件的块状废铝料、干燥的散粒铝屑和压块等。图 32-14 是中频感应坩埚熔铝炉的简图。

熔炼时，先往坩埚中加入合金锭或块状废料，然后开炉，逐渐升高一次绕组电压，生成液态熔体后，加入废铝件，捆状料等。

当坩埚中剩余有上次熔炼的液态合金时，可往其中加入一定量铝屑。当坩埚中液态熔体合金达规定的最高液位时，加热到 720 ~ 740℃，消除坩埚壁上的炉瘤，漂浮的炉瘤块熔剂处理，然后进行表面扒渣。每吨铝屑耗熔剂 20 ~ 25kg。从炉中扒出的炉渣中含铝量不应超过 20% ~ 25%。用感应坩埚炉处理铝屑，金属回收率为 91% ~ 92%；处理旧废铝和高品级铝废料，金属回收率为 97% ~ 98%。熔炼致密旧废铝料，电能消耗为 600 ~ 650kW·h/t（合金）；熔炼铝屑，电能消耗量为 750 ~ 800kW·h/t（合金）。

32.4.2.3 塔式炉

塔式炉不同于其他火焰炉，在它的炉膛内充满着被加热的物料，而炽热的炉气自下而上的在整个炉膛空间内和物料表面进行充分的热交换，和其他火焰炉相比，它是一种热效率很高的热工设备。

塔式炉可以采用煤油、柴油、重油、液化石油气或天然气、高炉煤气等液体或气体燃料来加热熔化含铝废料。

利用塔式炉进行废铝熔炼时，废铝从炉子上方加入，燃烧部分设置在炉子下部，含铝废料在下落过程中既直接利用火焰本身的热，也利用经过加热的热气体所包含的热，整个过程保持很高的热效率。为减缓炉料下降速度，还可在炉膛内设计加装炉栅，这样可以使炉料逐渐加热到融化，最后熔化后进入炉底的熔池内。图32-15 是塔式炉结构简图。

塔式炉最大优势就是热效率高，热效率一般可达40% ~77%，而且氧化损失小。但塔式炉一般建设费用高。

32.4.2.4 新型转炉——URTF 炉

URTF 炉是 2001 年最新由 Linde 公司同德国的 Hertwich 工程公司、Corus 铝公司共同合作开发出来的

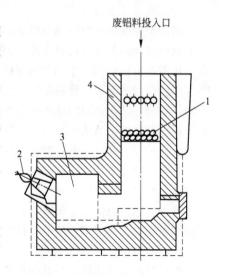

图 32-15 塔式炉结构示意图
1—接收机构；2—烧嘴；3—熔池；4—炉算子

新型可转动炉，这是一种低成本无污染的再生铝熔炼炉。这种炉子是倾斜放置，生产操作时可以旋转，因此称"万向倾斜旋转炉"（universal rotary tiltable furnace），见图 32-16。此炉开发出来后的第一个用户是瑞典的斯梯拉（Steno）铝公司，它是欧洲最大的废铝回收再生公司之一。

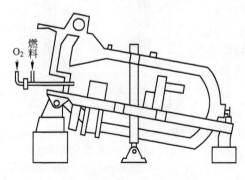

图 32-16 URTF 炉的结构示意图

URTF 炉是倾斜安置又可以旋转的炉子，这种方式有明显的优点。首先，将待熔炼的废旧铝和熔炼所需的熔剂一起装入炉内，把炉口盖上锁住，用一个特殊的林德公司生产的氧气—燃料燃烧器（其功率为 1 ~4MW），用纯氧和丙烷气燃烧加热炉中的炉料，使炉料熔化。用纯氧而不用空气的理由是因为用纯氧可以显著减少熔炼过程产生的废气量和烟尘量。炉温上升得非常快，可以显著降低燃料的消耗量。除此以外，熔炼炉安装了林德公司制造的"WAS—TOX"氧枪，可控制粉尘散发量，而且废旧铝料还能产生可观的熔炼所需的热能。在整个作业过程中，URTF 炉是旋转的。旋转可以改善燃烧器与铝之间的热量传递，而且还有助于炉中的液态铝与氧化铝及其他杂质的分离。与废旧铝一起加进的熔剂在熔炼过程中形成熔渣。这种熔渣的成分是氧化物和其他杂质。经过 2 ~3h 加热之后，加入炉内的废旧铝熔化，铝液与氧化物完全分开了，过程就可以结束，燃烧器就可关闭，停止加热。此时的熔融金属温度大致达到 720℃。把炉口盖打开，把炉内的铝液倒入抬包中，将抬包运至铸锭炉做进一步处理。将 URTF 炉进一步倾斜，就可以将熔渣倒出。如此操作，既缩短了熔炼时间，又降低了成本，炉内也干净。图 32-17 是 URTF 炉的工作状况示意图。

以前用来熔炼废旧铝的方法是用传统的旋转炉熔炼，需要大量的熔剂，这种熔剂生成的残渣物质不仅能导致危害环境和有害健康，而且致使生产陷入不必要的高成本——不仅需要大量的熔剂，还要处理大量的熔渣。而用 URTF 炉熔炼，不仅铝产量高，而且能耗低。这种新式转

炉已经发展成为一个干净工艺流程，过程中产生的所有非金属残渣产品都能转化为水泥生产或钢铁生产所需要的有价值的原料。

32.5　再生铝的精炼

32.5.1　再生铝生产中的铝精炼

利用含铝废料生产金属铝的熔炼过程是一个高温作业过程，在高温下，气体在金属中的溶解度会大幅增加，导致气体在金属铝中夹杂。尤其是含铝废料的表面常常有油漆、油脂等有机物，在高温作用下这些有机物发生燃烧，所产生的气体一部分以气体溶解的形式进入金属

图 32-17　URTF 炉的工作状况图

铝中。同时，在高温作用下，金属铝还可以同这些有机物反应，形成氢气和碳化铝，其反应式如下：

$$\frac{4m}{3}\text{Al} + \text{C}_m\text{H}_n === \frac{m}{3}\text{Al}_4\text{C}_3 + \frac{n}{2}\text{H}_2 \tag{32-4}$$

这些因素综合作用的结果是铝包含较多数量的气体夹杂和固体非金属夹杂。这些夹杂物的存在将造成金属铝的材料品质和性能下降，严重时影响加工和使用，因此必须除去。

除去这些气体或固体夹杂物的工艺方法可采用原铝净化除杂的工艺，因所含杂质种类、数量的差异，对于要控制的净化除杂工艺条件也会有所不同，具体的工艺技术条件可通过试验来确定。

经过净化除杂后，铝的纯度得到较大的提高，可以直接作为商品金属铝按牌号出售，也可以将所生产的金属铝进一步提纯成满足要求的精铝或高纯铝，以提高再生铝生产金属铝的附加值。为节约能量消耗，精炼提纯过程可以紧接着废铝熔炼以及净化除杂过程进行，从而省去铝精炼提纯前的熔化工序。精炼可以采用前述的原铝精炼工艺技术进行，这里不予赘述。

32.5.2　再生铝生产中的铝合金精炼

再生铝合金在熔炼和浇铸过程中，金属熔体与炉气和大气相接触，发生一系列的物理化学反应，生成气体和氧化物。合金锭中的这些气体和夹杂物会使锭坯在加工、变形时产生起皮、分层和撕裂等现象，降低金属或合金的强度和塑性，因此在铸锭之前对熔体进行精炼很有必要。

精炼方法根据精炼原理可以分为吸附法、非吸附法以及过滤法等；按去除的杂质种类可以分为非金属杂质的脱除和金属杂质的脱除。本书根据去除的杂质类型阐述。

32.5.2.1　脱除非金属杂质的精炼

再生铝合金熔体冷却时，气体的溶解度降低，原来溶解在熔体中的气体氢呈独立相析出，在铸件中生成气孔，降低铸件的机械性能。此外固体非金属杂质（氧化铝等）分布在晶界上，也会降低合金的机械性能。

为使再生合金的性能与原生金属配制的合金性能无大差别，通常采用下面方法来精炼去除再生合金熔体中的非金属杂质。

（1）过滤。采用活性或惰性过滤材料使熔体过滤。当合金通过活性过滤器时，因固体夹杂颗粒与过滤器发生吸附作用而被阻挡；而当合金通过惰性过滤时，则是借助机械阻挡作用把杂质过滤出来。

惰性过滤器是用碱的铝硼玻璃制成的网状物，又称网式过滤器，过滤时固体非金属杂质物粒度若大于过滤孔，将被阻留。但网孔不能大于 0.5mm × 0.5mm，因为铝熔体不能通过 0.5mm × 0.5mm 的滤孔玻璃布。采用适宜筛网过滤可将合金中固体夹杂物含量降低为原含量的 2/3 ~ 1/2。

采用块状过滤材料过滤可以用黏土熟料、镁砂、人造金刚石、氯化盐和氟化盐的碎块或预先在这些盐浸渍过的惰性材料。浸润的过滤器比不浸润的效率高 2.3 倍。例如，用 NaCl 和 KCl 共晶混合物浸渍过的粒状氧化铝做成的过滤器，过滤后熔体中固体夹杂物大大降低，而且由于夹杂物吸附铝中所含氢气，故又能脱气。

（2）通气精炼。即通氯、氮、氢气对熔体进行精炼。为了使气体与被净化合金的接触良好，精炼气体应呈分散状鼓入熔体。通气精炼通常有脱除熔体中氢的作用，这其中的原因是合金液中的氢可扩散到鼓入气体的小气泡中；另外，通气精炼也可脱除氧化物和其他不溶杂质，正如浮选一样，气体吸附在固体夹杂物上，随后就上浮到熔体表现。

精炼气体要预先脱除氧和水分。因氧和水蒸气可以在气泡内表面上生成氧化膜，阻碍合金中的氢气扩散到气泡内，而降低脱气效果，不管原合金中氢的饱和度如何，精炼气体鼓入合金液后，溶解的气体量均降为 0.07 ~ 0.1cm³/100g（合金），而非金属杂质含量降为 0.01%。

用氯气精炼效果最好，但因有剧毒而不适于采用。为了尽量减少氯气对周围大气的有害影响，又达到要求的净化程序，近年来，采用氯气与惰性气体的混合气，例如含15%氯气、11% 一氧化碳、74%氮气的混合气体精炼铝合金（称为三气法）能保证溶解的氢含量从 0.3cm³/100g（合金）降为 0.1cm³/100g（合金），其含氧量从 0.01% 降为 0.001%。此法在同样除气效果的情况下，比用纯氯气精炼法更价廉和危害少。

（3）盐类熔剂精炼。用熔剂处理合金以脱气和除去非金属夹杂物是有效而广泛应用的方法。

铝合金常用冰晶石粉及各种金属氯化物进行铝合金脱气，反应如下：

$$2Na_3AlF_6 + 4Al_2O_3 \Longrightarrow 3(Na_2O \cdot Al_2O_3) + 4AlF_3 \uparrow \tag{32-5}$$

$$Na_3AlF_6 \Longrightarrow 3NaF + AlF_3 \uparrow \tag{32-6}$$

$$3ZnCl_2 + 2Al \Longrightarrow 2AlCl_3 \uparrow + 3Zn \tag{32-7}$$

$$3MnCl_2 + 2Al \Longrightarrow 2AlCl \uparrow + 3Mn \tag{32-8}$$

所生成的 $AlCl_3$ 在 183℃ 时沸腾，在铝液中呈气泡上升，将熔体中的气体和氧化物清除。此法的缺点是因反应结果增加了合金成分中锌或锰的含量，这在有些情况下是不允许的。

加入冰晶石时生成的氟化铝的沸点较高（1270℃），但可与许多氧化物组成低熔点化合物造渣。

铝合金用六氯乙烷脱气精炼是目前固体脱气中最有效的脱气化合物，因为反应时产生大量的气体：

$$3C_2Cl_6 + 2Al \Longrightarrow 3C_2Cl_4 \uparrow + 2AlCl_3 \uparrow \tag{32-9}$$

新近研究出的一种新型精炼除气剂，其主要成分是硝酸钠和石墨粉，表 32-5 中列出了该新型除气剂的组成。在铝合金熔化温度下，该除气剂产生氮气和碳氧化合物气体达到精炼目的，故这种方法又称作无毒精炼。

表 32-5 新型除气剂

名　称	分子式	组成质量比/%		
		I	II	III
硝酸钠	$NaNO_3$	36	36	36
石墨粉	C	6	6	6
聚三氟氯乙烯	$\left(\begin{matrix} F & F \\ -C-C- \\ F & Cl \end{matrix}\right)_n$	4		
食　盐	NaCl	24	23 ~ 25	28
六氯乙烷	C_2Cl_6		3 ~ 5	
耐火砖屑		30	30	

（4）合金熔体的真空精炼。合金熔体的真空精炼比其他方法脱气更完全，在 399.966 ~ 499.96Pa 下真空脱气 20min，液态铝合金含氢量可从 $0.42cm^2/100g$ 降为 $0.06 ~ 0.08cm^2/100g$。真空脱气速度快，可靠性大，且费用低。

铝合金的脱气在很大程度上取决于熔体中氢的传质过程。因此熔体的强烈搅拌大大缩短了脱气所需的时间。熔体表面有氧化膜存在会减慢脱气过程。真空脱气往往与向合金中鼓入惰性气体的方法相结合。鼓入惰性气体时破坏了覆盖的氧化膜，并把悬浮的固体夹杂物带到熔体表面上。

32.5.2.2　脱除金属杂质的精炼

由于含铝废料生产的铝合金往往超过规定标准的金属杂质，因此必须将其脱除。

采用选择性氧化，可将对氧的亲和力比铝大的各种杂质从熔体中除去，例如镁、锌、钙、锆，搅拌熔体时可加速上述杂质的氧化。这些金属氧化物不溶于铝而进入渣中，然后从合金表面将渣捞去。

往合金熔体鼓入氮气也可降低钠、锂、镁、钛等杂质含量。因为它们能生成稳定的氮化物。当用含水蒸气的氮气鼓泡的方法时能使过程强化。

铝合金中许多杂质对氯的亲和力比铝大。当氯鼓入铝镁合金时发生如下反应：

$$Mg + Cl_2 =\!=\!= MgCl_2 \tag{32-10}$$

$$2Al + 3Cl_2 =\!=\!= 2AlCl_3 \tag{32-11}$$

$$2AlCl_3 + 3Mg =\!=\!= 3MgCl_2 + 2Al \tag{32-12}$$

生成的氯化镁溶于熔剂中。镁与氯反应放出大量热因而合金被强烈加热。故要在低温下将氯气或氯的混合气体通入熔体中，这样可同时脱除钠和锂。

采用上述方法会有氯气逸入大气中。因此可用氮气将粉状氯化铝吹入熔体中以脱去合金中的镁，此时镁含量可降至 0.1% ~ 0.2%，脱镁反应如下：

$$2AlCl_3 + 3Mg =\!=\!= 3MgCl_2 + 2Al \tag{32-13}$$

未反应的氯化铝被氯化钠和氯化钾组成的熔剂层所吸收。

在工业上广泛应用冰晶石从铝合金中除镁，其反应为：

$$2Na_3AlF_6 + 3Mg = 2Al + 6NaF + 3MgF \tag{32-14}$$

每千克镁冰晶石理论消耗量为6kg。实际用量为理论量的1.5~2倍。用此法镁含量可降至0.05%，上述反应在850~900℃下进行。为了降低过程的温度，将含40% NaCl、20% KCl以及余量为冰晶石的混合物加在被精炼的熔体表面上。

根据冷却时杂质在铝合金中溶解度变小的原理来精炼合金的方法称凝析法。过程中从合金溶液中析出的含杂质高的相可用过滤方法或其他方法分离。

还可利用溶解度的差异来精炼除去合金中的金属杂质，例如将被杂质污染的铝合金与能很好溶解铝而不溶解杂质的金属共熔，然后用过滤的方法分离出铝合金液体，再用真空蒸馏法从此合金液体中将加入的金属除去。通常再加入镁、锌、汞来除去铝中的铁、硅和其他杂质，然后再用真空蒸馏法脱除这些加入的金属。例如被杂质污染的铝合金与30%的镁共熔后，在近于共晶温度下将合金静置一定时间，滤去含铁和硅的初析出晶相，再在850℃下真空脱镁，此时蒸气压高的杂质如锌、铅等也与镁一起脱除。

32.6 再生铝的可持续发展

32.6.1 全社会树立“3R”的理念

目前，在全球经济一体化和建立循环经济的思考中提出了“3R”的理念，所谓的“3R”是指减少（reduce）、再利用（reuse）和再循环（recycle）。减少（reduce）意味着节约资源、节约能源、减少浪费。再利用（reuse）表示经过修复或补充延长器物的使用寿命。再循环（recycle）指花费少量的资源和能源使器物重生。“3R”的理念在我国的经济建设中特别应予以强调。目前，这种“3R”理念在国际上多种领域里面有所体现，美国在轻金属方面做得比较突出。例如，按照“3R”理念设计车辆。在车辆设计时，就考虑到车辆使用寿命终期报废时有利于再利用和再循环，其中在再循环方面第一个优先点就是减少——减少事故，提高安全性，减少燃料消耗，也就是空气的污染；第二个设计优先点是再利用——延长车辆的使用寿命，通过减小元器件腐蚀，易于维护；在再循环方面，设计的汽车各个材料能够容易分选等。

32.6.2 废物治理与环境保护

再生铝生产是一个变废为宝、实现循环经济、净化环境的过程，然而再生铝生产的实现过程又是一个冶金物理化学过程，在这个过程里，铝在得到回收的同时，废气、废渣等废物也同时产生，废物的数量和危害程度与含铝废料的来源、性质以及再生回收工艺有关。这些废物尽管数量不大，但必须予以重视和处理，以免引起新的环境污染。

废铝再生回收过程产生的废渣，通常含金属铝为10%~30%、氧化铝7%~15%，铁、硅、镁的氧化物约5%，钾、钠、镁、钙和其他金属的氯化物55%~75%。可以看出，废渣中仍包含相当多有效组分，如金属铝等。

用湿法冶金处理再生铝的废炉渣可使所有成分得到完全的利用。将炉渣碎成大于250mm或更小的粒度，从破碎的炉渣中选出粗粒，再用磁盘选出铁块，然后在转子破碎机中将炉渣中选出粗粒，再用磁盘选出铁块，然后在转子破碎机中将炉渣碎到小于15mm后送磁选工段，用磁滚再次选铁。磁选后的炉渣用筛分机分成三个粒级；小于15mm粒级送浸出，大于15mm~小于50mm粒级返回转子破碎机再破碎，大于50mm粒级主要是铝合金粒，返回熔炼。

小于 15mm 的炉渣用洗涤水和湿式收尘的返液进行浸出，浸出矿浆送浓密机浓缩，上清液泵送到浓溶液贮槽。底流在鼓式过滤机上过滤，滤液送浸出用。滤渣自然干燥后送黑色冶金企业。贮槽中的浓溶液（成分为 KCl 与 NaCl）送蒸发回收粒状氯化物。

炉渣也可采用干法处理，此时将炉渣破碎和磨细，炉渣中的氯化物成粉末状，过筛后用抽风机将细粒级抽走，经旋风收尘器收下细粒废弃，粗粒级含 60% ~80% 合金铝，返回熔炼。

对于再生铝生产中的粉尘，可以通过加装收尘设备给予控制回收。对于预处理阶段产生废铝金属物，可以送有关冶炼厂回收利用。对于非金属固体物可以送水泥厂作为辅助材料配料使用。

通过这样的处理，再生铝生产中的废渣粉尘可以得到全部回收利用，基本实现再生铝生产的固体废物零排放。

在预处理阶段产生的废水，要经过化学降解和中和后才能予以排放，有条件的企业尽量做深处理后回用。

废气也是再生铝生产中必须给以高度重视的污染之一。由于含铝废料表面经常含有一些有机物，同时精炼时又要加入一些熔剂，在熔炼过程中这些有毒气体和烟雾就会产生。对于这类废气主要采用以下几个处理手段：

（1）完善预处理工艺，杜绝或减少进入熔炼过程的有机物数量。

（2）在熔炼等设备或车间安装有效的抽风设备，利用高效烟囱通过提高烟气的抬升高度减少废气的危害。

（3）设置废气湿法处理装置，利用水和碱的稀溶液吸收废气，然后处理后排放。

通过以上手段，再生铝生产中"三废"基本可以得到有效地治理。

32.6.3 再循环和重熔方面的今后研究工作

为了适应再生铝日益成为重要金属铝资源的发展形势，美国甚至规划到 2020 年铝的循环使用达到 100%，因此，需要加强研究的课题归纳为四个方面：

（1）开发和设计铝的熔炼炉，要求熔炼损失最小，成本最省，安全度高，提高熔炼的速率和减少污染排放量。

（2）研究开发一种低成本的金属提纯技术，使得由再循环废料制造的粗合金得以实现正常生产，这些技术包括从混合废料中除去如镁、铁、铅、锂、硅和钛等特殊的杂质来生产高质量的金属。

（3）研究开发新的二次合金，能用更广泛的废料制造有多用途特性的合金，为此还要开发这类合金的新的制造过程，如喷雾卷轧和其他快速凝固的方法。

（4）研究重熔过程铝的氧化损失和形成熔渣的损失最小的技术，即要更加全面了解氧化机理并研究开发更有效的熔渣或盐饼中有效分离金属的方法。

参 考 文 献

1 侯海红. 再生铝市场的发展. 新疆有色金属，2002，(2)：30 ~32
2 王祝堂. 产经网-中国有色金属报. http：//www. sina. net. 2003-11-19
3 陈祺，曹侠. 发展我国再生铝行业有关问题探析. 世界有色金属，2002，(4)：14 ~17
4 王祝堂. 中国的再生铝工业. 中国资源综合利用，2002，9：30 ~38
5 Grjotheim K，et al. Aluminium Electrolysis. Dusseldorf：Aluminium-Verlag，1982
6 中国有色金属工业公司计划部. 有色金属工业历史资料汇编（1949 ~1991）. 1993，4：89 ~90

7 王祝堂. 废铝预处理取得突破性成就. 中国物资再生, 1998, (4): 12

8 Cubberly W H, Stedfeld R L. Metals Handbook Vol. 7, 9th edition OH: ASM, Metals Park, 1984

9 罗启全. 铝合金熔炼与铸造. 广州: 广东科技出版社, 2002, (9): 68~70

10 蒋志建. 利用铝灰、铝屑、含铝废料生产碱式氯化铝. 湿法冶金, 1994, (2): 27~33

11 王溪溪, 孙金余. 生产碱式氯化铝新工艺. 化学世界, 1998, (1): 12~14

12 韩至成. 电磁冶金学. 北京: 冶金工业出版社, 2001

33 铝冶炼新工艺进展

33.1 现行 Hall-Héroult 铝电解工艺的弊病

传统的 Hall-Héroult 熔盐铝电解槽,采用 Na_3AlF_6 基氟化盐熔体为溶剂,Al_2O_3 溶于氟化盐熔体中,形成含氧络合离子和含铝络合离子。由于氟化盐熔体的高温(通常为 940~960℃)强腐蚀性(除贵金属、炭素材料和极少数陶瓷材料外,大多数材料在其中都有较高溶解度),自 Hall-Héroult 熔盐铝电解工艺被发明以来,一直采用炭素材料作为阴极材料和阳极材料。在炭素阳极和炭素阴极间通入直流电时,含铝络合离子在阴极(实际为金属铝液)表面放电并析出金属铝;含氧络合离子在浸入电解质熔体中的炭素阳极表面放电,并与炭阳极结合生成 CO_2 析出。电解过程可用反应方程式简单表示为:

$$Al_2O_3 + \frac{3}{2}C = 2Al + \frac{3}{2}CO_2 \uparrow \tag{33-1}$$

33.1.1 炭素阳极消耗及其带来的问题

由式 33-1 可以看出,在电解过程中,炭素阳极是消耗性的,故炭素阳极必须周期性地更换,由此带来了多方面的问题:

(1)消耗优质炭素材料。如果按电流效率为 100%,阳极含碳量为 100%,按式 33-1 计算,吨铝理论炭阳极消耗量为 333kg,但是由于发生 Al 的二次反应(电流效率低于 100%)以及炭素阳极的空气氧化、CO_2 氧化及炭渣脱落,致使实际的吨铝炭阳极净耗量超过 400kg。

(2)导致环境污染。表 33-1 所示为现行 Hall-Héroult 铝电解生产过程的吨铝等效 CO_2 排放量。其中,铝电解过程中产生大量温室效应气体(GHG)或有害气体,主要包括三部分:1)电解反应过程中,产生含碳化合物(CO_2 和少量 CO);2)发生阳极效应时,放出碳氟化合物 CF_n;3)所用原料中含 H_2O 时,可与氟化盐电解质反应产生 HF(在现代铝电解生产中大部分 HF 被干法净化系统中的 Al_2O_3 吸收并返回铝电解槽中)。

表 33-1 现行 Hall-Héroult 铝电解生产过程的吨铝等效 CO_2 排放量[1] (t)

生产工序	水电或核电	天然气火力发电	煤炭火力发电	世界平均值
铝土矿与氧化铝生产	2.0	2.0	2.0	2.0
炭素阳极生产	0.2	0.2	0.2	0.2
电解过程	1.5	1.5	1.5	1.5
阳极效应	2.0	2.0	2.0	2.0
发电过程	0	6.0	13.5	4.8
总排放量	5.7	11.7	19.2	10.5

电解反应所排放的等效二氧化碳主要来自三个方面:1)阳极反应产生 $CO_2$1.2kg/kg(Al);2)阳极的额外氧化产生 $CO_2$0.3kg/kg(Al);3)每吨原铝电解消耗电能(15000kW·h),

依所采用能源种类不同，发电过程中排放 CO_2 $0 \sim 13.5kg/kg$（Al），按当时能源结构，平均吨铝耗电所引起的 CO_2 排放量为 4.8t。因此每吨铝生产所排放的等效 CO_2 达到 6.3t。

发生阳极效应时，所排放的 CF_n 主要为 CF_4 和 C_2F_6，这两种温室气体的 GWP（global warming potential，用于表征各类气体相对于 CO_2 的相对温室作用大小）分别达到 6500 和 9200，阳极效应气体的当量温室作用（平均值为产生 CO_2 2.0kg/kg（Al））主要取决于阳极效应系数和效应时间，这又主要取决于电解槽结构，特别是下料方式及其控制系统。

在炭素阳极生产过程也产生 CO_2，按吨铝炭素阳极消耗量，可计算出炭素阳极生产相应的吨铝 CO_2 排放量为 0.2t。另外，炭素阳极生产过程中，产生的大量沥青烟气，主要为多环芳香族碳水化合物，也对环境造成污染。

（3）影响电解槽正常操作的稳定性。一方面是由于阳极的经常更换使电解槽的电流分布和热平衡受到干扰，维护和更换阳极需要较多的工时和劳动力，增加了生产成本。另一方面是由于炭阳极不均匀的氧化和崩落，使电解质中出现炭渣。

33.1.2　炭素阴极与铝液不润湿及其带来的问题

现行铝电解槽一直采用炭素材料作为铝电解槽的阴极材料。由于金属铝液与炭素阴极材料表面的润湿性差，为了不使炭阴极表面暴露于电解质中（避免 Al_4C_3 的不断生成与溶解），电解槽中不得不保持一定高度的铝液。铝液在电磁力的作用下发生运动并导致铝液与电解质界面的变形与波动，并且铝液高度越低，铝液运动越剧烈，这就是现行铝电解槽的铝液高度必须保持在 15cm 以上的原因。为了防止铝液的运动和界面形变影响电流效率，电解槽不得不保持较高的极距（4cm 以上），这又是现行铝电解槽必须保持较高槽电压（因而能耗高）的重要原因。据测算统计，铝电解槽两极间的电压降在 $1.3 \sim 2.0V$ 之间，相比式 33-1 所示铝电解过程的电化学理论分解电压 1.2V，可以看出，现行铝电解工艺很大一部分能量以焦耳热的方式消耗在两极之间，如果能够适当地减小极距，可以大幅度的节约吨铝能耗，降低原铝生产成本。

另外，金属铝与炭素阴极在电解温度下可反应生成 Al_4C_3，在铝液对阴极未覆盖好的时候，Al_4C_3 将直接与电解质接触并溶解到电解质中，进而促进 Al_4C_3 的生成和阴极的腐蚀，严重影响电解槽寿命（具体见本书 16.2.4 节）。

33.1.3　炭素内衬材料带来的其他问题

铝电解过程中，阴极表面不仅电沉积析出金属铝，同时还会析出金属钠。现代预焙铝电解槽启动时，首先灌入电解槽的是熔融冰晶石电解质，钠的析出尤为迅速。另外，金属铝与 NaF 发生置换反应也能生成 Na，其具体反应机理见本书的 16.2.2 节。钠渗透进入阴极炭素材料中形成插层化合物，导致阴极体积膨胀，甚至开裂。这成为导致电解槽破损的一个主要原因，电解槽破损无疑增大了铝电解厂的投资和原铝的生产成本。

铝电解槽破损后产生大量废旧内衬，按目前电解槽寿命估计，每生产 1t 金属铝约产生 $30 \sim 50kg$ 废旧内衬。废旧内衬中除了约 30% 的炭质材料外，还含有冰晶石、氟化钠、霞石、钠铝氧化物、少量的 α-氧化铝、碳化铝、氮化铝、铝铁合金和微量氰化物等。铝电解槽的废旧内衬是一种污染性固体废弃物，其中氰化物为剧毒物质，氟化钠具有强烈的腐蚀性。当废旧内衬遇水（如雨水、地面水、地下水）时，所含氟化钠和氰化物将溶于水，使 F^- 和 CN^- 混入江河、渗入地下，污染土壤和水源，对周围生态环境造成长期的严重污染。为此，人们一直开展研究，力图解决或减缓由此带来的问题，大多数采用高温焚烧废旧内衬以去除其中的有毒化学物质，回收有价氟化物如 AlF_3，并使残余物质呈化学惰性。

另外，传统铝电解槽采用炭素材料为侧壁内衬，为减少侧部氧化与导电，需要强制侧部散热以形成侧部结壳，导致能量消耗。

33.1.4　Hall-Héroult 电解槽的水平式结构及其带来的问题

现行 Hall-Héroult 电解槽使用炭素阳极和表面水平的炭素内衬作为阴极，电解析出的铝蓄积在槽底炭素阴极上面，形成一个铝的熔池，并作为实际的阴极。阳极用卡具固定其导杆悬挂于槽上部的阳极横梁母线上，炭素阳极的下端浸入槽内的电解质，并接近槽底的铝液表面。阴极炭块内部嵌入方钢，一端伸出槽外，与外部阴极母线相连。电流由槽外立柱母线进入软带母线，并由软带母线进入横梁母线，经阳极到电解质和铝液，再由阴极经阴极钢棒流到与下一个槽的立柱母线相连的阴极母线中，形成一个完整的电流通道（电解槽具体结构见本书第 11 章）。

现有的 Hall-Héroult 铝电解槽，尽管尺寸和电解工艺各不相同，但都存在电能效率较低的问题，一般在 45% ~ 50% 之间。除了理论上将氧化铝还原成铝所需的能量外，实际电解生产中其余的电能均以热量的形式向外散失。造成理论能耗与实际能耗如此大的差异的主要原因就在于现行 Hall-Héroult 铝电解槽采用了上述水平式结构，并且高极距作业，使得电解槽产能低、槽电压高。

电能效率低造成了工业电解槽上巨大电能的无谓消耗，也激发了人们寻求新型铝电解槽及其他铝冶炼新工艺以降低能耗的热情。铝电解槽节能降耗有两种手段，一种是提高电流效率，另一种就是降低槽电压，降低极距。然而现有大型预焙铝电解槽的电流效率最高已经达到 95% 以上，再通过各种手段提高电流效率以减少能耗，收效不会太大，或者得不偿失。而现有预焙槽极距一般在 4cm 以上，使极间压降达到 1.3 ~ 2.0V，这为通过减小极距降低能耗提供了很大的空间。但是对于现有普通预焙槽，极距降低就会影响到电解槽的热平衡，另外即使在热平衡允许范围内极距也不能降低太大，主要是因为极距降低容易引起电解不稳定，使铝液产生波动，降低电流效率，得不偿失。为了能够有效降低铝电解槽极距，降低能耗，就需要对现有电解槽结构进行改进，采用新型电解槽结构。

33.2　惰性阳极的研究

33.2.1　惰性阳极的优点

铝电解惰性阳极，是指在应用过程中不消耗或消耗相当缓慢的阳极。当使用惰性阳极时，阳极析出氧气，铝电解过程的反应方程式变为：

$$Al_2O_3 = 2Al + \frac{3}{2}O_2 \uparrow \tag{33-2}$$

由式 33-2 可以看出，由于电解过程惰性阳极不消耗，消除了消耗性炭素阳极所带来的各种弊端。与炭素阳极相比，惰性阳极材料应用的主要优点体现在环保、节能、简化操作及降低成本等方面，特别是减少污染和降低原铝生产成本的潜力十分诱人，具体如表 33-2 所示[2]。

表 33-2　铝电解槽采用惰性阳极后的潜在优势[2]

环　保	成本/产能	能　耗	工艺/控制	安全/健康
(1) 减少甚至消除 CO_2 的排放；	(1) 降低阳极制造成本；	(1) 提高电解槽的热效率，降低热损失；	(1) 消除了炭素阳极生产工厂；	(1) 减少阳极更换作业；
(2) 消除 PFC 的排放；	(2) 提高产品金属质量；	(2) 节省炭素阳极所含能量；	(2) 降低了阳极更换频率；	(2) 电解槽更加密闭；

环　保	成本/产能	能　耗	工艺/控制	安全/健康
(3) 消除沥青烟气（多环芳香族碳水化合物和多环有机物）的排放；	(3) 增加电解槽空间利用率；	(3) 阳极生产更加节能；	(3) 阳极底部更加平整，便于更好地控制极间距	(3) 改善车间工作环境
(4) 消除羰基硫化物的排放；	(4) 增加电解槽单位体积产能；	(4) 与可润湿性阴极配合使用，可大幅度降低极间距，从而降低能耗		
(5) 消除焦炭干粉和阳极焙烧时糊料粉尘的排放；	(5) 减少操作人力；			
(6) 减少废旧内衬的产生；	(6) 槽结构设计上更加灵活；			
(7) 减少 HF 的排放	(7) 提供电解技术革新机会			

　　表面上看，惰性阳极也有其不足之处，即反应式33-2 的可逆分解电压较高。反应式33-2 在1250K 时的可逆分解电压为2.21V，而同温度下反应式33-1 的可逆分解电压仅为1.18V。也就是说炭素阳极的使用可使 Al_2O_3 的理论分解电压降低1.03V。但是，值得注意的是，这一降低却需要消耗炭素材料。同时，惰性阳极上 Al_2O_3 的高分解电压可由表33-3 中的其他部分补偿，仍可达到节能的目的。J. Noel 指出[3]，在使用惰性阳极的情况下，若不改变阴、阳极距离，可以节能5%；若改变阳极与阴极的距离，可节能23%；若配合使用可润湿性阴极并改变极间距，最高节能可达32%。表33-3 给出了采用惰性阳极的新型电解槽与现行 Hall-Héroult 电解槽的电压降及能耗对比表。

表 33-3　不同电极配置时铝电解槽的电压降（按91%电流效率计算）[3]

电压与能耗	Hall-Héroult 槽	采用惰性阳极的新型电解槽		
	极距 4.45cm	极距 4.45cm	极距 1.91cm	极距 0.64cm①
外部压降/ V	0.16	0.16	0.16	0.16
阳极连接压降/V	0.16	0.16	0.16	0.16
阳极压降/V	0.16	0.16	0.16	0.16
电解质压降/V	1.76	1.76	0.75	0.26
分解电压/V	1.20	2.20	2.20	2.20
极化电压/V	0.60	0.15	0.15	0.15
阴极压降/V	0.60	0.60	0.60	0.60
总槽电压/V	4.64	5.19	4.18	3.68
直流电耗/kW·h·kg⁻¹	15.2	16.96	13.66	12.0
总节能/%	—	5.4②	23②	32②

①配合 TiB_2 阴极；
②包括阳极生产节能及无炭阳极消耗所节省的能量。

铝电解槽采用惰性阳极后，铝电解过程不但不再有 CO_2、CO 和 CF_n 的排放，而且阳极排放的是 O_2（可作为副产品利用）。从表 33-4 和表 33-1 的对比可见，采用惰性阳极后，全球铝电解生产的吨铝等效 CO_2 排放量将从 10.5t 降低到 7.1t，降低近 32%。如果考虑到吨铝能耗的降低，等效 CO_2 排放量将降低得更多。

表 33-4 采用惰性阳极的铝电解生产过程的吨铝等效 CO_2 排放量[1]（t）

生产工序	水电或核电	天然气火力发电	煤炭火力发电	世界平均值
铝土矿与氧化铝生产	2.0	2.0	2.0	2.0
惰性阳极生产	0.2~0.3	0.2~0.3	0.2~0.3	0.2~0.3
电解过程	0	0	0	0
阳极效应	0	0	0	0
发电过程	0	6.0	13.5	4.8
总排放量	2.3	8.3	15.8	7.1

33.2.2 惰性阳极的性能要求与研究概况

铝电解过程是发生于温度高达 940~960℃ 的 Na_3AlF_6-Al_2O_3 熔体中的电化学反应，因而对惰性阳极性能提出了严格的要求。在惰性阳极的选材方面，Benedyk[4] 和 de Nora[5] 指出应该满足以下要求：

（1）足够的抗电解质腐蚀能力，年腐蚀率应小于 20mm；

（2）析氧过电位较低；

（3）采用惰性阳极后电解槽压降不比采用炭素阳极时更大；

（4）足够的抗氧化能力，在 1000℃ 氧气气氛下能稳定存在；

（5）不影响产品铝的质量；

（6）足够的机械强度以适应正常的电解操作；

（7）良好的热震性能，能经受住预热更换及电解过程的各种热冲击；

（8）可实现与金属导杆的高温导电连接；

（9）价廉，易于大型化制备。

显然，达到上述所有要求非常困难。尽管如此，由于惰性阳极独特而巨大的优势，面对上述挑战，人们一直从电极材料研制[6]以及与之相匹配的电解质体系选择与优化、电解槽结构与工艺优化设计、技术经济指标考核与优化[7]等方面开展系列研究。

采用惰性阳极电解炼铝的想法由来已久，从 Hall-Héroult 炼铝法一开始，电解法炼铝的先驱者 C. M. Hall 在 1888 年就力图采用惰性阳极[8]。最初选用 Cu 和其他金属材料，希望在金属表面形成金属氧化物层，从而用作惰性阳极材料。后来人们开始研究一些在冰晶石熔体中溶解度小，并且具有良好半导体特性的氧化物材料。Belyaev 和 Studentsov 于 20 世纪 30 年代首先尝试使用 SnO_2、NiO、Fe_3O_4、Co_3O_4 等各种烧结氧化物之后，各种惰性阳极材料如金属及合金、耐火硬质金属（refractory hard metals，如硼化物、碳化物）、金属氧化物等都被广泛地进行研究并取得了一定的进展[9]。

1981 年，K. Billehaug 等[9, 10]将在此之前的惰性阳极材料分为四类：耐火硬质金属阳极（refractory hard metals，RHM）、气体燃料阳极（gaseous fuel anodes）、金属阳极（metal anodes）和氧化物阳极（oxide anodes）。20 世纪 80 年代以后，惰性阳极材料的研究工作主要集中在金属氧化物陶瓷阳极、合金阳极及金属陶瓷阳极的研制和试验上。因此，本书主要介绍这三类惰性阳极近年来的最新研究进展。

33.2.3 金属氧化物陶瓷阳极的研究

金属氧化物陶瓷相对其他备选材料而言，在电解质熔体中溶解度低，因而具有腐蚀速率低的优势，各种氧化物在铝电解质熔体中的溶解度数据见表 33-5、表 33-6 和表 33-7。Keller 等[11]认为，在实际铝电解过程中，金属氧化物陶瓷阳极的寿命很大程度上依赖于电极组分在电解质中的溶解速度，而这种溶解速度又主要取决于阳极组分在阴极附近的还原；但较差的高温导电性、抗热震性及机械加工性能限制了它的发展，近年来研究日趋减少。所研究的金属氧化物陶瓷阳极材料可分复合金属氧化物、单一金属氧化物及金属氧化物的混合物等几类。

表 33-5 若干氧化物在 1000℃的 Na_3AlF_6 和 Na_3AlF_6-Al_2O_3 熔体中的溶解度[12]

氧化物	在 Na_3AlF_6 熔体中溶解度（质量分数）/%	在 Na_3AlF_6-5% Al_2O_3 熔体中溶解度（质量分数）/%	氧化物	在 Na_3AlF_6 熔体中溶解度（质量分数）/%	在 Na_3AlF_6-5% Al_2O_3 熔体中溶解度（质量分数）/%
Na_2O	23.00	—	Cr_2O_3	0.13	0.05
K_2O	28.00	—	Fe_2O_3	0.18	0.003
BeO	8.95	6.43	La_2O_3	18.8（1030℃）	19
MgO	11.65	7.02	Nd_2O_3	21.3（1050℃）	—
CaO	16.3	—	Sm_2O_3	20.4（1050℃）	—
BaO	35.75	22.34	Pr_6O_{11}	31.4（1050℃）	—
ZnO	0.51	0.004	SiO_2	8.82	—
CdO	0.98	0.26	TiO_2	5.91（1030℃）	3.75
FeO	6.0	—	SnO_2	0.08	0.01
CuO	1.13	0.68	CeO_2	16.1	—
NiO	0.32	0.18	V_2O_5	1.20（1030℃）	0.65
Co_3O_4	0.24	0.14	Ta_2O_3	0.38	—
Mn_3O_4	2.19	1.22	WO_3	87.72	86.14
B_2O_3	无限	无限			

表 33-6 若干氧化物在 1100℃的 Na_3AlF_6 和 Na_3AlF_6-Al_2O_3 熔体中的溶解度[13]

氧化物	在 Na_3AlF_6 熔体中溶解度（质量分数）/%	在 Na_3AlF_6-5% Al_2O_3 熔体中溶解度（质量分数）/%	在 Na_3AlF_6-Al_2O_3（饱和）熔体中的溶解度（质量分数）/%
Cu_2O	0.28	0.23	0.34
ZnO	2.9	0.17	0.025
FeO	5.4	3.0	0.30
NiO	0.41	0.09	0.0076
CuO	1.1	0.44	0.56
Co_3O_4	7.3	—	—

氧化物	在 Na_3AlF_6 熔体中溶解度（质量分数）/%	在 Na_3AlF_6-5% Al_2O_3 熔体中溶解度（质量分数）/%	在 Na_3AlF_6- Al_2O_3（饱和）熔体中的溶解度（质量分数）/%
Cr_2O_3	0.70		
Fe_2O_3	0.8	0.4	0.22
TiO_2	5.2	—	4.54
ZrO_2	3.2	—	—
SnO_2	0.05	0.015	0.01
CeO_2	3.4	1.0	0.6

表 33-7　若干尖晶石型复合氧化物在 1000℃的 Na_3AlF_6-10% Al_2O_3 熔体中的溶解度[14]

氧化物	溶解度（质量分数）/%	氧化物	溶解度（质量分数）/%
$MgCr_2O_4$	Mg 1.60 Cr 0.04	$ZnFe_2O_4$	Zn 0.01 Fe 0.04
$CoCr_2O_4$	Co 0.01 Cr 0.01	$LaCoO_3$	La > 1.0 Co 0.14
$NiFe_2O_4$	Ni 0.02　0.009 Fe 0.05　0.058	$SnCo_2O_4$	Sn 0.02 Co 0.01

33.2.3.1　尖晶石型（AB_2O_4）复合金属氧化物阳极

尖晶石型复合氧化物陶瓷由于具有良好的热稳定性和对析氧反应有利的电催化活性（过电位低），所以被作为惰性阳极的备选材料得到大量研究。其中，研究较多的尖晶石型复合氧化物有 $NiFe_2O_4$、$CoFe_2O_4$、$NiAl_2O_4$、$ZnFe_2O_4$、$FeAl_2O_4$ 等。1993 年，Augustin 等人[15]研究了 Ni 及 Co 的铁酸盐的腐蚀行为，结果证实了尖晶石型氧化物陶瓷在冰晶石熔盐电解质中的耐腐蚀性能较好。于先进等人研究了 $ZnFe_2O_4$ 的耐蚀性能[16]，发现其腐蚀率在阳极电流密度为 0.5 ~ 0.75A/cm^2 时最大。

2001 年 Galasiu 等人用"共沉淀—烧结"制备了 $NiFe_2O_4$ 陶瓷材料[17]，结果发现，该工艺制备的惰性阳极性能比常规"固相合成—烧结"和反应烧结法有较大提高。而 Y.Zhang 等人[18]提出了关于 $NiO/NiAl_2O_4$ 和 $FeO/FeAl_2O_4$ 在冰晶石熔体中的溶解模型，对前者假设 Ni 在溶解后以 Na_2NiF_4 和 Na_4NiF_6 两种复杂离子存在，对后者假设有 FeF_2、Na_2FeF_4 和 Na_4FeF_6 存在，实验结果证明这些假设与实验数据吻合良好。此外 2001 年，Julsrud 等[19]对 $NiFeCrO_4$ 阳极材料进行了电解实验，并提出了铝电解槽中的阳极排布方式。

33.2.3.2　SnO_2 基金属氧化物阳极

SnO_2 基阳极曾被许多研究者作为惰性阳极的首选材料。杨建红等[20]对 SnO_2 基阳极在铝电解质中的行为进行了研究，采用稳态恒电位法并结合脉冲技术，对 1000℃时，SnO_2 基阳极在摩尔比为 2.7，含 10% Al_2O_3 的电解质中的析氧过电位作了测量，其结果表明，掺杂微量 Ru、Fe 和 Cr 的阳极具有明显的电催化作用。邱竹贤等[21]研究了 ZnO、CuO、Fe_2O_3、Sb_2O_3、Bi_2O_3 等氧化物添加剂对 SnO_2 基阳极的成形及其导电性能的影响，并进行了 100A 电解试验。

Haarberg 等人[22]发现，SnO_2 在 1035℃冰晶石熔体中的溶解度为 0.08%，并且在还原性条件下（如电解质中含有炭渣和溶解的金属铝等）溶解度会更高。他们认为 SnO_2 溶解度的增加是由于电解过程中 Sn^{2+} 或 Sn^+ 的存在，溶解的锡离子在阴极上被还原为金属锡。Issaeva[23]和杨建红[24]测试了 SnO_2 的电化学性能，他们采用 Pt、Au 及玻璃状 C 为工作电极进行了循环伏安测试，电压曲线显示，其峰值与在熔盐中锡的两种氧化状态（如 Sn^{2+}，Sn^{4+}）有关。在没有其他氧化物的熔盐中，阳极上会发现 SnF_2 及 SnF_4 的挥发物；而如果有溶解的氧化铝存在，它会与溶解的 Sn 形成稳定物质，没有挥发物生成。

1996 年，Sadus 等人[25]对掺有 2% Sb_2O_3 和 2% CuO 的 SnO_2 基惰性阳极在不同电解质中的行为进行了研究。他们测定了不同温度下 SnO_2 基阳极的腐蚀速率，通过对阳极试样的扫描电镜分析和能谱分析，发现阳极中的铜元素有损耗，而一定条件下阳极表面有富铝层的出现。Popescu 等[26]在实验室条件下测定了与 Sadus 所研究的成分相同的阳极的电流效率、电解温度、电流密度和极距，讨论了阳极效应期间电解质组成和性质。Galasiu[27]研究了 Ag_2O 对 SnO_2 惰性阳极电化学性能的影响，表明当阳极组成为 96% SnO_2 + 2% Sb_2O_3 + 2% Ag_2O 时，其电阻最小，抗腐蚀性能最佳。Las[28]研究了钽、铌和锑的掺入对陶瓷导电性的影响。

2000 年，Cassyre 等人[29]用透明电解槽研究了 SnO_2 作阳极时的阳极气体生成过程，进一步证实了使用惰性阳极时的阳极表面与电解质有较好的润湿性。

33.2.3.3　CeO_2 涂层阳极

Eltech Systems 公司在 1986 年申报的专利[30]指出，将三价 Ce 溶解于铝电解质中，电解条件下可在阳极表面沉积形成浅蓝色的由 Ce^{4+} 的氧氟化合物构成的所谓 CEROX 涂层。Walker 等[31]研究表明，CEROX 可降低 SnO_2 阳极基体的腐蚀。

溶解度测试表明，CeF_3、Ce_2O_3 和 CeF_4 都可溶于铝电解质熔体中，但 CeO_2 的溶解度很小。将 Ce^{3+} 添加到铝电解质熔体中后，可按式 33-3 发生反应：

$$CeF_3 + \frac{1}{2}Al_2O_3 + \frac{1}{4}O_2 = CeO_2 + AlF_3 \tag{33-3}$$

为维持阳极表面 Cerox 涂层的稳定存在，电解质熔体中需要保持一定的 CeF_2 浓度和 Al_2O_3 浓度。

Cerox 虽可降低阳极基体的腐蚀，但是在实际应用中遇到三个方面的问题：首先是，熔体中的 CeF_3 不但发生阳极氧化沉积，而且还可在阴极按式 33-4 被还原：

$$CeF_3 + Al = Ce_{in\ Al} + AlF_3 \tag{33-4}$$

进入阴极铝液中的 Ce 对阴极产品造成污染，因此需要去除进入铝液中的 Ce，并回收返回到电解质中[32]。其次是，所形成的 CEROX 涂层不是非常致密，电解过程中还将发生基体的腐蚀并引起涂层剥落[31]。另外，因为 CEROX 的导电性差，为保证阳极具有较好的导电性能，需要有效控制 CEROX 涂层的厚度，这在实际操作过程中有较大难度[31]。

1993 年，J. S. Gregg[33]等以 $NiFe_2O_4$ + 18% NiO + 17% Cu 金属陶瓷为基体，表面涂覆 CeO_2 涂层作为铝电解惰性阳极。这种阳极的耐腐蚀性能大大增强，但腐蚀性能的好坏与涂层中的 CeO_2 含量密切相关，经过长时间的电解后，涂有 CeO_2 涂层的惰性阳极仍有腐蚀现象导致的裂纹出现。杨建红等人[34]研究了以 SnO_2 为基体，表面涂覆 CeO_2 涂层的惰性阳极，发现涂有 CeO_2 的惰性阳极的电导率增大，而同时 SnO_2 基惰性阳极的抗蚀能力增强，并且带有 CeO_2 涂层的 SnO_2 基惰性阳极与电解质之间的润湿性较好。1995 年，E. W. Dewing 等[35]研究了 CeO_2 在冰晶石熔盐中的溶解反应，认为 CeO_2 的溶解与熔盐中的氧分压、铝和氟化铝的含量有关，并发现 Ce 在熔盐中主要是以 Ce^{3+} 形式存在，冷凝后的主要产物是 CeF_3。

33.2.3.4 其他金属氧化物电极

除了上述金属氧化物陶瓷阳极外，若干专利曾报道过的金属氧化物陶瓷惰性阳极材料如表33-8 所示。

表 33-8 曾被提出作为铝电解惰性阳极的若干氧化物陶瓷材料[38]

材料组成	电阻率（1000℃）/Ω·cm	结构及导电类型	制备工艺
98% SnO_2 + 1.5% Sb_2O_3 + 0.3% Fe_2O_3 + 0.2% ZnO	0.1 ~ 10	金红石（rutile）n-型半导体	1350 ~ 1450℃下烧结 15 ~ 20h
96% SnO_2 + 2% CuO + 2% Sb_2O_3	0.004	金红石（rutile）n-型半导体	1350℃下烧结 2h
65% Y_2O_3 + 15% Ti_2O_3 + 20% Rh_2O_3	5	—	1200℃下烧结 5h
$CoCr_2O_4$（62.3% Cr_2O_3 + 35.7% CoO + 2% NiO）	1	尖晶石（spinee）	1800℃下烧结 2h
$LaCrO_3$（60.2% La_2O_3 + 33.9% Cr_2O_3 + 5.9% $SrCO_3$）	0.1	钙钛矿（perovskite）	1900℃下烧结 1h
$LaNiO_3$（65.8% La_2O_3 + 33.7% Ni_2O_3 + 0.5% In_2O_3）	1	钙钛矿（perovskite）	预热以后在钛基体上等离子喷涂
$PdCoO_2$ + $PtCoO_2$（55.4% PdO + 5% PtO + 39.6% CoO）	0.01	赤铜铁矿（delafossite）	900℃下烧结 24h
$ZrGeO_4$ + $ZrSnO_4$（44.4% ZrO_2 + 3.7% GeO_2 + 48.9% SnO_2 + 2% CuO + 1% 非氧化物）	1	钨酸钙型（scheeliti）	预热后在镀铂的钛基体上等离子喷涂
$Ni_{0.6}Sn_{0.4}Fe_{1.2}Ni_{0.8}O_4$	0.2	尖晶石（spinee）	1400℃下烧结 24h
$Ni_xFe_{1-x}O$ + $Ni_xFe_{3-x}O$ + Fe-Ni 及 $NiO-NiFe_2O_4$	—	尖晶石（spinee）	—
$BaNi_2Fe_{15.84}Sb_{0.16}O_{27}$ + 16%（体积）金属	—	—	—

1999 年，Pietrzyk 等[36]对成分为62.3% Cr_2O_3 + 35.7% NiO + 2% CuO 的惰性阳极进行了实验室电解测试。结果发现阳极腐蚀率低于1cm/a，金属铝的杂质含量小于0.3%。

1995 年，Zaikov 等[37]以成分为 NiO-2.5% Li_2O 的阳极在氧化铝饱和的电解质中测试了4.5h，取出的阳极表观完好无损。在实验期间，通过称取电解前后阳极的质量来计算其腐蚀率，结果表明：氧化物电极的腐蚀率取决于其制备参数，延长烧结时间和提高烧结温度有助于降低腐蚀率。

33.2.4 合金阳极的研究

近年来，合金惰性阳极材料的研究较多，这种合金阳极具有强度高、不脆裂、导电性好、抗热震性强、易于加工制造、易与金属导杆连接等优点。Sadoway[39]认为合金是惰性阳极的最佳备选材料。然而，由于金属活性较高，在高温氧化条件下不稳定，所以能否在合金阳极表面形成一层厚度均匀、致密，且能自修复的保护膜，并且在使用过程中控制各项条件使该膜的溶解速度和形成速度保持平衡等问题至关重要，也是制约合金阳极研发的主要障碍。近年来的代表性研究进展如下。

33.2.4.1 Cu-Al 合金阳极

1999 年，J. N. Hryn 和 M. J. Pelin 等人[40]提出一种成分可能是 Cu 与（5% ~ 15%）Al 的"动态合金阳极"，该阳极示意图如图 33-1 所示。它是一个杯形 Cu-Al 合金容器，容器内装有含熔融铝的熔盐，这些熔融的铝会透过合金壁迁移到容器表面，被阳极电化学（或阳极气

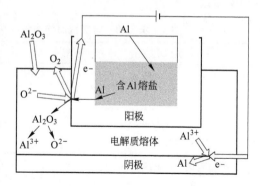

图 33-1 "动态金属阳极"示意图[40]

体）氧化后形成致密的 Al_2O_3 钝化膜，从而起到保护基体合金免遭氧化与腐蚀的作用；该 Al_2O_3 钝化膜在电解质作用下会不断溶解，同时可通过熔盐中铝的扩散与氧化来实现 Al_2O_3 钝化膜的再生与补充，当 Al_2O_3 钝化膜的溶解速度和扩散补充速度相当时，Al_2O_3 膜便能以一定厚度稳定存在。在保证阳极导电性的同时，避免了阳极基体的氧化与腐蚀。除上述结构外，也有大量研究直接采用板状或棒状 Cu-Al 合金为惰性阳极，通过采用低温电解质来降低 Al_2O_3 钝化膜的腐蚀[41, 42]。

33.2.4.2 Ni-Fe 基合金阳极

1994 年，T. R. Beck[43]对 Ni-Fe-Cu 合金阳极（组成为 15Fe-70Cu-35Ni 或 13Fe-50Cu-37Ni），采用低温铝电解质进行了探索。所用的电解质组成有 NaF-AlF₃ 或 NaF-KF-LiF-AlF₃，电解温度为 750℃。实验结果表明，合金阳极在电解条件下的腐蚀速度很小，与同温度下（750 ~ 800℃）合金在空气中的氧化速度相当，结果表明采用合金阳极进行低温铝电解的前景十分诱人。

1998 年，J. A. Sekhar 等[44]使用 Ni-Al-Cu-Fe 合金作为阳极进行了研究，认为合金的最佳组成为 Ni-6Al-10Cu-11Fe-3Zn。该种合金的缺点是氧化速率较快，在电解时阳极表面容易破损从而耐腐蚀性较差。但通过往 Ni-Al-Cu-Fe 合金中加入少量添加剂如 Si、Ti、Sn 可以减缓氧化速率，由此指出，如何减缓合金的氧化速度是此类惰性阳极的研究重点。

Duruz 等[45]于 1999 年提出了在合金（如 Ni-Fe 合金）上包覆一导电层，该导电层一方面不让原子氧及氧气分子渗透，起到保护合金的作用；另一方面具有一定电化学活性，能使含氧络离子在阳极/电解质界面发生阳极氧化转变为新生态氧原子，保证阳极反应的顺利进行。为了提高金属阳极表面抗腐蚀性能，Duruz 等提出了富含镍的 Ni-Fe 阳极，所用合金组成为 Ni-30% Fe。该合金在空气中经 1100℃预氧化 30min 后在电流密度为 0.6A/cm² 、电解温度为 850℃的条件下进行了 72h 电解，其中所用电解质为 77% Na_3AlF_6-20% AlF_3-3% Al_2O_3。

1998 年到 2004 年，美国西北铝技术公司等单位在美国能源部资助下，采用 Cu-Ni-Fe 合金惰性阳极和 TiB_2 可润湿性阴极，在氧化铝颗粒悬浮于过饱和电解质熔体中的竖式电解槽中，进行了持续 300h 的 300A 低温（740 ~ 760℃）电解试验研究，电流效率达到了 94%，原铝纯度达到 99.9%（仅考虑阳极腐蚀引入的杂质元素）。在此基础上准备进一步开展 5000A 电解试验，图 33-2 是焊接后的阳极（即电解槽）照片[46]。

Moltech 公司在其前期相关研究与专利技术的基础上，研制了所谓 Veronica 的 Fe-Ni 基合金惰性阳极，合金中添加有 Cu、Al、Ti、Y、Mn、Si 等，这些元素的添加有助于合金在热处理后和电解过程中形成致密均匀的表面钝化膜，抑制晶界氧化与腐蚀，从而提高抗氧化与耐腐蚀能力[1,47]；Moltech 在 Veronica 阳极基础上发展出 de Nora 阳极，合金基体表面通过在 $NiSO_4$ 和 $CoSO_4$ 溶液中电镀 Co-Ni 合金镀层，在空气中 920℃ 氧化处理后形成了 $Ni_xCo_{1-x}O$ 活性半导体涂层，使得阳极具有良好的电化学活性（较低过电位）和导电性能，在随后的 100 ~ 300A

图 33-2　美国西北铝技术公司等建造 5000A
电解槽的合金阳极（即电解槽）结构[46]

电解试验中，稳态条件下合金基体的氧化速率为 2mm/a，氧化物涂层的溶解速度为 3mm/a，外推阳极寿命可达 1 年以上，原铝中阳极组元含量小于 0.1%[48]。在此基础上，Moltech 公司系统研究了 de Nora 合金阳极的铸造工艺、外形结构（见图 33-3）、物理化学性能（见表33-9）、析氧电位（见图 33-4）、电解槽电热场、电磁场、铝液流场、阳极气泡扰动下的电解质流场[49]、新型电解槽结构等[50]，进行了不同规模的实验室电解试验（小于 300A）和扩大规模电解试验（4kA 和 25kA），评价了相关技术经济指标，提出了据认为可供工业化试验的技术原型[51]。

a

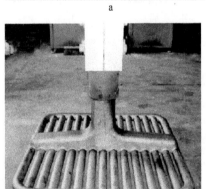

b

图 33-3　Moltech 的 de Nora 合金阳极结构[48]
a—ϕ120mm 阳极；b—600mm × 600mm 阳极

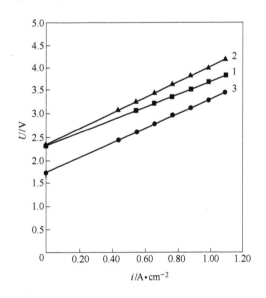

图 33-4　各种阳极在 930℃ Na_3AlF_6
熔体中的阳极电位[48]
1—de Nora 合金阳极；2—$NiFe_2O_4$
涂层合金阳极；3—炭素阳极

表 33-9   de Nora 阳极的物理化学性能[50]

项　目	指标	项　目	指标
合金基体电阻率/Ω·m	3×10^{-7}	氧化物涂层的溶解速率/m·a^{-1}	2.9×10^{-3}
氧化物涂层电阻率/Ω·m	3×10^{-2}	线性形变/m·a^{-1}	2.0×10^{-3}
析氧过电位/V	0.10	预期寿命/a	1~1.5
合金基体的氧化速率/m·a^{-1}	1.8×10^{-3}		

33.2.5　金属陶瓷阳极的研究

金属陶瓷（Cermet）是一种由金属或合金与陶瓷所组成的复合材料。一般来说，金属与陶瓷各有优缺点。金属及合金的延展性好、导电性好，但热稳定性和耐腐蚀性差、在高温下易氧化和蠕变。陶瓷则脆性大、导电性差，但热稳定性好、耐火度高，耐腐蚀性强。金属陶瓷就是将金属和陶瓷结合在一起，以期具有高硬度、高强度、耐腐蚀、耐磨损、耐高温、力学性能和导电性能好等优点。理想中的金属陶瓷阳极可兼备金属氧化物陶瓷阳极的强抗腐蚀性和金属阳极的良好导电性及力学性能，可克服金属氧化物阳极的抗热震性差及其与阳极导杆连接困难等问题，也可比金属或合金阳极具有更好的耐腐蚀与抗氧化性能。当前所研究的金属陶瓷惰性阳极一般将氧化物陶瓷作为连续相，形成抗腐蚀、抗氧化网络，金属相分散其中以起到改善材料力学性能和导电性能的作用；但金属相的选择也要考虑其耐腐蚀性能，一般选择在阳极极化条件下可在其表面生成氧化物保护层的金属或合金，从而使电极具有更好的耐腐蚀性能。但是由于目前所用的金属氧化物陶瓷与金属之间还未能实现理想的取长补短，使得制备出的金属陶瓷材料难以同时具有金属相和陶瓷相众多的优点，甚至有些还引入了各自的缺点，这正是金属陶瓷惰性阳极材料研究需要解决的重要课题。近年来金属陶瓷阳极的研究进展主要如下。

33.2.5.1　NiFe$_2$O$_4$基金属陶瓷

在美国能源部（DOE）的资助下，以开发、制备和评估不同的惰性阳极材料为目的，美国铝业公司（Alcoa）从 1980 年到 1985 年针对 NiFe$_2$O$_4$ 金属陶瓷惰性阳极进行了系统研究，并于 1986 年发表了有关金属陶瓷惰性阳极材料的研究报告和学术论文[52,53]。Alcoa 的报道确定，原料成分为 17% Cu + 42.91% NiO + 40.09% Fe$_2$O$_3$ 的 NiFe$_2$O$_4$ 基金属陶瓷（即所谓的"5324-17Cu"金属陶瓷）的性能最佳，其电导率为 90S/cm，电解 30h 之后，电极形状基本无变化，在小型试验中显示出良好的抗蚀性和导电性。自此，NiFe$_2$O$_4$ 基金属陶瓷成为最主要的铝电解惰性阳极材料，得到了广泛的研究。

在能源部的资助下，美国西北太平洋国家实验室 PNL（Pacific Northwest Laboratory）从 1985 年开始，以 Alcoa 的研究结果为基础，继续开展 NiFe$_2$O$_4$-NiO-Cu 金属陶瓷惰性阳极的研究。与此同时，Eltech Research 公司也在美国能源部的资助下，开展了金属陶瓷惰性阳极的 CEROX 涂层的研发。从 1991 年开始，PNL 和 Eltech 分别与 Reynolds 公司合作进行了金属陶瓷惰性阳极的 6kA 电解试验[54]。如图 33-5 所示，经过 25d 的电解试验，暴露的主要问题是大尺寸阳极的抗热震性差、电极开裂、导电杆损坏严重等，而且阳极电流分布不均，槽底因形成氧化铝沉淀而导致阴极电压升高[55]。采用 CEROX 涂层后，金属陶瓷阳极的耐腐蚀性能大大增强，但耐腐蚀性能的好坏与涂层中 CeO$_2$ 的含量密切相关。经长时间的电解后，涂有 CeO$_2$ 层的惰性阳极仍有裂纹出现，另外也出现了原铝中 Ce 含量较高等问题[56,57]。

尽管上述试验以失败告终，但国内外针对 NiFe$_2$O$_4$-NiO-Cu 金属陶瓷惰性阳极的研究一直持

a　　　　　　　　　　　　　　b

图 33-5　Reynolds 公司 6kA 电解试验用惰性阳极[54]
a—电解前的花盆式惰性阳极；b—电解后的花盆式惰性阳极

续进行。Alcoa 分别在 1997 年、1999 年和 2001 年发表了近期研究的技术报告，表明已在一定程度上解决了上述相关问题[58~60]。Ray[61] 在 2001 年的专利中报道，用 $NiFe_2O_4 + NiO + Cu$ 阳极电解后得到的原铝中，杂质含量分别为 0.2% Fe，0.1% Cu，0.034% Ni。2001 年，Blinov[62] 用阳极成分为 65% $NiFe_2O_4$-18% NiO-17% Cu 在氧化铝饱和，800℃ 的条件下低温电解，使得惰性阳极的年腐蚀率为 1.4cm。Lorentsen 等[63] 还研究了该种惰性阳极材料带入的杂质在阴、阳极间的迁移机理。1997 年，Blinov 等人[64] 对惰性阳极进行了低温铝电解实验。他们所用的阳极成分为 Alcoa 提供的即 $NiFe_2O_4 + 18\%$ NiO + 17% Cu，选用的电解温度为 800℃，阳极电流密度为 $0.2A/cm^2$，经过 130h 的电解试验后，发现该条件下阳极腐蚀率低于 $10^{-3}g/(cm^2 \cdot h)$，而相同阳极在 950℃ 下的腐蚀率高于 $8 \times 10^{-3}g/(cm^2 \cdot h)$。该项研究表明低温电解对降低惰性阳极腐蚀率具有积极意义。

为提高金属陶瓷的导电性，Alcoa[65] 在其前期研究的 $NiFe_2O_4 + NiO + Cu$ 金属陶瓷中添加 Ag，金属陶瓷中镍及铁的氧化物大约占 50%~90%，铜和银或铜银合金含量最好能达到 30%，其中铜银合金包含 90% 铜和 10% 银。研究表明降低温度有利于提高电极的抗腐蚀性能，摩尔比为 0.8~1.0，含 6% CaF_2 和 0.25% MgF_2 的电解质的最佳电解温度为 920℃。

2001 年 9 月 Alcoa 在意大利的一个冶炼厂进行了小型工业化试验，同时它希望能在美国建立起一个完全用惰性阳极操作的工业规模电解槽。Alcoa 当时计划将其惰性阳极制造能力提高到每天可生产出 1 个电解槽所需惰性阳极的水平，在 2002 年内建立首条惰性阳极电解槽生产系列。根据它当时递交给美国能源部的报告，Alcoa 准备在 2~3 年内开始在其炭素阳极电解槽上更换采用惰性阳极[66]。但是，Alcoa 后来宣布他们推迟了惰性阳极的下阶段研究部署，原因是材料的热脆性问题及与导杆连接问题未能很好解决[67]。

33.2.5.2　其他金属陶瓷阳极

X. J. Yu 等人[68,69] 研究过 $ZnFe_2O_4$ 基金属陶瓷的电导率和耐腐蚀性能，认为金属相 Cu 以及氧化物如 Ni_2O_3、CuO、ZnO、CeO_2 等的加入有助于提高材料的导电性能，但同时普遍降低了其耐腐蚀性能。此外，他们还发现当电流密度为 $0.5~0.75A/cm^2$ 时，该类陶瓷的腐蚀最严重。

X. Z. Cao 等[70]以 Al_2O_3、TiO_2 和金属为原料制备了所谓的 Al-Ti-O-X 金属陶瓷,其陶瓷相主要为 Fe_2TiO_5,电解试验过程中表现出较好的耐腐蚀性能和平稳的槽电压。X. Z. Cao 等[71]又以 Al_2O_3 和 Fe、Ni 为原料制备了 Al_2O_3-Fe-Ni 金属陶瓷惰性阳极,认为采用 Al_2O_3 为陶瓷相有利于减少阳极腐蚀组元对阴极铝的污染。王兆文等[72]认为 $NiAl_2O_4$ 与 $NiFe_2O_4$ 一样具有尖晶石结构,因而在铝电解质中具有较小溶解度(比 $NiFe_2O_4$ 的溶解度大些),尽管其耐腐蚀性能比 $NiFe_2O_4$ 差,但可避免 $NiFe_2O_4$ 中 Fe 对原铝的污染;因此,以 Al_2O_3 替代 Fe_2O_3 为原料,与 NiO 合成 $NiAl_2O_4$,制备 $NiAl_2O_4$ 基金属陶瓷惰性阳极。

33.2.5.3 $NiFe_2O_4$ 基金属陶瓷惰性阳极组成与耐腐蚀性能的关系

A 陶瓷相组成对耐腐蚀性能的影响

对不同陶瓷相组成下金属陶瓷的耐蚀性,比较具有代表性的研究始于 1980 年,Alcoa 在美国能源部支持下[52],开始针对 $NiFe_2O_4$ 基金属陶瓷开展了系列研究,并指出 17Cu(Cu-Ni)-18NiO-$NiFe_2O_4$ 金属陶瓷导电性和耐腐蚀性俱佳。此后,17Cu(Cu-Ni)-18NiO-$NiFe_2O_4$ 金属陶瓷逐渐成为惰性阳极研究的主要对象。然而,该类研究在确定陶瓷相成分时,很少说明 NiO 在陶瓷相中相对于 $NiFe_2O_4$ 计量比过量 18% 的具体依据。

De Young[52,73]于 1986 年指出,$NiFe_2O_4$ 组元 Ni 和 Fe 在铝电解质熔体中的活度相互成反比,满足方程式 33-5:

$$k = 1/[(x_{Fe_2O_3}x_{NiO})(\gamma_{Fe_2O_3}\gamma_{NiO})] \tag{33-5}$$

而冰晶石熔体中 NiO 的饱和溶解度远远低于 Fe_2O_3(见表 33-7,分别为 0.009% 和 0.058%),故建议 $NiFe_2O_4$ 基金属陶瓷之陶瓷相中 NiO 应适当过量,过量 NiO 不仅可降低杂质 Fe 的含量,而且可降低阳极腐蚀率,减少原铝中总的杂质含量。

E. Olsen 等[74]于 1996 年研究了 NiO 在陶瓷相中分别过量 0、17%、23% 的 $NiFe_2O_4$ 基陶瓷的电解腐蚀行为,结果没能有效确定哪种陶瓷相组成的阳极的耐腐蚀性能最佳。

2001 年 Alcoa[60]发表的研究报告中,认为 NiO 在高 Al_2O_3 浓度下形成 $NiAl_2O_4$ 使得其溶解度大大降低,可起到保护阳极的作用,而 Fe_2O_3 并无此现象,这可能也是 NiO 过量的原因之一。此外,该报告中对一系列不同组成的阳极进行电解测试,其中部分阳极电解产出的铝中杂质含量如表 33-10 所示。由表 33-10 可以看出,NiO 的过量降低了铝中杂质 Cu、Ni、Ag 的含量,Fe 的含量并未降低。

表 33-10 不同陶瓷相组成的金属陶瓷惰性阳极电解原铝中杂质含量对比[60]

阳极编号	阳极成分	原铝中杂质含量(质量分数)/%			
		Fe	Cu	Ni	Ag
776705-2	$3Ag + 14Cu + 83NiFe_2O_4$	0.375	0.13	0.1	0.015
776673-27	$3Ag + 14Cu + 83$ "5324"	0.49	0.05	0.085	0.009

注:"5324"是指 NiO 与 Fe_2O_3 质量比为 51.7:48.3 煅烧后所得 $NiFe_2O_4$-NiO 陶瓷相。

所以在陶瓷相的选择上,当前大家比较认同 NiO 适当过量有利于降低金属陶瓷中 Fe 这一主要组元的腐蚀,进而减少材料腐蚀率和原铝中总杂质含量。

2004 年,秦庆伟[75]通过对 $NiFe_2O_4$-NiO 复合陶瓷的致密化及其在 Na_3AlF_6-Al_2O_3 熔体中溶解度的研究发现,NiO 不利于 $NiFe_2O_4$-NiO 复合陶瓷的烧结致密化,随 NiO 含量的增加,复合陶瓷的相对密度下降,孔隙率上升;电解质中 Ni 的溶解度增加,而 Fe 的溶解度下降(见图 33-6)。

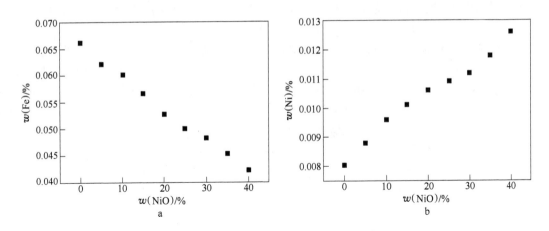

图 33-6 NiO 含量对 NiFe$_2$O$_4$-NiO 复合陶瓷在铝电解质熔体中溶解度的影响[75]

(溶解度测试条件为: $CR=2.3$, 5%CaF$_2$, 5%Al$_2$O$_3$, 980℃, 8h)

a—对 Fe 溶解度的影响; b—对 Ni 溶解度的影响

　　2005 年, 段华南[76]研究认为, 提高 5Ni-xNiO-NiFe$_2$O$_4$ 金属陶瓷的 NiO 含量, 可使其在 Na$_3$AlF$_6$-Al$_2$O$_3$ 熔体的电解腐蚀过程中电解质中 Fe 的稳态含量从 0.01857% 降至 0.006836% ~ 0.009574%, 而 Ni 的稳态含量也略有降低 (见表 33-11 和表 33-12)。综合考虑 NiO 含量对 Ni-NiO-NiFe$_2$O$_4$ 金属陶瓷材料的致密度、耐腐蚀性能、高温导电性和微观形貌的影响, 确定陶瓷相中 NiO 的最佳含量为 10%。

表 33-11　电解过程中电解质杂质 Ni 含量变化[76]

阳极成分	电解质杂质 Ni 含量 (质量分数) /%					
	0h	4h	5h	6h	7h	稳定后平均值
5Ni-0NiO-NiFe$_2$O$_4$	0.004964	0.008128	0.009204	0.008524	0.01117	0.009261
5Ni-9.5NiO-NiFe$_2$O$_4$	0.004966	0.009070	0.01004	0.008502	0.006496	0.008528
5Ni-19NiO-NiFe$_2$O$_4$	0.005104	0.007288	0.01126	0.01113	0.007974	0.009413
5Ni-28.5NiO-NiFe$_2$O$_4$	0.004956	0.009900	0.01206	0.008406	0.009248	0.009903
5Ni-38NiO-NiFe$_2$O$_4$	0.005108	0.007142	0.007592	0.007886	0.009176	0.007953

表 33-12　电解过程中电解质杂质 Fe 含量变化[76]

阳极成分	电解质杂质 Fe 含量 (质量分数) /%					
	0h	4h	5h	6h	7h	稳定后平均值
5Ni-0NiO-NiFe$_2$O$_4$	0.01527	0.023638	0.01705	0.01514	0.01846	0.01857
5Ni-9.5NiO-NiFe$_2$O$_4$	0.01553	0.007544	0.008682	0.007720	0.006982	0.007733
5Ni-19NiO-NiFe$_2$O$_4$	0.01576	0.009862	0.01090	0.009560	0.007970	0.009574
5Ni-28.5NiO-NiFe$_2$O$_4$	0.01601	0.006820	0.006852	0.006062	0.007608	0.006836
5Ni-38NiO-NiFe$_2$O$_4$	0.01570	0.006160	0.006952	0.007640	0.009938	0.007662

　B　金属相组成对耐腐性能的影响

　　一般认为金属的加入有利于改善金属陶瓷的烧结性能、力学性能与导电性能, 但金属陶瓷中金属相相对于陶瓷相被优先腐蚀，故金属相种类和含量对金属陶瓷是否能成为合格的惰性阳极材料具有关键作用。

1986 年，Alcoa[52,77]通过对金属相分别为 Ni 和 Cu、陶瓷相同为 $NiFe_2O_4$-NiO 的金属陶瓷作线性电位扫描发现，前者的残余电流大于后者；对极化后阳极的元素面扫描发现，以 Ni-$NiFe_2O_4$-NiO 金属陶瓷中的金属相的腐蚀更加严重，电解质渗入较多。分别以金属 Ni 和 Cu 为工作电极进行阳极极化，发现 Ni 阳极发生点蚀，没有形成氧化物保护层，而 Cu 阳极表面出现黑色物质，XRD 分析确定为 $CuAlO_2$ 和 Cu_2O。因此认为以 Cu 作金属相的阳极在阳极极化条件下发生钝化，金属 Cu 被氧化形成 Cu_2O 和 $CuAlO_2$，并附着于金属表面，从而减缓阳极进一步被腐蚀；而 Ni 不能形成类似物质，形成不了对惰性阳极的有效保护层，所以推荐以 Cu 或富含 Cu 的Cu-Ni 合金为金属陶瓷的金属相。Tarcy[77]同时指出，金属相含量分别为 5%、10%、15%、17% 和 20% 的金属陶瓷的耐腐蚀性能差别不大，这也是金属含量对耐腐蚀性能影响的为数不多的报道。

1987 年，Windisch[78]用循环伏安法对金属 Cu、Ni 和以 Cu 为金属相的金属陶瓷惰性阳极在电解过程中电化学行为进行了研究，结果发现 Cu 和以 Cu 为金属相的金属陶瓷在电位低于氧化铝分解电压时对应的电流，即"残余电流"比较小，接近于 Pt 电极的情况；而 Ni 对应的"残余电流"较为显著，说明该条件下存在明显反应，这一结果从电化学的角度支持了 Tarcy[77] 的上述结论。然而也有大量研究并不支持上述应该以 Cu 或者富 Cu 合金为金属陶瓷金属相的观点。有研究者认为[79]，Cu 与 $NiFe_2O_4$的润湿性不佳，在保证金属相不溢出且均匀分布条件下，所得金属陶瓷的相对密度仅有 70% ~ 80%；提高烧结温度虽可有效提高致密度但发生如图 33-7 所示的金属溢出和分布不均问题。而以 Ni 为金属相的金属陶瓷烧结性能良好，在保证金属相不溢出且均匀分布条件下，可制备出致密度高于 95% 的材料。致密度的高低对材料的耐腐蚀性能影响很大，所以从烧结致密化的角度，Cu 不利于金属陶瓷的致密化，也不利于耐腐蚀性能的提高。

图 33-7　$NiFe_2O_4$-Cu 金属陶瓷
烧结过程中金属相溢出现象

Olsen[80]对 $NiFe_2O_4$-NiO-Cu 阳极组元在电解条件下的电解质和金属 Al 迁移现象的研究发现，元素 Ni 向金属 Al 中迁移的速率约为 Cu 和 Fe 的 50%，进而认为基于 Ni 的材料，不管是 NiO 或者其他 Ni 的化合物更有希望成为惰性阳极的原料。并且在对电解后的阳极 XRD 分析并没有发现如 Tarcy[77]所说的 Cu 的氧化物及其他钝化层化合物，故认为金属 Cu 在腐蚀时并没有发生所谓的阳极钝化。

2002 年，Lorentsen[81]采用 17Cu-$NiFe_2O_4$进行了电解实验，对电解后阳极表面 XRMA 分析发现，金属相 Cu 可能存在向阳极表面迁移现象，不存在 Tarcy[77]所描述的 Ni 在富 Ni 金属相中优先腐蚀现象。并且 Cu 在 Cu-Ni 合金中的迁移速率比 Ni 的大 2 ~ 3 个数量级，并推测可能先生成 CuF 或 CuF_2再迁移。

针对 $NiFe_2O_4$基金属陶瓷的金属相种类与含量对其耐腐蚀性能影响的上述争议，李新征[82]研究了金属相种类及含量对 M/(10NiO-$NiFe_2O_4$)金属陶瓷耐 Na_3AlF_6-Al_2O_3熔盐腐蚀性能的影响。结果表明，金属相含量（0 ~ 20% 范围内）对金属陶瓷耐腐蚀性能的影响规律依金属相种类不同而存在较大差异。随金属相含量的增加，xCu/(10NiO-$NiFe_2O_4$)电解后阴极铝中 Ni、Fe

含量略有增加，Cu 含量增加明显；与 10NiO-NiFe$_2$O$_4$ 陶瓷比较，Ni/(10NiO-NiFe$_2$O$_4$) 电解后阴极铝中 Fe、Ni 含量提高近 1 倍，但金属 Ni 含量的变化对 Ni/(10NiO-NiFe$_2$O$_4$) 耐腐蚀性能影响不大；与 10NiO-NiFe$_2$O$_4$ 陶瓷比较，(85Cu15Ni)/(10Ni-NiFe$_2$O$_4$) 电解后阴极铝中 Fe 含量提高 1.5~2 倍，Ni 含量提高 2~5 倍，Cu 含量提高 2~10 倍。M/(10NiO-NiFe$_2$O$_4$) 金属陶瓷惰性阳极在相同电解条件下腐蚀后微观形貌存在较大差别（见图 33-8），Cu/(10NiO-NiFe$_2$O$_4$) 金属陶瓷电解后表层结构完好，材料腐蚀以各组元的化学溶解腐蚀为主，表现出比以电化学腐蚀为主的金属相为 Ni 和 85Cu15Ni 的金属陶瓷更好的耐腐蚀性能。综合考虑金属相种类及含量对材料烧结性能、导电性及耐腐蚀性能的影响，认为宜选择金属 Cu 作为 10NiO-NiFe$_2$O$_4$ 基金属陶瓷惰性阳极的金属相，且含量为 5%。

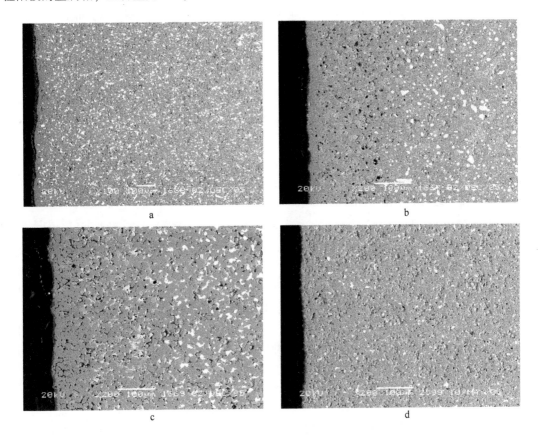

图 33-8　电解后 M/(10NiO-NiFe$_2$O$_4$) 金属陶瓷阳极的 SEM 照片

a—17Cu/(10NiO-NiFe$_2$O$_4$)；b—17Ni/(10NiO-NiFe$_2$O$_4$)；c—17(85Cu15Ni)/(10NiO-NiFe$_2$O$_4$)；
d—5(85Cu15Ni)/(10NiO-NiFe$_2$O$_4$)

33.2.5.4　NiFe$_2$O$_4$ 基金属陶瓷惰性阳极的腐蚀机理

随着 NiFe$_2$O$_4$ 基金属陶瓷惰性阳极耐腐蚀性能研究工作的深入开展，对其腐蚀机理也有了初步的了解，大致可分为：化学腐蚀和电化学腐蚀两大类[52,53,83,84]。其中化学腐蚀又可以分为化学溶解、铝热还原、晶间腐蚀、电解液浸渗等，电化学腐蚀又可以分为金属相的阳极溶解和陶瓷相的电化学分解。

A　化学腐蚀

a　化学溶解

在铝电解条件下，$NiFe_2O_4$陶瓷发生一定程度的离解，离解出的 NiO 和 Fe_2O_3 可能会发生式 33-6 和式 33-7 所示反应而遭受腐蚀。

$$3NiO(s) + 2AlF_3 \Longleftrightarrow 3NiF_2(diss) + Al_2O_3 \qquad \Delta G^{\ominus}_{1238K} = 75.51 kJ/mol \qquad (33\text{-}6)$$

$$Fe_2O_3(s) + 2AlF_3 \Longleftrightarrow 2FeF_3(diss) + Al_2O_3 \qquad \Delta G^{\ominus}_{1238K} = 179.20 kJ/mol \qquad (33\text{-}7)$$

溶解产生的 NiF_2 和 FeF_3 又有可能按式 33-8 和式 33-9 被溶解于电解质中的 Al 所还原，或迁移到阴极铝液表面并被金属铝还原进入铝液，从而促进 NiO 和 Fe_2O_3 的化学溶解以及 $NiFe_2O_4$ 的分解。

$$2Al + 3NiF_2(diss) \Longrightarrow 3Ni + 2AlF_3 \qquad \Delta G^{\ominus}_{1238K} = -947.83 kJ/mol \qquad (33\text{-}8)$$

$$Al + FeF_3(diss) \Longrightarrow Fe + AlF_3 \qquad \Delta G^{\ominus}_{1238K} = -481.73 kJ/mol \qquad (33\text{-}9)$$

Diep[85] 对 Fe_2O_3 在 Na_3AlF_6-Al_2O_3 熔体中的溶解度进行了研究，认为 Fe_2O_3 与 AlF_3、NaF 之间存在式 33-10 所示反应：

$$\frac{1}{2}Fe_2O_3 + \frac{1}{3}AlF_3 + xNaF \Longrightarrow Na_xFeOF_{(1+x)} + \frac{1}{6}Al_2O_3 \qquad (33\text{-}10)$$

进一步测定发现 Fe_2O_3 的溶解度在摩尔比为 3.0 时达到最大值。

b　铝热还原

研究发现，在电解条件下电解槽中预先存在一定的铝液时，阳极腐蚀速度明显比不存在铝液的电解槽中的腐蚀速度大[52]。这表明，电解质中溶解或悬浮的金属铝是造成阳极腐蚀的一个重要原因，此时的阳极腐蚀反应如式 33-11 所示。

$$2Al(s) + Fe_2O_3(s) \Longrightarrow Al_2O_3(s) + 2Fe(s) \qquad \Delta G^{\ominus}_{1238K} = -784.26 kJ/mol \quad (33\text{-}11)$$

式 33-11 的热力学计算表明，金属铝还原阳极中金属氧化物的反应具有相当大的趋势。

在研究惰性阳极的耐腐蚀性时发现，在同样含铝的电解质中，通电极化与非极化的腐蚀率有较大差异：前者腐蚀率较小，显然是由于阳极产生的氧气把周围的铝氧化，减缓了铝热反应的进行。然而并不是只要通电就有利于降低阳极腐蚀速率的，电流的大小需要加以控制，因为若电流密度过小，则不足以抑制铝的还原作用；若电流密度过大，又会加剧阳极极化所引起的阳极组元电化学腐蚀和阳极气体冲刷导致的磨损腐蚀。

c　电解质熔体浸渗和晶间腐蚀

王化章[86] 对惰性阳极的耐腐蚀性能研究发现，某些情况下，惰性阳极的腐蚀速率很大，对电解后阳极截面 SEM 分析发现，电解质已经一定程度上进入到阳极的内部孔隙中甚至微观的晶粒间隙中去了，形成所谓"晶间腐蚀"，导致电极的肿胀、剥落，直至最后的瓦解。另一方面，随着电解过程的进行，靠近表层的电极微粒受到电解液的浸渗，当金属相优先腐蚀掉后，陶瓷颗粒被电解质分割孤立，甚至脱离阳极本体进入电解质，导致腐蚀的加剧。

B　电化学腐蚀

自 20 世纪 80 年代以来，研究者通过各种电化学手段试图对惰性阳极在极化状态下的腐蚀行为进行研究，虽然也取得了一些有趣的结论，但是这些结论大多比较零散，至今为止，对惰性阳极的电化学腐蚀过程的了解尚未形成统一认识。

1986 年 Tarcy[77] 用线性扫描伏安法研究了不同金属相（Cu、Ni、10Ni-90Cu）的金属陶瓷，金属 Ni、Cu 和惰性金属 Pt 阳极在电解时的腐蚀情况，发现金属陶瓷阳极相对陶瓷氧化物和 Pt 阳极来说存在残余电流；基于 Ni 阳极的残余电流大于 Cu 阳极，且综合对电解后阳极的微区分析，得出了以 Cu 为金属相的金属陶瓷耐腐性能优于以 Ni 为金属相的金属陶瓷的结论。

1987 年 Windisch[11,70]用循环伏安法重点研究了金属 Cu 阳极在电解过程中的伏安曲线特征，对各个氧化还原峰作了分析，推测腐蚀过程中可能存在 Cu 氧化成 Cu_2O 和 Cu_2O 以及 CuO 和 Cu_2O 与 Al_2O_3 形成 $CuAlO_2$ 等反应。并简单研究了以 Cu 为金属相的金属陶瓷阳极的伏安曲线。

2001 年 Lorentsen[87]用线性扫描和交流阻抗法对 $17Cu-NiFe_2O_4$ 进行了研究，对相关参数（如外部阻抗，电解质电阻，CPE 元件的 n 值，Tafel 曲线斜率等）进行了测定。由美国西北铝技术公司于 2003 年提交的一份报告声称[88]，实验室阶段"阻抗谱"的研究已于 2002 年 12 月完成，试验槽上的"阻抗谱研究"和"电阻测量"已于 2001 年 12 月完成，但报告未透露更详细的研究内容。

金属陶瓷惰性阳极的电化学腐蚀过程大致包括金属相和陶瓷相的阳极溶解或分解。金属陶瓷阳极中的金属相是以改善陶瓷基体电导率而加入的，但是由于它具有相对较强的电化学活性，在阳极极化条件下，阳极上不但发生熔体中含氧络合离子的阳极放电并放出氧气，也有可能发生金属相的阳极溶解并形成相应络合离子进入熔体，从而引起阳极的消耗[52,77]。以 Ni 为例，当发生阳极溶解时，电解反应可表达为式 33-12：

$$3Ni(s) + AlF_3(s) \Longleftrightarrow 3NiF_2(s) + 2Al(l) \tag{33-12}$$

式 33-12 在 1238K 下的 $E_{1238K}^\ominus = 1.637V$，这表明在正常 Al_2O_3 分解反应式 33-2 电压更低的电位下，此类反应就可能发生，并在电化学测试时引起"残余电流"。

陶瓷相的电化学腐蚀就是陶瓷相在阳极极化条件下，发生阳极分解，氧元素在阳极被氧化产生氧气，相应金属元素与熔体作用形成络合离子并进入熔体，导致阳极的消耗。以 Fe_2O_3 为例，当发生电化学腐蚀时，电解反应可表达为式 33-13：

$$Fe_2O_3(s) + 2AlF_3(s) = 2FeF_3(s) + \frac{3}{2}O_2 + 2Al(l) \tag{33-13}$$

式 33-13 在 1238K 下的 $E_{1238K}^\ominus = 2.51V$，虽高于 Al_2O_3 的分解（式 33-2）电压，但在较高阳极极化电位和较低 Al_2O_3 浓度的条件下，该反应也有可能发生。

33.2.5.5 $NiFe_2O_4$ 基金属陶瓷惰性阳极的制备技术

金属陶瓷惰性阳极的制备工艺对它的耐腐蚀性能、导电性能、力学性能等起着决定性的作用。制备工艺与性能的关系可用材料的显微结构来表征，包括相的种类、数量及结构，通过不同工艺路线改变显微结构会使材料性能发生很大变化。

从 1980 年以来，有关 $NiFe_2O_4$ 基金属陶瓷惰性阳极的制备基本上还是采用传统粉末冶金技术，比较有代表的是 Alcoa 工艺[52]。它的惰性阳极研究组历经 3 年对大型金属陶瓷电极的制备技术进行了研究，成功制备出了 $\phi163mm$ 的大型阳极，并在 2500A 的电解槽进行了考察。所提出的材料制备技术路线如图 33-9 所示，包括氧化物原料的选择（平均粒径 $1\mu m$）、混匀、煅烧、喷雾干燥、添加金属粉末球磨混匀（Ni、Cu 粉的平均粒径 $10\mu m$）、喷雾制粒、等静压成形、湿坯加工、烧结（控制气氛中的氧含量）等工艺过程。研究中他们也曾采用热压烧结工艺进行金属陶瓷的制备，但因氧化物原料与石墨模具反应、成本高以及大尺寸异形制备困难而在后来研究中不再采用。

Olsen[89]对 $NiFe_2O_4$ 基金属陶瓷阳极的制备工艺进行了考察，将原料粉末预成形后进行冷等静压（CIP），压力为 300MPa，生坯密度达到理论密度的 60%，烧结制度与 Weyand[52]报道的相同，在氩气保护下的最高烧结温度为 1350℃，偶尔发现金属相的溢出现象。试样还进行了 SEM 和 XRD 分析，未发现其他杂相。

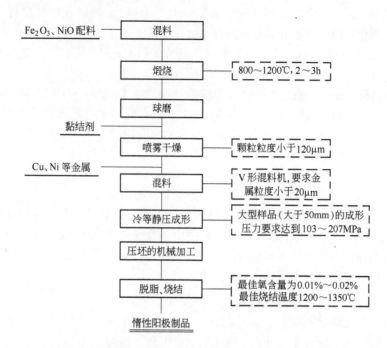

图 33-9 NiFe₂O₄基金属陶瓷惰性阳极的典型生产工艺流程

杨建红[84]开展了 NiO-NiFe₂O₄基金属陶瓷的研究，探索了其制备工艺，改进了制粉工艺。通过多次试验探索，初步找到了 NiO-NiFe₂O₄基金属陶瓷的较佳制备工艺，解决了烧结过程中的金属（铜）渗漏长包问题。

李国勋[90]制备了包括以 NiO 和 Fe₂O₃为基的金属陶瓷惰性阳极材料，并测试了各种性能。实验样品的制备是采用粉末冶金方法制得，实验所用的原料均为粉末状。NiFe₂O₄的制备是通过共沉淀的草酸盐热分解制得。有些金属是用化学镀的方法包裹在氧化物表面，预烧对压制有利，减少压制中的分层现象，但化学镀的到底是什么金属，以及化学镀对性能的影响并没有说明。烧结是在 1150～1400℃温度下进行，对金属陶瓷的烧结要用氩气保护，烧结随样品的不同而异，一般为 1～5h。

中南大学[75,76,79,82,91~94]近期系统地研究了金属陶瓷惰性阳极制备技术（见彩图Ⅲ）。在空气中以 NiO 和 Fe₂O₃经高温煅烧合成 NiFe₂O₄基陶瓷粉体，金属相选择了铜、镍和铜镍合金，采用球磨混合、钢模双向压制（或冷等静压）成形、控制气氛烧结的方法，成功制备出大小分别为 ϕ20mm×40mm、ϕ50mm×60mm 的圆柱形样品，以及 ϕ110mm×130mm（外径和外高）的深杯状样品。得出了 NiFe₂O₄基陶瓷粉体要在空气中合成、烧结 NiFe₂O₄基金属陶瓷时应注意控制氧分压、Cu 易溢出、Ni-NiFe₂O₄金属陶瓷较 Cu-NiFe₂O₄和 Cu-Ni-NiFe₂O₄金属陶瓷更易实现材料的致密化、金属 Ni 是一种良好的烧结助剂等结论。

东北大学和清华大学[95]用热压烧结工艺制备了成分为 NiFe₂O₄-Ni-Cu-NiO 的金属陶瓷，他们发现升高温度对提高密度有利。但温度不能太高，1000℃被认为是上限。温度太高密度反而会下降。该阳极在电流密度为 1.0A/cm² 的电解条件下电解 6h 后，阳极表面棱角分明，无明显腐蚀痕迹。杨宝刚[96]研究了 NiFe₂O₄-NiO-Ni-Cu-Fe 的烧结情况，烧结时通入高纯氩气，烧结温度为 1200～1400℃，保温时间为 4～12h，烧结气氛中含氧量保持在 0.01%～0.02%，但在高纯氩气与 0.01%～0.02%氧分压之间有一定的矛盾。赵群[97]将 NiFe₂O₄复合粉体湿磨 24h，平均粒度达到5μm左右能较好地满足成形的要求；Cu(Ni)-NiFe$_2$O$_4$-NiO 烧结采用 1400℃，3L/min 的氩气保护，能防止氧化，最高体积密度为 5.68g/cm^3，1450℃烧结后试样密度下降，有金属渗出现象。刘宜汉[98]在研究镍铁尖晶石基惰性阳极时认为成形压力为 160MPa，烧结温度为 1350℃，烧结时间为 6h，主颗粒直径为 0.50~0.355mm（对于 50~100mm 规格的制品），氧化银添加量为 10%，是最佳镍铁尖晶石基惰性阳极制品的制备条件，但对金属陶瓷烧结很重要的烧结气氛没有说明。

综上所述，对于 NiFe$_2$O$_4$ 基金属陶瓷的制备技术已进行了大量的研究，但为提高阳极的综合性能，在原料的处理、烧结温度、烧结气氛、金属在烧结过程中行为等方面有待进一步深入研究。

33.2.5.6　NiFe$_2$O$_4$基金属陶瓷惰性阳极的烧结致密化

作为铝电解用惰性阳极材料，不仅要保证具有目标物相组成，以保证良好的导电性、抗热震性和耐腐蚀性能，还要有足够高的致密度以抵抗高温铝电解质熔体的渗蚀作用[6]。材料致密度的提高，还有利于提高导电性能，增强机械强度和避免金属相的氧化等。

烧结是金属陶瓷制备过程中最重要的环节，是粉末冶金生产过程中最基本的工序之一，对产品性能起着决定性作用，是一个粉末或压坯在低于主要组分熔点温度下的加热处理，借助颗粒间联结以提高强度的过程。简单地说，烧结是坯体在高温热能激活下体系总表面能下降和缺陷浓度减少并致密化的过程。金属陶瓷在烧结过程中需要严格控制操作条件如烧结气氛、烧结温度及保温时间，以获得具有目标物相组成的高致密度金属陶瓷材料。

Berchmans[99]研究了 Mg^{2+}掺杂 NiFe$_2$O$_4$ 的惰性阳极材料性能，生坯于空气气氛下 1000℃连续烧结 50h，认为 Mg^{2+}嵌入到 NiFe$_2$O$_4$ 尖晶石的晶格，使晶胞参数增大，并形成新物质 Ni$_{0.4}$Mg$_{0.6}$Fe$_2$O$_4$，Mg^{2+}优先占据尖晶石立方结构的 B 位（置换 Ni^{2+}），部分占据 A 位（Fe^{3+}）。材料的烧结性能、导电性能、抗热震性能和耐腐蚀性能都得到了提高。

焦万丽[100]通过添加少量 TiO$_2$粉末来改善 NiFe$_2$O$_4$试样的烧结性能。研究了 NiFe$_2$O$_4$ 和 TiO$_2$-NiFe$_2$O$_4$两种样品反应烧结过程中的热力学及动力学条件，同时利用球模型推导的扩散机制的烧结方程测算出两种材料的烧结活化能，表明添加质量分数为 1% TiO$_2$ 粉末，当合成温度为 1250℃时，TiO$_2$-NiFe$_2$O$_4$样品就已达到致密，其烧结活化能由 NiFe$_2$O$_4$样品时的 245.36kJ/mol 降低为 142.71kJ/mol，起到活化烧结的作用。席锦会[101]研究了添加 V$_2$O$_5$ 的 NiFe$_2$O$_4$ 尖晶石样品的烧结机理，认为添加 V$_2$O$_5$ 后样品的烧结为液相烧结，提高了惰性阳极样品的密度。姚广春等[102]研究了 MnO$_2$掺杂对镍铁尖晶石惰性阳极材料烧结过程和微观结构的影响，认为添加 1% MnO$_2$ 能够细化晶粒，且粒径分布均匀，促进了烧结，并且能够改善制品的抗弯强度和抗热震性。

田忠良[92]通过对材料制备工艺（金属相添加方式、烧结气氛、烧结温度和保温时间）的综合研究，解决了材料致密化与金属相溢出或分布不均的矛盾，获得了具有目标物相组成和高致密度（高于 95%）的 NiFe$_2$O$_4$基金属陶瓷材料。张勇[94]通过加入 2%的 CaO 助烧剂，使 xM/(10NiO-NiFe$_2$O$_4$)金属陶瓷实现了低温烧结致密化，避免了 xCu/(10NiO-NiFe$_2$O$_4$)金属陶瓷烧结过程中 Cu 的溢出，并使其致密化烧结温度降低了 50℃，使得 xNi/(10NiO-NiFe$_2$O$_4$)金属陶瓷致密化烧结温度降低了 150℃。

33.2.5.7　NiFe$_2$O$_4$基金属陶瓷惰性阳极的力学性能

惰性阳极在应用于铝电解工业时，都必须经过预热与启动这一重要过程。惰性阳极预热的目的在于通过一定时间的缓慢加热，接近或达到电解槽正常生产温度，以免在启动中发生"热震"造成电极开裂。预热与启动过程在惰性阳极的整个使用期内虽然很短，但对惰性阳极的寿命却起着决定性影响，因此，惰性阳极的力学性能，特别是抗热震性能对惰性阳极的工业化应用至关重要。

惰性阳极在进行小样品，小电流的试验时，它的力学性能比较差可以不考虑，但是在大型试验中，氧化物以及金属陶瓷惰性阳极的力学性能非常关键。1991 年 Reynolds 金属公司在6000A 电解槽上用金属陶瓷阳极进行 25d 的持续电解试验，暴露的主要问题是大尺寸阳极的抗热震性差、电极开裂、导电杆损坏严重等，并由此导致试验的最终失败[54,55]，见图 33-5。

Alcoa 在 1986 年的惰性阳极的报告[52]中，针对 51.7% NiO-48.3% Fe_2O_3（即 5423）、20% Fe-60% NiO-20% Fe_2O_3（即 6846）、5324 + 30% Ni、5324 + 17% Cu 等材料，进行了四点抗弯强度、韦氏模量、断裂韧性、杨氏模量、剪切模量、泊松比等性能的测试，结果见表 33-13，表中 A 代表 $NiFe_2O_4$。Alcoa 在 2001 年 7 月发表的报告中宣布，再次由于惰性阳极的热震开裂问题和导电连接失效问题，将推迟惰性阳极的应用[67]。可见，$NiFe_2O_4$ 基金属陶瓷惰性阳极的力学性能对于其大型试验起着重要作用，但是到目前为止，针对 $NiFe_2O_4$ 基金属陶瓷惰性阳极的力学性能的研究还相对较少。

表 33-13　Alcoa 公司 1986 年报道的金属陶瓷惰性阳极性能[52]

性能指标	A1-17% Cu	A1-30% Ni$_b$	A1-30% Ni$_a$	A1-66	6846	6846	5324
制备方法	煅烧 + 烧结	煅烧 + 烧结	煅烧 + 烧结	煅烧烧结	煅烧烧结	反应烧结	煅烧烧结
理论密度/g·cm^{-3}	6.28	6.55	6.55	6.35	6.35	6.35	5.72
体积密度/g·cm^{-3}	6.09	6.52	6.55	6.11	6.12	5.89	5.69
开孔率/%	0.06	0.09	0.11	0.2	0.3	1.94	0.16
四点抗弯强度/MPa	104.2	182.9	192.4	126.8	112.8	105.8	165.6
韦氏模量/GPa	12.4	20.9	7.8	4.9	15.4	8.0	13.1
断裂韧性/MPa·m$^{1/2}$	—	5.15	5.43	3.64	3.75	4.84	1.92
杨氏模量/GPa	145	—	—	175	—	146	155
剪切模量/GPa	55.8	—	—	—	—	56	63
泊松比	0.3	—	—	—	—	0.29	—
微观结构（金属含量）/%	20	39	40	31	30	28	3
微观结构（空隙率）/%	1.2	1.5	1.5	1.6	4	5.3	3.4
物相组成	A, NiO, Ni, Cu	A, NiO, Ni	$NiFe_2O_4$, NiO, Ni	A, NiO, Ni	A, NiO, Ni	A, NiO, Ni	A, NiO

注：A 代表 $NiFe_2O_4$，A1 代表 "5324"。

刘宜汉[98]引入了氧化银-镍铁尖晶石惰性阳极的抗弯强度和抗热震试验的测试方法，但没有进一步的研究结果。秦庆伟[75]测试了 5% Cu-$NiFe_2O_4$，5% Ni-$NiFe_2O_4$ 的室温抗弯强度，分别为 116.03MPa，78.90MPa。孙小刚[91]从金属颗粒强韧化，晶须强韧化的角度研究了金属相含量，金属相添加方式，晶须掺杂等对 Ni/（90$NiFe_2O_4$-10NiO）金属陶瓷的力学性能的影响；结论是，0 ~ 17% 范围内，随着金属相含量的提高，Ni/（90$NiFe_2O_4$-10NiO）金属陶瓷的致密度、维氏硬度呈下降趋势；断裂韧性、热震残余强度和抗热震循环次数呈上升趋势，但增幅不大；综合金属相含量对致密度、力学性能及耐腐蚀性能的影响，确定 10% 为金属 Ni 含量的最佳值。张刚[103]研究了 Cu 含量对 Cu/(10NiO-NiFe$_2$O$_4$)金属陶瓷显微组织和力学性能（抗弯强度、断裂韧性）的影响，结论是金属含量从 0 增加至 20% 时，试样的致密度和抗弯强度随着金属含量的增加而先增后减，断裂韧性随着金属含量的增加而增加。其中致密度在金属含量为 5% 附近达到最大为 95.85%，抗弯强度在金属含量为 15% 附近达到最大为 200.34MPa，断裂韧性在金属含量为 20% 附近达到最大为 3.55 MPa·m$^{1/2}$。张勇[94]研究了助烧剂 CaO 掺杂后 10NiO-NiFe$_2$O$_4$基金属陶瓷的力学性能，结论是 CaO 的掺杂对 10NiO-NiFe$_2$O$_4$复合陶瓷力学性能影响明显，但对金属陶瓷的力学性能影响不大。

33.2.5.8　NiFe$_2$O$_4$基金属陶瓷的高温抗氧化性能与导电性能

铝电解惰性阳极在应用过程中，电极表面将有大量 O$_2$ 析出，对 NiFe$_2$O$_4$基金属陶瓷表面区域的金属相产生氧化作用，改变材料物相组成，从而影响材料导电性能等。杨宝刚[96]对含 Cu 的 NiFe$_2$O$_4$基金属陶瓷抗氧化性进行了研究，认为所制备的阳极具有良好的抗氧化性能，单位面积氧化增重与氧化时间的关系近似"抛物线"，并证明阳极氧化增重是由金属相 Cu 的氧化所产生的。同时，抗热震性实验研究表明，其残余强度保持率最高可达 92.1%。田忠良[92]研究认为 Ni-NiFe$_2$O$_4$金属陶瓷高温氧化符合气—固反应的动力学过程，主要受试样致密度影响，与金属 Ni 含量和陶瓷相组成无关。

惰性阳极不仅要有良好的高温稳定性，还要有良好导电性，且在高温下随温度的变化不宜过大。否则将导致阳极电流密度分布不均匀，有时甚至出现阳极与金属导杆连接处因电流过度集中而开裂。

NiFe$_2$O$_4$陶瓷在 950℃ 下电导率约为 2S/cm，与现行铝电解工业炭阳极导电性能相比（电解条件下电导率约为 200S/cm），其导电能力明显较差，即使在高温下也无法满足作为惰性阳极材料的要求，使用过程中因阳极自身过高的电压降而无法达到节能降耗的效果[104]。金属 Fe 的加入，材料中将有 Ni-Fe 相生成，可提高材料导电性，高温下的电导率达到 700S/cm，含 17% Cu 的 NiFe$_2$O$_4$ 基金属陶瓷在 1000℃ 时的电导率约为 90S/cm[52]。Alcoa[105]通过添加金属 Ag 来提高金属陶瓷惰性阳极导电性能。Lai[104]针对文献报道的有关惰性阳极高温电导率差异大的问题，建立了如图 33-10 所示的高温电导率测试装置，系统地测量了不同金属相种类及含量的 NiFe$_2$O$_4$基金属陶瓷电导率随温度的变化，认为 Cu-Ni 合金的加入对提高 NiFe$_2$O$_4$陶瓷的导电性能更为有利，20% Ni/NiFe$_2$O$_4$金属陶瓷在 960℃ 时的电导率为 69.41S/cm。

33.2.5.9　金属陶瓷惰性阳极与金属导杆的连接技术

在惰性阳极技术中，阳极与金属导杆的可靠连接是迫切需要在设计和制造中解决的关键问题之一[54,67]，也是该领域的难点问题，主要是材料使用环境对连接材料提出了严格的要

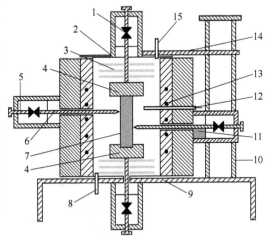

图 33-10　高温电导率测试装置

1—压力传感板；2—密封盖；3—隔热板；4—电流导杆；
5—施压手柄；6—侧部探针；7—待测试样；8—进气孔；
9—钢制基座；10—升降轨道；11—绝缘管；
12—热电偶；13—加热元件；14—密封盖
与升降轨道连杆；15—排气孔

求：（1）在 900～1000℃ 的使用温度下，要求接头不但有足够的机械强度，还要求接头具有较长的使用寿命；（2）要求连接料抗蠕变、抗热疲劳、抗热震及耐腐蚀性能好，以保证连接界面在高温及存在氧气、氟化物等腐蚀性气体的环境下稳定工作；（3）连接料要具有良好的塑性、屈服强度与抗拉强度、热膨胀系数与所连接材料相近，以保证在温度循环过程中，连接界面不产生较大的残余应力；（4）由于陶瓷的热导率低，导电性差，抗热冲击能力弱，因此还要求连接料的导电、导热性能尽量与之匹配，以避免产生残余热应力及连接界面处出现电阻热现象。实事上，同时满足上述各个条件是相当困难的。当前，陶瓷与金属间的连接方法有三种：机械连接、焊接连接和化学黏结，其中焊接又分为钎焊和扩散焊接。下面对金属陶瓷惰性阳极制备过程中常用的机械连接和扩散焊接方式进行评述。

A 机械连接

机械连接是早期研究中较为常用的惰性阳极连接方法，主要包括螺栓连接和钎焊 + 弹簧压紧机构连接两种类型，见图 33-11[52, 54, 106]。Alcoa 采用惰性阳极在 2500A 电解槽进行电解试验后，认为采用钎焊 + 弹簧压紧机构连接的连接效果要好于螺纹连接[52]。螺栓连接的特点是操

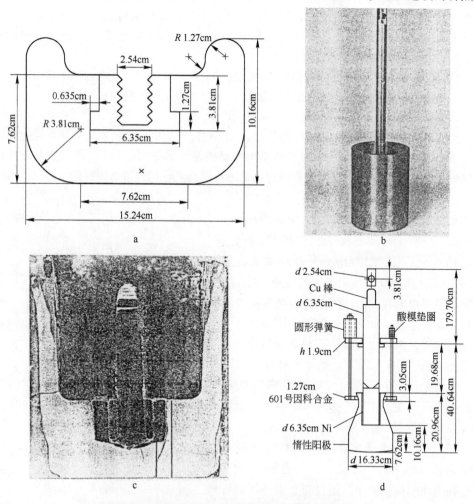

图 33-11 惰性阳极与金属导杆间机械连接示意图

a—螺纹连接的阳极加工样图[54]；b—螺纹连接实物[52]；

c—电解后的螺纹连接阳极剖面[52]；d—钎焊 + 弹簧压紧连接机构[52,106]

作简单，接头具有可拆性，图33-11展示了采用螺纹连接惰性阳极试样的加工示意图、实物及电解后样品的剖面图。试验结果表明，采用螺纹连接的接头导电性差，连接稳定性差，而且由于金属陶瓷材料加工性能不好，导致机加工成品率低、费用高，阳极加工区域是电解过程中最容易产生缺陷并导致阳极失效的区域，见图33-11c。Strachan[106]采用钎焊+弹簧压紧机构对阳极和导电连杆进行连接，见图33-11d，该方法先将导杆与阳极基体采用钎焊连接，再采用弹簧机构对连接部分进行加固，从而获得相对较为稳固的连接，但由于钎焊层较薄，而且焊料稳定使用温度无法满足铝电解试验的要求，另外在接头始终受到压应力的作用，容易产生应力集中。

国内方面，近期有关惰性阳极机械连接方面的公开报道较少。在早期的惰性阳极研究中，刘业翔[20, 34]和杨建红[84]等也曾采用机械连接方式解决惰性阳极与金属导杆的高温连接问题，即用铂丝缠紧电极上的沟槽，并用导电的铂水泥涂覆，使接触良好，铂丝的另一端压接在钢棒上。这样的接触比较稳定，在高温及阳极极化的情况下电阻变化很小。很显然，贵金属铂的使用会增加成本，不适合在大型阳极上使用。

　　B　焊接连接

为实现耐高温陶瓷与金属的连接，目前主要采用钎焊、固相扩散焊和瞬间液相扩散连接。其中耐高温钎料钎焊是目前研究较多且连接性能较好的方法，存在的主要问题是钎焊温度高、适用面窄及高温强度尚不甚理想等。钎焊连接的特点是连接界面为扩散、物理力、化学键作用，接头强度高，有一定的气密性，耐高温，可靠性较高，但其工艺难度大、成本高，接头存在内应力。

在金属陶瓷惰性阳极与导电钢棒的扩散焊接方面，Weyand[52]和Peterson[107]分别报道了采用固相扩散焊接对金属陶瓷惰性阳极和导电杆进行连接的试验方案和结果，其结构如图33-12所示。图33-12a是Weyand等人[52]开发的惰性阳极扩散焊接连接的模型，采用Ni201作为连接

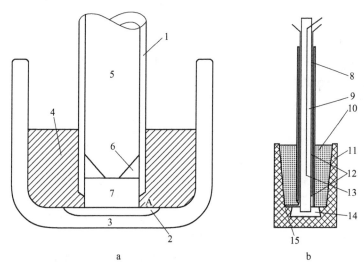

a　　　　　　　　　　　　b

图33-12　惰性阳极与金属导杆间扩散焊接示意图

a—采用金属Ni连接件[52]；b—采用金属Cu-Ni合金连接件[107]

1—601号因科合金；2—惰性阳极还原区；3—金属陶瓷阳极；4—惰性阳极碎块填料；5—碳钢；

6—焊接带；7—Ni201；8—刚玉套管；9—阳极导杆；10—Al_2O_3填料；11—惰性阳极；

12—导杆电位检测点；13—热电偶；14—Cu-Ni合金；15—阳极电位检测点

金属陶瓷和阳极钢棒的中间过渡层，在实施扩散焊接前需对阳极连接部位进行表面金属化处理，主要是采用还原剂在材料表面还原获得一个金属层，人为构造一个从金属陶瓷到 Ni201 的梯度结构。该方案受加工工艺及材料本身特性等因素的影响，在金属陶瓷表面金属化的过程中，很容易在过渡金属层中产生孔洞和夹杂氧化物，并将成为材料内部主要的空位源，这种显微结构长时间在高温条件下工作时是极不稳定的，高温下空位的运动将导致连接部位强度的下降，甚至造成连接失效。图 33-12b 是 Peterson 等人[107]开发的采用金属 Cu-Ni 连接阳极与阳极钢棒的扩散焊接结构及单个惰性阳极组装示意图。在阳极连接处预先烧结一块 Cu-Ni 合金，然后再采用扩散焊结的方式实现阳极钢棒与 Cu-Ni 合金及阳极杯的连接。该连接方式具有连接稳定、连接强度高等特点，但是工艺过于复杂。Alcoa[52]曾在 60A 电解槽上考察了金属陶瓷阳极与 Ni 棒的扩散焊接结构稳定性，短时间的电解试验表明，扩散焊非常成功；但 2500A 电解实验结果表明，所采用扩散连接接头在使用过程中存在强度下降的问题，甚至造成阳极直接脱落。

在国内方面，秦庆伟[75]采用含金属 Cu 的中间层，在实验室成功进行了 5% Ni-NiFe$_2$O$_4$/Fe 的部分瞬间液相连接。田忠良[92]将熔融金属渗入法引入惰性阳极研究领域，来解决 NiFe$_2$O$_4$ 基金属陶瓷与金属导杆的高温导电连接问题；通过工艺技术条件的优化，实现了二者间的冶金结合，室温连接强度达到 17.45MPa，避免了普遍采用的机械连接和扩散焊接方法由于材料热膨胀性能差异而在使用过程中极易开裂的问题。张雷[93]采用压力扩散焊接工艺成功实现了 NiFe$_2$O$_4$-10NiO/17Ni 金属陶瓷型惰性阳极与阳极导电钢棒的梯度电连接，焊接接头平均拉伸强度为 15.15MPa。

33.2.6　低温铝电解——惰性阳极的必由之路

低温铝电解是指在 800~900℃甚至更低的温度下进行铝电解过程，被认为是最具潜力的节能降耗技术，更是解决惰性阳极耐腐蚀问题的主要途径，已成为当今国际铝冶金界最关注、研究最活跃的课题之一。

铝的熔点为 660℃，只需要将铝电解温度控制在 700℃以上就可以满足阴极获得液态铝的要求，因此在 Hall-Héroult 铝电解生产工艺被提出时，它的发明者就曾经设想过低温电解。低温电解可以减少电解槽的热损失，提高电流效率，从而降低原铝生产能耗和成本。但是，由于低温电解质最致命的弱点，即氧化铝溶解困难（低溶解速度和溶解度）严重阻碍了它的发展与应用。

多年来，无论哪一种惰性阳极（陶瓷、合金或金属陶瓷）开发都遇到了一个共同的难题，即惰性阳极的耐腐蚀性（对于陶瓷和金属陶瓷还有抗热震性）还无法满足现行铝电解质体系和电解工艺（以高温低氧化铝浓度为特征）的要求。惰性阳极耐腐蚀问题的解决除了进一步提高材料性能外，还需要为其提供更加"友好"的服役环境，主要是具备"低温、高氧化铝浓度"特征的新型电解质体系及其电解新工艺，电解温度的降低不但可显著降低金属相（或金属基体）的氧化速率（温度每降低 100℃，金属的氧化速率可降低一个数量级），也可显著降低陶瓷相的溶解速度，而这两方面是惰性阳极腐蚀失效的主要原因[108]。这一需求极大地推动了低温电解质的研究，甚至可以说近期的低温电解研究主要是为了给惰性阳极的工业化应用创造更佳服役环境而进行的。

鉴于本书 2.4 节已对"低温（熔度）电解质"进行了介绍，并且相关专著[109]中也有相应内容，本章主要介绍针对惰性阳极需要而开展的有关低温铝电解质的研究进展。

针对惰性阳极的低温电解质基本可分为 NaF-AlF$_3$ 和 KF-AlF$_3$ 两大体系，并且这两种体系都是通过降低电解质摩尔比或添加其他添加剂来降低熔体初晶温度，从而实现低温电解。

33.2.6.1 NaF-AlF₃低温电解质体系

1994 年，Beck[43]采用 Fe-Cu-Ni 合金阳极，在 750℃ 的 NaF-AlF$_3$（或添加部分 KF 和 LiF）低温电解质中进行电解实验，研究了相关电解工艺，认为阳极气泡的扰动可使未溶解的 Al$_2$O$_3$ 悬浮于电解质熔体中，使电解过程中消耗的 Al$_2$O$_3$ 得到有效补充，并且竖式多室电解槽结构可使电解槽的空间利用率超过传统电解槽 20 倍以上。1995 年又进一步开展了 300A 电解试验，电解槽启动初期原铝中杂质 Cu 含量达到 0.3%，但两天后杂质 Ni、Fe 和 Cu 的含量低于 0.03%（达到了原铝质量要求）[110]。此后，有一系列研究均采用低摩尔比 NaF-AlF$_3$ 进行合金阳极的低温电解，提出了多种 Al$_2$O$_3$ 悬浮电解槽（也称为料浆电解槽）[111~116]，特别是 1998 年到 2004 年，美国西北铝技术公司等单位在美国能源部资助下开展的"低温电解中合金阳极寿命研究"代表了此类研究的最新进展[46]。

Alcoa[58]近期在美国能源部资助下，采用所开发的 5324-17Cu 金属陶瓷阳极，在其认为较理想的低温电解质 36% NaF-60% AlF$_3$（$CR = 1.12$）中进行了长时间（200h）电解腐蚀试验，电解温度为 800℃，阳极电流密度为 0.5A/cm^2，电解过程中通入气体搅拌熔体以加速氧化铝的溶解，并且分别采用高纯氧化铝坩埚溶解消耗和加入过量的不同种类 Al$_2$O$_3$ 来保持较高的 Al$_2$O$_3$ 浓度，电解过程中测得的氧化铝含量分别为 4.05%~4.5%。但是，试验结果并不理想（尽管有的试验中获得了 0.254~0.762cm 的较低年腐蚀率），主要问题是：循环运动的电解质虽有利于 Al$_2$O$_3$ 的溶解，但同时使得电解质熔体中含有金属 Al 并直接对阳极产生还原腐蚀，为此，以 O$_2$ 代替 Ar 作为搅拌气体，结果可减缓金属铝对阳极的还原，但又引起阳极表面形成不导电层。最终认为需要把氧化铝的溶解区和电解区分开来解决这个问题。

33.2.6.2 KF-AlF₃低温电解质体系

KF-AlF$_3$ 体系相对于 NaF-AlF$_3$ 体系来说，最大的优点是氧化铝在其中溶解更快、溶解度更高。但是 K 对炭素材料的渗透膨胀现象严重，约为 Na 的 10 倍，这对以炭素材料为阴极和槽内衬的电解槽而言是致命性的。正因如此，前期针对 KF-AlF$_3$ 体系低温铝电解的研究报道极少。但是，近年来人们越来越认识到惰性阳极的成功开发必须要有可提供"低温、高氧化铝浓度"服役环境的低温铝电解质体系，而 NaF-AlF$_3$ 低温电解质体系较难获得高氧化铝浓度，并且针对 KF-AlF$_3$ 体系对炭素内衬渗透破坏的问题，人们已期望有新的阴极材料（如 TiB$_2$ 阴极）和内衬材料（如刚玉）出现。因此，近年来 KF-AlF$_3$ 体系下惰性阳极的低温电解已有较多研究。

2004 年，J. H. Yang[41]在 700℃ 的 50% AlF$_3$-45% KF-5% Al$_2$O$_3$ 电解质中，用 Cu-Al 金属阳极和 TiB$_2$ 阴极分别进行了 10A、20A 和 100A 的低温电解实验，电解过程最长持续 100h，阳极电流密度为 0.45A/cm^2，电流效率达到 85%，所得原铝纯度可高于 99.5%，杂质 Cu 的含量可低于 0.2%（见表 33-14）。基于这一结果认为，Cu-Al 合金阳极在 KF-AlF$_3$-Al$_2$O$_3$ 电解质体系中有望成功应用，并持续开展研究。2006 年，J. H. Yang[42]采用 Al-Cu 合金阳极和 TiB$_2$ 可润湿性阴极在 KF-AlF$_3$ 低温电解质熔体中进行了系列 100A-100h 电解试验，研究了 NaF 含量、电流密度和电解温度对阳极耐腐蚀性能的影响，并认为具备了进行更大规模电解试验的要求。2007 年，J. H. Yang[117]为更好进行电解工艺调控，研究了 Al$_2$O$_3$ 在 KF-AlF$_3$ 电解质熔体中的溶解度。

表 33-14　不同电解条件下铝金属中的杂质含量[41]

实验编号	电流 /A	时间 /h	$w(Cu)$ /%	$w(Fe)$ /%	$w(Si)$ /%	$w(Ni)$ /%	$w(Cr)$ /%	$w(Mo)$ /%	$w(K)$ /%	$w(Na)$ /%	$w(Mn)$ /%
AlT22	10	31	0.51	0.032	<0.01						
AlT25	10	100	0.51	0.0359		0.0276			0.0006	0.002	0.0051
AlT53	20	32.5	0.1	0.24	<0.01	0.03	0.05		<0.025		
AlT55	20	56.4	0.16	0.19	<0.01	0.02	0.04		<0.025		
AlT57	100	50	0.09	0.03	<0.01	<0.01		0.03	0.021	<0.01	

　　Moltech 公司近期的惰性阳极电解试验中，为了增强电解质熔体的氧化铝溶解能力，也开始采用含 KF 的电解质：Na_3AlF_6 + 11% AlF_3 + 4% CaF_2 + （5% ~ 7%）KF + （7% ~ 8%）Al_2O_3[48]、Na_3AlF_6 + （10% ~ 14%）AlF_3 + （2% ~ 6%）CaF_2 + （3% ~ 7%）Al_2O_3 + （0% ~ 8%）KF[51] 或 Na_3AlF_6-11% AlF_3-4% CaF_2-7% KF- 9% Al_2O_3[50]。

　　J. W. Wang[118] 开展了 5% Cu-9.5% NiO-85.5% $NiFe_2O_4$ 阳极在不同低温电解质中的电解腐蚀研究，包括 K_3AlF_6-Na_3AlF_6-AlF_3 + 5% Al_2O_3 和 50% AlF_3 + 45% KF + 5% Al_2O_3。

　　俄罗斯近年也有关于 KF-AlF_3 低温电解质体系的研究报道。Kryukovsky[119] 针对 KF-AlF_3 低温电解质体系温度降低后导电性能变差的问题，研究了 680 ~ 770℃ 下 KF-AlF_3-Al_2O_3（CR = 1.3）、KF-AlF_3-LiF（CR = 1.3）和 KF-AlF_3-Al_2O_3-LiF（CR = 1.3）电解质熔体电导率随温度、Al_2O_3 含量（0% ~ 4.8%）和 LiF 含量（0% ~ 10%）的变化。结果表明，尽管 KF-AlF_3 低温电解质的电导率较现行电解质的有明显降低，但添加 LiF 后有明显改善，认为添加 LiF 的低摩尔比 KF-AlF_3 熔体可望用作新型电解槽的低温电解质。Zaikov[120] 研究了一种高温氧化铝水泥，以解决 KF-AlF_3 熔体对炭素内衬渗透破坏的难题。

33.2.6.3　惰性阳极低温铝电解需要解决的主要问题

惰性阳极低温铝电解需要解决的主要问题有：

　　（1）氧化铝溶解问题。低温条件下 Al_2O_3 溶解困难一直是低温电解的主要问题，也是惰性阳极在 NaF-AlF_3 低温电解质体系应用的最大障碍，随着温度的降低，氧化铝溶解度显著降低（NaF-AlF_3 体系大约由 10% 降低到 3%），溶解速度也明显降低。尽管悬浮电解可提高熔体中 Al_2O_3 浓度，但又会引起新的工程技术难题，特别是气体扰动不利于金属 Al 的汇集，不仅影响到电解槽的高效运行，也会加剧阳极的腐蚀。有研究者提出采用高表面积的活性 Al_2O_3，但是其吸水性极强，较难满足工业上运输、贮存、下料等要求。从目前结果来看，KF-AlF_3 低温电解质体系中 Al_2O_3 溶解相对较快，可能会更好地解决这一难题。另外，也需要开展新型电解质体系下的 Al_2O_3 下料技术，以使 Al_2O_3 在电解质熔体中有效分散，促进溶解。

　　（2）电解质阴极结壳问题。低温电解主要通过降低电解质体系摩尔比来实现，从 NaF-AlF_3 和 KF-AlF_3 相图可看到，在低摩尔比区间体系的液相线变得更加陡峭（即初晶温度对摩尔比更加敏感）[121]。电解过程中，由于 Na^+（或 K^+）电迁移和含铝络离子的阴极还原，阴极区域产生 Na^+（或 K^+）的富集，导致阴极区域的熔体摩尔比升高，初晶温度提高，过热度降低，导电性能变差，严重时有固态电解质在阴极析出，结成一层硬壳，即阴极结壳。阴极结壳能使阴极导电性变差、槽电压增大，严重时能阻止电解过程的运行。一般认为解决此问题的办法就是提高过热度，这也是确定低温电解最佳电解温度的依据之一。另外，适当控制阴极电流密度也可减少阴极结壳现象。

　　（3）新型阴极与内衬材料。低温电解条件下可能需要维持比现行电解质更高的过热度，这将使得电解槽侧部难以形成炉帮，侧壁材料将直接与电解质熔体接触。另外，采用惰性阳极后，阳极气体的氧化性大大增强，再加上钾冰晶石的强烈渗透破坏作用。因此，需要开发新的抗氧化、耐腐蚀的绝缘侧壁内衬材料和新的阴极材料。解决上述问题的办法可能是，采用富含 Al_2O_3 的氧化物耐火材料[119] 或表面有抗氧化耐腐蚀氧化膜[46] 的金属材料作为电解槽内衬，采用不含碳的 TiB_2 材料作为阴极[42]。

（4）其他问题。随着电解温度的降低，温度对铝液和电解质密度的影响程度不一致，引起电解质和铝液的密度之差变小，同时电解质黏度增大，这对铝液和电解质的有效分离带来困难，从而对电流效率带来负面影响。随着电解温度的降低，电解质的电导率也会降低，这将不利于降低铝电解能耗这一目标的实现。另外，还有电解质挥发、电解质界面性质等都可能对电解过程产生影响。

因此，在进行惰性阳极低温铝电解试验研究的同时，需要系统研究低温电解质体系的物理化学性质及其调控方法，以更好地指导低温电解质体系的选择及其电解工艺的控制，真正做到既有利于降低惰性阳极的腐蚀率，也能维持电解过程的高效稳定运行。

33.3 惰性可润湿阴极的研究

33.3.1 惰性可润湿阴极的优点

采用惰性可润湿阴极，又称可润湿性阴极（aluminium wettable cathode）或惰性阴极，其主要优点就是金属铝液与阴极表面能良好润湿。这使其表面仅需保持一层 3~5 mm 厚的铝液膜即可形成平整稳定的阴极界面（铝液界面），从而可解决 33.1.2 节所述炭素阴极所存在的问题，通过电解槽结构改变（如导流槽），阳极和阴极之间的距离可以明显缩短（从现有工业槽的 4~5cm 缩短到 2~3cm），因此节能潜力巨大[122, 123]。惰性阴极也是成功应用惰性阳极，同时实现铝电解过程节能与环保目标的必要基础，具体分析见本书 33.2.1 节的表 33-3。

另外，可润湿惰性阴极也可直接应用于现行电解槽，使槽内氧化铝沉淀物不易沉积在阴极表面上，阴极电流分布更加均匀，并降低炉底压降；由于熔融铝与这种阴极表面能够很好地润湿，铝液波动所致的波峰减弱，可将 20 cm 左右的阴极铝液高度适当降低，或减轻生产操作对电解槽磁流体稳定性的各种干扰，相同极距下可望提高电流效率；铝液与惰性阴极的良好润湿性能可减少电解质和金属钠对阴极的渗透与破坏，起到提高电解槽寿命的作用。

33.3.2 惰性可润湿阴极的要求与研究概况

由于铝电解槽阴极是潜没式的，它的表面总是覆盖着铝液层，所以它的工作环境稍好于阳极。理想的惰性可润湿阴极应满足：（1）能很好的与熔融金属铝湿润；（2）难熔于高温氟化物熔盐与熔融金属铝，并能耐其腐蚀和渗透；（3）具有良好的导电性能；（4）高温下具有良好的机械性能、抗磨损性以及抗热震性；（5）能够和基体材料良好地结合，从而阻止电解液渗透；（6）容易加工成形，便于大型化生产，原材料来源广泛，生产制造、安装施工应用成本低。

元素周期表中第Ⅳ~Ⅵ副族过渡金属元素的硼化物、碳化物、硅化物和氮化物通常称为耐火硬质金属 RHM（refractory hard metals）。20 世纪 50 年代，英国铝业公司（The British Aluminium Company LTD.）研究发现，RHM 之一的 TiB_2 能与熔融金属铝良好的润湿，并且设想 TiB_2 等化合物能成为铝电解槽用惰性可湿润阴极材料。之后，经过研究，人们发现 RHM 尤其是 Ti 和 Zr 的硼化物和碳化物具有高熔点、高硬度、良好的导电性和导热性，与熔融金属间有良好的润湿性，能抵挡熔融金属铝和冰晶石-氧化铝熔盐的腐蚀与渗透，具有惰性可湿润阴极材料所要求的主要性能。但是，这类化合物脆性大，抗热震性差。表 33-15 列出了 TiB_2 和 ZrB_2 的相关物理化学性质。从表 33-15 可以看出，TiB_2 和 ZrB_2 两者的物理特性相差不多，由于在价格上后者比前者更为昂贵。因此，人们主要针对 TiB_2 陶瓷及其复合材料用作惰性可润湿阴极进行研究[124~126]。

以 TiB_2 为基本原料的惰性可润湿阴极材料，在过去几十年中，发展相当迅速。人们通过不同的制备方法制备了多种多样的 TiB_2 惰性可润湿阴极材料，但归纳起来主要有三种：（1）将纯 TiB_2 制成板、棒、管等形状的陶瓷材料；（2）由 TiB_2 与炭质原料制备 TiB_2-C 复合阴极材料；（3）在炭素阴极表面涂覆含有 TiB_2 的阴极涂层材料。

表 33-15　TiB_2 和 ZiB_2 的物理性质

化合物	熔点/℃	密度 /g·cm^{-3}	电阻率/μΩ·m		导热系数 /W·m^{-1}·℃$^{-1}$	线膨胀系数 /℃$^{-1}$	弹性模量 （25℃）/GPa
			25℃	1000℃			
TiB_2	2850~2980	4.52	0.09~0.15	0.60	24~59	$4.6×10^{-6}$	253~550
ZrB_2	3000~3040	6.09~6.17	0.07~0.166	0.74	24	$5.9×10^{-6}$	343~491

33.3.3　TiB_2 陶瓷可润湿性阴极材料

TiB_2 的烧结性能较差，较难通过无压烧结获得相对密度大于 95% 以上的 TiB_2 材料，通常通过热压烧结或添加烧结助剂的冷压烧结技术获得具有较高致密度的 TiB_2 陶瓷材料。热压烧结 TiB_2 陶瓷阴极材料的相对密度可达到 95%~100%，但是，制备费用高，并且难以制备成复杂形状的材料；冷压烧结的费用相对较低，通常需要添加烧结助剂，比如过渡金属 Co、Ni 和 Cr 等。采用 TiB_2 陶瓷作为可润湿性阴极材料，在使用过程中暴露出比较严重的问题。首先是，电解过程中电解质和铝液易往陶瓷材料的孔隙中渗透，腐蚀固相晶界，引起黏合力的严重削弱，产生裂纹和破坏，使其使用相当短的时间后就损坏。采用纯度极高的高纯 TiB_2 作原料，虽然晶间腐蚀可减弱，但它的成本是工业纯 TiB_2 的 3 或 4 倍，成本及其昂贵。其次，TiB_2 陶瓷材料和阴极炭块线膨胀系数相差较大，抗热震性能极差，致使难以和基体良好结合，加上 TiB_2 易脆裂，在铝电解高温环境中容易破裂。此外，制作陶瓷材料需要使用大量 TiB_2 粉末，由于 TiB_2 价格较高，故成本很大。上述原因，导致 TiB_2 陶瓷阴极一直未能在工业上得到应用，仅在实验室研究时采用[127]。

1957 年美国的 Norton Company 为 Reynolds Metals Company（RMC）生产出热压烧结 TiB_2 棒材。Reynolds 将这种 TiB_2 棒与阴极钢棒连接，由电解槽底部穿过内衬伸入电解槽中，并与铝液接触，以降低炉底压降。在 68kA 电解槽上试验 6 个月后，检测发现，热压烧结 TiB_2 棒材破裂较为严重，并且伴随着晶间腐蚀。碳热法生产的 TiB_2 粉末原料中含有少量的 C、O 及 Fe 等杂质，这些杂质大部分集中在晶界上，随着铝电解的进行，电解质、钠及铝液就渗透进入用这种 TiB_2 粉末制备的阴极材料的晶间，导致 TiB_2 阴极材料破裂[128]。

20 世纪 70 年代，Pittsburgh Plate Glass Corporation（PPG）开发出一种非碳热法生产的高纯 TiB_2 粉末，这种 TiB_2 具有完好的晶粒结构，晶界纯净，被认为是较好的可润湿性阴极用原料，但是制备费用太高，而且也没有解决 TiB_2 阴极材料脆性大、抗热震性差的问题。TiB_2 等 RHM 陶瓷材料的温度梯度达到 200℃ 就会破损。为了克服脆性，提高抗热震性及其他力学性能，TiB_2 复合陶瓷成为了研究对象。一些研究探索了如 TiB_2/BN-B、TiB_2/AlN-Al、TiB_2/AlN 等[129]材料，但是非导电化合物与 TiB$_2$ 形成复合材料，会使电阻增大，破裂的问题也未能很好解决[125]。

前人对 TiB$_2$ 陶瓷作为铝电解阴极的应用形式做过许多的尝试，曾经把 TiB$_2$ 制成板、棒、管及格栅等形式突出于铝液上，也有以片状、块状形式结合在阴极炭块表面进行使用的，提出了图 33-13 所示的多种固定方案[130]。但是在实际应用中，解决 TiB$_2$ 陶瓷阴极材料在炭基体上固定的问题是一项艰巨的任务，各种努力都没有成功，始终存在着材料的破损问题[127]。

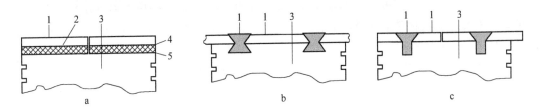

图 33-13　阴极基体上固定 RHM 元件的结构示意图
a—热压和/或水泥黏结形式；b—键扣形式；c—销钉形式
1—RHM 元件；2—过渡层；3—阴极基体；4，5—黏结剂

33.3.4　TiB$_2$-C 复合可润湿性阴极材料

添加炭素材料与 TiB$_2$ 制备成复合阴极材料的应用方式不但减少了 TiB$_2$ 原料的用量，从而能大幅度降低 TiB$_2$ 可润湿性阴极材料的成本，并且可提高材料抗热震性和机械强度，易大型化制备，而且还不会影响材料的导电性能。

1980 年，Great Lakes Research Corporation（GLRC）开发出铝电解用 TiB$_2$-石墨（TiB$_2$-G）复合阴极材料[131]。这种材料具有良好的抗热震性，在铝液中的溶解度低，抗腐蚀性好，与铝液完全润湿，置入铝液后的样品经过扫描电镜检测发现，从其表面到材料的内部大约 1mm，渗透了一层金属铝，形成了所谓的障碍层，对下面的材料起到保护作用[132]。1985 年至 1986 年，GLRC 与 RMC 合作，综合考察了 TiB$_2$-G 复合可润湿性阴极材料，所用的 TiB$_2$-G 材料含 TiB$_2$ 约为（30% ~40%），经过对不同形状的 TiB$_2$-G 材料进行筛选，选定了"蘑菇"形的 TiB$_2$-G 阴极构件[133]。并于 1991 年，在 Kaiser Mead Smelter 的两台 70kA 预焙铝电解槽上进行工业试验。此后，有关 TiB$_2$-G 的研究和工业试验一直在继续进行，Tabereaux[134] 说明了相关工艺条件和操作过程，试验进行了 4~5 个月，结果表明，ACD 可降低 2~2.5cm，试验槽比对比槽（按照传统工艺操作）降低能量消耗 7% ~9%；但是，最大问题是 TiB$_2$-G 阴极构件存在断裂与破损问题，这导致不能达到预定的能耗降低目标；启动 12d 后，TiB$_2$-G 构件大量破损，随后逐渐破损；制造缺陷是 TiB$_2$-G 阴极构件断裂的原因之一，出铝、换极对 TiB$_2$-G 阴极构件产生的机械压力也是构件破损的重要原因，加上高温熔盐环境下电解质的作用，都促成了 TiB$_2$-G 阴极构件的破损。因此尽管经历了多年的研究和工业试验，认为 TiB$_2$-G 阴极具有很大的应用前景，但是仍然存在许多难以解决的问题。

事实上，除了制造缺陷和机械冲击外，钠和电解质的渗透与侵蚀也是造成 TiB$_2$-C 复合可润湿性阴极材料破损的重要原因。电解过程中，阴极材料在钠和电解质渗透侵蚀作用下，发生变形膨胀，从而导致材料的破损断裂。很多研究者研究了电解过程中钠和电解质对 TiB$_2$-复合可润湿性阴极材料的作用及其影响因素[135, 136]。有关研究表明 TiB$_2$-C 复合阴极材料中 TiB$_2$ 含量为 10% ~30% 时铝液与阴极间润湿性能并不理想，提高 TiB$_2$ 含量会加速铝液开始润湿的速率，TiB$_2$ 含量为 40% ~70% 时材料与铝液有良好的润湿性，TiB$_2$ 含量大于 70% 时材料与铝液完全润湿[137, 138]。

国内也有 TiB_2/C 复合阴极材料研究与应用的报道，成庚等[139]开发了一种一体化成形的 TiB_2-C 复合阴极，即利用炭素厂生产阴极炭块的振动成形设备在原来的阴极炭块上加压制备一层 TiB_2/炭素复合材料，并报道了 TiB_2-C 复合阴极在电解槽上试验的情况，试验表明，这种 TiB_2/C 复合阴极在现行槽上能起到一定的节能效果[140]。

李庆余[141]在中低温的条件下制备出性能良好的 TiB_2/C 复合阴极材料。方静等[142, 143]提出在 TiB_2/C 复合阴极材料中预混含钠材料以提高材料抗钠渗透性，并采用废旧阴极内衬作为含钠添加剂，研究了含钠添加剂对 TiB_2/C 复合阴极材料的抗钠渗透性能的影响，结果表明废旧内衬的添加有利于减少 TiB_2/C 复合阴极材料在电解初期的钠膨胀率。

33.3.5　TiB_2 可润湿性阴极涂层材料

TiB_2 阴极涂层是目前所研究的铝电解惰性可润湿阴极材料中得到实际应用的一种，由于它使用涂层的形式与炭素阴极结合在一起，因此，既可以用于新型电解槽中用作惰性可润湿阴极，也可以用于现行电解槽中，提高金属铝液与阴极表面的润湿性，阻挡或延缓钠和电解质的渗透，改善电解槽工作状态，降低炉底压降，提高电流效率，达到延长电解槽工作寿命和节能降耗的目的。

TiB_2 涂层的概念最早由美国 Martin Mtinia 公司提出，即利用 TiB_2 材料与铝液优良的润湿性，以树脂作黏结剂，涂覆于现行工业铝电解槽炭阴极表面。自此以后，国际上对 TiB_2 涂层开展了广泛的研究，特别是耐蚀耐磨机理、性能、制备技术等。目前，在欧美、澳大利亚和中国均有 TiB_2 涂层技术推广应用的报道。当前，TiB_2 涂层研究较多的有两种：一种是含碳的 TiB_2 涂层阴极材料，如 TiB_2（70% ~ 90%）＋炭质添加剂＋树脂黏结剂等；另一种是不含碳的非炭 TiB_2 涂层阴极材料，如氧化铝溶胶 TiB_2 涂层。

氧化铝溶胶 TiB_2 涂层的代表是 Moltech 公司的 Tinor 涂层，它已进入了工业化试验，与荷兰 Hoogovens 公司合作在电解槽上的实验表明，可减少 Na 对阴极炭块的渗透，并能控制阴极炭块的电化学腐蚀[144]。涂层主要是利用无机物氧化铝溶胶作为黏结相将 TiB_2 粉末黏结在炭素基体材料上形成非炭 TiB_2 涂层阴极。Sekhgar[145]在 158kA 铝电解槽上对非炭 TiB_2 涂层阴极进行了工业试验，结果表明涂层在使用过程中变得非常硬，具有优良的抗钠渗透性和铝液润湿性；试验证明，涂层槽电流分布均匀，阴极压降低，没有因钠渗透引起的破损问题。另外还认为，这种涂层既能用于现行铝电解槽，也能用于新型铝电解槽。Oye[146]进行了胶体氧化铝增强 TiB_2 涂层的实验室研究和工业试验，认为涂层有良好的抗磨损能力和好的铝润湿性，对钠渗透能起到一种屏障的阻挡作用。但是，氧化铝溶胶与基体炭素材料的结构和性能差异较大，在一定程度上会增加阴极的电阻，并且在铝电解槽内严酷的环境中，其黏结性能的持久性有待进一步证实。

炭胶涂层的典型代表是澳大利亚 Comalco 公司，该公司自 1987 年来一直在致力于炭胶涂层的研究，并在此基础上发展了应用此种涂层的导流槽。该公司于 1987 ~ 1998 年经过 10 余年的研究和开发，建立了 25 台导流槽，电流为 90kA，槽底为两侧向内倾斜的 TiB_2 涂层阴极，采用相应的倾斜底面的炭素阳极，槽底中部为聚铝沟，阴极上析出的铝液可以汇集到此处，定期出铝。阴极上铝液层的厚度为 3 ~ 5mm，极距为 2.5cm（普通槽为 4 ~ 4.5cm）。为了保持热平衡，阳极电流密度增至 $1.15A/cm^2$，电流提高到了 120kA，因而产量提高了 40%，能耗降低到 13200kW · h/t（Al）。后来该公司又对涂层材料配方进行了改进，认为 TiB_2 涂层的工业化已经获得了成功[147]。

我国对于 TiB_2 可润湿性阴极涂层材料的研究与国际上同期起步，并在实验室研究基础上开展了工业电解试验[148~150]。但是，由于涂层需要高温固化，加热时需要庞大的加热设备，在现行铝电解槽上推广应用困难。针对这一问题，李庆余[127]开发了一种新型的常温固化 TiB_2 阴极涂层材料，省去涂层高温固化工序，常温放置一定时间（约24h）就可进行焙烧炭化，节约了高温固化所需的加热设备，缩短了涂层施工时间，降低了应用成本，有利于 TiB_2 阴极涂层技术的推广应用。工业应用结果（见彩图Ⅳ）表明，常温固化 TiB_2 阴极涂层材料的固化与炭化效果良好，电解槽启动平稳，炉底洁净，炉膛规整，炉底压降降低，钠及电解质渗透明显减缓，对延长电解槽寿命具有显著效果[151]。

除了上述两种主要的 TiB_2 涂层材料之外，还有许多其他方式可制备 TiB_2 涂层材料，包括电沉积 TiB_2 镀层[152]，等离子喷涂 TiB_2 涂层[153]，激光喷涂 TiB_2 涂层[154]，气相沉积 TiB_2 薄层[155]和自蔓延 TiB_2 薄层[156]等。这些方法因设备复杂、大面积施工困难、成本较高，目前未见应用于工业铝电解槽的报道，更难以满足新型铝电解槽用可润湿性阴极材料的性能与成本要求。

33.4 基于惰性电极（阳极和阴极）的新型铝电解槽

基于上述惰性阳极和可润湿性阴极，人们以实现铝电解过程的节能与环保为目标，提出或设计出了许多种新型铝电解槽，已有系列专利的申报与授权，本节对其中几种典型电解槽进行介绍。

33.4.1 单独采用惰性阳极的电解槽

仅采用惰性阳极的电解槽只将 Hall-Héroult 铝电解槽的炭素阳极换成惰性阳极，其他部分基本不变，Alcom 等[54]试验的金属陶瓷阳极 6kA 电解槽就是典型代表。这种电解槽的优点是，便于对现行 Hall-Héroult 铝电解槽进行改造，投资相对较少。它的缺点是，这种两极上下排布槽型的有效电解面积小，电解槽空间利用率低，难以通过增大电极有效电解面积来提高单位体积的产铝量；同时，由于未能解决好电解槽的铝液不稳定导致低极距下电流效率降低等问题，这种电解槽很难通过减小极距来有效降低能耗。而且由于采用惰性阳极电解时，电解槽需要在更高的氧化铝浓度下运行，氧化铝沉淀严重，影响电解过程的正常进行；其可逆分解电压比采用炭素阳极时高，所以在极距相同的条件下电解时，其能耗会比现行 Hall-Héroult 铝电解槽的更高[7]。

33.4.2 单独采用可润湿性阴极的电解槽

阳极仍采用炭素阳极，仅采用可润湿性阴极的铝电解槽，除了在阴极炭块表面涂覆可润湿性 TiB_2 材料的 Hall-Héroult 铝电解槽外，还有多种对阴极进行改进的新型铝电解槽。

33.4.2.1 "蘑菇状"阴极电解槽

有人使用过蘑菇状的可润湿性阴极，其上表面涂覆可润湿性材料并与阳极底掌平行，根部通过阴极炭块与槽底阴极导杆导通。铝液在可润湿性阴极表面析出，流入槽底，阴极表面只有一层很薄的铝液，这样可以适当的减小极距；而且这种阴极还可以对

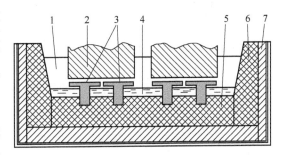

图 33-14 槽底安装"蘑菇状"可润湿性阴极的
电解槽结构示意图[125]

1—电解质熔体；2—阳极；3—可润湿性阴极构件；
4—金属铝；5—阴极炭块；6—侧部炭块；7—保温层

保持铝液稳定起到一定作用。这类电解槽遇到的问题是，阴极材料抗腐蚀和耐冲击性能不够，且容易被熔蚀或发生断裂[125, 134]。

33.4.2.2 采用炭素阳极的导流型铝电解槽（导流槽）

另外一种单独采用可润湿性阴极的电解槽就是导流槽，这种槽型多年来一直被人们普遍看好。从20世纪70年代起到现在，出现了很多有关导流槽的专利。导流槽的特点是，炭素阴极表面涂覆主要成分为TiB_2的可润湿性涂层，由于铝液对阴极表面润湿良好，阴极表面呈2°或者更大倾角，使铝液能够沿着斜坡流入底部凹槽（聚铝沟）内，在获得较高电流效率的前提下，极距可以控制在1.2cm到2.5cm的范围之内。根据聚铝沟结构及分布的不同，导流槽可分为单聚铝沟和多聚铝沟两种结构类型。

图33-15所示是一种最典型的单聚铝沟导流槽结构，这种导流槽结构相对简单，在破损电解槽改造或新电解槽建造过程中均可实现，实施难度相对较小，因而具有相当的吸引力。澳大利亚Comalco公司[147]从1987年到1998年一直研究开发导流槽，采用图33-15所示导流槽结构，建立了25台电流为90kA

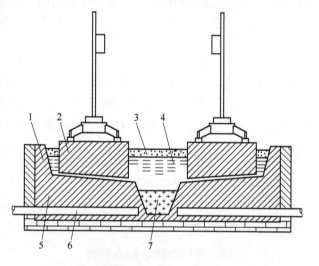

图33-15 单聚铝沟导流槽的典型结构示意图
1—侧部炭块；2—炭素阳极；3—结壳；4—电解质；
5—阴极炭块；6—阴极钢棒；7—聚铝沟中铝液

的试验槽。槽底为两侧向内倾斜的TiB_2涂层阴极，采用具有相适应倾斜底面的炭素阳极，聚铝沟（即凹槽）位于槽底中部。阴极上铝液层的厚度为3~5mm，极距为2.5cm（现行铝电解槽的极距为4~4.5cm），为了保持热平衡，电流从90kA提高到了120kA，阳极电流密度增至1.15A/cm^2，因而产铝量提高了40%，能耗为13200kW·h/t(Al)。

Georges[157]在其专利中给出了如图33-16所示的单聚铝沟型导流槽结构。电解槽阴极由两

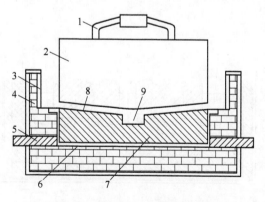

图33-16 单聚铝沟导流槽结构示意图[157]
1—阳极钢爪；2—阳极；3—碳化硅层；4—耐火砖；
5—阴极导杆；6—内部槽壳；7—阴极块；
8—阴极涂层；9—聚铝沟

侧向内倾斜，在槽底中央纵向形成一条聚铝沟，阴极表面涂覆可润湿材料；槽体内具有阴极的固定外壳（简称"内部槽壳"），使用绝缘材料（如耐火砖）将其与外部槽体分离，使内部槽壳与槽体其他部分绝缘；另一方面，它还提供了一个空间，通过向里面通入加热或者冷却气体，可以控制内部槽壳的温度，尤其是在启动的时候，可以使用这种方法对槽体预热。内部槽壳也用于保证电流在阴极炭块中均匀分布，并且可以整体与电解槽分离，便于更换。阴极导杆可以从两侧插入槽体，与内部槽壳相连；也可以采用从槽底的垂直开孔引入，阴极导杆处于槽底阴极块的几何中心处，并且焊接在内部槽壳上。这种

导流槽虽然结构复杂，但是设计比较先进（特别是对铝电解槽热平衡设计），在今后的应用中，如果是新建铝厂，它们将具有相当的吸引力。

V. de Nora[158] 在最近的专利中就给出了如图 33-17 所示的多聚铝沟导流槽结构。此类电解槽的特点是，阴极块在槽底横向排列成许多凹槽（聚铝沟），铝液顺着阴极斜坡流向两边的凹槽中。炭素阴极表面涂覆 TiB$_2$ 可润湿涂层，使其对铝液良好润湿，阴极导杆仍为钢质材料。专利还给出了聚铝沟为 V 形、U 形、梯形和矩形的阴极块示意图，阴极炭块之间用捣固糊连接。这种导流槽结构比较复杂，槽底形成许多的凹槽，如果没有另外的导流沟使铝液汇集，

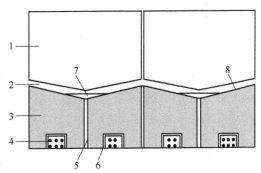

图 33-17　多聚铝沟导流槽结构示意图[158]
1—阳极；2—极间电解质；3—阴极块；
4—阴极钢棒；5—捣固糊；6—铸铁；
7—聚铝沟中铝液；8—硼化钛涂层

出铝会比较麻烦；另外，需要专门生产异型结构的阴极炭块和阳极炭块，电解过程中极距的调整以及阳极更换时保持统一极距也有较大难度。

对于上述使用炭素阳极的导流槽，虽然比普通 Hall-Héroult 铝电解槽有了较大改进，可望大幅度降低极距，降低能耗；但是为了从根本上解决现行铝电解槽的弊病，实现更大的节能增产以及改善环保的目标，需要开发同时采用惰性阳极和可润湿性阴极的新型铝电解槽。

33.4.3　联合使用惰性阳极和可润湿性阴极的电解槽

33.4.3.1　单聚铝沟惰性阳极导流槽

Georges[157] 在其专利中给出了一种采用惰性阳极的导流槽（见图 33-18），这种导流槽与图 33-16 的区别在于采用了惰性阳极，如表面有氧化物保护层的 Ni-Fe-Al 合金或 Ni-Fe-Al-Cu 的合

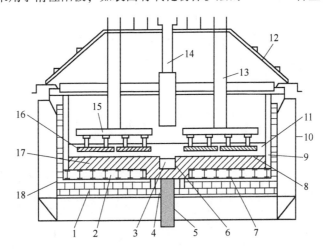

图 33-18　单聚铝沟惰性阳极导流槽结构示意图[157]
1—耐火砖；2—气穴；3—铝液；4—竖直开孔；5—阴极导杆；6—凹槽（聚铝沟）；7—支架；
8—阴极斜坡；9—侧部内衬；10—外部槽壳；11—电解质；12—槽盖；
13—阳极导杆；14—打壳下料装置；15—分流装置；
16—阳极；17—阴极块；18—内部槽壳

金，其他结构基本类似。

33.4.3.2 多聚铝沟惰性阳极导流槽

V. de Nora[158]在他的专利中给出了一种采用惰性阳极的多聚铝沟导流槽（见图33-19），惰性阳极可以由表面包裹氧化物或氟氧化物作为保护性涂层的合金或陶瓷等制成。阳极气体沿着阳极中间的开口排出，其余部分与图33-17基本相似。

33.4.3.3 复杂结构的惰性阳极导流槽

如图33-20所示，V. de Nora[159]在其专利中给出了一种结构比较复杂的同时使用惰性阳极和可润湿性阴极的新型铝电解槽，也可以归类为导流型槽，阴极表面涂层具有较好导电性和铝液润湿性，对阴极炭块也有很好的保护作用。使用表面涂覆硼化钛的楔形阴极，阴极可以通过植入槽底的方式固定在槽底，也可以通过黏结使其与槽底结合，或者在阴极炭块内部加入铸铁使其沉于

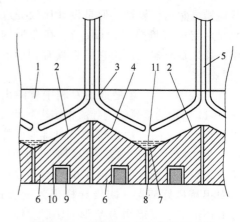

图33-19 多聚铝沟惰性阳极导流槽
结构示意图[158]

1—电解质；2—阴极斜坡；3—阳极；4—硼化钛涂层；
5—阳极气体通道；6—阴极炭块；7—凹槽（聚铝沟）；
8—捣固糊；9—阴极钢棒；10—铸铁；11—铝液

槽底。同时采用惰性阳极，如金属、合金或者陶瓷等，阳极倾斜呈人字形，与阴极表面平行，并有开口，用于阳极气体排放。极距控制在15～20mm以内。电解析出的铝沿着阴极斜坡流入槽底。这种电解槽实际上是对蘑菇状阴极的改进，同样面临着阴极使用寿命的问题，楔形阴极在电解条件下会面临断裂和涂层剥落的问题。

33.4.3.4 竖式铝电解槽

同时使用惰性阳极和可润湿性阴极的新型电解槽中，还有一类为采用单极性电极或双极性电极的竖式电解槽。

（1）双极性电极竖式电解槽。这种电解槽结构如图33-21所示，与镁电解槽相似。每块电极一面作为阳极，另一面作为阴极，每对电极的组合，都可以看做一个电解槽，然后一个个在槽内串联成系列；电流从槽的一端流入第一个阳极，再经电解质流入下一个电极的阴极面，最终到达槽尾的最后一个阴极。因此，电解可在比较低的槽电流和比较高的槽电压下运行，使电

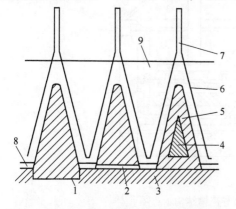

图33-20 复杂结构的惰性阳极导流槽[159]

1—固定于槽底的阴极；2—黏结物；3—抗铝液
侵蚀层；4—铸铁；5—阴极块；6—阳极；
7—阳极开口；8—铝液；9—电解质

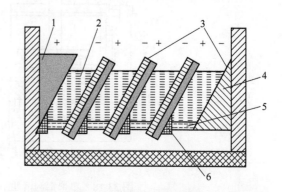

图33-21 双极性电极竖式电解槽结构示意图[160]

1—阳极；2—电解质；3—双极性电极；4—阴极；
5—铝液；6—惰性绝缘材料

流输送比较容易；其极距可以控制在一个较小的范围之内，所以，整个槽形可以设计得更加紧凑，并且有较高的产出率[160]。

（2）单极性电极竖式电解槽。单极性电极电解槽除了两端的电极为单面导电外，中间的电极都是两面导电，但极性相同。每两个电极的组合同样可以看成是一个电解槽，与双极性电极电解槽相比不同之处是电极组合之间是并联而非串联排列。

V. de Nora 的系列专利中给出了多种单极性电极电解槽，图33-22是其中一种使用竖式惰性阴极和竖式惰性阳极的电解槽[161]。阳极通过导杆悬挂于阳极母线，阴极的底部固定在槽底，并与槽底阴极母线相连。这种电解槽的有效电解面积比仅使用槽底作为阴极的电解槽要大得多，在保证相同单位面积产出率条件下，电解槽产能显著提高。由于极距很小，所以在两极之间只存在向上的流体。在阴极和阳极的一侧，都留有一定的空间，作为向下的流体空间，而这些空间可以作为下料的地点。

双极性电极电解槽和单极性电极电解槽有其各自的缺点，双极性电解槽的一个比较突出的问题是电流的旁路问题比较严重，即部分电流不通过中间的电极，而从第一个阳极经电解质、铝液或是侧壁直接流到最后一个阴极，使电流效率降低；如果将每对电极间的电解质和铝液隔离开来，这样虽然不会有旁路电流的存在（除少量电流流经槽壁损耗），但是会给下料和出铝带来很大的困难。单极性电极电解槽的电流分布将更加均匀，但是电极和母线中的

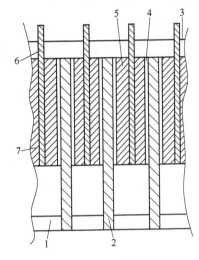

图33-22　单极性电极竖式电解槽
结构示意图[161]

1—铝液；2—阴极；3—电解质；4—极间空隙；
5—阳极；6—导杆；7—惰性材料

电压降较大，使电能效率降低。Beck[162]给出了单极性电极和双极性电极两种槽型电流效率的计算方法，并且认为两种电解槽的电流效率相近。还有，使用这两种电解槽电解时，在电解温度较低、黏度较大的情况下，可能发生传质困难，导致铝液可能悬浮于电解质中，使"二次反应"严重。

33.4.3.5　料浆电解槽

从本书33.2.6节可知，低温电解有利于降低电解质熔体对惰性阳极的腐蚀和热冲击，是惰性阳极发展的必由之路。但是，在低温条件下电解时，氧化铝溶解度小，溶解速度降低；在Al_2O_3补充不足时，随着阳极附近的氧化铝浓度降低，阳极电位升高，阳极表面氧化物与电解质反应同样会加剧，甚至发生灾难性腐蚀（金属的阳极溶解和氧化物的电化学分解）[83]。为了使电解顺利进行，在电解质中必须有过量未溶的氧化铝存在，以及时补充电极附近消耗的氧化铝，使电流密度能保持在合理的范围，但是这样很容易造成大量的氧化铝沉淀[111]。

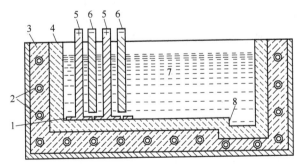

图33-23　料浆电解槽结构示意图[163]

1—阳极底掌；2—槽体冷却管；3—保温材料；4—耐火内衬材料；
5—阳极；6—阴极；7—电解质熔体；8—聚铝沟

为了解决上述问题，Beck 在其专利[163]中提出了如图33-23所示的料浆电解槽。这种电解槽仍采用竖式单极性电极，只是将槽底也作为阳极，电

解过程中，往上冒的阳极气泡能保证未溶 Al_2O_3 悬浮在电解质中，析出的铝液包裹在电解质中，随着电解质流动沉积到位于槽底边部的聚铝沟中。电解温度可以通过电解槽侧壁和底部的冷却管来控制。但是这种电解槽很难保证铝液在沉积过程中不被重新氧化。针对料浆电解槽其他专利与文献报道，也可参见本书 33.2.6 节。

33.4.4 新型铝电解槽的未来发展

经过长期的努力，惰性阳极、可润湿性阴极和基于惰性电极的新型结构电解槽等方面都取得了很大进展。目前，分别使用或联合使用惰性阳极与可润湿性阴极的新型电解槽都相继推出了试验槽。从以上分析可知这些槽型尽管具备节能、环保与提高产能的潜在优势，但也存在各自的弊端与不足，各种电解槽结构有待进一步优化，电极材料和电解工艺方面的系列工程技术问题也有待解决。

针对基于惰性阳极和可润湿性阴极的新型铝电解槽及其电解新工艺的未来发展，国内外已有系列指导性文件，比如美国的 1998 年《惰性阳极技术指南》[2] 和 1999 年《惰性阳极技术现状报告》[164]。

33.5 其他铝冶炼新工艺

除了上述采用惰性电极的改良型 Hall-Héroult 工艺外，人们还广泛地研究了其他铝冶炼新工艺，包括：氯化铝熔盐电解工艺、含铝矿物直接还原工艺、Al_2O_3 碳热还原工艺、Toth 热还原工艺、亚氯化物歧化工艺、硫化铝熔盐电解工艺和等离子体还原熔炼工艺等。

氯化铝熔盐电解工艺（alcoa smelting process）以铝土矿或 Al_2O_3 为原料，在炭存在条件下氯化得到 $AlCl_3$，$AlCl_3$ 溶解于氯化物熔盐体系中，电解得到金属 Al 和 Cl_2，Cl_2 回收返回氯化工序制备 $AlCl_3$。该工艺曾被认为具备比传统 Hall-Héroult 工艺能耗降低 30% 的潜在优势。

含铝矿物直接还原工艺采用黏土或铝土矿为原料，与焦炭混合后在鼓风炉（类似于钢铁工业）内发生碳热还原，得到含 70% Al 和 30% Si 的 Alusil 合金，含铝合金经熔炼得到金属铝。该工艺的优点在于不需要昂贵的 Al_2O_3 原料和电能，采用相对便宜的铝土矿和焦炭。但是所得到的含铝合金结构复杂，提取金属 Al 困难。为此，出现了 Al_2O_3 的碳热还原工艺，与传统 Hall-Héroult 工艺比较，碳热还原工艺曾被认为具有产能大和能耗较低的潜在优势。

Toth 热还原工艺由 Charles Toth 提出，并由此而被称为 Toth Process。Toth 热还原工艺的实质为金属 Mn 还原氯化铝制备原铝。大体工序可概括为，将铝土矿或其他含铝原料与炭混合后高温氯化，所得产物经分馏、浓缩与提纯得到 $AlCl_3$，$AlCl_3$ 与金属 Mn 发生置换反应得到金属铝和 $MnCl_2$；$MnCl_2$ 被 O_2 氧化后得到 MnO 和 Cl_2，其中 Cl_2 返回氯化工序，MnO 被 C 还原后得到金属 Mn 返回 $AlCl_3$ 置换还原工序。该工艺的能耗和原铝成本曾被认为可分别降低到传统 Hall-Héroult 工艺的 5% 和 50%。但是，实践证明该工艺存在炭耗巨大、多个固相反应效率低以及所得原铝中 Mn 含量高等问题，因而没能得到应用。

亚氯化物歧化工艺由加拿大铝业公司（Alcan）提出，在电弧炉内加入铝土矿和焦炭熔炼得到铝合金，所得铝合金与氯化铝在高温下作用得到 AlCl，AlCl 发生歧化反应得到金属铝和 $AlCl_3$，其中 $AlCl_3$ 可返回与铝合金作用制取 AlCl。

硫化铝熔盐电解工艺是在氯化铝熔盐电解工艺基础上发展起来的。首先对含铝原料经硫化处理制取无水 Al_2S_3，Al_2S_3 溶解于氯化物熔盐中，在双极性电解槽中进行电解，获得金属铝和硫。该工艺的最低能耗为 5240kW·h/t，Al_2S_3 的用量（2.8 kg/kg(Al)）低于氯化铝熔盐电解工艺的 $AlCl_3$ 用量（约 5 kg/kg(Al)）而且硫可循环使用，但同样存在无水 Al_2S_3 生产、储存与运输困难的问题。

等离子体还原熔炼工艺以 Al_2O_3 或 $AlCl_3$ 为原料，在等离子体作用下，发生还原反应，得到金属铝。理论计算表明，该工艺的吨铝能耗大约为 $5700 \sim 9500kW \cdot h$，显著低于传统 Hall-Héroult 工艺，但这些还未见实验验证。

本书以研究较多也相对成熟的氯化铝熔盐电解工艺和碳热还原工艺为例，介绍其基本原理、工艺过程、技术优势、技术难题以及研究进展。

33.5.1 氯化铝熔盐电解工艺

电解氯化物熔体制取金属 Al 的设想已有很长历史。最早可追溯到 1854 年，Bunsen 和 Deville 电解 $NaAlCl_4$ 熔体得到了金属铝。在此基础上，人们曾长期研究电解氯化物熔体制取金属铝的可能性。除 $NaAlCl_4$ 外，人们还研究过含 $AlCl_3$ 的 LiCl、NaCl、KCl、$MgCl_2$、$CaCl_2$ 和 $BaCl_2$ 的二元或三元熔体，以作为 Al 电解的氯化物熔盐电解质。Slatin 曾在 1960 年代获得过有关电解 $AlCl_3$-10% CaF_2 制取金属铝的专利，但是由于电解槽需要在较大的极距下操作，电解过程能耗高，与 Hall-Héroult 法比较不具备优势，而没能得到应用。1969 年，Singleton 报道了采用石墨阳极从 700℃ 的 KCl-NaCl-$AlCl_3$ 熔体电解制取金属铝的研究。但是，电解槽放大后在耐腐蚀槽体材料获取方面遇到了严重问题[12]。

Alcoa 花费近 2500 万美元，经十余年研究开发后，于 1973 年 1 月首次对外报道了一种氯化铝熔盐电解炼铝新方法，因而也被称为 Alcoa Smelting Process。相关报道并未披露 Alcoa Smelting Process 的技术细节，但是 Alcoa 显然已解决了在以前有关氯化物熔盐电解研究中所遇到的系列关键问题。Russel[165] 在 1981 年对该工艺的优势与缺陷进行了讨论，并且披露早在 1962 年就决定开展氯化物熔盐铝电解新工艺的研究与开发，当时针对氯化物熔盐电解、碳热还原和亚氯化物歧化工艺（AlCl 气体冷凝过程析出液态 Al 和气态 $AlCl_3$）三种炼铝新工艺进行了讨论，Alcoa 基于其长期的熔盐铝电解生产经验，认为后两种工艺存在能耗高及相关材料获取困难，因而最终选择了氯化铝的熔盐电解作为其炼铝新工艺的主要研发对象。

33.5.1.1 氯化铝熔盐电解法原理与工艺

如图 33-24 所示，氯化铝熔盐电解新工艺包括无水氯化铝制备及其在双极性电解槽中的氯

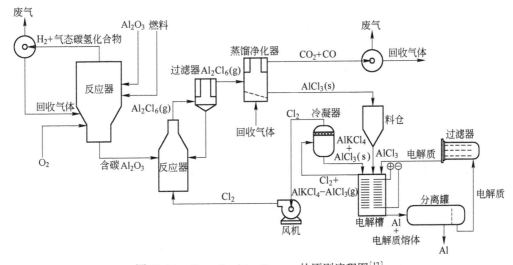

图 33-24 Alcoa Smelting Process 的原则流程图[12]

化物熔盐电解提取金属铝的两个工艺过程。

无水氯化铝的制备采用工业级高活性 Al_2O_3 （煅烧温度低）为原料，在 $700\sim900℃$ 下通过"加碳氯化"工艺将其转变为气态 Al_2Cl_6。Al_2Cl_6 通过特殊过滤器提纯后，在惰性气氛下再升华提纯，最后输送到储存器中以无水 $AlCl_3$ 晶体保存。

在制取无水 $AlCl_3$ 的基础上，将无水 $AlCl_3$ 溶解到氯化物熔体中，构成电解质熔体，以炭素材料为惰性双极性电极，构成双极性电解槽（见图 33-25），按式 33-14 进行电解反应。阳极上电解产生的 Cl_2 可作为原料返回氯化铝制备工序。在氯化铝熔盐电解体系中，惰性双极性炭素电极的采用，使得阴阳极距降低到 $10\sim20mm$。所采用的电解质由碱金属氯化物和碱土金属氯化物构成，如 NaCl-LiCl-CaCl₂，该熔盐体系具有较高的电导率。因此据推算，原铝生产的能耗可望降低到 $11.9kW\cdot h/kg(Al)$ [6]。

$$AlCl_3(1) = Al(1) + \frac{3}{2}Cl_2(g) \qquad (33\text{-}14)$$

如图 33-25 所示，钢质槽体中衬有耐腐蚀隔热绝缘材料，这种材料的具体组成未有披露，但可能是采用的氧氮化硅。电解产生的金属铝收集在槽底的一个石墨容器中。电解槽顶部有耐火材料顶盖，起到封闭电解槽的作用，顶盖上预留加料、出铝和排气的开孔。电解槽中，由下至上，安装有一定数量的双极性电极，电极间距为 1cm；在整个电解过程中，所有电极浸泡在电解质熔体中。电解温度为 $(700\pm30)℃$，典型的电解质体系（质量分数）为 5% AlCl₃-53% NaCl-40% LiCl-0.5% MgCl₂-0.5% KCl-1% CaCl₂ 或者 (5 ± 2)% AlCl₃-53% NaCl-42% LiCl。

据报道，采用上述电解槽结构，阳极析出 Cl_2 气泡的排放过程起到的抽提作用，带动电解质运动与循环，有利于金属铝从阴极表面向底部容器聚集，以及新鲜电解质向极间补充。在有效防止与水和氢氧化物接触条件下，阳极气体和金属铝之间的二次反应较弱。

电解质组成对铝电解过程的顺利进行具有重要作用。电解质中 $AlCl_3$ 含量对阳极气泡大小产生影响，其原因是电解质与阳极气泡的界面张力取决于电解质的组成。电解质中所含氧元素（包括氢氧化物或氧化物）可在阳极放电并引起阳极消耗，因此电解质中的氧含量必须控制在 0.03% 以内，以保证电极寿命达能到 3 年以上。另外，含氧物质在氯化物熔体中溶解度较小，容易产生沉

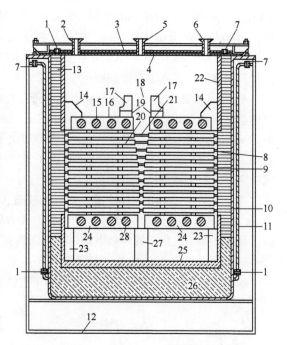

图 33-25　Alcoa 的氯化铝双极性电解槽[12]

1—冷却剂进口；2—出铝口；3—槽盖冷却套；4—槽盖（其下表面直接暴露于氯气和氯化物熔盐蒸汽中，因此采用耐腐蚀的 Inconel 合金 80Ni-15Cr-5Fe）；5—排气口；6—加料口；7—冷却剂出口；8—侧部绝缘定位柱；9—极间绝缘支撑柱；10—槽壳；11—槽壳冷却套；12—电解槽支架；13—侧部绝缘耐火砖（氮化物）；14—电极组顶部定位砖；15—阳极导电棒；16—顶部阳极；17—阳极气体引流器；18—排气通道；19—电解质通道；20—双极性电极；21—电极组间隔离定位柱；22—侧部炭块；23—侧部石墨支撑柱；24—底部阴极；25—石墨聚铝池；26—耐火保温层；27—中心石墨支撑柱；28—阴极导电棒

淀，不利于电解过程的平稳进行。

电解过程中，熔体中 $AlCl_3$ 含量必须有效控制。当 $AlCl_3$ 含量过低时，碱金属离子发生阴极放电并进入石墨材料晶格，形成插层化合物，导致石墨膨胀与破损。相反，熔体蒸气压随着 $AlCl_3$ 含量提高而增大，当 $AlCl_3$ 含量过高时，熔体挥发严重。

Alcoa 报道的 $AlCl_3$ 熔盐电解过程的电流密度为 0.8～2.3 A/cm^2，单槽电压为 2.7 V。电解条件下，电解反应的理论分解电压大约为 1.8V，阳极过电压大约为 0.37V，电解质压降大约为 0.5V，其他包括母线和卡具等的电压降。由于阴极表面产生的铝液流入电解槽底部，并且阳极为惰性阳极，电解槽极距在电解过程中维持稳定。据报道，$AlCl_3$ 熔盐电解过程的能耗大约为 9kW·h/kg（Al）。但是，应该指出的是，这一能耗并不包括原料氯化过程的能耗。尽管未见原料氯化过程能耗的相关报道，但是根据式 33-15 所示的氯化过程总反应式可对其进行粗略估算：

$$Al_2O_3(s) + \frac{3}{2}C(s) + 3Cl_2(g) \Longrightarrow 2\,AlCl_3(g) + \frac{3}{2}CO_2(g) \tag{33-15}$$

在 800℃下，式 33-15 的反应吉布斯自由能为 −270kJ，反应焓为 −210kJ，氯化过程总能耗还受到所用原料种类与性质的影响，比如含铝原料是铝土矿还是氧化铝，碳原料是石油焦还是焦炭。

33.5.1.2　氯化铝熔盐电解法的优势与技术关键

与传统 Hall-Héroult 熔盐电解法相比，氯化物熔盐电解法具有系列经济与技术优势，包括：（1）氯化铝熔盐电解法的操作温度更低；（2）相对于氟化盐体系，氯化物体系的采用能更好地解决熔盐腐蚀问题，使得电解槽内衬及电极材料选择更加灵活；（3）阳极效应的临界电流密度很高，电解过程可采用更高的电流密度，生产效率大大提高；（4）炭素阳极在电解过程中不消耗，节约了炭素阳极消耗的成本，从而也消除了由此带来的温室气体排放；（5）无氟化物排放，环境更加友善；（6）电极间距更低，电解槽结构更加紧凑，电解质熔体的导电性能更好，因而被认为可大幅度降低原铝生产的能耗，有报道认为吨铝能耗可降低 30%[165]。与其他铝冶炼工艺相比，氯化铝熔盐电解法也具有大幅度降低能耗和投资成本的重要优势。尽管无水氯化铝生产过程增加了生产成本，但双极性电解槽的采用，可大幅度提高生产效率，降低电解槽投资成本和电解过程生产成本。

尽管从理论上讲，氯化铝熔盐电解工艺可望具备上述优势，但是也面临众多的技术难题：（1）其经济优势必须建立在经济可行的原料氯化工艺的基础上，电解过程需要获得并保存较高纯度无水氯化铝；尽管除 Al_2O_3 外还可选择多种廉价含铝原料，包括明矾石、高岭土和钙长石等，但是从这些原料提取较高纯度无水氯化铝则需要经历系列复杂的化学提纯过程，难以保证提取过程的经济高效。（2）和 $MgCl_2$ 生产过程一样，原料氯化过程将产生有毒含氯碳氢化合物，可能对环境造成污染。（3）电解质中含有多种蒸气压较大的成分（特别是 $LiAlCl_4$），这些成分随阳极氯气的排放而大量挥发，为保持电解质成分稳定，减少原材料消耗和减少环境污染，必须采取措施收集并回收挥发物。（4）原料中少量含氧组分导致电解质中存在 AlOCl，逐渐形成槽内沉淀，以及 Al_4C_3 和碳氧化物的形成都可能对电解槽的实际运行带来困难。（5）电解过程中析出的碱金属将与炭素电极反应，形成插层化合物，引起电阻增大和体积膨胀，并最终导致炭素电极损耗与破损。

33.5.1.3　氯化铝熔盐电解法研究进展

在前期研究基础上，Alcoa 于 1976 年在得克萨斯州建造了 4 台氯化铝熔盐铝电解槽，电解试验表明，这些电解槽的单槽每天产铝量超过 13t，吨铝能耗低于 9500kW·h。上述电解槽经优化后，到 1980 年后取得了更好的技术经济指标[165]。但是，到 1985 年，Alcoa 将上述电解槽停产，其停产的原因主要是生产高纯度、无氧化的无水氯化铝遇到困难，无水氯化铝生产工厂一直无法达到设计产能，同时存在燃油成本和储存运输成本过高等问题。另外，氯化铝生产过程中产生低浓度氯化联苯，分离和分解成本高，造成环境污染。

另外，日本电化学学会在 1976 年曾计划在其所开发的氯化铝熔盐电解工艺基础上，建造年产 1.5 万 t 原铝的试验工厂。但此后未见相关报道，可见也是以失败而告终。

有别于上述 Alcoa 氯化铝熔盐电解工艺，也有人采用更低温度的氯化物熔体提取金属铝。比如，在 150~200℃ 下，从含 70% ~80% $AlCl_3$ 的碱金属氯化物熔体中电解得到固态金属 Al。这些方法电流密度较低（小于 $0.15A/cm^2$），显然不适合于金属铝的大规模生产，但是可用于在金属基体（比如钢铁）上电沉积金属铝，得到表面镀铝或建筑用铝合金结构材料等。

总体看来，与现行 Hall-Héroult 熔盐电解法和其他炼铝新方法比较，氯化铝熔盐电解法存在系列技术难题，不具备可行性或竞争力，因而目前已少有研究。

33.5.2 碳热还原炼铝工艺

33.5.2.1 碳热还原工艺原理

碳热还原过程的总反应式可表达为式 33-16：

$$\frac{1}{2}Al_2O_3(s) + \frac{3}{2}C(s) = Al(l) + \frac{3}{2}CO(g) \tag{33-16}$$

因为 Al_2O_3 具有很大负值的标准吉布斯生成自由能，但随温度升高而变正，因此反应只有在高于 2000℃ 以上的温度下才有可能发生。式 33-16 只是简单地描述碳热还原反应的反应物和产物之间的关系，实际上在碳热还原过程中发生着一系列复杂的物理和化学变化。目前一般认为，碳热还原反应主要经历式 33-17 ~ 式 33-19 等主要反应步骤：

$$2Al_2O_3(s) + 3C(s) = Al_4O_4C(s) + 2CO(g) \tag{33-17}$$

$$Al_4O_4C(s) + 6C(s) = Al_4C_3(s) + 4CO(g) \tag{33-18}$$

$$Al_4O_4C(s) + Al_4C_3(s) = 8Al(l) + 4CO(g) \tag{33-19}$$

但是，这些反应式还远未能准确地描述碳热还原反应过程，实际过程要比这些反应步骤复杂得多。为了使式 33-17 中 CO 平衡压力达到 101.325kPa（760mmHg）所需达到的反应温度下，就很可能形成氧化物与碳化物的混合熔体，因此上述反应式中固态 Al_4O_4C 也仅仅能够用于该反应体系的大概描述。另外，也可能发生式 33-20 ~ 式 33-23 所示的副反应，产生气态 Al 和 Al_2O。

$$Al_2O_3(s) + 2C(s) = Al_2O(g) + 2CO(g) \tag{33-20}$$

$$Al_2O_3(s) + 3C(s) = 2Al(g) + 3CO(g) \tag{33-21}$$

$$Al_4O_4C(s) + C(s) = 2Al_2O(g) + 2CO(g) \tag{33-22}$$

$$Al_4O_4C(s) + 3C(s) = 4Al(g) + 4CO(g) \tag{33-23}$$

在图 33-26 所示的 Al-C-O 三元系相图中，按上述反应，就可知道在一定温度下与不同凝聚态物质相对应的气态物质种类及其分压。在图中 A 区，当凝聚态 Al_2O_3、C 和 Al_4C_3 同时存在时，按反应 33-17 通过热力学计算或测试可知不同温度下的 CO 分压，按式 33-20 和式 33-21 可分别计算出与 Al_2O_3、C 和 Al_4C_3 平衡的气态 Al_2O 和 Al 的分压。在图中 B 区，当凝聚态 Al_4O_4C、C 和 Al_4C_3 同时存在时，按反应 33-18 通过热力学计算或测试可知不同温度下的 CO 分压，按式 33-22 和式 33-23 可分别计算出与 Al_4O_4C、C 和 Al_4C_3 平衡的气态 Al_2O 和 Al 的分压。图 33-27 为 Al-O-C 三元系中分别与 Al_2O_3-Al_4C_3-C 和 Al_4O_4C-Al_4C_3-C 平衡的 CO、Al_2O 和 Al 分压随温度变化曲线。

从图 33-27 可看出，在较高温度下，金属铝中可溶解 C，在 2150℃（Al_4C_3 的包晶分解温度）下，由于溶解固体炭或碳化物，金属铝液中的碳元素的摩尔分数可达到 20%，因此，碳热还原法生产的金属铝液中总是含有较高含量的碳，需要在 Al 液冷却到其熔点以下温度时，以 Al_4C_3 的形式给予分离去除，这也将在一定程度上阻碍碳热还原法的实际工业应用。

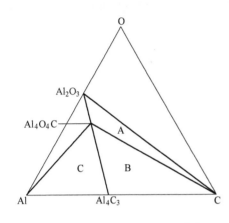

图 33-26　Al-O-C 三元系相图[12]

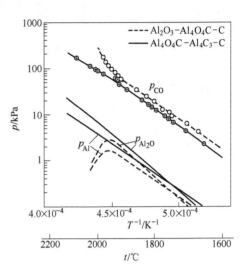

图 33-27　Al-O-C 三元系中气态物质
不同温度下的平衡分压[12]

在操作温度下，Al-C-O 三元体系中，与液态金属 Al 共存的物相可能有固态的 Al_2O_3、Al_4O_4C、Al_4C_3 和气态的 Al、Al_2O 及 CO。在图 33-26 所示的 Al_2O_3-Al_4C_3 假二元相图中，当温度高于 Al_2O_3-Al_4O_4C 子二元系共晶温度 1905℃时，就将产生碳化物和氧化物的混合熔体；当温度升至 1945℃时，四氧碳化铝（Al_4O_4C）将发生包晶分解，生成混合熔体和固态 Al_4C_3 两相。但是，到目前为止，碳热还原法的物理化学基础还远未完善，例如，对于碳热还原过程有关混合熔体的物理化学性质的了解还非常有限，Al_2O_3-Al_4C_3 二元系的 Al_4C_3 侧液相线也还未确定。这些都制约着碳热还原炼铝新工艺的开发。比如，假设混合熔盐的密度与金属 Al 液的密度相当，则两种物相将难以分离，假设金属 Al 液更轻则将浮至熔体表面，从而严重阻碍碳热还原法的实际工业应用进程。

33.5.2.2　碳热还原法的优势

Kusik[166] 在 1990 年的 TMS 年会报告中，列举了碳热还原法炼铝新工艺相对于传统 Hall-Héroult 工艺的众多优势，包括：投资成本降低 30%，操作成本降低 10%~20%，能耗降低 10%，车间人员减少 50%，单位体积反应器的生产能力得到大幅度提高，消除氟化物（如 CF_4）和沥青烟（PAH）的环境污染。但是，同时也指出该工艺的缺点在于操作温度高达 2000℃以上，并且排放大量的 CO 和 CO_2，例如，仅仅在鼓风炉熔炼工序单位产铝的 CO 和 CO_2 排放量相当于 Hall-Héroult 工艺的排放量的 10 倍以上。

33.5.2.3　碳热还原法研究进展

碳热还原法分为两种工艺：其中一种是通过碳热还原 Al_2O_3 直接得到金属铝，另一种是通过碳热还原含铝矿物（比如铝土矿和铝硅酸盐）得到含铝合金，然后再精炼合金得到金属铝。

早在 20 世纪 60 年代，碳热还原炼铝新工艺就得到广泛关注与研究。当时多家国际铝业公司（包括 Alcoa、Reynolds 和 Pechiney）都曾积极开发碳热还原新工艺（也称直接还原工艺），以取代传统的 Hall-Héroult 熔盐电解工艺。到 1965 年左右，尽管开展了大量的研究，有些已建立大型试验工厂并雇用了众多工作人员，但是并未获得成功，相关工作也相继停止。鉴于技术保密原因，一直难于正确评价当时的技术开发进展状况。相关工作完成很多年后，才有相关研究结果的若干报道。

依据相关文献，可将 Pechiney 的碳热还原过程分为以下三个阶段：（1）铝土矿或其他含铝矿物原料在电炉中被部分还原，产生氧化铝和合金；（2）氧化铝在电热炉中被碳还原，产生溶解有碳的金属铝液；（3）加入 $AlCl_3$ 和 NaCl 等熔剂，将含碳铝液冷却到 700℃ 左右，使得铝液中溶解的碳元素以 Al_4C_3 的形式分离出来，这些 Al_4C_3 然后与含铝原料加入还原炉得以回收利用。据报道，Pechiney 的碳热还原试验工厂当时曾每年生产出数千吨金属铝，但是由于所用原料、电极材料和电能消耗都相当高，生产成本过高，不具备竞争能力，从而于 1967 年被迫关闭。

Reynolds 从 1960 年开始针对碳热还原炼铝新工艺开展系列研究工作，早期所采用的技术路线是，首先在 1MW 单相电弧炉中将铝土矿熔炼，生产出 Al-Si 铸造合金，然后通过在离心分离机中凝固分离实现 Al-Si 合金的精炼并得到金属铝。与众不同的是，Reynolds 采用水银作为一种还原剂，这些水银最后可通过蒸馏去除。Reynolds 的研究工作一直到 1972 年才因为不具备经济竞争力被迫停止。通过研究，Reynolds 得出结论，认为碳热还原法的进一步研究必须以 Al_2O_3 代替铝土矿等矿物为原料。但是，通过铝土矿选矿和溶剂提取工艺获得冶金级 Al_2O_3 的方法还存在许多化学与热力学缺陷。1971 年到 1980 年，Reynolds 开展了以 Al_2O_3 为原料的碳热还原可行性项目的研究，并于 1980 年采用碳热还原法生产了 22.68kg 重的首批金属铝。Saveedra 等[167]乐观地认为，采用常规的电热式电弧炉就可进行金属铝的碳热还原生产，但是也指出，还需要开展大量的工程技术和研究开发工作，才可能建立经济可行的具有工业规模的碳热还原炼铝设备。

1977 年到 1982 年，Alcoa[168]对碳热还原炼铝新工艺重新给予极大关注，并在美国能源部（DOE）的资助下开展了大量的研究开发工作。Alcoa 主要研究了采用燃烧加热方式进行铝硅矿物碳热还原炼铝新工艺的技术可行性，对以下三种技术思路进行过研究：（1）采用低压燃烧加热鼓风炉熔炼；（2）联合式鼓风电弧炉熔炼；（3）淹没式电弧炉熔炼。

其中，焦炭燃烧鼓风炉技术最为经济，他们设想以鼓风炉熔炼技术直接对天然矿物原料进行碳热还原，得到 Al-Si（Fe）合金，再通过精炼得到工业原铝、硅和铁硅合金；但是，在试验研究中发现，反应所产生的气态 Al_2O 和 SiO 随着 CO 从高温区迁移到低温区并发生凝聚，在反应器出料口常常发生所谓"架桥"问题，并引起反应器中的物料堵塞，无法实现连续生产，金属产量很低。最后认为该鼓风炉熔炼技术不具备技术可行性。对于第二种技术路线，由于联合式鼓风电弧炉采用常规电极，难于操作，基于在鼓风炉熔炼技术的试验研究中所碰到的问题，使得联合式鼓风电弧炉技术被放弃。Alcoa 在上述基础上决定采用电热还原技术，考虑到开放式电弧炉和等离子体炉的热量散失大，最后选用淹没式电弧炉进行碳热还原熔炼。针对敞开式和密闭式熔炼炉生产 Al-Si 合金，Bruno[168]在其报告中分别给出了熔炼试验结果，并对其进行了物料平衡、能量平衡和经济性评价。认为淹没式电弧炉工艺在技术上可行，但是与 Hall-Héroult 工艺相比，在能耗和成本方面并不具备明显优势。通过以上项目研究，Bruno[168]得出的结论是：即使不考虑其相对于其他炼铝工艺的经济竞争力，直接还原炼铝工艺仍需要进行大量的技术研究与开发，才有可能实现工业化应用。

20 世纪 80 年代初，人们曾经再次对碳热还原炼铝新工艺表现出极大兴趣与关注。Landi 等[169]采用电弧炉，以意大利白榴石矿为原料，通过碳热还原工艺制备 Al-Si 合金。日本三井铝业公司（Mitsui）[170]曾采用鼓风炉进行碳热还原炼铝，其熔炼过程首先是氧化铝、氧化硅、氧化铁和煤炭在鼓风炉内发生还原反应，然后在 1300℃下将金属 Pb 熔体喷入鼓风炉内，形成的 Al-Pb 合金冷却后上浮并被分离出来，其中含 Pb 量为 0.2% ~ 0.3%，对 Al-Pb 合金进行提纯精炼即可得到商品级原铝。期间，三井铝业公司曾建立起容积为 0.4m³ 的小型鼓风炉，在鼓入 O₂ 条件下，无须提供电能就得到了 Al-Si-Fe 合金。但是，由于未得到足够的经费支持，三井公司的研究工作随后被迫停止。此后的几年内，日本的 Dokiya 等[171]采用管状试验炉进行了碳热法炼铝工艺研究，但是最终没能成功地获得金属铝。Yokokawa 等[172]在试验工厂采用鼓风炉在无须额外热量的情况下，制备出 Al-Si-Fe 合金，但是合金产量及其中的 Al 含量很低，尽管通过在配料中加入石灰可增加合金产量及其中的 Al 含量，但其研究工作最后也被放弃。

20 世纪 80 年代后期，出现了一种通过添加 Sn 的 Al 精炼新工艺。Frank 等[173]采用碳热还原法，以 Al₂O₃ 为原料，在 1800℃下制备出了含 9% Al 的 Al-Sn 合金；将所得 Al-Sn 合金冷却到 330℃使其部分结晶得到金属 Al；剩余的 Sn 采用 Na 提取后返回 Al-Sn 合金制备。

Murry[174]于 1999 年提出，采用高度聚焦的太阳光可在高温下提供巨大能量，有效促进金属热还原过程的进行，其中 Al 的热还原过程就是实现太阳能在工业过程应用的最大领域，特别是 Alcoa 的铝土矿直接还原工艺最适合于太阳能技术的应用。Murry 采用太阳能高温加热进行了铝土矿碳热还原的初步试验，得到少量 Al 含量为 61% ~ 62% 的 Al-Si 合金。Murry 希望，在初步研究的基础上进一步开展研究，按照 Alcoa 所采用的技术路线，利用太阳能加热技术，最终开发出一种联合加热碳热还原炼铝新工艺。

参 考 文 献

1   De Nora V. Veronica and Tinor 2000 new technologies for aluminum production. Electrochemical Society Interface, 2002, 11 (4): 20 ~ 24

2   Nancy M, Jack E. Inert anode roadmap: A framework for technology development. The Aluminum Association, Inc. February 1998: 1 ~ 29

3   Noel J. Future developments in the Bayer-Hall-Héroult process. Burkin A R. Production of aluminium and alumina. John Wiley & Sons, 1987: 188 ~ 207

4   Benedyk J C. Status Report on inert anode technology for primary aluminum. Light Metal Age, 2001, 59 (1/2): 36 ~ 37

5   De Nora V. Inert anodes are knocking at the door of aluminium producers. CRU annual meeting. London. June, 2001: 26

6   Sadoway D R. Inert anodes for the Hall-Héroult cell: the ultimate materials challenge. JOM, 2001, 53 (5): 34 ~ 35

7   Keniry J. The economics of inert anodes and wettable cathodes for aluminum reduction cells. JOM, 2001, 53 (5): 43 ~ 47

8   Hall C M. Process of electrolyzing fused salts of aluminum. US Patent 400, 667. Filed September 21, 1888. Patented April 2, 1889

9   Billehaug K, Oye H A. Inert anodes for aluminium electrolysis in Hall-Héroult cells (Ⅰ). Aluminium, 1981, 57 (2): 146 ~ 150

10   Billehaug K, Oye H A. Inert anodes for aluminium electrolysis in Hall-Héroult cells (Ⅱ). Aluminium, 1981, 57 (3): 228 ~ 231

11   Keller R, Rolseth S, Thonstad J. Mass transport considerations for the development of oxygen-evolving anodes

in aluminium electrolysis. Electrochim Acta, 1996, 42 (12): 1809~1917

12 Grjotheim K, Krohn C, Malinovsky M et al. Aluminium electrolysis-Fundamentals of the Hall-Héroult process. 2nd edition, Dusseldorf: Aluminium-Verlag, 1982: 365

13 Thonstad J, Fellner P, Haarberg G M et al. Aluminium electrolysis-Fundamentals of the Hall-Héroult process. 3rd edition, Dusseldorf: Aluminium-Verlag, 2001. 279

14 Horinouchi K, Tachikawa N, Yamada K. DSA in aluminum reduction cells. In: Organizing Committee of the First International Symposium on Molten Salt and Technology, eds. Proceedings of the first international symposium on molten salt chemistry and technology. Kyoto, Japan: Molten Salt Committee of the Electrochemical Society of Japan, 1983: 65~68

15 Augustin C O, Srinivasan L K, Srinivasan K S. Inert anodes for environmentally clean production of aluminium. Bull Electrochem, 1993, 9 (8~10): 502~503

16 于先进, 邱竹贤, 金松哲. ZnFe$_2$O$_4$基材料在 NaF-AlF$_3$-Al$_2$O$_3$熔盐中的腐蚀. 中国腐蚀与防护学报, 2000, 20 (5): 275~279

17 Galasiu R et al. Inert anodes for aluminium electrolysis: variation of the properties of nickel ferrite ceramics as a function of the way of preparation. Haarberg G M. Eleventh International Aluminium Symposium. Norway, September 19~22, 2001: 133~136

18 Zhang Y, Wu X, Rapp R A. Modeling of the solubility of NiO/NiAl$_2$O$_4$ and FeO/FeAl$_2$O$_4$ in cryolite melts. Crepeau P N. Light Metals. Warrendale, Pa: TMS, 2003: 415~421

19 Pawlek R P. Inert anodes: an update. Tabereaux A T. Light Metals. Warrendale, Pa: TMS, 2004: 283~287

20 Yang J H, Liu Y X, Wang H Z. The behavior and improvement of SnO$_2$ based anodes in aluminum electrolysis. Mason D. A. Light Metals. Warrendale, Pa: TMS, 1993: 493~495

21 Qiu Z X, Fan L M. The rate-determining step of metal loss in cryolite alumina melts. J. P. McGeer. Light Metals 1984. Warrendale, Pa: TMS, 1984: 789~804

22 Haarberg G M. The interaction between tin oxide and cryolite-alumina melts. 9th Int. Symp. On Molten Salts. San Francisco, USA: Electrochemical Society, Inc, May 22~27, 1994: 568~577

23 Issaeva L. Electrochemical behaviour of tin dissolved in cryolite-alumina melts. Electrochim. Acta, 1997, 42 (6): 1011~1018

24 Yang J H, Thonstad J. On the behaviour of tin-containing species in cryolite-alumina melts. J. Appl. Electrochem, 1997, 27: 422~427

25 Sadus A M V, Constable D C, Dorin R, et al. Tin dioxide-based ceramics as inert anodes for aluminum smeltering: a laboratory study. Hale W. Light Metals. Warreudale, Pa: TMS, 1996: 259~265

26 Popescu A M, Constantin V. The dependence of current efficiency on the operating parameters in aluminium electrolysis cell with SnO$_2$-based inert anodes. Rev. Roum. Chim, 1998, 43 (9): 793~798

27 Galasiu R. SnO$_2$-based inert anodes for aluminium electrolysis. Influence of Ag$_2$O on the electrical and electrochemical properties. X. Al Symposium, Slovak-Norwegian Symposium on Aluminium Smelting Technology, Stara Lesna-Ziar nad Hronom, 21~23 Sept. 1999: 35~38

28 Las W C. Influence of additives on the electrical properties of dense SnO$_2$-based ceramics. J. Appl. Phys., 1993, 74 (10): 6191~6196

29 Cassyre L, Utigard T A, Bouvet S. Visualizing gas evolution on graphite and oxygen evolving anodes. JOM, 2000, 54 (5): 140~149

30 Duruz J J, Derivaz J P, Debely P E et al. Molten salt electrowinning method, anode and manufacture thereof. US Patent, 4614569, 1986

31 Walker J K, Kinkoph J, Saha C K. J. Appl. Electrochem., 1989, 19: 225~230

32 Dewing E W, Reesor D N. US Patent, 4668351, 1987

33　Gregg J S, Frederick M S, King H L et al. Testing of cerium oxide coated cermet anodes. K. D. Subodh. Light Metals 1993. Warrendale, Pa: TMS, 1993: 455～464

34　Yang J H, Liu Y X, Wang H Z. The behavior and improvement of SnO_2 based anodes in aluminum electrolysis. D. A. Mason. Light Metals. Warreudale, Pa: TMS, 1993: 493～495

35　Dewing E W et al. The chemistry of solutions of CeO_2 in cryolite melts. Metallurgical and Materials Transactions B, 1995, 26B (1): 81～86

36　Pietrzyk S, Oblakowsky R. Concentration of impurities from the inert anodes in the bath and metal during aluminium electrolysis. X. Al Symposium, Slovak-Norwegian, Symposium on Aluminium Smelting Technology, Stara Lesna-Ziar nad Hronom, 21～23 Sept. 1999: 31～34

37　Zaikov Y P et al. Ceramic properties of electrodes based on $NiO-Li_2O$ and their solubility in cryolite alumina melts. Ⅷ. Al Sympozium, 25～27 Sept. 1995, Slovakia, Ziar nad Hronom-Donovaly, 239～241

38　刘业翔. 功能电极材料及其应用. 长沙: 中南工业大学出版社, 1996: 142

39　Sadoway D R. Inert anodes for the Hall-Héroult cell: the ultimate materials challenge. JOM, 2001, 53 (5): 34～35

40　Hryn J N, Pellin M J. A dynamic metal anode. C. Edward Eckert. Light Metals. Warrendale, Pa: TMS, 1999: 377～381

41　Yang J H, Hryn J N, Davis B R et al. New opportunities for aluminum electrolysis with metal anodes in a low temperature electrolyte system. A. T. Tabereaux. Light Metals 2004. Warrendale, Pa: TMS, 2004: 321～326

42　Yang J H, Hryn J N, Krumdic G K. Aluminum electrolysis tests with inert anodes in $KF-AlF_3$-based electrolytes. T. J. Galloway. Light Metals 2006. Warrendale, Pa: TMS, 2006: 421～424

43　Beck T R. Production of aluminum with low temperature fluoride melts. U. Mannweiler. Light Metals 1994. Warreudale, Pa: TMS, 1994: 417～423

44　Sekhar J A, Deng H, Liu J et al. Micropyretically synthesized porous non-consumable anodes in the Ni-Al-Cu-Fe-X system. R. Huglen. Light Metals 1997. Warrendale, Pa: TMS, 1997: 347～354

45　Duruz J J, de Nora V. Aluminium electrowinning with metal-based anodes. WO 0142535, 2001-06-14

46　Bradford D R. Inert anode metal life in low temperature reduction process final technical report. Goldendale Aluminum Company. June 30, 2005: 65

47　Thinh N, Vittorio B, Curtis M et al. Non-carbon anodes and cathode coatings for aluminum production. JOM, 2004, 56 (11): 231～237

48　Nguyen T, de Nora V. Oxygen evolving inert metallic anode. T. J. Galloway. Light Metals 2006. Warreudale, Pa: TMS, 2006: 385～390

49　Antille J, Klinger L, Von Kaenel R et al. Modeling of a 25 kA de NORA inert metallic anode test cell. T. J. Galloway. Light Metals 2006. Warrendale, Pa: TMS, 2006: 391～396

50　De Nora V, Nguyen T, Von Kaenel R et al. Semi-vertical de NORA inert metallic anode. M. Sorlie. Light Metals 2007. Warreudale, Pa: TMS, 2007: 501～505

51　Von Kaenel R, de Nora V. Technical and economical evaluation of the de Nora inert metallic anode in aluminum reduction cells. T. J. Galloway. Light Metals 2006. Warreudale, Pa: TMS, 2006: 397～402

52　Weyand J D, De Young D H, Ray S P et al. Inert Anodes for Aluminium Smelting. PA 15069, Washington D C: Aluminum Company of America, February, 1986

53　Ray S P. Inert anode for Hall cells. R. E. Miller. Light Metals 1986. Warrendale, Pa: TMS, 1986: 287～298

54　Alcom T R, Tabereaux A T, Richards N E et al. Operational results of pilot cell test with cermet inert anodes. S. K. Das. Light Metals 1993. Warrendale, Pa: TMS, 1993: 433～443

55　Windusch C F, Strachan D M, Henager C H. Material characterization of cermet anodes tested in a pilot cell. S. K. Das. Light Metals 1993. Warrendale, Pa: TMS, 1993: 445～454

56 Gregg J S, Frederick M S, King H L et al. Testing of cerium oxide coated cermet anodes in aluminum laboratory cell. S. K. Das. Light Metals 1993. Warrendale, Pa: TMS, 1993: 455~464

57 Gregg J S, Frederick M S, Vaccaro A J. Pilot cell demonstration of cerium oxide coated anodes. S. K. Das. Light Metals 1993. Warrendale, Pa: TMS, 1993: 465~473

58 Kozarek K I, Ray S P, Dawless R K et al. Corrosion of cermet anodes during low temperature Electrolysis of alumina. DE-FC07-89ID12848, PA: Alcoa Inc. , September 26, 1997

59 Kozarek K I, Ray S P, Dawless R K et al. Energy efficient aluminum production - pilot-scale cell tests: final report for phase Ⅰ and phase Ⅱ. DE-FC07-94I D13219, PA: Alcoa Inc. , December 30, 1999

60 Christini R A, Dawless R K, Ray S P et al. Phase Ⅲ Advanced Anodes and Cathodes Utilized in Energy Efficient Aluminum Production Cells. DE-FC07-98ID13666, PA: Alcoa Inc. , November 2001

61 Ray S P. Electrolytic production of high purity aluminium using ceramic inert anodes, US Patent, 6, 416, 649, 2001

62 Blinov V, Polyakov P. Behaviour of cermet inert anodes for aluminium electrolysis in a low temperature electrolyte. Geir Martin Haarberg. 11th International Aluminium Symposium. Norway, September 19~22, 2001: 123~131

63 Lorentsen O A, Thonstad J. Laboratory cell design considerations and behaviour of inert anodes in cryolite-alumina melts. Geir Martin Haarberg. 11th International Aluminium Symposium. Norway, September 19~22, 2001: 145~154

64 Blinov V, Polyakov P, Krasnoyarsk, et al. Behaviour of inert anodes for aluminium electrolysis in a low temperature electrolyte, part Ⅰ. Aluminium, 1997, 73 (12): 906~910

65 Dawless R K et al. Reduced temperature aluminium production in an electrolytic cell having inert anodes. US patent, 6, 030, 518, 1997

66 Office of Industrial Technologies. Advanced anodes and cathodes utilized in energy-efficient aluminium production cells. Aluminum Project fact Sheet, Jan. 1999: 2

67 Belda A. Alcoa quarterly financial report to analysts, 19 July 2001

68 Yu X J, Zhang G L, Qiu Z X et al. Electrical conductivity and corrosion resistance of $ZnFe_2O_4$-based materials used as inert anode for aluminum electrolysis. Journal of Shanghai University, 1999, 3 (3): 251~254

69 Yu X J, Qiu Z X, Jin S H. Corrosion of zinc ferrite in $NaF-AlF_3-Al_2O_3$ molten salts. Journal of Chinese Society for Corrosion and Protection, 2000, 20 (5): 275~280

70 Cao X Z, Wang Z W, Shi Z N et al. Al-Ti-O-X cermet as inert anode for aluminium electrolysis. M. Sorlie. Light Metals 2007. Warreudale, Pa: TMS, 2007: 927~929

71 Cao X Z, Wang Z W, Shi Z N et al. Study on the conductivity of $Fe-Ni-Al_2O_3$ cermet inert anode. M. Sorlie. Light Metals 2007. Warreudale, Pa: TMS, 2007: 937~939

72 王兆文, 罗涛, 高炳亮等. $NiFe_2O_4$基惰性阳极的制备及电解腐蚀研究. 矿冶工程, 2004, 24 (6): 61~66

73 De Young D H. Solubilities of oxides for inert anode in cryolite-based melts. R. E. Miller. Light Metals 1986. Warrendale, Pa: TMS, 1986: 299~307

74 Olsen E, Thonstad J. The behaviour of nickel ferrite cermet materials as inert anodes. Wayne Hale. Light Metals. Warrendale, Pa: TMS, 1996: 249~257

75 秦庆伟. 铝电解惰性阳极及腐蚀率预测研究: [博士学位论文]. 长沙: 中南大学, 2004

76 段华南. $Cu-Ni-NiO-NiFe_2O_4$金属陶瓷在冰晶石-氧化铝熔体中的电解腐蚀行为研究: [硕士学位论文]. 长沙: 中南大学, 2005

77 Tarcy G P. Corrosion and passivation of cermet inert anodes in cryolite-type electrolytes. R. E. Miller. Light Metals. Warrendale, Pa, USA: TMS, 1986: 309~320

78 Windisch C F, Marschman S C. Electrochemical polarization studies on Cu and Cu-containing cermet anodes for the aluminum industry. R. D. Zabreznik. Light Metals. Warrendale, Pa, USA: TMS, 1987: 351 ~ 355

79 张刚. 半导体 Cu-Ni-NiFe$_2$O$_4$ 金属陶瓷的制备与性能研究: [硕士学位论文]. 长沙: 中南大学, 2003

80 Olsen E, Thonstad J. Nickel ferrite as inert anodes in aluminum electrolysis: Part Ⅱ Material performance and long-term testing. Journal of Applied Electrochemistry, 1999, 29 (3): 301 ~ 311

81 Lorentsen O A, Thonstad J. Electrolysis and post-testing of inert cermet anodes. W. Schneider. Light Metals. Warrendale, Pa, USA: TMS, 2002: 457 ~ 462

82 李新征. xM/(10NiO-NiFe$_2$O$_4$)金属陶瓷的烧结性能、导电性能与耐腐蚀性能研究: [硕士学位论文]. 长沙: 中南大学, 2006

83 Xiao H M. On the corrosion and the behavior of inert anodes in aluminium electrolysis: [Doctor Thesis]. Trondheim, Norway: Norwegian Institute of Technology, 1993

84 杨建红. 铝电解惰性电极暨双极多室槽模拟研究: [博士学位论文]. 长沙: 中南工业大学, 1992

85 Diep Q B, Dewing E W, Sterten A. The solubility of Fe$_2$O$_3$ in cryolite-alunma melts. Metallurgical and Materials Transactions B, 2002, 33B (1): 140 ~ 142

86 Wang H Z, Thonstad J. The behaviour of inert anodes as a function of some operating parameters. Paul G. Campbell. Light Metals. Warrendale, Pa, USA: TMS, 1989: 283 ~ 290

87 Lorentsen H J. Inert anode under electrochemical impedance spectroscopy study. G. M. Haarberg. Eleventh International Aluminium Symposium. Norway, September 19 ~ 22, 2001: 137 ~ 143

88 Yankeelov J. Inert anode metal life in low temperature aluminum reduction process. DE-FC07-98ID13662, Dalles, OR: Northwest Aluminum Technologies, January 31, 2003

89 Olsen E, Thonstad J. Nickel ferrite as inert anodes in aluminum electrolysis: Part Ⅰ Materials fabrication and preliminary testing. Journal of Applied Electrochemistry, 1999, 29 (3): 293 ~ 299

90 李国勋, 王传福, 屈树岭等. 铝电解惰性阳极材料的制备及抗腐蚀研究. 有色金属, 1993, 45 (2): 53 ~ 57

91 孙小刚. Ni-NiFe$_2$O$_4$-NiO 金属陶瓷惰性阳极的致密化及力学性能研究: [硕士学位论文]. 长沙: 中南大学, 2005

92 田忠良. 铝电解 NiFe$_2$O$_4$ 基金属陶瓷惰性阳极及其相关工程技术研究: [博士学位论文]. 长沙: 中南大学, 2006

93 张雷. 铝电解用 NiFe$_2$O$_4$/Ni 型金属陶瓷惰性阳极制备技术研究: [博士学位论文]. 长沙: 中南大学, 2006

94 张勇. 10NiO-NiFe$_2$O$_4$ 基金属陶瓷的低温烧结致密化: [硕士学位论文]. 长沙: 中南大学, 2007

95 Luo T, Wang Zhao Z W, Gao B L et al. Preparation of a cermet inert anode based on ferrous nickel and its use in an electrolysis study. H. Kvande. Light Metals 2005. Warrendale, Pa: TMS, 2005: 541 ~ 543

96 杨宝刚. 金属陶瓷基惰性阳极材料与铝基碱土金属母合金的研制: [博士学位论文]. 沈阳: 东北大学, 2000

97 赵群. 铝电解金属陶瓷阳极的制备与性能测试: [博士学位论文]. 沈阳: 东北大学, 2003

98 刘宜汉. 镍铁尖晶石基惰性阳极制品的研究: [博士学位论文]. 沈阳: 东北大学, 2004

99 John Berchmans L et al. Evaluation of Mg^{2+}-substituted NiFe$_2$O$_4$ as a green anode material. Material Letters, 2004, 58 (5): 1928 ~ 1933

100 焦万丽. NiFe$_2$O$_4$ 及添加 TiO$_2$ 的尖晶石的烧结过程. 硅酸盐学报, 2004, 32 (9): 1150 ~ 1153

101 席锦会. V$_2$O$_5$ 对镍铁尖晶石烧结机理及性能的影响. 硅酸盐学报, 2005, 33 (6): 683 ~ 687

102 姚广春等. 添加物对镍铁尖晶石惰性阳极微观结构和性能的影响. 东北大学学报, 2005, 26 (6): 575 ~ 577

103 Zhang Gang, Li Jie, Lai Yan Qing et al. Effect of copper content on microstructure and mechanical properties

of Cu/(10NiO-NiFe$_2$O$_4$) cermets. Morten Sorlie. Light Metals 2007. Warrendale, PA：USA，TMS，2007：931~936

104 Lai Yanqing, Li Jie, Tian Zhongliang et al. An improved pyroconductivity test of spinel-containing cermet inert anodes in aluminum electrolysis cells. A. T. Tabereaux. Light Metals 2004. Warrendale PA, USA：TMS, 2004：339~344

105 Ray S P, Woods R W, Dawless R K et al. Electrolysis with an Inert Electrode Containing Ferrite, Copper and Silver. US, Patent, 5865980, April 26, 1997

106 Strachan D M, Koski O H, Morgan L G et al. Results from a 100-hour electrolysis test of a cermet anode：materials aspects. Christian M. Bickert. Light Metals. Warrendale, Pa：TMS, 1990：395~401

107 Peterson R D, Richards N E, Tabereaux A T. Results of 100-hour electrolysis test of a cermet anode：operational results and industry perspective. Christian M. Bickert. Light Metals. Warrendale, Pa：TMS, 1990：385~393

108 Thonstad J, Rolseth S. Alternative electrolyte compositions for aluminium electrolysis. Transactions of the Institutions of Mining and Metallurgy, Section C：Mineral Processing and Extractive Metallurgy, 2005, 114 (3)：188~191

109 邱竹贤. 预焙槽炼铝. 第3版. 北京：冶金工业出版社, 2005：384

110 Beck T R. A nonconsumable metal anode for production pf aluminum with low temperature fluoride melts. Light Metals 1995：355~360

111 Brown C W. Next Generation Vertical Electrode Cells. JOM, 2001, 53 (5)：39~42

112 Brown C W. Laboratory Experiments with Low-temperature slurry-electrolyte alumina reduction cells. R. D. Peterson. Light Metals 2000. Warreudale, Pa：TMS, 2000：391~396

113 De Nora V, Duruz J J. Low temperature operating cell for the electrowinning of aluminum. WO patent 01/31, 086, Oct. 26, 1999

114 De Nora V, Duruz J J. Aluminum electrowinning operating with ni-fe alloy anodes. WO patent 01/43, 208, Dec. 9, 1999

115 Beck T R, Brown C W. Aluminum low temperature smelting cell metal collection. US Patent 6419812, Jul. 16, 2002

116 Brown C W, Frizzle P B. Low temperature aluminum reduction cell using hollow cathode. US Patent 6436272, Aug. 20, 2002

117 Yang J H, Graczyk D G, Wunsch C et al. Alumina solubility in KF-AlF$_3$-based low-temperature electrolyte system. M. Sorlie. Light Metals 2007. Warreudale, Pa：TMS, 2007：537~541

118 Wang J W, Lai Y Q, Tian Z L et al. Investigation of 5Cu-(10NiO-NiFe$_2$O$_4$) inert anode in low-temperature aluminum electrolysis. Morten Sorlie. Light Metals 2007. Warrendale, PA：USA, TMS, 2007：525~530

119 Kryukovsky V A, Frolov A V, Tkatcheva O Y et al. Electrical conductivity of low melting cryolite melts. T. J. Galloway. Light Metals 2006. Warreudale, Pa：TMS, 2006. 409~413

120 Zaikov Y, Chemezov O, Chuikin A et al. Interaction of heat resistance concrete with low melting electrolyte KF-AlF$_3$ (CR=1.3). Morten Sorlie. Light Metals 2007. Warrendale, PA USA：TMS, 2007：369~372

121 Thonstad J, Fellner P, Haarberg G M et al. Aluminium electrolysis-Fundamentals of the Hall-Héroult process. 3rd edition. Dusseldorf：Aluminium-Verlag, 2001：10

122 Oye H A, Mason N, Peterson R D et al. Aluminum：Approaching the new millennium. JOM, 1999, 51 (2)：29~42

123 刘业翔. 铝电解惰性阳极与可湿润性阴极的研究与开发进展. 轻金属, 2001, (5)：26~29

124 Sorlie M, Oye H A. Cathodes in aluminum electrolysis, 2nd edition. Dusseldorf：Aluminium-Verlag, 1994：66~73

125　McMinn C J. A review of RHM cathode development. Cutshall E R. Light Metals 1992. Cutshall E R. Warrendale PA, USA: TMS, 1992: 419~425

126　Pawlek R P. Cathodes wettable by molten aluminium for aluminum electrolysis cells. Aluminium, 1990, 66 (8): 573~582

127　李庆余. 铝电解用惰性可润湿性 TiB_2 复合阴极涂层的研制与工业应用: [博士学位论文]. 长沙: 中南大学, 2003

128　Pawlek R P. Review of the aluminum reduction sessions, Part Ⅰ. Aluminium, 1999, 75 (7/8): 621~625

129　Richards N E. Electrolytically conductive cermet compositions. U S, Patent, 3, 328, 280

130　Kaplan H I. Cathodes for alumina reduction cells. U S Patent, 4, 333, 813, 1982-6-8

131　Juel L H, Joo L A, Tucker K W. Composite of TiB_2-graphite. U S Patent, 4, 465, 581, 1984-8-14

132　Tucker K W, Gee J T, Shaner J R et al. Stable TiB_2 graphite cathodes for aluminum production. B. J. Welch. Light Metals 1987. Warrendale PA, USA: TMS, 1987: 345~349

133　Alcorn T R, Stewart D V, Tabereaux A T et al. Pilot reduction cell operation using TiB_2-G cathodes. C. M. Blckert. Light Metals 1990. Warrendale PA, USA: TMS, 1990: 413~418

134　Tabereaux A, Brown J, Eldridge I et al. The operational performance of 70kA prebake cells retrofitted with TiB_2-G cathode elements. B. J. Welch. Light Metals 1998. Warrendale PA, USA: TMS, 1998: 257~264

135　Dionne M, Esperance G L, Mirtchi A. Wetting of TiB_2-carbon material composite. C E. Eckert. Light Metals 1999. Warrendale PA, USA: TMS, 1999: 389~394

136　Xue J L, Oye H A. Sodium and bath penetration into TiB_2-carbon cathodes during laboratory aluminium electrolysis. E. R. Cutshall. Light Metals 1992. Warrendale PA, USA: TMS, 1991: 773~778

137　Xue J L, Oye H A. Wetting of graphite and carbon/TiB_2 Composites by liquid aluminum. S. K Das. Light Metals 1993. Warrendale PA, USA: TMS, 1993: 631~637

138　Watson K D, Toguri J M. The wetting of carbon/TiB_2 composite materials by aluminum in cryolite melts. Metall. Trans. B, 1991, 22B (3): 617~621

139　成庚. 铝用 TiB_2-C 复合阴极炭块的开发与应用. 轻金属, 2001, (2): 50~52

140　Ren B J, Xu J L, Shi Z N et al. Application of TiB_2 coating cathode blocks made by vibration molding for 300kA aluminum reduction cells. Morten Sorlie. Light Metals 2007. Warrendale, PA: USA, TMS, 2007: 1047~1050

141　李庆余, 赖延清, 李劼等. 中低温烧结铝电解用 TiB_2-炭素复合阴极材料. 中南大学学报, 2003, 34 (1): 24~27

142　方静. 铝电解用惰性可润湿性复合阴极材料的制备与性能研究: [硕士学位论文]. 长沙: 中南大学, 2004

143　Li Q Y, Lai Y Q, Li J et al. The effect of sodium-containing additives on the sodium-penetration resistance of TiB_2/C composite cathode in aluminum electrolysis. H. Kvande. Light Metals 2005. Warrendale PA, USA: TMS, 2005: 789~791

144　Cook A V, Buchta W M. Use of TiB_2 cathode material: demonstratede energy consevation in VSS cells. J. B. Welch. Light Metals 1985. Warrendale PA, USA: TMS, 1985: 545~566

145　Sekhgar J A, de Nora V, Liu J et al. TiB_2/colloidal alumina carbon cathode coating in Hall-Héroult and drained cells. J. B. Welch. Light Metals 1998. Warrendale PA, USA: TMS, 1998: 605~615

146　Oye H A, de Nora V, Duruz J J et al. Properties of a colloidal alumina-bonded TiB_2 coating on cathode carbon materials. R. Huglen. Light Metals 1997. Warrendale PA, USA: TMS, 1997: 279~286

147　Brown G D, Hardie G J, Taylor M P. TiB_2 coated aluminum reduction cells: status and future direction of coated cells in Comalco. Aluminium Smelting Conference. Queenstown, New Zealand, Nov. 26, 1998: 529~538

148　Qiu Z X, Li Q F, Chen X S et al. TiB$_2$-coating on cathode carbon blocks in aluminium cells. Cutshall E R. Light Metals 1992. Warrendale PA, USA: TMS, 1992: 431～437

149　Liu Y X, Liao X A, Tang F L et al. Observation on the operating of TiB$_2$-coated cathode reduction cells. Cutshall E R. Light Metals 1992. Warrendale PA, USA: TMS, 1992: 427～429

150　Liao X A, Huang Y Z, Liu Y X. Potline-scale application of TiB$_2$ coating in Hefei aluminium & carbon plant. Welch B. Light Metals 1998. Warrendale PA, USA: TMS, 1998: 685～688

151　Li Q Y, Lai Y Q, Liu Y G et al. Laboratory test and industrial application of an ambient temperature cured TiB$_2$ cathode coating for aluminum electrolysis cells. A. T. Tabereaux. Light Metals 2004. Warrendale PA, USA: TMS, 2004: 327～331

152　李冰, 邱竹贤, 李军等. 在石墨基体上电沉积 TiB$_2$ 镀层的研究. 稀有金属材料与工程, 2004, 33 (7): 764～767

153　Lu H M, Jia W, Ma R et al. Titanium diboride and molybdenu silicide composite coating on cathode carbon blocks in aluminum electrolysis cells by atmospheric plasma spraying. H Kvande. Light Metals 2005. Warrendale PA, USA, TMS, 2005: 785～788

154　Dahotre N B, Agarwal A. Refractory ceramic-composite coatings via laser surface engineering. JOM, 1999 (4): 19～21

155　向新, 秦岩. TiB$_2$ 及其复合材料的研究进展. 陶瓷学报, 1999, 20 (2): 111～117

156　De Nora V, Sekhar J. Application of refractory protective coatings on the surface of electrolytic cell components. U S, Patent, 6402926, 2002-06-11

157　Georges B, de Nora V. Aluminum production cell and cathode. US Patent, 6358393, 2002-03-19

158　De Nora V. Cell for aluminum electrowinning. US Patent, 6093304, 2000-07-25

159　Vittorio de Nora, Nassau B, Jainagesh A S et al. Method for production of aluminum using protected carbon-containing components. US Patent, 5651874, 1997-07-29

160　Welch B J. Aluminum production paths in the new millennium. JOM, 1999, 51 (5): 24～28

161　De Nora V, Duruz J J. Cell for electrolysis of alumina at low temperatures. US Patent, 5725744, 1998-03-10

162　Beck T R, Rousar I, Thonstad J. Energy efficiency considerations on monopolar versus bipolar fused salt electrolysis cells. S. K. Das. Light Metals 1993. Warrendale, Pa: TMS, 1993: 485～491

163　Beck T, Brooks R J. Electrolytic reduction of aluminum. US Patent, 5006209, 1991-04-09

164　Hanneman R E, Hayden H W, Goodnow W et al. Report of the American Society of Mechanical Engineers' Technical Working Group on Inert Anode Technologies. The U. S. Department of Energy, July 1999: 1～45

165　Russel A S. Pitfall and Pleasures in new aluminum process development. Metallurgical Transactions B, 1981, 12B (2): 203～215

166　Kusik C L, Syska A, Mullins J et al. Techno-economic assessment of a carbothermic alumina reduction process. Christian M. Bickert. Light Metals. Warrendale, Pa: TMS, 1990: 1021～1034

167　Saavedra A, Kibby R M. Investigating the viability of carbothermic alumina reduction. JOM, 1988, 40 (11): 32～36

168　Bruno M J. Overview of alcoa direct reduction process technology. J. P. McGeer. Light Metals 1984. Warrendale, Pa: TMS, 1984: 1571～1590

169　Landi M F, Da Roit S, Piras L. Production of raw al/si alloys from italian leucitic minerals by a direct carbothermic process: experiments and results on a pilot plant. J. P. McGeer. Light Metals 1984. Warrendale, Pa: TMS, 1984: 601～618

170　Kuwahara K. Method of carbothermically producing aluminum. US Patent, 4394167, 1983-07-19

171　Dokiya M, Fujishige M, Yokokawa H et al. Blast furnace process for aluminum, calcium carbide, calcium hydride, and titanium. R. E. Miller. Light Metals 1986. Warrendale, Pa: TMS, 1986: 241～246

172 Yokokawa H, Fujishige M, Ujiie S et al. Chemical thermodynamic considerations on aluminum blast furnace. J. B. Welch. Light Metals 1985. Warrendale PA, USA: TMS, 1985: 507～517

173 Frank R A, Finn C W, Elliott J F. Physical chemistry of the carbothermic reduction of alumina in the presence of a metallic solvent: Part Ⅱ. Measurements of kinetics of reaction. Metallurgical Transactions B, 1989, 20 (2): 161～173

174 Murray J P. Aluminum-silicon carbothermal reduction using high-temperature solar process heat. C. Edward Eckert. Light Metals. Warrendale, Pa: TMS, 1999: 399～405

附录 Ⅵ　自焙阳极

Ⅵ.1　概念

自焙阳极是利用铝电解槽自身热量焙烧阳极，使阳极糊中沥青热解焦化并与骨料形成致密的固体炭阳极体。由此构成的电解槽称为自焙阳极电解槽，又称 Soderburg 槽。

以石油焦、沥青焦为骨料，煤沥青为黏结剂制成的炭素糊料，用于连续自焙铝电解槽作阳极材料，因其黏结剂的含量高（超过 24%），在电解槽上部被烧结以前呈糊状，故称阳极糊。阳极糊是炭素制品中产量最大的一种产品。根据铝电解槽阳极棒的插入部位的不同，自焙阳极分为侧插阳极糊与上插阳极糊。侧插阳极糊用于侧插自焙铝电解槽，上插阳极糊用于上插自焙铝电解槽。两种电解槽结构示意图见附图 Ⅵ-1 和附图 Ⅵ-2。

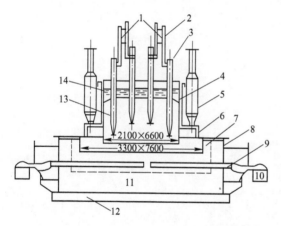

附图Ⅵ-1　上插棒式自焙阳极电解槽简图
1—阳极母线梁；2—阳极棒的铝导杆；3—阳极棒；
4—阳极框套；5—燃烧器；6—集气罩；7—侧部
内衬；8—槽壳；9—阴极棒；10—阴极母线；
11—保温层；12—槽壳底部的型钢；
13—阳极；14—阳极糊

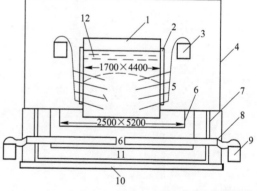

附图Ⅵ-2　侧插棒式自焙阳极电解槽简图
1—铝箱；2—阳极框架；3—阳极母线；4—槽帘；
5—阳极棒；6—侧部炭块和底部炭块；7—槽壳；
8—阴极棒；9—阴极母线；10—底部加固型钢；
11—保温层；12—阳极糊

侧插与上插自焙阳极结构类似，均是由阳极框架、阳极提升机构、阳极棒、炭素阳极本体和集气罩 5 部分组成，以侧插自焙阳极为例，各部分具体结构如下：

（1）炭素阳极本体。由液体阳极糊和烧结固体炭（锥体）构成的炭素阳极本体装在长方形的铝箱内，铝箱由 1.5mm 的压延铝板制成，它起着盛装阳极糊和保护下部锥体不被氧化的作用，随阳极的消耗而在上部定期铆接新的铝箱，并定期在上部添加阳极糊，以确保阳极工作的连续性。

（2）阳极棒。在阳极体四周或前后大面插有多排阳极棒，最下两排连有铜母线，起电流导入阳极体和悬挂阳极体的作用，上部棒为备续棒。阳极棒的根数视槽容量和单棒负荷大小而定。侧插阳极棒为圆锥体形状的钢棒。

（3）阳极框架。位于炭素阳极本体的外部，由槽钢和角钢焊制而成，具有保持阳极体的定型和承载阳极体实现阳极升降的作用。

（4）阳极提升机构。悬挂阳极体并能使之上下移动的机电系统，包括电机、减速机、卷筒、钢丝绳，这些设备均安装在电解槽的金属平台上。

Ⅵ.2 自焙阳极（阳极糊）的规格与性能要求

根据铝电解槽阳极棒的插入部位的不同，阳极糊分为侧插阳极糊与上插阳极糊。侧插阳极糊用于侧插自焙铝电解槽，上插阳极糊用于上插自焙铝电解槽。上插阳极糊的理化性能指标与侧插阳极糊相近（阳极糊典型理化性能指标见附表Ⅵ-1），但粒度组成和沥青含量都不同，附表Ⅵ-2 是对两种糊料的基本配方对比。

附表Ⅵ-1　铝用炭素阳极糊的理化性能指标（GB 8741—1988）

牌　号	灰分（不大于）/%	电阻率（不大于）/μΩ·m^{-1}	耐压强度（不小于）/MPa	真密度（不小于）/g·cm^{-3}	体积密度（不小于）/g·cm^{-3}
THY-1	0.45	75	28	1.98	1.38
THY-2	0.60	80	27	1.98	1.3
THY-3	1.00	80	27	1.98	1.36

附表Ⅵ-2　上插糊和侧插糊原料基本配方对比

干料的组成	普通上插阳极糊/%	普通侧插阳极糊/%	干料的组成	普通上插阳极糊/%	普通侧插阳极糊/%
6~4mm	（6±2）	<2	约0.147mm（100目）	（51±2）	（48±2）
4~2mm	（17±2）	（20±4）	其中小于0.074mm（200目）	（38±2）	（38±3）
2~1mm	（13±2）	（15±3）	沥青占糊料量	（31~33）	（28~30）
1~0.5mm	余　量	余　量			

侧插阳极糊根据黏结剂含量及铝电解槽的使用要求，可分为少油糊和多油糊。少油糊是新电解槽阳极铸型时使用的糊，多油糊是铝电解正常生产时使用的糊。多油糊与少油糊的生产工艺流程及控制技术条件基本相同，但骨料粒度配比和沥青用量不同。少油糊一般沥青配量为22%~25%，而多油糊沥青配量为28%~31%。

上插自焙阳极的阳极钢棒是从阳极上部垂直插入阳极锥体的。当钢棒拔出后，棒孔中心由液体阳极糊流入，并在高温下（850℃左右）迅速焦化、烧结，这部分烧结体称为"二次阳极"。由于流入棒孔的流动性好的液糊与形成阳极本体的阳极糊成分不一致，烧结条件和过程差别较大，以及烧结过程中的体积收缩等。"二次阳极"往往与主体阳极黏结不牢，且性能有差异，这就使阳极底掌出现不同程度的凹坑。因此，上插阳极糊对糊料的流动性有严格的要求，流动性过大，将导致骨料焦的偏析，并且孔洞易被过分富集的沥青填充，使"二次阳极"质量变差。为提高"二次阳极"的质量，专门生产了二次糊、炮弹糊等。

此外，为减少沥青烟害，改善阳极糊的性能，上插槽和侧插槽都使用了干式阳极糊。干式阳极糊有以下特点：

（1）采用大颗粒配方（10~15mm），改善了制品的热特性和机械性能。

（2）使用高温沥青作黏结剂，提高了糊料的黏结性和结焦率。

（3）减少了黏结剂沥青的用量（24%～26%），从而减少了沥青烟害，改善了劳动环境。

（4）阳极单耗下降，阳极压降降低，达到了节能降耗的效果。

Ⅵ.3 阳极糊制备技术

生产阳极糊的主要原料是石油焦、沥青焦和煤沥青，石油焦、沥青焦灰分含量低，焙烧后导电性能好，是生产阳极糊的主要骨料（我国阳极糊生产较少采用沥青焦）。煤沥青是生产阳极糊的黏结剂，通常采用中温煤沥青或高温煤沥青。

阳极糊在生产时，需将原料石油焦经过1250℃以上高温煅烧，排除水分、挥发分，提高原料的密度、强度，改善原料的导电性和抗氧化性等。煅后石油焦经过破碎、筛分、磨粉，制备成多种粒级的颗粒和骨料，作配料用。按一定配方配好的骨料加入到混涅锅中，先进行干混，达到一定的温度时，按比例加入熔化好并经过净置排除了水分的液体沥青继续进行混涅，混涅好的糊料，按需方要求的质量大小进行铸型、冷却，一般小块阳极糊质量为15kg左右，大块阳极糊质量为500～1000kg，干阳极糊一般为小块糊，每块质量约为0.3～0.5kg。

Ⅵ.4 自焙阳极铝电解槽的优缺点

以自焙阳极铝电解槽为主流槽型的原铝生产方式曾经主导了国内外铝工业数十载，自焙阳极铝电解槽以其阳极独有的特色被广泛应用于各国的铝工业。直到20世纪80年代中后期，由于铝工业向规模化、集团化发展的需要，尤其是人们对环境保护意识的增强，自焙阳极铝电解槽才开始逐渐退出历史舞台。自焙阳极最大的优点首先是阳极能够连续工作而无须更换，保证了电解过程电解槽的稳定性；此外，自焙槽还可以利用电解槽热量焙烧阳极，与预焙铝电解槽相比节省了制造阳极所需的压型和焙烧设备，也就是减少了阳极工厂的投资。

但是，自焙槽也有其致命缺陷，正是由于这些缺陷，导致自焙槽在新时期难以继续生存。首先是它的环境污染问题。由于阳极没有经过预先焙烧，因而在电解过程中不可避免地散发出大量的沥青烟气，造成了严重的大气污染，恶化了工人的操作环境。其次，自焙槽能耗过高，导致电解生产成本增加。因为自焙阳极的中心部位温度高，散热不好，电流分布受到限制，阳极欧姆电压降高；再者，自焙槽受到容量的限制，不适合大型化，而且自动化程度低。这些缺点加快了自焙槽被淘汰的步伐，80年代后，国内外新建大型铝厂大多数都不采用此种槽型。

彩图 I 中南大学针对现代预焙铝电解槽的物理场仿真研究部分实例

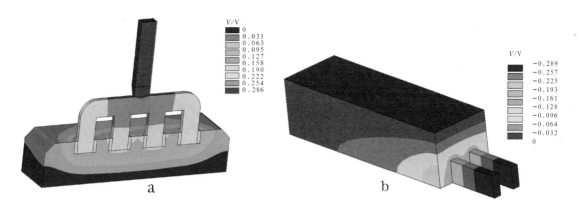

彩图 I-1   铝电解槽电极电压分布图

a—半阳极炭块电压分布； b—半阴极炭块电压分布

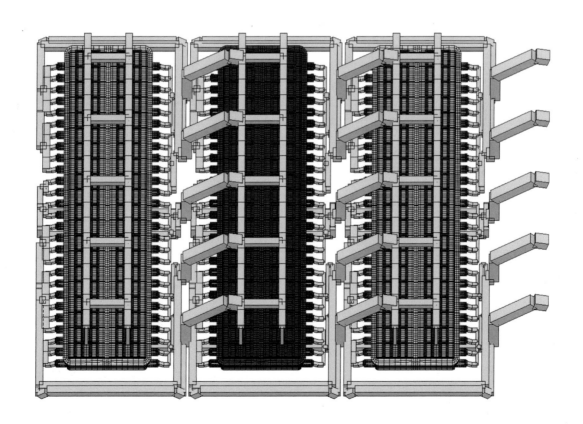

彩图 I-2   3 台相连 320kA 预焙铝电解槽的槽内导体与母线电场网络结构图

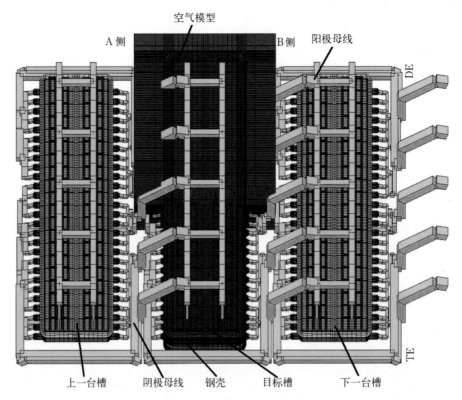

彩图 I−3 3台相连 320kA 预焙铝电解槽的槽内导体与母线磁场网络结构图

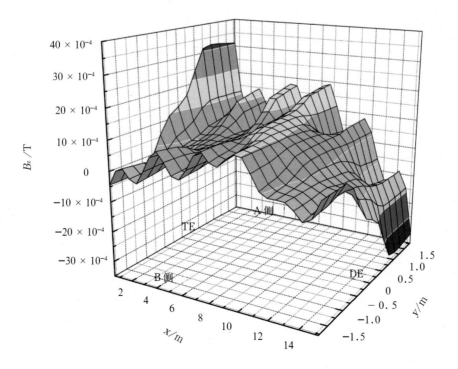

彩图 I−4 320kA 预焙铝电解槽铝液磁场计算结果

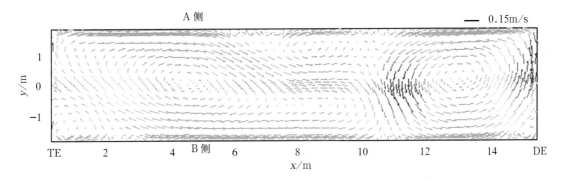

彩图 I-5　320kA 预焙铝电解槽铝液流场分布

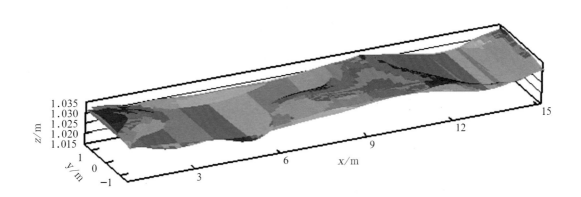

彩图 I-6　320kA 预焙铝电解槽铝液—电解质界面形状

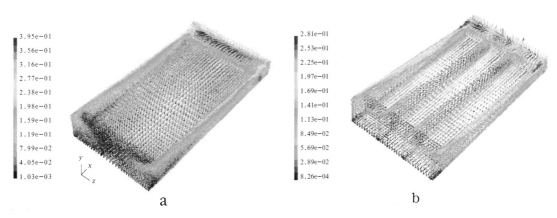

彩图 I-7　75kA 导流槽阳极周围电解质流场矢量图（单位：m/s）

a—无排气沟阳极；　b—开排气沟阳极

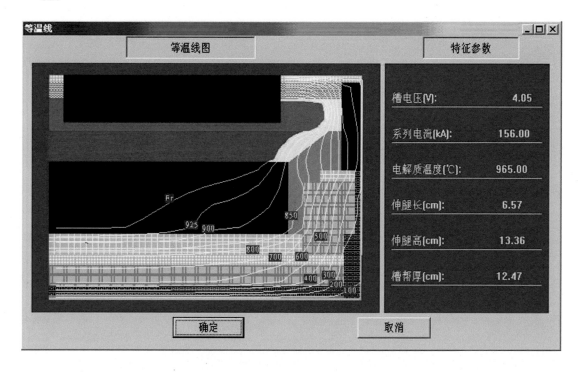

彩图 I−8　预焙铝电解槽热场仿真解析实例（等温线图）（图20−24的彩图）

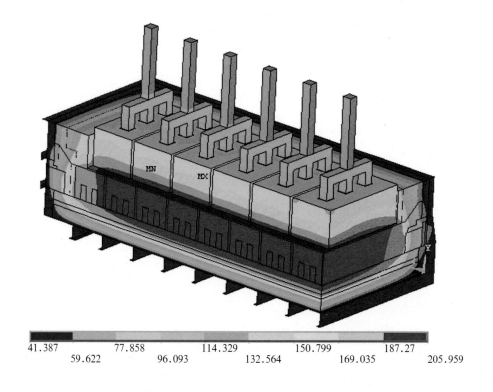

彩图 I−9　160kA 预焙铝电解槽焦粒焙烧15h的1/4槽温度分布图(单位：℃)

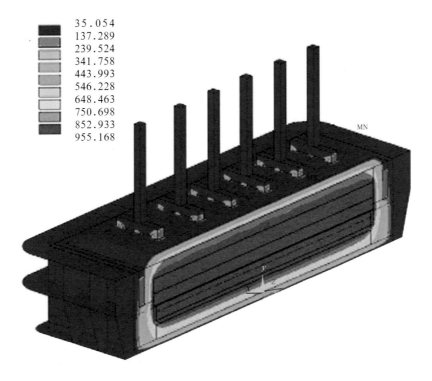

彩图 I-10 75kA 导流槽的 1/2 槽温度分布图(单位:℃)

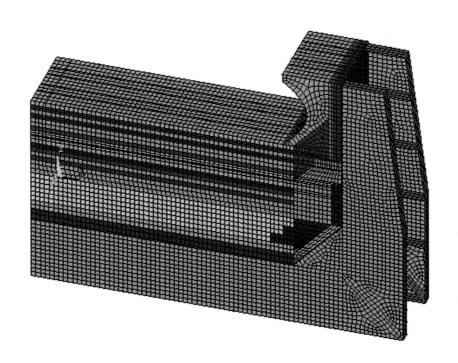

彩图 I-11 三维单阴极切片应力模型图

彩图Ⅱ 中南大学开发的现代预焙铝电解槽智能模糊控制系统

彩图Ⅱ-1 铝电解智能模糊控制系统在国外某电解车间应用现场

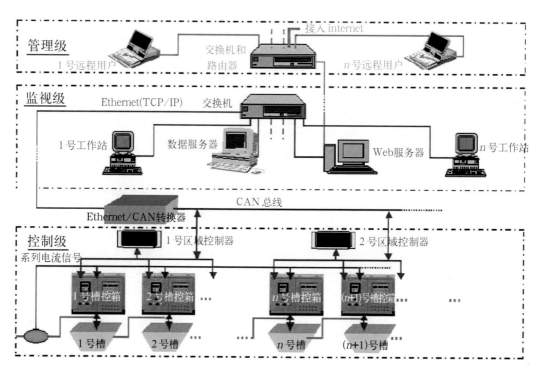

彩图Ⅱ-2 铝电解智能模糊控制系统的三级网络结构（图28-2的彩图）

彩图Ⅲ　中南大学研制的"深杯状功能梯度金属陶瓷惰性阳极"

彩图Ⅲ-1　惰性阳极的批量制备

彩图Ⅲ-2　与金属导杆连接后的惰性阳极

彩图Ⅲ-3　电解试验中的惰性阳极组

彩图Ⅲ-4　电解试验后的惰性阳极组

彩图Ⅳ　中南大学开发的"常温固化TiB$_2$阴极涂层"

彩图Ⅳ-1　常温固化TiB$_2$阴极涂层断面

彩图Ⅳ-2　工业现场施工后的常温固化TiB$_2$阴极涂层

彩图Ⅳ-3　未应用常温固化TiB$_2$阴极涂层的160kA对比槽运行1年后的阴极表面形貌

彩图Ⅳ-4　应用常温固化TiB$_2$阴极涂层的160kA试验槽运行1年后的阴极表面形貌